ア
カ
サ
タ
ナ
ハ
マ
ヤ
ラ
ワ
略
付

自動車用語辞典

AUTOMOTIVE WORDS

精文館

凡　　例

見出し語

1. 配列は五十音順とし，長音，濁音，半濁音と続き，片仮名・平仮名の区別はしていない。
2. 外来語は片仮名，国語は平仮名書きで区別した。
3. 外来語の読みは，「外来語の表記」（文化庁，平成３年）に従い，大体自動車業界の慣用つづりと合致している。
4. 英語のつづりと語尾が ar，er，or で終わる語又は，片仮名四文字以上で語尾が長音は，読みの長音（ー）を原則として省略した。
5. アルファベットの略字については，A（エー），B（ビー），C（シー）読みで表記し，頭文字語として別読みのある場合に別記した。
   [例] JASO（ジェー・エー・エス・オー，ジャソ）。

解　　説

1. 見出し語，原語のつづり，解説の順とした。ただし，国語の平仮名見出しには，漢字，適応する外来語のつづり，解説の順とした。
2. 解説文中に使用する漢字は「常用漢字表」に限り，その用字法は「公用文の書き表し方の基準」（文化庁，平成３年）に従った。
3. 使用した符号は次の通りとした。[俗]は俗語，～は反覆される見出し語，＝は同意語，☞は参照語，[対]は反対語。
4. 国別符号は次の通りとした。[米]アメリカ，[英]イギリス，[独]ドイツ，[仏]フランス，[伊]イタリア，[和]オランダ，[露]ロシア，[ラ]ラテン語。
5. 巻末に，アルファベット順で欧文略字・略語を収録した。

以　上

アルファベット

大文字	小文字	読み方	大文字	小文字	読み方
A	a	エー	N	n	エヌ
B	b	ビー	O	o	オー
C	c	シー	P	p	ピー
D	d	ディー	Q	q	キュー
E	e	イー	R	r	アール
F	f	エフ	S	s	エス
G	g	ジー	T	t	ティー
H	h	エイチ	U	u	ユー
I	i	アイ	V	v	ブイ
J	j	ジェー	W	w	ダブリュ
K	k	ケー	X	x	エックス
L	l	エル	Y	y	ワイ
M	m	エム	Z	z	ゼット

ギリシャ文字

大文字	小文字	読み方	大文字	小文字	読み方
A	α	アルファ	N	ν	ニュー
B	β	ベータ	Ξ	ξ	クサイ
Γ	γ	ガンマ	O	o	オミクロン
Δ	δ	デルタ	Π	π	パイ
E	ε	イプシロン	P	ρ	ロー
Z	ζ	ジータ	Σ	σ	シグマ
H	η	イータ	T	τ	タウ
Θ	θ	シータ	Y	υ	ウプシロン
I	ι	イオタ	Φ	ϕ	ファイ
K	κ	カッパ	X	χ	カイ
Λ	λ	ラムダ	Ψ	ψ	プサイ
M	μ	ミュー	Ω	ω	オメガ

度量衡換算表

長　　さ	1センチメートル　(cm) =0.3937インチ (in) 1メートル　(m) =3.281フィート (ft) 1キロメートル　(km) =0.6214マイル (M) 1インチ　(in) =2.54センチメートル (cm) 1フィート　(ft) =0.3048メートル (m) 1マイル　(M) =1.6093キロメートル (km)
重　　さ	1キログラム　(kg) =2.205ポンド (lb) 1メートルトン　(mt) =2204.6ポンド (lb) 1オンス　(oz) =28.35グラム (g) 1ポンド　(lb) =0.4536キログラム (kg) 1米トン　(st) =907.19キログラム (kg) 1英トン　(lt) =1016.0キログラム (kg)
体　　積	1立方センチメートル　(cm^3；cc) =0.06102立方インチ (in^3) 1リットル　(l；lit) =231立方インチ (in^3) 1米ガロン　(US-gal) =3.7854リットル (l) 1英ガロン　(Imp-gal) =4.546リットル (l)
仕　　事 エネルギ 熱　　量	1キログラムメートル　(kgm) =7.233フィートポンド (ft-lb) 1フィートポンド　(ft-lb) =0.1383キログラムメートル (kgm) 1メートル馬力　(PS) =75kgm/s=735.5ワット (W) 1英馬力　(HP) =550ft-lb/s,=746ワット (W) 1キロワット　(KW)　=1.3596PS,1.3405HP 1キロカロリ　(Kcal)　=3.968英熱単位　(BTU) =427.2kgm =3090ft-lb=0.0016PS/h=0.012KW/h
圧　　力	1kg/cm^2=14.22lb/in^2,　1lb/in=0.07031kg/cm^2 1標準気圧=1.0133バール　(bar)　=1.0332kg/cm^2=水銀柱 (Hg)　760mm=水柱　(Ap)　10.33m
速　　度 及び 角速度	1km/h=0.2778m/s,　1m/s=3.6km/h 1°/s=0.1667rpm=0.01745rad/s 1rad/s=57.30°/s=9.549rpm

[ア]

アーキテクチャ [architecture]　①建築学，建築，建築物。②構成，構想。③コンピュータ・システム全体の設計思想。

アーク [arc]　弧，弧形，弓形。例 電弧。

アーク・ウェルダ [arc welder]　電弧溶接機，直流式と交流式とがある。

アーク・ウェルディング [arc welding]　電弧溶接，アークによる熱を利用して金属を溶接する方法。

アーク・スポット溶接（ようせつ） [arc spot welding]　アークを利用して，鉄の片側から加熱して点状融着させる溶接。

アーク溶接（ようせつ） [arc welding]　☞アーク・ウェルディング。

アース [earth]　接地。配線端を自動車の車体に接続すること。＝グラウンド。

アース・ケーブル [earth cable]　バッテリやエンジンの接地電線。＝ボンド～。

アース・コード [earth code]　☞アース・ケーブル。

アース・ターミナル [earth terminal]　接地用電極。

アース・バンド [earth band]　アース用の帯状の導線。

アース・ボンド [earth bond]　バッテリ用アース線。車体と各構造部分の電気接続に用いる。＝ボンド・ストラップ。

アース・ライン [earth line]　接地回路。車体を利用した電気回路の部分。

アーチ [arch]　弓形，半円形。例 ベアリング・メタルの半円形。

アーチ・モールディング [arch moulding]　フェンダのタイヤ・ハウス部に設けられた円弧状のメッキ・モール（モールディング）。

アーティキュレーティング・リンク [articulating link]　関節式継手。＝ユニバーサル・ジョイント。

アーティキュレーテッド [articulated]　関節でつながれた，結合された。

アーティキュレーテッド・アクスル [articulated axle]　（1本軸に対し）関節のある車軸。例 FF車の前車軸。

アーティキュレーテッド・シャフト [articulated shaft]　関節付き軸。

アーティキュレーテッド・バス [articulated bus]　連結式バス。

アーティキュレーテッド・ビークル [articulated vehicle]　連結式車両。

アーティキュレーテッド・ロッド [articulated rod]　（V型エンジン用の）副コンロッド。

アーティフィシャル [artificial]　①人造の，人工の。②にせの。

アーティフィシャル・インテリジェンス [artificial intelligence; AI]　人工知能。推論，連想，学習など，知能を持ったコンピュータ。例 AI-SHIFT。

アーティフィシャル・インテリジェンス・シフト [artificial intelligence shift; AI-SHIFT]　トヨタが採用した人工知能付きオートマチック・トランスミッション。人工知能（AI）により，ドライバの意志と道路状況に適応した自動シフト・パターン切り換え制御を行う。例えば，登坂時にはODへはシフト・アップせず，降坂時にはODを自動的にキャンセルしてエンジン・ブレーキ力をアップする。

アーティフィシャル・レザー [artificial leather]　人造皮革，模造皮革。＝イミテーション～。

アーバ [arbor]　（機械の）軸，芯棒。

アーバ・プレス [arbor press]　てこ，又はねじによる手動プレス。

アーマチュア [armature]　（電気では）発電機や電動機の電機子。（磁気では）接極鉄片。

アーマチュア・コア [armature core]　電機子の鉄芯。成層のものが多い。

アーマチュア・コイル [armature coil]　電機子の巻き線。

アーマチュア・シフト・タイプ　[armature shift type]　スタータの電機子摺動式，界磁磁力により電機子をその軸方向に動かす方式。＝アクシアル〜。

アーマチュア・シャフト　[armature shaft]　電機子軸。

アーマチュア・テスタ　[armature tester]　電機子試験機。主として電機子巻き線の層間短絡や断線を発見するために用いる。＝グローラ。

アーマチュア・シャフト
ねじスプライン
アーマチュア・コア
コンミュテータ

アーマチュア・コア

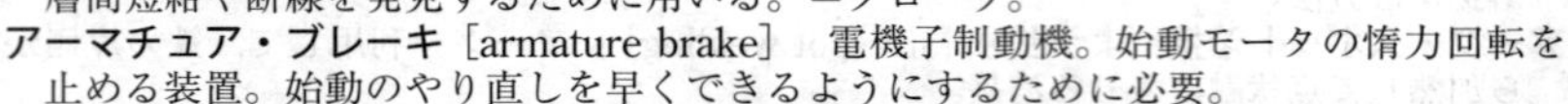

アーマチュア・ブレーキ　[armature brake]　電機子制動機。始動モータの惰力回転を止める装置。始動のやり直しを早くできるようにするために必要。

アーマチュア・リアクション　[armature reaction]　電機子反作用。電機子巻き線の電流による磁力が主磁場をわい曲する現象。発電機では回転方向へ，電動機ではその逆にわい曲する。

アーマチュア・ワインディング　[armature winding]　電機子巻き線法，巻き線。

アーム　[arm]　腕，腕金，腕状のもの。例 ㋑クランク〜。㋺ロッカ〜。㋩コンタクト〜。㋥アイドラ〜。

アームズ・ブロンズ　[Arms bronze]　アルミニウム青銅の一種で，銅とアルミニウムとを主成分とし，微量の鉄，ニッケル，マンガンを含み，ピニオン，ウォームなどを作る材料とする。

アームレスト　[armrest]　座席の肘（ひじ）掛け，腕もたれ。

アーリ・モデル　[early model]　初期の型，昔の型。対 レート〜。

アール・エー・ディー型（がた）ガバナ　[RAD type governor]　列型インジェクション・ポンプのミニマム・マキシマム・スピード・ガバナ。RSVD型ガバナの改良型でガバナ・スプリングの張力が調整でき，インジェクション・ポンプのカムシャフトに取り付けられたフライウェイトが朝顔型にリフトする。

アール・エフ・ディー型（がた）ガバナ　[RFD type governor]　RAD型ガバナに噴射量を補正するアングライヒ機構を設け，車両用のミニマム・マキシマム・スピード・ガバナと産業用エンジンに使用するオール・スピード・ガバナの機能も備えた両用ガバナ。

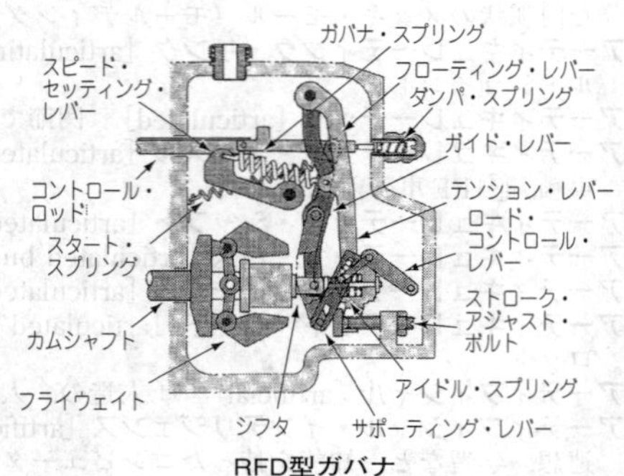

RFD型ガバナ

アール・エル・ディー型（がた）ガバナ　[RLD type governor]　メカニカル・ガバナに属するオール・スピード・ガバナ。コントロール・レバーによりフローティング・レバーの支点位置を決めてガバナ制御を行い，フル・ロード時の制御はトルク・カムを用いて行う。

アール・キュー型（がた）ガバナ　[RQ type governor]　列型インジェクション・ポンプのミニマム・マキシマム・スピード・ガバナで大型車用。大きなフライウェイトが垂直方向にリフトし，ガバナ・スプリングがウェイトの中に取り付けられている。（次頁図参照）。

アール・ビー・ディー型（がた）ガバナ　[RBD type governor]　ニューマティック・ガバナとメカニカル・ガバナを組み合わせたもので，高速時だけ両ガバナで制御し，他の回転域ではニューマティック・ガバナのみで制御するオール・スピード・ガバナ。

アイ [eye]　①目。②目穴，小穴。例㋑スプリング～。㋺～レット・ターミナル。㋩～ボルト。

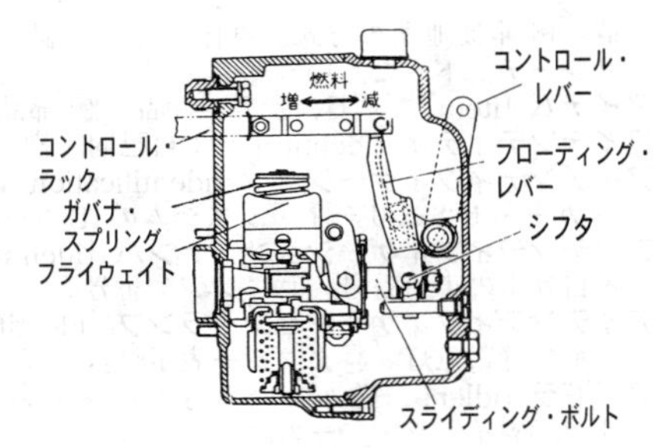

RQ型ガバナ

アイアン [iron]　①鉄。②鉄製品。③こて。例㋑～コア（鉄芯）。㋺ソルダリング～（ハンダごて）。

アイアン・コア [iron core]　鉄芯。コイルを巻く中心部に用いる薄い絶縁積層鋼板。例発電機，電動機，点火コイル，電磁石。

アイアン・ブシュ [iron bush]　鉄製軸受がね。内面に青銅をはることもある。例シャシばねのシャックル・ピン用ブシュ。

アイアン・ロス [iron loss]　（電気で）鉄損。鉄芯を通る磁束によるヒステリシス損失と渦電流損失を合わせたもので，鉄芯発熱の原因となる。

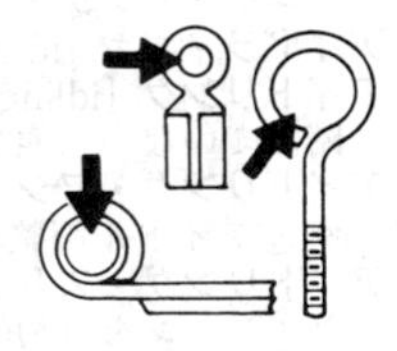

アイ（目穴）

アイコン [icon]　①像，さし絵。②コンピュータで，画面を選択するために絵を用いる方式。又は，その絵。

アイサイト ver.3 [EyeSight version 3]　車両自動停止ブレーキ付きステレオカメラ型先進運転支援システムで，スバルが2014年に採用したアイサイト ver.2の進化版。新機能のアクティブ・レーン・キープは走行車線両側の白線を認識し，車線中央を維持して走行するようステアリングの自動操舵を行い，車線からはみ出しそうになると車線逸脱警報に加えて車線内に操舵する制御を行う。ステレオカメラはCMOS式を採用し，カラー画像化により赤信号や先行車のブレーキ・ランプ認識制御も可能にしている。自動ブレーキの作動相対速度を50km/hに，ブレーキ・アシストは速度差70km/hにそれぞれ引き上げ，新たにAT誤後進抑制制御機能を追加している。危険回避アシストは，前方障害物と衝突の可能性が高いと判断したとき，横滑り防止装置（VDC）の車両統合制御技術でドライバの衝突回避操舵を支援している。☞アドバンスト・セーフティ・パッケージ。

アイ・シー・イグナイタ [IC igniter]　ICを用いたマイクロ・コンピュータ式点火装置。＝DLI（ディストリビュータレス・イグニション）。

アイ・シー式（しき）ターン・シグナル・フラッシャ [IC turn signal flasher]　ターン・シグナル・ランプの点滅を制御するのにICとリレーを組み合わせたもの。

アイ・シー式（しき）ボルテージ・レギュレータ [IC voltage regulator]　オルタネータ（交流発電機）の発生電圧を一定に保つIC式の無接点電圧調整器。

アイ・シー・レギュレータ [IC regulator]　☞アイ・シー式ボルテージ～。

アイシェープ [I-shape]　I字型。例㋑コンロッドやフロント・アクスルに用いる鋼材の断面形状。㋺アイヘッド・シリンダ（配列方式）。

アイシング [icing]　着氷，結氷。例寒冷多湿のとき，キャブレータのスロットル・バルブ付近に着氷して，エンジンが不調になること。ノズルから噴出した燃料が周囲から気化熱を吸収することによって起こる。

アイスバーン [*Eisbahn*]　独ドイツ語でスケート場を意味し，踏み固められた雪面が凍りついた状態を指す。

アイソレータ [isolator]　隔離物，絶縁体。＝インシュレータ。アイサレータともいう。

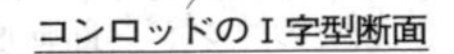

コンロッドのI字型断面

アイソレーテッド・システム [isolated system]　独立した装

置。例 非接地配線方式，車体アースを利用しない配線法。＝ニュートラル～。アイサレーテッド～ともいう。

アイテム [item]　項目，品目，単品。例 部品在庫のアイテム数。

アイデンティティ [identity]　①自己同一性，主体性。②独自性，個性。

アイデンティフィケーション [identification; ID]　同一であることの証明。身分証明。例 カー・セキュリティ・システムのIDコード。

アイデンティフィケーション・ナンバ [identification number]　同一性表示番号。例 ㋑自動車の車台番号。㋺エンジン番号。

アイデンティフィケーション・ランプ [identification lamp]　同一性表示灯。例 ㋑バス表示の青紫色灯。㋺タクシー表示灯。

アイドラ [idler]　遊んでいるもの。遊輪。例 ㋑アイドル・ギア。㋺アイドル・プーリ。㋩アイドラ・アーム。

アイドラ・アーム [idler arm]　独立懸架式フロント・サスペンションの車で，ステアリング・リンケージのリレー・ロッドを車体側に支えているだけのアーム。

アイドラ・ギヤ [idler gear]　☞アイドル・ギヤ。

アイドリング [idling]　遊びの状態。遊転，空転。エンジンを無負荷で（アクセルを踏んでいない状態で）空転させている状態。通常500rpm～700rpm くらい。

アイドリング・アジャストメント [idling adjustment]　エンジンなどの空転調整装置。例 ㋑アイドル調整ねじ。㋺スロットルの調整ねじ。

アイドリング・ストップ・システム [idling stop system; ISS]　車が交差点等で止まるとエンジンを自動的に停止させ，再び走行を始めようとアクセル・ペダルを踏むとエンジンが再始動するシステム。地球温暖化防止や省資源から一部の車に導入されつつあるが，再始動時のCO_2増加や発進遅れによる渋滞の発生により，約15秒以上の停車でないと効果がない（信号待ちでは逆効果）という試験データも出ている。☞エコノミ・ランニング・システム（ERS），エンジン・オートマチック・ストップ・アンド・スタート・システム（EASS）。

アイドル [idle]　ひまな，用のない，働いていない。例 ㋑エンジンが空転する。㋺機械類が空回りする。

アイドル・アジャスティング・スクリュ [idle adjusting screw]　キャブレータの遊転調整用ねじ。遊転時にアイドル・ポートから噴出する（吸い出される）燃料の量を調整するねじ。＝アイドル・アジャスト～。

アイドル・アジャスト・スクリュ [idle adjust screw]　☞アイドル・アジャスティング～。

アイドル・アップ [idle up]　①エンジンの暖機を促進するため，アイドリング回転数を規定より高くすること。②カー・エアコン作動時にアイドル回転数を100～200rpm くらい高くして，渋滞時でもエアコンの効きをよくすること。＝ファスト・アイドル。

アイドル回転速度制御（かいてんそくどせいぎょ） [idle speed control]　☞アイドルスピード・コントロール・バルブ（ISCV）。

アイドル・ギヤ [idler gear]　遊び歯車。動力を取り出すことのない（遊んでいる）歯車。例 ㋑タイミング・ギヤの中間歯車。㋺車の後退用にTMのギヤの回転方向を逆にするギヤ（リバース・アイドル・ギヤ）。＝アイドラ～。

アイドル・コンペンセータ [idle compensator]　キャブレータの遊転補正装置。高温アイドル時に，パーコレーションにより混合気が濃くなり過ぎないよう空気を補給する装置。バイメタルの作用により空気弁（サーモスタチック・バルブ）を開閉する。＝ホット・アイドル～。

アイドル・スクリュ [idle screw]　アイドル・アジャスティング・スクリュの略。

アイドル・スピード [idle speed]　エンジンの遊転速度。アクセルを踏んでいない状態でのエンジン回転速度。通常500rpm～700rpm くらい。

アイドル・スピード・アジャスタ [idle speed adjuster]　遊転速度を調整するもの，遊転速度調整ねじ。＝アイドル・スピード・スクリュ，スロットル・アジャスト・スクリュ，スロットル・ストップ・スクリュ。

アイドル・スピード・コントロール・システム [idle speed control system; ISC]　エンジンのアイドル回転数を各種の条件により制御するシステム。

アイドル・スピード・コントロール・バルブ [idle speed control valve; ISCV]　アイドル回転数制御弁。エンジン総合制御システムの一つで，スロットル・バルブのバイパス通路を流れる空気量を調整して，アイドル回転数を制御する。構造的には次の３種類がある。①ステップ・モータ式。②リニア・ソレノイド式。③ロータリ・ソレノイド式。

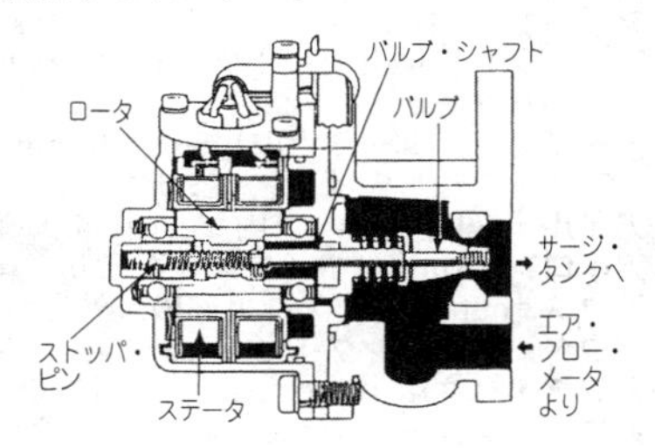

アイドル・スピード・コントロール・バルブ

アイドル・スピード・スクリュ [idle speed screw]　遊転速度調整ねじ。＝アイドル・スピード・アジャスタ，スロットル・アジャスト～，スロットル・ストップ～。

アイドル・トランスファ・ポート [idle transfer port]　キャブレータのアイドル・ポートとメイン・ノズルとの中間に設ける燃料噴出口（バイパス・ポート）。遊転状態から高速回転へ移行する中速域でバイパス・ポートから燃料を噴出させ，低速→高速へのつながりを円滑にする。＝スロー～。㊟燃料は負圧により吸い出される。

アイドル・プーリ [idle pulley]　遊び滑車。例ベルトに張力を与えるために使用するプーリ。

アイドル・ホイール [idle wheel]　遊び歯車。中間に挟まって力を伝えるだけのギヤ。＝アイドル・ギヤ。

アイドル・ポート [idle port]　キャブレータの遊転用燃料噴出口。スロットル・バルブが閉じた状態で，スロットル・バルブの下にあるアイドル・ポートより燃料が負圧により吸い出される。＝～ホール。

アイドル・ホール [idle hole]　☞アイドル・ポート。

アイドル・ミクスチャ・スクリュ [idle mixture screw]　キャブレータの遊転用混合気調整ねじ。＝アイドル・アジャスティング～。

アイドル・モーション [idle motion]　空動き。例機械部品の空動き。

アイドル・ライン [idle line]　あき電線，現在使用されていない線。

アイドル・ラフネス [idle roughness]　エンジンのアイドリングが不安定（乱調気味）で，ブルブル震えること。ラフ・アイドルともいう。＝ハンティング。

アイドル・リストリクティング・スクリュ [idle restricting screw]　キャブレータの遊転燃料制限ねじ。＝アイドル・アジャスティング～。

アイドル・リミッタ [idle limiter]　キャブレータのアイドル時の空燃比の上限を抑制する装置。☞～キャップ。

アイドル・リミッタ・キャップ [idle limiter cap]　キャブレータのアイドル・アジャスティング・スクリュの頭に樹脂キャップをかぶせたもの。アイドル時の燃料の濃度を一定の範囲で制限している。

アイナット [eye-nut]　（つり上げ用にする）輪付きナット。

アイビーム [I-beam]　I字型断面の鋼材。例フロント・アクスル。

アイフォー [i-Four; intelligent-Four]　☞i-Four。

アイヘッド・シリンダ [I-head cylinder]　I頭型気筒。バルブがヘッドにあるシリンダ。すなわち，オーバヘッド・バルブ式シリンダ。

ア

アイ・ホール［eye hole］　のぞき穴。例フライホイールのタイミング・マークなどを見るために，クラッチ・ハウジングに設けた穴。＝ピープ～。

アイボリ［ivory］　①象牙。②象牙色。③クリーム色。

アイ・ボルト［eye bolt］　目穴付き雄ねじ。輪付きボルト。

合（あ）いマーク［matching mark; setting mark］　☞合わせマーク。

アイランド［island］　島，島のようなもの。例車道上の安全地帯。

アイリット［eyelet］　小穴，目穴，鳩目穴。例クラッチ・フェーシングのリベット穴。

アイリット・ターミナル［eyelet terminal］　配線に付ける目穴付き端子金具。ねじ穴付きターミナル。

アイ・ボルト

アイル［aisle］　（バス内などの）狭い通路。

アイロン［iron］　アイアンのなまり。☞アイアン。

アウタ［outer］　外の，外部の，外方の，外側の。対インナ。

アウタ・ケーシング［outer casing］　外箱，内容物を包むもの。例バッテリの外箱。

アウタ・パネル［outer panel］　外壁板。例ドア～。

アウタ・プレート［outer plate］　外板。

アウタ・ベアリング［outer bearing］　外側の軸受。例フロント・アクスル軸受の外側のベアリング。対インナ～。

アウタ・ミラー［outer mirror］　☞アウタ・リヤビュー・ミラー。対インナ～。

アウタ・リヤビュー・ミラー［outer rearview mirror］　車の外部に取り付けられた後車鏡。通称ドア・ミラーやフェンダ・ミラーのこと。対インナ・リヤビュー～。

アウタ・リング［outer ring］　外側の輪。

アウタ・レース［outer race］　アウタ・ベアリング・レースの略。軸受のボールやローラを保持する外側の環状の枠。対インナ～。

アウタ・ロータ［outer rotor］　外側回転子，外側で回るもの。例トロコイド型オイル・ポンプにある外側ロータ。

アウトサイド［outside］　外側，外部。対インサイド。

アウトサイド・キャリパス［outside calipers］　外測用キャリパス。通称外パス。外径などの測定に用いる。対インサイド～。

アウトサイド・ダイアメータ［outside diameter; OD］　外径。例ピストンのアウトサイド～。対インサイド～。

アウトサイド・ミラー［outside mirror］　☞アウタ・リヤビュー～。

アウトストラーダ［*Autostrada*］　伊イタリアの自動車専用道路。有料の高速道路で，アウトストラーダ・デル・ソーレ（太陽の道）がナポリからミラノまでの南北を約750km走り，ノンストップ式の料金収受システム（テレパス）が設置されている。

アウトソーシング［outsourcing］　①生産に必要な部品などを社外から調達すること。②会社の業務の一部を外部の専門業者に委託すること。

アウトバーン［*Autobahn*］　独ドイツの自動車専用高速道路。1933年に起工し，全長約10,600km。

アウトフィット［outfit］　用具一式。例車に搭載する工具一式。

アウトプット［output］　（エンジンなどの）出力，出馬力。対インプット。

アウトプット・シャフト［output shaft］　出力軸。例トランスミッション～。対インプット～。

アウトボード［outboard］　船外，車外，車体の外側。注ボードとは，船の舷（ふなべり）を意味する。対インボード。

アウトボード・ジョイント［outboard joint］　車体の外側に用いるジョイント。独立懸架装置のドライブ・シャフトに用いる2個の等速ジョイントのうち，ホイール側のジョイントを指す。車体側（車体の内側）のものをインボード・ジョイントという。

アウトボード・ダイアグノーシス［outboard diagnosis］　車外診断装置。車に装備されている各種電子機器の作動診断に用いる車外接続用の診断機器。自動車メーカが当初から組み込む車載式診断装置（オンボード・ダイアグノーシス）と対比して用いられる。☞ OBD，OBD-Ⅱ。

アウトボード・ブレーキ [outboard brake]　車体の外側，即ちホイールに取り付けられている一般的なブレーキ装置。レーシング・カーなどに装備されるインボード・ブレーキ（ホイールではなく車体に取り付けられたブレーキ）と対比して用いられる。

アウトライン [outline]　①輪郭，外形。②あらまし。

アウトランダーPHEV [Outlander plug-in hybrid electric vehicle]　プラグイン・ハイブリッド車（充電式ハイブリッド車）の車名で，三菱自動車が2013年に発売したもの。2ℓのガソリン・エンジン，総電力12kWhのリチウムイオン電池，60kWhのモータ2基やジェネレータ（発電機）などを搭載したツイン・モータ式の電動4WDで，エンジンは基本的に発電に使用している。EV走行の可能距離は60km，ハイブリッド走行した場合の燃費は18.6ℓ/kmで，複合燃費は67.0km/ℓ，航続可能距離は897km（いずれもJC08モード）で，車内には最大1,500Wの外部給電可能な100Vコンセント（オプション）を備えている。☞複合燃費。

アウトリガ [outrigger]　①（フレームなどの）張り出し支え。②（クレーン車の）張り出し支柱。

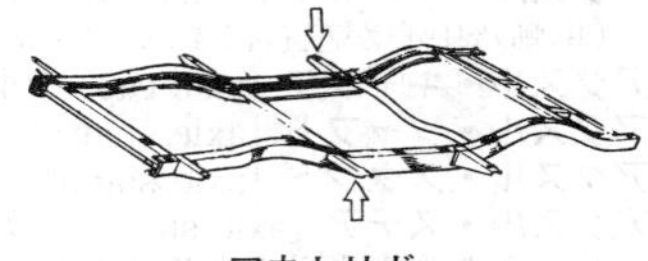

アウトリガ

アウトリガ・ジャッキ [outrigger jack]　（クレーン車の）張り出しジャッキ，クレーン車などにおいて，車のふんばりを広くするため左右にせり出して働くジャッキ。

アウトレット [outlet]　出口，吐出口。㊌インレット。

アウトレット・チェック・バルフ [outlet check valve]　吐出側の逆流防止弁。㊉フューエル・ポンプ～。

亜鉛（あえん） [zinc]　化学記号Zn。☞ジンク。

亜鉛合金（あえんごうきん） [zinc alloy]　亜鉛を90%以上含み，これにアルミニウム（Al），銅（Cu），錫（Sn），アンチモン（Sb）などを1～数%含む合金。

亜鉛（あえん）めっき [galvanization]　鉄鋼の表面を亜鉛で被覆することにより，鉄鋼を防食する方法。

あおり [gate]　トラック荷台の床枠の側を支点として，荷物の積み降ろしに回転して開閉できるようにした囲い板。テール・ゲートなどと呼ぶ。

アキシス [axis]　☞アクシス。

アキシャル [axial]　☞アクシアル。

アキュムレータ [accumulator]　（エネルギーの）蓄積装置。㊉㋑蓄電池。㋺自動変速機の油圧溜め。㋩緩衝器。

アキュラシ [accuracy]　正確さ，精密さ，精度。

アクア [Aqua]　ハイブリッド車の車名で，トヨタが2011年に発売したコンパクト・クラスのハイブリッド専用車。これには高効率のTHS Ⅱ（リダクション機構付き）が搭載され，1.5ℓのアトキンソン・サイクル・エンジンはクールドEGRの採用やオルタネータの廃止，電動ウォータ・ポンプや電動エアコンの採用で補機類のベルトレス化を図っている。駆動用バッテリはニッケル水素電池（144V）で，これをコンバータで最大520Vまで昇圧している。駆動モータは最高出力45kW（61ps），最大トルク169Nm，システム全体では最高出力73kW（100ps）を発生し，燃費性能は35.4km/ℓ（JC08モード）を達成している。寒冷地仕様車には，排気熱回収器を設定。2013年には，エンジンのフリクション低減やインバータ制御の改良により，燃費性能を37.0km/ℓ（同）に改善。

アクア [aqua]　水，液，溶液。☞ Aq。

ア

アクシアル [axial]　軸の，軸線の。
アクシアル・エンゲージメント・スタータ [axial engagement starter]　電機子摺動型始動機。スイッチを入れると電機子（アーマチュア）が軸方向に摺動してピニオンがリング・ギヤと噛み合い，次に主電流が流れて強力に回転する。＝アクシアル・スライディング・アーマチュア〜。
アクシアル・スライディング・アーマチュア・スタータ [axial sliding armature starter]　☞アクシアル・エンゲージメント・スタータ。
アクシアル・タイプ [axial type]　軸方向に動く（流れる）型式。
アクシアル・ファン [axial fan]　軸流ファン。例エンジンの冷却ファン。
アクシアル・フロー・ポンプ [axial flow pump]　軸流式ポンプ。
アクシアル・ブロワ [axial blower]　軸流式送風機。
アクシス [axis]　軸，軸線。例図面上において，2点間を結ぶ軸線。
アクシデント [accident]　事故，珍事，奇禍，不幸なできごと。例交通事故。
アクシャル [axial]　☞アクシアル。
アクスル [axle]　車軸。車輪の芯棒。例フロント〜，リア〜。
アクスル・オフセット [axle offset]　車両の中心線に対して，前又は後のアクスル（車軸）中心が左右にずれていること。
アクスル・キャップ [axle cap]　車軸端のふた。
アクスル・シャフト [axle shaft]　車軸，内軸，回転する軸。＝ライブ・アクスル。
アクスル・スタンド [axle stand]　①車軸台，分解組み立て用受け台。②通称“馬”。
アクスル・ステア [axle steer]　リジッド・アクスル車がロールしたとき，操舵時と同じような車両挙動が発生する現象。
アクスル・チューブ [axle tube]　軸管，車軸を包む外管。＝〜ハウジング。
アクスル・トランプ [axle tramp]　車軸の地だんだ振動（左右輪が交互に上下振動すること)。ばね下振動の一つで推進軸まわりの回転振動などに起因し，主にリジッド・アクスル・タイプの車両に発生しやすい。
アクスル・ハウジング [axle housing]　車軸外管，回転する内軸を包む外管。
アクスル・ハブ [axle hub]　車輪を取り付けているフランジ状のもの。後車軸の場合には，アクスル・シャフト（ドライブ・シャフト）と分離型になっているものを指す。例フロント〜，リヤ〜。
アクスル・ビーム [axle beam]　車軸用鋼材。主としてI型鋼。

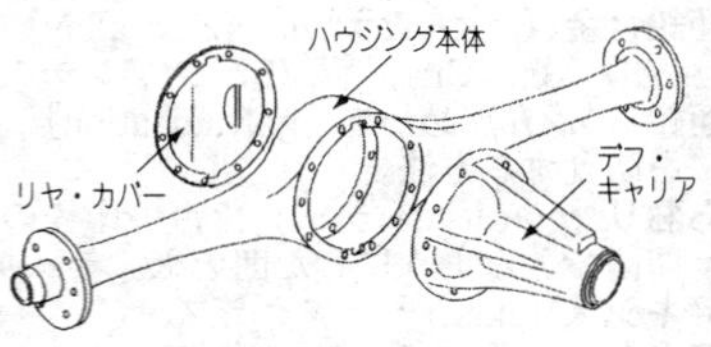

アクスル・ハウジング

アクスル・ビーム式（しき）サスペンション [axle beam type suspension]　トーション・ビーム式サスペンションの一種で，左右の車輪を結ぶビーム（はり）がロール時にねじれる構造のもの。アクスル・ビーム（クロス・ビーム）が車輪と同じ位置に配置されていて，FF車のリヤ・サスペンションなどに用いられる。
アクスル・フランジ [axle flange]　アクスル・シャフト（回転車軸）のホイール側に設けられた“つば”。
アクスル・ベアリンク [axle bearing]　車軸の軸受。例フロント〜，リヤ〜。
アクスル・ロード [axle load]　車軸にかかる荷重。
アクセサリ [accessory; ACC]　付属品。車の用品，装飾品，カー・アクセサリ。
アクセス [access]　①目的地までの交通手段。②コンピュータに対して，情報の入力や取り出しを行うこと。
アクセス・ホール [access hole]　（タイミング・マークなどの）のぞき穴。＝ピープ〜。

アクセプタ [accepter]　P型半導体で正孔に寄与する不純物。例①インジウム。②アルミニウム。③ガリウム。④バリウム。☞ドナー。
アクセプタブル・クォリティ・レベル [acceptable quality level; AQL]　☞ AQL。
アクセラ・ハイブリッド [Axela Hybrid]　ハイブリッド車の車名で，マツダが2013年に発売したもの。この車のハイブリッド・システムは，基本的にはトヨタのTHS IIを採用しており，マツダ製の2ℓ直噴ミラー・サイクル・エンジンの圧縮比を14.0に高めてクールドEGRや排気熱回収システムも採用し，独自の制御プログラムを設定している。これにより，ハイブリッド車の燃費性能は30.8km/ℓ（JC08モード）。
アクセラレーション [acceleration]　①加速。②加速度。③瞬間加速。対デイセラレーション。
アクセラレーション・スキッド・コントロール [acceleration skid control; ASR] ASR[4] 独。
アクセラレーション・センサ [acceleration sensor]　加速度検出器。＝Gセンサ。例エア・サスペンションのボデー上下運動検出用。
アクセラレーション・パフォーマンス [acceleration performance]　車の加速性能。次の2通りの測定方法がある。①発進加速で一定距離を走行する時間。②追い越し加速で一定速度まで加速する時間。
アクセラレータ [accelerator]　加速器，加速ペダル。
アクセラレーティング・アビリティ [accelerating ability]　加速能力。
アクセラレーティング・ウェル [accelerating well]　キャブレータの加速用燃料を溜めておくところ。加速用燃料溜め。
アクセラレーティング・ジェット [accelerating jet]　キャブレータの加速用燃料の流出孔。燃料の流量を規制する。
アクセラレーティング・システム [accelerating system]　キャブレータの加速系統。アクセル・ペダルを強く踏み込んだときに燃料を噴出するメカニズム。加速ポンプ，チェック・バルブ，加速ジェット，加速ノズルなどで構成されている。
アクセラレーティング・ポンプ [accelerating pump]　キャブレータの加速ポンプ。ピストン式とダイアフラム式とがあり，アクセルを強く踏むと加速に必要な燃料を噴出する。

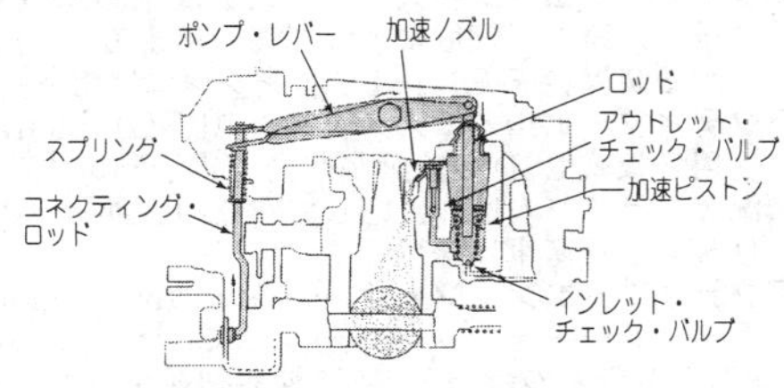

アクセラレーティング・ポンプ

アクセラレーティング・レジスタンス [accelerating resistance]　加速抵抗。加速時に受ける運動抵抗。
アクセラレート [accelerate]　①加速する。②促進する。対ディセラレート。
アクセラロメータ [accelerometer]　加速度計。対ディセラロメータ。
アクセル [accel]　アクセラレータ（accelerator）の略。加速器，加速ペダル。
アクセル位置（いち）センサ [accel position sensor]　☞アクセル・ペダル・ポジション〜。
アクセル・グリップ [accel grip]　二輪車のハンドルに付いている加速用の握り。ここを回すことにより，キャブレータのスロットル・バルブを開閉する。
アクセル・スイッチ [accel switch]　電気空気式エキゾースト・ブレーキにおいて，アクセル・ペダルと連動してエキゾースト・ブレーキの電気回路を断続するスイッテ。
アクセル・ストローク [accel stroke]　アクセル・ペダルの移動距離，踏み込み量。
アクセル・センサ [accel sensor]　☞アクセル・ペダル・ポジション・センサ。
アクセル・ペダル [accel pedal]　アクセラレータ・ペダル（accelerator pedal）の

略。加速ペダル，加速器。

アクセル・ペダル・ポジション・センサ [accel pedal position sensor]　アクセル・ペダルの踏み込み量を電気的に検出する装置。例①ガソリン・エンジンの場合：スロットル・バルブをモータで駆動する電子制御スロットルのアクセル・ペダル踏み込み量検出器。＝アクセル・ポジション～，アクセル～。②ディーゼル・エンジンの場合：アクセル・ペダルの開度を検出してコントロール・ユニットに送り，燃料の噴射量を制御する。＝アクセル位置センサ。

アクセル・ポジション・センサ [accel position sensor]　☞アクセル・ペダル～。

アクセル・リンク [accelerator linkage]　アクセル・ペダルの動きをスロットル・バルブに伝えるための連結棒。

アクセル・レスポンス [accelerating response]　アクセル・ペダルを踏み込んだ時のエンジンの吹け上がり具合。加速の応答性。

アクセル・ワーク [accelerator work]　アクセル・ペダルのペダル操作。

アクチュアル・エフィシェンシ [actual efficiency]　現実効率，正味効率。

アクチュエータ [actuator]　機械などを作動させるもの。作動部。例電子制御の作動部（センサ→コンピュータ→アクチュエータ）。

アクチュエーティング・アーム [actuating arm]　（機械の）作動腕。

アクチュエーティング・カム [actuating cam]　（機械の）作動カム。

アクチュエーティング・リンケージ [actuating linkage]　（機械の）作動リンク類。

アクチュエーティング・レバー [actuating lever]　（機械の）作動レバー。

アクティブ [active]　活動的な，活気のある，能動的な，積極的な。例～サスペンション。対パッシブ。

アクティブ・エア・シャッタ [active air shutter]　ラジエータの前にブラインド式のシャッタを設け，エンジン負荷の低い領域や冷寒時にはシャッタを閉じておき，暖機性能や空力性能を向上させる装置。マツダが2013年にガソリン車に採用したもので，必要なときだけ冷却風を取り込むことにより，実用燃費性能の向上を図っている。同様な装置をレクサスでは，アクティブ・グリル・シャッタと呼んでいる。

アクティブ・エキゾースト・システム [active exhaust system]　メイン・マフラ内部の排気通路を回転域によって切り換えることにより，排気効率の向上と排気音の低減を図る装置。三菱MIVECエンジンに採用された可変マフラ機構。

アクティブ・エル・エス・ディー（LSD） [active limited slip differential]　リヤ・デフ用多板式LSDの差動制限力を電子制御することにより，車両の走行状態や路面状況とドライバの操作に応じて左右の駆動輪へのトルク配分を最適化する差動制限装置(LSD)。日産車に採用。

アクティブ・エンジン・ブレーキ [active engine brake]　コーナリング時にエンジン・ブレーキをコントロールして，ドライバの減速や制動を補助する装置。日産が2013年発売の新型SUVに世界初採用したもので，コーナリング時にアクセル・センサと舵角センサ，その他ブレーキ液圧やストップ・ランプ・スイッチから要求減速度を算出して，CVT（無段変速機）のギア比を高めてエンジン・ブレーキを強め，車速のコントロールを容易にするよう制御している。

アクティブ・エンジン・マウント [active engine mount; AEM]　エンジンの振動が車体に伝わるのを抑制するために開発された一種の油圧ダンパ式エンジン・マウントで，アイドル時の振動やこもり音を低減する。主にディーゼル・エンジンに使用されている。☞ ACM²。＝ハイドロリック～。

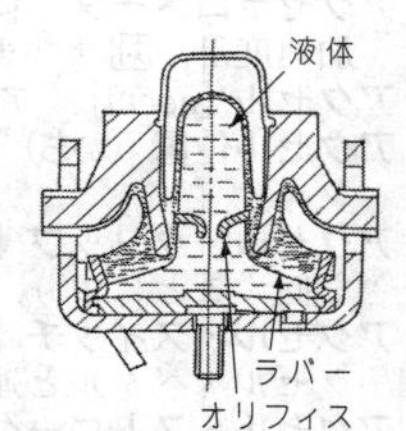

アクティブ・エンジン・マウント

アクティブ・カーボン [active carbon]　活性炭。木炭に特殊処理を施し，気体又は色素に対する吸着能力を高めたもので，燃料タンクの蒸発ガスHCを吸着するチャコール・キャニスタの活性剤として使用される。

アクティブ・カレント [active current]　有効電流。

アクティブ・グリル・シャッタ [active grill shutter]　☞アクティブ・エア・シャッタ。

アクティブ・コントロール・アンチロック・ブレーキ・システム [active control anti-lock brake system; A-ABS system]　緊急回避制動時（ABS作動時）に障害物を回避する場合，車両の横滑り（オーバステア）を積極的に抑制するよう制御するシステム。システムとしては，従来のABSにヨーレート・センサと横Gセンサを追加。ホンダ車に採用。

アクティブ・コントロール・エンジン・マウント [active control engine mount; ACM]　電子制御式エンジン・マウント。エンジンの振動・騒音をアイドリングや高速走行など運転状況を問わず大幅に低減するため，エンジン・マウントに封入した液体を電子制御で最適に加振することにより，エンジンからの振動を相殺する。特にディーゼル・エンジンでは有効な装置。日産やトヨタなどで採用。

アクティブ・コントロール・サスペンション [active control suspension]　トヨタが採用したサスペンションの一種。ショック・アブソーバの代わりに油圧アクチュエータを四輪に配置し，電子制御により加減速時や旋回時の車両姿勢変化を大幅に減少させ，フラットな姿勢を維持するとともに，乗り心地と操縦性・安定性を高次元で両立させている。

アクティブ・サウンド・コントロール [active sound control; ASC]　車から出る音を積極的に制御して，不快な音を抑制したり，快適な音や音量を作り出すこと。①ホンダ：低エンジン回転数で走行する際，車室内に発生するこもり音を低減する。オーディオ用のスピーカを利用して，騒音と逆位相の波形をもつ音を発生させ，音そのものを打ち消してしまうもので，主に低周波の騒音に効く。②レクサス：スポーツ・モードで走行時，走行音を電気的に生成して，専用スピーカから出力する。

アクティブ・サスペンション [active suspension]　電子制御により，空気圧や油圧を利用して車両の姿勢を制御する懸架装置。

アクティブ・スタビライザ [active stabilizer]　左右のサスペンションを連結しているスタビライザのロール剛性を油圧により可変制御するもの。シトロエンに採用。

アクティブ・スタビリティ・アシスト [active stability assist]　曲がりくねった道路などを安全に走行するするための支援装置で，日産が2009年に採用したもの。インテリジェント・クルーズ・コントロール（車間距離制御装置）付き車にコーナリング・スタビリティ・アシスト機能（山岳路などを走行中にブレーキやエンジンを統合制御して，カーブ走行時の安全性を高める機能）が追加され，さらに左右制動力配分機能やブレーキ効き感向上機能も備えている。

アクティブ・スタビリティ・コントロール・システム [active stability control system; ASC]　三菱が採用した制動力制御システム。ABS，TCL（トラクション・コントロール）機能に加え，走行条件に応じて四輪の制動力を個別にコントロールすることにより，前後力・横力を制御して限界走行時の危険な車両の挙動変化を抑制する予防安全システム。☞VSC，VDC，VSA。

アクティブ・ステアリング機構（きこう） [active steering system]　走行速度に応じてステアリング・ギア比を適宜変更して操作性を高めるとともに，車両の横滑りなどを検知して前輪の向きを自動修正し，安定性の向上を図るシステム。日産，トヨタ，BMWなどが採用したもので，ステアリング・ギア比の可変機構には操舵制御用のモータを組み合わせている。通称，アクティブ・ステア。

アクティブ・スポイラ [active spoiler]　電子制御式の可動エア・スポイラ。例低速のうちは格納されていて高速になると自動的にダウンするフロント・スポイラ。トヨタ車に採用。

アクティブ・セーフティ [active safety]　予防安全。事故を未然に防止するための車両

ア

の安全装置。例 ABS，TRC（TCS），ESC，ACC，4WD，4WS，ブレーキ・アシスト，ハイマウント・ストップ・ランプ，コーナリング・ランプ，HIDヘッドランプ，自動ブレーキ。対 パッシブ〜。

アクティブ・ダンパ [active damper]　減衰力可変ダンパ。電子制御により減衰力をほぼ無段階に調整することにより車体の上下動が減少し，乗り心地が良くなる。

アクティブTRC（ティーアールシー） [active traction control]　トヨタがオフロード車に採用した，トラクション・コントロール（TRC／駆動力制御装置）の一種。TRCに四輪のブレーキを独立して制御できる機構を取り入れたもので，不整地やぬかるんだ路面でデフロックに代わって強力なLSD効果を発揮する。2002年には，この装置にダウンヒル・アシスト・コントロール（DAC／急坂降坂支援装置）とヒルスタート・アシスト・コントロール（坂道発進支援装置）を組み合わせた「新アクティブTRC」を導入し，オフロードの走破性をさらに高めている。

アクティブ・テスト [active test]　車載の電子システムの作動診断の専用ツールにより信号を出力して，電子システムを強制作動させること。

アクティブ・ドライビング・アシスト [active driving assist; ADA]　富士重工が採用したステレオ画像を用いたドライバ支援システム。2基のCCDカメラを用い，前方の車線と複数の物体を同時に三次元認識し，ドライバに必要な警報や車両の制御を行うことを可能にするシステム。①車間距離警報。②車線逸脱警報。③車間距離制御クルーズ・コントロール。④カーブ警報／制御。

アクティブ・ドライビング・ディスプレイ [active driving display; ADD]　ヘッドアップ・ディスプレイ（HUD）の一種で，マツダが2013年に採用したもの。HUDは通常，前面ガラスに投影するが，マツダのディスプレイは専用スクリーン（コンバイナ）を使用している。このスクリーンは樹脂製で，エンジンを始動するとドライバの前面にモータ駆動で立ち上がり，走行速度，クルーズ・コントロールなど走行支援システムの情報，ナビゲーションの右左折情報などをカラーで表示している。

アクティブ・トルク・コントロール・カップリング4WD [active torque control coupling four-wheel-drive system; ATCC4WD]　4輪駆動装置（4WD）の一種で，マツダが2005年に採用したスタンバイ方式のもの。車輪速，ヨー，横G，スロットル開度，デフ油温などの情報を基にABSやDSC（ESC）と協調制御しながら，リア・デフ内に設けた多板クラッチ式電磁カップリング（ATCC）を電子制御することにより，後輪トルク配分ゼロのFF状態から前後直結4輪駆動の範囲で，後輪に駆動力を伝えている。2012年以降は，「i-Activ AWD」と改称された。

アクティブ・トルク・スプリット方式（ほうしき） [active torque split type]　FFベースのフルタイム四輪駆動車の前後トルク配分方式。マルチプレート・トランスファの作動油圧を電子制御でコントロールする。富士重工のAT車に採用。

アクティブ・トルク・トランスファ・システム [active torque transfer system; ATTS]　ホンダがFF車に採用した左右駆動力配分システム。旋回中の加速・減速に対する車両挙動の大きな変化（アンダステア／オーバステア）を低減する。駆動力を左右に配分するため，MCU（moment control unit）を備えている。

アクティブ・トレース・コントロール [active trace control]　強いコーナリング時に内輪側に微かにブレーキをかけ，走行ラインを外側に膨らませないようにする装置。日産が2014年発売の新型車に採用したもので，旋回中に内輪にブレーキをかけることでヨー・モーメントの発生を助け，アンダステアを抑制している。VDC（横滑り防止装置）と異なるのは，アクセル・オンで作動すること。

アクティブ・ノイズ・コントロール・システム [active noise control system; ANCsystem]　日産が採用した自動車用アクティブ騒音制御システム。エンジン回転二次で発生するこもり音に対し，同振幅・逆位相の音波を発生させて，これを打ち消すシステム。

アクティブ・ハイト・コントロール [active height control; AHC]　トヨタ車に採用さ

れた車高調整装置。スイッチ操作で車高をノーマルの位置から上下90mmを路面の状況に応じて調整ができる。

アクティブ・ハイビーム [active highbeam; AHB] オートマティック・ハイビームの一種で，ボルボが2013年に採用したもの。ハイビーム選択時，カメラを利用して対向車のヘッドライトや先行車のテール・ライトを検出し，対向車や先行車が眩しくならないようにハイビームからロービームに自動的に切り替える。ロービームに切り替える必要がなくなった場合には，約1秒後に再びハイビームに自動復帰する。

アクティブハイブリッド [ActiveHybrid; AH] ハイブリッド車の車名で，BMWが発売したもの。アクティブハイブリッドX6（AHX6／2009年），アクティブハイブリッド7（AH7／2010年），アクティブハイブリッド5（AH5／2012年），アクティブハイブリッド3（AH3／2012年）などがある。

アクティブ・バキューム・ブースタ [active vacuum booster] ブレーキ・ブースタの一種で，ブレーキ・ペダルとは別個に作動させることのできるもの。車間距離制御装置（ACC）用に開発されたもので，車間距離を一定に保つために必要に応じてドライバの意志とは無関係にブレーキを作動させるため，センサからの信号によりブースタのバルブが電気的に起動する。

アクティブ・バルブ・コントロール・システム [active valve control system; AVCS] 富士重工が採用したエンジンのバルブ・タイミングを連続可変する装置。吸気側カムシャフトの位相を油圧でコントロールして，バルブ・タイミングを連続的に変化させることにより，低中速トルクの増大や燃費の向上を図っている。

アクティブ・フォー・ホイール・ステアリング（4WS） [active four wheel steering] トヨタが採用した後輪自動操舵（ヨーレート・フィードバック）式四輪操舵システム。リヤ・サスペンション部に後輪操舵用のステアリング機構を設け，フロント・ステアリング機構とはケーブルによる機械的な連動で後輪を前輪と逆位相に操舵させ，電子制御により旋回性能や操縦安定性を大幅に向上させている。又，外乱要因（横風や急制動，低μ路での発進時）による車両の偏向を，フロント・ステアリングとは無関係に自転運動を打ち消すよう後輪を操舵させ，直進安定性を向上させている。

アクティブ・ブラインド・スポット・アシスト [active blind spot assist] 危険な車線変更による側面衝突防止の支援装置で，ダイムラー（MB）が2009年に採用したもの。ドライバの死角を監視するために車両の四隅に24GHzのミリ波レーダ（近距離レーダ）が配置されており，時速30km以上の速度で走行中，ドライバの死角内に他車があるとアウタ・ミラー内に赤いシグナルを表示し，ターン・シグナルを作動させるとアウタ・ミラー内に警告灯が点滅すると同時に警告音を発する。さらに，衝突の危険が避けられない場合には片側車輪に対して補正ブレーキが作動して，コースを修正する。ブラインド・スポット・アシストの進化版。

アクティブ・プレビュー・イー・シー・エス（ECS） [active preview electronic control suspension] 三菱車に採用された電子制御サスペンション。プレビュー・センサとサスペンションの上下動から路面を推定して，サスペンション特性を制御する。

アクティブ・ヘッドレスト [active head restraint] 後面衝突時の衝撃に合わせてヘッドレストを機械的に斜め上方に動かし，むち打ち症を低減する安全装置。1998年に日産が国内で初めて採用し，その後，各メーカで採用した。

アクティブ・ベンディング・ヘッドライト [active bending headlight] 曲線道路において車の進行方向を照らすヘッドライトの一種で，ボルボが2012年に採用したもの。前方の道路の方向をカメラで判断し，約30度の範囲でヘッドライトの照射方向を切り替える機能であるが，ステアリングの動きと連動する方式ではない。これにより，コーナに進入するより前に進行方向を照らすことができる。

アクティブ・ボデー・コントロール [active body control] MBに採用された電子制御による車体の姿勢制御。四輪の油圧ユニットでサスペンションの挙動をアクティブに制御し，コーナをフラットな姿勢を保ったまま曲がることができる。

アクティブ・マティリアル [active material] 作用物質，活性物質。例バッテリ極板の酸化鉛。

アクティブ・ヨー・コントロール・システム [active yaw control system; AYC] 三菱車に採用された，左右駆動力移動システムによる減速感のないヨー・モーメント制御装置。4WD車の後輪にトルク・トランスファ・デフを設け，電動油圧ユニットにより駆動力の移動量と移動方向をあらゆる場面で最適になるよう制御することにより，ドライバの意志通りのコーナリングを実現する。

アクティブ・ライド・コントロール [active ride control] エンジンとブレーキを制御し，路面を問わず快適で安定した乗り心地を実現する装置。日産が2013年発売の新型SUVに世界初採用したもので，直噴ガソリン・エンジンとCVT（無段変速機）を組み合わせ，電子制御スロットルとVDC（横滑り防止装置）を協調制御して不整路面などにおけるピッチングを抑制し，乗り心地を高めている。

アクティブ・リア・ホイール・ステア [active rear wheel steer] 四輪操舵システムの一種で，ポルシェが採用した電子制御式のもの。後輪を動かすのは2個の電気機械式アクチュエータで，50km/h以下では前輪と逆位相に，80km/h以上では同位相方向に後輪を最大1.5度（または3度）の角度まで操舵することにより，俊敏性と安定性が得られる。このシステムは，PTVplusと協調制御されている。

アクティブ・リミテッド・スリップ・ディファレンシャル [active limited slip differential] ☞アクティブ・エル・エス・ディー。

アクティブ・リヤ・ステア・システム [active rear steer system; ARS] トヨタ車に採用された電子制御四輪操舵システム。あらゆる走行条件の変化（横風，積載時，スタッドレス・タイヤ装着，路面の変化等）に対して，常に目標スリップ角≒0になるよう後輪操舵を制御し，オーバステア傾向を抑制して高い操縦安定性を確保する。

アクティブ・レーン・キーピング・アシスト [active lane keeping assist] 車線維持支援装置（LKA）の一種で，ダイムラー（MB）が2009年に採用したもの。前面ガラス上部にカメラを取り付け，時速60km以上で走行時にレーン・マーカ（白線）を捕らえ，車線を逸脱すると自動的にステアリング・ホイールが振動してドライバに警告を与える。警告が行われてもドライバによる操作が行われなかった場合には，補正ブレーキが車両を車線内に戻すように働く。

アクティブ・レーン・コントロール [active lane control] 運転支援システムの一種で，日産が2013年に採用したもの。ダイレクト・アダプティブ・ステアリング（DAS）の自動操舵を利用したもので，70km/h以上の速度で走行中にカメラが白線を認識し，車両が車線の中央付近を維持できるよう，修正操舵を加える。類似のシステムにレーン・デパーチャ・プリベンション（LDP）があるが，LDPは車線を逸脱しそうになった場合に警報とともに逸脱しそうな側とは反対の前後輪ブレーキを独立して作動させ，車線逸脱を防止しているのに対し，アクティブ・レーン・コントロールは，そうなる以前の「微小なふらつき」を修正するのが目的。

アクティベーテッド・カーボン [activated carbon] ☞アクティブ・カーボン。

アクメ・スレッド [acme screw thread] アメリカの台形ねじ。ねじ山の角度は29°，直径はインチ，ピッチは25.4mm。

アグリカルチュラル・トラクタ [agricultural tractor] 農耕用トラクタ。

アグリモータ [agrimotor] 農耕用トラクタ。

アクリル樹脂（じゅし） [acrylic resin] アクリル酸・メタクリル酸などを重合してできる合成樹脂の総称。耐水・耐酸・耐アルカリ・耐油性があり，透明で弾性がある。安全ガラスの張り合わせ剤や塗料などに用いられる。

アクリル塗装（とそう） [acrylic painting] 主に補修用の全面塗装に用いられるノンポリッシュ・タイプの塗装で，新車の焼き付け塗装に匹敵した光沢が得られる。乾燥に時間を要するため，原則として塗装ブースが必要。又，硬化剤としてシアン系のイソシアネートを使用するため，取り扱いに注意を要する。

ア

アクリロニトリルブタジエン・ゴム [acrylonitrile-butadiene rubber; nitrile-butadiene rubber; NBR]　合成ゴムの一種。ブタジエンとアクリロニトリルを共重合して作り，耐油性に富む。略してニトリル・ゴム。例タイミング・ベルトの素材。

アクリロニトリルブタジエン・スチレン・レジン [acrylonitrile-butadiene styrene resin; ABS resin]　☞ABS樹脂。

アクロヘッド・タイプ [Acro-head type]　（ディーゼル・エンジンの）予燃焼室型。＝プレチャンバ・タイプ。

アクロレイン [acrolein]　アルデヒドの一種で，アクリル・アルデヒド，アリル・アルデヒドなどの別名がある。刺激臭のある無色の有毒な液体で，スモッグ中から検出されることがある。化学式 CH_2・CH・CHO。

アコースティック [acoustic]　①音響の。②楽器が電子装置を用いていないこと。

アコースティック・ガラス [acoustic glass; sound insulating glass]　高遮音性ガラス。2枚のガラスの間に高減衰フィルムをサンドイッチ状に挟んだもので，車外騒音（特に高周波音）の侵入を防ぐ効果がある。フロント・ガラスのみならず，ドアや後部窓ガラスにも利用される。ハーモニック・ガラスとも。

アコースティック・コントロール・インダクション・システム [acoustic control induction system; ACIS]　トヨタ車に採用された2段可変吸気システム。エンジン回転数とスロットル開度により吸気マニホールドの見かけ上の長さを2段に切り換え，低速から高速までの全域にわたって吸入効率を高め，トルクを向上させる。

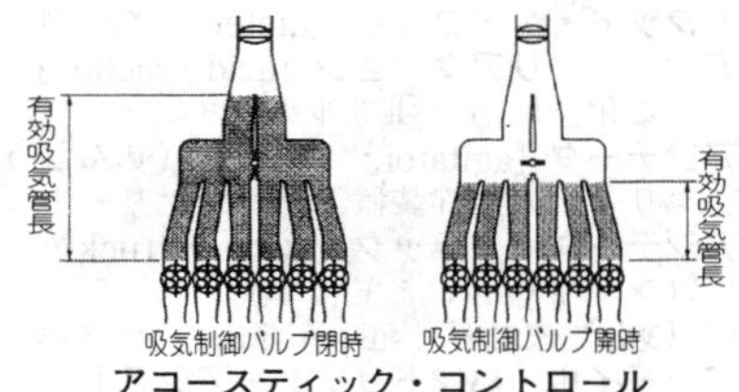

アコースティック・コントロール・インダクション・システム

アコースティック・フレーバ [acoustic flavor; ACS]　カー・オーディオでディジタル・シグナル・プロセッサ（DSP）を用いて好みの音質を再現するもの。例えば，ROCK，MOOD，TALKなど。

アコード・ハイブリッド [Accord Hybrid]　☞スポーツ・ハイブリッドi-MMD。

アコード・プラグイン・ハイブリッド [Accord Plug-in Hybrid]　充電式ハイブリッド車（PHV）の車名で，ホンダが2013年に限定販売したもの。ハイブリッド・システムは基本的にはアコード・ハイブリッドのものを使用しているが，大きな違いは電力容量6.7kWhのリチウムイオン電池（アコード・ハイブリッドは1.3kWh）を搭載していることと，外部充電が可能であるということ。駆動用バッテリの満充電時のEV（電気自動車としての）走行距離は37.6kmで，エンジン走行と組み合わせた複合燃料消費率は70.4km/ℓを達成しており，電力量消費率は9.26km/kWh。別売りの外部給電機で，AC100Vの非常用電源としても使用できる。☞複合燃費。

浅皿（あさざら）ピストン [shallow dish piston]　ピストン・ヘッドを浅い皿型にえぐったような形状のピストン。希薄（成層）燃焼において均質燃焼する領域での高出力の確保を有利にするためのもの。日産のNEO Diガソリン・エンジンに採用。

浅底（あさぞこ）リム [semi drop center rim; SDC rim]　小型トラックなどに用いられるタイヤ・リムの形状。片側のリム・フランジ（サイド・リング）が取り外せるようになっている。

アシィ [ass'y]　アセンブリ（assembly）の略，組み立て部品一式。ASS'Y，Ass'yとも表す。＝アッシィ。

アジ化（か）ナトリウム [sodium azide]　化学記号 NaN_3。運転席用エアバッグのガス発生剤として使用された。火薬の爆発による高温で，瞬時に窒素ガスと金属ナトリウムに分解する。しかし，未使用のまま車がリサイクルされたとき漏れると，酸と反応して有毒なアジ化水素（HN_3）が発生するため，安全な非アジ化ガス発生剤に変更された。
アシスタ［assister］　①助手，援助者。②支援装置。例㋑ブレーキ～。㋺ステアリング。☞ブースタ。
アシスタント［assistant］　助手，補助者，手伝い。
アシスト［assist］　①助ける，助力する。②援助，助力。例㋑ブレーキ～。㋺モータ～。
アシスト・グリップ［assist grip］　握り棒の類。走行中身体の安定を保つためにつかまる取手の類。
アシスト・ストラップ［assist strap］　（バス立ち席の）つり革。
アシスト・スプリング［assist spring］　（ペダルなどの戻りをよくする）助けばね。
アシッド［acid］　酸。例サルフューリック～（硫酸）。
アシッド・バッテリ［acid battery］　酸電池。電解液に酸を用いる電池。例酸と鉛蓄電池。電解液に希硫酸，極板に鉛を用いた電池，実用されるバッテリの大部分はこの種のものである。
アシッド・プルーフ［acid proof］　耐酸性，酸に侵されない性質。
アシッド・メータ［acid meter］　酸の濃度計，比重計。＝ハイドロメータ。
アシッド・リアクション［acid reaction］　酸性反応。青いリトマス試験紙を赤色に変える化学反応。対アルカライン～。
アジテータ［agitator］　①扇動（せんどう）者。②撹拌（かくはん）機。例㋑パーツ・クリーナの撹拌装置。㋺コンクリート・ミキサ車の撹拌装置。
アジテータ・トラック［agitator truck］　撹拌（かくはん）機を装備したトラック。例コンクリート・ミキサ車。
足（あし）まわり［suspension］　サスペンション系の俗称。☞サスペンション。
アジャイル・ハンドリング・アシスト［agile handling assist; AHA］　ブレーキを独立制御することにより，屈曲路でのスポーティ走行や雪道など低μ路でのスムーズな運転などを支援する機能。ホンダが2015年発売の新型車に採用したもので，車両の横滑り時など限界領域で作動するVSA（ESC）に対して，限界領域手前でブレーキを緻密に制御し回頭性，ライン・トレース性及び緊急回避時の操縦性が高められる。
アジャスタ［adjuster］　①調整者。②調整器，調整装置。③損保会社の保険金調整者。
アジャスタブル［adjustable］　調整のできる，調整可能な。
アジャスタブル・サスペンション［adjustable suspension］　車の乗り心地を調整できる懸架装置。ショック・アブソーバの減衰力を運転席で調整することにより，ソフトな乗り心地やハードな乗り心地が選択できる。☞アジャスタブル・ショック・アブソーバ。
アジャスタブル・ショック・アブソーバ［adjustable shock absorber］　①ショック・アブソーバ単体で減衰力を数段階に調整できるもの。例ダイヤル調整式ショック・アブソーバ。②アジャスタブル・サスペンションのように，運転席からリモコン式にショック・アブソーバの減衰力を調整できるもの。＝アジャスタブル・ダンパ。
アジャスタブル・スパナ［adjustable spanner］　調整式スパナ。
アジャスタブル・ダイス［adjustable dies］　調整式雄ねじ切り工具。
アジャスタブル・ダンパ［adjustable damper］　☞～ショック・アブソーバ。
アジャスタブル・ブラシ［adjustable brush］　調整式ブラシ。例直流発電機の出力調整用第3ブラシ。
アジャスタブル・ベアリング［adjustable bearing］　調整式軸受。プレロードの調整ができる軸受。例ホイール用ベアリング。
アジャスタブル・リーマ［adjustable reamer］　調整式穴ぐり工具，拡孔器。☞リーマ。
アジャスタブル・レンチ［adjustable wrench］　調整式レンチ。調整式のねじ回しなど。例①モンキ～。②パイプ～。＝アジャスト～。

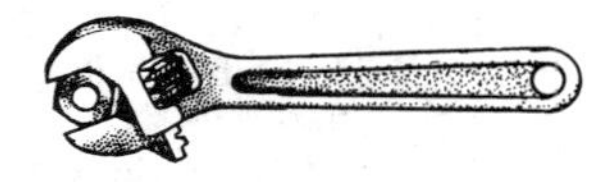

アジャスタブル・レンチ

アジャスティング・スクリュ [adjusting screw]　調整ねじ。例アイドル・アジャスティング～。＝アジャスト～。

アジャスティング・ナット [adjusting nut]　調整用ナット（雌ねじ）。＝アジャスト～。

アジャスト [adjust]　①調整する，具合をよくする，整備する。②保険の支払い金額を決定する。

アジャスト・スクリュ [adjust screw]　☞アジャスティング・スクリュ。

アジャスト・ナット [adjust nut]　☞アジャスティング～。

アジャスト・レンチ [adjust wrench]　☞アジャスタブル～。

アシンメトリカル [asymmetrical]　非対称の，不揃いの。対シンメトリカル。

アシンメトリカル・パターン [asymmetrical pattern]　☞非対称タイヤ。

アスピレータ [aspirator]　吸引器。例キャブレータ内にある通気用小穴類。＝エア・ブリード。

アスファルト [asphalt]　石油精製の残留物として得られる黒褐色の半固形物質。瀝青（れきせい）。例①路面舗装材。②電気絶縁材料。③車体下部に使用する耐食・防音・防振材。

アスファルト・シート [asphalt seat]　車体のフロア部等に使用するアスファルト製の防音，防振材。

アスペクト・レシオ [aspect ratio]　縦横比。例タイヤの偏平比（率），幅Sと高さHとの比。H／S。現在の乗用車で0.4～0.7くらいで，数値が少ないほど高速走行向き。

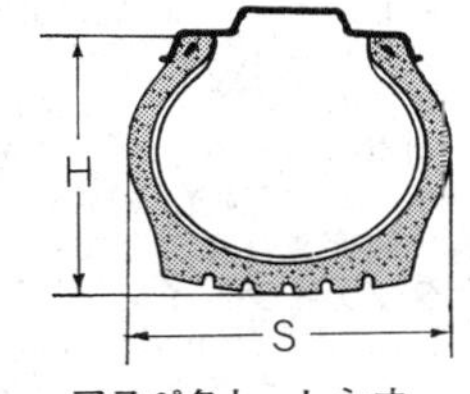

アスペクト・レシオ

アスベスト [asbestos]　石綿。天然産の鉱物で耐熱性が大きい。近年，アスベストの吸引が肺癌（がん）の一因とされ，自動車用のアスベストも他の材料に置き換えられた。例①ガスケット用。②クラッチ・フェーシング用。③ブレーキ・ライニング用。

アスベスト・フリー・フリクション・マティリアル [asbestos free friction material]　アスベストを全く使わない摩擦材。＝ノンアスベスト～。

アスベスト・フリー摩擦材（まさつざい） [asbestos free friction material]　発がん性物質であるアスベスト（石綿）を全く使用していない摩擦材。2004年以降はアスベストの使用が全面的に禁止され，ブレーキ・パッド，ブレーキ・ライニング，クラッチ・フェーシング等に用いる摩擦材は，①ガラス繊維やアラミド繊維などを合成樹脂やゴムなどで成形したノンメタリック系摩擦材，②金属繊維を合成樹脂で成形したセミメタリック系摩擦材，③焼結合金等のメタリック系摩擦材，などのノンアスベスト摩擦材に置き換えられた。

アセスメント [assessment]　①算定，評価。②下取車の査定。例環境～。

アセスメント・バリュー [assessment value]　下取車の査定価値，査定価格。

アセスメント・プライス [assessment price]　下取車の査定価格。

アセチレン [acetylene]　アセチレン・ガス。化学式C_2H_2。カーバイドに水を作用させて得られる可燃性の気体。強い光を発して燃え，燃焼範囲が広い。例酸素アセチレン溶接，溶断。

アセチレン・ガス・ジェネレータ [acetylene gas generator]　カーバイドに水を作用させ，アセチレン・ガスを発生させる装置。

アセトン [acetone]　化学式CH_3COCH_3。酢酸カルシウムの乾留によって生ずる引火性の液体。例①塗料の溶剤。②セルロイド接着剤。③液化アセチレンの溶媒。

アセンブラ [assembler]　①機械等を組み立てる人又は会社。②コンピュータ関連用語として，アセンブリ言語で書かれたプログラムを機械語に変換するプログラム。

アセンブリ [assembly]　機械の組み立て。組み立て部品（装置）一式。略してアシィ(ass' y)。＝アッセンブリ。

アセンブリ・ショップ [assembly shop]　組み立て工場。＝アッセンブリ〜。

アセンブリ・スタンド [assembly stand]　組み立て台。例エンジン・アセンブリ〜。＝アッセンブリ〜。

アセンブリ・ライン [assembly line]　コンベアを使用した流れ作業による組み立て作業列。例自動車メーカのアセンブリ・ライン。＝アッセンブリ〜。

アセンブル [assemble]　機械などを組み立てる。組み合わせる。＝アッセンブル。対ディスアセンブル（disassemble，分解する）。

遊（あそ）び [play]　☞プレー。

アタッチメント [attachment]　機械・器具の付属部品。特に，それを用いることにより本体の機器の用途が広がる部品。

アタッチング・スクリュ [attaching screw]　取り付けねじ。

アタッチング・プラグ [attaching plug]　電気の差し込み栓（せん）。

アダプタ [adapter]　適応器，適合器。ある機械を他の目的に応用するとき，取り付ける適合用補助金具又は装置。

アダプタ・ユニオン [adapter union]　接合器，アダプタの取り付けねじ。

アダプティブLEDヘッドランプ [adaptive light emitting diode headlamp; ALH]　夜間走行時の視認性を大幅に向上する新世代のヘッドランプで，マツダが2014年に発表したもの。ALHはLEDアレイ方式グレアフリー（防眩）ハイビーム，ワイド配光ロービーム，上下光軸調整機能付きロービームで構成されており，LEDによるハイビーム光源を四つのブロックに分割して個別に点消灯することが可能で，カメラで対向車のヘッドランプや先行車のテール・ランプなどを検知すると，その部分に照射している LED 光源のブロックのみを消灯する。これにより対向車や先行車のドライバを眩惑させることなく，常時ハイビーム走行が可能となる。☞LEDアレイ AHS。

アダプティブ・インテリジェント・ライド・コントロール [adaptive intelligent ride control; AIRmatic suspension]　MBに採用されたサスペンション名。別名AIRマチック・サスペンション。新開発のエア・サスペンションとアダプティブ・ダンピング・システム（ADS）で構成される。エア・サスペンションは，前後に各1個設けたヨー・センサとボンネット下の圧力センサなどで車体レベルを制御し，自動レベル・コントロール機能も備えている。これは手動で車体を上昇できるほか，車速に応じて自動的に車体を上下できる。

アダプティブ・クルーズ・コントロール・システム [adaptive cruise control system; ACC]　車間距離自動制御システム。前方を走行中の車両との車間距離をセンサで計測し，車間距離が設定された間隔以下に縮まらないように速度を自動調整するシステム。センサにはレーザ式とミリ波式とがある。日産車やトヨタ車の一部は自動ブレーキ機能を持つ。国産各社の呼称は次の通り。日産：自動ブーキ機能を持つ車間距離制御システム。トヨタ：レーダ・クルーズ・コントロール。三菱：三菱ドライバ・サポート・システム。ホンダ：ホンダ・インテリジェント・ドライバ・サポートシステム（HIDS)。富士重工：アクティブ・ドライビング・アシスト（ADA)。

アダプティブ・サスペンション・システム [adaptive suspension system]　積載荷重，車速，路面状況などに応じて，操縦安定性や乗り心地などを適応させる機構を備えた懸架装置。アクティブ・サスペンションやセミアクティブ・サスペンションがある。

アダプティブ・シフト・コントロール [adaptive shift control]　電子制御式自動変速機における，変速適応制御。フィードバック制御の一種で，エンジン回転数，車速，負荷などの情報を元にコンピュータが最適な変速時期やシフト・パターンを自動的に選択制御するもの。例えば，登坂時にコーナでアクセルを緩めてもアップ・シフトせず，降坂時はブレーキ操作を感知して自動的にダウン・シフトしてエンジン・ブレーキを働かせる。

アダプティブ・シャシ・コントロール［adaptive chassis control］　セミアクティブ・サスペンションの一種で，VWが2008年に採用したもの。四輪のダンパにソレノイドで作動する減衰力調整バルブを設け，ボディの加速度センサや車高センサからの情報により車両の姿勢を検知し，ダンパの減衰力を個別に調整している。この装置の商品名は，DCC（dynamic chassis control）。

アダプティブ・ダンピング・システム［adaptive damping system; ADS］　MBのAIRマチック・サスペンションに採用された電子制御可変減衰力ダンパ。ステアリング角センサとボデーの加速度センサ，ABS速度センサ，ブレーキ・ペダル・スイッチで横方向と前後方向の車体の加速度を測定し，このデータをもとにホイールごとの最適なダンパ設定を行う。

アダプティブ・ドライビング・ビーム［adaptive driving beam system; ADB］　配光可変型ヘッドランプの一種で，ハイビームをベースとしたもの。対向車や先行車の存在状況に応じてその配光を制御するオートマティック・ハイビーム（AHB）の進化版で，既に実用化されているAFS（曲線道路用配光可変型前照灯）がロー・ビームをベースに配光を制御しているのに対して，ADBではハイビームをベースに配光を制御しているのが特徴で，夜間の視認性が大幅に向上している。2009年にダイムラー（MB）がアダプティブ・ハイビーム・アシスト，2012年にはレクサスがアダプティブ・ハイビーム・システムの名称でそれぞれADBを採用している。

アダプティブ・ハイビーム・アシスト［adaptive highbeam assist］　☞アダプティブ・ドライビング・ビーム。

アダプティブ・ハイビーム・システム［adaptive high beam system; AHS］　☞アダプティブ・ドライビング・ビーム。

アダプティブ・ブレーキ・システム［adaptive brake system］　MBが採用した，ブレーキの新機能。雨天時にブレーキ・ディスクの水膜を除去し，制動距離を短縮する「ドライ・ブレーキ機能」，運転者がアクセル・ペダルから急に足を離したことを検知して急制動に備える「プライミング機能」，ブレーキ・ペダルを踏んでいなくても停車状態を維持する「ホールド機能」などを備えている。

アダプティブ・フロントライティング・システム［adaptive front-lighting system; AFS］　曲線道路用配光可変型前照灯。ステアリングと速度に連動したヘッドランプで，夜間における前照灯の視認性を向上させる装置。可動式ヘッドランプまたはコーナリング・ヘッドランプともいう。保安基準の改正により，AFSは国内では2002年10月に，欧州では2003年2月に正式認可された。

アダプト［adapt］　①適合させる，応用する。②改める。

アッカーマン［ルドルフ・アッカーマン; Rudolph Ackerman］　アッカーマン式変向装置の考案者。英国人。アッカーマンの考案した変向装置では，左右の前輪が平行なため，旋回中心が異なっていた。

アッカーマン・ジャントの原理（げんり）［Ackerman & Jeantaud's principle］　旋回時に前後の車輪が横滑りをおこさないステアリング・システム。イギリス人アッカーマンの考案をフランス人ジャントが改良した方式で，前輪操舵のすべての四輪車に採用されている。

アッカーマン・ステアリング［Ackerman steering］　アッカーマン式変向装置。前車軸本体を固定して車輪だけ動かして変向し，かつ，左右両輪の旋回中心が後車軸中心線上の一点で会するように設計された変向装置。

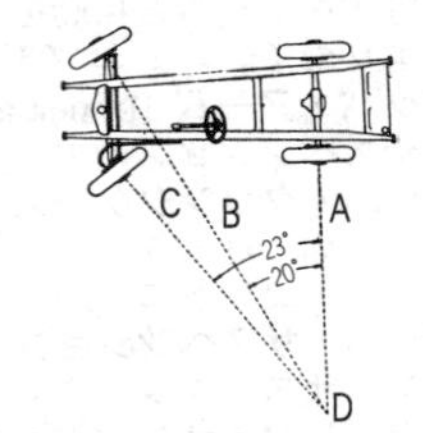

アッカーマン・ステアリング

アッカーマン・トラピーズ・フォーム［Ackerman trapeze form］　アッカーマン台形式。左右の前車輪を変向し，前輪軸中心線が後車軸線の延長上で交差し，これを回転中心として旋回する，いわゆるアッカーマン式かじ取り機構。

アッシィ [assy; ass'y; Ass'y; ASS'Y] アセンブリ（assembly）の略。組み立て部品（装置）一式。＝アシィ。

圧縮圧力（あっしゅくあつりょく） [compression pressure] 圧縮された気体（混合気）の圧力。ピストンの圧縮行程で発生する圧力。

圧縮応力（あっしゅくおうりょく） [compressive stress] 物体内のある点に生じる応力が，その点を含む微小部分に圧縮作用する単位面積当たりの力。

圧縮空気式制動倍力装置（あっしゅくくうきしきせいどうばいりょくそうち） [compressed air brake power assist] エンジンで駆動されるエア・コンプレッサの圧縮空気の力を利用して油圧ピストンを作動させるエア・油圧式ブレーキ。小さな踏力で所定の制動力が得られる。

圧縮行程（あっしゅくこうてい） [compression stroke] ☞コンプレッション・ストローク。

圧縮上死点（あっしゅくじょうしてん） [compression top dead center] ☞コンプレッション・トップ・デッド・センタ。

圧縮着火（あっしゅくちゃっか） [compression ignition] ☞圧縮点火。

圧縮点火（あっしゅくてんか） [compression ignition] ディーゼル・エンジンの点火方式。空気のみをシリンダの中で圧縮比13～21まで断熱的に圧縮すると，数百度の高温になる。そこに燃料を噴射して自然着火させる方式。☞ディーゼル・エンジン。

圧縮天然（あっしゅくてんねん）ガス [compressed natural gas; CNG] ☞CNG。

圧縮比（あっしゅくひ） [compression ratio] 燃焼室容積（A）とシリンダ容積（B）の和を燃焼室容積で割った値。圧縮比（R）＝A＋B／Aで表される。圧縮比はガソリン・エンジンで8～12，ディーゼル・エンジンで14～18くらい。

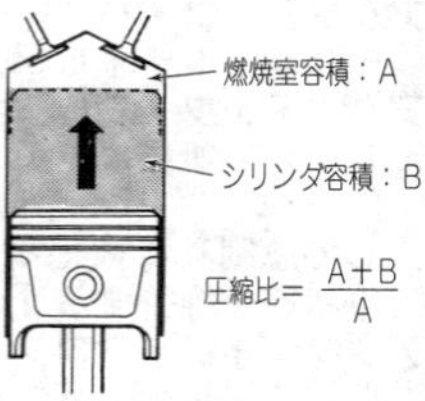

圧縮比

アッシュ・トレー [ash tray] （たばこの）灰皿。

アッシュ・リセプタクル [ash receptacle] 同前。

アッセンブラ [assembler] ☞アセンブラ。

アッセンブリ [assembly] ☞アセンブリ。

アッセンブリ・ライン [assembly line] ☞アセンブリ・ライン。

アッセンブル [assemble] ☞アセンブル。

圧送式（あっそうしき） [force-feed system] 潤滑油や冷却水などをポンプで加圧し，装置内を強制的に循環させたり，燃料をポンプでタンクからエンジンまで供給する方式。

圧電効果（あつでんこうか） [piezoelective effect] 物質にエネルギー（力）を加えると結晶の表面に電荷が発生する現象。＝ピエゾ効果。

圧電素子（あつでんそし） [piezoelectric element] 振動や圧力を加えると電気を出し，電圧を加えると振動を起こすロシェル塩やチタン酸バリウムなどの半導体結晶。＝ピエゾ素子。☞ピエゾTEMS。

アッパ・アーム [upper arm] 上腕。上側のアーム。例 ダブル・ウイッシュボーン・サスペンションのアッパ・アーム。対 ロア～。

アッパ・クランクケース [upper crankcase] 上部クランク室。多くの場合，シリンダと一体。対 ロア～。

アッパ・コントロール・アーム [upper control arm] ☞アッパ・サスペンション～。

アッパ・サスペンション・アーム [upper suspension arm] ダブル・ウイッシュボーン・サスペンションの上側のアーム。主にフロント・サスペンションに用いられるが，リヤ・サスペンションに用いる場合もある。＝アッパ・コントロール～。対 ロア・サスペンション～。

ア

アッパ・タンク [upper tank]　上部タンク。例 ラジエータの上部水槽。対 ロア～。
アッパ・デッド・センタ [upper dead center; UDC]　上死点。最上昇点。例 ピストンのアッパ・デッド・センタ。＝トップ～。対 ロア（ボトム）～。
アッパ・デッド・ポイント [upper dead point]　同前。
アッパ・バック・パネル [upper back panel]　リヤ・ウインドウ・ガラス下部のパネル。セダン・タイプの場合，左右のクォータ・パネルへつながり，ラゲージ・ルームとの仕切りにもなっている。
アッパ・ビーム [upper beam]　ヘッドランプの上向き光線。走行ビーム。＝ハイ～。対 ロア（ロー）～。
アッパ・ビーム・インディケータ [upper beam indicator]　ヘッドランプの上向きビームを表示する警告灯。
アッパ・ヘッダ [upper header]　ラジエータの上部タンク。対 ロア～。
アッパ・ボデー [upper body]　車体の上面。ボデー上部。対 アンダ～。
アッパ・リミット [upper limit]　上限，最大限度。対 ロア～。
アッパ・レール [upper rail]　上側レール。例 コンバインド（組み合わせ）型ピストン・リングにおいて，スペーサ・エキスパンダの上に入れるレール。サイド・レールともいう。対 ロア～。
アップシフト [up-shift]　変速機の低速用ギヤから高速用ギヤへの切り換え。シフト・アップは和製英語。対 ダウンシフト。
アップスウェプト [upswept]　（フレームなどの）上方湾曲。＝キックアップ。
アップ・ストローク [up stroke]　（ピストンなどの）上昇行程。対 ダウン～。
アップセッティング [upsetting]　（機械加工において軸や棒を）短く太くつぶす作業。例 ㋑バルブの傘を作る作業。㋺シャフト端にフランジを作る作業。
アップセット [upset]　①軸や棒の端を加熱加圧して短く太くする。②車輪などの内径を押し縮める。
アップセット・シャフト [upset shaft]　軸端を押しつぶしてつばを設けた車軸。例 フランジ付き後車軸。

アップセット・シャフト

アップドラフト・タイプ・キャブレータ [updraft type carburetor]　上向通風式キャブレータ。吸入空気がベンチュリ内を下から上に向かって流れる方式のもの。対 ダウンドラフト・タイプ～。
アップライト・ドリリング・マシン [upright drilling machine]　直立型穴あけ機，直立ボール盤。
アップロード [upload]　パソコンなどで一定量のデータをホスト・コンピュータに送信すること。対 ダウンロード。
アップワード・ストローク [upward stroke]　（ピストンなどの）上昇行程。対 ダウン～。
アップワード・ベンチレーション [upward ventilation]　キャブレータの上向通風式。＝アップドラフト・タイプ。
圧力（あつりょく） [pressure]　☞プレッシャ。
圧力計（あつりょくけい） [pressure gauge]　☞プレッシャ・ゲージ。
圧力（あつりょく）センサ [pressure sensor]　☞プレッシャ・センサ。
圧力調整器（あつりょくちょうせいき） [pressure regulator]　☞プレッシャ・レギュレータ。
アディアバティック [adiabatic]　断熱的な。熱の貫流に対する抵抗性能のある。
アディアバティック・エキスパンション [adiabatic expansion]　断熱膨張。熱の出入りがない状態で体積が増加すること。
アディアバティック・エンジン [adiabatic engine]　断熱エンジン。冷却装置を不要としたセラミック製エンジンで熱効率の向上を目指しているが，まだ実験段階である。
アディアバティック・コンプレッション [adiabatic compression]　断熱圧縮。気体が外部と熱の授受をせず，発熱，吸熱もなしに圧縮される過程。

アディション [addition]　①付加，追加。②付加物。

アディション・エージェント [addition agent]　添加剤。燃料や潤滑油を改質するために添加するもの。例㋑ガソリン用アンチノック剤の四エチル鉛。㋺軽油用アンチノック剤の亜硝酸アミル。㋩潤滑油用の酸化防止剤，清浄分散剤，粘度指数向上剤，流動点降下剤など。

アディティブ [additive]　①付加的の。②添加剤。

アディティブ・エア [additive air]　（気化器において高速時に入れる）付加空気，補助空気。

アテンション・アシスト [attention assist]　運転中の疲労や居眠りを感知し，危険が近づいたことをドライバに知らせる支援装置。MBが2009年に採用したもので，高速走行時のドライバの行動パターンをコンピュータが連続監視し，運転操作の状況，横風や路面の粗さなどの外部要因も含めた走行状態と比較して，居眠り運転などを感知すると警告音で知らせ，休憩を促す表示（コーヒ・カップのマーク）を点滅させる。同類のものに，ボルボのドライバ・アラート・コントロールなどがある。

アデンダム [addendum]　（ギヤの）歯先。ピッチ円から先の部分。

アデンダム・サークル [addendum circle]　（ギヤの）歯先円。対ルート～。

アデンダム・トゥース [addendum tooth]　ギアの歯先。

アトキンソン・サイクル [Atokinson cycle]　高膨張比サイクル。ガソリン・エンジンの燃焼サイクルで，オットー・サイクルと比較して膨張比が高い。トヨタが発売したハイブリッド車のエンジンに採用されている。既存エンジンは圧縮行程容量と膨張行程容量がほぼ同一のため，圧縮比と膨張比は基本的に同一となる。このため，膨張比を高めようとすると圧縮比も高くなり，ノッキングの発生が避けられず膨張比を高めることには限界があった。そのためインテークバルブの閉じる時期を遅くして，圧縮行程が始まる初期はシリンダに吸入した空気を一部インテーク・マニホールド側に戻し，圧縮の開始を実質的に遅らせることで，実圧縮比を高めることなく高い膨張比を得ることができる。

アドバース・ウェザ・ランプ [adverse weather lamp]　霧灯。＝フォグ～。

アドバイザ [adviser]　忠告者，顧問。例サービス・アドバイザ（トヨタ系ディーラのサービス・フロントマンの統一呼称）。

アドバンサ [advancer]　進め装置，早め装置。例点火時期の進角装置。ディストリビュータの遠心式および真空式進角装置。対リターダ。

アドバンス [advance]　①前進，前進する。②進歩，進歩する。例点火時期や燃料噴射時期を進める。対リタード。

アドバンス・オープニング [advance opening]　ピストンの死点（最上昇点又は最下降点）より先に吸気又は排気バルブが開くこと。

アドバンスト・カー [advanced car]　スタイルの研究，新技術の追求，生産者イメージの訴求などのため，先行開発するスタイル実験車。

アドバンスト・クルーズアシスト・ハイウェイ・システム [advanced cruise-assist highway systems; AHS]　☞AHS[1]。

アドバンスト・コンポジット・マティリアル [advanced composite material; ACM]　先端複合材料。ゴム・プラスチック・金属などの母材の中にガラス・ホウ素・炭素などの強化材を分散させ，より優れた特性を持たせたもの。例繊維強化プラスチック。

アドバンスト・セーフティ・パッケージ [advanced safety package]　先進安全装置をセットにしたもので，富士重工業（スバル）が2015年に設定したもの。従来のアイサイトver.3（自動ブレーキ等）の二つのカメラに加えてインナ・ミラー一体カメラを搭載し，ハイビーム・アシスト／自動防眩ミラー，アイサイト・アシスト・モニタ，サイドビュー・モニタ，スバル・リア・ビークル・ディテクションを追加している。

アドバンスト・セーフティ・ビークル［advanced safety vehicle; ASV］　先進安全自動車。現在発売されている車の安全性よりも更に高い安全性を狙ったもので，各自動車メーカが21世紀初頭の実用化を目指して開発を進めている。ASVの安全技術としては，①予防安全技術，②事故回避技術，③衝突時の被害軽減技術，④衝突後の災害拡大防止技術，などがある。☞ ASV[1]。

アドバンスト・トータル・トラクション・エンジニアリング・システム・フォー・オール・エレクトロニック・トルク・スプリット［advanced total traction engineering system for all electronic torque split; E -TS］　☞ E-TS。

アドバンスト・ヒル・ディセント・コントロール［advanced hill descent control］　オフロード等の急坂を安全に下降する装置（HDC）の一種で，日産が2013年発売の4WD車に採用したもの。傾斜度が10%以上であればスイッチ操作で前進でも後退でも作動し，アクセルやブレーキ・ペダルを解放していても，速度は4km/hに維持される。後退は4km/hで固定。

アドバンスト・フロントライティング・システム［advanced frontlighting system; AFS］　先進前照灯装置。欧州AFSプロジェクトとはユーレカ・プロジェクトの一つで，欧州6カ国・16企業が参加し，自動車用ランプの安全技術の標準化を目指している。日本の企業では，小糸製作所と市光工業が正式メンバとして承認を受けている。

アドバンスト・モービル・トラフィック・インフォメーション・アンド・コミュニケーション・システム［advanced mobile traffic information & communication system; AMTICS］　☞ AMTICS。

アドバンス・ポート［advance port］　点火時期の真空式自動進角装置（バキューム・アドバンサ）を作動させるために，負圧を取り出すキャブレータの孔。

アドヒーシブ［adhesive］　☞アドヘシブ。

アドヒーシブ・テープ［adhesive tape］　☞アドヘシブ・テープ。

アドヒージョン［adhesion］　粘着，固着。粘着力。

アドブルー［AdBlue］　最新ディーゼル・エンジンの「尿素SCRシステム」で用いる尿素水溶液。尿素32.5%と純水67.5%を混合した尿素希釈水で，使用率は燃料100に対して約3の割合。日本も欧州と同じ名称に統一しており，2007年現在，全国の約1,500拠点で供給できる。アドブルーはドイツ自動車工業会（VDA）の登録商標で，Advanced（先進）とBlue（青空のイメージ）に由来する造語。

アドヘシブ［adhesive］　①粘着性の，粘着性のもの。②接着剤。＝アドヒーシブ。

アドヘシブ・シーラ［adhesive sealer］　粘着性のある漏れ止め剤。

アドヘシブ・テープ［adhesive tape］　のり付きテープ。例塗装時に必要なマスキング・テープ。＝アドヒーシブ〜。

アトマイザ［atomizer］　噴霧器，霧吹き。例キャブレータ。

アトマイゼーション［atomization］　霧化すること。霧吹き作用。＝アトミゼーション。

アドミサブル・ロード［admissible load］　許容荷重。

アトミゼーション［atomization］　☞アトマイゼーション。

アドミッション・ストローク［admission stroke］　吸気行程。＝インレット〜。インテーク〜。サクション〜。

アトモスフィア［atmosphere］　大気，雰囲気。

アトモスフェリック・エア［atmospheric air］　大気圧下の空気，自由状態の空気。

アトモスフェリック・プレッシャ［atmospheric pressure; atm］　大気圧。標準気圧1atm ＝ 1,013hPa（ヘクトパスカル）。

アドレス［address］　①宛て名，住所。②コンピュータ用語で，記憶素子内にあるデータの書き込まれている場所。番号で割り当てられている。

アナライザ［analyzer］　分析計，分析的試験機。例㋑エンジン〜。㋺ガス〜。

アナリスト［analyst］　分析者。
アナログ［analog; analogue］　数量を連続的に変化する物理量で表示する方法。対ディジタル（デジタル）。
アナログ・アイ・シー［analog IC; analog integrated circuit］　アナログ回路を集積化し，一つのチップにしたもの。音の強さや温度のように連続的に変化する信号を扱うICで，リニアICとも呼ばれる。
アナログ・コンピュータ［analogue computer］　相似型電気計算器。例電気式回転計。略称アナコン。
アナログ信号（しんごう）［analog signal］　連続的に変化する物理量を信号値としたもの。例電話の音声信号。
アナログ・スピードメータ［analogue speedometer］　指針式速度計。☞デジタル～。
アナログ制御（せいぎょ）［analog control］　電気量（電流，電圧）や空気量などのアナログ量をマイクロコンピュータを使用せず，ダイオード・トランジスタ・ICなどのアナログ回路だけで構成されるECUで制御を行うこと。

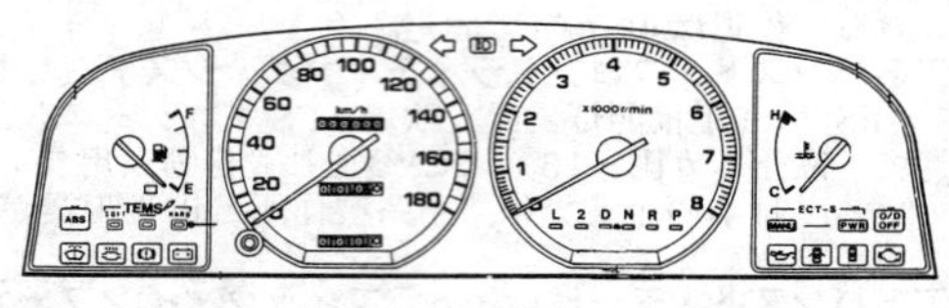

アナログ・スピードメータ

アナログ／デジタル変換（へんかん）［analog to digital conversion; A／D conversion］　連続量（アナログ量）を不連続な数字（デジタル量）に変換すること。A／D変換。例各種センサのアナログ信号をコンピュータで処理するためにデジタル信号に変換すること。A／D変換を行う装置をA／Dコンバータという。対デジタル／アナログ～。
アナログ・テスタ［analog tester］　数量が連続的に変化するテスタ。例指針式のサーキット・テスタ。対デジタル～。
アナログ・メータ［analog meter］　数量が連続的に変化するメータ。例指針式のスピードメータ。対デジタル～。
アニーリング［annealing］　焼鈍，焼きなまし。鋳造又は鍛造によるストレスを除く熱処理法。
アニールド・カパー［annealed copper］　焼鈍した銅，なまし銅。
アニオン［anion］　負に帯電したイオン。陰イオン。＝アナイオン。対カチオン（カタイオン）。
アニュラ［annular］　環状の，輪状の。
アニュラス・ギヤ［annulus gear］　環状内向歯車。例自動変速機用。
アニュラス・リング［annulus ring］　円環。
アニュラ・スロット・ノズル［annular slot nozzle］　ディーゼル噴射弁の一形式。リング状の隙間から燃料を噴射するピントル・ノズル。
アニュラ・バルブ［annular valve］　円形弁，環状弁。
アニュラ・フロート［annular float］　キャブレータの環状（ドーナツ状）フロート。フロート室中央のボルトを案内に上下する。例SUキャブレータ。
アニュラ・ボール・ベアリング［annular ball bearing］　環状球軸受。＝ボール～。

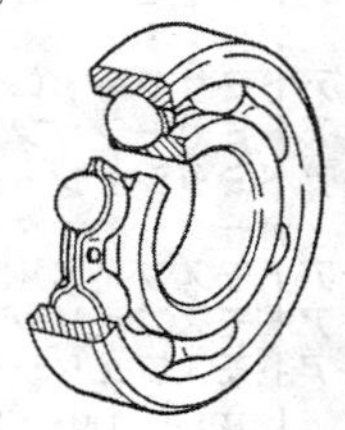
アニュラ・ボール・ベアリング

アネロイド・コントロール［aneroid control］　大気圧の変化に感応して行われる自動制御装置。例自動トランスミッションにおいて，標高の差によりシフト・ポイントを自動制御する装置。

アノード [anode]　陽電極。（真空管や電解槽において）電気が入る方の極。対 カソード。

アノード・プレート [anode plate]　陽極板。対 カソード～。

アバリッジ [average]　☞アベレージ。

アバリッジ・スピード [average speed]　平均速度。＝アベレージ～。

アパレータス [apparatus]　①器具。②装置。

アパレータス・ドライブ [apparatus drive]　（人の操作に代わる）機械操縦。

アピアランス [appearance]　①出現，出場。②外観，容姿（＝ルックス）。

アプセッティング [upsetting]　☞アップセッティング。

アブソーバ [absorber]　吸収するもの，吸収体。例 ショック～。

アブソープション・タイプ [absorption type]　（マフラの）吸音型，吸音材によって音を消す型。☞キャパシティ・タイプ。

アブソーブド・ナチュラル・ガス [absorbed natural gas; ANG]　☞ANG。

アブソーベント・マティリアル [absorbent material]　（マフラの）吸音材。例 石綿，グラスファイバ，金属繊維。

アブソーベント・メタル [absorbent metal]　（不純物を自己組織内に）吸収埋没性のある軸受メタル。例 すずを主体とするホワイト・メタル。

アブソルート・テンパレチャ [absolute temperature]　絶対温度。－273℃を0度とする熱力学的温度。記号は°K。

アブソルート・プレッシャ [absolute pressure]　絶対圧力。完全な真空状態を基準として測る圧力。一般の圧力計で測る圧力はゲージ圧といわれ，大気圧をゼロとしている。

アブソルート・ユニット [absolute unit]　絶対単位。基本単位の一定性が保証されている単位。例 CGS単位（センチ：長さ，グラム：質量，セコンド：時間）。

アフタ・アイドル補正機構（ほせいきこう） [after idle compensating device]　EFIエンジンにて，暖機中のまま発進したとき，混合気を一時的に濃くして走行性をスムーズにする燃料の増量システム。

アフタ・グロー・システム [after glow system]　ディーゼル・エンジンの急速予熱装置において，冷却水温が低いとき，エンジン始動後も暫くグロー・プラグに通電し続けるシステム。

アフタ・ケア [after care]　事後の世話。例 ㋑車両販売後の整備保証。㋺車の日常の手入れ（保守整備＝カー・メインテナンス）。

アフタ・コントロール [after control]　（電圧調整器をフィールド・コイルの）後に入れて出力調整を行う方式。AC方式。対 ビフォア～。

アフタ・サービス [after service]　主に車両販売後の一定期間内の無料点検整備作業を指す。

アフタ・トップ・デッド・センタ [aftertop dead center; ATDC]　ピストンの上死点後。バルブ・タイミングを表すのに用いる。

アフタ・ドリップ [after drip]　後だれ。例 ディーゼル噴射弁閉止後の燃料切れが悪い場合に起こる後だれ。＝アフタ・ドロップ，ドリブル。

アフタ・ドロップ [after drop]　☞アフタ・ドリップ。

アフタ・バーナ [after bumer]　排気ガス浄化用の再燃焼装置。排気ガス中に含まれる未燃焼のCOやHCを触媒コンバータやマニホールド・リアクタを使用して再燃焼させ，有害成分を除去する。

アフタ・バーニング [after burning]　後燃え。例 ㋑エンジン不調のためマフラで燃焼すること。㋺ディーゼル・エンジンの噴射遅れによる後燃え。

アフタ・バーン [after burn]　同前。

アフタ・ファイヤ [after fire]　後燃え。例 排気系で，過濃なガスや失火による未燃焼ガスが爆発的に燃焼する現象。大きな音を発することがある。＝アフタ・バーン。

アフタ・ボトム・デッド・センタ [after bottom dead center; ABDC]　ピストンの下死点後。バルブ・タイミングを表すのに用いる。

アフタ・マーケット [after market]　車両を販売した後に発生する保守整備，板金塗装，用品等の市場を指す。

アフタ・ラン [after run]　後回転。点火スイッチを切ってからもエンジンが回転し続ける現象。過熱した場合などに起こりやすい。＝ランオン。

アブノーマル・コンバッション [abnormal combustion]　①異常燃焼のことで，プレイグニションやポストイグニションなどがある。②スパーク・プラグ点火後における燃焼状態が異常なことで，ノッキングの原因となる。対ノーマル〜。☞プレイグニション，ポストイグニション。

アプライ・サイド [apply side]　力などの加え側。例㋑ベルトの張り側。㋺ギヤの歯の力のかかる側。㋩油圧装置の加圧側。対リリーフ〜。

油（あぶら）にじみ [oil seepage]　エンジン等の潤滑油が外部へしみ出ること。

油漏（あぶらも）れ [oil leakage]　エンジン等の潤滑油が外部へ漏洩すること。オイル漏れ。

アプリケーション [application]　①適用，応用，利用。②申し込み，申し込み書。

アプリケーション・ソフトウェア [application software]　☞アプリケーション・プログラム。

アプリケーション・プログラム [application program]　コンピュータ用語で，実用プログラムのこと。ワープロ用，データ・ベース用など，特定の仕事をするためのプログラム。アプリケーション・ソフトウェアともいう。

アプルーブド・カー [approved car]　承認車。下取りした中古車を点検，整備して保証を付けて販売するもの。認定中古車とも。

アブレーシブ・クロース [abrasive cloth]　みがき布，金剛砂布，エメリ・クロース。

アブレーシブ・マティリアル [abrasive material]　①研磨剤，砥ぎ粉，カーボランダムやエメリ。②潤滑油に混入した金属粉末やカーボン。

アブレージョン [abrasion]　（機械の）摩耗，すり傷，摩滅。

アプローチ・アングル [approach angle]　前オーバハング角。車両の前部下端から前輪タイヤの接線へと伸ばした線分と，地面とがなす最小角度。最大登坂角度に関係する。＝前オーバハング角。対ディパーチャ・アングル。

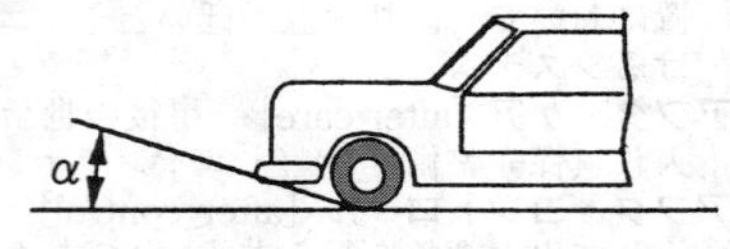

アプローチ・アングル

アベイラビリティ [availability]　個々の部品の供給の可能性。供給能力。

アベイラブル・エナジー [available energy]　有効なエネルギー，実際に利用できるエネルギー。例エンジンの指示馬力に対する実馬力。

アベイラブル・ヘッド [available head]　有効落差。自然落差から各種の摩擦などによる損失を差し引いた値。例流体の位置のエネルギー。

アペックス [apex]　頂上，先端，三角形の頂点。＝エイペクス。

アペックス・シール [apex seal]　（ロータリ・エンジンの）ロータ頂点とハウジングとの気密を保つもの。＝バーテックス〜。

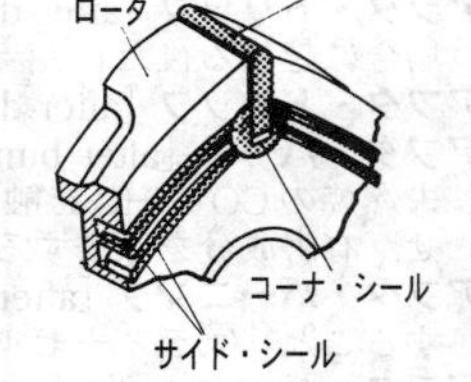

アペックス・シール

アベレージ [average]　①平均，平均する。②平均の，平均的な。＝アバリッジ。

アベレージ・スピード [average speed]　平均速度。＝アバリッジ～。
アボイド・アクシデント [avoid accident]　事故防止（交通安全標語）。
アマール [Amal]　二輪エンジン用キャブレータの名称。英国 Amalgamated carburettors Ltd の商品名で，可変ベンチュリ式。
アマルガム [amalgam]　水銀と他の金属との合金。
アミル・アセテート [amyl acetate]　酢酸アミル。化学式 $CH_3CH_2C_5H_{11}$。芳香のある無色の液体で，ラッカ・シンナの一成分。
アミル・アルコール [amyl alcohol]　別名ペンタノール。化学式 $C_5H_{11}OH$。不快な臭気をもつ無色の液体で，ラッカ・シンナの一成分。
アミル・ナイトライト [amyl nitrite]　亜硝酸アミル。化学式 $C_5H_{11}NO_2$。特有の香気をもつ緑黄色の液体で，ディーゼル燃料のアンチノック剤に使用。＝～ニトライト。
アムラックス [AMLUX]　トヨタ車の総合展示場の名称。東京の池袋にあり，5チャンネルの主だった販売車種や，モータ・スポーツ車の展示も行っていた。メーカ直営の情報発信基地。2013年末で閉鎖され，MEGA WEB に集約された。
アメス型（がた）シリンダ・ゲージ [ames type cylinder gauge]　シリンダ・ゲージの一種。ダイヤル・ゲージと測定子が直結されており，ゲージ本体をシリンダ内へ挿入して内径を測定する。対 カルマ型～。

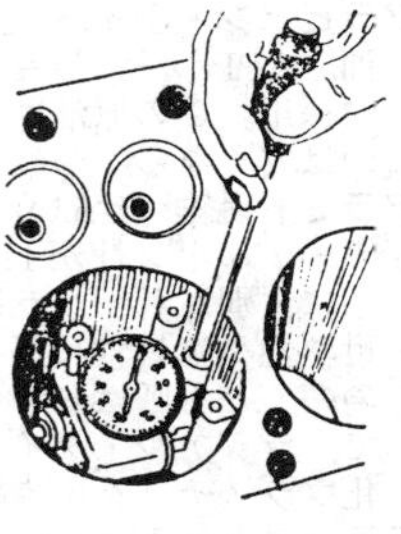

アメス型シリンダ・ゲージ

アメリカン・ペトロール・インスティテュート [American petrol institute; API]　☞ API，エー・ピー・アイ・サービス分類。
アメリカン・ワイヤ・ゲージ [American wire gauge; AWG]　☞ AWG。
アモルファス [amorphous]　①無定形の。②非結晶質の。＝アモーファス。
アモルファス合金（ごうきん） [amorphous metal]　非晶質合金。原子・分子が不規則に並んでいる合金で，強度が高く磁性体として有望視されている。
アラート [alert]　「警報」などを意味し，ウォーニング（warning）と同義語。例えば，ボルボのドライバ・アラート・コントロール（DAC／居眠り運転防止装置）。
アラーミング・ホーン [alarming horn]　警音器。＝クラクション。
アラーム [alarm]　①警報。②警音器。＝ホーン，クラクション。
アラーム・インディケータ [alarm indicator]　警報表示装置。＝～インジケータ。
アラーム・シグナル [alarm signal]　警報信号。
アラーム・ホイッスル [alarm whistle]　警笛（けいてき）。空気圧又は排気圧で吹鳴（すいめい）する警音器。
アラーム・ランプ [alarm lamp]　警報灯。機器や装置に異常が発生した場合，ランプの点灯により運転者に知らせるもの。例 ㋑エンジン油圧。㋺充電装置。㋩排気温度。＝ウォーニング～。
アライナ [aligner]　（変位変形などを調べる）整線点検装置。例 ㋑コンロッド～。㋺フロント・ホイール～。
アライニング・トルク [aligning torque]　復元回転力。例 操舵後の復元トルク。☞ セルフアライニング～。
アライメント [alignment]　☞ アラインメント。
アライン・ボーリング [align boring]　（一直線の多くの穴を）1本のボーリング・バーで穴ぐりする作業。例 ㋑クランク・メタルの穴ぐり。㋺カムシャフト・メタルの穴ぐり。＝ライン～。
アラインメント [alignment]　一列にすること，整列。例 フロント・ホイール～。＝

アライメント。

アラインメント・ゲージ［alignment gauge］　整列検査計測器。例①フロント・ホイール用（簡易型）。②コンロッド用。＝アライメント～。

アラインメント・テスタ［alignment tester］　整列試験器。例ホイール～（一般に前輪用又は前後輪用で据え付け式のもの）。＝アライメント～。

アライン・リーミング［align reaming］　（一直線上の多くの穴を）１本のリーマで仕上げる作業。☞アライン・ボーリング。

アラウンド・ビュー・モニタ［around view monitor; AVM］　日産が2007年に採用した駐車支援装置の一種で，車を上空から見下ろしたような合成画像をモニタに映し出すシステム。超広角（180°）高解像度カメラ４基を搭載し，画面を二つに分け，サイドとリア，上空映像とリアを同時に確認できるようにしている。高解像度カメラには，CMOS撮影素子（相補型金属酸化膜半導体）が使用されている。車両の四隅には超音波ソナーも併設し，画像とソナーを協調制御させることにより，ミニバンなど周辺に死角の多い車の車庫入れを支援している。☞CMOSカメラ。

アラビア数字（すうじ）［arabic numerals; arabic figures］　算用数字。1，2，3，…などの数字。

アラビアン・ライト［Arabian light］　サウジアラビアのガワール油田で生産される原油。APIボーメ度平均34.8度。OPECで原油価格を決める際の基準（マーカ）原油に採用。この原油より比重が大きいものや硫黄分の少ないものは価格が高く，逆のものは安くなる。

アラミド繊維（せんい）［aramid fiber; AF］　ガラス繊維の一種で，米国の化学工業メーカ・デュポン社が1960年代の前半に開発したもの。その分子構造からパラ系とメタ系に大別され，パラ系は高張力・高弾性率を有して耐熱性などに優れ，メタ系は長期耐熱性や難燃性に優れている。デュポン社の商品名はケブラー（Kevlar）で，「魔法の糸」とも呼ばれている。アラミドとは，全芳香族ポリアミド（PPTA）の一般名称で，ラジアル・タイヤのコード，タイミング・ベルトの芯材，ブレーキ・パッド，強化プラスチック用繊維，防護衣料などに用いられる。

アランダム［alundum］　酸化アルミニウム（アルミナ）を溶融したもの。溶融アルミナの商品名。耐火器具や研摩剤に使用。

アランダム・ホイール［alundum wheel］　溶融アルミナ製の砥石車。

アリゲータ［alligator］　①わに（動物の鰐）。②わに口工具。③平ベルト接続用わに口金具。④水陸両用自動車。

アリゲータ・タイプ［alligator type］　わに口型。例エンジン・フード（ボンネット）の前方が上へ開く構造のもの。

亜硫酸（ありゅうさん）ガス［sulfurous (sulphurous) acid gas］　二酸化硫黄。化学式SO_2。無色で刺激性があり水に溶け易い気体で，吸引すると呼吸器系に悪影響を与える。ガソリンや軽油に含まれる硫黄分（S: sulfur）が燃焼過程で亜硫酸ガスとなり，大気中に放出される。

アルカライン［alkaline］　アルカリの，アルカリ性の。

アルカライン・リアクション［alkaline reaction］　アルカリ反応。リトマス紙や溶液を赤から青に変える化学反応。対アシッド～。

アルカリ［alkali］　金属又はアンモニウムの水酸化物。アルカリ性反応を示し，酸と作用して塩をつくり，水に溶解しやすい。苛性ソーダ。

アルカリ乾電池（かんでんち）［alkaline dry cell］　アルカリ性水溶液を電解液に用いたマンガン乾電池。アルカリ―マンガン乾電池。

アルカリ・クリーナ［alkaline cleaner］　苛性ソーダなどアルカリを用いた部品洗浄装置。

アルカリ蓄電池（ちくでんち）［alkaline storage battery］　電解液にアルカリ（苛性ソーダ）液を用いた二次電池で，起電力は約1.4V。陽極に水酸化ニッケル，陰極に鉄粉又は鉄粉とカドミウム粉の混合物を用いる。長所としては，①軽量で低温特性がよい，②急速な充放電ができる，③寿命が長い，など。大型のものは電気自動車のブースタとして始動又は出力補助に使用され，小型のものは水銀電池として普及している。

アルキド樹脂（じゅし）［alkyd resin］　多塩基酸と多価アルコールとの縮合物を脂肪油や脂肪酸で変性したもの。塗料専用のポリエステル樹脂で，上塗り塗料用の樹脂などに用いられる。☞熱硬化性アミノアルキド樹脂塗料。

アルキメデス［*Archimedes*］　アルキメデスの原理を発見した古代ギリシャの数学者。その原理とは，液体の中で静止している物体は周囲の液体によって浮力を受け，その物体が排除した液体の重量だけ軽くなるという理論。

アルキル鉛（えん）［alkyl lead］　ガソリンのオクタン価向上剤として使用された四メチル鉛や四エチル鉛などで，これらを添加したガソリンを加鉛ガソリンと称した。排気ガス中の鉛分が人体に有害なため，日本工業規格（JIS-K-2202）によりその使用が禁止された。

アルキレート・ガソリン［alkylate gasoline］　触媒を用いてイソオクタンの成分に近い炭化水素を化合させた，アンチノック性の高いガソリン。無鉛プレミアム・ガソリンに混入されている。

アルコール［alcohol］　アルコールにはエチル（酒精）アルコール（C_2H_5OH）とメチル（木精）アルコール（CH_3OH）とがある。エチル・アルコールは一般にエタノールと称する芳香のある無色の液体で，飲料や燃料（無水アルコールをガソリンに混入）などに用いる。メチル・アルコールは一般にメタノールと称し，無色透明の液体で毒性がある。近年，低公害車用の燃料（含酸素燃料）やガソリンの代替燃料（天然ガスを原料）としてのメタノールが注目されている。その他，不凍液やブレーキ液などに用いる。

アルコール検知器（けんちき）［alcohol checker］　呼気中のアルコール濃度を計測する機器。飲酒運転を防止するために使用するもので，2002年の改正道路交通法によれば，呼気中のアルコール濃度が1リットルにつき0.15mg以上0.25mg未満で6点の違反，0.25mg以上は13点の減点（＋罰金等）となっている。国土交通省では，トラック・バス・タクシーなどの運送事業者に対し，2011年4月より乗務前後のアルコール検知器による検査を義務づけるよう省令を改正している。

アルコール混合（こんごう）ガソリン［alcohol blended gasoline］　☞ガソホール。

アルコール燃料（ねんりょう）［alcohol fuel］　ガソリンの代替（だいたい）燃料であるアルコール系の燃料。メタノールやエタノールなど。

アルゴリズム［algorithm］　コンピュータ関連用語で，プログラム言語で書かれた演算手続きを指示する規則。

アルゴン［argon］　不活性ガスの一種で，空気中に存在する希有元素。化学記号，Ar。アルゴン入り真空管に通電すると藤色に発光する。例㋑白熱電球用封入ガス。㋺タイミング・ランプ用発光管。㋩MIG溶接用のシールド・ガス。

アルデヒド［aldehyde］　R-CHOの化学式をもつ化合物の総称。一般にはアルコールが酸化されてできるが，ガソリンなどの有機物の不完全燃焼によっても僅（わず）かにできる。アルデヒドには，ホルム・アルデヒド（H-CHO），アセト・アルデヒド（CH_3-CHO），アクロレイン（CH_2・CH・CHO）などがあり，いずれも激しい刺激臭のある液体（又は気体）で，催涙性がある。＝アルデハイド。

アルファ・キー［alpha key］　キー溝による軸の弱化を避ける目的で用いる鈍角キー。

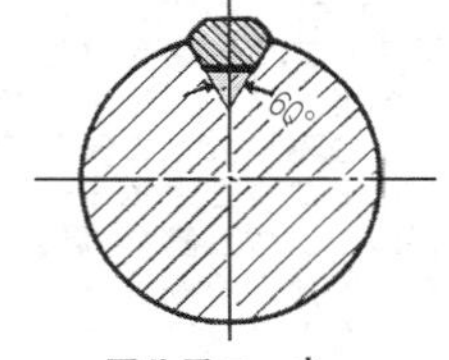

アルファ・キー

アルファメチル・ナフタリン［α-methyl naphthalene］　ディーゼル燃料の軽油に含まれる化学式$C_{11}H_{10}$の炭化水

素。ディーゼル燃料のセタン価測定用標準燃料の一つ。発火性が極めて悪く，ディーゼル・ノックを起こしやすい成分でセタン価はゼロ。

アルフィン・ドラム [alfin drum]　鋳鉄製ブレーキ・ドラムの外周にアルミ製のフィン付き素材を張り付け，放熱効果を高めたもの。

アルフィン・プロセス [alfin process]　アルフイン法（固有名）。鋳鉄又は鋼鉄の表面にアルミニウムを融着させて放熱フィン（ひれ）を造る特殊な鋳造法。例㋑鋳鉄にアルミの外装をした空冷式シリンダ。㋺鋳鉄の外周にアルミの放熱フィンを融着させたブレーキ・ドラム（アルフィン・ドラム）。

アルマイト [alumite]　腐食を防ぐためにアルミニウムおよびその合金を陽極酸化して多孔性の皮膜を生成し，封孔処理したもの。例ピストン・グルーブ。

アルミ・アロイ [alumi alloy; aluminium alloy]　☞アルミニウム〜。

アルミキルド鋼（こう） [aluminum killed steel]　キルド鋼（強脱酸鋼）の一種で，アルミニウムを強酸化剤に使用したもの。アルミニウムを添加することにより溶解する鋼の中から酸素をほぼ完全に取り除くことができ，深絞り加工性を重視した車の外板パネルには，低炭素アルミキルド鋼が用いられる。

アルミ・ダイカスト [aluminium die-casting]　溶融したアルミを加圧して鋳型に注入しでできたアルミ鋳物。＝〜ダイキャスト。

アルミナ [alumina]　酸化アルミニウム（Al_2O_3）の一般名。ボーキサイト（アルミニウム鉱石）を焙（ばい）焼粉砕して得られる白色の粉末で，電気の不導体。例点火プラグ絶縁陶器の原料。

アルミナ繊維（せんい） [alumina fiber]　アルミナ（酸化アルミニウム）とシリカ（二酸化ケイ素）を主成分とする多結晶の繊維。1,500〜1,700℃くらいの過酷な条件下でも使用できる高温耐熱・断熱材として，触媒コンバータやDPF用の担体などに用いられる。

アルミナム [aluminum]　アルミニウムの米語。アルミニウム（aluminium）は英語。

アルミニウム [aluminium]　元素記号Al。銀白色をした軽金属で展延性に富み，電気や熱の良導体としてパワー・トレーンや足回り部品からボディの構造材に至るまで，幅広く利用されている。＝アルミナム㊍。

アルミニウム・アロイ [aluminium alloy]　アルミニウム合金。アルミニウムは鉄の約1/3の軽さが特徴であるが強度が劣るのが欠点。この強度を高めるために銅，珪（けい）素，マグネシウム，亜鉛などを加えたものがアルミニウム合金。例㋑ピストン。㋺シリンダ・ヘッド&ブロック。㋩ディスク・ホイール。

アルミニウム・グリース [aluminium grease]　鉱油とアルミ石けんを混合煮沸して作ったグリースで耐水耐圧性に優れ，シャシ各部の潤滑に用いる。＝シャシ〜，モービル〜。

アルミニウム合金（ごうきん） [aluminium alloy]　☞アルミニウム・アロイ。

アルミニウム合金板材（ごうきんいたざい） [aluminum alloy sheet]　車の外板等に使用されるアルミ合金製のパネル。5000系合金（Al-Mg系合金）と6000系合金（Al-Mg-Si系合金）があり，主に後者が用いられる。5000系合金は非熱処理型合金，6000系合金は熱処理型合金で，塗装焼き付け時の加熱により強度が増加するBH（bake hardening）性を有している。

アルミニウム合金（ごうきん）メタル [aluminium alloy metal]　アルミニウム合金製の軸受メタル。アルミニウムに錫（すず）や鉛を加えた合金で，耐食性・耐疲労性・耐なじみ性などに優れている。

アルミニウム・ホイール [aluminium wheel]　☞アルミ・ホイール。

アルミニウム鍍金鋼板（めっきこうはん） [aluminium coated steel sheet]　鋼板の耐食性や耐熱性を向上させるため，鋼板上にアルミニウムの溶融めっきを施したもの。マフラなど排気系に使用される。

アルミニウム・ラジエータ [aluminium radiator]　☞アルミ・ラジエータ。

アルミ・ブレーキ・ロータ [aluminium brake rotor]　アルミニウム製のディスク・ブレーキ・ロータ。アルミ合金中にアルミナ粉末を分散させたアルミ複合材を使用し，耐摩耗性や耐熱性を向上させている。例トヨタのEV（電気自動車）など。

アルミ・ブロック [alumi-block; aluminium cylinder block]　アルミニウム合金製のシリンダ・ブロックで，鋳鉄製のライナを入れたものとオール・アルミ製のものとがある。鋳鉄製と比較して重量が大幅に軽減できるとともに，放熱や耐食性にも優れている。☞アルミニウム・アロイ。

アルミ・ホイール [aluminium wheel; aluminum wheel]　アルミニウム合金製のディスク・ホイール。スチール製に比べ，ばね下荷重が軽減でき装飾性にも優れている。

アルミ・ボデー [aluminium body; aluminium monocoque body]　アルミニウム製一体構造の車体。鋼鉄製の車体と比較して重量が大幅に軽減できる利点はあるが，プレス加工や溶接作業に難点があり，損傷時の修復作業も難しい。量産車には不向きで，一部メーカ（ホンダ，アウディ）などのスポーツ車等に採用されている。㊟アウディの場合，アウディ・スペース・フレーム（ASF）と称している。

アルミ・ラジエータ [aluminium radiator; aluminum radiator]　アルミニウム合金製のラジエータ。軽量で放熱性や耐食性などに優れている。

アレー [alley]　（道路の）路地，小道。

アレスタ [arrester; arrestor]　阻止するもの，防御装置。例㋑空気清浄器のフレーム（火炎）～。㋺排気のスパーク～。

アレンジメント [arrangement]　①整理，整頓。②配列。例RV車などのシート～。

アレン・レンチ [allen wrench]　六角棒スパナ。☞ホロー・レンチ。

アロイ [alloy]　①非金属を混ぜる，合金にする。②合金，2種以上の金属を合成したもの。例㋑黄銅（真ちゅうは銅と亜鉛）。㋺青銅（砲金は銅と錫）。

アロイド・スチール [alloyed steel]　合金鋼，特殊鋼。炭素鋼に他の金属を混ぜて改質したもの。例㋑ニッケル鋼。㋺クロム鋼。㋩マンガン鋼。㋥バナジウム鋼。＝アロイ～。

アロイ・ホイール [alloy wheel]　アルミニウムと少量のマグネシウムとの軽合金製ホイール。

アローワブル・エラー [allowable error]　許容誤差。機械や部品の製作，組み立てにあたり，その機能を損なわない程度の寸法差。

アローワブル・カレント [allowable current]　許容電流。電線の太さや材質によって定まる許容最大電流。

アローワブル・ロード [allowable load]　許容荷重，容認しうる最大荷重。

アローワンス [allowance]　（穴と軸とのはめ合いなどの）公差，ゆとり，寸法差。＝トレランス。

アワーグラス・ウォーム [hourglass worm]　砂時計型螺旋（らせん）。中央がくびれて細くなっている鼓型ウォーム。＝ヒンドレ～。例舵取歯車のウォーム。

アワー・メータ [hour meter]　時間計。走行しない産業用エンジンなどの稼働時間を表示する計器。例発電用ディーゼル・エンジンの稼働時間計。

合（あ）わせガラス [laminated glass; laminated safety glass]　☞ラミネーテッド・ガラス。

合（あ）わせマーク [matching mark; setting mark]　ギヤやチェーンなどの組付けの際，部品の位置に指定のある場合の合わせ印。＝合いマーク。

アンイーブン [uneven]　①平らでない，でこぼこした。②奇数の。

アンカ [anchor]　固定するもの。支えるもの。例㋑～ピン。㋺～ボルト。

アンカ・アーム [anchor arm]　トーションバー・スプリングのフレームへの固定部分。取り付け位置を変えることにより，車高が調整できる。

アンカ・アジャスト・ボルト [anchor adjust bolt]　支持部調整ボルト。例トーション・バーの調整装置。＝ハイト・アジャスタ。

アンカップル [uncouple]　（連結を）外す，切り離す。
アンカ・ピン [anchor pin]　固定するピン，支持するピン。例ブレーキ・シュー〜。
アンカ・フローティング型（がた） [anchor floating type]　ブレーキ・シューの浮動支持方式。ホイール・シリンダと反対側の支持部をピンで固定せずに支持している。主に乗用車のリヤ側に使用。
アンカ・ボルト [anchor bolt]　設備や装置を地面や床などに固定するボルト。
アンカレッジ [anchorage]　①投錨（とうびょう），停泊。②固定物，支え。例シート・ベルト〜。
アンカ・ワイヤ [anchor wire]　支え線。例電球内のフィラメントを支える線。
アンギュラ [angular]　角（かど）のある，角のとがった。
アンギュラ・アクセラレーション [angular acceleration]　角加速度。角速度変化の時間に対する割合。
アンギュラ・コンタクト・ベアリング [angular contact bearing]　軸方向と半径方向の双方から荷重を受けて回転する部分に使用する，斜接のボール・ベアリング。例クラッチのリリース・ベアリング。

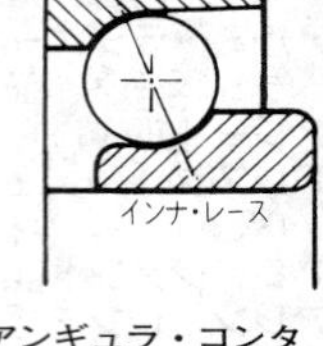

アンギュラ・コンタクト・ベアリング

アンギュラ・ブラシ [angular brush]　（回転電機の）角接刷子，傾斜ブラシ。対ラジアル〜。
アンギュラ・ベアリング [angular bearing]　☞アンギユラ・コンタクト〜。
アンギュラ・ベロシティ [angular velocity]　角速度，弧度。円周上を運動する点が原点の周りを回る速さ。その単位はラジアン，ω記号で表し，1 ωは57° 17' 余。
アンギュラ・モーション [angular motion]　角運動。
アングライヒエン [*angleichen*]　独合わせる，適合（適応）させる。
アングライヒ・ディバイス [angleich device]　ディーゼル・エンジンの燃料噴射ポンプ・ガバナの噴射量自動補正装置。エンジンの充填（じゅうてん）効率の高い低速域の噴射量を増加させると，充填効率の低い高速回転域の噴射量も増加するので，これを減少させて（補正して）空燃比を適正化する必要がある。＝アングライヒ・メカニズム。
アングル [angle]　①かど，すみ。②角，角度。
アングル・アイアン [angle iron]　角鉄，山形鋼。＝〜スチール，〜バー。
アングル・ギヤ [angle gear]　斜め噛み合い歯車。直角でない２軸間に動力の授受を行うギヤ。例リヤ・エンジン・バスの動力伝達装置。☞アングル・ドライブ。
アングル・ゲージ [angle gauge]　角度計。
アングル・シアー [angle shear]　（金切り用の）曲げばさみ，丸ばさみ。
アングル・ジョイント [angle joint]　（溶接法において）角継手，両材を直角に突き合わせて行う溶接法。
アングル・スチール [angle steel]　角鋼，山形鋼。＝〜アイアン。
アングル・ドーザ [angle dozer]　斜め排土板のブルドーザ。
アングル・ドライブ [angle drive]　斜め伝動。直角でない２軸間に動力の授受を行う伝動法。例リヤ・エンジン・バスの動力伝動。
アングル・トルク・ゲージ [angle torque gauge]　塑性域締め付けボルトの締め付け角度を測定する計器。
アングル・バー [angle bar]　角鉄，山形鋼。＝〜

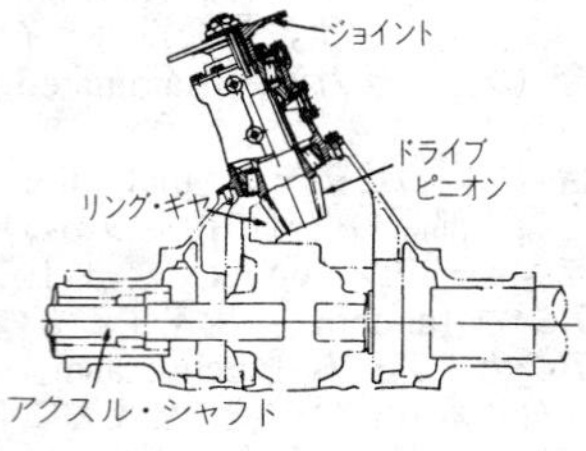

アングル・ドライブ

アイアン。
アングル・レスト [angle rest]　（旋盤の回し板に附属する）直角やとい。加工品を取り付けるために用いるジグで通称ペンガラス。
アンコーテッド [uncoated]　塗ってない，めっきしてない。
アンシーティング・テスト [unseating test]　離脱試験。例 タイヤをリムから離脱させるとき必要な力の試験。
アンシーリング [unsealing]　（封じであるものを）開封する。封を切る。
暗証番号（あんしょうばんごう） [password]　パスワード。本人であることを認証するために保証されたコード又は信号。
アンスクリュ [unscrew]　①ねじを緩めて取り外す。②分解点検。＝オーバホール。
アンスプラング・ウェイト [unsprung weight]　サスペンションのばねに乗っていない（ばねで緩衝されない）重量。ばね下荷重。ばねの下にある車軸や車輪の重量で，これが大きいと乗り心地が悪くなる。＝〜マス（ばね下質量）。対 スプラング〜。
アンスプラング・マス [unsprung mass]　ばね下質量。ばね下荷重。同前。
アンスプリンギング・ウェイト [unspringing weight]　ばね下荷重。同前。
アンスロッテッド・スクリュ [unslotted screw]　（頭に）溝が切ってない雄ねじ。
安全運転支援（あんぜんうんてんしえん）システム [driving safety support systems; DSSS]　車を安全に運転するために用いられる各種のハードやソフト面での支援装置。ASV（先進安全自動車）推進計画で開発されたもので，「自律型安全運転支援システム」と「インフラ協調型安全運転支援システム」に大別される。インフラ協調型は「路車間通信」と「車車間通信」に分けられ，さらに路車間通信は国土交通省が推進する「AHS」と，警察庁が推進する「DSSS」に分けられる。☞ ITS スポット・サービス。
安全（あんぜん）ガラス [safety glass]　☞セーフティ・グラス。
安全装置（あんぜんそうち） [safety device]　自動車の乗員などを事故から保護する装置。事故を未然に防止する“予防安全（active safety)”と，万一事故が発生した場合に働く“衝突安全（passive safety)”とがある。例 ㋑予防安全：ABS，TRC，ESC，ACC，AEB，LKA，ブレーキ・アシスト，ハイマウント・ストップ・ランプ，コーナリング・ランプ，HID/LED ヘッドランプ。㋺衝突安全：衝撃吸収ボディ，ドア・インパクト・ビーム；ELR& プリテンショナ付きシート・ベルト，SRS エアバッグ，サイド・エアバッグ，衝撃感知ドア・ロック解除装置。
安全地帯（あんぜんちたい） [safety zone]　☞セーフティ・ゾーン。
安全（あんぜん）ベルト [safety belt]　☞セーフティ〜。
安全弁（あんぜんべん） [safety valve]　☞セーフティ・バルブ。
安全率（あんぜんりつ） [safety factor]　安全係数。フレームなどが破壊しないように，予想最大負荷に対して設計上余裕を与える係数。安全率＝材料の引張り強さ／許容応力。
暗騒音（あんそうおん） [ambient noise; ground noise]　音量計を用いて音量測定を行うとき，対象となる音が出ていないときの背景となる環境騒音。
アンソルダ [unsolder]　（はんだ付けしたものの）ハンダ付けを切り離す。
アンダ・インフレーション [under inflation]　（タイヤなどの）空気圧不足。膨張不十分。
アンダ・ガード [under guard]　エンジンの下部などを路面の突起や飛び石から保護するために覆う板。ラリー車など悪路を走行する車両に用いられる。例 オイルパン・プロテクタ。＝〜プロテクタ，スキッド・プレート。
アンダ・カッティング [under cutting]　（コミュテータのマイカなどを）切り下げる作業又は溝をつける作業。
アンダ・カット [under cut]　☞アンダ・カッティング。
アンダカット型（がた）ピストン・リング [undercut type piston ring]　ピストン・リ

ングの下側の一部を削り取った形のもの。コンプレッション・リングでオイル上がりを防止する。

アンダカバー [undercover]　下側の覆い。例 ㋑エンジン～。㋺フライホイール～。

アンダキャリッジ [undercarriage]　自動車の車台。＝シャシ。

アンダクーリング [under cooling]　冷却不足。＝アンダクール。対 オーバ・クーリング。

アンダクール [undercool]　☞アンダクーリング。

アンダグラウンド・ストレージ・タンク [underground storage tank]　地下貯蔵タンク。埋設タンク。例 ガソリンなどの地下タンク。

アンダコーティング [under-coating]　下塗り。特に車台下回りの防錆，防音，防熱などを目的としたアスファルト系塗料の下塗り。＝アンダコート。

アンダコート [undercoat]　☞アンダコーティング。

アンダ・コンストラクション [under construction]　（道路標識）工事中。

アンダサイズ [undersize; under sized; US]　標準より小さい（寸法）。減寸。例 クランク・ピンやジャーナルを研磨したときに用いるUSメタル。対 オーバサイズ。

アンダシール [under-seal]　☞アンダコーティング。

アンダシュート [undershoot] ある基準以上の値を調整した場合，勢いにより基準値以下になってしまうこと。対 オーバシュート。

アンダスクェア・エンジン [under-square engine]　ボア・ストローク比が1より大きいロング・ストローク・エンジン。同じ排気量のショート・ストローク・エンジンと比較して，同じ回転数のときピストン・スピードが速くなるので低回転でトルクを得やすいが，最高回転数を高めることが難しい。即ち，低速型のエンジン。対 オーバスクェア～。

アンダステア [understeer; US]　車が一定の半径を一定速度で走行中，ある地点から速度を増すと遠心力が増し，前輪のスリップ角が後輪のスリップ角よりも大きくなって運動円の半径が大きくなっていく特性。アンダステアは，ステアリング不足で旋回時の応答性がにぶく感じられる。一般的なステアリング特性としては，弱アンダステアがよいとされている。高速旋回時に前車軸重が後車軸重より重いFF車はUSが強く出やすく（ステアリング不足となり），FR車は前後車軸の重量バランスがよくて弱アンダステア傾向にある。☞オーバステア。

アンダスラング [under-slung]　吊り下げた，吊り下げ式の。対 オーバスラング。

アンダスラング・スプリング [under-slung spring]　下吊りばね。車軸式懸架装置において，板ばね（リーフ・スプリング）を車軸（アクスル）の下側に取り付けたもの。例 乗用車の後部スプリング。対 オーバスラング～。

アンダ・トレー [under tray]　（計器板などの）下にある小物入れ。

アンダパス [underpass]　鉄道又は道路の下を通る地下道。

アンダフロア・エンジン [underfloor engine]　床下式エンジン。エンジン配置の一方式で，大型バスの一部に採用されている。平たいので，パンケーキ・エンジンともいう。☞パンケーキ～。

アンダ・ボーン・フレーム [under bone frame]　ミニ・バイクのフレームで，乗降が容易なようにメイン・フレームを下側へ湾曲させてあるタイプ。

アンダボデー [underbody]　車体の底面。ボデー下部。＝～シェル。対 アッパ・ボデー。

アンダボデー・コーティング [underbody coating]　☞アンダコーティング。

アンダボデー・シェル [underbody shell]　車体殻（車体の枠組み）の底面。ボデー下部。＝アンダボデー。

アンダ・ミラー [under mirror]　大型のキャブ・オーバ車にて，高い運転席から死角となる車両の直前の障害物を見るため，車体外に設けられた下向きのミラー。

アンチ [anti-]　反対，対抗，排斥（はいせき），などの接頭語。

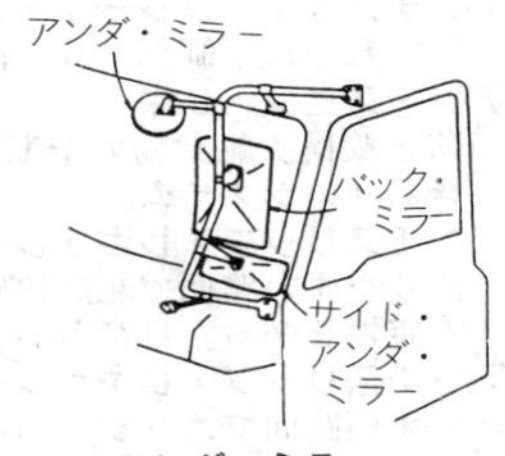

アンダ・ミラー

アンチアフタバーン・バルブ［anti-afterburn valve; AAV］　排爆防止弁。エア・バイパス・バルブ（二次空気逃がし弁; ABV）とも呼ぶ。減速時の過濃な混合気によるアフタバーンを防止するため，減速時の吸入負圧を利用して二次空気の供給を一時遮断し，大気中に放出する。＝アンチバックファイヤ〜。

アンチオキシダント［anti-oxidant］　酸化防止剤。酸化による変質・老化・腐敗などを防止するため，エンジン・オイルなどに添加する物質。＝オキシダント・インヒビタ。

アンチクリープ・システム［anti-creep system］　車の"はいだし防止装置"。クリープとは，AT車でDレンジに入れてアクセルを踏まずにブレーキを解放すると，ひとりでに動き出す現象。この装置はブレーキをかけ，足を放しても車が動かないもので，アクセルを踏むと解除される。

アンチグレア［ant-glare］　まぶしく光らない，ぎらぎらしない，防眩（ぼうげん）の。例 ①〜ミラー。②〜ライト。＝アンチダズル。

アンチクロックワイズ［anticlockwise］　時計の針と反対に，左回りに。＝カウンタクロックワイズ。対 クロックワイズ。

アンチコローシブ［anticorrosive］　①腐食止めの。②錆（さび）止め。

アンチコローシブ・ペイント［anticorrosive paint］　耐食塗料。さび止め塗料。例 塗装下地のプライマ。

アンチコロージョン・アロイ［anticorrosion alloy］　耐食性合金。腐食されにくい性質の合金。

アンチサイフォン・エア・ブリード［anti-siphon（syphon）air bleed］　サイフォン作用を止める空気混入穴。例 キャブレータの低速系統にあるエア・ブリード。☞サイフォン・アクション。

アンチシーズ・コンパウンド［anti-seize compound］　焼き付き防止剤。例 エンジン・オーバホール後の擦り合わせ運転時に使用する焼き付き防止用潤滑剤。

アンチジャダ・リンク［anti-judder link］　リンケージの振動防止用リンク。

アンチスウェイ・バー［anti-sway bar］　車体の横揺れ止め棒。例 車軸とフレームとの間に横向きに設置した棒。＝ラテラル・ロッド，パナール・ロッド。

アンチスキール・シム［anti-squeal shim］　ディスク・ブレーキの鳴き止めのため，パッドの裏側に入れる挟み金，薄い板金（いたがね）。スキール＝スキーク。

アンチスキッド装置（そうち）［antiskid device］　旋回中にスピン・アウト（オーバステア）又はドリフト・アウト（アンダステア）しないように制御する装置。例 VSC，VDC。

アンチスキッド・タイヤ［antiskid tire］　横滑り防止用タイヤ。横滑りを防ぐようなトレッド・パターン等の構造を持ち，高速旋回時の安定性を高めたタイヤ。例 ①ラジアル〜。②ロー・プロファイル〜。＝ノンスキッド〜。

アンチスキッド・チェーン［antiskid chain］　滑り止めのためタイヤに巻くチェーン。

アンチスクウォット［anti-squat］　発進・加速時，慣性力により車体に重心移動が発生して後輪の荷重が増加し，車体後部が沈み込む（尻下がりになる）のをサスペンションの見直しにより抑制すること。アンチスクワットともいう。☞アンチリフト。

アンチストール・セッティング［anti-stall setting］　エンジン停止防止装置の調整。例 AT車のキャブレータのダッシュ・ポット調整。

アンチストール・ダッシュ・ポット［anti-stall dash pot］　AT車においてアクセルを放したとき，スロットル・バルブが急激に閉じてエンジンがストール（失速，停止）するのを防止するスロットル・バルブ緩衝装置。

アンチスピン・ブレーキ・システム [anti-spin brake system; ASB] ダイハツ車に採用された電子制御スピン防止ブレーキ装置。

アンチスピン・レギュレータ [anti-spin regulator; ASR] 三菱車に採用されたスピン防止機構。駆動輪の空転防止のためにエンジン出力を減少させる機構。ABSと組み合わせのシステム。

アンチスリップ・レギュレーション [anti-slip regulation; ASR] 駆動輪空転防止装置。滑りやすい路面で駆動輪が空転しないようエンジンの出力をコントロールし，走行の安定性を図る。日産の名称。＝トラクション・コントロール。

アンチスリップ・レギュレータ [anti-slip regulator; ASR] 駆動輪空転防止装置。滑りやすい路面でエンジンの出力や制動力を制御して，車体の安定性向上を図る。いすゞや富士重工の名称。＝トラクション・コントロール。

アンチダイブ [anti-dive] 車体前部の沈み込み防止。制動時に荷重の移動により車体の前部が下がる（沈み込む）ノーズ・ダイブ（ダウン）現象を，サスペンションの見直しなどで少なくすること。

アンチダイブ・ジオメトリ [anti-dive geometry] 制動時のボデーのノーズ・ダイブ（車体前部の沈み込み）を抑制するようなサスペンション装置。

アンチダズル・スイッチ [anti-dazzle switch] 防眩（ぼうげん）スイッチ。減光スイッチ。対向車の運転者がまぶしくないよう，ヘッドランプをハイ・ビームからロー・ビームに切り換えるスイッチ。＝ディマ～。

アンチダズル・バイザ [anti-dazzle visor] 防眩（ぼうげん）日除け。＝サン～。

アンチダズル・ミラー [anti-dazzle mirror] 防眩（ぼうげん）式後車鏡。後続車のヘッドランプの光線をまぶしくないようにしたもの。手動切り換え式と自動式とがある。＝グレア・プルーフ～。

アンチチャタリング・スプリング [anti-chattering spring] がたがたする（びびり）振動を制止するばね。㊞クラッチ・ディスクのダンパ・スプリング（ゴム）。

アンチデトネーション・フューエル [anti-detonation fuel] 耐爆性燃料。ノッキングを起こしにくい燃料。㊞㋑高オクタン価燃料（ガソリン）。㋺高セタン価燃料（ディーゼル）。＝アンチノック～。

アンチドリフト・スプリング [anti-drift spring] 踊り（遊動，漂動）防止ばね。㊞ベンディックス式スタータのピニオンが振動により，リング・ギヤ側へ移動するのを防止するばね。

アンチノック・エージェント [antiknock agent (dope, additive)] 耐ノック剤。耐爆性を高めるため燃料に添加する薬品類。㊞㋑ガソリンには鉛やマンガンを含む有機化合物やアミン化合物。アルキル鉛を添加したものは加鉛ガソリンと呼ばれるが，有毒なため現在は使用が禁止されている。㋺軽油には亜硝酸アミルなど。＝アンチデトネータ。

アンチノック剤（ざい） [antiknock agent] ☞アンチノック・エージェント。

アンチノック性（せい） [antiknock property] ノッキング（異常燃焼，異常爆発）を抑制する性質。耐爆性。

アンチノック・フューエル [antiknock fuel] 耐ノック性燃料。＝アンチデトネーション～。

アンチノック・プロパティ [antiknock property] ☞アンチノック性。

アンチパーコレーション・システム [anti-percolation system] キャブレータのパーコレーション（高温時のガソリンのしみ出し）を防止するための装置。㊞㋑余分なガソリンを燃料タンクへ戻すパイプやバルブ（フューエル・リターン）。㋺キャブレータの通路に設ける通気用の小孔。＝アンチパーコレータ。

アンチパーコレータ [anti-percolator] ☞アンチパーコレーション・システム。

アンチバックファイヤ・バルフ [anti-backfire valve; ABV] 排爆防止弁。減速時に混合気が過濃となりバック・ファイヤ（アフタ・バーン）を起こし易いので，吸気管に二次空気を一定時間導入して混合気を希釈し，これを防止する。

アンチフリージング・エージェント [antifreezing agent]　エンジン冷却水の凍結防止剤，不凍液。

アンチフリーズ [antifreeze; AF]　不凍材，不凍液。エンジン冷却水の凍結を防止するためのもので，エチレン・グリコールなどを冷却水に混入する。現在は通年使用のLLCが使用されている。

アンチフリクション [antifriction]　減摩材，潤滑剤。＝～マティリアル，ルブリカント。

アンチフリクション・ベアリング [antifriction bearing]　減摩軸受。ボールやローラを用いた転がり軸受。㋑㋺ボール・ベアリング。㋺ローラ・ベアリング。㋩ニードルローラ・ベアリング。

アンチフリクション・マティリアル [antifriction material]　☞アンチフリクション。

アンチフリクション・メタル [antifriction metal]　（軸受に用いる）減摩合金。例㋑ホワイト・メタル。㋺ケルメット。㋩ブロンズ（青銅）。

アンチポリューション [antipollution]　環境汚染防止の。例 車の排出ガス防止の。

アンチポリューション・システム [antipollution system]　車による環境汚染防止装置。例㋑触媒コンバータ。㋺EGR。㋩チャコール・キャニスタ。

アンチモニ [antimony]　☞アンチモン。

アンチモン [独 Antimon]　金属元素の一つ。化学記号Sb。銀白色をした結晶体で有毒。例㋑エンジンの軸受合金材。㋺活字合金材。＝アンチモニ英。

アンチラスト [antirust]　錆（さび）止め。防錆（ぼうせい）剤。例 冷却液用添加剤。

アンチラトラ [anti-rattler]　（機械類の）がたつきを止める装置。振動騒音止め。例 ブレーキ・シューの振動騒音を止めるピンやスプリング。

アンチラトル・スプリング [anti-rattle spring]　振動や騒音を止めるばね類。

アンチリフト [anti-lift]　①制動時，慣性力により車体に重心移動が発生して後輪荷重が減少し，車体後部が浮き上がるのをサスペンションの見直しにより抑制すること。②駆動力の急激な変化により発生する車体前部の浮き上がりを，同様に抑制すること。☞アンチスクウォット。

アンチロール [anti-roll]　旋回時，車体に発生するロール（傾き）を抑制すること。横揺れ防止。

アンチロール・バー [anti-roll bar]　旋回時，車体に発生するロール（傾き）を抑制する棒状部品。＝アンチスウェイ～，トーション～，スタビライザ。

アンチロック・ブレーキ・システム [anti-lock braking system; ABS]　制動時，車輪がロックしてステアリングがコントロールを失うのを電子制御により防止する装置。ブレーキ・ペダルを一杯に踏んでいても各車輪のブレーキはオン・オフを繰り返し（ポンピング・ブレーキを行い），車輪のロックを防止する。特に濡れた路面や雪道・氷結路面等の低μ路で有効な装置。

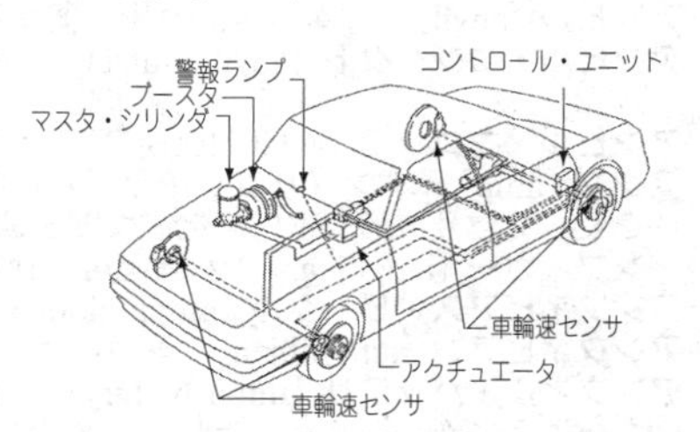

ABS（アンチロック・ブレーキ・システム）

アンティーク・カー [antique car]　古典的な自動車。米国では第一次世界大戦（1918年）までに作られた特色ある名車。英国では1904年までをベテラン，1905～1916年までをエドワーディアン，1919～1930年までをビンテージと呼ぶ。☞クラシック～。

アンティチャンバ [antechamber]　控室，次の間。例 ディーゼル・エンジンの予燃焼室。＝プレコンバッション・チャンバ。

アンテナ［antenna］　ラジオやテレビの電波受信用空中線。ラジオ用には棒状のロッド・アンテナやリヤ・ウインドウ・ガラスに焼き付けされたプリント（プリンテッド）アンテナがある。

暗電流（あんでんりゅう）［parasitic current］　待機電流。車の場合，イグニション・スイッチがオフの状態で流れている微弱な電流。マイコンなどのスタンバイ電流やラジオの選局情報などのメモリ電流，時計の作動に必要な電流などをいう。

アンド回路（かいろ）［AND gate; AND circuit］　論理回路の一つ。論理積回路。全部の入力端子に入力された場合にのみ出力が行われるもの。☞付図―「論理回路」。

アンド回路

アンド・ゲート［AND gate］　☞アンド回路。

アンバ［*invar*］　㊎不変鋼。ニッケル36%，鉄64%の合金。熱膨張率が小さいので，熱変形を嫌う箇所に用いる。＝インバ，インバール。☞～ストラット・ピストン。

アンバ［umber］　天然の茶色の顔料，アンバ色，焦茶色，暗褐色。㊉ターンシグナル・ランプの灯光色。

アンバ・ストラット・ピストン［invar strut piston］　アンバ支柱入りピストン。ピストン・スカート部にアンバ（熱膨張率が極めて小さい鉄とニッケルの合金）を鋳込んで熱変形を少なくしたアルミ合金ピストン。＝インバ～。㊟invar（アンバ，インバ，インバール）は仏語で不変鋼のこと。

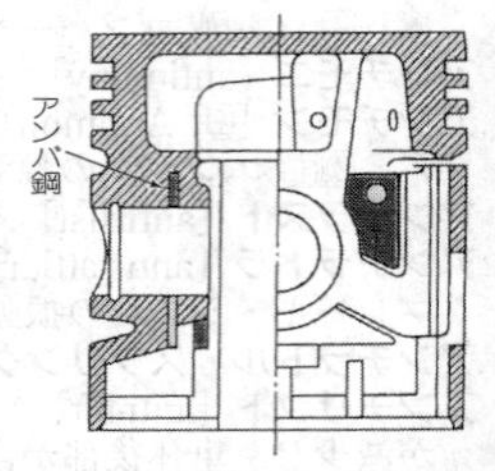

アンバ・ストラット・ピストン

アンバランス［unbalance］　不平衡，不釣合，不平均。

アンバランス・ウェイト［unbalance weight］　不均重り。アンバランスにするための重り。㊉ベンデックス式スタータのピニオンにつけた不均重り。

アンビエント・センサ［ambient sensor］　カー・エアコン用の外気温センサ。

アンビエント・ノイズ［ambient noise］　暗騒音。ある音を対象としたとき，その音がないときのその場における騒音。

アンビエント・ライト・システム［ambient light system］　LEDによる車室内間接照明の一種で，日産が採用した「おもてなし間接照明」。

アンビュランス・カー［ambulance car］　救急自動車。傷病人運搬自動車。

アンビル［anvil］　①金敷き，金床。②マイクロメータの基準測定面。

アンビル・コンタクト［anvil contact］　固定接点。㊉コンタクト・ブレーカの固定側接点。

アンビル・ブロック［anvil block］　（マイクロメータの）基準測定面。

アンプ［amp］　アンプリファイヤ（amplifier）の略。増幅器。真空管やトランジスタを使って信号波形や電圧，電流などを拡大するもの。

アンフィカー［amphicar］　水陸両用自動車。＝アンフィビアン，アリゲータ。

アンフィビアス・ビークル［amphibious vehicle］　水陸両用の車両。＝アンフィカー。

アンフィビアン［amphibian］　☞アンフィカー。

アンフィル・バッテリ［unfill battery］　非補水蓄電池。蒸留水などの補給を必要としないように作られたバッテリ。＝メインテナンス・フリー～。

アンプリファイヤ［amplifier］　（電気の）増幅器。略してアンプ。㊉㋑トランジスタ点火装置。㋺カー・オーディオ。

アンペア［ampere］　電流の強さ（電流量）の単位。略号はI（アイ）で単位はA又はamp。フランスの物理学者アンペールにちなんで名付けられた。1Aとは，毎秒1クーロンの電気量を送る電流の強さで，硝酸銀溶液に通じると毎秒約1/1000gの銀を析出する。1A の 10^3 倍は 1 キロアンペア（kA），1A の $1/10^3$ は 1 ミリアンペア（mA），1A の $1/10^6$ はマイクロアンペア（μA）。

アンペア・アワー [ampere hour; AH]　アンペア時間。記号 AH 又は Ah。ある時間通った電流の積算量の単位で，1 アンペア 1 時間の量。バッテリなどの電気を取り出せる容量を表す。

アンペアターン [ampere-turn]　アンペア回数。記号 AT。電磁石の起磁力の強さを表すもので，電流と電線の巻数との相乗積で表される。

アンペア・メータ [ampere meter]　アンペア計，電流計。例 車の場合はジェネレータとバッテリを結ぶ回路中にあって，充放電状態を指示する。昨今では一部のスポーツ仕様の車両などに使用される。＝アンメータ。

アンペレージ [amperage]　アンペア数。電流量。

アンメータ [ammeter]　アンペア計。電流計。＝アンペア・メータ。

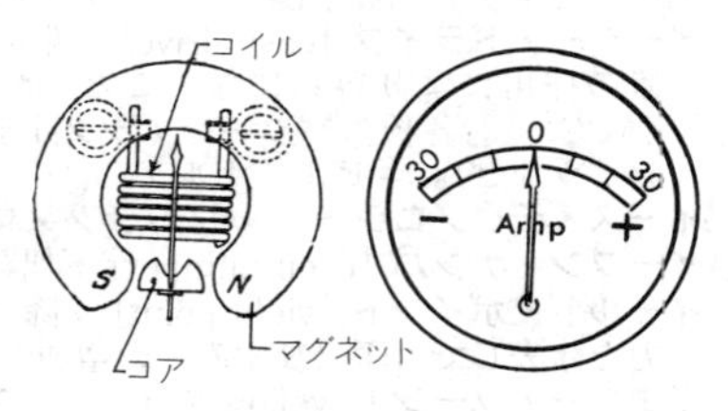

アンメータ

アンモニア・スリップ触媒（しょくばい） [ammonia slip catalyst; ASC]　尿素 SCR システムを搭載したディーゼル・エンジンにおいて，SCR の後段に設けられた小型の DOC（酸化触媒）。主に，低排気温度時（170℃くらい）にアンモニア（NH_3）がスリップして（すり抜けて）外気中に放出されるのを防止している。

アンライク・ポール [unlike pole]　（電極や磁極の）異極。例 ㋑⊕に対する⊖。㋺ N に対する S。

アンレードン・ビークル・ウェイト [unladen vehicle weight]　空車重量。＝車両重量。

アンレッデッド・ガソリン [unleaded gasoline]　無鉛ガソリン。アンチノック剤として，四エチル鉛や四メチル鉛を添加していないガソリン。鉛が人体に有毒なため，昭和 50 年以降ガソリンの無鉛化が進んだ。

アンローダ [unloader]　負荷を除去する装置。例 ㋑キャブレータの自動チョーク解放装置。㋺ディーゼル・エンジンのデコンプ装置。㋩エア・サスペンション用コンプレッサの圧送停止装置。㊁トラックの荷降ろし装置。㋭加工部品を取り出す装置。

アンローダ機構（きこう） [unloader mechanism]　キャブレータの自動チョークの強制解放装置。自動チョークが作動中に（寒冷時，始動直後に）発進してスロットル・バルブを全開にすると混合気が濃厚になり過ぎるため，チョーク・バルブを強制的に少し開く装置。

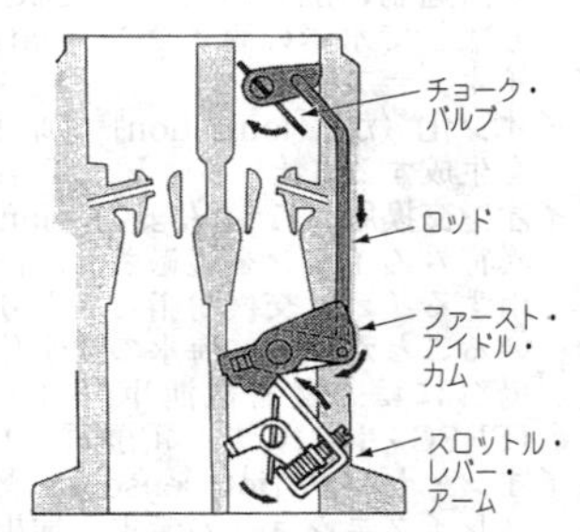

アンローダ機構

アンローデッド・ウェイト [unloaded weight]　空車重量。積み荷を乗せていない状態での車両重量。＝アンレードン・ビークル〜。

アンロード [unload]　積み荷を降ろす，負荷を取り除く。＝オフロード。対 ロード。

アンロック [unlock]　錠を開ける，キー・ロックを解除する。対 ロック。

アンロック・ケーブル [unlock cable]　鍵（かぎ）や止め金を外すワイヤ類。

イ

[イ]

イー・エー・パッド [EA pad] ☞EA pad。
イーサネット [Ethernet] LAN（狭域通信網）の一種で，富士ゼロックス社の商標。通信速度は10MbpsとCANの10倍の速度であるが，100Mbpsの「Fast Ethernet」もある。現在の車載診断装置（OBD）にはCANが利用されているが，次世代OBDには，通信速度が速くて情報処理能力が飛躍的に向上するイーサネット・プロトコルの導入が検討されている。
イージー・アクセス・ドア [easy access door] 乗り降りが容易なドア。ドア開閉機構の一つで，ドアを開くときにドア全体が前方に移動する。トヨタ車で採用。
イージー・ケア [easy care] 車の保守管理が容易なこと。☞サービス・フリー。
イージー・ドライブ [easy drive] 車の運転操作が自動化装置やパワー・アシスト装置の採用により容易になること。例㋑オートマチックTM。㋺オート・ドライブ（ACC）。㋩各種のパワー・アシスト装置（ステアリング，ブレーキ，シート，ウインドウなど）。㊁ヒル・ホルダ。
イース・テクノロジー ☞e:Sテクノロジー。
イーブン・ナンバ [even number] 偶数。2で割り切れる整数。対オッド（オド）～。
イールド・ポイント [yield point] 降伏点。物体に弾性限界以上の応力が加わり，応力を除去しても歪（ひずみ）の増加が生じる最初の応力。
イエロー・ゾーン[1] [yellow zone] エンジンの回転計で黄色く塗られた部分で，これ以上回転を上げると危険になる範囲を示す。☞レッド・ゾーン。
イエロー・ゾーン[2] [yellow zone] 歩行者用安全地帯。路面上に黄色縞模様で表示してあるのでこの名がある。ゼブラ帯。
硫黄（いおう） [sulfur; sulphur] サルファ。記号S。硫酸の製造原料。ガソリンなどに含まれる不純物としての硫黄分が燃焼過程で亜硫酸ガス（SO_2）を発生し，人体へ悪影響を及ぼすと共に酸性雨の原因となる。又，硫黄分はガソリン車の排気ガス浄化用触媒やディーゼル車のDPF（排気微粒子フィルタ）の寿命を短くするため，極力低減する必要がある。
硫黄酸化物（いおうさんかぶつ） [sulfur oxides] SO_Xで表す硫黄と酸素の化合物で，排気ガス中の有害排気成分の一つ。例亜硫酸ガス（SO_2）。
イオン [ion] 電離現象によって生じる電荷体。中性である原子や分子が電子を失ったり，過剰に加わったりした状態。例バッテリ電解液中の硫酸（H_2SO_4）は電気的に分離して水素の陽イオン（cation）H^+と硫酸基の陰イオン（anion）SO_4-とになる。イオン＝アイオン。
イオン化（か） [ionization] 原子や分子への電子衝突・放電などを生じさせ，イオンを生成すること。
イオン交換膜（こうかんまく） [ion exchange membrane] 膜状のイオン交換樹脂で，異符号のイオンを透過させ，同符号のイオンを阻止する性質をもっている。粒状で使用するイオン交換樹脂と異なり，陽イオン交換膜と陰イオン交換膜を組み合わせて用いることが多く，海水の淡水化，排水処理や有用物質の回収などに使用される。車の場合には，燃料電池車（FCV）の発電装置の一種である固体高分子型燃料電池（PEFC）において，電解質として用いられる。
イオン・センサ [ion sensor] 燃焼により発生する燃焼室内のイオン電流発生量から，プレイグニションの発生を検出するもの。マツダが新世代技術として開発したスカイアクティブ-G（ガソリン・エンジン）に採用したもので，これにより点火時期の最適化を図っている。
イオン窒化（ちっか） [ion nitriding] 減圧した窒化性雰囲気中で，陰極とした金属製品と陽極との間に生ずるグロー放電によるプラズマを用いた窒化法。歪みの少ない表面硬化法。＝プラズマ窒化。

イオン・プレーティング［ion plating; physical vapor deposition; PVD］　物理蒸着。物理的方法で物質を蒸発して基板に凝縮させ，薄膜を形成すること。例 ピストン・リングのメッキ。

鋳型（いがた）［mold; casting mold］　鋳物を造るため溶融金属を流し込む型で，砂や金属などが用いられる。

イクイップメント［equipment］　☞エクイップメント。

イクォライザ［equalizer］　等しくするもの，平衡装置。例 パーキング・ブレーキの操作力を左右の車輪に均等に振り分ける装置。＝イコライザ。

イクォリング・ファイル［equaling file］　平行やすり。全長の厚さや幅が一定のやすり。例 ピストン・リング合口用やすり。＝イコーリング～。

イグゾースト［exhaust; EX］　☞エキゾースト。

イグナイタ［igniter; ignitor］　発火器，発火装置。点火器，点火装置。例 ㋑点火コイルの一次電流を断続する装置（主にフルトランジスタ式点火方式を指す）。＝イグニション・モジュール。㋺酸素溶接用ガス点火器。

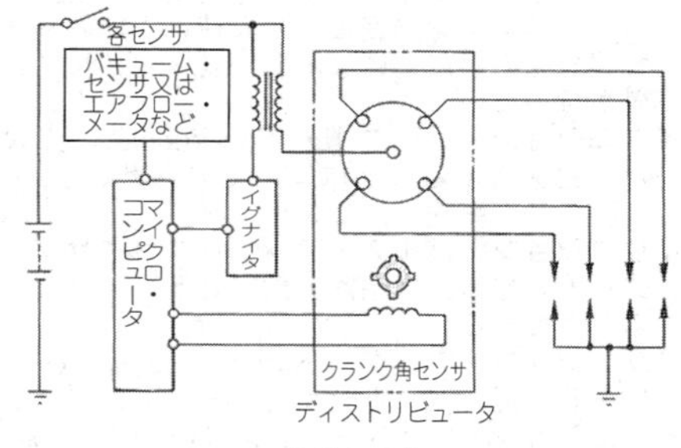

イグナイタ

イグニション［ignition; IG; IGN］　点火，発火。点火装置，発火装置。例 ガソリン・エンジンのスパーク・プラグによる点火。＝イグニッション。

イグニション・アドバンサ　［ignition advancer］　エンジンの点火進角装置。回転速度又は負荷の変化に応じて点火時期を自動的に調整する装置。点火時期を早めるのが主な役目であるが，負荷が大きくなったときには遅らす作用もする。例 ㋑遠心式ガバナ。㋺バキューム・アドバンサ（コントローラ）。

イグニション・インデックス［ignition index］　エンジンの点火位置指標。イグニション・タイミング・マーク。クランク・プーリ又はフライホイールに付けてあり，IGN などの表示がある。

イグニション・オーダ［ignition order］　☞ファイヤリング～。

イグニション・ガバナ［ignition governor］　遠心式点火進角装置。ディストリビュータ・シャフト，カム，ガバナ・ウェイトおよびスプリングで構成され，ウェイトの遠心力でカムを回転させて進角を行う。＝遠心式ガバナ，遠心式自動進角装置。

イグニション・キー［ignition key］　点火スイッチの鍵（かぎ）。俗称エンジン・キー。

イグニション・ケーブル［ignition cable］　点火装置用電線。一次（低圧）用と二次（高圧）用があり，二次用はハイテンション・コードとも呼んでいる。

イグニション・コイル［ignition coil］　点火用巻線。スパーク・プラグに電気火花を飛ばすために高電圧を発生する変圧器。6～12V の低圧電流を 10,000V 以上の高電圧に変える誘導コイル。＝スパーク～。

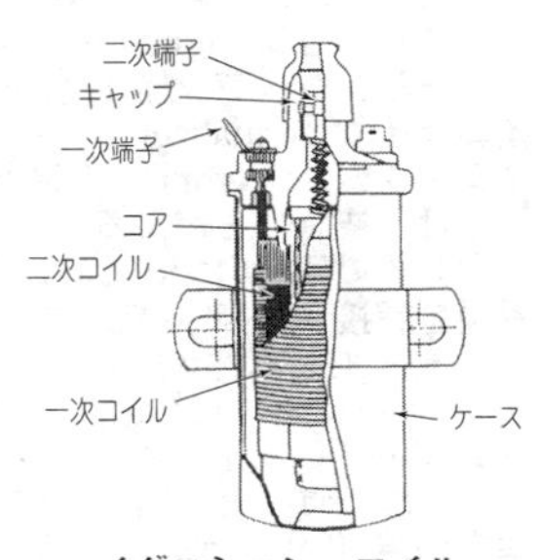

イグニション・コイル

イグニション・コントロール・ユニット　［ignition control unit]　点火時期制御装置。エンジンの回転数や負荷に応じて点火時期を進めたり遅らせたり自動制御する。例 ㋑遠心式ガバナ。バキューム・アドバンサ（コントローラ）。

イグニション・サーキット [ignition circuit]　点火回路。低圧の一次回路と高圧の二次回路とがある。

イグニション・システム [ignition system]　点火装置。スパーク・プラグに高圧の電気火花を飛ばすための装置。イグニション・コイル，ディストリビュータ，コントロール・ユニット，ハイテンション・コード，スパーク・プラグなど。

イグニション・スイッチ [ignition switch]　エンジンの点火用スイッチ。現在は始動用スイッチと一体となったものが一般的である。＝エンジン～。

イグニション・スパーク [ignition spark]　点火火花。スパーク・プラグの火花隙間（すきま）に飛ぶ火花のこと。燃料の混合気に点火する。

イグニション・タイミング [ignition timing]　エンジンの点火時期。クランク角度で表す。エンジンの回転数や負荷にかかわらず，一般的にはピストンの上死点後約10°で爆発圧力が最大になるのが良いとされている。このために，点火時期の自動制御装置が付いている。

イグニション・ノック [ignition knock]　点火時期の早過ぎなどにより末端ガスの一部が自己発火することによって異常燃焼し，この衝撃波が燃焼室壁に反射して発する音。＝ノッキング，ピンキング。

イグニション・パルス・アンプリファイヤ [ignition pulse amplifier]　（トランジスタ式点火の）脈動増幅器。数組のトランジスタ，抵抗器およびツェナ・ダイオード等からできている。

イグニション・プラグ [ignition plug]　点火プラグ，点火栓。高圧電流によって火花を生じ，混合気に点火するもの。＝スパーク～。

イグニション・ポイント [ignition point]　発火点，着火点。自己発火温度。可燃性混合気が点火によらず，自ら発火する温度。例 大気圧下でガソリンが約500℃，軽油が約350℃。

イグニション・モジュール [ignition module]　点火コイルの一次電流をオン・オフさせる装置。イグナイタともいう。

イグニション・ラグ [ignition lag]　発火遅れ，着火遅れ。ディーゼル・エンジンのインジェクション・ノズルから噴射された燃料が発火するまでの時間。セタン価が低いものほど発火遅れが大きく，ディーゼル・ノックの原因となる。

イグニション・ロック [ignition lock]　点火スイッチ錠。盗難防止用のキー。通称エンジン・キー。

イグニション・ワイヤリング [ignition wiring]　点火装置用の配線。低圧の一次配線と高圧の二次配線とがある。＝～ケーブル。

イグニッション [ignition]　☞イグニション。

イコーリング・ファイル [equaling file]　☞イクォリング～。

イコライザ [equalizer]　☞イクォライザ。

イジェクタ [ejector]　排出器，放射器。例 ディーゼル・エンジンの空気吸入口付近に設け，空気弁を閉じるとイジェクタが作用して負圧ラインの空気を吸い出し，真空倍力装置の原動力である負圧を高める。＝エジェクタ。

異種金属接合技術（いしゅきんぞくせつごうぎじゅつ） [dissimilar metal joint technology]　スチール製車体の一部にアルミ部品を使用するハイブリッド・ボディ（例えばアルミ・ルーフ）などに必要とする接合技術。抵抗スポット溶接の代わりにセルフピアシング・リベット（SPR），メカニカル・クリンチング（TOX），ブラインド・リベット，摩擦点接合（SFW）などが用いられる。☞FSW。

異常燃焼（いじょうねんしょう） [abnormal combustion]　☞アブノーマル・コンバッション，デトネーション。

石綿（いしわた）［asbestos］　☞アスベスト。

イスカッション［escutcheon］　☞エスカッション。

イスケープ［escape］　☞エスケープ。

いすゞクリーン・エア・システム［Isuzu clean air system; I CAS］　いすゞの排出ガス浄化装置の総称。規制対策の順番にA，B，C…と分類される。

いすゞトータル・エレクトロニック・コントロール・キャブレータ［Isuzu total electronic control-carburetor; I-TEC-C］　いすゞの排出ガス対策車の総称。電子制御キャブレータと三元触媒を用いる。

イソ［ISO; international organization for standardization; international standardization organization］　国際標準化機構。☞ISO。

イソ［iso-］　同じ，同等の，異性体の，意。複合語をつくる。

位相（いそう）［phase］　周期的に変化する一つの電気的又は機械的波のある任意の起点に対する相対的角度。普通は1サイクルを360°又は2πラジアンとして角度で表す。

イソオクタン［iso-octane］　異性オクタン。ガソリンの成分の一種類で，オクタン価測定の際の標準となる。オクタン（C_8H_{18}）の異性体はたくさんあり，いずれも正オクタンよりアンチノック性が大きいが，オクタン価測定の標準燃料となるのは2,2,4-トリメチル・ペンタンである。

イソシアネート［isocyanate］　シアン系の化合物でウレタン系塗料の硬化剤として用いられる。人体に有害なため，取り扱いには安全衛生面での厳重な注意（保護具の使用など）が必要。

イソ（ISO）螺子（ねじ）［ISO screw; lnternational Organization for Standardization thread］　国際標準化機構の規格に基づいたねじ。メートルねじやインチねじがある。

イソブタン［iso-butane］　分子式C_4H_{10}。メタン系炭化水素の一つで液化石油ガス（LPG）の成分。パラフィン系（飽和）炭化水素で，一般式はC_nH_{2n+2}。

イソプレン［isoprene］　天然ゴムの熱分解やアセトンとアセチレンの合成でできる無色透明の液体。合成ゴム（ポリ・イソプレン・ラバー）の原料となる。

板（いた）ばね［leaf spring］　☞リーフ・スプリング。

位置（いち）エネルギー［potential energy］　運動エネルギーに対し，位置によるエネルギー。高いところにある物体は落ちてきて仕事をする能力をもっている。このように物体が力の場に存在することによって有するエネルギーで，その大きさは物体の位置のみに依存する。

一次回路（いちじかいろ）［primary circuit］　☞プライマリ・サーキット。

一次慣性力（いちじかんせいりょく）［primary inertia］　エンジンなどの回転体が，1回転につき1サイクルの慣性力が発生すること。

一次減圧室（いちじげんあつしつ）［primary decompression chamber］　LPG燃料装置のベーパライザ（レギュレータ：減圧気化装置）では，加圧された液体燃料を2段階（一次，二次）で減圧気化している。まず一次減圧室で気化膨張させ，約30kPaくらいに調圧している。

一次（いちじ）コイル［primary coil］　☞プライマリ～。

一次衝突（いちじしょうとつ）［primary collision］　車が他の車や道路施設などに衝突して破損すること。又，衝突の衝撃で乗員が車内のステアリング・ホイールやインパネなどに衝突することを二次衝突（secondary collision）という。一次衝突に対しては車体をエネルギー吸収式の構造にしたり，二次衝突に対してはシート・ベルトやSRSエアバッグ等のパッシブ・セーフティで乗員を保護している。

一次振動（いちじしんどう）［primary vibration］　エンジンやタイヤなどの回転体が，1回転につき1サイクルの振動を発生すること。

一次電池（いちじでんち）［primary battery; primary cell］　放電してしまうと，充電しても元の状態に回復しない電池。例 乾電池。

一次電流（いちじでんりゅう）［primary current］　☞プライマリ・カレント。

一級自動車整備士（いっきゅうじどうしゃせいびし）［class 1 motor vehicle mechanic］　国土交通省が2000年10月に自動車整備士技能検定規則の一部を改訂してできたもので，大型自動車，小型自動車，2輪自動車の3種類がある。第1回目の小型自動車一級整備士技能検定試験が2002年度に実施されて全国で9,107人が受験し，筆記，口述，実技の各試験を経て最終合格者は330人（合格率3.6%）という難関であった。2013年3月末までの合格者累計は9,038人。

一酸化炭素（いっさんかたんそ）［carbon monoxide］　分子式CO。無色，無味，無臭の毒性ガス。炭素又は炭素化合物の不完全燃焼などによって生じ，人体に吸収されると血液中のヘモグロビンと結合して一酸化炭素ヘモグロビン（CO−Hb）となり，血液の酸素運搬機能を阻害する。

溢出（いっしゅつ）［overflow］　液体などが，あふれ出ること。☞オーバフロー。

一体構造（いったいこうぞう）［unit construction; unitary construction］　☞ユニット・コンストラクション，ユニタリ・コンストラクション。

イットリウム［yttrium］　希土類元素の一つ。記号Y，原子番号39。スパーク・プラグの接地電極，O_2センサ，LED，YAGレーザ溶接などに用いられる。

イナーシャ［inertia］　慣性。惰性。惰力。

イナーシャ・センサ［inertia sensor］　車の慣性力を検出するセンサの一種で，ヨーレート・センサと横加速度センサを一体化したもの。ヨー・レートGセンサとも。

イナーシャ・タイプ・ギヤリング［inertia type gearing］　慣性式かみ合い装置。物体慣性の原理を応用してギヤを自動かみ合いさせる装置。例 ベンデックス式スタータ。

イナーシャ・ハンマ［inertia hammer］　慣性ハンマ。軸上をしゅう動する握りハンマをぶつけその打撃力を利用するもの。＝スライド〜。例 プーラ類。

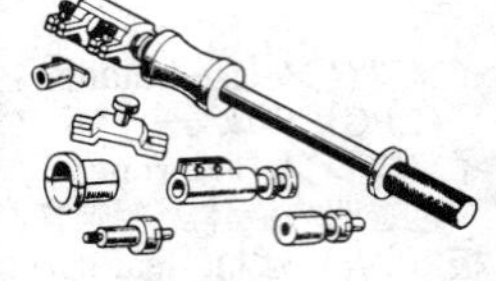

イナーシャ・ハンマ

イナーシャ・ブレーキ［inertia brake］　慣性式ブレーキ。例 トラクタ・トレーラにおいて，トラクタを制動したときトレーラが慣性でトラクタへ追突しようとする力でブレーキを作用させるもの。＝オーバランニング〜。

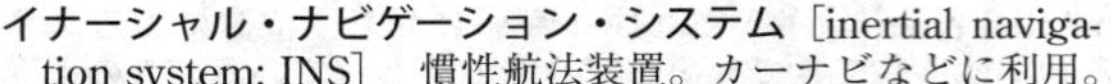

イナーシャル・ナビゲーション・システム［inertial navigation system; INS］　慣性航法装置。カーナビなどに利用。

イナーシャ・ロック・タイプ［inertia lock type］　慣性阻止方式。手動式変速機の同期噛合装置（シンクロメッシュ機構）において，噛み合う両ギヤに回転速度差があるとスリーブの進行を一時阻止し，同期作用が完了してから噛み合わせる方式。例 ㋑キー・タイプ（乗用車など）。㋺ピン・タイプ（トラックやバスなど）。

イナート・ガス［inert gas］　不活性ガス。キセノン，アルゴン，ヘリウム，窒素など，通常の状態では他の物質と反応しにくい気体。例 ㋑電球封入用。㋺MIG溶接用。

イニシャライズ［initialize］　①準備動作に入らせる。②初期化する。③ハード・ディスクやフロッピ・ディスクを書き込める状態にすること。例 ステップ・モータの初期化。

イニシャル・クォリテイ・サーベイ［initial quality survey; IQS］　初期品質調査。民間の調査会社・米国JDパワー社が採用しているCS（顧客満足度）調査項目の中の，新車購入初期の車両品質調査。

イニシャル・コスト［initial cost］　初期費用，初期投資額。対 ランニング〜。

イニシャル・スピード［initial speed］　（ブレーキ・テストなどの）初速度。

イニシャル・チェック［initial check］　初期点検。例 ABSの各ソレノイド・バルブやモータを，走行初期に順次作動させて電気的なチェックを自動的に行う。

イニシャル・チャージ［initial charge］　（バッテリの）初充電。新品のバッテリに電解液を入れ，弱電流で長時間行う充電。

居眠（いねむ）り警報（けいほう）システム［drowsiness warning system］　居眠り運転防止警報装置。ステアリング・センサで車両の蛇行を検出したり，運転者の眼の開き度合いや脈拍などを検出して居眠りを判断し，表示・音声・シートの振動などで警報を発する。三菱の大型トラックにオプション設定あり。脈拍や眼の瞬（またた）きは現在開発中のもの。

イノベーション［innovation］　技術革新，新機軸，刷新。

イノベーティブ・トラクション・コントロール・システム［innovative traction control system; INTRAC］　ホンダのイントラック。☞INTRAC。

イフィシェンシ［efficiency］　☞エフィシェンシ。

イフェクティブ・ホースパワー［effective horsepower］　有効馬力，正味馬力，実馬力，制動馬力（ブレーキ・ホースパワー）。

イベント［event］　①行事，催し物。②試合。例 カー・ディーラが販売促進のために行う各種の催し物。

イミテーション・パーツ［imitation parts］　模造部品，社外部品，社外品。メーカが公認していない。対 ジェニュイン～。

イミテーション・レザー［imitation leather］　模造皮革，布草。例 車体内張用人造皮革。

イメージ・プロジェクタ・タイプ［image projector type］　投光式の幻想的な間接照明法。例 運転席メータ回りのEL照明。

鋳物（いもの）［casting; molding］　☞キャスティング，モールディング。

イモビライザ・システム［immobilizer system］　電子式車両盗難防止装置。エンジン始動時にキーに記憶されたIDコードを照合し，その車用に登録されたエンジン・キー以外でエンジンを始動したときには，エンジンの点火，燃料噴射を禁止して始動できなくするシステム。トヨタ，日産，輸入車など高級車の一部に採用。

イヤーラウンド・タイプ［year-round type］　通年型。季節を問わず年間を通して使用するもの。例 カー・エアコン（夏はクーラ，冬はヒータ）。＝オール～。

イリジウム［iridium］　原子番号77番の金属元素。記号はIr。化学的に極めて安定しており，スパーク・プラグの中心電極や精密機械の軸受などに用いられる。

イリバーシブル・タイプ［irreversible type］　不可逆型。逆方向から動かしえないもの。例 車輪からハンドルを回転させることができない不可逆型ハンドル。対 リバーシブル。

イルミネーション［illumination］　照明，飾り電灯。

イルミネーティング・パワー［illuminating power］　照度，明るさ。単位はルクス。

イルミネーテッド・エントリ・システム［illuminated entry system］　ドアを閉めた時およびキーによりアンロックを行ったときに，ルーム・ランプ，イグニション・キー穴照明および足元照明をしばらくの間，点灯させるシステム。シート・ベルト・バックルの夜間照明用もある。

イレブン・モード・テスト［11（eleven）mode test］　50年規制の11モード試験。自動車排出ガス測定法の一種で，郊外から市内への通勤モデルを想定した走行パターン。従来の10モード測定法と比較して走行パターンや最高速度が変わり（40km/h→60km/h），更に冷間時始動（コールド・スタート）モードが追加された。10モード測定法は昭和48年（1973年）から採用されたが，11モード法は昭和50年（1975年）から10モード測定法と共に実施された。測定の要領は冷えたエンジンをスタートし，アイドリング25秒の後にシャシ・

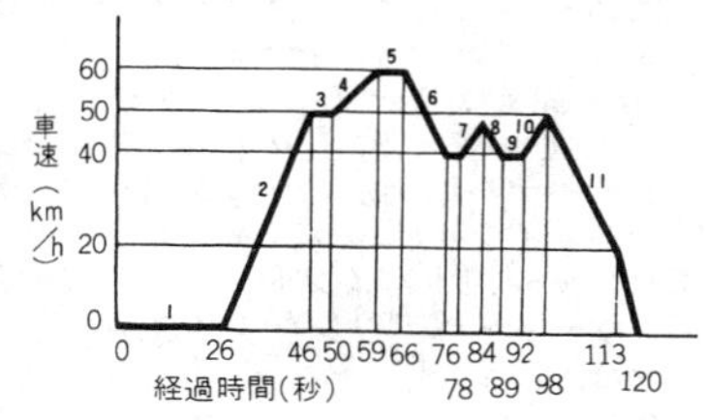

イレブン・モード・テスト

ダイナモメータ上でグラフに示すような速度と時間で4回繰り返し，排出ガス中に含まれる成分の重量（グラム）を測定する。

インオーガニック・コンパウンド [inorganic compound]　無機化合物。対 オーガニック～。

引火点（いんかてん） [flash point]　火種を近づけたときに，物が燃えだす最低の温度。液体や固体の表面から可燃性の気体が蒸発し始める温度である。対 発火点。

インカンデセント [incandescent]　☞インキャンデセント。

インキャンデセント [incandescent]　白熱の，灼熱の。＝インカンデセント。

インキャンデセント・ランプ [incandescent lamp]　白熱電灯。フィラメント（タングステン線）を白熱させて光を得る電灯。＝インカンデセント～。☞フルオレセント～。

陰極（いんきょく） [cathode]　☞カソード。対 アノード。

陰極板（いんきょくばん） [negative plate]　☞ネガティブ・プレート。

インクライン [incline]　傾斜，勾配。

インクラインド・バルブ [inclined valve]　傾斜弁。シリンダの中心線に対し傾いて取り付けられた弁。

インクリース [increase]　増加（する），増大（する）。対 ディクリース。

インクリネーション [inclination]　傾斜，傾き。例 キングピンが左右に傾いていること（前後の傾きはキャスタ）。

インクルーデッド [included]　①含んだ，包括した。②算入した。例 ～アングル。

インクルーデッド・アングル [included angle]　総合角度。例 フロント・ホイール・アラインメントにおけるキングピン角（インクリネーション）とキャンバ角との和。

インクローズ [enclose; inclose]　囲う，取り巻く。＝エンクローズ。

インクローズド・ボデー [enclosed body; inclosed body]　箱型車体。例 ㋑セダン。㋺クーペ。＝エンクローズド～。

インゴット [ingot]　鋳塊。板や棒の材料になる金属のかたまり。

インコレクト [incorrect]　正しくない，誤った。対 コレクト。

インコンプリート [incomplete]　不完全な，不備な。＝インパーフェクト。対 コンプリート。

インコンプリート・コンバッション [incomplete combustion]　☞不完全燃焼。＝インパーフェクト～。

インサータ [inserter]　差し込み作業用の補助具，挿入用具。対 エキストラクタ。

インサーテッド・バルブ・シート [inserted valve seat]　はめ込み式弁座。弁座（バルブ・シート）の耐摩耗性を向上するため，シリンダ・ヘッドの素材と異なる材質の弁座をはめ込む。特にアルミ合金製の場合。例 ㋑メーカ段階からはめ込む。㋺摩耗限度を超えたものを取り換える。＝バルブ・シート・リング。

インサート [insert]　①挿入する，差し込む，はめ込む。②挿入物。

インサート・ベアリング [insert bearing]　はめ込み（交換）式平軸受。現在はケルメット（銅と鉛の合金）やトリメタル（銅，鉛，錫などの3層メタル）などを使用している。例 ㋑クランクシャフト・ジャーナル用軸受。㋺コンロッド大端用軸受。＝インタチェンジャブル～，リプレーサブル～。対 バインド～。

インサート・ベアリング・メタル [insert bearing metal]　☞インサート・ベアリング。

インサート・メタル [insert metal]　☞～ベ

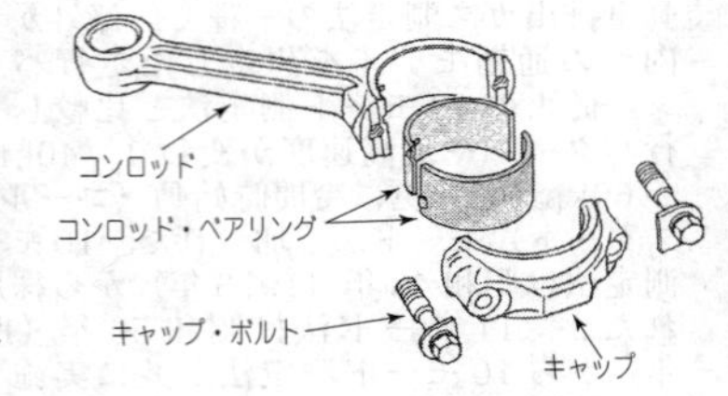

インサート・ベアリング

アリング。

インサイド [inside]　内部（の），内側（の）。[対]アウトサイド。

インサイド・キャリパス [inside calipers]　内側用キャリパス。通称内パス。内径や内法（うちのり）の測定に用いる。[対]アウトサイド〜。

インサイド・ダイアメータ [inside diameter; ID]　内径。[例]シリンダ〜。[対]アウトサイド〜。

インサイド・マイクロメータ [inside micrometer]　（工具）内側用測微計。1/100 mm精度で計れる内側計器。

インサイド・ミラー [inside mirror]　車室内の後車鏡。通称バック・ミラー，ルーム・ミラー。＝インナ・リヤビュー〜。[対]アウトサイド〜，アウタ・リヤビュー〜。

インサイド・ロック [inside lock]　内側にあるロック機構。[例]ドア〜。

インジウム [indium]　青藍（せいらん）。金属元素の一つ。記号In。常温では最も柔らかな銀白色の金属で，合金などに使われる。[例]コンロッド・メタルに用いるトリメタル（3層メタル）の材料。

インジェクション [injection]　注入，噴射，注射。[例]㋑ディーゼル・エンジンの燃焼室への燃料噴射。㋺ガソリン・エンジンのマニホールド又は燃焼室への燃料噴射。㋩キャブレータの加速ポンプの燃料噴出。

インジェクション・キャブレーション [injection carburation]　ガソリンの噴射気化方式。キャブレータを用いず，ガソリンを吸気マニホールドなどへ直接噴射する方式。[例]EFI，EGI。

インジェクション・タイミング [injection timing]　燃料を噴射する時期をクランク角度で表し，回転速度により変化させる。主にディーゼル・エンジンに用いる。

インジェクション・ノズル [injection nozzle]　（ディーゼル・エンジンの）燃料噴射口。燃料の霧化をよくするため，色々な形がある。[例]㋑ホール〜。㋺スロットル〜。㋩ピントウ〜。

インジェクション・バルブ [injection valve]　☞インジェクタ。

インジェクション・プレッシャ [injection pressure]　噴射圧力。[例]㋑一般のガソリン噴射で0.2MPa（2kg/cm^2），筒内噴射は高圧で10〜20MPa（100〜200kg/cm^2）くらい。㋺一般のディーゼル噴射では17〜23MPa（170〜230kg/cm^2）くらい，コモン・レールなどの高圧噴射では180〜220MPa（1800〜2200kg/cm^2）くらいである。

インジェクション・ポンプ [injection pump]　燃料噴射ポンプ。一般にディーゼル・エンジン用のものを指し，ガソリンの筒内噴射は高圧燃料ポンプ等と称している。[例]㋑列型〜：シリンダと同数のプランジャを有する。㋺分配型〜：1本のプランジャで各シリンダに燃料を供給する。

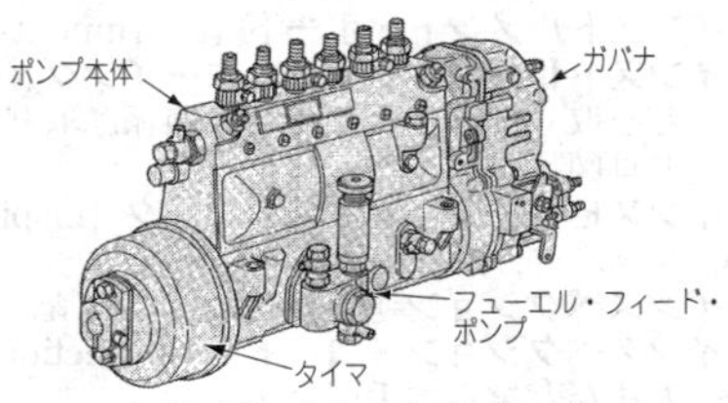

インジェクション・ポンプ

インジェクション・ポンプ・テスタ [(fuel) injection pump tester]　燃料噴射ポンプの台上試験機。噴射ポンプの性能確認やオーバホール時の調整（噴射時期，噴射量，ガバナ，タイマ，フューエル・フィード・ポンプなど）に使用。

インジェクタ [injector]　噴射器，注射器。[例]ディーゼルやガソリン・エンジン用の燃料噴射口。＝インジェクション・バルブ。

インジェクタ・ドライブ・ユニット [injector drive unit]　気筒内噴射式ガソリン・エンジンにおいて，インジェクタ（燃料噴射弁）とは別に設置されたインジェクタ駆動用の昇圧回路。高電圧・大電流を用いるもので，インジェクタ・ドライバともいう。

インジケータ [indicator]　☞インディケータ。

インジケータ・ダイアグラム [indicator diagram] ☞インディケータ～。
インジケータ・ランプ [indicator lamp] ☞インディケータ～。
インジケーテッド・ミーン・エフェクティブ・プレッシャ [indicated mean effective pressure; IMEP] ☞IMEP。
インシュアランス [insurance] ①保険，保険契約。②保険料。例自動車損害保険契約。＝インシュランス。

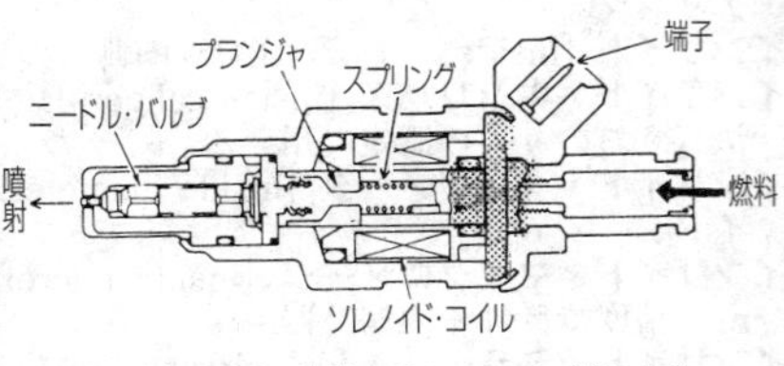

インジェクタ（ガソリン・エンジン用）

インジュースト・カレント [induced current] ☞インデュースト～。
インシュレーション [insulation] ①隔離，孤立。②（電気の）絶縁。
インシュレータ [insulator] ①隔離するもの。②電気・熱・音の絶縁体。例㋑プラグの碍子。㋺コードの被覆用ゴム。㋩触媒マフラの遮熱板（ヒート～）。
インシュレーティング・テープ [insulating tape] （電気の）絶縁テープ。
インシュレーティング・マティリアル [insulating material] 絶縁用物質。
インシュレーティング・レイヤ [insulating layer] 絶縁層。
インシュレーテッド・ガスケット [insulated gasket] 絶縁ガスケット。断熱パッキング。例㋑キャブレータ取付部の断熱用。㋺フューエル・ポンプ取付部の断熱用。
インシュレーテッド・ワイヤ [insulated wire] 絶縁線，被覆電線。
インシュレート [insulate] ①隔離する，孤立させる。②電気を絶縁する。
インスウェプト・フレーム [inswept frame] 内方湾曲フレーム。例フレーム・サイド・メンバの前方が狭くなっていること。
インストーラ [installer] （工具）取り付けるもの，すえ付けるもの。
インストール [install] （作業）取り付ける，すえ付ける，装置する。
インストルメント [instrument] ①道具，器具。②運転席の計器類（～パネル）。
インストルメント・クラスタ [instrument cluster] 運転席の計器群。飾枠に入れられた組み合わせ計器。＝インパネ～，コンビネーション・メータ。
インストルメント・パネル [instrument panel] 運転席の計器板。略してインパネ。＝ダッシュ・ボード，フェーシャ。
インストルメント・ボード [instrument board] 同前。
インストレーション・ドゥローイング [installation drawing] 取付図。装置，部品などを取り付けた状態で相互関係，取り付けに必要な寸法などを示す図面。略してインドロ図。
インスピレーション・ストローク [inspiration stroke] エンジンの吸気行程。＝インレット～，サクション～。
インスペクション [inspection] 検査，調査，点検。
インスペクション・コード[1] [inspection code] （故障などの）点検法，点検の順序方法などを示す手引き書。
インスペクション・コード[2] [inspection cord] （配線の）点検用電線。＝ジャンパ～。
インスペクション・ハンマ [inspection hammer] 緩みなどの点検用ハンマ。部品やねじを軽打して緩みや損傷を感知する。＝テスト～。
インスペクション・ピット [inspection pit] 整備工場や給油所などで床に掘った点検作業用の穴。点検壕（ごう）。車の下回りの点検やオイル交換等に用いる。
インスペクション・ホール [inspection hole] 点検用の穴。例フライホイールのマークを見るために，クラッチ・ハウジングに設けられた穴。＝アイ～，ピープ～。
インスペクション・ラック [inspection rack] 車両支持台。通称“馬”。下回り点検・

作業やオイル交換等を床上で行う場合，ジャッキアップした車両を安全のために支持しておく。＝リジッド～。

インスペクション・ランプ [inspection lamp]　点検灯，検車灯。例 ㋑整備作業用のガレージ・ランプ。㋺車載の点検灯（車内のコンセントに接続して使用）。

インスペクタ [inspector]　検査官，検査員，点検する人（物）。

インセンティブ [incentive]　①刺激，刺激的な。②販売奨励のための金品。例 自動車メーカが販売店（ディーラ）に対して支払う販売促進奨励金。

インタ [inter]　①中，間，内，相互の意。②インタチェンジの略。

インタ・アクスル・ディファレンシャル [inter axle differential]　後2軸駆動車の2軸間に装着される差動機構で，後2軸車特有の旋回時やタイヤ外径差により発生する2軸間の回転差を吸収する。＝サード・デフ。

インターナビ・システム [INTER-NAVI SYSTEM]　ホンダが開発したカーナビと携帯電話を利用した双方向通信システム。センタとインターネットの融合型サービスやドライブ情報等の提供を行う。

インターナビ・プレミアムクラブ [interNavi PremiumClub]　ホンダが純正カー・ナビゲーションに採用している車載通信システム「インターナビ・システム」の進化版で，音声認識対応型のもの。最大の特徴はインターナビVICSであり，このシステムに加入しているユーザの車をセンサとして収集する渋滞予測機能により，通常VICSの約8倍の道路情報をカバーすることができ，移動予測時間の精度が向上している。2007年には，設定ルート中に新たに開通した高速道路などがあると表示が出て，地図データを部分的に更新する「スマート地図更新サービス」などが追加された。緊急時の通報サービス（QQコール）は原則有料。2002年10月にサービスを開始し，2009年11月末現在で会員数は約100万人。☞プローブ・カー・システム。

インターナル [internal]　内の，内部の。例 ～ギヤ。対 エキスターナル。

インターナル・エキスターナル・ギヤ [internal external gear]　内外歯車のかみ合い装置。例 プラネタリ・ギヤ。

インターナル・エキスターナル・ロータリ・ポンプ [internal external rotary pump]　内外回転子型ポンプ。ハウジングの中で内ロータと外ロータの二つが回転するポンプ。例 油圧ポンプ。

インターナル・エキスパンディング・ブレーキ [internal expanding brake]　内部拡張式ブレーキ。ドラムの中にあるシューが拡張して作用するブレーキ。対 エキスターナル・コントラクティング～。

インターナル・ギヤ [internal gear]　内面歯車，内向歯車。例 ㋑プラネタリ・ギヤ装置のリング・ギヤ。㋺ロータリ・エンジンのロータ。

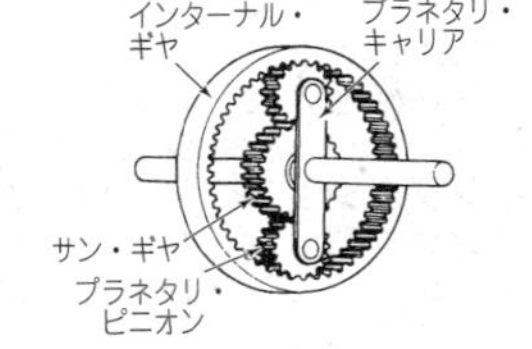

インターナル・ギヤ

インターナル・コンバッション・エンジン [internal combustion engine; IC engine]　内部燃焼機関，内燃機関。燃料がシリンダの中で燃焼するエンジン。例 ㋑ガソリン・エンジン。㋺ディーゼル・エンジン。対 エキスターナル～。

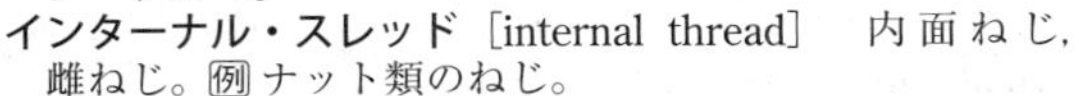

インターナル・スレッド [internal thread]　内面ねじ，雌ねじ。例 ナット類のねじ。

インターナル・ティース [internal teeth]　内面歯，内向歯。インターナル・ギヤの歯。

インターナル・レジスタンス [internal resistance]　（電気）内部抵抗。例 バッテリやジェネレータの内部に有する電気抵抗。

インターネット [internet]　共通のプロトコル（通信制御手順）と共通のアドレス体系を使用して，相互に接続された世界的通信ネットワーク。カーナビや携帯電話を利用して，車内からインターネットに接続できるものもある。

インターネットITS（アイティーエス）［internet Intelligent Transport Systems］ 車両とインターネットを次世代通信規格で結び，音楽配信や車両遠隔診断，渋滞や天候情報の収集などに応用するシステム。実用化例では，ホンダが2002年に「インターナビ・プレミアムクラブ」で，トヨタが2007年に「G-BOOK mX」で，それぞれ交通情報や天候情報を収集するプローブ情報サービスを開始。BMWはインターネット上で公開されている地図情報をパソコンで取り込み，メールで自車へ送信させる「Send data from Google maps」を，パイオニアは2007年モデルのカー・ナビゲーションから，音楽情報や地点情報を配信する「SmartLoopドットログ」を，それぞれ開始している。

インターフェイス［interface］ コンピュータ関連用語で，二つの機械間，あるいは機械と人間の間にあって両者を接続する媒介装置や技術。マン・マシン・インターフェイス。例パソコンやカーナビのディスプレイ。

インダイレクト［indirect］ 直接でない，間接の，間接的な。＝インディレクト。対ダイレクト（ディレクト）。

インダイレクト・インジェクション・ディーゼル・エンジン［indirect injection diesel engine; IDI diesel engine］ 副室式ディーゼル・エンジン。シリンダ・ヘッドに渦流を生成する副燃焼室を持ち，ここに燃料を噴射する。直噴式と比べて始動性が劣るため，グロー・プラグを設けている。＝インディレクト～。対ダイレクト～。

インダイレクト・ドライブ［indirect drive］ 間接伝動，遠回り伝動。例トランスミッションにおいて，直結以外の伝動状態。＝インディレクト～。

インダイレクト・ハンマリング［indirect hammering］ （板金作業で）間接打法，変形部の周囲に打撃を与えて復元する手法。

インタクーラ［inter-cooler］ ターボチャージャ付きエンジンで，圧縮され高温になった吸入空気を冷却し，空気密度を高めることにより充填（てん）効率を高めるための冷却器。空冷式と水冷式とがある。

インダクション［induction］ ①電気磁気の誘導，感応。例㋑セルフ～。㋺ミューチュアル～。②引き入れ，吸入。例吸入行程。

インダクション・カレント［induction current］ 誘導電流，感応電流。例発電機によって生ずる電流。＝インデュースト～。

インダクション・コイル［induction coil］ 誘導線輪，相互誘導作用を応用して電流の位相を変える変圧器。例点火用高圧コイル。＝イグニション～。

インダクション・サウンド・エンハンサ［induction sound enhancer; ISE］ 吸気共鳴装置の一種で，マツダが2008年にスポーツ・カーのエンジンに採用したもの。この装置はエンジンの吸気音を心地よく聞かせるためのもので，ダイアフラムを内蔵した筒状構造のISEを吸気系に取り付け，吸気脈動を増幅させている。

インダクション・システム［induction system］ （燃料混合気の）吸入装置。

インダクション・ストローク［induction stroke］ 吸入行程。＝インレット～。

インダクション・パイプ［induction pipe］ エンジンの吸気管。＝インレット～。

インダクション・ヒーティング［induction heating］ （電気の）誘導加熱。渦電流損失や表皮効果を利用し，瞬間的に加熱急冷して行う表面硬化焼き入れ法。例クランクシャフトなどの焼き入れ。

インダクション・ポート［induction port］ ☞インテーク～。

インダクション・マニホールド［induction manifold］ 吸気多岐管。＝インレット～，インテーク～。

インダクション・モータ［induction motor］ 誘導電動機。例工場内で使う交流電動機。

インダクタ［inductor］ 誘電子，誘導子。例界磁とコイル鉄芯との間にあって回転し，磁力を通じたり止めたりしてコイルに発電させるもの。

インダクタ・タイプ・ジェネレータ［inductor type generator］ 誘導子型発電機。界磁とコイルを固定し，その間で誘導子を回転して発電するもの。余り使用されない。

インダクタンス [inductance]　自己誘導および相互誘導係数。一つの回路のうちで単位時間に電流が変化したとき，電路内に起きる起電力と電流との変化量の比をいう。記号L，単位はヘンリー（H）。

インダクティブ方式（ほうしき） [inductive method]　電気自動車（EV）の充電システムで，非接触型の電磁誘導方式のもの。インダクティブ方式では，電磁コイルを使用し磁気によるエネルギー伝達を行うため，感電の危険がない利点を持つ反面，エネルギー・ロスや発熱への対応が不可欠である。トヨタ・GMやホンダなどが開発中。㊒コンダクティブ（conductive・接触伝達）方式。

インタコネクティング・ケーブル [interconnecting cable]　（電気）中間コード。延長線。相互連絡線。

インタコネクテッド・サスペンション [interconnected suspension]　前後軸関連懸架法。中間にピボットを有するレバーで前後軸を連結し，車体の荷重が前後軸へ均等にかかる設計のもの。＝コンペンセーテッド～。

インタシティ・バス [intercity bus]　都市間を結ぶ長距離バス。＝インタアーバン～。

インダストリ [industry]　産業，工業。㊎自動車産業（automobile industry）。

インダストリアル・エンジニアリング [industrial engineering; IE]　☞IE。

インダストリアル・トラクタ [industrial tractor]　産業用牽引（けんいん）自動車。

インダストリアル・ビークル [industrial vehicle]　産業用車両。

インダストリアル・ポリューション [industrial pollution]　産業公害。産業の発展に伴って生じるばい煙，騒音，振動，汚水などの公害。

インダストリアル・マシナリ [industrial machinery]　①産業用諸機械装置。②（政府などの）産業機関又は機構。

インダストリー4.0 [㊕ industrie 4.0]　第4の産業革命を意味し，18世紀後半の蒸気機関，20世紀初頭の電化，1980年代以降のコンピュータ化に次ぐもの。ドイツ生まれの巨大プロジェクトで，半導体や通信技術の飛躍的な進歩によりIoT（モノのインターネット）や高度な人工知能（AI）を駆使し，生産の劇的な効率化やサプライ・チェーン（供給網）の最適化などを目指すもの。ドイツでは，官民で戦略的に取り組んでいる。☞オートモーティブ4.0。

インタセクション [intersection]　①交差，横断。②（道路の）交差点。③（製図の）横断面。＝クロスセクション。

インタセプト・ポイント [intercept point]　ターボ・エンジンにおいて，ウェイスト・ゲート・バルブ（WGV／排気バイパス弁）が開き，排気の一部がターボをバイパスし始める回転数のこと。この回転数以上では，過給圧は一定となる。

インタセル・コネクタ [intercell connector]　（バッテリのセルを）内部でつなぐ連結子。外部に出ていない連結子。

インタチェンジ [interchange; IC]　①交換（する）。②交代（する）。③高速道路の立体交差による出入り口。インターとも略す。

インタチェンジャブル [interchangeable]　取り替えられる。交換できる。交換式の。

インタチェンジャブル・メタル [interchangeable metal]　交換式軸受。㊎クランクシャフトのジャーナル軸受，コンロッドの大端軸受。

インタナショナル・エレクトロテクニカル・コミッション [international electrotechnical commission; IEC]　国際電気標準会議。

インタナショナル・オーガニゼーション・フォー・スタンダーダイゼーション [international organization for standardization; international standardization organization; ISO]　国際標準化機構。工業標準化の国際機構の一つ。1946年に設立。本部はスイスのジュネーブ。

インタナショナル・スタンタータイゼーション・オーガニゼーション・フィックス [international standardization organization FIX; ISO FIX]　☞ISO-FIX。

インタナショナル・テレコミュニケーションズ・ユニオン［international telecommunications union; ITU］　国際電気通信連合。☞ITU。
インタナショナル・パシフィック・カンファレンス・オン・オートモーティブ・エンジニアリング［international Pacific conference on automotive engineering; IPC］　☞IPC。
インタナショナル・モバイル・テレコミュニケーションズ2000［international mobile telecommunications-2000］　☞IMT2000。
インタナショナル・ライセンス［international license］　国際免許証。例国際運転免許証。
インタフィアランス［interference］　干渉，妨害，混信。
インタフィアランス・サプレッサ［interference suppressor］　（ラジオやテレビの）受信妨害消去装置。例㋑高抵抗プラグ・コード。㋺雑音消去用コンデンサ。㋩雑音消去用抵抗器。㊁抵抗付きプラグ。㋭シールド配線。
インタフィアランス・トラブル［interference trouble］　電波障害，受信障害。
インタフェース［interface］　コンピュータ関連用語で，二つの機械間，あるいは機械と人間の間にあって両者を接続する媒介装置や技術。＝マンマシン～。例パソコンやカーナビのディスプレイ。
インタ・ポール［inter pole］　（発電機などの）補極。回転機の中性帯部分における電機子反作用を打ち消す目的のもの。＝コミュテーティング・ポール。
インタミッテント［intermittent; INT］　間欠的，断続的。例～ワイパ。
インタミッテント・カレント［intermittent current］　脈動電流，脈流。流通が断続し，又は強さが周期的に変化する電流。
インタミッテント・ディスコネクション［intermittent disconnection］　電気系統の故障で，時々断線して電気が通じなくなること。
インタミッテント・フィレット・ウェルド［intermittent fillet weld］　（溶接作業）断続溶接。一定の間隔にとびとび溶接すること。
インタミッテント・モーション［intermittent motion］　間欠運動。一定の間隔をおいて行われる運動。
インタミッテント・ワイパ［intermittent wiper］　間欠作動するワイパ。
インタミディエート［intermediate; INT］　①中間の。②中間物，媒介物。例～シャフト。
インタミディエート・ギヤ［intermediate gear］　伝動装置の中間歯車。＝アイドル～。
インタミディエート・シャフト［intermediate shaft］　中間軸。例㋑分割式ステアリング・シャフトの中間軸。㋺AT内部のインプット・シャフトとアウトプット・シャフトとの間にある中間軸。
インタミディエート・スピード［intermediate speed］　変速機や車速などの中間速度。
インタミディエート・ハウジング［intermediate housing］　複数のロータを有するロータリ・エンジンの前後ロータの中間に位置するハウジング。
インタモーダル輸送（ゆそう）システム［intermodal transport system］　トラック輸送と船舶輸送をITS（高度道路交通システム）技術で組み合わせたもの。自動車走行電子技術協会が省エネ（軽油の節約）と物流コスト低減の両面から研究中のもの。
インタライナ［interliner］　中間に挟むもの。挟みもの。例板ばねの騒音を防ぐためにリーフ間に入れるゴムのライニング（サイレンサ・パッド）。
インタラクティブ［interactive］　①双方向の。②通信や放送が双方向方式であること。③コンピュータが対話式であること。例インターネットはインタラクティブ・ネットワーク（双方向通信網）の略語。
インタラプタ［interrupter］　①さえぎる人（物），妨害者（物）。②電気の遮断器，断続器。例㋑点火一次回路遮断器。＝コンタクト・ブレーカ。㋺フォト～（ステアリング操舵角などの検出用）。

インタリーフ・フリクション [interleaf friction]　（板ばねの）板間摩擦。
インタロック [interlock]　①連結する，連動する，組み合わせる。②進行中の動作が終わるまで次の動作を開始させないようにすること。
インタロック機構（きこう） [interlock mechanism]　①手動変速機の二重噛み合い防止装置。②バスなどでドアが閉じないと発車できない連動装置。③ステアリングのキー・ロックを解除しないとエンジンの始動ができない装置。
インタロック・ピン [interlock pin]　（変速機の）二重かみ合い防止用ピン。シフト・シャフトに装着され，1本のシャフトが中立以外の位置にあるとき他のシャフトをロックして二重かみ合いを防ぐ。
インタンク型（がた）フューエル・ポンプ [in-tank type fuel pump]　小型なモータ式ポンプが燃料タンクの中に装備されているタイプ。対 インライン型。
インチ [inch]　英制（フィート・ポンド制）の長さの単位。1インチは25.4mm。記号はin又は数字の右肩に（″）。日本語での表示は吋。例 5in又は5″。
インチ・サイズ [inch size]　インチ寸法規格。小数は8分，16分，32分，64分，128分又は1000分値で表す。12″が1フット（フィートの単数），3フィートが1ヤード。例 タイヤ・サイズ。
インディアナポリス500マイル・レース [Indianapolis 500 mile race]　米国インディアナ州のインディアナポリス・モータ・スピードウェイで毎年5月にメモリアル・デイ（戦没者記念日）の前日に開催されるフォーミュラ・カー・レース。通称インディ500。1周2.5マイル（約4km）のオーバル（楕円）・コースを200周して争うもので，初回は1911年に開催された。レース・カーはF1よりも制限が緩いインディカーと呼ばれるもので，2012年からエンジンは2.2ℓ・V6直噴ターボ（以前は3.4ℓ・V8NA）に変更され，燃料はガソリン15%＋エタノール85%の混合燃料（E85）を使用。1979年以降はシリーズの運営がCARTに移り，2003年からはIRLに変わっている。
インディア・ラバー [india rubber]　天然ゴム，弾性ゴム。＝カウチューク。
インディケータ [indicator]　指示器，表示器。例 ㋑〜ランプ。㋺ダイアル〜。㋩〜ダイアグラム。＝インジケータ。
インディケータ・ダイアグラム [indicator diagram]　エンジンの指圧線図。シリンダ内圧力（P）と容積（V）の変化を記録した線図。PV線図ともいわれ，シリンダ内で発生したエンジンの出力などがわかる。
インディケータ・ランプ [indicator lamp]　表示灯。機械装置の作動状態を確認するランプ。例 ㋑オイル・プレッシャ〜。㋺ターン・シグナル〜。＝パイロット〜，ウォーニング〜。
インディケーテッド・ホースパワー [indicated horsepower; IHP]　☞ IHP。
インディビデュアル [individual]　①個々の，単独の。②独自の，独特の。
インディビデュアル・キャスト [individual cast]　鋳造法の個別鋳造。構成部品を別々に鋳造すること。対 エンブロック〜。
インディビデュアル・サスペンション [individual suspension]　個別懸架装置。左右車輪の独立懸架方式。通称ニー・アクション。＝インディペンデント〜。
インディペンデント [independent]　独立の，自立の，独立した。
インディペンデント・ガレージ [independent garage]　建物が独立した自動車整備工場。
インディペンデント・サスペンション [independent suspension]　独立懸架方式。左右の車輪が独自に振動できる構造の車軸の取り

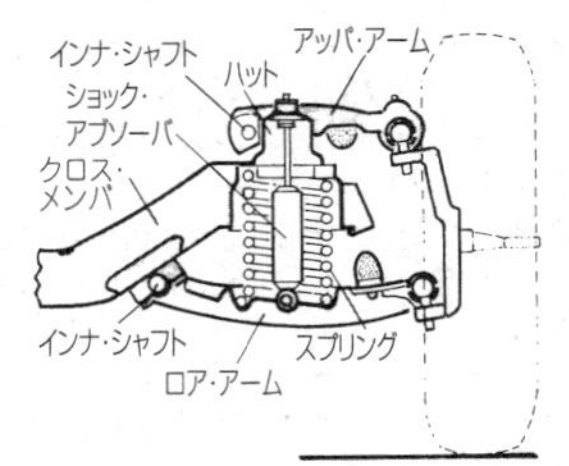

独立懸架装置（ウィッシュボーン・タイプ）

付け方法。主に乗用車の前輪に用いられるが，後輪にも用いた四輪独立懸架方式もある。＝インディビデュアル～。通称ニー・アクション。対リジッド・アクスル～。

インディペンデント・リヤ・サスペンション [independent rear suspension; IRS]　☞後輪独立懸架装置（IRS）。

インディレクト [indirect]　直接でない，間接の。＝インダイレクト。対ディレクト（ダイレクト）。

インディレクト・インジェクション・ディーゼル・エンジン [indirect injection diesel engine; IDI diesel engine]　副室式ディーゼル・エンジン。シリンダ・ヘッドに渦流を生成する副燃焼室を持ち，ここに燃料を噴射する。直噴式と比べて始動性が劣るため，グロー・プラグを設けている。＝インダイレクト～。☞ダイレクト～。

インディレクト・クーリング [indirect cooling]　間接冷却方式。熱交換器を用いて行う間接冷却法。＝インダイレクト～。例ラジエータを用いる水冷式冷却法。

インディレクト・トランスミッション [indirect transmission]　間接伝動変速機。直結ギヤを持たない変速機。

インディレクト・ヒーティング [indirect heating]　間接暖房方式。中間媒体を介して行う暖房。例エンジンの温水を利用する暖房方法。

インディレクト・ライティング [indirect lighting]　間接照明方式。直射光を当てず間接的に照らす照明。例運転席計器類の照明。

インテーク [intake; IN]　取り入れ，入口，取り入れ口。＝インレット。例㋑～マニホールド。㋺～バルブ。対エキゾースト。

インテーク・エア・テンパレチャ・コンペンセータ [intake air temperature compensator; ITC]　☞ITC。

インテーク・エア・テンパレチャ・コンペンセーティング・バルブ [intake air temperature compensating valve; ITC]　吸気温度補償弁。低温時に排気管周辺の空気を吸入して吸気温度を調整し，混合気が濃くなり過ぎないように規制する。トヨタ：ITC，三菱：吸気温度制御装置。＝～コンペンセータ，温調エア・クリーナ。

インテーク・エア・ヒータ [intake air heater]　ディーゼル・エンジンの吸入空気の予熱装置。インテーク・マニホールド内の吸入空気を暖めるのに電熱式と燃焼式とがあるが，電熱式が多く用いられる。グロー・プラグの使用できない直接噴射式に採用される。

インテーク・サイレンサ [intake silencer]　吸気消音器。ディーゼル車のエキゾースト・ブレーキ（排気リターダ）作動時の騒音防止のため，吸気管に設けるバルブ（インレット・マニホールド・バルブ）。エキゾースト・ブレーキ作動時に排気管内のエキゾースト・ブレーキ・バルブと連動して閉じる。

インテーク・シャッタ・バルブ [intake shutter valve]　ディーゼル・エンジンの停止時に吸入空気を遮断する弁。

インテーク・ストローク [intake stroke]　吸入行程。＝インレット～。サクション～。

インテーク・ダクト [intake duct]　吸入空気の導風管。

インテーク・パイプ [intake pipe]　吸入管，吸気管。＝インレット～。

インテーク・バルブ [intake valve]　吸入弁，吸気弁。＝インレット～。

インテーク・バルブ・スプリング [intake valve spring]　吸気バルブ用のバルブ・スプリング。対エキゾースト～。

インテーク・ヒータ [intake heater]　☞～エア・ヒータ。

インテーク・ピリオド [intake period]　吸入期，吸気期。吸気バルブが開いている期間。

インテーク・ポート [intake port]　吸入口，吸気口。インテーク・マニホールドとインテーク・バルブの間の穴部を指す。＝インダクション～。

インテーク・マニホールド [intake manifold]　吸気多岐管。キャブレータやスロットル・ボデーから各シリンダへ混合気を配給する分岐管。＝インレット～。

インテグラル [integral] ①必要な。②完全な，全てを含んで完全な。③数学の積分。

インテグラル・アクスル [integral axle] BMWに採用されたマルチリンク・タイプのリヤ・サスペンション。車軸方向に3本，前後および上下方向に各1本の計5本のアームなどで構成され，加速時のアンチダイブ特性や良好な乗り心地を確保している。

インテグラル・キャスティング [integral casting] 単体鋳造，一体鋳造。複数部品を一体に鋳造すること。＝モノブロック～，インブロック～，エンブロック～。対インディビデュアル～。

インテグラル・シート [integral seat] ☞インテグレーテッド・シート。

インテグラル・シャフト [integral shaft] 単体軸，一体軸。例クランクシャフト。＝モノブロック～，エンブロック～。対インディビデュアル～。

インテグラル・タイプ [integral type] 単体型，一体型。対インディビデュアル～。

インテグラル・タイプ・パワー・ステアリング [integral type power steering] 一体型パワー・ステアリング。コントロール・バルブやパワー・シリンダをステアリング・ギヤ・ボックス内に組み込んだもの。システムが簡素化できる。

インテグラル・ハウジング [integral housing] 単体の箱，一体の室。例バンジョー・タイプのリヤアクスル・ハウジング。

インテグラル・ベアリング [integral bearing] 一体型軸受。例クランク主軸受やコンロッド大端部軸受のメタルを軸受台に直接盛り付け，一体構造としたもの。かつては多く用いられた。対インサート～。

インテグラル・ボデー [integral body] フレームを用いない一体構造の車体。＝モノコック～。

インテグラル・マニホールド [integral manifold] 一体型多岐管。例吸気マニホールドと排気マニホールドを一体に鋳造したもの。

インテグレーション [integration] 集成，統合。例～リレー。

インテグレーテッド [integrated] 統合した，合成した。例～サーキット（IC）。

インテグレーテッド・アクティブ・ステアリング [integrated active steering] 前後輪統合制御ステアリング・システム。四輪操舵システムの一種で，BMWが2009年に新7シリーズに採用したもの。従来のアクティブ・ステアリング（可変ギア比ステアリング）に車速感応式リア・アクスル・ステアリングを組み合わせたもので，約60km/hまでは後輪が前輪と逆位相に操舵され，約80km/hを超えると後輪は前輪と同位相に操舵される。これにより，低速では大きな車体でも小回りのきくステアリング・フィールが得られ，高速では安定性が向上する。

インテグレーテッド・イグニッション・アセンブリ [integrated ignition assembly; IIA] 一体型点火装置。ディストリビュータ，イグニション・コイル，イグナイタ，センタ・コードを一体化したもの。デンソーの名称。☞DLI system。

インテグレーテッド・サーキット [integrated circuit; IC] 集積回路。1mm四方くらいの大きさの基板にトランジスタ，ダイオード，抵抗器などを数多く組み込んだ回路素子。超小型で軽いことから，コンピュータなどに利用される。例㋑電子制御装置のECU。㋺オルタネータの電圧調整器。☞LSI。

インテグレーテッド・サーキット・レギュレータ [integrated circuit regulator; IC regulator] ハイブリッドICを使用した電圧調整器。☞IC regulator。

インテグレーテッド・サービス・デジタル・ネットワーク [integrated services digital network; ISDN] デジタル総合通信網。音声，データ，画像通信を総合的に提供するデジタル総合サービス網。

インテグレーテッド・シート [integrated seat] シート・ベルト内蔵式シート。シート・ベルトをシートと一体化することにより，シートの位置が変化しても常に正しいベルトの装着状態を確保することができる。コスト高を招くため，ダイムラー（MB）など一部の高級車で採用。インテグラル・シートとも。

インテグレーテッド・チャイルド・シート [integrated child seat]　チャイルド・シートを内蔵したシート。セダン系の後席などに当初より組み込まれた子供用のシートおよびシート・ベルトで，後付けタイプよりも信頼性が高い。

インテグレーテッド・ビークル・コントロール [integrated vehicle control]　車両統合制御。エンジンやシャシなどを互いに協調させ，車両性能を総合的に高める制御。☞VDIM，オールモード4×4-i。

インテグレーテッド・モータ・アシスト・システム [integrated motor assist system; IMA system]　☞IMA system。

インデックス・マーク [index mark]　指標，目印。例クランク・プーリにある点火位置指標。

インデックス・ライン [index line]　指標線。

インデュースト・カレント [induced current]　誘導電流。電磁誘導作用で生ずる電流。例発電機や点火コイルに発生する電流。＝インダクション～。

インテリア [interior]　①内の，内部の。②内部，室内，内装。対エクステリア。

インテリア・ディメンション [interior dimension]　車室内寸法。

インテリア・デザイン [interior design]　車室内全体に関するデザインであり，計器板，コンソール・ボックス，トリム類，シートやステアリング・ホイールなどに加え，スイッチやメータ類などの部品も含まれる。居住性，視認性，操作性，安全性など人間工学的な検討を加えてデザインされる。

インテリア・トリム・カラー [interior trim color]　車室内調度の色。内張りやシートの色あい。

インテリジェンス・シフト [intelligence shift]　☞i-Shift。

インテリジェント・アンド・イノベーティブ・ビークル・エレクトロニック・コントロール・システム [intelligent and innovative vehicle electronic control system; INVECS]　☞INVECS。

インテリジェント・アンド・フレキシブル・エネルギー・システム [intelligent & flexible energy system; IFES]　☞IFES。

インテリジェント・エアコン・システム [intelligent air-conditioning system]　日産が採用した，高機能型のカー・エアコン。除菌イオンを発生させるプラズマ・クラスタ機能に加え，周辺大気中の排気ガス濃度（CO，NO_2）を検知して，自動的に内気循環に切り換えるシステムを備えている。☞プラズマクラスタ・イオン・エアコン。

インテリジェント・エネルギー・マネジメント [intelligent energy management]　減速エネルギー回生システムの一種で，BMWが2007年にハイブリッド車でない通常のガソリンやディーゼル・エンジン搭載車に採用したもの。惰行中や制動時に電装品用の電力を発電し，加速時には原則としてオルタネータの発電を停止さることより，燃費性能や加速性能が向上している。

インテリジェント・クリアランス・ソナー [intelligent clearance sonar; ICS]　超音波センサを利用して，駐車場での発進時の衝突被害を軽減する装置。障害物検知装置の一種であるクリアランス・ソナーの進化版で，トヨタが2012年に採用したもの。ICSでは，音と表示で警告するだけでなく，アクセルの踏み間違いを考慮してエンジン出力を抑制し，さらに自動ブレーキも介入させている。検知可能距離は2～3mで，前進時にも作動する。この装置は，シフトの誤操作による急発進を抑制するドライブ・スタート・コントロール（DSC）とセットで用いる。

インテリジェント・コミュニティ・ビークル・システム [intelligent community vehicle system; ICVS]　☞ICVS。

インテリジェント触媒（しょくばい） [self-regenerating intelligent catalyst]　ダイハツが2002年に採用した，排気ガス浄化用の触媒。触媒となる貴金属をナノテクノロジー（超微細加工技術）を活用して自己再生（若返り）させ，走行距離の増加に対する触媒の劣化を防止するとともに，パラジウムなどの貴金属の使用を大幅に削減している。2006年には「スーパー・インテリジェント触媒」が開発され，触媒に使用される3種類の貴金属（パラジウム，白金，ロジウム）すべてが自己再生機能を持つようになった。

インテリジェント・セーフティ・システム [intelligent safety system]　万一の事故の際，すべての安全装置を連携して作動させ，最大限の安全性を確保するためのシステム。BMWが採用したもので，センサが衝突の方向や程度を瞬時に感知して必要なエアバッグを選択し，衝撃力に応じてガスの噴射量や噴射スピードをコントロールする。また，シート・ベルト・テンショナやフォース・リミッタを作動させたり，必要に応じてセントラル・ロッキング・システムの解除や，燃料ポンプも停止させる。

インテリジェント・デュアル・クラッチ・コントロール [intelligent dual clutch control]　☞フーガ・ハイブリッド。

インテリジェント・デュアル・クラッチ・ドライブ [intelligent dual clutch drive; i-DCD]　☞スポーツ・ハイブリッドi-DCD。

インテリジェント・ドライブ [intelligent drive]　ダイムラー（MB）が新型Eクラス（2012年）や新型Sクラス（2013年）などに採用した先進運転支援システム。最新鋭のサスペンション・システム「マジック・ボディ・コントロール」や進化した安全運転支援システム「レーダ・セーフティ・パッケージ」などドライバを支援するさまざまな機能装備を組み合わせることにより，安全性と快適性を高次元で融合させている。このため，従来の短距離／中距離ミリ波レーダにステレオ・マルチパーパス・カメラとマルチモード・ミリ波レーダ（後方）を新たに追加している（車体の前後に計6個のレーダ・センサを装備）。後方レーダは，リアCPA（被害軽減ブレーキ付き後方衝突警告システム）のセンサとして働く。

インテリジェント・トラフィック・ガイダンス・システム [intelligent traffic guidance system; ITGS]　☞ITGS。

インテリジェント・トランスポート・システム [intelligent transport systems; ITS]　高度道路交通システム。☞ITS。

インテリジェント・ナイトビジョン・システム [intelligent night-vision system]　ホンダが2004年に採用した，車載赤外線暗視装置。夜間走行時，車両の進路上や横断中の歩行者を検知し，運転者にブザー音などで知らせ，事故を未然に防止する。この装置は2基の遠赤外線カメラ，ヘッドアップ・ディスプレイ（格納式），歩行者探知ECUおよび各種のセンサで構成されている。同様なシステムは既に内外のメーカが発表しているが，歩行者を特定し，ブザー音で運転者に警告する仕組みは世界初のもの。

インテリジェント・パーキング・アシスト[1] [intelligent parking assist system; IPA]　後退駐車支援システムの一種で，トヨタが2003年に採用したもの。車庫入れや縦列駐車を容易に行うためのもので，インパネ上のディスプレイ（リバース・ガイド・モニタ）に写し出された後方視界の映像にドライバが目標駐車位置をセットすると電動パワー・ステアリング（EPS）が後退操作を代行し，ドライバはブレーキ・ペダルを調整するだけでよい。進化版のインテリジェント・パーキング・アシスト2（IPA2／2015年）では，車が駐車可能スペースの横を通った時にセンサが駐車候補地を自動認識し，駐車開始位置までの前進時も自動操舵で導いてくれる。このため，認識可能距離を2倍に拡大した超音波センサを前後バンパの側面に4個装備している。さらに，巻き込み警報機能や切り返し機能も追加している。

インテリジェント・パーキング・アシスト[2] [intelligent parking assist]　後退駐車支援システムの一種で，日産が2013年に採用したもの。日産としては初採用のもので，車庫入れや縦列駐車のステアリング操作を自動化している。他社の同様なシステムの多くはアクセルを踏むとキャンセルされるが，日産のものは7km/hまでならアクセル操作はOK。アラウンドビュー・モニタ（移動物検知機能付き）とセットで使用。

インテリジェント・ハイウェイ・クルーズコントロール [intelligent highway cruise control; IHCC]　ホンダが2002年に採用した，車間維持支援機能。高速道路運転支援装置（HiDS）の構成要素のひとつで，前方を走行中の車両との距離をミリ波レーダで計測し，45〜100km/hの車速範囲で車間距離を自動的に一定に保つ装置。☞HiDS。

インテリジェント・ハイウェイ・クルーズ・コントロール [intelligent highway cruise control; IHCC]　ホンダが採用した高速走行時の車間距離制御装置。

インテリジェント・ビークル [intelligent vehicle]　高度情報技術を組み入れた車両。マイコンやセンサを組み込んで速度制御や安全走行などを自動化する高度な機能を持ち，道路側の施設を含め現在開発中のもの。

インテリジェント・ビークル・ハイウェイ・システム [intelligent vehicle highway system; IVHS]　☞IVHS America。

インテリジェント・フォー [intelligent-Four; i-Four]　☞i-Four。

インテリジェント・ブレーキ・アシスト [intelligent brake assist]　日産が2003年に採用した，衝突回避支援ブレーキ制御システム。レーダが前方車両との追突の危険性を判断して警報を発したり，追突が避けられないと判断した場合には，自動的にブレーキを作動させて被害を軽減する。

インテリジェント・ペダル [intelligent pedal]　☞ディスタンス・コントロール・アシスト。

インテリジェント・ボデー・アセンブリ・システム [intelligent body assembly system; IBAS]　☞IBAS。

インテリジェント・マルチモード・ドライブ [intelligent multi-mode drive; i-MMD]　☞スポーツ・ハイブリッドi-MMD。

インテリジェント・マルチモード・トランジット・システム [intelligent multimode transit system; IMTS]　☞IMTS。

インテリジェント・ライト・システム [intelligent light system]　MBが採用した，バイキセノン式AFS（配光可変型前照灯）。車の速度，ステアリングの舵角，天候などにより，5種類の照射機能の中から最適な照射方法を選択する。例えば，90km/h以上の高速走行モードでは照射範囲を60%アップ，110km/h以上では運転者側ライトの照射方向をやや上向きとし，カントリ・ロー・モードでは，運転者側の路側帯をより広い範囲で照射する。コーナリング・ランプ機能では，最大15°の角度で照射ビームを左右に振り，40km/hの速度で大きく切り込むと，専用のライトが点灯する。

インテルサット [intelsat; international telecommunications satellite organization]　国際電気通信衛星機構又はその衛星。

インテンシティ [intensity]　強烈，熱烈，強度。例ハイ〜ディスチャージ（HID）ランプ。

インテンシティ・レベル [intensity level]　（物量）音の強さ。測定単位はデシベル（dB）又はホン（ph）。例㋑運転騒音の測定。㋺ホーン音量の測定。

インテンシファイヤ [intensifier]　増強装置。例点火プラグのスパーク〜。

インドア・テスト [indoor test]　屋内試験，台上試験。例シャシ・ダイナモメータによる台上試験。

インドロ図（ず） [in-draw; installation drawing]　インドロ図とはインストレーション・ドゥローイングの略。取付図。装置・部品などを取り付けた状態で相互関係，取り付けに必要な寸法などを示す図面。

インナ [inner]　内側の，内部の，奥の。例〜レース。対アウタ。

インナ・カット型（がた）ピストン・リング [inner cut type piston ring]　コンプレッション・リングの一種。リング上部内側をカットした形状のもので，ねじれ効果があり，なじみ性やシール性に優れている。

インナ・ケーブル [inner cable]　内側にある線。例スピードメータ〜。＝〜ワイヤ。

イ

インナ・シェル [inner shell]　内部胴。[例]トルク・コンバータやフルード・カップリング内の乱流を防ぐ室内の仕切り。

インナ・チューブ [inner tube]　内管。[例]タイヤに入れたゴム・チューブ。

インナ・パネル [inner panel]　内側の羽目板，鉄板。[例]ドア〜。[対]アウタ〜。

インナ・バルブ [inner valve]　内弁。[例]タイヤのバルブ管内にある弁。通称“虫”。＝バルブ・コア。バルブ・インサイド。

インナ・プレート [inner plate]　内側に付ける板状のもの。

インナ・ベアリング [inner bearing]　内側に取り付けられた軸受。[例]フロント・ホイール〜。[対]アウタ〜。

インナ・ベベル型（がた）リング [inner bevel type ring]　ピストン・リング（コンプレッション・リング）形状の一種。リングの内側上部が斜めにカットされていてオイルをかき落とす性能があるので，トップやセカンド・リングに用いられる。

インナ・ミラー [inner mirror]　☞インナ・リヤビュー〜。[対]アウタ〜。

インナ・ライナ [inner liner]　チューブレス・タイヤの内側に張り付けられた特殊なゴム（ハロゲン化ブチル・ゴムなど）で，空気の透過を防ぐ。

インナ・ライナ

インナ・リヤビュー・ミラー [inner rearview mirror]　車室内の後車鏡。通称バック・ミラー，ルーム・ミラー。[対]アウタ・リヤビュー〜。

インナ・リング [inner ring]　内環。[例]組み合わせ型オイル・リングの張力を補うために入れた弾力環。リング・エキスパンダ又はスペース・エキスパンダともいう。

インナ・レース [inner race]　軸受や等速ジョイントなどで，その外径部をボールなどが転動する部品。[対]アウタ〜。

インナ・ロータ [inner rotor]　内側で回転するロータ（回転子）。[例]トロコイド式オイル・ポンプ。

インナ・ワイヤ [inner wire]　内側にあるワイヤ。[例]スピードメータ・ケーブルの中で回転するフレキシブル・ワイヤ。＝〜ケーブル。

インバ [[仏] invar, [英] invariable steel]　不変鋼。ニッケル36%，鉄64%の合金。温度による熱膨張が少ない。[例]ピストンのボス部やスカート部に使用。＝インバール，アンバ。

インバース・カレント [inverse current]　逆電流。逆方向に流れる電流。

インバータ [inverter]　逆用回転変流機（inverted rotary converter）の略。直流を交流に変換する装置。[例]㋑交流100Vを電源とした電気製品を車載で使用する場合に使用。㋺トヨタのハイブリッド車において，バッテリの直流電流をモータや発電機駆動用の交流電流に変換する。[対]エリミネータ。

インバーテッド・スカベンジング [inverted scavenging]　（2サイクルの）反転掃気方式。シリンダの二方向から入る新気が衝突反転して排ガスを掃除する方式。＝シニューレ〜。

インバーテッド・フレアード・ナット [inverted flared nut]　（ねじ）逆フレアのナット。パイプ継手ナットの開き口が逆向きのもの。

インバーテッド・ロータリ・コンバータ [inverted rotary converter]　（電気）逆用回転変流機。☞インバータ。

インパーフェクト [imperfect]　不完全な，未完成の。＝インコンプリート。[対]パーフェクト。

インパーフェクト・コンバッション [imperfect combustion]　☞不完全燃焼。＝インコンプリート〜。

インバール [[仏] invar]　☞インバ，アンバ。

インパクト [impact]　①衝突，衝撃。②押し付ける。[例]〜レンチ。

インパクト・ドライバ [impact driver]　衝撃式ねじ回し。打撃により回転力を生じるねじ回し。＝ショック～。

インパクト・レンチ [impact wrench]　衝撃式ねじ回し。圧縮空気などによる衝撃力を回転力に変換する機器で，ソケット・レンチと組み合わせて使用する。例ホイール（タイヤ）の脱着用。

インバ・ストラット・ピストン [invar strut piston]　☞アンバ～。

インパネ [in-pane; instrument panel]　インストルメント・パネルの略。運転席の計器板。

インバリアブル [invariable]　変化しない，不変の。一定の。

インパルス [impulse]　①衝撃，刺激。②衝撃電流，瞬間的に増加する電圧又は電流。☞パルス。

インパルス・カップリング [impulse coupling]　（マグネトーの）弾き継手。始動のとき急速回転を与えて発火をよくする継手。

インビークル・マルチプレックシング・システム [in-vehicle multiplexing system; IVMS]　日産が採用した自動車内多重通信ネットワーク。☞IVMS。

インピーダンス [impedance]　電気回路に交流が流れたときの電圧と電流の比。直流回路の抵抗にあたる。記号Z，単位Ω。

インピーリアル・ガロン [imperial gallon]　☞インペリアル～。

インヒビタ [inhibitor]　防止剤。制止装置。例①ラスト～（さび止め）。②自動変速機の油圧制止弁。

インヒビタ・スイッチ [inhibiter switch; inhibitor switch]　AT車の始動時飛び出し防止装置。自動変速機において，変速ギヤがN・Pレンジ以外ではエンジンが始動できないように設けたスイッチ。＝ニュートラル・セーフティ～。

インヒビタ・バルブ [inhibitor valve]　制止弁。例自動変速機において，ローの場合ガバナ圧によって作用し，高速においてはローに入ることを制止している。

インフォテインメント [infotainment]　インフォメーション（information／情報）とエンターテインメント（entertainment／娯楽）からの造語で，スマート・フォンなどを利用した車載インフォテインメント・システム（IVI）が普及し始めている。インフォテイメントとも。☞コネクテッド・カー。

インフォメーション [information]　情報，報道，通知。例～テクノロジー（IT）。

インフォメーション・テクノロジー [information technology; IT]　情報技術。☞IT。

インフォメーション・ネットワーク・システム [information network system; INS]　☞INS²。

インプット [input]　入力。対アウトプット。

インプット・カレント [input current]　入力電流。

インプット・シャフト [input shaft]　入力軸。例トランスミッション～。対アウトプット～。

インプット・リダクション方式（ほうしき）3軸（さんじく）ギヤトレーン構造（こうぞう）CVT（シーブイティー） [input-speed reduction type three-shaft gear train system continuously variable transmission]　ダイハツが2006年に軽自動車に採用した，新型CVT（ベルト式無段変速機）。このCVTの最大の特徴は，無段変速の前段階で遊星歯車を用いてエンジン回転を減速・逆転させていることである。これにより，遠心力でベルトが張り出して生じる伝導損失が減少

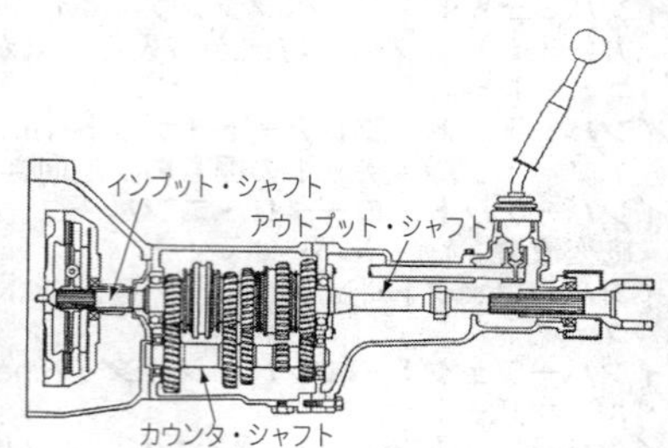

インプット（アウトプット）シャフト

して動力伝達効率が向上し，燃費性能が大幅に改善されている。この機構の採用により従来の4軸式から3軸式となり，ユニットがコンパクト化されている。3軸式CVTとも。☞副変速機付きCVT。

インフラ [infra]　インフラストラクチャ（infrastructure）の略。☞インフラストラクチャ。

インフラ協調型安全運転支援（きょうちょうがたあんぜんうんてんしえん）システム [vehicle-infrastructure cooperative driving safety support systems]　☞協調型安全運転支援システム。

インフラストラクチャ [infrastructure]　基盤，基礎的施設。略してインフラ。例①都市構造のインフラといえば鉄道，橋，港湾施設，上下水道，電力・通信網，自動車道等のこと。②圧縮天然ガス（CNG）車の普及を図るためのインフラといえば，CNGの貯蔵施設や充填施設等を指す。

インフラレッド・レイ [infrared ray]　☞赤外線。

インフラレッド・レイ・ドライヤ [infrared ray dryer]　赤外線乾燥機。例車体を補修塗装した際に使用する急速乾燥用。

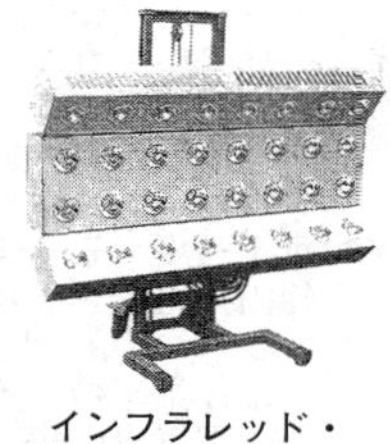

インフラレッド・レイ・ドライヤ

インプリケーテッド・タイプ [implicated type]　（オルタネータ形式）爪極型，単一のコイルで8又は12極を励磁するもの。＝ランデル～。

インプリケーテッド・ポール・タイプ [implicated pole type]　爪極型又はかこみ型，オルタネータ用ロータの一形式。＝ランデル型。

インプリケート [implicate]　取り巻かせる，包み込む。

インプリメント [implement]　道具，用具，器具。例手工具類。＝トゥール。

インフレータ [inflator]　ふくらませるもの。通常エアバッグのガス発生装置をいう。点火装置によってガス発生剤（一般に，アジ化ナトリウム）を瞬時に燃やし，窒素ガスを発生させてエアバッグをふくらます。例①タイヤ用空気ポンプ。②エア・コンプレッサ。③エアバッグをふくらませるガス・ジェネレータ。

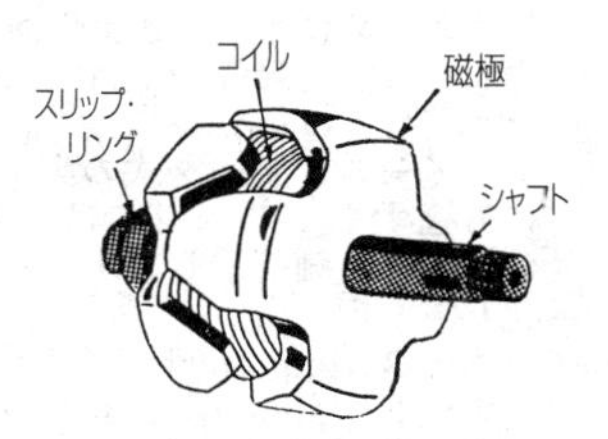

オルタネータの爪極型ロータ

インフレータブル・カーテン [inflatable curtain; IC]　ボルボが採用した頭部側面衝撃吸収エアバッグ。側面衝突時，カーテン状のエアバッグが前・後席のウインドウ・ガラス部に展開し，乗員の頭部を保護する。

インフレータブル・シート・ベルト [inflatable seat belt]　エアバッグ内蔵型の後席用シート・ベルトで，米フォードが2010年に発表したもの。センサが衝突を感知するとシート・ベルトに内蔵された低温圧縮ガスが膨張してエアバッグ状に展開し，ベルトの肩から腰にかけての部分がエアバッグ状に膨張することで胸部にかかる圧力を拡散し，衝撃を和らげる。☞シート・ベルト・エアバッグ。

インフレータブル・チューブラ・ストラクチャ・ヘッド・エアバッグ [inflatable tubular structure head airbag; ITS head airbag]　☞ITS head airbag。

インプレグネーテッド・ブシュ [impregnated bush]　含油ブシュ。オイルを含ましてあり給油する必要のない円筒軸受。＝オイルレス～。

インプレッション [impression]　①印象，感銘。②押印，印刻。例鍛造品を成形するために，金型に彫り込まれた部分。

インブロック・キャスト [inblock cast]　単体鋳造，一体鋳造。複数部品を一体に鋳造すること。＝エンブロック～，モノブロック～，インテグラル～。対インディビデュアル～。
インベストメント・キャスティング [investment casting]　焼き流し精密鋳造法，蝋(ろう）型鋳造法。精密鋳造法の一種で，蝋型を鋳型材中に埋め，加熱して蝋を溶出燃焼させ，できた空隙部に溶融金属を流入して鋳物を作る方法。製品精度は高く，仕上げは不要。＝ロスト・ワックス・プロセス。
インベッド [imbed]　埋め込む，はめ込む。＝エンベッド。
インヘッド・タイプ [inhead type]　頭上型。例 バルブがシリンダ・ヘッドにあるもの。＝オーバヘッド～。
インペラ [impeller]　遠心力で吸入空気や液体などに回転エネルギーを与え，圧縮する羽根車。例 ㋑ウォータ・ポンプの翼車。㋺カップリングやコンバータの翼車（ポンプ・インペラ）。㋩ターボ・チャージャの翼車。

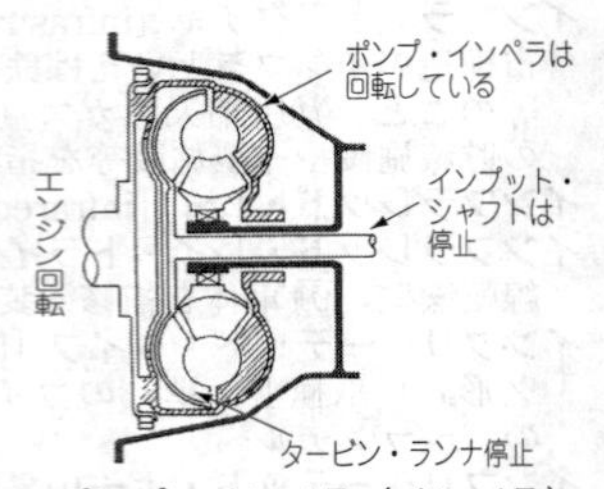

ポンプ・インペラ（インペラ）

インペリアル・ガロン [imperial gallon]　英ガロン。英制容積の単位。1英ガロンは4.546ℓ。米ガロン(3.785ℓ）の約1.2倍。記号 imp gal。＝インピーリアル～。
インホイール・モータ [in-wheel type motor; IWM]　車輪内に組み込まれた電動または油圧による駆動用モータ。これにはショベル・ローダなど油圧源をもった作業車のホイール内に組み込まれた油圧モータと，電気自動車（EV）のホイール内に組み込まれた電動モータがあるが，ここではEV用のものについて述べる。IWMは，駆動用モータと減速機が車輪の中に組み込まれているために変速機や駆動軸が不要というプラス面はあるが，ばね下荷重が増加するために車両の運動性能面ではマイナスとなる。現在開発が進められているのは主に1～2人乗りの超小型EVであり，i-ROAD（トヨタ），NMC（日産），MC-β（ホンダ），Q'mo（NTN）などがある。本格的な車両としては，SIM-Driveが4輪インホイール・モータ式の実用化試作車を4車種開発しており，最高速度は150km/hにも達する。NTN㈱では，インホイール型モータ内蔵アクスル・ユニットと電動ブレーキ，多軸荷重センサを組み合わせた「インテリジェント・インホイール」を製品化している。
インポータ [importer]　輸入者（商）。例 外国製自動車の輸入業者。対 エクスポータ。
インボード [inboard]　船内，車内。対 アウトボード。
インボード・ジョイント [inboard joint]　車体の内側に装着されたジョイント。独立懸架装置のドライブ・シャフトに用いる2個の等速ジョイントのうち，車体側（デフ側）のジョイントを指す。ホイール側のものはアウトボード・ジョイントという。
インボード・ブレーキ [inboard brake]　車体の内側（デフ側）にブレーキを配置したもの。レーシング・カーなどに見られ，車輪からブレーキ装置を取り除くことでばね下荷重の低減による操縦性の向上を図っている。対 アウトボード～。
インボデー [imbody]　合体させる，一体にする。＝エンボデー。
インボリュート [involute]　①入り組んだ。②内巻きの。③漸伸線，伸開線。
インボリュート・カーブ [involute curve]　（幾何）伸開線又は巻き出し線。円筒に巻いた糸の端に鉛筆を結び，巻き戻しながら描いてできる曲線。例 ギヤの歯形曲線。
インボリュート・ギヤ [involute gear]　インボリュート歯形の歯車。現用ギヤの大部分はこれに属する。

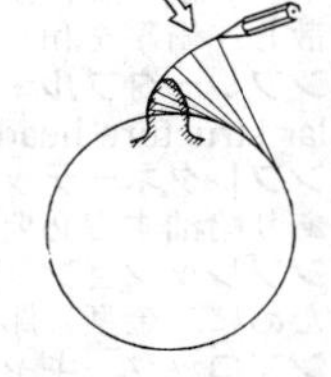
インボリュート・カーブ

インボリュート・スプライン [involute spline]　インボリュー

ト歯型のスプライン（縦溝)。例ユニバーサル・ジョイント・ヨークのスプライン。

インボリュート・セレーション [involute serration]　セレーション（ぎざぎざ）の歯形がインボリュート曲線のもの。

インボリュート・トゥース [involute tooth]　インボリュート歯型。インボリュート・カーブ（伸開曲線）で作られたギヤの歯の形状。

インライン型（がた）フューエル・ポンプ [inline type fuel pump]　ポンプが燃料タンクの外の燃料配管中に装備されたタイプ。対インタンク型。

インライン・タイプ [inline type]　①直列型，一列型。②同軸型，一軸型。例㋑シリンダが直列に配置されたエンジン。㋺列型インジェクション・ポンプ。

インレット [inlet; IN]　入口，引き入れ口。＝インテーク。対アウトレット。

インレット・ストローク [inlet stroke]　吸気行程。＝インテーク〜，サクション〜，インスピレーション〜。

インレット・スリット [inlet slit]　分配型インジェクション・ポンプのディストリビュータ内にあるプランジャの切り欠き溝で，気筒数だけある。吸入行程においてディストリビュータ・バレルのインレット・ポートからの燃料をプレッシャ・チャンバに導く。

インレット・チェック・バルブ [inlet check valve]　入り口側に設けられた逆流防止弁。対アウトレット〜。例フューエル・ポンプ。

インレット・パイプ [inlet pipe]　吸気管。＝インテーク〜，サクション〜。インレット・パイプが複数（通常シリンダ数）集まってインレット・マニホールドとなる。

インレット・バルブ [inlet valve]　吸気弁。＝インテーク〜，サクション〜。

インレット・ポート [inlet port]　吸気孔。マニホールドから吸気弁に至る吸気の通路。＝サクション〜。

インレット・マニホールド [inlet manifold]　吸気多岐管。＝インテーク〜。

インレット・マニホールド・バルブ [inlet manifold valve]　ディーゼル車のエンジン・ブレーキ作動時に発生する騒音を防止するため，インレット・マニホールド内に設けられたバルブ。エンジン・ブレーキ作動時，エキゾースト・ブレーキ・バルブと連動して閉じる。＝インテーク・サイレンサ。

印籠（いんろう） [spigot joint]　端部が差し口形（樽の栓のような形状）である結合形式。

印籠継手（いんろうつぎて） [bell (socket) -and-spigot joint; faucet joint]　パイプの接続方法の一種。差し込まれる（雌側）のパイプが釣鐘型をしており，これにもう一方（雄側）のパイプを差し込む。＝印籠嵌合。例エキゾースト・パイプ。

[ウ]

ウィーク・ミクスチャ [weak mixture]　弱い混合気。薄い混合気。＝リーン〜。

ウィグワグ・モーション [wigwag motion]　振り動かす運動，左右に振る運動。例ワイパ・リンク。

ウィスカ [whisker]　①頬髭（ほおひげ)。②ひげ状結晶。新金属素材の一つで引っ張り強度が極めて大きく，金属やセラミックスを母体にした複合材料強化繊維として利用。☞FRM。

ウィズドゥローアル・レバー [withdrawal lever]　引き戻し用のレバー（てこ)。

ウィズドゥローアル・ロッド [withdrawal rod]　引き戻し棒。例クラッチのリリース・フォークの一端を引いてクラッチを切る棒。㊟withdrawal：引っ込めること。

ウィック・ルブリケーション [wick lubrication]　灯心潤滑。フェルトなどに油を含ませて摩擦面をなでる潤滑法。例ディストリビュータのカム面の潤滑。

ウィッシュボーン [wishbone]　鳥の胸の鎖骨。V字型の骨。この骨を引っ張り合って

ウ

長い方を得た人は望み事が叶うという。例 独立懸架装置のサスペンション・アームの俗称。その形状がウィッシュボーンに似ていることに由来する。

ウィッシュボーン

ウィッシュボーン・タイプ・サスペンション [wish-bone type suspension] 鳥の胸骨に似たV字型のアームを上下に用いた（ダブル・ウィッシュボーン）車軸の支持方式。独立懸架装置の代表的な形式で，従来は前車軸のみであったものが，最近では後車軸にも用いられている。＝ダブル〜。

ウイット・スレッド [whit thread; whitworth thread] ウイット（ホイット）ねじ。ウイットワース（英国人）が考案した三角ねじ。インチねじの一種で，ねじ山の角度は55°で記号はW。古くから諸機械に用いられているが，自動車用は少ない。

ウイップラッシュ・インジャリ [whiplash injury] 頸部傷害。☞むち打ち症。

ウィドス・インジケータ [width indicator] 車幅表示灯。＝〜インディケータ。

ウインカ [winker] 俗 方向指示灯。ランプの点滅によって進行方向を示す方向指示器。＝フラッシャ，ターン・シグナル・ランプ，ディレクション・インジケータ。

ウイング [wing] ①羽根，翼。②車のフェンダ。

ウイング・ターボ [wing turbo] ホンダが採用した可変翼式のターボ・チャージャ。タービン外周の4枚の可動ウイングを制御することにより，低速域でのターボ・ラグ解消を図っている。

ウイング・ナット [wing nut] ちょうナット。つまみ付きナット。指先で回すナット。例 エア・クリーナ・カバーの締め付けナット。

ウイング・ボデー・トラック [wing body truck] トレーラやトラックの荷台の側面が上方へ開くタイプのもの。車を後ろから見ると鳥が翼（wing）を広げたような形に似ている。

ウインタ・タイヤ [winter tire] ☞スノー〜。

ウインタ・バージョン [winter version] 車の寒冷地仕様。主にメーカ仕様を指す。例 大型バッテリ，リヤ・フォグ・ランプ，エアコン，温水パネル・ヒータ，ワイパなど。

ウインタ・ブレード [winter blade; winter wiper blade] 寒冷地仕様のワイパ・ブレード。ワイパ・ブレードの凍結を防止するため，ブレードの金具部をゴム製カバーで覆ったもの。

ウインタ・モード [winter mode] 車の冬季仕様。主にドライバの意志で選択使用ができるものを指す。例 ㋑電子制御式ATのギヤの選択をスノー・モード（雪道走行用）に切り換える。㋺スノー・タイヤを装着する。㋩ウインタ・ブレードを装着する。

ウインタライズ [winterize] 車の冬仕度をすること。例 ㋑スノー・タイヤを取り付ける。㋺スノー・ブレードを取り付ける。㋩LLCの濃度を増す。

ウインチ [winch] 車載の巻き上げ機。例 ㋑レッカー車の事故車引き揚げ用。㋺4WD車で不整地などからの脱出や他車救出用。

ウインド [wind] ①風，走行風。②ウインドシールド・グラス（運転席前面の風防ガラス＝ウインド・ガラス）の略。

ウインドウ [window] ①窓。②窓ガラスの略。＝〜グラス。

ウインドウ・ウォッシャ [window washer] 窓ガラス洗浄器。①前面風防ガラス用はウインドシールド〜。②後部窓ガラス用はリヤ・ウインドウ〜。☞ウインドシールド〜。

ウインドウ・グラス（ガラス） [window glass] 車の窓ガラス。

ウインドウ・クリーナ [window cleaner] 窓ふき器，雨雪のときガラスの曇りを防ぐためふきとる装置。電動式が多い。＝ワイパ。

ウインドウ・シル [window sill]　窓の下枠。窓敷居。
ウインドウ・スクリーン [window screen]　日除け。リヤ・ドア・ガラスや後部窓ガラスに取り付ける樹脂フィルムや器具。
ウインドウ・ディフォッガ [window defogger]　☞ウインドウ・ディフロスタ。
ウインドウ・ディフロスタ [window defroster]　窓ガラスの曇り止め装置。温度差で発生するガラス内面の曇りや，寒冷時にガラス外面に付く霜や氷を除去するため，ヒータの温風をガラスに吹き付けたり，ガラスにプリントした電熱線に通電してガラスを温める。ディフロスタはデフロスタともいう。＝～ディフォッガ，～ディミスタ。
ウインドウ・ディミスタ [window demister]　☞ウインドウ・ディフロスタ。ディミスタはデミスタともいう。ディミスタは英国式の呼び方。
ウインドウ・バイザ [window visor]　窓の日よけ。＝サン～。
ウインドウ・ベンチレータ [window ventilator]　窓の通気装置。換気装置。
ウインドウ・レギュレータ [window regulator]　窓ガラスの昇降調整装置。手動式と電動式（パワー・ウインドウ）とがある。
ウインドウ・ワイパ [window wiper]　窓ふき器。雨や雪をふき取る装置。主に前面ガラス用（ウィンドシールド～）を指すが，後部窓用（リヤ・ウインドウ～）もある。＝～クリーナ。
ウインド・コーン [wind cone]　（ハイウェイなどでみる）吹き流し。風向きやその強さを示すために用いる。＝ウインド・スリーブ，ウインド・ソック。
ウインドシールド [windshield]　☞～グラス。
ウインドシールド・ウォッシャ [windshield washer]　前面の風防ガラス用のガラス洗浄器。洗浄液を入れるタンク，電動モータ，ノズル等からなる。最近では油膜とり専用タンクを備えたものもある。単にウォッシャ，ウインド・ウォッシャともいう。
ウインドシールド・グラス（ガラス） [windshield glass]　車の前面風防ガラス。ウインドシールド又はウインド・ガラスともいう。＝ウインド・スクリーン㊧。
ウインドシールド・ディスプレイ [windshield display]　☞ WSD。
ウインドシールド・ピラー [windshield pillar]　前面風防ガラスの左右の支柱。＝Aピラー。㊟センタ・ピラーはBピラー，クォータ・ピラーはCピラーと呼ばれる。
ウインドシールド・ワイパ [windshield wiper]　前面風防ガラス用窓ふき器。現在は動力源に電動モータを使用しているが，古くは米国車などでエンジンの負圧を利用したものもあった。単にワイパ又はウインド・ワイパ，ウインド・クリーナともいう。
ウインド・スクリーン [wind screen]　前面風防ガラスの英国式の呼び方。ウインドシールド・グラスは米国式の呼び方。
ウインド・スロッブ [wind throb]　窓ガラスやサンルーフを開けて高速走行したときに発生する耳を圧迫するような低周波の騒音。ウインド・フラッタともいう。
ウインド・ディフレクタ [wind deflector]　ウインド・スロッブなどを防止するために設ける翼の形をした気流転向装置。
ウインド・ノイズ [wind noise]　風切り音。（自動車の走行に伴う）風の騒音。
ウインド・フラッタ [wind flutler]　ウインド・スロッブのこと。フラッタは鳥の羽ばたきや扇のパタパタという動きの意。
ウインド・ホイッスル [wind whistle]　（風騒音のうち）笛吹き音。ひゅうという音。
ウインド・リペア [wind repair]　風防ガラスの補修。ウインドシールド・グラス（前面の合わせガラス）の表面に飛び石などでできた小さな傷を，ガラスを交換することなく補修すること。
ウインド・レジスタンス [wind resistance]　（走行に伴う）空気抵抗。風抵抗。
ウーファ [woofer]　低音用専用スピーカ。30～400Hzの低音域を再生する。ウーハともいう。例 カー・オーディオ用。対 ツイータ。
ウーブン [woven]　織った，編んだ。

ウーブン・フェーシング［woven facing］ 織物製の表面材料。例クラッチ・ディスクの摩擦面。対モールド～。

ウーブン・モールド［woven mold］ クラッチ・フェーシングやブレーキ・ライニングに用いる石綿などに樹脂やゴムを混ぜ，加熱成型したもの。

ウーブン・ライニング［woven lining］ 織物製の裏張り材料。例センタ・ブレーキ用ブレーキ・バンドの摩擦面。

ウェア［wear］ ①着けている，着用。②摩減させる，消耗する，摩損。

ウェア・インジケータ［wear indicator］ 摩耗限度指示装置。例㋑タイヤが摩耗すると（乗用車の場合，残り溝が1.6mmなると）スリップ・サインが出る。㋺ブレーキ・パッドが摩耗するとウォーニング・ランプが点灯するか音を発する。

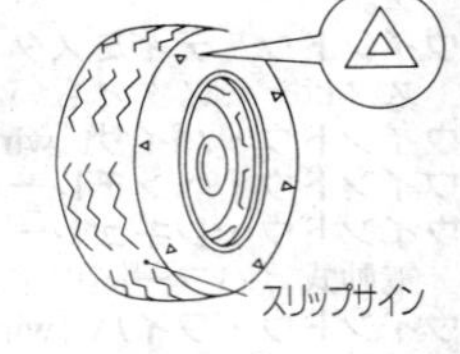

ウェア・インジケータ

ウェア・プレート［wear plate］ すり板。耐摩耗用として摩擦部分に用いる当て板。＝スラスト～。

ウェア・リミット［wear limit］ 摩耗限度。

ウェイ［way］ ①道，道路。例㋑ハイウェイ。㋺フリーウェイ。㋩キーウェイ。②方向，進路。例ワンウェイ。③方法，やり方。

ウェイ［weigh］ 重さを計る。

ウェイク・アップ［wake up］ ①目を覚まさせる，起こす。②機械を活動させる。対スリープ。

ウェイスト［waste］ ①要らない，不要の。②（機械の掃除などに用いる）ぼろ切れ，布切れ。通称ウエス。＝ウェースト。

ウェイスト・オイル［waste oil］ 廃油。

ウェイスト・ガス［waste gas］ （排気管から出る）排気，排ガス。

ウェイスト・ゲート・バルブ［waste gate valve］ 排気バイパス弁。排気ターボにおいて，過給圧が上がり過ぎたとき排気をバイパスへ逃がすバルブ。

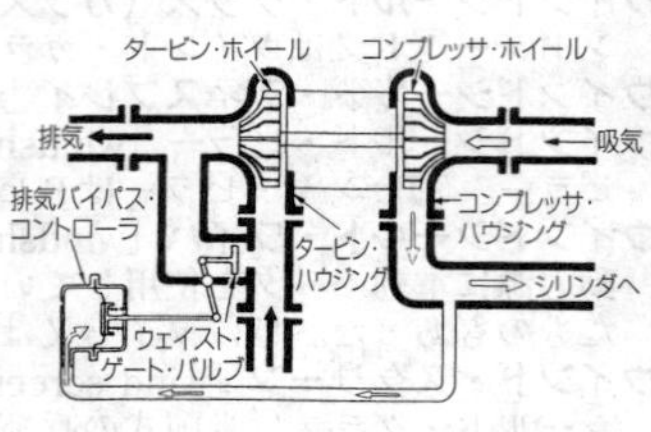

ウェイスト・ゲート・バルブ

ウェイト［weight］ 重さ，重量。☞マス。

ウェイト・ディストリビューション［weight distribution］ （前・後車軸などの）重量の配分。

ウェイト・トランスファ［weight transfer］ 重量の転移。例ブレーキをかけると前方へ重心が移動するようなこと。

ウェイト・パワー・レシオ［weight power ratio］ 車両重量を車の出力で除した値。単位はkg/kW（SI単位）で表され，この値が小さいほど加速性に優れている。

ウェイト・メータ［weight meter］ ☞ウェイング・マシン。

ウェイビィ［wavy］ 波状の，うねった。

ウェイビィ・スプリング［wavy spring］ 波形ばね。例クラッチ・フェーシングの下に入れた波形のばね。

ウェイビネス・サーフェース［waviness surface］ 仕上げ面の波状表面。表面の粗さのうち，比較的大きな間隔で繰り返される起伏。

ウェイ・ブリッジ［weigh bridge］ 計量台。例車両の重量を測定する地面上の台ばかり。

ウェイング・マシン［weighing machine］ 重さを計る機械，重量計。例大型トラック（ダンプ・トラック）の積み荷の重量を量る自重計。＝ウェイト・メータ。

ウェースト［waste］ ☞ウェイスト。

ウェーバ・キャブレータ [Weber carburetor] イタリアのウェーバ社のキャブレータ。レーシング・カーなどに装着された高性能なサイド・ドラフト式多連装装備の双胴気化器で有名。4シリンダに2個，6シリンダに3個装着し，ベンチュリやジェット類の交換も容易。電子制御式燃料噴射装置の登場とともに，姿を消していった。

ウェービィ [wavy] 波形の，うねった。＝ウェイビィ。

ウェーブ [wave] ①波，うねり。②波形にする，起伏させる。＝ウェイブ。

ウェーブ・ワインディング [wave winding] （電機子の）波巻き法。＝直列巻き。例 電動機や発電機の電機子巻き線。特にセルモータに多い。

ウェーブ・ワッシャ [wave washer] 波形で張りをもたせた座金。

植込（うえこ）みボルト [stud bolt] ☞スタッド～。

ウェザ・シール [weather seal] ☞～ストリップ。

ウェザ・ストリップ [weather strip] 車体の隙間（すきま）をふさぐもの。車室内への風雨やほこりの侵入を防ぐため，ドア回りなどに付けるゴムなどの密封材。＝～シール。

ウェザリング [weathering] （塗装の）自然乾燥。空気中に暴露して自然に乾燥させること。

ウエス [waste] ウェイストの俗称。機械油をふき取るぼろきれ。最近では専用の紙ウエスもある。

ウェスト・バルブ [waist valve] エンジンの吸気バルブで軸にくびれのあるもの。吸気通路部に露出する部分をバルブ・ガイドと摺働する部分よりも細くして通気抵抗を下げるとともに，バルブの慣性重量を軽量化している。日産やホンダで採用。

ウェスト・ライン [waist line] ボデー側面の中央付近に水平に設けられたラインで，車体を低く，かつ前後に長くスマートに見せる効果がある。ベルト・ラインともいう。＝ウェイスト～。

ウェッジ [wedge] 楔（くさび）。くさび形（のもの）。表裏に非平行の勾配をつけた板。例 キャスタ～。

ウェッジ・シェイプ [wedge shape] くさび型。ボデー・デザインで車を横から見た場合，車体の形状がくさび（楔）形をしているもの。空力特性を考慮したもので，現在多くの車に採用されている。

ウェッジ・タイプ・コンバッション・チャンバ [wedge type combustion chamber] 楔形（くさびがた）燃焼室。燃焼室形状の一つで断面が楔形をしており，楔の片面に吸排気バルブを並べた形のもの。周囲をスキッシュ・エリアにできるのでスワールを得やすく高圧縮比にできるが，燃焼室容積当たりの表面積（SV比）が大きいので，熱損失の点では不利である。＝スキッシュ・タイプ～。

ウェッジ・タイプ
コンバッション・チャンバ

ウェッジ・タイプ・リング [wedge type ring] （ピストンの）くさび型断面リング。＝キーストン・リング。

ウェッジ・ブレーキ [wedge brake] くさび型ブレーキ。シューの調整又は拡大がくさびによって行われるブレーキ。

ウェット [wet] 湿式の。水又は油にぬれた。例 ④～タイプ・エア・クリーナ。⑤～セル。⑥～クラッチ。対 ドライ。

ウェット・オン・ウェット [wet on wet] 塗装用語で，先に塗装した塗料が乾燥しない間に次の塗料を塗ること。メタリック塗装のメタリック・エナメルとクリアの関係がこれに当たる。同じ塗料の場合では，フラッシュ・オフ・タイム（塗装後の放置時間）を短かめに塗装することを指す。W／Wとも。

ウェット・グラインディング [wet grinding] 湿式研磨。砥石に切削液をかけながら行う研磨作業。例ホーニング作業。

ウェット・クラッチ [wet clutch]　湿式クラッチ。クラッチ板をオイルに浸した状態で使用するもの。例プラネタリ・ギヤ式ATの制御用多板（マルチプル）クラッチ。対ドライ～。

ウェット・グリップ [wet grip]　濡れた路面におけるタイヤの摩擦力。タイヤの構造，トレッド・ゴムの材質や形状，空気圧や速度，路面構造等により左右される。

ウェット・サンプ [wet sump]　エンジンの一般的な潤滑方法で，エンジン下部のサンプ（油留め＝オイル・パン）にオイルを溜め，オイル・ポンプでエンジン各部へ圧送する方式。古くはコンロッドのオイル・ディッパ（油さじ）でオイル・パンのオイルをはねかける方式もあった。対ドライ～。

ウェット・スリーブ [wet sleeve]　☞～ライナ。

ウェット・セル [wet cell]　湿電池，液入電池。例バッテリ。

ウェット・タイプ [wet type]　湿式。対ドライ～。

ウェット・タイプ・エア・クリーナ [wet type air cleaner]　湿式空気清浄器。オイルに濡らしたメタル・ウール・エレメントを使用したり，オイル・バス（油浴）により空気中のほこりを取り除く装置。昔の米国車などに多く用いられた。☞ドライ～。

ウェット・タイプ・エア・フィルタ [wet type air filter]　同前。

ウェット・タイヤ [wet tire]　☞レイン～。

ウェット・タンク [wet tank]　除湿タンク，水取りタンク。コンプレッサにより圧縮された空気中の水分を取り除くタンク。例エア・ブレーキの空気中の水分を取り除くために用いるタンク。

ウェット・バッテリ [wet battery]　湿式電池，電解液を用いた蓄電池。対ドライ～。

ウェット・ライナ [wet liner]　水冷式エンジンのシリンダ・ライナ（ピストンが入る筒状のもの＝スリーブ）で，シリンダに圧入したライナの外周が冷却水に直接触れるタイプのもの。対ドライ～。

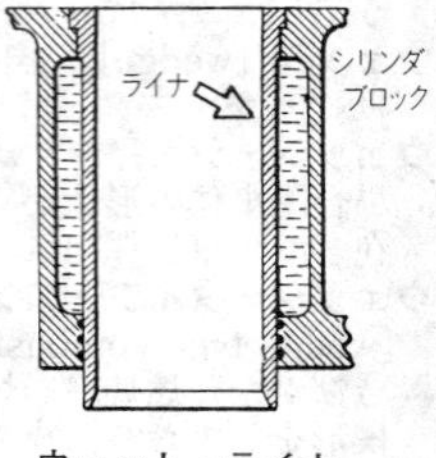

ライナ　シリンダブロック

ウェット・ライナ

ウェビング [webbing]　厚手の帯び紐（ひも）。例シート・ベルト。

ウェブ [web]　①クランク・アーム，プーリなどの腹板。②I型鋼の垂直部（腹）。

ウェブ・ホイール [web wheel]　ギヤやプーリにおいて，輻（や）の部分が板状構造のもの。㊟輻（や）とは，車輪の中心部からまわりへ放射状に出ている棒（スポーク）のこと。

ウェポン・キャリア [weapon carrier]　武器輸送車。兵器運搬車。

ウェル [well]　井戸，たまり，一段低い部分。例㋑キャブレータの加速用や補給用のガソリン溜め。㋺排気マニホールドに作った凹み。㋩ホイール・リムの底の部分。

ウェル・キャブ [wel cab; welfare cab]　トヨタが採用した福祉用車両（disabled & aged vehicle）の商品名。車椅子送迎車など身体の不自由な人が車椅子に乗ったまま乗車ができるように配慮した車両。

ウェルシ・プラグ [welsh plug]　鋳物作業で使った砂抜き穴などを塞ぐ盲蓋（めくらぶた）。＝コア・ホール～，エキスパンション～，ブラインド～。

ウェル・タイプ・チョーク [well type choke]　排気加熱式自動チョークのバイメタルを排気マニホールドの凹み（ウェル）に設けたもの。

ウェルディング [welding]　溶接，鍛接，金属を加熱して接合すること。例㋑アセチレン～。㋺（電気の）アーク～。

ウェル・トゥー・ホイール [well to wheel; WtW]　自動車燃料の総合エネルギー効率を表す用語。原油を掘る井戸（well）から車の車輪（wheel）に至るまでのガソリン車や，水素を用いる燃料電池自動車等とのエネルギー効率全体の対比で用いられる。すなわち，車両単体の燃費がいくらよくても，燃料の採掘や生成過程で莫大なエネルギーを使用すれば，低公害車としての意味はない。JHFCが2006年に公開した資料によれば，1km当たりの一次エネルギー投入量の少ない（効率がよい）のは電気自動車，ディーゼル・ハイブリッド車，燃料電池車の順となっている。例えば，トヨタが1997年に発売したハイブリッド車（THS）の総合エネルギー効率は約28%。2003年発売のハイブリッド車（THS-Ⅱ）は約32%で，2002年発表の燃料電池車（FCHV）は約29%。

ウェル・ベース・リム [well base rim]　深底リム。ホイール・リムの中央部に深い溝（ウェル）のあるもので，軽トラックや小型トラックに用いられる。＝ドロップ・センタ～。

ウォーキング・クレーン [walking crane]　移動式起重機。

ウォークイン機構（きこう） [walk-in mechanism]　☞～シート。

ウォークイン・シート [walk-in seat]　2ドア車の後ろの乗員の乗り降りがしやすいように前のシートに設けられているメカニズムで，前席のシート・バックを前に倒すと同時にシートのロックが解除されてシート全体が前方にスライドし，後席の前のスペースが広くなるようにしたもの。

ウォーク・スルー [walk through]　シート配列やフロア形状を工夫して，車室内を前後，左右に歩いて移動できること。例 ～バン（宅配専用車）。

ウォーク・スルー・バン [walk through van]　箱型の荷物室を備えたバン・タイプのトラックで，運転席と荷物室の間の仕切りがなく，自由に移動できて車の外に出なくても荷物を取り扱えるようになっているもの。例 宅配用の小型トラック。

ウォータ・アウトレット [water outlet]　冷却水の出口。

ウォータ・カート [water cart]　（街路用の）水まき車，散水車。

ウォータ・クーリング [water cooling]　水で冷却する方式，水冷式。主にエンジンの冷却方式を意味している。対 エア～。

ウォータ・クールド・エンジン [water cooled engine]　水冷式エンジン。エンジンのシリンダやシリンダ・ヘッドを水（冷却液）で冷却するエンジン。回収した熱はラジエータで放熱する。対 エア～。

ウォータ・クエンチング [water quenching]　水焼き入れ。赤熱した材料を水中で急冷して硬化させる作業。

ウォータ・ジャケット [water jacket]　水の被覆。水套（すいとう）。水冷式エンジンのシリンダ周囲に設けられた冷却水の通路。＝～スペース，～チャンバ。

ウォータ・ジャケット・スペーサ [water jacket spacer]　シリンダ・ブロックのウォータ・ジャケット内に挿入された冷却液の整流板。ステンレスの台座に発泡ゴムを貼り付けた板状部品（トヨタ）や樹脂製部品（ホンダ，スバルなど）で，冷却液の流れをコントロールすることによりシリンダ・ボア中央部の温度を上昇させ，低フリクション化を図っている。

ウォータ・スケール [water scale]　水垢（あか），湯垢。エンジンの冷却水路に付着堆積する石灰質の沈殿物で，冷却効果を妨げる。＝ライム。

ウォータ・タイト [water tight]　水密性の良い，水の漏らない。

ウォータ・チャンバ [water chamber]　☞～ジャケット。

ウォータ・テンパレチャ・ゲージ [water temperature gauge]　水温計。エンジンの冷却水温度を電気的に検出し，運転席に表示する装置。水温を検出するセンダと表示部のレシーバからなる。水温を検出するセンサには，主にサーミスタが用いられる。

ウォータ・トラップ [water trap]　捕水器，水取り器。例 ㋑燃料供給装置中にあるフィルタ。㋺圧縮空気の水取り器。

ウォータ・パイプ [water pipe]　水管，通水管。

ウォータ・バルブ [water valve]　カー・ヒータのラジエータに流れる温水の流量を調

整するバルブ。

ウォータ・フェード [water fade]　ブレーキの摩擦材（ライニングやパッド）が水に濡れ，制動力が一時的に低下する現象。水溜まりの中や雨中走行をしたときに起き易い。ドラム・ブレーキは構造上からウォータ・フェードが発生し易く，ディスク・ブレーキは起きにくい。

ウォータプルーフ [waterproof]　①耐水の，防水の。②防水布，防水材料。

ウォータ・ホース [water hose]　水ホース，送水ホース。

ウォータ・ポンプ [water pump]　水ポンプ，送水ポンプ。水冷式エンジンの冷却水をウォータ・ジャケットとラジエータの間で循環させるポンプ。通常，エンジンの動力でベルトを介して駆動される遠心式のポンプ（セントリフューガル・ポンプ）が用いられる。

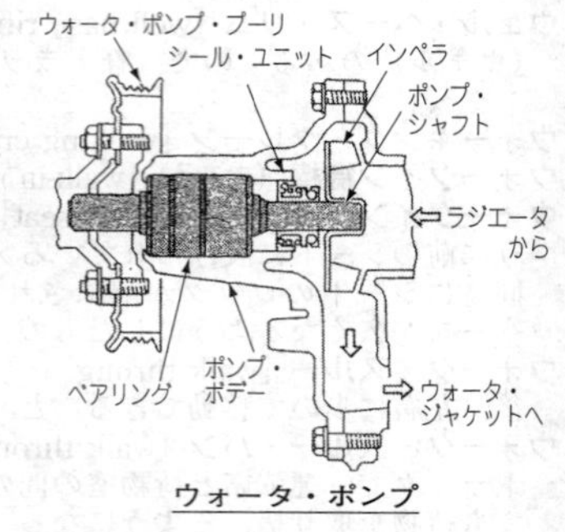

ウォータ・ポンプ

ウォータ・ポンプ・プライヤ [water pump pliers]　支点の穴の位置が数段階に変えられるプライヤ。コンビネーション・プライヤ（標準型のプライヤ）に比べて使用範囲が広く，主にホース類の取り外しに用いる。

ウォータ・リカバリ [water recovery]　ブレーキの摩擦面に浸水して効果が低下したとき（ウォータ・フェード現象），繰り返しブレーキを踏みながらゆっくり走ると，熱によって徐々にブレーキ力が回復すること。

ウォータリング・カート [watering cart]　水まき車，散水自動車。

ウォータ・レベル [water level]　①水位。②（水を用いた）水準器。

ウォーニング [warning]　警告，警報，注意。例～ランプ。

ウォータ・ポンプ・プライヤ

ウォーニング・シグナル [warning signal]　警報器，警音器。

ウォーニング・ランプ [warning lamp]　警告灯。機器や装置に異常が発生した場合，ランプの点灯により運転者に知らせるもの。例㋑エンジン油圧。㋺充電装置。㋩排気温度。＝アラーム～，パイロット～，テルテール～。

ウォーマ [warmer]　温めるもの，加温器。例レース用タイヤのタイヤ～。

ウォーミング・アップ [warming up]　☞ウォーム～。

ウォーム¹ [warm]　①暖かい，暑い。②暖める，暖まる。

ウォーム² [worm]　①虫（芋虫，みみず，など）。②ねじ輪，無限螺旋（らせん）。円筒の周囲に歯を螺旋状に切ったもの。＝ワーム。

ウォーム・アップ [warm up]　①運転開始前に行う暖機運転。②レーサがレース開始前に軽く走行すること。＝ウォーミング～。

ウォーム・アンド・セクタ式（しき）ステアリング・ギヤ [worm and sector type steering gear]　ステアリング・ギヤの一形式。ステアリング・シャフト側にウォーム・ギヤを，ピットマン・アーム側に扇形のセクタ・ギヤを組み合わせたもの。通常，ウォーム・ギヤは中央部がくびれた（鼓型をした）ヒンドレ・ウォームを使用している。又，セクタ・ギヤの代わりにセクタ・ローラを用いたものもある。

ウォーム・アンド・ローラ式（しき）ステアリング・ギヤ [worm and roller type steering gear]　☞ウォーム・アンド・セクタ式～。

ウォーム・ギヤ [worm gear]　ウォームに噛み合う螺旋（らせん）歯車。ウォームとウォーム・ギヤの組み合わせによる動力伝達（減速）装置。小容量で非常に高い減速比（強い回転力）が得られる。例 ㋑ステアリング・ギヤ。㋺ワイパ・モータの減速用。

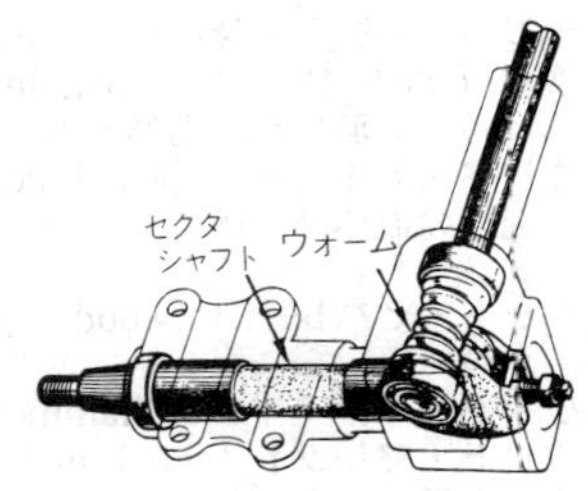

ウォーム・アンド・ローラ

ウォーム・ホイール [worm wheel]　☞～ギヤ。

ウォール [wall]　壁，内壁，容器の内面。例 ㋑シリンダ～。㋺ファイヤ～。

ウォールナット [walnut]　クルミ，クルミ材。例 インストルメント・パネルなどの装飾用部材として用いられ，ラグジュアリ・カーなどに使用される。

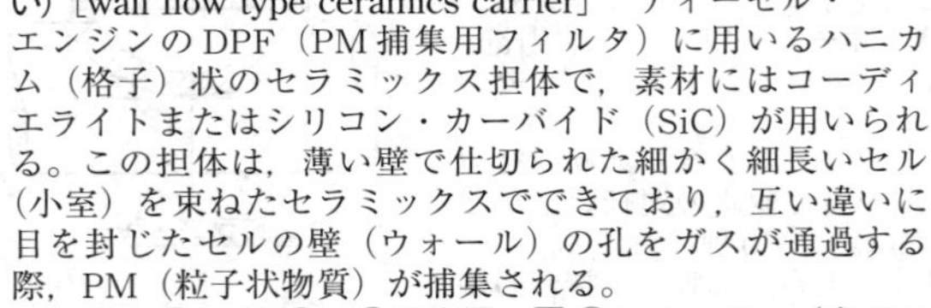

ウォール・フロー型（がた）セラミックス担体（たんたい） [wall flow type ceramics carrier]　ディーゼル・エンジンのDPF（PM捕集用フィルタ）に用いるハニカム（格子）状のセラミックス担体で，素材にはコーディエライトまたはシリコン・カーバイド（SiC）が用いられる。この担体は，薄い壁で仕切られた細かく細長いセル（小室）を束ねたセラミックスでできており，互い違いに目を封じたセルの壁（ウォール）の孔をガスが通過する際，PM（粒子状物質）が捕集される。

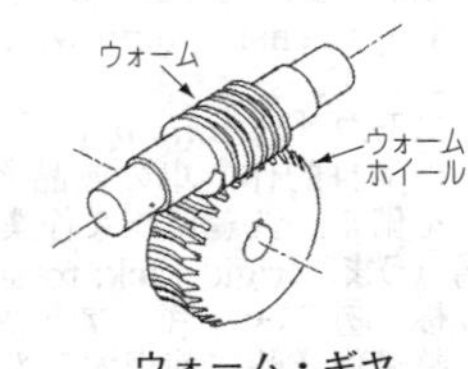

ウォーム・ギヤ

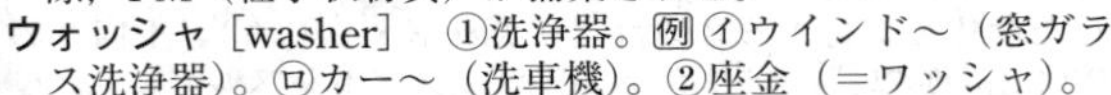

ウォッシャ [washer]　①洗浄器。例 ㋑ウインド～（窓ガラス洗浄器）。㋺カー～（洗車機）。②座金（＝ワッシャ）。

ウォッシャ・タンク [washer tank]　窓ガラス洗浄器の洗浄液を入れておく容器。樹脂製のものが多い。

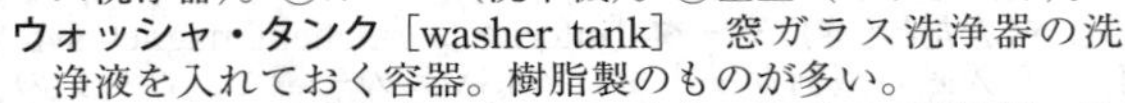

ウォッシャ・ノズル [washer nozzle]　窓ガラス洗浄器の洗浄液を噴出する筒口。

ウォッシャ・モータ [washer motor]　窓ガラス洗浄器のポンプを駆動する小型モータ。ウォッシャ・タンクの上部に付いている。

ウォッシュ・コート [wash coat]　担体表面に触媒成分を薄く含浸するためのコーティング材。例 三元触媒コンバータでは，はちの巣状担体セラミックスの表面に，活性アルミナが薄くコートされている。

ウォッブル [wobble; wabble]　ぐらぐら揺れる，よろめく，の意を語源としたステアリング・ホイールの異常振動を指す。キングピンまわりのばね下質量の自励振動で，フロント・ホイールのアンバランス，ホイール・アレインメントの狂い（特にキャスタ），ステアリング系のがた等により発生し，ステアリング・ホイールが左右にぐらぐらと揺れて操舵不能になることもある。一般に60km/h くらいの比較的低速で発生する。＝低速シミー，シミー・モーション。

ウォッブル・プレート [wobble plate]　☞ワッブル～。

ウォランティ [warranty]　保証。＝ワランティ。☞ギャランティ。

ウォランティ・ピリオド [warranty period]　保証期間。＝ワランティ～。

渦（うず） [vortex]　軸のまわりに回転する流体運動。例 ホンダのCVCCエンジン。☞タービュランス，エディ・カレント。

薄型（うすがた）DC（ディーシー）ブラシレス・モータ [ultra-thin direct current brushless motor]　ホンダのハイブリッド車（ホンダIMAシステム）のモータ・アシスト機構に採用された，ブラシのない直流モータ。エンジンと変速機の間に組み込まれたモータは，高耐熱ネオジム系焼結合金磁石を使用して幅がわずか60mm しかなく，ロータはクランクシャフトに直結されている。このアシスト機構は，ブラシレス・モータ，ニッケル水素バッテリおよびパワー・コントロール・ユニットにより構成され，従来のスタータと違ってブラシレス構造のために頻繁な始動や停止に耐え，アイドル・ストップも容易に行える。

渦電流（うずでんりゅう） [eddy current; vortices current]　☞エディ・カレント。

渦巻（うずまき）ばね [spiral spring]　平面上で渦巻形をなすばね。

渦巻（うずまき）ポンプ [volute pump]　ウォータ・ポンプのうち，インペラに取り付けられる羽根が渦巻形のもの。

ウッド・アルコール [wood alcohol]　木精。木材を乾留した木酢から取れ，無色・揮発性の液体で，燃料，溶剤，ホルマリンなどの原料となる。＝メチルアルコール，メタノール。

ウッド・セパレータ [wood separator]　バッテリ極板の間に挿入する木製の隔離板。かつて用いられた。

ウッド・ハンマ [wood hammer]　木づち，木ハンマ。

ウッド・マレット [wood mallet]　（小さい）木づち。

ウッドラフ・キー [woodruff key]　半月型のキー，沈め楔（くさび）。ギアを軸に固定するときなどに用いる。

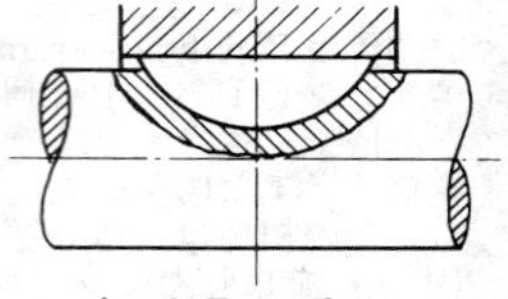

ウッドラフ・キー

雨滴感知式（うてきかんちしき）オート・ワイパ [raindrops sensing auto wiper]　☞レインドロップ・センシング〜。

ウニモグ [独 *unimog*]　ダイムラー・クライスラー社製の多目的作業車の商品名。左右可変式の運転装置などを備え，装着可能な作業機は約3000種におよぶ。

馬（うま） [rigid rack; trestle]　架台，構脚，支持台の俗称。例ジャッキ・アップした車体を支持する3脚台（リジッド・ラック）。下回りの整備作業時に使用するもので，俗称“馬”。☞リジッド・ラック，トレスル。

埋込磁石型同期（うめこみじしゃくがたどうき）モータ [interior permanent-magnet synchronous motor; IPMSM]　永久磁石型同期モータ（PMSM）の一種で，ロータの内部に永久磁石を埋め込んだ構造をもつ回転界磁式のもの。高トルク運転や広範囲な速度での運転が可能で，省エネルギー，高効率，高トルク・モータとしてハイブリッド車，電気自動車，電動パワー・ステアリング，高性能エアコン（家庭用），産業用大型モータ等に使用される。ただし，永久磁石にレア・アースを用いるのが難点。IPMモータとも。

ウルトラ [ultra]　“超”の意を表す接頭語。

ウルトラ・キャパシタ [ultra capacitor]　大容量コンデンサ。例ホンダの初期のハイブリッド・システムに採用され，モータ・アシスト・システムを作動させる電気エネルギーを蓄電するのに使用。バッテリの代わりにキャパシタを使うことでコストは下がるが，蓄電容量が少なく寿命も比較的短い。

ウルトラバイオレット・レイ [ultraviolet ray; UV]　紫外線。☞UV。

ウルトラ・ライト・スチール・オート・ボデー [ultra light steel auto body; ULSAB]　☞ULSAB。

ウルトラ・ライト・トラック [ultra light truck]　軽自動車のトラック。

ウルトラ・リーンバーン・エンジン [ultra lean-burn engine]　超希薄燃焼エンジン。空燃比20〜40：1くらいの極端に希薄な混合比で燃焼するエンジン。このような燃焼は主にガソリンの気筒内直接噴射で行われ，成層燃焼ともいう。例㋑GDI（三菱）。㋺D-4（トヨタ）。

ウルトラリーン・ミクスチャ [ultralean mixture]　極端に希薄な（超希薄）混合気。例ガソリン・エンジンの筒内噴射（直噴）式の場合，空燃比20〜40：1くらいで超希薄燃焼（成層燃焼）を行う。対ウルトラリッチ〜。

ウルトラリッチ・ミクスチャ [ultrarich mixture]　極端に濃厚な混合気。対ウルトラリーン〜。

ウルトラレッド・レイ・ドライヤ [ultrared ray dryer]　赤外線乾燥機。例車体塗装後の乾燥作業。＝インフラレッド〜。

ウルトラレッド・レイ・バルブ [ultrared ray bulb]　赤外線乾燥機用の電球。一般電球よりフィラメントの温度を低くし，赤外線（熱線）を多く出すようにしてある。

ウルトラ・ロー・エミッション・ビークル [ultra low emission vehicle; ULEV] ☞ULEV。

ウレタン・クリア塗装（とそう） [urethane clear coating] メタリック・カラーやパール塗装の表面に用いる艶だし用の透明なクリア塗装のうち，ウレタン樹脂を用いたもの。塗装の仕上がりがよく，硬化温度も比較的低温なため，補修塗装などに用いられる。

ウレタン・ゴム [urethane rubber] 合成ゴムの一種で，ポリエステル・ウレタン・ゴム（AU）と，ポリエーテル・ウレタン・ゴム（EU）に大別される。高硬度と高弾性があり，耐摩耗性や耐薬品性，機械的強度に優れているが耐熱性や耐湿性には難点があり，バンパ・ラバーやダスト・カバーなどに用いられる。略称は，「U」。

ウレタン塗料（とりょう） [urethane paint] 補修塗装に用いられるノンポリッシユ・タイプ（塗装後の磨き作業が不要なもの）の２液型塗料。塗膜性能は新車の焼き付け塗料に匹敵する光沢を有するが，原則として塗装ブースと強制乾燥装置が必要。また，塗料の硬化剤として毒性の強いイソシアネートを使用するため，防護マスク等の使用が必要となる。

ウレタン・バンパ [urethane bumper] 衝撃吸収バンパの一種。バンパ・カバーとリインフォースメント（補強材）との間に衝撃吸収用のポリウレタンを使用したもの。

ウレタン・フォーム [urethane foam] 発泡合成ゴム。スポンジ状でクッション材などに用いる。例 ①シートのクッション材。②エア・クリーナのエレメント。

上塗（うわぬ）り [top coat] 車体の塗装の最終段階で，下地塗膜の上に仕上げ用のアクリル樹脂塗料などを塗ること。☞下塗り，中塗り。

運行記録計（うんこうきろくけい） [tachograph] タコグラフ。自動車の瞬間速度，運行距離および運行時間を自動的に記録する計器。保安基準により，総重量8t以上又は最大積載量5t以上の普通トラックおよび同種のトレーラを引くけん引車に，設置が義務付けられている。

運動（うんどう）エネルギー [kinetic energy] 運動する物体が持つ力学的エネルギー。物体の質量と速度の２乗に比例する。

[エ]

エア・アウトレット [air outlet] 空気の出口。対 エア・インレット。

エア・アキュムレータ [air accumulator] 空気溜め，空気タンク。＝エア・レザーバ。

エア・アシスト・インジェクタ [air assist injector; AAI] ガソリン・エンジン用の空気支援式インジェクタ。燃料噴射インジェクタ先端部で空気と混合させ，燃料の微粒化により完全燃焼を図る。トヨタやホンダで採用。

エア・アジャスト・スクリュ [air adjust screw; AAS] 空気調整ねじ。マツダ・ロータリ・エンジンの排出ガス対策車（REAPS）のアイドル調整用ねじ。

エア・インジェクション [air injection] 空気噴射。例 ①空気噴射式ディーゼル・エンジン。②サンド・ブラスト。③排気浄化のため行う排気管系への空気噴射。

エア・インジェクション・システム [air injection system; AIS] 二次空気噴射装置。触媒コンバータなどの排気ガス浄化装置で，COやHCを再燃焼（酸化反応）させるためにエア・ポンプで空気をエキゾースト側へ強制的に供給する装置。＝エア・インジェクション・リアクタ。

エア・インテーク [air intake] 空気取り入れ口。＝～インレット。

エア・インパクト・レンチ [air impact wrench] 圧縮空気を利用して，ボルトやナットの脱着を行う工具。例 ホイール（タイヤ）の脱着用。

エア・インレット [air inlet] 空気の入口。対 エア・アウトレット。

エア・エスケープ・バルブ［air escape valve］（空気機器の）空気逃がし弁。＝エア・リリーフ・バルブ。

エア・インパクト・レンチ

エア・オーバ・ハイドロリック・ブレーキ・システム［air over hydraulic brake system］ 空圧・油圧式複合ブレーキ装置。圧縮空圧をエア・マスタに作動させ，油圧に変換してホイール・シリンダを作動させるもの。ブレーキ・ペダルの踏力が非常に軽く，大きな制動力が得られるのが特徴。略してエア・オーバ・ブレーキ，又はエア・油圧ブレーキともいう。例大型トラック，バス。

エア・オペレーティング・マシン［air operating machine］ 空気作動機械。例㋑気動式バルブ・ラッパ。㋺気動式インパクト・レンチ。㋩気動式ルブリケータ。㋥気動式ボンド・テスタ。＝ニューマチック・マシン。

エア・ギャップ［air gap］ 空げき，すき間。例㋑点火プラグの火花すき間。㋺リレー類のポイントのすき間。㋩回転電機のロータとステータのすき間。

エア・クーリング［air cooling］ 空気冷却方式。例エンジンの冷却。対ウォータ～。

エア・クールド・エンジン［air cooled engine］ 空冷式エンジン。シリンダの外周に放熱ひれを設け，これに当たる空気によって放熱冷却するエンジン。例バイク。

エア・クッション［air cushion］ 空気緩衝。例㋑空気入りタイヤ。㋺空気ばね。

エア・クリーナ［air cleaner］ 空気清浄器，空気中のほこりを取り除く装置。例㋑エンジン吸入空気用。㋺空気圧縮機用。㋩倍力装置用。

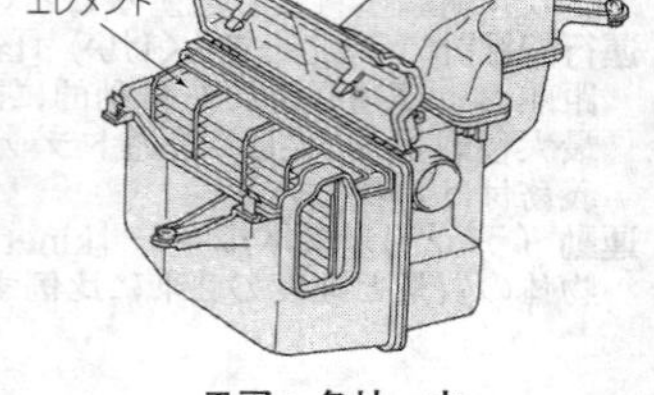

エア・クリーナ

エア・クリーナ・エレメント［air cleaner element］ エア・クリーナ内の濾過材。濾紙や合成繊維を用いた乾式と濾紙に油分を含ませた湿式とがあるが，現在はほとんどが乾式である。

エア・クリーナ・エレメント・テスタ［air cleaner element tester］ エア・クリーナ・エレメントの目詰まりを測定するテスタ。エレメントの通気抵抗値で良否判定を行う。

エア・コック［air cock］ 空気通路の開閉器。

エアコン［air-con］ エア・コンディショナ（air conditioner）の略。

エア・コンディショナ［air conditioner］ 空調装置。（車室内空気の）調温，調湿，浄化の装置。ヒータとクーラの組み合わせ装置。

エア・コンディショニング［air conditioning］（車室内空気の）調温，調湿，換気，浄化をすること。

エア・コントロール・バルブ［air control valve; ACV］ 空気制御弁。排気ガス浄化用の二次空気をエンジンの負荷や回転数に応じて供給するバルブ。

エア・コンプレッサ［air compressor］ 空気圧縮機。例㋑エンジン附属のもの。㋺整備工場用。

エア・サーボ・システム.［air servo system］ 空気倍力装置，圧縮空気の作用で倍力する装置。例エア・サーボ・ブレーキ。対バキューム・サーボ。

エア・サイレンサ［air silencer］ 吸入空気の消音器。例エア・クリーナの中に併設。＝インテーク・サイレンサ。

エア・サクション・システム［air suction system; ASS］ 排気ガス浄化用の二次空気導入装置。排気ガスの脈動による負圧を利用し，二次空気をエキゾースト側に導入する。

エア・サクション・バルブ［air suction valve］ 吸入弁，吸気弁。＝サクション，インレット〜，インテーク〜。

エアサス [air-sus]　エア・サスペンション（air suspension）の略。

エア・サスペンション [air suspension]　（懸架装置の）空気ばね。圧縮空気の弾力によって車体を支える方式。例㋑高級乗用車。㋺観光バス。＝ニューマチック〜。

エア・サスペンデッド・タイプ [air suspended type]　大気保持方式。例倍力ブレーキ装置において，パワー・ピストンの両側を大気圧に保ち，作動時に一方の空気を抜いてその圧力差によって作動するもの。対バキューム・サスペンデッド。

エア・サプライ・システム [air supply system]　空気の供給装置。

エア・ジェット [air jet]　空気の噴口。例サンド・ブラスト装置。

エア・シリンダ [air cylinder]　空気圧縮機のシリンダ。

エア・スイッチング・バルブ [air switching valve; ASV]　エア・ポンプの空気切り換え弁。触媒コンバータへ二次空気を噴射する場合，触媒内部温度が一定温度以上になると二次空気の供給を停止して，触媒コンバータの異常な温度上昇を防ぐ。

エア・スクープ [air scoop]　空気取り入れ口。例エンジン・フード上に設けられたインタクーラ用の空気取り入れ口。

エア・スパッツ [air spats]　サスペンションやタイヤの覆い。車の床下の空気抵抗を減らすためのもの。

エア・スプリング [air spring]　空気ばね。＝エア・サスペンション。

エア・スポイラ [air spoiler]　走行中における車体まわりの空気の流れを整流するために，車体の外部に付加される構造物。

エア・スリーブ [air sleeve]　（ハイウェイにある）風向用吹き流し。＝エア・ソック，ウインド・コーン，ウインド・ソック。

エア・セル [air cell]　（空気室式ディーゼルの）空気小室。＝エナジー・チャンバ。

エア・タイト [air tight]　気密，空気が漏れない。

エア・ダイナモメータ [air dynamometer]　空気動力計，風車を動力吸収装置として使用する簡易動力計。馬力の測定に用いる機械。

エア・ダクト [air duct]　空気導管，空気案内管。例㋑車室冷暖房用空気導管。㋺空冷エンジン用空気導管。

エア・ダッシュポット [air dashpot]　空気緩衝器。圧縮される空気の抵抗によって急激な作用を緩和する装置。例スロットル・ポジショナ。

エア・ダム [air dam]　気流をせき止めて車の接地力を強める装置。スポーツ・タイプの車などに見られる。＝スポイラ，エアロ・スタビライザ。

エア・ダム・スカート [air dam skirt]　エア・スポイラの一種。フロント・バンパの下に取り付け，車体と路面間の気流をせきとめ，車体の浮き上がりを抑える。

エア・ダム・スカート

エア・タンク [air tank]　空気槽，空気溜め。＝エア・レザーバ。

エア・チャック [air chuck]　①タイヤ・ゲージで空気圧を測定したり，タイヤに空気を充填する場合，エア・バルブをつかむ部分の部品。②整備工場で使用するエア・ホースのクイック・カプラ。エア・ガンなどへの接続に用いる。

エア・チャンバ [air chamber]　空気室。＝エア・セル，エナジー・チャンバ。

エア・チョーク・バルブ [air choke valve]　塞気（そくき）弁。空気を止める弁。例キャブレータの空気口にある弁。＝ストラングラ。

エア・ディフレクタ [air deflector]　通気の屈折装置，通気方向を変える装置。例2サイクル・エンジンのピストン・ヘッドにある屈折片。

エア・ドーム [air dome]　丸屋根型空気室。例フューエル・ポンプの出口に設け燃圧を平均させる空気室。

エア・ドライヤ [air drier; air dryer]　空気乾燥器，空気乾燥剤。例エア・コンプレッサから圧送された空気中の水分を除去する装置。車載用と整備工場用とがある。

エア・トランスフォーマ [air transformer]　空気圧調整器。自動車整備工場で使用するエア・コンプレッサの圧力調整器と水分・油分濾過器を兼ねている。主に塗装用。

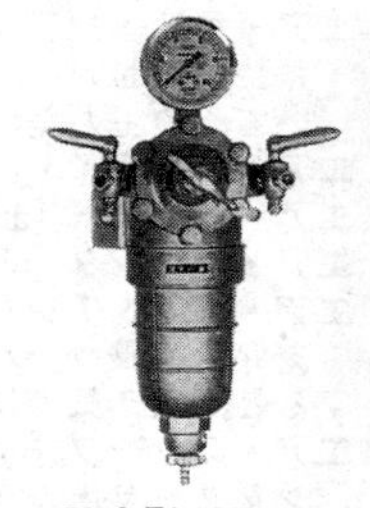

エア・トランスフォーマ

エア・ノズル [air nozzle]　空気の噴口，噴気口。＝エア・ジェット。

エア・パージ [air purge]　空気による掃気，浄化。例㋑燃料蒸発ガスを蓄えるキャニスタにおいて，エンジンを始動したときにキャニスタへ流入して蒸発ガスを空気で掃気すること。㋺カー・エアコンのサイクル内の真空引き。

エア・バイパス・バルブ [air bypass valve; ABV]　空気逃がし弁。排気ガス浄化用二次空気噴射装置の構成部品。急減速で負圧が高くなった時，一時的に二次空気を遮断して大気中又は触媒前へ放出するバルブ。＝アンチアフタバーン〜。

エアバッグ [airbag; A/B]　前面又は側面衝突時に，乗員の頭部衝撃を緩和するための空気袋。正確にはSRSエアバッグ（乗員保護補助装置）で，シート・ベルトの効果を補うもの。ステアリング・ホイール内やインパネ内などに収納されていたエアバッグが，前面（側面）衝突の衝撃で膨張した窒素ガスで膨らみ，乗員の頭部衝撃を緩和する。運転席が主体であるが，助手席や後席用，側面衝突用のサイド・エアバッグなどもある。☞ SRS airbag system。

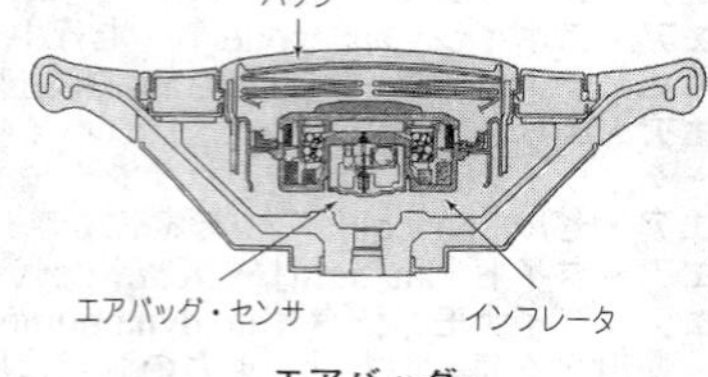

エアバッグ

エアバッグ・インフレータ [airbag inflater; airbag inflator]　エアバッグ用のガス発生剤。又はガス発生装置。エアバッグといっても空気でバッグを膨らませるものではなく，窒素ガスを利用している。

エアバッグ・センサ [airbag sensor]　車両衝突時，エアバッグ起爆用の減速度感知器。センサには機械式と電気式があり，安全のために，複数のセンサが衝撃を感知して始めて起爆スイッチが入るものもある。

エア・バッファ [air buffer]　空気緩衝器。空気の弾力により緩衝する装置。

エア・バルブ [air valve]　空気弁。＝エア・ゲート。

エア・ハンマ [air hammer]　空気づち，気動ハンマ，圧縮空気の力で打撃するハンマ。＝ニューマチック・ハンマ。

エア・ヒータ [air heater]　空気加熱器，空気を暖める装置。例㋑キャブレータへ吸入する空気の予熱装置。㋺自動チョーク用空気の予熱装置。

エア・ピュリファイヤ [air purifier]　車室内空気の除臭浄化装置。

エア・ファンネル [air funnel]　空気受けじょうご。例ウェーバ・キャブレータ。

エア・フィルタ [air filter]　空気ろ過器，空気清浄器。＝エア・クリーナ。

エア・ブースタ [air booster]　空気倍力装置。圧縮空気を利用する倍力装置。例エア・ブレーキ。

エア・フォイル [air foil]　遮蔽（しゃへい）装置。空気抵抗を少なくするための覆い。例不要時にヘッドライトを車体内にしまい込む装置。＝エアロ・フォイル。

エア・フューエル・レシオ [air fuel ratio; A/F]　空燃比。空気と燃料との混合比率。ガソリンの場合重量比で空気15，燃料1が標準。エンジンに吸入された混合気中の空気（A）と燃料（F）の重量比。

エア・フューエル・レシオ・コントロール・バルブ [air fuel ratio control valve; AFCV] 空燃比制御弁。ターボチャージャに使用し，希薄傾向の空燃比を補正する。

エア・ブラシ [air brush] 空気ばけ。例 液体ペイントを吹き付けるブラシ。

エア・ブラスト [air blast] 空気噴流。例 ㋑サンド・ブラスト用。㋺ショット・ピーニング用。

エア・ブリーダ [air bleeder] 空気の漏入（又は漏出）装置。空気を入れる（又は出す）針穴。例 ㋑キャブレータにおいて，燃料に気泡を入れる小穴。㋺油圧ブレーキのエア抜きプラグ。

エア・ブリード [air bleed] 空気を入れる。又は空気を抜くこと。例 キャブレータ。

エア・ブリード・コントロール・バルブ [air bleed control valve; ABCV] 空燃比自動制御装置。電子制御によりキャブレータのバルブ開度を変えることによりエア・ブリード量を変化させ，空燃比を制御する。ダイハツ車に採用。

エア・ブレーキ [air brake] 空気ブレーキ。圧縮空気の力を借りてブレーキを作用させる一種のパワー・ブレーキ。大型トラックやバスに多い。

エア・プレッシャ [air pressure] 空気の圧力，圧縮空気の圧力。計測単位はPa（パスカル）。旧メートル単位はkgf/cm^2で英国単位はlbs/in^2。例 $98kPa = 1kgf/cm^2 = 14.22lbs/in^2$。

エア・プレッシャ・ゲージ [air pressure gauge] 空気圧力計。例 タイヤ圧力計。

エア・プレッシャ・リデューサ [air pressure reducer] 空気圧力の減圧装置。例 ディーゼル・エンジンの減圧装置。＝デコンプ。

エア・フロー [air flow] 気流，空気の流れ。

エアフロー・テスタ [air-flow tester] 空気流量試験器。2キャブレータ・エンジンにおいて両キャブレータの吸入空気量を同調させるもの。＝キャブレータ・バランサ。

エアフロー・メータ [air-flow meter] 空気流量計。吸入空気通路内にあり，吸入空気の量に応じてフラップが動き，これと連動するポテンショメータによって電圧信号としてコントロール・ユニットへ送られる。例 EFIやEGIなどのLジェトロニック。

ダンピング・チャンバ
コンペンセーション・プレート
エア・クリーナ側
サージ・タンク側
メジャリング・プレート

エアフロー・メータ

エアベルト [air-belt] エアバッグを内蔵したシート・ベルトのこと。従来のエアバッグではスペースなどの都合で難しかったリヤ・シートへのエアバッグの装着を可能にするシステム。

エア・ベンチュリ・チューブ [air venturi tube] 気流加速管。気流の通路を絞って流速を高める装置。例 キャブレータ内のベンチュリ管。＝スロート。

エア・ベント [air vent] 通気装置，通気管，通気口。

エア・ベント・ソレノイド・バルブ [air vent solenoid valve; AVSV] 電磁式通気弁。温間再始動時にバルブを開き，混合気が濃くなり過ぎるのを防止する。マツダ車に採用。

エア・ベント・チューブ [air vent tube] 通気管。例 キャブレータにおいて，エア・ホーン（空気取り入れ口）とフロート・チャンバとを連絡する均圧管。＝バランス・チューブ。

エア・ベント・ホール [air vent hole] 通気用小穴，針穴。例 燃料タンクへ大気圧を導入するキャップの針穴。

エア・ホイスト [air hoist] 気動式巻き上げ機，圧縮空気式つり上げ装置。

エア・ホース [air hose] 空気ホース。例 ㋑エア・ポンプ用。㋺コンプレッサ用。

エア・ホース・リール [air hose reel] 自動車整備工場で使用する長いエア・ホース

エ

を太鼓型のリールに巻いたもの。床や天井に設置する。
エア・ホーン［air horn］　①キャブレータの空気取り入れ口。②空気式警音器，空気ラッパ。
エア・ポリューション［air pollution］　大気汚染。例自動車排出ガスによる公害。
エア・ポンプ［air pump］　空気ポンプ。例㋑二次空気噴射用。㋺車高調整用。
エア・マイクロメータ［air michrometer］　空気マイクロ。空気がノズルを通って大気中に流れ出るとき，流出部の小さなすき間の変化に応じて生じる指示圧力の変動によって微小寸法を計測する装置。千分の1ミリメートル（μm）台まで測定できる。例キャブレータのジェット径測定用。
エア・マスタ［Air Master］　空気制動倍力装置の一商品名。
エア・ミックス・ダンパ［air mix damper］　エアコンの空気通路を切り換えるドア。ヒータ・コアを通過した温風とエバポレータからの冷風の混合割合を変化させ，HOT～COOLまで連続的に温度制御を行う。
エア・ライン［air line］　空気経路。例エア・ブレーキ空気経路。
エアリアル［aerial］　空中線。例ラジオやテレビ受信用空中線。＝アンテナ。
エア・リザーバ［air reservoir］　空気溜め，空気タンク。＝エア・タンク。
エア・リフト［air lift］　気動式起重機，空気圧利用のジャッキ。例ワンエンド・リフト。
エアレーション［aeration］　①空気にさらすこと，曝気（ばっき）。②気体（空気）を液体に溶かすこと。
エア・レギュレータ［air regulator］　空気調整器。低温始動時とその後の暖機運転中に空気増量の補助弁として作動する。例EGI方式。
エア・レシーバ［air receiver］　空気受け，空気溜め。＝エア・リザーバ。
エア・レジスタンス［air resistance］　空気抵抗。自動車走行抵抗の一つ。その大きさは進行方向に直面する面積に比例し，走行速度の2乗に比例する。
エアレス・インジェクション［airless injection］　無気噴射。燃料噴射式エンジンにおいて，圧縮空気を用いず，燃料自体に加圧して噴射するもの。例㋑現用ディーゼル・エンジン。㋺ガソリン噴射エンジン。
エアレス・スプレー［airless spray］　（塗装法の）無気噴霧装置，無気塗装器。塗料を加温し直接高圧を加えて噴霧させる塗装法。
エアロ・スタビライザ［aero-stabilizer］　（車体附属）気流利用の安定装置。車体の前又は後ろに風受け板を設け，これに当たる空気圧によって車体を路面に押しつけ安定を良くする装置。＝スポイラ，エア・ダム。
エアロスタビライジング・フィン［Aerostabilizing fin］　空力パーツの一種で，トヨタが2011年に新型車のアウタ・ミラーのベース部に設けた「ひれ状の部品」。高速走行時，ここを通った気流が速度を増してフィン後方で渦状の気流を発生させ，周囲の気流の速度を上げるとともに車体側に引きつける。その後，車体側面付近に速度が増した気流が通り，後方で終結することで車体が空力で拘束され，走行が安定する。他のモデルでは，テール・ランプ・レンズなどにもこのフィンが加工されている。ボーテックス・ジェネレータ（軸渦発生装置）とも。
エアロダイナミックス［aerodynamics］　空気力学。空動力学。機体や車体などの空気抵抗を研究するもので，高速走行で重視されている。
エアロック［air-lock］　気泡により液体の流れが妨げられる現象。例ガソリン・パイプやブレーキ・パイプに起こる気泡の引っかかりによる故障。＝ベーパロック。
エアロ・トップ［aero top］　着脱式のルーフ・パネル。サン・ルーフ式より，解放感が得られる。
エアロ・パーツ［aero parts］　空気力学的な考慮がなされたバンパやスポイラ部品。アクセサリ的要素も多い。
エアロ・フォイル［aero foil］　車体の空気抵抗を少なくするための覆い。＝エア・

フォイル。

永久磁石型（えいきゅうじしゃくがた）リラクタンス・モータ［permanent-magnet reluctance motor; PRM］　☞リラクタンス・モータ。

永久磁石型同期（えいきゅうじしゃくがたどうき）モータ［permanent magnet type synchronous motor］　同期モータ（SM）とは，磁極数と電源周波数が決まると定まった回転数で回転する交流式のモータのことであり，このモータに永久磁石を用いたもの。永久磁石に従来はフェライトが用いられたが，昨今の電気自動車（EV）やハイブリッド車（HEV）では，軽量で高出力が得られるネオジム（希土類）磁石が使用される。

衛星測位（えいせいそくい）システム［global positioning system; GPS］　☞GPS。

エイト・シリンダ［eight cylinder］　8気筒，8気筒エンジン。一般にV字型であるが，一部に直列型もある。

エイミング・スクリーン［aiming screen］　（ヘッドランプの）照射状態修正のための映写幕。ヘッドランプの光をあてる板。

エイミング・スクリュ［aiming screw］　（ヘッドランプの）照射方向調整ねじ。上下用と左右用とがある。

エイミング・ボス［aiming boss］　（シールドビーム・ランプのレンズにある）エーマを取り付ける基準となる突起。一般に3個の突起がある。

エー・アイ・シフト［AI-SHIFT］　トヨタが採用した自動変速機のシフトにAI（artificial intelligence：人工知能）を取り入れたもの。例えばコンピュータが道路の勾配を判断し，上り坂では4速（OD）への不要なシフト・アップを抑え，下り坂ではエンジン・ブレーキが効くように3速走行を維持する登降坂変速制御システム。

エーがた（A型）インジェクション・ポンプ［A type injection pump］　ディーゼル・エンジンの列型インジェクション・ポンプで，重量物の運搬を必要としない小型車の渦流室式燃焼室をもつ，噴射量の比較的少ないエンジンに用いられる。ポンプ本体は開放型。☞ピーがた（P型）インジェクション・ポンプ。

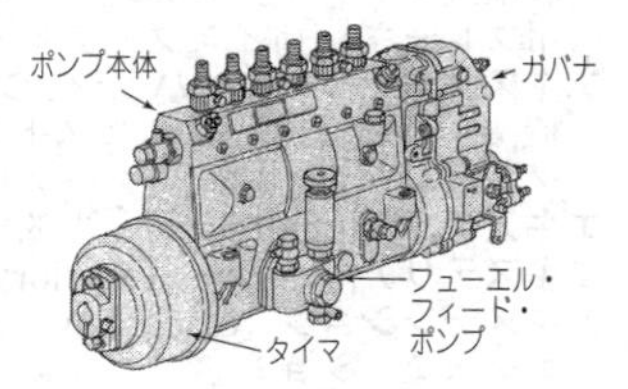

A型インジェクション・ポンプ

エーコーン・ナット［acorn nut］　しいの実形ナット，どんぐりナット。例ホイール取り付け用ナット。

エージェント［agent］　代理人，代行者，代理店，取次店。

エージ・ハードニング［age hardening］　時効硬化，合金の時効過程に現れる硬化現象。放置しておいても時間の経過に伴い硬くなること。例ジュラルミン。

エージング［aging］　経年変化，老化。例材料が時間の経過につれて次第にその性質（硬さや寸法）が変化すること。例㋑ゴム製部品。㋺塗装面。

エーテル［ether］　一般にいうエーテルはエチル・エーテル（$(C_2H_5)_2O$）のことで，アルコールと硫酸との混合物を蒸留して得られ，芳香のある無色透明，揮発性の液体である。例㋑サーモスタット用作動液。㋺水温計感熱筒用作動液。

エー・ピー・アイ・サービス分類（ぶんるい）［API service classification］　APIはAmerican Petroleum Institute（米国石油協会）の略。米国石油協会がエンジン・オイルやギヤ・オイルを用途や過酷度などにより分類したもの。①ガソリン・エンジン用オイルはSA～SNまでの10種類で，SNが最上級（2010年現在）。実際に使用されているのはSE～SG，SH，SJおよびSN。②ディーゼル・エンジン用オイルはCA～CFまでの6種類。実際に使用されているのはCD，CEおよびCF。③ギヤ・オイルはGL1～GL6までの6種類。

エー・ピラー［A-pillar］　☞A-pillar。

エーマ [aimer]　ねらいをつけるもの，照準を決めるもの。例 シールドビーム式ヘッドランプの照射方向を点検修正するために使用する一対の照準器。☞シールドビーム～。

エーリアル [aerial]　①空気の，大気の。②空中線，アンテナ。＝エアリアル。

液化石油（えきかせきゆ）ガス [liquefied petroleum gas]　☞LPG。

エキサイタ [exciter]　励磁機，励磁装置。例 発電機の磁場を作るために電流を送る装置。＝エクサイタ。

エキサイティング・カレント [exciting current]　励磁電流。磁界をつくるために必要な電流。例 モータやジェネレータの磁極コイルへ供給される電流。＝フィールド～。

エキサイティング・コイル [exciting coil]　励磁線輪，磁極に巻いた線。例 ㋑モータやジェネレータの磁極巻き線。㋺リレー類の鉄芯の巻き線。＝フィールド～。

液晶（えきしょう） [liquid crystal]　液体でありながら固体結晶のような性質をもつ有機物。細長い分子形状で，分子の並び方によって光線の透過率が変わるので，この性質を利用して液晶ディスプレイや液晶防眩ミラーが作られた。

液晶（えきしょう）ディスプレイ [liquid crystal display]　液晶を用いた表示装置。電極のついた2枚の透明なガラスの間に液晶を挟み，電圧を加えると光の透過率が変化する現象を利用する。発光性はないので夜間はバックライトかミラーでの照明が必要。例 カーナビの表示装置。

液晶防眩（えきしょうぼうげん）ミラー [liquid crystal glare proof mirror]　ミラーの前に液晶を配置し，これに通電することにより光線を遮るミラー。

エキスターナル [external]　①外部の。②外部，外面。＝エクスターナル。対 インターナル。

エキスターナル・コントラクティング・ブレーキ [external contracting brake]　外部収縮式ブレーキ。トランスミッション後部のドラムを外側から締めつける構造の駐車用ブレーキ。対 インターナル・エキスパンディング～。

エキスターナル・コンバッション・エンジン [external combustion engine]　外部燃焼機関，外燃機関。例 ㋑ピストン式蒸気機関。㋺タービン式蒸気機関。㋩スターリング・エンジン。対 インターナル～。

エキステリア [exterior]　外部，外観，外装。＝エクステリア。対 インテリア。

エキステリア・カラー [exterior color]　（車体などの）外面塗色。対 インテリア～。

エキステンション [extension]　伸長，延長，拡張。例 ㋑～ハウジング。㋺～バー。＝エクステンション。

エキストラクタ [extractor]　①抜き取り工具。②抽出器。例 ㋑スタッド抜き具。㋺折れボルト抜き工具。☞スクリュ～。

エキストラ・ファイン・スレッド [extra fine thread]　極細目ねじ。

エキストラ・ファイン・メッシュ [extra fine mesh]　（網などの）極細目，目の細かい。例 ストレーナやフィルタのこし網。

エキストラ・ファイン・ワイヤ [extra fine wire]　極細線。例 点火コイルの二次巻き線。

エキストラ・ヘビー・オイル [extra heavy oil]　分子量が大きく特別濃厚な油。対 ライト・オイル。

エキストリーム・プレッシャ・ルブリカント [extreme pressure lubricant]　極圧用潤滑剤。例 デフ用のハイポイド・ギヤ・オイル。

エキストルージョン [extrusion]　（工作法の）押し出し，型押し出し。

エキスパート [expert]　老練者，熟達した人。例 モトクロスの階級では最上級者。

エキスパンション [expansion]　膨張，拡張。例 ㋑燃料が燃焼してガスの容積が大きくなること。㋺ピストンなどが熱膨張すること。＝エクスパンション。

エキスパンション・ストローク [expansion stroke]　（エンジン・サイクルの）膨張行程。燃料ガスが燃焼して膨張しピストンに圧力を加える行程。＝コンバッション

～。エキスプロジョン～。ワーキング～。パワー～。

エキスパンション・タンク [expansion tank]　（ラジエータに附属する）膨張タンク。シールド・クーリングにおいて，ラジエータから噴出する水蒸気を液化保有しラジエータへ戻す役目をする。＝リザーブ～，サブ～。

エキスパンション・バルブ [expansion valve]　膨張弁。カー・エアコンのエバポレータ入口に取り付けられ，コンプレッサで圧縮された高温高圧の液冷媒をエキスパンション・バルブの小穴から噴射させ，膨張気化させることにより冷却する。通称エキパン。＝エクスパンション～。

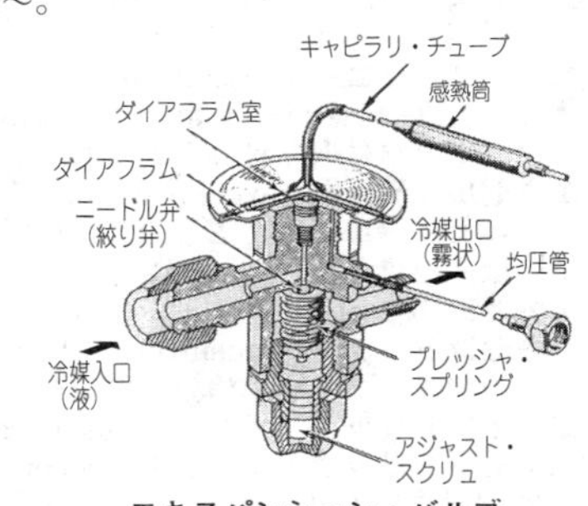

エキスパンション・バルブ

エキスパンション・プラグ [expansion plug]　（鋳物の穴をふさぐ）盲蓋（めくらぶた）。加工穴に入れ拡張力によって気密水密を保つ皿ぶた。＝ウェルシ～。コアホール～。

エキスパンション・リーマ [expansion reamer]　拡張式穴くり工具。直径を拡大できるリーマ。ブシュやメタルの内面仕上げに用いる。

エキスパンダ [expander]　膨張させるもの，拡張させるもの。例 ㋑ピストン・リングの拡張器。㋺組み合わせ型オイル・リングのスペーサ。＝エクスパンダ。

エキスパンション・リーマ

エキスパンディング・ブレーキ [expanding brake]　拡張式ブレーキ。シューをドラムの中に設け，これを拡張してドラムの内側から摩擦させるブレーキ。対 コントラクティング～。

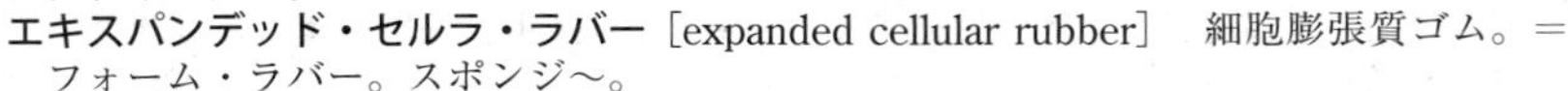

エキスパンデッド・セルラ・ラバー [expanded cellular rubber]　細胞膨張質ゴム。＝フォーム・ラバー。スポンジ～。

エキスパンド [expand]　①拡大する。広げる。例 エンジン・スコープに映し出されるパターンを拡大すること。②膨張する。＝エクスパンド。

エキスプレス [express]　①列車やバスなどの急行。②速達，至急便。＝エクスプレス。

エキスプレス・ウェイ [express way]　米 高速道路。＝スーパー・ハイウェイ。

エキスプロージョン [explosion]　爆発，爆音。例 エンジンのシリンダ内における燃料混合気の爆発的燃焼。＝エクスプロージョン。

エキスプロージョン・ストローク [explosion stroke]　（エンジン・サイクルの）爆発行程。＝エキスパンション～。コンバッション～。パワー～。

エキスプロージョン・チャンバ [explosion chamber]　（エンジンの）爆発室，燃焼室。＝コンバッション～。

エキスペリメンタル・エンジン [experimental engine]　実験用エンジン。

エキスペリメンタル・セーフティ・ビークル [experimental safety vehicle; ESV]　実験安全車。各メーカが開発を進めている安全性の高い車。

エキスペリメント [experiment]　実験，試験。＝エクスペリメント。

エキスポーズド [exposed]　露出した，野ざらしの。＝エクスポーズド。

エキスポーズド・プロペラ・シャフト [exposed propeller shaft]　むき出しの推進軸，トルク管に入っていない裸のシャフト。

エキセス [excess]　①超過，過度，過剰。②余りの，制限外の。＝エクセス。

エキセス・エア・レシオ [excess air ratio]　空気過剰率。燃料の燃焼について，理論的に必要な空気量に対し実際に供給する過剰空気量の比率。例 ディーゼル・エンジンでは，全負荷時1.2～1.4，低速軽負荷時では2.5以上である。

エキセス・フォース［excess force］　余裕力。駆動力と抵抗力との差。これが加速力，けん引力，登坂力になって現れる。

エキセス・フロー・パイプ［excess flow pipe］　あふれ管，余分をこぼす管。＝オーバフロー～。エスケープ～。

エキセス・フロー・バルブ［excess flow valve; EFV］　LPGボンベの過流防止弁。車載のLPG配管が事故等により破損してある一定以上のLPG（液体）が流出した場合，ボンベに取り付けられたEFVが作動して流出を防止する安全装置。

エキセル・テスタ［excel tester］　バッテリ・セル・テスタの一般名。バッテリについて各セル（単電池）ごとの高率放電試験機。中間コネクタの露出していないバッテリには使用できない。＝インディビジュアル・セル・テスタ。

エキセン［eccen］　エキセントリック（eccentric）の略。

エキセントリック［eccentric］　①中心を外れている。偏心の。②偏心輪。例④フューエル・ポンプの駆動輪。⑤ブレーキの調整カム。対コンセントリック。

エキセントリック・カム［eccentric cam］　偏心輪。

エキセントリック・シャフト［eccentric shaft］　偏心軸。例ロータリ・エンジンの中心軸。

エキセントリック・ホイール［eccentric wheel］　偏心輪，偏心カム。

エキセントリック・リング［eccentric ring］　（ピストンの）偏心環。内周円と外周円の中心点が異なり，すなわち肉厚不同なピストン・リングであるので，ほとんど使用されない。

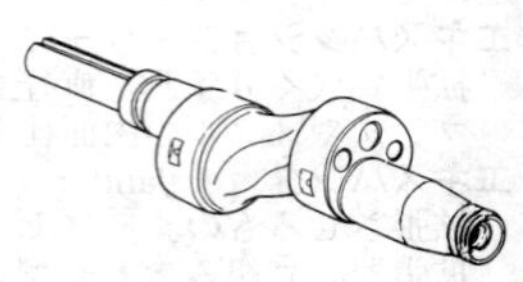

エキセントリック・シャフト

エキゾースト［exhaust］　①排出する，吐き出す。②不用ガス，排気。③（不用ガスの）排出装置。＝イグゾースト，エクゾースト。

エキゾースト・エア・インデュース［exhaust air induce; EAI］　排気管内に発生する排気の脈動を利用して二次空気を導入する装置。日産車に採用。☞エア・サクション・システム。

エキゾースト・エア・インデュース・コントロール・バルブ［exhaust air induce control valve; EAIV］　前述装置において，冷間時に二次空気の導入を制御するバルブ。

エキゾースト・エミッション・コントロール［exhaust emission control］　排出ガス浄化対策，排出ガス規制。自動車の排出ガスによる大気汚染を防止するため，米国ではカリフォルニア州が1962年より，日本では昭和41年（1966年）から法律による規制が開始された。昭和41年からの規制内容は，新規生産車に対するCOの4モード濃度規制であった。＝エミッション・コントロール。

エキゾースト・エミッション・コントロール・システム［exhaust emission control system］　排出ガス浄化装置。☞エミッション・コントロール・システム。

エキゾースト・ガス［exhaust gas］　排出ガス，排気。例エンジンの排出ガス。二酸化炭素（炭酸ガス）と水蒸気および窒素のほか少量の一酸化炭素，炭化水素，窒素酸化物などを含んでいる。

エキゾースト・ガス・アナライザ［exhaust gas analyzer］　排気ガス測定器（分析計）。排気ガス中の有害成分CO，HCやNOxなどを測定する。カー・メーカや研究所などで使用する本格的なものから，整備工場用の簡易型まである。＝ガス・アナライザ。

エキゾースト・ガス・リサーキュレーション［exhaust gas recirculation; EGR］　排気ガス再循環。エンジンから排出される排ガスの一部を吸気系へ再循環させて新気と混ぜ，燃焼温度を下げて窒素酸化物（NOx）の発生を抑える方法。排気浄化の一手段として広く行われている。

エキゾースト・システム［exhaust system］　排気装置の総称。エキゾースト・マニホールド以降の排気装置を表し，排気ガスの温度と圧力を下げるとともに，触媒マフラでは排気ガスの浄化も行う。＝～ディバイス。

エキゾースト・ストローク [exhaust stroke]　排気行程。エンジン・サイクル中の一つ。燃焼行程の次に行われ排気をシリンダから排出する。

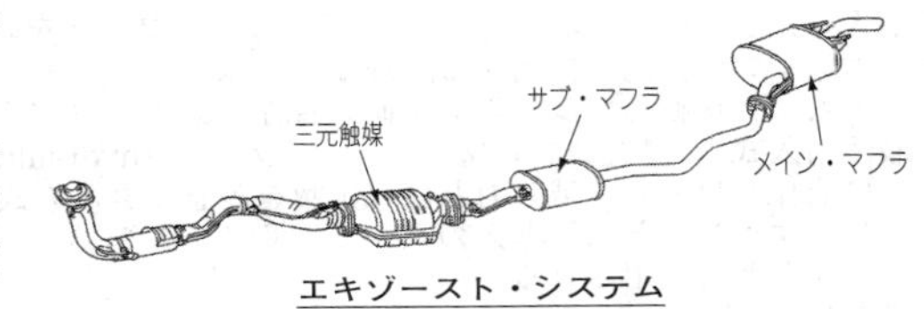

エキゾースト・システム

エキゾースト・ターボ・ブロワ [exhaust turbo blower]　排気駆動送風器。排気圧によってタービンを回転し，同軸の送風器によってシリンダへ強制圧入する一種のスーパーチャージャ。＝ターボチャージャ。

エキゾースト・ディバイス [exhaust device]　排気装置。＝エキゾースト・システム。

エキゾースト・ノート [exhaust note]　リズミカルな排気の快音。

エキゾースト・パイプ [exhaust pipe]　排気管。

エキゾースト・バルブ [exhaust valve]　排気弁。シリンダの排気孔を開閉する弁。一般に耐熱鋼で作られている。

エキゾースト・バルブ・スプリング [exhaust valve spring]　排気バルブの気密を保つためのスプリング。対インテーク～。

エキゾースト・バルブ・リフタ [exhaust valve lifter]　排気弁突き上げ装置。圧縮抜き又はエンジン停止手段としてバイク類に用いる。

エキゾースト・ブレーキ [exhaust brake]　排気ブレーキ。排気の通路を遮断してエンジン・ブレーキ効果を高める一種の減速機。例ディーゼル車。＝エキゾースト・リターダ。

エキゾースト・ブレーキ・スイッチ [exhaust brake switch]　エキゾースト・ブレーキの作動を運転者が道路状況に応じて選択できるスイッチ。

エキゾースト・ブレーキ・バルブ [exhaust brake valve]　エキゾースト・ブレーキを作動させるために排気を遮断するバルブ。

エキゾースト・ポート [exhaust port]　排気孔。例シリンダの排気の出口。対インレット～。

エキゾースト・マニホールド [exhaust manifold]　排気多岐管。各シリンダから排出される排気を集合する分岐管。一般に鋳造パイプが用いられる。

エキゾースト・リアクタ [exhaust reactor]　排気反応器，排気を高温室に通し，かつ，空気を吹き込んで酸化を促進する排気浄化装置の一つ。

エキゾースト・リターダ [exhaust retarder]　排気減速機。例ディーゼル車において，排気管の通路を遮断してエンジン・ブレーキ効果を高める一種の減速装置。

エキゾースト・ロス [exhaust loss]　排気損失。燃料が燃焼して発生した熱エネルギーのうち，排気ガスや熱として大気中に放出されるエネルギー。一般にガソリン・エンジンの熱効率は20～30% 程度といわれ，排気によるエネルギー損失は30～35% 程度。☞クーリング～。

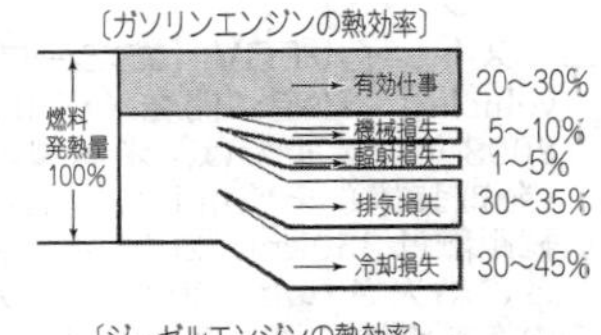

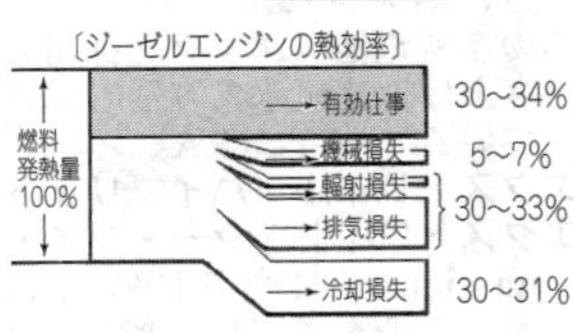

エキゾースト・ロス

液体封入式（えきたいふうにゅうしき）エンジン・マウント [hydraulic engine mount; liquid sealed type engine mount]　エンジンの振動と騒音を低減するため，エンジン・マウンティング内に液体を封入した2つのチャンバを設け，液体はオリフィスを通って上下のチャンバを移動し，エンジンの振動を抑制する。理論的にはショック・アブソーバと同じであり，ゴム製のものと比較してばね常数が低い特性がある。☞アクティブ・エンジン・マウント。

液体封入式（えきたいふうにゅうしき）ブッシュ［hydraulic bushing］　ゴム・ブッシュ内に液体を封入し，減衰力とばね定数を調整できる方式のブッシュ。液体封入式エンジン・マウントと同じ考えのもので，サスペンション・リンクを支持する車体側のブッシュなどに使用される。

エキパン［expan］　カー・エアコンのエキスパンション（エクスパンション）・バルブ（expansion valve）の略。☞エキスパンション・バルブ。

液面警告装置（えきめんけいこくそうち）［liquid level warning device］　油圧ブレーキのマスタ・シリンダのフルード不足や，燃料タンクの燃料の残量が少なくなったとき，運転席の警報ランプなどで知らせる装置。両者とも液面に浮くフロートの高さを電気的に検知するセンサによる。

エクイップメント［equipment］　設備，装置。例工場の機械設備。＝イクイップメント。

エクサ［exa-］　国際単位系（SI）の一つ。10の18乗又は2の60乗を表す。

エクサイタ［exciter］　☞エキサイタ。

エクジット［exit］　出口。＝エグジット。対エントランス。

エクスターナル［external］　☞エキスターナル。

エクスティングイッシャ［extinguisher］　消火器。

エクステリア［exterior］　☞エキステリア。

エクステンション［extension］　①延長，つぎ足し。②つぎ足し部分。例トランスミッション・ケースの延長部分。

エクステンション・スプリング［extension spring］　引っ張り方向のばね。例ブレーキ・シューの戻しばね。＝テンション～。対コンプレッション～。

エクステンション・バー［extension bar］　延長棒，つぎ足し棒。例ボックス・レンチ・ハンドルのつぎ足し棒。

エクステンション・バー

エクステンション・ハウジンク［extension housing］　延長部分の覆い。例トランスミッション・ギヤ・ケース後部に接続されたアウトプット・シャフトの延長部分を覆う細長いケース。

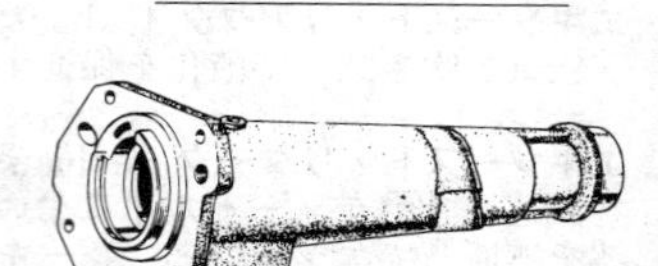

エクステンション・ハウジング

エクストラクタ［extractor］　☞エキストラクタ。

エクストルージョン［extrusion］　☞エキストルージョン。

エクストレイルFCV（エフシーブイ）［Xtrail fuel-cell vehicle］　日産が開発・実用化中の燃料電池車。2003年モデルでは，米国製の燃料電池スタック（発電装置）を使用して，最高出力は85kW，航続距離は350km。2004年に神奈川県や横浜市などに納入された。2005年モデルでは，自社開発の燃料電池スタックを採用して出力を90kWに引き上げ，高圧水素容器も35MPaから70MPaに倍増して航続距離を500km以上としている。☞TeRRA。

エクストレイル・ハイブリッド［X-Trail hybrid］　☞フーガ・ハイブリッド。

エクストロイド・シー・ブイ・ティー（CVT）［EXTROID continuously variable transmission］　日産が1999年に世界で初めて搭載した金属ローラ式無段変速機の商品名。このタイプは一般にはトロイダル式CVTと呼ばれている。主な構造としては，円錐状の入・出力ディスクと2個のパワー・ローラで構成されている（実車には，これを２ユニット搭載)。エンジンの動力を受けた入力ディスクの回転をパワー・ローラに伝達し，動力がこのパワー・ローラを通じて出力ディスクに伝えられることで駆動力となる。２枚のディスクに挟まれたパワー・ローラの傾斜角を連続的に変えることにより，滑らかな無段変速を行う。新型乗用車（3ℓターボ・エンジン）に搭載。

エクストロニックCVT（シーブイティー）［Xtronic continuously variable transmission］日産が2003年に採用した，ベルト式CVT（連続無段変速機）の一種。トルク・コンバータとスチール・ベルト＆プーリによるCVTを電子制御し，排気量の大きいエンジンに対応できるよう大容量ベルトを使用している。

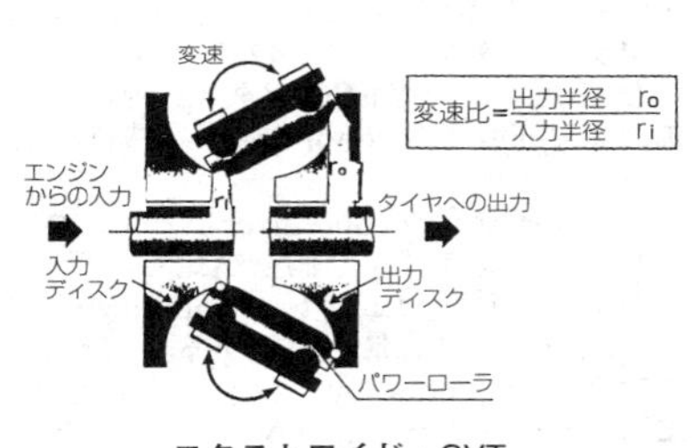

エクストロイド・CVT

エクスパート［expert］　☞エキスパート。

エクスパンション［expansion］　☞エキスパンション

エクスパンダ［expander］　☞エキスパンダ。

エクスパンド［expand］　拡大する。☞エキスパンド。

エクスプレス［express］　☞エキスプレス。

エクスプロージョン［explosion］　☞エキスプロージョン。

エクスポーズド［exposed］　☞エキスポーズド。

エクセス［excess］　☞エキセス。

エクセレント・オートモービル・エンジニア［excellent automobile engineer］　☞ソーシャル検定。

エクセン［eccen］　エクセントリック（eccentric：偏心）の略。＝エキセン。

エクセントリック［eccentric］　☞エキセントリック。

エクゾースト［exhaust］　☞エキゾースト。

エコ［eco-］　環境の，生態（学）の，意で複合語をつくる。

エコカー［ecocar］　エコロジー・カー（ecology car）の略。EV（電気自動車），CNG（圧縮天然ガス）自動車，ハイブリッド車（HV），燃料電池車（FCV）等，地球生態系への影響の少ない（環境に優しい）車。

エコカー減税（げんぜい）［preferential tax scheme for environmentally-friendly vehicles; eco-car tax incentive scheme］　環境対応車普及促進税制の一つで，「自動車取得税および自動車重量税の減免制度」。政府が2009年度の税制改正で実施した新車購入補助制度で，電気自動車，ハイブリッド車，プラグイン・ハイブリッド車，クリーン・ディーゼル車等は両税ともに免税となり，低燃費かつ低排出ガス認定の登録車，トラック・バス，軽自動車はそれぞれ両税が50〜75%軽減される。2013年には，「エコカー減税の恒久化」が決定された。☞グリーン税制。

エコステーション［ecostation; ES］　環境対策の代燃自動車に燃料を補給する場所。ガソリン・軽油に代わって，電気・天然ガス・メタノール・水素などを使うところから，ガソリン・スタンド（GS）を改称するもの。

エコタイヤ［eco-tire; energy-saving tire］　☞低燃費タイヤ。

エコドライブ・インディケータ［eco-drive indicator］　トヨタがAT車に採用した，省燃費運転表示装置。アクセルの踏み込み量，エンジンや変速機の効率，走行速度，加速度等のデータをコンピュータが総合的に判断し，省燃費運転状態になるとメータ・パネル内のランプが点灯する。進化版にエコドライブをゾーン表示するものもあり，ドライバがこれらを意識した運転を続けると，4〜10%程度の燃費向上が見込めるという。

エコドライブ支援（しえん）システム［eco-driving support system; EDSS］　省燃費運

転支援装置で，直接型と間接型の2種類に大別できる。前者にはアイドリング・ストップ&スタート・システム（ISS），省燃費モード選択装置，アクセル・ペダルの反力制御装置などがあり，後者にはインパネに設けられた燃費計，ランプやメータ画面の色によって表示する装置，エコドライブ度に応じてポイントを付与するシステム，MT車で最適な変速タイミングをランプなどで表示するギアシフト・インディケータ（GSI／欧州）などがあり，トラック，バス，タクシーなどの営業車では，デジタル・タコグラフやテレマティクスを用いたエコドライブ管理システム（EMS）などがある。☞ECOペダル，リアクティブ・フォース・ペダル。

エコノマイザ[1]［economizer］ 燃料などの節減装置。例キャブレータにある燃料節減ジェット類。

エコノマイザ[2]［economizer］ ホンダのCVCCエンジンの空燃比制御装置。キャブレータのプライマリ側空燃比を補正して，ドライバビリティの向上を図っている。

エコノマイザ・ジェット［economizer jet］ （キャブレータの）燃料節減噴口，低速系統の燃料の流量を規制するジェット。

エコノミー［economy］ 経済，倹約，節約，経済的なこと。

エコノミー・カー［economy car］ 経済車，実用車。

エコノミカル・スピード［economical speed］ 経済速度。例40～50km/h。

エコノミー・テスト［economy test］ 経済試験。燃料や滑油の消費試験。

エコノミー・モード［economy mode］ 経済的な運転モード。運転席の選択スイッチで操作する。例㋑電子制御式ATの変速点を低めに設定したもの。対パワー～。㋺カー・エアコンの効きを弱めに設定したもの。

エコノミー・ラン［economy run］ （燃料などの）経済運転競技。通称エコラン。一定距離を走行して，消費した燃料の少なさを競う。

エコノミー・ランニング・システム［economy running system; ERS］ 経済的走行システム。トヨタの呼称でエコラン・システムともいう。交差点などで車を停止するとエンジンが自動的に停止し，再び発進するためにアクセル・ペダルを踏むとエンジンが自動的に始動する。☞アイドリング・ストップ・システム（ISS），エンジン・オートマチック・ストップ・アンド・スタート・システム（EASS）。

エコブースト ☞EcoBoost。

エコプラスチック［eco-plastic］ バイオプラスチック（植物由来樹脂）の一種で，トヨタが開発・実用化中のもの。2003年には，ポリ乳酸（PLA）とケナフ繊維を用いた植物由来のスペア・タイヤ・カバーとフロア・マットに世界で初採用し，2009年には，内装部品の表面積の60%にまでその採用を拡大している。2011年には，植物性と石油性の混合材料を用いたバイオPETを開発し，ポリ乳酸（PLA）とポリプロピレン（PP）を用いたものでは，射出成形が可能になった。

エコラン［eco-run］ ☞エコノミー・ラン。

エコロジー［ecology］ 生態学。生態系を中心に動植物と環境との関係を研究する。公害による環境破壊との関連で注目されるようになった。

エジェクタ［ejector］ 「噴出器，排出器」等を意味し，主に流体の噴出速度を利用して，ノズル周辺の気体を吸引する流体素子を指す。2003年には，デンソーがカー・エアコン用のエジェクタ・サイクルを開発し，2014年には，レクサスのダウンサイジング直噴ターボ・エンジンに負圧発生装置として利用されている。後者の場合，クランクケース側に吹き抜けたブローバイ・ガスを吸い戻す（強制換気する）ことにより，エンジン・オイルの劣化を抑制する働きをしている。イジェクタとも。

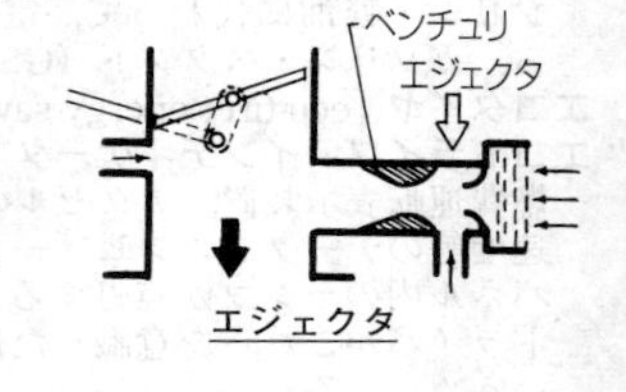

エジェクタ

エジェクタ・サイクル［ejector cycle］ デンソーが開発した，新しい冷凍サイクル。

従来の冷凍サイクルに用いていたエクスパンション・バルブ（膨張弁）の代わりに，エジェクタと呼ばれる2段式の膨張ノズルを使用したもの。従来のエクスパンション・バルブでは膨張過程でエネルギーを損失するが，エジェクタではこの損失エネルギーを回収して圧力エネルギーに変え，コンプレッサの仕事を助けている。特徴としては，冷凍能力が従来の方式より約25%向上し，コンプレッサ動力を約20%低減できるため，トラック用の冷凍機などに使用される。2007年にはトヨタの新型RVに採用され，カー・エアコンとクール・ボックス（冷蔵庫）の冷却性能を高レベルで両立させている。

エス・アール・エス・エアバッグ・システム [SRS airbag system] ☞ SRS airbag system。

エス・アール・エス・カーテン・シールド・エアバッグ [SRS curtain shield airbag; supplemental restraint system curtain shield airbag] トヨタが採用した側面衝突時に乗員の頭部衝撃を緩和する乗員保護補助装置。側面衝突時に，フロント・ピラー部からルーフ・サイド部にかけて収納されたエアバッグが，フロント・ピラー・ガーニッシュおよびルーフ・ヘッド・ライニングを押し開けて乗員の側面にカーテン状に展開し，乗員の頭部を保護する。前席に装備されたサイド・エアバッグに追加して使用。

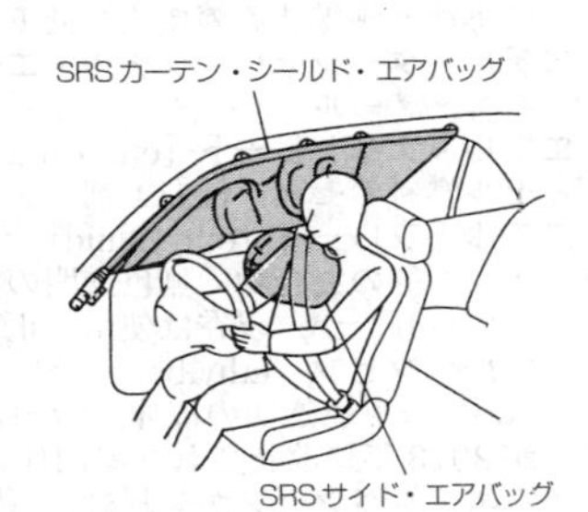

SRSカーテン・シールド・エアバッグ

エス・アイ単位（たんい） [SI units] ☞ SI units。

エス・エー・イー（SAE）粘度分類（ねんどぶんるい） [Society of Automotive Engineers viscosity classification] SAE（米国自動車技術会）によるエンジン・オイルの粘度別分類。エンジン・オイルは季節（外気温）によって使い分け，粘度の低いものから順に0W～25W，20～50の10段階に分かれていて，「W」は冬季（winter）又は寒冷地を意味している。このように使用条件を限定しているオイルをシングル・グレード・オイル（SAE10W，SAE30など）といい，広範囲の使用条件に適するようなものをマルチグレード・オイル（SAE10W-30，SAE20W-40など）という。

エス・エフ・エー（SFA）ヒータ・コア [SFA heater core; straight flow aluminum heater core] アルミニウム製のヒータ・コアで，熱伝導に優れた小型・軽量のもの。

エスカッション [escutcheon] ①たて形の紋章。②部品の開口部まわりを処理するための樹脂製などの部品。例ウインドウ・レギュレータ・ハンドル部。＝イスカッション。

エスカッション・バッジ [escutcheon badge] （車の）飾り記章。

エスカルゴ [*Escargot*] 仏かたつむり。キャンピング・カーの異名。

エスケープ [escape] ①逃げる，脱出する。②ガスや液体などが漏れ出る。③脱出。④漏出。＝イスケープ。☞リーク。

エスケープ・パイプ [escape pipe] （水やガスの）逃がし管。例ラジエータの水が沸騰したとき膨張してあふれる水を逃がす管。＝オーバフロー・パイプ。

エスケープ・バルブ [escape valve] （ガスや液体の）逃がし弁。過大圧力を生じたときその一部を放出する弁。＝リリース・バルブ，リリーフ・バルブ。

エスティメーション [estimation] 見積もり，評価，見積もり高。主に車の事故見積もりを指す。

エステート・カー [estate car] 英実用車，暮らし向きの車。例米ステーション・ワゴン。

エステート・ワゴン［estate wagon］　同前。
エス・ブイ・レシオ［S/V ratio］　☞ S/V ratio。
エス・ユー・キャブレータ［SU carburetor］　☞ SU carburetor。
エタノール［ethanol］　エチル・アルコールの別名。
エチル［ethyl］　一価の基C_2H_5。アルキル基の一つ。略号et^-。
エチル・アルコール［ethyl alcohol］　化学式C_2H_5OH。酒精。特有の味や芳香を持つ可燃性の無色の液体で，単にアルコールともいう。アルコール発酵によるほか，エチレン，アセチレンからも合成される。アルコール飲料，燃料，殺菌剤などに広く利用される。別名エタノール。
エチル・ガソリン［ethyl gasoline］　エチル液入り（加鉛）ガソリン。アンチノック性が高くバルブやバルブ・シートのリセッションも少ない。しかし，加鉛ガソリンはその毒性と触媒装置の機能を低下させるために使用が禁止され，無鉛化された。
エチル・ターシャリ・ブチル・エーテル［ethyl tertiary butyl ethel］　☞ ETBE，バイオエタノール。
エチル・ナイトレート［ethyl nitrate］　硝酸エチル。芳香ある無色の液体。例 ディーゼル燃料のセタン価向上剤（ノック防止用）として軽油へ入れることがある。
エチル・フルード［ethyl fluid］　エチル液。四エチル鉛，二塩化エチレン，二臭化エチレン等の混合物で無色透明の液体，猛毒性がある。燃料のオクタン価向上剤として用いられたが，現在は使用禁止となっている。
エチルベンゼン［ethylbenzene］　分子式$C_6H_5C_2H_5$で表される炭化水素で，沸点136℃の無色透明の液体。労働安全衛生法施行令および特定化学物質障害予防規則等が2013年に改正され，屋内作業場などで塗装作業を行う場合，溶剤系塗料に含まれるエチルベンゼンが規制対象（特定化学物質）となった。
エチレン・アクリル・ゴム［ethylene acrylic rubber］　合成ゴムの一種で，アクリル酸エチルまたは他のアクリル酸エステル類とエチレンとのゴム状共重合体（略称AEM)。耐熱・耐油ゴムで低温性にも優れ，ホース，ダンパ，ブーツ，シール，ガスケットなどに用いられる。
エチレン・グリコール［ethylene glycol］　$HOCH_2CH_2OH$，最も簡単な二価のアルコール。無色透明の甘味のある濃い液体で，エンジン冷却水の不凍液として使用される。
エチレン・ジフロマイド［ethylene dibromide］　$CH_2Br \cdot CH_2Br$。二臭化エチレン。アンチノック剤エチル液の一成分。
エチレンテトラフルオロエチレン［ethylene-tetra-fluoro-ethylene; ETFE］　フッソ系樹脂の一種。ETFEとナイロンを接着した複層燃料用チューブにより，ガソリンなど燃料の透過量や蒸散量を低減し，米国の最新環境規制に対応可能。耐燃料透過性に優れるため，バリア樹脂ともいう。
エチレン・ビニル・アルコール［ethylene vinyl alcohol; EVOH］　EVOHの共重合体は耐燃料透過性に優れ，バリア層として樹脂製ガソリン・タンクや燃料ホースなどに用いられる。
エチレンプロピレン・ゴム［ethylene-propylene copolymers; EPM, ethylene-propylene-diene rubber; EPDM］　合成ゴムの一種で，エチレンとプロピレンを重合して作られたもの。これにはエチレンとプロピレンの共重合体であるEPMと，さらに少量の第3成分を含む3重合体のEPDMがあるが，主に後者が用いられる。これらはスチレン系ゴム（TPS）の代表で，耐熱性・耐候性・耐オゾン性などに優れ，ブレーキ・ホースやウォータ・ホース，ブレーキ・カップやブレーキ・ピストン・シール，ウェザ・ストリップやガラス・ラン，補機類駆動用ベルトなどに用いられる。
エックス型（がた）フレーム［X-shape frame］　フレームをX字型に組んだもので，ねじりモーメントに対して高い剛性を持つが，FR車の場合プロペラ・シャフトがXメンバの交点を通るため，この部分の構造が複雑になる。又，平行なサイド・メンバに対してクロス・メンバをX状に取り付けたものもある。共に現在は使用されていない。

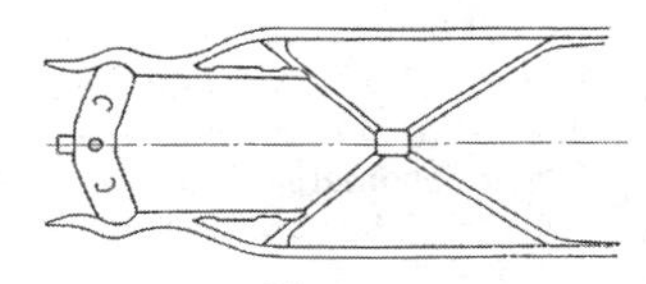

X型フレーム

エックス・シェープ［X-shape］　X字型のもの。例 ㋑X字型シャシ・フレーム。㋺X字断面のコンロッド。

エックス軸（じく）［X axis］　車体の揺動を三次元で表すときの仮想の中心軸で，重心を通り前後方向の水平軸をX軸といい，この軸回りの揺動をローリングという。左右方向の水平軸はY軸（ピッチング），上下方向の垂直軸をZ軸（ヨーイング）という。

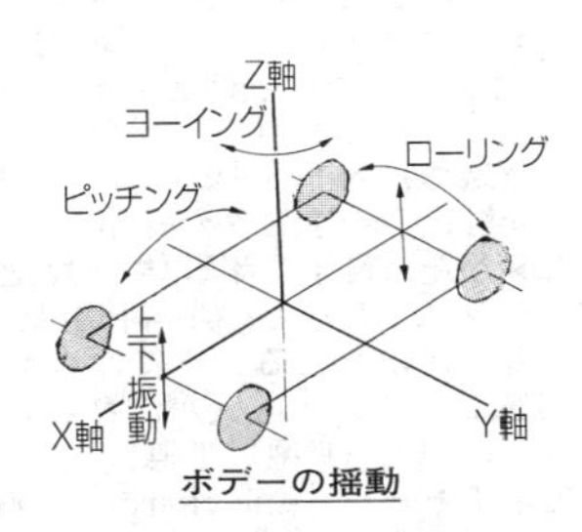

ボデーの揺動

エッジ・カム［edge cam］　側面カム，円筒カム案内溝の一側面を取り去った形状のカム。

エッジ・タイプ・フィルタ［edge type filter］　刃型ろ過器，安全かみそりのように薄い鋼板を多数重ね，そのすき間に燃料又は滑油を通して不純物を捕えるもの。不純物は鋼板のエッジ，すなわち端面に引っかかる。

エディ・カレント［eddy current］　渦電流。塊状又は板状の導体中に磁場の変化によって生ずる行き場のない電流。電気機器ではエネルギー損失および発熱を伴う有害現象であるが，利用面もある。例 ㋑渦電流式速度計。㋺渦電流式減速機。㋩渦電流式動力計。＝フーコー～，ストレー～。

エディ・カレント・ダイナモメータ［eddy current dynamometer］　渦電流式動力計。渦電流発生装置を動力吸収装置とした動力測定装置。例 シャシ・ダイナモメータ。

エディ・カレント・ブレーキ［eddy current brake］　渦電流ブレーキ。回転体の軸に直結した金属円板を電磁場内で回転し，ブレーキの必要なとき励磁して運動エネルギーを電気的に吸収する装置。＝エディ・カレント・リターダ。

エディ・カレント・リターダ［eddy current retarder］　渦電流減速機。第3ブレーキとして推進軸に設け，高速走行中の車を減速するのに用いる。低速では無効であり，かつ，普通ブレーキのように急制動はできないのでブレーキの補助装置とする。例 大型トラックや高速バス。

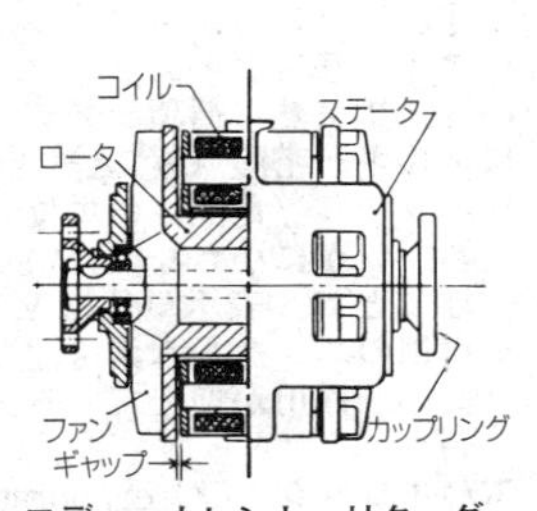

エディ・カレント・リターダ

エディ・カレント・ロス［eddy current loss］　渦電流損。回転電機や変圧器において，鉄芯に起こる渦電流のジュール熱によってエネルギーが無益に失われ，いわゆる，渦電流損を生ずるが，これを防ぐため鉄芯は薄い鉄板を重ねて作ってある。

エトキシド・レッド［ethoxide lead］　エチル鉛。ガソリンへ入れるアンチノック剤であったが，現在は自動車用には有害なため使用が禁止されている。

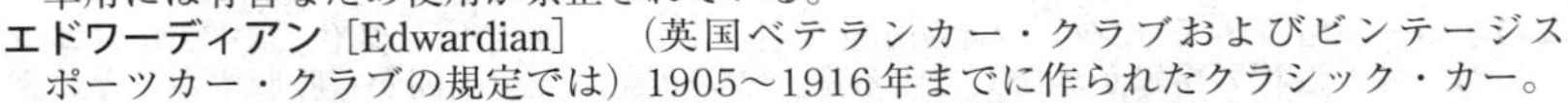

エドワーディアン［Edwardian］　（英国ベテランカー・クラブおよびビンテージスポーツカー・クラブの規定では）1905～1916年までに作られたクラシック・カー。

エナージャイジング［energizing］　勢いを強める，倍力する。例 ブレーキのリーディング・シューがドラムとの摩擦により起こる自己倍力作用。

エナジー［energy］　☞エネルギー。

エナジー・アブソービング・パッド［energy absorbing pad; EA pad］　衝突エネル

ギー吸収式のパッド。ステアリング・ホイールやインパネに用いる。

エナジー・チャンバ [energy chamber]　エネルギー室。ディーゼル燃焼室のうち，空気室型のものの空気室。＝エア・セル。

エナメル [enamel]　光沢塗料の総称，ワニスと着色顔料を混合したもの。例 ①ニトロセルローズ系ラッカ・エナメル。②合成樹脂系メラミン樹脂系エナメル，アクリル樹脂エナメル。

エナメルド・ワイヤ [enameled wire]　エナメル線，導線の表面に絶縁塗料を塗付焼き付けしたもの。例 電気機器コイルの巻き線。

エヌ・オー・エックス（NOx）吸蔵還元型三元触媒（きゅうぞうかんげんがたさんげんしょくばい） [nitrogen oxides absorbing three way catalytic converter]　希薄燃焼エンジンでは，NOx（窒素酸化物）の浄化が従来の三元触媒では困難なため，希薄空燃比領域ではNOxが吸蔵され，理論空燃比付近でNOxが還元される「NOx吸蔵還元型三元触媒」をトヨタが採用した。

エヌがた（N型）半導体（はんどうたい） [negative type semiconductor]　ゲルマニウムやシリコンなどの半導体（真性半導体）に砒素や燐の原子を混ぜることにより，自由電子が多くあるように作られた半導体（不純物半導体）。物質中を自由電子が移動することにより電気が流れる。N型にするために加えられた元素をドナーと呼ぶ。☞ピーがた（P型）半導体。

エネチャージ [Ene-charge]　減速エネルギー回生システムの一種で，スズキが2012年に新型軽自動車に採用したもの（造語）。アイドリング・ストップ車専用の鉛バッテリに加え，リチウムイオン・バッテリと高効率・高出力のオルタネータを併用したシステムで，減速時の運動エネルギーを電気に変えて双方のバッテリに充電を行う。これにより加速時のオルタネータへのエンジン負荷が減少し，新アイドル・ストップ・システムの採用や車体の軽量化などと併せて，燃費性能は28.8km/ℓ（JC08モード）。2014年には，進化版の「S-エネチャージ」を発表している。

エネルギー [独 Energie]　力，精力，活動力。物理学で物体が持っている仕事をする能力の量。＝エナジー（英 energy）。

エネルギー・マネジメント [energy management]　エネルギー管理。一般に，エンジンの発生するエネルギー効率を高めて，燃費性能や排ガス性能の向上を図ることを指す。これには，フリクション・ロスやポンピング・ロスの低減，転がり抵抗の低減，アイドリング・ストップ・システム，充電制御システム，減速エネルギー回生システム，排気熱再循環システムの採用などがある。

エネルギー密度（みつど） [specific energy; energy density; gravimetric energy density]　バッテリ（電池）の単位質量または単位容積当たり，取り出せるエネルギー。すなわち，いかに小さな（軽い）バッテリから多くの電気を取り出すことができるか，ということで，表示単位はWh/kgまたはWh/ℓ。現在実用化されているハイブリッド車用のニッケル水素電池と比較して，リチウム・イオン電池はエネルギー密度が高いため，採用が増えている。質量エネルギー密度，容積エネルギー密度，出力密度ともいう。

エバポレーション [evaporation]　①蒸発，発散。②蒸気。

エバポレーション・ガス [evaporation gas]　燃料蒸発ガス。ガソリン・タンクやキャブレータ等から蒸発する生ガス。略してエバポ。＝エバポレーティブ・エミッション。

エバポレーション・チャンバ [evaporation chamber]　蒸発室，気化室。例 エアコンにおいて，液相の冷媒が蒸発気化する室。この蒸発潜熱を周囲から吸収することにより冷房作用が働く。

エバポレータ [evaporator]　蒸発器，気化器。例 ①エアコンにおいて，液相の冷媒が圧力から開放されて蒸発気化する装置。②LPG装置において，液相であるプロパンやブタンが減圧されて気相になる装置。＝ベーパライザ。

エバポレータ・プレッシャ・レギュレータ [evaporator pressure regulator; EPR]　蒸発圧力調整弁。カー・エアコンの構成部品の一つで，エバポレータ出口の蒸発圧力を調整しエバポレータの表面温度を0℃以上に保つことにより，フロスト（着霜）を防止する。＝サクション・スロットル・バルブ（STV）。

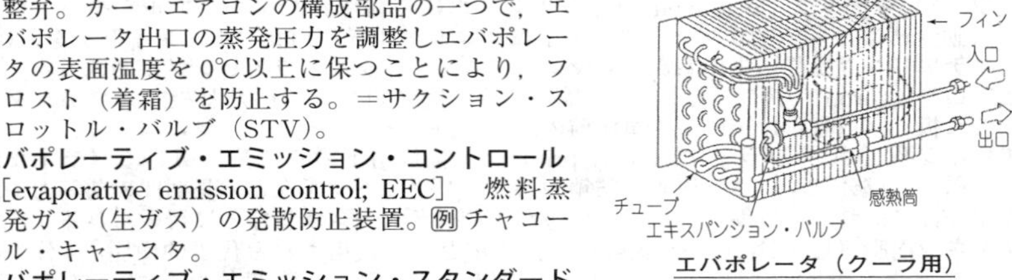

エバポレータ（クーラ用）

エバポレーティブ・エミッション・コントロール [evaporative emission control; EEC]　燃料蒸発ガス（生ガス）の発散防止装置。例チャコール・キャニスタ。

エバポレーティブ・エミッション・スタンダード [evaporative emission standard; EVAP]　米国における燃料蒸発ガス排出規制。ガソリン車の燃料供給系から放出される燃料蒸発ガス（通称エバポ）の量を規定したもので，エバポ規制ともいう。

エピクロロヒドリン・ゴム [epichlorohydrin rubber]　合成ゴムの一種で，耐油性特殊ゴム。耐オゾン性，耐熱性，耐寒性，耐油性，燃料低透過性等に優れ，フッ素ゴム等とともに複層構造の燃料ホースなどに用いられる。ヒドリン・ゴムとも。

エピサイクリック [epicyclic]　周転円の，周転円運動をする。

エピサイクリック・ギヤ [epicyclic gear]　遊星歯車装置，外はい線運動（周転円運動）をする歯車。固定されたギヤの周囲をこれとかみ合って自転しながら公転する歯車装置。＝プラネタリ・ギヤ。

エピサイクリック・トレーン [epicyclic train]　遊星歯車を用いた一連の変速装置。例自動変速機の遊星歯車群。

エピサイクリック・モーション [epicyclic motion]　物理学でいう外はい線運動，周転円運動。AのギヤにBのギヤをかみ合わせ，BギヤをAギヤの周辺に沿って回転するときBギヤが行う運動の状態。この運動は太陽を中心とする惑星の運動に似ているので，前述のAギヤをサン・ギヤ（太陽車），Bギヤをプラネタリ・ギヤ（惑星車）という。例㋑遊星式減速装置におけるピニオンの運動。㋺差動装置ピニオンの運動。㋩オーバドライブ装置のピニオンの運動。

エピサイクル [epicycle]　周転円。その中心が他の大円の円周に沿って回転する。

エピサイクロイド [epicycloid]　（幾何）外転サイクロイド，外はい線。一つの円の外周に接して他の円が滑らずに転がるとき，外接転がり円の円周上の一点が描く軌跡。例ギヤのサイクロイド歯形曲線。

エピトロコイド [epitrochoid]　（幾何）外転トロコイド。対外余はい線。定円の円周上をこれに外接する一つの円が滑らず転がるとき，その円に固定した一点が描く軌跡。例ロータリ・エンジンのハウジング。＝ペリ～。

エフィシェンシ [efficiency]　効率，能率。出力／入力。例㋑熱効率。㋺機械効率。

エフェクティブ [effective]　①効力のある，効果的な。②実際の，実力ある。＝イフェクティブ。

エフェクティブ・アウトプット [effective output]　有効出力。例実馬力。

エフェクティブ・トラベル [effective travel]　有効な動き。例ブレーキ・ペダルの動きのうち，初めは遊び（フリー・トラベル）で，次いで有効な制動力を発生する動きとなる。対フリー～。

エフェクティブ・プレッシャ [effective pressure]　有効圧力。例シリンダにおいて，燃焼ガスがピストンに与える有効な圧力。☞ミーン・エフェクティブ～。

エフェクティブ・ホースパワー [effective horsepower]　有効馬力，正味馬力，実馬力，制動馬力（ブレーキ～）。＝イフェクティブ～。

エフヘッド・シリンダ [F-head cylinder]　F頭型気筒。一つのバルブ（多く吸気）をシリンダ・ヘッドに，もう一つのバルブ（多く排気）をシリンダの側面に設けたもの。

エフ（F）マチック [formula-matic]　ホンダ車に装備されたマニュアル・モード付き自動変速機。ステアリング・コラム部にマニュアル操作用シフト・スイッチを設け，ステアリング操作に集中しながらマニュアル・ライクなドライビングができる。

エプロン [apron]　前だれ，前かけ状の部分。例 ㋑車体前後のたれ板。㋺フェンダのたれ板。㋩取り付け道路。㊁車庫前の広場。例 フェンダ〜。

エポキシ系（けい）プライマ [epoxy primer]　補修用下塗り塗装に用いるプライマの一種。主成分はエポキシ樹脂，防錆顔料，ポリアミド樹脂などで長期間の防錆力や耐薬品性に優れ，一般鋼板，アルミ合金およびステンレス鋼板などに用いられる。

エポキシ樹脂（じゅし） [epoxy resin]　接着剤として使用される代表的樹脂。1分子中にエポキシ基を2個以上もつ樹脂状物質で，塗料や炭素繊維強化プラスチック（CFRP）の複合素材などにも用いられる。

エポキシ樹脂接着剤（じゅしせっちゃくざい） [epoxy adhesive]　エポキシ樹脂を主成分とする接着剤。特に金属やガラスなどを接着する構造用接着剤として用いられる。

エポキシ樹脂塗料（じゅしとりょう） [epoxy resin paint]　エポキシ樹脂を用いた塗料。耐熱性，色安定性，強度，耐候性などに優れ，カチオン電着塗料などに用いられる。

エボナイト [ebonite]　硬質ゴム，硬化ゴム。生ゴムに多量（30%くらい）の硫黄（いおう）を混ぜて加熱（加硫という）硬化したゴムの総称。耐酸，耐アルカリ性が強く，電気の絶縁体。例 ㋑バッテリのケース。㋺ディストリビュータのキャップやロータ。㋩ジャンクション・ボックス。㊁電気絶縁板。

エマージェンシ [emergency]　非常事態，緊急時。

エマージェンシ・カー [emergency car]　救急自動車，応急自動車。

エマージェンシ・ガード・インパクト・セーフティ・キャビン [emergency guard impact safety cabin; EGI S-CAB]　日野が採用した中・大型トラック用の衝突安全キャビン。

エマージェンシ・コール・サービス [emergency call service]　☞ HELPNET，eCall。

エマージェンシ・ストップ・シグナル [emergency stop signal; ESS]　☞緊急制動表示装置。

エマージェンシ・タンク [emergency tank]　応急タンク。例 予備燃料タンク。

エマージェンシ・ドア [emergency door]　バスなどの非常口ドア。

エマージェンシ・ブレーキ [emergency brake]　（フット・ブレーキが故障した場合の）応急ブレーキ，非常用ブレーキ。例 一般にパーキング・ブレーキがこれに当たる。

エマージェンシ・リペア [emergency repair]　応急修理。

エマルジョン [emulsion]　乳状液，混濁液。例 キャブレータにおいて，ノズルへ出るガソリンの中にブリーダから入った空気が細かい泡となって混ざり，白濁して乳液状になったもの。

エマルジョン・タイプ・クリーナ [emulsion type cleaner]　乳液状洗剤，濃い石けん液と灯油とを混ぜた洗浄液。

エミッション・コントロール [emission control]　排出ガス浄化対策。

エミッション・コントロール・システム [emission control system]　排出ガス浄化装置。例 トヨタのTCCSの主要装置：三元触媒，空燃比補償，点火時期制御，減速時制御，燃料蒸発ガス排出抑止，ブローバイ・ガス還元，触媒過熱警報の各装置。

エミッション・コントロールド・モジュール [emission controlled module; ECM]　☞ ECM。

エミッション・コントロール・バルブ [emission control valve]　（エンジン・ブローバイ・ガスなどの）吸入制御弁。クランクケース内と吸気マニホールド又はキャブレータとをつなぐガス通路中にあり，スロットル・バルブの開度に応じてブローバイ・ガスを吸気系へ吸入する量を調整する弁。＝メータリング・バルブ，PCVバルブ。

エミッション・システム [emission system]　（ブローバイ・ガスの）吸排出装置。クランクケースにこもるブローバイ・ガスをエンジンの吸入負圧を利用して吸出再燃焼させる装置。これによりクランクケースに水分や酸分の沈殿を防ぎ，かつ排気中の有害ガスを減少させることができる。＝ポジティブ・クランクケース・ベンチレーション，PCV。

エミッタ [emitter]　（光や熱を）出すもの，発するもの，放つもの。例トランジスタにおいて，ベース領域へ働きの主体をなすキャリアの流れを注入する作用をする部分。トランジスタ用記号E。

エム・エス・エバポレータ [MS evaporator; multi-tank super slim structure evaporator]　カー・エアコンのエバポレータ（蒸発器）で，冷房時の熱交換率を高めた小型・軽量のもの。

エメリ [emery]　（研磨用の）金剛砂。コランダム（鋼玉）の不純なもので，酸化アルミニウムが主成分。例㋑プラグ・クリーナ等サンド・ブラスト用金剛砂。㋺バルブすり合わせ用コンパウンド。

エメリ・クロス [emery cloth]　布やすり。金剛砂を丈夫な布に付着させたもので，紙のものより耐久力がある。粗さを番号で表し0・1・2・3・4号と順を追って粗くなっている。

エメリ・パウダ [emery powder]　金剛砂，研磨剤。その内容には酸化アルミニウム，ガーネット，炭化けい素，ガラス粉などがある。

エメリ・ペースト [emery paste]　金剛砂の練りもの，金剛砂を油脂でのり状に練ったもの。例バルブすり合わせ用コンパウンド。

エメリ・ペーパ [emery paper]　やすり紙，金剛砂紙。金剛砂を丈夫な紙に付着させたもの。粗さについてはエメリ・クロスと同じ。

エメリ・ホイール [emery wheel]　砥石車。金剛砂を固めて作った回転砥石。砥料，粒度，結合度，結合剤，組織，寸法，形状等は色々である。

エラー [error]　誤り，過失，誤差。例㋑アローワブル～。㋺～コード。

エラー・コード [error code]　☞ DTC。

エラー・メッセージ [error message]　コンピュータの操作を誤った場合，ディスプレイ上に現れる要求された作業ができないことを示すメッセージ。車の場合は，装置の不具合や警報を示す文字やランプなどを意味する。

エラスチック [elastic]　①弾力ある，弾性の。②ゴムひも。例LPGレギュレータのエラスチック・バルブ。対プラスチック。

エラスチック・カップリング [elastic coupling]　弾性継手。弾性体によって自在作用をする継手。＝フレキシブル・ジョイント。例㋑ハンドル軸の継手。㋺軽自動車のプロペラシャフトの自在継手。

エラスチック・グラインディング・ホイール [eiastic grinding wheel]　弾性砥石車，砥粒の結合剤としてゴムを用い弾力に富んだ回転砥石。

エラスチック・ストレイン・エネルギー [elastic strain energy]　弾性エネルギー。

エラスチック・ディフォーメーション [elastic deformation]　弾性変形。対プラスチック～。

エラスチック・バルブ [elastic valve]　弾性弁。例LPGレギュレータ減圧室用バルブ。＝エラストマ～。

エラスチック・マウンティング [elastic mounting]　弾性取り付け，ゴム取り付け。例エンジンの取り付け部。

エラストマ・バルブ [elastomer valve]　（ゴムのような）弾性物質で作られた弁。

エラチック・ファイヤリング [erratic firing]　不規則発火の故障。点火プラグの発火

エ

が乱れること。

エリオット・タイプ［Elliot type］　（ナックル形式の）エリオット型。前車軸端を上下の二又にし，その間に変向関節を挟みキング・ボルトで接続した構造。今の車にはこの逆の型が多い。対 リバース〜。

エリプチカル・スプリング［elliptical spring］　楕円形ばね。

エリプチック・スプリング［elliptic spring］　楕円形ばね。同前。主として車体支持用とされ，全楕円，3/4 楕円，1/2 楕円，1/4 楕円等があるが，1/2（半）楕円ばねが多く用いられている。

エリプティカル［elliptical］　長円形の，楕円形の。＝エリプティック。

エリミネータ［eliminator］　除去装置，排除器，吸収器。例 ①ショック・エリミネータ（緩衝器）。＝ショック・アブソーバ。②交流から直流をとる装置。

エルガ・ハイブリッド［Erga hybrid］　ハイブリッド・システムを搭載した路線バスで，いすゞ自動車が2012年に発売したもの。このハイブリッド・バスはいすゞが独自に開発したパラレル方式で，ディーゼル車と同じエンジンとモータが組み合わされ，両者の間にクラッチを配置している。変速機は6速AMTを搭載し，最後部の2座席分にリチウムイオン電池を搭載している。減速エネルギー回収装置やアイドル・ストップ・システムも採用して，重量車モードの燃費性能は4.9km/ℓ。

エルゴノミクス［ergonomics］　人間工学。＝ヒューマン・エンジニアリング。例 〜シート。＝アーガノミクス。

エル・ジェトロニック［独 L-jetronic; Luft Menge Messer System］　ドイツのロバート・ボッシュ社が基本特許を持つ電子制御式燃料噴射装置。☞ L-jetronic。

エル・ピー（LP）ガス［liquefied petroleum gas; LPG］　☞ LPG。

エルフ・ディーゼルハイブリッド［ELF diesel hybrid］　ハイブリッド・トラックの車名で，いすゞが2005年に発売したもの。4.8ℓのコモン・レール式ディーゼル・エンジンと自動化機械式変速機（AMT／スムーサー）のベース車に，発進時や加速時にエンジンをアシストし，減速時には回生充電するモータ&ジェネレータ，インバータ，リチウムイオン電池，アイドリング・ストップ機構などを組み合わせている。これにより，M15モード燃費で35%，実走行では約10〜20%の燃費向上が見込まれる。

エル・ヘッド・シリンダ［L-head cylinder］　L頭型シリンダ。吸気・排気の両バルブがシリンダの片側にある，サイド・バルブ方式。構造は簡単だが効率が低いので現在のエンジンには使われない。

エルボ［elbow］　（パイプの）ひじ継手，L字型の管継手。例 パイピングの随所に使用される。＝エルボウ。

エレクトリカリ・アシステッド・ステアリング［electrically assisted steering; EAS］　電気モータで助成されたステアリング。電動式パワー・ステアリング。主にエンジン出力の小さい車に採用される。＝エレクトリカリ・パワード〜（EPS）。

エレクトリカリ・パワード・ステアリング［electrically powered steering; EPS］　電動式アシスト・モータを使用したパワー・ステアリング。油圧式に比べ簡素・軽量で，低燃費化にも寄与する。＝エレクトリカリ・アシステッド〜（EAS）。

エレクトリカル・ロード・ディテクタ［electrical load detector; ELD］　ホンダが採用した電気負荷検知器。ヘッドランプや電動ファンなど，電気負荷が消費する電力の大きさを検知するセンサ。

エレクトリシティ［electricity］　電気。動電気（ガルバニック〜），静電気（スタティック〜）の別。陽（ポジティブ），陰（ネガティブ）の別がある。

エレクトリック・アーク・ウェルディング［electric arc welding］　電弧溶接。電気アークの熱を利用して行う溶接作業。

エレクトリック・イグニション［electric ignition］　電気点火法，電気火花を利用して燃料混合気に点火する方法。火花を出す方法に，断続法による低圧式と飛火法による高圧式とあるが現在は後者だけである。又，電源によってバッテリ式とマグネット式がある。

エレクトリック・ウェルダ [electric welder]　電気溶接機。

エレクトリック・ウェルディング [electric welding]　電気溶接，電気溶接法。ジュール熱を利用する抵抗溶接と，アーク熱を利用する電弧溶接とがある。

エレクトリック・エア・コントロール・バルブ [electric air control valve; EACV]　制御電流に応じてバルブ開度を変化させ，空気流量をコントロールするバルブ。アイドリングから高回転・高負荷の範囲にわたって二次空気供給量を制御する。例 ホンダのPGM-CARBシステム。

エレクトリック・カー [electric car]　☞電気自動車（EV）。

エレクトリック・グラインダ [electric grinder]　電動研磨盤。

エレクトリック・クレーン [electric crane]　電動起重機。

エレクトリック・サーキット [electric circuit]　電気回路。

エレクトリック・スタータ [electric starter]　電気始動機。バッテリの電流でモータを回転させ，その力でエンジンを回転始動させる装置。

エレクトリック・ソース [electric source]　電源。＝パワー～。

エレクトリック・ダイナモメータ [electric dynamometer]　電気式動力計。動力吸収装置として発電機類を用いる馬力計。

エレクトリック・タイプ・フューエル・ポンプ [electric type fuel pump]　電気式燃料ポンプ。モータやソレノイドを動力源として燃料タンクから燃料をエンジンへ圧送するもので，古くはエンジンで直接駆動するメカニカル・タイプのものが多かった。このポンプの設置位置もタンクからエンジンへの配管途中に設置するインライン式と，燃料タンク内に設置するインタンク式とがあり，最近では後者が多い。

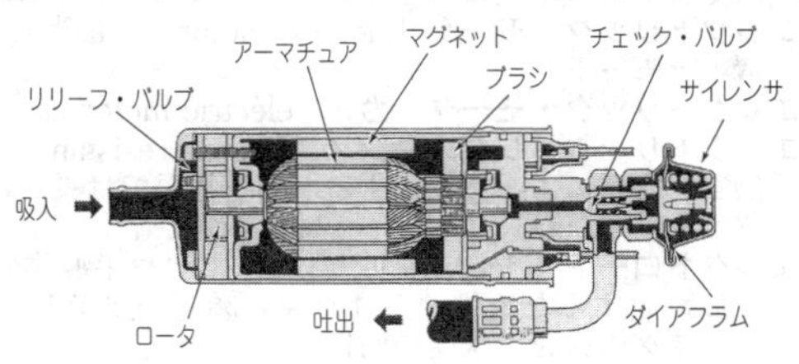

エレクトリック・タイプ・フューエル・ポンプ（インライン式）

エレクトリック・タコメータ [electric tachometer]　電気式回転速度計。発電式，ストロボ式などがある。ただしエンジン用タコメータはそのどちらとも異なり，点火一次回路の電気パルスを信号とする特別なものである。

エレクトリック・ドリル [electric drill]　電気ドリル。モータによって回転する携帯用穴あけ機。一般に交直両用モータが使用される。

エレクトリック・ハイドロリック・システム [electric hydraulic system]　電動・油圧式。電動モータを駆動して油圧を発生させる方式。例 パワー・ステアリング。

エレクトリック・パワー [electric power]　電力，電気エネルギー。その大きさは電圧と電流の積で表され，ワット（W）の単位を用いる。W＝IE。

エレクトリック・パワー・ステアリング [electric power steering; EPS]　電動式アシスト・モータを使用したパワー・ステアリング。油圧式に比べ簡素・軽量で，低燃費化にも寄与する。＝エレクトリカリ・アシステッド～（EAS）。

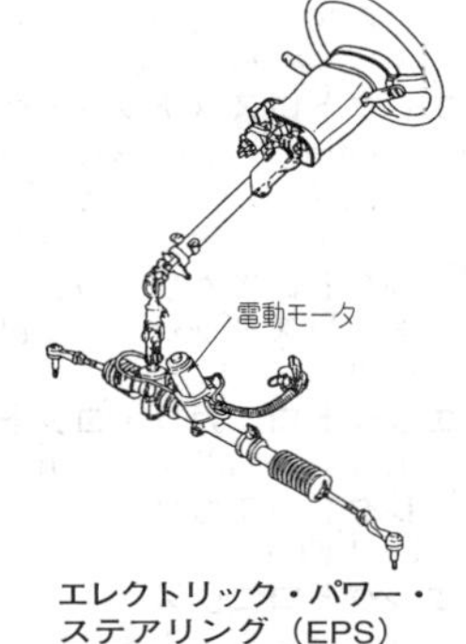

エレクトリック・パワー・ステアリング（EPS）

エ

エレクトリック・ビークル [electric vehicle; EV] ☞電気自動車。

エレクトリック・ビークル・コミュータ・システム [electric vehicle commuter system; e-com] トヨタが開発を進めていた2人乗り小型電気自動車EV「e-com（イーコム）」。ITSの一環として地域の通勤等の足を目的とし，愛知県豊田市や米国カリフォルニア州などでの試験運用も行った。☞クレヨン。

エレクトリック・ファーネス [electric furnace] 電気炉。電気による発熱を利用する加熱炉，アーク炉，抵抗炉，誘導炉などがある。

エレクトリック・ブレーキ [electric brake] ①電気ブレーキ。ブレーキ・シューを電磁力で拡大させるもの。例 トレーラ用ブレーキ。②電気力として動力を吸収するもの。例 渦電流ブレーキ。＝エディ・カレント・リターダ。

エレクトリック・ブレーキ・システム [electric brake system; EBS] 日産ディーゼルが大型トラック用に開発したブレーキ・システム。ドライバのブレーキ操作を電気信号に変換し，各ブレーキ・バルブを電子制御化することで作動遅れを排除すると同時に，空車／積載時や路面の違いを問わず常に同じブレーキ・フィーリングが得られる。

エレクトリック・ホイスト [electric hoist] 電動巻き上げ機。電動機，巻網，制御装置を組み合わせて，重量物の引き上げに用いる。モノレール上で自走できるものもある。

エレクトリック・ポテンシャル [electric potential] 電位。物体の帯電状態を示し，陽陰それぞれの電気の強さを表す。水に例えると水位に相当する。

エレクトリック・モータ [electric motor] 電動機，電気力を機械力に変換する回転機。＝モートル。

エレクトリック・モータ・カー [electric motor car] ☞エレクトリック・ビークル。

エレクトリック・レジスタンス [electric resistance] 電気抵抗，電気の流れを妨げる働き。物質によって相違するが同一物質では長さに比例し太さに反比例する。計測単位はオーム（Ω）。

エレクトロード [electrode] 電極，電池や半導体の内部に電流を通したり，電界をつくったりするため設けられた極。例 ㋑バッテリの両電極。㋺ダイオードの極。㋩点火プラグの火花すき間の両極。

エレクトロクロミック式（しき）自動防眩（じどうぼうげん）ミラー [electrochromic glare proof mirror] 夜間，後続車のライトのまぶしさを自動的に防止するリヤ・ビュー・ミラー。ある種の物質が電圧を加えると電気化学的酸化還元反応を起こし，光の透過度が変化する物質を利用している。＝自動防眩ECミラー（トヨタ）。☞液晶自動防眩ミラー。

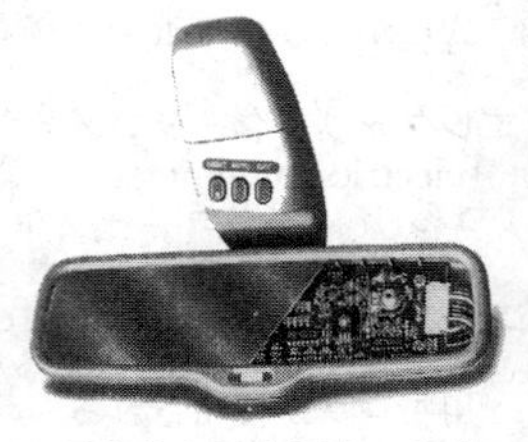

エレクトロクロミック式自動防眩ミラー

エレクトロスタチック・ペインティング [electrostatic painting] 静電塗装。スプレーにより噴霧される塗料の微粒子が，電荷を帯びた被塗装体へ吸着される原理を応用した塗装法。例 自動車部品の塗装。

エレクトロニカリ・コントロールルド・オートマチック・トランスミッション [electronically controlled automatic transmission; ECT] ☞ECT。

エレクトロニカリ・コントロールルド・ガソリン・インジェクション [electronically controlled gasoline injection; ECGI] 電子制御式ガソリン噴射装置（いすゞ）。

エレクトロニカリ・コントロールルド・キャブレータ [electronically controlled carburetor; ECC] ☞ECC。

エレクトロニクス [electronics] 電子工学，電子技術，電子に関する学問，技術の総称。電子管，半導体およびその回路についての応用技術。

エレクトロニック・イグニション [electronic ignition] 電子制御点火。点火一次回路の断続をトランジスタで行う点火法。＝トランジスタ～。

エレクトロニック・ガソリン・インジェクション [electronic gasoline injection; EGI] 電子制御式ガソリン噴射装置。日産，マツダ，富士重工系の呼称。

エレクトロニック・ガバナ [electronic governor] ディーゼル・エンジンの燃料噴射量を電子制御する調速機。

エレクトロニック・コマース [electronic commerce; EC] 電子商取引。コンピュータ・ネットワークを利用して行う売買決済。略して，Eコマース。

エレクトロニック・コンセントレーテッド・エンジン・コントロール・システム [electronic concentrated engine control system; ECCS] ☞ECCS。

エレクトロニック・コンティニュアスリ・バリアブル・トランスミッション [electronic continuously variable transmission; ECVT] 富士重工が採用した電子制御無段変速機。電磁クラッチとスチール・ベルトを用いた無段変速機。

エレクトロニック・コントロールド・インジェクション [electronic controlled injection; ECI] 三菱車に採用されている電子制御式燃料噴射装置。

エレクトロニック・コントロール・ユニット [electronic control unit; ECU] エンジン，AT，ABSなど各種電子制御装置をコントロールする中枢のマイコン。

エレクトロニック・サスペンション・コントロール・システム [electronic suspension control system; ESC] 電子制御式サスペンション。コンピュータ制御により，サスペンションの堅さを自動又は手動で切り換えることができる。例TEMS。

エレクトロニック・スタビリティ・コントロール [electronic stability control; ESC] 電子制御による車両安定制御装置（横滑り防止装置）。☞ESC。

エレクトロニック・スパーク・アドバンス [electronic spark advance; ESA] 電子制御式点火時期進角装置。トヨタやマツダなどの呼称。☞ESA。

エレクトロニック・スパーク・コントロール・イグナイタ [electronic spark control igniter; ESCI] ☞ESCI。

エレクトロニック・スロットル・コントロール・システム・インテリジェント [electronic throttle control system intelligent; ETCS-i] ☞ETCS[1]。

エレクトロニック・タイム&アラーム・コントロール・システム [electronic time and alarm control system; ETACS] ☞ETACS。

エレクトロニック・ティルト・ステアリング・システム [electronic tilt steering system; ETS] ☞ETS[1]。

エレクトロニック・データ・インタチェンジ [electronic data interchange; EDI] 電子データ交換。コンピュータ・ネットワークを利用した企業間の業務情報交換。

エレクトロニック・トール・コレクション・システム [electronic toll collection system; ETC] ☞ETC[1]

エレクトロニック・トランスミッション・コントロール・システム [electronic transmission control system; ETCS] 自動変速機電子制御システム。

エレクトロニック・フィードバック・キャブレータ [electronic feedback carburetor; EFC] ダイハツ車に採用された電子制御キャブレータ。

エレクトロニック・フューエル・インジェクション [electronic fuel injection; EFI] 電子制御式燃料噴射装置。トヨタ，ダイハツ系の呼称。☞EFI。

エレクトロニック・ブレーキ・フォース・ディス

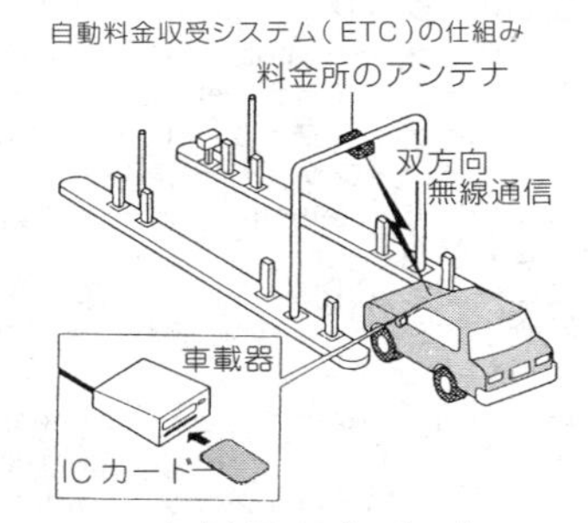

エレクトロニック・トール・コレクション・システム

トリビューション・システム [electronic brake force distribution system; EBD] ☞EBD。
エレクトロニック・ペトロール・インジェクション [electronic petrol injection; EPI] スズキ車に採用された電子制御式ガソリン噴射装置。
エレクトロニック・ミラー [electronic mirror] ☞エレクトロクロミック式自動防眩ミラー。
エレクトロ・ニューマチック・サスペンション [electro pneumatic suspension; EPS] ☞EPS²。
エレクトロハイドロリック・システム [electrohydraulic system] 電動油圧式。電動モータを駆動して油圧を発生させる方式。例パワー・ステアリング。
エレクトロマグネチック・インダクション [electromagnetic induction] 電磁誘導。導体を貫く磁束が変化することによって起電力が生じる現象。
エレクトロマグネチック・コントロール・ディバイス・ユニット [electro-magnetic control device unit; EMCD] ☞EMCD。
エレクトロマグネチック・ピックアップ [electromagnetic pick-up] 電磁信号装置。例トランジスタ点火装置。
エレクトロマグネチック・フォース [electromagnetic force] 電磁力，電流の磁気的な力。その強さは電流の強さ（アンペア数）に比例する。
エレクトロマグネット [electromagnet] 電磁石。軟鉄芯に導線を巻き，これに通電すると磁力を生ずる一時磁石。その強さは電流の強さと導線の巻き数（アンペア・ターン）に比例する。例㋑リレー類。㋺ホーン。㋩モータ。
エレクトロマルチビジョン [electro-multivision; EMV] ☞EMV。
エレクトロモーティブ・フォース [electromotive force] 起電力，動電力。電圧を生ずる力。起電力によって電圧を生じ，電圧によって電流が流れる。その単位は電圧と同じ，ボルト（V）。
エレクトロモビル [electromobile] 電気自動車。☞エレクトリック・ビークル。
エレクトロライト [electrolyte] 電解物，電解液。電解質を溶媒に溶解した溶液。例バッテリの希硫酸。電解質H_2SO_4が水に溶解されている。
エレクトロルミネセンス [electroluminescence; EL] ☞EL。
エレクトロン [electron] 電子。プロトンと共に原子を構成する一要素で，一定の負電荷を有す。電子の流れを電流といい，電流は電源の⊕から⊖へ流れるとされているが，電子はその反対に⊖から⊕へ流れるものとされている。
エレクトロン・メタル [electron metal] マグネシウムを主成分とした超軽合金。アルミニウム合金より一層軽量，かつ，堅牢である。
エレベーション [elevation] ①上げること。②立体図，正面図。
エレベータ [elevator] 昇降機。例立体駐車場における車の出し入れ用。
エレベータ・ケージ [elevator cage] 昇降機用かご。積荷を収容するかご。
エレベーティング・ゲート [elevating gate] （トラックの）積荷用あおり板。
エレベーティング・ルーフ [elevating roof] キャンピング・カーの昇降式屋根。
エレメント [element] 成分，要素，構成分子。例㋑バッテリの極板。㋺フィルタのこし紙類。
エロージョン [erosion] 腐食，侵食，侵食作用。例㋑バッテリの酸による金属の腐食。㋺シリンダ接水面の侵食（ピッチング）。㋩シリンダ・ライナの接水面の孔食（隔キャビテーション）。
遠隔制御（えんかくせいぎょ） [remote control] ☞リモート・コントロール。
エングラ・ディグリ [Engler degree] エングラ度。エングラ粘度計指数。
エングラ・ビスコシメータ [Engler viscosimeter] エングラ粘度計。工業用粘度計の一つ。ドイツなどで用いる。
エンクロージャ [enclosure] 囲いをすること，囲い込み。車の騒音源を包み込んで遮音する部品や，電気自動車で人体が高電圧回路に直接接触できないように囲う（感電から保護する）部品などを指す。インクロージャ（inclosure）とも。

エンクローズド・フューズ [enclosed fuse]　密封型フューズ，スパークによる引火の危険を防ぐ安全フューズ。＝カートリッジ〜。例 ①自動車用。②充電機用。

エンクローズド・プロペラシャフト [enclosed propeller shaft]　密閉型推進軸，太い鋼管（トルク・チューブ）の中にあって外から見えない推進軸。

エンクローズド・ボデー [enclosed body]　箱型車体。例 ①セダン。②クーペ。＝インクローズド〜。対 オープン〜。

エンゲージ [engage]　（ギヤを）かみ合わせる。（クラッチを）つなぐ。

エンゲージ・スイッチ [engage switch]　（ギヤを）かみ合わせるスイッチ。例 始動モータに附属し，ピニオンをリング・ギヤにかみ合わせる装置のスイッチ。

エンゲージメント [engagement]　（ギヤなどの）かみ合い。＝メッシング。

エンコーダ [encoder]　ある機械語情報を別の機械に適する機械語に変換する装置。コード化をする装置。対 デコーダ。

エンジニア [engineer]　工学者，技師，技術者。

エンジニアリング [engineering]　工学，工学技術。

エンジニアリング・プラスチック [engineering plastics; EP]　強度や耐熱性などに優れた高機能熱可塑性樹脂の総称で，略称エンプラ。工業用または構造素材用として用いられる樹脂で，自動車用部品では主に金属の代わりに使用される。ナイロン(PA)，ポリアセタール（POM），ポリカーボネート（PC），ポリフェニレン・オキサイド（PPO），ポリブチレン・テレフタレート（PBT），アクロニトリル・ブタジエン・スチレン（ABS），ポリビニル・クロライド（PVC），ポリサルフォン（PSU）や各種強化プラスチックなどがあり，PA，POM,，PC，PPO，PBTを5大エンプラともいう。☞スーパー・エンジニアリング・プラスチック。

エンジン [engine]　①機関，原動機，発動機。例 ガソリン〜。ディーゼル〜。②特殊な機械装置。例 エア・コンプレッサなど。

エンジン・アナライザ [engine analyzer]　エンジンの総合試験機，各種テスタをセットしたもの。

エンジン・イモビライザ・システム [engine immobilizer system]　カー・セキュリティ・システム（車の盗難防止装置）の一つ。その車用に登録されたエンジン・キー以外でエンジンを始動したときには，エンジンの点火・燃料噴射を禁止して始動できないようにしている。トヨタ，日産，輸入車などの高級車の一部に採用されている。

エンジン・オイル [engine oil]　エンジン用の潤滑油。石油原油から精製したもの。又はこれに添加剤を加えたもので，潤滑作用以外に冷却，清浄，密封作用なども行う。エンジンの使用目的や使用条件に合わせて，APIサービス分類やSAE規格に従い選択する。例 ガソリン・エンジン用：SA〜SN（API），10〜40番（SAE）。☞エー・ピー・アイ・サービス分類。

エンジン・オートマチック・ストップ・アンド・スタート・システム [engine automatic stop and start system; EASS]　電子式エンジン始動停止装置。☞アイドリング・ストップ・システム。

エンジン・キー [engine key]　エンジンを始動させるための鍵。＝イグニション〜。

エンジン・コントロール・コンピュータ [engine control computer]　エンジンの燃料噴射や点火時期などを制御するコンピュータ。☞ECU[2]。

エンジン・スイッチ [engine switch]　エンジンの点火用スイッチ。正しくはイグニション・スイッチ。☞イグニション〜。

エンジン・スコープ [engine scope]　エンジン・オシロスコープの略。電圧，圧力，振動，騒音等の変化をブラウン管上に可視曲線で映出する装置。例 ①点火二次回路電圧パターンの映出。②シリンダ内圧力変化の映出。

エンジン・スタンド [engine stand]　エンジン台。エンジンの分解組み立てに便利なように作られた支持台。

エンジン・ストール [engine stall]　エンジンの停止。略して俗にいう"エンスト"。エンストは和製英語で，エンジンが故障などで停止して車が動かなくなること。エンストは他にエンジン・ストップの略ともいわれているが，前者の方が正しい。

エンジン・スピード [engine speed]　エンジンの速度，すなわち，1分間当たりの回転数（rpm）。

エンジン・スピード・センサ [engine speed sensor; ESS]　☞ESS。

エンジン・ダイナモメータ [engine dynamometer]　エンジン出力試験機。エンジンを車から取り外した状態で台上にて単体試験を行い，エンジンに負荷を掛けるための水や渦電流を利用した動力吸収装置も使用する。☞シャシ～。

エンジン・タコメータ [engine tachometer]　エンジン回転計。1分間当たりの回転数（rpm）で表される。☞タコメータ。

遠心鋳造（えんしんちゅうぞう） [centrifugal casting]　☞セントリフューガル・キャスティング。

エンジン・チューンアップ [engine tuneup; engine tune-up]　①エンジン性能を維持するための調整作業。②エンジン性能を当初の状態より高く（パワー・アップ）するための部品交換や改造作業。＝エンジン・チューナップ，エンジン・チューニング。

エンジン・チューンアップ・テスタ [engine tune-up tester]　（エンジンの各機能を調整するための）総合試験機。＝エンジン・アナライザ。

エンジン・ドラッグ・トルク・コントロール [engine drag torque control; EDC]　☞MSR。

エンジン・トラブル [engine trouble]　エンジンの不具合，故障。

エンジン・トルク [engine torque]　エンジンの回転力，クランクシャフトまわりのねじりモーメント。単位はニュートン・メートル（N・m）。

エンジン・ノイズ [engine noise]　エンジンの騒音。例㋑メタル音。㋺ピストン・スラップ。㋩タペット音。㋥ファンの風音。

エンジン・ノッキング [engine knocking]　☞エンジン・ノック。

エンジン・ノック [engine knock]　エンジンの異常燃焼などによるシリンダ壁の衝撃打音（キンキンというような音）。①ガソリン・エンジンの場合。例㋑オクタン価の低い燃料を用いると，プラグからの点火直後に混合気が異常爆発（自己着火）を起こす。＝デトネーション。㋺エンジンが過熱すると，プラグからの点火以前に混合気が自然に点火燃焼する。＝プレイグニッション（過早着火）。②ディーゼル・エンジンの場合。セタン価の低い燃料を用いると，燃料が一時に燃焼して急激な圧力上昇を起こす。＝ディーゼル・ノック。③軸受メタルやピストンなどの摩耗やクリアランス大による打音。エンジン・ノック＝エンジン・ノッキング。

エンジン・バリエーション [engine variation]　同一車種に搭載しているエンジンの種類を指す。

エンジン・ハンガ [engine hanger]　エンジン本体に取り付けられたフック。エンジンを車両から取り外したり，車両に取り付けたりするときにワイヤ・ロープなどを掛けて使用する。

エンジン・フード [engine hood]　エンジン覆い，の米語。ボンネットは英語。

エンジン・ブレーキ [engine brake]　機関制動，エンジンをブレーキに利用すること。走行中クラッチを切らずにアクセルを放すとエンジン・ブレーキがかかる。すなわち，ホイールがエンジンを回すことになるから摩擦抵抗や圧縮抵抗によりホイールに制動力が働く。しかし，トップ・ギヤではその効果が小さいから強い制動力が必要な場合は低速ギヤを用いる。例㋑急降坂でブレーキと併用する。㋺駐車時にブレーキ以外ギヤを入れておく。

エンジン・ブロック [engine block]　☞シリンダ・ブロック。

エンジン・ベアリング [engine bearing]　エンジンに用いられている軸受。エンジン内部のクランク・シャフトやカム・シャフト用軸受を指す。

遠心（えんしん）ポンプ [centrifugal pump] ☞セントリフューガル・ポンプ。

エンジン・マウンティング [engine mounting] エンジンの架台，フレームへの取り付け支持台。3～4点で取り付けられるが，その位置は重量のバランスや振動の軽減に効果的なところを選び，ゴムなどの緩衝材を用いて行われる。＝エンジン・マウント。

エンジン・マウント [engine mount] エンジンの支持台。＝同前。

エンジン・モディフィケーション [engine modification; EM] ☞EM。

遠心力（えんしんりょく） [centrifugal force] ☞セントリフューガル・フォース。

エンジン・ルーム [engine room] エンジン室。機関室。

エンジン・レーシング [engine racing] エンジンの空吹かし，高速空転。エンジンを無負荷で高速回転させることをいい，エンジンのためによくない。

エンジン・レスポンス [engine response] エンジンの応答性。アクセルを踏み込んだときのエンジン回転の上がり具合，吹け具合。＝～リスポンス。

エンスージアスト [enthusiast] 熱中している人，熱狂者，マニア。略してエンスー。

エンスト [en-st] エンジン・ストール（engine stall；エンジンの停止）の略。エンジンの故障などで車が動かなくなること。

エンタリング・サイド [entering side] （力などの）加え側，入り側。例ギヤの歯に力がかかる側。対リービング～。

エンタルピ [enthalpy] 蒸気や燃料ガスなどが持っている熱エネルギーに関連する熱力学的な量，熱含量。

エンデュアランス [endurance] 忍耐力，耐久力，耐久性。＝インデュアランス。

エンデュアランス・テスト [endurance test] 耐久試験。

エンデュアランス・リミット [endurance limit] 耐久限度。☞ファティーグ～。

エンド [end] 端，先端，末端。例㋑タイロッド～。㋺スモール～。

エンドオブライフ・ビークル [end-of-life vehicle; ELV] 使用済みの車，廃車。

エンド・カム [end cam] 端面カム。円筒カムの溝に沿って切断した端面を接触面としたカム。＝エッジ・カム。

エンド・ゲート [end gate] （トラック荷台の）後端あおり板。＝テール～。

エンド・スラスト [end thrust] 軸端に生ずる軸方向推力。

エンド・ダンプ [end dump] 後方ダンプ，後方へ土砂などの積荷を一度に降ろすダンプ車。＝エンド・チッパ。

エンド・ビュー [end view] （製図で）端面図，端部から見た図。

エンド・プレー [end play] 軸方向遊び，軸方向動き。

エンド・プレート [end plate] 端板，端部に当てる板。例ジェネレータやモータの端板。

エントランス [entrance] 入り口。対エクジット。

エントリ・カー [entry car] 初めて自動車を購入する人を対象とした車で，主に小型で低価格なもの。☞ベーシック～。

エンドレス・システム [endless system] 無端式の装置。例ペダルを踏み直すだけで1－2－3－1－2－3と繰り返すオートバイ用変速機。

エンドレス・スクリュ [endless screw] 無端ねじ。＝ウォーム。

エンドレス・チェーン [endless chain] 継ぎ目なし鎖。例㋑タイミング・ギヤ用鎖。㋺オートバイ用鎖。

エンドレス・トラック [endless track] 無限軌道，履帯。キャタピラ，クローラ。

エンドレス・トラック・ビークル [endless track vehicle] 無限軌道車，履帯車，キャタピラ式の自動車。例㋑ブルドーザ。㋺クローラ。

エンドレス・ベルト [endless belt] 無端調帯，継ぎ目なしベルト。例ファンやジェネレータ用ベルト。

エンバイラメンタル・プロテクション・エージェンシ［Environmental Protection Agency; EPA］　米国環境保護庁。☞EPA。

エンバイラメント［environment］　①周囲，環境。②取り巻き，包囲。＝エンバイロメント。

エンプティ［empty］　からの，空いている。例フューエル・ゲージにあるE（から）の表示。対フル。

エンプティ・ウェイト［empty weight］　空車重両，車両重量。

エンプラ［en-pla; engineering plastics］　成形材料樹脂の総称。☞エンジニアリング・プラスチック。

エンブレ［en-bra; engine brake］　☞エンジン・ブレーキ。

エンブレム［emblem］　象徴，標章。例車名の飾りマーク。

エンブロック・キャスト［enbloc cast］　一体鋳造，幾つかを単体にまとめた鋳造法。例幾つかのシリンダを一体に鋳造すること。＝インブロック～，モノブロック～。

エンベッド［embed］　埋め込む，はめ込む。＝インベッド。

エンベローピング・パワー［enveloping power］　タイヤが路面の突起物を包み込む力，又は能力。

エンベロープ［envelope］　（数学の）包絡線。ある一定の条件を満足する一群の直線又は曲線に接する定曲線。例ロータリ・エンジンのロータの輪郭をなす曲線。

エンベロープ特性（とくせい）［enveloping］　タイヤが路面の突起物を包み込む性質。バイアス・タイヤは柔らかいトレッドを持っているため，路面の凸凹を包み込む力が大きいのに対して，ラジアル・タイヤはベルトの効果により，この力が小さい。☞エンベローピング・パワー。

エンベロープ特性

エンボス［emboss］　①浮き彫りにする。②布や紙に型押しして，凹凸の模様をつけること。又は模様がついていること。

エンボデー［embody］　一体にすること。＝インボデー。

エンリッチ［enrich］　富ませる。濃厚にする，濃くする。

エンリッチド・ミクスチャ［enriched mixture］　濃厚な混合気，空燃比において空気の少ない（燃料の多い）混合気。例㋑スタート時。㋺加速時。

エンリッチメント・システム［enrichment system］　濃厚化装置，濃くする仕掛け。例キャブレータにおいて，㋑加速ポンプ。㋺パワー・バルブ。

エンリッチャ［enricher］　濃厚化装置。同前。

［オ］

オア回路（かいろ）［OR gate］　☞付図－「論理回路」。

オイラ［oiler］　注油器，油差し。

オイリネス［oiliness］　油性。オイルの粘度以外の性質で，潤滑作用に関係する金属に対する吸着性や油膜の形成力などの要素。

オイル［oil］　①（各種の）油。②石油。

オイル・インジケータ［oil indicator］　油に関する指示器。例㋑油面計。㋺油圧計。㋩油圧指示ランプ。

オイル・ウェッジ・アクション［oil wedge action］　油のくさび作用。軸受上の油が軸の回転につれてすき間の狭い方へ圧迫され，軸を油膜上に浮上させて潤滑効果を高める作用。

オイル・ウエル [oil well]　油井。原油をくみ出す井戸。
オイル・ウエル・デリック [oil well derrick]　油井塔，原油採掘用やぐら。
オイル・ウォーニング・ランプ [oil warning lamp]　油圧警告灯。エンジン内オイルの油圧が低下すると点灯して危険を警告する。
オイル・エキストラクタ [oil extractor]　抽油器，油抜き。
オイル・エンジン [oil engine]　石油や軽油を燃料とするエンジン。
オイル・カップ [oil cup]　（軸受上の）油つぼ，油入れ。
オイル・ガン [oil gun]　給油銃，注油ピストル。
オイル・ギャラリ [oil gallery]　油穴，油道。例 シリンダ・ブロックに油道として貫通されたトンネル。
オイル・クーラ [oil cooler]　油冷却器，油温を下げる装置。例 ㋑エンジン用～。㋺トルク・コンバータ用～。
オイル・クールド・システム [oil cooled system]　油冷却装置。例 オイル・クーラ。
オイル・クエンチング [oil quenching]　油焼き入れ。赤熱した鋼材を油中に投じて急冷硬化する焼き入れ法。
オイル・クリアランス [oil clearance]　（軸受などの）油膜を存在させるすき間，軸と軸受間の遊隙。例 クランクシャフトのメタル。
オイル・クリーナ [oil cleaner]　油清浄器，油中の不純物を捕える装置。例 ㋑オイル・フィルタ。㋺ストレーナ・スクリーン。
オイル・グルーブ [oil groove]　油溝，油の通る溝。例 軸受メタルやブシュに彫った油溝。
オイル・グレード [oil grade]　オイルの粘度による階級。例 SAE-30，SAE-40。
オイル・ゲージ [oil gauge]　油に関する計器。例 ㋑油面計。㋺油圧計。㋩循環指示器。
オイル・コラム [oil column]　油柱。油圧機械において，圧迫を受けても逃げ場のないオイルが固体と同じような働きをする油の柱。
オイル・コンデンサ [oil condenser]　油入り蓄電器。紙コンデンサの絶縁および耐圧性能を向上するため絶縁油を含浸させたコンデンサ。
オイル・コントロール・バルブ [oil control valve; OCV]　作動油の通路を開閉するバルブ。例 トヨタの可変バルブ・タイミング機構（VVT-i）において，スプール弁の位置を制御し，インテーク・カム・シャフト・タイミング・プーリに作動する油圧をオイル・コントロール・バルブが進遅角方向に振り分ける働きをする。

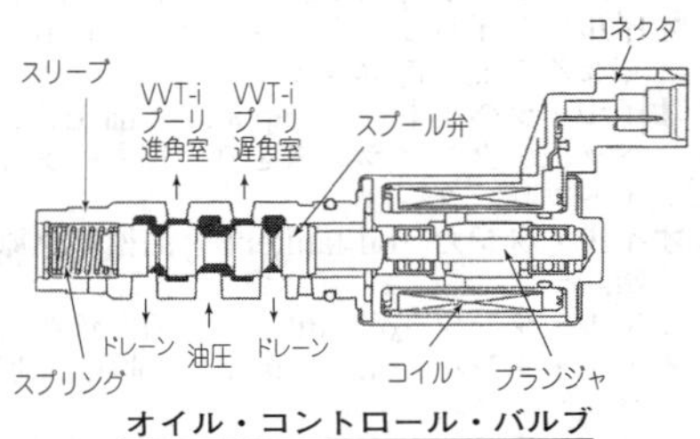

オイル・コントロール・バルブ

オイル・コントロール・リング [oil control ring]　油制御環，シリンダ壁に付着するオイルのうち余分なものをかき落とすピストン・リング。略称オイル・リング。＝オイル・スクレーピング～。
オイル・サンド [oil sand]　（燃料）油砂，通常の方法で坑井から天然のまま採取できない粘りの濃い炭化水素類を含んだ砂。＝タール～。
オイル・サンプ [oil sump]　油溜め。例 エンジン底部の油溜め。オイル・パン。
オイル・シール [oil seal]　油止め，油の漏れ止め。従来はフェルト，コルク，石綿などが使われたが，現在は耐油性人造ゴムを使うことが多い。例 ナイロン製Oリング。
オイル・シェール [oil shale]　ゆけつ岩。ゆもけつ岩。炭田の上層を覆う含油性鉱物で，シェール・オイルを採る原鉱。☞シェール・オイル。
オイル・ジェット [oil jet]　油のふき口。例 タイミング・ギヤへオイルをかける噴油口。

オイル・ジャッキ [oil jack]　油圧式起重機。油圧を利用するジャッキ。例 ㋑ガレージ・ジャッキ。㋺車載用小型油圧ジャッキ。＝ハイドロリック〜。

オイル・ジャッグ [oil jug]　ジョッキ型注油器。主としてエンジン・オイルの注入に用いる計量ます（メジャーズ）を兼ねたものが多い。

オイル・スカベンジング・ポンプ [oil scavenging pump]　掃除ポンプ，排出ポンプ。ドライ・サンプ方式において，サンプに溜まるオイルを貯油タンクへ返送するポンプで，供給ポンプの1.2倍くらいの容量を有する。例 ドライ・サンプ式注油法のエンジン。

オイル・スクリーン [oil screen]　油のこし網，こし布。例 オイル・ポンプの吸油口にあるろ過用金網。

オイル・スクレーピング・リング [oil scraping ring]　油かき環，シリンダ壁の過剰油をかき落とすピストン・リング。略称オイル・リング。＝オイル・コントロール〜。

オイル・ストーン [oil stone]　油砥石。軽油をつけて砥ぐ砥石。例 ㋑コンタクト・ポイント研磨（後で脱脂の要あり）。㋺ドリル刃先の研磨。

オイル・ストレーナ [oil strainer]　油のろ過器。オイルをこすために設けられた装置。例 ㋑ポンプ吸油口の金網。㋺オイル・ライン中にあるフィルタ類。

オイル・スピット・ホール [oil spit hole]　噴油口，油のふき口。例 コンロッド大端部の肩にあってクランク内を通ってきたオイルをシリンダへ吹きかける小穴。

オイル・スラッジ [oil sludge]　油泥。エンジン・オイルが長期間の使用により泥状に変質したもの。オイル・ストレーナやクリーナが目詰まりして，エンジンの潤滑不良を起こすことがある。又，品質の低いオイルを使用すると，やはりスラッジが発生しやすい。

オイル・スリンガ [oil slinger]　油切り用つば。オイルを投げ飛ばして軸受からの漏出を止める装置。例 クランク軸後端部のスリンガ。＝〜スロワ。

オイル・スルー [oil through]　（機械内の）油道，油の抜け穴。

オイル・スロワ [oil thrower]　油を投げ飛ばす装置。＝〜スリンガ。

オイル・セパレータ [oil separator]　（浄化用の）油分離器。油中の不純物を分離除去する装置。例 オイルの遠心分離器。

オイル・タイト [oil tight]　油密，油の漏れない。

オイル・ダイリューション [oil dilution]　油の希釈。ガソリンが混ざってオイルが薄くなること。例 エンジン・オイルのガソリンによる希釈。

オイル・タペット [oil tappet]　油圧作動揚弁子。油圧で働くタペット。自動的にタペット・クリアランスを0に保ち，タイミングが正確で音がしない特長がある。＝ハイドロリック〜。

オイル・タンカ [oil tanker]　油槽船，原油運搬船，産地から精油所へ原油を運ぶ専用船。

オイル・タンク [oil tank]　油槽，油溜め。＝〜レザーバ。

オイル・ダンパ [oil damper]　油圧を利用した振動減衰装置。例 ショック・アブソーバ。

オイル・チェック [oil check]　油に関する点検や補給。例 ㋑仕業点検。㋺定期点検。

オイル・チェンジャ [oil changer]　オイルの交換装置。古油を排出し，掃除し，新油を入れる作業を連続的に行う専用機械。

オイル・チャンバ [oil chamber]　油の保有室。

オイル・ディストリビュータ [oil distributor]　配油器，油の分配装置。例 エジジンにおいて，ポンプから来るオイルを必要な部分へ必要な量を送るための分配装置。

オイル・ディッパ [oil dipper]　油さじ，油をすくい飛ばすさじ。＝〜スキッパ。〜スクープ。

オイル・ディフレクタ [oil deflector]　油返し，軸受から漏出しようとするオイルをもとへ送り返す漏れ止め装置。例 クランク軸後端にある㋑油返し用ねじ溝。㋺油返し用わん。㋩油振切り用つばなど。

オイル・テンパレチャ・レギュレータ［oil temperature regulator］　油温調整器，オイルが過熱するとクーラに通して冷却させる装置。

オイル・ドライ［oil dry］　自動車レースで，コース上などにこぼれた油類を，すばやく処理する乾燥剤。

オイル・ドレイン・コック［oil drain cock］　排油コック。

オイル・ドレイン・プラグ［oil drain plug］　排油ねじ栓。

オイル・ノズル［oil nozzle］　噴油口。例 ㋑ディーゼル・エンジンの燃料噴出口。㋺エンジン内にあるオイルの噴き口。＝～ジェット。

オイル・バーナ［oil burner］　①石油燃焼器。例 ㋑トーチ・ランプ。㋺バス用ルーム・ヒータ。㋩スチーム・クリーナ。㊁重油焼き入れ炉。②米俗燃料を食う古自動車。

オイル・パイプ［oil pipe］　送油管。＝～チューブ。

オイル・バケット・ポンプ［oil bucket pump］　ギヤ・オイルやエンジン・オイルを小型のドラム状の容器に入れ，ハンド・ポンプで車に給油する。底部のローラで移動でき，多くは流量計も付いている。

オイル・バケット・ポンプ

オイル・バス・エア・クリーナ［oil bath air cleaner］　油浴式空気清浄器。槽内の油面上において空気流を反転させ，油の飛沫にぬれたメタル・ウールの中を通過するとき除塵される構造の清浄器。＝ウェット・タイプ。

オイル・バス・タイプ［oil bath type］　油浴式。油を浴びせ，又は油に沈める形式。例 ㋑ウェット・タイプのエア・クリーナ。㋺トランスミッションやデイファレンシャルの潤滑方式。

オイル・バス・ルブリケーション［oil bath lubrication］　油浴式潤滑法。装置を油中に沈めて潤滑する式，浸し注油法。例 ㋑トランスミッション。㋺ファイナル・ギヤ。㋩ステアリング・ギヤ。

オイル・パテ［oil putty］　事故で損傷した外板パネルの板金，溶接などのあと，金属はだを滑らかに仕上げるためのペースト状，不透明，酸化乾燥性の塗料で，へらで塗り付ける。

オイル・パン［oil pan］　油なべ，なべ形の油容器。例 エンジン底部の油溜め。＝～サンプ，～レザーバ。

オイル・ヒータ［oil heater］　石油暖房器，石油を燃焼し，熱交換器で暖められた温空気を車内に送る暖房装置。例 バス用ルーム・ヒータ。

オイル・ピュリファイヤ［oil purifier］　油清浄器，油再生器，廃油を再生する装置。＝オイル・セパレータ。

オイル・フィーダ［oil feeder］　油の供給装置，給油管。

オイル・フィラ・キャップ［oil filler cap］　オイル注入口の蓋。一般にエンジン・オイル注入口の蓋を指す。

オイル・フィラ・パイプ［oil filler pipe］　給油管，油の注入管。

オイル・フィラ・ポート［oil filler port］　給油口，油の注入口。

オイル・フィルタ［oil filter］　油のろ過器，オイル中の不純物を分離除去する装置。＝～クリーナ。～ストレーナ。

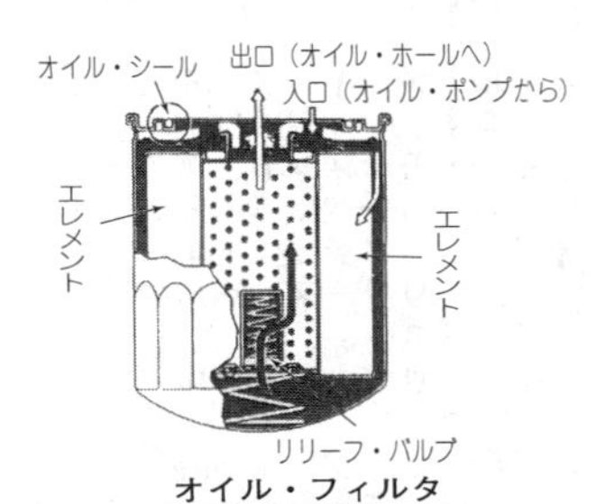

オイル・フィルタ

オイル・フィルタ・レンチ［oil filter wrench］　オイル・フィルタ脱着時に使用する専用工具。

オイル・フィルム［oil film］　油膜，油の薄膜。摩擦部を絶縁する油の膜。

オイル・プライマ［oil primer］　ラッカ・エナメル塗り，樹脂エナメル塗りの下地塗りに適する塗料。

オイル・プライマ・サーフェーサ［oil primer surfacer］　エナメル類の塗装の中塗りに適する塗料。油ワニスに顔料を混ぜて作る。

オイル・プルーフ［oil proof］　耐油性，油に侵されない，油に耐える。

オイル・ブレーキ［oil brake］　油圧ブレーキ。パスカル原理を応用し，ペダルに加えた力を油圧に変じてブレーキ力を伝えるもの。＝ハイドロリック～。

オイル・プレス［oil press］　油圧プレス。油圧を利用し，小さい操作力から大きい押力を生ずる圧搾機。

オイル・プレッシャ［oil pressure］　油圧，油の圧力。

オイル・プレッシャ・インジケータ［oil pressure indicator］　油圧指示器。例 ㋑油圧計。㋺油圧ランプ。

オイル・プレッシャ・ゲージ［oil pressure gauge］　油圧計。オイルの圧力を示す計器。例 ㋑運転席に備える油圧計。㋺整備作業用油圧計。

オイル・プレッシャ・スイッチ［oil pressure switch］　油圧検知用のスイッチ。一般にエンジン油圧検知用のものを指し，油圧をダイヤフラムの動きに置き換え，接点を作動させる。このスイッチが運転席のウォーニング・ランプなどに接続されている。

オイル・プレッシャ・リリース・バルブ［oil pressure release valve］　油圧ゆるめ弁，過大油圧を逃がす弁。例 ㋑オイル・ポンプの附属装置。㋺油圧調整装置。

オイル・プレッシャ・リリーフ・バルブ［oil pressure relief valve］　油圧逃がし弁。同前。

オイル・プレッシャ・レギュレータ［oil pressure regulator］　油圧調整器。最高油圧を規制し，常に規定油圧を保たせる装置。

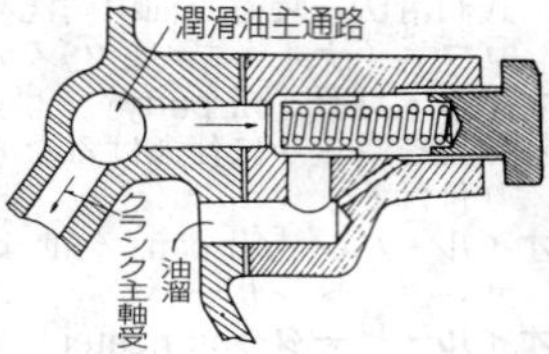

オイル・ペイント［oil paint］　油性塗料。乾性油やボイル油で顔料を練って作られたもので，テレピン油に溶解する。

オイル・ベースン［oil basin］　油溜め，オイル溜まり。＝～パン。～サンプ。

オイル・ホール［oil hole］　油穴，油が出入する小穴。

オイル・ポット［oil pot］　油つぼ，軸受上に設ける油つぼ。＝～カップ。

オイル・ポンプ［oil pump］　油ポンプ，油に加圧するポンプ。例 ㋑エンジン用。㋺オート・トランスミッション用。㋩パワー・ステアリング用。

潤滑油主通路
クランク主軸受
油溜

オイル・プレッシャ・レギュレータ

オイル・メジャーズ［oil measures］　油の計量ます。注油器を兼ねたジョッキ形の計量ます。＝～ジャッグ。

オイル・モイスンド・エア・フィルタ［oil moistened air filter］　（エレメントを）油にぬらした空気ろ過器。＝オイル・バス～。ウェット・タイプ～。

オイル・ライン［oil line］　油の道すじ，油の経路。

オイル・リリース・バルブ［oil release valve］　油逃がし弁。＝オイル・プレッシャ・リリース～。

オイル・リリーフ・バルブ［oil relief valve］　油逃がし弁。＝オイル・プレッシャ・リリーフ～。

オイル・リング［oil ring］　油かき用ピストン・リング。オイル・コントロール・リング又はオイル・スクレーピング・リングの略称。

オイル・レザーバ [oil reservoir]　油溜め，油容器，油タンク。例①エンジンのオイル・パン。②油圧装置の貯油室。

オイル・レザーブ・タンク [oil reserve tank]　貯油槽，油タンク。

オイル・レシーバ [oil receiver]　油受け，油を受け取る容器。

オイルレス・ベアリング [oilless bearing]　無油軸受。注油の必要がない軸受。例①ゴム・ブシュ類。②黒鉛（カーボン）軸受。

オイル・レベル・ゲージ [oil level gauge]　油面計，油量計。例エンジンの油面計。

オイル・レベル・スティック [oil level stick]　油面計となる棒。＝ベイオニット・ゲージ。

オイル・ワニス [oil varnish]　（塗料の）油性ワニス，樹脂を乾性油又はボイル油で溶解したもの。

応急用（おうきゅうよう）タイヤ [temporary use spare tire]　Tタイプタイヤ又はテンパー・タイヤとも呼ばれる乗用車用のスペア専用タイヤ。標準タイヤがパンクなどで使えなくなったとき，修理中一時的に使用するタイヤで，ホイールが黄色又は澄色に塗られている。

欧州衝突安全基準（おうしゅうしょうとつあんぜんきじゅん） [Euro safety standard]　欧州における車の安全法規は過去には各国独自で設けていたが，1992年のEC市場統合を契機に1993年から統一型式認証制度が導入された。安全法規に関してはECE規制やEEC指令で策定され，前面および側面衝突の基準が法制化されている。☞EU-NCAP。

欧州排出（おうしゅうはいしゅつ）ガス規制（きせい） [Euro emission regulation]　☞Euro 1～6。

横転抑制装置（おうてんよくせいそうち） [roll-over control; ROC]　☞ロールオーバ・コントロール。

黄銅（おうどう） [brass]　銅に亜鉛を加えた合金で，通称しんちゅう。ラジエータの材料となる。☞ブラス。

往復動型（おうふくどうがた）エンジン [reciprocating engine]　ピストンがシリンダ内を往復運動する構造のエンジン。レシプロ・エンジン。対回転型（ロータリ）～。

応力（おうりょく） [stress]　外力を受けると固体の内部にその形状を保持しようとする内力が生じ，これを応力という。ある断面に平行な応力をせん断応力，垂直な応力を垂直応力（引っ張りと圧縮とがある）という。

応力腐食割（おうりょくふしょくわ）れ [stress corrision cracking; SCC]　アルミニウム合金材やマグネシウム合金材などが腐食環境下において，通常の破壊応力より低い応力で割れが生じる現象。

大型車（おおがたしゃ） [heavy duty vehicle]　総重量，最大積載量，乗車定員ランクが大きい車。日本の法規では，総重量8t以上，最大積載量5t以上，乗車定員11人以上と規定されている（道路交通法施行規則第2条）。

オーガニック [organic]　（化学）有機の，有機体の。

オーガニック・コンパウンド [organic compound]　有機化合物。炭素を含む化合物の総称。対インオーガニック～。

オークション・セール [auction sale]　競売，せり売り。

オーグジリアリ [auxiliary]　①補助の，予備の。②助力者，補助物。＝オグジリアリ，オギジリアリ。

オーグジリアリ・アクセラレーション・ポンプ [auxiliary acceleration pump; AAP]　補助加速ポンプ，アープ。トヨタのキャブレータ仕様エンジン排気ガス浄化装置の構成部品。冷間時のみマニホールド負圧を利用して補助加速ポンプを作動させ，エンストや息付きを防止する。

オーグジリアリ・エア・コントロール・バルブ [auxiliary air control valve; AAC]　補助空気制御弁。日産のECCS（エンジン集中制御システム）の構成部品で，アイドル時や減速時の吸入空気量を調整する。

オーグジリアリ・エア・バルブ [auxiliary air valve; AAV]　キャブレータなどの補助（補正）空気弁。＝コンペンセーティング・エア・バルブ。

オーグジリアリ・ギヤボックス [auxiliary gear-box]　補助変速機。例 トランスファ・ケース。

オーグジリアリ・ジェット [auxiliary jet]　補助噴霧口。

オーグジリアリ・スプリング [auxiliary spring]　補助ばね。

オーグジリアリ・タンク [auxiliary tank]　補助タンク。

オーグジリアリ・フューエル・サプライ・システム [auxiliary fuel supply system; AFS]　補助燃料供給装置。EGR の導入によるエンジン性能の低下を防止するための空燃比補正装置。

オーグジリアリ・フルード・カップリング [auxiliary fluid coupling]　補助流体継手。エンジンの押しかけを可能にするためのカップリング本体の中に設けた補助継手。＝オーバラン・カップリング。

オーグジリアリ・ブレーキ [auxiliary brake]　補助ブレーキ。常用ブレーキを補助するために使用するブレーキ装置。

オーグジリアリ・ポール [auxiliary pole]　（回転電機の）補極。☞インタ・ポール。

オー・ケー・モニタ [OK monitor]　車両各部の機能，部品状態を診断して運転者に知らせる車載型故障診断装置。

オーステナイト [austenite]　鋼または鋳鉄の顕微鏡組織の名称の一つで，ガンマ鉄に炭素が溶け込んだもの。高温でも強度が強いのが特徴で A1 変態点（723℃）以上に加熱したときに得られ，1,130℃で炭素が最大限 2.0%溶け込んでいる。鋼を焼き入れするためには，変態点以上に加熱してオーステナイト組織にする必要がある。☞マルテンサイト，ベイナイト，ニレジスト。

オーステナイト系（けい）ステンレス鋼（こう） [austenitic stainless steel]　オーステナイト組織を示すステンレス鋼（非磁性）。代表的な 18-8 ステンレス鋼（Cr. 18%，Ni. 8%）は耐食性に優れ，触媒コンバータや特殊タンク（飲料，化学薬品用）などに用いられる。☞マルテンサイト系ステンレス鋼。

オーステナイト系耐熱鋼（けいたいねつこう） [austenitic heat resisting steel]　オーステナイト組織を示す耐熱鋼。クロム 18%，ニッケル 8%を含むオーステナイト系ステンレス鋼にモリブデン，バナジウム，ニオブ，チタンなどを添加したもので，耐高温酸化性と高い高温強度を有し，排気バルブなどに用いられる。☞マルテンサイト系耐熱鋼。

オーソ・テスト [ortho test]　本格的試験。オーソドックス・テストの略。＝オルソ・テスト。

オーソドックス・テスト [orthodox test]　本格的試験。＝オーソ・テスト。

オーソライズド・プレッシャ [authorized pressure]　（法令の）許可圧力。例 ㋑高圧ガス充てん圧力。㋺エア・タンク圧力。

オーダ [order]　①順序。例 ファイヤリング〜。②命令，注文。

オーダ・エントリ・システム [order entry system; OES]　（自動車メーカの）受注生産システム。

オーツー（O₂）・センサ [O_2 sensor]　電子制御式燃料噴射装置にて，排気ガス中の酸素濃度を起電力として検出し，信号をコンピュータへ送って燃料噴射量を増減している。バッテリの一種で両極に白金（Pt），固体電解質にジルコニア素子（Zr）を使い，両極間に酸素濃度差があると起電力を発生する特性がある。

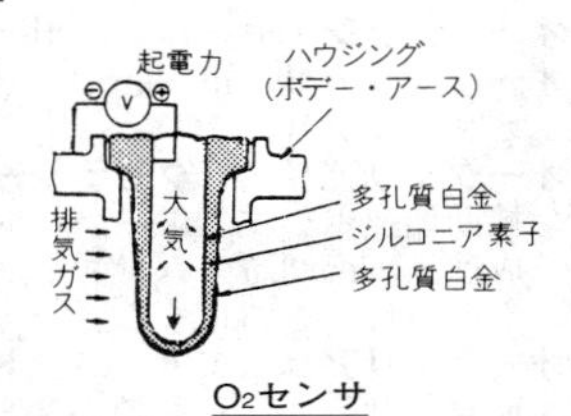

O_2センサ

オーツー・センサ・チェッカ [O_2 sensor checker]　排気ガス中の酸素濃度を検出する O_2 センサの作動を確

認するテスタ。

オーディオ [audio] ①音響再生装置。②音の送受信の，可聴周波数の。例カー〜。

オーディオ・システム [audio system] 車内でラジオやカセット，CD，MDなどを聞くための音響再生装置。カー・オーディオ・システム。☞ビジュアル〜。

オート [auto] 米自動車の略称。＝カー。

オート・アウェイ [auto away] 自動的に遠くへ離れて行くこと。ティルト&テレスコピック・ステアリングで，イグニション・キーを抜くとティルト最上段位置およびテレスコピック最縮位置まで自動的に移動し，ドライバの乗り降りを容易にする機構。

オート・アジャスタ [auto adjuster] 自動調整機，自動調整装置。例ブレーキ〜。

オート・アジャスティング・サスペンション [auto adjusting suspension; AAS] ショック・アブソーバの減衰力を3段階の切り換え式とし，手動スイッチや電子制御で前後ショック・アブソーバの減衰力を組み合わせることにより，9種類の走行モードが選択できる。マツダ車に採用。

オート・アラーム・システム [auto alarm system] 車両の盗難防止システムの一つ。ドア施錠後の一定時間以降にキー又はワイヤレス・リモコン以外で解錠しようとすると，ホーンの吹鳴とハザード・ランプの点滅で周囲に警報を発するシステム。

オート・エアコン [auto air-con] オートマチック・エア・コンディショナ（automatic air conditioner：自動空調装置）の略。☞オートマチック・エア・コンディショナ。

オート・エア・ピュリファイヤ [auto air purifier; Auto A/P] たばこの煙や外から侵入したちりなどにより汚れた車室内空気を自動的に浄化する装置。

オート・オークション [auto auction] 自動車の競売，せり売り。

オート・カー [auto car] 自動車。＝モータ・カー。

オート・ギア・シフト [auto gear shift; AGS] AMT（自動化機械式変速機）の一種で，スズキが採用したもの。2014年にインドで発表されたものでは，新5速の手動変速機にクラッチおよびシフト操作を自動で行う電動油圧式のアクチュエータが搭載されており，運転を楽しみたいときにはマニュアル・モードの選択もできる。AGSは海外専用仕様であったが，2014年には，商用軽自動車に国内初搭載している。AGSは，欧州で一般名称として使用されている。

オート・キャンピンク [auto camping] 自動車やトレーラ・ハウスによる野営。

オート・クール・システム [auto cool system] 自動冷却装置。例冷却装置の中に温度センサを設け，水温に応じて冷却機能を自動調整する装置。

オート・クラッチ [auto clutch] 自動クラッチ。操作の必要がないクラッチ。例㋑フルード・カップリングやトルク・コンバータ。㋺電磁クラッチ，遠心クラッチ。

オートクレーブ [autoclave; AC] 内部を高圧にすることが可能な耐圧性の装置や容器，あるいはその装置を用いて行う処理のこと。車の場合には，炭素繊維強化樹脂（CFRP）の中間材であるプリプレグの成形（オートクレーブ成形）に用いられる。難点は成形（焼成）に大きな設備と時間を要することで，この時間（数時間）を短縮するため，数十分で成形できるRTM法が開発されている。☞PCM。

オート・クロス [auto cross] 自動車スピード競技の初歩的なもの。直線や曲線が組み合わせられ，通路にゴム製パイロンや古タイヤなどの障害物を置く。＝ハイスピード・ジムカーナ。

オート・コントロール・フォー・ホイール・ドライブ（4WD） [auto control four wheel drive] 日産が採用した全輪駆動方式。前後のトルク配分は，オート・トルク・コントロール（ATC）カップリングにより路面状況や車速に応じた最適な前後トルク配分を行う。舗装路面における中・高速走行時は2WD車に近いトルク配分として燃費向上を図り，雪道などでの坂道発進のように大きなトルクを必要とするときは，後輪へ必要なトルクを伝える。

オートサーミック・ピストン [autothermic piston] アルミニウム合金ピストンにおい

て，ボス部のアルミ合金に接して鋼片を内側に鋳込み，アルミと鋼の熱膨張差に基づくバイメタル作用を利用してスカートにおけるスラスト方向の膨張を抑制したもの。スカート部にアンバを鋳込み，アルミ合金ピストンの熱膨張を抑制したものをアンバストラット・ピストンという。㊟ドイツ *Mahle Kom-Gess* の特許権に基づきピストンを製作したイギリスAuto-thermic社から出た名称。

オートサイクル [autocycle]　自動自転車，エンジン付き自転車。＝オートバイ。

オート・シアタ [auto theater]　野外劇場，車上で観覧できる劇場。

オートジナス・ウェルディング [autogenous welding]　ガス溶接。酸素とアセチレン又は酸素と水素等をトーチの先端で燃焼させその火熱で行う溶接法。㊞①酸素溶接。㋺酸水素溶接。

オート・ショー [auto show]　自動車展示会。＝モータ・ショー。

オート・スコープ [auto scope]　自動車用オシロスコープ。＝エンジン・スコープ。

オート・スピード・コントロール・ディバイス [auto speed control device; ASCD]　日産車に採用された定速走行装置。一般的にはオート・ドライブ又はクルーズ・コントロールと呼ばれている。

オート・チェンジャ [automatic changer]　数枚のCDを自動的に連続してかけることのできる装置。㊞カー・オーディオ用。

オート・チョーク [auto choke]　自動チョーク装置，オートマチック・チョークの略。㊞キャブレータの空気口を自動開閉する装置。熱空気式，排気熱式，電気式などがある。

オート・テンショナ [auto tensioner]　タイミング・チェーンやタイミング・ベルトの張力を常に一定に保つ装置。☞チェーン〜。

オート・ドア・ロック [auto door lock]　ドアの自動ロック機構。①一定車速になると全てのドアが自動的にロックされるもの。②遠隔操作でドアの開閉ができるもの。

オート・ドライブ [auto drive]　自動定速度走行装置。約40〜100km/hの範囲で希望する速度にセットすると，運転者がアクセル操作をしなくても，その速度を維持して車を走行させる装置。＝クルーズ・コントロール。

オートノマス・ドライビング・システム [autonomous driving systems]　☞自律運転システム。

オート・パーク [auto park]　自動車置き場，駐車場。

オートバイ [auto-bi]　自動二輪車，二輪自動車。

オートバイシクル [auto-bicycle]　自動二輪車。＝モータサイクル，モータバイク。

オートパイロット・システム [Autopilot system]　「自動運転システム」を意味する我が国固有の国家プロジェクト名。このシステムは路車・車車間通信を利用してITSで高速道路上に張り巡らされた情報の線路に沿って大型トラック等を隊列走行で自動運転するもので（先導車のみドライバが搭乗），長距離走行時のドライバの疲労軽減，事故防止，燃費性能や排ガス性能の向上などを目的としている。2013年には，乗用車による自律型のオートパイロット・システムの開発も加えられた。経済産業省，国土交通省，警察庁などでは，2020年に車車間通信と路車間通信の実用化，2030年にはドライバが運転操作に関与しない完全自動走行を目指している。

オート・フルード [auto fluid]　自動変速機用作動油。オートマチック・トランスミッション・フルード（automatic transmission fluid; ATF）の略。☞ATF。

オート・ホイスト [auto hoist]　自動巻き上げ機。

オートマチック・アジャスティング・ブレーキ [automatic adjusting brake]　自動調整式ブレーキ。ライニングの摩耗にしたがい調整装置が働き，そのすき間が常に適正に保たれる便利なブレーキ。

オートマチック・インジェクタ [automatic injector]　自動噴射口。燃料の圧力によって自動的に弁が開いて噴射するインジェクタ。㊞ディーゼル・エンジンのインジェクション・ノズル。＝オートマチック・ノズル。

オートマチック・ウインドウ [automatic window]　自動開閉窓，スイッチの操作により自動開閉する窓。＝パワー・ウインドウ。

オートマチック・ウェイング・マシン [automatic weighing machine]　定置式の自動はかり。車両の重量計測に用いる。例車検場の自動はかり。輪荷重を量る可搬式重量計はロード・メータという。

オートマチック・エア・コンディショナ [automatic air conditioner]　自動空調装置。運転者の設定した温度になるようヒータとクーラをコンピュータが制御し，車室内温度を一定に保つ装置。略してオート・エアコン。

オートマチック・エマージェンシ・ロッキング・リトラクタ [automatic emergency locking retractor; A/ELR]　チャイルド・シートをリヤ・シートに固定することが可能な，オートマチックELR付きシート・ベルト。富士重工車に採用。

オートマチック・オペレーション [automatic operation]　自動操作，自動式機械装置。＝オートメーション。

オートマチック・カップリング [automatic coupling]　自動連結機。例トラクタとトレーラの自動連結機。

オートマチック・クラッチ [automatic clutch]　自動クラッチ，操作を必要としないクラッチ。例㋑フルード・カップリングやトルク・コンバータ。㋺電磁式又は遠心式クラッチ。＝オート・クラッチ。

オートマチック・コールド・スタート・ディバイス [automatic cold start device; ACSD]　ディーゼル・エンジンのインジェクション・ポンプに取り付けられた暖機性能と冷間時の運転性向上を図る装置。トヨタ車に採用。

オートマチック・コントロール [automatic control]　自動操縦，自動制御。例㋑点火時期の自動進角。㋺キャブレータの自動チョーク。㋩ジェネレータの電圧制御。

オートマチック・サウンド・レベライザ [automatic sound levelizer; ASL]　カー・オーディオの音量や音質を走行中のロード・ノイズや風切り音等の騒音が大きくなった場合に，常に最適な音量や音質で聞けるようにした機能。室内の騒音をマイクで感知する。

オートマチック・シート [automatic seat]　自動調整式座席。ボタン一つで上下又は前後したり，背もたれの角度が変わる便利なシート。

オートマチック・シート・ベルト [automatic seat belt]　乗員が乗車してドアを閉めることにより，自動的に装着できるシート・ベルト。

オートマチック・システム [automatic system]　自動装置。

オートマチック・スタータ [automatic starter]　（エンジンの）自動始動装置。エンストすると自動的にスタータが働いて始動される装置。

オートマチック・スパーク・コントロール [automatic spark control]　自動点火制御，点火時期の自動制御。例㋑遠心式進角装置。㋺真空式進角装置。

オートマチック・スプリンクラ [automatic sprinkler]　自動散水器。例火災のため温度が上がると自動噴水する消火装置。

オートマチック・スラック・アジャスタ [automatic slack adjuster]　（ブレーキの）自動すき間調整器。例エア・ブレーキ用。

オートマチック・タイマ [automatic timer]　ディーゼル・エンジンの燃料噴射時期自動調節装置。列型噴射ポンプではフライウェイトの遠心力でポンプのカムシャフトを回し，分配型噴射ポンプではフィード・ポンプの吐出圧力でドライビング・ディスクを回して調節する。

オートマチック・チューニング [automatic tuning]　（ラジオの）自動同調，押しボタン式同調。

オートマチック・チョーク [automatic choke]　自動チョーク。＝オート・チョーク。

オートマチック・ディマ [automatic dimmer]　（ヘッドライトの）自動減光装置。対向車のライトが当たると自動的に下向光線に変わる。

オートマチック・ドア [automatic door]　自動とびら。乗降口のドアが遠隔操作により開閉するもの。リンク式，空気圧式，真空式，電動油圧式などがある。例タクシーやバスの自動ドア。

オートマチック・トップ [automatic top]　自動開閉式屋根。ボタンの操作一つで自動的に屋根のほろが畳まれ，又はかけられるもの。例オープン・カー。

オートマチック・ドライブ [automatic drive]　自動伝動。クラッチやトランスミッションの操作を必要としない伝動方式。アクセルとブレーキだけの２ペダルによるイージー・ドライブ。

オートマチック・トランスアクスル [automatic transaxle; ATX]　前輪駆動車の自動変速機と駆動軸（デフ）が一体となったもの。対MTX。

オートマチック・トランスミッション [automatic transmission; AT]　自動伝動装置，通称自動変速機。例フルード・カップリング又はトルク・コンバータと遊星式減速装置を組み合わせたもの。

オートマチック・トランスミッション・フルード [automatic transmission fluid; ATF]　自動変速機用作動油。SAE10W級の粘度を有し，高い酸化安定性と粘度指数が要求される。ATFの規格は，世界的に米国GMのデクスロン（DEXRON）IIとフォードのマーコン（MERCON）の規格のもので代表されている。＝オート・フルード。

オートマチック・ノズル [automatic nozzle]　自動噴射口。燃料の圧力によって自動的に弁が開いて噴射するノズル。例ディーゼル噴射弁。

オートマチック・ビーム・チェンジャ [automatic beam changer]　自動光軸切替器。＝オートマチック・ディマ。

オートマチック・フィード [automatic feed]　（工作機械の）自動送り装置。例㋑旋盤の自動送り。㋺ボール盤の自動送り。㋩ボーリング・マシンの自動送り。

オートマチック・フリー・ホイール・ハブ [automatic free wheel hub]　パート・タイム四輪駆動車の前輪に装着されたロック機構付きのハブ。後輪駆動時には空転させ，前輪に駆動力が伝わったときにのみホイールに動力を伝える。＝～ロッキング・ハブ。

オートマチック・ヘッドライト・ディマ [automatic headlight dimmer]　前照灯の自動減光装置。＝オートマチック・ディマ。

オートマチック・マシン [automatic machine]　自動機械。

オートマチック・レギュレータ [automatic regulator]　自動調整装置。

オートマチック・ロッキング・ハブ [automatic locking hub]　パートタイム四輪駆動車に用いられ，駆動時に自動的に車軸とホイールを結合する装置。

オートマティック・エマージェンシ・ブレーキ [automatic emergency braking; AEB]　☞自動緊急ブレーキ。

オートマティック・ハイビーム [automatic high beam system; AHB]　カメラによって対向車のヘッドランプ，または先行車のテール・ランプを検知した場合のみロー・ビームの状態にし，それ以外はハイビームのポジションにするヘッドランプ。2009年にレクサスに採用されたもので，オートハイビーム式ヘッドランプ，グレアフリー・ハイビーム，スマート・ビームともいう。2012年には，AHBはアダプティブ・ハイビーム（AHS／前述）へと進化している。☞LEDアレイAHS。

オートマティック・ロール・バー [automatic roll bar]　Mベンツがオープン２シータに採用したロール・バー。通常は座席の後方に格納されており，万一の横転を傾斜センサと加速度センサが感知してロール・バーを約0.3秒で自動的に立ち上げ，乗員の安全を確保する。

オートマトン [automaton]　自動機械，自動装置。

オートメ [automa]　オートメーション（automation）の略。

オート・メーカ [auto maker]　自動車製造業者。

オートメーション [automation]　自動操作，自動制御。機械装置又は工場設備などを，人手を使わず計器により自動制御すること。＝オートマチック・オペレーション。

オートメータ [autometer]　速度計を代表とする自動車用計器。

オートメーテッド・ドライビング・システム [automated driving systems]　☞自動／自動化 運転システム。

オートメーテッド・マニュアル・トランスミッション [automated manual transmission; AMT]　自動化機械式変速機。従来のクラッチとトランスミッションを用いた手動変速機に電子制御装置を付加することにより，クラッチ操作やシフト操作を自動化または半自動化したもの。流体式自動変速機を採用するよりも廉価で燃費性能も向上することから，大型トラックやバスへの搭載が増えているが，小型乗用車用も開発されている。オートメーテッド（オートマティック）・メカニカル・トランスミッションとも。

オートモーティブ4.0 [automotive 4.0]　自動車産業における革新的なトレンドとなる「自動運転」，「シェアード・モビリティ」，「コネクテッド」の三つの技術革新が融合した第4世代の自動車市場。欧州系の経営コンサルティング会社であるローランド・ベルガー社が，2030～2060年の到来を予測している。ハイブリッド車の市場投入で始まった2000～2030年は，オートモーティブ3.0。☞インダストリー4.0。

オートモーティブ・エンジニアーズ [automotive engineers]　自動車技術者，自動車技術者の団体。

オートモーティブ・エンジニアリング [automotive engineering]　自動車工学，自動車技術。

オートモーティブ・ネットワーク・エクスチェンジ [automotive network exchange; ANX]　カー・メーカ（アセンブラ）や部品メーカ（サプライヤ）がそれぞれの枠を超えて一つの情報ネットワークを共有すること。新車開発期間の短縮やコスト・ダウンを目的に欧米等では1998年から運用が始まり，日本では日本自動車研究所，日本自動車工業会や日本自動車部品工業会が協力して，2000年度より実証実験を開始。ANXの日本版はJNXと呼ぶ。☞JNX。

オート・モード [auto mode]　自動の様態。機械装置の作動が固定的ではなく，自動式（オート・モード）や手動式（マニュアル・モード）を選択して使用できるものの中の自動式のもの。例 ㋑自動変速機。㋺オート・エアコン。

オートモービリスト [automobilist]　自動車使用者，自動車常用者。

オートモービリズム [automobilism]　自動車の運転技術。

オートモービル [automobile]　自動車。＝モータ・カー。

オートモール [automall]　自動車の展示，販売用の大規模複合店舗。“mall” は米語でプロムナード風商店街のこと。例 日産が神奈川県座間市に，又トヨタが岐阜県羽島郡にそれぞれオートモールを開設。ここでは両メーカの全チャンネル車両等の展示，販売を行い，新しい販売形態を模索している。

オート・ラジオ [auto radio]　自動車用ラジオ受信機。

オート・ラッシュ・アジャスタ [auto lash adjuster]　油圧によりバルブ・クリアランスを自動的に0に保つ装置。＝ラッシュ～。☞オイル・タペット，ハイドロリック・バルブ・リフタ。

オート・リターン [auto return]　自動復帰，自動復帰装置。例 ターン・シグナル～。

オート・リフト [auto lift]　自動車用押し上げ機。空気圧と油圧を用い台上の車を押し上げる装置。広く整備工場で使用される。車輪で上げる乗りこみ型（ドライブオン・タイプ）と車軸で上げる型とがある。

オート・リフト

オート・レース [auto race]　自動車競走。スピード・レースのほかジムカーナ，ラリー，オートクロスなど各種の競技種目がある。

オート・レベライザ [auto levelizer]　自動車高調整装置。乗用車の後輪のショック・アブソーバの頭部に空気室を設け，フレームとサスペンションとの間隔をセンサで検知，マイコンによって圧縮空気をコントロールして車体後部の車高を一定に保つようになっている。圧縮空気は車載の小型コンプレッサにより，トランク内の積荷や乗客による車の尻下がりを防いでいる。

オート・レベリング機能（きのう）[1] [auto leveling function]　車高自動調整機能。電子制御式エア・サスペンションの採用により，乗員数，積載量の増減にかかわらず車高を常にフラットに保つ機能。＝オート・レベライザ，オート・レベラ。

オート・レベリング機能（きのう）[2] [auto leveling function]　光軸自動調整機能。高輝度のディスチャージ・ヘッドランプ（HID headlamp）装着による対向車や前走車への眩惑防止のため，加速時および荷物の積載時などによる車両姿勢の変化にかかわらず，ヘッドランプの光軸を常に一定に保つ装置。

オート・ローン [auto loan]　自動車に対する金融貸し付け。各種の金融機関が行っている。

オーナ [owner]　（自動車などの）所有者，持ち主。

オーナ・ドライバ [owner driver]　（自動車の）所有者兼運転者。

オーナメント [ornament]　（車体などの）装飾，飾りもの。例車名をデザインした飾りもの。ドイツ語でワッペン。

オーバ・インフレーション [over inflation]　（タイヤ空気などの）入れ過ぎ。適度を超えてふくらませること。

オーバオール [overall]　①全長の，端から端までの。②全部の，一切の。③つなぎ服，れんかん服。例上下つなぎの作業服。

オーバオール・ウィドス [overall width]　全幅，最大幅。

オーバオール・ギヤ・レシオ [overall gear ratio]　総歯車比，全減速比。変速機の減速比と終減速比との積。

オーバオール・ハイト [overall height]　全高，最大高さ。

オーバオール・レングス [overall length]　全長，最大長さ。

オーバカレント [overcurrent]　過電流，許容量を超える電流。

オーバクール [overcool]　冷え過ぎ。例㋑エンジンの～。㋺クーラの～。

オーバサイズ [oversize]　標準より大きい，特大の。例㋑～ピストン。㋺～タイヤ。対アンダ～。

オーバシュート [overshoot]　行き過ぎること。ある調整値が，調整の勢いにより基準値よりも高くなった状態。対アンダシュート。

オーバスクェア [oversquare]　超平方，平方でない。例シリンダ径がピストン行程より大きいこと。エンジンのトルクは小さいが高速回転がでる。＝ショート・ストローク。

オーバスクェア・エンジン [oversquare engine]　シリンダ径がピストン行程より大きいエンジン。エンジンのトルクは小さいが，高速回転ができる。又，吸・排気弁を大きくして吸・排気効率を上げることもできる。＝ショート・ストローク～。

オーバステア [oversteer; OS]　車が一定の半径を一定速度で走行中，ある地点から速度を増すと遠心力が増し，後輪のスリップ角が前輪のスリップ角よりも大きくなって車両の進路がひとりでに内側に入り込み，次第に半径が小さくなる特性。オーバステアは車両の速度が増すにつれステアリングがシャープになり，危険が多いとされている。車両の重量バランスから見ると，後車軸重が前車軸より重いリア・エンジン・リア・ドライブ方式（RR車）がOSになりやすい。☞アンダステア。

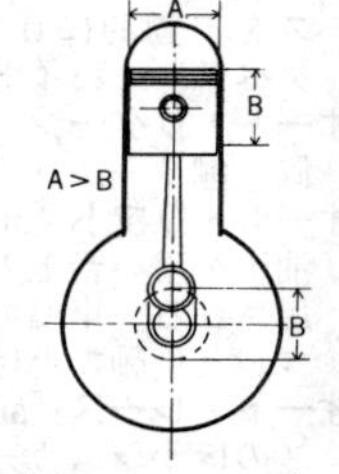

オーバスクェア・エンジン

オーバスピード・アラーム [overspeed alarm]　過大速度警報器，設定速度を超えると警告音を発する装置。

オーバスラング・スプリング [overslung spring]　（車体ばねの）上架式ばね。リーフ・スプリングにおいて，スプリングを車軸の上に乗せて取り付けたもの。対アンダスラング。

オーバセンタ [overcenter]　本体の中心から突き出ていること。

オーバセンタ・スプリング [overcenter spring]　反転ばね。例クラッチペダルの踏力を軽減するためのアシスト・スプリング。

オーバチャージ [overcharge]　①（バッテリの）過充電。②（トラックの）過積載。＝オーバロード。

オーバチャージ・ライフテスト [overcharge life-test]　（バッテリの）過充電耐久試験，一定条件のもとに過充電を反復して耐久性を調べる試験。

オーバトップ [overlop]　（変速機の）トップ（直結）より高い速度，出力軸を入力軸より速く回転する変速段階。

オーバドライブ [overdrive]　自動変速機（AT）のDレンジで走行中，車速が約60km/h以上になると自動的にオーバ・トップ状態になる装置。

オーバトラベル [overtravel]　動き過ぎ，所定寸法以上に動く。

オーバパス [overpass]　上越し，交差道路あるいは鉄道の上を道路がまたぐような立体交差。＝オーバクロッシング。

オーバハング [overhang]　張り出し部分，突き出し部分。例ボデーが車軸の中心から前又は後ろに張り出していること。

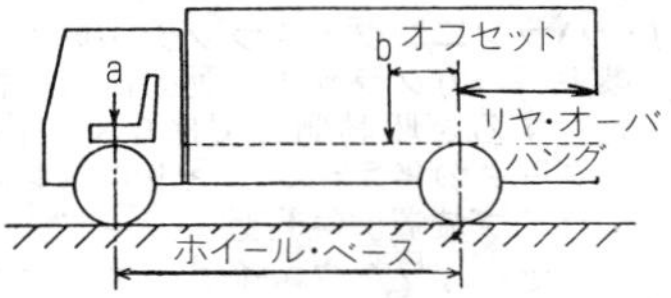

オーバハング・アングル [overhung angle]　車体の前部（又は後部）の下端から前輪（後輪）タイヤ外周への接平面が地面となす最小角度。☞アプローチ～。ディパーチャ～。

オーバハング・スプリング [overhung spring]　（車体ばねの）上架式ばね，車軸の上に乗せて固定したばね。＝オーバスラング～。

a
b
オフセット
リヤ・オーバハング
ホイール・ベース

オーバハング

オーバハング・ホイール [overhung wheel]　片持車輪。軸の一端だけで支持した車輪。例スクータ用車輪。

オーバヒート [overheat]　過熱，設定温度を超えること。例シリンダの冷却用水が沸き上がること。

オーバ・フェンダ [over fender]　幅広タイヤの使用で，はみ出し部分のために付加するフェンダ。

オーバフラッド [overflood]　フラッドさせ過ぎること。例始動のときキャブレータにガソリンをあふれさせ過ぎること。

オーバブリッジ [overbridge]　跨線橋。線路や道路をまたぐ陸橋。

オーバフロー [overflow]　溢（いつ）流，あふれ流れること。例㋑キャブレータにおいてガソリンがあふれ出ること。㋺ラジエータから水があふれ出ること。

オーバフロー・タンク [overflow tank]　溢（いつ）出したものを受ける容器。例ラジエータに附属する溢水溜め。オーバフローした水がこれに受けられ，ラジエータが冷えると吸い戻される。＝サージ・タンク。

オーバフロー・パイプ [overflow pipe]　溢（いつ）流管。あふれ出るものを逃がす管。例ラジエータが過熱したとき膨張してあふれる水や圧力を放出する安全管。＝エスケープ～。セーフティ～。

オーバヘッド・カムシャフト [over head camshaft; OHC]　頭上カム軸。エンジンにおいて，カムシャフトがシリンダ・ヘッド上にあるもの。

オーバヘッド・クレーン [overhead crane]　頭上クレーン。天井に設けたモノレール上を自走する物上げ機。

オーバヘッド・バルブ [overhead valve; OHV]　頭上弁。例エンジンにおいて，バルブがシリンダ・ヘッドに設けられたもの。別名Iヘッド。

オーバヘッド・モノレール [overhead monorail]　頭上単軌条。天井に設けた1本レール。チェーン・ブロックやホイストの移動用とする。

オーバホール [overhaul]　米分解点検，解体検査。＝英アンスクリュ。

オーバライダ [overrider]　重ねてつけたもの，またぐもの，乗り超えるもの。例バンパにあるかまぼこ形飾り。通称かつおぶし。＝バンパ・ガード。

オーバライド・スイッチ [override switch]　踏みつけ型スイッチ。例踏みつけ型切り替えスイッチ。踏みつけると正射と減光と交互に変わるディマ・スイッチ。

オーバラップ [overlap]　重複，重なり。例㋑バルブ・タイミングにおいて，排気弁が閉じ終わらない前に吸気弁が開き始めること。㋺多シリンダ・エンジンにおいて動力行程の一部が重なること。

オーバラン [overrun]　過走。例㋑動力伝動機構において被動側が駆動側より高速になること。㋺車が降坂にかかり，又は追い風に乗ってエンジンの回転が定格以上に上がること。

オーバラン・カップリング [overrun coupling]　過走継手。流体クラッチ車において，エンジンの押しがけを容易にし，かつ，エンジン・ブレーキ効果を高めるため，タービンがポンプより速く回転した場合両者のスリップを少なくする装置。＝オーグジリアリ～。

オーバランニング・クラッチ [overrunning clutch]　過走継手。一方クラッチ。動力伝達機構において，被動側が先行すると駆動側と関係なく自由回転する装置。例㋑スタータのピニオン。㋺トルコンのステータ。㋩オーバドライブ装置。㋥自動トランスミッション。＝フリー・ホイール，ワンウェイ・クラッチ，コースタ。

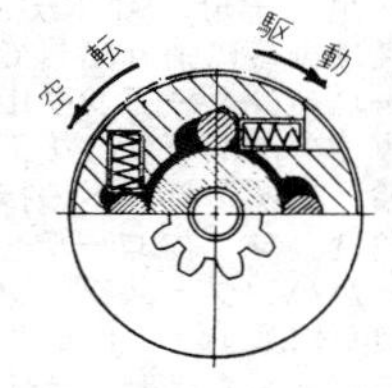

オーバランニング・クラッチ

オーバランニング・トレーラ・ブレーキ [overrunning trailer brake]　過走型トレーラ用ブレーキ。乗り上げ式ブレーキ。トレーラがトラクタより高い速度になると自動的にトレーラにブレーキがかかる装置。＝イナーシャ・ブレーキ。

オーバランニング・ブレーキ [overrunning brake]　慣性式自動ブレーキ。＝イナーシャ～。

オーバリカバリ [over-recovery]　（ブレーキ）効き過ぎ。例ウォータ・フェードなどによって機能の低下したブレーキが乾燥によって機能を回復する場合，半乾燥状態において効き過ぎるなどの現象。

オーバル・カム [oval cam]　卵形カム，表面が円弧になったカム。

オーバル・セクション・ピストン [oval section piston]　卵型断面のピストン。すなわち，だ円ピストン。＝カムグラウンド・ピストン。

オーバル・ピストン [oval piston]　同前。

オーバル・ファイル [oval file]　両甲丸やすり。

オーバルヘッド・スクリュ [ovalhead screw]　丸平頭の小ねじ。

オーバレイ [overlay]　上に着せること，かぶせること。例トリメタルにおいて，鋼鉄のバック・メタル上にケルメットを張り，更にその上にホワイト・メタルをかぶせるなど。

オーバル・カム

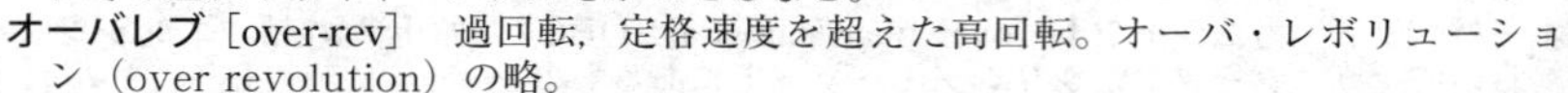

オーバレブ [over-rev]　過回転，定格速度を超えた高回転。オーバ・レボリューション（over revolution）の略。

オーバ・レボリューション [over revolution]　過回転。例エンジンの規定回転を超えて回すこと。レッド・ゾーン（危険回転域）まで回すこと。略してオーバ・レブ。＝オーバラン。

オーバロード [overload]　過荷重，過負荷，過積載。定格を超えた過大荷重。

オーバロード・スタッド [overload stud]　過荷重に備えた立込ねじ。例ファイナル・リング・ギヤ用スラスト・プラグ。

オーバロード・スプリング [overload spring]　過荷重に備えた補助ばね。例車体のサスペンション・スプリングにおいて，過荷重のとき役にたつ補助ばね。＝サブ～。アシスト～。ヘルパ～。

オーバロード・プラグ [overload plug]　☞オーバロード・スタッド。

オーバロード・リレー [overload relay]　過負荷電流遮断器，過大電流が流れると警告音を発し，あるいは回路を遮断して電流を止める電磁スイッチ。＝サーキット・ブレーカ。

オービス [Orbis]　速度違反自動取り締まり装置。開発会社（米国ボーイング社）の商品名にて，日本では東京航空計器㈱が契約製造を行っている。語源はorbiter（人工衛星）からという。

オービタル・サンダ [orbital sander]　塗装時のパテを研磨するサンダで，パッド（一般に四角形）が楕円運動をしてペーパの傷跡を目立たなくさせているもの。面出しや足付け工程に使用。☞ダブル・アクション～。

オービタル・サンダ

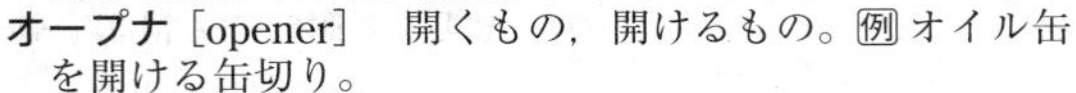

オープナ [opener]　開くもの，開けるもの。例オイル缶を開ける缶切り。

オープニング [opening]　①穴，すき間，抜け穴。例キャブレータなどにある小穴類。②開くこと，開けること。

オープニング・アンペレージ [opening amperage]　開路電流量。例充電回路にあるカットアウト・リレーが回路を切るに至る逆流電流のアンペア。

オープン・カー [open car]　（ボデー・タイプの）開放型の車，ほろ型の車，ほろを畳み，又は屋根を取って車室を開放できる車。例㋑ツーリング。㋺フェートン。㋩ロードスター。

オープン・クーリング [open cooling]　①開放冷却方式。水冷式において，冷却水が大気に通じているもの。②空冷式において，シリンダが開放されているもの。対シールド～。

オープン・サーキット [open circuit]　（電気の）開回路，導体の連絡が断たれ電流が通れない状態。対クローズド～。

オープン・サーキット・イグニション [open circuit ignition]　開回路式点火法。コイルの一次回路を開いておき，点火する瞬間に通電遮断して二次コイルに高圧を起こし点火する方法。今は全く採用されていない。

オープン・サーキット・ボルテージ [open circuit voltage]　開路電圧，回路の一部を開いたときそこに現れる電圧をいう。回路の性質により閉路時の電圧と等しい場合と著しく異なる場合がある。

オープン・サイクル [open cycle]　（熱機関原理）作動流体（例えばガス）を反復使用せず一回ごとに放出する方式。例現在の一般エンジン。

オープン・シャフト・ドライブ [open shaft drive]　開放軸伝動。露出されたプロペラシャフトによる動力伝動。例ホチキス・ドライブ。

オープン・デッキ [open deck type cylinder block]　シリンダ・ブロックの上面形状で，ウォータ・ジャケットがそのままの状態で上部に開口しているもの。これに対し，ウォータ・ジャケットの断面より小さな水穴が上面に開けられているものをクローズド・デッキという。オープン・デッキ式のものは，主にアルミ・ダイキャスト製ブロックに用いられる。

オープン・ノズル [open nozzle]　開放型噴射弁。ノズルの噴射口が開放されたままの噴射弁。ガス・タービン用で一般には使用されない。

オープン・フューズ [open fuse]　開放型フューズ。フューズ線を裸で用いるもの。ガソリンに引火の危険がある。対 エンクローズド～。

オープン・フレーム [open flame]　裸火。

オープン・ベルト [open belt]　（ベルトの用法）原動軸と受動軸とが平行で，共に同じ方向に回転させるときの用い方。平行がけ，けさがけともいう。

オープン・レンチ [open wrench]　開口レンチ。ナットを囲む部分の一部が切れているレンチ。例 スパナ。

オープン・ロード [open road]　公道，一般道路。

オーミック・ドロップ [ohmic drop]　抵抗による電圧降下。

オーミック・レジスタンス [ohmic resistance]　オーム抵抗，抵抗体の抵抗がオームの法則に従った抵抗値を示す場合の抵抗。

オーミック・ロス [ohmic loss]　抵抗損失。抵抗中で消費される電力損失。

オーム[1] [*Georg Simon Ohm*]　独 1787～1854，ドイツの物理学者。

オーム[2] [ohm]　電気抵抗の実用単位，1オームの抵抗とは，1ボルトの電圧を加え1アンペアの電流が流れる回路の抵抗である。記号Ω。

オームス・ロー [Ohm's law]　オームの法則，電流の強さは電圧に比例し抵抗に反比例するという法則。電流をIアンペア，電圧をEボルト，抵抗をRオームとすると，次の関係がある。$I=E/R$，$E=IR$，$R=E/I$。

オームメータ [ohmmeter]　オーム計，抵抗計，導体の電気抵抗を測定する計器。絶縁抵抗など高抵抗の測定に用いるものはメガー。

オー・リング [O ring]　O字型の輪。例 気密油密を必要とする部分のパッキングとして用いる耐油ゴム製の輪。

オール・ウェーザ・タイプ [all weather type]　全天候型，照っても降ってもその機能が変わらない型。例 ㋑全天候型自動車。㋺全天候型前照灯電球。

オール・シーズン・タイヤ [all season tire]　一般タイヤとスノー（スパイク）タイヤの性能を兼ね備え，四季を通じて使用可能な特殊タイヤ。冬季の積雪路や氷結路上においてスパイクやタイヤ・チェーンを使用しなくても走行できるよう，特殊なトレッド・ゴムやトレッド・パターンを採用している。グッドイヤー社が1977年に発表した。

オール・スピード・ガバナ [all speed governor]　ディーゼル・エンジンの噴射ポンプ用ガバナのタイプで，低・中・高速の全スピード域を制御するガバナ。例 ㋑列型インジェクション・ポンプで，産業機械にも使用できるRFD型メカニカル・ガバナ。㋺同ポンプ用ニューマチック・ガバナ。

オール・テレイン・タイヤ [all-terrain tire]　全地形（全天候）型タイヤ。ウインタ・タイヤ（冬季用タイヤ）の一種で，一般にトレッド・パターンのブロックやサイプ（細かい溝）のデザインを雪道走行に対応させたもの。ただし，コンパウンドはノーマル・タイヤと同じものを使用している。テレインとは，「地形」の意。

オール・テレイン・ビークル [all-terrain vehicle]　☞ ATV。

オールド・モデル [old model]　古い型，昔の型。＝アーリ～。対 ニュー～。レート～。

オールホイールドライブ・ビークル [all-wheel-drive vehicle; AWD]　全輪駆動車。4輪駆動車の欧米における呼び方で，日本でも導入されつつある。通常は前輪または後輪を駆動し，必要に応じて全輪を駆動する。

オールモード4×4-i（フォーバイフォーアイ） [intelligent all mode four-wheel-drive system]　日産が2007年にFF車に採用した，電子制御4WDシステム（オールモード4×4）の進化版。ブレーキLSD，VDC，電子制御トルク・スプリット式4WDの三者が統合制御され，よりスムーズなコーナリングが行えるのが特徴。従来のものは，電磁式の湿式多板クラッチを用いた電子制御カップリングを後輪デフの手前に設け，

2WD, AUTO, LOCKの3モードをスイッチで選択できるようになっている。

オキシ・アーク・カッティング [oxy arc cutting] 酸素アーク切断。アセチレン炎で鋼材を加熱し，これに高圧酸素を吹き付けて燃焼切断する方法。

オキシ・アセチレン・ウェルディング [oxy acetylene welding] 酸素アセチレン溶接，略称酸素溶接。アセチレンと酸素の混合気を燃焼させたとき生ずる高熱を利用して行う溶接作業。

オキシジェン [oxygen] 酸素，記号O_2，空気中約1/5を占める無色無味無臭の気体で強力な助燃作用がある。

オキシジェン・センサ [oxygen sensor] 電子制御式燃料噴射装置のO_2センサ（酸素検知器）のこと。☞オーツー・センサ。

オキシジェン・ボンベ [oxygen bomb; 独 Bombe] 酸素ボンベ。酸素アセチレン溶接用の酸素を約150気圧に圧縮して詰める鋼鉄製の高圧ガス容器。＝～タンク。

オキシジェン・レギュレータ [oxygen regulator] 酸素調圧器。一種のプレッシャ・レギュレータ。例約150気圧に圧縮されたボンベの酸素を数気圧に減圧して，溶接に用いる。

オキシダイジング・キャタリティック・コンバータ・システム [oxidizing catalytic convector system; OCS] いすゞ車に装着されている酸化触媒コンバータ装置。

オキシダント [oxidant] 酸化剤，略号O_X。一般に光化学反応によって生ずる物質―オゾンO_3，peroxy acyl nitrate（PAN）等を総称する。

オキシデーション [oxidation] 物質が酸素と化合すること，酸化。対リダクション（還元）。

オキシ・ハイドロジェン・ウェルディング [oxy hydrogen welding] 酸水素溶接。水素と酸素の混合気を燃焼して行う溶接。酸化物が出ないのでバッテリ作業における鉛の溶接に適する。

オギジリアリ [auxiliary] ☞オーグジリアリ。

オキュパント・セーフティ・システム [occupant safety system] ☞OSS。

オグジリアリ [auxiliary] ☞オーグジリアリ。

オクタン [octane] メタン系炭化水素の一つでC_8H_{18}の組織を持ち18種余の異性体があり，そのうちの一つ2・2・4トリメチル・ペンタンはイソ・オクタンと呼ばれ，非ノック性が大きくオクタン価の基準燃料に選ばれている。

オクタン価 [octane number; ON] ガソリンの自己着火のしにくさ（アンチノック性）を表す指数。日本工業規格（JIS）でレギュラ・ガソリンは89以上，プレミアム・ガソリンは96以上と規定されており，この指数が大きいほどノッキング（異常燃焼）を起こしにくい。プレミアム・ガソリンは一般にハイオク（ハイオクタン・ガソリン）の通称で呼ばれている。オクタン価を測定する標準燃料（PDF）には，オクタン価が100のイソオクタンとオクタン価が0のノルマル・ヘプタンの混合燃料を使用し，特殊なCFRエンジンで試験燃料との比較試験をして決める。オクタン価には運転条件の違いによりモータ法とリサーチ法があり，モータ法の方が運転条件が厳しいので，その指数は小さい。一般にいうオクタン価はリサーチ法の値（RON）である。その他，実際に路上を走行して評価するロード・オクタン価もある。

オクテン [octane] ☞オクタン。

オクテン・セレクタ [octane selector] （オクタン価に応ずる）点火時期選択装置，燃料のオクタン価に応じ点火時期を進退微調整するためディストリビュータに設けた調整ねじ。A（アドバンス）側で進み，R（リタード）側で遅れる。公害問題の関係からこれを封印したものもある。

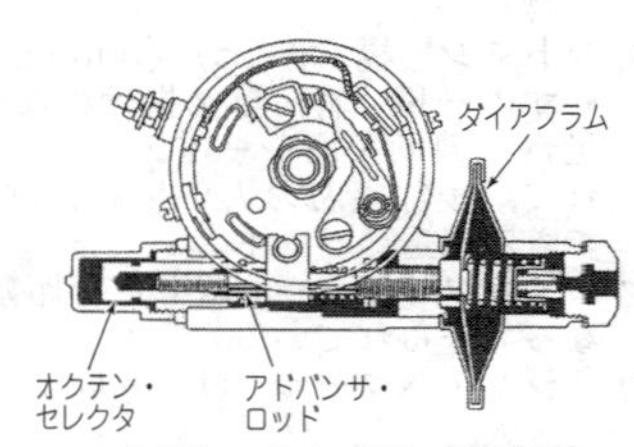

オクテン・セレクタ（作動前）

オ

オシレーション［oscillation］　振動，揺れ。例スピンドル〜。＝オッシレーション。
オシレーション・アブソーバ［oscillation absorber］　振動吸収器。例④トーション・ダンパ。㋺バイブレーション・ダンパ。
オシレータ［oscillator］　振動体，振動子。例④電気ホーン内の振動体。㋺高周波発振装置。
オシレーティング・タイプ［oscillating type］　振動式。例ピストン・ピンの固定法において，ピンをロッドに固定しロッドと共に振動させるもの。半浮動式ともいう。
オシログラフ［oscillograph］　電圧や電流の波形を観測したり記録したりする装置で，電磁式，陰極線式などがある。

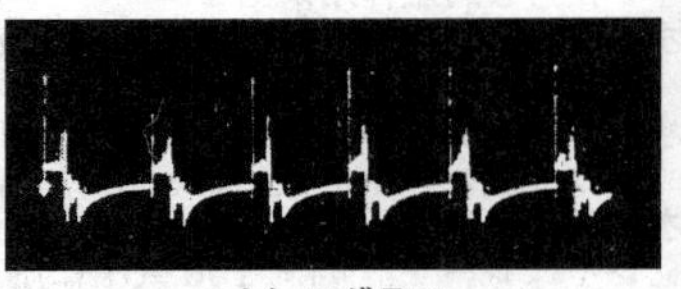
オシログラフ

オシロスコープ［oscilloscope］　電気，光，音などの振動状態を目に見えるようブラウン管上に映し出したり，記録できるようにした装置。例点火二次電圧パターン観測用エンジン・スコープ。
オゾン［ozone］　酸素の同素体，化学記号O_3。特異な臭気をもつ淡青色の気体。地球の上層大気のオゾン層に多量に存在し，地上の空気中にも極微量存在する。自動車では，ディストリビュータのコンタクト・ポイントのスパークで発生する。
オゾン・クラック［ozone crack］　ゴムを大気中にさらしたとき，オゾンにより伸び，ひずみのある部分にできる細かい表層き裂。
オゾン層（そう）［ozone layer］　地球を取り巻くオゾン層は，太陽光に含まれる紫外線のうち有害なもの（UV-B）の大部分を吸収し，地上の生物を守っている。大気中のオゾンはそのほとんどが地上から10〜50km上空の成層圏と呼ばれる所に集まっており，通常これをオゾン層と呼んでいる。カーエアコンなどの冷媒として使用されてきたフロンは紫外線によって分解されて塩素を放出し，オゾン層を破壊してしまう働きをする。このため，地球規模での段階的な全廃計画が進行している。
オゾン・ホール［ozone hole］　南半球の春（9〜10月）に起こる現象で，オゾン（O_3）の地球上空全量分布が南極大陸上で極小域になること。
オットー［*Otto*］　例オットー・サイクル理論を提唱したドイツの物理学者。*Nikolaus August Otto*（1832〜1892）。
オットー・エンジン［Otto engine］　オットー・サイクル・エンジン。＝4ストローク・サイクル・エンジン。
オットー・サイクル［Otto cycle］　①ガソリン機関やガス機関の理論サイクルであり，断熱圧縮，定容加熱（爆発），断熱膨張，定容冷却（排気，吸気）とからなっている。②簡単に4サイクルの意味にも使う。

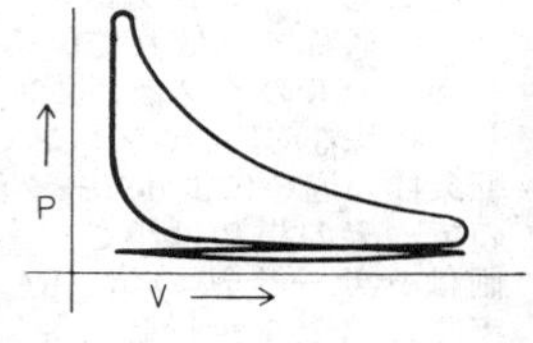

オットー・サイクル

オッド・パーツ［odd parts］　はんぱ物，残り物，余分な物。
オットマン機構（きこう）［ottomans mechanism］　長いすの一種（背，ひじ掛けのない），クッション付き足台。例助手席シート・バックの中央部が後ろに倒れて，後部座席の人が足を投げ出して乗せることができる構造のシート。
オドメータ［odometer］　走行距離の積算計。速度計（スピードメータ）とセットになって作られている。
オネジャ・ペクール［*Onesiphore Pequer*］　仏ディファレンシャル・ギヤを考えたフランス人。
オパシティ［opacity］　不透明，不透過率。

オパシメータ [opacity meter]　光透過式黒煙測定器のことで，オパシティ・メータの略称。ディーゼル車の排気ガス中のPM（粒子状物質）に含まれる軽油などの未燃焼分である可溶有機成分（SOF）を測定する装置で，照明光に対する排気物質中を透過しなかった光の割合（不透過率／オパシティ）から測定するもの。従来の濾紙を使用したスモーク・メータよりも測定精度が高く，新長期およびポスト新長期排出ガス規制の実施に伴い，国土交通省や日整連などが導入を計画している。従来のスモーク・メータは旧世代のディーゼル・エンジンに用いるもので，新長期やポスト新長期排出ガス規制に対応したコモン・レール式やユニット・インジェクタ式の高圧燃料噴射装置や後処理装置などを備えた新世代のエンジンでは使用できない（黒煙が出ない）。新型車の認証審査には，2007年9月以降から採用されている。整備業界には2007年9月から投入され，導入の猶予期間は3年間。

オフ [off]　①（スイッチでは）閉。②（位置では）離れて。③（時期では）外れ。

オフサイクル [off-cycle]　国が行う排出ガス測定モードを外れた走行状態。2012年現在，我が国では規定のJC08モード（小型車）やJE05モード（重量車）で排出ガスの性能試験を行っており，オフサイクルはこの規定モードを外れた実走行状態を指す。この状態で排出ガス量が抑制されていることが重要であるが，一部の重量車メーカでは，測定モード（オンサイクル）では良い値を出しながら，オフサイクルで窒素酸化物（NOx）を大量に排出していたことが発覚している。国土交通省では，このようなエンジン制御（ディフィート・ストラテジー／目的をだめにするような策略）を新型車は2013年10月以降，継続生産車は2015年3月以降全面的に禁止するとともに，公定モード以外での排出ガス量を抑制するための認証試験（OCE）の導入を次期排出ガス規制時（2016年）に予定している。☞RDE，PEMS。

オフサイクル・エミッション [off-cycle emission; OCE]　排出ガス測定モードを外れた実走行時に排出される排気ガス。欧州などでは，RDE（real driving emission）という。

オフサイト式水素（しきすいそ）ステーション [off-site hydrogen station]　☞水素ステーション。

オフザカー・タイプ [off-the-car type]　部品を車から取り外して行う形式。例ホイール・バランサにおいて，ホイールを車から取り外してテストする形式のもの。対オンザカー〜。

オプショナル・パーツ [optional parts]　任意の部品，客の注文によって取り付ける部品。標準装備以外の部品。

オプション [option]　選択権，取捨，随意。例客の希望によること。

オブスタクル [obstacle]　障害，障害物。例えば，バック・ソナーのリア・オブスタクル・センサ（後方障害物感知器）。

オフセット [offset]　片寄り，食い違い。例㋑シリンダの中心に対するクランクシャフト中心の片寄り。㋺荷台中心の車軸に対する片寄り。

オフセット・カム [offset cam]　偏位カム。カムとそのフォロア（タペット）の中心を違え接触面の摩擦を少なくしたもの。

オフセット・キー [offset key]　しん違いくさび。1個のキーにおいて，軸の溝に入る部分とギヤの溝に入る部分と食い違うもの。例バルブ・タイミングの微調整用としてタイミング・ギヤに用いることがある。

オフセット・クラッシュ [offset crash]　車両前面の一部が障害物に衝突し，損傷・死傷すること。例えば，前面の半分が衝突することを50%のオフセット・クラッシュという。前面衝突事故による死者の約75%がオフセット・クラッシュによることから，自動車メーカではクラッシユ・テストは初速64km/h，オフセット率は40%（欧州の安全基準）のバリア・テストを従来の前面100%のフルラップ・クラッシュ（full-lap crash，日本の安全基準で初速50km/h）に追加している。対フルラップ〜。

オ

オフセット・クランクシャフト［offset crankshaft］　クランクシャフト取り付け位置をスラスト方向（回転方向に対して反対側）にずらして取り付けた構造。ピストンのサイド・フォース（側圧）低減により，フリクション・ロスの低減を図る。＝～クランク・メカニズム，～シリンダ。

オフセット・クランク・メカニズム［offset crank mechanism］　偏位クランク機構，クランクシャフトをシリンダの中心線外に置く設計。シリンダに対するピストンの側圧を減ずるのが目的。

オフセット・クレジット制度（せいど）［Japan verified emission reduction; J-VER］　地球温暖化の要因となるCO_2の排出に関して，企業等が直接削減できないCO_2の排出分を植林やクリーン・エネルギー関連の事業などで相殺するカーボン・オフセットに用いるために発行されるクレジット。国内で行われる排出削減・吸収プロジェクトによる温室効果ガス排出削減・吸収量のうち，一定基準を満たすものをオフセット・クレジット（J-VER）として認証する仕組みで，環境省が2008年11月に創設した。

オフセット・コイル・スプリング［offset coil spring］　ストラット式サスペンションにおいて，ストラットの中心線に対してコイル・スプリングの中心線を車両の外側方向にオフセットした（ずらした）もの。ショック・アブソーバに加わる曲げモーメントを低減することにより，ピストン・ロッドの摺動抵抗が減少する。

オフセット・コンロッド［offset con-rod］　しん違いロッド。コンロッドの中心と大端軸受の中心が食い違うもの。シリンダ間隔を増さずに軸受幅を大きくする手段。

オフセット・シリンダ［offset cylinder］　偏位シリンダ。シリンダの中心線がクランクシャフトの中心線を外れているもの。シリンダに対するピストンの側圧を小さくする目的。＝オフセット・クランク。

オフセット・タペット［offset tappet］　偏位揚弁子。カムの中心を外して置かれたタペット。こすり摩擦を転がり摩擦にして摩耗を減ずる設計。

オフセット・チョーク・バルブ［offset choke valve］　回転軸を偏位させたチョーク弁。エンジンの吸入負圧力により自動的に開く力を生ずる。

オフセット・ピストン［offset piston］　偏位ピンのピストン。ピストン・ピンがピストンの中心線を外れ片寄っているもの。シリンダに対するピストンの側圧を減少する方法の一つ。

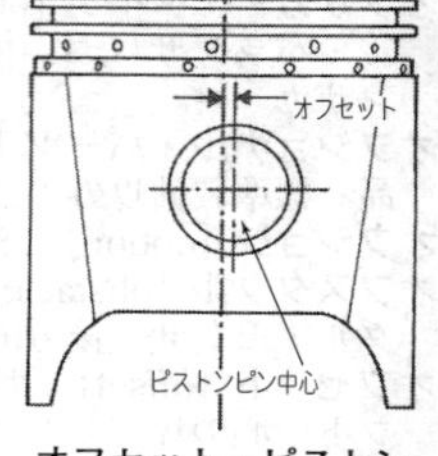

オフセット・ピストン

オフセンタ［offcenter］　中心外れ，中心の狂い，しん振れ。

オプティカル［optical］　①目の。②光学上の，光線の。

オプティカル・アクシス［optical axis］　光軸，照射光線の中心となる軸線。例 ヘッドライトの主光軸。

オプティカル・アライナ［optical aligner］　光学式整線機。例 光学式フロントアライメント・テスタ。

オプティカル・パラレル［optical parallel］　光線定盤。平面度や平行度の良否を光学的に点検するレンズ。例 マイクロメータ測定面平行度の点検。

オプティカル・ファイバ［optical fiber］　光ファイバ。ガラス繊維の一種。きめ細かく光をよく通す性質をもつため，胃カメラや光通信などに利用される。米国コーニング社が1970年に開発。

オプティック・テスト［optic test］　光学的試験。例 フロント・アライメントにおいて，ホイールにプロジェクタ（映写器）を取り付け，スクリーン上に映し出された映像によりその良否を見るなど。ビジュアライナ。

オプティトロン・メータ［optitron meter］　トヨタが採用した高精度，高視認性コンビネーション・メータの商品名。電子式アナログ・メータで，スピードメータやタコメータ等は冷陰極管（蛍光管）により白く光る。

オフ・トラッキング [off tracking]　軌道外れ。旋回などにおいて，ホイールが正規の軌道（トラック）を外れて進行すること。

オフドリー・ハンマリング [off-dolly hammering]　板金のハンマ作業において，ドリー（当て金）をハンマの打つ真下に当てるのではなく，少し離れた箇所に当てること。ハンマ・オフドリー，インディレクト・ハンマリングとも。☞オンドリー・ハンマリング。

オフビークル・ダイアグノーシス [off-vehicle diagnosis]　車外設置診断装置。

オフボード [off-board]　船外に，車を降りて，車外で。対オン～。

オフボード・ダイアグノーシス [off-board diagnosis]　車外診断。車載のECU診断用コネクタに外部診断装置を接続して故障診断を行うこと。＝オフビークル～。対オンボード～。☞OBD。

オフ・ポジション [off position]　外れの位置。正しい位置でないこと。

オフライン [off-line]　コンピュータと端末装置の直接の連絡が断たれている状態。対オン～。☞ライン・オフ。

オブリーク・コリジョン [oblique collision]　斜め衝突。車の進行方向に対して斜めからの衝突で，米国では直進方向に対して30°と規定している。☞斜めオフセット衝突。

オフロード [off-road; OR]　路外，不整地。例～タイヤ。対オン～。

オフロード・カー [off-road car]　路外自動車，道路以外の不整地の運行にも耐える自動車。

オフロード・ドライビング [off-road driving]　路外運転，不整地運行，田野運転。＝クロス・カントリ。

オフロード法（ほう） [Act of construction equipments emission regulation]　公道を走行しないオフロード特殊自動車（ORV）に対する新たな排出ガス規制で，「特定特殊自動車排出ガス規制法」の通称。2006年4月1日に施行されたもので，車検を受けない建設機械，農業機械，産業用車両が対象となっており，公道を走行する建設機械に対しても同レベルの規制が実施された。規制の対象となる大気汚染物質はNOx，CO，NMHC，PMで，規制レベルはディーゼル・エンジンの出力によりA～Eの5種類に区分され，2011年，2014年と逐次規制値が強化されている。

オペラ・ウインドウ [opera window]　乗用車体のリヤ・クォータ部分に設けるはめ殺しの小窓。

オペレーション [operation]　①働き，作用。②（自動車などの）運転，操作。③（事業などの）経営，運営。

オペレータ [operator]　①（機械や自動車の）運転者。②（事業の）経営者。

オペレータ・マニュアル [operator manual]　運転者用手引き書，運転者必携書。

オペレーティング・カレント [operating current]　作動電流。例リレーなどにおいて，作動に必要な電流値。

オペレーティング・システム [operating system; OS]　コンピュータの基本ソフト。コンピュータ全体の運営を能率よく行うための制御プログラムと処理プログラムを含む1組の総合的プログラムの集まり。

オペレーティング・ボルテージ [operating voltage]　作動電圧。作動し始めるとき，又は作動中に必要な電圧値。

オペレーティング・ユニット [operating unit]　操作装置，操縦装置。

オペレーティング・ロッド [operating rod]　機器に力を伝える作動棒。例ブレーキ・ペ

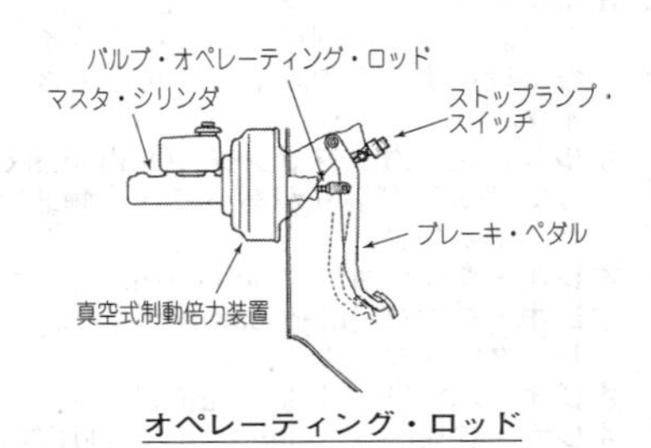

オペレーティング・ロッド

ダルとマスタ・シリンダ・ピストン間のプッシュ・ロッド。

オポーズド [opposed] 反対の，反対する，対立した。

オポーズド・エンジン [opposed engine] 対向型機関，クランクシャフトを中心にしてシリンダが対称の位置にあるエンジン。例 ㋑水平対向の2，4，6シリンダ・エンジン。

オポーズド・ピストン・エンジン [opposed piston engine] 対向ピストン機関，一つのシリンダの中にある二つのピストンが反対方向に動くエンジン。例 ユンカース機関。

オムニ [omni-] 「全，総，汎」を意味する接頭語。

オムニサポート・コンセプト [omni-support concept] 車の安全技術で，乗員を多面で受け止め，衝突時の荷重を分散させて人体への負担を軽減しようとする考え方。例えば，助手席用のSRSツインチャンバ・エアバッグ（トヨタ)。

オムニバス [omnibus] ①乗合自動車，通称単にバス。②ホテルの専用バス。

オリジナル・カー [original car] 原形のままの車，修理したり部品を交換したりしたことのない車。

オリフィス [orifice] 小穴，口。例 キャブレータその他において燃料，空気又は油などが出入する小穴。

オルガン・タイプ・ペダル [organ type pedal] アクセル・ペダルで，操作の支点がペダル最下部にあるもの。形が楽器のオルガンのペダルに似ている。

オルタネータ [alternator] 交流発電機。オルタネーティング・カレント・ジェネレータの略。自動車用発電機として広く使用され，バッテリによって励磁される磁極を回転して，固定されたコイルに三相交流電流を生じさせ，これをダイオードで整流，直流として取り出すようになっている。従来のダイナモに比べ小型軽量で堅牢，かつ，アイドリング時にもよく発電する特長がある。＝エーシー・ジェネレータ。

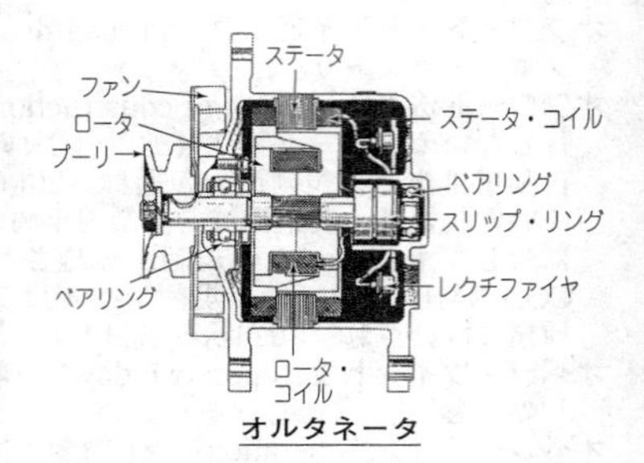

オルタネータ

オルタネーティング・カレント [alternating current; AC] 交流電流，交番電流。周期的に方向が変化する電流。例 ㋑商用電流(家庭電灯や動力線)。㋺ダイナモのアーマチュア・コイルに起こる電流。㋩オルタネータのステータ・コイルに起こる電流。対 ダイレクト〜。

オルタネーティング・カレント・ジェネレータ [alternating current generator] 交流発電機。＝オルタネータ，ACジェネレータ。

オルタネート・タイプ [alternate type] 交互型，交互に働く型。例 ディストリビュータにおいて，並列にした2組のポイントを有し，その一方で切る役を，他の一方でつなぐ役をするもの。ドエル角を大きくすることができる。＝ダブル・コンタクト・タイプ。

オルダムス・カップリング [Oldham's coupling] オルダム継手。連結される2軸が平行ではあるが偏りがあって同一軸芯でないときの継手。例 ㋑ディーゼル噴射ポンプ。㋺真空ポンプ。

オレオ・クッション [oleo cushion] 油圧式緩衝装置。＝ハイドロリック〜。

オレオ・ダンパ [oleo damper] 油圧式緩衝器。例 ㋑サスペンション用。㋺キャブレータのスロットル用。

オレオ・バッファ [oleo buffer] 同前。

オレオ・フォーク [oleo fork] 油圧緩衝式フォーク。例 三輪トラックの前輪用に見られ，ばねオレオ式と空気オレオ式などがある。

オレオメータ [oleo meter]　油用比重計。

オレフィン [olefin]　エチレン系炭化水素化合物。C_nH_{2n}。例 ガソリン内の一成分。

オレンジ・ピール [orange peel]　（塗装）オレンジ肌。塗面に細かい凹凸があって，滑らかでないこと。

オロイド [oroide]　人造金。銅，亜鉛，錫の合金で金色に輝き，車内調度の金めっきに用いる。

オン [on]　①…の上に，…に基づいて。②通っている，スイッチが入っている。対 オフ。

オンサイト式水素（しきすいそ）ステーション [on-site hydrogen station]　☞水素ステーション。

オンザカー・タイプ [on-the-car type]　（試験機などで目的物を）車にあるままでテストできる型。例 車に取り付けたままテストできるホイール・バランサ。対 オフザカー〜。

温室効果（おんしつこうか）ガス [greenhouse gas; GHG]　赤外線を通しにくい種類のガスの総称。目には見えない輻射線である赤外線は地球から宇宙に熱を逃がして地球を冷ましているが，温室効果ガスの濃度が高まるとこの放熱作用を阻害して気温が上昇し，地球温暖化の原因となる。この赤外線を通しにくいガスの代表的なものに二酸化炭素（CO_2）があり，特に石油，石炭，天然ガスなどの化石燃料を燃やすと二酸化炭素が発生するので，二酸化炭素を発生しない燃料電池自動車や水素自動車などの開発が急がれている。米カリフォルニア州では，自動車から排出される温室効果ガスの規制を2009年から実施する法律（パブリー法）が2002年に成立し，欧州では2009年からのEuro 5で二酸化炭素の排出量を規制する予定となっている（自主規制は2008年より実施予定)。また，二酸化炭素以外では，水蒸気，メタン（CH_4)，亜酸化窒素（N_2O)，オゾン（O_3)，代替フロンであるHFCなどがある。☞二酸化炭素排出規制。

オンス [ounce]　英式衡量単位。記号oz，1オンスは1/16ポンド，約28.35グラム。

温水式（おんすいしき）ヒータ [hot water type heater]　自動車の暖房は，一般にエンジンの冷却水を車室内に設けられたヒータ・コアに循環させる温水式ヒータが使用される。

音声認識制御（おんせいにんしきせいぎょ）システム [voice recognition control system; VRCS]　米国フォード部品部門のビステオンが開発したもので，ドライバが運転したままの状態で必要な命令を口にするだけでエアコンの温度調節やCD選局，携帯電話の操作等ができるもの。システムの操作はステアリング・ホイールに取り付けられたボタンを押すことで作動する。将来的には，カーナビや車載PC（web検索，e-mail送受信）の操作も視野に置いている。新型ジャガーに採用。

オンデマンド [on-demand]　要求や請求，要請があり次第，物事を行うこと。従来はオンデマンド4WDやデマンド・バスなどを指していたが，新しいものでは，省燃費の観点からオンデマンド式の（必要なときにだけ作動させる）フューエル・ポンプやオルタネータなどを指す。

温度補償（おんどほしょう） [temperature compensating]　適性な混合比を維持する目的で，吸入空気温度などを感知して混合比を補償すること。

オンドリー・ハンマリング [on-dolly hammering]　板金のハンマ作業において，ドリー（当て金）を鋼板の裏側に当てて，その上をハンマで打つこと。ハンマ・オンドリー，ダイレクト・ハンマリングとも。☞オフドリー・ハンマリング。

オンビークル・ダイアグノーシス [on-vehicle diagnosis]　車載診断装置。

オンボード [on-board]　船中に，乗車して，車内で。対 オフ〜。

オンボード・ダイアグノーシス [on-board diagnosis; OBD]　車載故障診断装置。カー・メーカの車両設計・生産段階から，車載コンピュータによる各電子システムの自己診断機能を持たせたもの。☞OBD，OBD-Ⅱ。

オンライン [on-line]　コンピュータと端末装置が接続され，直接データのやりとりができる状態。対オフ～。

オンロード¹ [on-load]　負荷状態。例エンジンやモータに荷がかかっている状態。仕事をしている状態。対オフロード。

オンロード² [on-road]　路上，舗装道路上。対オフ～。

オンワード・タイプ [onward type]　（ボデーの）前進型，キャブ（運転台）が最前端にあるもの。＝フォワード～。キャブオーバ～。

[カ]

カー [car]　①自動車（オートモビル）。②車両。③軌道車両。

カーウィングス　☞CARWINGS。

カー・ウォッシャ [car washer]　洗車機。電動ポンプによる高圧射水により洗車する装置。

カー・エアコン [car air-con]　カー・エア・コンディショナ（car air conditioner）の略。自動車用の空調（冷暖房）装置。

カー・エアリアル [car aerial]　（車に備えた）受信用空中線，アンテナ。

カー・エレクトロニクス [car electronics]　マイコンを用いて，自動車の性能や装備の高度化を図る技術の総称。希薄燃焼，四輪ABSなど。

カー・オーディオ [car audio]　車での使用を目的にして，操作，表示，性能などが設計された音響再生システム。

カーカス [carcass]　（タイヤの）骨組み。数枚のコード層でできている本体。

カー・キャリア [car carrier]　主に小型車を一度に複数運搬できるよう，荷台を改造された大型のトラックやトレーラ。

カー・クーラ [car cooler]　自動車用冷房装置。コンプレッサで圧縮した冷媒をコンデンサで冷却液化し，これをエバポレータに送って蒸発させるときの吸熱作用を利用して冷房する。

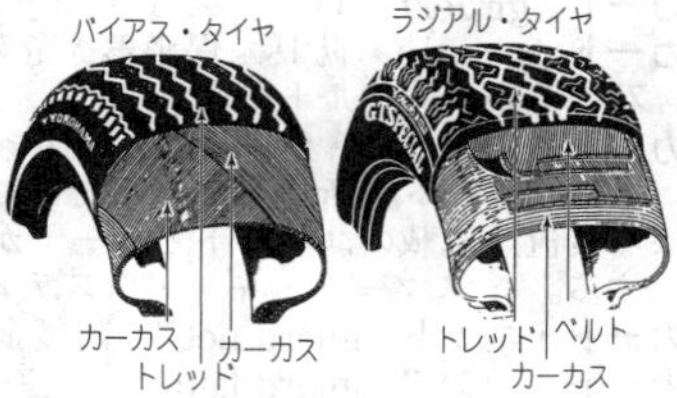

カー・ケア [car care]　車の維持，管理。☞カー・メンテナンス。

カーカス

カーケア・センタ [car-care center]　自動車の総合点検所。各種の試験設備を有し，一般に高速走行状態が実演できるようになっている。

カー・ケミカル用品（ようひん） [car chemical goods]　車に用いる化学的な用品。例カー・ワックス。

カーゴ [cargo]　積み荷，貨物。

カーゴ・スペース [cargo space]　オートキャンプ用の自動車で，用具を積み込む部分のこと。

カーゴ・トラック [cargo truck]　貨物自動車，貨物車。

カーゴ・トレーラ [cargo trailer]　車両で牽引する荷物用車両のことで，レジャー用としてはオート・キャンプやマリン・スポーツ等に使用される。

カーゴ・ルーム [cargo room]　荷物室。

カーコンポ [car-compo]　car component stereoの略。プレーヤ，アンプなどをユニット化して，各種組み合わせを可能にしたカー・オーディオ。

カースタ・オイル [castor oil]　ひまし油，ひまの実からとった植物油。例レーサ用エンジン・オイル。＝カストル～。

ガーダ [girder]　けた，大ばり。通称ガード。

ガーダ・フォーク [girder fork]　けた組み式フォーク。例二・三輪車用前輪フォーク。

ガーダ・ブリッジ [girder bridge]　道路をまたぐ鉄道橋，陸橋。略してガード。

カーダン・シャフト [cardan shaft]　☞カルダン・シャフト。

カーダン・ジョイント [cardan joint]　☞カルダシ・ジョイント。

カー・ディーラ [car dealer]　自動車販売会社。メーカから仕入れた車の販売やアフタ・サービスなどを行う。

カー・ディテイリング [car detailing]　車の美装補修。ボデー・コーティング，ルーム・クリーニング，ボデーの小傷補修（デント・リペアやバンパの簡易補修），フロント・ガラスの補修，ウインドウ・フィルム等のサービスの総称。
カーテシ・ランプ [courtesy lamp]　ドアの開閉によって自動的に点灯，消灯するルーム・ランプやステップ・ランプ，リヤ・トランクのランプなど，親切なランプの総称。
カー・テレビ [car television]　車載テレビ受信機。
カーテン・コータ [curtain coater]　流し塗装機。塗料をスリットから膜状に流下させて塗装する機械。
ガーデン・シート [garden seat]　英（2階バスにある1人又は2人用の）屋上腰かけ。
カーテン・シールド・エアバッグ [curtain shield airbag]　☞エス・アール・エス（SRS）カーテン・シールド・エアバッグ。
ガーデン・トラクタ [garden tractor]　庭園や果樹園で耕作に用いるけん引自動車。
カート [cart]　荷物の運搬や買い物に使う手押し車。
ガード [girder]　けた，大ばり。例 道路の上に高く架けた鉄道橋。ガーダの通称。
ガード [guard]　防具，保護器，危険防止装置。例 ㋑車輪の泥よけ。㋺グラインダ砥石の覆い。㋩ベルトの覆い。
カード・エントリ・システム [card entry system]　キャッシュ・カードくらいのエントリ・カードを所持しているだけで，車のドアやトランクの解錠・施錠ができる便利な装置。車載のユニットとカードがパスワードの交信を行い，これが一致すれば作動する。☞スマート・キー・システム。
ガード・ネット [guard net]　防護金網。例 路上へ落石を防ぐ金網。
ガード・ランプ [guard lamp]　（道路工事現場などにある）危険防止灯。
カートリッジ [cartridge]　①弾薬筒，薬莢（やっきょう）。②簡単に交換ができるように規格の容器に入れられた部品。
カートリッジ・タイプ・フィルタ [cartridge type filter]　薬筒型に作られたろ過器。一定期間使用ごとに更新する使い捨て型。
カートリッジ・タイプ・フューズ [cartridge type fuse]　薬筒型可溶片。ガラス管又はエボナイト管に密封されたフューズ。溶断のとき外へスパークが飛ばないので安全。

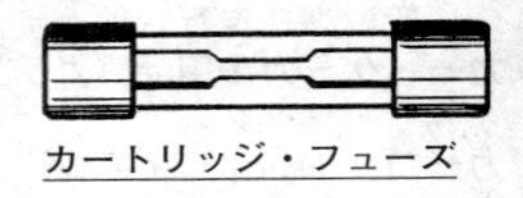
カートリッジ・フューズ

ガード・レール [guard rail]　保護さく，手すり。例 道路の屈曲部その他危険箇所に設けた転落防止用鉄さく。
カー・ナビ [car navi]　☞カー・ナビゲーション・システム。
カー・ナビゲーション・システム [car navigation system]　地図，経路，自動車位置，進行方向などの情報表示や目的地までの経路を，車載の受像機上に人工衛星からの電波で誘導するシステム。
ガーニッシュ [garnish]　車体の飾り。～ストリップ（飾りひも）。
ガーネット [garnet]　ざくろ石。酸化けい素とその他の化合物。例 研磨用金剛砂の材料。
カー・ノック [car knock]　エンジンの着火不良によって出力に変動が生じ，これが原因で車体が“がくん・がくん”と前後に揺れる現象。
カーバイド [carbide]　☞カルシウム・カーバイド。
カー・ヒータ [car heater]　車内暖房装置。例 ㋑温水暖房。㋺排気暖房。㋩バーナ式暖房。
カーフ [kerf]　タイヤのトレッド面の切り溝。＝サイプ。
カーブ・ウェイト [curb weight]　（車の）装備重量。
カー・フェリー [car ferry]　航送船。自動車の渡し船。乗り込み乗り出しができる自動車の渡船。＝フェリー・ボート。

カーブ・クリアランス・サークル [curb clearance circle]　（自動車が最小半径で回転する場合）タイヤの外側が道路の縁石に当たらずに通過することができる円。☞クリアランス・サークル。
カーブ・サイド [curb side]　歩道の縁石側。
カーブ・ストーン [curb stone]　（街路などの）ふち石。
カーブ・スライド式（しき）シート [curve slide seat]　背の低い運転者が快適な運転姿勢をとれるようにするため，シート・スライドのレールを弓形に曲げ，シートが前にくるほど腰の位置が高くなり，膝の位置が低くなるようにしてあるもの。
カーブ速度警報（そくどけいほう）システム [curve speed warning system; CSWS]　カー・ナビゲーションの地図情報等に基づき，カーブに進入する速度が超過しているような場合，ドライバに対して警報するシステム（ISO／CD11067）。
カーフ・デザイン [calf design]　（タイヤ・トレッドにある）細かい彫り模様。
カーブド・オフセット・スプリング [curved offset spring]　ダイハツがコンパクト・クラスに採用した，マクファーソン・ストラット用スプリングの設定方法。フロント・スプリングの中ほどの巻き径を外側に膨らませ，ストラットに加わる横力によるフリクションを飛躍的に低減し，優れた操縦安定性やしなやかな乗り心地を両立させている。☞オフセット・コイル・スプリング。
カーフリー・ゾーン [car-free zone]　歩行者天国地帯。車の進入を禁止した区域。
ガーベージ・トラック [garbage truck]　ごみ取りトラック。
カー・ベルト [car belt]　（衝突など事故の際身体を守る）安全ベルト。＝シート〜，セーフテイ〜。
カーボイ [carboy]　かご入り大型ガラスびん。例 ㋑蒸留水容器。㋺酸類容器。
カー・ホース [car horse]　車を支える馬，すなわち台。車台下回り作業において，安全のために入れる堅牢な台。＝トレスル。
カー・ポート [car port]　車庫。家屋に接して作った屋根と柱だけの簡易車庫。
カー・ボデー [car body]　車体。
カーボランダム [carborundum]　炭化けい素。記号SiC。極めて硬度の高い人造金剛砂。例 ㋑やすり紙の砂粒。㋺砥石車。☞シリコン・カーバイド。
カーボランダム・ホイール [carborundum wheel]　カーボランダムを主成分としたグラインディング・ストーン（回転砥石）。
カーボン [carbon]　①（元素としての）炭素。記号C。同素体として無定形炭素，黒鉛（グラファイト），金剛石（ダイヤモンド）の三つがある。②（不完全燃焼生成物としての）炭ばい，すす。
カーボン・オフセット [carbon offset]　市民や企業などが自らの温室効果ガス（CO_2）の排出量を認識し，主体的にこれを削減する努力を行うとともに，削減が困難な部分の排出量について，他の場所で実現した温室効果ガスの排出削減・吸収量などを購入すること。または，植林や再生可能エネルギーなどのエコ事業に投資して，その排出量の全部または一部を埋め合わせること（炭素相殺）。二酸化炭素（CO_2）排出量の増加が，地球の温暖化を促進している。
カーボン・グラファイト [carbon graphite]　黒鉛。炭素の同素体の一つ。
カーボン・シート [carbon sheet]　カーボンの薄板。例 カーボン・パイル式可変抵抗器。
カーボン・スクレーパ [carbon scraper]　カーボンかき工具。一般に平きさげ形に作られる。
カーボン・スチール [carbon steel]　炭素鋼。普通単に鋼と称し，0.05〜1.7%の範囲の炭素を含む鉄と炭素の合金で，炭素の少ないものを軟鋼，多いものを硬鋼という。自動車の構造材として重要なものである。
カーボン・スラスト・ベアリング [carbon thrust bearing]　黒鉛（成分は炭素）製側圧軸受。例 クラッチを切るために必要なスラスト軸受として用いることがある。一種の無油軸受。

カーボン・スラッジ [carbon sludge]　燃焼室で発生したカーボンや，オイル等が変質してできたものが混じりあってできた黒い汚泥状のもの。オイル・ストレーナやフィルタ等に詰まりやすく，エンジンの潤滑不良を引き起こす。

カーボン・セラミック・ブレーキ [carbon ceramic composite brake]　ディスク・ブレーキのロータやパッドの材料にカーボン・ファイバ（炭素繊維）とシリカ（二酸化ケイ素）などの複合材を用いたもの。従来の鋳鉄製ディスク・ロータの約2倍に当たる1,400～1,600℃の高温に耐えて重量は約1/2と軽く，高速ブレーキ時の耐フェード性が大幅に向上するとともにばね下荷重も軽減でき，腐食にも強い。このため，スポーツ・カーやハイパフォーマンス・カーなどに採用される。

カーボン・ダイオキサイド [carbon dioxide]　二酸化炭素，炭酸ガス。記号CO_2。☞カーボン・モノキサイド。

カーボン・デポジット [carbon deposit]　カーボンのたい積物のこと。ディーゼル・エンジンで燃焼室内の壁やバルブなどにこびり付いている黒色のあかのようなもので，燃料の燃えかすやカーボンなどが主成分である。ホット・スポットとなって異常燃焼の原因となる。

カーボン・トラック [carbon track]　カーボンによる短絡。例ディストリビュータの内部がカーボンに汚れて高圧電流が短絡すること。

カーボン・ナノチューブ [carbon nanotube; CNT]　直径が5～20，長さが数百～数千ナノメートル（1/10億メートル）のチューブ状炭素多面体。純炭素物質で，肉眼で見ると煤（すす）と同じような粉末状をしており，内部が入れ子構造になっている。基本的には何かに混ぜて使用し，その効果には導電性の向上や機械的特性の向上などがある。燃料電池やリチウムイオン電池の端子や極に用いると性能が飛躍的に向上し，樹脂や金属に添加すると弾性や機械的強度が向上する。

カーボン・ニュートラル・サイクル [carbon neutral cycle]　植物は成長過程で光合成により二酸化炭素（CO_2）を吸収する。このため，燃焼によってCO_2が発生しても，ライフ・サイクルとして見ると大気中の増減には影響を与えない。すなわち，サトウキビ等から作られるバイオマス燃料を使用することにより，CO_2の発生をニュートラル（中立）に保って地球温暖化防止に役立つ，と言われている。しかし，実際には原料作物の生産・燃料製造・輸送等の際にCO_2を排出するため，鵜呑みにはできない。地球温暖化対策上は，ライフ・サイクルでのCO_2削減効果がより重要である。

カーボン・ノック [carbon knock]　カーボンのたい積が原因で起こるエンジン・ノッキング。カーボンがたい積すると圧縮比は大きくなり，あるいはカーボンが赤熱して熱点を生じ，過早点火を起こすためノッキングしやすい。

カーボン・パイル [carbon pile]　積層カーボン。多数のカーボン・シートを陶管内に収め，これに加える圧力の変化によって電気抵抗値が変化することを利用した一種の可変抵抗器。例㋑ジェネレータ用電圧調整器。㋺テスタ用可変抵抗器。

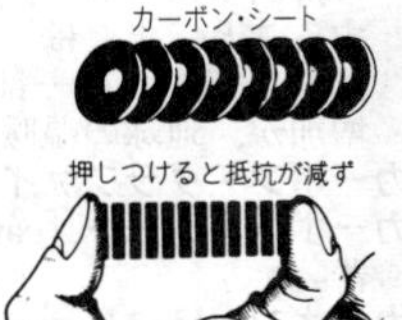

カーボン・パイル

カーボン・パイル・レギュレータ [carbon pile regulator]　積層カーボン式電圧調整器。ジェネレータの界磁電流をカーボン・パイルを通して供給しており，過大電圧又は過大電流を生ずるとパイルの加圧力を減じて励磁回路の抵抗を増し発電を押さえるようになっている。

カーボン・パティキュレート・マター [carbon particulate matter]　炭素の微粒子状物質。ディーゼル排気ガスの黒煙の素で，発癌性物質の疑いがある。単にパティキュレート・マター（PM）ともいう。☞SPM。

カーボン・バランス法（ほう） [carbon balance]　ガソリンやLPガス，軽油を燃料とする自動車において，燃料消費率（燃費）を算出する方法の一つ。エンジンに入る燃料中の炭素原子数と，排気ガス中の炭素原子数が同じであることから，排気管から排出された排気ガスのうち，CO，HC，CO_2の重量を測定し，これらに含まれる炭素の重量から消費した燃料の量を算出している。カタログなどに記載されいる車の燃料消費率（km/ℓ）は，JC08モードなどを用いて排出ガスを測定した結果から逆算している。すなわち，燃費は直接計量するのではなく，計算で求めている。

カーボン・ピース [carbon piece]　カーボンの小片。ディストリビュータ・キャップの内側中央部にあり，コイルからきた高圧電流をロータへ伝える役目をしている。

カーボン・ファイバ [carbon fiber]　炭素繊維。軽量で強度があり，耐熱性に優れていることから，プラスチック材料等の強化繊維として利用されている。

カーボン・ブラシ [carbon brush]　炭素刷子。回転電機類において，回転部と固定部との電気連絡に用い，整流子又は集電環と摩擦している。

カーボン・ブラスタ [carbon bluster]　圧縮空気を利用してカーボンを吹き飛ばす工具。

カーボン・ブラック [carbon black]　カーボン黒。天然ガスなどを不完全燃焼させて出るすすを集めたもので，ほとんど純粋な炭素。例 ㋑カーボン・ブラシの原料。㋺タイヤ・ゴムの補強材。

カーボン・モノキサイド [carbon monoxide]　一酸化炭素。記号CO。炭素の不完全燃焼によって生ずる無色無味無臭の有毒気体。排気ガス公害の元凶とされるもので，その排出量規制が行われている。☞カーボン・ダイオキサイド。

カーボン・リムーバ [carbon remover]　カーボン除去具又は薬剤。例 ㋑スクレーパ。㋺ワイヤ・ブラシ。

カーボン・レオスタット [carbon rheostat]　カーボン可変抵抗器。カーボン・パイルを利用した調整式抵抗器。例 ㋑電圧調整器。㋺バッテリ・テスタの抵抗器。

カーボン・レジスタンス [carbon resistance]　カーボン抵抗。カーボンが有する固有の電気抵抗。金属より大きく，かつ，温度が上がると抵抗値が小さくなる特性がある。例 各種抵抗器の抵抗体。

カー・マルチメディア [car multimedia]　カーナビや携帯電話を利用して，走行中の車からリアル・タイムで交通や生活等に関する情報を双方向（車両⟷センタ，車両⟷インターネットHP）で通信できるシステムの総称。ITSの一環ともいえる。例 モネ（トヨタ），コンパスリンク（日産），インターナビシステム（ホンダ），インテリジェント・トラフィック・ガイダンス・システム（ダイムラ・クライスラー）。

カー・メンテナンス [car maintenance]　車の保守整備，管理。☞カー・ケア。

カー・リターダ [car retarder]　自動車の減速機。例 ㋑エディ・カレント～。㋺（ディーゼルの）エキゾースト～。

カー・リフト [car lift]　自動車整備用の昇降機。☞オート・リフト。

カーリング [curling]　巻き込むこと，巻き上げること。例 ボデー工作において，フェンダの下端部などを巻き込むこと。

ガーリング・タイプ [Girling type]　油圧ブレーキのマスタ・シリンダの型式。アメリカのガーリング社製品，別名プランジャ・タイプ。

カールド・ヘア [curled hair]　巻き毛，くず毛。例 ㋑エア・クリーナ用エレメント。㋺通気口用防じんパッキング。

カー・レント [car rent]　自動車の賃貸。

カー・ワックス [car wax]　車体磨き用ろう。

カー・ワッペン [car wappen]　車につける紋章。転じてボデーに貼る広告類。

カー・ワンダ [car wander]　（故障による）車のふらつき。

外気温（がいきおん）センサ [ambient temperature sensor]　マイコン制御によるオート・エアコンにて，吹き出し温度制御のため，サーミスタによって外気温度を抵抗の大きさに置き換え，コントロール・ユニットへ送るセンサ。

改質（かいしつ）ガソリン [reformed gasoline]　オクタン価が70ぐらいと低い直留ガ

ソリンを，白金を触媒とする改質装置で化学処理して（水素と反応させる）オクタン価を95～97ぐらいまで高めた，重質なガソリン。直留ガソリンと混ぜて市販ガソリンとする。

開磁路型（かいじろがた）［open magnetic circuit］　イグニション・コイルで磁束の通路となる鉄芯がコイルの中心部にのみ設けられているタイプ。

回生（かいせい）ブレーキ・システム［regenerative braking system］　ハイブリッド車において，車輪の回転力によりモータを発電機として作動させることで減速しつつ運動エネルギーを電気エネルギーに変換，HVバッテリに回収させるシステム。エンジン・ブレーキ時に作動させるだけでなく，フット・ブレーキによる減速時も，回生ブレーキが優先的に作動し，油圧ブレーキが制動力を補うよう制御することで，減速時の運動エネルギーを効率よく回収する。例トヨタのハイブリッド車。

回転角度（かいてんかくど）センサ［turning angle sensor］　ハイブリッド車や電気自動車の駆動用モータの制御に用いるセンサ。高回転・高出力の電動モータを高精度に制御するためには，モータの回転子の回転角度をリアルタイムに検出する角度センサが必要になる。☞レゾルバ・センサ。

回転部分相当質量（かいてんぶぶんそうとうしつりょう）［rotating part equivalent mass］　自動車を制動する場合，ある質量の自動車を停止させるための制動力に加えて，車軸，ギヤ，プロペラ・シャフト等の回転部分を停止させる力も必要である。制動距離の計算の場合，便宜上この回転部分の代わりにある量の仮想質量が車両質量に加わったものと考え，この仮想質量を回転部分の相当質量という。JISでは，この値をトラックでは車両質量の7%，乗用車，小型トラック，バスなどでは5%と規定している。

回転（かいてん）モーメント［rolling moment］　軸を中心に回転させようとする力。

ガイド［guide］　（機械器具の）案内，誘導装置。例㋑バルブ～。㋺～ピン。

ガイド・ウェイ［guide way］　案内道路。例ハイウェイのインタチェンジまで案内する道路。

ガイドウェイ・バス［guideway bus］　一般道路ではドライバの操作で運行し，専用道路内では誘導装置による自動運転で走行するバス。公共交通機関優先の原則により開発されたもの。例名古屋ガイドウェイ・バス（2001年3月開業）。

ガイド・ツール［guide tool］　案内用工具。部品を組みつける際に位置決め等に使用する。例バルブ～。

ガイド・バー［guide bar］　案内棒。例クラッチ板取り付け用芯出し棒。

ガイド・ピン［guide pin］　案内ピン。例ピストン・ピン取り付け用案内ピン。

ガイド・プレート［guide plate］　案内板。例アメス型シリンダ・ゲージの～。

ガイド・ベアリンク［guide bearing］　案内軸受。例クラッチ軸の先端を支持する軸受。＝パイロット～。

ガイド・ポスト［guide post］　案内柱，道しるべ柱。＝サイン～。

カイネチック［kinetic］　①運動の。②活動力のある。③動的な。＝ダイナミック。例～バランス。対スタチック。

カイネチック・バランス［kinetic balance］　☞ダイナミック～。

カイネチック・ホイール・バランサ［kinetic wheel balancer］　☞ダイナミック～。

外燃機関（がいねんきかん）［external combustion engine］　蒸気エンジンやスターリング・エンジンのようにエンジンの外部で燃料を燃やし，発生する熱エネルギーを作動流体に伝え，この流体の働きによって動力を得る形式のエンジン。対内燃機関。

外部収縮式（がいぶしゅうしゅくしき）ブレーキ［external contracting brake］　☞エキスターナル・コントラクティング～。対内部拡張式～。

海綿状鉛（かいめんじょうえん）［spongy lead］　バッテリの陰極板物質純鉛（Pb）が，充電状態でペースト状をしている状態をいう。

カウチューク［caoutchouc］　天然ゴム，弾性ゴム。＝インディア・ラバー。

カウリング [cowling]　（車体部分）車の前面上部（前窓や計器板を含む）。
カウル [cowl]　同前。
カウル・トップ [cowl top]　車体前面の窓の下側を形成し，左右ピラーをつなぐパネル。
カウル・パネル [cowl panel]　前述カウル・トップ部の外板。
カウル・ベンチレータ [cowl ventilator]　カウルに設けた通風窓。
カウル・ボード [cowl board]　カウル板，計器板。＝ダッシュ～。
カウル・ランプ [cowl lamp]　カウル外側灯，一種のサイド・ランプ。計器板のランプはダッシュ～。
カウンタ[1] [counter]　①計算器。②営業台，売り台。
カウンタ[2] [counter]　反対，逆の。
カウンタ・ウェイト [counter weight]　対重，副すい，釣り合い重り。例 ㋑クランクシャフトの釣り合い重り。㋺ホイールの釣り合い修正用重り。
カウンタ・ギヤ [counter gear]　逆転歯車。主軸と反対に回転する歯車。例 変速機副軸の歯車群。
カウンタ・クロックワイズ [counter clockwise]　（回転方向）時計の逆回り，左回転。対 クロックワイズ。
カウンタサンク [counter-sunk]　穴の口を広げた，埋頭孔を空けた。例 ライニングやフェーシングに空けた皿穴。

カウンタ・ギヤ

カウンタ・シャフト [counter shaft]　逆転軸，反転軸，主軸と反対に回転する軸。例 変速機の主軸と平行し主軸と反対に回転する副軸。
カウンタシンク・ドリル [counter-sink drill]　皿穴用段付ききり。ライニングやフェーシングに皿穴を空けるために用いる。
カウンタ・ステア [counter steer]　逆ハンドルのこと。車が旋回中オーバステア状態になったとき，ドライバがスピンを避けるため反射的に行う操作，又は高速コーナリングのためのテクニックでもある。
カウンタ・スプリング [counter spring]　釣り合いばね。例 ガバナ類の重りに用いられているばね。
カウンタ・バランス [counter balance]　対重，釣り合い重り。＝バランス・ウェイト。
カウンタ・フロー [counter flow]　インレットとエキゾーストのマニホールドを，シリンダ・ヘッドの片側に重ねて設けた配置方式。対 クロス・フロー。
カウンタ・ボア [counter bore]　皿穴，段付き穴。
カウンタ・ポイズ [counter poise]　平衡おもり。＝バランス・ウェイト。
カウンタ・ボーリング [counter boring]　皿穴づくり，段えぐり。
カウンタ・ボルテージ [counter voltage]　逆電圧，反対方向電圧。例 ㋑バッテリに対する充電電圧。㋺一次回路をつなぐとき一次コイルに起こる自己誘導電圧。
カウンタ・マーク [counter mark]　合い印，合わせマーク。
加鉛（かえん）ガソリン [leaded gasoline]　☞レッデッド～。対 無鉛～。
可逆式（かぎゃくしき）[reversible]　☞リバーシブル。
過給機（かきゅうき）[supercharger]　☞スーパーチャージャ。
角加速度（かくかそくど）[angular acceleration]　☞アンギュラ・アクセラレーション。
学習制御（がくしゅうせいぎょ）[learning control]　制御対象物の動特性やルールを抽出しながら制御指令値を調整する制御手法。
学生（がくせい）フォーミュラ [student formula]　☞FSAE。
拡張後方障害物警報（かくちょうこうほうしょうがいぶつけいほう）システム [extended-range backing aid systems; ERBA]　比較的長い距離を後退中に，車両後方の障害物情報を提供・警報するシステム（ISO22840）。☞車両周辺障害物警報。
傘歯車（かさはぐるま）[bevel gear]　ベベル・ギヤ。交わる2軸間に運動を伝達する円すい形の歯車。例 デフのドライブ・ピニオン・ギヤ。

カ氏温度（しおんど）［Fahrenheit temperature］　ドイツ人ファーレンハイト（***Fahrenheit***）の発案になる温度目盛で，英国のヤード・ポンド法の温度単位。氷点を32℉，水の沸点を212℉とし，その間を180等分した目盛。セ氏（℃）への換算式は，C＝5/9（F－32）。

可視光線透過率（かしこうせんとうかりつ）［visible light transmittance］　自動車の前面ガラスおよび側面ガラスは，運転者が交通状況を確認するために必要な視野の範囲に係る部分における可視光線の透過率は70％以上と，保安基準に規定されている。

ガジョン・ピン［gudgeon pin］　耳軸，かんざしピン，しゅもく軸。例 ㋑ピストン・ピン。㋺ジョイントのトラニオン。

ガス［gas］　①気，気体。例 プロパン～。②（一般に）ガソリンの略称。

ガス・アナライザ［gas analyzer］　排気ガス分析計（測定器）。☞エキゾースト・ガス～。

ガス・ウェルディング［gas welding］　ガス溶接。例 酸素アセチレン溶接。

ガス・オイル［gas oil］　ガス油，（一般に）軽油のこと。例 ディーゼル燃料。

ガス・カーボン［gas carbon］　ガス黒，ガス・ブラック。石炭乾留の副産物。黒鉛に似た外観を有し電気の良導体。例 ㋑カーボン・ブラシ材。㋺カーボン・パイル材。

ガス・ガズラ［gas guzzler］　ガソリンをがぶ飲みする大型自動車。

ガス・ガズラ・タックス［gas guzzler tax］　大型自動車特別税。

ガスケット［gasket］　気密水密を必要とする合わせ面に挟む金属製などのパッキング。例 ㋑シリンダ・ヘッド。㋺マニホールド。

ガスケット・パッキング［gasket packing］　同前。

ガス・シールド・アーク溶接（ようせつ）［gas shielded arc welding］　電気アーク溶接の一種。溶接部にシールド（遮蔽）・ガスを噴射させ，電極棒（溶加材）と母材の間に発生したアークを大気から遮断し，その中でアーク熱により母材を加熱融合させて行う溶接法。シールド・アーク溶接ともいい，溶接部を大気から遮断することにより，溶融金属の酸化や窒化による劣化が防止できる。シールド・ガスにはアルゴンやヘリウムなどの不活性ガスや，低コストの炭酸ガスまたは炭酸ガスとアルゴンの混合ガスが用いられる。これにより歪みの少ない連続溶接作業が可能となり，酸素アセチレン溶接にとって代わりつつある。MIG溶接，MAG溶接，TIG溶接などがこれに当たる。

ガス・ジェネレータ［gas generator］　ガス発生機。例 ㋑溶接用アセチレン・ガス発生機。㋺衝突安全装置用ガス発生機。

ガス・ステーション［gas station］　ガソリン給油所。ガソリン・スタンド。

ガスタービン・エンジン［gas-turbine engine］　燃料を連続的に燃焼させ，燃焼ガスを，フィンをもつ円盤状の回転体に吹きつけて動力を得る内燃機関。レシプロ・エンジンに比較して小型軽量で燃焼効率も良いが，路上を走行する場合に1000℃以上の高温排気ガスの処理が難しく，又，低回転域での効率が悪いことなどから，自動車用としてはまだ実用化されていない。

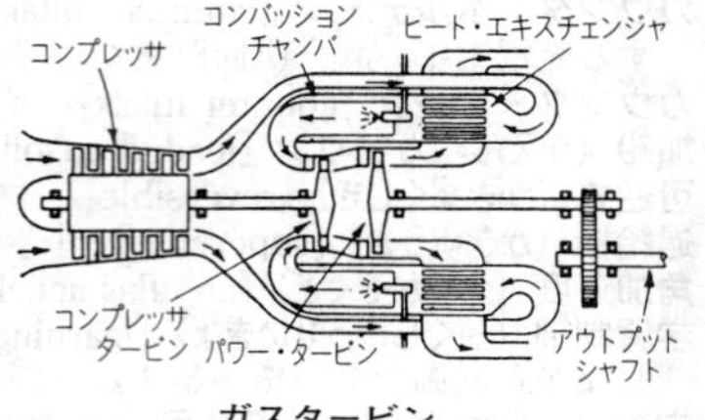

ガスタービン

ガスタイト［gas-tight］　気密，ガスの漏れない。

カスタマ［customer］　顧客，得意先，取引先。

カスタマイジング［customizing］　顧客の好みに合わせて車を仕上げること。

カスタマイズ［customize］　注文製作する，個人の希望に合わせる。

カスタマイズ機能（きのう）［customizing function］　カー・メーカで設定した内容を，顧客の要望で変更する機能。専用ツールを外部端子に接続し，ドア・キー連動パワー・ウインドウ機能の有→無，車速感応式オート・ロック機能の有→無，イルミネーテッド・エントリ・システムのタイマ時間等の設定変更を行う機能（ツールの操作でMPXボデー・コンピュータ内の不揮発性メモリを書き換える）。トヨタ車に採用。

カスタマイズド・カー［customized car］　☞カスタム～。

カスタム［custom］　①習慣，慣習。②注文，あつらえ（複合語）。

カスタム・カー［custom car］　特別仕立ての車，別あつらえの車。

ガス・タンク［gas tank］　①（一般に）ガソリン・タンク。②ガス充てん容器。③LPGタンク。

ガス・チャージ［gas charge］　①気体を充填すること。例カー・エアコン冷媒の充填。②ガソリンの補給。

ガス・ディテクタ［gas detector］　ガス・リーク・ディテクタ（ガス漏れ検知器）の略。☞ガス・リーク・テスタ。

ガス・ドーム［gas dome］　ガス溜め，気室。例燃料ポンプの吐出圧を平均させる空気室。

カストマ［customer］　☞カスタマ。

カストル・オイル［castor oil］　ひまし油。＝カースタ～。

ガス・ノック［gas knock］　燃料のオクタン価（ガソリン）又はセタン価（ディーゼル）が低いために起こるノッキング現象。＝フューエル～。

ガス・バーナ［gas burner］　ガス燃焼器，噴炎器。例㋑酸素溶接用吹き管。㋺（バスなどに用いる）暖房用軽油燃焼器。

ガス・フィルド・バルブ［gas filled valve］　ガス入り電球。フィラメントの蒸発を防ぐため不活性ガス（アルゴンや窒素）を封入した電球。例㋑ヘッドライト用電球。㋺シールドビーム・ランプ。

ガス・ブラック［gas black］　ガス黒。☞ガス・カーボン。

ガス・ボンベ［gas bombe］　爆弾型ガス容器。例㋑酸素容器。㋺溶解アセチレン容器。

ガス・リーク・ディテクタ［gas leak detector］　☞ガス・リーク・テスタ。

ガス・リーク・テスタ［gas leak tester］　ガスの漏えい試験器。例LPG用ガス漏れ検知器。

かせいソーダ［caustic soda］　「苛性曹達」は日本式当字。水酸化ナトリウム，NaOHの俗称。例ラジエータやウォータ・ジャケットの水あかとりの洗浄剤。

化石燃料（かせきねんりょう）［fossil fuel］　石油，石炭，天然ガスなどの総称。古代地質時代の動植物の残がいが化石化して，燃料としての価値を有するもの。

ガセット［gusset］　①補強用三角巾。②隅板。☞ガセット・プレート。

カセット・テープ［cassette tape］　枠入り小型録音テープ。例カー・ステレオ。

ガセット・プレート［gusset plate］　すみ板，補強用添え板。例フレームのサイド・メンバとクロス・メンバの接合部に当てる三角形の当て板。

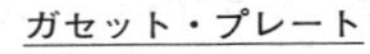
ガセット・プレート

画像処理式（がぞうしょりしき）ヘッドライト・テスタ　［image processing type headlight tester］　ヘッドライト・テスタの一種。ヘッドライトの配光画像をCCDカメラで撮影し，その配光パターンを画像処理してリアルタイムでカラー・モニタに表示する方式のもの。スクリーン式（投影式）と比較して取り扱いが容易で，短時間に測定ができる。

カソード［cathode］　陰電極。例㋑電子管の電子放出側電極。㋺電解では陽イオン放出側。㋩すべて電位の低い方の電極。対アノード。

カソード・レイ [cathode ray] 陰極線。真空管の放電によって陰極から発する電子流。

カソード・レイ・オシロスコープ [cathode ray oscilloscope] 陰極線オシロスコープ。電圧電流などの変化を可視曲線で表す器械。

カソード・レイ・チューブ [cathode ray tube; CRT] 陰極線管，ブラウン管。例 CRTディスプレイ。☞LCD。

加速走行騒音（かそくそうこうそうおん） [acceleration noise] 車やバイク等が加速時に発する騒音。主にエンジンからの排気騒音で，国連を中心に国際的に規制が強化されている。保安基準の改正により，2010年4月以降の生産車からマフラの加速騒音規制が追加された。これによれば，加速時の走行騒音レベルが82dB（原動機付き自転車は79dB）以下と規定されている。ただし，乗車定員11人以上の自動車，車両総重量が3.5tを超える自動車，大型および小型特殊自動車は除く。

加速度（かそくど） [acceleration] 時間に対する速度の変化（増速）の割合。☞重力加速度。対 減速度。

ガソホール [gasohol] ガソリンに10%のアルコールを混入したアルコール混合ガソリンの名称。gasolineとalcoholの合成語。ブラジルで実用化されている。

ガソリン [gasoline] 内燃機関の燃料の一種で，原油を蒸留して得られる揮発性の高い炭化水素の混合物である。製法により直留，改質，分解の三種のベース・ガソリンがあり，自動車用はこれらを適切に混ぜ合わせて作られる。その品質は，日本工業規格（JIS-K-2202，自動車用ガソリン）により，オクタン価で1号（96.0以上）と2号（89.0以上）とに分かれ，無加鉛であることなどが規定されている。

ガソリン・エンジン [gasoline engine] ガソリンを燃料とするエンジン。1885年ドイツのゴットリーブ・ダイムラによって作られた。

ガソリン・ゲージ [gasoline gauge] ガソリン計。タンクに現存するガソリン量を表示する計器。電気式のテレ・ゲージが多い。

ガソリン・スタンド [gasoline stand] ガソリン給油所。＝フィリング・ステーション。

ガソリン・ストレーナ [gasoline strainer] ガソリン中のゴミを取り除くろ過器。＝フューエル～，フューエル・フィルタ。

ガソリン・タンク [gasoline tank] ガソリン槽。長時間の運行に必要なガソリンを保有する容器。

ガソリン・パイプ [gasoline pipe] ガソリンを通す細管。

ガソリン・フィード・パイプ [gasoline feed pipe] ガソリン供給管。

ガソリン・ベーパ [gasoline vapor] ガソリンの蒸気，気化したガソリン，生ガス。燃料タンクやキャブレータからのガソリン蒸気（HC）が大気中に発散するのを防止するため，チャコール・キャニスタで吸収してエンジンで燃焼させている。

ガソリン・ミクスチャ [gasoline mixture] ガソリン混合気，ガソリンと空気との混合気体。燃焼に必要な空気量はガソリンの重量比で約15倍。

ガター [gutter] とい，ボデーの屋根回りに設ける雨どい。

可鍛鋳鉄（かたんちゅうてつ） [malleable cast iron] ☞マリアブル・キャストアイアン。例 マリエーブル。

カチオン電着塗装（でんちゃくとそう） [cation electrodeposition coating] 樹脂系塗料の電着塗装にて，塗料の粒子をプラス⊕に帯電させマイナス⊖極の被塗物に析出した塗膜を焼付乾燥する方法をカチオン（陽イオン）電着という。対 アニオン（anion，陰イオン）電着。

ガッジョン・ピン [gudgeon pin] 耳軸，かんざしピン。軸やロッドに対し直角に設けたピン。例 ピストン・ピン。

ガッシング [gassing] ガスの活発な発生。例 充電終期におけるバッテリ電解液の泡立ち状態。

活性（かっせい）アルミナ [active alumina]　吸着力の特に強いアルミナ。気体中から湿気，油蒸気を吸着除去する特性をもち，排出ガス対策用の三元触媒にて，ハニカム型セラミックスにコーティングされている。

カッタ [cutter]　切削用工具の総称。例 ㋑バルブシート～。㋺ギヤ～。

カッタウェイ [cut-away]　切り落とし，（内部を見えるように）一部を切り取った。

カッタ・バー [cutter bar]　刃物の取り付け棒。例 ㋑シリンダ・ボアラの軸。㋺ライン・ボアラの刃物軸。＝ボーリング・バー。

カッタ・パイロット [cutter pilot]　カッタ案内棒，カッタの中心軸。

カッティング・アングル [cutting angle]　切削角。例 バルブ・シートの場合一般に45°，中には30°のもある。その外面取り用の15°，穴ぐり用の75°なども用いられる。

カッティング・オイル [cutting oil]　切削油。金属材料の切削作業において摩擦を防ぎあるいは冷却するために用いる油。例 ㋑鉱物油。㋺動物油。㋩植物油。㊁乳化油。㋭アルカリ水溶液。

カッティング・ツール [cutting tool]　切削工具。＝カッタ。

カッティング・ニッパ [cutting nipper]　（コードや針金を切る）食切り。単にニッパと称し，一般に刃が柄に対し斜めにつけてある。

カッティング・プライヤ [cutting plier]　針金切りプライヤ。通称ペンチ。＝ピンサーズ。

カッティング・ルブリカント [cutting lubricant]　切削用潤滑材。＝カッティング・オイル。

カットアウト [cut-out]　開閉器，切り替え器。例 ㋑充電回路の自動開閉器，ショートに対する安全器。㋺排気ガスの切り替え器。

カットアウト・リレー [cutout relay]　（充電回路の）自動遮断器。ジェネレータが発電すると回路を閉じ，発電がやむと回路を切ってバッテリからの逆流を防ぐ。オルタネータはダイオードで逆流を阻止するため不要。

カットイン [cut-in]　割り込む，干渉する。例 ㋑リレーが充電回路を閉じる。㋺自動車が後からきて割り込む。

カットイン・ボルテージ [cut-in voltage]　（リレーの）閉路電圧，リレーが充電回路を閉じる電圧。例 12V式の場合13～13.5V（6V式はこの半分）。これが高過ぎると充電が不足し，低過ぎるとリレーのポイントが焼損する。

カットオフ [cut-off]　①切り落とし。（弁の）締め切り。②㊎ 近道。

カットオフ・ホイール [cut-off wheel]　（円周の一部を）切り落としたギヤ。例 ㋑変速機のメインドライブ・シャフトの直結用ギヤ。㋺シンクロメッシュ用ハブ・ギヤ。

カッピング [cupping]　（カップのように）くぼみができること。例 ㋑タイヤのトレッド・ゴムにできる局部的へこみ。㋺バルブ・ヘッドのきのこ状変形。㋩機械加工では深絞りのこと。

カップ [cup]　コップ，コップ状のもの。例 ㋑油圧ブレーキ・ピストンのカップ・ゴム。㋺テーパローラ・ベアリングの外輪。

カップ・アンド・コーン・ベアリング [cup and cone bearing]　カップ状の外輪とコーン状の内輪からできている軸受。＝テーパローラ～。

カップ・グリース [cup grease]　グリース・カップ用グリース。一般に鉱油とカリ石けんとを混合して作ったバター状グリース。耐水性に優れる。60℃以下の作業温度で使用される。

カップ・ゴム [cup gum]　コップ状ゴム。油圧装置のピストン油密用として用いる杯型ゴム。例 油圧ブレーキ，油圧操作クラッチ。

活物質（かつぶっしつ） [active material]　バッテリで，直流電気を化学エネルギーとして貯蔵している極板物質。充電状態で陽極は二酸化鉛（PbO_2），陰極は海綿状態（Pb）。

カップヘッド・ボルト [cup-head bolt]　へこんだ頭のボルト。

カップ・ホルダ [cup holder]　車室内に設けられた飲み物用のコップや缶が転倒しないよう保持するもの。

カップラ [coupler]　連結機，連結装置。例 ㋑トラクタとトレーラの連結装置。㋺電気配線の結合用さし込み器具。＝カプラ。

カップリング [coupling]　継手，連結機。断続機構を持つクラッチ。例 ㋑プロペラシャフトの継手。㋺流体継手。㋩電線の継手。

カップリング・ファン [coupling fan]　流体継手付きファン。高速時には適度に滑って動力の節約と騒音防止に役立てるもの。＝クラッチ付きファン。

カップリング・ボックス [coupling box]　（電線の）結合箱。シャシの配線とボデーの配線とをつなぐ箱。＝ジャンクション～。

カップリング・レンジ [coupling range]　トルク・コンバータにて，タービンの回転が早くなってステータが空転を始める点をクラッチ・ポイントといい，それ以降はトルクの変換作用はなく，流体クラッチの作用のみとなる速度帯のことをいう。

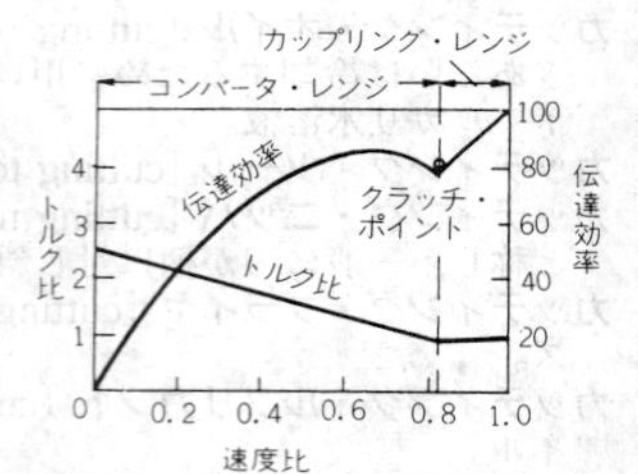

トルク・コンバータの性能

カップル [couple]　①一対，二つ，一組。②合わせる，連結する。

カップル・シート [couple seat]　（バスなどの）2人がけ座席。＝ロマンス・シート。

カップル・ディスタンス [couple distance]　組み合わされたものの2点間の距離のことで，主にシートの間隔を表すのに用いる。例えば，運転席と助手席の中心間距離。☞タンデム・ディスタンス。

カップルド・バス [coupled bus]　連結車両を有するバス。＝トレーラ・バス。

カテゴリ [category]　①範疇（はんちゅう）。②分類上の区分，部類，種類。

カデナシ・エフェクト [Kadenacy effect]　（2サイクル）カデナシ効果。排気管の途中に膨張室を設け，一種の排気慣性効果で排気作用をよくするもの。4サイクルにも応用できる。

可倒式（かとうしき）ミラー [folding type mirror]　車体外に取り付けるフェンダ・ミラーやドア・ミラーは，歩行者などの保護のため，前方から外板に沿って力を加えたときに，25kg以下の力で倒れるように規定されている。

カドミウム [cadmium]　（すずに似た）金属元素の一つ。記号Cd。亜鉛精練の副産物として得られる。例 ㋑ボルトやナットの防せいめっき。㋺溶融合金の一成分。

カドミウム・テスト [cadmium test]　カドミウム試験。カドミウム棒と専用電圧計とを用いて行うバッテリの試験法。

可燃性（かねんせい）ガス [combustible gas; inflammable gas]　空気と混合した状態で点火すると燃焼することができるガス。

カバー [cover]　ふた，覆いの類。

カパー [copper]　銅，あかがね。

カパー・アロイ [copper alloy]　銅合金。例 ㋑黄銅（真ちゅう）。㋺青銅（砲金）。

カパー・ガスケット [copper gasket]　銅板製のパッキング。例 ㋑シリンダ・ヘッド用。㋺マニホールド用。

カバーチュア [coverture]　覆い，被覆，えん護物の類。

カパー・チューブ [copper tube]　銅管，銅パイプ。例 燃料供給管，送油管，ブレーキ油圧管。

カパー・パイプ [copper pipe]　銅管。＝カパー・チューブ。

カパー・ブラシ [copper brush]　銅刷子，銅ブラシ。例 始動モータ用ブラシ。銅塊，焼結銅，圧縮銅網，焼結銅炭素等があり炭素ブラシより電気抵抗が小さい。

カパー・プレーテッド・ブラシ [copper plated brush]　銅めっきのブラシ，カーボンの表面に銅めっきして電気抵抗を小さくしたブラシ。

カパー・ロス [copper loss]　銅損。Rオームの抵抗のある導体にIアンペアの直流電流が流れたときその材料にI^2Rワットの熱を発生する。これを銅損という。＝オーミック・ロス。

ガバナ [governor]　調速機，制御器。[例]㋑点火進角装置用。㋺自動変速機用。㋩オーバドライブ用。㋥ディーゼル噴射ポンプ用。

ガバナ・ウェイト [governor weight]　ガバナ用重り，軸と共に回転し遠心力の作用で開く重り。

ガバナ・スプリング [governor spring]　ガバナ・ウェイトを引っ張るスプリング。㋑点火進角装置用。㋺ディーゼル調速機用。

ガバナ・バルブ [governor valve]　自動変速機のアウトプット・シャフト上に配置され，車速に応じた油圧を発生するバルブ。

ガバナ

ガバナ・ハンティング [governor hunting]　（ディーゼルにおいて）ガバナの制御が円滑でなくエンジンの速度が上がったり下がったり周期的に変動すること。

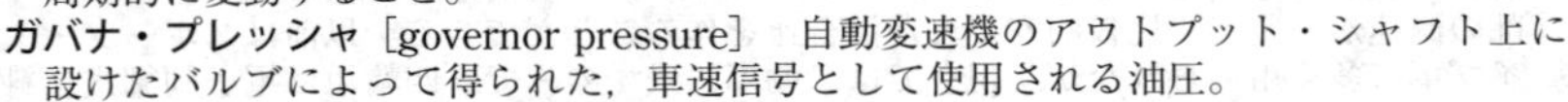

ガバナ・プレッシャ [governor pressure]　自動変速機のアウトプット・シャフト上に設けたバルブによって得られた，車速信号として使用される油圧。

カビィ [cubby]　（運転席の）小物入れ。＝コンパートメント。グローブ・ボックス。

カプセル [capsule]　さや。計器などを入れる気密容器。

カプラ・オフセット [coupler offset]　（セミトレーラ・トラックの）第五輪中心とトラクタ後車軸中心との水平距離。＝フィフス・ホイール・オフセット。

カブリオレ [*cabriolet*]　[仏]フランス語。開閉屋根付き乗用車で，前一列席のもの。キャブリオレ，ロードスター，コンバーチブル・クーペともいう。

可変気筒（かへんきとう）エンジン [variable cylinder engine]　☞可変排気量～。

可変吸気（かへんきゅうき）システム [variable induction system]　エンジンの回転数に応じて吸気管の数，長さ，径などを変え，主として吸気脈動効果を利用して吸入効率を良くするシステム。

可変（かへん）ステアリング・ギヤ比（ひ） [variable steering gear ratio]　ハンドル角の増減に従い変化するように設定したかじ取り歯車装置の減速比。

可変（かへん）ターボチャージャ [variable geometry turbocharger; VGT]　過給機の一種であるターボチャージャは，低速からアクセルを踏み込んでもターボ効果が出るまでに若干の時間的な遅れ（ターボ・ラグ）が生じる。この宿命的な課題を解決するためには，回転部品の軽量化や，タービンの回転を高めるためのエネルギーを増大させる必要がある。このため，可変ノズル・ターボ，ツイン・スクロール・ターボ，可変容量ターボなど様々な手法が考案されている。VGターボとも。

可変抵抗器（かへんていこうき） [variable resistor; VR]　回すと抵抗値が連続的に変化する抵抗器。レオスタット，ボリュームともいう。

可変排気（かへんはいき）システム [variable exhaust system]　排圧を低減して一時出力を向上するため，運転状態に応じてマフラ内部の通路を切り替える可変マフラが採用される。

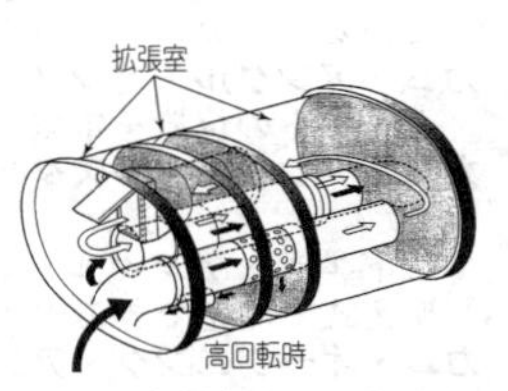

可変排気システム

可変排気量（かへんはいきりょう）エンジン [variable displacement engine]　4サイクルのガソリン・エンジンにおいて，アイドリングや定常運転など負荷の小さい状態では一部のシリンダを遊ばせ，残りのシリンダに負荷を集中して燃焼効率を上げ，燃費をよくしようとするシステム。可変気筒エンジンまたは気筒休止エンジンともいう。[例]㋑可変シリンダ・システム（VCM／ホンダ）。㋺

シリンダ・カットオフ・システム（Mベンツ）。

可変（かへん）バルブ・タイミング機構（きこう）[variable valve timing device] ガソリン・エンジンの充てん効率を高めるため，油圧制御等によりバルブの作動角は一定のまま，カムの位相を可変できるカムシャフト・タイミング・ギヤを吸気側のカムシャフト前部に取り付け，吸気バルブの開閉時期を低・中速時と高速時とで切り替える装置。後に排気側にも採用された。

可変（かへん）バルブ・リフト機構（きこう）[variable valve lift system] エンジンの吸排気効率を高めるため，運転状況に応じて吸排気バルブのリフト量を最適な値になるように制御する装置。MIVEC（三菱／2010年以前），VTEC（ホンダ），i-AVLS（スバル），AVS（アウディ），カムトロニック（MB），バリオカム・プラス（ポルシェ）などは2段階に，ノンスロットル式のバルブトロニック（BMW），バルブマチック（トヨタ），VVEL（日産），マルチエア（フィアット），MIVEC（三菱／2011年以降）などでは，無段階にバルブのリフト量を切り替えることができる。

可変（かへん）ベンチュリ式（しき）キャブレータ[variable venturi type carburetor] ベンチュリに相当する部分の断面積をベンチュリ負圧により連続的に変えられる気化器。代表的なものではSUキャブレータがあり，吸入空気量が変化してもベンチュリ部の流速が一定で，比較的安定した混合比を作ることができる。以前はスポーツ・タイプ車に多く用いられたが，現在では二輪車に残すのみで，四輪用は電子制御式燃料噴射装置の登場と共に姿を消していった。

可変容量（かへんようりょう）オイル・ポンプ[variable displacement oil pump] オイル・ポンプにおいて，一定の回転数でオイルの吐出量を変えることのできるもの。エンジンやATなどのオイル・ポンプに使用され，ATのベーン型オイル・ポンプの場合，負荷・スロットル圧やライン圧の変化に応じて吐出量を変えることができる。これによりオイル・ポンプの摩擦損失を低減し，燃費性能向上の一助としている。

可変容量（かへんようりょう）コンプレッサ[variable displacement compressor] カー・エアコンのコンプレッサに使用され，冷媒を圧縮するコンプレッサの容量を可変にすることにより過冷却を防止し，燃費節減を図るもの。斜板式の場合，斜板の傾斜角を変えることでピストン・ストロークが変化し，コンプレッサ容量が可変となる。

カミオン[camion] 軍用トラック。

カム[cam] 回転運動を往復運動などに変える装置（歪輪）。板カム，円筒カム，球面カム，端面カムなどがある。�例㋑バルブ用カム。㋺フューエル・ポンプ用カム。㋩断続器用カム。㋥ハンドル・ギヤ用カム。

ガム[gum] ゴム。ゴム樹の樹液から作った天然ゴムと石油から作った人造ゴムがある。天然ゴムは弾性に優れるが鉱油に侵され，また老化しやすい。人造ゴムは耐油性があるが弾性に乏しい。

カム・アングル[cam angle] カム角。自動車でいうカム・アングルとは，断続器における閉角のことで別名ドエル・アングルともいい，ポイントが閉じた状態でカムが回転する角度をいう。一般に1シリンダ当たりカム角（360度をシリンダ数で割ったもの）の50～60%に設計するので，4シリンダで50°内外，6シリンダで35°くらいである。＝カム・クロージング・アングル。

カム・アングル・センサ[cam angle sensor] 電子制御式エンジンにおいて，カムシャフトの位置を電気信号に置き換えるための検知器。＝カム・ポジション～。

カム・アングル・テスタ[cam angle tester] コンタクト・ポイントの閉じている角度（カム・クロージング・アングル，ドエル・アングル）を電気的に測定する計測器。＝ドエル・アングル～。㊟一般的には，ドエル・アングルとエンジン回転数を切り換え式で測定できるドエル・タコ・テスタが多い。

カム・オープニング・アングル[cam opening angle] カムの開角。断続器において，ポイントが開いた状態でカムが回転する角度をいう。

カム・ギヤ[cam gear] カム歯車。カム・シャフト端に固定されたギヤで，クランクシャフト・ギヤの2倍の大きさである。

カム・グラインダ [cam grinder]　カム研磨盤。例㋑バルブ用カムを研磨仕上げする機械。㋺ピストンをだ円形仕上げ（カム研磨）する機械。

カムシャフト [camshaft]　カム軸，バルブ用カムを配列した軸でクランクシャフトの半速に回転される。クランクシャフトと並べてクランクケース内に置いたものとシリンダ・ヘッド上に置いたものがある。

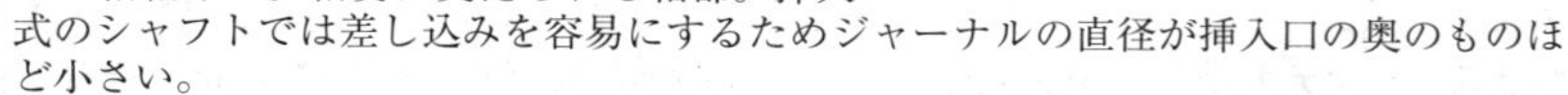

カムシャフト

カムシャフト・ギヤ [camshaft gear]　カム軸歯車。＝カム・ギヤ。

カムシャフト・ジャーナル [camshaft journal]　カム軸軸けい。軸受に支えられる軸部。挿入式のシャフトでは差し込みを容易にするためジャーナルの直径が挿入口の奥のものほど小さい。

カムシャフト・スプロケット [camshaft sprocket]　カム軸用鎖歯車。クランク・スプロケットの2倍の大きさがあり，半速に回転する。

ガム・デポジット [gum deposit]　ガムのたい積物。例ガソリンの流路又はキャブレータに沈積付着するゴム状物質。分解ガソリン等不飽和化合物を多く含むものに発生しやすい。

カム・トー [cam toe]　カムの爪先，とがった先端。対ヒール。

カムトロニック [Camtronic]　可変バルブ・リフト機構の一種で，MBが2012年に4気筒1.6ℓのガソリン・エンジンに採用したもの（造語）。吸気側に2種類のカムを設け，2種のカムを切り替えることにより2段階でリフト量を可変にしている。

カム・ノーズ [cam nose]　カムの鼻。とがった先端。同前。

カム・ハンプ [cam hump]　カムの突起部，カム山。

カム・ヒール [cam heel]　カムのかかと。突起の反対側。

カム・フェース [cam face]　カム表面，カム面。＝カム・プロフィール。

ガム・フォーメーション [gum formation]　ガムの生成，ガソリンの通路やキャブレータにゴム状物質ができる現象。例㋑キャブレータの小穴の詰まり。㋺インレット・バルブのスチック（粘着）。

カム・ブレーキ [cam brake]　カムの働きでシューをドラムへ押しつけて制動するブレーキ。

カム・プロファイル [cam profile]　カムの側面，輪郭，カムの形状。例㋑切線カム。㋺凸面カム。㋩凹面カム。

カム・ポジション・センサ [cam position sensor]　カム・アングル検知器。トヨタ車に採用されている気筒別独立点火システム（TDI）や可変バルブ・タイミング（VVT-i）機構制御のため，カム角を電磁ピック・アップで検出する。＝カム・アングル・センサ。

カム・レバー [cam lever]　カムてこ。例タペットがカム直上にないとき運動の伝達に使うてこ機構。

カム・ローブ [cam lobe]　カムの突出部。＝カム・ノーズ。

カメラ・モニタ・システム [camera monitor system; CMS]　室内後写鏡（インナ・ミラー）や車外後写鏡（アウタ・ミラー）の代わりに，カメラとモニタ（表示装置）を用いて車の後方視界を写し出す間接視界装置。2003年に国連のWP29（自動車基準の国際整合化組織）で，ミラーからカメラに置き換える案が採択された。

カラー [collar]　環，接管，軸つば。例ベアリング～。

カラー [colour; color]　色。

カラー・コーディネーション [color coordination]　色彩統一。例車の室内（シート，インパネ，ステアリング・ホイール，カーペット，ルーフ・ライニング等）の色を外板色にあわせて，ある色に統一すること。

カラー・コード［color code］　色番号。補修塗装の調色等で使用する。例エンジン・ルームのプレートに，その車両の塗色がコード番号で記されている。

カラー・チェック［color check］　染色探傷法。目に見えないき裂を赤の発色によって探る方法。＝レッド・チェック。

カラー・チューブ［color tube］　色管。例コードの端につけた色分けのビニール管。配線に便する。

カラー・フロップ性（せい）［color flop］　車の塗色において，見る角度で顕著に色調が変化する現象。フリップフロップ性とも。

カラーリング［coloring; colouring］　着色（法），彩色（法）。

カラーリング・リクィッド［coloring liquid］　着色液。例カラー・チェックに使う赤色着色液。

ガラス［glass］　☞グラス。

ガラス・アンテナ［glass antenna］　フロントの合わせガラスの中に0.3mm程度の細い線を封入したワイヤ式と，リヤのガラス面上に幅1mm弱の金属膜パターンを印刷したプリント式の2種類がある。

ガラス繊維強化（せんいきょうか）PP［glass fiber reinforced polypropylene］　☞GFPP。

ガラス繊維強化樹脂（せんいきょうかじゅし）［glass fiber reinforced plastics; GFRP］　ガラス短繊維を混入した樹脂。引っ張り強さ，弾性率，寸法安定性が向上する。

ガラス・マット［glass mat］　バッテリの内部品で，細いガラス繊維を交差させ板状に積み重ね，結合力の弱い陽極活性物質の脱落を防止するため，セパレータに付けて陽極板面を加圧するのに用いる。

ガラス・ラン［glass run］　ドア・ガラスの摺動部や保持のための溝状のレール。ドア・チャンネルともいう。＝グラス～。

ガラス・リッド［glass lid］　サンルーフを覆う透明なガラス製のふた。

ガリウム［独 Gallium］　金属元素で，レア・メタル（希少金属）の一つ。記号Ga，原子番号31。アルミニウムによく似た灰白色の軟らかい金属で，砒素との化合物（ガリウム－砒素／GaAs）は半導体（LED）の材料となる。ガリウムは，2009年から国家備蓄の対象に追加された。☞窒化ガリウム。

カリウム［kalium］　金属元素の一つ。記号K。化学的性質はナトリウムに似てそれより更に激しい。＝ポタシウム。例カップグリース用カリ石けん原料。

カリウムシアナイド［kalium-cyanide］　KCN。シアン化カリウム。一般に青酸カリと呼ぶ白色の粉末で，生物に対し猛毒性がある。例鋼鉄の表面硬化焼き入れに使用することがある。

加硫（かりゅう）［vulcanization］　☞バルカニゼーション。

渦流（かりゅう）［swirl］　☞スワール。

ガリレオ［Galileo］　EUが構築中の全地球航法衛星システム（GNSS）。米国の軍事衛星であるGPSに依存しない欧州独自の民間による衛星測位システムで，高度約24,000kmの上空に30機の人工衛星を運行することを予定しており，測定精度はGPSの数メートルに対して1メートルまで向上できる。1号機は2005年に打ち上げられ，本格的な利用開始は2016年末の予定。EU以外では，中国，イスラエル，ウクライナ，インド，モロッコ，サウジアラビア，韓国が参加。☞QZSS。

ガル［Gal］　加速度の単位，1ガルは1cm/s²の加速度。

ガル・ウィング［gull wing］　gullは海鳥のかもめ。自動車のドアの開閉方式の一つで，左右ドアが上部を支点と

ガル・ウィング

してかもめの翼のように大きく上に開くタイプ。

カルシウム・カーバイド [calcium carbide]　CaC_2。炭化カルシウム。通称カーバイド。白色又は灰白色の硬い結晶体で，生石灰と無煙炭との混合物を電気炉で溶融して作られる。水と作用するとアセチレン・ガスを生ずる。例 酸素アセチレン溶接。

カルダン・シャフト [Cardan shaft]　プロペラシャフト，ジョイント付の動力伝動軸。カルダン（*Cardan*）はイタリア人で自由継手の発明者。＝カーダン〜。

カルダン・ジョイント [Cardan joint]　カルダン継手。*Jerome Cardan* 伊 によって考案された十字軸式自由継手。現在広く使用されている。

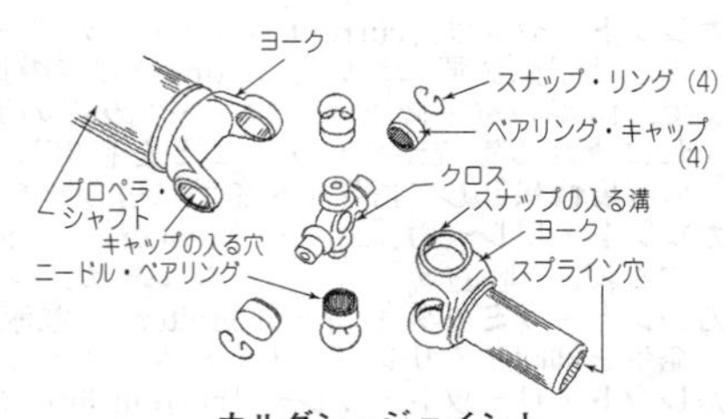

カルダン・ジョイント

カルチベータ [cultivator]　耕運機。農耕作業用機械。各種のものがある。

カルノー・サイクル [Carnot cycle]　フランス人カルノーが考えた可逆サイクル。二つの断熱変化と二つの等温変化から成り立つもので理論的には優れたものであるが実用されてはいない。

カルバート [culvert]　（道路下などの）暗きょ，地下排水路。

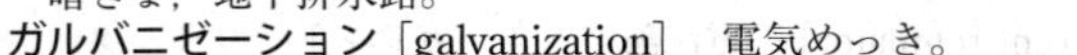

ガルバニゼーション [galvanization]　電気めっき。

ガルバニック・エレクトリシティ [galvanic electricity]　動電気，動状態にある電気すなわち電流のこと。

ガルバノメータ [galvanometer]　検流計，極めて微少な電流又は電圧の検出に用いる計器。

ガルプ・バルブ [gulp valve]　（空気噴射式排気浄化装置）逆流逆火防止弁。

カルマ型（がた） [Carlmahr's type]　シリンダ・ゲージの型。測定子の伸縮がリンク装置によりダイヤル・ゲージに伝わる方式で，ゲージをシリンダの外で見ることができる。対 アメス型。

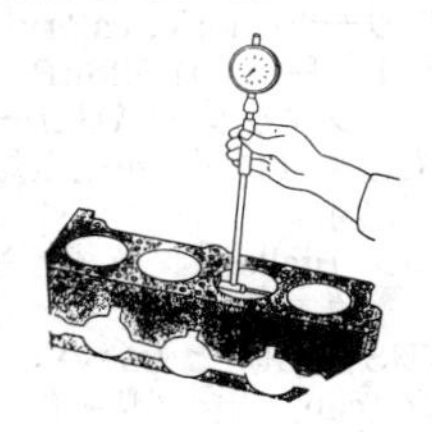

カルマ型シリンダ・ゲージ

カルマン渦（うず） [Karman vortex]　カルマンはアメリカの物理学者。一様な流れの中に円柱を置くと，その下流に渦が交互に規則的に発生し，発生周波数と流速との間には一定の関係がある。この原理を電子制御式燃料噴射装置のエアフロー・メータに利用して，吸入空気流量を検出する。

ガレージ [garage]　自動車車庫，自動車修理工場。

ガレージ・ジャッキ [garage jack]　ガレージ専用の大型油圧ジャッキ。小車輪を有し自由に移動できる。

ガレージ・マン [garage man]　ガレージで働く人，修理要員。

ガレージ・ランプ [garage lamp]　（修理作業に使う）保護覆い付電灯。

カレント [current]　流れ，主として電流。例 ㋑電流。㋺気流。

カレント・コイル [current coil]　電流コイル，起磁力が主として電流の強さをもつもの。電圧コイルより線が太く巻き数が少ない。例 始動用マグネット・スイッチのプルイン・コイル。

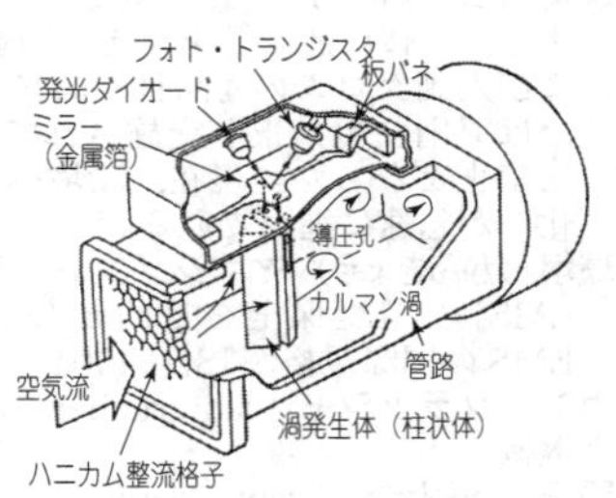

カルマン渦式エアフロー・メータ

カレント・コレクタ［current collector］　集電装置。例ダイナモにおけるコミュテータやブラシなど。

カレント・コンサンプション［current consumption］　電流消費量。

カレント・コンシューマ［current consumer］　電流を消費するもの。すなわち電気負荷。例㋑モータ。㋺電球。㋩コイル。

カレント・センサ［current sensor］　ディーゼル・エンジンの急速予熱装置において，10mΩ程度の抵抗を有する導線で，両端の電圧降下がグロー・プラグの温度によって，それに流れる電流が変化することを利用し，グロー・プラグの温度情報として信号をタイマに送る働きをする。

ガレージ・ジャッキ

カレント・ブレーカ［current breaker］　電流遮断器，過大電流が流れると回路を遮断する装置。例㋑サーキット・ブレーカ。㋺オーバロード・リレー。㋩フューズ。

カレント・リミッタ［current limiter］　電流制限器。例ダイナモにおいて過大電流の発生を抑制するリレー。オルタネータは自制作用が働くから一般に使用されない。

カレント・リミット・リレー［current limit relay］　電流制限リレー。回路に過大電流が流れると警音を発し，又は電流を切る装置。例㋑サーキット・ブレーカ。㋺オーバロード・リレー。

カレント・レギュレータ［current regulator］　電流調整器。＝カレント・リミッタ。

カローラ・ハイブリッド［Corolla Hybrid］　ハイブリッド車の車名で，トヨタが2013年に11代目カローラにハイブリッド・システムを搭載したもの。ハイブリッド・システムはアクアと同じTHS II（リダクション機構付き）を搭載して，燃費性能は33.0km/ℓ（JC08モード）を達成。

カロッツェリア［*carrozzeria*］　伊自動車の車体工場。設計工房。

カロリー［calorie; calory］　熱量の単位。記号はJ（ジュール）。1Jとは，1kgの純水を1気圧（101.325kPa）のもとで，14.5℃から15.5℃まで高めるのに要する比熱。

カロリフィック・バリュー［calorific value］　発熱量，燃料の単位質量（1kg）又は単位容積（1m^3）が完全燃焼する際に発する熱量。例ガソリン1kgの発熱量は約1万kcal余。

ガロン［gallon］　英式容積単位。記号gal。英米で異なり，英ガロンは別名インペリアル・ガロン（Imp・gal）ともいい約4.57ℓ。米ガロンは別名ユーエス・ガロン（US・gal）ともいい約3.79ℓに相当する。

カン［can］　米ブリキ缶，（缶詰の）缶。＝キャン。英ティン（tin：錫）。

ガン［gun］　①銃，銃様のもの。例㋑グリース〜。㋺エア〜。②俗スロットル又はガス・ペダルすなわちアクセレレータ・ペダル。

環境負荷物質（かんきょうふかぶっしつ）［environmental load substances］　地球環境を汚染し，人体に悪影響を与える物質。自動車の素材としては，鉛，水銀，カドミウムおよび六価クロムの4品目が該当し，2005年以降の生産車から，これらの大幅削減または原則使用禁止が実施されている。EUの場合，2003年以降これらは全て原則使用禁止となった。現在，環境へ負荷を与えない素材への転換（環境負荷物質フリー化）が急速に進んでいる。

環境（かんきょう）マネジメント・システム［Environmental Management System; EMS］　環境保全を目的とし，方針や達成目標を定め，これを改善する仕組み。EMSの国際規格がISO14001。

カン・クラッシャ［can crusher］　エンジン・オイル等の空き缶を空圧等で押しつぶす機械。

間隙（かんげき）［gap; clearance］　①ギャップは比較的広い間隙に用いる。例㋑ポイント〜。㋺プラグ〜。②クリアランスは狭い間隙に用いる。例㋑ピストン〜。㋺オイル～。

間欠（かんけつ）ワイパ [intermittent wiper]　小雨で水滴が少ないときなど，一定の時間をおいて間欠的にワイパを動かす装置。

還元（かんげん） [reduction]　酸化されたものを元へ戻すこと。例えば，排気ガス中の有害成分である窒素酸化物（NO_X）を三元触媒にて無害な窒素（N）と酸素（O_2）に戻すこと。

還元触媒（かんげんしょくばい） [reduction catalyst]　排気ガス中の NO_X を還元反応によって低減するための触媒。対 酸化触媒。

還元触媒（かんげんしょくばい）コンバータ [catalytic convertor for reduction; CCR]　排気ガス中の NO_X を還元反応により低減させるための触媒反応装置。対 酸化触媒コンバータ。

乾式（かんしき）ライナ [dry liner]　シリンダ・ライナで外周が冷却水に直接触れないタイプで，軽合金シリンダに主に挿入される。対 湿式ライナ。

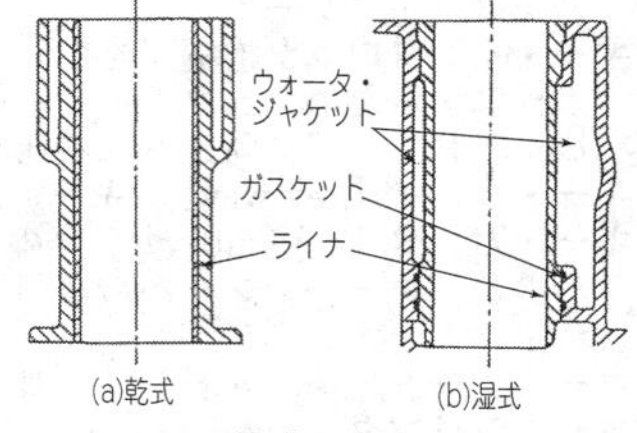

乾式ライナ

干渉（かんしょう） [interference]　二つ以上の物，光，音などが重なり合うことによって生ずる現象。

慣性力（かんせいりょく） [inertia force]　質量が運動することによって生じる力。質量と加速度との積で表される。慣性力を利用した代表的なものにフライ・ホイールがある。

カンチレバー [cantilever]　片持ちばり。ブラケットのように一方だけで支えているもの。

カンチレバー・スプリング [cantilever spring]　片持ちばり式ばね。

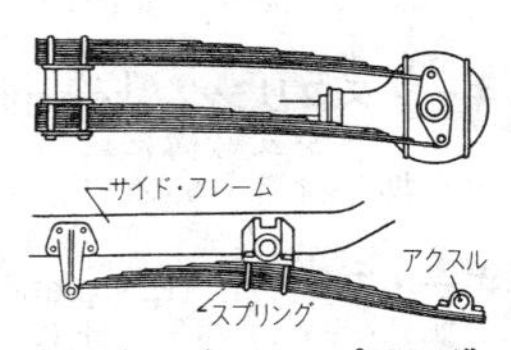

カンチレバー・スプリング

カンデラ [candela]　cd。光度のSI単位。1cdの光度とは，白金の凝固点における黒点の $1cm^2$ 当たりの光度の1/60と定義されている。1cdの光源から1m離れた明るさが1ルクス。

感電保護性能試験（かんでんほごせいのうしけん） [electric shock protection performance test]　新型車の安全性能評価試験項目の一つで，国土交通省と(独)自動車事故対策機構（NASVA）が自動車アセスメント制度（J-NCAP）に基づき，2011年度から実施したもの。電気自動車や電気式ハイブリッド車など電動系車両が万一衝突事故を起こした際，乗員が高電圧により感電事故に会うのを防止するためのもので，フルラップ前面衝突試験，オフセット前面衝突試験，側面衝突試験の各試験の実施に合わせて行っている。

カント [cant]　道路のカーブで，外側が高く内側が低くなっている角度のこと。

カントリー・ビーム [country beam]　（ヘッドライトの）ハイ・ビーム。いなか道用の走行ビーム。対 シティ～。

カントリー・レース [country race]　荒野の運転競技。例 クロス・カントリー・レース。

ガン・メタリック [gun metallic]　ボデー塗色の一種。メタリック塗装の色が大砲を作った砲金の色に似ていることから，こう呼ばれる。略してガンメタ。

ガン・メタル [gun metal]　砲金，銅とすずの合金で青銅ともいう。例 ㋑軸受ブシュ類。㋺スラスト・ワッシャ類。㋩ギヤ類。

顔料（がんりょう） [pigment]　主に着色を目的に塗料などに添加され，無機物と有機物に大別される。

[キ]

ギア [gear]　☞ギヤ。

ギアシフト・インディケータ [gearshift indicator; GSI]　手動変速機（MT）搭載車において，最適な変速タイミングをランプなどで教える装置。近年欧州のMT車で装備が進んでいるもので，これにより燃費性能の改善やCO_2の排出削減をねらっている。EU（欧州連合）では，この装置を新型車は2012年11月から，継続生産車は2014年11月から装備することを義務づけている。

キー [key]　①鍵。例 車のかぎ。②くさび。例 ギヤを軸に位置決めするくさび。③コッタ類。例 バルブ・スプリング受けのコッタ。④キー状のもの。例 シンクロ機構のシフト・プレート。

キー・インタロック機構（きこう） [key interlock device]　AT車が駐車中に動かないようにするため，シフト・レバーをPレンジに入れないとキーが抜けず，又，キーを抜くとPレンジに固定される仕組み。

キー・ウェイ [key way]　キー道，キー溝，キーを入れる溝。

キー・カッタ [key cutter]　車の鍵を複製する機械。現物のキー溝をなぞって複製するのと，キー・ナンバから複製するもの（メーカ系列のみ）とがある。＝キー・カッティング・マシーン。

キー・シート [key seat]　キー座。＝キー・ウェイ。

キー・シリンダ [key cylinder]　鍵を差し込む筒（雌側）。☞キー・プレート。

キー・スイッチ [key switch]　キー付き開閉器。例 エンジンの点火スイッチ。

キーストン・リング [keystone ring]　くさび型のコンプレッション・リング。側面がテーパ状でリング溝もテーパ加工されている。

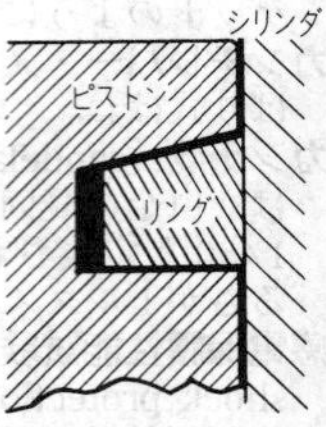

キーストン・リング

キー・スプリング [key spring]　トランスミッションのシンクロメッシュ機構において，シンクロナイザ・キーをスリーブへ押し付けているワイヤ状の円形スプリング。＝シフティング～。

キー・プレート [key plate]　キー・シリンダに差し込む鍵（雄側）。キー・プレートにトランスミッタ（送信器）を組み込んでドアをリモコンでロック・アンロックできるものもある。☞キー・シリンダ。

キープ・レフト [keep left]　（交通上の）左側通行。（道路の）左端を通る。

キー・ホール [key hole]　キー穴，かぎ穴。

キー・ホルダ [key holder]　キー保持具。

キーレス・エントリ・システム [keyless entry system]　キーを用いないでドアやトランク・ルームをロックしたり解除するシステム。電波や赤外線を利用したワイヤレス方式や，ドアにキー・ボードを設けて暗証番号を入力する方式などがある。

機械効率（きかいこうりつ） [mechanicale efficiency]　軸出力から機械損失動力を差し引いた内部動力と軸動力との比。

機械損失（きかいそんしつ） [mechanical loss]　摩擦などによって生じる力やエネルギーの損失。

希（き）ガス [rare gas]　周期表第18族元素（ヘリウム，ネオン，アルゴン，クリプトン，キセノン，ラドン）の6元素の総称。不活性ガス。

ギガバイト [gigabyte; GB]　10億バイト。コンピュータ記憶装置の記憶容量の単位。ギガ（giga-）は「10億倍」の意。1バイトは8ビット。☞MB（メガバイト）。

企業別平均燃費（きぎょうべつへいきんねんぴ） [corporate average fuel economy]　☞

CAFE。

キシレン [仏 xylene]　芳香族炭化水素の一つ。無色透明の有毒な液体で，合成樹脂や染料などの原料に用いる。ベンゼンやトルエンと共に石炭乾留等により抽出され，B（ベンゼン），T（トルエン），X（キシレン）と呼ばれている。＝キシロール。

キセノン [xenon]　Xe。希有ガスの一つ。無色無臭で真空管に封じ高圧電流を通すと紫色の光を放つ。例 タイミング・ライトの発光管。

キセノン・ガス [xenon gas]　☞キセノン

キセノン・ヘッドランプ [xenon headlamp]　☞ HID headlamp。

キセノン・ランプ [xenon lamp]　放電灯の一種。石英管に高圧のキセノン・ガスを封じ込めたもの。昼色光で，タイミング・ランプのほか映写機や写真撮影等に用いる。

キックアップ [kick-up]　①上曲げ。例 フレームを車軸上の位置で上へ曲げて間隔をとること。②け上げること。

キックアップ・フレーム [kick-up frame]　上曲げした車枠，車軸との間隔を大きくするため上に曲げたフレーム。

キック・スタータ [kick starter]　足けり式始動機。例 オートバイ類のスタータ。

キックダウン [kick-down]　AT車のDレンジ走行において，アクセル・ペダルを一杯に踏み込むと，自動的にダウン・シフトして加速力が得られる現象。追い越しのときよく使うので，パッシング・ダウンともいう。

キックダウン・スイッチ [kick-down switch]　け下げスイッチ，オーバドライブや自動ミッションにおいて，アクセルを急に深く踏みこんだときキックダウンさせる電気スイッチ。

キックバック [kick-back]　①手回しのクランク・ハンドルによるエンジン始動時の逆転現象。②足踏みによる二輪車始動時の逆転け返し現象（ケッチング）。③操舵時に路面の凹凸から逆にハンドルに伝わってくる衝撃。

キックバック・トルク [kick-back torque]　キック・バックにより発生する回転力。

キック・ペダル [kick pedal]　足けりペダル。例 オートバイ用始動ペダル。

キット [kit]　道具一式。道具箱。例 ツール〜。

起電力（きでんりょく） [electromotive force]　導体内で電流を流そうとする作用を表す量。そのSI単位は，電位差と同じくボルト（V）である。

気筒休止（きとうきゅうし）エンジン [selected cylinder operating engine; variable cylinder engine]　☞可変排気量エンジン。

気筒別独立点火装置（きとうべつどくりつてんかそうち） [direct ignition system; distributor-less ignition system; DLI]　☞ディストリビュータレス・イグニション・システム。

希土類元素（きどるいげんそ） [rare earth elements; REE]　☞レア・アース。

キネティック・ダイナミック・サスペンション [kinetic dynamic suspension system]　☞ KDSS。

希薄（きはく） [lean]　☞リーン。類似語でプアー（poor），ウイーク（weak）。対 リッチ。

希薄混合気（きはくこんごうき） [lean mixture]　空燃比が理論空燃比より大きい空気過剰の混合気。

希薄燃焼（きはくねんしょう）エンジン [lean-burn engine]　空燃比が理論空燃比より大きい空気過剰の状態で燃焼させるエンジン。

揮発性有機化合物（きはつせいゆうきかごうぶつ） [volatile organic compounds; VOC]　☞ VOC規制。

ギヤ [gear]　①歯輪，歯車。②特別な役割りをする装置。＝ギア。

ギヤ・ウィズドロワ [gear withdrawer]　ギヤ引き抜き具。＝ギヤ・プーラ。

ギヤ・オイル [gear oil]　ギヤ油。歯車用の潤滑油。APIでは潤滑条件を考慮してGL-1〜GL-5までの5段階に分類しているが，自動車用にはGL-3〜GL-5までのものを使用している。特にデフのハイポイド・ギヤには極圧添加剤が多く添加されたGL-5クラスの製品を必ず使用する必要がある。

ギヤ・カッタ [gear cutter]　歯切り機械，歯切り盤。

ギヤ・カッティング・マシーン [gear cutting machine]　同前。

逆（ぎゃく）アングライヒ機構（きこう） [minus angleich device]　燃料噴射ポンプで，吸入空気量に合わせて高速域で燃料噴射量を増量補正する装置。

逆位相操舵（ぎゃくいそうそうだ） [negative phase steering]　ステアリング・ホイールを切ったとき，前輪の方向と後輪の方向がそれぞれ反対の方向を向くこと。4WSに採用され，最小回転半径が小さくなる利点がある。

逆（ぎゃく）エリオット型（がた） [reverse Elliot type]　☞リバース・エリオット型。対エリオット型。

逆起電力（ぎゃくきでんりょく） [counter electromotive force]　電流の変化を妨げる方向に発生する起電力。

逆流防止弁（ぎゃくりゅうぼうしべん） [check valve]　☞チェック・バルブ。

ギヤ・ケース [gear case]　歯車箱。例トランスミッション。＝ギヤ・ボックス。

ギャザリング [gathering]　ひだ，ひだ付け。例ラジエータの放熱ひれに付けてあるひだ。

ギヤ・シフタ [gear shifter]　ギヤの切り替え装置。例トランスミッションにおいて，ギヤを動かすレバー，フォーク，シャフトなど。

ギヤ・シフト [gear shift]　ギヤの切り替え。

ギヤシフト・ノブ [gearshift knob]　トランスミッション変速レバーの握り。

ギヤシフト・フォーク [gearshift fork]　変速用二又金具。ギヤをつかむフォーク。

ギヤシフト・ペダル [gearshift pedal]　変速用ペダル。例オートバイ。

ギヤシフト・レバー [gearshift lever]　変速用てこ。＝チェンジ・レバー。例㋑床にある立ち上がり型。㋺ハンドルにあるリモコン型。

ギヤシフト・ロッド [gearshift rod]　変速棒。変速レバーとトランスミッションの位置関係が離れている場合，両者を接続するために用いるロッド（棒，リンク）。

ギヤシフト・フォーク

キャスタ [caster; castor]　①（ハンドルの安定に必要な）キングピン前後方向の傾き。ボール・ジョイント式では上下ボールの中心を結ぶ線の鉛直線に対する前後方向の傾き。②（重いものに付けた）脚輪。首振り式自由車輪。＝キャスタ・ホイール。

キャスタ・アジャスト・シム [caster adjust shim]　キャスタ調整用挟み金。独立式においてアーム取り付け部に入れる薄い挟み金。

キャスタ・アングル [caster angle]　キャスタ角。キングピンが鉛直線に対し前又は後ろに傾く角度。一般に0〜±2°くらい。鉛直の状態を0キャスタ，前へ傾くのを負（マイナス）〜，後ろに傾くのを正（プラス）〜といい，乗車し又は速度を上げると正に，減速し又は積荷を降ろすと負になる傾向がある。

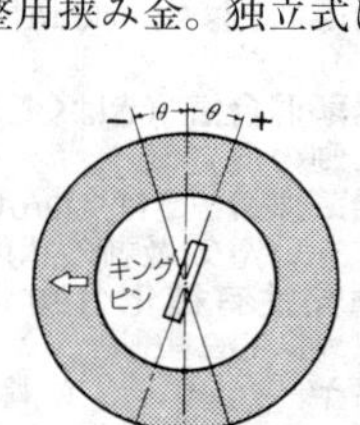

キャスタ・アングル

キャスタ・ウェッジ [caster wedge]　キャスタ調整用くさび，かんなの刃のようなこう配付きの板。前車軸とスプリングの間に入れてキャスタを調整する。

キャスタ・エフェクト [caster effect]　キャスタ効果。前輪に直進性を与え，ハンドルの安定と復元を容易にする。
キャスタ・オイル [castor oil]　ひまし油。☞カースタ・オイル。
キャスタ・オフセット [caster offset]　キャスタ偏位。車輪中心線とキングピン中心線とが路面上で隔たる距離。＝スクラブ。
キャスタ・ゲージ [caster gauge]　キャスタ角計測器。☞キャンバ・キャスタ・キングピン・ゲージ。
キャスタ・トレール [caster trail]　☞トレール。
キャスタ・ホイール [caster wheel]　脚輪，首振り式の自在車輪。例ガレージ・ジャッキその他可搬式重機械。
キャスティング [casting]　鋳造，鋳込み。例シリンダやピストンの製法。
キャスト [cast]　①鋳込む，鋳造する，型に取る。②投げる。☞モールド。
キャスト・アイアン [cast iron]　鋳鉄，鋳物用鉄。
キャスト・インブロック [cast inblock]　単体鋳造。幾つかのものを一つにまとめた鋳造。＝エンブロック，モノブロック。
キャストイン・メタル [castin metal]　鋳込みメタル。減摩合金を軸受の母材へ溶着したもの。現在のインサート・メタル以前に使用された。
キャスト・エンブロック [cast enbloc]　☞～インブロック。
キャスト・スチール [cast steel]　鋳鋼，鋳物用はがね。特に強度を必要とするものに用いる。
キャスト・ホイール [cast wheel]　鋳造ホイール。アルミニウムやマグネシウム合金を使用したもの。ばね下荷重の低減，仕上がり精度の向上および装飾性に優れている。
キャタピラ [caterpillar]　履帯，無限軌道。
キャタライザ [catalyzer]　触媒。＝カタライザ。
キャタリスト [catalyst]　触媒。＝キャタライザ。
キャタリスト・コンバータ [catalyst converter]　☞キャタリティック～。
キャタリティック [catalytic]　触媒反応の。＝キャタリティカル。
キャタリティック・コンバータ [catalytic converter]　触媒反応により，排気ガス中の有害なCO，HC，NO_Xを無害なCO_2，H_2O，NO_2に変換する装置。通称，触媒マフラ。触媒には白金やロジウムなどが用いられている。キャタリスト・コンバータ，触媒コンバータ。
キャタリティック・コンバータ・オキシデーション [catalytic converter for oxidation; CCO]　酸化触媒コンバータ。排気ガス中のCOやHCを酸化して，無害の炭酸ガス（CO_2）と水蒸気（H_2O）にする装置。㊟触媒とは，それ自身は少しも化学的変化を受けず，他の物の化学変化を早めたり遅らせたりする働きをする物質のこと。排気ガス浄化用の触媒には，白金やロジウムなどが用いられる。

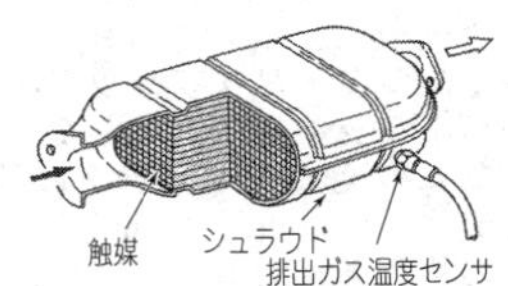

キャタリティック・コンバータ・オキシデーション

キャタリティック・コンバータ・リダクション [catalytic converter for reduction; CCR]　還元触媒コンバータ。排気ガス中のNO_Xを還元して，無害の窒素（N_2）と炭酸ガス（CO_2）等にする装置。
キャッスル・ナット [castle nut]　（緩み止めの）菊ナット，溝付きナット。割ピンで回り止めをするナット。
キャッチ [catch]　取り手，かけ金，止め金。例ドア～。
キャッチ・プレート [catch plate]　（旋盤の）回し板。つかみ板。

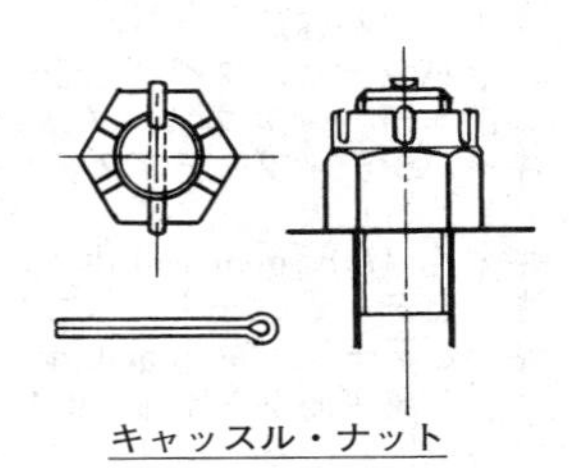
キャッスル・ナット

キ

キャッツ・アイ [cat's eye]　猫の目。例ヘッドライトに照らされると光る反射式道路びょう。
キャッピング [capping]　（摩耗したタイヤのトレッドにゴムをかぶせて再生する）山掛け。＝リキャップ。リトレッド。
キャップ [cap]　①ふた，帽，かぶせるもの。②（タイヤの）踏み面。＝トレッド。
ギャップ [gap]　すき間，割れ目，空間。例㋑エア〜。㋺スパーク〜。
ギャップ・ゲージ [gap gauge]　すき間計。例（スパーク・プラグの）プラグ・ギャップ〜。
キャップ・ジェット [cap jet]　キャパシタ・ジェットの略。
キャップ・スクリュ [cap screw]　頭付きねじ，頭付きボルト。＝キャップ・ボルト。
キャップ・ナット [cap nut]　袋ナット。穴の一方が閉じたナット。
キャップ・ボルト [cap bolt]　頭付きボルト。
キャディ [caddie]　（工場内の）運搬具。部品又は工具類を入れて引き回すもの。例パーツ〜。
キャトル・トラック [cattle truck]　牛や豚などの家畜運搬用トラック。
ギヤ・トレーン [gear train]　歯車列。一連のギヤ装置。
キャニスタ [canister]　かん，金属製容器。例チャコール〜。
キャノピ [canopy]　天蓋，覆い，屋根。例運転席の屋根やひさし。
キャノン・チューブ [cannon tube]　（タイミング・ライト先端の）放電管。せん光を発する真空管。
キャパシタ [capacitor]　（容量やエネルギーを）蓄えるもの。例㋑気化器において燃料を蓄える小室。＝ウェル。㋺電気を蓄えるコンデンサ。

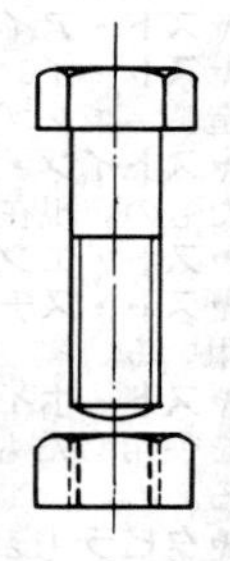
キャップ・ボルト

キャパシタ・ジェット [capacitor jet]　キャパシタ燃料の流出口。中速度以下においてメイン・ジェットと共に作用し，高速度には噴出を減じて混合気の過濃化を防ぐ一種の副ジェット。＝キャップ・ジェット。例ゼニス気化器。
キャパシタ・ディスチャージ・イグニション [capacitor discharge ignition; CDI]（コンデンサの）容量放電点火法。大容量のコンデンサを充電し，その容量をコイルの一次線へ一気に放電して二次線に高圧を起こす点火法。☞コンデンサ・ディスチャージ・イグニション。☞CDI[2]。
キャパシタ・ハイブリッド・トラック [capacitor hybrid truck]　日産ディーゼルが中型トラック用に開発した，ハイブリッド車。減速時に熱として捨てていた制動力を電気に変えてキャパシタに蓄え，駆動エネルギーとして再利用することにより通常のディーゼル車と比較して約1.5倍の省燃費を実現するとともに，PM（粒子状物質）の排出量も半減している。エネルギー密度を飛躍的に高めた「スーパー・パワー・キャパシタ」を使用。
キャパシティ [capacity]　容量，容積，能力。例㋑（エンジンの）排気容量。㋺（車の）積載容量。㋩（バッテリの）アンペア時容量。㋥（その他）熱容量。
キャパシティ・タイプ [capacity type]　（マフラの）容量型。排気を膨張させて音を消す型。☞アブソープション・タイプ。
キャパシティブ・ディスチャージ・イグニション [capacitive discharge ignition]　容量放電点火。
ギヤ比（ひ） [gear ratio]　☞ギヤ・レシオ。
キャビティ [cavity]　へこみ，くぼみ，穴。例ライナにできる腐食穴。
キャビテーション [cavitation]　空洞現象，えぐり損傷。例水ポンプの翼車などにおいて，翼表面から流体が離れ，そこに空洞ができて渦を生ずる現象で，翼車が浸食される原因となる。シリンダ・ライナにもこれと同じ現象がある。

キャビテーション・エロージョン［cavitation erosion］　空洞現象による衝撃波が原因で発生する材料表面の腐食現象。エロージョン＝イロージョン。☞キャビテーション。

キャビネット［cabinet］　①飾り棚，戸棚，外箱。②内閣。例 ツール〜。

キャピラリ・チューブ［capillary tube］　毛管，毛細管。例 ㋑カー・クーラのコアに使う細管。㋺エーテル式水温計用細管。

キャビン［cabin］　小屋，小室。例 運転者室。

キャビン・スクータ［cabin scooter］　キャビン付きスクータ。

キャブ［cab］　①タクシー。タクシキャブの略。②（トラックの）運転室。

キャブ［carb］　キャブレータ（carburetor; carburettor）の略称。

ギヤ・プーラ［gear puller］　歯車引き抜き工具。ギヤを引き抜く道具。

キャブオーバ・タイプ［cab-over-engine type］　トラックやバスにおいて，荷台や客室を広くするため運転室をエンジンの上まで前進させた型式の車両。＝フォワード〜。

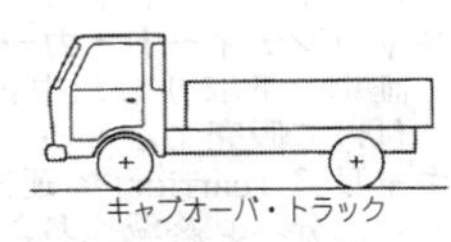

キャブオーバ・タイプ

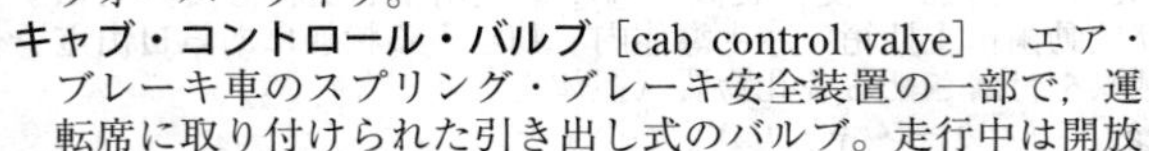

キャブオーバ・トラック［cab-over-engine truck］　☞キャブオーバ・タイプ。

キャブ・コントロール・バルブ［cab control valve］　エア・ブレーキ車のスプリング・ブレーキ安全装置の一部で，運転席に取り付けられた引き出し式のバルブ。走行中は開放されているが，リヤ・エア・タンクの空気圧が規定値以下となると自動的にスプリングの力で閉まり，リヤ・ブレーキが作動するようになっており，駐車ブレーキとしても利用される。

キャブ・サスペンション［cab suspension］　トラック運転席の乗り心地を改善するため，キャブ（運転室）とフレームの間に設けられたスプリングやダンパの緩衝装置。

キャブ・シェイク［cab shake］　トラック乗員室の振動。キャブオーバ・タイプのトラックが50〜80km/h くらいの速度で走行中，タイヤのユニフォーミティ（均一性）不良とフレームの共振により発生する。

キャプスタン［capstan］　ろくろ。鉛直軸のウインチ。＝トミー。

キャプスタン・ナット［capstan nut］　溝付きナット。割ピン入りナット。＝キャッスル〜。スロッテッド〜。

キャプスタン・レース［capstan lathe］　ターレット旋盤。

キャブタイヤ・ケーブル［cabtire cable］　ゴム被覆した心線又はこれらをより合わしたケーブルを，更に強じんなキャブタイヤ・ゴムで被覆した電線。工場内を引きずり回す電線に用いる。

キャブ・バランサ［carb balancer］　キャブレータ・バランサの略。

キャブリオレ［*cabriolet*］　仏 乗用車体の一形式。クーペであって屋根を開くことができる変わり型。＝コンバーチブル・クーペ。カブリオレとも。

キャブリオレ

キャブレーション［carburetion］　①（空気とガソリンなどを接触させて燃料混合気をつくる）気化法。②炭化。

キャブレータ［英 carburettor 米 carburetor］　気化器。ガソリンを霧化して空気と混じ爆発性混合気をつくる装置。

キャブレータ・クリーナ［carburetor cleaner］　キャブレータ専用の洗浄液。カーボン除去剤などが入っている。

キャブレータ・バランサ［carburetor balancer］　（キャブレータを２個用いるエンジンにおいて）両気化器を同調させる調整器。＝エアフロー・テスタ。

キャブレータ・ボデー［carburetor body］　キャブレータの本体。

ギヤ・ホイール［gear wheel］　歯輪，歯車。

ギヤ・ボックス［gear box］　歯車箱。主として変速機。例㋑変速機。㋺トランスファ・ケース。㋩変向機の歯車箱。

ギヤ・ポンプ［gear pump］　歯車式ポンプ，二つのギヤのかみ合いによって働くポンプ。例㋑エンジンのオイル・ポンプ。㋺オート・トランス内のオイル・ポンプ。

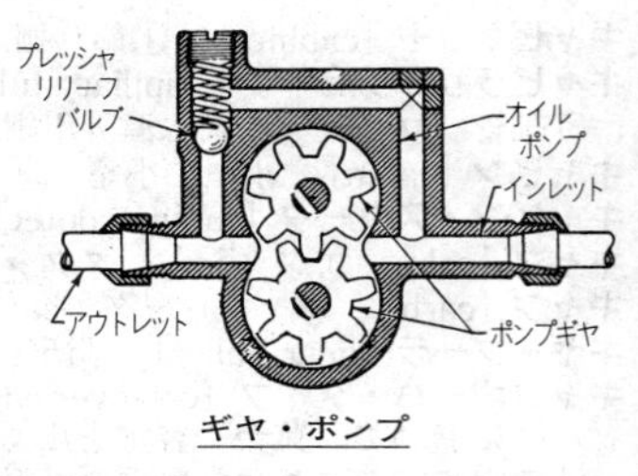

ギヤ・ポンプ

キャラバン［caravan］　多数自動車の旅行隊列。

ギャラリ［gallery］　埋設ごう，地下道。例シリンダ・ブロックを貫通する油道。

ギャランティ［guarantee］　保証，請け合い。＝ガランティ。

ギャランティード・カー［guaranteed car］　保証車。下取りした中古車を点検整備し保証を付けて販売するもの。＝アプルーブド・カー。

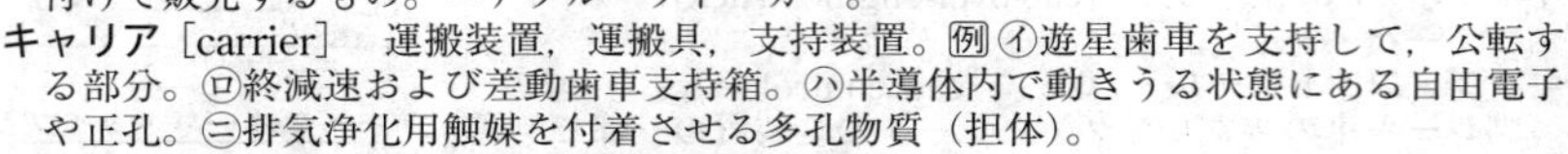

キャリア［carrier］　運搬装置，運搬具，支持装置。例㋑遊星歯車を支持して，公転する部分。㋺終減速および差動歯車支持箱。㋩半導体内で動きうる状態にある自由電子や正孔。㋥排気浄化用触媒を付着させる多孔物質（担体）。

キャリア・カー［carrier car］　☞カー・キャリア。

キャリッジ［carriage］　①運送，運搬。②車，運搬車。特に自家用四輪車。

キャリッジ・キロメータ［carriage kilometer］　走行キロ数。

キャリパス［callipers; calipers］　測径両脚器，測径器。通称単にパス。外側用と内側用とあるが共に寸法としては読み取れない。

キャリパ・タイプ・ブレーキ［caliper type brake］　挟み式ブレーキ。回転する円板を両側から挟んで制動するブレーキ。例ディスク・ブレーキ。

キャリパ・ピストン［caliper piston］　マスタ・シリンダの油圧により，ブレーキ・パッドをディスク・ロータへ押し付ける作用をするもの。

キャリブレーション［calibration］　①計測器の目盛り調べ，校正。②計器の目盛り付け。③口径測定。

キャリブレーション・ガス［calibration gas］　較正用標準ガス。＝スパン〜。

キャリブレータ［calibrator］　計測器の目盛の正否を調べる装置。

ギヤリング［gearing］　歯車装置，伝動装置。

キャリング・キャパシティ［carrying capacity］　輸送能力，積載量。

ギヤ・レシオ［gear ratio］　歯車比，変速比。従動ギヤの大きさ（歯数）を駆動ギヤの大きさで割った値。

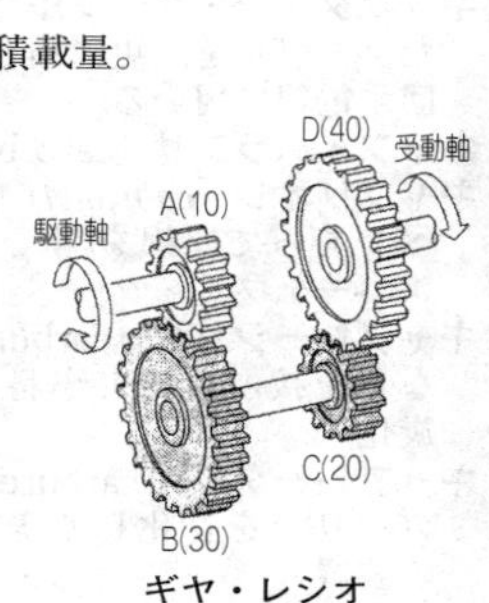

ギヤ・レシオ

ギャロッピング［galloping］　駆け走り。エンジン不調又は操縦ミスにより馬が駆けるような走り方をすること。

キャンセリング・スイッチ［canceling switch］　自動復元スイッチ。自動的に解除されるスイッチ。例ハンドルを戻すと自動的に切れる方向指示器スイッチ。

キャンセル［cancel］　①取り消す，無効にする，解除する。②取り消し，解除。

キャンター・エコハイブリッド［Canter eco-hybrid］　ハイブリッド車の車名で，三菱ふそうトラック・バスが2006年に発売した小型ディーゼル・トラック。エンジンは3.0ℓのコモンレール直噴ディーゼル・ターボを搭載しており，エンジンとモータ兼発電機の間にクラッチを設けたパラレル・ハイブリッド方式で，リチウムイオン電池を採用している。2012年には，新たにデュアル・クラッチ式変速機（DCT／Duonic）と高出力・小型軽量化されたハイブリッド・システムを組み合わせ，これに排気後処理装置（ブルーテック・システム）を加えて，12.8km/ℓの燃費（国土交通省審査値）と環境性能を実現している。環境性能面では平成22年（ポスト新長期）排出ガス規制をクリアするとともに，平成27年度重量車燃費基準を達成。

キャンデラ [candela] ☞カンデラ。

キャント [cant] 傾斜，傾き。例㋑路面の傾斜。㋺横断面こう配。＝カント。

キャンドル [candle] ①ろうそく。②（明るさの単位の）燭（しょく）。

キャンドル・パワー [candle power] 光度の旧単位燭光（しょくこう），記号C。日，米，英，仏の法定単位であった。1C＝1.0067cd。

キャンバ [camber] 反り。例㋑前輪の外反り。㋺板ばねの反り。㋩路面の反り。

キャンパ [camper] ①車内にベッドや調理台等の設備を持ち，宿泊できるように作られた特殊自動車。②キャンプする人。

キャンバ・アングル [camber angle] キャンバ角。例前輪の縦中心線と鉛直線とのなす角度。前輪の傾き角度。一般に0～1.5°。

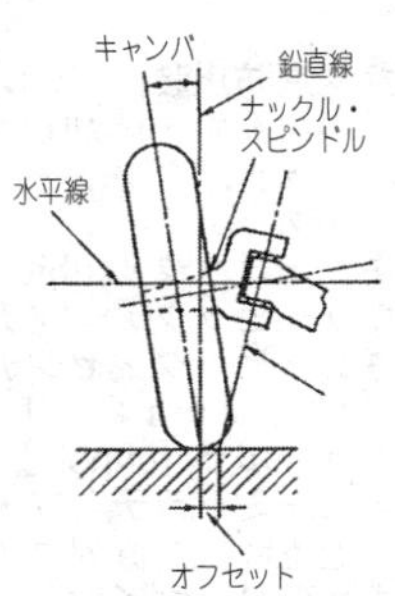

キャンバ・アングル

キャンバ・キャスタ・キングピン・ゲージ [camber caster kingpin gauge] 水準器式ホイール・アライメント・ゲージ。前輪のハブにマグネットで取り付け，ターニング・ラジアス・ゲージと併用でキャンバ・キャスタおよびキングピン角度を計測する。

キャンバ・ゲージ [camber gauge] キャンバ角測定計器。定置用と可搬式があり，携帯用の簡易型もある。

キャンバ・コレクション・ツール [camber correction tool] 車軸式固定キャンバの修正用工具。事故などで狂ったキャンバ角を修正する強力工具。

キャンバ・コレクタ [camber corrector] 同前。

キャンバス [canvas] ズック，粗布，帆布。例㋑タイヤ・カーカス材。㋺ホース材。㋩ほろ材。

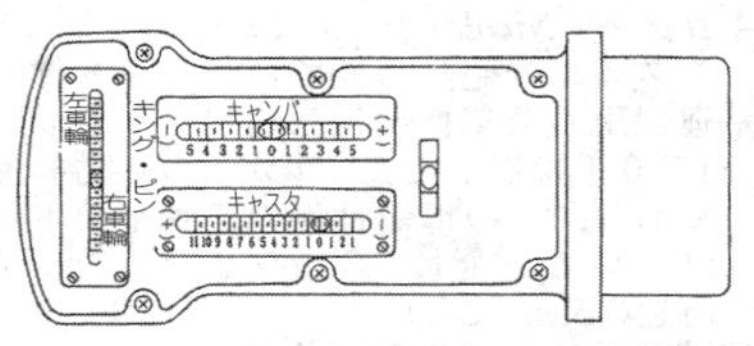

キャンバ・キャスタ・キングピン・ゲージ

キャンバス・トップ [canvas top] 屋根の部分をキャンバス張りにした自動車。巻き上げてオープン・カーの雰囲気が出せる。

キャンバ・スラスト [camber thrust] キャンバのためタイヤの接地部に発生する外側へ向っての側圧で，旋回時コーナリング・フォース（求心力）として作用する。

キャンバ・ロール [camber roll] キャンバ角により傾いた方向へタイヤが転動すること。円錐形を転がす姿を想像すると理解しやすい。

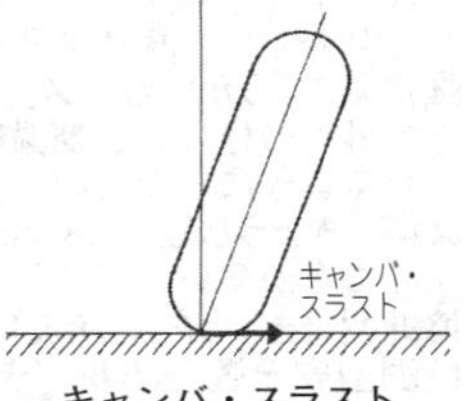

キャンバ・スラスト

キャンピング・カー [camping car] 野営設備を持った自動車。炊事や宿泊設備を有し随所に野営できる車。自走車と付随車（トレーラ）がある。別名エスカルゴ（仏語で，かたつむり）。

キャンピング・ビレッジ [camping village] キャンピング村。キャンピング・カーの野営集結地。電源，ガス，水道その他の設備がある。

球状黒鉛鋳鉄（きゅうじょうこくえんちゅうてつ） [spheroidal graphite cast iron] 黒鉛の

球状化により内部切り欠き効果を低減し，機械的性質を向上させた強靭な鋳鉄。

求心力（きゅうしんりょく）［centripetal force］　物体が円運動するとき，この円の中心に向いて物体に働く力。㊇遠心力。

急速充電器（きゅうそくじゅうでんき）［quick charger; fast charger］　放電または放電に近い状態のバッテリに大きな電流を流して短時間で充電する装置。これには従来の鉛蓄電池用のものと，電気自動車（EV）などに用いるリチウムイオン電池用のものがあるが，ここでは後者について述べる。2009年から発売されたEVには高電圧のリチウムイオン電池が搭載されており，外出中の急速充電は専用の充電スタンドで行う必要がある。三菱自動車や日産自動車が発売したEVの場合，急速充電（3相200V）で80%充電までに約30分を要する。2014年3月末現在，国内のEV保有台数は約3.9万台で，急速充電器の設置台数は全国で約2千基。EV用の急速充電器は1基でエアコン数十台分の電力を消費するため，電力会社と高圧受電契約を結ぶ必要がある。

急発進防止装置（きゅうはっしんぼうしそうち）［sudden start preventing device］　AT車の急発進・急加速および誤操作による事故を防止する安全装置で，インヒビタ・スイッチ，シフト・ロック機構，キー・インタロック機構，リバース位置警報装置などがある。

キュービック［cubic］　①立方体の。②三次の，3乗の。

キュービック・インチ［cubic inch］　in^3，立方インチ。$1in^3$は$16.4cm^3$。

キュービック・センチメータ［cubic centimeter］　cm^3又はcc。立方センチメートル。1000ccが1ℓ（リットル）。

キューポラ［cupola］　（鋳鉄の溶解に用いる）壁型の炉。

キューミュラティブ・コンパウンド・モータ［cumulative compound motor］　和動複巻電動機。直列コイルと並列コイルが協力型になっているもの。㊇ワイパ・モータ。

キューリ・ポイント［Curie point］　キューリ点。強磁性と常磁性とが交代する境界温度。このような磁気変態点はニッケル，コバルト等の強磁性元素やその化合物に見られ，例えば純鉄の場合770℃を境に強磁性から常磁性に変化する。

キュノー［*Nicolas Joseph Cugnot*］　㊋1769年フランス陸軍の砲兵将校であったキュノーが，大砲運搬用の蒸気機関付三輪自走車を試作した。翌1770年に作った2号車がパリの博物館に現存しており，この車が世界の自動車第1号と認定されている。全長7.32m，2シリンダ約5万cc，時速3.5kmぐらい。

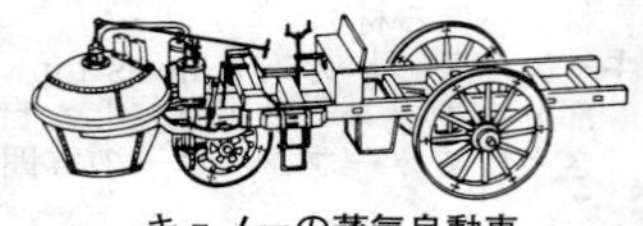
キュノーの蒸気自動車

狭域通信（きょういきつうしん）［dedicated short range communication］　☞DSRC。

境界潤滑（きょうかいじゅんかつ）［bounding lubrication］　潤滑油による潤滑状態が流体，境界，極圧，固体の四つに大別される内の一つで，潤滑油の中の油性剤が接触部に吸着して，極めて薄い油膜を形成したときの潤滑状態。

強化（きょうか）ガラス［tempered glass］　安全ガラスの一種で，板ガラスに熱処理して外力の作用および温度変化に対する強さを増加させ，かつ，破損したときに細片になるようにしたもの。日本工業規格（JIS-R-3211）による“T”の記号が入っている。

共振（きょうしん）［resonance］　レゾナンス。共鳴と同じで，特に電気振動の共鳴をいうことが多い。

協調型（きょうちょうがた）ACC［cooperative adaptive cruise control］　☞CACC。

協調型安全運転支援（きょうちょうがたあんぜんうんてんしえん）システム［cooperative driving safety support systems］　先進安全運転支援システムの構成要素の一つで，道路インフラと車が連携する路車協調システム（インフラ協調型安全運転支援システム／路車間通信）と，車同士が協調する車車連携システム（車車間通信）の2種類がある。路車間通信では，一般市街地を対象としたDSSS（安全運転支援システム）と，高速道路や有料道路を対象としたAHS（走行支援道路システム）があり，これらは道路前方の渋滞情報などをドライバに伝達する。車車間通信では，交差点での出合い頭事故，右左折時の衝突や追突事故などを防止するための他車情報の提供を行う。☞自律型～。

京都議定書（きょうとぎていしょ）［Kyoto Protocol to the United Nations Framework Convention on Climate Change］　地球温暖化を防止するため，国連が1997年に京都で開催した「第3回気候変動枠組み条約締結国会議（COP3）」で採択された議定書。これによれば，先進国などに対して二酸化炭素などの温室効果ガスを1990年比で，2008～2012年の5年間に削減すべき数値目標（日本は－6%）を義務づけている。本議定書は，2005年2月16日に発効した。

共鳴（きょうめい）［resonance］　レゾナンス。物理系が外部からの刺激で固有振動を始めること。☞レゾネータ。

極圧潤滑（きょくあつじゅんかつ）［extreme-pressure lublication］　潤滑油による潤滑状態が流体，境界，極圧，固体の四つに大別される内の一つで，摩擦面の荷重が増大すると温度が高くなるため油膜が破れて金属接触を起こすので，特殊な潤滑剤を使用して金属面に二次的な金属化合物皮膜を作り，直接金属どうしが接触することを防ぐ潤滑状態。最終減速装置のハイポイド・ギヤの潤滑に応用される。

極圧潤滑油（きょくあつじゅんかつゆ）［extreme-pressure lubricating oil］　☞極圧潤滑。＝ハイポイド・ギヤ・オイル。

極圧添加剤（きょくあつてんかざい）［extreme-pressure additives］　塩素，リン，硫黄などの有機化合物を添加することにより金属被膜を作り，極圧摩擦を減少する。これをギヤ・オイルに添加したものが極圧潤滑油。

曲線道路用配光可変型前照灯（きょくせんどうろようはいこうかへんがたぜんしょうとう）［Adaptive Front-lighting System; AFS］　☞アダプティブ・フロントライティング・システム。

極超高張力鋼板（きょくちょうこうちょうりょくこうはん）［extremely ultra-high tensile strength steel sheet］　超高張力鋼板の一種で，降伏点1,200MPa，引っ張り強さが1,500MPaに達するもの。ダイクエンチ材またはギガハイテンとも呼ばれ，ホウ素（ボロン）を含む高張力鋼板を900℃前後で数分間加熱し，プレス型で成形しながら急冷して焼き入れを行うダイクエンチ工法により作られる。これらの使用例としては，バンパ・ビーム，ドア・インパクト・ビーム，ピラー，ピラーやシルの補強材などがある。ただし，これらの部品が事故などで損傷した場合には，硬すぎて修正が困難であるとともに熱を加えると強度が低下するため，部品を交換する必要がある。☞超高張力鋼板。

局部電池（きょくぶでんち）［local battery］　バッテリ内部の電気化学的反応で，㊀極板上で付着した異金属と硫酸鉛との間に局部電池を形成し，自己放電となること。この自己放電が従来からの鉛アンチモン格子のバッテリでは大きいため，MF型バッテリでは，鉛カルシウム格子に切り替わっている。

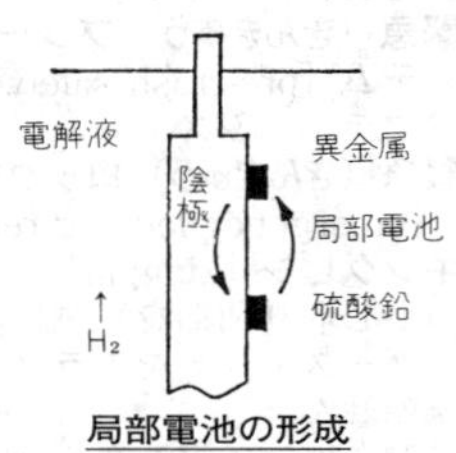

局部電池の形成

虚像表示（きょぞうひょうじ）メータ［virtual image display］　☞ヘッドアップ・ディスプレイ。

キルド鋼（こう）［killed steel］　鋼塊の一種。溶鋼の際，珪素やアルミニウムなどを添加して強脱酸を行うために内部は比較的均質となり，高級鋼として船舶やボイラ用の鋼板などに使用される。深絞り加工性を重視した車の外板パネルには，低炭素アルミキルド鋼が用いられる。

キルヒホッフの法則（ほうそく）［Kirchhoff's law］　電気回路網に関する法則で，第一

（電流）則と第二（電圧）則がある。①第一則：回路の中の任意の一点において，その点に流れ込む電流の総和と流れ出る電流の総和は互いに等しい。②第二則：任意の閉回路において，起電力の総和と抵抗による電圧降下の総和は等しい。

キロアンペア [kilo-ampere]　kA。1000 アンペア。

キロオーム [kilo-ohm]　kΩ。1000 オーム。

キロカロリ [kilo-calory]　kcal。1000 カロリ。＝ラージ・カロリ。

キログラム [kilo-gram]　kg。1000 グラム。

キログラムエフ・メータ [kilogram-f meter]　kgf・m。トルク又は仕事量の単位。1kgf・m＝9.806N・m（SI 単位）。

キロボルト [kilo-Volt]　kV。1000 ボルト。

キロメータ [kilo-meter]　km。1000 メートル。

キロワット [kilo-Watt]　kW。1000 ワット。1kW は約 1.3PS。

均圧行程（きんあつこうてい） [balancing stroke]　分配型噴射ポンプにて，プランジャが噴射後回転しながら戻ってくる途中，プランジャ上の切り溝（均圧スリット）がアウトレット・ポートと重なると，デリバリ・バルブまでの通路内の圧力が抜け，ポンプ・ハウジング内の圧力が均一になる行程。

均一予混合圧縮着火（きんいつよこんごうあっしゅくちゃっか） [homogeneous charge compression ignition]　☞ HCCI。

緊急自動（きんきゅうじどう）ブレーキ [emergency automatic braking]　☞自動緊急ブレーキ。

緊急制動表示装置（きんきゅうせいどうひょうじそうち） [emergency braking signal system; emergency stop signal; ESS]　時速約 50km 以上の速度からの急ブレーキ時やブレーキ・アシストが作動するような減速度でブレーキをかけた場合には，ストップ・ランプが自動的に点滅して（ハザード・ランプが通常の約2倍の速度で点滅して）後続車に追突防止を訴えるもの。フラッシング・ブレーキ・ライトともいい，2008 年にダイムラー（MB）に初採用され，国内でも同年保安基準の改正により装備が認可された。エマージェンシ・ストップ・シグナルの名称が一般的。

緊急通報（きんきゅうつうほう）システム [emergency notification system]　☞ HELP-NET。

緊急（きんきゅう）ブレーキ感応型（かんのうがた）プリクラッシュ・シート・ベルト [emergency brake operated pre-crash seatbelts system]　緊急時自動巻き取り型のシート・ベルト。日産が採用したもので，運転者のブレーキ操作を緊急ブレーキと判断した場合，またはインテリジェント・ブレーキ・アシストによるブレーキ制御（自動ブレーキ）が作動した場合には，電動モータがシート・ベルトを巻き取り，乗員を確実に拘束する。

緊急（きんきゅう）ブレーキ連動式（れんどうしき）プリクラッシュ・セーフティ・システム [pre-crash safety system using emergency brake]　☞プリクラッシュ・セーフティ・システム。

緊急（きんきゅう）ロック式巻取装置（しきまきとりそうち） [emergency locking retractor; ELR]　☞ ELR。

キングピン [kingpin]　枢軸。重要な役目をする軸せん。例 ㋑かじ取り関節を車軸に取り付ける軸せん。㋺セミトレーラのグースネックをトラクタのフィフス・ホイールへ取り付ける軸せん。

キングピン・アングル [kingpin angle]　キングピン角。車を前後方向から見て，キングピンが鉛直線に対しなす角度。一般に 5～10° ある。

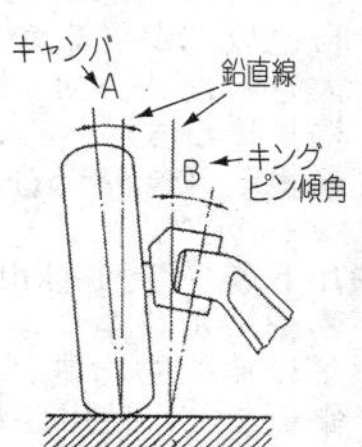

キングピン・アングル

キングピン・インクリネーション [kingpin inclination]　キングピンの傾き。同前。

キングピン・オフセット [kingpin offset]　キングピンの偏位。キングピン中心線の延長とタイヤ中心線とが路面上で隔つ寸法。＝スクラブ。

キングピン・ブシュ [kingpin bushing]　キングピンの円筒型軸受。ブシュ＝ブッシュ。

近赤外線（きんせきがいせん） [near infrared rays]　可視光線の赤色より波長が長く（周波数が低い），遠赤外線より波長の短い電磁波で，人の目では見ることのできない光。波長0.7～2.5 μmの可視光（赤）に近い電磁波で，光ケーブルによる光通信，暗視装置，ナイトビジョン，自動ブレーキなどに用いられる。1 μm＝100万分の1メートル。

近接排気騒音（きんせつはいきそうおん） [exhaust noise at the outlet]　排気管開口部に近接した位置で測定した排気騒音。保安基準では，開口部後方0.5m，45°外方にマイクを置いて測定し，乗用車は103ホン以下，バイクは99ホン以下と規定している。

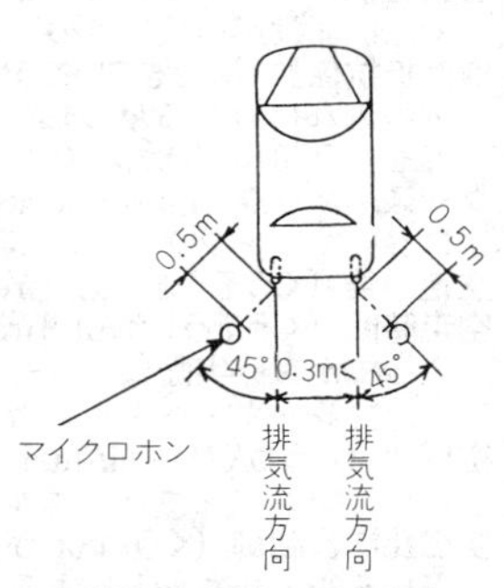

近接排気騒音の測定方法

金属基複合材料（きんぞくきふくごうざいりょう） [metal matrix composite; MMC]　金属を基材（マトリックス）として，種々の強化材を加えた複合材料。基材（母材）としては，鉄，銅，アルミニウム，マグネシウム，チタン，ニッケルなどが，強化材としてはセラミックや炭素などが用いられる。☞FRM，セラミック基複合材料，ポリマ基～。

金属（きんぞく）ナトリウム封入（ふうにゅう）バルブ [metallic sodium enclosed valve]　エキゾースト・バルブの内部に金属ナトリウムを封入し，燃焼熱を受けると溶けて液体となり，流動することでバルブ・ヘッドの熱をステム経由でカイド部へと逃がし，放熱性を高めてある。

金属溶射（きんぞくようしゃ） [metal spraying]　金属を溶融し，高圧ガスで金属の表面に吹き付けて皮膜を作ること。

[ク]

クイック・カップリング [quick coupling]　☞クイック・カプラ。

クイック・カプラ [quick coupler]　エア配管等の接続部をワンタッチで着脱できる装置。例 ㋑整備工場用で使用する空圧機器接続用のカプラ。＝エア・チェック。㋺LPGタンクの給油口。

クイック・グロー・システム [quick glow system]　急速予熱装置。☞セラミックス型／自己温度制御型 グロー・プラグ式予熱装置，AQGS。

クイック・チャージ [quick charge]　急速充電。バッテリを短時間に充電すること。＝ファースト・チャージ。

クイック・チャージャ [quick charger]　急速充電器。バッテリを急速に充電する装置。大容量の変圧整流装置，温度および時限スイッチ，バッテリ試験器などを内蔵し可搬式に作られている。＝ファースト～。☞急速充電器。

クイック・リフト・カム [quick lift cam]　急揚型カム。バルブを急速に突き上げる輪郭を持つカム。エンジンの性能は向上するが騒音が高いからレーサなど特別の車などにしか用いない。

クイック・リフト・グラジュアル・クロージング・カム [quick lift gradual closing cam]　急揚緩降型カム。バルブを急に突き上げ緩やかに閉じるような輪郭を持つカム。レーサ用エンジンのカム。

クイック・リリース・バルブ [quick release valve] 急速開放弁。例エア・ブレーキ車において，制動に使用した空気を一気に放出する弁。

クイック・レスポンス [quick response] 応答性が良いこと。例アクセルを踏み込んだときのエンジンの吹け上がりが良いこと。レスポンス＝リスポンス。

クイル・ベアリング [quill bearing] 針状ころ軸受。＝ニードル・ローラ～。

クインテット [quintet; quintette] 五つぞろいの，五丁組みの。例五丁組みスパナ。

空気過剰率（くうきかじょうりつ） [excess air ratio] エンジンに供給した実際の燃料と空気の混合比と理論混合比との比。

空気抵抗（くうきていこう） [air resistance] 自動車が走行するときに受ける空気の抵抗で，前面投影面積に車の形による抵抗係数（CD値）をかけて求める。

空気抵抗係数（くうきていこうけいすう） [coefficient of drag] 一般にCD値という。空気の流れに対する車の形の係数で，この値が小さいほど空気抵抗が小さい車である。普通の乗用車で0.25～0.3，スポーツ・タイプで0.2～0.25くらい。

グース・ネック [goose neck] 鵞鳥（がちょう）の首のようなもの。例セミトレーラにおいて，トラクタにおぶさる首の部分。＝スワンネック。

空走距離（くうそうきょり） [free running distance] 空走時間に自動車が走行した距離。

空走時間（くうそうじかん） [free running time] 運転者が制動の必要を認めて操作に入ってから，実際にブレーキが効き始めるまでの時間。アクセル・ペダルから足を離し，ブレーキ・ペダルを踏み込むまでの時間で約1秒。

空燃比（くうねんひ） [air-fuel ratio] エンジンのシリンダに供給される空気と燃料の質量比。☞エア・フューエル・レシオ。

空燃比学習制御（くうねんひがくしゅうせいぎょ） [learning control of air-fuel ratio] コントロール・ユニットによる空燃比フィードバック補正で空燃比を理論混合比付近に制御しているが，経時変化等による空燃比のずれの補正には限界があり，補正範囲を越えると制御が困難になる。そこで，コントロール・ユニットは基本噴射量が理論空燃比からずれていないか絶えずチェックし，常に理論空燃比に近づくよう制御している。

空燃比（くうねんひ）センサ [air to fuel ratio sensor] 排出ガス中の酸素濃度をもとに空燃比を検出，これを電気信号に変換するセンサ。☞オーツー・センサ

空燃比（くうねんひ）フィードバック制御（せいぎょ） [feedback control of air-fuel ratio] 三元触媒とO_2センサなどを用いて排気ガス中の酸素濃度を検出し，空燃比が理論空燃比に近づくよう自動制御すること。

空燃比補償装置（くうねんひほしょうそうち） [air-fuel ratio compensation device] 排気ガス浄化装置の三元触媒が最も効率よく浄化性能を発揮するよう空燃比を制御する装置。O_2センサ，エンジン・コントロール・コンピュータなど。

クーペ [coupe] 横席一つを有する2ドアの箱型車体。

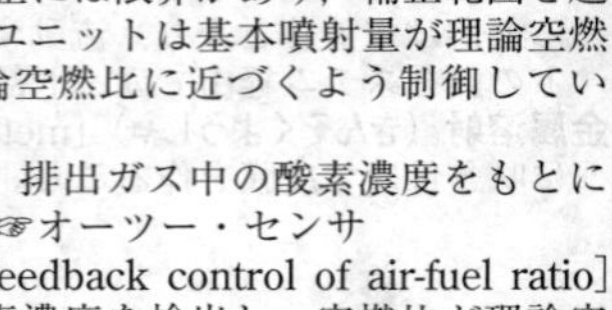

クーペ

クーラ [cooler] 冷却器，冷房装置。例㋑ルーム～。㋺オイル～。

クーラント [coolant] 冷却液，冷却剤。例防凍剤，防せい剤，潤滑剤などを配合したラジエータ用冷却液。パーマネント～。ロングライフ～。

クーラント・リザーブ・システム [coolant reserve system] 冷却液保留方式。過熱してオーバフローする冷却液を廃棄せずリザーブ・タンクに保留してラジエータへ戻す方式。冷却液の損失が少なく長期の使用に耐える。

空力特性（くうりきとくせい） [aerodynamic characteristics] 空気力学特性の略。空気抵抗を代表とする車体に加わる空気力の特性。

偶力（ぐうりょく） [couple of forces] 力の大きさが等しく，方向が相反する平行な二

つの力を一対として考えた力。例㋑ステアリング・ホイールの操作力。㋺T形レンチの操作力。

偶力（T型レンチ）

空力6分力（くうりきろくぶんりょく）［six components of aerodynamic force］　車体に働く空気力を直角方向に3力と3モーメントに分解したもの。①3力：⑴前後方向の空気抵抗または抗力（係数はC_D）。⑵左右方向の横力（係数はC_S）。⑶上下方向の揚力（係数はC_L）。②3モーメント：⑴前後軸まわりのローリング・モーメント（係数はC_R）。⑵左右軸まわりのピッチング・モーメント（係数はC_P）。⑶垂直軸まわりのヨーイング・モーメント（係数はC_Y）。☞ホイール6分力。

クーリング・ウォータ［cooling water］　冷却水。例エンジンを冷却する水。

クーリングオフ［cooling-off］　消費者保護のために定められた，購入者からの無条件解約制度。

クーリング・サーフェース［cooling surface］　冷却表面。例燃焼室火炎が外壁に触れる面積，容積に対するこの面積の比をV/S比という。

クーリング・システム［cooling system］　冷却装置。例エンジンの冷却装置。空冷式と水冷式とがある。

クーリング・ファン［cooling fan］　冷却用風車。一般にクランクからベルトで回転されており，中には不要時に回転を止めるクラッチを有するものもある。

クーリング・フィン［cooling fin］　冷却用ひれ，放熱ひれ。例㋑空冷式シリンダの外周。㋺排気マニホールド。㋩オイル・パン。

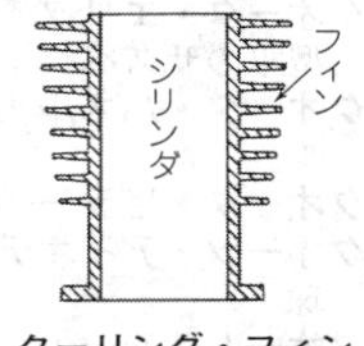

クーリング・フィン

クーリング・ユニット［cooling unit］　カー・エアコンの構成部品で，車室内に装着されたエクスパンション・バルブおよびエバポレータを指す。

クーリング・ロス［cooling loss］　冷却損失。燃料が燃焼して発生した熱エネルギーのうち，エンジンの冷却のために使用される熱エネルギー。一般にガソリン・エンジンの熱効率は20〜30%程度といわれ，冷却によるエネルギー損失は30〜45%程度。

クールダウン［cooldown］　急速冷房。炎天下に要求される冷房性能。

クールドEGR（イージーアール）システム［cooled exhaust gas recirculation system］　排気ガスの一部を吸気系へ再循環させるEGRの改良型で，EGRガスの温度を専用のクーラで冷却し，燃焼温度を低下させてNO_Xの発生を抑制する装置。最新のディーゼル・エンジン等に採用されている。

クール・ハイブリッド［cool hybrid vehicle; CHV］　冷凍機を用いて輸送物品の鮮度を保つ冷蔵車の一種で，冷凍システムにハイブリッド電動式冷凍機を用いたもの。冷凍システムをデンソーが開発し，日野自動車の協力を得て2014年に商品化したもので，冷凍機の動力をサブ・エンジンからハイブリッド・システムに置き換えることにより，大幅な燃費性能の向上を図っている。このハイブリッド・システムは小型ハイブリッド・トラックに搭載していたものを電源として応用したもので，走行時の回生エネルギーをバッテリに蓄積して冷凍機を作動させているのが特徴。大型トラック用としては世界初のもので，駐車場の外部電源（三相交流200V）による電動コンプレッサ駆動も可能。

空冷（くうれい）エンジン［air-cooled engine］　シリンダとシリンダ・ヘッドを空気で冷却するエンジン。冷却部にフィン（ひれ）を有する。二輪車に多く用いられ，四輪車用は少ない。乗用車に使用した場合の主な問題点としては，①騒音が大きい，②夏季のオーバヒート対策が困難，③車室内の暖房が困難，があげられる。

クーロン［coulomb］　記号C。電気量・電荷量のSI単位。1アンペアの電流が1秒間に送る電気量。

クーロンの法則（ほうそく）［Coulomb's law］　二つの小帯電体の間に作用する力は両方の電気量の相乗積に比例し，その間の距離の２乗に反比例するという法則。磁気でも２磁極間に作用する力はこの法則に従う。

クエンチ［quench］　①いやす。②消す。③冷やす。

クエンチ・エリア［quench area］　冷却域。例ピストンが上死点に達したとき，ピストン上面とシリンダ・ヘッドの間にある偏平のすき間。混合気に乱流を与えて混合をよくし，かつ，これを冷却して自己発火を防ぐ目的のものであるが，未燃焼ガス（HC）の発生が多い点に問題がある。＝スキッシュ～。

クエンチ・エリア

クエンチ・ゾーン［quench zone］　冷却域。＝クエンチ・エリア。

クエンチング［quenching］　急冷。高温に加熱した金属材料を焼き入れ液の中へ投入して急冷し材質を硬化させる焼き入れ法。

クエンチング・リクィド［quenching liquid］　焼き入れ液。焼き入れに用いる冷却液。例㋑食塩水。㋺純水。㋩油。

クオータ・ウインドウ［quarter window］　部分窓。窓の1/4くらいが開閉できるようにした小窓。例通称三角窓。

クオータ・エリプチック・スプリング［quarter elliptic spring］　1/4だ円ばね。例小型車のサスペンション用ばね。

クオータ・パネル［quarter panel］　部分板。例車体外板のうち，後輪上部付近のパネル。

クオータ・ピラー［quarter pillar］　☞クォータ・パネル。

クオーツ・アイオディーン・バルブ［quarts iodine bulb］　石英電球。よう素入り電球。

クオート［quart］　qt。液量の英式単位。1/4ガロン，２パイント。約1.14ℓ。USqtは約0.95ℓ。

クオードラント［quadrant］　①四分円，象限。②四分円形の機械部分品。例㋑ブレーキ・レバーの戻り止めラチェット。㋺シフト・レバーの案内板。

クオドリ・サイクル［quadri-cycle］　四輪自動車。

クオドルプル［quadruple］　４重のもの，４部分からできているもの。例４極のコード・コネクタ。＝４極カプラ。

クオリティ［quality］　質，品質。

クオリティ・コントロール［quality control］　品質管理。

クオンティティ［quantity］　量，分量，数量。

楔形燃焼室（くさびがたねんしょうしつ）［wedge type combustion chamber］　☞ウェッジ・タイプ・コンバッション・チャンバ。

クセノン［xenon］　☞キセノン。

クッション［cushion］　①座ぶとん，あわゴム等の緩衝材。②タイヤの緩衝ゴム。

クッション・ゴム［cushion gum］　緩衝用ゴム。

クッション・タイヤ［cushion tire］　ゴムの弾性だけを利用したタイヤ。

クッション・ラバー［cushion rubber］　☞クッション・ゴム。

グッズ［goods］　①品物，商品。例アクセサリ～。②財産，所有物。

グッドイヤー［Charles Goodyear］　1800～1860，アメリカの発明家。ゴムの加硫法を完成しその実用化に貢献した。

駆動系（くどうけい）［drive line; drivetrain］　エンジンの動力を駆動輪まで伝達する部品群。駆動伝達系ともいう。＝パワー・トレーン。

駆動軸（くどうじく）［drive shaft］　エンジンの動力を駆動輪まで伝える回転軸。変速機から終減速装置（デフ）に動力を伝達する推進軸（プロペラ・シャフト）と，終減速装置から駆動輪に動力を伝達するドライブ（アクスル）・シャフトとがある。

駆動力（くどうりょく）［traction; driving force］　駆動輪接地点において，車の駆動に利用できるエンジンからの力。

組（く）み合（あ）わせオイル・リング［multi-piece steel rail ring］　上下2個のサイド・レールと，この間に入って張力を保つスペーサ・エキスパンダとで構成されているオイル・リング。オイルのかき落とし性能に優れる。＝コンバインド～。

組み合わせ型オイル・リング

クラーク［Dugald Clerk］　㊧2ストローク・エンジンの創始者。イギリス人。1880年。

クラーク・サイクル［Clerk cycle］　クラーク循環。＝2サイクル。

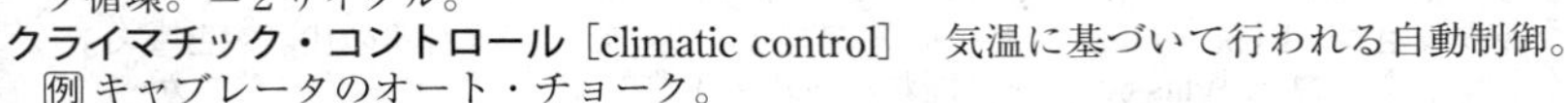

クライマチック・コントロール［climatic control］　気温に基づいて行われる自動制御。㊥キャブレータのオート・チョーク。

クライミング・アビリティ［climbing ability］　登坂能力，こう配能力。

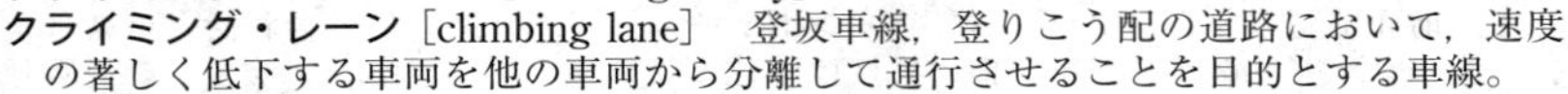

クライミング・レーン［climbing lane］　登坂車線，登りこう配の道路において，速度の著しく低下する車両を他の車両から分離して通行させることを目的とする車線。

クライメート・コントロール・システム［climate control system］　内外の高級乗用車に装備された，高性能カー・エアコンの呼称。運転席と助手席を独立して温度設定でき，室温や外気温に加えフロント・ウインドウ前方に設置したセンサが太陽光の照射量と照射角を測定し，要求された温度に自動調整する。後席専用の吹き出し口も備えており，レクサスの場合，前後4席を独立して温度調整できる。

グラインダ［grinder］　研磨盤，回転砥石。㊥㋑クランク～。㋺カム～。㋩バルブ～。㋥ポイント～。

グラインディング［grinding］　研削，研磨。回転砥石を使って削ったり磨いたりすること。

グラインディング・ホイール［grinding wheel］　砥石車。主として人造砥粒（炭化けい素やアルミナ）を結合剤で固めて成形する。

グラインドストーン［grindstone］　回転砥石。研削および研磨に用いる工具。＝グラインディング・ストーン，グラインディング・ホイール。

クラウド・コンピューティング［cloud computing］　コンピュータを用いた業務システムにおいて，インターネットを通じてシステムの提供やデータ管理などのサービスを受けること。従来，ユーザはパソコンを利用する際に独自にソフト・ウェアを入手したり，データ管理をする必要があったが，クラウドでは代わりにサービス料金を支払う形態となる。この結果，自社でデータ・センタをもつ必要がなく，外部委託に切り替えることにより自社でシステムを更新したり，サーバの保守を行う必要がなくなる。このようなシステムをクラウド・コンピュータといい，消費者や企業がIT（情報技術）関連にかける手間を省く次世代システムとして，期待されている。クラウド・コンピューティングは，「ユーザから見てクラウド（雲／ネットワーク）の中にプロバイダが提供する各種のサービスがある」ことに由来している。

クラウド・ポイント［cloud point］　曇り点。ディーゼル燃料において，温度が下がりパラフィンが析出する点。これが高いとフィルタやパイプの詰まりが起こりやすい。

クラウニング［crowning］　曲面加工をすること。㊥ギヤの歯型で，歯幅の中央部の歯厚を両端部より厚くする（膨らみをつける）こと。

グラウラ [growler]　うなる機械。アーマチュア・テスタの俗称。＝グローラ。
クラウン [crown]　端から中央へくるに従って，厚さや直径が増加する部材や丸棒の部分。例 ㋑タイヤの接地部や道路中央部の盛り上がり部分の呼称。㋺中央の盛り上がった王冠。
クラウン・ギヤ [crown gear]　王冠ギヤ，傘歯車の一方のピッチ円錐の頂角が180°になって平面なものをいう。例 一般にはファイナル・ギヤの大傘歯車を指していう。
クラウン・スプリング [crown spring]　王冠型のばね。☞ダイアフラム・スプリング。
グラウンド [ground]　①土地，運動場。②（電気では）接地，アース。例 配線の一端を機体に接続すること。
グラウンド・クリアランス [ground clearance]　路面間隙。自動車の下面と地面とのすき間。最低地上高。＝ロード～。
グラウンド・ストラップ [ground strap]　接地用帯線。例 ㋑バッテリのアース線。㋺エンジンとフレーム間の連絡線。
グラウンド・ワイヤ [ground wire]　接地線，アース線。
クラウン・ナット [crown nut]　菊ナット。割ピン入りナット。＝キャッスル～。
クラウン・ホイール [crown wheel]　☞クラウン・ギヤ。
クラクション [Klaxon]　アメリカの警音器メーカ。転じて警音器の代名詞となる。
クラシック・カー [classic car]　優れた構造の古典的な車。☞ビンテージ・カー。
グラス [glass]　ガラス。一般に自動車用窓ガラスを指す。これには安全ガラスとして，前面風防ガラス（フロント・ウインドシールド・グラス）には合わせガラス（ラミネーテッド・グラス）を，他の窓には強化ガラス（テンパード・グラス）を使用している。
グラス・ウール [glass wool]　ガラス毛。羊毛状の糸ガラス。例 バッテリ陽極板保護用としてその表面にきせる。
クラスタ [cluster]　房，一かたまり，群れ。例 ㋑～メータ。㋺センタ～。
クラスタ・ギヤ [cluster gear]　集団歯車，幾つかのギヤが一体になったもの。例 トランスミッションのカウンタ・ギヤ。
クラスタ・ゲージ [cluster gauge]　集団計器，幾つかの計器を一つにまとめたもの。例 運転席計器。＝コンビネーション～。
クラスプ [clasp]　留め金，締め金。＝クランプ。
グラス・ファイバ [glass fiber]　①ガラス繊維。綿状の短繊維製品はガラス綿と呼ばれ断熱材やろ過用にする。例 ㋑バッテリの陽極板保護用ガラスマット。㋺エア・クリーナのエレメント。②長繊維製品は糸，テープ，織物に加工され強度および耐久性が大きい。例 ㋑ベルト。㋺電波障害防止高圧コード。㋩強化プラスチック（車体部分)。
グラス・ファイバ・セパレータ [glass fiber separator]　ガラス繊維製の仕切板。例 バッテリ陽極板保護用に使用。＝ガラス・マット。
グラス・マット [glass mat]　ガラス繊維製の敷物，詰物。例 バッテリ極板のセパレータ。＝ガラス～。
グラス・ラン [glass run]　ドア・ガラスの摺（しゅう）動や保持のための溝状のレール。＝ガラス～，ドア・チャンネル。
クラッカ [cracker]　破砕器，割るもの。例 ㋑ナット～。㋺スロットル～。
クラッキング [cracking]　①割れ，ひび割れ。②（石油の）分解蒸留法。軽（重）油を加熱分解してガソリンを製造する方法。
クラッキング・ガソリン [cracking gasoline]　分解蒸留法で作るガソリン。分解ガソリン。
クラッキング・ディスティレーション [cracking distillation]　（石油の）分解蒸留法。
クラック [crack]　割れる，裂ける，亀裂。例 タイヤのトレッド・ゴムが裂ける。

クラッックド・ガソリン [cracked gasoline]　分解ガソリン。軽（重）油を分解蒸留して作ったガソリン。自動車ガソリンの主体となっている。

クラック・バルブ [clack valve]　ちょう型弁，逆止め弁。＝バタフライ～。

クラッシャ [crusher]　破砕機，押しつぶすもの。例砕石機，カン・クラッシャ。

クラッシャブル [crushable]　①押しつぶされやすい，つぶれやすい。②押しつぶされることにより衝撃を吸収しやすい。

クラッシャブル・ゾーン [crushable zone]　乗用車の衝撃吸収ボデーにおいて，乗員保護のため，衝突時にボデーの前・後部で変形しやすく，衝撃を吸収する部分。☞衝撃吸収ボデー。

クラッシャブル・ブレーキ・ペダル [crushable brake pedal]　万一のとき，ブレーキ・ペダルが折れるようになっている構造のもの。マツダが2008年に採用した安全装備の一種で，正面衝突等でものすごい衝撃が加わったとき，ブレーキ・ペダルを踏んでいる足へのダメージを軽減している。

クラッシャブル・ボデー [crushable body]　☞衝撃吸収ボデー。

クラッシュ¹ [crash]　ぶつける，衝突させる，衝突。☞コリジョン。

クラッシュ² [crush]　押しつぶす（こと），粉砕。

クラッシュ・インパクト・アブソービング・ストラクチャ [crash impact absorbing structure; CIAS]　トヨタが採用した車体の衝撃吸収構造。車の前面および後面衝突時のエネルギーを前後サイド・メンバのクラッシャブル・スペースがつぶれることで吸収すると共に各メンバの高剛性化を図り，エネルギーを効果的に分散させることによりキャビンの変形を最小限に抑え乗員を保護する。

クラッシュ・ディテクション・センサ [crash detection sensor]　車両衝突時に発生する減速度の検出器。衝撃感知式ドア・ロック・センサの信号により，全ての自動ドア・ロックが解除され缶詰事故を防止する。

クラッシュ・ハイト [crush height]　（軸受メタルの）締め代となる出っ張り。メタルが軸受台から乗り出している高さ。メタルを台へ密着させる締め代となる。

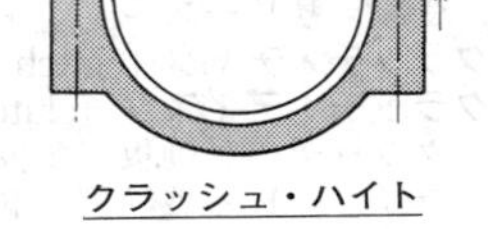

クラッシュ・ハイト

クラッシュ・パッド [crush pad]　☞クラッシユ・ハイト。

クラッシュ・ボックス [crush box]　前面衝突時のエネルギー吸収装置のひとつ。フロント・バンパ後部に位置し，軽衝突時ではクラッシュ・ボックスまでがつぶれることで衝突のエネルギーを吸収し，サイド・フレームまでは変形被害が及ばない。このクラッシュ・ボックスをボルト止めすることで，修理費用を軽減することができる。

クラッシュワージネス [crashworthiness]　衝突（衝撃）に耐え得る力。衝突に際し，自車の乗員を保護する車両性能。すなわち，車両の対衝突安全性能をいう。

クラッチ [clutch]　（二軸の）断続機。掛け外し継手。軸のつかみ。例㋑動力伝達装置の～。㋺爪～。㋩流体～。㋥過走～。

クラッチ・アジャストメント [clutch adjustment]　クラッチの調整。

クラッチ・アライメント [clutch alignment]　クラッチの整列，整線。例クラッチ板の中心合わせ作業。

クラッチ・カーボン [clutch carbon]　（リリース・ベアリング用の）黒鉛（炭素）軸

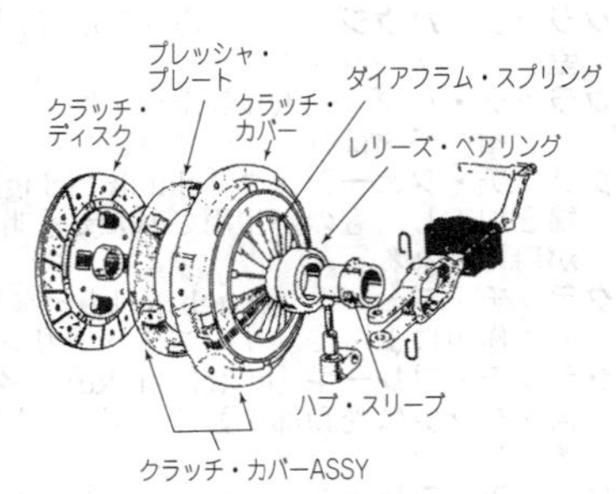

クラッチ

受。スラスト・ボール・ベアリングに代わるもの。

クラッチ・カバー [clutch cover]　クラッチの覆い。

クラッチ・カラー [clutch collar]　（リリース・ベアリングを取り付ける）つば管。短く太い管。

クラッチ・ケーシング [clutch casing]　クラッチ室。＝～ハウジング。

クラッチ・コーン [clutch cone]　クラッチ作用をする円すい。

クラッチ・シャダ [clutch shudder]　☞クラッチ・ジャダ。＝～チャタ。

クラッチ・ジャダ [clutch judder]　クラッチ接続時に発生するボデー全体の前後振動。クラッチ摩擦面の摩擦力が一定せず発生する一種のびびり（振動）現象。＝～チャタ，～シャダ。

クラッチ・シャフト [clutch shaft]　クラッチ軸，クラッチ板の軸。クラッチの出力軸。

クラッチ・スタート・システム [clutch start system]　マニュアル・トランスミッション車の誤発進事故を防止するため，クラッチ・ペダルを踏んでいる時だけエンジンを始動できるシステム。エンジン始動回路上にクラッチ・スイッチを追加する。

クラッチ・スプリング [clutch spring]　クラッチばね，クラッチ板に圧力を加えるばね，コイルばねとダイアフラムばねがある。

クラッチ滑（すべ）り [clutch slipping]　クラッチを接続しているにもかかわらずディスクの摩擦面が滑る状態。エンジン回転に比例して速度が上がらず，極端な場合には走行不能となる。

クラッチ・スラスト・ベアリング [clutch thrust bearing]　（クラッチを切るために必要な）側圧軸受。リリース・レバー（又はダイアフラム）を押すために用いる。ボール・ベアリングのものが多い。

クラッチ・スレーブ・シリンダ [clutch slave cylinder]　☞クラッチ・リリース・シリンダ。

クラッチ・スローアウト・ベアリング [clutch throwout bearing]　クラッチを切る軸受。＝リリース～。

クラッチ・チャタ [clutch chatter]　☞クラッチ・ジャダ。＝～チャタリング。

クラッチ・ディスク [clutch disc]　クラッチ板。クラッチの受動板。多板式のものでは駆動板（ドライブ～）と被動板（ドリブン～）がある。＝～プレート。

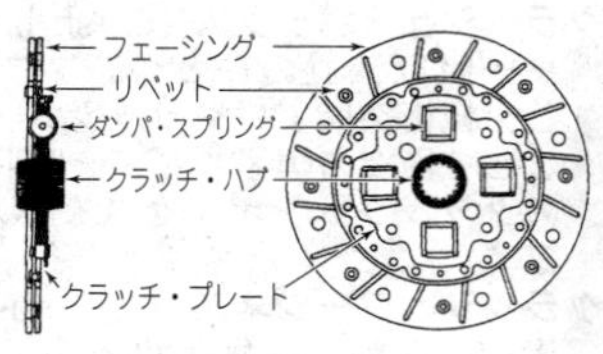

クラッチ・ディスク

クラッチ・パイロット・ベアリング [clutch pilot bearing]　クラッチ軸先端の案内軸受。ボール又はローラ・ベアリングのものが多い。

クラッチ・ハウジング [clutch housing]　クラッチ室。＝～ケーシング。

クラッチ・ハブ [clutch hub]　クラッチ板のこしき。軸を通す部分。＝～ボス。

クラッチ・フェーシング [clutch facing]　クラッチの表面材料。上張り。かつては石綿を加工したものが使用されたが，昨今ではセミメタリック（銅系の焼結合金）などが用いられる。

クラッチ・フォーク [clutch fork]　（リリース・ベアリングを支える）二又の部品。てこ作用によってリリース・ベアリングをレバーへ押しつける。

クラッチ・ブレーキ [clutch brake]　クラッチ受動部の惰力を制動するブレーキ。単板クラッチは受動部が軽く，従って惰力が小さいからブレーキを有しないクラッチが多い。

クラッチ・プレート [clutch plate]　クラッチ板。＝～ディスク。

クラッチ・プレッシャ・プレート [clutch pressure plate]　クラッチの加圧板。スプリングの力を受けてディスクを押しつける厚板。

クラッチ・ペダル [clutch pedal]　クラッチ操作用のペダル。一般のものはこれを踏みつけるとクラッチが切れ，放すとつながる。

クラッチ・ポイント [clutch point]　トルク・コンバータにて，タービンの回転が速くなり，ポンプ軸との速度比0.8～0.9でステータが空転してトルクの増大作用はなくなり，流体クラッチの作用に切り替わる速度。この点以後コンバータは単なるカップリングとなる。☞カップリング・レンジ。

クラッチ・ボス [clutch boss]　クラッチ板のこしき。＝～ハブ。

クラッチ・ミート [clutch meet]　クラッチを接続すること。

クラッチ・ライニング [clutch lining]　クラッチ板の上張り。＝～フェーシング。

クラッチ・リリース・シリンダ [clutch release cylinder]　（油圧式操作のものにおいて）クラッチを切る方の油圧円筒。＝スレーブ～。

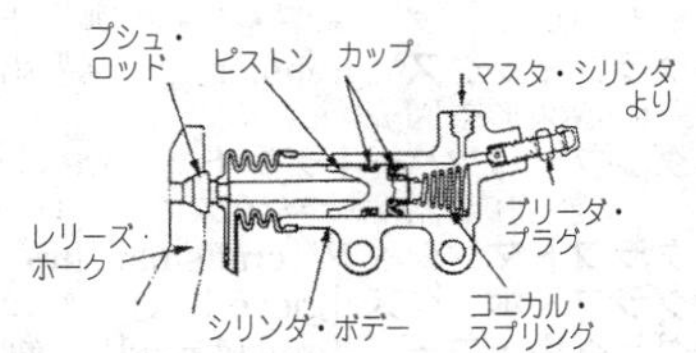

クラッチ・リリース・シリンダ（無調整式）

クラッチ・リリース・フォーク [clutch release fork]　クラッチを切る二叉の部品。リリース・ベアリングを支え，これをリリース・レバーへ押しつける二叉のてこ。

クラッチ・リリース・ベアリング [clutch release bearing]　クラッチを切る側圧軸受。リリース・フォークに支えられリリース・レバーへ押しつけられる。スラストボール・ベアリングが普通で，中にはカーボンのもある。

クラッチ・リリース・ベアリング・カラー [clutch release bearing collar]　リリース・ベアリングを支える短いつば管。

クラッチ・リリース・レバー [clutch release lever]　クラッチを切るてこ。クラッチ・カバーに取り付けられ，リリース・ベアリングに押されてプレッシャ・プレートを引き戻す。一般に3本。ただし，ダイアフラム・スプリング式クラッチは，スプリングがレバーの役を兼ねるためレバーは用いない。

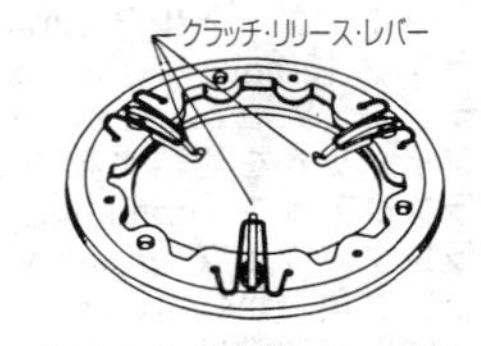

クラッチ・リリース・レバー

クラッチ・リリース・ロッド [clutch release rod]　リリース・シリンダ・ピストンの動きをリリース・フォークへ伝えるプッシュ・ロッド。クラッチ・フェーシングの摩耗に従ってロッドの長さを調整するタイプのものと，無調整式のものとがある。＝リリース・シリンダ・ピストン・ロッド。

クラッチ・リリース・ワイヤ [clutch release wire]　（ワイヤ式において）ペダルの運動をリリース・フォークに伝える鋼線。導管の中に通してある。

クラッチ・レバー [clutch lever]　クラッチ操作用の手動式レバー。二輪車などに用いられる。

クラッチ・レリーズ・シリンダ [clutch release cylinder]　☞クラッチ・リリース・シリンダ。㊟レリーズ＝リリース。

クラッディング [cladding]　異種金属を重ね合わせ，圧着などにより一体化した層状の複合合金。

クラッド [clad]　被覆のこと。光ファイバ・ケーブルの芯材（コア）に対して外皮部をいう。

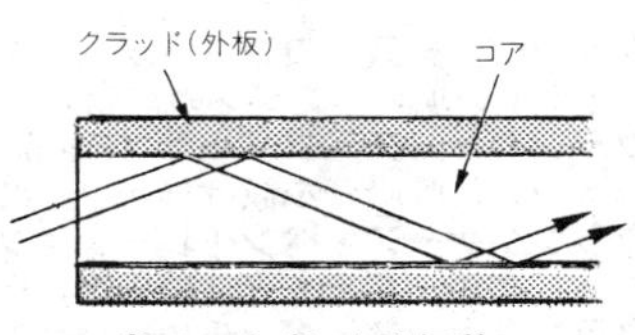

光ファイバによる伝送

グラビティ［gravity; G］ ①地球の引力，重力，重力加速度（G）。1G ≒ 9.8m/sec²。②重さ，重量。

グラビティ・フィード［gravity feed］ 重力供給方式，自然流下供給式。例 ⓐ重力式ガソリン供給。ⓑ重力式オイル供給。

グラビテーショナル・センタ［gravitational center］ 重心，重心点。

グラビング［grabbing］ がくんとくる急激な状態。例 ⓐクラッチががくんとつながる。ⓑブレーキががくんときく。

グラファイト［graphite］ 黒鉛又は石墨。結晶炭素の一種で金属光沢ある固体。よく電流を通じ，また摩擦が少ない。例 ⓐ回転電機のカーボン・ブラシ。ⓑカーボン・パイル。ⓒカーボン・ベアリング。ⓓ潤滑剤。

グラファイト・グリース［graphite grease］ 黒鉛入グリース。例 板ばね，メータ用ケーブル，ブレーキ・ケーブルなどの潤滑用。

グラフィックス［graphics］ ①製図法。製図学。②コンピュータの出力装置に表示される図形や図表。

グラブ・コンパートメント［glove compartment］ 計器板の助手席側にある小物入れ。手袋入れが語源。＝グラブ（グローブ）・ボックス。

クラフトマンシップ［craftsmanship］ 職人の優れた技巧，職人芸。

グラブ・ボックス［glove box］ ☞グラブ・コンパートメント。

グラベル・ロード［gravel road］ 砂利道，バラスを敷いた道路。

グラム［gram］ g。質量のCGS単位。1kgの1/1000。重力単位系で1グラム重とは，4℃の純水1cm³の重さ。

クラム・パッカ［cram packer］ 詰め込むもの。例 ごみ収集自動車。

クランキング［cranking］ クランクシャフトを回す，エンジンを回すこと。

クランキング・スピード［cranking speed］ クランクシャフトを回転する速さ。

クランキング・トルク［cranking torque］ クランクシャフトを回転する力。

クランク［crank］ ①曲柄，②屈曲，曲がりくねり。

クランク・アーム［crank arm］ 曲柄腕。クランクシャフトの部分的名称でピンとジャーナルを連結する部分。＝～ウェブ。

クランクアップ［crank-up］ クランクシャフトを回転してエンジンをかける。

クランク・ウェブ［crank web］ 曲柄腕。＝～アーム。

クランク角（かく）［crank angle］ クランクシャフトの回転位置を表し，クランクが死点位置（通常は上死点）にある場合を基準とした角度。

クランク角（かく）センサ［crank angle sensor］ マイクロコンピュータ式点火装置にてクランクの回転角位置を検出して信号をマイコンへ送る装置で，シグナル・ロータによるピックアップ・コイル式と発光ダイオードと回転ディスクによる光学式とがある。

クランクケース［crankcase］ 曲柄室。クランクシャフトを包んでいる室。エンジンの土台となり，その底にオイルを保有する。

クランクケース・エキスプロージョン［crankcase explosion］ クランクケース爆発。クランクケースを通じて燃料混合気を供給する2ストローク・エンジンにおいて，混合気がクランクケースで爆発する故障。

クランクケース・コンプレッション［crankcase compression］ クランクケース圧縮。2サイクル・エンジンの作動の一こま。

クランクケース・ブリーザ［crankcase breather］ クランク室呼吸装置。クランクケースに呼吸管を設け外気と通じたもの。☞PCV。

クランクケース・ベンチレーション［crankcase ventilation］ クランクケース内の換気。ブローバイ・ガスの排出とクランクケース内の圧力調整を行う。

クランクケース・ベンチレーション・バルブ［crankcase ventilation valve］ クランクケース内のブローバイ・ガスを吸気マニホールドの負圧を利用して吸い込む回路の制

御弁。＝PCVバルブ。☞クランクケース・ベンチレータ。

クランクケース・ベンチレータ [crankcase ventilator]　クランク室通気装置。クランクケースにこもるブローバイ・ガスを放出し換気を図る装置。従来は単に通気管を立てただけの消極的なものであったが，HC排出防止など公害対策の必要上現在は吸気マニホールドの負圧を利用して吸出する積極的な方法がとられている。いわゆるPCV方式が多い。

クランク・コース [crank course]　クランク形の折れ曲がった道筋。

クランク・ジャーナル [crank journal]　クランク軸けい。クランクシャフトの部分名で，主軸部分。軸受に支持される部分。

クランクシャフト [crankshaft]　曲柄軸，クランク軸，エンジンの主軸となる屈曲軸。エンジンが回るということはこの軸のことを指す。

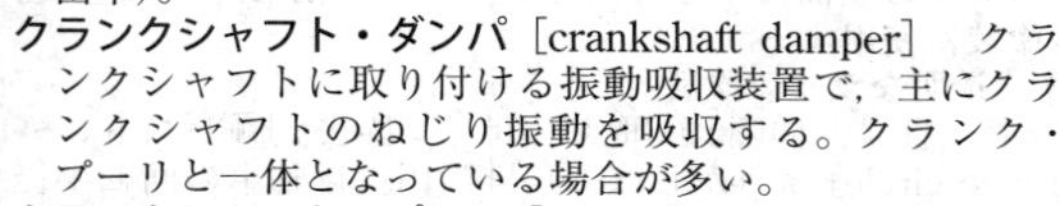

クランクシャフト

クランクシャフト・グラインダ [crankshaft grinder]　クランク研磨盤。クランクシャフトのジャーナル部やピン部を研磨仕上げする機械。

クランクシャフト・スプロケット [crankshaft sprocket]　カムシャフトなどを駆動するため，クランクシャフトに取り付けられたスプロケット（チェーンを掛ける歯車）。

クランクシャフト・ダンパ [crankshaft damper]　クランクシャフトに取り付ける振動吸収装置で，主にクランクシャフトのねじり振動を吸収する。クランク・プーリと一体となっている場合が多い。

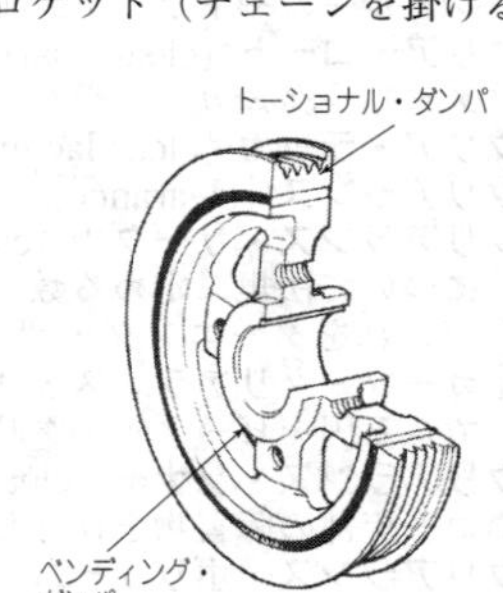

クランクシャフト・ダンパ

クランクシャフト・プーリ [crankshaft pulley]　☞クランク・プーリ。

クランクシャフト・ベアリング [crankshaft bearing]　クランク軸の軸受。通称親メタル。一般に軸受表面にすず合金又は銅合金を用いた半割り型平軸受である。

クランクシャフト・メタル [crankshaft metal]　☞クランクシャフト・ベアリング。

クランク・スロー [crank throw]　クランク半径。クランク・アームの有効長さ。ジャーナル中心からピン中心に至る長さ。

クランク・ハンドル [crank handle]　曲柄。例㋑エンジンの始動ハンドル。㋺ソケット・レンチの速回しハンドル。㋩車載ジャッキ用回転ハンドル。

クランク・ピン [crank pin]　曲柄せん。クランクシャフトの部分名で，コンロッドを取り付ける軸部分。

クランクピン・アングル [crank-pin angle]　クランクピンの配置角。多シリンダ用クランクにおいて，回転円周上における各ピンの間隔を度で表したもの。例㋑4シリンダでは180°。㋺6シリンダでは120°。㋩V8シリンダでは90°又は180°。

クランクピン・リターニング・ツール [crank-pin returning tool]　クランクピン修正工具。荒れたピン表面を修正する工具。

クランク・プーリ [crank pulley]　クランクに固定したベルト車。ファンやジェネレータを駆動するプーリ。

クランク・ポジション・センサ [crank position sensor]　トヨタの気筒別独立点火システム（TDI）の構成要素の一つ。クランク角度を電磁ピック・アップで10°ごとに検出して正確な上死点を知る。☞クランク角センサ。

グランド［gland］　押さえ。パッキン押さえ。押しぶた等。

グランド・ツーリング　［grand touring; GT］　国際スポーツ法典による定義もあるが，一般的にはグランド（堂々たる）ツーリング（旅行用車）という意味で，量産セダンをベースに大容量あるいは高出力エンジンを搭載しスポーツ仕様を盛り込んだ近代的なスポーツ・カーである。

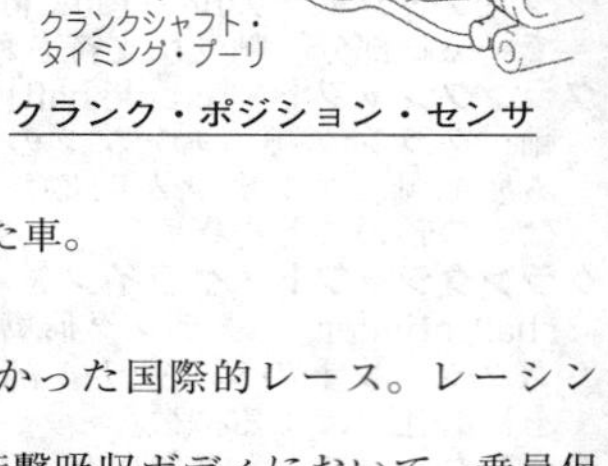

クランク・ポジション・センサ

グランド・ツーリング・カー　［grand touring car］　長距離の旅行をするのに必要な快適な居住性と大型トランク，そして高速で長時間のドライブが可能な性能をスポーツ・カーに追加した車。

クランプ［clamp］　留め金，締め金。

グランプリ［*Grand Prix*］　仏大賞，最高賞。

グランプリ・レース［Grand Prix race］　大賞金のかかった国際的レース。レーシング・ドライバーの世界一を決定する国際競技。

クランプル・ゾーン［crumple zone］　乗用車などの衝撃吸収ボディにおいて，乗員保護のため，衝突時にボディの前・後部で変形しやすく，衝撃を吸収する部分。エンジン・ルームやトランク・ルームがこれに当たり，クラッシャブル・ゾーンともいう。

クリア・コート［clear coat］　ボデーの表面に塗る透明な艶（つや）出し専用の塗装。メタリック・カラーやパール塗装に使用する。

クリア・ラッカ［clear lacquer］　透明なラッカ塗料。

クリアランス［clearance］　①余裕，間隙，間隔。②取り片付け，除去。例ピストン～

クリアランス・サークル［clearance circle］　（かじ取り）排除円。自動車の回転半径について法規に定める数字は最外側を通るホイールの軌跡をもって定めたものであるがこれをターニング・サークル，タイヤが道路の縁石に当たらずに回転できる円をカーフ・クリアランス・サークル，更にフェンダやバンパが障害物に当たらずに回転できる円をビークル・クリアランス・サークルという。

クリアランス・ソナー［clearance sonar］　車両の四隅に取り付けた超音波センサでコーナ部の障害物を検知し，ブザーや表示灯で運転者に知らせるもの。☞バック～。

クリアランス・ボリューム［clearance volume］　筒げき容積。＝燃焼室容積。

クリアランス・ライト［clearance light］　車幅灯，車幅を示す照明。

グリーサ［greaser］　グリースを注入する器具又は人。

グリージ・フリクション［greasy friction］　（摩擦面が）グリースなどで汚れた状態での摩擦力。対ドライ～。

グリージ・ロード［greasy road］　つるつる滑りやすい道路。泥んこ道。

グリース［grease］　油脂，油と石けんとを混合した半固体の潤滑材。材料とする油や石けんの種類により，カップ～，ファイバ～，シャシ～等の各種がある。

グリース・アップ［grease up］　グリースをさすこと（給脂）を意味する和製英語。

グリース・カップ［grease cup］　グリースを詰めるカップ，軸受上に取り付けこれを回してグリースを送り込む。

グリース・ガン［grease gun］　グリース銃，グリースを押し出すポンプ。手動式と動力式とがある。

グリース・ジョブ［grease job］　グリース差しの仕事。注油作業。

グリース・ニップル［grease nipple］　（乳首状の）グリース注入口。

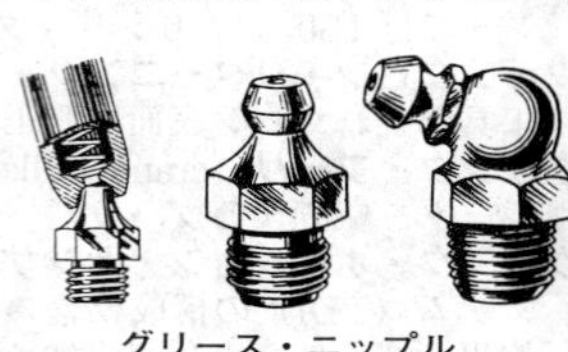
グリース・ニップル

グリース・バケット・ポンプ［grease bucket pump］

グリース用バケツ形ポンプ。グリース容器とポンプとを兼ねたもので，トランスミッションやディファレンシャルの注油に用いる。グリース用といっても流動性のあるもの（ギヤ・オイルやシャシ・グリース）以外には用いられない。

グリース・パッカ [grease packer]　グリース充填器。

グリーソン・ギヤ [Gleason gear]　米国グリーソン社の規格で製作した傘歯車の総称。例デフのドライブ・ピニオン・ギヤ。

クリーナ [cleaner]　掃除器，清浄器。例㋑エア～。㋺オイル～。

クリーニング・エレメント [cleaning element]　清浄材。例ろ紙，ろ布，ろ毛。

クリーパ [creeper]　①はうもの。例車の下にもぐり込む作業寝台。②のろのろ自動車。

クリープ [creep]　はい出し。AT車で一時停車中，アクセル・ペダルから足を離していても，エンジンの回転で車がゆっくり動き出す現象。

クリープ強度（きょうど） [creep strength]　材料に一定の静荷重を長時間作用させても破断されない最大応力。

グリーンITS [green intelligent transport systems]　国土交通省が推進している次世代ITSと呼ばれるITSスポット・サービス（ETC2.0サービス）を利用して，2020年までに全国の主要道路における交通渋滞を2010年比にして半減させることを目指すとともに，自動車からのCO_2排出削減を加速させることを目標としている。

グリーン税制（ぜいせい） [preferential tax system for environmentally-friendly vehicles; green taxation system]　環境対応車普及促進税制の一つで，排出ガスや燃費性能などで環境負荷の小さい車の「自動車税」を軽減し，登録から一定年数を経過した環境負荷の大きい車の税率を重くして環境改善を税制面から誘導するやり方。2001年度からスタートしたもので，2009年度の見直しで，ガソリン車／LPG車で新車登録から13年を超えるものと，ディーゼル車で同じく11年を超えるものの自動車税を通常の税率より約10%重くしている。2015年4月からは，軽自動車税の減税制度が創設された。☞エコカー減税。

クリーン・ディーゼル [clean diesel engine]　排気ガスのきれいな新世代のディーゼル・エンジン。騒音が大きく，黒煙を撒き散らすといったイメージの旧世代のディーゼル・エンジンではなく，PM・NO_X（大気汚染物質）やCO_2（地球温暖化物質）の排出量が少なく，低騒音で出力もあるもの。コモン・レール式やユニット・インジェクタ式などの高圧燃料噴射装置にDPF，DPNR，尿素SCRなどの後処理装置を備えたもので，新長期排出ガス規制（平成17年規制）以降の車がこれに該当する。乗用車では，ダイムラーが2006年に国内で販売を開始した。

グリーン・パーツ [green parts]　日産が環境保全の観点から扱う，リサイクル・パーツの名称。

グリーン・プラスチック [Green plastic]　バイオプラスチック（植物由来樹脂）の一種で，三菱自動車が開発・実用化中のものの総称。2010年以降に製品化し，フロア・マット（PLA＋ナイロン／廃糖蜜），ラゲージ・ボード（PBS＋竹繊維），オイル・フィラー・キャップ（バイオマス・フェノール樹脂）などに一部採用している。

クリスクロス・パッチ [crisscross patch]　タイヤ修理用あてもの。

グリセリン [glycerine]　$C_3H_8O_3$。石けん製造の副産物。無色透明で粘り気のある液体。例冷却水の防凍剤。

グリッド [grid]　格子，格子状のもの。例㋑バッテリ極板の土台となる鉛の格子。㋺電子管において陰陽両極の間に入れた制御用格子。

クリッパ [clipper]　はさみ，挟み切るもの。例ボルトを挟み切るボルト～。

クリップ [clip]　挟むもの，止め金具。例ワイヤ～。

グリップ [grip]　つかみ，握り。例オートバイ・ハンドルの握り。

クリップ・ナット [clip nut]　ホイールをハブなどへ取り付けている数個のナット。☞ハブ～。

クリップ・ナット・レンチ［clip nut wrench］　クリップ・ナット脱着用の工具。クリップ・レンチともいう。＝ハブ～。
クリップ・バンド［clip band］　重ね板ばね（リーフ・スプリング）のばね板を束ねて固定するバンド。
クリップ・ボルト［clip bolt］　止めボルト。例 ホイールをハブへ取り付けるために使われている数本の太いボルト。
グリップ力（りょく）［grip performance］　タイヤが路面をつかむ力。この力は，タイヤの構造，材質，摩耗度，空気圧や路面状況（μ）等により異なる。
クリティカル・スピード［critical speed］　危険速度，限界速度。例 クランクシャフトやプロペラシャフトの危険回転速度。
クリフカット・スタイル［cliff-cut style］　乗用車のボディ・デザインにおいて，車室後部の窓ガラス部を断崖状（垂直に近い状態）にしたもの。
クリプトン［krypton］　希ガス類元素の一つで，空気中に微量に存在。記号Kr。原子番号36。高輝度ヘッドランプ・バルブの一部に，クリプトン・ガスとキセノン・ガスを併用したものがある。
グリル［grille］　（装飾的な）金属製格子。例 ラジエータ前面の装飾的囲い。
グリル・ガード［grille guard］　グリルの保護装置。例 バンパ。
クリンチャ・タイヤ［clincher tire］　凸縁タイヤ，ビードが隆起しリムの巻き込みへ引っ掛ける構造のもの。通称引っ掛けタイヤ。例 自転車又はオートバイ。
クリンチャ・リム［clincher rim］　凸縁リム。クリンチャ・タイヤに用いるように縁が巻き込んだリム。例 自転車やオートバイ。
クルー［crew］　乗員，乗務員。
グルー［glue］　にかわ。例 ライニング接着用のり。
クルーザ［cruiser］　①流しタクシー。②無線設備のある警察用自動車。＝スクォド・カー。
クルージング［cruising］　巡航，巡航速度での走行（航行，飛行）。経済速度でゆっくり走ること。
クルージング・ギヤ［cruising gear］　（伝動装置の）増速ギヤ。＝オーバトップ・ギヤ。
クルージング・コントロール・メータ［cruising control meter］　運行管理用記録計器。運転速度，距離，停駐車状況などを時間の経過と共に自動記録するもの。＝タコグラフ。
クルージング・スピード［cruising speed］　巡行速度，常用運転速度。例 50km/h内外の速度。
クルーズ［cruise］　①タクシーが流す。警察用自動車が巡行する。経済速度で走らせる。②俗 自動車を運転する。オートバイに乗る。
クルーズ・カー［cruise car］　警察用自動車。例 ㋑パトロール・カー。㋺スクォド・カー。
クルーズ・コントロール［cruise control］　巡行制御。例 一定の速度にセットすればアクセルを放しても所定速度に巡行するような制御方法。
クルーズ・コンピュータ［cruise computer］　運行情報表示装置。走行距離，日時，燃料消費量その他運行に必要な情報を提供する装置。メーカによりオート・コンパス，ジャイロ・コンパス，ドライブ・コンピュータ，ナビゲータなどという。
クルード・オイル［crude oil］　原油，石油原油。地中深く存在する黒褐色油状の液体。成分は複雑な炭化水素の混合物で，これを蒸留又は分解することにより各種の石油製品が得られる。例 ㋑ガソリン。㋺灯油。㋩軽油。㋥重油。㋭潤滑油。㋬ピッチ，アスファルト。
クルード・ラバー［crude rubber］　天然ゴム，生ゴム。
グルービング［grooving］　溝をつけること。例 ㋑タイヤのトレッドに溝加工をすること。ⓡ舗装路面に溝加工をし，滑りにくくすること。
グルーブ [groove] 溝。例 ⓘピストン・リング〜。ⓡオイル〜。
グループ [group] 群，集まり，集団。例 バッテリの極板群。
グループ噴射（ふんしゃ） [group injection] ガソリンの燃料噴射装置において，吸入行程の隣り合う気筒をグループにまとめ，グループごとに燃料の噴射を行うこと。6気筒エンジンの場合，2気筒ずつの3グループ噴射，又は3気筒ずつの2グループ噴射があり，同期噴射よりもインジェクタの駆動回路が簡単にできる利点がある。☞同期〜。
グレア [glare] せん光，まぶしい光。例 ヘッドライトの反射光。
グレアフリー・ハイビーム [glare-free high beam system] 対向車や先行車に眩しさを与えることなく，常にハイビーム状態で運転するシステム。照射してはいけない場所だけを遮光する新しい技術で，オートマティック・ハイビームやアダプティブ・ハイビームなどがある。
グレア・プルーフ・ミラー [glare proof mirror] まぶしい反射光をカットできるミラー。防眩ミラー。
クレイ・モデル [clay model] 商品開発で，デザイナの創造したイメージを立体表現した粘土モデル。
グレージング [glazing] （ブレーキ・ライニングやパッドの表面が）堅く光沢のある状態になること。
クレータ [crater] （デスビのポイント面にできる）へこみ。＝デプレッション。
グレーダ [grader] 地ならし機。例 モータ〜。
グレーダビリティ [gradability] 登坂能力，こう配能力。
クレータリング [cratering] 塗装の欠陥で，塗膜に生じたすりばち状のへこみや塗料がはじかれたようになる現象。
グレード [grade] ①こう配，傾斜度。②等級。③（砥粒の）結合度。
グレード・クロッシング [grade crossing] 道路と鉄道の平面交差。踏切。＝レベル〜。
グレード・セパレーション [grade separation] （交通）立体交差。
グレード・リターダ [grade retarder] 自動変速機内の減速装置。
グレード・リタード・クラッチ [grade retard clutch] グレード・リターダを作用させるクラッチ。
クレードル [cradle] ①船架台。②ゆりかご。例 自動車（携帯）電話の送受話器（ハンド・セット）を置く台。㊟オン・クレードル＝電話を使用していない状態。オフ・クレードル＝通話中。
クレードル・フレーム [cradle frame] 二輪車のフレームで，エンジンをかご状に抱えこんだ形のもので，強度に優れている。
グレード・レジスタンス [grade resistance] こう配抵抗，登坂抵抗。
グレー・ピグ・アイアン [gray pig iron] ねずみ鋳鉄，ねずみ銑。例 一般鉄鋳物材料。対 ホワイト〜。
クレーム [claim] 権利として要求すること，要求権。例 ⓘ新車の保証に対する保証義務の要求権。ⓡ修理の不完全に対する再修理の要求権。
クレーム処理（しょり） [parts claim processing] 保証条件下で故障を無償整備し，費用などを製造元に請求する一連の作業。車の場合，一般にカー・ディーラからカー・メーカに対して行われる。
クレー・モデル [clay model] 設計過程で造る粘土製模型。
クレーン [crane] 起重機，重量物をつり上げ移動させる機械。
クレスト・ファクタ [crest factor] 波高率，頂点係数。最大値（P）の実効値（RMS）に対する比（P／RMS）のことで，測定器の入力レンジの何倍の入力まで線形に作動するか（デジタル・テスタの交流波形に対する測定能力）を表している。正弦波の場合，クレスト・ファクタ（波高率）＝141／100＝1.41（$=\sqrt{2}$）となる。

クレセント [crescent]　三日月，新月形（のもの）。例 オート・トランスミッション用油ポンプの間仕切り。

クレセント・レンチ [crescent wrench]　☞モンキ・レンチ。

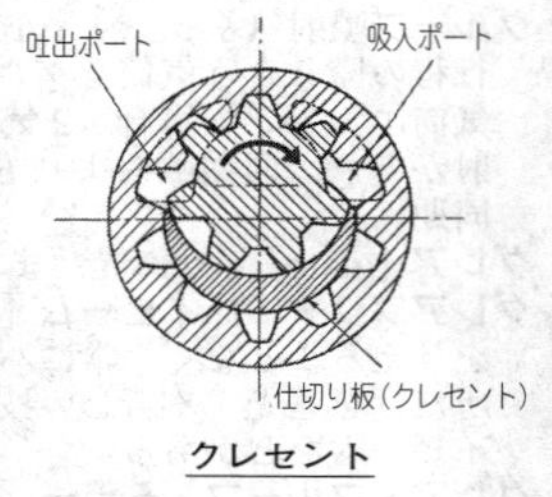

クレセント

クレビス [clevis]　U字型リンク，二又の両端に穴をあけてピンを通すようにした継手。通称かえる又。例 ブレーキ・ロッド等の継手。

クレビス・ピン [clevis pin]　クレビスに通すピン。割ピンによって脱落を防ぐ。通称ロッド・ピン。

クレヨン [Crayon]　トヨタが開発・試験運用を始めたEVコミュータ・システムの名称。小型電気自動車「e-com」とITS技術を活用し，実証実験を1999年より開始。

クロー [claw]　爪，爪歯車の爪。例 ㋑ラチェットの爪。㋺駐車ギヤの歯止め用爪。

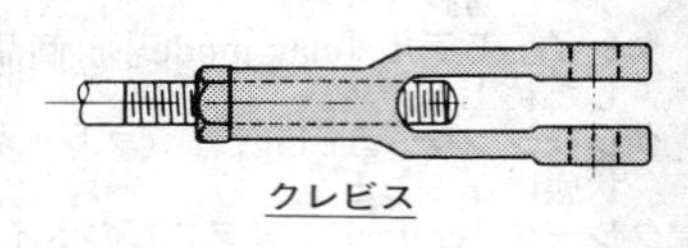
クレビス

グロー [glow]　①白熱する，白熱。②赤くなる，灼熱。例 ～プラグ。

グロー・インジケータ [glow indicator]　赤熱表示器，予熱せんが赤熱されたことを表示するランプ。

クロー・カップリング [claw coupling]　爪継手，爪クラッチ。凹凸がかみあって直結回転する軸継手。例 変速機内の直結装置。＝クロー・クラッチ。

クロー・クラッチ [claw clutch]　同前。＝ドグ～。

クローザ [closer]　閉じるもの，閉そく器。例 ドア～。対 オープナ。

クロージング・ボルテージ [closing voltage]　閉路電圧。例 リレーが充電回路を閉じる電圧。＝カットイン～。

クロース¹ [close]　①接近した。②密集した。③親密な。例 ～レシオ。

クロース² [cloth]　布。織物。＝クロス。

クローズ [close]　①閉じる，閉める。②接近する，密接する。③終える，しまう。④（電気では）接続する，つなぐ。

クロース・ギヤ・レシオ [close gear ratio]　各段のギヤ比をできるだけ近づけるように設計されたトランスミッション。例 スポーツ・タイプの多段式トランスミッション。＝クロース・レシオとも。

クローズド・サーキット [closed circuit]　①（電気の）閉回路，閉電路。②（レースにおいて）公道を一時的に閉鎖して行う競争コース。

クローズド・サーキット・イグニション [closed circuit ignition]　閉回路式点火。一次回路を閉じておき，ブレーカでその回路を切るとき点火プラグが発火する方式。例 旧タイプの点火法。対 オープン～。

クローズド・サーキット・クーリング [closed circuit cooling]　閉回路冷却法。シリンダのウォータ・ジャケットと放熱用ラジエータに冷却用水を入れて密閉し，両者間に水を循環させて行う冷却方式。＝インディレクト～。

クローズド・サイクル [closed cycle]　密閉サイクル。熱機関において，作動流体を何回も繰り返し使用するもの。例 ガス・タービン。対 オープン～。

クローズド・ドライブ [closed drive]　無段階伝動。低速，中速，高速などという段階なく，低速から高速まで無段変速される伝動装置。例 トルク・コンバータによる伝動。

クローズド・ボデー [closed body]　箱型車体。例 ㋑セダン。㋺クーペ。

クローズド・レシオ [closed ratio]　密な比率。例（変速機において）各速度の減速比が近接し，変速段階が密であること。一般の段差が50%くらいであるのに対し30～40%と密なもの。＝クロース・ギヤ・レシオ。

クローズド・レンチ [closed wrench]　閉口レンチ。ナットを囲む部分に切れ目がないレンチ。[例]㋑めがねレンチ。㋺ソケット・レンチ。[対]オープン～。

クロース・レシオ [close ratio]　☞クロース・ギヤ・レシオ。

クローバー [crowbar]　金てこ，バール。

グローバル [global]　①全地球的な，全世界的な。②球状の。

グローバル・ウォーミング・ポテンシャル [global warming potential; GWP]　地球温暖化係数。☞ノンフロン・カー・エアコン。

グローブ・ボックス [glove box]　計器板の助手席側にある小物入れ。

グロー・プラグ [glow plug]　白熱せん，予熱せん。[例]ディーゼルにおいて，始動を容易にするため燃焼室を暖める電熱ヒータ。ニクロム線が裸のものとさやに納めたものがある。☞シーズド・プラグ～。

ラッシュ・コイル (Ni-Cr)
ブレーキ・コイル (Fe)
グロー・プラグ

グロー・プラグ・パイロット [glow plug pilot]　予熱せん案内灯。予熱せんが白熱されたことを知らせる装置。

グロー・プラグ・レジスタ [glow plug resistor]　予熱せん抵抗器。予熱せんに流れる電流を制限する抵抗器。

クローラ [crawler]　①履帯車，無限軌道車。②流しタクシー。

グローラ [growler]　うなる機械。[例]アーマチュア・テスタ。

クローラ・クレーン [crawler crane]　履帯（キャタピラ）式クレーン車。

クローラ・トラック [crawler truck]　履帯式トラック。

クローリング・ギヤ [crawling gear]　（変速機の）最も低速なギヤ，はうように遅く走る減速比の大きいギヤ。[例]トラクタの特殊車。

クロール・コントロール [crawl control]　極悪路専用の低速制御装置。トヨタが2007年に新型オフロード車に採用したもので，車輪速センサからの情報でブレーキや電子制御スロットルが自動制御され，凹凸の激しい急斜面（上り&下り）や泥濘路などの極悪路を時速5km以下の設定速度（3段階）で走行することができる。この間，ドライバはアクセルやブレーキを操作する必要はない。

クロカン [cro-coun]　クロスカントリ・レース（cross-country race）の略。☞クロスカントリ・レース。

クロス[1] [cloth]　織物。布。＝クロース。

クロス[2] [cross]　①道路の交差点。踏み切り。②機械の十字金具。③電気の混線。

グロス [gross]　①合計，総計，全体。②12ダース，144個。

クロスウインド・アシスト [crosswind assist]　直進安定性を妨げる横風による影響を低減する機能。ダイムラー（MB）が採用したもので，ESP（横滑り防止装置）センサからの情報をもとに横風の影響を検知し，必要に応じて車両片側のブレーキ制御を行い，安定した直進性をサポートしている。

クロス・ウェイ [cross way]　交差道路，横道，わき道，間道。

グロス・ウェイト [gross weight]　総重量。[例]自動車の総重量とは車両重量，最大積載量および55kgに乗車定員を乗じた乗量の総和をいう。[対]ネット・ウェイト。

クロスオーバ・パイプ [cross-over pipe]　交差した管。[例]V型又は水平対向エンジンにおいて，左右排気管をつなぐ渡り管。

クロスオーバ・ポイント [cross-over point]　交差点。自動変速機の油圧装置において，車の速度が上がり，エンジンに駆動されるフロント・ポンプからプロペラシャフトに駆動されるリヤ・ポンプに交代する点のこと。

クロスカントリ・レース [cross-country race]　原野や丘陵などを横断して走るレー

ス。クロカンとも言い，２輪車の場合はモトクロスと呼ぶ。

クロス・グルーブ型（がた）ジョイント［cross groove universal joint］　内外輪に軸線に対して斜めの直線上の溝を持つ等速継手。

グロス・コンビネーション・ウェイト［gross combination weight; GCW］　（トラクタとトレーラなど）連結車両総重量。

ク

クロス・サポート［cross support］　横向き支持。車台支持スプリングが車軸と平行する方向に設けられたもの。＝クロス・スプリング。トランスバース。

クロス・シート［cross seat］　横座席，横席。車の縦中心線と交わる方向の座席。

グロス軸出力（じくしゅつりょく）［gross power; gross brake power］　エンジン単体の出力。エンジンの運転に必要不可欠な補機類だけを装備した状態で台上運転したときに出力軸端から取り出せる出力で，SAE馬力ともいう。エンジンを車に搭載した状態で台上運転するネット軸出力よりも，ガソリン車で約15%，ディーゼル乗用車で約10%ほど高く出る。

クロス・シャフト［cross shaft］　横軸。車の縦中心線に対し交わる方向に置かれた軸。例㋑車軸類。㋺ロッド式ブレーキの横軸。

クロス・スカベンジング［cross scavenging］　横断掃気式。例2サイクル・エンジンにおいて，掃気口と排気口がシリンダの対向位置にあり掃気がシリンダを横断するように流れるもの。☞リバースフロー〜。

クロス・ステアリング［cross steering］　かじ取り装置において，ドラッグ・リンクが左右に動く形式のもの。ニー・アクション車は皆この形式であるが車軸式にも見られる。対サイド〜。

クロス・スプリング［cross spring］　横置ばね。車台支持板ばねを車軸に平行する方向に設けたもの。＝トランスバース〜。

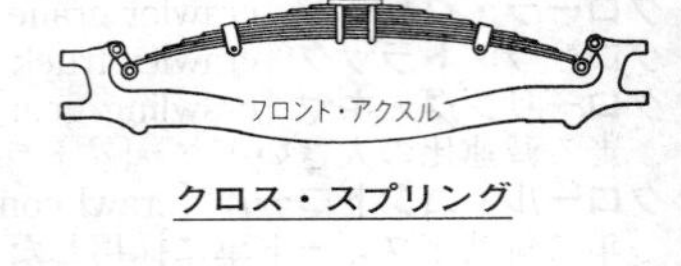

クロス・スプリング

クロス・セクション［cross section］　横断面。

クロス・トラフィック・アラート［cross traffic alert; CTA］　☞ブラインド・スポット・インフォメーション・システム。

クロス・バー［cross bar］　横棒。例㋑車体の横動きを防ぐためアクスルとフレーム間に渡した横棒。ラテラル・ロッドとも。㋺手回し工具にあるかんざし棒。

グロス・ビークル・ウェイト［gross vehicle weight; GVW］　車両総重量。

グロス・ビークル・マス・レーティング［gross vehicle mass rating; GVMR］　米国法規に定義されている用語で，メーカが指定する最大積載車両質量。

クロス・ビーム［cross beam］　横ばり。例フレームの横材。＝クロス・メンバ。

クロスビーム・タイプ［cross-beam type］　Xビーム型。スイング・アクスルと同様に作動するが，揺動中心が車体中心線を越えて反対側にある。例フロント・ドライブ車のリヤ・アクスル。

クロス・ファイヤリング［cross firing］　十字砲火。例高圧配線の混線干渉により二つのシリンダで同時に発火する故障。

クロスプライ・タイヤ［cross-ply tire］　（コードが）X編みのタイヤ。＝バイアス〜。☞ラジアル〜。

クロス・フロー式（しき）［cross flow type］　インレットとエキゾーストのマニホールドを，シリンダ・ヘッドに対して左右に分けて設けた配置方式。対カウンタ・フロー式。

クロス・フロー・スカベンジング［cross flow scavenging］　横流掃気法。☞クロス・スカベンジング。

クロス・ヘッド［cross head］　十字頭，しゅ木頭。例㋑コンロッドの小端。㋺蒸気機関や船舶用機関において，ピスト

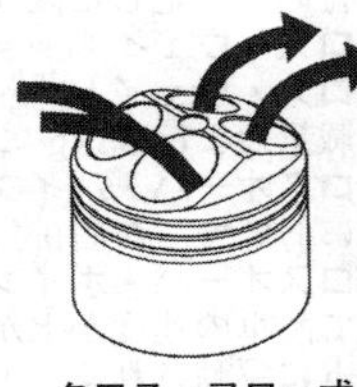
クロス・フロー式

ン・ロッドとコンロッドを連結する部品。

グロス・ホースパワー [gross horsepower]　全馬力。＝マキシマム〜。

クロス・メンバ [cross member]　横ばり，横材，十字材。例 フレームにおいて，縦のサイド・メンバに組み合わせた数本の横ばり。＝クロス・レール。

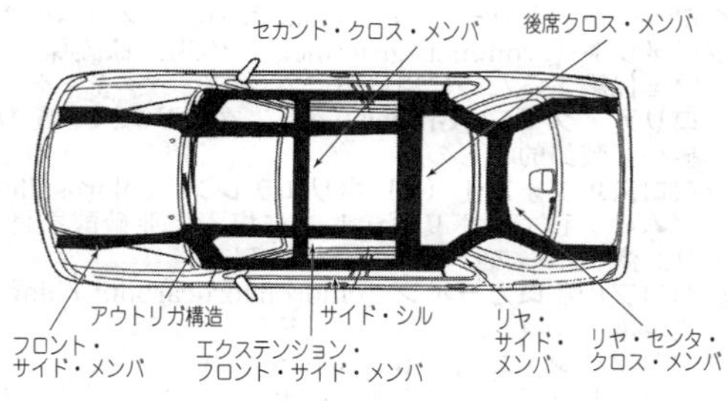

クロス・メンバ

クロス・レール [cross rail]　横ばり，横材。＝クロス・ビーム。

クロス・レシオ [close ratio]　☞クロース・ギヤ・レシオ。

クロス・ロード [cross road]　交差道路，わき道，横道。＝クロス・ウェイ。

クロス・ロッド [cross rod]　☞クロス・バー。ラテラル・ロッド。

クロスワイズ・スプリング [crosswise spring]　横向板ばね。＝クロス〜。トランスバース〜。

クロソイド・カーブ [clothoid curve]　ら旋（渦巻き）の一種。例 高速道路に取り入れられる曲線の一つ。規定のスピードで走っていれば，ハンドルを切り直すことなく曲がれるようにしたもの。

クロック [clock]　掛時計，置時計。例 運転席計器板上の時計。

クロッグド・アップ [clogged-up]　ほこりやごみによって油道，フィルタ，水道等が詰まること。

クロックワイズ [clockwise]　時計の針の回る方向，右回り。対 アンチ〜。

クロッシング [crossing]　①横断，交差。②交差点，横断歩道，踏切。

クロッシング・ゲート [crossing gate]　（踏み切りの）遮断機。

クロッシング・ファイル [crossing file]　両丸やすり。曲率半径の異なる二つの円弧からできている断面形を有するやすり。

グロナス　☞GLONASS。

クロノプラン [chronoplan]　系統式，ノンストップ方式。幹線道路の各交差点にある信号機が計画された時間によって連動し，所定の速度で進行すればどの交差点もストップにかからず進行できる方法。

クロマトグラフィ [chromatography]　色相分析，クロマトグラフ。吸着やイオン交換現象などを利用して混合物を分離精製したり分析したりする方法の一つ。例 バッテリ用精製水の製造。

クロミューム [chromium]　☞クロム。

クロム [chrome]　Cr。光沢ある銀白の硬い金属。融点1800℃。常温では極めて安定で空気や水中で容易に酸化されない。例 ㋑鋼に合金してクロム鋼。㋺ピストン・リング等の耐摩耗めっき。㋩附属品の装飾めっき。㊁ニッケルと混ぜて抵抗器用ニクロム線。

クロム鋼（こう） [chromium steel]　☞クロム・スチール。

クロム・スチール [chrome steel]　クロム鋼。C（炭素）0.28〜0.48%，Cr（クロム）0.8〜1.2%を含む硬度の高い特殊鋼。自動車の強じん部品や玉軸受などに用いる。

クロム・バナジウム鋼（こう） [chromium vanadium steel]　クロム鋼に少量のバナジウムを添加した鋼。高級ばね鋼として使用。

クロム・プレーテッド・リング [chrome plated ring]　クロムめっきリング。耐摩耗性を向上するためにクロムめっきを施したピストン・リング。

クロムめっき［chromium plating］　金属体表面の耐摩耗性などの特性向上のため，その表面をクロムで被覆すること。
クロム・モリブデン鋼（こう）［chromium molybdenum steel］　炭素鋼にクロムの他にモリブデンを添加して，焼き入れ性，焼き戻し抵抗などを改良した鋼。
クロメート・トリート［chromate treat］　クロム酸塩処理，例 防せい法。
グロメット［grommet; grummet］　索環，保護環。例 ①鉄板の穴に通すコードやパイプを保護するために用いるゴム環。②パッキングとする金属環。
グロリア・タイプ［Grolier type］　グロリア式意匠の。細かい金線を幾何学的に配した極めて装飾的なもの。
クロロスルフォン化（か）ポリエチレン［chlorosulfonated polyethylene; CSM］　合成ゴムの一種で，ポリエチレンに塩素と亜硫酸を付加したもの。耐熱性や耐候性に優れ，燃料ホースなどに用いられる。
クロロフルオロカーボン［chlorofluorocarbon; chloro-fluoro-carbon; CFC］　塩化フッ化炭素，フロン・ガス。☞ CFC。
クロロプレン・ゴム［chloroprene rubber］　アセチレン，ブタジエンを原料とするクロロプレンモノマーを重合させたゴムで，通称CRあるいはネオプレン・ゴムとも呼ばれている。自動車用部品としてはホースやブーツ類に多く使用される。
クロロホルム［chloroform］　麻酔剤および溶剤として用いられる。別名トリクロルメタン。
クワイエティング・ランプ［quieting ramp］　消音こう配。例 カム面の形状において，タペット騒音を防ぐため特に考えられたこう配。

［ケ］

警音器（けいおんき）［horn］　音の大きさは，自動車の前方2mにて115ホン以下90ホン以上，軟調で又，単調であること。電気ホーン又はエア・ホーンで，緊急自動車以外は鐘又はサイレンは使用できない。保安基準第43条に規定する。☞ホーン。
軽合金（けいごうきん）［light alloy］　比重の小さい（4.0以下ぐらい）金属合金の総称。例 比重，マグネシウム1.74，アルミニウム2.69。
蛍光剤式（けいこうざいしき）ガス・リーク・ディテクタ［fluorescent gas leak detector］　カー・エアコンの冷凍サイクルのガス漏れを調べる検知器の一種で，蛍光剤を用いたもの。蛍光剤を冷凍サイクル内に注入して運転し，LEDランプを点検箇所へ照射すると，ガス漏れがある場合には蛍光色を発する。一般に冷媒にHFC134aを使用したものが対象で，検査精度が高く，新車の生産時に蛍光剤をサイクル内に注入している自動車メーカもある。
蛍光表示管（けいこうひょうじかん）［fluorescent tube; FLT，vacuum fluorescent display; VFD］　蛍光体を塗布した陽極片の発光を切り換え，文字や数字を表示する電子線管。
軽自動車（けいじどうしゃ）［mini-car］　道路運送車両法では，エンジンの排気量が三，四輪車では660cc以下，二輪車では250cc以下，長さ・幅・高さの外寸法が規定値以下の自動車をいう［同法施行規則第2条，別表第1］。
傾斜角（けいしゃかく）センサ［inclination sensor］　車両の傾斜角を計測するセンサ。アイドル・ストップ機構を採用した車において，坂道停車のアイドル・ストップ時に車のずり下がりを防止するためのヒル・ホールド機能に用いるもの。センサが検出した停車場所の傾斜角により，ヒル・ホールド機構の油圧のオン／オフを行う。
傾斜計（けいしゃけい）［inclinometer］　クライノメータ。走行中の車両の傾きを表示する装置。
形状記憶合金（けいじょうきおくごうきん）［shape memory effect alloy; SMEA］　常温で

形を変えても，ある温度以上にまで加熱すると元の形に戻る性質をもつ合金。ニッケルーチタン系と銅系の合金がよく知られている。

珪素（けいそ）［silicon］　シリコン，記号Si。半導体の一種。

軽板金（けいばんきん）ビジネス［slight damage（dent & scratch）repair business］保険修理では免責金額の範囲にあたる軽微な損傷を持つ車両を，短時間で廉価に修復する新しいビジネス。カー・ディテイリングの一部として注目されている。

頸部傷害値（けいぶしょうがいち）［neck injury criterion］　☞NIC値。

頸部傷害低減（けいぶしょうがいていげん）シート［whiplash injery lessening seat］　追突されたとき，乗員のむち打ち症を低減する構造を有するシート。☞アクティブ・ヘッドレスト。

軽油（けいゆ）［light oil］　ディーゼル・エンジンの燃料。原油を蒸留して得られ日本工業規格（JIS-K-2204）では，硫黄が質量比0.2%以下，セタン指数が45以上，90%留出温度が360℃以下，と規定している。

ゲイン［gain］　増加，増大。例 自己倍力作用によるブレーキ力の増大。

ケージ［cage］　かご，枠。例 ㋑ボールやローラを支持するかご。㋺ピニオンを囲むかご。

ゲージ［gauge; gage］　①（鉄板などの）標準寸法，標準規格。②（自動車の）両側車輪間距離。③計器，計測器。

ケージェトロニック［*k-jetronic*; 独 *Kontinuierlich Einspritz System*］　独Kジェトロニック機械制御式燃料噴射装置（電子制御式に対して），「*jetronic*」はドイツボッシュ社の商標名。Kはドイツ語の連続的な（*kontinuierlich*，コンティヌイーアリヒ）の頭文字。☞L，Dジェトロニック。

ゲージド・オリフィス［gauged orifice］　（キャブレータその他において）流量を規制する小穴。例 ㋑ジェット類。㋺エア・ブリード類。

ゲージ・ブロック［gauge block］　寸法の規範となるブロック・ゲージ中の一つ。

ゲージ・マニホールド［gauge manifold］　カー・エアコン（クーラ）の冷凍サイクル内の圧力測定用。低圧用と高圧用のゲージが付いている。

ケーシング［casing］　機械装置の外包，容器，被覆，囲いのこと。例 ㋑ポンプ類の容器。㋺タイヤの外包。㋩トルク・コンバータの容器。

ケーシングヘッド・ガソリン［casinghead gasoline］　ガス・ガソリンの一種。常温で気体である成分を圧縮液化して普通ガソリンへ混入する。はなはだ揮発性がよい。

ケース[1]［case］　場合，事情。

ケース[2]［case］　箱，容器，覆い。

ケース・ハードニング［case hardening］　表面硬化，肌焼き。鋼の表面だけ硬化させて耐摩耗性を増し，内部は鋼の強じん性を持たせる焼き入れ法。

ケース・リード［case-reed］　2サイクル・エンジンのリード・バルブ吸入方式の略称。クランクケースに取り付けたリード・バルブを通して混合気をシリンダへ吸入する方式。☞リード・バルブ。

ゲート［gate］　門，出入口，木戸。例 ㋑トール～。㋺クロッシング～。

ゲートウェイ［gateway］　LAN（狭域情報通信網）を公衆通信網と接続するためのプロトコル（データ伝送手順の規約）変換装置。

ゲート回路（かいろ）［gate circuit］　論理素子を配列した回路。

ゲート・シフト［gate shift］　（変速機において）シフト・レバーが特定のゲート（一般にH字型）に案内されて動く形式。

ケーブル［cable］　①鋼索。鋼線をより合わせて作ったワイヤ・ロープ。例 ㋑細いものではスピードメータ駆動用。㋺クラッチ又はブレーキ操作用。②被覆電線，特に数本のコードをまとめて，更に被覆したもの。

ケーブル・カプラ［cable coupler］　ケーブル連結器。例 トラクタとトレーラの電気連絡をする継手。

ケーブル・グロメット [cable grommet] （鉄板の穴に通す部分に使う）電線を保護するはめ輪。
ケーブル・コネクタ [cable connector] 電線連結器。＝カプラ。
ケーブル・ソケット [cable socket] （電線連結器の）受け口。雌側。
ケーブル・プラグ [cable plug] （電線連結器の）差し込みせん。雄側。
ケーブル・ブレーキ [cable brake] ケーブルで制動力を伝えるブレーキ。例手ブレーキ用。
ケーン・タイプ・シフト [cane type shift] 棒によるギヤの入れ替え。変速機上に立つケーン（シフト・レバー）による変速操作。＝フロア・シフト。ダイレクト・コントロール。
罫書（けが）き [marking] 工作物に加工する場合，基準となる線や穴の中心の位置を焼き入れした硬い鉄針で描くこと。
欠陥（けっかん）[defect; fault] 構造上，機能上不十分で，致命的な事故などを誘発しかねない短所。
ゲッタウェイ [getaway] （レーシング・カーの）スタート。
ケッチング [kicking] キッキング。キックバックの俗称。☞キックバック。
ケトン [ketone] 有機化合物群で，R-C(=O)-R′（R, R′はアルキル基など）の構造式で表されるもの。R, R′が $-CH_3$ の場合がアセトン，R または R′が水素原子であるときはアルデヒドとなる。☞PEEK, PEKK, PEKEKK。
ケナフ [kenaf] アオイ科の１年草でインド・アフリカ原産の熱帯植物。茎の繊維を綱・布・製紙に使用。半年で3〜4メートルも成長し，二酸化炭素を大量に吸収する特性から，環境にやさしい植物として最近注目されている。自動車用素材としてドア・トリムに採用し，車両軽量化などへの試みも始まっている。
ケブラー [Kevlar] 米国デュポン社製アラミド繊維の商品名。芳香族ポリアミドでできた高強度，高弾性の高分子繊維。例タイミング・ベルトの芯線。
ケミカル・アクション [chemical action] 化学作用。例㋑燃料の燃焼。㋺バッテリの充放電。
ケミルミネッセンス・アナライザ [chemiluminescence analyzer; CLA] 化学発光を利用したガス分析法。NO_x の測定に用いられる。
ゲル [gel] こう化体，にかわのように固体に近いもの。
ケルビン・スケール [Kelvin scale] ケルビン（絶対温度）目盛。熱力学的温度目盛で，その0℃がマイナス273℃に当たる。記号°K。
ゲルマニウム [germanium] Ge。灰白色のもろい金属。半導体としてトランジスタや結晶整流器（ダイオード）の重要材料。
ケルメット [kelmet] （軸受用の）銅と鉛の合金。ホワイト・メタルに比べ高温高荷重に耐えるのでディーゼルや高性能ガソリン・エンジンに用いるが，金属粉末などを埋没する特性がないので表面にすずや鉛をきせて用いることが多い。
ケルメット・メタル [kelmet metal] ケルメット製の軸受。例クランク・ピンやジャーナル用の平軸受。☞ケルメット。
ケロシン [kerosene] 灯油，灯用石油。原油を150〜300℃の温度範囲で蒸留して得られる石油製品。例㋑部品洗浄用。㋺石油バーナ用燃料。＝パラフィン。
減圧弁（げんあつべん）[pressure reducing valve; pressure regulator] 出力側圧力を入力側圧力より低く調整する圧力調整弁。
牽引力（けんいんりょく）[traction; tractive force; towing force] 他の車や物体を牽引しているとき，牽引に使われる力。☞駆動力。
限界（げんかい）ゲージ [limit gauge] 穴又は軸の最大と最小の許容寸法を基準とした両側定端面をもつゲージ。ゴー・ノーゴー・ゲージ。
懸架装置（けんがそうち）[suspension system] 車体と車輪の中間にあり，路面からの衝撃を緩和する装置。サスペンション。

検査員（けんさいん）［inspector］　指定整備（民間車検）工場で，車両の検査を国に代わって行う国家資格の整備士。自動車検査員。

検査主任（けんさしゅにん）［chief inspector］　自動車分解整備事業者（認証工場）に義務付けられている国家資格の２級整備士。分解整備を検査する整備士で，届け出制。

検査標章（けんさひょうしょう）［inspection sticker］　道路運送車両法第66条の規定による，検査証の有効期間の満了する年と月を表すステッカで，正面ガラスに外から見えるように表示する。

検出器（けんしゅつき）［detector］　☞ディテクタ，センサ。

減衰力（げんすいりょく）［damping force］　ショック・アブソーバの振動（ピストン速度）を抑制する，運動方向と反対に働く力。

減速（げんそく）エネルギー回生（かいせい）システム［deceleration energy regenerative system］　減速時や制動時に発生するエネルギーを回収して，有効なエネルギーとして活用するシステム。これには次の２種類のシステムがある。①ハイブリッド車や電気自動車：減速時や制動時に駆動用のモータを発電機として作動させ，バッテリに充電するシステム。②通常のガソリン車やディーゼル車：減速時や制動時にオルタネータで発電してバッテリなどに充電し，加速時には充電電圧を下げてエンジンへの負荷を低減するシステム。

減速度（げんそくど）［deceleration; deceleration of gravity］　時間に対する速度の変化の（速度が減少していく）割合。対 加速度。

減速比（げんそくひ）［reduction gear ratio］　減速歯車列（トランスミッションやデフ）の速度伝達比。☞ギヤ・レシオ。

研磨（けんま）［polishing; grinding; abrasion; sanding］　研磨材（abrasive）を用いて金属などを磨いたり削ったりすること。

［コ］

コア［core］　芯（しん），中心部，核心部。例 ㋑電磁石の鉄芯。㋺ラジエータの放熱管。㋩鋳物の中子。

コアクシャル・スタータ［coaxal starter］　同軸始動機。スタータがクランク軸直結のもの。例 軽自動車エンジン。

コアクシャル・タイプ［coaxal type］　同軸型，共軸型。例 パワー・ステアリングにおいてハンドルとパワー装置が同軸のもの。

コア・ダイヤメータ［core diameter］　（ねじの）谷径。＝ルート～。

コア・ホール・プラグ［core hole plug］　中子穴の栓。鋳物の加工穴をふさぐ栓やふた。＝ウェルシ～。エキスパンション～。

コア・リング［core ring］　中子となる環。例 フルード・カップリングやトルク・コンバータにおいて，ポンプやタービンの中にあってオイルの流れを案内する円環。＝ガイド・リング，イシナ・シェル。

コイニング［coining］　押圧された材料の圧縮による流動で浮き出し模様などをつくる加工法。硬貨の製作手法に由来する。

コイル［coil］　輪，線輪。例 ㋑（電気の）コイル，特にイグニション～。㋺～ばね。

コイル・コンデンサ・テスタ［coil condenser tester］　イグニション・コイルの出力，抵抗，絶縁やコンデンサの容量，絶縁などを測定する計測器。さらに，これに抵杭（Ω）測定レンジを付けたものがある。

コイル・スプリング［coil spring］　つる巻きばね，ら旋ばね。例 ㋑バルブ～。㋺クラッチ～。㋩シャシ～。

コイン・ホルダ［coin holder］　運転席回りの小銭（硬貨）入れ。

こう［steel］　鋼（はがね）。鉄鋼材料を炭素含有量で分類して，C0.05～1.2%の範囲のものをいう。他の合金元素を加えないものを炭素鋼又は普通鋼といい，炭素以外の合金元素，例えばCr，Ni，Mn，Mo，Wなどを加えたものを合金鋼という。

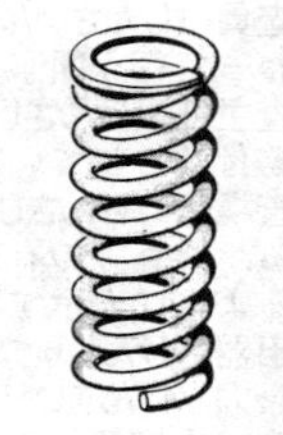
コイル・スプリング

高圧（こうあつ）コード［high-tension code］　ハイテンション・コード。点火装置の二次側の高電圧端子とスパーク・プラグをつなぐコード。

高圧水素（こうあつすいそ）タンク［high-pressure hydrogen tank］　燃料電池車（FCV）において，発電用燃料の水素を貯蔵する高圧タンク。トヨタが2014年末に発売したFCVの場合，70MPa（700気圧）に圧縮した高圧の気体水素を充填した2本のCFRP（炭素繊維強化樹脂）製容器を床下に搭載して，約500kmの航続を可能にしている。この高圧水素タンクには，水素透過防止性能に優れるポリアミド系のインナ・ライナを使用しており，水素の充填に要する時間は約3分と，ガソリン車と変わらない。2014年5月末には，水素タンクに関する規則（高圧ガス保安法に基づく容器保安規則）や告示の一部が改正され，国際規則（国連の自動車基準調和世界フォーラム／WP29）に合致された。これにより，水素ガスを充填する際の最高圧力が現在の約700気圧から875気圧まで引き上げられ，現行規則に比べて2割ほど水素を多く充填することができるようになった。☞TFCS。

高圧点火（こうあつてんか）［high-tension ignition］　点火コイルの一次電流を断続し，二次回路に生じる高電圧により行われる点火。

硬化（こうか）［hardening］　☞ハードニング。

公害（こうがい）［pollution］　ポリューション。大気汚染，悪臭，水質汚染，騒音などによる環境衛生の劣化現象。

公害防止装置（こうがいぼうしそうち）［pollution control device］　人の健康や動植物への環境を保全するための装置。主に自動車の排出ガス浄化装置を指す。

光化学（こうかがく）スモッグ［photochemical smog］　自動車の排気ガスや工場の煙突から排出されるガスに含まれる炭化水素（HC）や窒素酸化物（NOx）が，大気中で強い日光の影響を受けて化学反応を起こし，刺激性の強い過酸化物（オキシダント）を含むスモッグとなること。1940年代に入り，ロサンゼルスで発生が認められた。

光化学反応（こうかがくはんのう）［photochemical reaction］　自動車，工場，発電所などから排出されるHCやNOxが大気中に溜まり，これに強い太陽光線があたってオキシダントが発生するまでの一連の化学反応。

合金化亜鉛（ごうきんかあえん）めっき鋼板（こうはん）［galvanized alloy zinc steel sheet; GA steel sheet］　溶融亜鉛めっき鋼板に熱処理を施し，鉄亜鉛合金を生成させた鋼板。GA鋼板とも呼ばれる引っ張り強度が590MPa級の鋼板で，溶融亜鉛めっき鋼板より溶接性や耐食性に優れ，エンジン・フードやトランク・リッドなどの外板に用いられる。

高珪素（こうけいそ）アルミニウム合金（ごうきん）［high silicon aluminum alloy］　ピストン材料として一般に使用されるローエックス合金のシリコン含有量が重量比で約12%であるのに比べ，その約2倍の22%ぐらいのシリコンを含有した鋳造用のアルミニウム合金で，膨張係数・比重が共に低下し耐摩耗性が増加する利点がある。ただし，鋳造性・加工性に難点があったが現在は技術的に解決されている。

ピストン用高けい素アルミニウム合金例

	Cu%	Mg%	Si%	Ni%	Mn%	その他
KS 280	1.4～1.8	0.4～0.8	20～22	1.4～1.6	0.4～0.8	0.5～1.2 Co
Mahle 244	1.0～1.7	0.5～1.0	23～26	0.8～1.3		0.3～0.5 Cr
Vanasil	0.8～1.2	0.8～1.2	21～23	1.0～2.0		0.1V

公差（こうさ）[tolerance]　規定された最大値と最小値との差をいう。☞トレランス。

交差（こうさ）コイル [cross coil]　マグネット製回転子の外側に二つのコイルを90°ずらして巻き，コイルに流す電流の強さ・方向を変えてコイルに励磁する磁束を変化させ，それによってできる磁界の合成力により回転子を作動させる。例スピードメータ，タコメータ，フューエル・ゲージ。

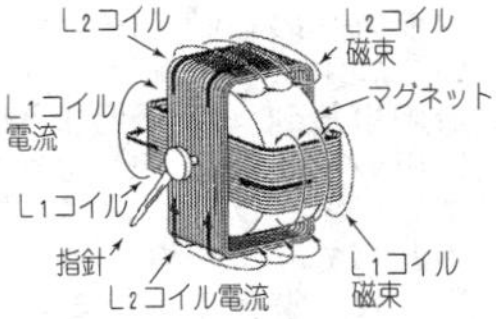

交差（こうさ）コイル式（しき）スピードメータ [cross coil-type speedometer]　交差コイルを使用して指針を作動させるケーブルレスのスピードメータ。☞交差コイル。

交差コイル

高周波（こうしゅうは）[high frequency; HF]　一般的には50～100Hz以上の周波数。

高周波焼入（こうしゅうはやきい）れ [induction hardening]　高周波電流による誘導加熱作用で加熱して行う焼き入れ。

公称馬力（こうしょうばりき）[nominal horsepower]　名目的な馬力。

硬水（こうすい）[hard water]　カルシウムおよびマグネシウムなどの塩類を比較的多量に溶解含有している水を硬水といい，少ないものを軟水という。硬水を冷却水に使うと，水あかの原因となり不適当である。対軟水。

剛性（ごうせい）[stiffness]　外部からの曲げやねじれ等の力に対して，元の形を保とうとする性質。例㋑ボデー～。㋺タイヤ～。

校正（こうせい）[calibration]　測定器の目盛り調べ，キャリブレーション。測定に先立ち，基準量を用いて精度を正すこと。

合成液体燃料（ごうせいえきたいねんりょう）[synthetic liquid fuel]　石油以外のものを原料として，人工的に合成された液体燃料。温室効果ガスの削減や石油資源の枯渇を視野に入れ，次のものが石油の代替燃料として実用化途上にある。①天然ガスを原料とするGTL。②石炭を原料とするCTL。③生物を原料とするBTL。BTLに関しては，トウモロコシやサトウキビなどを原料とするバイオ燃料とは異なり，わらや枯れ木などを用いる。

合成（ごうせい）ゴム [synthetic rubber; SR]　化学的に合成されたゴムで，石油から得られるブタジエン，スチレン，エチレン，プロピレンなどを原料としたもの。合成ゴムは高弾性と強靭性をもった合成高分子物質で，天然ゴム（NR）と比較して耐摩耗性，耐老化性，耐油性などに優れていて，広範に使用される。合成ゴムの種類としては，スチレン・ブタジエン・ゴム（SBR），ブタジエン・ゴム（BR），エチレンプロピレン・ゴム（EPM／EPDM），ニトリル・ゴム（NBR），ブチル・ゴム（IIR），フッ素ゴム（FKM），シリコーン・ゴム（SR），イソプレン・ゴム（IR），クロロプレン・ゴム（CR），ウレタン・ゴム（AU／EU），クロロスルフォン化ポリエチレン（CSM），水素化ニトリル・ゴム（H-NBR），エピクロロヒドリン・ゴム（CO／ECO），アクリル・ゴム（ACM），エチレンアクリル・ゴム（AEM），ノルボルネン・ゴム（NOR）などがある。

合成樹脂（ごうせいじゅし）[synthetic resin]　天然に得られる樹脂状物質と性質が似ており，様々な低分子化合物を反応させて得られる合成高分子物質。プラスチックはその原料で成形加工されたものをいう。

更生（こうせい）タイヤ [retreaded tire]　タイヤのトレッド・ゴムを張り替えて，再び使用できるように更生し，機能を復元したゴム・タイヤ。その加工方法などは，JIS-K-6329（更生タイヤ）に規定されている。

校正用（こうせいよう）ガス [calibration gas]　計測器の校正に用いる標準ガス。＝スパン～。例CO・HCメータの校正用。

後席（こうせき）SRS（エスアールエス）シート・クッション・エア・バッグ　[rear-seat

supplemental restraint system seat cushion air bag] エア・バッグの一種で，2007年にレクサスに採用されたもの。後席左側のシート・クッション内に小型のエア・バッグを内蔵し，万一の衝突時にシート座面の前方をエア・バッグで持ち上げて乗員の前方への移動を減少させ，シート・ベルトの働きと併せて乗員の保護効果を高めている。主にVIP用。

構造用接着剤（こうぞうようせっちゃくざい）［structural adhesive; weld bond］ 構造部材に用いる接着剤で，大きな荷重に長期間耐えるもの。自動車の場合，1960年頃よりブレーキ・ライニングの接着に利用され，近年では，車体のスポット溶接に代わるものとして欧米で導入が進んでいる。接着剤には主にエポキシ樹脂の構造用接着剤が使用され，鋼板やアルミニウム合金パネルなどの同素材または異種素材の接合が可能となり，スポット溶接やレーザ溶接との併用もある。この接着剤には加熱することで硬化する１液タイプ（熱硬化型接着剤）と，一定時間後に硬化する２液タイプがあり，１液タイプを使用する場合には塗装工程の乾燥炉の熱を利用するのが一般的である。

高速度鋼（こうそくどこう）［high speed steel］ 高級な工具鋼の一種で，耐熱性に富むため，高速切削工具として用いる。代表的な組成は，18% W，4% Cr，1% V，0.6～0.9Cである。

後側方車両（死角）検知警報（こうそくほうしゃりょう(しかく)けんちけいほう）システム［blind spot detection and warning system］ ☞ブラインド・スポット～。

高炭素鋼（こうたんそこう）［high carbon steel］ 炭素を0.4%以上含む鉄・炭素の合金。

高張力（こうちょうりょく）アルミニウム合金（ごうきん）［high-tensile strength aluminum alloy］ 軟鋼相当以上の引っ張り強さを有する高強度アルミニウム合金。2000系や7000系などの熱処理合金でコストが高く，高級車やスポーツ・カーのサスペンション部品などに使用される。

高張力鋼板（こうちょうりょくこうはん）［high-tensile strength steel sheet; HSS; HTS］ 一般の軟鋼板に少量の合金元素を添加し，引っ張り強度を向上させた鋼板。引っ張り強さが490～780MPaくらいの冷間圧延鋼板または熱延鋼板を指し，車両の剛性向上や軽量化を目的に，ドア，フード，ピラー，メンバなどボディ各部に使用される。俗にハイテン（材）またはハイテン・スチールと呼ばれ，JISの規格表示はSPFC。☞超高張力鋼板。

高張力（こうちょうりょく）ボルト［high-tensile bolt］ 高強度ボルト。引っ張り強度の高いボルト。例 シリンダ・ヘッド・ボルト。

交通情報（こうつうじょうほう）ラジオ［highway advisory radio; HAR］ 路側のケーブルなどから道路の渋滞や事故などの交通情報を，カーラジオに向けて放送すること。日本では全国統一の周波数で，1620kHz。

交通標識認識支援（こうつうひょうしきにんしきしえん）［traffic sign recognition assist; TSR］ ☞トラフィック・サイン・アシスト，ロード・サイン・インフォメーション。

工程管理（こうていかんり）［process control］ 作業の流れを分析し，品質，納期，コストの目標が達成できるよう効率よくコントロールすること。

光電管（こうでんかん）［photo tube］ 光電子の放出を利用した一種の２極管で，外部光電効果がある。

光電素子（こうでんそし）［photoelectric transducer］ 太陽電池など光を電気に変換，又，発光ダイオードのような電気を光に変換する素子。

光電池（こうでんち）［photoelectric cell］ 半導体の感光起電効果を利用して起電力を起こさせるために使う半導体素子。例 セレン光電池，シリコン太陽電池など。

高度運転支援（こうどうんてんしえん）システム［advanced driver assistance systems; ADAS］ ☞先進運転支援システム。

高度補償装置（こうどほしょうそうち）［high altitude compensator; HAC］ 高地では空気密度が低くなり，混合気が濃くなる傾向がある。このため，高地に行くに従って吸入空気量を増し，混合気が濃くなるのを防止する装置を付ける。また，高度を検出するため，ピエゾ効果を利用した半導体式の圧力センサ（高度補償センサ）をECU内に備えている。

高熱価型（こうねっかがた）スパーク・プラグ［cold type spark plug］　プラグの電極の熱伝導性の良い，冷え型のプラグ。電極のがいし部の長さが低熱価型と比べて短い。

勾配抵抗（こうばいていこう）［hill climbing resistance］　自動車が坂道を登るとき，重力の分力として駆動力と反対方向に作用する抵抗。

降伏点（こうふくてん）［yield point］　塑性をもつ物体に弾性限界以上の応力が加わり，応力を除去しても歪みの増加が生じる最初の応力（測定単位はMPa/mm^2）。例えば，鋼材に引っ張り荷重を加えていくと，ある荷重を境に塑性（永久）変形が生じる。このときの荷重が「降伏点」であり，さらに荷重を加えていくと鋼材は塑性変形しながら伸び，やがて破断に至る。このときの荷重が「引っ張り強さ」であり，鋼材の場合には降伏点の1.2～1.5倍くらいになる。日本では，鋼材の強度は「引っ張り強さ」で表されるが，欧州では「降伏点」が用いられる。

降伏電圧（こうふくでんあつ）［breakdown voltage］　半導体の降伏現象。☞ツェナ・ダイオード。

後部霧灯（こうぶむとう）［rear fog lamp］　霧の深い地方で追突防止のため，車体後部に取り付ける赤色のフォグ・ランプ。保安基準第37条の2に規定されている。

後方（こうほう）プリクラッシュ・セーフティ・システム［rear pre-crash safety system; RPCS］　衝突予知安全装置（PCS）の進化版で，2006年にレクサスに採用されたもの。リア・バンパ内に設置されたミリ波レーダで検知した後方車両との距離，相対速度，方向などから追突の可能性を判断し，ハザード・ランプを点滅させたり，追突が避けられない場合には運転席と助手席のヘッドレストを頭部に接触するまで斜め前方へ移動させ，頸部への衝撃（むち打ち傷害）を緩和する。このようなヘッドレストをプリクラッシュ・インテリジェント・ヘッドレストという。

光明丹（こうみょうたん）［red lead primer］　主成分は四三酸化鉛（Pb_4O_3）で明るい赤色の粉末。歯車の歯の当たりや，板ベアリングの当たりのチェックに油に溶いて用いる。鉛丹ともいう。

後面衝突頸部保護性能試験（こうめんしょうとつけいぶほごせいのうしけん）［whiplash injury protection test caused by rear end collision］　新型車の安全性能評価試験項目の一つで，(独)自動車事故対策機構（NASVA）が自動車アセスメント制度（J-NCAP）に基づき，2009年度から実施しているもの。略して「後面衝突試験」ともいい，後続車が前車に衝突した場合（追突した場合），前車乗員のむち打ち症の度合い（NIC）を評価している。

効率（こうりつ）［efficiency］　機械が発生した全エネルギーと，その機械によってなされた有用な仕事量との比。例 熱効率。

交流（こうりゅう）［alternating current; AC］　その方向と強さが周期的に変化する電流。1秒間に対する周期数をもって周波数（Hz）とする。家庭用の電気は交流で，東日本は50Hz，西日本は60Hzである。自動車用の電気は直流で，交流発電機（オルタネータ）で発生した交流を直流に整流して取り出している。対 直流。

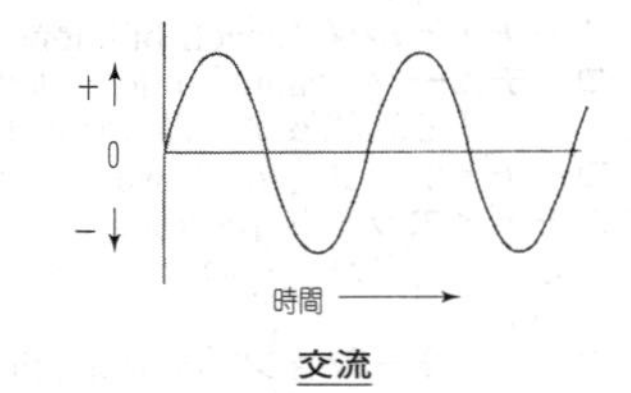

交流

交流電力量消費率（こうりゅうでんりょくりょうしょうひりつ）［alternating current energy consumption］　電気自動車（EV）において，JC08モードで1km走行するのに必要な電池の容量（Wh）。略して「電費」ともいい，この数値は少ないほどよい。具体例として，三菱自動車のi-MiEVは110Wh/km，日産のリーフは114（改良前は124）Wh/kmとなる。このほか，単位電力量当たり走行可能な距離（km/kWh）で表す場合もある。☞ MPGe。
交流発電機（こうりゅうはつでんき）[alternator] ☞オルタネータ。
後輪独立懸架装置（こうりんどくりつけんがそうち）[independent rear suspension; IRS] 後軸の左右輪がそれぞれ独立して運動できる懸架装置。

コエフィシェント[coefficient] （数学の）係数。
ゴー・エンド[go end] （リミット・ゲージの）通り側。㊟ノーゴー〜。
ゴーカート[gocart] （一匹の馬が引っ張る小さい馬車の意）遊戯用豆自動車。
コーキング[caulking; calking] かしめ。びょう接した部分の気密を完全にするため合わせ部分をたたきつぶす作業。
コーク[cork] ①コルク（コルクがしわの外皮）。②コルク製品。
ゴーグル[goggle] 風防めがね，保護めがね。強風やゴミ，光線などをよけるのに用いる大型のめがね。
コーション・プレート[caution plate] 注意書き，機械にはりつけてある取り扱い上の注意書き。
コース[course] 進路，道筋，競技の走路。
コースタ[coaster] 滑走機，フリーホイール装置。
ゴースタン[go-astern] （船の用語）後退，逆行。＝バック。
コースティック・ソーダ[caustic soda] ☞かせいソーダ。
コースティング[coasting] 滑走，惰走。㊄クラッチを切り，あるいはギヤを抜いて惰力だけで走ること。
コースティング・アビリティ[coasting ability] 惰行能力，最大積載状態の自動車が変速機を中立にしたとき水平平たん路上を惰行することができる能力。
コースティング・エア・バルブ[coasting air valve; CAV] 三菱車に採用された減速時排気ガス制御装置。減速時の空燃比を適正化し，COやHCの発生を抑制する。
コースティング・リッチャ・システム[coasting richer system; CRS] 減速時に混合ガスが希薄化するのを防止するため，キャブレータに取り付けられた装置。不完全燃焼によるCOやHCの増加を防ぐ。
コースト・サイド[coast side] （ギヤの歯の表裏で）裏側，力がかからない側。＝リリーフ〜。㊟アプライ〜。
コースト・ストップ[coast stop] アイドリング・ストップ機能を採用している車両において，車が停止する前（惰力で走行している状態）にエンジンを停止させること。燃費性能を少しでも向上させるため，時速10km前後の速度でエンジンを停止させるもので，特に軽自動車に多い。
ゴー・ストップ[go stop] （交通信号用語）進め，止まれ。
コース・ファイル[coarse file] 荒目やすり。
コーチ[coach] ①㊦2ドアのセダン型車体。②㊦長距離用大型バス。③（運転などの）指導員。
コーチ・ビルダ[coach builder] 車体製作者。
コーチューク[caoutchouc] 弾性ゴム，インディア・ラバー。ゴムの樹に傷を付けて浸出する乳状液から得られる生ゴム。
コーチ・ワーク[coach work] ①車体製作工場。②車体に関する作業。
コーディエライト[cordierite] けい酸塩の鉱物。排気ガス用触媒コンバータの担体として使用され，その表面に触媒（白金，ロジウム，パラジウムなど）を付着させて用いる。
コーディネーション[coordination] ①同等にすること。②同等，同位，統合。㊄カラー〜（車の塗色と内装色を同系色で統一すること）。
コーティング[coating] 塗り，上塗り，被覆。㊄アンダ〜。
コーティング・サンド[coating sand] シェル・モールド鋳造法において，鋳型に用いるけい砂。＝レジン〜。

コート [coat]　①覆う，塗る。②塗装，外膜。③上着，外套。例④アンダ～。⑤4～4ベーク塗装。☞コーティング。
コード [cord]　①ひも，綱。②ひも電線，より電線。
コード・タイヤ [cord tire]　（タイヤ本体が）コード（より糸）をすだれ編みにしたものでできているタイヤ。コード層があやになっているのがバイアス，半径方向になっているのがラジアル。コードの材料には木綿，レーヨン，ナイロン等があり補強用にはスチール・コードもある。

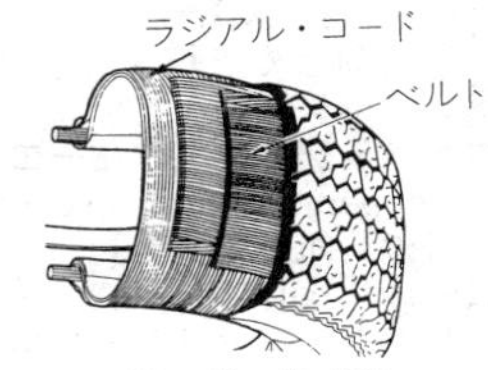

コード・タイヤ

コード番号（ばんこう） [code number]　情報を表現するための記号や符号の体系。
コード・リーダ [code reader]　OBDスキャン・ツールにおいて，DTC（故障コード）の読み取りや消去ができるもの。OBD-Ⅱスキャン・ツールの中で最もベーシックなものであるが，中にはフリーズフレーム・データなどに対応しているものもある。
コーナ [corner]　①角，曲がり角。②角につける金具。③（自動車などが）急カーブを切る。
コーナ・シール [corner seal]　ロータリ・エンジンのガス・シールの一種。アペックス・シールと併用して気密を保っている。
コーナ・ブレース [corner brace]　すみ柱，角の突張り，筋かい。
コーナ・ポール [corner pole]　運転席から見にくい車体コーナ部の先端（右ハンドル車ではフロント左側）を確認するため，バンパに取り付ける目安となるポール。
コーナリング [cornering]　自動車が角を曲がること。旋回運動をすること。例～フォース。
コーナリングGシフト [cornering G shift]　峠道での走行で不要なシフトを抑える制御で，ホンダが2008年に新型車の5速ATに採用したもの。シフト・ホールド制御をさらに進化させ，アクセル操作や速度の変化などから走行状態を判断することに加え，リア左右タイヤの回転差で横G（横方向の重力加速度）を検知し，コーナリングの状態を見極めてシフト・コントロールを行う。
コーナリング・スタビリティ・アシスト [cornering stability assist]　S字カーブや曲がり込んだコーナでの旋回を安定させる（アウト側に膨らむのを防ぐ）機構で，日産が2009年に採用したもの。VDC（横滑り防止装置）にこの機構を追加することにより，S字カーブなどでドライバがブレーキを踏んでいないときでもアクセル操作や操舵角から走行状態を推定し，4輪のブレーキ制御を独立して行う。
コーナリング・ドラッグ [cornering drag]　タイヤがコーナリングするときに発生する転がり抵抗。真っすぐ走っているときよりも，曲がっているときの方が抵抗が大きい。
コーナリング・パワー [cornering power]　車が旋回運動をするとき，コーナリング・フォースはスリップ角が増えるに従って増加するが，スリップ角が小さい範囲（4～5°以下）では，スリップ角に比例して直線的に増加する。この直線勾配をコーナリング・パワーという。類似サイズのラジアル・タイヤとバイアス・タイヤでは，ラジアルの方がコーナリング・パワーが大きく，コーナリング・フォースの最大値も大きい。
コーナリング・フォース [cornering force]　旋回求心力。自動車に旋回遠心力が働いたとき，これに対抗するようにタイヤと路面間に起こる求心力。
コーナリング・ブレーキ・コントロール [cornering brake control; CBC]　コーナリング時，ABSセンサの信号によりカーブを認識し，減速の際に四輪ブレーキの油圧をそれぞれ制御して方向安定性を保持して，安全にブレーキをかけることのできる装置。ESP（横滑り防止装置）の構成要素の一つで，ダイムラー（MB），BMW，ミニ，オペル，ジャガー，ランドローバー，シボレーなどが採用している。

コーナリング・ランプ［cornering lamp］　右・左折時に，ターンシグナル・ランプと連動して点灯し，車両の進行方向を照らすランプ。

コオペラティブ・フューエル・リサーチ［cooperative fuel research; CFR］　㊥燃料の共同研究機関。

ゴール［gall］　すり傷，すりむけ。㊄ベアリング・ローラなどの損傷。

コール・オイル［coal oil］　石油，特に灯油。＝ケロシン。

コールタール［coal-tar］　石炭タール。石炭を高温で乾留するとき得られる黒い油状の液体。染料や医薬の原料，また防腐剤としても用いる。

コーナリングフォース

コールタール・ピッチ［coal-tar pitch］　石炭を高温乾留してコールタールを得るときに最後に残る物質。道路の舗装用などに用いる。以前はバッテリのシール材としても使用した。

コールド［cold］　①冷たい，寒い。②寒冷。㊅ホット。

コールド・カート［cold cart］　霊きゅう車。＝コールド・ワゴン。

コールド・サイクル［cold cycle］　（排気ガス測定モードの）11モード法。冷間時のスタートからテストを開始するもの。☞ホット～。

コールド・ショートネス［cold shortness］　冷間（常温）もろさ。

コールド・スタート［cold start］　（エンジンなどの）冷間始動。

コールドスタート・インジェクタ［cold-start injector］　冷間始動用噴射ノズル。トヨタのEFIに採用。

コールドスタート・バルブ［cold-start valve］　冷間始動弁。日産のEGIに採用され，前述コールドスタート・インジェクタと同じ働きをしている。

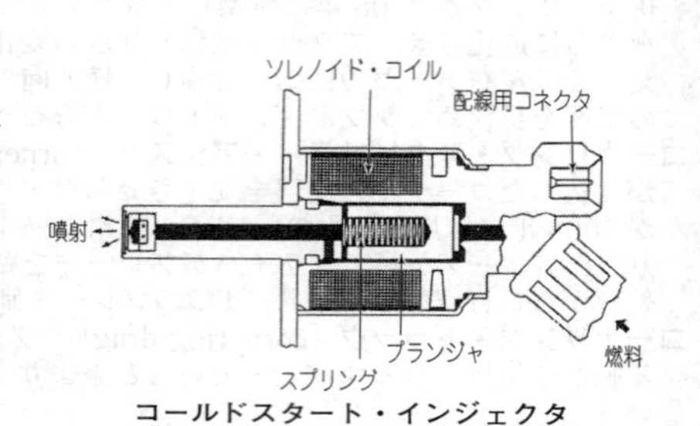

コールドスタート・インジェクタ

コールド・タイプ・プラグ［cold type plug］　冷え型点火せん。高放熱価（放熱のよい，よく冷える）スパーク・プラグ。高圧縮高速エンジンに適する。㊅ホット～。

コールド・トリートメント［cold treatment］　（工作上の）冷間処理。

コールド・パッチ［cold patch］　のり付け用ゴム片。タイヤ，チューブ修理用ゴム片のうち，ゴムのりではり付けするだけのもの。㊅ホット～。

コールド・ハマリング［cold hammering］　（工作上の）冷間つち打ち作業。

コールド・プラグ［cold plug］　☞コールド・タイプ・プラグ。

コールド・プレッシング［cold pressing］　（工作上の）冷間型抜き作業。

コールド・ミクスチャ・ヒータ［cold mixture heater; CMH］　低温時に混合気を加熱するヒータ。

コールド・リベッティング［cold riveting］　（工作上の）冷間びょう打ち作業。

コールド・レート［cold rate］　（バッテリなどの）冷間容量。寒冷時における起動能力を表すもので，0°F（−18℃）において300Aの電流を流し，1セルの電圧が1Vに下がるまでの時間を分単位で表したもの。

コールド・ローリング［cold rolling］　（工作上の）冷間圧延作業。

コールド・ワゴン［cold wagon］　霊きゅう車。＝～カート。

コーン［cone］　円すい，円すい形のもの。例 ㋑ベアリング～。㋺シンクロ～。㋩ウインド～。

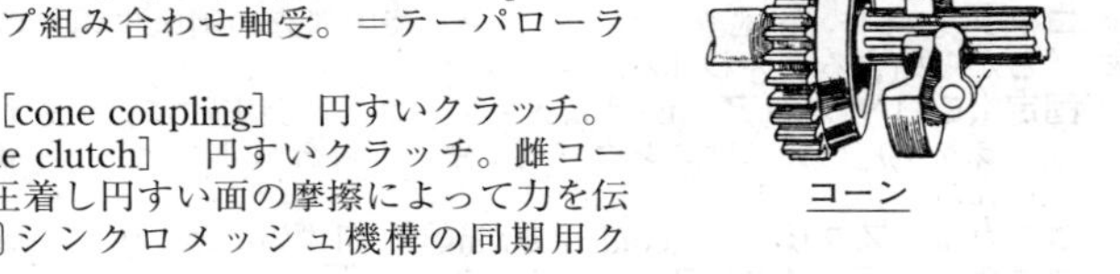

コーン

コーン・アンド・カップ・ベアリング［cone and cup bearing］　円すいとカップ組み合わせ軸受。＝テーパローラ～。

コーン・カップリング［cone coupling］　円すいクラッチ。

コーン・クラッチ［cone clutch］　円すいクラッチ。雌コーンの中へ雄コーンを圧着し円すい面の摩擦によって力を伝達するクラッチ。例 シンクロメッシュ機構の同期用クラッチ。

コーン・タイプ・ハンドル［cone type handle］　円すい形ハンドル。朝顔型ハンドル。衝突事故の際，胸を突かれるおそれの少ない安全ハンドルといわれる。＝リセスト～。かつて使用された。

黒煙（こくえん）［black smoke; dry soot］　燃料の不完全燃焼や熱解離により発生する遊離炭素。主にディーゼル・エンジンから排出され，大気汚染などの原因となる。☞ディーゼル・スモーク，SPM。

黒煙測定器（こくえんそくていき）［smoke meter］　ディーゼル・エンジンから排出される黒煙の濃度を測定する光学計測装置，スモーク・メータ。

コクピット［cockpit］　飛行機の操縦室。自動車の運転席。＝コックピット。

コグ・ベルト［cog belt］　歯付きベルト。例 カムシャフト駆動用タイミング・ベルト。

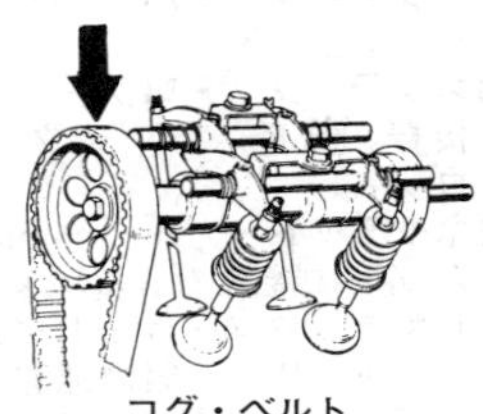
コグ・ベルト

コグ・ホイール［cog wheel］　①コグ・ベルト用歯車。②はめ歯歯車。

誤差（ごさ）［error］　測定値と真の値との差。例 許容～（アローワブル・エラー）。

コジェネレーション［cogeneration］　熱電併給，廃熱発電。発電と同時に発生した廃熱を利用して給湯や暖房などを行ったり，廃棄物の焼却処理で発生した熱エネルギーを利用して発電することなどをいう。☞燃料電池。

故障診断装置（こしょうしんだんそうち）［diagnostic system］　車の故障診断および故障部位を特定するための装置。現在ではコンピュータ化されたものが多く，車載（オンボード）のものと車外（オフボード）のものとがある。☞OBD。

コスト［cost］　①値段，価格，原価。②費用，経費，損失。

固相接合（こそうせつごう）［solid-phase welding］　溶融を伴わず，変形・拡散により金属を溶融点以下の固相状態で接合すること。摩擦攪拌接合ともいい，アルミ材などの接合に用いられる。☞FSW。

固体高分子型燃料電池（こたいこうぶんしがたねんりょうでんち）［polymer electrolyte fuel cell］　☞PEFC。

固体潤滑剤（こたいじゅんかつざい）［solid lubricant］　高温，高圧など特殊な条件下で液体潤滑剤の使用できない所に使用する，二硫化モリブデン（MoS_2）や黒鉛（C）などの固体物質。

コック［cock］　活せん，流体通路を開閉する手動弁。

ゴッグル［goggles］　保護めがね。グラインダ，サンダ，下回り等の作業に用いる。＝ゴグル，ゴーグル。

コッタ［cotter］　横くさび，くさびせん，止め金。例 ㋑バルブ・スプリングの止め金。㋺コッタ継手の止め金。

コッタ・シート［cotter seat］　コッタに受けられる座金。例 バルブ・スプリング受け。＝スプリング・リテーナ。

コッタ・ピン［cotter pin］　①割ピン。クレビス・ピンなどの脱落を防ぐため入れてある二つ割りのピン。②コッタ自身又はコッタの脱出を止めるピン。

コップ［cop］　俗 巡査。ポリスマン。英国巡査の制服に銅色のボタンが着いていたことから始まるといわれる。＝カップ。

固定（こてい）バリア［fixed barrier］　車の衝突実験に使用される固定障壁。全面（フルラップ）衝突にはコンクリート壁が，部分（オフセット）衝突にはアルミ壁が用いられる。

コニカル・スプリング［conical spring］　円すいばね。円すい形巻きばね。

コニカル・ディスタンス［conical distance］　（ファイナル・ギヤにおいて）ドライブ・ピニオン端面からリング・ギヤの中心に至る距離。

コニカル・バルブ［conical valve］　円すい形の弁。例 エンジンのバルブ。

コニカル・プラグ［conical plug］　円すい形のねじせん。例 ドレイン～。

コニカル・ベアリング［conical bearing］　円すい形軸受。例 テーパ・ローラ～。

コニカル・ローラ［conical roller］　円すい形のころ。＝テーパ～。

コネクション［connection］　①関係，つながり。②連接，つなぎ。③接続，結線。例 スター～。

コネクタ［connector］　接続するもの。接続線，連結機。例 ㋑コード～。㋺セル～。

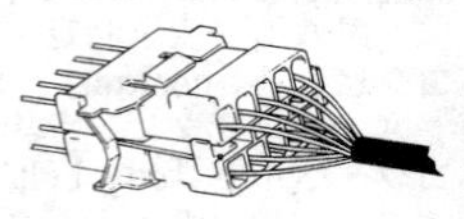

コネクタ

コネクティング・バー［connecting bar］　連結棒。例 タイロッド。

コネクティング・ロッド［connecting rod］　連結かん，連接棒。例 ピストンとクランクを連結する棒。通称コンロッド。

コネクテッド・カー［connected car］　インターネットに接続できる環境をもつ車。昨今の車はテレマティクス・サービス，車載用インフォテインメント（IVI），緊急通報サービスなどを利用して外部と「つながる」ことができ，これらでドライブを楽しんだり，緊急時にはSOSを発することもできる。また，電気自動車やプラグイン・ハイブリッド車では，バッテリの残量確認や充電器の位置情報確認のため，外部との接続が不可欠なものとなっている。その他，スマート・フォンを車載機器に接続して音楽を楽しんだり，経路案内や緊急通報などに利用できるものもある。コネクテッド・ビークル（CV）ともいい，2014年現在，T-Connect（トヨタ），NissanConnect（日産），internavi LINC（ホンダ），Mazda Connect（マツダ），BMWコネクテッド・ドライブなどがある。

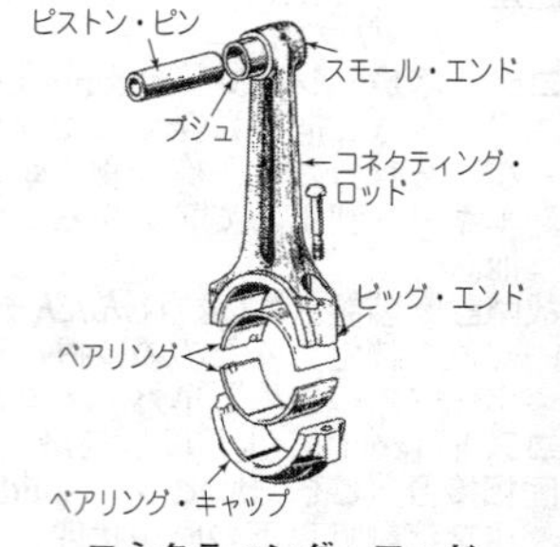

コネクティング・ロッド

誤発進抑制制御（ごはっしんよくせいせいぎょ）［unintended starting restraint control］　AT（自動変速機）やCVT（無段変速機）などを搭載した車両において，停車時または時速10km以下くらいの極低速時にドライバによる必要以上のアクセル操作を検出した場合，警報とともにエンジン・トルクを抑制し，障害物衝突の危険性を低減させる機能。ペダル踏み間違い防止装置とも。

コバルト [cobalt]　Co。銀白色に赤味を帯びた金属。鋼に合金して用いる。例 ㋑高速度鋼。㋺磁石鋼。㋩ステライト。㋥炭化タングステン鋼。

コヒージョン [cohesion]　結合，粘着，分子間の凝集力。☞アドヒージョン。

コマーシャル・カー [commercial car]　商用車。商品を運搬する軽量箱型トラック。＝デリバリ・ワゴン。ライト・バン。

コマーシャル・トラック [commercial truck]　商用貨物自動車。同前。

コマーシャル・ビークル [commercial vehicle]　商用車。＝～カー。

コマンド [command]　①命令，命令する。指揮，指揮する。②制御，制御する。例 コンピュータに処理を行わせるための指令。

コマンド・カー [command car]　指揮官車（ラジオを取り付けた四輪駆動の武装車）。

コミュテータ [commutator]　整流子，転換器。例 直流ダイナモやモータのアーマチュアにある整流子。＝コンミュテータ。

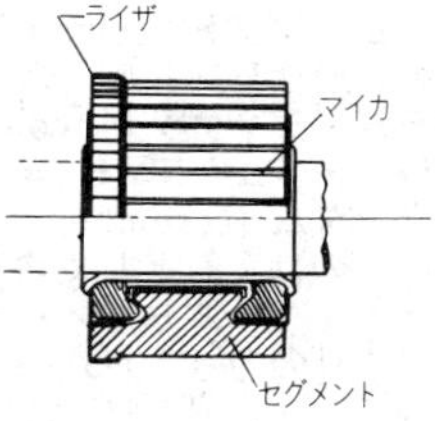

コミュテータ・セグメント [commutator segment]　整流子の一片。整流子を構成するその一片。＝～バー。

コミュテーティング・ポール [commutating pole]　補極。回転電機（モータなど）において，中性帯部分の電機子反作用を打ち消す磁極。

コミュニティ・ビークル [community vehicle]　近距離の通勤や買い物などに使う２人乗りの経済的な超小型自動車で開発途上にある。例 EV。

ライザ
マイカ
セグメント

コミュテータ

ゴム [gum]　☞ガム。

ゴム・カップ [rubber cup]　マスタ・シリンダやホイール・シリンダなどに用いるゴム製のカップ。ラバー・カップともいう。＝ピストン・カップ。

ゴム・ベルト [gum belt]　ゴム調帯。例 ファン～。

ゴム・ホース [gum hose]　ゴム管。例 ㋑送水～。㋺ブレーキ～。㋩エア・ダクト。

こもり音（おん） [booming noise]　車内で発生する比較的低周波で，耳を圧迫するような音。

コモン・レール式高圧燃料噴射装置（しきこうあつねんりょうふんしゃそうち） [common rail high-pressure fuel injection system; common rail injection system; CRS]　直噴式ディーゼル・エンジンに採用された，最新の燃料噴射方式。特徴としては，低回転から高圧噴射が可能で，高圧ポンプにより160～220MPaくらいまで加圧された燃料をコモン・レール（蓄圧室）に蓄え，高精度電子制御インジェクタから燃焼室へ直接噴射して，全回転域でPM（粒子状物質）を低減している。これにより，日本の長期排出ガス規制（平成10年規制）やEuro３（欧州），US98（米州）などの厳格なディーゼル・エンジン排出ガス規制をクリアするとともに，低燃費化や低騒音化も図っている。この装置は，デンソーが1995年に世界で初めてトラック用のものを開発し，1997年にはボッシュが乗用車用のものを商品化している。本装置の高圧化の歴史は，第１世代（1995～1997年）で135MPaくらい，第２世代（2000年）で160MPaくらい，第３世代（2003年）で180MPaくらいとなり，第４世代では250MPaくらいが予測されている。第１，第２世代にはソレノイド式のインジェクタが使用されたが，第３世代では応答性の高いピエゾ式インジェクタを用いるとともに，マルチ（多段）噴射方式を採用している。

固有振動数（こゆうしんどうすう） [natural frequency]　振動系の自由振動の振動数。例 ボデーはシャシ・スプリングで支持されているので，スプリングのばね定数とボデーの質量によって決まる固有の振動周期を持っている。＝自由～。

コラプシブル・ステアリング [collapsible steering]　（衝突事故のとき）折り畳まれ

るハンドル。衝突の衝撃によりハンドルの軸およびそれを包む管が収縮して運転者を保護する安全ハンドル。

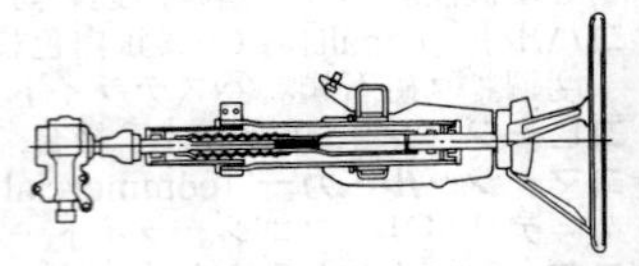
コラプシブル・ステアリング

コラム [column] 円柱，円柱状のもの。例ハンドルの軸。＝マスト。

コラム・アシスト式（しき）EPS [column assist electric power steering; C-EPS] 電動式パワー・ステアリング（EPS）の一種で，アシスト（助勢）・モータがステアリング・コラム部に取り付けられたもの。軽自動車からコンパクト・クラス向けのEPSで，車室外に設置するピニオン・アシスト式やラック・アシスト式と比較して耐候性や対衝撃性の確保は容易であるが，設置スペース，モータ作動音，操舵感，高出力化などに難点がある。

コラム・シフト [column shift] （変速操作などを）ハンドルにあるレバーで行うもの。通称ハンドル・チェンジ。＝リモート・コントロール。

コラム・ジャケット [column jacket] 軸とう，軸管。例ハンドルの軸を包む外管。

コラム・チューブ [column tube] 同前。

コランダム [corundum] Al_2O_3。鋼玉。アルミナを主成分とする鉱物で硬度9。良質のものは宝石として珍重されるが砂質のものは金鋼砂として研磨材とする。例①グラインダ・ストーン。②エメリ・クロース。

コリオリの力（ちから） [Coriolis force] 地球のような回転体上の運動体に表れる見かけの力で，運動方向に垂直に働く力。コリオリはフランスの物理学者の名前。例カーナビのジャイロ・センサにおいて，ヨー・レートの検出に利用。

コリジョン [collision] 衝突。

コリジョン・プリベンション・アラート [collision prevention alert] ☞CPA，CPAプラス。

コルク [cork] ☞コーク。

コルク・ガスケット [cork gasket] コルク製填隙材。

コルク・パッキング [cork packing] コルク製気密材。

コルク・フロート [cork float] コルク製浮子。例①キャブレータ。②燃料計。

コルゲーション [corrugation] （金属板などの）波形，しわ形。例ラジエータの放熱用フィン。

コルゲーテッド・フィン [corrugated fin] 波形をつけたひれ。例ラジエータなどの放熱ひれ。

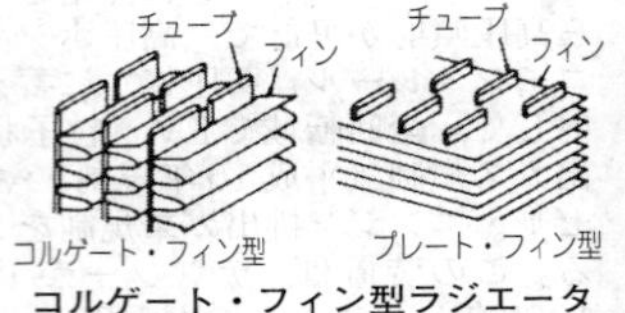

コルゲート・フィン型ラジエータ（コルゲーテッド・フィン）

ゴルフ・プラグイン・ハイブリッド [Golf Plug-in Hybrid] 充電式ハイブリッド車の車名で，VWが2014年に発表したもの。7代目ゴルフのパワー・トレインがベースとなっており，エンジンは横置き1.4ℓ直噴ガソリン・ターボ，6速DSGのケース内に駆動モータが納められており，リチウムイオン電池の総電力量は8.8kWhで50kmのEV走行ができ，最大航続距離は940kmに達する。欧州総合モード燃費は65.5km/ℓで，CO_2排出量も35g/kmと極めて少ない。

コレクタ¹ [collector] ①収集器。集めるもの。例①集電器，集じん器。②トランジスタにおいて，キャリアを集める領域又はその領域から引き出した電極。

コレクタ² [corrector] 修正機，矯正機。例キャンバ〜。

コレクタ・リング [collector ring] 集電環。回転電機において固定部と回転部との電気連絡に用いる滑り環。＝スリップ・リング。

コレクティング・ブラシ [collecting brush]　集電刷子。集電環や整流子と摩擦して電気連結をするはけ。カーボン製が多い。
コレクト[1] [collect]　①集める，収集する。②集中する。
コレクト[2] [correct]　①正しい，正確な。対 インコレクト。②訂正する。
コレット [collet]　①つかみ輪。工作において丸軸をつかむ締め具。②バルブ・スプリングのリテーナを留める二つ割りコッタ。
コロージョン [corrosion]　腐食。金属がその表面から化学的又は電気化学的作用により侵食されること。例 ㋑バッテリ・ターミナルの腐食。㋺マフラ鉄板の腐食。
コロージョン・レジスタント [corrosion resistant]　防食剤。腐食を防ぐもの。例 ㋑油脂類。㋺塗料類。
転（ころ）がり軸受（じくうけ） [rolling bearing]　円形軌道（リング）と転動体（ボールやローラ）を用い，転がり摩擦で作動する軸受。ローリング・ベアリング。例 ㋑ボール・ベアリング。㋺ローラ・ベアリング。
転（ころ）がり抵抗（ていこう） [rolling resistance]　水平路面を定常走行中の抵抗で，空気抵抗を除く部分をいう。路面，タイヤ，駆動部分などの抵抗。
転（ころ）がり摩擦（まさつ） [rolling friction]　物体が転がるときの摩擦。対 滑り～。
コロナ・ディスチャージ [corona discharge]　コロナ放電。高圧電線（プラグ・コード）の周りに生ずる発光放電現象。例 暗夜エンジンを運転すると高圧コードの周囲に光ぼうを認める。
コンカレント・エンジニアリング [concurrent engineering]　車両や部品を開発するにあたり，製造側が積極的に参画し，開発側と連携する方法。これにより開発プロセスのリード・タイム短縮を行う。＝サイマルテーニアス～。
コンクリート・トラック [concrete truck]　コンクリート運搬自動車。ミキサ付きもある。☞レミコン・カー。
コンケーブ・ヘッド・ピストン [concave head piston]　凹頭型ピストン。
コンケーブ・ミラー [concave mirror]　凹面鏡。例 ヘッドランプ反射鏡。
混合気（こんごうき） [air-fuel mixture]　燃焼のために空気と燃料を混合したガス。
混合比（こんごうひ） [mixture ratio]　混合気の空気と燃料の質量比。ガソリンの場合で空気14.7に対し，燃料1が標準。＝エア・フューエル・レシオ。
コンサンプション [consumption]　消費，消費高。例 燃料消費量。
コンシールド・ドア・ヒンジ [concealed door hinge]　（ボデー）隠されて外から見えないドアのちょうつがい。
コンシールド・ヘッドランプ [concealed headlamp]　不要時に隠されて外から見えない前照灯。
コンシールド・ワイパ [concealed wiper]　不要時に隠される窓ふき器。
コンジット [conduit]　導管，案内管。例 電線導管。
コンジット・チューブ [conduit tube]　導管。同前。
コンジャンクション・ボックス [conjunction box]　接合箱。例 シャシ配線とボデー配線をつなぐ電極箱。＝ジャンクション～。
コンスーマ [consumer]　消費者，消耗者。＝コンシューマ。
コンスタンタン [constantan]　銅60%とニッケル40%との合金。例 ㋑熱電対温度計線材。㋺電気抵抗線材。
コンスタント・アクセラレーション・カム [constant acceleration cam]　等加速度カム，タペットやバルブの運動が等加速度になるような輪郭のカム。高速時におけるバルブの踊りが少ない。

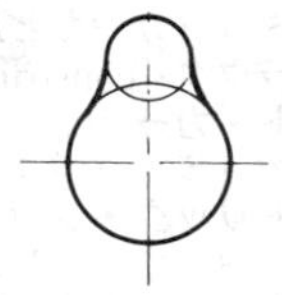

コンスタント・アクセラレーション・カム

コンスタント・カレント・チャージ [constant current charge〕 定電流充電。バッテリの充電において始めから終わりまで一定電流で充電する方法。

コンスタント・クリアランス・ピストン〔constant clearance piston〕 定隙ピストン。冷間温間を通じシリンダとのすき間に変化が起こらないように設計されたもので，アンバや鋼板を鋳込んで熱変形を防ぎ，あるいは横スリットを入れてヘッドの熱がスカートに及ぼすのを遮断し，縦スリットを入れてスカートに弾力を与えるなどの工夫がなされる。

コンスタント・プレッシャ・サイクル〔constant pressure cycle〕 （熱機関原理）定圧サイクル，圧力一定のまま燃焼を継続させる熱機関のサイクル。例空気噴射式ディーゼル機関。＝ディーゼル・サイクル。（自動車用高速ディーゼルではない。）

コンスタント・ベロシティ・ジョイント〔constant velocity joint〕 ☞CV joint。

コンスタント・ボリューム・サイクル〔constant volume cycle〕 （熱機関原理）定容サイクル。容積一定のまま燃焼が行われる熱機関のサイクル。例ガソリン・エンジン。＝オットー・サイクル。

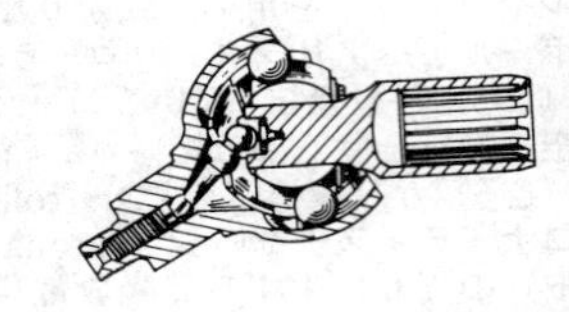

コンスタント・ベロシティ・ジョイント

コンスタント・ボリューム・サンプリング〔constant volume sampling; CVS〕 排気ガス中のCO，HC，NOxを分析する際，排気ガスの全量を空気で希釈した後，定容量ポンプで吸引し，採取する方法。

コンスタント・ボルテージ・コントロール〔constant voltage control〕 定電圧制御。自動車の充電装置において，速度や負荷の変動にかかわらず常に発電機の出力電圧を一定にする制御方式。例現在の大部分の自動車。

コンスタント・ボルテージ・チャージ〔constant voltage charge〕 定電圧充電。バッテリの充電において，最初から最後まで電源電圧を一定にして行う方法。

コンスタント・メッシュ・トランスミッション〔constant mesh transmission〕 常時かみ合い式変速機。平行軸式変速機において，主副両軸のギヤを常時かみ合いとし（主軸ギヤは遊転させておく），主軸上の爪クラッチ（クロー又はドグ）によって軸とギヤを断続して変速するもの。

コンスタント・レベル〔constant level〕 定水準。例キャブレータの燃料油面。

コンスタント・ロード・タイプ〔constant load type〕 （シンクロ機構の）定推力型。同期用クラッチを推す力が一定のもの。シンクロ初期のものにあったが今は少ない。☞イナーシャ・ロック・タイプ。

コンストラクション〔construction〕 建設，建造。例（道路標識）アンダ～（工事中）。～アヘッド（この先工事中）。

コンストラクション・ビークル〔construction vehicle〕 建設車両。エキスカベータ，クラムシェル，スクレーパ，タイヤローラ，タンデムローラ，タンピング・ローラ，トラクタとトレーラ，ドラグショベル，ドラグライン，バケットローダ，バックホー，パワーショベル，ブルドーザ，フログランマ，マカダムローラ，ラインマーカ，レミコンカーなど用途により種類が多い。

コンストラクタ〔constructor〕 F-1専用車の製造者。造船技師。建設業者。

コンセプト・カー〔concept car〕 製作者のコンセプト（考え方）を集約した自動車。例モータ・ショー等で発表される発売前の車。

コンセントリック・フロート・タイプ〔concentric float type〕 同心浮子型。キャブレータにおいて，バレルとフロート・チャンバが同心となるもの。車の傾斜による影響を受けることが少ないが構造が複雑になる。

コンセントリック・リング〔concentric ring〕 同心環。ピストン・リングにおいて，外周円と内周円とが同心で各部の厚みが同一なもの。現在のリングはほとんどこの構造。☞エキセントリック～。

コンセントレーテッド・アシッド [concentrated acid]　濃縮された酸。例バッテリ用電解液原料となる濃硫酸。

コンソール・ボックス [console box]　調整箱。フロント・バケット・シートの間に設ける飾り箱。変速レバーやメータその他物入れなどを設ける。

コンタクタ [contactor]　接触子，接触片。例スイッチの接触片。

コンダクタ [conductor]　①導体，良導体。例㋑金属類。㋺炭素（黒鉛として）。㋩電解質。②指導者。③バスの車掌。

コンダクタンス [conductance]　導電力。抵抗の反対。単位もオームの逆ムーオ（モー）。記号も抵抗（Ω）の逆（℧）。対レジスタンス。

コンダクティビティ [conductivity]　伝導率，伝導度。例導電率。

コンダクティブ方式（ほうしき） [conductive form]　電気自動車の充電システムで，接触伝達方式のこと。☞インダクティブ（電磁誘導）方式：非接触型の充電方式。

コンタクト・アーム [contact arm]　接触子腕，接点アーム。例断続器において，カムに突き動かされる接点アーム。＝ブレーカ・アーム。

コンタクト・アーム・レスト [contact arm rest]　アームのカムに突かれる部分。＝ヒール，カム・フォロア。

コンタクト・アングル [contact angle]　接触角度。ポイントが接触してカムが回転する角度。＝クロージング～又はドエル～。

コンタクト・コントロールド・トランジスタ・イグナイタ [contact controlled transister igniter]　接点制御式トランジスタ点火装置。トランジスタ式点火法のうち，コンタクト・ブレーカを必要とする式。＝セミ・トランジスタ～。対コンタクトレス～。

コンタクト・ブレーカ [contact breaker]　遮断器，断続器。例点火コイルの一次回路を遮断する一種の機械的スイッチ。＝サーキット～。インタラプタ。

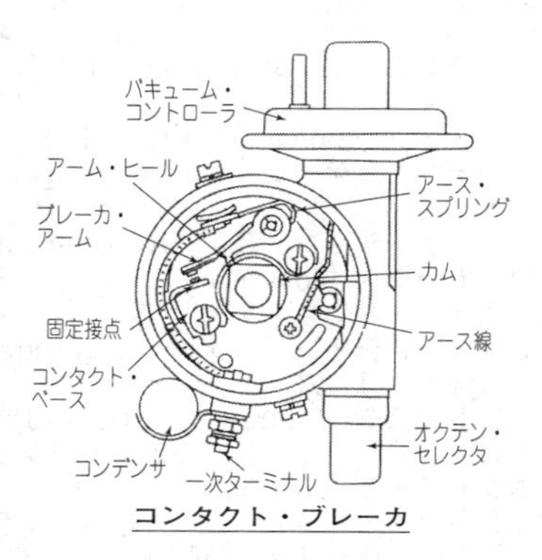

コンタクト・ブレーカ

コンタクト・ポイント [contact point]　接触点，接点。例㋑ブレーカの接点。㋺レギュレータの接点。㋩その他リレー類の接点。

コンタクトレス・トランジスタ・イグナイタ [contactless transistor igniter]　無接点式トランジスタ点火装置。ブレーカの代わりに信号電流を発生するピックアップとそれに基づいて一次電流を遮断するトランジスタを備え，コンタクトを使用しない点火装置。＝フル・トランジスタ～。対セミ～。

コンタミネーション [contamination]　①汚染，汚損。②混交，異物の混入。

コンティニュアス・カレント [continuous current]　連続電流，直流電流。

コンティニュアス・フロー [continuous flow]　①連続流。②連続噴射方式。

コンティニュアスリ・バリアブル・トランスミッション [continuously variable transmission; CVT]　無段変速機。自動車用には次の２方式が実用化されているが，そのほとんどがベルト式CVTである。①ベルト式CVT：オランダのVDT（ファンドーネ・トランスミッション社）が基本特許を持つもので，２個のプーリとスチール・ベルトなどを用いて，変速比を走行状態に応じて無段階に調整する。日本では日産，富士重工，三菱，スズキなどが採用しているが，構造上，２ℓくらいまでのエンジンにしか対応できない。②トロイダルCVT：ディスクとローラを組み合わせたCVT。日産が1999年に世界で初めて実用化に成功し，3ℓの新型乗用車に搭載していた（商品名はエクストロイドCVT）。

コンテナ [container] 容器。入れもの。㊟㋑貨物輸送用荷箱。㋺スプレーに附属する塗料容器。

コンテナ・キャリア [container carrier] コンテナ運搬車。～専用自動車。

コンテナ・ケース [container case] 容器となるもの。㊟㋑コンテナとなる箱。㋺バッテリのケース。

コンテナ・フレート・ステーション [container freight station] コンテナ専用貨物取り扱い所。

コンデンサ [condenser] ①蓄電器。2枚の金属はくを対面させて電気を蓄えるようにしたもの。㊟断続器に附属。②凝縮器，復水器。㊟空調装置において気相の冷媒を液相に復元する装置。③集光器。㊟ヘッドライト・テスタ。

コンデンサ式（しき）フラッシャ [condenser type flasher] コンデンサの充・放電作用を利用してポイントを開閉し，ランプの点滅を行うフラッシャ。

コンデンサ・ディスチャージ・イグニション [condenser discharge ignition; CDI] コンデンサ放電式点火法。トランジスタ式DC-DCコンバータなどの発振昇圧回路により，バッテリ電圧を200～500Vに昇圧してこれをコンデンサに充電しておきSCR（シリコン整流器）のゲートにパルス信号を与えることによりコンデンサの電荷を一次コイルへ急激に放電させて二次コイルに高電圧を発生させる方式である。パルス信号の発生方法により接点式と無接点式がある。

コンデンサ・テスタ [condenser tester] コンデンサ試験器。直列抵抗。絶縁抵抗。静電容量等を点検するために用いる。

コンデンサ・ファン [condenser fan] カー・クーラ（冷凍サイクル）のコンデンサを冷却するファン。気化した冷媒をコンデンサで放熱させ，液化する。

コンデンス・タンク [condense tank] 凝縮槽。㊟タンク蒸発ガスHCを一時蓄える容器。

コンテンツ [contents] 内容，中身，情報の内容，目次。

コンテンツ・ゲージ [contents gauge] 内容物の量を表示する計器。㊟ガソリン・ゲージ。

コントラクション・スケール [contraction scale] （図面などの）縮尺。

コントラクタ [contractor] 収縮器。縮めるもの。㊟㋑ピストン・リングの締め具。㋺チューブレス・タイヤの締め具。＝ツアニケット。

コントラクティング・ブレーキ [contracting brake] 収縮式ブレーキ。ドラムを外から締めつける式。㊟センタ・ブレーキ。＝エキスターナル～。

コントラスタ [contraster] 対照識別剤。対照をはっきりさせるもの。㊟染色探傷法において，部品の色が探傷に不便なとき使用する反対色の着色液。

コントローラ [controller] ①制御器，操作装置。②取締人，管理者。

コントロール [control] ①制御，管理。②（道路の）スピード管制区，（自動車競走などの）徐行区域。（同上にある）自動車検査所。

コントロール・アーム [control arm] 制御腕。㊟ニー・アクション構造においてホイールを支持する腕金。上下のウィッシュ・ボーン。

コントロール・シリンダ [control cylinder] エキゾースト・ブレーキ機構にて，マグネティック・バルブを通ってきた圧縮空気によって，エキゾースト・ブレーキ・バルブおよびインレット・マニホールド・バルブの開閉を行うシリンダ。

コントロール・スティック [control stick] 操縦かん，操作用の棒。㊟㋑変速レバー。㋺ブレーキ・レバー。

コントロールド・コンバッション・システム [controlled combustion system; CCS] 吸入空気温度調整装置。吸入空気の温度に応じて，混合気の濃度を自動的に調整する装置。☞ITC。

コントロール・バイ・ワイヤ [control by wire]　リンク機構や油圧機構に代わって，電気信号によって各装置を制御する方式。ドライブ・バイ・ワイヤともいう。

コントロール・バルブ [control valve]　制御弁，調整弁。例 ㋑オート・トランス（AT）の～。㋺パワー・ステアリング（PS）の～。

コントロール・ユニット [control unit]　制御装置。センサなどからの入力信号を処理し，アクチュエータなどに出力する装置。

コントロール・ラック [control rack]　ディーゼル・エンジンの列型インジェクション・ポンプで，ガバナの働きをコントロール・ピニオンとコントロール・スリーブを経てプランジャに伝える役目をしており，インジェクション・ノズルへの燃料の送油量を増減している。

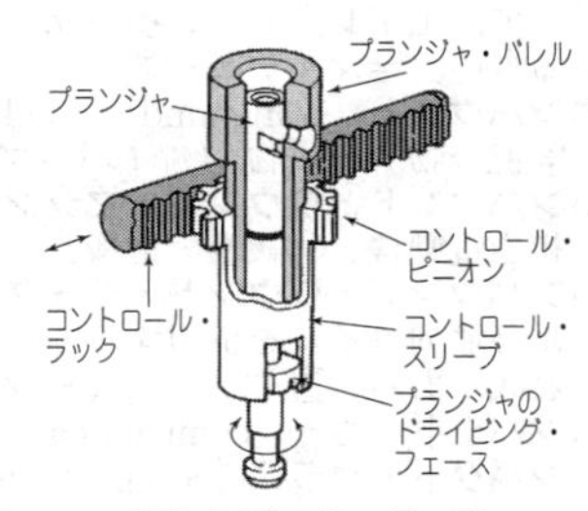

コントロール・ラック

コントロール・レバー [control lever]　操作用てこ。例 ㋑変速レバー。㋺ブレーキ～。

コントロール・ロッド [control rod]　操作用の棒。例 ㋑ギヤ・シフト・ロッド。㋺ブレーキ～。

コンバージョン [conversion]　①転換，変換。②（自動車の）改造。

コンバータ [converter]　変換機。変流機。例 ㋑トルク～。㋺交直変流器。㋩触媒による排ガス清浄器。㊁冶金の転炉。

コンバータ・レンジ [converter range]　AT車のトルク・コンバータでは，エンジン回転の上昇と共にタービンの回転も速くなり，ポンプ軸との速度比0.8～0.9でステータが空転してトルクの増大作用はなくなるので，そこまでの速度帯のことをいう。☞カップリング・レンジ。

コンバーチブル [convertible]　①変換できる。（自動車がほろのかけ外しによって）型を変えられる。コンバチブル型の。コンバチブル型自動車。②改造できる。

コンバーチブル

コンバーチブル・クーペ [convertible coupe]　屋根が開放できるクーペ型。キャブリオレともいう。

コンバーチブル・セダン [convertible sedan]　屋根が開放できるセダン。

コンパートメント [compartment]　区画された部分，仕切られた部屋。例 運転席の小物入れ。＝グローブ・ボックス。

コンバイナ [combiner]　車速などの基本情報，道路状況，注意喚起情報などを表示するヘッドアップ・ディスプレイ（HUD）において，これらを表示するために用いる透明な板状部品を業界ではコンバイナと呼んでいる。自動車メーカ仕様のものは通常インパネ内にユニットが組み込まれているため，前面ガラスに文字や記号などの虚像を投影できるが，市販の後付けHUDではこれができない。このため，コンバイナが用いられる。2013年には，マツダがコンバイナ方式のHUD（アクティブ・ドライビング・ディスプレイ）を新型車に採用している。

コンバイン [combine]　①組み合わせる，結合する。②複式収獲機（刈り取り脱穀等の機能を兼備した動力機械）。

コンバインド・インストルメント [combined instrument]　組み合わせ計器。一つの枠内に色々なメータを集めたもの。＝クラスタ。例 運転台計器。

コンバインド型（がた）パワー・ステアリング [combined type power steering]　パ

ワー・ステアリング機構で，コントロール・バルブとパワーシリンダが一体となってステアリング・リンケージの途中に組み込まれているタイプのもの。

コンバインド・チャージング・システム [combined charging system; CCS] 欧米で採用されている電気自動車用充電プラグの規格で，普通充電用と急速充電用のプラグが一体化されているもの。略称「コンボ」。これに反して日本のCHAdeMO（チャデモ）方式では，両者が別々になっている。

コンバインド・リング [combined ring] 組み合わせリング。ピストン・リングにおいて，上下レールとスペーサ・エキスパンダの三つを組み合わして一つのリングとするもの。＝マルチピース～。

コンパウンド [compound] ①混合する，調合する。②（電気では）複巻きにする。③混合物，合成物。例 ㋑バルブすり合わせ用ねり金剛砂。㋺バッテリ封口用ねり物。

コンパウンド・ワウンド・マシン [compound wound machine] 複巻式電機類。例 ㋑複巻電動機。㋺複巻発電機。

コンパウンド・ワウンド・モータ [compound wound motor] 複巻電動機。直列コイルと並列コイルを併用するモータ。両コイルが協力する和動複巻式と反対する差動複巻式がある。例 ワイパ・モータ（和動式）。

コンパクト・カー [compact car] 小じんまりした車。簡潔な車。

コンパクト・クラス [compact class] 小型クラス（米国における乗用車の大きさによる分類）。☞ミディアム～，フル・サイズ～。

コンパス [compass] ①ら針儀とする磁石。②両脚器。製図用～。

コンパスリンク [COMPASS LINK] 日産が開発したカーナビと携帯電話を利用した双方向通信システム。走行中の車に交通や生活に関する情報をリアル・タイムで提供する。センタのオペレータによる24時間の有人対応が特長。

コンバッション [combustion] 燃焼。

コンバッション・ストローク [combustion stroke] 燃焼行程。＝エキスプロジョン～。パワー～。ワーキング～。

コンバッション・スペース [combustion space] 燃焼室。＝～チャンバ。

コンバッション・チャンバ [combustion chamber] 燃焼室。

コンバッション・テスタ [combustion tester] 燃焼試験器。

コンバット・リム [combat rim] （スクータや軽自動車にみる）二つ割りの合わせリム。

コンパティビリティ [compatibility] 適合性，両立性，互換性。通称コンパチ。例 ㋑ある装置やプログラムが他の装置やプログラムと同等の機能を持ち，置き替え可能である性質。㋺衝突安全関係では，条件の不利な軽量車と重量車の前面衝突で，同等の乗員保護性能を確保すること。コンパティビリティ対応ボディとも。

コンパニオン・フランジ [companion flange] （ジョイントなどに用いる）接続に用いる同形のつば金。

コンピティション [competition] 競争，競技，競技会。略してコンペ。

コンビナート [*Kombinat*] 露 関連産業工場群。一地域に関連産業の工場が集結したもの。

コンビネーション [combination] 組み合わせ。配合。

コンビネーション・カー [combination car] 側車付自動自転車。＝サイド・カー。

コンビネーション・スイッチ [combination switch] 組み合わせスイッチ。例 ターン・シグナル，ディマ，ワイパの各スイッチが一つに組み合わされたスイッチ。

コンビネーション・バルブ [combination valve] 組み合わせ弁。例 ㋑油圧ブレーキのマスタ・シリンダにおいて送出弁と戻り弁との組み合わせ。㋺ラジエータ・キャップにおいて圧力弁と負圧弁との組み合わせ。

コンビネーション・プライヤ [combination plier] 組み合わせプライヤ。挟む，切る，ねじるなど色々に使えるもの。

コンビネーション・ポンプ [combination pump]　組み合わせポンプ。例 燃料ポンプと真空ポンプとの組み合わせ。

コンビネーション・メータ [combination meter]　組み合わせメータ。例 運転席の組み合わされて一体化されたメータ。

コンビネーション・ランプ [combination lamp]　通常リア・ランプで，ストップ，ターン・シグナル，バック・アップ等の各ランプを組み合わせて一体化したもの。

コンピュータ [computer]　電子回路を用いて計算，判断，記憶などを行う装置の総称。現在の車の各種電子制御装置には，超小型のマイクロコンピュータ（マイコン）を用いている。

コンピュータ・エイデッド・エンジニアリング [computer-aided engineering; CAE]　コンピュータ支援による開発設計業務。新型車などを短期間に低コストで開発するために用いられる最新の手法。

コンピュータ・エイデッド・デザイン [computer-aided design; CAD]　コンピュータ支援によるデザイン業務。キャドとも呼ばれる。

コンピュータ・エイデッド・マニュファクチャリング [computer-aided manufacturing; CAM]　コンピュータ支援による生産業務。

コンピュータ・システム診断認定店（しんだんにんていてん） [computer system diagnosis qualified shop]　全国の自動車整備振興会が日常的な電子的診断整備が可能な会員事業所を認定する制度。2013年4月から発足した制度で，認定店になる要件としては，①スキャン・ツール（外部故障診断機）応用研修修了者または一級自動車整備士が1人以上勤務していること，②一定レベル以上の機能を有するスキャン・ツールを保有していること，③日本整備振興会連合会（日整連）の整備情報システム「FAINES」に加入していること，の3点を満たす必要がある。日整連によれば，2013年度末現在，コンピュータ・システム認定店は全国で4,298事業所に達している。この認定店の中で，一級整備士が在籍しているのは394事業所（9.2%）。

コンフォータブル・エアシート [comfortable air seat]　トヨタが高級乗用車に採用した，空調装置つきシート。＋極と－極を切り替えて通電することで発熱と冷却を行うペルティエ熱交換器を備えた送風機をシート下部に内蔵し，拡散した冷風または温風をシート表皮にたくさん設けた小穴から吹き出す快適なシート。本革シート特有の蒸れ感を解消するほか，シート表面に感じる暑さ・寒さを緩和している。

コンプライアンス [compliance]　服従，柔順。例 サスペンション・ラバー・ブシュの柔軟性。

コンプライアンス・ステア [compliance steer]　サスペンション・ラバー・ブッシュの弾性変形により車輪が操舵されること。

コンプリート [complete]　①全部の，完全の。②完成品，組み立て品。

コンプリート・ノックダウン・プロダクション [complete knock down production; CKD]　車を分解して輸出し，相手国で完成車に組み立てる生産方式。

コンプレスト・エア [compressed air]　圧縮空気。例 ㋑エア・ブレーキ。㋺エア・サスペンション。

コンプレックス [complex]　①複合の，幾つかの部品で構成された。②化合物。

コンプレッサ [compressor]　圧縮機，圧搾機。例 ㋑エア～。㋺エアコン用冷媒～。㋩スプリング～。

コンプレッション [compression]　①圧縮，圧搾。②サスペンションの圧縮方向。

コンプレッション・イグニション [compression ignition]　圧縮点火。空気を強く圧縮して生ずる高温により燃料に点火すること。例 ディーゼル・エンジン。

コンプレッション・ゲージ [compression gauge]　圧縮計，圧縮圧力計。例 シリンダの圧縮圧力を測定する圧力計。

コンプレッション・ストローク [compression stroke]　圧縮行程。エンジン・サイクルの中の一つ。混合気を圧縮して燃焼効率を高める。

コンプレッション・スプリング [compression spring]　圧縮ばね。圧縮荷重を受けるように使用するばね。例①バルブ〜。②サスペンション〜。対テンション〜。

コンプレッション・テスタ [compression tester]　圧縮試験機。＝〜ゲージ。

コンプレッション・トップ・デッド・センタ [compression top dead center]　ピストンの圧縮行程の燃焼室側の最上昇点。

コンプレッション・プレッシャ [compression pressure]　圧縮圧力。

コンプレッション・リターダ [compression retarder]　①減圧装置すなわちデコンプ。②エンジン・ブレーキのこと。

コンプレッション・リリーフ・バルブ [compression relief valve]　圧縮抜き弁。圧縮圧力逃がし弁。過大圧力を放出する自動弁。＝プレッシャ〜。例①圧力調整器。②ディーゼル用デコンプ。

コンプレッション・リング [compression ring]　圧縮環。ピストンに装着されたリングのうち，最も上部にあって，主として圧縮漏れを防ぐ目的のもの。

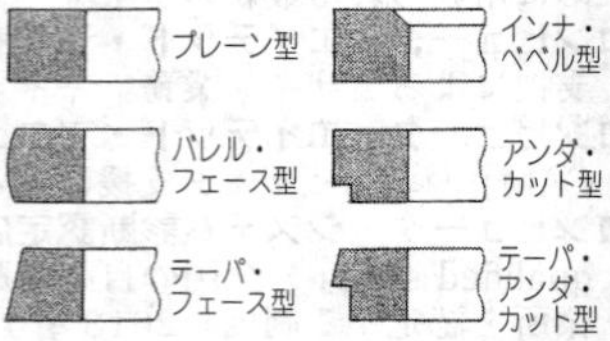

コンプレッション・リングの種類

コンプレッション・レシオ [compression ratio]　圧縮比，圧縮割り合い。シリンダ全容積と燃焼室容積との比。例①ガソリン・エンジンは8〜12くらい。②ディーゼルは14〜18くらい。

コンベクション [convection]　（熱，電気などの）対流，還流。

コンベックス [convex]　①凸面の，中高の。対コンケーブ。②鋼製巻尺。

コンベックス・オフセット・ホイール [convex offset wheel]　凸面円板偏心車輪。取り付け面とリム中心面とが同一面にならない皿形円板車輪。大部分のホイールがこれに属する。

コンベックス・ヘッド・ピストン [convex head piston]　凸頭型ピストン。ドーム・ヘッドもこれに属する。

コンベックス・ホイール [convex wheel]　凸面皿型車輪。皿型に内向と外向がある。＝〜オフセット〜。

コンベックス・ルール [convex rule]　断面皿型の鋼製巻尺。

コンペティション・カー [competition car]　①（メーカが同業者と）張りあう自動車。大きさ，性能，価格が類似し，互いに競争相手とみられる自動車。②競走自動車，レーサ。

コンベヤ [conveyer; conveyor]　①運搬機。②運搬者。

コンベヤ・システム [conveyer system]　①流れ作業方式。作業員が持ち場を離れることなく，コンベヤで運ばれてくる部分品を取り上げて組み立てる方式。②材料や部品の伝送装置。

コンベヤ・ベルト [conveyer belt]　（コンベヤ装置において）部品や材料を乗せて流れ動くベルト。

コンベンショナル [conventional]　①伝統的な，月並の。②在来型の，普通の。

コンベンショナル・エンジン・アンチポリューション・システム [conventional engine anti-pollution system; CEAPS]　シープス。マツダのレシプロ・エンジン排出ガス浄化装置。☞REAPS。

コンベンショナル・タイプ [conventional type]　従来型，普通型。新製品に対し旧製品を指す言葉。

コンペンセーション [compensation]　①補償。②補整。

コンペンセーション・レジスタ [compensation resistor]　補償抵抗，リレーなどにおいて，温度の変化によって起こる規制値の変動を自動修正する抵抗器類。

コンペンセータ［compensator］　補正装置，補整装置。例 ㋑リレー類に用いる温度補償装置。㋺キャブレータにある混合補整装置。㋩後車軸にある回転補正装置。すなわち差動歯車装置。例 アイドル～。

コンペンセーティング・エア・バルブ［compensating air valve］　（気化器などの）補正（補助）空気弁。＝オグジリアリ～。

コンペンセーティング・ギヤ［compensating gear］　補正歯車装置。例 差動歯車装置。デフ・ギヤ。

コンペンセーティング・ジェット［compensating jet］　（気化器の）補給ジェット。補助噴霧口。

コンペンセーティング・ポート［compensating port］　補正孔。例 ㋑気化器で燃料の補正孔。㋺マスタ・シリンダで液の補正（多過ぎる液をレザーバへ戻す）をする小孔。別名リターン・ポート。

コンペンセーテッド・サスペンション［compensated suspension］　☞インタコネクテッド～。

コンペンセーテッド・ボルテージ・コントロール［compensated voltage control］（自動車充電装置において）電圧制御方式。充電電圧を一定にしてバッテリの充電を制御する方式。

コンボ［combined charging system］　☞コンバインド・チャージング・システム。

コンボイ［convoy］　護衛自動車，警護自動車。

コンポーネント［component］　①構成する，構成要素。②組成の，成分，部分。

コンポジション・メタル［composition metal］　合金。＝アロイ。

コンポジット［composite］　①組み合わせの，混合の。②合成の，合成物。例 ㋑～カムシャフト。㋺～プロペラ・シャフト。

コンポジット・プロペラ・シャフト［composite propeller shaft］　ガラス繊維強化樹脂（FRTP）や炭素繊維強化樹脂（CFRP）などの複合材料で作られたプロペラ・シャフト。鉄製より軽量であるが高価なため，スポーツ・カーなどの一部で採用。

コンポジット・ボデー［composite body］　複合車体。鋼板，アルミ材，プラスチックなどで作られた車体。

コンミュテータ［commutator］　☞コミュテータ。

コンライト・システム［con-light system］　車両外部の明暗をスキャナで検知して，自動的にヘッドランプやテール・ランプをON・OFFするシステム。トンネルの多い山岳路の走行などに便利なシステム。車両によっては，ヘッドランプの光軸を自動的に切り換えるものもある。

コンロッド［con'rod］　コネクティング・ロッドの略称。

コンロッド・アライナ［con'rod aligner］　コンロッド整線機，曲直を正す機械。縦型，横型その他色々なものがある。

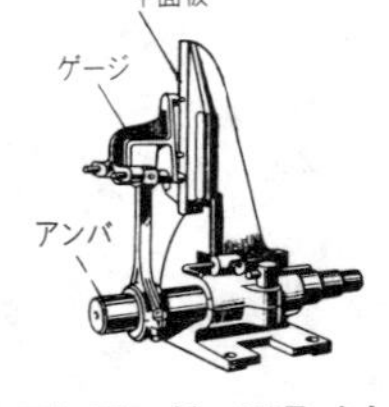

コンロッド・アライナ

コンロッド・キャップ［con'rod cap］　大端部（ビッグ・エンド）のベアリングをクランク・ピンに固定する部分。

コンロッド・スモール・エンド［con'rod small end］　コンロッドの小端部と呼び，ピストン・ピンが入るところ。対 ～ビッグ～。

コンロッド・ビッグ・エンド［con'rod big end］　コンロッドの大端部と呼び，クランク・ピンに接続する部分。対 ～スモール～。

コンロッド・ファイン・ボーリング・マシン［con'rod fine boring machine］　コンロッド大端部軸受メタルの精密中ぐり盤。

コンロッド・ベアリング［con'rod bearing］　コンロッド大端部の軸受。分割式の平軸受で，クランク・ピンに接続されている。通称子メタル。＝〜メタル。

コンロッド・ボーラ [con'rod borer]　コンロッド用中ぐり盤。大端又は小端の軸受穴を中ぐりする機械。

コンロッド・メタル [con'rod metal]　☞コンロッド・ベアリング。

［サ］

サーカムフェレンシャル・グルーブ［circumferential groove］　円周溝（こう）。例タイヤの外周トレッド部にある溝。＝サーキュラ～。

サーカムフェレンシャル・ピッチ［circumferential pitch］　（ギヤの）周ピッチ。隣り合う歯の中心間の距離をピッチ円上の長さで表したもの。＝サーキュラ～。

サーカムフェレンシャル・リブ［circumferential rib］　（タイヤなどの）縦模様，タイヤ外周トレッドにある縦方向の隆起ゴム。＝サーキュラ～。

サーキット［circuit］　①回路，回線，電路。②オートレース用周回路。③巡回，巡行，周回。

サーキット・オープニング・リレー［circuit opening relay］　電子制御燃料噴射用フューエル・ポンプへの給電制御用リレー。エンジンが停止したときにポンプを停止させる。

サーキット・テスタ［circuit tester］　（電気の）回路試験器。導通テスタ。例㋑簡単なテスト・ランプ付きテスタ。㋺抵抗計付きテスタ。㋩絶縁試験器。

サーキット・テスタ

サーキット・ブレーカ［circuit breaker］　回路遮断器。電気回路を遮断する装置。例㋑点火コイルの一次回路を規則的に切る機械的スイッチ。＝コンタクト～又はインタラプタ。㋺ショートが起こったとき自動的に電路を切る装置。㋩ジェネレータが発電しないとき充電回路を切るもの。＝カットアウト・リレー。

サーキュラ［circular］　丸い。円形の，環状の。

サーキュラ・ダイズ［circular dies］　丸こま，ねじ切り用丸こま。

サーキュラ・ナット［circular nut］　丸ナット。

サーキュラ・ピッチ［circular pitch］　周ピッチ。ピッチ円上で測ったピッチ寸法。

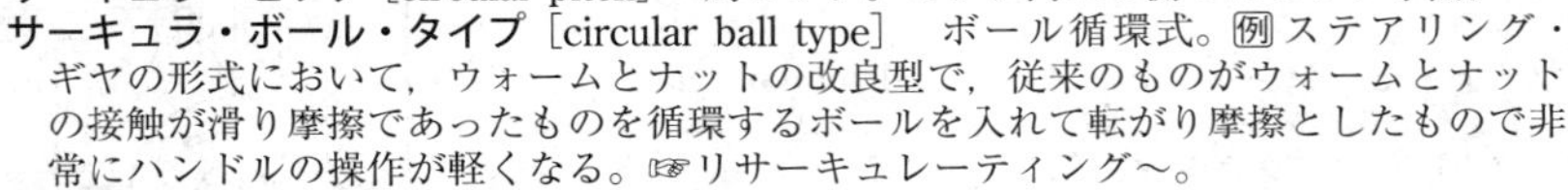

サーキュラ・ボール・タイプ［circular ball type］　ボール循環式。例ステアリング・ギヤの形式において，ウォームとナットの改良型で，従来のものがウォームとナットの接触が滑り摩擦であったものを循環するボールを入れて転がり摩擦としたもので非常にハンドルの操作が軽くなる。☞リサーキュレーティング～。

サーキュラ・ミル［circular mil］　円ミル。直径1ミル（0.001インチ）の円の面積をもってする単位。例針金の太さを表す。

サーキュラ・モーション［circular motion］　円運動，円周運動。

サーキュレーション［circulation］　循環，流通。例シリンダとラジエータ間における冷却水の循環。

サーキュレーティング・ボール・タイプ［circulating ball type］　ボール循環式。☞サーキュラ～。

サーキュレーティング・ポンプ［circulating pump］　循環用ポンプ。循環させるために用いるポンプ。例㋑エンジンの冷却水ポンプ。㋺油ポンプ。

ザーク・フィッティング［Zerk fitting］　グリース圧入口。＝グリース・ニップル。

サークリップ［circlip］　止め輪。ばね輪。＝スナップ・リング。

サークル［circle］　①円，丸，円周。②円形のもの，輪，環。

サージ［surge］　波打つ，沸き立ち，殺到。例㋑弁ばねの躍り。㋺油圧タペットの突き上げ。㋩冷却水の沸騰。㊁圧力の上昇。㋭電圧上昇，電流増大。

サージ・タンク［surge tank］　①（ラジエータに附属する）いっ水だめ。オーバヒートして噴き出す水を受け入れ，エンジンが冷えたときラジエータへ戻す容器。＝サブ～。②エア・サスペンションにおいて，ばねの空気容量を増すために使用する空気室。

サージディスパッチ・スプリング [surge-dispatch spring]　バルブ・スプリングでサージングを起こさないばね。＝ノンサージング～。バリアブルピッチ～。

サージブレーキ・システム [surge-brake system]　（トレーラ用の）慣性ブレーキ。トラクタが急減速してトレーラが突っ込むとその力でマスタ・シリンダに油圧を生じトレーラにブレーキがかかるもの。

サージング [surging]　波動。☞サージ。

サーチャ [searcher]　探る道具。例㋑シクネス・ゲージ。㋺探り針。

サーチャージ [surcharge]　①積み過ぎ（る），過充電（する）。②追加料金（を請求する）。一般に，原油の高騰による航空運賃やトラック運賃などの「燃料サーチャージ」の意味で用いられる。燃料価格の変動分を別建ての運賃として設定する制度で，国土交通省が2008年3月にトラック運送業界向けの導入ガイドラインをまとめている。

サーティーン・モード [thirteen mode]　車の排出ガス測定用走行パターンの一つで，重量車に適用された13モード法。GVW2.5t超のガソリン車とLPG車に対しては1992年から，同重量のディーゼル車に対しては1994年から適用されたが，2000年からは対象がGVW3.5t超の車に変更された。測定要領は，車をシャシ・ダイナモメータ上にセットして，エンジンが暖機された状態から13種類に分けた走行パターンで運転し，CO，HC，NOx，PM（ディーゼル車のみ）などの排出量をg/kWh単位で測定している。2005年からは，新しい測定モードであるJE05モード法に変更された。

サーティフィケーション [certification]　証明，検定，保証。

サーティフィケート [certificate]　証明書。例車検証（car certificate），診断書（medical certificate）。

サード [third]　①第3，第3の，3番目の。②3分の1の。

サード・アーム [third arm]　第3の腕。例かじ取り装置のドラッグ・リンクによって動かされるステアリング・アーム。＝トラック～。

サード・ブラシ [third brush]　第3ブラシ。第1第2の主ブラシ以外の第3ブラシ。例直流ダイナモの出力調整用ブラシ。

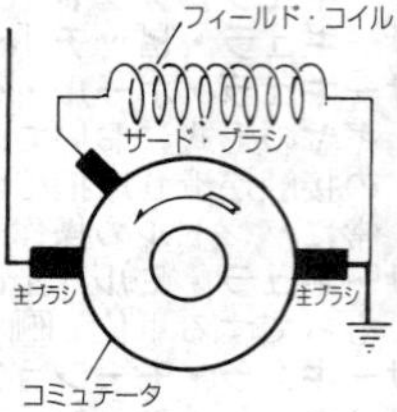

サード・モーション・シャフト [third motion shaft]　第3軸。例㋑エンジンにおいてはディストリビュータ・シャフト。第1がクランク，第2がカムシャフト。㋺トランスミッションでは出力軸。第1は入力軸，第2は副軸。

フィールド・コイル
サード・ブラシ
主ブラシ
主ブラシ
コミュテータ

サード・ブラシ

サーバ [server]　コンピュータ通信で，ネットワーク内の各端末からの要求に応えて特定の機能を提供する装置。

サービシアブル・ツール [serviceable tool]　長く持つ徳用な工具。重宝な工具。

サービス [service]　骨折り，世話，奉仕。例自動車販売後それについて与える専門的助言や修理など。アフタ～。

サービス・アドバイザ [service adviser]　自動車の整備受付をするフロントマンのこと。トヨタ系やBMW系ディーラの統一呼称。

サービス・エリア [service area]　サービス区域，行動範囲。

サービス・カー [service car]　サービス用に走り回る自動車。

サービス・カルテ [service karte]　整備台帳。

サービス・クリーパ [service creeper]　作業用寝台，潜り寝台。

サービス・ステーション [service station]　①（自動車の）簡単な整備所。②給油所。＝フィリング～。

サービス・フリー [service free]　手入れ不要。世話のかからないこと。例自動車の機能維持にめんどうな手入れ調整給油などが必要ないこと。

サービス・ブレーキ [service brake] 常用ブレーキ，すなわち，フット・ブレーキ。
サービス・ホール [service hole] 組付けや整備作業用の穴。例 ドア～。
サービス・マン [service man] ①整備をする人，整備士。②スタンドで給油や軽整備をする人。
サーフェーサ [surfacer] 表面を平滑に仕上げるもの，機械。主に塗装用語として用いられ，補修塗装で防錆，充填，上塗り補強を目的とした下地塗料を指す。プライマリ・サーフェーサ又はプラサフと略して呼ぶ場合もある。その他，シリンダ・ヘッドの表面を平滑に研磨するサーフェース・グラインダも一種のサーフェーサである。
サーフェース [surface] ①表面，外面，外観，表面の。②表面をつける，平らにする。例 ～グラインダ。

サ

サーフェース・インジケータ [surface indicator] 表面計器，表面の凹凸や芯振れなどを点検する計器。例 ㋑トスカン。㋺ダイヤル～。
サーフェース・グラインダ [surface grinder] 表面研磨盤。例 シリンダとシリンダ・ヘッドの取り付け面など平面部分を研磨する機械。
サーフェース・ゲージ [surface gauge] 表面計器。＝～インジケータ。
サーフェース・ディスチャージ・プラグ [surface discharge plug] 沿面放電点火プラグ。中心電極端を囲むセラミックなどの絶縁物の表面に沿って放電発火する特別なプラグ。
サーフェース・プレート [surface plate] 定盤。鋳鉄製の四角な平面板で，平面度など測定作業の基準となる。
サーフェス・ボリューム・レシオ [surface volume ratio] SV 比又は，S／V で表す。燃焼室の表面積（S）に対する燃焼室容積（V）の比のことで，エンジンの熱効率を表す指標の一つ。この値が小さいほど熱エネルギーのロスが少なくて熱効率は高く，半球型燃焼室に近くなる。
サーベル [和 sabel; 英 saber] やや湾曲した片刃の洋刀（軍刀）。例 オイル・レベル・ゲージの形状から，サーベル式と呼ぶものがある。
サーペンタイン [serpentine] ①へび状の，曲がりくねった。②うねうねと曲がる。例 ～ベルト。
サーペンタイン・ベルト [serpentine belt] 曲がりくねったベルト。エンジンで多くの補機（ウォータ・ポンプ，オルタネータ，パワーステアリング・ポンプ，エア・コンプレッサなど）のプーリをクランク・プーリで駆動するときに使われる。
サーボ [servo] 物体の位置，方位，姿勢などの制御。
サーボ・アクション [servo action] サーボ作用。例 自動制御作用。自動倍力作用。
サーボ・アシステッド・ブレーキ [servo assisted brake] 倍力装置付きブレーキ。＝サーボ・ブレーキ。例 ㋑真空倍力装置付きブレーキ。㋺空気倍力装置付きブレーキ。
サーボ・コントロール [servo control] サーボ制御装置。制御に必要な力を増強する装置。
サーボステアリング [servo-steering] （かじ取り）倍力装置付き操舵装置。＝パワー～。パワー・アシステッド～。
サーボ・ブレーキ [servo brake] サーボ作用を利用したブレーキ。例 ㋑二つのシュー間に起こるサーボ作用。ユニサーボ，デュオサーボ。㋺機械力によるサーボ作用。真空サーボ。空気サーボ。
サーボメカニズム [servomechanism] サーボ機構。機械の速度や運転状況に合わせて自動制御を行う装置又は自動倍力装置。
サーボモータ [servomotor] 自動制御又は自動倍力装置の動力源。例 ㋑エンジン負圧又はバキューム・ポンプ。㋺電動油圧ポンプ。㋩エア・コンプレッサ。
サーマル・アナリシス [thermal analysis] 熱分解，加熱分析。例 分解ガソリンの製造。
サーマル・エキスパンション [thermal expansion] 熱膨張。

サーマル・エフィシェンシ［thermal efficiency］　熱効率。エンジンで消費した燃料の発熱量に対し動力となった熱量の有効割合。例 ㋑ガソリン・エンジンの場合25%内外。㋺ディーゼルの場合30%内外。

サーマル・キャパシティ［thermal capacity］　熱容量。ある物体の温度を1℃上げるために必要な熱量のことで，その重量と比熱の積に等しい。

サーマル・クラッキング［thermal cracking］　熱分解。例 軽油や重油を加熱分解して行うガソリンの製造。

サーマル・コンダクティビティ［thermal conductivity］　熱伝導率。

サーマル・トランスミッタ［thermal transmitter］　温度の高低を計器に送信する装置。例 水温計において，シリンダ・ヘッドにある送信用サーミスタ。

サーマル・バルブ［thermal valve; TV］　水温等の温度の変化により開閉する弁。☞テンパレチャ・センシティブ～。

サーマル・マネジメント［thermal management］　熱管理。例えば，電動ウォータ・ポンプを採用して，エンジンが適温になるまでの時間を短縮して燃費性能や排ガス性能を向上させたり，エンジン冷却水温度をエンジン負荷によって切り替えて，同様の効果を得ること。電気自動車やプラグイン・ハイブリッド車などの電動系車両では，エアコン（特に暖房用ヒータ）の負荷低減やバッテリ，モータ，インバータの冷却という熱管理が車の航続距離やバッテリの寿命を左右している。トヨタがハイブリッド車に採用した排気熱再循環システムでは，排気管の外周にエンジン冷却液を循環させ，排気ガスの熱エネルギーを回収してエンジンの暖機を促進している。

サーマル・ユニット［thermal unit］　熱単位，熱量単位。例 ㋑メートル式ではkcal（キロカロリ）。㋺英式ではBTU。㋩SI単位ではJ（ジュール）。

サーマル・リアクタ［thermal reactor］　熱反応器。例 排気ガス清浄装置において，CO（一酸化炭素）やHC（炭化水素）を完全に酸化燃焼させるため高温に保つ反応室。一般に特設のポンプから空気が吹き込まれる。一種のアフタ・バーナ。

サーマル・リアクタ

サーミスタ［thermistor］　温度によって著しく抵抗値が変化する半導体抵抗素子。通常，マンガン，ニッケル，コバルト，鉄などの酸化物の混合体を焼結したものである。例 ㋑水温計の送信装置。㋺温度補償抵抗。

サーミック・ピストン［thermic piston］　☞オート・サーミック～。

サーモカップル［thermocouple］　熱電対。熱起電力を発生させるため異なる導体を組み合わせたもの。例 銅とコンスタンタン（ニッケル約50%の銅合金）の組み合わせになる温度計素子。

サーモグラフィ［thermography］　物体表面の温度分布を赤外線の熱放射から画像化して表示する計測装置。

サーモ・コンタクタ［thermo-contactor］　①熱接触子装置。温度の変化によって開閉する電気回路の接点。②温度計の感熱発信装置。＝サーマル・トランスミッタ。

サーモサイフォン［thermosiphon］　熱サイホン，熱対流。熱された流体が軽くなって上昇し，冷えた流体が重くなって下降する原理から起こる対流現象。例 水冷エンジンの対流式循環法。

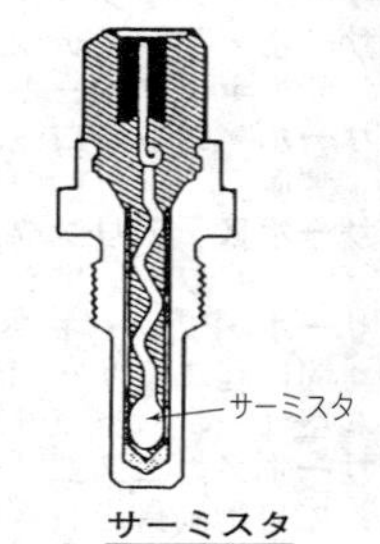

サーミスタ

サーモサイフォン・サーキュレーション［thermosiphon circulation］　熱対流循環法。例 水冷式エンジンにおいて，水の循環にポンプを用いず，熱対流原理による自然循環方式によるもの。＝ナチュラル～。

サーモスイッチ［thermo-switch］　温度により作動するスイッチ。

サーモスタット［thermostat］　整温器。温度の自動制御装置。例 ㋑冷却装置中にある整温器。水温が低いとラジエータに至る水路を止める。㋺発電機の出力を制御する整温器。温度が高く夜の短い夏は発電を少なくする。

サーモスタティック・アクセラレーティング・ポンプ [thermostatic accelerating pump; TAP]　日産のECCエンジンのキャブレータに装着されていた温調加速ポンプ。変速時や加速時の空燃比を適正化し，燃費と排気ガス浄化性能の向上を図る。

サーモスタティック・コイル [thermostatic coil]　自動チョーク機構で，バイメタルを渦巻き状にしたスプリング。＝～スプリング。

サーモスタティック・コントロール [thermostatic control]　温度による自動制御装置。例㋑オート・チョーク。㋺吸気マニホールド加熱装置。㋩サーモスタット。

サーモスタティック・スプリング [thermostatic spring]　温度により弾力が変化するばね。例㋑オート・チョーク用バイメタルばね。㋺リレー用バイメタルばね。

サーモスタティック・バキューム・スイッチング・バルブ [thermostatic vacuum switching valve; TVSV]　調温式負圧回路切り換え弁。トヨタの排気ガス浄化装置の構成部品で，エンジンの冷却水温によりディバイスの信号圧の切り換えを行う。例㋑AAPの作動切り換え。㋺SDの作動切り換え。

サーモスタティック・バルブ [thermostatic valve]　☞サーマル・バルブ。

サーモ・センサ [thermo-sensor]　温度感知（検出）器。自動車用には主にサーミスタ測温体が利用され，冷却水，吸気，外気などの各温度の測定（検出）に用いられる。＝テンパレチャ～。

サーモ・バルブ [thermo bulb]　感熱球。エーテル式水温計において，シリンダ・ヘッドの水室内に取り付けた感熱球。

サーモ・バルブ [thermo valve; TV]　☞TV，BVSV。

サーモペイント [thermopaint]　温度指示塗料。塗装した場所が一定の温度に達すると色が変わったり，固まりが溶けるなどして知らせてくれる塗料で，アルミ合金製車体の加熱修正時などに使用する。アルミ合金は高温になっても赤熱しないで溶けるので，注意を要する。

サーモメータ [thermometer]　温度計，寒暖計。＝テンパレチャ・ゲージ。

サイアミーズ [siamese]　①二つの物を一つにまとめたもの。②二又消火栓。例二又の吸気ポート。

最遠軸距（さいえんじっきょ） [total wheel base]　多軸車両の場合，最前部の車軸中心（セミトレーラにあっては，連結装置中心）から最後部の車軸中心までの水平距離。

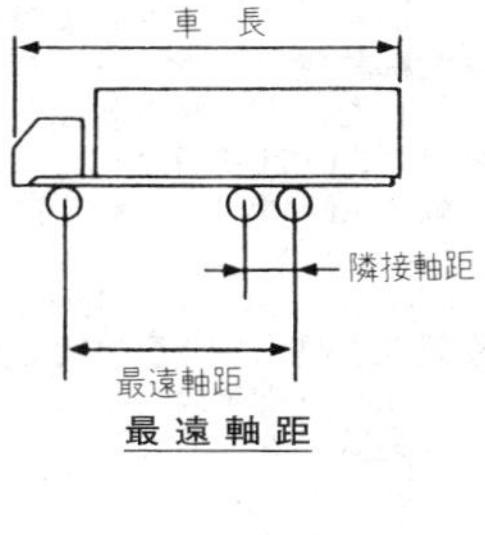

最 遠 軸 距

サイクリング・ライフ・テスト [cycling life test]　繰り返し耐久試験。例バッテリ耐久試験においては，40Aの電流で1時間放電，10Aの電流で5時間充電，これを1周期として1日4回反復し，その20時間率容量が40%に下がるまでに何周期の充放電に耐えるかを見る。

サイクル [cycle]　①循環，周期。例㋑熱機関における作動ガス状態変化の1周期。㋺4サイクル・エンジンの吸気，圧縮，燃焼，排気の周期。㋩交流の周波数。商用周波は50～60サイクル／秒。②自転車，オートバイ，三輪車。

サイクル・カー [cycle car]　自転車の器材を転用して作った1～2人乗り，三・四輪の軽自動車。

サイクロイド・カーブ [cycloid curve]　一つの円に沿って他の円が滑らずに転動するとき，転動する円の一点が描く軌跡の曲線。固定円に外接するものをエピサイクロイド，内接するものをハイポサイクロイドという。

サイクロイド・ティース [cycloid teeth]　サイクロイド歯。サイクロイド曲線の輪郭を持つ歯車。時計や計器に用いるが，自動車用には少ない。☞インボリュート・トゥース。

サイクロン濾紙（ろし）［cyclone filter］　羽根付きフィルタで吸入空気に旋回運動を与え，粒子の大きいごみや水を遠心力で分離してケース下部に溜め，微細なゴミのみエレメントでろ過する方式のエア・クリーナ。ディーゼル・エンジンの大型車用。

最高出力（さいこうしゅつりょく）［maximum power］　一般にエンジン性能の目安となるもので，使用する回転範囲内で出すことができる最大の軸出力。単位はW（ワット／SI単位)。㊟旧メートル単位ではPS（馬力)。1kW＝1.36PS。1PS＝0.7355kW。

サイ・サポート［thigh support］　サイとは脚の太腿（ふともも）のこと。ドライバ・シートの前端部分で，大腿部の支持が悪いと下半身が不安定になり，ブレーキ，アクセル，クラッチなどの操作がしにくくなるので，ドライバの運転姿勢に合った支持の仕方が求められ，ランバ（腰）・サポートと共に多くは調整式となっている。☞ランバ・サポート。

最終減速歯車（さいしゅうげんそくはぐるま）［final reduction gear］　☞ファイナル・リダクション・ギヤ（ファイナル・ギヤ)。

最終減速比（さいしゅうげんそくひ）［final reduction ratio］　☞ファイナル・リダクション・レシオ（ファイナル・レシオ)。

最小回転半径（さいしょうかいてんはんけい）［minimum turning radius］　自動車が最大かじ取り角で徐行するときのタイヤの接地部中心が描く軌跡の半径。保安基準第16条では，12m以下と規定している。

サイズ［size］　寸法，大きさ。

再生式（さいせいしき）トラップ［regenerative trap; trap oxidizer］　ディーゼル・エンジンの排気ガス浄化装置の一種。捕集した排気ガス中の粒子状物質（PM）を再燃焼させ，機能を回復させるようにした捕集装置。トラップとは，「わな，落とし穴」の意。

再生（さいせい）タイヤ［recapped tire］　トレッドのゴム部だけが摩耗したタイヤに新しいトレッド・ゴムを加硫によって密着させた再使用タイヤ。☞更生タイヤ。

最大安定傾斜角度（さいだいあんていけいしゃかくど）［maximum tolerable vehicle roll angle］　横転覆角度のこと。空車状態の自動車を左又は右に傾けた場合，反対側の車輪の全部が接地面を離れるときの，接地面と水平面のなす角度。保安基準では四輪車の場合，左右共35°までに転覆しないこと。

最大積載量（さいだいせきさいりょう）［maximum payload］　トラックなどの法律上許容された最大の積載質量。＝最大積載質量（maximum authorized freight mass)。

最大（さいだい）トルク［maximum torque］　エンジンが発生するトルク（回転力）の最大値。車の加速性能や登坂性能はトルクの大きさにより決まる。単位はN·m（ニュートン・メートル／SI単位)。㊟旧メートル単位ではkg·m。1N·m＝0.102kg·m。9.806N·m＝1kg·m。

最低地上高（さいていちじょうこう）［ground clearance］　空車状態の車両で，車輪部分を除き，走行時地面とのすき間が最小となる部分の高さ。路面の凹凸によるバウンド時又はパンクしたときに，車体下部の構造物が路面と接触しないだけのすき間が必要である。

サイド・インパクト・ビーム［side impact beam］　車の側面衝突の衝撃から乗員を保護するため，ドア内部に設けられたパイプ状の梁材。＝ドア・サイド・インパクト・プロテクション・ビーム。

サイド・ウォーク［side walk］　（舗装した）歩道，人道。＝ペーブメント。

サイド・ウォール［side wall］　側壁。例タイヤの側面部。

サイド・エアバッグ［side airbag］　側面衝突による乗員の負傷を防ぐため，シートの内側に設けられたエアバッグ。

サイド・オーニング［side awning］　レジャー用車（RV）の車体ルーフ・サイドに取

り付ける日よけ天幕。＝サイド・タープ。

サイド・カー［side car］ 側車。オートバイの横に側車を取り付けたもの。

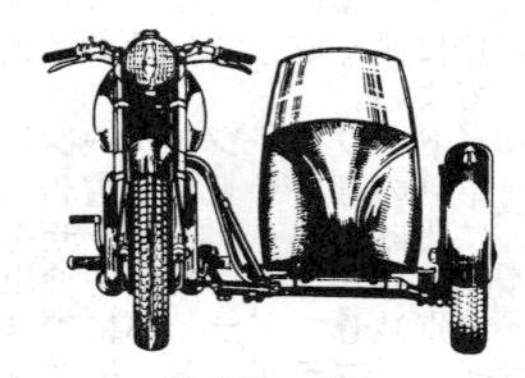
サイド・カー

サイド・ガード［side guard］ トラックの側面に備える巻き込み防止装置。

サイド・ギヤ［side gear］ （あるギヤの）側面にあるギヤ。例デフ・ギヤにおいて，ピニオンの両わきにかみ合ってリヤ・シャフトに直結のギヤ。＝フェース・ギヤ。

サイト・グラス［sight glass］ のぞき見ガラス。流体の流動を確認するのぞき窓。例エアコンの冷媒確認装置。

サイド・クリアランス［side clearance］ （あるものの）側隙。側面のすき間。

サイトシーイング・バス［sight-seeing bus］ 遊覧観光乗合自動車。＝ラバーネック～。

サイド・シル［side sill］ ワン・ボックス・カーなどの側面スライド式ドアの開口部下方にある側縁の敷居。

サイド・ステアリング［side steering］ （ドラッグ・リンクが車の）前後に動く構造の変向機構。☞クロス～。

サイド・スラスト［side thrust］ 側方推力。例コンロッドの傾きによりピストンがシリンダの内壁に押しつけられる力。

サイド・スリップ［side slip］ 横滑り。旋回による遠心力やブレーキの片効きなどによって車が横方向に滑ること。＝スキッド。

サイドスリップ・アングル［side-slip angle］ 横滑り角。車両が高速で旋回するとき，車輪の方向と実際に進む方向とのなす角度。タイヤのひずみ変形によってこれを生ずる。☞コーナリング・フォース。

サイドスリップ・テスタ［side-slip tester］ 横滑り量試験機。フロント・アライメントの正否を調べる車検機器。前進距離に対する横滑り量を計る。

サイド・タープ［side tarp］ ☞サイド・オーニング。tarpとはtarpaulin（防水シート）の短縮語。

サイド・ダンプ［side dump］ 横向きダンプ。荷台を横に傾けて積荷をぶち空けるトラック。☞リヤダンプ・トラック。

サイド・ドア・ビーム［side door beam］ 側面からの衝突に弱い車体を補強して客室を守るため，ドアの内面に装着したはり材のこと。

サイド・ノック［side knock］ 側圧音。例ピストンがシリンダ壁へたたきつけられて出る音。＝ピストン・スラップ。

サイド・バイザ［side visor］ 側面窓の上端サッシュに取り付ける日よけ。

サイド・バイ・サイド［side by side］ 側置型，並行式。二つのものを並べて置く形式。例V型エンジン用コンロッドの取り付け方式において，一つのクランク・ピンへ2本のコンロッドを並べて取り付けるもの。

サイド・バルブ・エンジン［side valve engine］ 側弁式エンジン。吸気排気の両弁をシリンダの一側に配列した形式で，構造は簡単であるが効率がよくないので最近のエンジンには使用されない。＝Lヘッド・シリンダ。

サイド・ビュー［side view］ 側面観，側景，側面図。

サイド・ビュー・モニタ［side view monitor］ 視認性向上装置の一種。フロント・バンパの両サイドに埋め込まれたCCDカメラで車の先端部の真横を運転席モニタ上に映し出す装置で，駐車場や路地などから通りへ出るときに便利なもの。

サイド・フォース［side force］ SFと略し，横力と訳す。タイヤがスリップ角をもって旋回するときに，接地面に働く摩擦力のうち，タイヤの中心面に直角に働く成分をいう。類似の用語にコーナリング・フォースがあるが，これはタイヤの進行方向に直角に働く成分で分けて考えられるが，スリップ角が小さいときは，両者は同じに扱ってよい。

サイド・ブラインドゾーン・アラート [side blind zone alert]　斜め後ろの死角にいる車両の存在を教える警告機能で，米GMが2012年に採用したもの。車両の両サイドに設けたレーダ・センサを利用してアウタ・ミラーの死角にいる車両を検出するもので，死角に入った車を検出した場合には，右または左のミラー鏡面部に黄色いランプが点滅してドライバに警告を発する。

サイド・ブラインド・モニタ [side blind monitor]　日産がSUVなどに採用した，視認性支援装置。左側のドア・ミラー内部にCCDカメラを内蔵し，左前方の映像を運転席モニタ上に映し出し，幅寄せや狭い道でのすれ違いを助ける。夜間でも視認可能な赤外線LED付き。これにより，サイド・アンダ・ミラーは不要となる。

サイド・フラッシャ [side flasher]　側方に指示する点滅式信号器。

サイド・プレー [side play]　側面方向の遊び，がた，軸方向の遊び。＝エンド～。

サイド・ブレーキ [side brake]　駐車用（パーキング）ブレーキの古い呼び方。古くから駐車用ブレーキはレバー式のものが運転席の脇（サイド）に付いていたので，こう呼ばれた。現在でも一部の車にはレバー式のものもあるが，乗用車を主体に足踏式のパーキング・ブレーキが多くなっている。☞パーキング・ブレーキ。

サイド・フロート・タイプ [side float type]　側方浮子室型。キャブレータにおいて，フロート・チャンバをバレルの横に設けた標準的構造のもの。

サイド・プロテクション・モール [side protection moulding]　乗用車の最外側部，ドアやフェンダに取り付ける帯状の装飾品。

サイド・ベアリング [side bearing]　側方軸受。例デフ・ケース両側の軸受。ドライブ・ピニオンとリング・ギヤのバックラッシュはこのベアリングで調整される。

サイド・ポート [side port]　側孔，側面にある穴。例㋑2サイクル・エンジンにおいて，シリンダ側壁に設けた気孔（排気，掃気，吸気）。㋺ロータリ・エンジンにおいて，サイド・ハウジングに設けた気孔。☞ペリフェラル～。

サイド・マーカ・ランプ [side marker lamp]　側面に取り付ける車幅表示灯。例バス表示灯。

サイド・ミラー [side mirror]　側鏡，左右フェンダ又はカウルの両側に設けた後写鏡。

サイド・メンバ [side member]　側材，側方部材。例はしご型フレームにおいて，車の前後方向に用いた部材。＝～レール。☞クロス～。

サイド・モール [side moulding]　☞サイド・プロテクション・モール。

サイド・ライト [side light]　側灯。側方灯火。＝～ランプ。

サイド・ランプ [side lamp]　同前。

サイド・リング [side ring]　側環。分解式トラック用リムにおいて，タイヤ取り付け後その脱出を止める円環。

サイプ [sipe]　タイヤのトレッド模様の上につけた，幅1mmぐらいの切り込みのこと。路面との摩擦力を増し，水切りに有用。

サイフォン [siphon; syphon]　吸い出し管。両脚の長さが異なるU字管。高所の液体を一層高いところを通過させて低所へ移すために用いる。例タンクのガソリンをホースで抜き取るような場合。

サイフォン・アクション [siphon action]　サイフォン作用。例気化器のアイドル系統において，サイフォン作用によってアイドル・ポートへガソリンが自然流下すること。エア・ブリードが詰まった場合などに起こり，アイドル不調の一原因である。

サイマルテーニアス [simultaneous]　同時的であること，二つのことが同時に行われること。略してサイマル。例～エンジニアリング。＝コンカレント。

サイマルテーニアス・エンジニアリング [simultaneous engineering]　車両や部品を

開発するにあたり，製造側が積極的に参画し，開発側と連携する方法。これにより開発プロセスのリード・タイム短縮を行う。＝コンカレント～。

サイリスタ [thyristor]　ごくわずかな電流で大電流を制御できる半導体素子。二輪車用のコンデンサ放電式点火装置（CDI）中に使用される。

サイリスタ・チョッパ [thyristor chopper]　半導体素子のスイッチ作用を利用した電流の断続器。例電気自動車における電流制御装置。

細流充電（さいりゅうじゅうでん） [trickle charge]　電池の断続的な微量の放電や自己放電を補うため，8時間率放電電流の0.5～2%程度の一定電流で充電を継続すること。☞トリクル・チャージ。

サイレン [siren]　号笛，警報器。例消防車又は救急車のみ，その使用が認められている。

サイレンサ [silencer]　英消音器，消音装置。例㋑排気の消音器。＝マフラ。㋺エア・クリーナ内の吸気消音器。＝インテーク～。

サイレンシング・ユニット [silencing unit]　消音用装置，消音用構成部品。

サイレント・ギヤ [silent gear]　無音ギヤ，騒音の少ないギヤ。例カムシャフト用ベークライト・ギヤ。

サイレント・チェーン [silent chain]　無音鎖帯，無音鎖。多数のリンクを組んで内向歯車状になる幅の広い鎖。例タイミング・ギヤ用。

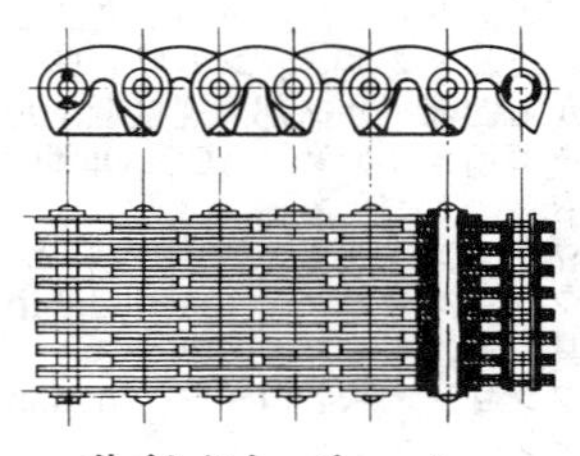
サイレント・チェーン

サイレント・ファン [silent fan]　無音風車，風音を出さない風車。例クラッチ付きファン。駆動部に流体を利用する粘性クラッチを設け，風音が出るほどの高速になると滑って騒音を防ぎ，かつ動力を節約する。

サイン [sign]　印，符号，標識。例㋑タイミング・マーク。㋺組み合わせマーク。

サウス・ポール [south pole]　南磁極，磁石のS極。略号S。対ノース～。

サウンダ [sounder]　①鳴るもの，響くもの，鳴らすもの。例㋑警音器。㋺ハンドルにあるホーン・リング。②計るもの，探るもの。例サウンド・スコープ。

サウンド・アレスタ [sound arrester]　防音装置。

サウンド・クリエータ [sound creator]　心地よい吸気音を作り出す装置。エア・クリーナとエンジンの間に支流を作り，そこに蛇腹状の空間を設けて吸気の圧力変動を活用するもので，ドイツの部品メーカであるマーレ・フィルターシステムズ社が考案したもの（登録商標）。ポルシェ，マツダ，トヨタ，スバルなどのスポーツ系車両に採用されている。☞サウンド・ジェネレータ。

サウンド・ジェネレータ [sound generator]　音声を人工的に発生させる装置。①カー・ナビゲーションの音声案内（ボイス・ナビゲーション）。②音声による各種の警告装置。③ハイブリッド車や電気自動車に用いる車両接近通報装置。④スポーツ・カーなどに用いるエンジン吸気音の増幅装置。☞サウンド・クリエータ。

サウンド・スコープ [sound scope]　聴音器，異音探知器，医者の使う聴診器のような道具。＝ノイズ・ディテクタ，ソノ・スコープ，ステソ・スコープ。

サウンド・ダクト [sound duct]　音管。ホーンのらっぱ部。＝トランペット。

サウンド・デッドナ [sound deadener]　消音器，消音装置。＝サイレンサ。

サウンド・フィールド・コントロール [sound field control; SFC]　カー・オーディオで，デジタル・シグナル・プロセッサ（DSP）を用いて好みの音場を再現するもの。例えば，LIVE，HALL，DOMEなど。

サウンド・レベル・ゲージ [sound level gauge]　音量計，騒音計。例警音器音量や排気および運転騒音の測定計器。＝ノイズ・レベル・メータ，フォンメータ。

座金（ざがね）[washer]　座金は座金物とも呼ばれ日本に古来からあり，鋲（びょう）を打つとき母材の表面を保護するために鋲頭の下に敷く平たい金物をいう。建物，調度，武具などに用いる。外来語のワッシャに相当する。

坂道発進補助装置（さかみちはっしんほじょそうち）[hill start aid system; hill holder device]　坂道停止時に制動力を保持し，後退を防止する装置。一般にヒル・ホルダまたはヒル・スタート・アシストと呼ばれ，MT車で坂道停止時にブレーキ・ペダルを踏んでいる必要がなく，クラッチを接続するとブレーキが解放される。トラックなどの重量車ではその効果が大きく，最近ではAT車用のものが開発されている。

サギィ [saggy]　たるんだ，ゆがんだ。例 シャシ・スプリングのへたり。

作業指示書（さぎょうしじしょ）[work instruction]　整備工場で使用する作業項目や内容，完成予定時間，予算などが記入された書面。☞リペア・オーダ。

作業進行管理（さぎょうしんこうかんり）[progress control]　整備作業の進み具合や状況を把握して調整すること。☞工程管理（プロセス・コントロール）。

作業手順書（さぎょうてじゅんしょ）[work sequence sheet]　標準作業を正しく行うために作業手順を記載したもの。

サグ [sag]　「たるみ，垂れ下がり」などを意味し，次のような用例がある。①事故車の上下曲がり。車の中央部または客室が正常より低くなった状態。②塗装時の塗料のたれ。③エンジンの軽い息つき。④高速道路において，下り坂から上り坂にさしかかる凹部（サグ部／速度低下地点），渋滞多発地点。高速道路のサグ部における渋滞を解消するため，ACC（車間距離制御装置）の利用が注目されている。サギングとも。

サクション [suction]　吸うこと，吸い上げ，吸引。例 ～パイプ。

サクション・カップ [suction cup]　吸盤。吸着するカップ。例 ㋑バルブすり合わせ用具の先にあるゴム・カップ。㋺窓ガラスなどに吸着させるゴム・カップ。

サクション・ストローク [suction stroke]　（エンジン・サイクルの）吸気行程。＝インレット～。インテーク～。アドミッション～。

サクション・パイプ [suction pipe]　吸入管，吸気管。例 キャブレータとシリンダを連絡する太いパイプ。枝管はマニホールドという。＝インレット～。

サクション・バルブ [suction valve]　吸入弁，吸気弁。インレット～。

サクション・ピリオド [suction period]　吸入期。インレット・バルブが開いている期間。＝インレット～。

サクション・マニホールド [suction manifold]　吸入多岐管。＝インレット～。

サクソマット・オート・クラッチ [Saxomat auto clutch]　ドイツのザックス社が開発した自動クラッチの商品名。かつて使用された。

サステイナビリティ [sustainability]　持続（継続）の可能性。ITSのキー・ワードに「安全，環境，利便」があり，ここでは「環境の持続性」という意味でサステイナビリティが用いられる。

サステイナブル [sustainable]　維持（継続）できる。主に「環境を破壊しないで資源開発などが継続できる」の意味で用いられる。

サステイナブル・モビリティ [sustainable mobility]　持続可能な移動社会。車の燃料に化石燃料（石油系燃料）を100年あまり使用してきた結果，排出された二酸化炭素により地球の温暖化が急速に進んでいる。化石燃料の使用を抑制して地球環境を保全するため，ハイブリッド車，クリーン・ディーゼル車，バイオエタノール車，燃料電池車などの開発・普及を図り，車社会が将来とも健全に持続できるようにすること。

サスペンション [suspension]　つるす，懸ける，懸垂。例 自動車の車台受け装置。

サスペンション・アーム [suspension arm]　支持腕金。例 ニー・アクション構造において，ホイールを支持する腕金。一般に上下二つのアームを持っている。＝コントロール～。

サスペンション・コンプライアンス［suspension compliance］　懸架装置の前後・左右方向の柔軟性。前者を前後コンプライアンス，後者を左右コンプライアンスと呼び，これらは操縦安定性や乗り心地等に影響する。測定単位はmm/N。

サスペンション・シート［suspension seat］　直接車体に固定せず，ばねなどを介して取り付けた座席。トラックなどに見られる。

サスペンション・ジオメトリ［suspension geometry］　懸架装置の構成部品の幾何学的配置。操縦性，走行安定性，発進時や制動時の車体姿勢等を考慮して決定され，アンチダイブ・ジオメトリまたはアンチスクワット・ジオメトリなどと言う。

サスペンション・スプリング［suspension spring］　（車台の）支持ばね。車体の振動を吸収するばね。例 ㋑板ばね。㋺巻きばね。㋩棒ばね。㋥空気ばね。㋭ゴムばね。

サスペンション・リンク［suspension link］　車台支持に関係するリンク類。例 ㋑ストラット・バー。㋺ラテラル・ロッド。㋩トルク・ロッド。

サスペンデッド・ペダル［suspended pedal］　つり下げペダル。ペダルの支点がペダルより上にあるもの。例 乗用車のブレーキやクラッチのペダル。＝ペンダント・タイプ。

サスペンド［suspend］　①つるす，懸ける，下げる。②運転免許証や自動車検査証を一時取り上げること。

サチュレーション［saturation］　①しみ込み。②飽和，飽和状態。

サッシ［sash］　上下に動く窓の窓枠。

サッシレス・ドア［sashless door］　窓枠のないドア。ハード・トップで多く見かける。安全性等の見地から，ハード・トップでもサッシ付きのドアが出てきている。

査定（さてい）［assessment］　下取車の経済的な価値の見積り。

査定価格（さていかかく）［assessment value; assessment price］　下取り車の評価額。

サテライト［satellite］　①家来，追従者。②衛星，人工衛星（artificial satellite）。＝サタライト。

サテライト・ショップ［satellite shop］　衛星店。例 自動車販売店で中心となる大型販売拠点（ハブ店）に対して，その周辺の小型販売拠点。複数の場合が多い。

サテライト・センサ［satellite sensor］　衛星型検知器。例 エアバッグの作動を確実にするために，衝撃感知センサを複数設けた場合の補助的センサのこと。メインとなるセンサに点火判定信号を入力する。

差動制限装置（さどうせいげんそうち）［limited slip differential; LSD］　左右の駆動輪又は前後の駆動輪の空転を防ぎ，駆動力の伝達を維持するための差動作用を制限する装置。

差動装置（さどうそうち）［differential gear］　車が旋回するとき，駆動軸に装着して左右の車輪に回転差を付ける装置。通称デフ。

差動（さどう）トランス［differential transformer］　機械的な変位や移動量などを検出するセンサの一種で，トランスのコアを検出する物体に直結して移動させ，移動量を二次コイルで電気的にリニア信号として検出している。用例として電動式パワー・ステアリングのトルク・センサがあり，操舵トルクによる路面の反力を検出している。

差動（さどう）トルク比（ひ）［bias ratio］　差動制限装置により生じる左右車輪間または前後車軸間のトルク比。トルク感応式差動制限装置の性能（デフ・ロックの強さ）を表す用語で，バイアス比またはトルク・バイアス比ともいう。

サドル［saddle］　①くら，腰掛。②軸受けメタルの母体。③工作機械の走り面にまたがる部分。

サバテ・サイクル［Sabathe cycle］　無気噴射式高速ディーゼル・エンジンのサイクル原理。燃料の燃焼が

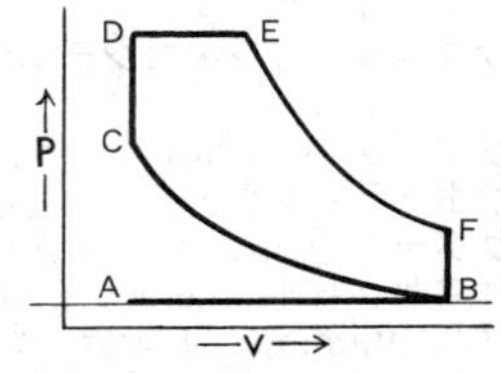

サバテ・サイクル

定容と定圧のもとで行われるので定容定圧サイクルともいう。例自動車用ディーゼル・エンジン。
サブ [Sub-] 副，次，下位，の意。例㋑～フレーム。㋺～ディーラ。対メイン。
サファリ・ラリー [safari rally] 砂漠地帯を突っ走るアフリカのラリー競技。
サブウェイ [subway] 地下道，トンネル。＝アンダパス。
サブエージェント [subagent] 副代理店，副代理人，下取次店。
サブキー [subkey] 車両のドアとイグニッションのみに使用でき，トランクは開けられないキー。対マスタ～。
サブコン [subcon] subcontractor の略称。下請け業者。
サブコンパクト・カー [subcompactcar] 米国の燃費規制のための車の類別の一つで，車室と荷物室の合計容積によって分けられており，日本の中型車に相当する。小型車はミニ・コンパクト・カーとなる。
サブジェット [subjet] （キャブレータ）副噴流口，副ノズル。
サブタンク [subtank] 予備（副）タンク。例㋑ラジエータのオーバフロー・パイプからあふれ出た冷却液を蓄えるタンク。㋺予備の燃料タンク。
サブディーラ [subdealer] 副販売店，副販売人。
サブフレーム [subframe] 副フレーム，補強用の添えフレーム。
サブマージド・ポンプ [submerged pump] 潜液ポンプ，水中ポンプ。例タンクのガソリン中へ沈めてある電動圧送ポンプ。ベーパ・ロックの起こらないことが特長。
サブマリン現象（げんしょう） [submarine phenomenon] 正面衝突時に乗員が腰部シート・ベルトの下に潜り込む現象。
サプライ・タンク [supply tank] 供給タンク。例㋑ガソリン～。㋺オイル～。＝レザーバ。

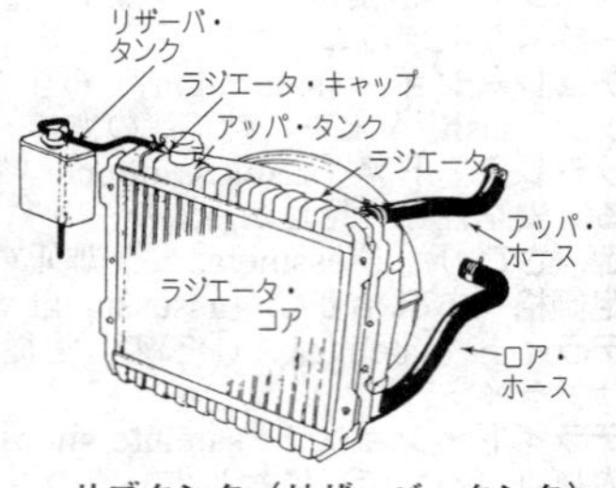

サブタンク（リザーバ・タンク）

サプライ・チャンバ [supply chamber] 供給室，補給室。例マスタ・シリンダのブレーキ液保有室。＝レザーバ。
サプライヤ [supplier] 供給者。例自動車メーカに部品を納入する業者。
サプリメンタリ・エア・バルブ [supplementary air valve] 補助空気弁。
サプリメンタリ・スプリング [supplementary spring] 補助ばね。
サプリメンタリ・ランプ [supplementary lamp] 補助ランプ。例補助ヘッド～。
サプリメンタル・レストレイント・システム [supplemental restraint system; SRS] 乗員保護補助装置。
サプレッサ [suppressor] 消去装置。抑制装置。例㋑電波障害を除去するノイズ～。＝エリミネータ。
サプレッション・コンデンサ [suppression condenser] 消去用蓄電器。電波障害消去用コンデンサ。
サポータ [supporter] 支持物，支持装置。
サポーティング・アーム [supporting arm] 支持腕，支え腕。
サポート [support] ①支持，支え。②支持物，支えるもの。
サマセット [somerset] 宙返り，とんぼ返り，もんどりうつこと。
サム [thumb] ①親指。②親指で行き先を指し示して自動車などに乗せてもらう。指先で行き先を合図してただ乗り旅行をする。☞ヒッチ・ハイク。
サム・ア・ライド [thumb a ride] ☞サム，ヒッチ・ハイク。

サム・ゲージ [sum gauge]　合計数を出す計器。例 スピードメータやタコグラフに記録される距離計。＝サメーション・メータ，トータル・ゲージ。

サム・タック [thumb tack]　画びょう。製図用紙を止めるピン。

サム・ナット [thumb nut]　つまみねじ。工具を用いず，指先で回すナット類。例 ㋑ちょうねじ類。㋺ぎざ付き小ねじ類。

サム・フィット [thum fit]　親指合わせ。はめ合いの堅さを表すもので，親指で押し込みうる程度のこと。例 鋳鉄ピストンに対するピンのかん合。

サメーション・メータ [summation meter]　☞サム・ゲージ。

サリー [surrey]　軽快な２座席４人乗り自動車。

サルーン [saloon]　①英 サルーン型乗用車。米 セダン型乗用車。②ホテルや船の大広間。

サルファ [sulfur; sulphur]　記号S。硫黄。硫酸製造原料。例 エンジン排気ガス中に含まれる亜硫酸ガス（SO_2）は，燃料中にある硫黄の燃焼によって生じる。

サルファフリー・フューエル [sulfur-free fuel]　自動車用燃料のガソリンや軽油に含まれる硫黄分の許容限度を，従来の1/5の10ppm（0.001質量%）に低減したもの。燃料中の硫黄分は，触媒やDPFの機能の劣化を早めるとともに金属を腐食させ，大気汚染の原因にもなる。環境省と経済産業省では，自動車排出ガス規制を強化するために関係法令を改正し，軽油は2007年１月より，ガソリンは2008年１月より実施した。

サルフェーション [sulfation; sulphation]　硫酸化鉛。硫酸塩になること。例 バッテリの放電によって極板面にできる硫酸鉛がそのまま放置されたため結晶化して不還性の硫酸塩になること。完全回復は困難である。

サルフェート [sulfate]　燃料中の硫黄がシリンダ内の燃焼および触媒コンバータ内の酸化反応によって生成した硫酸又は硫酸塩。

サルフューリック・アシッド [sulphuric acid]　H_2SO_4，硫酸。例 バッテリ電解液は硫酸を2.5倍くらいの純水で薄めた希硫酸。比重1.260～1.280。

さん（3）リッタ・カー [three liter car]　次世代低燃費車の呼称で，欧州には「3ℓ/100kmカー・プロジェクト」があり，米国にはPNGVプログラムがある。3ℓの燃料で100km以上の距離を走行可能な超低燃費車のことで，総排気量が3ℓ（3,000cc）の車のことではない。

3R（さんアール） [three R's]　再生資源利用促進法（リサイクル法）の導入に際し，従来の大量生産，大量消費，大量廃棄型のシステムから脱却し，循環型経済システムの構築を狙って，①リデュース（reduce／廃棄物の発生抑制），②リユース（reuse／部品などの再使用），③リサイクル（recycle／原材料としての再利用），を推進している。

酸化（さんか） [oxidation]　物質が酸素と化学反応を起こすこと。対 還元。

三角表示板（さんかくひょうじばん） [hazard warning reflective triangle]　非常停車時に，後方車に停車中を知らせるための三角形をした反射式の標示板。

三角（さんかく）やすり [triangular file]　断面が正三角形で先端が細くなっているやすり。

酸化触媒（さんかしょくばい） [oxidation catalyst; oxidation catalyzer]　それ自身は少しも化学変化を受けず，他の物の酸化反応を促進する物質のこと。対 還元～。

酸化触媒（さんかしょくばい）コンバータ [catalytic converter for oxidation; CCO]　排気ガス中の有害なCOやHCを触媒反応により，無害なCO_2やH_2Oなどに変換する装置。通称，触媒マフラ。対 還元触媒～。

酸化防止剤（さんかぼうしざい） [oxidant inhibiter; antioxidant]　酸化による変質，老化，腐敗などを防止するために添加する物質。例 エンジン・オイルの添加剤。

サン・ギヤ [sun gear]　太陽歯車。遊星歯車装置においてその中心となり，天体における太陽に相当する役割りのギヤ。

サンク・キー [sunk key]　沈みキー。キー溝の中へ沈み込む構造のくさび。例ウッドラフ〜。
サンク・ドリル [sunk drill]　皿穴用きり。例ブレーキ・ライニングやクラッチ・フェーシングの穴あけに用いる。
三元触媒（さんげんしょくばい）コンバータ [three-way catalytic converter]　排出ガス浄化システムの主要装置で，触媒に白金，ロジウム，パラジウム系が使われ，排気ガス中のCO，HC，NOxを同時に浄化することができる。
サンシェード [sunshade]　サンルーフの直射日光を防ぐ日よけのこと。
サンシャイン・ルーフ [sunshine roof]　＝サンルーフ。
三相交流（さんそうこうりゅう） [three phases alternating current]　120°ずつ位相のずれた3組の交流の組み合わせ。回転磁界を作りやすいので，動力用モータなどに用いられる。

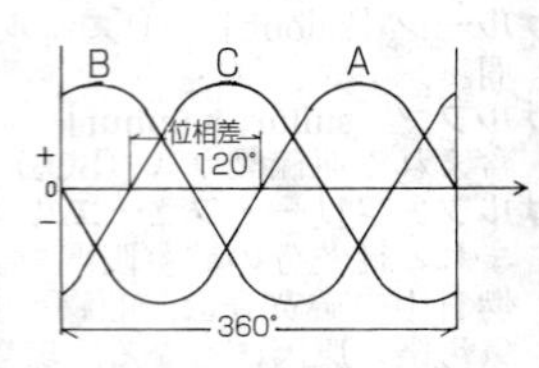

三相交流

酸素濃度（さんそのうど）コンディショナ [oxygen density conditioner]　車室内の酸素濃度の低下を抑えるため，酸素濃度を高めた空気を後席後方から発生させる装置。レクサスに採用されたもので，トランク内に設置した装置の酸素富化膜（選択性透過膜）を通して行う。
サンダ [sander]　紙やすりをかける機械（人）。例円板状のサンド・ディスクを回転させて車体鋼板にやすりをかける電動機械。
さんてんしき（3点式）シート・ベルト [three points seat belt]　腰の左右と片側の肩の計3点を支持する方式のシート・ベルト。現在，一般に使用されているもの。☞フル・ハーネス〜。
サンドイッチ鋼板（こうはん） [sandwich steel sheet]　積層鋼板とも呼ばれ，2枚の薄肉鋼板の間にアスファルト・シートなど非金属材料を挟んだ構造で，軽量で剛性の強い材料となる。ダッシュ・パネルに用い，エンジン・ルーム側からの振動や騒音を防止している。☞制振鋼板，積層鋼板。

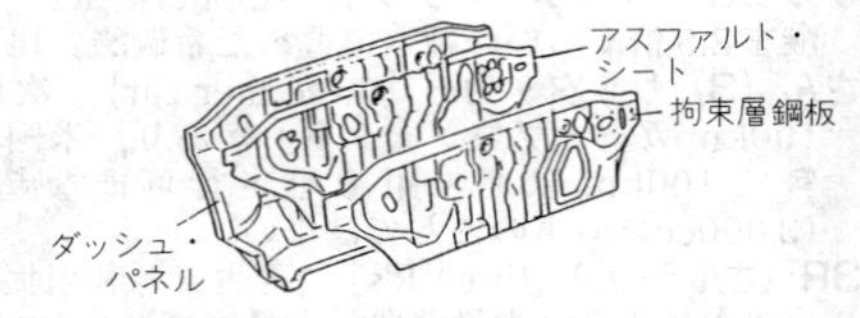

サンドイッチ鋼板

サンドイッチ制振（せいしん）パネル [sandwich damping panel]　☞サンドイッチ鋼板。
サンド・クリーナ [sand cleaner]　砂吹き清浄器。例点火プラグ〜。
サンド・バギー [sand buggy]　砂地走行用の大型タイヤ付きの車。☞ATV。
サンド・ブラスト [sand blast]　砂吹き，圧縮空気を利用して金剛砂を吹きつける装置。例㋑点火プラグの清浄器。㋺鋳物はだの清掃装置。
サンド・ブリスタ [sand blister]　（タイヤなどにできる）砂こぶ。表面ゴムの損傷からカーカスとの間に砂を食い込みこぶ状に膨らむこと。
サンド・ペーパ [sand paper]　砂紙，紙やすり。丈夫な紙に金剛砂やガラス粉を付着させたもので，その荒さは番号で表し，0，1，2，3と番号を追って荒いものとされている。
サン・バイザー [sun visor]　日よけ板。日よけひさし。日光の直射を避けるもの。＝サンシェード。
サンプ[1] [sump]　穴。溜まり。例エンジン底部の油溜まり。オイル〜。＝オイル・パン。
サンプ[2] [thump]　タイヤのユニフォーミティ（均一性）不良による車体の振動騒音

現象の一つ。乗用車が50km/h前後の速度で走行中にトントンというようなタイヤの回転に比例した打音が聞かれる。☞ユニフォーミティ。

サンプ・プラグ [sump plug]　サンプの下にある油抜き穴の栓。＝ドレイン～。

サンプリング [sampling]　①見本抽出。②試供品，商品見本。例排気ガスの～。

サンプリング・ガス [sampling gas]　見本ガス。例排気ガス試験器へ見本ガスとして導入するもの。

サンプリング・パイプ [sampling pipe]　見本ガス導入管。ガス採取管。

さんようそいちだんにそうがた（3要素1段2相型）トルク・コンバータ [three elements one stage two phases torque converter]　ポンプ・インペラ／タービン・ランナ／ステータの3要素に，2相とはコンバータ・レンジとカップリング・レンジの二つの変化を，1段はタービン・ランナの数が一つのトルク・コンバータ。現在，最も多く用いられている自動変速機のトルク変換方式。

残留磁気（ざんりゅうじき） [residual magnetism]　磁性体に磁界を加えて磁化した後，磁界を取り去っても磁化は完全に消失せずにある大きさだけ残り，この残った磁気のこと。極性の逆な磁界を加えて消去する。例磁気探傷機。

サンルーフ [sunroof]　天窓。ルーフの一部が透明な合成樹脂製となっており，取り外したり開閉できるタイプで，レジャー用車（RV）に多く採用される。

サンルーフ・バイザ [sunroof visor]　サンルーフの前縁に取り付ける日よけで，風の巻き込みを防ぐ効果も持っている。

[シ]

シア [shear]　①大ばさみ，②せん断機。

指圧線図（しあつせんず） [indicator diagram]　エンジンの燃焼室内の圧力（P）と容積（V）の関係を図にして，エンジンの作動状態を示したもの。PV線図ともいう。

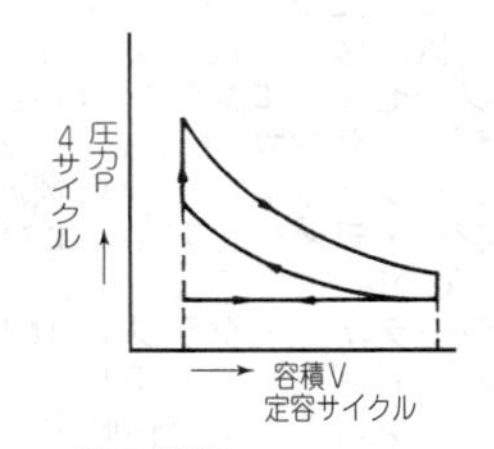

指圧線図
（ガソリン・エンジン）

ジー [G]　重力加速度（gravitational acceleration）を表す記号。1G＝9.8m/sec^2。

シー・アイ・エンジン [CI engine; compression ignition engine]　圧縮点火エンジン。＝ディーゼル・エンジン。対火花点火（SI）エンジン。

シー・エフ・アール・エンジン [CFR engine; Cooperative Fuel Research engine]　米国の「協同燃料研究委員会」（CFR Committee）が制定した，ガソリンのオクタン価や軽油のセタン価測定用の可変圧縮，水冷単気筒エンジン。

シーオー・エッチシー・エミッション・アナライザ [CO & HC emission analyzer]　☞シーオー・エッチシー・メータ。

シーオー・エッチシー・メータ [CO & HC meter]　ガソリン・エンジンの排気ガス中に含まれるCO（一酸化炭素）とHC（炭化水素）の濃度を測定する計測器。非分散型赤外線分析計（non-dispersive inflared analyzer）が用いられる。＝CO・HCエミッション・アナライザ。

シークェシャル [sequential]　☞シーケンシャル。

シークェンス [sequence]　☞シーケンス。

シー・クランプ [C clamp]　C字型万力。溶接作業その他において，加工物を仮締めするために用いる。通称しゃこ万力。

シーケンシャル [sequential]　引き続く，連続する。＝シークェシャル。

シーケンシャル・ターボチャージング・システム [sequential turbocharging system]

2基のターボチャージャを運転条件に応じて使い分ける方式。低速域では1基，高速域では2基作動させる。＝シーケンシャル・ターボチャージャ。

シーケンシャル・フラッシャ [sequential flasher]　スライド式方向指示器。横一列にした方向指示ランプの光が進行方向を示すように横走りするもの。

シーケンシャル噴射（ふんしゃ） [sequential injection]　連続的な噴射。電子制御式燃料噴射装置にて，吸気ポートへの燃料噴射を各気筒の点火時期に合わせ，該当するインジェクタから1本ずつ行う方式。対 グループ噴射，同時噴射。

シーケンス [sequence]　①連続，順列。②数列。＝シークェンス。

シーケンス・コントロール [sequence control]　あらかじめ定められた順序又は理論に従って，制御の各段階を逐次進めていく制御法。

シージング [seizing]　（エンジンなどの）焼き付き。

シーズ [seize]　（エンジンなどが）過熱過負荷のため運転が止まること。例 ㋑エンジンの焼き付き。㋺軸受けメタルの焼き付き。

シーズド・プラグ [sheathed plug]　（ディーゼル予熱せんのうち）さやに入った予熱せん。ヒート・コイルとなる抵抗線を金属管の中に収めてあるもの。露出したコイル型に比べ寿命も長く性能が良い。＝シールド〜。

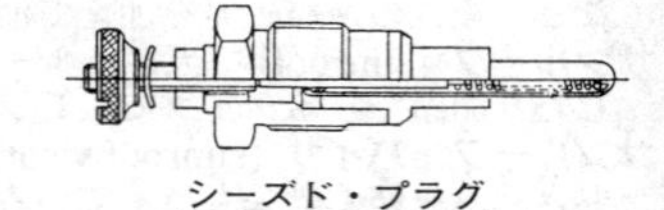

シーズド・プラグ

シーズニング [seasoning]　（材料の）枯らし。例 ㋑鋳造製品について，内部ストレスによる自然変形することを防ぐため焼き慣らしすること。又は長期間放置しておくこと。㋺木材を十分に乾燥させること。

シースルー・ビュー [see-through view]　ドライバの視線で車を透かしたように車両の周囲を見渡せるもの。トヨタが2015年発売の新型ミニバンに世界初採用したもので，従来のパノラミック・ビュー・モニタ（合成画像で死角の確認を容易にする装置）にこの機能を追加している。

ジーゼル・エンジン [diesel engine]　☞ディーゼル〜。

ジー・センサ [G-sensor; gravity sensor]　☞ G sensor。

シータ [seater]　座席数。何人乗りかの意。例 ツー〜。フォア〜。

ジー・ディー・アイ・エンジン [GDI engine; gasoline direct injection engine]　☞ GDI。

シーディー・クラフト [CD CRAFT]　CD and CRT applied format の略。トヨタ・エレクトロマルチビジョンなどCD-ROMディスク読み取り装置を備えた車載情報表示システム上で作動するCDソフトのフォーマットのこと。

ジー・ティー・コイル [GT coil; ground touring coil]　抵抗外付きコイルの別称。一次電流の立ち上がりを良くするため，一次コイルの巻き数を減らし，抵抗の減った分を外付抵抗で補ったタイプ。長時間の使用にもコイルが焼けることがない，強力なコイル。

シーティング・キャパシティ [seating capacity]　座席数，着席容量，何人乗りかの意。

シート¹ [seat]　①（乗車室の）座席，席。②（機械の）台，座。例 バルブ〜。

シート² [sheet]　①1枚の紙。例 チェック〜。②（金属などの）薄板。例 〜メタル。③（自動車などにかぶせる）覆い布。

シート・アジャスタ [seat adjuster]　座席の位置調整装置（前後，上下，リクライニング角度など）。

シート・カッタ [seat cutter]　シート切削工具。例（弁座修正用の）バルブ〜。＝〜リーマ。

シート・カバー [seat cover]　座席の覆い。①座席の汚れ防止や見映えをよくするためのレースや布製のもの。②整備工場で用いる布製やビニール製のもの。作業服の油汚れ等が車両のシートに付かないようにしている。

シート・クッション [seat cushion]　座席の臀部（しり）の当たる部分。

シート・クッション・エア・バッグ [seat cushion air bag]　正面衝突時に乗員が腰部シート・ベルトの下へ潜り込む現象（いわゆるサブマリン現象）を防止するため，後席セパレート・シート・クッションの大腿部付近に小型のエア・バッグを内蔵したもの。☞後席SRSシート・クッション・エア・バッグ。

シート・グラインダ [seat grinder]　シート研磨工具，砥石。例（弁座修正用の）バルブ～。同心型と偏心型がある。

シート・バック [seat back]　座席の背もたれ。

シート・ベルト [seat belt]　（危険防止用の）座席ベルト。身体をシートに拘束する帯ひも。

シート・ベルト・エアバッグ [seat belt airbag]　エアバッグ内蔵型のシート・ベルト。トヨタが2010年末に発売したレクサスのスーパー・スポーツ・カー（LFA）に世界で初めて採用したもので，前面または側面衝突時にシート・ベルトのベルト部分（ウェビング）に内蔵されたエアバッグが肩部や頭部を中心に膨らみ，乗員の胸部にかかる衝撃を分散・緩和している。☞インフレータブル・シート・ベルト。

シート・ベルト・バックル [seat belt buckle]　シート・ベルトの締め金具。

シート・ベルト・リマインダ [seat belt reminder]　シート・ベルト非装着警報装置。運転席や助手席のシート・ベルトを着用しないで走行した場合，警告灯を点滅させたり，警告音を発するもの。保安基準の改正により，従来からの表示による初期警報に加え，2005年9月以降生産される新型乗用車の運転席に対し，音による再警報装置の設置が義務づけられた。初期警報を無視して走行した場合，警報音が30秒以上作動するようになっている。

シート・メタル [sheet metal]　厚さの薄い板金。一般に1mm以下の厚さの鋼板や非鉄金属板をいう。

シート・ライザ [seat riser]　座席のけ上げ，けこみ部分。

シート・ラバー [sheet rubber]　ゴム板。ゴムの薄板。

シート・リーマ [seat reamer]　バルブ・シートの研削具。＝～カッタ。

ジー・バルブ [G valve]　☞G valve。

シー・ピラー [C-pillar]　☞C-pillar。

シーブ [sheave]　綱車，滑車，ロープ車，外周に溝のある車。＝プーリ。

シープ [seep]　浸み出し。パッキン類からオイルが浸み出している状態をいう。

ジープ [Jeep]　第二次世界大戦に米軍が使用した軽便軍用自動車。戦後その万能性を買われ民間の各方面に愛用されている。general purpose（万能）のGPから名付けられた商品名。これに類するものにランドクルーザーやランドローバーなどがある。

シー・ブイ・ジョイント [CV joint]　☞CV joint。

シーマ・ハイブリッド [Cima Hybrid]　☞フーガ・ハイブリッド。

シームレス・パイプ [seamless pipe]　継ぎ目なし管。引き抜きパイプ。

ジー・メータ [G-meter; gravity meter]　Gメータ。加速度（減速度）計。

シーラ [sealer]　封をするもの，漏れ止め。例 液体パッキング。

シーラント [sealant]　密封剤。漏れ止め。＝シーラ。

シーラント・タイヤ [sealant tire]　耐パンク性能を向上させたチューブレス・タイヤ。タイヤのトレッド内壁に通常設けられている薄いゴム層に加えて，粘着性が強く，軟らかい特別のゴムの層を張りつけてある。くぎなどがトレッドを貫通してもくぎの回りをシールし，またくぎを抜いても傷口が自然にふさがって空気が洩れない構造。

シー・ランド比（ひ） [sea-land ratio]　タイヤのトレッド面で溝の部分がトレッド全体の面積のどれだけを占めるかを示す数値。溝の部分を海（シー），リブやブロックを陸（ランド）と見てその比率を示すもので，普通タイヤで30～40%，スノー・タイヤで50%ぐらいである。

シーリング［sealing］　封印すること。密閉すること。例ボデー～。
シーリング・コンパウンド［sealing compound］　封口用練りもの。例点火コイル内のすき間を詰める練りもの。通称ピッチ。
シーリング・ライト［ceiling light］　（灯火）天井灯。
シール［seal］　①封。②封をするもの。気密液密を保つもの。例㋑ガスケット，パッキング類。㋺シール・ゴム，Oリング類。
シールド・アンテナ［sealed antenna］　（ウインドシールド・ガラスなどに）密封された受信用空中線。
シールド・キャップ［sealed cap］　密閉キャップ。例ラジエータ給水口のキャップ。過大圧力を放出する圧力弁と温度低下時に空気を導入する負圧弁とがある。
シールド・クーリング［sealed cooling］　密封冷却方式。冷却装置を密封して長期間注水の必要をなくしたもので，防凍防食剤入り冷却液を用いており，更に水蒸気を液化貯蔵しこれを元に戻す安全弁付膨張タンクを備えている。
シールド・グラス［shield glass］　風防ガラス。前面ガラス。
シールドビーム・エーマ［sealed-beam aimer］　シールドビーム・ランプの光軸調整器で，水準器式のもの。
シールドビーム・エーミング・ボス［sealed-beam aiming boss］　光軸調整用のエーマを取り付ける突起。通常3個の突起がある。
シールドビーム・ランプ［sealed-beam lamp］　密閉式前照灯。アルミニウムを真空蒸着したガラス製反射鏡の焦点にフィラメントを設けこれに前面レンズを溶着して内部に不活性ガスを封入，電球自体が1個の前照灯となるもので，かつて使用された。4灯式用のものには1号（遠射）2号（近射）の別がある。
シールド・プラグ［sealed plug］　（ディーゼル用）さや入り密封予熱せん。ヒート・コイルをさやに入れて密封したもの。＝シーズド～。
シールド・ワイヤ［sealed wire］　（受信妨害電波を防ぐ）ビニール線を金属網で被覆したもの。外界の静電結合をなくすため網状導体を接地してある。＝スクリーンド～。
シェア［share］　①分け前，取り分。②製品の市場占有率（マーケット・シェア）。
シェイク［shake］　①震える，揺れる，振動する。②揺れ，動揺。例車の振動。
シェイク・プルーフ・ワッシャ［shake proof washer］　対震座金。
ジェーウォーカ［jaywalker］　交通規則を無視した街路横断者。
シェード［shade］　①陰，日陰。②日よけ，風よけ。例サン～。＝サン・バイザ。
シェーパ［shaper］　型削盤。バイトが直線に往復して平面削りをする工作機械。
シェープ［shape］　型，形状，格好。例V～。
シェール・オイル［shale oil］　頁岩油（けつがんゆ）。油母頁岩の乾留または新たに開発された油母頁岩の水圧破砕法により得られる軽質油で，その性質は石油に近い。頁岩（シェール）とは堆積岩の一種で，泥板岩ともいう。米国ではシェール・ガスと同様の水圧破砕法が開発され，2009年ころからシェール・オイルの生産が本格化している。ノースダコタ州の場合，頁岩層は地下約3千メートルの深部にあり，ここに大量の水を注入して岩盤に亀裂を作り，油をしみ出させる。
シェール・ガス［shale gas］　メタンを主成分とする天然ガスの一種で，深層部の頁岩（けつがん）層から採取されるもの。シェールとは頁岩のことで，従来のガス田ではない場所から生産されることから，非在来型天然ガス資源と呼ばれる。シェール・ガスは深くて硬い岩盤にあり採掘が難しかったが，2005年ころに米国で水圧破砕法による採掘技術が開発され，天然ガスの生産量がロシアを抜いて世界一となった。
四（し）エチル鉛（なまり）［tetra-ethyl lead］　☞テトラエチル・レッド。
シェッド［shed］　①置場，車庫，格納庫。②俗（ほろ型に対し）箱型自動車。
ジェット［jet］　①噴射，噴流。②噴出口，流出口，吹出口。例その他噴出口に至る途中で流量を規正する穴付きの小ねじ。

シ

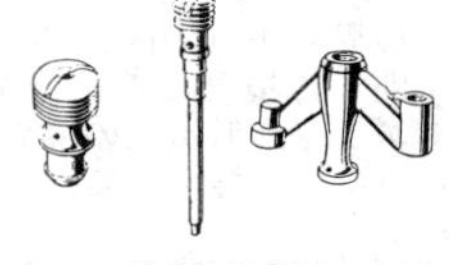
ジェット類

ジェット・エンジン［jet engine］　噴射推進機関。高温高圧な燃焼ガスを噴射しその反動力を利用して推進力を得るエンジン。一部レーサに利用例がある。

ジェット・キャブレータ［jet carburetor］　噴霧式気化器。霧吹きの原理を応用して燃料を霧化し混合気を作るもの。

ジェット・ナンバ［jet number］　ジェット番号。ジェットなどの小ねじに打刻されている番号。指数の大きいものほど流量が大きい。

ジェット・ニードル［jet needle］　ジェット針弁。ジェットから噴出する燃料を増減する針弁。＝メータリング・ロッド，メジャリング・ピン。

ジェット・ポンプ［jet pump］　ベンチュリを通過するときに発生する負圧で吸い上げるポンプ。例 燃料タンクが鞍型形状の場合，燃料の残量が少なくなるとフューエル・ポンプのない室の燃料が残るため，フューエル・タンク内リターンの流速を利用してジェット・ポンプを作動させ，残りの燃料をフューエル・ポンプのある室へ移送する。

ジェニュイン・パーツ［genuine parts］　純正部品。メーカが指定した部品。対 イミテーション〜。

ジェネラル・パーパス［general purpose］　はん用の，色々な用途のある。〜プライヤ。

ジェネレータ［generator］　①発電機。例 DC〜，AC〜。②溶接用ガス発生機。ガス〜。

シェラック［shellac］　南洋の植物に寄生するラック貝殻虫の分泌する樹脂状物質。アルコールやテレビン油などに溶ける。電気絶縁材料。ワニスの製造などに使われた。＝セラック。

シェラック・ワニス［shellac varnish］　シェラックを粉砕精製してアルコールに溶解した塗料。例 ㋑電気絶縁塗料。㋺木材つや出し塗料。

シェル［shell］　囲い。外形。例 ㋑ラジエータ〜。㋺〜モールド。

シェル・ボデー［shell body］　自動車メーカの組み立てラインで使われる用語で，ぎ装品の何も付けられていない，板金・溶接のみの車体のことで，貝殻に例えた呼び方。

シェル・モールディング［shell moulding］　シェル鋳造法。砂と樹脂粉を混ぜたサンド・レジンの薄い鋳型を用いて行う一種の精密鋳造法。美しい鋳物が得られる。例 軽合金鋳物の製造。

ジオメトリ［geometry］　幾何学。自動車の場合にはホイール・アライメントの総称。

シガー・ライタ［cigar lighter］　たばこ点火器。一般に電熱式ライタが使用され，昨今では廃止傾向にある。

紫外線（しがいせん）［ultraviolet rays; UV］　波長がX線よりも長く，可視光線よりも短い電磁波。波長は大体400〜1ナノメートル（nm：10億分の1メートル）程度で，そのスペクトルは可視光線の紫色の外方に現れる。UVは太陽光中に含まれ，目には感じないが日焼けの原因となり皮膚癌を誘発する。例 UVカット・ガラス。

死角障害物警報装置（しかくしょうがいぶつけいほうそうち）［blind spot obstacle warning system］　運転者から見えない部分にある車やバイクをカメラやレーダなどで検出し，警告灯や警告音で注意を促すもの。ブラインド・スポット・アシスト（MB），ブラインド・スポット・インフォメーション・システム（ボルボ），ブラインド・スポット・モニタ（レクサス），ブラインド・スポット・インターベンション（日産）などがある。

磁気（じき）［magnetism］　磁石のもつ作用と性質および電流の相互作用による磁場の作用と性質。

閾値（しきいち）［threshold］　ある値以上で効果が現れ，それ以下では効果が現れない

「境界となる値」のこと。エレクトロニクス関係では電子回路におけるオン・オフの境界電圧（threshold voltage）を意味し，主にデジタル回路で高電位と低電位を区別する境となる電位を指す。この場合，高電位の境界（閾値の上限値）をアップ・エッジ，低電位の境界（閾値の下限値）をダウン・エッジともいう。閾値の本来の読みは「いきち」で，「しきい値」は慣用読み。スクリーニング値，スレッショルドとも。

磁気共鳴式充電（じききょうめいしきじゅうでん）［magnetic resonance charge］　電気自動車（EV）における非接触式（ワイヤレス）充電システムの一つ。同一の固有周波数をもつ一組のコイルを利用して非接触で給電を行うもので，地上側と車両側の一組のコイルを利用するのは電磁誘導方式（磁気誘導方式）と同じであるが，磁気共鳴方式ではコイル間の距離が数十cm程度まで実用上の運用が可能なことが特徴。この磁気共鳴方式は電磁誘導方式と比較して効率や給電電力では劣るが，ワイヤレス給電部の位置ずれに強い。三菱ふそうトラック・バスが小型EVトラックで，トヨタがプラグイン・ハイブリッド車で，それぞれ実証実験を開始している。磁気共鳴は，磁界共鳴または電磁共鳴とも。

磁気（じき）センサ［magnetic sensor］　磁力線を検出し，電気信号に変換する検知器。

磁気探傷器（じきたんしょうき）［magnetic flaw detector］　磁気を利用して鉄製固体内部の傷の有無を検査する装置。

磁気抵抗素子（じきていこうそし）［magnetic resistance element; MRE］　磁界の方向により抵抗値が変化する特性をもつ素子。例 車速センサ。

磁気誘導（じきゆうどう）［magnetic induction］　磁性体が外部の磁界によって磁化される現象。

ジグ［jig］　治具。工作物を固定すると共に，切削工具の制御案内をする装置。例 工作機械。

軸受（じくうけ）［bearing］　回転又は滑り運動をする軸を支える部分。ベアリング。

軸間距離（じくかんきょり）［wheel base］　軸距と略す。車軸相互の中心間の水平距離。

軸出力（じくしゅつりょく）［brake horse power］　制動馬力，正味馬力ともいう。エンジンの出力軸のトルクと回転数から求められる仕事率で，エンジン動力計にて実測され，PS又はW（ワット）の単位で表す。

軸（じく）トルク［brake torque］　制動トルクともいう。エンジンの出力軸の回転力に動力計にて負荷（ブレーキ）をかけ，その反力を測定して求め，kgf·m又はN·m（ニュートン・メートル）の単位で表す。

シグナル［signal］　①信号，合図，②信号するもの。合図する装置。例 ㋑方向指示器。㋺各種パイロット・ランプ類。

シグナル・アラーム［signal alarm］　警音器。＝ホーン。

シグナル・ジェネレータ［signal generator］　点火時期信号発生用の小型交流発電器。フルトランジスタ点火装置用で，ディストリビュータに内蔵されている。

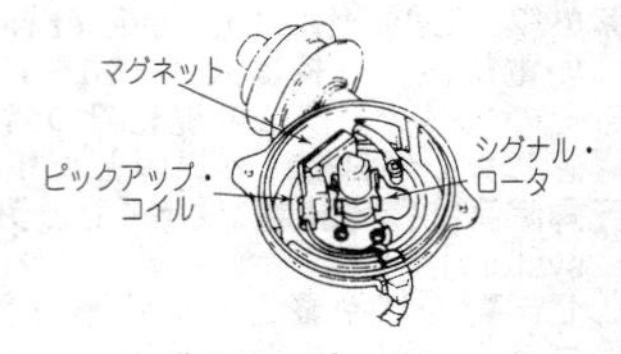

シグナル・ジェネレータ

シグナル・ロータ［signal rotor］　発信回転子。フルトランジスタ式点火装置において，ピックアップ装置に発信電流を起こさせる鉄のロータ。

ジグル・バルブ［jiggle valve］　躍り弁。ラジエータのサーモスタットに設けられ，制水弁が閉じているときに冷却水中の残留空気のみをラジエータ側へ逃がし，エンジンの暖機を早める目的の弁。

シクロヘキサン［cyclohexane］　化学式C_6H_{12}。石油に似た臭いのある無色の液体。原油やガソリンに含まれ，ナイロンの原料や溶媒として用いる。

自己（じこ）インダクタンス［self inductance］ 自己誘導作用が生じる大きさの程度を表す係数。単位はヘンリー（H）。

字光式（じこうしき）ナンバ・プレート［lighted license plate］ 内蔵する豆電球により文字自身が光るように作られた自動車登録番号標。

自己温度制御型（じこおんどせいぎょがた）グロー・プラグ式予熱装置（しきよねつそうち）［self-temperature controlled glow plug system］ ディーゼル・エンジンの始動を容易にするため，燃焼室に設ける急速型予熱装置（クイック・グロー・システム）の一種。グロー・プラグは加熱用のラッシュ・コイルと温度の上昇に伴って電流量を抑制するブレーキ・コイルを内蔵しており，水温センサにより予熱の必要の有無を判断し，エンジン始動後も規定水温以下の場合には，規定水温に達するまで通電を続ける。

自己診断機能（じこしんだんきのう）［diagnosis］ 車載のコンピュータにより，システムの異常の有無を自ら診断もしくは表示する機能。☞ OBD。

自己清浄作用（じこせいじょうさよう）［self-cleaning action］ スパーク・プラグ発火部の碍子に付着したカーボンを高温下で焼き切る作用。低速走行ばかりしていると，自己清浄作用が働きにくい。

自己着火（じこちゃっか）［self ignition］ 高温時に混合気が外部の点火源によらず，自ら発火すること。＝自己発火，自己点火。ディーゼル・エンジンは，自己着火作用を利用して燃焼している。

仕事（しごと）［work］ 力の大きさと力の方向への移動距離の積として定義され kgf·m，SI では N·m（ニュートン・メートル）すなわち J（ジュール）の単位で表される。1kgf·m＝9.80665N·m＝9.80665J。

仕事率（しごとりつ）［work done factor］ 単位時間に行われる仕事のことで，出力又は工率と呼ばれる。エンジンの出力の単位は PS 又は W で表される。1kgf·m/s＝9.80665W，1PS＝735.5W。

自己放電（じこほうでん）［self discharge］ バッテリを使用しなくても，自然に電気が失われていくこと。

自己誘導作用（じこゆうどうさよう）［self induction］ 自己のコイルに電流を流したり，切ったりすることにより生じた磁束変化によって，コイル自身になんらかの起電力を生じる現象。例 点火コイル。

シザーズ・ギヤ［scissors gear］ 騒音防止用のアイドル・ギヤ。常に相手ギヤに負荷をかけ，かみ合いのガタ（バックラッシュ）をなくしている。

指示平均有効圧力（しじへいきんゆうこうあつりょく）［indicated mean effective pressure; IMEP］ 指圧線図から求めた燃焼室内の平均圧力値。＝図示～。

ジス［JIS］ Japanese Industrial Standard の頭字語。日本工業規格。

システム［system］ 組織。組み立て。装置。

システム・エンジニア［system engineer; SE］ コンピュータのシステムの開発・設計を担当する技術者。

ジスプロシウム［dysprosium］ 希土類元素（レア・アース）の一つ。記号 Dy，原子番号 66。ランタノイドに属する銀白色の金属で，比重 8.56，融点 1,407℃。ハイブリッド車や電気自動車の永久磁石型同期モータや，電動パワー・ステアリングのモータなどに用いるネオジム磁石の保磁力を高める（熱によって磁力が弱まるのを抑える）ための添加物として不可欠なもの。産出国は中国に偏在しており，ネオジム磁石に使用するジスプロシウムの低減またはフリー化の努力が続けられている。

ジス・マーク［JIS mark］ 日本工業規格製品であることを表示するマーク。JIS を図案化してある。

ジス・マーク

姿勢制御装置（しせいせいぎょそうち）［attitude control system］ 車体の姿勢変化を動力をもって積極的に制御する装置。例えば，強いオーバステアやアンダステアによる横滑りを制御するESC，高速走行時に車高を自動的に低くするハイト・コントロール，高速コーナリング時の車体の傾きを抑制するアクティブ・サスペンションなどがある。

自然発火（しぜんはっか）[spontaneous ignition]　☞スポンテイニアス・イグニション。

磁束（じそく）[magnetic flux]　ある面を通る磁力線の数をその面を通過する磁束という。磁束のSI単位はWb（ウェーバ，weber）。

下塗（したぬ）**り** [under coating]　鋼板のさび止めと保護および中塗り塗料の付着性を高めるために行う塗装。塗料としてはプライマを用いる。

失火（しっか）[misfire]　火花点火を行っても，混合気が点火燃焼しない現象。☞ミスファイヤ。

シックス・ウェイ [six way]　６通りの，６種類の。例～シート。（前後，上下，傾きの６通りに調節できる座席）。

シックス・シリンダ [six cylinder]　（エンジンの）６気筒。シリンダが六つあるエンジン。一般に直列型であるが，Ｖ字型や水平対向型もある。直列型における点火順序は1，5，3，6，2，4又は1，4，2，6，3，5である。

シックスティーン・シリンダ [sixteen cylinder]　（エンジンの）16気筒。16のシリンダを持つエンジン。特別高級車の一部に使用された。

シックス・ホイーラ [six wheeler]　六輪自動車。

シックス・ライト・キャビン [six-light cabin]　４ドア乗用車のリヤ・クォータ・ピラー部に窓を設け，ドア・ガラスを含めて６個のサイド・ガラスを設けた大型の車室。

シックネス・ゲージ [thickness gauge]　厚み計，すき見計。すき間を測定するために用いる薄い鋼板をナイフ形に閉じたもの。＝フィーラ～。サーチャ。

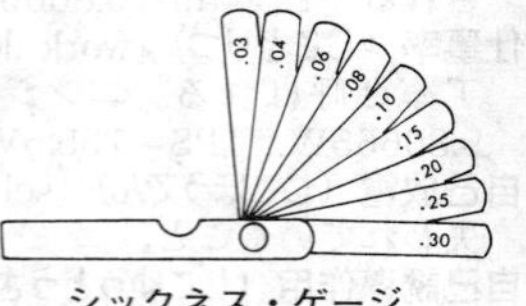

シックネス・ゲージ

実験安全車（じっけんあんぜんしゃ）[experimental safety vehicle; ESV]　自動車安全技術の研究・開発のための実験用車両。

湿式（しっしき）**エア・クリーナ** [wet type air cleaner]　☞ウェット・タイプ～。

湿式（しっしき）**クラッチ** [wet type clutch]　☞ウェット～。

湿式（しっしき）**ライナ** [wet type liner]　ウェット・タイプ・ライナ。シリンダ・ライナの外周が冷却水と直接当たるタイプ。対ドライ・タイプ。

シッピング [shipping]　船積み。船便，輸送，自動車便。

シティ・エマージェンシ・ブレーキ [City emergency brake]　☞シティ・セーフティ。

シティ・セーフティ [City Safety; automatic braking system for avoiding collision at low speeds]　自動緊急ブレーキの一種で，2008年にボルボが世界初採用した「低速用追突回避・軽減オートブレーキ・システム」。市内走行など30km/h以下で前方車両と衝突する危険性が高まった場合に自動的にブレーキをかけて停車させ，同時にエンジン出力も抑制する。センサには近赤外線レーザを使用し，15km/h未満の場合には追突を回避し，15～30km/hでは追突被害を軽減している。2013年には，作動速度上限を30→50km/hに引き上げている。このシステムのサプライヤは独コンティネンタル社で，同様のシステムをVWはシティ・エマージェンシ・ブレーキ，マツダはスマート・シティ・ブレーキ・サポート，ホンダではシティブレーキ・アクティブ・システムの名称で採用している。☞ヒューマン・セーフティ。

シティ・トラフィック [city traffic]　市内交通。市内運転。

シティ・ビーム [city beam]　（ヘッドライトの）市内運転用光線。すなわち下向き光線。すれ違いビーム。

シティブレーキ・アクティブ・システム [City-brake active system; CTBA]　☞シ

ティ・セーフティ。

自動運転（じどううんてん）システム [automated driving systems]　車の自動運転に関しては，世界の自動車メーカやICT関連企業などにより熾烈な開発競争が進められているが，これは次の二つに大別される。①ドライバ支援型の自動運転システム（自動化運転）。②ドライバが運転に関与しない無人運転システム（自律運転）。国土交通省の推し進めるオートパイロット・システム検討会では，2013年に「自動運転システムの定義」を次の4段階に分類している。レベル1（単独型）：加速，操舵，制動のいずれかを車が行う。レベル2（システムの複合化）：加速，操舵，制動のうち，複数の操作を車が行う。レベル3（システムの高度化）：加速，操舵，制動をすべて車が行う。ただし，緊急時にはドライバが対応する。④レベル4（完全自動走行）：加速，操舵，制動をすべて車（ドライバ以外）が行う。

自動化運転（じどうかうんてん）システム [automated driving systems]　車の自動運転の一種で，ドライバ支援型のもの。この種の自動運転はドライバが運転を自らの主権や責任で行い，これを次のような先進運転支援システム（ADAS）で支援している。この支援システムは「自律型」と「インフラ協調型」に分けられ，前者には車間距離制御装置（ACC），車線維持支援装置（LKA），死角検出装置（BSD），衝突被害軽減ブレーキ（AEBS），ヘッドライトの高低自動切り替え装置（IHC）などがあり，後者は車車間通信や路車間通信を利用したもので，協調型車間距離制御装置（CACC），速度制限監視装置（SLM），ITSスポット・サービスなどがある。

自動緊急通報（じどうきんきゅうつうほう）システム [automated emergency reporting system]　☞HELPNET。

自動緊急（じどうきんきゅう）ブレーキ [automatic emergency braking; AEB, autonomous emergency braking system; AEBS]　レーダやカメラなどを用いて前方を走行する車との距離を監視し，近づいてもドライバが反応しない場合には警告を発し，さらに追突の危険性がある場合にはブレーキを自動的に作動させて追突を防止したり，追突してもその被害を低減するもの。この自動ブレーキは，システムにより次の3種類に分類できる。

①衝突回避支援型（低速域型）：先行車への衝突を回避するいわゆる「ぶつからない車」で，一般に30km/h以下の低速域のみで作動するもの。低速域衝突軽減ブレーキともいい，主にコンパクト・クラス（軽自動車を含む）に搭載される。

②衝突被害軽減型（中・高速域型）：緊急時に自動ブレーキにより減速して衝突被害を軽減するもので，一般に中・高速域で作動するもの。主に，乗用車系車両や大型トラック・バスに搭載される。

③衝突回避支援型＋衝突被害軽減型（全車速域型）：衝突回避支援ブレーキと衝突被害軽減ブレーキを組み合わせたもので，低速域では自動停止して衝突を回避し，中・高速域では衝突被害を軽減するもの。すなわち，全車速域型の衝突回避・被害軽減ブレーキで，主に中・大型の乗用車系車両に搭載される。

自動車（じどうしゃ） [automobile; motorcar; motor vehicle; car]　原動機や舵取装置などを備え，地上を走行できる車両。

自動車（じどうしゃ）アセスメント [Japan new car assessment program; J-NCAP]　我が国における新型量販車の安全情報制度で，国土交通省と(独)自動車事故対策機構（NASVA）が1995年度から実施し，公表しているもの。1995～2011年度まではパッシブ・セーフティ（衝突後の安全性確保）の評価に重点を置いていたが，2014年度以降はアクティブ・セーフティ（予防安全／事故を起こさない車）の評価に軸足を移している。

(1)パッシブ・セーフティの評価試験項目：①フルラップ前面衝突。②オフセット前面衝突。③側面衝突。④電気自動車等の衝突後の感電保護性能。⑤後面衝突頸部保護性能。⑥歩行者頭部保護性能。⑦歩行者脚部保護性能。⑧シートベルト・リマインダ（PSBR）。⑨後席シートベルト使用性。⑩ブレーキ性能。

(2)アクティブ・セーフティの評価試験項目：①被害軽減ブレーキ（AEBS）と車線逸脱警報装置（LDWS）を追加（2014年度）。②リアビュー・モニタやサイドビュー・モニタなどを導入予定（2015年度）。③歩行者を検知する衝突被害軽減ブレーキ（AEB），車線をはみ出しそうになると操舵を修正するレーン・キープ・アシスト，夜間歩行者警報を導入予定（2016年度）。

自動車基準調和世界（じどうしゃきじゅんちょうわせかい）フォーラム [world forum for harmonization of vehicle regulations working party 29] ☞WP29。

自動車検査証（じどうしゃけんさしょう） [motor vehicle inspection certificate] 車両検査の結果，保安基準に適合すると交付された証書。車検証ともいう。

自動車高調整装置（じどうしゃこうちょうせいそうち） [automatic height control system] 積荷や路面の条件にかかわらず車高を一定に保つ装置。

自動車重量税（じどうしゃじゅうりょうぜい） [vehicle weight tax] 自動車の重量によって税額が決められ，道路整備などの財源として設けられた国税。

自動車取得税（じどうしゃしゅとくぜい） [vehicle acquisition tax] 車の取得時に，購入価格に対してある一定の税率で課せられる地方税。

自動車（じどうしゃ）NO_x（ノックス）・PM（ピーエム）法（ほう） [law concerning special measures for total emission reduction of nitrogen oxides and particulate matter from automobiles in specified areas] 「自動車から排出される窒素酸化物（NO_x）及び粒子状物質（PM）の特定地域における総量の削減等に関する特別措置法」の略称。環境省と国土交通省が平成4年に定めた「自動車NO_x法」を平成13年に改正してPMを追加したもので，平成14年10月から施行された。特定地域とは，首都圏，愛知・三重圏，大阪・兵庫圏の大都市地域を指し，対策地域ともいう。この対策地域に使用の本拠を置くトラック，バス，ディーゼル乗用車等においては，新車・使用過程車ともに，NO_xとPMが排出基準以下の車両を使用しなければならない。この法律は新短期規制とされ，平成17年から実施されたものを新長期規制（新短期規制値の1/2程度）としている。☞八都県市環境確保条例。

自動車保険（じどうしゃほけん） [automobile insurance] 自動車に掛けられた保険で，自動車損害賠償責任保険（強制保険：automobile third party liability insurance）と任意保険（voluntary insurance）とがある。

自動車（じどうしゃ）リサイクル法（ほう） [act on recycling, etc. of end-of-life vehicles; ELV recycling law] 「使用済み自動車の再資源化等に関する法律」の通称で，2003年1月にスタートし，2005年1月から完全施行された。この法律の概要は次の通り。①自動車メーカおよび輸入業者に対し，エア・バッグ，フロンおよびシュレッダ・ダスト（ASR）の3品目のリサイクルについて責任を持たせ，ユーザにその費用負担を求める。②廃車取引業者を登録制に，解体・破砕業者を認可制とする。③処理費用は新車販売時または車検時（使用過程車）に徴収する。④2002年10月から先行実施された「フロン回収破壊法」は，この法律に合流する。⑤電子マニフェスト（廃車管理票）を採用する。

自動進角装置（じどうしんかくそうち） [automatic timer; automatic advance mechanism] エンジンの回転数や負荷に対して最適な点火時期になるように自動的に進角する装置。

自動制御（じどうせいぎょ） [automatic control] ☞オートマチック・コントロール。

始動装置（しどうそうち） [starting system] エンジンを外力により始動させる装置。例スターティング・モータ，スタータ。

自動調整式（じどうちょうせいしき）ブレーキ [self-adjusting brake] ☞セルフアジャスティング・ブレーキ。

自動（じどう）チョーク [automatic choke] ☞オート～。

自動（じどう）ドア・ロック [automatic door locking device] 一定の車速を超えると，自動的にドア・ロックを行う機構。走行中，子供などが誤ってドアを開けないようにする安全装置。

自動（じどう）ブレーキ・システム [automatic braking system] ☞自動緊急ブレーキ。

自動変速機（じどうへんそくき） [automatic transmission; AT; A/T] ☞オートマチック・トランスミッション。

自動防眩（じどうぼうげん）ミラー [auto glare proof mirror] 後続車のライトなどが目に入るのを防ぐために，角度や反射率を自動調整するミラー。

自動（じどう）ロック式（しき）巻取装置（まきとりそうち） [automatic locking retractor; ALR] ☞ALR。

シナジー効果（こうか） [synergy effect] 相乗効果。個々の働きの合計よりも大きな効果を上げるために行われる協働活動の成果。

シニア・ドライバ [senior driver] 高齢運転者。

シニューレ・スカベンジング [Schnurle scavenging] シニューレ掃気方式。2サイクル・エンジンにおける掃気方式の一つで，シリンダ下方の左右にある掃気口から新気を吹き込み，これがシリンダの中で合流上昇更に反転し下方の排気口へ廃ガスを追い出す。＝ループ～。リバースフロー～。

自賠責保険（じばいせきほけん） [automobile third party liability insurance] 自動車賠償責任保険の略。自動車損害賠償保証法により，すべての車に加入が義務付けられている強制保険。万一のときの被害者救済を目的としている。

ジブ [jib] （機械の）腕。（起重機などの）突出旋回ひじ。例 ～クレーン。

ジブ・クレーン [jib crane] 突出旋回ひじ付き起重機を備えた建設用自動車。

シフタ [shifter] ①移すもの。移動装置。②（ギヤなどを）かみ合わせるもの。例 ギヤ～。

シフティング・キー [shifting key] シンクロメッシュ式変速機のシンクロナイザ・リングを押す役目をするキー。通常3個使用している。

シフティング・フォーク [shifting fork] 移動用二又金具。ギヤを軸方向に移動させて掛け外しを行うもの。＝シフト～。

シフティング・ヨーク [shifting yoke] ☞シフティング・フォーク。

シフティング・レバー [shifting lever] 移動てこ。例 変速～。チェンジ～。

シフト [shift] 移す，位置を変える。例 ギヤ～。

シフト・アップ [shift up] 変速機が高速用のギヤに切り換わること。＝アップシフト。対 シフト・ダウン。

シフト・ショック [shift shock] 自動変速機の変速時に車体や乗員に伝わる衝撃。

シフト・ソレノイド [shit solenoid] 自動変速機において，変速時に油圧回路を開閉する電磁弁。

シフト・ダウン [shift down] 変速機が低速用のギヤに切り換わること。＝ダウンシフト。対 シフト・アップ。

シフト・ノブ [shift knob] ☞ギヤ・シフト・ノブ。

シフトバイワイヤ [shift-by-wire] 変速機のシフト操作を電気信号とアクチュエータで行う新しい方式。シフト操作に力を要せず確実なことから，大型車や小型車にも採用されている。☞フィンガ・コントロール・シフト。

シフト・パターン [shift pattern] 変速機の変速操作時のシフト・ポジションの配置を表すもの。

シフト・バルブ [shift valve] 自動変速機において，エンジンの負荷や車速などを信号圧として作動し，油圧回路の切り換えを行う弁。

シフト・フィーリング [shift feeling] 手動変速機において，シフト・レバーで変速操作をするときの操作性や節度感。

シフト・フォーク [shift fork] ☞シフティング・フォーク。

シフト・ポイント [shift point] 変速点。自動変速機において，ギヤが切り換わる点

(車速)。
シフト・ポジション・インジケータ [shift position indicator]　変速機のシフト位置表示装置。主に自動変速機のメータ・クラスタ内への表示を指す。
シフト・レバー [shift lever]　☞シフティング・レバー，ギヤ・シフト・レバー。
シフト・ロック機構（きこう） [shift-lock device]　AT車のP（パーキング）からシフト操作するのに，ブレーキ・ペダルを踏んでいないとできない機構。AT車の急発進による事故を防止するために設けている。
シボ [grain]　糸のより具合によって出す織物の細かいちぢれ。革や樹脂表面に加工したしわ様の細かい凹凸。例インパネ表皮。

シボレー [Chevrolet]　米国のGM製車両の商標。愛称はシェビー（Chevvy）。
シボレー・ボルト [Chevrolet Volt]　電気自動車（EV）の車名で，米GMが2010年に発売したもの。この車はEVをベースに発電専用の補助エンジン（1.4ℓ）や回生ブレーキを搭載しており，約56kmまでの距離はバッテリで走行し，それ以上の距離はエンジンを利用して55kWの発電用モータで発電しながら，さらに約554km（合計610km）走行できる。補助エンジンはレンジ・エクステンダ（航続距離を延ばす装置），駆動系はVOLTEC（ボルテック）駆動システムといい，GMではこの車をエクステンデッド・レンジEV（EREV）と呼んでいる。
シミー [shimmy]　（走行中に起こる）前輪の横振れ。ハンドルも左右に振動して運転に耐えない。その原因にはフロント・アライメントの不正，サスペンションのがた，ホイールのアンバランス，タイヤ圧の不適正その他色々ある。同類にウォッブルやフラッタがある。
シミー・ダンパ [shimmy damper]　路面の衝撃やステアリングの振動を減衰させるため，ステアリング・リンクと車体との間に設ける油圧式複衝器。一種のショック・アブソーバで，ステアリング・ダンパともいう。
シミー・モーション [shimmy motion]　シミー運動。☞シミー。
シミュレーション [simulation]　模擬実験。各種の情報やデータに基づいて現実の場面を想定したモデルを作り，事態の変化や進展を計算，予測する方法。☞シミュレータ。
シミュレータ [simulator]　見せかけのもの。本物に似せた装置。例㋑自動車などの地上訓練装置。㋺各種模擬装置。
シム [shim]　挟み金。例㋑分割型平軸受のすき間調整用。㋺スペーサ用。
ジムカーナ [gymkhana]　（自動車による）運動会。古タイヤやパイロンなどでコースをつくり，これを倒さず走破する自動車の運転競技。
ジメチル・エーテル [dimethyl ether]　☞DME。
ジャーク・ポンプ [jerk pump]　（ディーゼル用などの）噴射ポンプ。
ジャーナル [journal]　首部。軸受に支えられる軸けい。
ジャーナル・ベアリング [journal bearing]　主軸受。例㋑クランク軸の軸受。その構造が平軸受のときは，一般に親メタルという。
ジャーナル・メタル [journal metal]　主軸受。親メタル。
ジャイアラトリ・システム [gyratory system]　（交差点における）旋回式一方通行法。＝ロータリ・システム。
ジャイロ [gyro]　ジャイロコンパス，ジャイロスコープなどの略。
ジャイロコンパス [gyrocompass]　転輪羅針盤，ジャイロスコープを応用して方位を測定する計器。例カー・ナビゲーション用。
ジャイロスコープ [gyroscope]　回転儀。回転するコマの慣性を利用して，船舶や航空機の進路を決定したり，平衡を保つのに用いる。
ジャイロ・センサ [gyro sensor]　高速回転体が空間に対して回転軸を一定方向に維持する性質を利用して，回転角を検出する装置。最近では，高速回転体の代わりに圧電性セラミックスが使用され，車のヨー角，ロール角，ピッチ角などの測定に用いられる。用途としては，①ESCにおける横滑りの検出，②カー・ナビゲーションのGPS補完，③SUV等の横転保護装置における車体傾斜検出，④カーテン・エアバッグ展開制御のための横転検出など。レート・ジャイロとも。

ジャイロ・モーメント［gyroscopic moment］　回転体のスピン軸と直交する軸回りの強制回転運動によって発生するモーメント。

ジャカード織物（おりもの）［Jacquard fabric］　模様に応じて穴をあけた紋紙を使い，複雑，精巧な模様を織り出した織物。㊒車のシート表皮。

車間距離制御装置（しゃかんきょりせいぎょそうち）［adaptive cruise control system; ACC］　☞アダプティブ・クルーズ・コントロール・システム。

車間自動制御（しゃかんじどうせいぎょ）システム［automatic distance control system］　日産が採用したドライバ支援システム。レーダ・センサ，舵角センサ，車速センサ，スロットル・センサ，ブレーキ・ブースタ・コントロール・ユニットなどを備え，高速道路などで前車との車間距離を自動的に制御する。大きな特徴としては自動ブレーキ制御機構を国内で初めて採用したことであり，前車との距離が接近し過ぎると自動的に（ドライバの意志とは関係なく）ブレーキが作動して危険を回避する。また，レーダには雨や雪などの影響を受けにくいミリ波レーダを使用している。☞アダプティブ・クルーズ・コントロール・システム。

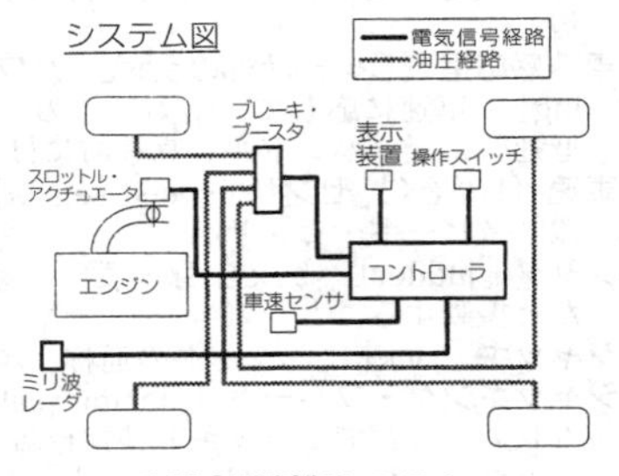

車間自動制御システム

ジャグ［jug］　（ビールの）ジョッキ。広口の取っ手付き水差し。㊒（オイルを計量注入する）オイル～。

ジャケット［jacket］　包被。被覆物。㊒ウォータ～（水とう）。

しゃこ万（まん）［screw clamp; squill vise］　しゃこ万力。C形をした小型の万力。Cバイス，Cクランプともいう。

車載（しゃさい）LAN（ラン）［in-vehicle local area network］　☞車内LAN。

シャシ［chassis］　車台。車体を乗せる台車。シャシ。

シャシ・グリース［chassis grease］　車台用油脂，車台下回りのピン類にグリース・ガンを利用して圧入する半流動性グリース。＝モビル～。

シャシ・スプリング［chassis spring］　車台ばね。緩衝用ばね。サスペンション～。

シャシ・ダイナモメータ［chassis dynamometer］　シャシ動力計。完成車について，駆動車輪によってローラを回転させその馬力を測定する装置。同時に戸外運転と同じ状態を実演できるため色々な用途がある。

シャシ・ブラック［chassis black］　車台下回り用黒色塗料。㊒黒ワニス類。

シャシ・フレーム［chassis frame］　車枠。車台の骨格となるはしご形枠。

車車間通信（しゃしゃかんつうしん）［inter-vehicle communications; IVC］　走行中の車のドライバ間，または車両間で行われる通信。2009年には，見通しの悪い場所での衝突防止システムなどを検証するため，追突防止，出合い頭衝突防止，右折時衝突防止，左折時衝突防止，の4項目の官民連携による公開実証実験が東京都内で行われた。通信電波には，5.8GHz帯および720MHz帯のマイクロ波を利用している。車車間通信は，V2V／C2Cとも表す。☞C2C_CC，CACC，路車間通信。

シャシ・ルブリケータ［chassis lubricator］　車台下回りの給油機。主としてピン回りへ圧縮空気の圧力でシャシ・グリースを圧入する動力給油機。

ジャスト・イン・タイム［just in time］　必要なものを，必要な時に，必要な量だけ生産したり，運搬したりする仕組みとその考え方。トヨタ自動車が考え出した，在庫部品を持たない自動車生産方式。

車線維持支援装置（しゃせんいじしえんそうち） [lane keeping assistance system; LKA]　☞レーン・キープ・アシスト。

車線逸脱警報装置（しゃせんいつだつけいほうそうち） [lane departure warning system; LDW]　☞レーン・デパーチャ・ウォーニング。

車線逸脱防止装置（しゃせんいつだつぼうしそうち） [lane keeping system; lane departure prevention; LDP]　☞レーン・キープ・アシスト。

シ

車線変更意志決定支援（しゃせんへんこういしけっていしえん）システム [lane change decision aid systems; LCDAS]　車線変更時，アウタ・ミラーの死角内の車両や後方からの接近車両の情報を提供・警報するシステム（ISO17387）。☞死角障害物警報装置。

車速感応型（しゃそくかんのうがた）パワー・ステアリング [speed sensing power steering]　車速に応じて，倍力装置の入出力比を制御する方式のパワー・ステアリング。低速時に軽いハンドルを高速時には少し重くして安定させている。

車速（しゃそく）センサ [speed sensor]　車速を感知し，制御装置に車速信号を送る装置。スピード・センサ。

ジャダ [judder]　震え。身ぶるい。例クラッチなどの不良により発進時に車ががたがたと振動すること。

ジャッキ [jack]　ジャックの通称。☞ジャック。

ジャッキング・プレート [jacking plate]　（車台にある）ジャッキの当て板。フレームレス車などでジャッキの使用位置に当ててある板金。

ジャック [jack]　①押し上げ万力。起重機。例車載のジャッキ。②プラグをさし込んで電路の接続を行う装置。

ジャックアップ [jack-up]　ジャッキで持ち上げること。

ジャックアップ現象（げんしょう） [jack-up phenomena]　（車両などを）持ち上げる現象。例高速で旋回する場合サイド・フォース（横力）のため車体が持ち上げられる現象。サスペンションの方式によりその程度に差がある。

ジャック・シャフト [jack shaft]　（チェーン・ドライブ車の）駆動軸。一般の車の後車軸に相当し，２本に分かれ差動機があり，外端に固定された小スプロケットから後輪の大スプロケットへチェーンで伝動する。

ジャックナイフ現象（げんしょう） [jacknifing]　大型の連結車の急制動時，トレーラがトラクタとくの字型になる現象。トレーラのホイールがロックして横滑りしたとき，トラクタが突き上げて起こり，横転することもある。この現象を防止するため保安基準では，総重量7t以上のトレーラにABSの装着を義務付けている。

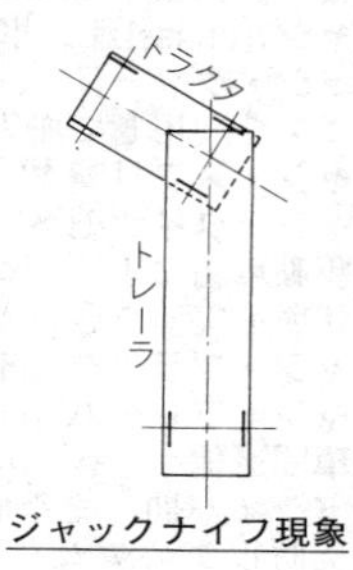

ジャックナイフ現象

シャックル [shackle]　つかみ，掛け金。繋環。例スプリング～。

シャックル・ピン [shackle pin]　ばねシャックルの取り付けピン。

シャッタ [shutter]　閉じるもの。例㋑キャブのエア～。㋺ラジエータ～。

シャットオフ・コック [shutoff cock]　開閉栓。流体の通路を開閉するコック。例ガソリン・コック，水コック，油コック，エア・コック。

シャトル・アーマチュア・タイプ [shuttle armature type]　（始動モータの）電機子往復型。ピニオンをリング・ギヤにかみ合わせる方法としてアーマチュアが軸方向に移動する形式。＝ラシモア，アキシャル。

シャトル・バス [shuttle bus]　（織機のシャトルのように）一定区間を往復している

乗合自動車。

シャトル・ワウンド・アーマチュア [shuttle wound armature]　（回転電機の電機子において）軸方向に行ったり来たりに巻いたもの。例マグネトーのアーマチュア・コイル。

車内（しゃない）LAN（ラン） [in-vehicle local area network]　ワイヤ・ハーネスの肥大化を解決するために多重通信技術を用いた車内通信網で，車載LANともいう。通信規格（車内LANプロトコル）として，LIN，CAN，MOST，FlexRay，セーフバイワイヤなどからメーカ独自のものまでいろいろあり，これらはパワー・トレイン系，シャシ系，ボディ系，マルチメディア系，安全系などに分けて用いられる。トヨタの場合，エンジンなどの動力装置の制御には通信速度の速いCANプロトコルを，車体電装にはトヨタ独自のBEANプロトコルを，オーディオやカーナビにもトヨタ独自のAVC-LANプロトコルをそれぞれ使用し，2008年には，車載LANの通信量を格段に向上させた「電子プラットフォーム」を採用している。☞多重通信システム。

シ

ジャパニーズ・インダストリアル・スタンダード [Japanese industrial standard; JIS] 日本工業規格。略してJIS（ジス）規格。

ジャパニーズ・オートモビル・スタンダード・オーガニゼーション [Japanese automobile standard organization]　日本自動車規格機構。略称JASO（ジャソ）。

車幅灯（しゃはばとう） [clearance lamp]　車両の存在とその幅を対向車に示すための灯火で，後方への尾灯と対で車両の基本的灯火。保安基準第34条で，前方300mから視認できる明るさと，白色・淡黄色又は橙色の灯光と規定されている。基本的には白色であったものが，現在多くの車両は方向指示器のフラッシャと兼用するため橙色となっている。

ジャパン・オートモビル・フェデレーション [Japan automobile federation]　日本自動車連盟。略称JAF（ジャフ）。

斜板式（しゃばんしき）コンプレッサ [swash plate type compressor]　回転運動を斜板とシャフトを用いピストンの往復運動に変換するコンプレッサ。例カー・クーラ用コンプレッサ。

シャフト [shaft]　軸，芯棒。例㋑クランク～。㋺カム～。

シャミー [chamois; shammy]　シャミ皮。通称セーム皮。しか，やぎ，かもしかなどのもみ皮。例㋑ガソリンのごみとり用。㋺車体洗浄やガラスふき用。

ジャミング・ローラ [jamming roller]　逆転止めころ。ローラ式フリーホイール内にあるローラ。例㋑オーバランニング・クラッチ。㋺フリー・ホイール。㋩ワンウェイ・クラッチ。

ジャム [jam]　①（詰まったり引っかかったりして）動かなくなる。例㋑スタータのピニオンが乗りあって動かなくなる。㋺変速機が二重かみ合いして動けなくなる。②（ブレーキなどを）急にかける。③（通信電波を）妨害する。☞トラフィック・ジャム。

シャムア [*chamois*]　仏シャミーの語源。かもしか。

ジャム・ナット [jam nut]　緩み止めナット。＝ロック～。

ジャム・プロテクション [jam protection]　挟み込み防止機能付きパワー・ウインドウ。パワー・ウインドウ付き車両において，窓ガラスを閉じるとき誤って指や手などを挟んだ場合，窓ガラスが自動的に反転作動し，挟み込みを防止するもの。

シャラバン [*charabanc*]　仏大型遊覧バス。＝ラバーネック・バス。

車両安定制御装置（しゃりょうあんていせいぎょそうち） [vehicle stability control system] ☞ESC。

車両位置自動表示（しゃりょういちじどうひょうじ）システム [automatic vehicle monitoring system]　☞AVM。

車両型式認証制度（しゃりょうかたしきにんしょうせいど） [vehicle type approval]　☞

IWVTA, WVTA。

車両周辺障害物警報（しゃりょうしゅうへんしょうがいぶつけいほう）［maneuvering aids for low speed operation; MALSO］ 低速での後退・旋回時，ドライバに車両後方やコーナの障害物情報を提供・警報するシステム（ISO17386）。☞拡張後方障害物警報システム。

車両重量（しゃりょうじゅうりょう）［vehicle weight; vehicle mass］ 空車状態における自動車の重量（質量）。☞車両総重量。

車両接近通報装置（しゃりょうせっきんつうほうそうち）［acoustic vehicle alerting system; AVAS］ ハイブリッド車や電気自動車などに装備された発音装置。これらの車両は低速時にモータ走行すると静かすぎて歩行者が車の接近に気づかない危険性があるため，発進から車速が25～30km/hに至るまで，または後退時において自動的に音を発して歩行者に車の接近を知らせるもので，2010年ころから標準装備化された。

シ

車両総重量（しゃりょうそうじゅうりょう）［gross vehicle mass; GVM］ 最大積載状態の自動車の質量（重量）。

車輪速（しゃりんそく）センサ［wheel speed sensor］ 各車輪の回転速度を検出するセンサ，スピード・センサ。ドライブ・シャフトやアクスル・ハブ，ブレーキ・ドラムなどの回転部分に歯車状のロータを設け，その外周にコイルと磁極で構成されるセンサ（磁気エンコーダ）が1mm程度の間隔で設置されており，ABS，TCS，ESC，ACCなどの制御に用いられる。

シャルル［*Jacques Alexandre Cesar Charles*］ 仏1746～1823。フランスの物理学者。気体の温度膨張に関する法則を発見した。

シャルルス・ロー［Charles's law］ 気体は，定圧のもとにおいて温度が1℃上がるごとに0℃のときの体積の1/273を増加する。

ジャロピー［jalopy］ 旧式な自動車。解体一歩前のぼろ自動車。ぽんこつ。＝ナグ。

シャワ・テスト［shower test］ 車体にシャワで水をかけて行う雨漏れ試験。

シャンク［shank］ すね。軸。例ドリルやリーマの軸部分。ストレート～とテーパ～がある。

ジャンク［junk］ 解体寸前のおんぼろ自動車。くず鉄同様の自動車。＝ジャンカ，ジャロピー，ナグ。

ジャンクション［junction］ ①接合，連接。②（ハイウェイなどの）合流点。

ジャンクション・ブロック［junction block］ ☞ジャンクション・ボックス。

ジャンクション・ボックス［junction box］ （配線などの）接合箱。例シャシ配線とボデー配線との接合箱。多くダッシュ板にある。

ジャンク・ヤード［junk yard］ がらくた自動車の置き場。

ジャンク・リング［junk ring］ 押さえ輪。例リムにタイヤをはめ，脱出を止める押さえ輪。＝ロック・リング。

シャント［shunt］ 分路，分岐回路。主回路の分路をいい，並列回路そのものをいうこともある。例㋑電流計の～。㋺磁気分路。

ジャントウ［*Jeantaud Charles*］ 仏アッカーマン式かじ取り機構に改良を加えたフランス人。

シャント・コイル［shunt coil］ 分岐コイル。ある回路に並列に接続しその回路の電流を分流させるコイル。例㋑カットアウト・リレーの～。㋺DCジェネレータの励磁コイル。㋩分巻きモータの界磁コイル。

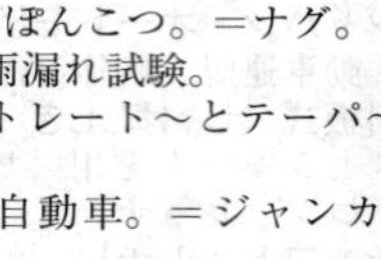

シャント・コイル

シャント・サーキット［shunt circuit］ 分岐回路，並列回路。例主電気回路に対する分岐回路。例㋑各種灯火回路。㋺ブレーカに対するコンデンサ回路。

シャント・ワインディング［shunt winding］ 分岐巻き線。並列コイル巻き線。例複巻き機において，直列巻き線に対する並列巻き線。

シャント・ワウンド・ダイナモ［shunt wound dynamo］　分巻き発電機。励磁界路が主回路に対し並列になった直流発電機。充電用としてオルタネータになる以前一般に広く用いた。
シャント・ワウンド・モータ［shunt wound motor］　分巻き電動機。励磁コイルが主回路に対し並列になった直流モータ。起動力は弱く力も小さいが負荷の変動にかかわらず一定の速度に回転する特長がある。例 一部のワイパ・モータ。
ジャンパ［jumper］　①（電気回路をつくるため端子間を結ぶ）短い電線。②配達トラックからの小荷物配達係の少年。
ジャンパ・ホース［jumper hose］　トラクタからトレーラへ空気圧を伝えるための連結ホース。
ジャンパ・ワイヤ［jumper wire］　①（回路の切断部を結ぶ）短い電線。②導通テスト用短線。③渡り線。
ジャンピング・ケーブル［jumping cable］　バッテリ上がりのときに他のバッテリと接続して始動するためのケーブル。＝～コード，ジャンパ・ワイヤ，ブースタ・ケーブル。
ジャンピング・コード［jumping cord］　☞ジャンピング・ケーブル。
ジャンプ・アウト［jump out］　飛び抜け。運転中に変速ギヤが抜けることをいう。
ジャンプ・シート［jump seat］　補助席，予備席。
ジャンプ・スパーク・イグニション［jump spark ignition］　飛び火式点火法。高圧電流が空間を飛ぶとき出る火花により燃料ガスに点火させる方法。例 ガソリン・エンジン。
ジャンボ［jumbo］　ずば抜けて大きいもの。例 ㋑建設工事用大型特殊自動車。㋺トンネル掘削用特殊自動車。
ジャンル［仏 *genre*］　①部門，種類。②芸術作品の形態上の分類や様式。
シュー［shoe］　①くつ，くつ状のもの，輪止め。例 ㋑ブレーキ～。㋺ホース～。②俗 タイヤ。
じゅういちモード［11 mode］　☞イレブン・モード・テスト。
じゅうさんモード［13 mode］　☞サーティーン・モード。
じゅう・じゅうごモード［10・15 mode］　☞テン・フィフティーン・モード。
重心（じゅうしん）［center of gravity］　物体の質量の中心位置。
充電（じゅうでん）［charge］　☞チャージ。
充電器（じゅうでんき）［battery charger］　☞バッテリ・チャージャ。
充填効率（じゅうてんこうりつ）［charging efficiency］　シリンダに実際に吸入された空気量と理論上吸入されるべき空気量との比。
充電（じゅうでん）スタンド［charging station］　電気自動車（EV）やプラグイン・ハイブリッド車（PHV）など電動車両用の充電スタンド。国内にEVが本格的に導入されたのは2009年で，2014年3月末現在，約3.9万台のEVが登録されている。EVの普及には充電インフラ（充電設備）の確立が不可欠であり，2014年10月現在，急速充電器は全国で約2,300基設置されている。EVの普及を図るため，2013年3月末には政府の緊急経済対策として電動系エコカー（EV，PHV）用充電設備の新たな補助金制度が開始され，公的な充電設備を各自治体が設置するのを援助している。2014年5月末には，トヨタ，日産，ホンダ，三菱の自動車メーカ4会社により電動車両の充電インフラを整備する合同会社・日本充電サービス（NCS）が設立された。NCSでは，政府の補助金も利用して2014年末までに急速充電器4千基，普通充電器8千基の新設を予定しており，NCSが設置した充電器では，メーカを問わず1枚の認証カードで充電できる。
充電制御（じゅうでんせいぎょ）システム［charge control system］　バッテリに一定量の充電がなされているときはオルタネータの駆動を電磁クラッチ等でエンジンから切り離して，エンジンの負荷を減らす制御システム。加速時や巡航時にはオルタネータを極力フリーにし，減速時に積極的に充電を行うもので，燃費性能を向上させる重要なアイテムとして導入が増えている。このためには，充電回復性能に優れたバッテリなどを併用することも重要である。☞エネチャージ，i-ELoop。

周波数（しゅうはすう）［frequency］　単位時間当たりのサイクル数。単位はヘルツ（Hz）。

周波数感応型（しゅうはすうかんのうがた）ダンパ［frequency adapting damper］　☞ダブル・ピストン・ダンパ，FAD～。

じゅうモード［10 mode］　☞テン・モード・テスト。

重油（じゅうゆ）［heavy oil］　☞ヘビー・オイル。

重量車燃費目標基準（じゅうりょうしゃねんぴもくひょうきじゅん）［fuel efficiency target value for heavy duty vehicles］　☞平成27年度重量車燃費目標基準。

重力（じゅうりょく）［gravity］　☞グラビティ。

重力加速度（じゅうりょくかそくど）［gravitational acceleration; acceleration due to gravity］　地表で落下する物体に生じている加速度。m/sec^2で表す。毎秒約9.8メートルの割合の速度変化。

ジュール[1]［James Prescott Joule］　英1818～1889，イギリスの物理学者。電流の熱作用に関する“ジュールの法則”を確立した。

ジュール[2]［Joule］　熱量および仕事のSI単位。記号J。1N（ニュートン）の力の作用点が力の方向に1mの距離だけ移動されるときになされる仕事量。1J＝1N·m。

ジュール熱（ねつ）［Joule heat］　電流のために導体内に発生する熱。その熱量についてはジュールの法則が成立する。

ジュール法則（のほうそく）［Joule's law］　導体内に流れる定常電流で一定時間中に発生するジュール熱の量は，電流の強さの二乗と導体の抵抗の積に比例する。この法則はジュールが1840年，実験的に見いだしたもの。

樹脂（じゅし）［resin］　☞レジン。

樹脂（じゅし）グレージング［plastic glazing］　車の窓ガラスの代わりに，合成樹脂製の窓材を用いたもの。素材には透明で軽くて強いポリカーボネート（PC）が使用され，燃費性能の向上（CO_2排出量の削減）やデザインの自由度などにより，サン・ルーフ，クォータ・ウインドウ，リア・ウインドウなどの一部に採用されている。車の軽量化による燃費性能向上のため，今後はドア・ガラスへの適用が進むものと思われるが，前面窓ガラスはワイパ・ブレードによる傷の発生が懸念されるため，現状では除外されている。なお，PCの表面（両面）には，耐候性や耐傷性を向上させるため，ハード・コート塗料が塗布されている。樹脂ウインドウ，樹脂ガラスとも。

出力（しゅつりょく）[1]［output］　仕事又は情報を外部へ出すこと。

出力（しゅつりょく）[2]［power］　エンジンが発生する動力。

出力密度（しゅつりょくみつど）［power density］　☞エネルギー密度。

ジュニア・シート［junior seat］　チャイルド・シートを厳密に分類すると，4～11歳くらいで使用するものをジュニア・シートという。

シュラウド［shroud］　覆い。包むもの。例④ラジエータ裏の導風覆い。⑤空冷エンジンのシリンダを取り巻く導風覆い。

ジュラルミン［duralumin］　銅およびマグネシウムを含むアルミ合金。軟鋼に匹敵する強さを有する高力軽合金。例小型エンジンのコンロッド鋳造材。

シュリンク・フィット［shrink fit］　焼きばめ。はめ合わせ工作において，雌部品を加熱膨張させてはめこみ，冷却によって収縮固定される方法。例フライホイール・リング・ギヤのはめ込み。

シュリンク・レンジ［shrink range］　焼きばめ固さの程度。締めしろの程度。

シュレッダ［shredder］　①自動車の廃車を切断して破砕する設備。②不用文書などを細かく切り刻む機械。

シュレッダ・ダスト［shredder dust］　自動車の廃車を切断，破砕して，金属類のリサイクル品を回収した後に残った樹脂，ゴム，繊維などの混合物。別名ASR（automotive shredder residue）。従来は埋め立て処理をしていたが，最近では，これを自動車の防音材などに再利用し始めている。☞RSPP。

潤滑装置（じゅんかつそうち）［lubricating system; lubricating device］　☞ルブリケーティング・システム。

潤滑油（じゅんかつゆ）［lubricating oil］　潤滑剤として用いられる油類の総称。摩擦面の減摩作用を起こす油。例エンジン・オイル。

純正部品（じゅんせいぶひん）［genuine parts］　メーカの厳密な規格に合格し，その品質を保証された部品。対社外品。

準天頂衛星（じゅんてんちょうえいせい）［quasi-zenith satellite system］　☞QZSS。

準（じゅん）ミリ波（は）レーダ［quasi-millimeter wave radar］　☞ミリ波レーダ。

ショアかたさ（硬さ）［Shore hardness］　ショア硬さ試験機で，一定の高さから試料面に落下させたハンマの跳ね上がり高さから算出される値。記号Hs。

ショア・ハードネス・テスタ［Shore hardness tester］　ショア硬度計。ショア堅さ試験に用いられる装置。

ジョイント［joint］　継手。2個の機械部品を接続して一体とするもの。その中には，軸継手，管継手，ピン継手，リベット継手などがある。＝カップリング。例㋑フックス〜。㋺フレキシブル〜。ボール〜。

ジョイント・クロス［joint cross］　自在継手の十字形金具。＝ジョイントセンタ，スパイダ。

ジョイント・コンパニオン［joint companion］　フランジ継手の相手方。

ジョイント・スパイダ［joint spider］　自在継手の十字形金具。＝クロス，センタ。

ジョイント・フランジ［joint flange］　フランジ継手のつば金。

ジョイント・ヨーク［joint yoke］　自在継手の二又金具。

仕様（しよう）［specification］　☞スペシフィケーション。

昇圧（しょうあつ）コンバータ［boost converter; voltage converter］　変圧器の一種で，入力電圧よりも高い出力電圧を発生する装置。ハイブリッド車の駆動モータ用昇圧コンバータなどに使用され，トヨタのハイブリッド車（THS II）の場合，昇圧コンバータで202V→500V（または288V→650V）へと昇圧させ，駆動力の増大を図っている。

消火器（しょうかき）［fire-extinguisher］　保安基準第47条では，引火の危険性のある次の5種類のものを一定量以上運送する車およびバスと幼児専用車に消火器の備え付けを規定している。火薬類，危険物，可燃物，高圧ガス，放射性物質。

衝撃吸収（しょうげききゅうしゅう）ステアリング［energy absorbing steering］　衝突の衝撃で運転者がステアリング・ホイールにぶつかったときの衝撃を緩和したり，車体前部の衝突時にステアリング・コラムが車室内に突き出さないようにする安全装置。現在，各種の構造のものが採用されている。＝エネルギー吸収〜，エネルギー・アブソービング〜。例㋑メッシュ式。㋺ベンディング・ブラケット式。㋩ベローズ式。㊁シリコン・ゴム封入式。㋭ボール式。

衝撃吸収（しょうげききゅうしゅう）バンパ［energy absorbing bumper; EA bumper］　低速衝突時の衝撃を吸収するバンパ。ウレタンなどの緩衝材を使用するものと，オイルの粘性を利用したものとがある。

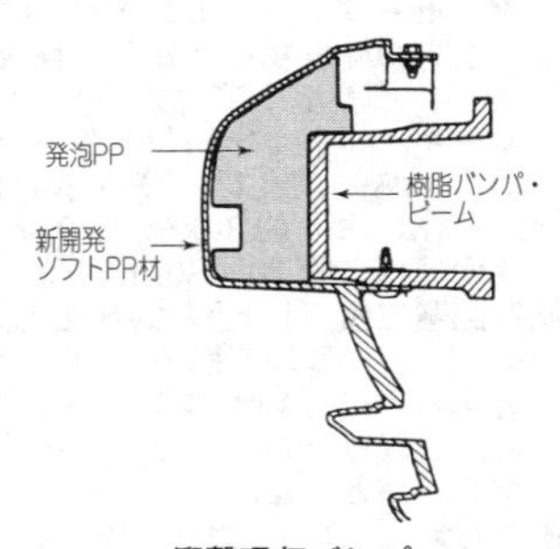

衝撃吸収バンパ

衝撃吸収（しょうげききゅうしゅう）ボデー［crushable body］　衝突時の衝撃をボデーの前部と後部を変形させることによって吸収させ，乗員のためのスペースを確保すると共に，乗員への衝撃の軽減を図ったボデー。乗用車の安全装置の一つ。

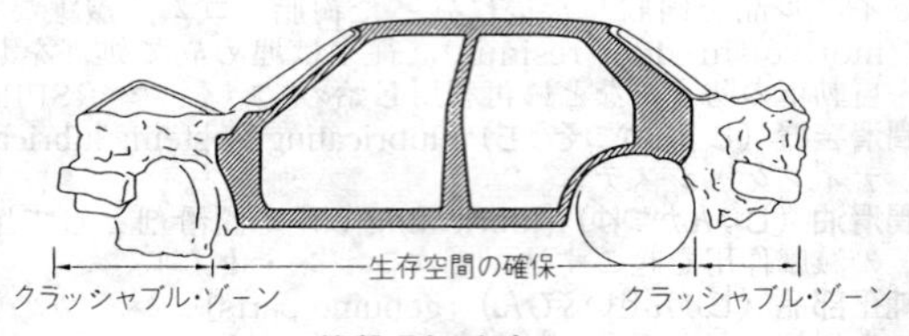

衝撃吸収ボデー

衝撃吸収（しょうげききゅうしゅう）ボンネット [impact-absorbing hood] 歩行者がはねられてボンネットへたたきつけられたとき，歩行者の頭部保護を中心に衝撃を吸収するような構造を有するボンネット。2003年頃から採用が始まっている。☞自動車アセスメント。

焼結合金（しょうけつごうきん） [sintered alloy] 原料の鉄粉，銅粉，黒鉛などを混ぜて圧縮成形した後，加熱により金属粉末を結合させた合金。多孔性で耐摩耗性，耐熱性などに優れており，ブシュやバルブ・シート・リングなどに使用される。

常時噛（じょうじか）み合（あ）いギア式（しき）アイドル・ストップ機構（きこう） [permanently engaged gear mechanism for idle stop] エンジン自動停止・再始動装置の一種で，トヨタが2008年に世界初採用したもの。スムース&シームレスな再始動性能とシンプルな始動機構を実現するため，スタータ・モータからクランク・シャフトを機械的に断続しないようにしているのが特徴で，再始動に要する時間は0.35秒と短い。このため，クランク・シャフト上にワンウェイ・クラッチ（OWC）とボール・ベアリングを配置し，エンジン運転中はリング・ギアが停止するようにしている。スマート・ストップとも。

上死点（じょうしてん） [top dead center; upper dead center] ☞トップ・デッド・センタ，アッパ・デッド・センタ。対下死点。

照度（しょうど） [illuminance; lux] ☞ルクス。

衝突安全（しょうとつあんぜん）ボディ [crash safety body] 車が衝突した際，乗員を保護するために車体の前後等に衝突エネルギーを吸収するクラッシャブル・ゾーンを設け，これらが効果的につぶれることにより生存空間を保つように設計された車体。衝突の形態には，前面正面衝突（フルラップ・クラッシュ），前面部分衝突（オフセット・クラッシュ），斜めオフセット衝突，側面衝突（サイド・インパクト），後面衝突などがある。

衝突回避支援型（しょうとつかいひしえんがた）PCS [collision avoidance assisted Pre Crash Safety system] トヨタが2015年から導入した予防安全パッケージ「トヨタ・セーフティ・センスC」の構成要素の一つ。レーザ・センサと単眼カメラを用いて前方の障害物を検知し，衝突の危険がある場合には，まずドライバにブザーとディスプレイ表示で警報を出し，制動操作を促す。ドライバが衝突の危険に気づいてブレーキ・ペダルを踏むと強力なブレーキ・アシストが作動し，ペダルを踏まなかった場合でも，例えば，停車車両に対して自車の速度が30km/hの場合には，自動ブレーキにより約30km/hの減速を行い，衝突回避を支援する。自動ブレーキの作動速度域は，約10〜80km/h。

衝突回避支援（しょうとつかいひしえん）ブレーキ [collision avoidance assist brake system] 一般に時速30km以下の低速時に作動する自動ブレーキで，自動停止機能を有するもの。いわゆる「ぶつからない車」で，自動緊急ブレーキの中の低速型のもの。これ以上の速度での急停車は危険であり，中・高速域では減速型の衝突被害軽減ブレーキとなる。

衝突軽減（しょうとつけいげん）ブレーキ [collision mitigation brake system; CMBS] 自動ブレーキの一種で，ホンダが2003年に採用したもの。☞衝突被害軽減ブレーキ。

衝突軽減（しょうとつけいげん）ブレーキ・システム［forward vehicle collision mitigation systems; FVCMS］　先方車両に追突する可能性があるとき，自動的に緊急制動を行い，追突被害を軽減するシステム（ISO22839）。☞衝突被害軽減ブレーキ。

衝突被害軽減（しょうとつひがいけいげん）ブレーキ［collision mitigation brake system; CMS］　レーダやカメラなどを用いて前方を走行する車との距離を監視し，近付いても運転者が反応しない場合には警告を発し，さらに追突の危険性がある場合にはブレーキを自動的に作動させて追突を防止したり，追突してもその被害を低減するもので，その導入効果は大型トラックにおいて著しい。自動緊急ブレーキ（AEB）ともいい，この装置を世界で初めて採用したのはホンダで，2003年に衝突軽減ブレーキ（CMBS）の名称で初搭載している。2012年4月の保安基準の改正では，GVW20t超の大型トラックなどに対するこのブレーキ装置の装備が義務づけられ，新型生産車は2014年11月から，継続生産車は2017年9月から適用される。大型バス（立ち席のないバス）に対しても同時期の義務づけが追加され，欧州（EU）でも同様の義務化が2013年から逐次実施されている。2014年には，衝突被害軽減ブレーキの装備義務がすべてのバスと中・大型トラックに拡大された。☞自動緊急ブレーキ。

衝突予知安全装置（しょうとつよちあんぜんそうち）［pre-crash safety system］　☞プリクラッシュ・セーフティ・システム。

蒸発器（じょうはつき）［evaporator; vaporizer］　☞エバポレータ，ベーパライザ。

定盤（じょうばん）［surface plate］　☞サーフェース・プレート。

正味馬力（しょうみばりき）［net horsepower］　エンジンの動力取り出し軸における出力。＝軸出力。

正味平均有効圧力（しょうみへいきんゆうこうあつりょく）［brake mean effective pressure］　軸出力に対応する毎サイクルの仕事量を総行程容積で割った値。

乗用車（じょうようしゃ）［passenger car］　もっぱら小人数（10人以下）の人を運ぶことを目的とした自動車。

蒸留水（じょうりゅうすい）［distilled water］　☞ディスチルド・ウォータ。

ジョー［jaw］　あご，あごの形に似たもの。例㋑バイスの口金。㋺モンキーの口金。

ジョー・クラッチ［jaw clutch］　あごクラッチ。＝ドグ～。クロー～。

ショート［short］　①短い。②（電気の）短絡。③俗小型自動車。盗難車。

ショート・アンド・ロング・アーム・タイプ［short & long arm type］　長短アーム型，ウィッシュ・ボーン式サスペンションにおいて，長さの異なるアームを上下（上が短い）に用いる最も一般的な形式。

ショート・サーキット［short circuit］　（電気の）短絡。絶縁不良な部分から電流が近道をすること。電流が増大して発熱することがある。

ショート・ストローク・エンジン［short stroke engine］　短行程エンジン。ボア・ストローク比において，ボア寸法よりストローク寸法の方が小さいエンジン。ロング・ストロークのものよりトルクは小さいが高回転ができる。＝オーバスクェア～。対ロング～。

ショート・ティース［short teeth］　低歯。歯末のたけがモジュールに等しいものを並歯。これより小さいものをひくばという。別名スタッブ～。

ショート・トン［short ton］　軽トン，米トン。記号*st*，2000lbs（ポンド）≒907kg（キログラム）。

ショート・ピッチ・ワインディング［short pitch winding］　短節巻き。アーマチュア巻き線法において，一つの線輪の両辺が極間隔より狭い溝にあるような巻き方。フル・ピッチとの比較語。

ショート・ベース・カー［short base car］　軸距の短い車。ホイール・ベースの短い小型自動車。対ロング～。

ショート・リーチ・プラグ［short reach plug］　（ねじ首の）短いプラグ。取り付けねじ部分の短いスパーク・プラグ。リーチ寸法は取り付け穴のねじ部分の長さと一致させるのが常識。対ロング～。

ショー・ルーム [show room]　（販売店などの）陳列室。

触媒（しょくばい） [catalyst]　それ自身は少しも化学的変化を受けず，他のものの化学変化を早めたり遅らせたりする物質。

触媒過熱警報装置（しょくばいかねつけいほうそうち） [catalytic converter over temperature warning system]　触媒が異常に高温に加熱された状態を検出し，表示する装置。排気対策の初期に採用され，その後廃止された。

触媒（しょくばい）コンバータ [catalytic converter]　触媒を用いて排気ガス中のHC，COの酸化とNO_xの還元を行う装置。

触媒反応（しょくばいはんのう） [catalytic reaction]　触媒の作用によって進行する化学反応。

触媒予熱装置（しょくばいよねつそうち） [catalyst pre-heating system]　☞EHCシステム。

諸元（しょげん） [specification]　☞スペシフィケーション。

ジョッキ [jug]　（取っ手付きの）広口水差し。例オイル～。

ショック・アブソーバ [shock absorber]　緩衝器，衝動吸収器。例車台ばねの跳ね返しを和らげて振動の減衰を早める装置。油圧原理のものが多く筒型とてこ型がある。

ショック・エリミネータ [shock eliminator]　衝撃吸収器。＝～アブソーバ。バッファ。

ショック・ドライバ [shock driver]　たたきねじ回し。ドライバをたたいて強い回転力を与えるねじ回し。例モータやジェネレータの極鉄取り付けねじなど特に固い締め付けねじに用いる。

ショック・バースト [shock burst]　（タイヤの）強烈なショックによる破裂。一般に，単にバースト。

ショット [shot]　発射物，弾丸。例①ショット・ピーニング加工において加工物に吹きつけられる鋼の粒子。②ショット・ブラスト加工において加工物に吹きつけられる鋼粒。

ショット・エア・バルブ [shot air valve; SAV]　ホンダが採用した減速時後燃制御装置。

ショット・ピーニング [shot peening]　鋼粒調質。圧縮空気や遠心力でショット（鋼粒）を打ちつけて金属を調質する作業。例板ばねの表面にこの加工をするとその疲れ強さが飛躍的に増強される。

ショット・ブラースティング [shot blasting]　鋼粒噴射。圧縮空気によりショットを吹きつけて行う調質作業。例①鋼材の調質。②鋳物はだの仕上げ。

ショット・ブラースト [shot blast]　☞ショット・ブラースティング。

ショット・ボール・ピーニング [shot ball peening]　☞ショット・ピーニング。

ショップ [shop]　①店，商店，小売店。②工場，作業場，自動車修理工場。例ワーク～。

ショファ [*chauffeur*]　仏自動車のお抱え運転手（男）。

ショファ・カー [chauffeur car]　お抱え運転手つきの車（VIP車）。＝ショファ・ドリブン～。ショーファともいう。ショファは仏語。

ショベル・ローダ [shovel loader]　ショベル積荷機。土砂，石炭などのばら物をショベルですくい上げ，運搬してトラックなどに積みこむ特殊自動車。動力は車のエンジン，ショベルとアームの操作は油圧式。

ショルダ [shoulder]　肩，肩に当たる部分。例①タイヤ・トレッドの両端部。②シリンダ摩耗によってできた段付部。

ショルダ・ベルト [shoulder belt]　肩掛けベルト。3点式シート・ベルトの肩掛け用の部分。

シリアル・データ通信（つうしん）［serial data communication］　デジタル信号を１本の通信線で，時間をずらして（1/1000秒単位）様々な情報を通信するシステム。一種の車載LAN。☞ボデー多重通信（BEAN system）。
シリアル・ナンバ［serial number］　通し番号，順番号。例 ㋑シャシに打刻されている一連の製造番号。㋺エンジンに打刻されている製造番号。
シリーズ［series］　①続き，連続。②（電気では）直列。
シリーズ・コイル［series coil］　直列コイル。
シリーズ・コネクション［series connection］　直列連結法。例 6Vのバッテリは３個のセルが，12Vのものは６個のセルが直列に連結してある。
シリーズ・サーキット［series circuit］　直列回路。
シリーズ・ハイブリッド方式（ほうしき）［series hybrid type］　ハイブリッド車にエンジンと電気モータを搭載した場合，エンジンはバッテリの発電用にのみ使用し，走行用の動力源にはバッテリを電源とする電気モータを使用する方式。対 パラレル・ハイブリッド方式。
シリーズ・パラレル［series parallel］　直並列。直列と並列の混成。
シリーズ・パラレル・モータ［series parallel motor］　直列巻きモータを２台並列にしたように結線されたモータ。例 一般のスターティング・モータ。
シリーズ・ワウンド・モータ［series wound motor］　直列巻きモータ。界磁コイルと電機子とが直列に結線されたモータ。起動力が大きくエンジンの始動用に適する。例 エンジンの始動用モータ。
シリカ［silica］　二酸化珪素。化学式SiO_2。ガラスや研摩材の原料。
シリケート・ホイール［silicate wheel］　シリケート砥石車。研削用砥石の一種。珪（けい）酸ソーダを用いて砥粒を固めた砥石車。
シリコーン・オイル［silicone oil］　ケイ素樹脂の一種で，常温で流動性を示し，無色透明なもの。粘性式ファン・クラッチやヒスカスLSDなどに使用される。
シリコン［silicon］　Si。珪（けい）素。非金属元素の一つで，化合物として岩石や土じょうの大部分を形成している。例 〜スチール。〜ダイオード。
シリコン・ウェーファ［silicon wafer］　シリコンの結晶を薄く切り加工したウェーファ（薄片）。これに集積回路を焼き付ける。ウェーファはウェーハ，ウェハーともいう。☞シリコン・チップ。
シリコン・カーバイド［silicon carbide］　炭化ケイ素。SiCの化学組成をもつ極めて硬度の高い人造金剛砂で，従来はサンドペーパや砥石車などに使用されていた。近年では，ディーゼル・エンジンの排気ガス浄化用DPFのセラミックス担体に用いたり，ハイブリッド車や電気自動車のインバータ回路のパワー半導体やコンデンサに使用したものが実用化途上にあり，150〜200℃の耐熱性を特徴としている。
シリコンコントロールド・レクチファイヤ［silicon-controlled rectifier; SCR］　シリコン制御整流器。
シリコン・スチール［silicon steel］　珪（けい）素鋼。鋼と珪素との合金。例 ㋑ばね材。㋺電気機器の鉄芯。
シリコン・ダイオード［silicon diode］　シリコン２極管，シリコンの結晶体を用いたPN2極の整流器。P→Nには導通するがその反対N→Pには通れない。例 ㋑交流を直流に変ずる整流装置。㋺トランジスタ点火装置。
シリコン・チップ［silicon chip］　集積回路を焼き付けたシリコン・ウェーファ。
自律運転（じりつうんてん）システム［autonomous driving systems］　車の自動運転の一種で，ドライバが運転に関与しない無人運転。自動化運転システム（automated driving systems）が高度化したもので，2020年ころまでには限定的な無人運転が，2030年ころには完全な無人運転が実現するという。☞自動運転システム。
自律型安全運転支援（じりつがたあんぜんうんてんしえん）システム［autonomous safety driving support systems］　先進安全運転支援システムの主要構成要素で，走行中の車が道路環境を認識するために各種の車載センサを用いたもの。具体的には，車間維持制御システム（ACC），全車速域ACC（FSRA），低速追従制御システム（LSF），前方車両衝突警報システム（FVCWS），前方車両衝突軽減ブレーキ・システム（FVCMS），車線維持支援システム（LKAS），車線逸脱警報システム（LDWS），車線変更意志決定支援システム（LCDAS），ナイトビュー・システム（NV）などがある。☞協調型〜。

磁力線（じりょくせん）［line of magnetic force］　磁界の分布状態を表すために，便宜上仮想した曲線。

シリンジ［syringe］　注射器。例 ㋑バッテリ比重計用吸い上げ器。㋺オイル注入器。

シリンダ［cylinder］　円筒，円柱。例 ㋑エンジン・シリンダ。㋺油圧シリンダ。

シリンダ・アレンジメント［cylinder arrangement］　（多シリンダの場合）シリンダの配列。例 ㋑直列型。㋺水平対向型。㋩V字型。

シリンダ・インサイド・ダイアメータ［cylinder inside diameter］　シリンダ内径。

シリンダ・ウォール［cylinder wall］　シリンダ壁。ピストンに接する内壁。

シリンダ・オフセット［cylinder offset］　クランク軸中心とシリンダ中心との偏位量。☞オフセット・シリンダ，オフセット・クランク・メカニズム。

シリンダ・オンデマンド・システム［cylinder on-demand system; COD］　気筒休止エンジンの一種で，アウディがV型8気筒や4気筒エンジンに採用したもの。

シリンダ・ゲージ［cylinder gauge］　シリンダ計器。内側計。一般にダイアル・ゲージ付き計器。

シリンダ・スリーブ［cylinder sleeve］　シリンダ・ブロックの中にはめ込まれた円筒。＝ライナ。

シリンダ・ダイアメータ［cylinder diameter］　シリンダ内径。

シリンダ・ナンバ［cylinder number］　シリンダ番号。縦型エンジンでは車の前方から1→2→3→4，V型エンジンでは運転席から見て左列が1→3→5→7，右列が2→4→6→8（V8の場合）。その他メーカ規定の番号。

シリンダ・バレル［cylinder barrel］　シリンダ・ブロックの円筒部。

シリンダ・バンク［cylinder bank］　☞バンク。

シリンダ・ピッチ［cylinder pitch］　隣接するシリンダの中心軸間距離。＝ボア〜。

シリンダ・ブロック［cylinder block］　シリンダの鋳物のかたまり。

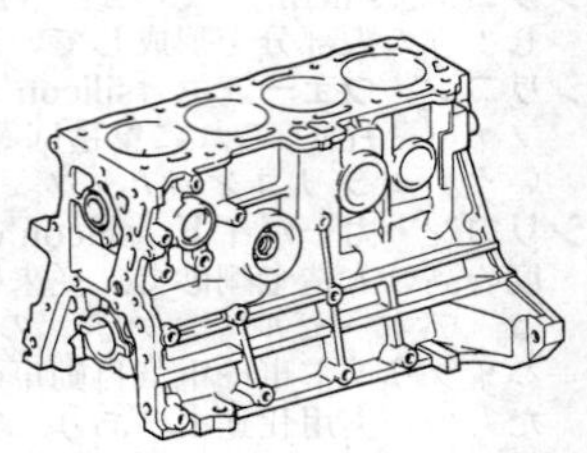

シリンダ・ブロック

シリンダ・ヘッド［cylinder head］　シリンダ頭。シリンダの燃焼室となる端部。一般にシリンダ本体と別に鋳造して組み立てる。

シリンダ・ヘッド・ガスケット［cylinder head gasket］　シリンダ・ヘッド用てんげき板。シリンダとそのヘッドの取り付け面に気密水密用として入れるパッキング。メタル・グラファイト・ガスケットなどが用いられる。

シリンダ・ヘッド・カバー［cylinder head cover］　☞バルブ・カバー。＝ロッカ・アーム・カバー。

シリンダ・ヘッド・ボルト［cylinder head bolt］　シリンダ・ヘッドをシリンダ・ブロックに締結するためのボルト（特殊鋼製）。

シリンダ・ボア［cylinder bore］　①シリンダの穴。②シリンダの内径。

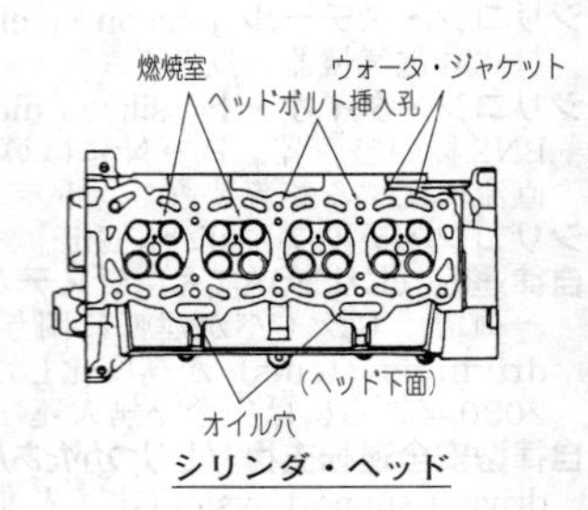

シリンダ・ヘッド

シリンダ・ボアラ [cylinder borer]　シリンダの穴を仕上げる機械。＝ボーリング・マシン。

シリンダ・ホーニング・マシン [cylinder honing machine]　シリンダ研磨機。ボーリングしたシリンダ内面を回転砥石で磨き鏡面仕上げする機械。

シリンダ・ボーリング・マシン [cylinder boring machine]　シリンダ穴くり機械。回転するバイトをシリンダの軸方向に送って内面を切削する機械。

シリンダ・ホーン [cylinder hone]　シリンダ用砥石。シリンダの内面を研磨する回転砥石。ホーニング・マシン用工具。

シリンダ・ボリューム [cylinder volume]　シリンダの容積。例 ㋑行程容積又は排気容積。＝ピストン・ディスプレースメント。㋺全容積（行程容積と燃焼室容積との和）。㋩総排気量は1シリンダの排気容積とシリンダ数との積。

シリンダ・ライナ [cylinder liner]　シリンダとしての円筒部をブロックと別に作る方式において，ブロックにはめこんだ円筒。これに冷却水が直接触れるウェット・タイプと触れないドライ・タイプがある。

シリンダ・リボーリング [cylinder reboring]　シリンダ再穴くり。摩耗したシリンダを削り直すこと。もちろん内径がオーバサイズになる。

シリンドリカル・コイル [cylindrical coil]　円筒型線輪。例 ㋑電気コイル。㋺ばねコイル。

シリンドリカル・ベアリング [cylindrical bearing]　円筒軸受。円筒型平軸受。例 ㋑カムシャフト～。㋺ブシュ類。

シリンドリカル・ローラ [cylindrical roller]　円筒ころ，両端部の直径が等しい円柱形ころ。テーパローラとの区別名。

シリンドリカル・ローラ・ベアリング [cylindrical roller bearing]　（ころが）円筒形の軸受。テーパ・ローラとの区別名。

シル [sill]　敷き居。土台。例 ㋑ボデー～。㋺ウインドウ～。

シルエット [仏 *silhouette*]　影絵，横顔，輪郭。

ジルコニア素子（そし） [zirconium sensor]　排気ガス浄化装置のO_2センサに用いられ，排気ガスと大気中の酸素濃度差を起電力に変換する。

シルミン [Silumin]　アルミニウムと珪（けい）素の合金。これにニッケルを加えたものはローエッキス合金と称しピストン材として広く用いられる。ドイツの商品名。

自励式発電機（じれいしきはつでんき） [self-exciting dynamo]　☞セルフエキサイティング・ダイナモ。

シロッコ・ファン [sirocco fan]　前方湾曲型の短い多数の翼を持つ風車。例 2サイクル空冷エンジンなどにおいて，冷却用としてクランクシャフトに設けるファン。

新（しん）アクティブTRC（ティーアールシー） [new active traction control]　☞アクティブTRC。

シン・ウォール・ベアリング [thin wall bearing]　薄肉軸受。メタルやブシュにおいて，その肉厚が薄いもののこと。対 シック～。

シンク [sink]　①沈む。②台所の流し。例 キャンピング・カーの流し台。

ジンク [zinc]　Zn。亜鉛。青白色のもろい金属。例 ㋑ダイカスト用亜鉛合金。㋺銅と合金して黄銅（真ちゅう）。㋩さび止め用めっき。㋥ハンダ付け用フラックス（塩化亜鉛）の製造。

真空（しんくう） [vacuum]　☞バキューム。

真空計（しんくうけい） [vacuum gauge]　☞バキューム・ゲージ。

真空進角装置（しんくうしんかくそうち） [vacuum advancer; vacuum controller]　☞バキューム・アドバンサ。

真空制動倍力装置（しんくうせいどうばいりょくそうち） [vacuum brake servo system; vacuum brake booster]　☞バキューム・サーボ・ブレーキ。

真空（しんくう）ポンプ [vacuum pump]　☞バキューム～。

シングル・アクティング [single acting]　単動式。作動が一方的なもの。例ショック・アブソーバでは引き伸ばし方向だけに働くもの。対ダブル〜。
シングル・エンデッド・レンチ [single ended wrench]　片口レンチ。
シングル・オーバヘッド・カムシャフト [single overhead camshaft; SOHC]　シリンダ・ヘッドにカムシャフトを1本設けたエンジン。1本のカムシャフトで吸排気の両バルブを作動させている動弁機構。カムシャフトを2本用いた高性能なダブル・オーバヘッド・カムシャフト（DOHC）式との対比で用いられる。☞DOHC。
シングル・グレード・オイル [single grade oil]　エンジン・オイルのSAE粘度番号分類にて，単一番号の粘度特性のみ持っているオイル。季節によって使い分けが必要である。例SAE-10W，SAE-30W。対マルチ〜。
シングル・コンタクト・バルブ [single contact bulb]　単接点電球。ベースを回路に利用し接点としては1個だけのもの。対ダブル〜。
シングル・サーキット・ブレーキ [single circuit brake]　一系統ブレーキ。
シングル・シリンダ [single cylinder]　単気筒。シリンダ1個のエンジン。＝ワン〜。対マルチプル〜。
シングル・ステージ [single stage]　（コンバータの）単段。1段。例ポンプ・インペラに対しタービン・ランナが1個のもの。
シングル・ディスク・クラッチ [single disc clutch]　単板式クラッチ。受動板1枚だけの最も一般的クラッチ。対マルチプル〜。
シングル・ナノテクノロジー触媒（しょくばい） [single nanotechnology catalyst]　マツダが採用した排気ガス浄化用触媒で，貴金属の使用を大幅に削減したもの。超微細加工技術を使った触媒担体の採用や，貴金属の大きさを従来の1/2程度の5nmと小さくすることにより，貴金属の使用量を70〜90%も削減している。1nm（ナノメートル）は10億分の1m。
シングル・バレル・キャブレータ [single barrel carburetor]　単胴型気化器。混合気が通過するバレル（胴）が一つのベーシックなタイプ。☞ツー〜，フォー〜。
シングル・ピストン・キャリパ [single piston caliper]　☞シングル・ポット式ブレーキ・キャリパ。
シングル・フェーズ [single phase]　（交流の）単相。
シングル・プレート・クラッチ [single plate clutch]　単板式クラッチ。＝シングル・ディスク〜。
シングル・ヘッド・レンチ [single head wrench]　片口レンチ。＝シングル・エンド〜。
シングル・ポイント・インジェクション [single point injection]　☞SPI。
シングル・ポット式（しき）ブレーキ・キャリパ [single pot type brake caliper]　ディスク・ブレーキで，浮動式キャリパの片側にシリンダを1個有しているタイプのもの。☞ツイン・ポット式〜。
シングル・ユニット・システム [single unit system]　二者一体式。例モータとジェネレータを一体にしたモータ・ジェネレータ。＝スタータ・ダイナモ。
シングル・ライン・ブレーキ [single line brake]　一系統ブレーキ。＝〜サーキット〜。
シングル・ロー [single row]　（ベアリング・ボール等の）単列。1列。
シングル・ローラ・チェーン [single roller chain]　ローラが1列のチェーン。例タイミング・チェーン。

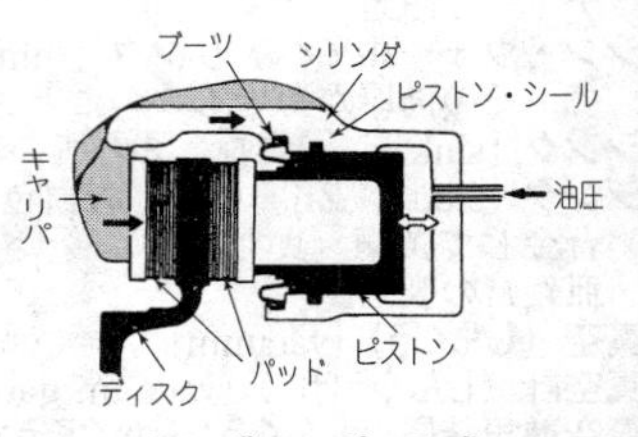

シングル・ポット式ブレーキ・キャリパ

シングル・ワイヤ・システム [single wire system] 単線式。電気配線において，帰往2線を用いず，その一方をエンジンその他車台金属部を利用し単線をもって回路を完成するいわゆるアース利用方式。自動車配線は皆この方法による。

シンクロスコープ [synchroscope] 同期視認装置。例 タイミング・ライト。

シンクロナイザ [synchronizer] 同期装置，同時性を持たせるもの。例 同期式変速機において，同期かみ合い作用を与えるリングなど。＝ボーク・リング。

シンクロナイザ・キー [synchronizer key] 同期かみ合い機構中，変速時にシンクロナイザ・リングを相手ギヤのコーン部へ押し付ける役目をする小部品で，シンクロナイザ・ハブの外周上の3個の切り溝中を前後に移動する。例 同期式変速機において，同期かみ合い作用を与えるリングなど。＝ボーク・リング。

シンクロナイザ・コーン [synchronizer cone] 同期かみ合い用円すい。摩擦式同期装置において，摩擦面の一つとなる雄円すい。多くギヤと一体に作られている。

シンクロナイザ・ハブ [synchronizer hub] 同期かみ合い機構の基盤となる部分で，内円スプラインでメイン・シャフトとかん合，外周スプライン上をスリーブがしゅう動して各スピード・ギヤとのかん合，離脱を行っている。別名クラッチ・ハブ。

シンクロナイザ・リング [synchronizer ring] 同期かみ合い用円環。摩擦式同期装置において，コーンの相手となる雌コーンを持った円環。＝ボーク・リング，ストップ・リング。

油切溝

シンクロナイザ・リング

シンクロナイズ [synchronize] ①同時に起こる，同時にする。②速度を一致させる。

シンクロノスコープ [synchronoscope] 同期視認装置。例 タイミング・ライト。＝シンクロスコープ。

シンクロメッシュ [synchromesh] （ギヤの）同期かみ合い。例 変速機において，かみ合わせる二つのギヤを摩擦などの方法で同期させ，速度が一致したときかみ合わせること。例 ㋑コンスタント・ロード型。㋺イナーシャ・ロック型。㋩サーボ型。

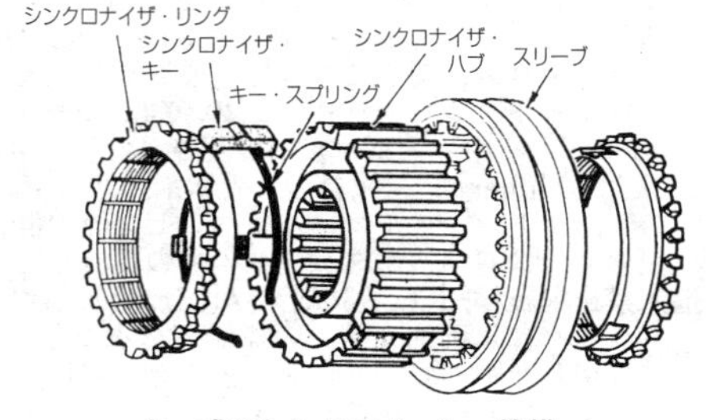

キー式のシンクロメッシュ機構

シンクロメッシュ・トランスミッション [synchromesh transmission] 同期かみ合い式変速機。一部シンクロと全（フル）シンクロがある。

シンクロモータ [synchronous motor; SM] ☞同期モータ。

シンクロライト [synchrolight] 同期視認灯。＝シンクロスコープ，タイミング・ライト。

シンクロ・レブ・コントロール [synchronized revolution control; SRC] 日産がマニュアル・モード付きAT（自動変速機）やMT（手動変速機）に採用した世界初の変速制御機能。MTの場合，スポーツ走行時のヒール&トーを自動で行うもので，クラッチ・ペダルを踏み込み，シフト・レバーを操作するだけでエンジン回転数が自動で最適化される。

人工知能（じんこうちのう） [artificial intelligence; AI] 人の脳のように推理や判断能力を備えたコンピュータや機械装置。例 AI-SHIFT。

親水効果（しんすいこうか） [hydrophilic effect] 一般にミラーやガラスの表面に付着した水分は，半球形の水滴を作る。しかし，ミラーやガラスの表面を水分と結合しやすい状態に保てば，付着した水滴が薄い膜状となって広がり，視認性が向上する。このような現象を親水効果という。親水効果をもたらす物質には光触媒に用いる酸化チタンなどがあり，ドア・ミラー（光触媒雨滴除去ミラー）等に使用される。

シンセティック・ラバー [synthetic rubber]　合成ゴム，人造ゴム。天然ゴムと共に広く使用され，気密性や耐油性に優れている。☞合成ゴム。

シンタード・メタル [sintered metal]　焼結合金。粉末状金属に圧力を加えて固め，これを加熱して焼結したもので，その多孔質組織に油を含ませたブシュが含油メタルである。例 ㋑フィルタ・エレメント。㋺クラッチ・フェーシング。㋩軸受ブシュ。＝ポーラス・メタル。

シ

身体障害者輸送車（しんたいしょうがいしゃゆそうしゃ） [handicapped car]　身体障害者の移動に便利な機能を有する車。例 車椅子に座ったまま乗り降りできる車。

新短期排出（しんたんきはいしゅつ）ガス規制（きせい） [new short-term emission regulation]　ガソリン車やディーゼル車などに新たに実施された排出ガス規制。①ガソリン＆LPG車：2000年（平成12年）10月から実施された「平成12年排出ガス規制」の通称で，従来の規制（1978年/昭和53年）から，排出ガス中のCO，HCおよびNOxを約70%低減するもの。②ディーゼル：2002年（平成14年）10月から実施されたもので，長期規制（1997年）から，COとHCを約70%低減し，NOxとPMを約30%低減するもの。さらに，ガソリン，ディーゼル車ともに，車載故障診断装置（OBD）の装備が義務づけられた。☞新長期排出ガス規制。

新長期排出（しんちょうきはいしゅつ）ガス規制（きせい） [new long-term emission regulation]　ガソリン車やディーゼル車などに実施された，新しい排出ガス規制。①ガソリン＆LPG車：2005年（平成17年）10月以降の生産車から適用された「平成17年排出ガス規制」の通称で，新短期規制（2000年）に対して排出ガス中のCO，HC，NOxを半減するという厳しい内容。規制値は，NOxで0.18g/km（昭和48年の1/100），PMで0.005g/km（平成6年の7/100）以下。②ディーゼル重量車（GVW3.5t超のトラック・バス）：2007年（平成19年）10月から適用されたもので，新短期規制（2002年）に対してPMを85%，NOxを40%低減するというものであったが，実施は2005年に2年前倒しにされた。規制値は，NOxで2.0g/kWh（昭和49年の15/100），PMで0.027g/kWh（平成6年の4/100）以下となり，トラック・バスに関しては世界で最も厳しい規制値となっている。併せて，排出ガスの試験モードもシャシ・ベースのJC-08モード（小型車）や，エンジン・ベースのJE-05モード（中・大型車）に変更された。☞ポスト新長期排出ガス規制。

シンナ [thinner]　（塗料の）希釈剤，薄め液。例 ㋑ラッカ用のものはエステル，エーテル，ケトン，アルコール，ベンゼン等の混合物で芳香と麻酔性がある。㋺油性塗料用のものは石油系かタール系のもの。

進入禁止標識検知（しんにゅうきんしひょうしきけんち） [entry prohibited sign detection]　ドライバに車両進入禁止の標識があることを知らせる機能。日産が2013年に新型車に採用したもので，フロント・カメラで進入禁止の標識を検知し，進入しそうになると表示とブザーで注意を促す。

シンノーズ・プライヤ [thin-nose plier]　先端の薄いプライヤ。

シンノーズ・ベント・プライヤ [thin-nose bent plier]　先端が薄く，かつ曲がったプライヤ。

振幅感応型（しんぷくかんのうがた）ダンパ [amplitude sensing damper]　ショック・アブソーバの一種で，ホンダが2013年に新型車の前輪に採用したもの。大ストローク時には高い減衰力で車体の姿勢を安定させ，小ストローク時には低い減衰力で振動をより吸収して快適な乗り心地を確保するもので，ダンパのピストン背面側に両側をコイル・スプリングで支持したセカンド・ピストンを設けている。☞ダブル・ピストン・ダンパ。

シンプソン・タイプ・ギヤ・トレーン [Simpson type gear train]　自動変速装置

(AT) の基本的構成で，インプットとアウトプットのシャフト間にシンプソン・タイプのギヤ列を用いたもの。シンプソン・タイプとは，一つのサン・ギヤとこれにかみ合うピニオンをもつ遊星歯車列を2個組み合わせ，一方のプラネタリ・キャリアと他方のインターナル・ギヤとを結合し，各ギヤの回転を一体化させた歯車列のこと。

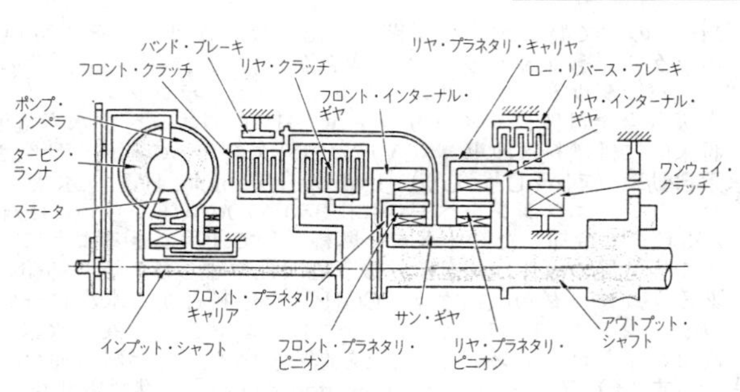

シンプソン・タイプ・ギヤ

シンブル [thimble]　はめ輪，はめ筒。例 ⓘマイクロメータのとう管。これを回転させて口の開きを調整する。ⓡワイヤロープ端のはめ輪。

シンプル・コネクタ [simple connector]　（コードの）つなぎ子。

シンプル・マシンズ [simple machines]　単純機械。てこ，軸と車，プーリ，ねじ，斜面，くさびの六つをいう。

シンボル [symbol]　記号，符号，象徴。例 電気配線記号。

シンメトリ [symmetry]　左右対称，釣り合い，調和。

シンメトリカル [symmetrical]　対称的な，釣り合いの取れた，均整のとれた。＝シンメトリック。

シンメトリカルAWD [symmetrical all-wheel-drive system]　総輪（4輪）駆動装置の総称で，スバルが採用したもの。水平対向エンジンと左右対称（シンメトリ）のパワー・トレーンで構成され，理想的な重量バランスにより卓越した走行性能と安全性が得られることがネーミングの由来。これには，次の4種類がある。①VTD-AWD（ターボAT車）。②アクティブ・トルク・スプリットAWD（ACT-4／AT車）。③ビスカスLSD付きセンタ・デフ方式AWD（MT車）。④DCC方式AWD（モータ・スポーツ車）。2003年以降は，4WDからAWD（総輪駆動装置）に改称している。☞X-Mode。

シンメトリカル・ビーム [symmetrical beam]　左右対称光軸。ヘッドライトの光軸において，左右が対称でつり合いのとれた状態。

[ス]

スイーパ [sweeper]　①掃除器，清掃車。例 道路清掃車。②道路散水車。

水性塗料（すいせいとりょう） [water base paint; water borne paint]　有機溶剤を用いなくても水に溶解する樹脂を使用した塗料。低公害塗料の一種で，アルキド系，フェノール系，アミノ系，アクリル系樹脂などが用いられる。環境対策のため，新車塗装の水性化が進んでいる。☞VOC規制。

水素（すいそ）エンジン [hydrogen engine]　水素を燃料とするエンジン。燃焼して発生するのは水だけという究極のクリーン・エンジンではあるが，水素の貯蔵や補給が難しく，実験車の段階にある。☞燃料電池車（FCV）。

水素吸蔵合金（すいそきゅうぞうごうきん） [hydrogen absorbing alloys]　金属の中には水素を取り込む性質のあるものが複数あり，これらの金属水素化物（metal hydride／

MH）の中で特に水素の吸蔵・放出の反応が速く，その可逆性が高い合金。希土類ニッケル系合金やパラジウム-銀合金が代表的なもので，その他マグネシウム，チタン，バナジウム，マンガン，ジルコニウム，ランタン，ニオブなどの合金がある。水素吸蔵合金は既にハイブリッド車（HV）のニッケル水素電池に使用されているが，将来的には燃料電池車（FCV）の燃料タンクへの利用が研究されている。

水素自動車（すいそじどうしゃ）［hydrogen vehicle; HV］　水素を燃料とする車。現在のガソリン・エンジンをベースに，350～700気圧くらいに圧縮した水素ガスまたは－253℃まで冷却した液体水素を燃料として使用できるようにしたもの。高圧の気体水素や極低温の液体水素を取り扱う危険性や難しさ，燃料補給のインフラなどの問題もあるが，マツダが圧縮水素（CGH_2）を燃料とする水素ロータリ・エンジン（ハイドロジェンRE）を，BMWはレシプロ・エンジンで液体水素（LH_2）を燃料とする車両（ハイドロジェン7）の開発を進めている。☞燃料電池車。

ス

水素（すいそ）ステーション［hydrogen station］　燃料電池車（FCV）や水素自動車に燃料となる水素を補給するところ。これにはステーションの外部で製造した水素を貯蔵するオフサイト式と，ステーション内部で水素を製造・貯蔵するオンサイト式があり，700気圧に圧縮された水素5kgを3分間で充填することができる。ホンダでは，太陽光発電を利用して水素を製造するオンサイト式のソーラー水素ステーション（SHS）を開発して，実証実験を進めている。新エネルギー・産業技術総合開発機構（NEDO）では，2015年までに全国100箇所の設置を計画しており，2014年7月には，兵庫県尼崎市に国内初の商用水素ステーション（オフサイト式）が開設された。東京都では，2020年のオリンピック開催年までに35カ所の水素ステーションの設置を計画している。

水素（すいそ）タンク［hydrogen tank］　☞高圧水素タンク。

水素（すいそ）フリーDLC（ディーエルシー）コーティング［hydrogen free diamond like carbon coating; DLC］　日産が2006年に採用した，フリクション・ロス低減のための被膜処理法。ダイアモンドに似た材料（黒鉛）を厚さ約1マイクロメートル（100万分の1m）の膜にして，バルブ・リフタなどの金属表面にコーティング処理を施すもの。これにより，摩擦抵抗を最大25%低減でき，専用オイルと組み合わせて燃費性能を約3%向上できるという。

スイッチ［switch］　開閉器。転換器。例 ㋑イグニション～。㋺ライティング～。

スイッチ・キー［switch key］　スイッチ用かぎ。そのスイッチ専用のかぎ。例 エンジン～。

スイッチ・ノブ［switch knob］　スイッチのつまみ。

スイッチ・ボード［switch board］　スイッチ板。例 運転席計器板。＝フェーシャ。

スイッチ・レバー［switch lever］　スイッチの取っ手。

水平対向型（すいへいたいこうがた）エンジン［horizontal opposed engine］　ホリゾンタル・オポーズド・エンジン。V型エンジンのバンク角が180°（水平）にまで開いたエンジン。平たいから別名パンケーキ・エンジン。

スイベル［swivel］　回り継手，自在軸受。通称さるかん。

スイベル・ジョイント［swivel joint］　首振り継手，従動節が自由に首振り回転する継手。例 スピードメータ・ケーブルの一端。

スイベル・ピン［swivel pin］　首振り部のピン。例 前車軸端のかじ取り用キングピン。

スインギング・フォーク［swinging fork］　揺動式フォーク。例 オートバイにおけるフォークの一形式。

スイング・アーム［swing arm］　揺動腕。例 ㋑独立懸架式において，車輪を支えて上下に揺動する腕金具。㋺ロッカ・アーム。

スイング・アクスル［swing axle］　揺動式車軸。例 後部エンジン後輪駆動の独立支持式において，後車軸がその軸管と共に自在継手を中心にして上下に揺動する形式。

スウェイ［sway］　①揺れる，動揺する。②動揺。

スウェイ・エリミネータ [sway eliminator] 横揺れを防ぐ車体安定装置。例 トーション・バー式スタビライザ。

スウェイ・バー [sway bar] (横揺れを防ぐ)安定棒。同前。

スウェージ・ブロック [swage block] (かじ作業に使う)はちの巣型金床。

スウェージ・ブロック

スウェティング [sweating] ①汗ばみ。例 キャブレータが汗をかくこと。②はんだを溶かすこと。

スウェプト [swept] 曲げてあること。例 フレームのアップ～。イン～。

スウェプト・イン [swept-in] (フレームなどの)内曲げ。内方湾曲。

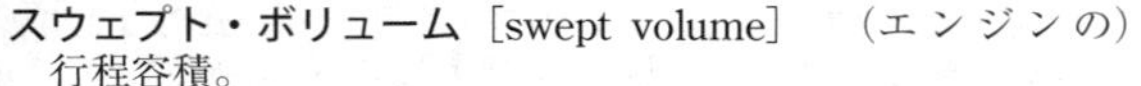

スウェプト・ボリューム [swept volume] (エンジンの)行程容積。

スーティ・プラグ [sooty plug] すすに汚れた点火プラグ。くすぶったプラグ。

スート [soot] すす，ばい煙。例 ㋑排気管から出るばい煙。㋺点火プラグに付着するカーボンや鉛塩。

スーパー・インテリジェント触媒（しょくばい） [super intelligent catalyst] ☞インテリジェント触媒。

スーパー・エンジニアリング・プラスチック [super engineering plastics] 高機能熱可塑性樹脂であるエンジニアリング・プラスチックの中で，特に強度，耐熱性，耐薬品性などに優れているもの。ポリサルフォン（PSU），ポリエーテル・サルフォン（PES），ポリフェニレン・サルファイド（PPS），ポリアリレート（PAr）などがあり，これらはスーパー・エンプラまたは特殊エンプラとも呼ばれ，主に金属の代替部品として使用される。

スーパー・オレフィン・ポリマ [super olefin polymer] 熱可塑性樹脂の一種。オレフィン系熱可塑性エラストマで，バンパ・カバーなどに用いられる。従来のウレタン樹脂と比較して，リサイクルが可能な新しい素材。例 TSOP。

スーパー・サルーン [super saloon] 乗用車の高級グレードの一つ。主に欧州車や日本車で採用。

スーパーストラット・サスペンション [super-strut suspension] トヨタ車に採用されたサスペンション。マクファーソン・ストラット式に近い形態ながらダブル・ウィッシュボーン・サスペンションのようにサスペンション・ジオメトリの自由度が高く，操縦性や安定性が高い。

スーパー・スポーツ・セダン [super sport sedan; SSS] 車の形式を表す用語で，セダンでありながらスポーツ仕様のもの。スリー・エスともいう。

スーパーチャージャ [supercharger] 過給機。エンジンの充てん効率を高め，馬力アップを図るための一種の送風器。機械式と排気式がある。例 ターボチャージャ。

スーパーハイウェイ [superhighway] 米国における幹線高速道路。

スーパー・ハイキャス [SUPER HICAS] 日産車に採用された車速感応式四輪操舵システム。☞HICAS。

スーパーヒート [superheat] ①過熱（状態）。②液体を蒸発させないで沸点以上に熱すること。

スーパーポーズド・エフヘッド・タイプ [superposed F-head type] （シリンダ・タイプの）Fヘッド型。サイド・バルブ式エキゾースト・バルブの上にオーバヘッド・バルブ式インレット・バルブを重ねたもの。

スーパーワイド・ホイール [superwide wheel] 超広幅車輪。

据（す）え切（ぎ）り [stationary steering] 停車したまま，ハンドルを回してかじ取り車輪を動かすこと。好ましいハンドル操作ではないが，狭いところでの転向に使う。

スカート［skirt］　衣類すそ。物の端。例 ①ピストンのすそ部。②泥よけの下端部。

スカイアクティブ・テクノロジー［Skyactiv technology］　マツダが2011年以降に採用した次世代技術の総称（造語）。エンジン，AT／MT，シャシやボディなどにもスカイアクティブの名称を冠している。
①スカイアクティブ-G：直噴ガソリン・エンジンの圧縮比を世界最高の13.0～14.0に設定して，燃費性能や低中速トルクを大幅に向上。超遅閉じミラー・サイクル，燃料のマルチ噴射，4-2-1排気システムなどの採用により，ノッキングを防止。
②スカイアクティブ-D：コモン・レール式ターボ・ディーゼル・エンジンの圧縮比を世界最低の14.0に設定した2.2ℓと，同14.8の1.5ℓエンジンを用意。低圧縮比にすると低温時の始動性が悪化するとともに暖機運転中に半失火状態となるため，セラミック・グロー・プラグや最大9回のマルチ噴射，可変バルブ・リフト機構（VVL）による内部EGRの採用などで対処し，NO_xの発生を防止。これらにより，DPFのみで平成22年排出ガス規制やユーロ6規制をクリアしている。
③スカイアクティブ-ハイブリッド：マツダがトヨタからライセンス供与を受けて開発したハイブリッド・システム。2013年発売のアクセラ・ハイブリッドの場合，基本的にはトヨタ・プリウスのTHS IIを採用しており，マツダ製の2ℓ直噴ミラー・サイクル・エンジンの圧縮比を14.0に高めてクールドEGRや排気熱回収システムも採用し，独自の制御プログラムを設定。燃費性能は30.8km/ℓ（JC08モード）。

スカイ・パーキング［sky-parking］　立体駐車。高層建築物による立体駐車。

スカイフック［sky-hook］　“宙吊り”の意。路面の凹凸により発生した車体の上下振動を，Gセンサや電子制御式サスペンションの採用により車体に伝わる路面からの衝撃を大幅に軽減して，フラットな乗り心地を実現する。この状態を車外から見ると，車輪だけが路面の凹凸に追従して上下動し，車体は空間にダンパを介して固定されているように見えるためスカイフックと呼ぶ。例 トヨタのアクティブ・コントロール・サスペンション。

スカイライン［skyline］　①地平線。②高山の山頂などに通じる自動車道路。

スカウエンド・トラック［scow-end truck］（荷台が）平台の大型トラック。

スカッシュ・エリア［squash area］　☞スキッシュ・エリア。

スカットル・ベンチレータ［scuttle ventilator］　跳ねぶた式通風器。

スカッフィング［scuffing］　かき傷，すり傷。例 ピストンのかき傷。

スカッフ・プレート［scuff plate］　ドア開口部下部の，ボデー側ステップ部に取り付けられた化粧板。

スカベンジャ［scavenger］　掃気装置。例 ①2ストローク・エンジンで新気を吹き込んで排気を追い出す装置。②クランクケースのブローバイ・ガスを吸気マニホールドの負圧により吸い出す装置。

スカベンジング［scavenging］　掃気作用，2ストローク・エンジンにおいて圧力を加えた新気をシリンダへ吹き込んで排気を追い出し新気と入れ換えること。

スカベンジング・ポート［scavenging port］　掃気口。2サイクル・エンジンにおいて，掃気用の新気を吹き込むシリンダ壁の穴。

スカベンジング・ポンプ［scavenging pump］　掃気用ポンプ。掃除ポンプ。例 ①2ストローク・エンジンで掃気用とする空気ポンプ。（小型エンジンではクランクケースがポンプの役を務める）。②ドライサンプ式注油法において，サンプに溜まるオイルをくみ上げてタンクへ戻すポンプ。

スキーク［squeak］　きしる音。きいきい音。ねずみ鳴き。例 ブレーキ時に発生するきいきい音。＝スキール。

スキー・ラック［ski rack］　スキーを乗せるたな。

スキール［squeal］　きいきい鳴く。例 ブレーキ鳴き。＝スキーク。

スキッシュ [squish]　ぐしゃっとつぶす。＝スクワッシュ（squash）。☞スキッシュ・エリア。

スキッシュ・エリア [squish area]　（燃焼室の）押しつぶし領域。＝クエンチ～。

スキッド [skid]　①滑り。特に横滑り。②（ホイールの）歯止め。③（重量物を滑らせる）滑り木。

スキッド・コントロール・ブレーキ [skid control brake]　横滑り制御装置付きブレーキ。例後輪ブレーキの油圧を前輪ブレーキより下げてホイールのロックを防ぎ，ロックによって起こるスキッドを免れるようにしたブレーキ。☞アンチスキッド装置，アンチロック・ブレーキ・システム。

スキッド・パッド [skid pad]　タイヤの横滑りテスト用の円形コース。又は，そこに敷き詰める滑り材。散水設備もある。

スキッピング [skipping]　跳躍的な走行状態。不調なエンジンによる不円滑運転。＝ミスファイヤリング。

スキップ・シフト [skip shift]　段とび変速。手動変速機のシフトを1→3速，4→2のように，順番を抜かしてシフト操作を行うこと。

スキャナ [scanner]　（電子機器の）走査装置。例ヘッドライト自動切り替え器の検出用鏡。対向車の光がこれに当たると自動的にヘッドが下向きに変わる。

スキャニング・クルーズ [scanning cruise]　日野が大型トラックに採用した安全装置（アクティブ・セーフティ）。車間距離警報とクルーズ・コントロールおよび補助ブレーキを組み合わせた世界初のもの。

スキャン [scan]　走査する，走査すること。☞スキャナ。

スキャン・ツール [scan tool]　オンボード・ダイアグノーシス（OBD）のコンピュータに蓄えられた情報を呼び出して故障診断をしたり，トラブル・コードのリセットなどを行うもの。OBD接続コネクタにスキャン・ツールを接続して行う。

スキャン・レーザ [scan laser]　走査式レーザ光線を用いた車間距離測定装置。☞アダプティブ・クルーズ・コントロール・システム。

スキュー・ギヤ [skew gear]　食い違い歯車。平行でなく，かつ交わらない2軸間に力を伝達する歯車。例④カム軸からこれと直角な配電器又は油ポンプ軸への伝動。⑰変速機主軸からスピードメータへの伝動。㈧ハイポイド・ギヤ。

スキュー・ギヤ

スキュー・ベベル・ギヤ [skew bevel gear]　食い違い傘歯車。例ハイポイド・ギヤ。

スキル [skill]　技能，熟練。

スクァート・ホール [squirt hole]　噴出穴，発射口。例加速ポンプ発射口。

スクイブ [squib]　エアバッグの起爆装置。爆竹。

スクィル・バイス [squill vise]　しゃこ万力。Cバイス。溶接その他の作業において加工物を仮締めするために用いる。

スクウォット [squat]　☞スクワット。

スクータ [scooter]　①（モータ・スクータの略）比較的小さい車輪を用い，またぐ必要のない腰掛式自動二輪車。②俗まれに，自動車のこと。

スクーパ [scooper]　すくうもの。例コンロッド大端に設ける油すくい。＝スクープ，ディッパ。

スクール・バス [school bus]　通学用乗合自動車。幼児バス。

スクエア [square]　①正方形。②直角定規。③平方。2乗。

スクエア・エンジン [square engine]　シリンダ・ボアーとピストン・ストロークとが同寸のエンジン。

スクエア・ストローク・エンジン [square stroke engine]　同前。

スクエア・スレッド [square thread]　角ねじ。例④バイスのねじ。⑰プレスのねじ。

スクェア・センチメートル [square centimeter] 平方センチメートル。cm^2。
スクェルチ [squelch] ①押しつぶす，へこます。②つぶれる，くちゃくちゃいう。③くちゃくちゃいう音。例 タイヤ騒音のうち路面とトレッドの接触によって生ずるもの。
スクォッシュ・エリア [squash area] ☞スキッシュ～。
スクライバ [scriber] け書き針。工作物に仕上げ目標線を描き，あるいは中心線を記入したりする鋼針。
スクラッチ [scratch] 引っかき傷。かすり傷。例 ピストンやシリンダにできるかき傷でスカッフィングより軽度なもの。
スクラップ [scrap] ①くず金。くず鉄。例 ぼろ自動車。②小ぎれ，切れっぱし。③本などの切り抜き。
スクラブ・ラジアス [scrub radius] （かじ取り装置において）キングピン中心線の延長とタイヤ中心とが路面上において隔たる寸法。＝キングピン・オフセット，スイベリング・ラジアス。
スクランブル [scramble] ①はい上がる。よじ登る。例 モトクロス競技。②取り合い，奪いあい。例 ホット・ロッド間の競走。③かきまぜる。
スクランブル・システム [scramble system] （交通法）交差点の信号を一時全部赤にして諸車を止め，その間に歩行者を自由に横断させる方法。別名バーンズ方式。
スクランブル・レース [scramble race] オートバイによる泥んこ競技。
スクリーニング値（ち） [screening value] ディーゼル排気ガス中の黒煙測定において，従来の黒煙テスタによる認証車を新測定器「オパシメータ」で測定したときのリミット値。従来は「規制値」と言っていたが，オパシメータ（光透過式黒煙測定器）では，これを「スクリーニング値（判定値に基づく合格判定）」と呼んでいる。
スクリーン [screen] ①金網。例 フィルタ・エレメント。②映写幕。例 スクリーン式ヘッドライト・テスタ用。
スクリュ [screw] ねじ，ら旋，ねじくぎ，ボルト。
スクリュ・エキストラクタ [screw extractor] ボルト抜き工具。例 穴の中で折れた立て込みボルトを抜き取る工具。逆タップ型とブローチ型がある。

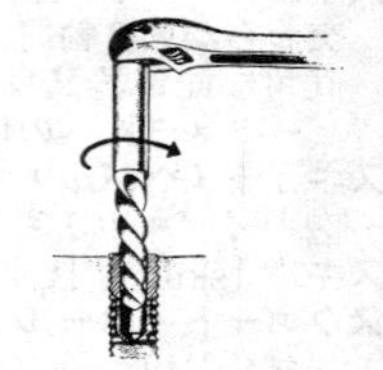
スクリュ・エキストラクタ

スクリュ・ギヤ [screw gear] ねじ歯車。ウォーム。
スクリュ・ゲージ [screw gauge] ねじ計器。例 ねじピッチ～。
スクリュ・ジャッキ [screw jack] ねじ式起重機。例 車載ジャッキ。
スクリュ・ダイズ [screw dies] ねじ切りこま，雄ねじ切り工具。
スクリュ・ドライバ [screw driver] ①ねじ回し。木ねじ回し。②俗 自動車を真っすぐに運転できない人。
スクリュ・ピッチ・ゲージ [screw pitch gauge] ねじピッチ計。ねじ型およびピッチ寸法を計測するときに使う計器。
スクリュ・プレート [screw-plate] ねじ切り用羽子板。各種寸法の割りダイズが羽子板状の枠に入れられたもの。
スクリュ・プレス [screw-press] ねじ利用圧搾機。ねじを利用減速して強い力を出すプレス。
スクレーパ [scraper] きさげ。表面を削る工具。引っかくもの。例 ㋑ベアリング～。㋺カーボン～。
スクレーピング・リング [scraping ring] 油かきリング。例 ピストン・リングのうち，主として油のかき落としを目的としたリング。＝オイル～。
スクロール[1] [scroll] ①巻物，巻物にする。②渦型，渦巻模様。例 ～コンプレッサ。

スクロール² [scroll] カー・ナビゲーションやパソコンのディスプレイの1画面に入り切らない情報を見るため，画面を上下左右に動かすこと。例 ～バー。
スクロール・エンド・タイプ [scroll end type] （板ばねのメーン・リーフについて）端部を巻き込んだ型。
スクロール・コンプレッサ [scroll compressor] 回転式コンプレッサの一種でカー・クーラの冷媒の圧縮に使用される。二つの渦巻きの形をしたガイドが回転の中心点をずらしてセットされ，一方のガイドが固定し他方のガイドが回るようになっている。効率がよくトルクの変動が少ない特徴がある。
スクワット [squat] ①うずくまる，しゃがみこむ。②発進や加速時，慣性力により車体に重心移動が発生して後輪の荷重が増加して車両後部が沈み込む（尻下がり）現象。＝スクウォット。
スケール¹ [scale] ①目盛り，度盛り，尺度。②物指し。③比例尺。縮尺。
スケール² [scale] ①湯あか。水あか。例 ウォータ・ジャケットやラジエータ内に付着堆（たい）積するあか。②赤熱した鉄のはだにできる金ごけ。
スケルトン [skeleton] バス・ボデー構造の一種。骨格構造だけで応力を保持し，ボデー外板を強度部材としないもの。優れた外観と比較的大きな開口部（荷物室など）に対処しやすく，最新のバス・ボデーである。フレームレス方式でも応力外皮構造のものは，我が国ではモノコック構造として区別している。
スケルトン・ピストン [skeleton piston] スカート部がなくピストン・ピン・ボス部が露出したピストン。骨組みのみのピストン。
スケルトン・ワイパ [skeleton wiper] ブレード金具をワイヤで作り，センタにヒンジを持つ構造でスポーツ車に多い。
スコア¹ [score] ①刻み目。②切り傷。例 メタルの損傷。③競技の得点。
スコア² [square] スクェアの俗称。直角定規。かね尺。
スコープ [scope] 見る機械や鏡などの名詞語尾。例 ㋑エンジン～。㋺シンクロ～。
スコーリング [scoring] こすり磨く。＝スカッフィング。
スコッチ [scotch] ①輪止め。②輪止めをして車を動かないようにする。
スコヤ [score] ☞スコア²。
スター・コネクション [star connection] 星形結線。Y結線。オルタネータにおける三相コイル結線法の一つ。

スター・コネクション

スタータ [starter] 始動機，始動モータ。
スタータ・クラッチ [starter clutch] 始動モータにある一方回転クラッチ。＝オーバラン～。
スタータ・ケーブル [starter cable] （特に太い）始動機用配線。
スタータ・ダイナモ [starter dynamo] 始動機兼発電機。スタートのときモータとなり，その後はダイナモに変わる1機2役の装置。＝セル・ダイナモ，モータ・ジェネレータ。☞ISG。
スターティング・ガイド・リレー [starting guide relay] 始動案内リレー。エンジン又はモータが回転している間はスタータが使えないようにした保護装置。
スターティング・クランク [starting crank] 始動用曲柄。エンジンを手回しする時に用いるクランク。＝～ハンドル。
スターティング・スイッチ [starting switch] 始動用スイッチ。エンジンの点火スイッチとスタータのスイッチとがあるが，今日では両者を一体にしたものが多い。
スターティング・ドグ [starting dog] 始動用爪。クランクシャフトの前端にあり，始動クランクのピンをこれに引っ掛けて回転させ，エンジンがかかると自然に外れる。
スターティング・トルク [starting torque] 始動トルク，起動トルク。
スターティング・ハンドル [starting handle] 始動ハンドル。エンジンを手回しするときに用いるクランク・ハンドル。

スターティング・モータ［starting motor］　始動電動機。エンジンが自身で回転し始めるまで回すモータ。直流直巻式。通称セルモータ。
スタート［start］　①始動，運転開始。②緩み。外れ。
スタート・インジェクタ・タイム・スイッチ［start injector time switch］　電子制御式燃料噴射装置のコールド・スタート・インジェクタの作動時間を，冷却水温度（約18～35℃以下）により制御するスイッチ。＝サーモ・タイム・スイッチ。
スター・ホイール［star wheel］　星形の輪。例ブレーキ・シューの調整装置。バック・プレートの穴からドライバを指し，こじ回す。
スターリング・エンジン［Stirling engine］　スコットランドの牧師E・H・スターリングが1816年に発明した外燃機関。作動流体にヘリウムなどのガスを使い，この密閉したガスの圧力が加熱すると上昇し，冷却すると低下することを利用してピストンを往復運動させ動力を得る。石油だけでなく天然ガス，石炭など各種の燃料が使え，低騒音であることから1973年のオイル・ショックを契機に脚光を浴び出した。世界各国が開発に取り組み，わが国ではアイシン精機が乗用車用のスターリング・エンジンの試作に成功したが，内外共に本格実用化までいっていない。
スターリング・サイクル［Stirling cycle］　二つの等温変化と二つの等容変化からなる可逆サイクル。
スター・ワッシャ［star washer］　星形座金。戻り止め用歯付き座金。
スタイル［style］　形，型，格好。
スタチック［static］　静止の，静的な，静電気の。＝スタティック。例～バランス。対ダイナミック。
スタチック・イレーサ［static eraser］　静電気消し。ボデーの帯電を防ぐ装置。現在完全な方法はない。気休めにチェーンをぶら下げたものがあるが効果はない。非帯電内装，非帯電塗装とし，非帯電衣服の着用が有効。
スタチック・エリミネータ［static eliminator］　静電防止装置。＝～イレーサ。
スタチック・エレクトリシティ［static electricity］　静電気。帯電体に固着して，その場所に静止している電気。
スタチック・ショック［static shock］　静電気感電，静電ショック。運転直後ドアなどに触れるとピリッと感電する現象。乗者とボデーとの間に起こる静電気の放電によるもので，非帯電衣服（化繊以外）を着用すれば防ぐことができる。
スタチック・スプレイング［static spraying］　静電吹き付け塗装法。スプレーから飛び出す塗料粒子および被塗装物に帯電させて集中付着させる塗装法。
スタチック・バランス［static balance］　静的なつり合い。静止状態における回転部のつり合い。例㋑クランクシャフト。㋺ホイール。
スタチック・フリクション［static friction］　静止摩擦。物体が静止しているときの摩擦。
スタチック・ロード［static load］　静止荷重。例静止している車両がこれを支える地面に及ぼす荷重。
スタッガ［stagger］　食い違いにする。例ダブル・コンタクトのブレーカにおいて，各ポイントの開く時期を適度に食い違いにすること。
スタック［stuck］　stick（はまり込む）の過去形で，タイヤが泥や砂の中にはまり込んで車両が動けなくなっている状態をいう。
スタッタ［stutter］　（エンジンが）どもること，アクセルを踏んでも順調に吹き上がらず，どもって調子が悪いこと。
スタッド・エキストラクタ［stud extractor］　立て込みボルト抜き工具。スタッド抜き。

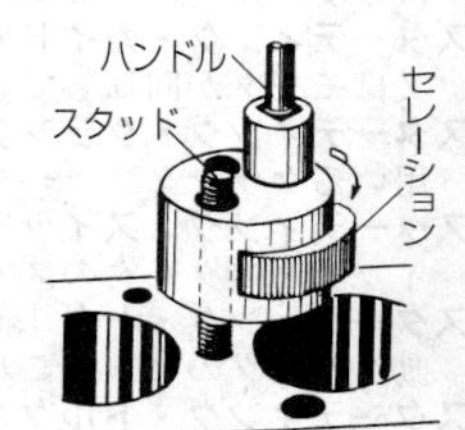

スタッド・エキストラクタ

スタッド・セッタ [stud setter]　スタッド立て込み工具。スタッド取り付け工具。エキストラクタを逆用すればよい。
スタッド・ボルト [stud bolt]　植え込みボルト。立て込みねじ。両端にねじ部を持つボルトで，一端を機材にねじつけて用いる。単にスタッドともいう。例 シリンダ・ヘッド・ボルト。
スタッド・リムーバ [stud remover]　スタッド抜き。＝～エキストラクタ。
スタッドレス・タイヤ [studless tire]　舗装道路の粉塵公害を防止するために開発された，滑り止めびょうのないスノー・タイヤ。トレッドに低温でも硬化しない特殊ゴムを使用し，氷雪上での滑りを低減してある。
スタッビ・ドライバ [stubby driver]　だるま形の太い握りを有する短いねじ回し。
スタッブ・アクスル [stub axle]　（木の根っこのような）短い車軸。例 前輪取り付け軸。＝スピンドル。
スタッフィング・ボックス [stuffing box]　気密，液密を必要とする軸とケーシングの接合面に用いるパッキン室。
スタビライザ [stabilizer]　安定器，安定装置。例 ㋑車体の揺れ止めとして用いるねじり棒ばね。㋺クーラ使用車のアイドリング安定用リレー。
スタビライザ・リレー [stabilizer relay]　安定用継電器，クーラ使用車においてアイドリング時にコンプレッサの負荷を除く自動スイッチ。ジェネレータの発生電圧又は点火一次回路のパルスを利用して働き，コンプレッサを駆動するマグネット・クラッチの電流を切る。
スタビライズド・コンバッション・システム [stabilized combustion system; SCS]　☞ SCS。
スタビリティ [stability]　安定度，安定性，復元力。
スタビリティ・コントロール [stability control]　車両の安定性制御。☞ VSC。
スタブ・シャフト [stub shaft]　木の切株のような太短いシャフト。例 インテグラル型パワー・ステアリングのコントロール・バルブへ，ハンドル側からの入力シャフト。
スタンダード [standard]　標準，基準，規格。例 JIS 規格。
スタンダード・サイズ [standard size]　標準寸法，基準寸法。
スタンダード・モデル [standard model]　標準型，基準型。
スタンディング・ウェーブ [standing wave]　定立波。定常波。例 タイヤにおいて，空気不足の状態で高速運転するとき接地部の荷重開放側にできる波状変形。タイヤの温度を高め破損を招く。
スタンディング・スタート [standing start; SS]　☞ SS[1]。
スタンド [stand]　①台，組み立て台。例 ㋑エンジン～。㋺アクスル～。②売店。例 ガソリン～。③タクシー駐車場。バス停留所。
スタンド・アローン [stand alone]　単体，単品。対 モジュール。
スタント・カー [stunt car]　曲技や危険度の高い曲芸を行う自動車やバイクのこと。
スタンバイ [standby]　準備，待機。
スタンピング・マシン [stamping machine]　型打ち機械。例 ㋑凹凸のある上下の型の間に板金を挟み衝撃的加圧によって成形する機械。㋺ブレーキ試験のときブレーキをかけた位置を路面に記す機械。
スタンブル [stumble]　つまずく。よろめく。例 ㋑車両がよろめくこと。㋺エンジンが順調に吹き上がらないこと。
スチーム [steam]　水蒸気，蒸気。＝ベーパ。
スチーム・クリーナ [steam cleaner]　蒸気洗車機。石油を燃焼させてボイラの水を加熱し，よって生じる高温高圧な水蒸気により車台下回りや部品を洗浄する機械。
スチール [steel]　はがね，鋼鉄。炭素0.03～1.7%を含む鉄の総称。＝炭素鋼。
スチール・ウール [steel wool]　鋼毛，鉄綿。毛髪状の旋盤くず。例 エア・クリーナ用エレメント。

スチールベストス [steelbestos]　金属線入り石綿。例 ①クラッチ・フェーシング。㋺ブレーキ・ライニング。

スチール・ボデー [steel body]　鋼製車体。骨組みから上張りまで鋼材で作られた車体。

スチール・ラジアル・タイヤ [steel radial tire]　ベルトにスチール・ワイヤを使用したラジアル・タイヤ。

スチール・ルール [steel rule]　鋼尺，はがね指し。

スチール・レール [steel rail]　鉄さく，鉄手すり，鉄がまち。例 路辺の危険地帯に設けたガード・レール。

スチールワイヤ・コード [steel-wire cord]　（タイヤ）ラジアル・タイヤにおいて，カーカスの周囲を取り巻くベルトに使う細い鋼線ひも。

ズック・ジョイント [duck joint]　布製弾性継手。＝フレキシブル～，ファブリック～，エラスチック～。

ステア [steer]　（自動車などの）かじを取る。（ある方向に）向ける，進める。進路を決める。

ステアバイワイヤ・システム [steer-by-wire system; SBW]　ステアリング操作を機械的な連結ではなく，電気信号でアクチュエータを介して操舵するシステム。操舵にはステアリング・ホイールや操作レバー（サイド・スティック）を用いるが，システム故障時の対応が最大の課題で，現行法規では認可されていない。日産が2014年に発売した新型車には，量産車で世界初のSBWであるダイレクト・アダプティブ・ステアリング（後述）が採用されている。このシステムでは，緊急時のフェイルセーフ機構として，機械的な連結機構が残されている。☞バイワイヤ技術。

ステアマチック・システム [steermatic system]　ステアリング・ホイール上に自動変速機のシフト切り換えスイッチ（シフト・ダウン&アップ）を配置したもの。トヨタ車に採用。

ステアリング・アクシス [steering axis]　キングピン中心線のこと。キングピンのないボール・ジョイントを使う独立懸架式サスペンションでは，アッパ・ボール・ジョイントとロア・ボール・ジョイントの回転中心を結ぶ直線をキングピン中心線とする。この中心線はハンドルを切ったときにタイヤの回転の中心軸となるので，ステアリング・アクシスと呼ぶ。

ステアリング・アクシス・インクリネーション [steering axis inclination; SAI]　☞SAI。

ステアリング・アングル [steering angle]　（車輪の）変向角度。

ステアリング・アングル・アクチュエータ [steering angle actuator; SAA]　☞ダイレクト・アダプティブ・ステアリング。

ステアリング・ギヤ [steering gear]　①かじ取り装置全体。②かじ取り歯車。

ステアリング・コラム [steering column]　変向機柱，かじ取りハンドルの軸およびそれを包む軸管。

ステアリング・シャフト [steering shaft]　かじ取りハンドルの中心軸。

ステアリング・センサ [steering sensor]　ステアリング・ホイールの操舵量や操舵方向の検知器。例 レーダ（アダプティブ）・クルーズ・コントロール・システムなどの構成要素で，スキッド・コントロール・コンピュータに舵角信号を出力する。

ステアリング・ダンパ [steering damper]　かじ取り装置の制振器。前輪のシミー運動を抑制する装置。☞シミー・ダンパ。

ステアリング・ナックル [steering knuckle]　かじ取り関節。キングピンに支えられて旋回する部分。前輪軸（スピンドル）と一体に作られる。ナックル二叉。

ステアリング・ナックル・サポート [steering knuckle support]　かじ取り関節支柱。キングピンを用いないボール・ジョイント式において，前輪を支持しかじ取りのとき旋回する部分。

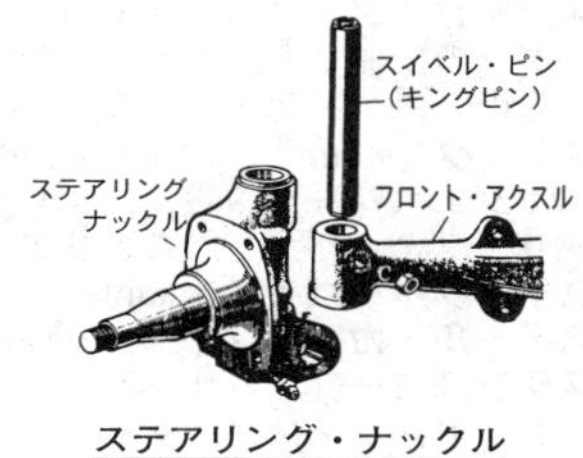

ステアリング・ナックル

ステアリング・ハンドル [steering handle] かじ取りハンドル。=～ホイール。
ステアリング・ヒータ [steering heater] 寒冷時にステアリング・ホイールを暖める装置。車室の暖房にエンジンの熱源を利用できない電気自動車(EV)などで便利な装置で，日産の電気自動車，レクサスやトヨタのハイブリッド車などに採用されており，一定温度に達するとタイマにより自動的にオフとなる。併せて，シート・ヒータを用いる場合が多い。
ステアリング・ピボット・ピン [steering pivot pin] かじ取り関節の中心軸。=キングピン。
ステアリング・フォース・アクチュエータ [steering force actuator; SFA] ☞ダイレクト・アダプティブ・ステアリング。
ステアリング・ホイール [steering wheel] 輪形のかじ取りハンドル。
ステアリング・ポスト [steering post] 変向機柱。かじ取りハンドルの軸とそれを包む軸管。=～コラム，～ピラー。
ステアリング・マスト [steering mast] 変向機柱。=～コラム。
ステアリング・リダクション・レシオ [steering reduction ratio] 変向減速比。ハンドルの回転角に対するピットマン・アームの回転角比。一般に15～20。
スティープ [steep] 急坂，急斜面。
スティッキング [sticking] 粘りつき。例㋑バルブがガイドに粘着して突き上げたままになる。㋺リングがピストンにこう着する。
スティック[1] [stick] ①棒，棒切れ。②ステッキ状のもの。③操縦用レバー類。
スティック[2] [stick] ①(バルブなどが)粘りつく。②(ピストンが)動かなくなる。
スティック・シフト [stick shift] (変速機のオートに対し)レバー・シフト式のこと。
スティック・スリップ [stick-slip] 固体の摩擦面で粘着と滑りが交互に起こって発生する振動のことで，タイヤのトレッド・ゴムのスキール，ワイパ・ブレードのびびり，クラッチ・ディスクのびびりなどの状態。
スティフナ [stiffener] ①堅くする物。②補強物，補強部材。
スティフナ・プレート [stiffener plate] 補強板。
スティフネス [stiffness] 堅いこと，剛性。例㋑ボデーの～。㋺タイヤの～。
スティラップ [stirrup] あぶみ金。あぶみ状のもの。例燃料フィルタのカップを支える帯金。=ベール・ワイヤ。
スティルソン・レンチ [Stillson wrench] 管回しスパナ。パイプ・レンチ。
ステー [stay] ①ささえ，支柱。②滞在，滞在する。
ステーキ・ボデー [stake body] (トラック車体)荷台の周囲をさくで囲んだもの。
ステージ [stage] ①舞台，劇場。②行程。③段階，時期。
ステーショナリ・ギヤ [stationary gear] 固定歯車。動かないギヤ。
ステーショナリ・コンタクト [stationary contact] 固定接点。例ブレーカにおいて，動かない方の接点。対ムーバブル～。
ステーショナリ・タイプ [stationary type] 固定式。例ピストン・ピンの取り付け方式において，ピンをピストンへ固定させたもの。
ステーショナリ・ベーン [stationary vane] 固定翼。例トルク・コンバータにおいて，回転しないステータにある翼。
ステーション [station] ①場所，位置。②停留所，駅。③署，局，部。例ガソリン～。サービス～。

ステーション・ワゴン [station wagon]　㊊(駅と旅館の間に便利な) 貨客両用車。セダンの変形ともいうべきもので，客室の後ろに荷物室を設け後面にもとびらを設けたもの。㊇エステート・カー。㊌コンビ。㊋ブレーク。㊍ファミリアーレ。
ステータ [stator]　固定子。回転機においてロータの相手となる固定側。㊕㋑モータやジェネレータの磁極側。㋺オルタネータの発電コイル側。㋩トルク・コンバータのリアクタ。ただし，このリアクタはクラッチ・ポイント以後は空転する。㊎ロータ。
ステープル・バイス [staple vice]　縦型万力。主としてかじ作業に用いる。
ステール・ガソリン [stale gasoline]　気の抜けた古ガソリン。
ステソスコープ [stethoscope]　(工具の) 聴診器。音を聞き取る道具。＝サウンドスコープ，ソノスコープ。
ステッキ [stick]　☞スティック。
ステッパ・モータ [stepper motor]　パルス入力で一定角度回転するモータ。
ステッピング・コントロール・モータ [stepping control motor]　回転角を自由に制御できるモータ。複数のフィールド・コイルに順番に通電することにより，ロータを回転させるモータ。通電するコイルの数を決めることで回転角度が決められたステップで得られ，逆転もできる。＝ステッピング～，ステップ～，ステッパ～，パルス～。㊕電子制御式スロットル・モータ。
ステッピング・モータ [stepping motor]　☞ステッピング・コントロール・モータ。
ステップ [step]　踏み段，階段，乗降の足掛け。
ステップアップ [step-up]　増す。強める。㊎ステップダウン。
ステップアップ・システム [step-up system]　増強装置。㊕キャブレータにおいて，加速のとき付加燃料を供給する装置。例えば，加速ポンプ，パワー・バルブなど。
ステップアップ・トランスフォーマ [step-up transformer]　(電気の) 昇圧変圧器。
ステップオン [step-on]　アクセルを踏み馬力を増強する。
ステップダウン [step-down]　減らす，弱める，軽減する。㊎ステップアップ。
ステップト・ジョイント [stepped joint]　段接継手。㊕ピストン・リングの合い口で段接になっているもの。＝ラップ～。チェックド・カット。
ステップ・フィーラ・ゲージ [step feeler gauge]　段付きのすき見計。
ステップボア・シリンダ [step-bore cylinder]　段付きシリンダ。異径シリンダ。㊕ブレーキのホイール・シリンダにおいて，左右シューに加わる力を異なるようにするためシリンダ左右の内径を異ならしたもの。
ステップ・モータ [step motor]　☞ステッピング・コントロール・モータ。
ステップ・ランプ [step lamp]　乗降用踏み段照明灯。＝カーテシ～。
ステディ・レスト [steady rest]　丈夫な台。ぐらつかない台。
ステム [stem]　茎又は幹状のもの。㊕バルブ～。
ステム・ガイド [stem guide]　ステムの案内管。㊕バルブ・ステム～。
ステライト [stellite]　コバルト，クロム，タングステンに炭素を付加し，鉄はごく少量含んでいる合金で，耐熱耐食性に優れバルブシート・リングなどに用いられる。
ステレオ [stereo]　立体感を与えるように工夫された写真，映画，テレビ，音響装置などを非立体的なものと区別して呼ぶとき用いる言葉。
ステンレス・スチール [stainless steel]　不錆鋼。鋼にクロム12～18%，ニッケル7～10%を加えて耐食性を増したもの。
ストアウェイ・シート [stowaway seat]　折り畳み式座席。
ストイキ [stoichi]　☞ストイキオメトリック・エア・フューエル・レシオ。
ストイキD-4 (ディーフォー) [stoichiometric direct injection 4-stroke gasoline engine]　トヨタが筒内直噴ガソリン・エンジンに採用した燃焼システムで，「$\lambda=1$ 直噴燃焼システム」ともいう。混合気の空燃比制御精度を高め，三元触媒が有効に機能するストイキ (理論空燃比) を精度高く維持するのが目的で，シリンダ内へのガソリン直接噴射による吸気冷却効果がもたらす充填効率や，圧縮比の向上によるメリットも大きい。併せて，吸／排気バルブ・タイミングを連続可変するデュアルVVT-iも採用して，熱効率の向上，ポンピング・ロスの低減，排気ガスの浄化等に大きく貢献している。

ストイキオメトリック・エア・フューエル・レシオ [stoichiometric air fuel ratio]　理論空燃比。供給した燃料の完全燃焼に理論上必要な最小空気量と燃料との質量比。＝理論混合比。略してストイキ。

ストイキオメトリック・ミクスチャ [stoichiometric mixture]　化学量的な混合気。㊙ガソリン1重に対し空気14.7重の混合気。

ストール [stall]　①止まる，失速する。②自動車置き場。③店，陳列台。

ストール・スピード [stall speed]　（AT車）ストール・テスト時のエンジン速度。規定より高いのは伝動装置内のスリップ，低いのはエンジン出力の低下と判定する。

ストール・テスト [stall-test]　①（AT車）停車状態で行う伝動装置のスリップ試験。ブレーキをかけ輪止めをした状態でL，D，R等に入れエンジンを一杯に加速してみる。規定のストール・スピードであればよい。②セルモータのロック・テスト。

ストールトルク [stall-torque]　（コンバータ）停止時回転力。ポンプ・インペラの回転に対しタービン・ランナが回転しない状態（速度比0のとき）においてタービンに与えられる回転力。

ストールトルク・レシオ [stall-torque ratio]　（コンバータ）停止時回転力比。ポンプ・インペラの回転力に対するタービン・ランナの回転力の比，すなわち増力比。一般に2〜3の程度である。

ストック [stock]　①蓄え，在庫品，手持ち品。②（機械器具の）台木，柄。

ストック・エンジン [stock engine]　在庫エンジン，月並みなエンジン。

ストック・カー [stock car]　①（特別に加工改造がされていない）市販の普通自動車。②家畜用貨車。

ストックカー・レース [stock-car race]　市販車を使用して行うスピード競走。ボデーやエンジンの改造はほとんど認められず，バンク（傾斜）のついただ円形のコースで行われる。

ストックヤード [stockyard]　①家畜飼育場。②新車一時置き場。

ストッパ [stopper]　止めるもの。動きをさえぎるもの。

ストッピスト [stoppist]　（自動車の）便乗旅行（ヒッチハイク）をする人。＝ヒッチハイカ。

ストッピング・タイム [stopping time]　停止時間。運転者が制動の必要を認めてから自動車が停止するまでの時間。

ストッピング・ディスタンス [stopping distance]　停止距離。停止時間に自動車が移動する距離。

ストップ [stop]　①止める，止まる。②停留所，停車場。③止め金類。

ストップ・アンド・ゴー・ドライビング [stop and go driving]　（交通渋滞時の）のろのろ運転。

ストップ・コック [stop cock]　止め栓。気体や液体の通路を開閉するもの。

ストップ・スイッチ [stop switch]　（ストップ・ライト）の開閉器。

ストップ・スクリュ [stop screw]　止めねじ。動きを制限する目的のねじ。

ストップ・タブ [stop tab]　耳状にたれた止めがね。

ストップ・ライト [stop light]　制動灯。ブレーキを踏むと自動的に点灯して後続車に警告する灯火。＝ストップ・ランプ。

ストップ・ランプ [stop lamp]　制動灯。＝ストップ・ライト。

ストッページ [stoppage]　停止，停車。

ストライカ [striker]　つち。打つもの，受け止めるもの。㊙㋑ドアの閉まる打撃力を受ける金具。㋺かじやの先手ハンマ。

ストライキング・レンチ [striking wrench]　（工具の）たたきレンチ。レンチの柄をたたいて用いる特殊ねじ回し。
ストライク・ハンマ [strike hammer]　（工具の）ぶっつけハンマ。＝スライド～。
ストライプ [stripe]　①しま，すじ。②溝をつける。しまで飾る。
ストラット [strut]　支柱，突っ張り。
ストラット・タイプ・サスペンション [strut type suspension]　車体懸架装置の一種で，支柱型懸架装置。ステアリング・ナックル，スピンドル，キングピンの三者を一体にした形の支柱を用い，その下端をフレームから出したアームに，上端をフェンダに取り付けた構造で，小型乗用車に広く採用されている。☞マクファーソン・ストラット。

ストラット・タイプ

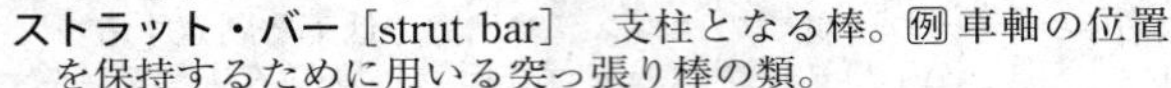
ストラット・バー [strut bar]　支柱となる棒。例 車軸の位置を保持するために用いる突っ張り棒の類。
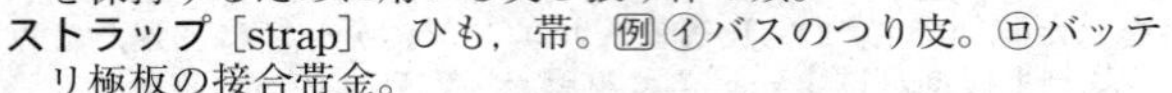
ストラップ [strap]　ひも，帯。例 ㋑バスのつり皮。㋺バッテリ極板の接合帯金。
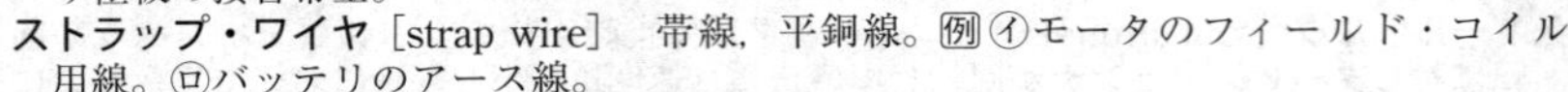
ストラップ・ワイヤ [strap wire]　帯線，平銅線。例 ㋑モータのフィールド・コイル用線。㋺バッテリのアース線。
ストラドル・キャリア [straddle carrier]　又挟み式運搬車。長大な貨物を左右両輪の間につり上げて運搬する特殊自動車，大工場の構内用によく使われている。
ストラドル・タイプ [straddle type]　またぎ型。例 ドライブ・ピニオンのベアリングがピニオンを挟み前後にあるもの。大型重量車に多い。
ストラングラ [strangler]　締めつけるもの。押さえつけるもの。例 キャブレータのチョーク・バルブ。
ストランド・ワイヤ [strand wire]　より線，ひも線。通称コード。
ストリート・フラッシャ・トラック [street flusher truck]　都市散水自動車。
ストリームライン [stream-line]　①流線。流体が渦を生ぜずゆっくり流れる線。②（自動車などの）流線型。
ストリームライン・バルブ [stream-line valve]　流線型弁。きのこ弁のうち頭をチューリップ形にしたもの。＝チューリップ～。
ストリッパ [stripper]　はぐもの。裸にするもの。例 ワイヤ～。
ストリップ [strip]　①はぎとる。裸にする。②ギヤの歯をとる。③ねじ山をすり減らす。④細長い切れ端。例 ウェザ～。
ストリップ・シャシ [strip chassis]　（ボデーを降ろして）裸の車台。
ストリップト・ギヤ [stripped gear]　歯の欠けた歯車。
ストリップト・ナット [stripped nut]　ねじのつぶれた雌ねじ。
ストリング・レンチ [string wrench]　組みスパナ。組み合わせレンチ。
ストレイ・カレント [stray current]　（電機子鉄芯などに起こる）さ迷い電流。通称エディ～。フーコー～。
ストレイク [strake]　①船体を補強する外板。②輪金（わがね）。
ストレイ・ライト [stray light]　迷光。正しい照射方向から外れた光線。対向車に迷惑を与える光線。
ストレイン・ウェーブ・ギア [strain wave gearing; SWG]　減速歯車装置の一種で，遊星歯車機構のリング・ギアに似た円形の内歯歯車に，楕円のロータを入れた湾曲可能な外歯歯車を噛み合わせたもの。小さな装置で大きな減速比が得られるのが特徴で，トヨタや日産が可変ギア比ステアリングに，またトヨタが電動スタビライザのアクチュエータに使用している。ハーモニック・ドライブとも。
ストレージ・バッテリ [storage battery]　蓄電池。電気エネルギーを化学的に蓄蔵し随時元の電気エネルギーとして供給できる二次電池。主として鉛の極板を用いる酸電池が使用される。＝アキュムレータ。
ストレート [straight]　①真っすぐな，一直線の。②修正又は変更しない。

ストレート・エイト [straight eight]　直8。直列8シリンダ。8個のシリンダが一直線に並んだエンジン。☞ブイ～。
ストレート・エッジ [straight edge]　直定規。平面度の検査やけ書き作業に用いる工具。
ストレート・エンジン [straight engine]　直列型エンジン。シリンダが一列に配置されたエンジン。☞ブイ・タイプ。
ストレート・ガソリン [straight gasoline]　直留ガソリン。原油から直接蒸留されたガソリン。☞クラックド～。
ストレートシャンク・ドリル [straight-shank drill]　直軸きり。チャックに取り付ける軸部がドリルと同じ直径でテーパになっていないもの。小径のドリルに多い。㊜テーパ～。

ストレートシャンク・ドリル

ストレートシャンク・リーマ [straight-shank reamer]　直軸拡孔器。軸部にテーパがついていないリーマ。
ストレート・ドーザ [straight dozer]　（排土板を車と直角に取り付けた）キャタピラ式ブルドーザ。☞アングル～。
ストレートナ [straightener]　修正機，整線機。㊞㋑フレーム～。㋺コンロッド～。☞ベンダ。
ストレートフルート・リーマ [straight-flute reamer]　縦溝拡孔器。軸に平行した真っすぐな切り刃を持つリーマ。☞スパイラル～。
ストレート・ベベル・ギヤ [straight bevel gear]　正傘歯車。ベベル・ギヤのうち，歯が放射状に切られたもの。☞スパイラル～。
ストレート・ラン・ガソリン [straight run gasoline]　☞ストレート・ガソリン。
ストレーナ [strainer]　ろ過器，こし網。㊞㋑フューエル～。㋺オイル～。＝クリーナ，スクリーン，フィルタ。
ストレーナ・スクリーン [strainer screen]　ろ過器に用いるこし網。
ストレーン・ゲージ [strain gauge]　ひずみ計。金属の応力変形を電気抵抗の変化で測定するゲージ。ブレーキ・テスタなどの検出部に使用されている。
ストレス [stress]　応力。外力の作用によって物体の内部に生ずる抵抗力。
ストレストスキン・コンストラクション [stressed-skin construction]　応力外皮構造。乗用車ボデーにおいて外皮（屋根，側板，床等）の一部又は全部に応力を持たせる構造のもので，軽量にして堅牢なことが特長。＝モノコック。
ストレッチ・ベルト [stretch belt]　エンジンの補機類などの駆動に用いる低弾性のベルトで，エラスティック・ベルト（弾性ベルト）ともいう。通常，固定されたプーリ軸間に対して比較的剛性の低いベルトを弾性的に引き伸ばしながら張り上げ，その伸びにより発生する張力で補機類を駆動する。ベルト・テンショナ（ベルト張力調整装置）を省略できるのが特徴であるが，取り付けには専用の工具を要し，取り外すときには切断し，再使用はできない。
ストレッチャ [stretcher]　伸長具。引き伸ばす道具。㊞ブレーキ・シューにライニングを張るときライニングをぴんと張る工具。☞スプレッダ。
ストローク [stroke]　行程，衝程。往復動機関においてピストンが死点から反対の死点に動く運動。又はその距離。㊞ストロークの寸法。
ストローク・キャパシティ [stroke capacity]　行程容積。1シリンダの排気容量。cc（立方センチ）又はℓ（リットル）で表す。
ストローク・シミュレータ [stroke simulator]　トヨタのハイブリッド車において，ブレーキ・ペダルの踏力に応じたペダル・ストロークを発生させる装置。ブレーキ・アクチュエータ内に設けられたもので，制動時にモータを発電機として使用する回生ブレーキ制動を優先して行うため，マスタ・シリンダの油圧を制御している。
ストロボスコープ [strobo-scope]　明滅光を用いて高速周期運動体の状態変化を観察

するもの。例 ストロボ式タイミング・ライト。

ストロボランプ [strobe lamp] 同前。☞タイミング・ライト。

ストロンバーグ・キャブレータ [Stromberg carburator] ダブル・ベンチュリ，メイン・ノズルおよびパワー・バルブを備えた代表的なキャブレータ。

ストン [stone] 石。砥石。例 ㋑オイル～。㋺グラインド～。

スナッグ・ボルト [snug bolt] 隠れて見えないボルト。

スナッグ・ワッシャ [snug washer] 隠れて見えない座金。

スナップオン・ターミナル [snap-on terminal] （道具を使わずに）ぱちんと着脱できる電極。例 スパーク・プラグのターミナル。

ス

スナップ・リング [snap ring] ぱちんとはまるばね輪。例 ㋑トランスミッション・ギヤの位置決め用。㋺ジョイント・カップの固定用。

スナップ・リング・リムーバ [snap ring remover] スナップ・リング抜き取り器。

スナバ [snubber] （固体摩擦式の）緩衝器。＝ショック・アブソーバ。

スニップ [snip] 金切りばさみ。ブリキ用手ばさみ。

スネール・カム [snail cam] かたつむり状カム。例 ブレーキ・シュー調整用。

スノー・キャット [snow cat] 雪上自動車。

スノー・タイヤ [snow tire] 雪道用タイヤ。トレッドを広く，パターン溝を深くして滑り止めにしたもの。

スノー・バージョン [snow version] 車の仕様で，降雪地用の装備をしたもの。例 ㋑スノー・ブレード。㋺ウインドシールド・ガラス下部に温水を循環させ，ガラス下部の雪などを溶かす温水パネル・ヒータ。㋩リヤ・フォグ・ランプ。

スノー・ブレード [snow blade] 降雪地専用のワイパ・ブレード。雨の代わりに雪をかくためワイパ・ブレード全体をゴムで密閉し，硬化しにくい天然ゴムを使用している。

スノー・プロー [snow plow] （除雪車の）雪かき用すき。

スノー・ブロワ [snow blower] ロータリ式除雪車。

スノー・モード [snow mode] 雪道走行におけるAT，ABSやスロットル・バルブ開度の制御モード。スノー・モードの選択スイッチで切り換えることにより，自動制御される。☞パワー～。

スノー・モービル [snow mobile] 雪上車。（前輪の代わりにそりを，後輪の代わりにキャタピラを用い雪中を走る自動車）。

スノー・ローダ [snow loader] （トラックへ）雪を積み込む特殊除雪自動車（ショベル式又はベルト式コンベヤを用いる）。

スパー・ギヤ [spur gear] 平歯車。軸に平行に歯を切った歯車。例 ㋑スタータのギヤ。㋺トランスミッション内の一部のギヤ。平行2軸間の動力伝達に用いる。

スパーキング・コイル [sparking coil] 点火線輪。スパークを出す高圧電流を生ずるに必要な一種の変圧器。通称単にコイル。＝イグニション～。

スパーキング・プラグ [sparking plug] 点火せん。高圧電流によってスパークを出す装置。＝スパーク・プラグ。

スパーク [spark] 火花。火花放電，電気火花。例 ㋑高圧電流が空間を飛ぶときの火花。㋺電気回路を切るとき出る火花。㋩電気溶接のアーク。

スパーク・アドバンサ [spark advancer] 点火進角装置。点火時期を進める装置。例 ㋑遠心進角装置。㋺真空進角装置。対 ～リターダ。

スパークアドバンス・コントロール・ポート [spark advance control port] 発火進角制御孔。キャブレータ又はマニホールドに設けた負圧取り出し口。

スパーク・アドバンス・バキューム・コントローラ [spark advance vacuum controller; SAVC] ☞SAVC。

スパーク・アレスタ [spark arrester] 火の粉止め。排気管に取り付けて火の粉の発散を止める装置。原野用トラックやトラクタに装備して火災防止用とする。

スパーク・インテンシファイヤ [spark intensifier]　火花強化装置。例 ①点火プラグ回路に適度なすき間を設ける。通称ダブル・ギャップ法といい，コイルの二次電圧が増強されてくすぶってミスしているプラグも発火が再開される。②トランジスタ式又はCDI 点火法の採用。
スパーク・ギャップ [spark gap]　火花すき間。発火させるためのすき間。例 点火プラグの場合 0.5～1.0mm。
スパーク・コイル [spark coil]　火花線輪。＝スパーキング～。
スパーク・コントロール [spark control]　火花制御。点火時期を進退させること。一般に遠心進角と真空進角の両装置を備えている。
スパーク・コントロール・バルブ [spark control valve]　点火制御弁。例 真空進角用配管の途中にあって通路の開閉をつかさどる弁。
スパーク・ディセラレーション・バルブ [spark deceleration valve]　点火遅角弁。排気ガス浄化装置において，NO_xの発生を少なくするため減速のとき点火時期を遅くする負圧回路の弁。
スパーク・ディレイ・システム [spark delay system; SD system]　トヨタ車などに採用された点火時期遅延（遅角）装置。☞ SD system。
スパーク・ディレイ・バルブ [spark delay valve; SDV]　いすゞ車に採用された点火時期遅延装置。☞ SDV。
スパーク・テスタ [spark tester]　発火試験器。点火プラグの発火状態を調べるもの。例 ①スパーク・プラグ・テスタ。②シャープ・ペンシル型テスタ。（ネオン，アルゴン又はキセノンなどの希有ガスを封入した放電管をプラグに触れ，放電管の発光状態で見るもの。）
スパーク・ノック [spark knock]　プレイグニション（過早点火）によって生ずるノッキング現象。
スパーク・プラグ [spark plug]　点火せん。＝スパーキング～。
スパーク・リターダ [spark retarder]　点火遅角装置。点火時期を遅らせる働きをする装置。対 ～アドバンサ。
スパート・ホール [spurt hole]　噴出口，吹き口。例 コンロッドにあるオイルの吹き口。＝スピット～。
スパイク・タイヤ [spike tire]　スパイク付タイヤ。氷上の運転に適するようトレッドにスパイクを植えた特殊タイヤ。現在は使用が禁止されている。
スパイダ [spider]　放射軸。十字軸。例 ①ジョイントの十字軸。②デフ・ギヤの十字軸。
スパイラル [spiral]　①螺旋（らせん），螺旋形の。②うず巻旋。＝ヘリカル。例 エアバッグの～ケーブル。
スパイラル・ギヤ [spiral gear]　ら旋歯の歯車。
スパイラル・ケーブル [spiral cable]　ら旋ケーブル。例 エアバッグ・センサからの点火電流を，ステアリング・ホイール内のインフレータに伝達するためのケーブル。
スパイラル・スプリング [spiral spring]　渦巻きばね。例 ①オート・チョーク。②スピードメータ。
スパイラル・フルート・リーマ [spiral flute reamer]　ら旋刃拡孔器。ねじれ溝（従ってねじれ刃の）を持ったリーマ。☞ ストレート～。
スパイラル・ベベル・ギヤ [spiral bevel gear]　ら旋傘歯車。ねじれ歯の傘歯車。例 ファイナル・ギヤ。☞ストレート～。
スパイラル・マーキング [spiral marking]　ら旋じま。例 コードの色分けに使うら旋状しま模様。
スパイラル・リーマ [spiral reamer]　ら旋刃の拡孔器。☞ ストレート～。

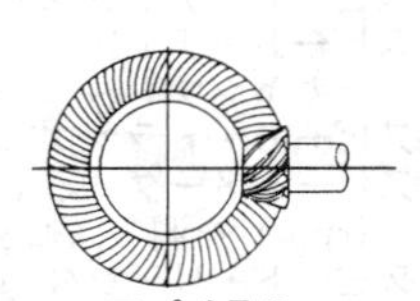
スパイラル・ベベル・ギヤ

スパッタ [spatter]　溶射材料の一部が微粒化されないまま跳ね返り，皮膜表面に付着した粒。

スパッツ [spats]　サスペンションやタイヤの覆い。

スパナ [spanner]　ねじ回し。ボルトやナットを回す工具。＝レンチ。例 ㋑オープンエンド～。㋺ボックス～。

スバルXV Hybrid　ハイブリッド車の車名で，スバルが2013年に発売した初のハイブリッド車（リニアトロニックHV）。2ℓ水平対向エンジンとモータ内蔵のCVT（無段変速機）などのハイブリッド・システムを独自に開発し，4輪駆動システムと組み合わせている。スタータ機能をもつオルタネータ（ISG）の採用，最高出力10kWのモータをチェーン式CVTのリニアトロニックに内蔵，ニッケル水素電池（100.8V）の採用などにより，JC08モード燃費は20km/ℓ。発進から約40km/hまではモータで駆動し，中速域や急加速時はモータがエンジンをアシストし，高速時はエンジンで走行する。通常の始動には従来のスタータを用いるが，それ以外の再始動にはISGを使用するため，ISG専用の鉛バッテリを補機用バッテリとは別に搭載している。

スパン [span]　張り間，径間。例 ㋑板ばね両端の目玉中心間寸法。㋺回転軸両軸受間距離。㋩電機子巻線の溝間隔。

スパンイン・キャスティング [span-in casting]　遠心鋳造。回転鋳込み。回転する鋳型へ溶金を注入する鋳造法。例 ㋑シリンダ・ライナ。㋺ピストン・リング。＝セントリフューガル～。

スパン・ガス [span gas]　標準ガス。例 排気ガス測定用のCOテスタやHCテスタにおいて，基準セルに使用する標準ガスはCO（一酸化炭素），C_3H_8（プロパン），N_2（窒素）等を適度に混合したものである。

スピーダ・ハンドル [speeder handle]　早回しハンドル。例 ソケット・レンチを速回しするハンドル。

スピード [speed]　速さ，速度，速力。

スピードアップ [speed-up]　①速度増進，高速度化。②能率増進。

スピード・アラーム [speed alarm]　速度警告ブザー。例 設定速度を超えると鳴り出すブザー等。

スピード・インジケータ [speed indicator]　速度表示器。例 ㋑スピードメータ。㋺回転速度計（タコメータ）。

スピード・ウェイ [speed way]　①高速自動車道（ハイウェイ）。②自動車やオートバイの競技場。

スピード・ガバナ [speed governor]　調速器。自動速度調整装置。例 ㋑ディーゼル・エンジンの燃料噴射ポンプにあるガバナ。㋺一部トラクタのキャブレータに設けた速度制限装置。

スピード・コップ [speed cop]　オートバイに乗ったスピード取り締まり警官。パトカー警官，白バイ警官。（かつて警官のボタンが銅（copper）であったので警官のことをcopという。）

スピード・センサ [speed sensor]　車速又は車輪回転数の検出器。例 ABS～。

スピード・チェンジ・ギヤ [speed change gear]　変速機。＝トランスミッション。

スピード・チェンジ・レバー [speed change lever]　変速てこ，ギヤ入れ換え用てこ。＝ギヤシフト～。

スピード・トラップ [speed trap]　スピード監視所。

スピードメータ [speedometer]　①走行速度（km/h）を測る速度計。②回転速度（rpm）を測る回転速度計（タコメータ）。

スピード・リミッタ [speed limiter]　速度制限（抑制）装置。車の速度をある一定速度以上出ないよう，燃料カットなどの装置で制限すること。例 ㋑国内仕様の乗用車等は，180km/hでスピード・リミッタが作動。㋺大型トラックへのスピード・リミッタ取り付けの義務化。国土交通省は，大型トラックの高速走行時の事故防止のため，最高速度を90km/hに抑えるよう保安基準を改正し，2003年9月より新車へのスピード・リミッタの取り付けを実施。

スピード・リミット [speed limit]　速度制限。

スピード・レーティング [speed rating]　タイヤに表示された速度記号のこと。

スピッティング [spitting]　吐くこと。吹き返すこと。＝バック・ファイヤ。

スピット・ホール [spit hole]　（油などを）吐く小穴。例コンロッド大端部の肩にあけてある油穴。＝スパート～。

スピューイング [spewing]　エンジンの高温時急発車や急変向等により気化器のフロートが振動し，エア・ホーンへガソリンを吐くこと。

スピリット・レベル [spirit level]　アルコール水準器。例フロント・アライメント・ゲージ附属の水準器。

スピル[1] [spill]　（ギヤを軸に固定するときなどに使う）くさびの昔名。今はキー。

スピル[2] [spill]　こぼす。逃がす。

スピル・タイミング [spill timing]　（ディーゼル）逃がしの時期。噴射ポンプにおいて噴射燃料の余分を逃がし孔を通じて吸入側へ逃がす時期。

スピル・バルブ [spill valve]　こぼし弁。逃がし弁。

スピン [spin]　①くるくる回ること。回転。②ホイールが空回りすること。③急ブレーキなどでスキッドして車がくるりと向きを変えること。

スピン・ターン [spin-turn]　ドライバが故意に後輪タイヤを横滑りさせ，その場でUターンをするテクニック。ハンドルを切って車の向きを変えてヨー運動を作り，同時にサイド・ブレーキを引いて後輪をロックすると横滑りが起きる。

スピンドル [spindle]　軸，芯棒。例㋑フロント・ホイールの短軸。ナックル～。㋺マイクロメータの回転軸。

スピンドル・オイル [spindle oil]　スピンドル油。主として高速機械の潤滑用として適度な品質の低粘度鉱油。ショック・アブソーバ用とするほか油差しに入れてこまごました運動部分に施す。紡績のスピンドル（紡錘）用に差すのでこの名がある。

スピンナ [spinner]　レーシング・カーのホイール脱着用，センター締めウイング付きの大きなハブ・ナットのこと。ハンマでウイングを一撃することでナットがスピン（急旋回）し，瞬時にホイールの脱着ができ，右側は右ねじ，左側は左ねじになっている。

スプール・バルブ [spool valve]　糸巻き状の弁。例パワー・ステアリングにおいて油路の切り替えをする弁。

スフェリカル・ジョイント [spherical joint]　球状継手。通称ボール・ジョイント。例㋑タイロッド・エンド。㋺フロント・サスペンションのコントロール・アーム。

スフェリカル・ローラ [spherical roller]　（ベアリング用の）たる型ころ。

スプライン [spline]　縦溝。キー溝。例軸の外周とさやの内周に6～10條の溝を切ってはめ合わせる継手。

スプライン・シャフト [spline shaft]　溝付き軸。例㋑クラッチ・シャフト。㋺トランスミッションのメイン・シャフト。㋩プロペラシャフト。㊁リヤ・シャフト。

スプラグ [sprag]　輪止め。輪の回転を妨げるもの。スプラグ・クラッチにおいて内外レースの間に入れた多数のまゆ型のこま。

スプラグ・クラッチ [sprag clutch]　スプラグ式一方クラッチ。一方に回転し反対向きにはロックされる一種のフリー・ホイール装置。例AT車のプラネタリ・ギヤ装置にあってキャリアを一方回転させるもの。

スプラッシャ [splasher]　①跳ねかけるもの。例コンロッド下端につけた油さじ。②泥よけ，跳ねよけ。

スプラッシュ・ガード [splash guard]　跳ねよけ，泥よけ。＝フェンダ。

スプラッシュ・システム [splash system]　飛散式。跳ねかけ式。例エンジン潤滑にお

ス

いて，オイルをコンロッドで跳ねかける方式。初期のエンジンに採用された。
スプラッシュ・トロフ［splash trough］　飛散油だめ，飛散式潤滑においてコンロッドに飛散させるオイルを入れてある容器。
スプラッシュ・フィード［splash feed］　飛散式給油法。エンジン内部の注油をコンロッドの飛散油によるもの。かつて採用された。
スプラッシュ・ボード［splash board］　泥よけ。跳ねよけ。＝フェンダ。
スプラング・アクスル［sprung axle］　曲がっている軸，反っている軸。例前車軸。
スプラング・ウェイト［sprung weight］　ばね上荷重。ばねに乗っている目方。対アン～。
スプラング・マス［sprung mass］　ばね上質量。ばねに乗っている質量。簡単にはばね上荷重と同じに扱う。
スプリットμ路（ろ）［split μ road］　右輪と左輪で摩擦係数（μ）が異なる路面を持つ道路。例車の左右輪が接している路面の片方が乾いていて，もう一方が濡れている場合。
スプリット・アクスル［split axle］　分割車軸。左右に分かれた車軸。
スプリット・ガイド［split guide］　縦割りの案内管。例弁軸端がすえこみになっているバルブ用ガイド。
スプリット・コッタ［split cotter］　二つ割りコッタ。例バルブ・スプリング用。
スプリット・コレット［split collet］　二つ割り受け座。同前。
スプリット・スカート・ピストン［split skirt piston］　割りスカートのピストン。スカートに断熱用の横スリットや弾力用の縦スリットを設けたピストン。

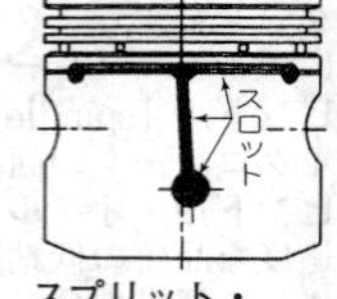

スプリット・スカート・ピストン

スプリット・ハウジング［split housing］　分割型軸管。左右の2片に分かれる軸管。例後車軸のデフ・ハウジング。
スプリット・ベアリング［split bearing］　分割軸受。割りメタル。例コンロッド大端やクランクの軸受。
スプリット・リベット［split rivet］　割りあしびょう。例ライニングかしめ付け用。
スプリット・リング［split ring］　割り環。二つ割りになる円環。
スプリング［spring］　ばね，発条。弾性変形によりエネルギーを蓄えることのできるもの。例㋑シャシ～。㋺バルブ～。㋩クラッチ～。
スプリング・アイ［spring eye］　スプリングの目玉。板ばね取り付け部の巻き込み。
スプリング・キャリパス［spring calipers］　ばね付き測径器。＝カリパス。
スプリング・キャンバ［spring camber］　板ばねの反り。
スプリング・コンスタント［spring constant］　ばね常数，ばね定数。ばねの強さを表す指数。N/mm。＝～レート。
スプリング・シート［spring seat］　ばね座。ばねを乗せる台。
スプリング・シャックル［spring shackle］　ばね取り付け用つり手。板ばねに屈伸の自由を与えるためその一端に用いた取り付けリンク。＝～ハンガ。
スプリング・スプレッダ［spring spreader］　ばね伸張器。ばねの引き伸ばし器。
スプリング・テスタ［spring tester］　ばね試験機。例㋑バルブ・スプリングやクラッチ・スプリングのばね力を計測する装置。㋺シャシ・スプリングを長時間屈伸させて疲労度を試験する機械。
スプリング・パーチ［spring perch］　ばねの取り付け座。板ばねを乗せる座。
スプリング・パーチェス［spring perches］　同前。
スプリング・バランス［spring balance］　ばねばかり。ぜんまいばかり。
スプリング・ハンガ［spring hanger］　ばねつり，ばね取り付けリンク。＝シャックル。

スプリング・ブラケット [spring bracket]　ばね取り付け金具。フレームに附属。
スプリング・ブレーキ [spring brake]　エア・ブレーキの安全装置で，リヤ・エア・タンクのエア圧が何らかの原因で規定以下となったとき，ブレーキ・チャンバのスプリングのばね力により自動的に制動作用を行うもの。このブレーキは駐車ブレーキとしても，運転席のキャブ・コントロール・バルブを作動させて使用できる。
スプリング・マス [spring mass]　ばね上質量。＝スプラング〜。
スプリンクラ [sprinkler]　散水装置，散水車。道路清掃車。＝スイーパ。
スプリング・リーフ [spring leaf]　ばね板。板ばねの1枚。
スプリング・レート [spring rate]　ばね力の程度を表すもの。荷重と変形の関係。N/mmで表される。＝〜コンスタント。
スプリング・ワッシャ [spring washer]　ばね座金，ナットやボルトの緩みを防ぐため用いるワッシャ。
スプレー [spray]　噴霧器。霧吹き。
スプレー・ガイド方式成層燃焼（ほうしきせいそうねんしょう）プロセス [spray guided stratified charge combustion process]　ピエゾ式インジェクタを用いたガソリン直噴システムで，独ボッシュ社が2006年に発表したもの。シリンダ中央部のスパーク・プラグ付近にピエゾ式インジェクタのノズルを配置し，20MPa（200bar）程度に加圧したガソリンを非常に微細な噴霧にして燃焼室へ噴射することにより燃焼室内に成層状態の混合気が作り出され，直接点火することが可能となる。この場合，燃料の噴射は最大3回のマルチ噴射が行われる。これにより，従来の吸気管内噴射方式と比べて最大15%の燃費低減を実現している。成層燃焼は希薄燃焼（リーンバーン）ともいい，スプレー・ガイデッド・ガソリン直噴エンジンなどの名称で2006年以降，ダイムラー（MB），BMW，ジャガーなどに採用された。
スプレー・ガン [spray gun]　噴霧器。塗装用吹き付け器。洗浄用吹き付け器。
スプレー・パターン [spray pattern]　噴霧の形状。例㋑丸吹き。㋺横吹き。㋩縦吹き。
スプレー・ブース [spray booth]　塗装室。
スプレー・プレート [spray plate]　（噴霧のかかるのを防ぐ）防まつ板。
スプレーヤ [sprayer]　噴霧器。吹き付け塗装器。
スプレッダ [spreader]　伸張器。広げる機械。
スプレッダ・スプリング [spreader spring]　拡張用ばね。広げるためのばね。同前。
スプロケット [sprocket]　鎖車。チェーンをかける歯車。例カムシャフト伝動用スプロケット。
スプロケット・ホイール [sprocket wheel]　同前。ホイールは歯車の意。
スペア・シート [spare seat]　予備座席，補助席，折り畳み席。
スペア・タイヤ [spare tire]　①予備タイヤ。②俗用のない人。腹の出張った人。
スペア・パーツ [spare parts]　予備部品。
スペア・ホイール [spare wheel]　予備車輪。＝フィフス〜。
スペーサ [spacer]　間隔を空けるために入れてあるもの。例隔て金。別名ディスタンス・ピース。
スペース・セーバ・タイヤ [space saver tire]　場所をとらないタイヤ。空気を抜きサイド・ウォールを折り畳んだ状態で半分のスペースに収納できる。附属のボンベで空気を入れて使用する。
スペース・ビジョン・メータ [space vision meter]　トヨタが採用した虚像式ディジタル・メータ。スピードメータなどの文字や絵を蛍光表示管（VFD）で表し，この像を投影してスモーク・レンズを通して見る。
スペード・ターミナル [spade terminal]　スペード形電

スペース・セーバ・タイヤ

極金具。別名Ｈ型。

スペシフィケーション [specification]　仕様書。明細書。例 車の諸元表。

スペシフィック・グラビティ [specific gravity]　比重。例 水の目方を1とし他の同体積のものの目方を比較する指数。

スペシャル・アロイスチール [special alloy steel]　特殊合金鋼。例 ニッケル鋼，クロム鋼，ニッケルクロム鋼，モリブデン鋼，タングステン鋼。

スペシャル・ガソリン [special gasoline]　特別なガソリン。例 ハイオクタン～。アルコール入～。

ス

スペシャル・サービス・ツール [special service tool; SST]　整備用の特殊工具。トヨタ，ダイハツ，マツダ系では，メーカ製の整備用特殊工具をSSTと呼んでいる。

スペシャル・チューニング [special tuning]　特別調整。例 エンジン出力向上のため一部改造を伴う調整。

スペシャル・パーパス・ビークル [special purpose vehicle]　特別な用途向けに製作された車，特装車。例 ダンプ・トラック，ミキサ・トラック，タンクローリ，トラック・クレーン，トレーラ，塵芥車。

スペック [spec]　スペシフィケーション（specification）の略。仕様書，明細書。

スペント・ガス [spent gas]　2サイクル・エンジンで，上昇するピストンがシリンダの掃気孔をふさいでも，燃焼室内に一部残る排ガスのこと。

スポイト [*Spuit*]　和（吸入器の）ゴム球。例 バッテリ比重計のゴム球。

スポイラ [spoiler]　阻害板。レーシング・カーにおいて車体の後上部に設ける風受け板。風圧により車体を押さえ込み安定を得ると共に駆動力や制動力を増す。ただし相当高速でないと実効はない。前部バンパ付近にこれを設けたものもある。＝エアロ・スタビライザ・エア・ダム。

スポーク [spoke]　（車輪の）や。ハブとリムを連結する放射状の針金又は棒。

スポーク・キー [spoke key]　（ワイヤ・スポーク調整用の）ニップル回し。

スポーク・ホイール [spoke wheel]　スポークを用いた車輪。例 ㋑ワイヤ～。㋺ウッド～。

スポーツ・カー [sports car]　①市販車のうち，加速性高速性に優れ，調度備品も高級でスポーツ向きの車であるが定義は明確でない。②国際スポーツ法典に基づく競走車。

スポーツ・シフト・イー・シー・ブイ・ティー（ECVT） [sports shift electronic continuously variable transmission]　☞フル電子制御ECVTシステム。

スポーツ・ハイブリッド i-DCD [sport hybrid intelligent dual clutch drive; Sport Hybrid i-DCD]　1モータ式ハイブリッド・システムで，ホンダが2013年発売の小型乗用車（フィット・ハイブリッド）に搭載したもの。1.5ℓアトキンソン・サイクル・i-VTECエンジンにモータ内蔵の7速DCTとリチウムイオン電池を組み合わせ，駆動・発電用モータとエンジンをクラッチで切り離してEV走行することもできる。リチウムイオン電池は総電圧172.8V，DCTのレシオ・カバレッジ（変速比の幅）は9.3と超ワイドで，ギア・シフトは電動モータで行う。駆動・発電用モータの採用でオルタネータを廃止し，電動ウォータ・ポンプや電動エアコンの採用で補機類用のベルトレス化を図り，システム出力は101kW（137ps）と高出力。燃費性能は36.4km/ℓ（JC08モード）。

スポーツ・ハイブリッド i-MMD [sport hybrid intelligent multi-mode drive; Sport Hybrid i-MMD]　2モータ式ハイブリッド・システムで，ホンダが2013年発売の乗用車（アコード・ハイブリッド）に搭載したもの。2.0ℓアトキンソン・サイクル・エンジンと2モータ（走行用／発電用）内蔵のエンジン直結クラッチ付き電気CVTに1.3kWhのリチウムイオン電池を組み合わせ，電源電圧を259Vから最大700Vまで昇圧し，走行状態に応じて3種類のドライブ・モードを最適に切り替えることにより，30km/ℓ（JC08モード）の燃費性能を達成している。電気CVTは電気パスによりエンジン回転数を制御する方式のもので，オルタネータの廃止，電動ウォータ・ポンプや電動エアコンの採用で補機類用のベルトレス化を図っている。エンジンの主な役割は発電用モータを駆動することで，市街地走行ではモータでの走行が中心となり，高速走行時にはエンジンで走行する。進化型の回生協調ブレーキ，電動サーボ・ブレーキ，暖房用のPTCヒータ（電気温水器）なども装備。

スポーツ・ハイブリッド i-MMD プラグイン・ハイブリッド [i-MMD Plug-in Hybrid] アコード・ハイブリッドと同時にリース販売されたプラグイン・ハイブリッド車。ハイブリッド・システムはアコード・ハイブリッドのものを使用し，最大の違いはリチウムイオン電池の容量をアコード・ハイブリッドの約5倍強（1.3→6.7kWh）に，外部充電も可能にしたことである。満充電時のEV走行距離は37.6km，エンジン走行と組み合わせた複合燃料消費率は70.4km/ℓを達成している。

スポーツ・ハイブリッド SH-AWD [sport hybrid super handling all wheel drive; Sport Hybrid SH-AWD]　3モータ式ハイブリッド・システムで，ホンダが2015年発売の新型車（レジェンド）に搭載したもの。V型6気筒3.5ℓ直噴エンジン（直噴i-VTEC）と3モータ・システムを組み合わせ，V型8気筒と同等の加速性能と4気筒以上の省燃費（JC08モードで16.8km/ℓ）を同時に実現している。車体前部に1モータ内蔵の7速DCT（湿式クラッチ式）を，車体後部には2個のモータを内蔵したTMUを搭載する電動AWD（4WD）で，左右後輪の駆動力と減速力を自在に制御できるトルク・ベクタリング機能を備えている。このシステムは，次期NSX（スポーツ・カー）にも搭載予定。☞トルク・ベクタリング・システム。

スポーツ・モデル [sports model]　スポーツ向きの型。＝スポーツ・カー。

スポッタ [spotter]　しんバイト，穴あけバイト。＝スポッティング・ツール。

スポッティング [spotting]　傷をつける，染みをつける。汚す。

スポッティング・ツール [spotting tool]　しんバイト。穴あけバイト。＝スポッタ。

スポット・ウェルディング [spot welding]　（電気溶接法の一つ）点溶接。例 ボデーやフェンダなど薄鉄板の溶接。

スポット・フェーシング [spot facing]　（びょう穴などの）座ぐり作業。

スポット・ライト [spot light]　集光灯。探照灯。サーチライト。照射方向が自由に変えられる強力灯火。例 パトロール・カー用探照灯。

スポンジィ・ペダル [spongy pedal]　スポンジを踏むようにふわふわした感じのペダル。例 オイル・ラインにエアが入ったり，ベーパロックを起こしたときのブレーキ・ペダルの感じ。

スポンジ・ゴム [sponge gum]　海綿状ゴム，泡ゴム。例 シートのクッション材。

スポンジ・タイヤ [spongy tire]　海綿状ゴムを詰めたノーパンク・タイヤ。

スポンジ・ブレーキ [sponge brake]　効きの悪いブレーキ，踏みごたえのないブレーキ。

スポンテイニアス・イグニション [spontaneous ignition]　自然点火，燃料混合気がプラグの発火によらずに点火されること。例 ㋑ディーゼルの圧縮点火。㋺ガソリン・エンジンの過熱又は過圧縮による自然点火。

スマート・アシスト [smart assist; SA]　自動緊急ブレーキの一種で，ダイハツが2012年末に軽乗用車に採用した「低速域衝突回避支援ブレーキ」。このシステムは約4〜30km/hで走行中，レーザ・センサが前方車両と衝突する危険性が高いと判断するとまずドライバにブザーやインディケータで警告し，その後も回避操作が無い場合には自動緊急ブレーキを作動させて停止する。誤発進抑制制御機能付き。

スマート・インターチェンジ [smart interchange; smart IC]　ETC専用のインターチェンジ。高速道路のサービス・エリア（SA）やパーキング・エリア（PA）などで，自動料金収受システム（ETC）搭載車に限り乗り降りできるインターチェンジ。ETCの利用増加に伴い，国土交通省がスマートICの実験を2004年度から開始し，2006〜2007年にかけて，全国の高速道路に計31箇所のスマートICが正式に導入された。2008年以降の10年間で，200～300箇所の増設が計画されている。

スマート・ウェイ［smart way］　知能道路。高度道路交通システム（ITS）のインフラ（道路）整備の総称。VICSと光ファイバ網による情報通信の確立やETC（自動料金収受システム）による交通の円滑化，AHS（走行支援道路システム）による安全性の確保，走行や物流の効率化による経済効率の向上と環境保全が含まれている。☞ VERTIS。☞スマート・カー。

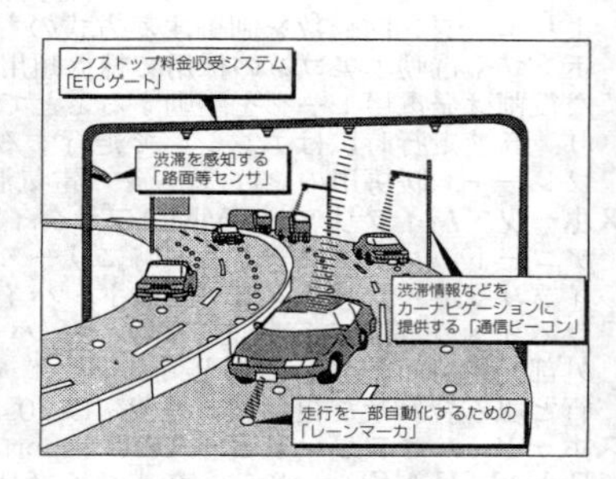

スマート・ウェイ

スマート・エアバッグ［smart-airbag］　乗員のサイズや位置を感知できるとともに，必要な場合に膨張力を調整できる次世代のエアバッグ。

スマート・カー［smart car］　各自動車メーカが開発を進めている先進安全自動車（ASV）「知能自動車」のことで，最新の予防安全，事故回避，全自動運転技術等を備えている。スマート・カーは車両側の装備のみならず，道路側のインフラも必要となり，ITS（高度道路交通システム）の中心となる。☞スマート・ウェイ。

スマート・キー・システム［smart key system］　車両乗降時のドア・ロックの解錠，施錠とエンジン始動をキーなし（無線通信）で行うシステムで，キーレス・エントリ・システムの進化版。スマート・キーを携帯していれば，ドア・ハンドルを握るだけでドア・ロックは解除され，ブレーキを踏みながら始動ボタンを押すとエンジンが始動し，ドア・ハンドルのロック・スイッチを押すだけで施錠される。この装置には固有のIDコードが設定されており，盗難防止システムも備えている。

スマート・グリーン・バッテリ［smart green battery］　使用済みハイブリッド車の電池を再利用した定置型蓄電システム。トヨタが開発したもので，ELVとなったハイブリッド車から再利用可能なニッケル水素電池を取り出し，定置型の蓄電池として再構成しており，容量が10kWhと4kWhの2種類がある。太陽光発電や電力使用状況の監視・制御を行うビルディング・エネルギー・マネジメント・システム（BEMS）と組み合わせて，電力の節約や契約料金の低減，非常用電源などに活用でき，トヨタでは販売店向けに導入を提案している。☞ HEMS。

スマート・グリッド［smart grid］　次世代送電網。情報通信技術を活用し，電力を効率よく安定供給できるように設計された送電網で，2020年をめどに電力会社が大型設備投資を計画している。この送電網では，気象によって出力が変わる太陽光発電や風力発電で生まれた電力を安全に発電網に流せるようにしたり，家庭の電気機器の設定を電力の供給量に合わせて調整したりすることができ，今後普及が見込まれる電気自動車やプラグイン・ハイブリッド車への充電の最適化を図ることができる。

スマート・シティ・ブレーキ・サポート［smart city brake support; SCBS］　☞シティ・セーフティ，i-Activsense。

スマート・シンプル・ハイブリッド［smart simple hybrid; S-Hybrid］　ベルト駆動式のスタータ・ジェネレータ（ISG）を用いた簡易型のハイブリッド・システムで，日産が2012年にミニバン（セレナ）に搭載したもの。従来のECOモータ式アイドリング・ストップ・システムをベースに，モータの容量アップと鉛電池サブバッテリの追加などでエネルギー回生量と蓄電容量を拡大して，燃費性能は15.2km/ℓ（JC08モード）。S-Hybridのモータ出力は1.8kWで，プリウスの60kWやフィットの10kWとの比較には無理がある。このようにシンプルな構造のハイブリッド・システムをマイクロハイブリッド・システムともいうが，正式なハイブリッド・システムには属さない。2013年には，燃費性能を16.0km/ℓ（同）に向上させている。

スマート・パーキング・アシスト・システム [smart parking assist system]　ホンダが軽自動車に採用した，駐車支援装置。ステアリングの自動操作と音声ガイダンスにより，バックでの駐車や縦列駐車を助けるもので，後退開始地点までの前進時にステアリング操作を車が自動で行い，誘導する。映像モニタを必要としないシンプルな構造が特徴。☞インテリジェント・パーキング・アシスト。

スマート・ハウス [smart house]　エネルギー・マネジメント・システムを導入した住宅。トヨタ自動車が開発を進めているスマート・ハウスでは，太陽光発電装置，家庭用蓄電池，燃料電池，電気自動車（EV）やプラグイン・ハイブリッド車（PHV）に搭載したバッテリなどを情報ネットワークで結び，家庭内の電力平準化とエネルギーの最適化を実現している。ここでは，車のバッテリに蓄えた電力を住宅に供給するシステムの検証も行われる。トヨタでは，このようなシステムをホーム・エネルギー・マネジメント・システム（HEMS）と呼んでいる。

スマート・ビーム [smart beam]　インナ・ミラー内にピクセル・カメラを内蔵し，前方の交通状況によりヘッドランプのハイ・ビームとロー・ビームを自動的に切り替えるシステム。自動防眩ミラーの機能も備えており，BMWやキャディラックなどに採用されている。同製品を，トヨタではオートマティック・ハイビームと呼んでいる。

スマートフォン [smartphone]　高機能携帯電話で，通常の音声通話や通信機能だけではなく，本格的なネットワーク機能を備えたもの。米アップル社の「iPhone」やグーグル社の「Android」が有名で，2010年には，トヨタがスマートフォン端末を利用した道案内（スマートG-BOOK）や緊急時の位置情報送信などに，日産はカーウイングスで電気自動車（リーフ）の充電状況のチェックやエアコンの遠隔操作などに，2011年には，ホンダがインターナビ・プレミアムクラブで道案内や燃費計算などに，それぞれスマートフォンを導入している。略称，スマホ。☞Wi-Fi，Wi-MAX，LTE，コネクテッド・カー。

スマート・ブレーキ・サポート [smart brake support; SBS]　自動緊急ブレーキの一種で，マツダが2012年に採用した全車速域型のもの。前方障害物の検知には76GHz帯のミリ波レーダを使用し，15～145km/hの速度範囲で走行中に先行車と衝突の危険性がある場合，自動ブレーキにより減速を行い，衝突回避または衝突被害の軽減を図っている。相対速度が約30km/hまでならば，衝突前に回避することができる。SBSには，先行車との車間距離を視覚的に表示するDRSS（車間距離認知支援システム）および警報とメータ表示で先行車との衝突の危険を知らせるFOW（前方障害物警報装置）を備えており，ドライバが安全な車間距離を保つことをサポートしている。SBSは，i-Activsense（マツダの安全運転システムの総称）の構成要素の一つ。

スマート・プレート [SMART PLATE; system of multifunctional integration of automobiles and roads in transport in 21st century PLATE]　国土交通省がITSの一環として開発中の，電子ナンバ・プレート。ナンバ・プレートにICチップを埋め込み，通過するだけで路側設備が車両情報（主に車検証の内容）を読み取り，環境や交通安全，渋滞緩和，自動車盗難防止等に活用する。通信にはETCと同じ5,8GHzのDSRC（専用狭域通信）の電波を利用し，2003年度より成田空港等で実証実験を開始している。

スマート・ルームミラー [smart room mirror]　液晶モニタとルーム・ミラーを任意に切り替えることのできるもの。日産が2014年に発表した世界初のもので，高い解像度で常時映し出すための専用カメラを備え，さまざまな走行環境でドライバにクリアな後方視界を提供することができる。

スマート・レブ・コントロール [smart revolution control]　エコドライブ（省燃費運転）支援制御の一種で，日産がCVT（無段変速機）搭載車などに採用したもの。アクセルの動きを常にコンピュータでモニタし，不要な変速を抑制することによりエンジン回転数を一定に保ち，燃費性能を改善している。

スマッシュ [smash] 自動車の激突・大破。

スムースカット・ファイル [smooth-cut file] 細目やすり。目の細かい仕上げ用やすり。

スメージング [smazing] （製図でハッチングに代わる）断面周囲の着色縁とり。

スモーク・シート [smoke sheet] 煙で乾燥した板状の天然ゴム。

スモーク・センサ [smoke sensor] 煙り感知器。車室内のタバコの煙りが規定値以上になるとスモーク・センサが感知して，エア・ピュリファイヤの作動を弱から強に自動的に切り換え，煙を除去する。

スモーク・メータ [smoke meter] ①（エンジンの）燃焼試験器。排気ガスの状態により燃焼の良否を見るもの。＝コンバッション・アナライザ。②ディーゼルの排気黒煙の濃度を測定する装置。

スモーク・リミット [smoke limit] 発煙限界。（ディーゼルにおいて）これより燃料噴射量を増すと排気黒煙がはなはだしくなる限界点。

スモール・エンド [small end] 小端，小さい方の端。例コンロッドなどのピストンへ取り付く方の端。

スモールエンド・ブッシング [small-end bushing] 小端の軸受金。ブシュ。

スモール・オーバラップ・テスト [small overlap test; SOT] オフセット前面衝突試験の一種で，オフセット率が25%程度の微小ラップ衝突試験（部分衝突試験）。米国のIIHS（米国道路安全保険協会）が2012年末に実施して公表したもので，車の前面の運転席側25%（1/4）を時速40マイル（約64km）でバリア（障壁）に衝突させている。従来のオフセット率40%の試験だけでは死亡事故撲滅に繋がっていないために追加されたもので，その結果は「good／優」，「acceptable／良」，「marginal／可」，「poor／不可」の4段階で評価される。同国のNHTSA（国家高速道路交通安全局）でも，この試験方法の導入を検討している。スモール・オーバラップは，スモール・オフセットまたはナロー・オフセットとも。

スモール・オフセット [small offset] ☞スモール・オーバラップ・テスト。

スモール・スケール・インテグレーテッド・サーキット [small scale integrated circuit; SSI] 1チップ上にICを100個程度使用した小密度集積回路。☞MSI，LSI。

スモール・パーツ [small parts] 小部品。こまごました部分品。

スモール・ライト [small light] （大小あるとき）小灯のこと。例ヘッドライトの減光側。

スモッグ・バルブ [smog valve] （PCV装置にある）コントロール（メータリング）バルブの別名。

スモッグ・ベンチレーション・センサ [smog ventilation sensor] オート・エアコンの一部に採用されているセンサで，外気に含まれる一酸化炭素や窒素酸化物を感知するもの。このセンサの働きで内気循環モードへの切り替えを自動的に行い，汚れた空気を車室内に導入しないようにしている。トヨタ車などで採用。

スライダ [slider] 滑るもの，滑り金，滑動部。例（手動変速機の中で）シフト・レバーで動かされるもの。

スライディング・ギヤ [sliding gear] （手動変速機などの）しゅう動歯車。シフト・レバーで動かされるギヤ。

スライディング・サスペンション [sliding suspension] しゅう動式支持法。車台支持板ばねの取り付け方式において，リーフ端を板状のままとし相手の受け金としゅう動するもの。車軸の位置保持はスプリングと別なロッドやリンクで行う。例後2軸車の板ばね。

スライディング・タイプ [sliding type] しゅう動式。例㋑ミッションの一形式。㋺引き戸式窓ガラス。

スライディング・ハンマ [sliding hammer] しゅう動ハンマ。握りハンマをその軸に沿ってぶつけ強い引き抜き力を与えるもの。＝イナーシャ〜。

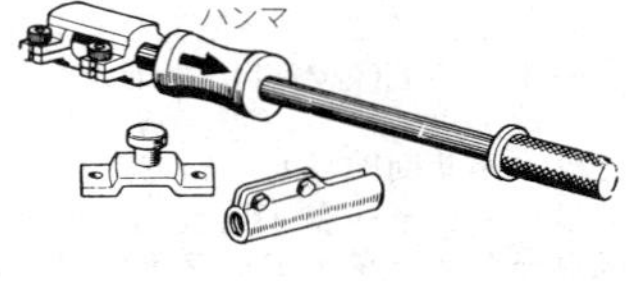

スライディング・ハンマ

スライディング・ヨーク [sliding yoke]　しゅう動二又。例（手動変速機において）ギヤを軸上で移動させる。二又の金物。

スライディング・ルーフ [sliding roof]　しゅう動開閉式の屋根。

スライド・キャリパス [slide calipers]　滑り尺。＝ノギス。

スライド・スイッチ [slide switch]　しゅう動式開閉器。ノブ（つまみ）を左右又は上下にしゅう動する構造のスイッチ。

スライド・ドア [slide door]　ワゴン車などの側面に使用されている横滑り式のドア。ドアが道路側に開かないため，通行者や他車の邪魔にならない。

スライト・リーケージ・テスタ [slight leakage tester]　（油圧タペットの）漏れ試験器。タペット・シリンダとプランジャ間の漏れが適切であるか見る工具。

スラスト [thrust]　側圧，軸方向圧力，押す力。

スラスト・アングル [thrust angle]　スラスト・ライン偏差角。車両の進行方向（スラスト・ライン）と車両の中心線との角度の差で，通常は0°00分±10分くらい。スラスト・アングルが大きくなると車両の直進性が保てなくなる。

スラスト・プレート [thrust plate]　推力の受け板。軸方向圧力の受け板。例カムシャフトにあり，これの厚さを変えてシャフトの軸方向遊びを調整する。

スラスト・ベアリング [thrust bearing]　側圧軸受。軸方向圧力を支える軸受。プレーン，ボール，ローラなど色々ある。

スラストボール・ベアリング [thrust ball bearing]　側圧用球軸受。例㋑クラッチ・リリース用。㋺ハンドル軸用。㋩ステアリング・ナックル用。

スラストローラ・ベアリング [thrust roller bearing]　側圧用ころ軸受。

スラスト・ワッシャ [thrust washer]　側圧受け座金。軸方向圧力を受ける座金。

スラック・アジャスタ [slack adjuster]　（エア・ブレーキの）緩み調整装置。プッシュ・ロッドのストロークを調整するウォーム・ギヤ装置。

スラッジ [sludge]　油泥。泥状の沈澱物。例オイル・パンの底に溜まる油泥。オイル，水，酸化物，炭化物，塵埃（じんあい），金属粉末等の混合物。

スラップ [slap]　（ぴしゃりと）平手打ち。例ピストン〜。

スラローム [slalom]　回転競技。例自動車による〜。

スラング [slung]　つった，つり上げた。例オーバ〜。アンダ〜。

スランテッド・ウインドウ [slanted window]　傾斜をつけた窓。

スランテッド・エンジン [slanted engine]　（高さを低くするため）傾けて取り付けられたエンジン。

スラント [slant]　傾斜，こう配，斜面。例㋑エンジンの〜。㋺キングピンの〜。☞インクリネーション，キングピン。

スラント・ノーズ [slant nose]　車体の前端（ラジエータ・シェル部）を空気抵抗を小さくするため前方へ傾けたデザイン。

スリーインワン・ドライバ [three-in-one driver]　大中小３本のドライバを１本にまとめたもの。

スリーウェイ [three-way]　三つの使い道，パイプの３方向分岐継手。

スリーウェイ・キャタリティック・コンバータ [three-way catalytic converter]　☞三元触媒コンバータ。

スリーウェイ・シート [three-way seat]　（上下，前後，傾斜の）３通りに調節できる座席。

スリー・ウェット・システム [three wet system]　新車の塗装工程において，中塗り，ベース・コート，クリア・コートの3層を，それぞれ乾かない（ウェットな）状態で塗り重ねること。3WETシステムとも表し，従来行っていた中塗り後の焼き付けを廃止してCO_2の排出を削減している。乾かないうちに塗り重ねることをウェット・オン・ウェット（W／W）といい，この塗装システムは2002年に日本ペイントとマツダが共同開発している。

スリー・クォータ [three quarter]　4分の3。3/4トン車の略称。

スリークォータ・エリプチック・スプリング [three-quarter elliptic spring]　3/4だ円型板ばね。昔の乗用車の後部ばねによく使われた。

スリークォータ・フローティング・アクスル [three quarter floating axle]　3/4浮動車軸。軽量トラックや一部の乗用車の後車軸に見られる。

スリーコート・スリーベーク塗装（とそう） [three-coat three-bake; 3C3B]　新車の塗装工程において，下塗り・中塗り・上塗りの3回の塗装と3回の焼き付け作業を行うこと。これはメタリック塗装やパール塗装で一般的に行われているものであり，高級車種では，上塗りや下塗りをもう1工程追加した4コート・4ベーク（4C4B）塗装や，4コート・2ベーク（4C2B）塗装を採用したものもある。塗装工程におけるCO_2排出を削減するため，中塗りに2液性塗料を用いて中塗り乾燥を廃止した3コート・2ベーク（3C2B）塗装や，中塗りと中塗り乾燥を廃止した2コート・2ベーク（2C2B）塗装なども開発されている。

スリー・シータ [three seater]　3座席の乗用車。

3（スリー）ステージi-VTEC＋IMA（アイブイテックアイエムエー） [intelligent variable valve timing and lift electronic control system to provide three stages of valve timing, combined with integrated motor assist system]　ホンダが2005年に採用した，新ハイブリッド・システム。1.3ℓのエンジンは，3系統の油路で1気筒当たり5個のロッカ・アームを低回転，高回転，気筒休止の3段階に切り替える方式のもの。IMAシステムに用いる薄型DCブラシレス・モータの出力向上，CVTの改良，排気マニフォールド一体型シリンダ・ヘッドと高密度2ベッド三元触媒の採用などにより，諸性能の向上を図っている。

スリー・ディー・プリンタ [three dimension printer; 3D printer]　コンピュータ上（CAD）で作った3次元データを設計図とし，樹脂などを用いて断面形状を積層していくことで立体物を作成する機器。プリンタと呼ばれるのはインク・ジェット・プリンタの技術を応用したもので，プリンタ・ヘッドから噴射するのはインクではなく，多くは溶けた樹脂で，数十ミクロン単位の樹脂の層を積み重ねて，徐々に立体物を成形していく。実際の製品を作る前にそれぞれの部品を3Dプリンタで出力できるサイズに縮小して出力し，デザインや機能の検証などの試作に使われることが多い。金型を使わずに対象物の試作品を成形することができるのが最大の特徴で，自動車メーカや部品メーカのほか，航空機，家電，医療，建築などの産業で幅広く利用されている。最新のプリンタでは，チタンやアルミニウムといった金属にも対応している。

スリー・ディメンション [three dimension; 3D]　三次元的な立体。

スリーブ [sleeve]　円筒，さや。例 シリンダ～（ライナ）。

スリープ [sleep]　①眠る，睡眠。②機械が活動しない，活動休止。対 ウェイク・アップ。

スリー・フェーズ [three phase]　（電気の）三相。交流波形三つを組み合わせたもの。例 オルタネータ。

スリーフェーズ・オルタネーティング・カレント [three-phases alternating current]　☞三相交流。

スリーフェーズ・サーキット [three-phase circuit]　三相回路，三相交流の電気回路。例 オルタネータのステータとダイオードの関係。

スリーブ・バルブ [sleeve valve]　円筒弁。円筒形のバルブ。

スリープ&ウェイク・アップ機能（きのう） [sleep & wake up function]　トヨタ車に採

用されたボデー多重通信（BEAN）で，車両非使用時の無駄な消費電力を防ぐため，通信を停止することをスリープ，開始することをウェイク・アップという機能を備えている。☞ボデー多重通信。

スリー・ホイーラ [three wheeler]　三輪バイク。＝スリータ。

スリーポイント・サスペンション [three point suspension]　3点支持法。

スリー・ポイント・シート・ベルト [three points seat belt]　☞3点式シート・ベルト。

スリーポート・タイプ [three-port type]　3孔型。例2ストローク・エンジンにおいて，混合気吸気孔がシリンダに設けられ，排気孔，掃気孔と合わせ合計三つの孔がシリンダに設けられたもの。

スリーユニット・レギュレータ [three-unit regulator]　3単位調整器。例充電回路開閉器，電圧調整器，電流制限器の三つを一つのケースに納めたもの。以前は広く用いられたが，オルタネータになってから開閉器と制限器は不要のものとなり，現在広く用いられるものは単に電圧調整器だけかチャージ・ランプ・リレーと組んだ2単位式である。

スリック・タイヤ [slick tire]　溝のない，レース用のタイヤ。

スリット [slit]　細長い切り割り。裂け目。例ピストン・スカートの切り割り。

スリッパスカート・ピストン [slipper-skirt piston]　（スカートが）スリッパ型のピストン。軽量化のため側圧側だけにスカートを設けたピストン。

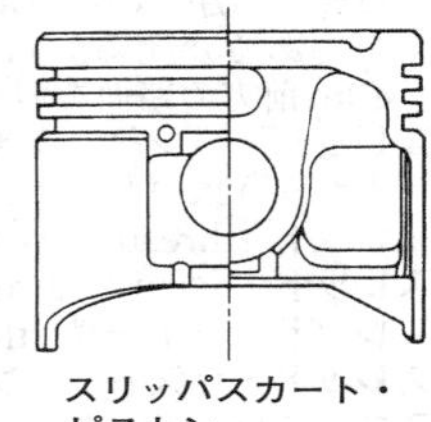
スリッパスカート・ピストン

スリッパ・ポンプ [slipper pump]　滑動ポンプ。ロータにあるベーンがハウジングの内周を滑り動く形式のポンプ。＝ベーン・ポンプ。例パワー・ステアリング用油圧ポンプ。

スリップ [slip]　滑り，横滑り。例㋑ベルトの～。㋺クラッチの～。㋩タイヤの～。

スリップ・アングル [slip angle]　滑り角。例車が旋回すると遠心力によって外方へ力が働くためタイヤが変形し，その結果ホイールの方向と進行方向とに生じる食い違い角。＝ドリフト～。

スリップイン・ベアリング [slip-in bearing]　はめ込み軸受。はめかえ式のメタル。＝インサート～。インタチェンジャブル～。例㋑クランクシャフト用。㋺コンロッド大端用。

スリップ・コントロール [slip control]　滑りやすい路面において駆動輪のスリップ量を検出し，エンジン出力を低めに制御すること。例トラクション・コントロール（TRC）。

スリップ・サイン [slip-sign]　（タイヤの摩耗限度を表示する）目印。例トレッド溝の深さが1.6mmより浅くなると，トレッドを横切る線が表れる。☞ウェア・インジケータ。

スリップ・ジョイント [slip joint]　滑り継手。軸方向の動きに自由を与えた継手。例プロペラシャフトのスプライン継手。

スリップ・ファン [slip fan]　滑りファン。例伝動部にフルード・カップリングを用い，設定速度に達するとスリップするようにしたもの。過冷却や騒音を防止し動力を節約する。

スリップ・フィット [slip fit]　滑合。はめ合わせの対偶において，油を十分つけて立てたとき自重で静かに滑り落ちる程度のはめ合わせ精度。

スリップ率（りつ） [slip ratio]　①流体継手の場合，入力軸回転速度から出力軸回転速度を引いた値と入力軸回転速度との比率（%）。②制動車輪の場合，車速からタイヤの周速度を引いた値とタイヤの周速度との比率（%）。20%ぐらいが最大の制動効果となり，100%はホイールの完全ロック状態で路面を滑っていく。

スリップ・リング［slip ring］　滑り環。回転電機において，固定部と回転部と電気連絡をするため回転部に設けた金属の円環。これにブラシを接触させる。例㋑オルタネータ。㋺マグネトー。

スリップ・ロード［slip road］　う回道路，抜け道。＝バイパス～。

スリパリ・ロード［slippery road］　つるつるして滑りやすい道路。

スリンガ［slinger］　投げつけるもの。例クランクシャフトのオイル～。

スルーウェイ［throughway］　高速道路，弾丸道路。＝エキスプレス～。スーパーハイ～。

ス

スルー・カップリング［through coupling］　直結継手。従動側が駆動側と同一速度で回転する継手。

スルー・ボルト［through bolt］　通しボルト。例モータやジェネレータなど回転電機の前ぶたと後ぶたとを締め合わせる長いボルト。

スルー・リーミング［through reaming］　通しリーマ作業。離れた二つのブシュの仕上げにおいて長いリーマを使用して二つを同一中心で仕上げること。例キングピン・ブシュの仕上げ。

スレーブ・シリンダ［slave cylinder］　従動側のシリンダ。例 油圧装置においてマスタ・シリンダの油圧を受けて作用するホイール（ブレーキ）～やクラッチのリリース～。

すれ違（ちが）い用（よう）ビーム［low beam］　前照灯のロー・ビームのこと。対向車があるか明るい市街地を走行するときに使うビームで，保安基準により光軸が40m 前方の路面を照らすよう調整されている。

スレッジ・ハンマ［sledge hammer］　向こうづち。大ハンマ。例かじ作業において先手が使う大づち。＝ストライカ。

スレッド［thread］　①ねじ山，ねじの筋。②糸，より糸。

スレッド・ゲージ［thread gauge］　ねじ山計測具。＝スクリュ・ピッチ～。

スレッド・チェーサ［thread chaser］　ねじ切り工具。☞チェーサ。

スレッド・リストーリング・ツール［thread restoring tool］　ねじ修正工具。

スロー[1]［slow］　遅い，のろい。例エンジンの低速。

スロー[2]［throw］　①投げる，投げうつ。②クランク・アームの長さ。行程。☞クランク～。

スローアウェイ・タイプ［throw-away type］　使い捨て型。例油ろ過器。

スローアウト・ベアリング［throwout bearing］　（クラッチを）切る軸受。リリース・レバー（又はダイアフラム）を押しつける側圧軸受。＝リリース～。

スロー・ジェット［slow jet］　低速ジェット。キャブレータにある低速用燃料の規制口。

スロート［throat］　のど。例（キャブレータ）のベンチュリ部分。

スロープ［slope］　坂，斜面，傾斜面。

スロッテッド・コア［slotted core］　有こう鉄芯。溝つき鉄芯。例モータやジェネレータのアーマチュア鉄芯。

スロット［slot］　溝。細長い穴。例㋑アーマチュア鉄芯の溝。㋺ピストンの切り割り。＝スリット。

スロットル［throttle］　①のど，気管。②絞り弁。例～バルブ。

スロットル・アジャスティング・スクリュ［throttle adjusting screw］　エンジンのアイドリング回転数を調整するため，スロットル・バルブの開度を微調整するねじ。

スロットル・オープナ［throttle opener］　（キャブレータ）スロットル・バルブを急激に全閉させず，若干開けてCOやHCを低減する装置。

スロットル・クラッカ［throttle cracker］　（キャブレータ）スロットルを開く装置。例チョークと連動してスロットルを開く機構。＝ファスト・アイドル。

スロットル・グリップ［throttle grip］　（二輪車の）スロットル操作用の握り。

スロットル・スイッチ [throttle switch]　スロットル連動燃料カット用スイッチ。例 スロットル・バルブが全閉状態でエンジンの回転が1600rpm以上のとき，すなわちエンジン・ブレーキ状態のとき燃料をカットして排気の浄化と燃料の節約をする。回転が1600rpmより下がると再び噴出を開始する。

スロットル・ストップ・スクリュ [throttle stop screw]　（アクセルを放したときの）スロットル・バルブの開きを定める小ねじ。スロー・スピードを決定する小ねじ。

スロットル・チャンバ [throttle chamber]　絞り弁室。吸気マニホールドと一体に鋳造され，スロットル・バルブ，フューエル・インジェクタ，コールドスタート・バルブ等が組み込まれている。例 EGIエンジン。

スロットル・ノズル [throttle nozzle]　（ディーゼル用の）噴射ノズルの一形式。針弁の先に絞りのあるもの。

スロットルバイワイヤ・システム [throttle-by-wire system; TBW]　電子制御式スロットル装置。アクセル・ペダルの操作を電気信号に変換し，モータによってスロットル・バルブの開閉を行う機構。現在では，広く普及している。

スロットル・バルブ [throttle valve]　（キャブレータ）絞り弁。混合気の通路を開閉してエンジンに供給する量を加減し出力の調整をする弁。アクセラレータによって操作する。

スロットル・バルブ・スイッチ [throttle valve switch]　スロットル・バルブと同軸で組み込まれスロットル全開と全閉の位置を検出すると共に幾つかの接点によりアイドル増量，フューエル・カット，フル増量などの電気信号を送る。例 EGI方式。

スロットル・プレッシャ [throttle pressure]　（AT車）アクセルの踏み方（スロットルの開度）に関連して調整される作動油圧。

スロットル・ポジショナ [throttle positioner]　（キャブレータ）スロットルの急閉を防ぐ装置。アクセルを急に放してもスロットルがゆっくり閉じるようにした装置で，減速時排ガス対策の一つ。

スロットル・ポジション・センサ [throttle position sensor]　電子制御式燃料噴射装置にて，スロットル・バルブの開度を全閉のアイドリング時と全開に近い高負荷時に分けて感知し，コンピュータへ電気的に送信するセンサ。

スロットル・ボタン [throttle button]　（運転席の）スロットル開閉操作ボタン。

スロットル・ボデー [throttle body]　空気又は混合気の流れを制御する絞り弁本体。例 燃料噴射装置の～。

スロットル・モータ [throttle motor]　スロットル・バルブの開閉を電子制御によるステップ・モータで行うもの。モータは正転/逆転する。

スロットル・レバー [throttle lever]　スロットル開閉用てこ。特殊自動車などに見られる。

スロワ [thrower]　投げるもの。例 オイル～。＝スリンガ。

スワール [swirl]　シリンダの中心軸まわりの作動ガスの渦状の流れ。

スワール・コントロール・バルブ [swirl control valve; SCV]　☞ SCV²。

スワール・チャンバ [swirl chamber]　（ディーゼル）渦流室。燃焼室の一形式。

スワッシュ・プレート [swash plate]　回転斜坂。立体端面カムの一種で回転軸に斜めに平面板を取り付け，これに接する従動体に回転軸と平行な運動をさせる機構。例 ㋑コンプレッサ。㋺流体式自動変速機。

スワップ・ボデー [swap body]　トラックの荷台

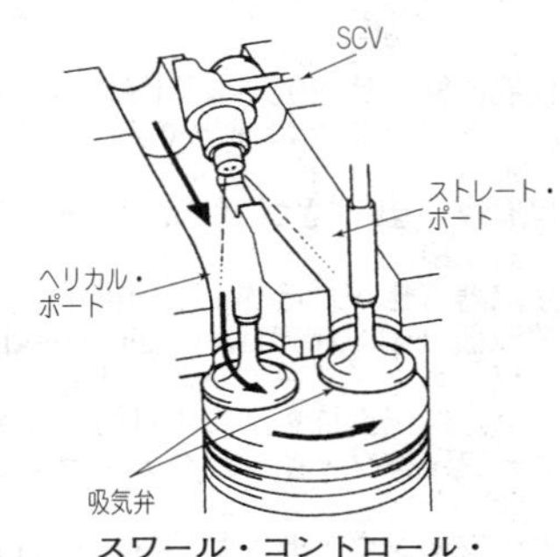

スワール・コントロール・バルブ（SCV）

を取り外して鉄道輸送ができるようにした特装車のボデー構造。物流の合理化を目指して運輸省が実証実験中のもの。

スワン・ネック［swan-neck］　がん首型のもの。例④セミ・トレーラの連結機。⑤ディーゼル噴射弁テスタのがん首パイプ。＝グースネック。

［セ］

正圧（せいあつ）［positive pressure］　大気圧以上の圧力。対負圧。

正温度特性（せいおんどとくせい）サーミスタ［positive temperature coefficient thermistor; PTC thermistor］　☞PTC thermistor。

清浄分散剤（せいじょうぶんさんざい）［detergent dispersant］　潤滑油中の不溶生成物を懸濁分散させ，エンジン内部を清浄に保つ添加剤。エンジン・オイルの添加剤。

制振鋼板（せいしんこうはん）［vibration damping steel sheet］　防振鋼板ともいい，2枚の鋼板の間に合成樹脂を挟んだ構造で，この樹脂層によって鋼板の振動を吸収し，車内の騒音を低くするもの。例ダッシュ・ボードに使用してエンジン・ルームからの音や振動を遮断する。

成層燃焼（せいそうねんしょう）［stratified charge combustion］　空燃比が20～40の超希薄燃焼。空燃比又は燃料濃度が異なる層状の混合気の燃焼。燃焼初期は濃い混合気に点火して燃焼性を向上させ，その後に火炎は薄い混合気に触れて全体の燃焼が完了するような燃焼方式。＝層状燃焼。例ガソリン・エンジンの筒内直接噴射による燃焼形態。

製造物責任法（せいぞうぶつせきにんほう）［product liability law; PL law］　☞PL law。

静的（せいてき）バランス［static balance］　物体の静止状態における重さの均衡。☞スタチック～。対動的（ダイナミック）～。

静電気（せいでんき）［static electricity］　摩擦によって生じる電荷。

静電塗装（せいでんとそう）［electrostatic coating］　塗料にマイナスの電荷を与え，被塗物をアースして静電界により塗装を行う方法。

青銅（せいどう）［bronze］　ブロンズ。Sn（すず），Cu（銅）合金。Snは2～35%であるが，Snが10%程度のものは砲金とも呼ばれる。

制動距離（せいどうきょり）［braking distance］　ドライバがブレーキを踏んでブレーキが効き始めた瞬間から停止するまでに自動車が実際に進行した距離。

制動灯（せいどうとう）［stopping lamp］　ブレーキ・ペダルの操作時および大型車両では補助制動装置（リターダ）の作動時点灯し，後続車に追突の危険を知らせる灯火。保安基準第39条と第39条の2にて，色は赤色，光度は尾灯の5倍以上（兼用の場合）と規定されている。

性能曲線（せいのうきょくせん）［performance curve］　エンジン性能や車両の走行性能などをグラフ上に曲線で表したもの。パフォーマンス・カーブ。例④エンジン～。⑤走行～。

静摩擦（せいまさつ）［static friction］　静止している物体を動かすときに生じる摩擦。対動摩擦。

整流器（せいりゅうき）［rectifier］　交流を直流に変換する装置。☞レクチファイヤ。

整流板（せいりゅうばん）［air shield; air deflector］　①サン・ルーフの前に付ける風防板。エア・シールド。②大型トラックやトレーラのキャビンの屋上に付ける斜傾板で，空気抵抗を減らす目的。エア・ディフレクタ。

セーフィング・インパクト・センサ［safing impact sensor］　☞セーフィング・センサ。

セーフィング・センサ［safing sensor］　エアバッグの誤作動を防ぐために設けられた補助センサ。安全のために複数のエアバッグ・センサを設け，メインのエアバッグ・

センサ（複数の場合もある）が衝撃を検知しただけではエアバッグは展開せず，このセーフィング・センサも衝撃を検知して，はじめてエアバッグが展開する。＝セーフィング・インパクト・センサ。

セーフティ・アイランド [safety island]　（道路）安全島。車道の中に島状に設けられた安全地帯。

セーフティ・オペレーション [safety operation]　機械の安全な操作。

セーフティ・グラス [safety glass]　安全ガラス。事故に際し鋭い破片に粉砕されないようなガラス。例 ④合わせガラス。⑤熱処理ガラス。

セーフティ・ゴーグル [safety goggle]　保護めがね。例 ④オートバイ乗りが用いる防じんめがね。⑤溶接作業で目を保護するめがね。

セーフティ・シリンダ [safety cylinder]　安全シリンダ。例 油圧パイプが破損したときそのラインへの送油を遮断して全ブレーキが無効になることを防ぐ装置。

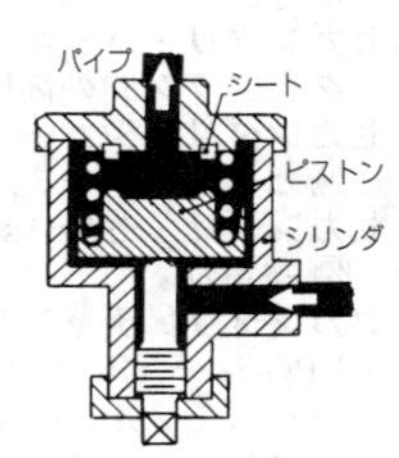

セーフティ・シリンダ

セーフティ・ゾーン [safety zone]　安全地帯。車道敷き内などに歩行者のために設けられた諸車侵入禁止区域。

セーフティ・パッド [safety pad]　安全のため衝撃を和らげる当て物。例 ステアリング・ホイール中央部やインパネの弾力性のあるパッド。＝EA pad。

セーフティ・バルブ [safety valve]　安全弁。例 エア・コンプレッサ用。

セーフティ・ビークル [safety vehicle]　安全自動車。衝突事故などの際，乗員の危険を防ぐ衝撃吸収装置や二次衝撃を防ぐ安全装置を備えた自動車。

セーフティ・ファースト [safety first]　（交通標語）安全第一。

セーフティ・ブレーカウェイ・スイッチ [safety breakaway switch]　安全自動スイッチ。ショートその他万一の場合は自動的に回路を切って電流を止めるスイッチ。

セーフティ・ベルト [safety belt]　安全ベルト。事故の際の安全を図るため身体を座席に拘束する帯。

セーフティ・マージン [safety margin]　安全に対する余裕。

セーフティ・リヤ・ヘッドレスト [safety rear headrest]　車両の横転や転覆の際，リヤ・ヘッド・レストが瞬時に上昇して後部座席乗員の頭部を保護するもの。ベンツがキャブリオレ用に開発した。

セーフティ・リレー [safety relay]　安全自動スイッチ。

セーフバイワイヤ [Safe-by-Wire]　ワイヤ・ハーネスの肥大化を解決する多重通信技術の通信規格（車内LANプロトコル）のひとつ。通信速度は160kbpsで，エア・バッグなど安全系装備に特化して用いられる。☞車内LAN。

セーフ・ロード [safe load]　安全荷重。無理のない負荷。

セーボルト・ビスコメータ [Saybolt viscometer]　（オイル）セーボルト粘度計。工業的に用いられる粘度計の一種で一定量のオイルが小穴から流出する時間秒数の大小をもって表す。記号S”。例 200S”。

セーム革（がわ） [chamois leather]　しか，やぎ，かもしかなどのもみ皮。例 ボデー塗装面の洗浄用もみ皮。＝シャミ皮。

セールス・プロモーション [sales promotion]　販売促進。商品に対する顧客の関心を高める活動。

セール・パネル [sail panel]　（ボデー）翼板。方向性安定や，浮き上がり防止などの目的のためにボデーにつける翼板。例 スポイラ。スタビライザ。

世界統一（せかいとういつ）テスト・モード [worldwide harmonized driving test cycle]　☞WLTC，WHDC，WMTC。

セカンダリ [secondary]　①第2の，第2位。②二次の，二次側。＝セコンダリ。☞

プライマリ。
セカンダリ・アイドル・ホール [secondary idle hole] 空転用二次噴霧口。アイドル・ポートに隣接する小穴。＝バイパス・ポート，スロー・ポート，トランスファ・ポート。
セカンダリ・エア・サプライ・システム [secondary air supply system; SAS] ☞SAS[1]。
セカンダリ・カップ [secondary cup] （ブレーキ）二次カップ。マスタ・シリンダのピストンにある漏れ止めカップ・ゴム。
セカンダリ・コイル [secondary coil] 二次線輪。点火コイル巻き線のうち高圧が起こる方のもの。線は細く巻き数は多い。☞プライマリ～。
セカンダリ・サーキット [secondary circuit] 二次回路。コイル，ディストリビュータ，プラグ間の高圧電気回路。
セカンダリ・シュー [secondary shoe] （ブレーキ）二次側のシュー，トレーリング側となるシュー。
セカンダリ・セル [secondary cell] 二次電池。充電により反復して使用できる電池。例 蓄電池。
セカンダリ・チャンバ [secondary chamber; secondary pressure reducing chamber] LPGレギュレータ（ベーパライザ）の二次減圧室。プライマリ・チャンバ（一次減圧室）で29kPa（0.3kg/cm^2）くらいに減圧・気化させたLPGを，更に大気圧近くまで減圧して燃焼室へ導入する。☞プライマリ～。
セカンダリ・バッテリ [secondary battery] 二次電池。充電により反復して使用できる電池。バッテリとは数個のセルを組み合わせたもの。
セカンダリ・ワインディング [secondary winding] 二次巻き線。＝セカンダリ・コイル。
セカンド[1] [second] 第2；第2の。例 変速機のセカンド・ギヤ。
セカンド[2] [second] （時間）秒，1分の1/60。記号S。
セカンド・カー [second car] （車）2台目の自動車。一家に1台という大型車の他に使う一般の小型車。
セカンドカット・ファイル [second-cut file] 中目やすり。
セカンド・ギヤ [second gear] （変速機）第2速。前進3段式では中速。
セカンド・スピード [second speed] （運転）第2速ギヤの速度。
セカンドハンド [second-hand] お古の，中古の。通称セコハン。
セカンドハンド・カー [second-hand car] 中古車。＝ユーズド・カー。
セカンドハンド・タップ [second-hand tap] 2番タップ。雌ねじたて用2番タップ。
セカンド・フェーズ [second phase] 第2段階。例 変速機の第2速。
セカンドモーション・シャフト [second-motion shaft] 第2運動軸。例 ㋑エンジンではカムシャフト。㋺変速機ではカウンタシャフト。
赤外線（せきがいせん） [infrared rays] 波長が赤色可視光線よりも長く，0.4mm程度よりは短い電磁波。スペクトルは赤色可視光線の外方に現れる。眼には感じず，空気中の透過力が大きいので赤外線写真などに用い，熱作用が大きいので熱線ともいう。インフラレッド・レイ。
赤外線（せきがいせん）ガス分析計（ぶんせきけい） [infrared gas analyzer] 特定のガスが赤外線を吸収する性質を利用して，特定成分のガス分析を行う計測器。例 CO・HCアナライザ。
積車状態（せきしゃじょうたい） [laden condition] 道路運送車両法では，空車状態の車両に定員が乗車し最大積載量の荷物が積載された状態と定義している。
積層鋼板（せきそうこうはん） [laminated steel sheet] 制振鋼板，サンドイッチ鋼板，又はラミネート鋼板とも呼ばれ，2板の薄肉鋼板の間に振動や音を吸収する樹脂材やアスファルト・シートなどを挟んだサンドイッチ構造になっており，車体の軽量化ならびに走行時の防音，制振効果を目的に使用される。主な使用部位は，乗用車や小型トラックのダッシュ・パネルやフード・パネルなど。

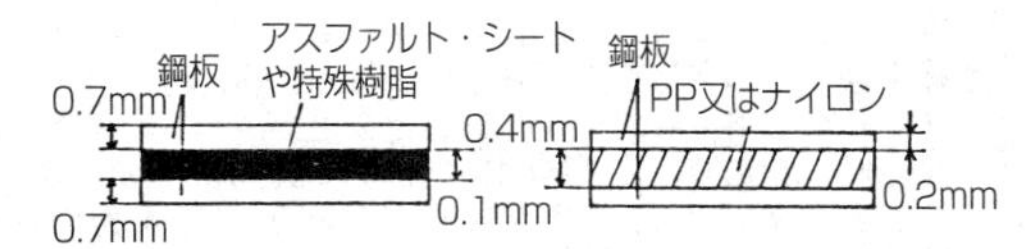

積層鋼板

セキュリティ・システム [security system]　車の盗難防止システム。例国産車や輸入車の一部に採用されているエンジン・イモビライザ・システムでは，その車用に登録されたエンジン・キー以外でエンジンを始動したときには，エンジンの点火や燃料噴射を禁止して始動できないようにしている。

セクショナル・エリア [sectional area]　断面積。切断面の面積。

セクション [section]　①切り取った部分。部分品。②切断，切断面。

セクタ [sector]　①扇形。②方面，部門。例～シャフト。

セクタ・ギヤ [sector gear]　扇形歯車。分円歯車。例④ステアリングの従動歯車。⑫二輪車のキック・スタータ。

セクタ・シャフト [sector shaft]　扇歯車軸。セクタの軸。この軸端にピットマン・アームが取り付けられる。

セグメント [segment]　切片，部分，区分。例④コミュテータの一片。⑫ディストリビュータの中の接片。

セコハン [seco-han]　セコンドハンドの略。古の，中古の。

セコンダリ [secondary]　☞セカンダリ。

セ氏度（しど） [Celsius temperature]　セルシウス温度。☞セルシウス・スケール。

セジメント・トラップ [sediment trap]　沈でん器。液中の不純物を比重の差を利用して沈でん分離させる装置。例フューエル・フィルタ。

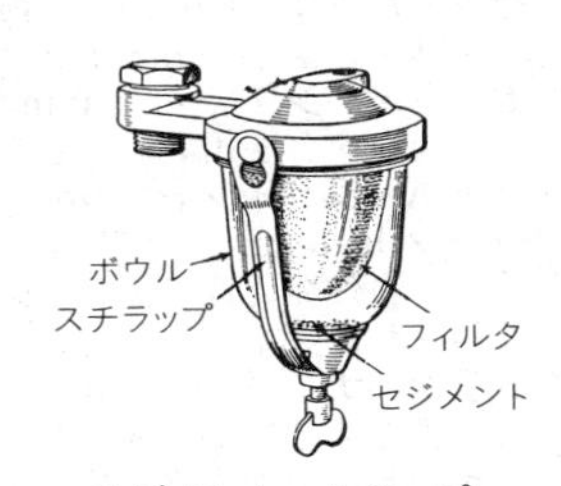

セジメント・トラップ

セジメント・ボウル [sediment bowl]　同前。ボウル又ははちのこと。

セタン [cetane]　（ディーゼル燃料）分子式$C_{16}H_{34}$の炭化水素で軽油の一成分。ディーゼル燃料成分中自然発火性に最も優れ，アンチノック性判定の基準となる。

セダン [sedan]　前後に横席を置いた一室の箱型で最も一般的なもの。英名サルーン。

セタン価（か） [cetane number]　CFRエンジンを用いて軽油の着火遅れを標準燃料と比較する実験で測定し，着火性を指数で示した値。

セタン指数（しすう） [cetane number index]　試料軽油の50%溜出温度とAPI比重による計算（専用グラフ）からセタン価を推定した値で，両者はほぼ一致する。日本工業規格で軽油は，セタン指数で45以上と規定されている。

絶縁工具（ぜつえんこうぐ） [insulated tool]　ハイブリッド車（HV）や電気自動車（EV）の整備時に使用する感電防止用の専用工具。HVやEVは通常200～300V，昇圧部では600～700Vくらいの高電圧回路を有しているため，回路の整備（特に事故車の修理）で通常の工具を使用すると感電の危険性がある。このため，IEC（国際電気標準会議）やEN（欧州規格）の交流1,000V絶縁テストなどに合格したラチェット・ハンドル&ソケット，トルク・レンチ，Tハンドル，オープン・レンチ（スパナ），ボックス・レンチ（メガネ・レンチ），ドライバなどを使用する必要がある。

絶縁体（ぜつえんたい） [insulator]　電気又は熱が極めて流れにくい物体。インシュレータ。例エボナイト，磁器，雲母（うんも）。

絶縁抵抗（ぜつえんていこう） [insulation resistance]　絶縁された二つの導体間の電気抵

抗。絶縁程度の良否を示す。単位はメグオーム（MΩ）。
絶縁手袋（ぜつえんてぶくろ）［insulated glove］　ハイブリッド車（HV）や電気自動車（EV）の整備時に使用する感電防止用のゴム手袋。商用周波数の交流電気耐圧試験に製造時3,000V，定期自主検査時に1,500V以上で1分間耐える性能が要求され，6カ月ごとの絶縁圧力試験が労働安全衛生法で義務づけられている。
接触改質（せっしょくかいしつ）ガソリン［catalytically reformed gasoline］　常圧蒸留装置からの重質ガソリンを接触改質して得られる，芳香族炭化水素の多いガソリン。
接触分解（せっしょくぶんかい）ガソリン［catalytically cracked gasoline］　接触分解装置を用い，重質原油から得られる不飽和炭化水素を多量に含むガソリン。

セッタ［setter］　セットするもの，抜き取り器（エキストラクタ）にもなる。例スタッド〜。
絶対温度（ぜったいおんど）［absolute temperature］　−273℃を0度とする熱力学的温度。この温度になると分子や原子の運動が完全に停止すると考えられている。
セッティング［setting］　セットすること。例㋑バルブ〜。㋺アンチストール〜。
セット［set］　（物を）置く，のせる。（機械を）調整する，整える。（限界を）定める，設ける。
ゼット軸（じく）［Z axis］　車体の動揺を三次元的に考えたとき，重心を通る垂直な軸をZ軸と称し，その軸を心にして前部を左右に振る動きをヨー（yaw）という。前後はX軸，左右はY軸と称す。☞エックス軸。
セット・スクエア［set square］　（製図器具）三角定規。＝トライアングル。
セット・スクリュ［set screw］　止めねじ，押しねじ，固定ねじ。
セット・タップ［set tap］　組みタップ。ナットのねじたて用とし，1番（先），2番（中），3番（仕上げ）の3本からできている。
セットバック［setback］　前後アクスル（車軸）の平行度。一般的に，リヤ・アクスルを基準にフロント・アクスルの平行度を角度で表す。
セット・ハンマ［set hammer］　へし。鍛造打ちの後金敷き上でハンマでたたいて平面にならすとき用いる。色々な形がある。
ゼッパ・ジョイント［Rzeppa joint］　☞ツェッパ型ユニバーサル・ジョイント。
セテン［setene］　（ディーゼル燃料）分子式$C_{16}H_{32}$の炭化水素で軽油に含まれる一成分。自然発火性に優れアンチノック性判定の基準として現在のセタン価になるまで使用された。
セテン・ナンバ［setene number］　（ディーゼル燃料）セテン価。燃料のアンノチック性を表す指数であるが同一指数の場合セタン価よりアンチノック性が劣る。例セテン価100がセタン価98。
ゼナー・ダイオード［Zener diode］　定電圧ダイオードの一つ。逆方向電圧を増やしても一定の電圧から先は電流のみ増え，逆方向電圧の増えないもの。＝ツェナ〜。Zenerは発明者（米国の物理学者）の名前。
ゼナー・ボルテージ［Zener voltage］　☞ツェナ・ボルテージ。
ゼニューン・パーツ［genuine parts］　純正部品。本物。対イミテーション〜。
ゼネラル・パーパス・プライヤ［general purpose plier］　（工具）はん用のプライヤ。色々な使い道のあるプライヤ。
ゼネラル・モーターズ［General Motors Corporation］　☞GM。
ゼネレータ［generator］　☞ジェネレータ。
ゼノン［xenon］　☞キセノン。
セパラブル・リム［separable rim］　分割リム。分解できるリム。例スクータや軽自動車用リム。
セパレーション［separation］　はがれ。タイヤのサイドウォール，プライ・コード，ビード又はライナが他の構成物からはく離すること。
セパレータ［separator］　隔てるもの。分離するもの。例㋑バッテリの隔離板。㋺油中の不純物を分離するオイル～。㈧（道路の）分離帯。

セパレーテッド・エキサイティング [separated exciting]　他励磁式。発電機において，励磁電流を他の電源から供給されるもの。例オルタネータ（ただし発電開始後は自励で発電する）。対セルフ・エキサイティング。

セパレーテッド・キャスティング [separated casting]　別個鋳造。1個ずつ別々に鋳造する法。＝インディビジュアル～。対モノブロック～。

ゼブラ・クロッシング [zebra crossing]　歩行者優先横断歩道。

ゼブラ・ゾーン [zebra zone]　同前。

セブンコンダクタ・コネクタ [seven-conductor connector]　（トラクタ）7本線連結器。トラクタとトレーラの電気連絡用。

セミ [semi-]　半分，の意の複合語。例セミフローティング・アクスル。☞フル。

セミアクティブ・サスペンション [semi-active suspension]　空気圧や油圧で作動するアクチュエータなどを用いたフル装備のアクティブ・サスペンションに対し，従来からのスプリングとショック・アブソーバを残しながら路面の状況や走行状態に応じてばね定数や減衰力などを数段階に変化させ，操縦安定性と乗り心地の改善を図っている簡易型のアクティブ・サスペンション機構。この場合，アクチュエータを補助ばねとして作用させ，アクティブ制御を行っている。例H∞TEMS（トヨタ）。

セミエリプチック・スプリング [semi-elliptic spring]　半だ円型ばね。板ばねとして代表的なもので，主にトラックのサスペンションに用いられる。

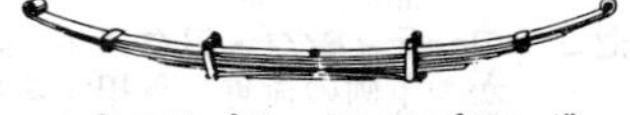
セミエリプチック・スプリング

セミオートマティック・トランスミッション [semi-automatic transmission]　半自動変速機。発進操作または変速操作のいずれか一方を自動で行う変速機。例㋑手動変速機で，発進時のクラッチ操作以外を自動化したもの。大型トラックやバスなどに採用された。㋺自動変速機で，変速操作を手動で行うもの。☞AMT。

セミキャブ [semi-cab]　（ボデー）半キャブオーバの略称。

セミキャブオーバ [semi-cab-over]　半キャブオーバ型。トラックにおいてキャブ（乗員室）がエンジンの上に半分乗りかかっているもの。

セミクローラ [semi-crawler]　半履帯車。例雪上車において，推進は履帯でかじ取りはそりになっているような車。

セミコンシールド・ワイパ [semiconcealed wiper]　ワイパ・アームやブレードが不要時に半分くらい隠れたワイパ。☞フルコンシールド～。

セミコンダクタ [semi-conductor]　半導体。条件により導体となり，また条件により不導体となるもの。例シリコン，ゲルマニウム，セレン等。

セミサーキュラ [semicircular]　半円形の。例～プラグ。

セミシールド・ビーム [semi-sealed beam]　ランプでレンズと反射鏡が一体となっているが，電球は独立しており後方から交換が可能なタイプ。

セミスチール [semi-steel]　鋼性鋳鉄。鋳鉄に鋼くずを加え溶解し製造した鋳鉄で鋼性鋳鉄といい，シリンダなどの材料とする。

セミスフェリカル [semi-spherical]　半球形。例燃焼室。

セミダブル・デッカ [semi-double decker]　一部2階付き乗合自動車。

セミディーゼル [semi-diesel]　半ディーゼル。軽油を燃料とする焼球式エンジン。

セミトラ [semi-tra]　セミトランジスタの略。

セミトランジスタライズド・イグニション [semi-transistorized ignition]　半トランジスタ式点火装置。点火コイルの一次回路を断続するスイッチング作用をトランジスタで行い，点火信号パルスをブレーカによって発するもので，いわゆるポイント併用式である。略称セミトラ。

セミトレーラ [semi-trailer]　半被牽引車。トレーラの荷重の一部分を連結装置を通じてトラクタに負担させるもの。対 フル～。

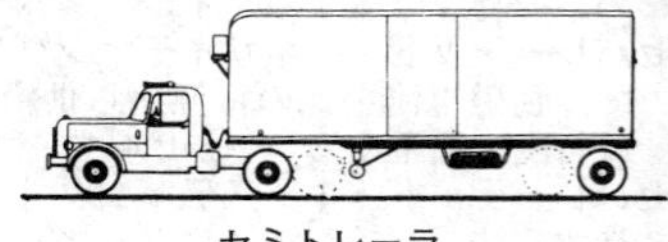
セミトレーラ

セミトレーラ・トラクタ [semi-trailer tractor] (トラクタ) セミトレーラ用牽引自動車。フィフス・ホイール（第五輪）を備えたセミトレーラ専用のトラクタ。

セミトレーリング・タイプ・リヤ・サスペンション [semi-trailing type rear suspension] 独立懸架式リヤ・サスペンションの一種で，ホイールを支持する左右アームの回転軸が車両中心線に対して斜めの位置に取り付けられており，荷重によりホイールは下開きの逆キャンバとなる。

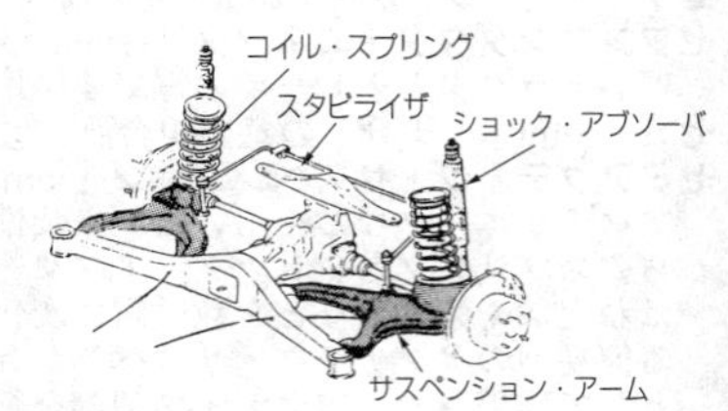

セミトレーリング型
リヤ・サスペンション

セミノッチバック [semi-notchback] ☞セミファスト・バック。

セミファスト・バック [semi-fast back] ルーフから車体後端にかけての曲線が，ファストバックとノッチバックの中間の傾きをもつスタイル。

セミフィニッシュ・パーツ [semi-finish parts] 半仕上げ品。半成品。

セミフローティング・アクスル [semi-floating axle] 半浮動車軸。動力伝動車軸にして，かつ車両の荷重も負担するもの。乗用車に多い。

セミフローティング・タイプ [semifloating type] 半浮動式。

セミメタリック摩擦材（まさつざい） [semimetallic friction materials] ベースとなる摩擦材に石綿の代わりに鋼繊維や銅系の金属線を使用し，これに黒鉛潤滑剤や金属粉などを添加し，合成樹脂とともに加熱形成したもの。高温時の耐摩耗性に優れ，ブレーキ・パッド，ライニング（特に大型車），クラッチ・フェーシングなどに用いられる。

セミメタリック・ライニング [semi-metallic lining] ☞セミメタリック摩擦材。

セミモールド [semi-mould] 石綿やゴムを使用した摩擦材。主にクラッチ・フェーシングに用いられる。

セメンタイト [cementite] 炭化鉄。高温で鋼鉄中に生成される炭化鉄Fe_3Cの金属組織上の名称。

セメンテーション [cementation] 浸炭。はだ焼き。表面硬化法の一種。炭素含有量の少ない鋼を炭素分の多い浸炭剤で包んで密閉加熱し，鋼の表面に炭素を浸み込ませる操作。これにより表面だけ焼きが入って硬くなる。

セメンテッド・スチール [cemented steel] 浸炭鋼。浸炭によって表面だけ硬くなった鋼。表面は硬くて摩耗に耐え内部は粘りがあって強じんである。

セメント [cement] 接合剤。固着材の総称。例 ㋑ポートランド～。㋺ラバー～。㋩ライニング～。

セメント・スチール [cement steel] ☞セメンテッド～。

セメント・ミキサ [cement mixer] セメント混和機。セメントと砂とを混ぜ合わせる機械。又はその専用トラック。ただし，でき上がったコンクリートやモルタルを運搬する車はレディミクスト・コンクリート・トラック。略してレミコン・トラックという。

セラーズ・スレッド [Sellers thread] アメリカねじ。US 標準ねじ。セラーねじ。3角ねじの一種で寸法はインチ式。ねじ山の角度は60°。ピッチは1インチ当たりの山数で表す。

セラック [shellac] ☞シェラック。

セラミック [ceramic] ☞セラミックス。

セラミック・エンジン [ceramic engine]　自動車用新エンジンとして内外で開発の進められているもので，シリンダ内壁，ピストン・ヘッド，ピストン上部といった高熱にさらされる部分を，断熱性，耐熱性に優れた高強度セラミック（焼き物）で作って燃料消費効率を上げようというのがねらいである。すでに日本硝子，京セラなどが今より30%前後も節約できるディーゼル・エンジンを試作中。

セラミック基複合材料（きふくごうざいりょう） [ceramic matrix composite; CMC]　セラミックの強度や靭性（じんせい）などを改善するため，繊維や粒子などを複合化したもの。通常，母材にシリカ（二酸化ケイ素）が，強化材にはカーボン・ファイバ（炭素繊維）が使用され，スポーツ・カーなどのブレーキ・ディスク，パッド，クラッチ・フェーシング等の耐熱性を求められる箇所に用いられる。☞金属基複合材料，ポリマ基～。

セラミック・コーティング [ceramic coating]　アルミナ，ジルコニア，ジルコンなどを溶融噴射し，金属表面に陶磁性の無機質皮膜を作ること。

セラミックス [ceramics]　陶磁器。広くはセメントやガラス製品などの総称。セラミックス素材は，機械的強度を主眼とする構造用セラミックス（エンジニアリング・セラミックス）と，電気や磁器特性を主眼とする機能性セラミックス（エレクトロセラミックス）に二分される。①構造用セラミックス：耐摩耗性や耐熱性などが要求され，窒化ケイ素，炭化ケイ素，アルミナなどが使用される。用例としては，ターボチャージャ用ロータ，グロー・プラグ，触媒担持用アルミナなど。②機能性セラミックス：圧電性やイオン導電性などの機能を利用して，各種センサや燃料噴射ユニットなどに使用される。用例としては，ジルコニアを使用したO_2センサや，チタン酸鉛系の圧電セラミックス（ピエゾ素子）を使用した加速度センサなど。

セラミックス型（がた）グロー・プラグ式予熱装置（しきよねつそうち） [ceramics glow plug system]　ディーゼル・エンジンの始動を容易にするための急速予熱装置（クイック・グロー・システム）の一種。コントロール・ユニット，グロー・プラグ，リレー，水温センサなどで構成され，グロー・プラグの発熱部自体に導電性セラミックスを用いたものや，発熱部自体は金属コイルで，外側をセラミックスで被覆したものなどがある。このグロー・プラグは始動に必要な温度（約800℃）にほぼ瞬時に達することができ，発熱部のセラミックスは始動後も高温を維持するため，自己温度制御型のように始動後もグロー・プラグを予熱する必要がない。セラミック・グロー・プラグとも。

セラミック・タービン [ceramic turbine]　ターボ・チャージャのポンプ・インペラがセラミックでできていて，耐熱性に優れるとともに軽量で応答性がよい。

セラミック担体（たんたい） [ceramic carrier; ceramic substrate]　排気ガス浄化用の触媒コンバータにおいて，触媒となる貴金属を付着させるために有効面積を大きくした格子（ハニカム）状のセラミックス製母材。セラミックスにはコーディエライトやアルミナ繊維など耐熱性の多孔質セラミックスが，貴金属には白金，ロジウム，パラジウムなどが用いられる。セラミック／モノリス触媒とも。☞メタル担体。

セラミック・ハニカム [ceramic honeycomb]　セラミック製の触媒担体。排気ガスの流れる方向に格子（蜂の巣）状の通路がある。

セラミック・ファイバ [ceramic fiber]　非金属無機質材料で作られた繊維。ガラス繊維，炭素繊維，アルミナ繊維，炭化ケイ素繊維などがあり，プラスチック，セラミックスおよび金属複合材料の補強材などに使用される。

セリウム [cerium]　希土類元素（レア・アース）の一種で，ランタノイドの一つ。元素記号Ce，原子番号58。希土類の中で最も多く存在する銀白色の金属で，空気中では酸化されやすく，鉄との合金は摩擦により発火する。光学レンズの研磨には不可欠なもので，ステンレス鋼，高強度アルミニウム合金やマグネシウム合金，排気ガス浄化用三元触媒，O_2センサ，ニッケル水素電池の負極材（水素吸蔵合金）などに利用される。セリウムの酸化物は，セリア（CeO_2）。

セ

セル¹ [cell]　①単電池。セルの集合がバッテリ。②小室，細胞。
セル² [sel-]　セルフスタータの略。例④セルが効かない。⑪セル一発でかかる。
セル・カバー [cell cover]　電池のふた。以前は各セル別々であったが現在は全部共通のものが多い。
セル・コネクタ [cell connector]　隣接するセルを連結するもの。以前は上部に露出していたが，現在は内部連結のものが多い。
セルシウス・スケール [Celcius scale]　セ氏寒暖計目盛。水の氷点を０度，沸騰点を100度としその間を百等分した目盛。記号は℃。
セルシン・モータ [selsyn motor]　同期電動機。機械的連結に困難な２個以上の回転体に対し，電気的に同一又は一定の速度をもって同期運転を行わせる装置の一つで，多相又は単相の誘導電動機を２台使用する。selsyn は商品名が慣用的に使われたもので，synchro（シンクロ）の意味。例④～式速度計。⑪各種の遠隔制御装置。
セルダイ [sel-dy]　セルフスタータ・ダイナモの略。
セルダイナモ [sel-dynamo]　セルフスタータ・ダイナモの略。
セル・テスタ [cell tester]　単電池試験器。広義には電圧計も比重計も含まれるが一般には起動能力を調べるエキセル・テスタを指す。ただし，最近のバッテリはセルを各個にテストすることができないものが多いのでバッテリ・テスタがこれに代わって用いられる。
セルフアジャスティング・サスペンション [self-adjusting suspension]　自己調整懸架方式。荷重の変化に応じて懸架装置のばね定数が変わり，常に車高を一定に保つもの。例④エア・サスペンション。⑪ハイドロニューマチック・サスペンション。
セルフアジャスティング・タペット [self-adjusting tappet]　自己調整式揚弁かん。バルブ・クリアランスが自己調整されるタペット。例ハイドロリック（オイル）タペット。
セルフアジャスティング・ブレーキ [self-adjusting brake]　自己調整式ブレーキ。シューとドラム（パッドとディスク）のすき間が自動調整されるブレーキ。例④ディスク・ブレーキの全部。⑪ドラム・ブレーキの一部。
セルフアライニング・トルク [self-aligning torque; SAT]　復元トルク。旋回状態のタイヤでは，タイヤのねじれによってコーナリング・フォースが生じているが，同時にこのねじれを元に戻してホイールを進行方向へ向けようとするトルクも働く。
セルフイグニション [self-ignition]　自己点火。自然発火。燃料と空気の混合気を強く圧縮すると温度が上がり自然に発火燃焼すること。例ディーゼル点火法。
セルフインダクション [self-induction]　自己誘導。自己感応。例点火コイルの一次回路を切ったとき一次コイルに起こる誘導。
セルフインダクタンス [self-inductance]　自己誘導係数。
セルフエキサイティング・ダイナモ [self-exciting dynamo]　自己励磁式発電機。自励式発電機。磁極コイルに必要な電流を自己発電電流によって供給するもの。この場合最初の出発は磁極に残留する磁気による。例充電用直流発電機。対セパレーテッド～。
セルフエナージャイズ・ブレーキ [selfenergize brake]　自己増力ブレーキ。摩擦力によりシューのドラムに対する圧着力が増強されるブレーキ。例リーディング・シュー
セルフキャンセル機構（きこう） [self-cancel system]　ドアの開閉機構で，ドアが開いた状態で室内のノブをロック状態にし，ドアを閉じてもロックされないようになっている機構。ドライバがキーの付け忘れのまま無意識にドアをロックするのを防ぐ安全機構で，運転席ドアに採用されている。対セルフロック機構。
セルフサーボ・エフェクト [self-servo effect]　自己倍力効果。シューとドラムの摩擦力が両者の摩擦力を倍増するように働く効果。例リーディング方向のブレーキ・シュー

セルフ・スタータ [self-starter]　自己始動機。始動モータを備え車載のバッテリでこれを回してエンジンを始動させる。略称セル。

セルフスタータ・ダイナモ [self-starter dynamo]　自己始動電動機兼充電用発電機。始動のときはモータとなり始動後は発電機となる電動発電機。例クランク直結電動発電機。略称セルダイ。☞ISG。

セルフスターティング・モータ [self-starting motor]　始動電動機。一般に直流直巻き式又は複巻き式モータが使われる。略称セルモータ。

セルフセンタリング・ブレーキ [self-centering brake]　自己調心ブレーキ。シューが浮動式になっており，ブレーキをかけると自然的にドラムと同心になるもの。

セルフタッピング・スクリュ [self-tapping screw]　薄板用ねじ。ナットを用いず薄板の穴にねじ込む木ねじ様の特殊ねじ。

セルフディスチャージ [self-discharge]　自己放電。自然放電。例バッテリの起電力が，使用しなくても時日の経過に伴って衰えること。

セルフハードニング・スチール [self-hardening steel]　自硬鋼。高温状態から空気中に放冷するだけで自己硬化する鋼。例ニッケル，クロム，マンガン等を適度に含む鋼。

セルフピアシング・リベット [self-piercing rivet; SPR]　オール・アルミニウム車体や，鋼板とアルミニウムを用いたハイブリッド車体などの接合に用いる，くさび（楔）状の特殊なリベット。パンチ（おす型）とダイ（めす型）の間に接合する材料を挟み，リベットが穴開けしながら自ら楔状に展開し，貫通はしない。アウディ（ASF）やジャガー（XJ）などに採用されている。☞異種金属接合技術。

セル・プレッシャ [cell pressure]　電池の圧力すなわち電池電圧。例1セルにつき乾電池は約1.5V，鉛電池は2V。

セルフロッキング・アクション [self-locking action]　自縛作用。不可逆作用。例㋑ウォームのら旋角を小さくすると，ウォームからウォームホイールは回るが，その逆には回らない。㋺ボルトを回すとナットが動くがナットを押してもボルトは回らない。☞イリバーシブル・タイプ。

セルフロッキング・ステアリング [self-locking steering]　不可逆式かじ取り。ハンドルからホイールは動くが，ホイールからハンドルは動かない構造のかじ取り装置。ウォームら旋角の小さいハンドル。☞イリバーシブル・タイプ。

セルフロック機構（きこう） [self-lock system]　ドアの開閉機構で，ドアが開いた状態で室内のノブをロック状態にして閉じると，自動的にロックできる方式で後部ドアに採用される。対セルフキャンセル機構。

セルフロック・ナット [self-lock nut]　自己かしめ式のナット。規定トルクで締め付け，一度取り外すと再使用はできない。

セルフロック・ナット

セル・ボルテージ [cell voltage]　電池電圧。例鉛電池の無負荷電圧は1セル当たり約2V。

セルモータ [sel-motor]　自己始動電動機。self-starting motor の略。

セル・モニタ・ユニット [cell monitor unit; CMU]　三菱自動車の電気自動車（i-MiEV）において，リチウムイオン電池の電圧と温度を計測する装置。電池モジュール上に複数設置されており，CAN通信で電池管理を統括するBMU（バッテリ・マネジメント・ユニット）に情報を伝達している。

セルラ・タイプ・ラジエータ [cellular type radiator]　細胞型放熱器。既製の管を用いず薄い銅板又は真ちゅう板をはちの巣状に加工して，縦の水路と横の空気路とを作ったもの。＝ハニカム～。

セルラ方式（ほうしき） [cellular system]　自動車電話に使われている無線通信方式。地域をセル状に分割して，それぞれに基地局を置く。

セルラ・ラバー [cellular rubber]　細胞質ゴム，海綿状ゴム。＝フォーム～。スポンジ～。

セルロイド [celluloid]　硝酸繊維素（ニトロセルローズ）と，しょう脳からできている固溶体で無色透明の物質。昔，ガラス代わりとしてほろの窓などに使われたが引火性があり危険なため不燃性のビニールができてから使用されない。

セルロース系（けい）バイオエタノール [cellulosic bioethanol]　生物由来のエタノールにおいて，稲わらや木材などの繊維を原料とするもの。サトウキビやトウモロコシなどを原料とするバイオエタノールはブラジルや米国などで既に実用化されているが，こらちは食料と直接競合するため，世界的な食料高騰の一因となって問題提起されている。国内では，非食物系である稲わらや木材などの繊維を原料とするセルロース系バイオエタノールの製造技術開発が，2015年をめどに進んでいる。このため，トヨタ自動車，新日本石油，三菱重工など6社がバイオエタノール革新技術研究組合を2009年に設立し，セルロース系バイオエタノールの一貫製造に関する研究開発を進めている。

セレーション [serration]　のこぎり歯状。のこぎりの歯のようなぎざぎざ。軸とボスの固定に用いられ，歯形には3角歯とインボリュート歯の別がある。例 ㋑ステアリング・ホイールと軸。㋺ピットマン・アームとその軸。

セレーテッド・シャフト [serrated shaft]　セレーションを設けた軸。

セレガ・ハイブリッド [S′ELEGA Hybrid]　大型ハイブリッド・バスの車名で，日野自動車が2008年に発表したもの。日野独自のパラレル式ハイブリッド・システムとクリーン・ディーゼル・テクノロジー “DPR” を組み合わせることにより，画期的な低燃費を実現している。これにより，平成27年度燃費基準を達成するとともに，国土交通省の低排出ガス車認定制度「低排出ガス重量車」にも適合している。このバスは，東京都内の定期観光バス・はとバス，高速路線バス，高速ツアー・バスなどに採用されている。☞ハイブリッド・バス。

セレクタ [selector]　選択器，選別器。例 変速レバー。

セレクタ・ボタン [selector button]　選別押ボタン。例 ラジオ選局ボタン。

セレクタ・レバー [selector lever]　選択てこ。例 トランスミッション用変速てこ。

セレクティブ・スライディングギヤ・トランスミッション [selective sliding-gear transmission]　選択しゅう動式変速機。平行軸にあるギヤのかみ合い位置を変えて減速比を変える変速機。

セレクティング・スイッチ [selecting switch]　選択開閉器。例 ラジオの選局スイッチ。

セレクト・レバー [select lever]　選択てこ。＝セレクタ。

セレナS-Hybrid [Serena S-Hybrid]　☞スマート・シンプル・ハイブリッド。

セレニウム [selenium]　非金属元素の一つで記号Se。金属セレン（灰色），結晶セレン（赤色），ガラス状セレン（黒色）など各種の同素体がある。通称セレン。例 ㋑整流器，㋺光電池。

セレン [selen]　同前。

セレン・レクチファイヤ [selen rectifier]　セレン整流器。交流を直流に直すもの。ニッケルめっきした鉄又はアルミニウムの基板の上に溶融セレンを塗るか粉末セレンを固着させ，熱処理によって金属化した後その表面に易溶合金を吹き付けて極としたもので，合金を正，基板を負とした場合に限り電流が通るので整流器となる。例 ㋑工場用充電器。㋺二輪車用整流器（今はシリコン・ダイオードが発達しセレンを用いることは少ない）。

ゼロ・エバポ [zero evaporative emission standard]　燃料タンク等からガソリンの蒸発ガス（生ガス／エバポ）を大気中に放出しないようにする規則。☞エバポレーティブ・エミッション・スタンダード。

ゼロ・エミッション [zero emission]　有害物質の排出が全くないこと。

ゼロエミッション車（しゃ）［zero-emission vehicle; ZEV］　有害物質を全く排出しない車で，電気自動車（EV）や燃料電池車（FCV）を指す。ゼロエミッションと言っても，EVに充電する電気やFCVに充填する水素を作るのに石油や石炭，天然ガスなどを用いれば，純粋な意味でゼロエミッションとは呼べない。自動車の有害物質の排出に関しては，ライフ・サイクルで考えなければならない。☞ZEV規制。

ゼロール・ギヤ［Zerol gear］　グリーソン社の商品名で一種の曲がり歯傘歯車。歯幅の中央における歯筋線への接線が軸に交わるもの。自動車には余り使われない。

ゼロ・ガス［zero gas］　ガス分析装置の最小目盛を校正するために用いる標準ガス。＝スパン～。

ゼロ・キャスタ［zero caster］　キャスタなし。キングピンが鉛直に置かれたもの。ただし，運転状態では車に前後傾斜が起こるのでキャスタ角に正負の変化が起こる。

ゼロ・キャンバ［zero camber］　キャンバなし。ホイールが鉛直状態に置かれたもの。ただし，運転中は路面状態により変動する。

ゼロポイント・コレクション［zero-point correction］　（計器）0点修正。非作動時の指針を0点に合わせる調整。

ゼロヨン加速（かそく）［standing start 400m］　発進加速試験の一つ。車両停止状態から全開加速し，400m到達時間（秒）を計測する。

ゼロ・ライン［zero line］　0線，基準線。

ゼロラッシュ・タペット［zero-rush tappet］　弁すき間を持たない揚弁子。例ハイドロリック（オイル）タペット。

ゼロラップ［zero-lap］　重なりのないこと。例㋑バルブ・タイミングにおいて，インレット・バルブがエキゾースト・バルブが閉じてから開き始め両バルブの開きが重ならないこと。㋺クランクシャフトで，ジャーナルの円周とクランク・ピンの円周が重ならないこと。

ゼロレーティング・キャパシティ［zero-rating capacity］　ゼロ率容量。バッテリの低温における起動能力を表す容量のことで，十分に充電された6Vのバッテリが，電解液温0°Fにおいて，300Aの放電により端子電圧が3Vに低下するまでの時間（分）をもって表す。

ゼロレベル・エミッション・ビークル［zero-level emission vehicle; ZLEV］　ガソリン車で，排出ガスの有害物質を限りなくゼロに近づけた超低排出ガス車。SULEV（米国）や，SU-LEV（日本）などを指す。

センサ［sensor］　感知器。コンピュータ装置において，必要な情報を感知して発信する装置。例㋑温度～。㋺速度～。㋩負圧～。

センサ・フュージョン［sensor fusion］　万能のセンサが存在しないため，検出原理の異なる複数のセンサを組み合わせて，認識性を高めること。例えば，プリクラッシュ・セーフティ・システムにおいて，レーザ・センサ，ミリ波レーダ，カメラなどを組み合わせて用いること。フュージョンとは，「融合」の意。

センシティブ・レジスタ［sensitive resistor］　敏感な抵抗器。例点火一次回路に入れたバラスト抵抗器。

全車速追随機能付（ぜんしゃそくついずいきのうつ）きレーダ・クルーズ・コントロール［radar cruise control with an all-speed tracking function］　2006年にレクサスに採用された，車間距離制御装置。1997年に初採用されたレーダ・クルーズ・コントロールの進化版で，高速道路および自動車専用道路において，0km/h～約100km/hの広い範囲でシームレスに追随走行ができるようになっているため，渋滞時には運転操作の負担が軽減される。このため，電子制御スロットルや電子制御ブレーキ（ECB）などを，各種のセンサ，各種ECU，ステレオ・カメラ等で制御している。

先進安全運転支援（せんしんあんぜんうんてんしえん）システム［advanced driving safety support systems］　安全運転支援システム（DSSS）の進化版で，ドライバの認知・判断を補償する最新の運転支援技術。国土交通省が推進するASV（先進安全自動車）

プロジェクトの中で各自動車メーカが開発・推進中のもので，車載センサを用いる「自律検知型運転支援システム」と，道路インフラからの通信情報（路車間通信）や他車からの通信情報（車車間通信）を利用する「協調型運転支援システム」とを組み合わせたもの。

先進運転支援（せんしんうんてんしえん）システム [advanced driver assistance systems; ADAS]　高度運転支援システムともいい，これにはACC（車間距離制御装置）やCACC（協調型車間距離制御装置），BSD（死角検出装置），AEBS（衝突被害軽減ブレーキ），LDW（車線逸脱警報装置），IHC（ヘッドライトの高低自動切り替え装置），SLM（速度制限監視装置）などがある。☞ AHDS，COMeSafety。

センシング・バルブ [sensing valve]　感知弁。正圧，負圧又は油圧等を感知して作用する弁装置。例 ロード～。

先進交通事故自動通報（せんしんこうつうじこじどうつうほう）システム [advanced automatic collision notification; AACN]　☞ ACN。

前側方（ぜんそくほう）プリクラッシュ・セーフティ・システム [front side pre-crash safety system]　斜め前方からの出合い頭衝突に対応する衝突被害軽減技術の一つで，トヨタが2009年に初採用したもの。既存の前方プリクラッシュ・セーフティ・システムに加えて監視範囲を広げたもので，見通しのよい交差点での出合い頭衝突や，対向車がセンタ・ラインをはみ出してきた場合の衝突にも対応している。車両前部の左右にミリ波レーダを設置し，検知角度は左右45°ずつで50m程度先までを検知し，衝突の可能性が高いと判断するとドライバに警報を発し，制動力補助やシート・ベルトの巻き取り，サイド・カーテン・エアバッグの作動準備をする。

センタ [center; centre]　①中心，中央。②旋盤作業の芯金具。

センダ [sender]　送信器。発信装置。電気式遠隔ゲージの送信部。例 油圧計，水温計，燃料計などの送信器。

センタ・アームレスト [center armrest]　ベンチ・シートのシート・バックの中央部に組み付けてあるアーム・レスト。

センタ・オブ・グラビティ [center of gravity]　重心。物体の各部に作用する重力の合力が通過する点。

選択摺動式（せんたくしゅうどうしき）トランスミッション [selective sliding-gear transmission]　☞セレクティブ・スライディングギヤ・トランスミッション。

センタ・クラスタ [center cluster]　スピードメータやエアコン，オーディオ等をインパネ中央部に配置する方式。＝センタ・メータ。

センタ・コントロール [center control]　中央操作方式。フレーム前部クロス・メンバの中央部に取り付けたコントロール・アームからタイロッドを左右に出して変向する方式。例 ニー・アクション車。

センタ・シル [center sill]　（ボデー）中央敷居，中ばり，ボデーの台枠を構成する部材のうち中央部を縦方向に通っている敷居。

センタ・スタンド [center stand]　バイクなどの中央下部に設けたスタンド。水平に押すことで後輪を浮かし，直立の姿勢で駐車できる。

センタ・ディファレンシャル（センタ・デフ） [center differential]　常時四輪駆動車にて，旋回時など前輪と後輪との回転速度の差を吸収するために設けられた差動装置。

センタ・ドリル [center drill]　センタぎり。旋盤作業に必要なセンタ穴をあける特殊なきり。

センタ・パンチ [center punch]　刻心パンチ。工作物の中心を印したりドリル作業で中心に印をつけるパンチ。通称センタ・ポンチ。

センタ・パンチ

センタピボット・ステアリング [center-pivot steering]　（キングピンとホイールが）同心変向方式。キングピンがホイールの縦中心線上にあり両者にオフセットのないもの。
センタ・ピラー [center pillar]　(ボデー) 中柱，前後窓の間にある柱。Bピラー。
センタ・ブレーキ [center brake]　(位置が) 中心のブレーキ。変速機主軸後端に設けたブレーキ。主として駐車用とする。
センタ・ベアリング [center bearing]　中心軸受。例プロペラシャフトが前後の2本に分かれているものにおいて，前シャフトの後端をフレームのクロス・メンバに支持する軸受。
センタポイズ・ライド [center-poise ride]　(ボデー) 中央座乗。ホイール・ベースの中央位置に乗ること。乗り心地の最もよいところ。
センタ・ボルト [center bolt]　中心ボルト。例板ばねの中央で全リーフを固定するボルト。

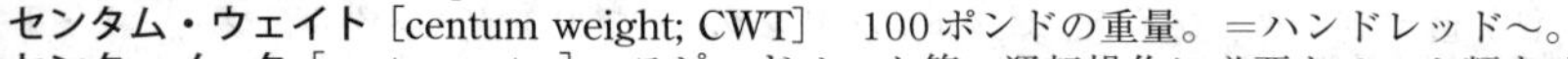

センタ・ブレーキ

センタ・ポンチ [center punch]　☞センタ・パンチ。
センタム・ウェイト [centum weight; CWT]　100ポンドの重量。＝ハンドレッド～。
センタ・メータ [center meter]　スピードメータ等，運転操作に必要なメータ類をインパネ中央部に配置したもの。メータは運転者に正対させ，通常のステアリング前方配置より上下の視線移動が少なく，視認性に優れている。トヨタが新型小型車に積極的に採用している。
センダ・ユニット [sender unit]　(計器) 送信器，発信器。例電気式遠隔計器において送信側の装置。対レシーバ～。
センタ・ライン [center line]　中心線。
センタリング・ピン [centering pin]　中心合わせ棒。芯出し棒。例㋑コンロッド・アライナの取り付け軸。㋺クラッチの芯出し軸。㋩バルブシート・カッタの中心軸。
センタリング・リブ [centering rib]　(タイヤ) 中心合わせ用隆起線。タイヤがリムに正しく安定したかを見る線。＝リム・ライン。
センタ・ルブリケーション [centralized lublication system]　集中給油方式。運転席にある給油器によりシャシ各部のピン回りに給油できる方式。
センタレス・グラインダ [centerless grinder]　無心研磨盤。工作物を支持するためにチャックやセンタを用いず研磨砥石車と調整砥石車との間に入れて研磨する機械。
センタ・ロック・ホイール [center lock wheel]　ホイールを1個のナットで固定する方式。レーシング・カーでタイヤ交換を素早くするため，ハブの延長部分にねじを切って大きなナットで締め付けるようになっている。☞スピンナ。
剪断力（せんだんりょく） [shear force]　ある面に沿って分割するように働く力。
センチグレード [centigrade]　①百分度の，百度目盛りの。②セ氏の。
センチグレード・サーモメータ [centigrade thermometer]　セ氏寒暖計。水の氷点を0度，沸点を100度としその間を100等分したもの。記号は℃。メートル制の国はこの寒暖計を用いる。＝セルシウス～。
センチ・ストークス [centi stokes]　cSt。動粘度係数の単位。
センチメータ（メートル） [centimeter]　1/100メートル。記号cm。
センチメートルグラム [centimeter gram]　cm-gf。小さいトルクを表す単位。1cmの半径で1gの力が作用したときのねじり力。
センディング・ユニット [sending unit]　(計器) 送信装置。＝センダ。
銑鉄（せんてつ） [pig iron]　鉄鉱石を溶鉱炉で還元することによって製造される。2.5～4.5%の炭素と不純物を含み，鋼や錬鉄の原料となり，鋳造用にも用いられる。
セントラライズド・ルブリケーション [centralized lubrication]　中央集中式給油法。＝センタ～。
セントラル・エレクトロード [central electrode]　中心電極。例点火プラグの中心にある絶縁電極。

セントラル・チューブラ・フレーム［central tubular frame］　中央管状フレーム。鋼管のクロス・メンバ。

セントラル・プロセッシング・ユニット［central processing unit; CPU］　中央処理装置。コンピュータの頭脳部分で，主記憶・制御・演算の三つの装置により構成されている。

セントリピタル・フォース［centripetal force］　求心力。遠心力の反力。物体が円運動するとき常に中心点に向かってこれを引き付ける力。例 ㋑遠心重りのばねが重りを引きもどす力。㋺旋回中のタイヤと路面間に働いてスリップを止めている力。＝コーナリング～。対 セントリフューガル～。

セントリフューガル［centrifugal］　①遠心の。②遠心力応用の。例 ～ポンプ。

セントリフューガル・ガバナ［centrifugal governor］　遠心調速器。例 ㋑自動点火進角装置。㋺ディーゼルの噴射ポンプ調速器。㋩消防車エンジンの調速器。

セントリフューガル・キャスティング［centrifugal casting］　遠心鋳造。鋳型を水平又は垂直軸の周りに回転して注入した湯に遠心力を与え，ち密な成品を得るための鋳造法。例 シリンダ・ライナ，ピストン・リング，ベアリング・メタル，ブレーキ・ドラム等の鋳造。

セントリフューガル・クラッチ［centrifugal clutch］　遠心クラッチ。回転速度の上昇による遠心力を利用して連結される自動クラッチ。小型オートバイには実用化されているが一般自動車には少ない。

セントリフューガル・スパーク・アドバンサ［centrifugal spark advancer］　遠心式点火進角装置。ディストリビュータの中に設けられ，回転速度が上がるに従い自動的に点火時期が進角する装置。

セントリフューガル・フォース［centrifugal force］　遠心力。円運動をしている物体が受けている回転軸から遠ざかろうとする力。対 セントリピタル～。

セントリフューガル・ポンプ［centrifugal pump］　遠心ポンプ，渦巻きポンプ。遠心力によって流体に流動力を与えるポンプ。例 ㋑冷却水の循環用ポンプ。㋺カー・ヒータ用送風器。

セントリフューズ・ドラム［centrifuse drum］　（ブレーキ）遠心溶着ドラム。本体を強じんな鋼鉄で作りその内周面に鋳鉄を遠心溶着したブレーキ・ドラム。

全波整流（ぜんぱせいりゅう）［full-wave rectification］　交流を直流に変換する整流の一方式。交流電流の流れの向きを全部同じ向きに変えること。☞半波整流。

全負荷（ぜんふか）［full load］　走行状態において，アクセル全開（フル・スロットル）の状態。

全浮動式（ぜんふどうしき）［full floating system］　車軸の支持方式の一つ。☞フルフローティング・アクスル。

全方位（ぜんほうい）コンパティビリティ・ボディ構造（こうぞう）［body structure to absorb omni-directional compatibility］　トヨタが採用した，コンパティビリティ対応ボディ構造。重量や車高の異なる車が前面，側面，後面のあらゆる角度から衝突した場合でも，乗員の安全を確保することを目指した車体構造。☞コンパティビリティ。

前方車両衝突軽減（ぜんぽうしゃりょうしょうとつけいげん）ブレーキ・システム［forward vehicle collision mitigation systems; FVCMS］　☞衝突軽減ブレーキ・システム。

前方車両追突警報（ぜんぽうしゃりょうついとつけいほう）システム［forward vehicle collision warning systems; FVCWS］　先行車との車間距離が詰まったとき，警報によりドライバに回避操作を促し，追突を予防するシステム（ISO15623）。日本の提案したこのシステムが国際規格として採用された。FCWまたはFCWSとも。

前方障害物警報（ぜんぽうしょうがいぶつけいほう）システム［forward obstruction warning system; FOW］　☞スマート・ブレーキ・サポート，i-Activsense。

前方衝突警報（ぜんぽうしょうとつけいほう）システム［forward collision warning system; FCWS］ ☞前方車両追突警報システム。

前方衝突予測警報（ぜんぽうしょうとつよそくけいほう）システム［predictive forward collision warning system; PFCW］ 運転支援システムの一種で，日産が2013年発売の新型車に採用したもの。2台前を走る車両の車間や相対速度をミリ波レーダでモニタリングして減速制御を行うもので，前走車の動きに加え，さらに1台前の車の動きを予測し，早めに減速制御や警報を出すことで玉突き事故を減らすことを狙っている。

前面投影面積（ぜんめんとうえいめんせき）［frontal projected area］ 車両を正面から見たときの，車両全体の面積。車両の正面から光を当て，後方に投影された車両の影の面積で計る。前面投影面積は空気抵抗に影響する。

前輪駆動（ぜんりんくどう）［front wheel drive］ 通常，車両前部に搭載したエンジンの出力を前輪へ伝え，駆動させる方式。パワー・トレーンが前車軸に集中するため直進性は良く，室内やトランク室を広く取れる反面，ハンドル操作が重く，アンダステアが強く出る。☞FF。対FR。

前輪操舵角感応式4WS（ぜんりんそうだかくかんのうしきフォーダブリューエス）［front wheel steering angle sensitive four-wheel-steering system］ 四輪操舵システムにおいて，前輪の操舵角に対応させて後輪の舵角制御量を決定する方式のもの。さらに，車速の要素も取り入れた舵角車速感応式4WSもある。例4輪アクティブ・ステア（日産）。

［ソ］

騒音計（そうおんけい）［sound level meter］ 排気音，警音器音，走行騒音などを測定する電気式音量計。

早期点火（そうきてんか）[1]［pre-ignition］ ☞プレイグニション。

早期点火（そうきてんか）[2]［advanced ignition］ 火花点火機関で，上死点より手前で点火すること。

掃気（そうき）ポート［scavenging port］ 2ストローク・エンジンのシリンダ壁に設けられている混合気の吸入口のこと。2ストローク・エンジンでは，膨張行程のあと燃焼室への混合気の導入と燃焼ガスの排出とは同時に行われるので，燃焼室を掃除する意味で掃気という。

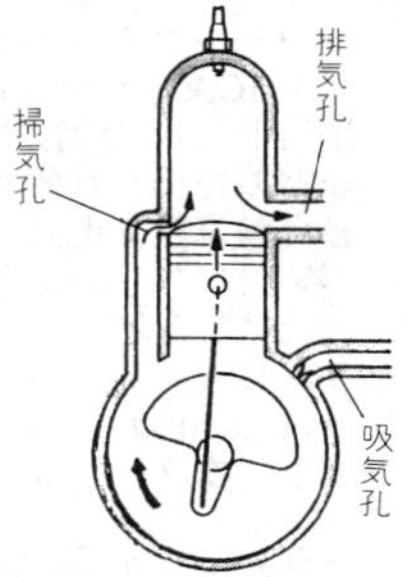

2サイクル・エンジン

相互（そうご）インダクタンス［mutual inductance］ ☞相互誘導作用。

走行距離連動型自動車保険（そうこうきょりれんどうがたじどうしゃほけん）［pay-as-you-drive］ ☞PAYD。

走行性能曲線図（そうこうせいのうきょくせんず）［driving performance diagram］ 車速に対する駆動力，走行抵抗，エンジン回転数の関係を同一グラフ上に表したもの。

走行装置（そうこうそうち）［running gear］ シャシの構成を，パワー・プラント，パワー・トレーン，ランニング・ギヤの三つに大別したときの一つ。フレーム，サスペンション，ホイール，ステアリング，ブレーキなど足回り部分の総称。

走行抵抗（そうこうていこう）［running resistance］ 自動車が走行する際に受ける抵抗で，転がり抵抗，空気抵抗および勾配（登坂）抵抗がある。

走行用前照灯（そうこうようぜんしょうとう）［high-beam headlight］ 高速道路や対向車のない一般道路で使用するビームで，保安基準第32条では夜間100m前方の障害物を確認できる明るさで，最高43万cdに規定されている。

相互認証制度（そうごにんしょうせいど）［mutual certification］ 車の装置／部品単位の国

際間の認証制度。国連の地域経済委員会であるECE（欧州経済委員会）の車両等の型式認定相互承認協定に基づき，装置／部品単位で締結国間の審査を簡略化しあう仕組み。日本は1998年に加入し，対象122品目中，タイヤやシート・ベルトなど36品目を採択済み。日本政府は，完成車の相互認証制度を2015年までに構築するよう，国連に提案している。

相互誘導作用（そうごゆうどうさよう）［mutual inductance］　二つの近接した電気回路で，一方の回路の電流が変化すると他方の回路に起電力が生じる現象。例イグニション・コイル。＝相互インダクタンス。

層状燃焼（そうじょうねんしょう）［stratified charge combustion］　☞成層燃焼。

増速比（ぞうそくひ）［overdrive ratio］　入力軸と出力軸の増速の割合。

操舵回避支援機能付（そうだかいひしえんきのうつ）きプリクラッシュ・セーフティ・システム［pre-crash safety system supplemented by collision-avoidance steering support］　衝突予知安全装置（PCS）の進化版で，2006年にレクサスに採用されたもの。このシステムが衝突の危険性があると判断した場合，表示やブザーによる警報とともにVGRS（可変ギア比ステアリング）によりタイヤの切れ角が大きくなるよう制御され，同時にAVS（減衰力可変サスペンション）によって車体の不安定な挙動を抑えるようショック・アブソーバの減衰力が制御され，さらにVDIM（車両の動的統合制御）により車両の安定性を確保して，車の挙動をスムーズにしている。

操舵（そうだ）トルク・センサ［steering wheel torque sensor］　ステアリング・ホイールの操作力を検出するセンサ。レーン・キープ・アシスト（LKA）や，可変ギア比ステアリングなどに用いられる。

装置（そうち）［device; system］　☞ディバイス，システム。

総排気量（そうはいきりょう）［total displacement］　エンジンの大きさや出力の目安となるもので，シリンダの内径と行程から算出された容積にそのシリンダ数を乗じたもの。

走破性（そうはせい）［running through performance］　車両が雪道，ぬかるみ，砂地などを走り抜けられる性能。

ソー［saw］　のこぎり。＝ハック～。

ソーシャル検定（けんてい）［social approval］　全国自動車大学校・整備専門学校協会（JAMCA）が会員校の学生と卒業生を対象に行う検定試験（民間資格）で，自動車整備士としての技術力に加え，社会人としてのコミュニケーション能力や状況判断力などの習得を目的としたもの。この検定試験には中級試験や上級試験などがあり，2級自動車整備士試験合格者で上級試験合格者には「エクセレント・オートモービル・エンジニア」が，1級自動車整備士試験合格者で上級試験合格者，かつ所属校の推薦を受けた者には「ファーストクラス・オートモービル・エンジニア」の認定資格が授与される。

ソース［source］　源，水源，源を発する。例㋑パワー～。㋺ミュージック～。

ソース・オブ・カレント［source of current］　電源。電流供給の源。例バッテリ，ジェネレータ。

ソーダアッシュ［soda-ash］　ソーダ灰。工業用炭酸ソーダ。例㋑部品洗浄用。㋺熱処理用。

ソーダ・バス［soda bath］　①塩浴。金属の熱処理。②か性ソーダ浴。部品洗浄。

ソーピー・ウォータ［soapy water］　石けん水。例気密点検用。

ソープ［soap］　石けん。脂肪酸のアルカリ金属塩。例グリース原料。

ソーラー［solar］　太陽の，太陽光線（熱）を利用した。例～カー。

ソーラー・カー［solar car］　太陽電池を動力源とする自動車。排ガスを出さないクリーンな自動車として注目を集めているが，まだ研究開発の段階である。

ソーラー・カー・レース［solar car race; solar battery vehicle race］　太陽電池で発電した電気エネルギーで走行する電気自動車（ソーラー・カー）によるレース。ソーラー・カーの研究開発を促進するため，世界各地で開催されている。
①ワールド・ソーラー・チャレンジ（WSC）：オーストラリアで行われる世界最大級のソーラー・カー・レースで，北部のダーウインから南部のアデレードまでの約3,000kmの走破タイムを競うもの。1987年から3年毎に開催され，1993年と1996年にホンダが優勝（連覇）している。2000年以降は隔年で開催され，2009年と2011年には東海大学チームが優勝して，連覇を達成している。2013年のWSC大会では，車両の4輪化が義務づけられた。
②サウス・アフリカン・ソーラー・チャレンジ（SASC）：南アフリカで行われるソーラー・カー・レースで，アフリカ半島の南端を往復する4,000kmを11日間で走行するものであるが，オーストラリアとの大きな違いは，約2,000mの高低差があること。2008年から隔年で開催され，東海大学チームが2008年，2010年，2012年に優勝し，3連覇を達成している。2012年からはコースが1,000km延長されて5,000kmとなった。
③カレラ・ソーラー・アタカマ（Carrere Solar Atacama）：南米チリ北部のアタカマ砂漠で行われるソーラー・カー・レース。5日間で約1,200kmを走破するもので，2014年には東海大学が初参戦で優勝している。2011年から開催。

ソーラー水素（すいそ）ステーション [solar hydrogen station]　太陽電池を用いて高圧水素を製造し，燃料電池車に供給するための設備機器。ホンダが米カリフォルニア州で2001年から実証実験を進めているもので，2012年には，埼玉県に納入した燃料電池車（FCXクラリティ）に燃料の水素を供給するため，国内初のソーラー水素ステーションを埼玉県庁に設置している。このステーションでは，太陽電池で発電した電気で水を電気分解して，水素を取り出している。

ソーラー・セル [solar cell]　太陽電池。太陽光線のエネルギーを電気エネルギーに変換する素子。素材にはシリコンが多く用いられ，電卓，住宅，人工衛星などに広く利用されている。

ソーラー・ベンチレーション・システム [solar ventilation system]　太陽電池を利用してカー・エアコンのファンを作動させ，炎天下に駐車中の車の室内温度を下げる装置。この装置はマツダやアウディが既に採用した実績があり，2009年には，トヨタがハイブリッド車にリモート・エアコン・システムとセットでオプション採用している。トヨタの場合，ムーン・ルーフの後ろ半分に設けたソーラー・パネルで発電し，日射量が500W/m^2以上かつソーラー・パネル温度が約40℃以上になるとブロワ・モータが自動的に作動して，車室内の熱気を排出する。

ソール・エイジェント [sole agent]　（売買の）総代理店，一手販売店。

ソール・バー [sole bar]　（車体台枠の最外側を縦方向に通る）はり。＝サイド・シル。

ソーン [zone]　地帯，地域。例 ㋑セーフティ～。㋺ゼブラ～。

ゾーン・ボデー [zone body]　日産が採用している衝突安全性を向上したボデー構造の名称で，日米欧の安全基準をクリアしている。ボデー前部に衝撃を吸収するクラッシャブル・ゾーンを設けると同時に，キャビンの変形を少なくすることで生存空間を確保し，更にエアバッグなどを組み合わせることで安全性を高めている。

側圧（そくあつ） [side thrust]　サイド・スラスト。エンジンの燃焼圧力で，ピストンとコンロッドが傾斜している方向のシリンダ壁面を押すこと。ピストンの打音（スラップ音；サイド・ノック）やシリンダ偏摩耗の原因となる。これを防止するため，ピストン・ピン中心の位置をピストン中心に対して，右又は左へわずかにオフセットしたピストンを用いているものもある。☞オフセット・ピストン，オフセット・シリンダ，オフセット・クランク・メカニズム。

速度記号（そくどきごう） [speed rating]　スピード・レーティング。タイヤのメーカ規定の使用条件（荷重）での最大巡航速度を記号で表したもの。タイヤのサイド・ウォールに印された呼びサイズに付加されている。例 S: 180km/h，H: 210km/h，

V:240km/h。

側方障害物警報装置（そくほうしょうがいぶつけいほうそうち）［side obstacle warning system; SOWS］　隣接車線上の走行車両や障害物を検知し，車線変更等により衝突の危険性が生じた場合に警報を発し，ドライバに注意を促す装置。マツダが2008年にリア・ビークル・モニタリング・システムの名称で，国内初採用している。側・後側方障害物警報システムとも。

側方照射灯（そくほうしょうしゃとう）［cornering lamp］　コーナリング・ランプ。保安基準第33条の2に規定する随意灯で，方向指示器と連動してその指示方向を照らすライト。灯光は白色，光度は16,800cd以下。

ソ

側面衝突防止装置（そくめんしょうとつぼうしそうち）［side collision prevention; SCP］　全方位で衝突を防ぐ新技術の一つで，日産が2008年に採用したもの。車体の前後左右にセンサを組み込み，車線変更時に隣接車の存在を警告し，片側の車輪にブレーキをかけることで元の車線に戻る動きを補助して，側面衝突を防止している。

ソケット［socket］　①穴，受け口，電球受け口。②受け口型ねじ回し。＝ボックス。

ソケット・スパナ［socket spanner］　受け口型ねじ回し。

ソケット・レンチ［socket wrench］　同前。6角ものと12角ものとがある。＝ボックス～。

ソサイアティ・オブ・オートモーティブ・エンジニアーズ［society of automotive engineers; SAE］　米国自動車技術協会。

ソジウムクールド・バルブ［sodium-cooled valve］　ソジウム（ナトリウム）冷却弁。弁体を中空にしてナトリウムを封入してあり，これが高温により液化して弁頭の熱を弁軸に伝え，放熱を助ける。一部の高性能エンジンに使われている特殊なバルブ。例レーサ・エンジン。航空エンジン。

ソジウム・ハイドロキサイド［sodium hydroxide］　水酸化ナトリウム。すなわち，か性ソーダ。例部品洗浄用。＝コースチック・ソーダ。

塑性（そせい）［plasticity］　固体に外力を加えて弾性限界を超えた変形を与えたとき，外力を取り去っても歪みがそのまま残る現象。対弾性。

塑性域締（そせいいきし）め付（つ）けボルト［plastic resion clamping bolt］　ボルトの締め付けは通常，締め付けトルクとボルトの回転角が比例して増加する弾性域で行っている。塑性域締め付けボルトはこの弾性域より更にボルトを締め込み，ボルトの回転角のみ変化して締め付けトルクが変化しなくなる塑性域で行うもの。これにより，回転角のバラツキに対する軸力のバラツキが小さくなり，安定した軸力が得られると同時に軸力そのものを大きく取ることができるため，シリンダ・ヘッド・ボルトやベアリング・キャップ・ボルトなどの重要な締め付け箇所に使用される。

塑性変形（そせいへんけい）［plastic deformation］　ある物体に外から力を加えて変形させたとき，その力を取り去っても残る変形のことをいう。対弾性～。

速乾（そっかん）ウレタン塗料（とりょう）［quick dry urethane paint］　補修用上塗り塗料の一種。アクリル樹脂と繊維素を主成分とする反応型（2液型）の塗料で，乾燥時間は20℃で6時間，60℃で30分くらい。新車の焼き付け塗装に匹敵する光沢が得られるため，多くのボディ・ショップで使用されている。速乾アクリル・ウレタン樹脂塗料とも。

ソナー［sonar］　超音波を発信して障害物までの距離を測定するもの。sound navigation and rangingの略。例バック～。

ソノスコープ［sono-scope］　聴音診断器。エンジン内部などの異音を聞くための故障診断器。＝ステソ・スコープ，サウンド・スコープ，ノイズ・ディテクタ。

ソフト・アイアン［soft iron］　軟鉄，単に鉄と称し炭素含有量の少ない軟らかい鉄。

ソフトウェア［software］　コンピュータのプログラムを抽象的に表現した言葉。対ハード・ウェア（機器）。

ソフト・ウォータ［soft water］　軟水。一般的には塩類を含むことの少ない水のこと。

例 ㋑上水道水。㋺雨水。㋩一度煮沸した水。対 ハード～。

ソフト・スチール [soft steel]　軟鋼，低炭素鋼。炭素含有量0.12～0.20％の鋼。リベットや管材とする。＝マイルド～。

ソフト・ソルダ [soft solder]　軟質はんだ。普通のはんだより溶融点の低いもので，カドミウム又はビスマスなどが加えられている。対 ハード～。

ソフト・トップ [soft top]　屋根が軟らかい帆布や革製で折り畳める式（コンバーチブル）の乗用車。対 ハード・トップ。

ソフト・バイク [soft bike]　排気量50cc以下の原動機付自転車。ファミリー・バイクとして老若男女に広く愛用され，スクータ型のものが多い。三輪（スリータ）のものもある。

ソフト・フェイシャ [soft fascia]　衝突時のボデー保護を目的に，車両の前面を樹脂などの軟質材で構成したもの。

ソフト・プラグ [soft plug]　低温型点火プラグ。プラグ熱特性のうち，放熱性に優れた低温型のもの。＝コールド～。対 ハード～。

ソフト・メタル [soft metal]　軟金属，比較的軟らかい金属。例 鉛，すず，亜鉛，アルミニウム，銅の類。

ソフト・ラバー [soft rubber]　軟質ゴム。原料ゴムに，硫黄を配合して加熱し，又は常温で塩化硫黄を混ぜて作ったゴム。弾性と強度に富んでいる。

ソフト・レッド [soft lead]　軟鉛。アンチモンを合金したものを硬鉛と呼ぶのに対し，比較的純粋で軟らかい鉛のことを軟鉛という。

ソフナ [softener]　軟化装置。軟化するもの。例 ㋑加温して軟化させる装置。㋺硬水を軟水にする薬剤又は装置。

ソフニング [softening]　軟化させること。例 ㋑硬い材料をなまして軟らかくすること。㋺硬水を軟水にすること。

ソリッド [solid]　①固体，固体の。②むく，むくの。一体になった，充実の。

ソリッド・インジェクション [solid injection]　（エンジン）無気噴射方式。ディーゼルやガソリン・エンジンの燃料噴射において空気を混じえず燃料だけで行われるもの。例 現在のエンジンはこの方式が多い。＝エアレス～。

ソリッド・カラー [solid color]　一様で変化のない一般的な塗色。例 車の上塗り塗装。☞メタリック～。

ソリッド・シム [solid shim]　一体シム。成層シムの対称語。対 ラミネーテッド～。

ソリッド・シャフト [solid shaft]　充実軸，むく軸。対 チューブラ～。

ソリッド・スカート・ピストン [solid skirt piston]　スリッパ・スカート・ピストンに対して，スカート部に切り欠きのないピストンをいう。

ソリッドステート [solid-state]　固体の状態という意味で，従来の真空管に代わるトランジスタ，ダイオード，ICなどを形容して使われる用語。

ソリッド・ダイス [solid dies]　むくダイス。ねじ径を調整できないボルト用ねじ切りごま。四角，六角，丸などの形がある。＝バトン～。

ソリッド・タイプ [solid type]　堅固な形。固体形状。

ソリッド・タイヤ [solid tire]　むくタイヤ。リムの外周に厚いゴム層を盛りつけたもの。パンクのおそれはないが緩衝性が劣るので特別な用途以外は用いない。

ソリッド・ディスク [solid disc]　冷却孔等の加工がされていない一般的なディスク・ブレーキ・ロータ。対 ベンチレーテッド～。

ソリッドドロウン・チューブ [solid-drawn tube]　引き抜き管。引き抜きパイプ。例 引き抜き鋼管。継目なし鋼管。

ソリッド・フリクション [solid friction]　固体摩擦。乾燥状態にある2物体が接触して相対運動をするとき現れる運動を妨げる抵抗。流体摩擦に比べてはなはだ大きく発熱も著しい。

ソリッドラバー・タイヤ [solid-rubber tire]　むくタイヤ。＝ソリッド～。

ソリッド・リーマ [solid reamer]　むく拡孔器。単体の無調整リーマ。

ソリッド・リベット [solid rivet]　むくリベット。対 ホロー～。

ソリッド・ワイヤ [solid wire]　単線，単心の導線。対 ストランド～。

ソリューション [solution]　液，溶液，溶剤。例 アンチフリーズ～。

反（そ）り [camber]　重ね板ばねのセンタ・ボルトの位置から，両端目玉を結ぶ直線への垂直距離。

ゾル [独 *Sol*]　流動状のコロイド溶液。膠質溶液の一種。例 塩ビ・ゾル。☞ゲル。

ソルダ [solder]　はんだ，軟ろう。

ソルダリング [soldering]　ろう付け。例 ㋑軟ろう（はんだ）づけ。硬ろう（真ちゅうろう）づけ。

ソルダリング・アイアン [soldering iron]　はんだづけ用こて，はんだごて。

ソルダリング・カパー [soldering copper]　同前。

ソルダリング・フラックス [soldering flux]　ろうづけ用溶剤。接合剤。例 ㋑はんだ用の塩化亜鉛，塩酸，ペースト，松やに。㋺真ちゅうろう吹き用のほう砂，塩砂の類。

ソルダリング・ペースト [soldering paste]　はんだづけ用接合剤。例 樹脂，牛脂，ろう，オリーブ油，塩化アンモニア等の混和物。

ソルト・バス [salt bath]　塩浴。塩化バリウム，塩化ナトリウム等の塩類を溶解し，その中で鋼などの金属材料を加熱するための浴槽。主に鋼などの熱処理で酸化や脱炭を防ぐために用いる。＝ソーダ～。

ソルベント [solvent]　溶剤，溶媒。溶液は溶媒とその中に溶け込んでいる溶質からできている。例 四塩化炭素，エーテル，ナフサ，アルコール。

ソレックス・キャブレータ [Solex carburetor]　フランスのソレックス社製キャブレータで，スポーツ・エンジン用が有名である。

ソレノイド [solenoid]　線輪，導線をら旋巻きにしたもの。＝コイル。

ソレノイド・スイッチ [solenoid switch]　電磁スイッチ。ソレノイドの電磁力を利用して作動するスイッチ。例 ㋑セルモータのスイッチ。㋺オーバドライブ用～。

ソレノイド・バルブ [solenoid valve]　電磁弁。ソレノイドの電磁力によって開きスプリングによって閉じるようにした弁装置。例 ㋑LPG燃料装置。㋺エア・サスペンション。㋩各種操作装置。

ソレノイド・ブレーキ [solenoid brake]　電磁ブレーキ。電磁力によりシューをドラムに圧着するブレーキ。例 物上げ機（ホイスト）類のブレーキ。

ソロー [*Solo*]　伊 単車。サイド・カーを取り付けていないオートバイ。

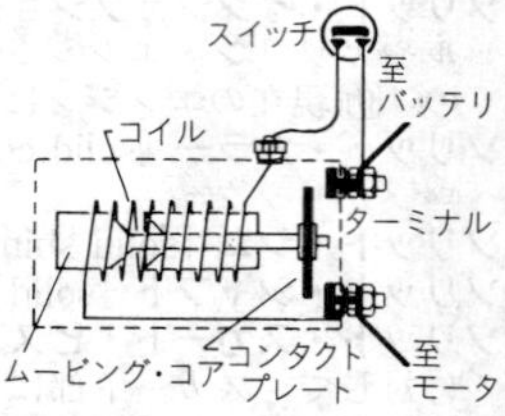

スイッチ
至バッテリ
コイル
ターミナル
コンタクトプレート
ムービング・コア
至モータ

ソレノイド・スイッチ

損益分岐点（そんえきぶんきてん） [break-even point]　損益発生の分かれ目となる売上高。ブレークイーブン・ポイント。

[タ]

ター [tar]　通称タール。有機物の乾留によって生ずる黒色粘ちゅうな油状物質。例 ㋑排気管内壁に付着する煙油。㋺LPGベーパライザに溜まるタール。

ターゲット [target]　的，標的，目標物。

ターゲット・ゲージ [target gauge]　的穴つき計器。例 噴油孔の噴油状態（主として方向）を点検するもの。

ダース [dozen]　ダズンのなまり。（同種のもの）12個。12ダースが1グロス。

ダート・ガード [dirt guard]　泥よけ。＝フェンダ。

ダート・コース [dirt course]　自動車やバイクの走路で舗装していないコース。

ダート・トラック [dirt track]　泥土又は石炭がらを敷いた競走路。

ダート・ロード [dirt road]　無舗装の道路。地道。

ターナラウンド [turnaround]　（車の）引き返し回転広場。方向転換用広場。

ターニング・エフォート [turning effort]　回転力。物体を回転しようとするねじり力。＝トルク。

ターニング・サークル [turning circle]　回転円。例 ハンドルを一杯に切って回転した場合において，最外側を通る車輪の軌跡で測った回転円。

ターニング・ラジアス [turning radius]　回転半径。例 自動車の回転半径とはハンドルを一杯に切って最も小回りをした場合，回転の中心から最外側を通る車輪のわだちの中心線に至る長さである。

ターニング・ラジアス・ゲージ [turning radius gauge]　回転半径計測器。かじ取り車輪の変向角を測る回転盤になっており，変向角 θ と軸距Lとの関係から半径rを求めることができる。$r=L/\sin\theta$。その他，キャスタ角測定にも用いる。

ターニング・ラジアス・ゲージ

ターニング・ロックス [turning locks]　旋回直径。

タービュランス [turbulence]　乱流，渦流。例 ㋑自動車通過後に起こる空気の乱流。㋺シリンダにおいて圧縮される混合気の渦。㋩フルード・カップリングやトルク・コンバータ内に起こるオイルの乱流。

タービュランス・ジェネレーティング・ポット [turbulence generating pot; TGP]　乱流生成ポット。EGRによる出力低下や燃費の増大を防止するため，燃焼室内に乱流生成ポットを設けて渦流を作り，燃焼効率の向上を図る。トヨタとダイハツが採用した。

タービン [turbine]　翼車。流体のエネルギーによって回転する歯車。例 ㋑タービン式自動車。㋺流体クラッチにおいてポンプ・インペラに回転される翼車。

タービン・ブレード [turbine blade]　タービンの羽根。色々な形がある。

タービン・ホイール [turbine wheel]　タービン翼車。＝タービン。

タービン・ポンプ [turbine pump]　渦巻きポンプの一種。

タービン・ランナ [turbine runner]　流体の流れのエネルギーから回転機械動力を発生する羽根車。☞ポンプ・インペラ。

ターボ [turbo]　ターボチャージャ（turbocharger）の略称。

ターボ・インタクーラ [turbo inter-cooler]　☞インタクーラ。

ターボ・コンプレッサ [turbo compressor]　遠心圧送機。例 エンジン排気圧を利用する過給機。

ターボチャージャ [turbocharger]　排気タービン過給機。排気ガス圧力でタービンを回転し，同軸のコンプレッサで排気量以上の新気を供給してパワーアップする。

ターボ・ドライブ［turbo drive］　タービン伝動。例㋑フルード・カップリングやトルク・コンバータを用いる動力伝動。㋺ガス・タービン駆動自動車。

ターボファン［turbofan］　遠心送風器。例スーパーチャージャ用。

ターボブロワ［turbo-blower］　遠心送風器。＝～ファン。～コンプレッサ。

ターボ・ラグ［turbo lag］　ターボチャージャ付きエンジンの欠点で，低速からの急加速時，過給圧の上昇遅れで加速が一瞬停滞することをいう。解決策として，シーケンシャル・ターボやVGターボなどが登場している。

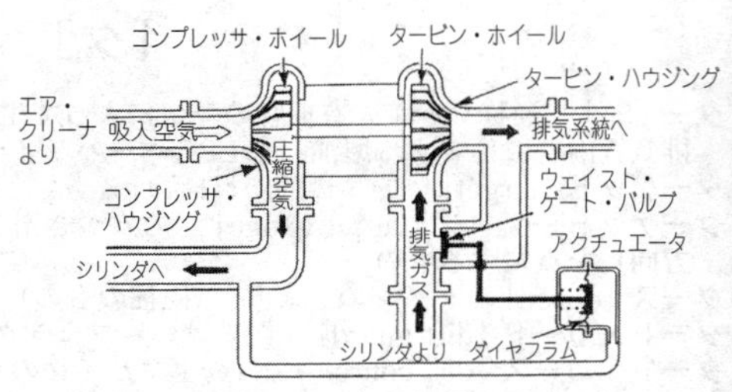

ターボチャージャ（前頁解説参照）

ターポリン［tarpaulin］　防水帆布，防水布。略称ター。例オープン・カーのほろ。

ターマック［tarmac; tar macadam］　タール使用の砕石（マカダム）舗装。

ターミナス［terminus］　英①バスなどの終点。②コードの末端。＝米ターミナル。

ターミナル［terminal］　①（バスなどの）発着駅。法規に規定するターミナルとは旅客の乗降又は貨物の積み降ろしのため自動車運送事業の自動車を同時に２両以上停留させることを目的として設置した施設のことをいう。②電気端子，電極。

ターミナル・タワー［terminal tower］　極塔。例バッテリの極柱。

ターミナル・ボルテージ［terminal voltage］　端子電圧，電気機器の端子における電圧。

ターム［term］　①期間，期限，学期。②学術用語。

タール［tar］　有機物を乾留して得られる黒褐色油状の粘性体。☞ター。

タール・サンド［tar sand］　燃料＝オイル・サンド。

ターレット・デッキ［turret deck］　（ボデー）砲塔型屋根。一枚鋼板の型抜き屋根。

ターレット・トップ［turret top］　同前。

ターレット・レース［turret lathe］　砲塔旋盤。ターレットと呼ぶ回転刃物台に数本の刃物を放射状に取り付け，刃物台を回転して次々と作業する旋盤。

ターン［turn］　回す，回る，向きを変える。例Uターン。

ターン・インジケータ［turn indicator］　方向指示器。＝ターンシグナル・インジケータ。

ターンオーバ［turn-over］　転覆，ひっくり返り。＝ロールオーバ。

ターンオーバ機構（きこう）［turn-over mechanism］　力の作用方向が逆転するようになる機構。ターンオーバ・スプリングを使用している。例クラッチ・ペダルの踏力軽減用。

ターンオーバ・スプリング［turn-over spring］　反転ばね。力の作用方向が逆変するように使ったばね。例クラッチ・ペダルの戻しばね。

ターン・シグナル［turn signal］　方向指示器，方向信号機。＝～インジケータ。

ターンシグナル・スイッチ［turn-signal lamp switch］　ターンシグナル・ランプの回路を開閉するスイッチ。

ターンシグナル・フラッシャ［turn-signal flasher］　点滅式方向指示器。

ターンシグナル・ランプ［turn-signal lamp］　方向指示灯。

ターン・テーブル［turn table］　回転盤。例㋑駐車場の自動車回転盤。㋺トレーラ連結部。㋩ターニングラジアス・ゲージ。

ターンパイク［turnpike］　通行税取り立て門。有料道路の料金取り立て所。＝トールゲート。

ターンパイク・ロード [turnpike road]　通行税取り立て道路。有料道路。

ターンバックル [turnbuckle]　引き締め金具。長方形の枠の一端に右ねじ，他の一端に左ねじを切ってそれぞれにロッドをねじ込み，枠を回して全長を調整する装置。例 ㋑ブレーキ・ロッド。㋺クラッチのリリース・ロッド。

ダイ [die]　①打ち型，抜き型，型板。②ねじ切り用こま。通称ダイス。

タイアーム [tie-arm]　連結用腕金。

ダイアグ [diag]　ダイアグノーシス（diagnosis：診断）の略。

ダイアグステーション [Denso diag-station; DGS]　デンソーが2006年度から国内に開設した診断施設の名称（デンソー・ダイアグステーション）。ここではハイブリッド・システムやコモンレール・システムなど高度に電子化された車両の故障診断に対応できる設備，人材，情報を備え，デンソーの資格テストに合格したダイアグマイスターが故障診断等に当たる。DGSはデンソー販売会社やサービス・ステーション（SS）が担当し，2015年までに100拠点を開設予定。2014年3月末現在，全国77拠点体制となっている。ダイアグマイスターは，デンソー資格検定1級かつ自動車整備士2級以上の有資格者が受講の条件で，資格取得後は2年ごとに更新試験がある。2014年3月末現在の有資格者は，約170人。☞BCS，DST。

ダイアグノーシス [diagnosis]　医学では診断。自動車ではコンピュータ制御装置を自己診断すること。

ダイアグノーシス・コード [diagnosis code]　米国自動車技術会（SAE）で標準化規約された故障診断コード。＝SAEコード。

ダイアグノーシス・コネクタ [diagnosis connector]　故障診断用電気端子。EFIやABSなどの各システム・チェック用に，自己診断機能の記憶データを表示させたり，自己診断そのものを行うときに使用する電気端子。☞データ・リンク・カプラ。

ダイアグ・モニタ [diagnosis monitor]　故障診断の結果を表示する装置。

ダイアグラム [diagram]　図，図形，図表。例 バルブタイミング〜。

ダイアゴナル [diagonal]　①斜めの。②対角線の，対角線。＝ダイヤゴナル。

ダイアフラム [diaphragm]　膜，隔膜，仕切膜。例 ㋑燃料ポンプ用。㋺ブレーキ倍力装置用。㋩真空利用装置。㋥LPG減圧用。＝ダイヤフラム。

ダイアフラム・スプリング [diaphragm spring]　膜状ばね，円板ばね，皿ばね。例 クラッチ用。

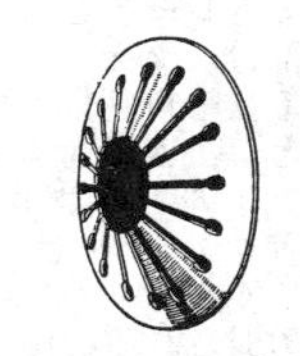

ダイアフラム・スプリング

ダイアフラム・ポンプ [diaphragm pump]　隔膜式ポンプ。膜の振動により生ずる容積変化を利用したポンプ。例 ㋑ガソリン供給ポンプ。㋺真空ポンプ。

ダイアル [dial]　目盛盤。指針盤。＝ダイヤル。

ダイアル・インジケータ [dial indicator]　目盛盤のある計器。＝ダイアル・ゲージ。

ダイアル・ゲージ [dial gauge]　目盛盤計器。わずかな動きを歯車で拡大し目盛板上の指針で0.01mm単位に読む精密計器。常に支持具に安定させた状態で使用する。例 回転軸の振れ，軸方向遊び，偏心量，ギヤのバックラッシュ等の精密測定。

第一角法（だいいっかくほう） [first angle projection]　対象物を第1象限に置いて，投影面に正投影して描く図形の表し方。

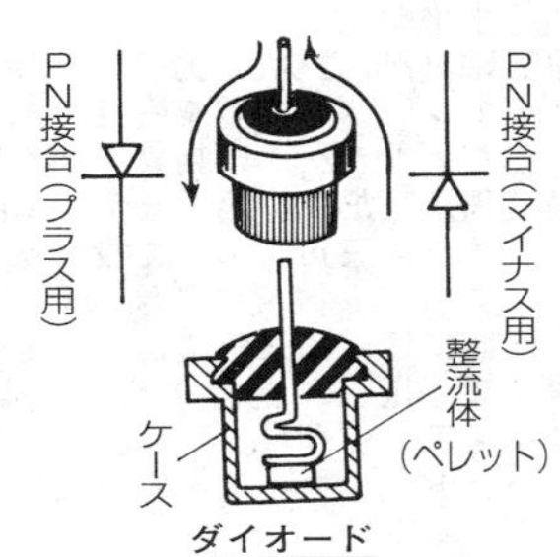

ダイオード

ダイエレクトリック［dielectric］　誘電体。絶縁体。
ダイエレクトリック・コンスタント［dielectric constant］　誘電率。
ダイオード［diode］　本来の意味は２極真空管のことであるが，一般的にはシリコン又はゲルマニウムなどを主材とする半導体整流素子を指す。例 オルタネータ用～。
ダイカスト［die-casting］　ダイ鋳造。精密な金型を使用し溶金に圧力を加えて行う鋳造法。アルミニウムや亜鉛合金の鋳造に多く利用され精度の高い製品が得られる。例 キャブレータ，燃料ポンプ。ピストン等の鋳造。＝ダイキャスト。
大気圧（たいきあつ）［atmospheric pressure］　地球を取り巻く気体の圧力，気圧。水銀柱の高さでは760mmHgとなる。1atm＝1013.250hPa。
大気汚染（たいきおせん）［air pollution］　工場排煙や自動車の排出ガスなどに含まれる有害物質により大気が汚されること。
大規模集積回路（だいきぼしゅうせきかいろ）［large scale integrated circuit; LSI］　基板上に素子が1000～10万個程度集積されているIC。
ダイキャスト［die-casting］　☞ダイカスト。
ダイキャスト・アロイ［die-casting alloy］　ダイカスト用合金。アルミニウム，銅，すず，亜鉛，鉛，アンチモンなどの中から用途に適したものを選び合金して用いる。
ダイキャスト・ベアリング［die-casting bearing］　ダイカスト法で作った軸受メタル。
ダイキャスト・マシン［die-casting machine］　ダイカスト用機械。手動式，空気圧式，水圧式などがある。
ダイクエンチ工法（こうほう）［die-quenching］　プレス成形時に加熱・急冷することにより，強度を高めた超高張力鋼板（極超高張力鋼板）。鋼板は一般に降伏点を高めると成形性が悪くなるが，ダイクエンチ工法は加熱による成形性の向上と，急冷時の焼き入れ効果で成形性と高強度が両立でき，降伏点は1,000MPaを超える。☞降伏点。
対向（たいこう）シリンダ・エンジン［opposed cylinder engine］　シリンダがクランクシャフトに対して対向の位置にあるエンジン。水平対向エンジン。
第五輪（だいごりん）［fifth wheel］　①トラクタのセミトレーラとの連結部で，旋回の中心軸となる部分。②オートフライヤ（auto-flyer）と称する五輪自動車の駆動輪のこと。オートフライヤとは，四輪付き台車（約2.5m×1.0m）に丸ハンドルと手ブレーキを備え，後部のガソリン・エンジン（2～3馬力）付き駆動輪（第五輪）で走る，1人乗り軽自動車。③試験用車輌に牽引される計測用車輪。

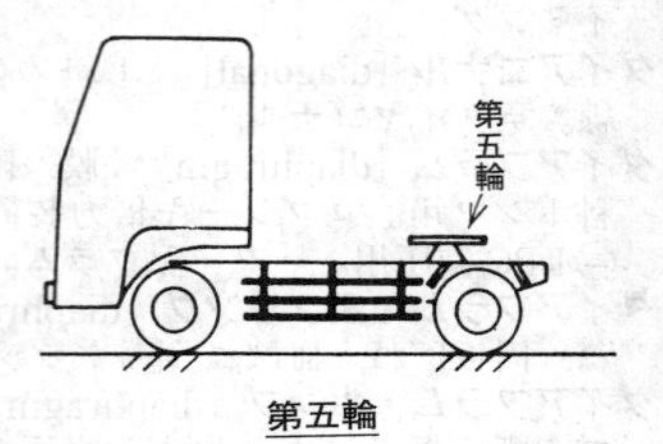

第五輪

第五輪（だいごりん）オフセット［fifth wheel off-set］　第五輪の中心とトラクタの後車軸中心との水平距離。
第五輪（だいごりん）カプラ［fifth wheel coupler］　セミトレーラの荷重を受け，牽引力，制動力を伝達するためトラクタに装着される連結装置。
第三角法（だいさんかくほう）［third angle projection］　立体を第三角において投影面に正投影する製図方式であって，機械の製図はもっぱらこの方式を用い，図面には単に三角法と書く。

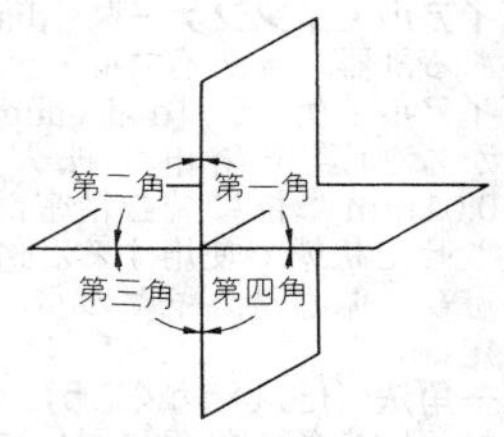

第一角から第四角まで

ダイズ［dies］　通称ダイス。雄ねじ切り。☞タップ。
ダイ・ストック［die stock］　ダイス回し。ダイス・ハンドル。ダイスを中央部に支えて回転させ，ねじを切る工具。
タイストラット［tie-strut］　連結棒。突っ張り棒。例フレームとアクスルとの間に設けた突っ張り棒。ストラット・バー，トルク・ロッド，ラジアス・ロッド，ラテラル・ロッドの類。

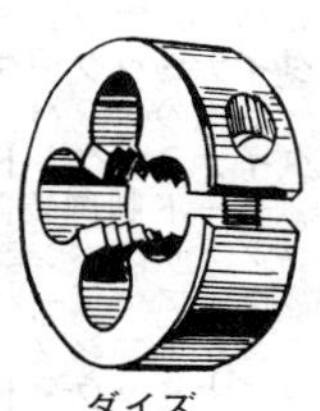

ダイズ

ダイズ・ハンドル [dies handle]　ダイス回し。＝ダイ・ストック。

体積効率（たいせきこうりつ）[volumetric efficiency]　エンジンの構造や運転条件などによるエンジン自体の吸気の吸い込み能力を示す尺度。＝容積効率。

代替燃料（だいたいねんりょう）[alternative fuel]　ガソリン，軽油，LPG などの石油系燃料に代わる燃料の総称。圧縮天然ガス（CNG），ジメチルエーテル（DME），GTL，バイオエタノール，バイオディーゼル，水素などを指す。

代替（だいたい）フロン [alternative flon]　フロンとはフッ素を含むハロゲン化炭化物の総称。フロン・ガスのうち地球のオゾン層を破壊する可能性の高い塩素原子（Cl）を持つCFC（chloro-fluoro-carbon，クロロフルオロカーボン）が特定フロンとして規制の対象となり，カー・エアコンの冷媒として従来から使用されてきたフロン12（R12，化学式：CCl_2F_2）も含まれている。そこで塩素原子を持たないHFC（hydro-fluoro-carbon，ハイドロフルオロカーボン）が代替フロンとして開発され，フロン134a（R134a，化学式：CH_2FCF_2）などに切り換えられた。R12，R134aのRは，refrigerant（冷媒）の頭文字である。☞ノンフロン・カーエアコン。

タイ・ダウン・フック [tie down hook]　トランク室フロアに設置した，積み荷をロープやネットなどで固定するための止め金具。

タイト [tight]　①きつい，堅い。②すきのない。空気や水の漏れない。③締め代。0.02T は締め代 2/100mm の印。

タイト・ウェルド [tight weld]　耐密溶接。気密水密の完全な溶接。

タイト・コーナ・ブレーキング [tight corner braking]　車庫入れのような場合，前後車輪は回転半径差に応じて異なった回転速度で回転する必要がある。直結 4WD 車ではこれが許容されないので，タイヤが過度にスリップし，不快な車体振動やエンストを生じることがある。この状態をタイト・コーナ・ブレーキング現象という。例パートタイム 4WD 車で，4WD から 2WD へ切り換えるのを忘れたとき。

タイト・サイド [tight side]　張り側。チェーンやベルトの引っ張り側。＝テンション〜。対ルーズ〜。

タイトナ [tightener]　締め具。チェーンやベルトの張りを締めるもの。＝テンショナ。

タイトニング・オーダ [tightening order]　締めつけ順序。多数あるボルトやナットの締めつけ順序。

タイトニング・フラップ [tightening flap]　締めつけ帯。例チューブレス・タイヤにおいてタイヤをリムに密着させるのに用いる帯。＝タイヤ・バンド，ツアニケット。

タイトネス [tightness]　（ベルトやチェーンの）張りの固さ，引き締まり。

ダイナスタータ [dyna-starter]　発電始動機。一台で発電機と電動機の両機能を備えたもので，始動のときはモータとなり，始動後はダイナモとなる。例小型エンジンでクランク直結型として用いる。＝スタータダイナモ。☞ISG。

ダイナット [die-nut]　ナット型六角ダイス。ねじ切り六角ごま。

ダイナフロー・ドライブ [Dynaflow drive]　GM 車（ビュイック）の AT の商品名。

ダイナミック [dynamic]　動的な，活力ある，力学上の。＝カイネチック。例〜バランス。対スタチック。

ダイナミック・インデックス [dynamic index]　（ばね上質量の）動的係数。

ダイナミック・サスペンション [dynamic suspension]　可動支持方式。例エンジン支持法において，取り付け部にゴム又はばねを入れ動揺できるようにしたもの。＝ラバー・マウンティング。フローティング。

ダイナミック・ダンパ [dynamic damper] クランクシャフトのねじり振動を抑制する形式のダンパ。＝トーショナル・ダンパ。

ダイナミック・ドライビング・コントロール [dynamic driving control; DDC] 運転モード制御装置で，BMWが2009年に採用したもの。エンジン，AT，ステアリング，サスペンション，ブレーキなどを統合制御するもので，スイッチ操作でショック・アブソーバ，変速制御，アクセル，ステアリングなどの特性を変化させることにより，コンフォートからスポーツ・プラスまでの4種類の走行モードが選択できる。

ダイナミック・トルク・コントロール4WD [dynamic torque control four-wheel-drive system] 前輪駆動と4輪駆動を自動的に切り替える4WDの一種で，トヨタが2013年に新型SUVに採用した進化型のもの。デフの手前に電子制御カップリングと電磁リニア・ソレノイドを設け，旋回時のステアリング操舵量から走行ラインを算出して，後輪へのトルクをきめ細かく配分することによりコーナリング性能を向上させている。

ダイナミック・パフォーマンス・コントロール [dynamic performance control] トルク・ベクタリング・デフ（TVD）の一種であるリア側駆動力配分機構で，BMWが2008年に4輪駆動装置に採用したもの。4輪駆動システム「xDrive」の進化版で，走行状況や車両状況に応じて駆動力を臨機応変に左右の後輪間で配分することにより，コーナでは外側車輪の駆動力が意図的に高められ，より速いコーナリング・スピードで走行ラインを正確にキープすることができる。

ダイナミック・バランサ [dynamic balancer] 動的釣合試験機。回転状態の釣り合いをみるもの。例ホイール・バランサ。

ダイナミック・バランス [dynamic balance] 動的な釣り合い。回転状態における釣り合い。＝カイネチック～。対スタチック～。

ダイナミック・ホイール・アライメント・テスタ [dynamic wheel alignment tester] 走行状態で（テスタ側でホイールを駆動しながら），トーイン，キャンバ，キャスタを測定するホイール・アライメント・テスタ。

ダイナミック・ホイール・デモンストレータ [dynamic wheel demonstrator] ☞～バランサ。

ダイナミック・ホイール・バランサ [dynamic wheel balancer] ホイールの回転時釣り合いを調べ，これを修正する機械。車両に取り付けたままで行うオン・ザ・カー型とホイールだけで行うオフ・ザ・カー型があり，修正は鉛や鉄のバランス・ウェイトをホイールのリムに付着させて行う。

ダイナミック・ラム（RAM） [dynamic random access memory; DRAM] 記憶を持続するために，一定周期でリフレッシュを必要とするRAM（随時書き込みや読み出しができる記憶素子）。

ダイナミック・リア・ステアリング [dynamic rear steering; DRS] 後輪操舵システムの一種で，レクサスが2012年に新型車のスポーツ仕様に採用したもの。☞LDH。

ダイナミック・ルート・ガイダンス・システム [dynamic route guidance systems; DRGS] 動的経路誘導システム。UTMS（総合交通管理システム）の構成要素の一つで，一部の高機能カーナビにおいて，VICS情報をリアルタイムに処理し，目的地までの最適の経路を案内する機能。2011年からサービスが開始されたITSスポット・サービスの三つの基本項目の一つ。

ダイナミック・レート [dynamic rate] （ばね）動的たわみ割合。

ダイナミック・ロード [dynamic load] 動荷重。動的に作用する荷重。例走行時フレームや車輪にかかる荷重。静的荷重より大きい。対スタチック～。

ダイナモ [dynamo] 発電機。機械エネルギーを電気エネルギーに変換する回転電機で，直流機と交流機があり，いずれもバッテリの充電用とする。別名ジェネレータ。交流機はオルタネータ。

ダイナモメータ [dynamometer]　動力計。エンジンなどの出力を測定する機械。吸収動力計と伝達動力計に大別されプロニー・ブレーキ，ねじり動力計，水動力計，電気動力計などがある。

ダイナモメトリック・パワー [dynamometric power]　正味動力。エンジン指示馬力からエンジンの内部損失を差し引いた正味の出力。＝エフェクティブ・アウトプット，ブレーキ・ホースパワー。

耐熱鋼（たいねつこう） [heat resisting steel]　高温において強度並びに耐酸化性に優れた合金のこと。ニッケル，クロム，タングステン，モリブデンなどを含む種々の合金がある。＝ヒート・レジスティング・スチール。

耐熱樹脂（たいねつじゅし） [heat-resistant resin]　高温度下で使用可能な合成樹脂。軽量化やコスト・ダウンなどを目的に金属の代替品として使用されるもので，ポリイミド（PI），ポリカーボネート（PC），ポリサルフォン（PSU），ポリフェニレンサルファイド（PPS），ポリテトラフルオロエチレン（PTFE／テフロン），ポリエーテルエーテルケトン（PEEK）などがある。

タイバー [tie-bar]　連結棒。＝タイロッド。

ダイバーシティ [diversity]　①相違，不動。②種々，雑多，多様性。

ダイバーシティ・アンテナ [diversity antenna]　車載用ラジオやテレビのアンテナで，最適受信性能を確保するためのもの。

タイマ [timer]　調時器，調時装置。例 ㋑点火一次回路のブレーカ。㋺ディーゼルの噴射時期調整装置。

タイマ・エアコン [timer air-conditioner]　日産が電気自動車（EV）に採用したカー・エアコンの新しい駆動方式。EVの場合，車室内の冷房は従来のシステムを電動コンプレッサで駆動し，暖房はPTCヒータ（電気温水器）を熱源としている。しかし，これらを使用するために駆動用バッテリを用いると航続距離が極端に短くなってしまうため（特に暖房の場合），充電プラグが接続された状態で乗車前にタイマで設定時間までに車室内を快適な温度にする機能（家庭用電源によるエアコンの駆動機能）を設けており，これをタイマ・エアコンという。

タイマ・ディストリビュータ [timer distributor]　点火用配電器。一次回路を遮断するブレーカと二次回路を連結するディストリビュータとを組み合わせた装置。通称単にディストリビュータ。

タイミング・アングル [timing angle]　調時角度。例 バルブの開閉時期角。

タイミング・ギヤ [timing gear]　調時歯車。正しいタイミングを保ちながら二者間に動力伝達をする歯車。例 ㋑カムシャフトを回転するギヤ。㋺噴射ポンプを回転するギヤ。

タイミング・チェーン [timing chain]　調時鎖。例 カムシャフトを回転するチェーン。ローラ・チェーンとサイレント・チェーンがある。

タイミング・テスト・ランプ [timing test lamp]　タイミング試験灯。例 点火時期を点検するストロボ・ランプ，タイミング・ライト。

タイミング・ベルト [timing belt]　（タイミング・チェーンに代わる）歯付きベルト。＝コグ・ベルト。

タイミング・ベルト・インジケータ [timing belt indicator]　タイミング・ベルトの交換や調整時期を知らせるための表示装置。

タイミング・チェーン

タイミング・ポインタ [timing pointer]　タイミング指標，正しい位置を示すもの。例 ㋑点火位置を示す指標（クランク・プーリに向けてある矢形）。㋺バルブ・タイミングを示す指標。

タイミング・マーク [timing mark]　調時記号。位置の表示。例 ㋑点火位置マークは多くクランク前端のプーリにあり “IGN” などと記され，その前後に度数目盛りのある場合もある。ロ昔のエンジンはフライホイールにイグニション・タイミングが刻印されていたが今は余り行われない。

タイミング・ライト [timing light]　調時灯。点火位置や進角機能の点検に用いる。簡単なネオン管式のものとバイブレータを内蔵するパワー・タイミング・ライトがあり，電源にもバッテリ式と電灯線から取る交流式とがある。所定の配線をしてエンジンをかけると点火プラグの発火と同時に発光するので，この光でタイミング・マークを照らすとマークが静止して見え，ポインタとの関係で早いか遅いかが分かる。

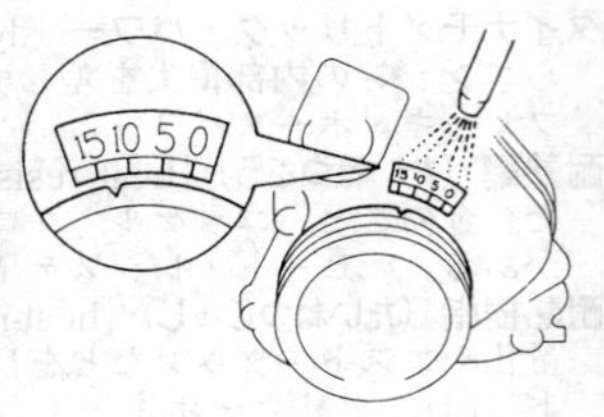

タイミング・ライト

タイミング・ランプ [timing lamp]　同前。

タイミング・レンジ [timing range]　調時範囲。例 点火において最晩火から最早火までの幅。

タイム・スタンプ [time stamp]　情報の提供時刻。例 VICS センタが発信した交通情報の時刻を画面に表示するもの。

タイム・テーブル [time table]　(バス等の) 時刻表。

タイムド・インジェクション [timed injection]　定時噴射方式。例 ガソリン・エンジンにおいて定められた時期に適当量の燃料がシリンダ又は吸気マニホールドへ噴射されるもの。

タイム・トライアル [time trial]　自転車や自動車などの競走で，一定距離を単独で走行して所要時間を競うもの。

タイム・ラグ [time lag]　時間の遅れ，ずれ。例 ①エンジンにおいて，燃料が点火されてから最高圧力を生ずるまでの遅れ。ロディーゼルの発火遅れ。

タイムラグ・リレー [time-lag relay]　遅動継電器。指令より遅れて作用する構造のリレー。多くリレーにコンデンサが組み込まれ，これが充電される時間コイルの作動が遅れるようにしてある。例 ①コンデンサ式フラッシャ。ロオーバドライブ用リレー。

タイヤ [tire; tyre]　車の輪金，ゴム輪，輪帯のことであるが，一般には空気入りタイヤの外皮すなわちケーシングのことを指す。

タイヤ・アイアン [tire iron]　タイヤ着脱用てこ。通称タイヤ・レバー。

タイヤ・ウェル [tire well]　①予備タイヤを収納するへこみ部分。②ホイールが当たらないようにしたボデーのへこみ。＝タイヤ・ハウス。

タイヤ・ウォーマ [tire warmer]　タイヤ加熱機。レーシング・カーのタイヤに使用し，走行開始直後から高い性能が得られる。

タイヤ・エージング [tire aging]　タイヤの経年劣化。タイヤのコンパウンドは大気中のオゾンなどの影響により，使用の如何を問わず時間の経過とともに弾力を失っていき，細かなクラック（亀裂）が発生する。したがって，経年タイヤはグリップ力が低下するとともに乗り心地も悪くなり，本来の性能を発揮できない。一般に，タイヤの「賞味期限」は3年と言われており，タイヤの溝がいくら残っていても，製造から6年以上経過したタイヤは交換するのが望ましい。

タイヤ・エングレービング [tire engraving]　タイヤ（トレッド）の彫刻。滑り止めの彫刻。＝～パターン。

タイヤ・キャンバス [tire canvas]　タイヤ本体となるズック。コード層にゴムを注入した本体。＝カーカス。

タイヤ空気圧監視（くうきあつかんし）システム [tire pressure monitoring system; TPMS]　走行中のタイヤの空気圧を測定して，監視する装置。各タイヤのバルブと一体型の送信機，アンテナ，受信機，表示器などで構成され，ランフラット・タイヤと組み合わせてスペア・タイヤレス化を図ることもできる。TPMS は空気圧の検知方法により間接式と直接式に大別され，国際標準としてISO21750で次の3種類に分類している。
①TPWS：各輪の空気圧情報を提供する最上位システム。②TPAS：空気圧を直接測定し，対応必要なレベルに達したら警報を出すシステム。③TLAS：空気圧を間接的に測定するシステム。米高速道路交通安全局（NHTSA）では，ランフラット・タイヤに対してTPMSの装備を2005年10月から義務づけ（FMVSS138），2007年10月以降は車両総重量が4,536kg以下の新型車に拡大された。欧州でも，2012年11月以降に型式指定を受ける車両にTPMSの装備が義務づけられ，2014年11月からはすべての新車に義務づけられたが，日本では「検討中」とのこと。レクサスや日産が2012年に採用したランフラット・タイヤでは，4本のタイヤそれぞれの空気圧を個別に表示している。

ダイヤグラム [diagram]　☞ダイアグラム。

タイヤ・ゲージ [tire gauge]　タイヤ用計器，空気圧力計，溝深さ計などがあるが，主として空気圧力計。

ダイヤゴナル [diagonal]　☞ダイアゴナル。

ダイヤゴナルカット・ジョイント [diagonal-cut joint]　斜め切り継ぎ。例ピストン・リングの切り方のうち斜めに切ったもの。

ダイヤゴナル・ブラシ [diagonal brush]　斜め向きブラシ。コミュテータ又はスリップ・リングに対し斜めに傾けて接触するブラシ。別名タンゼンシャル～。☞ラジアル～。

ダイヤゴナル・ブレース [diagonal brace]　筋かい。斜めに張った支柱。

ダイヤゴナル・メンバ [diagonal member]　（フレームなどの）斜め部材。

ダイヤゴナル・リンク・サスペンション [diagonal link suspension]　斜めリンク式懸架法。リヤ・サスペンションの一形式で乗用車の一部に用いる。

ダイヤゴナル・リンク・サスペンション

タイヤ・スカルプチュア [tire sculpture]　タイヤ（トレッド）の彫刻。滑り止めのパターン。

タイヤ・スプレッダ [tire spreader]　タイヤ伸張機，拡張機。タイヤの着脱に使用する工具。

タイヤ騒音（そうおん） [tire noise]　走行中の車のタイヤが発する騒音で，タイヤが路面をたたくロード・ノイズ（ピッチング音）と，タイヤの溝で圧縮された空気が解放されるときに発するパターン・ノイズ（ポンピング音／気柱共鳴音）に大別される。舗装路面の表層部を多孔質のアスファルトで構成した排水性舗装（高規格舗装）では，この騒音低減にも貢献している。EUでは，2003年2月からタイヤ単体騒音規制が段階的に実施されており，2012年11月からはこれが強化された。環境省では，欧州で実施されている自動車のタイヤ単体騒音規制を日本で実施する方針を2012年に決定している。

タイヤ・チェーン [tire chain]　（滑り止めの）タイヤ用鎖。氷雪路上でスリップ防止用としてタイヤに巻く鎖。

タイヤ・チェンジャ [tire changer]　タイヤ交換機。タイヤを組み換える機械。

タイヤ・ディマウンタ [tire demountor]　タイヤ取り外し機。

タイヤ・トゥルーア [tire truer]　タイヤ修正機。タイヤ円周上の凸凹の凸部を特殊なグラインダやカッタで切削し，高速走行時の車体の振動（ハイスピード・カー・シェイク）を防止する。㊟本機を用いる前に，タイヤとホイールのマッチング（位相合わせ）を必ず行い，タイヤの切削を最小限にする必要がある。

タイヤ・トゥルーイング・イクイップメント [tire trueing equipment]　タイヤ取り付け確認装置。タイヤがリムに対し正位置に取り付けられたか確かめる装置。例タイヤのサイド・ウォールにある隆起線。＝リム・ライン。

タイヤ・ドーザ [tire dozer] 車輪式ブルドーザ。車輪式トラクタに排土装置を取り付けたもの。駆動力は小さいが作業速度は速い。

タイヤ・ドリー [tire dolly] ☞ホイール・ドリー。

タイヤ・トレッド [tire tread] タイヤ踏面。タイヤの接地部分。一般に滑り止めの凹凸模様（パターン）が刻まれている。

タイヤ・ハウス [tire house] 車輪部を収める車体のくぼみ部分。＝ホイール・ハウス。

タイヤ・パッチ [tire patch] タイヤのパンク修理用当てゴム。

タイヤ・パン [tire pan] 予備タイヤを格納するために車体床面に設けられたくぼみ。＝タイヤ・ウェル。

タイヤ・バンド [tire band] タイヤ用帯。例チューブレス・タイヤにエアを入れるときタイヤとリムを密着させるためにタイヤを巻き締める帯。

タ

タイヤ・ビード [tire bead] タイヤの玉縁。リムに当たる部分。型崩れを防ぐため鋼線が入れてある。

タイヤ負荷率（ふかりつ） [tire permissible load rate] 実際のタイヤ荷重を，そのタイヤの規定最大荷重で割って100倍し，%で表す。

ダイヤフラム [diaphragm] ☞ダイアフラム。

タイヤプレッシャ [tire-pressure] タイヤの空気圧力。一般に乗用車では0.147～0.196MPa（1.5～2.0kg/cm^2），バスやトラックでは0.49～0.68MPa（5～7kg/cm^2）くらいである。

タイヤ・プレッシャ・ゲージ [tire pressure gauge] タイヤ用空気圧力計。棒型，時計型などがあり，一般にタイヤ・ゲージと呼ぶ。

ダイヤメータ [diameter] （円の）直径，差し渡し。☞ラジアス。

ダイヤメトラル・ピッチ [diametral pitch] 直径ピッチ。寸法単位がインチ制のギヤにおいて歯の大きさを表すもので，歯数をピッチ円の直径で割った値となり，直径1インチ当たりの歯数を示す。

ダイヤモンド [diamond] 炭素の同素体の一つ。純粋なものは無色の結晶，屈折率が高く，モース硬さ10で鉱物中最高，宝石，研磨材，切削工具などに用いられる。

ダイヤモンド・ツール [diamond tool] ダイヤモンド工具。切削用バイト，砥石修正用ドレッサ，線引き抜き用ダイスなどダイヤモンドを使用した工具の総称。

ダイヤモンド・ドレッサ [diamond dresser] （研磨砥石の）仕上げ機。使用して段ができたり傷ついた砥石車の表面を仕上げするダイヤモンド工具。

タイヤ・ユニフォーミティ [tire uniformity] タイヤの均一性。☞ユニフォーミティ。

タイヤ・ユニフォーミティ・テスタ [tire uniformity tester] タイヤが負荷状態で走行するとき，タイヤ各部の構造が路面に作用する力の分析装置。

タイヤ・ユニフォーミティ・マシン [tire uniformity machine] タイヤの均一性を測定する機械。＝～テスタ。☞ユニフォーミティ・マシン。

タイヤ・ラベリング制度（せいど） [tire labeling; tire grading system] 交換用タイヤの等級づけ制度で，乗用車用夏タイヤの転がり抵抗やウェット・グリップ性能を客観的に評価して，格付けを行うこと。国内のタイヤ業界（JATMA）が2010年1月から運用を開始した自主基準で，低燃費タイヤ等の普及促進に関する表示ガイド・ラインとして消費者に情報を提供するもの。具体的には，転がり抵抗性能で5等級（AAA～C），ウェット・グリップ性能で4等級（a～d）の格付けを行う。このうち，転がり抵抗係数9.0以下（AAA～A）でウェット・グリップ性能110以上（a～d）のものを「低燃費タイヤ」と位置付けている。この制度はEUでは2012年11月から法制化され（タイヤ単体騒音を含む），米国でも導入が検討されている。

ダイヤル・インジケータ [dial indicator] ☞ダイアル～。

ダイヤル・ゲージ [dial gauge] ☞ダイアル～。

タイヤ・レート [tire rate]　タイヤのばね定数。タイヤの弾性について表すもので，上下，前後，ねじり等について測定する。

タイヤ・レバー [tire lever]　タイヤ脱着用てこ。☞タイヤ・アイアン。

タイヤ・ローテーション [tire rotation]　タイヤの取付け位置を定期的に変更して，位置による摩耗の癖を平均化する作業。

タイヤ・ローラ [tire roller]　タイヤをローラ代わりにする締め固め用建設車両。7，9，11本など多数のタイヤにより路面を締め固める。

ダイリューション [dilution]　希釈，薄めること。例クランクケースに保有する潤滑油が，ブローバイ・ガス中の未燃焼成分により薄められること。

ダイリュート・アシッド [dilute acid]　薄めた酸。例バッテリ用希硫酸。

ダイリュート・サルファリック・アシッド [dilute sulfuric acid]　希硫酸。薄めた硫酸。例バッテリ用希硫酸。

ダイレクション [direction]　☞ディレクション。

ダイレクション・インジケータ [direction indicator]　方向指示器。進路を指示する信号器。主として灯火の点滅式が使われる。＝トラフィケータ，ウインカ，ディレクション～。

ダイレクト [direct]　①まっすぐな，一直線の。②直接の，じかの。＝ディレクト。

ダイレクトアクティング・バキューム・ブースタ [direct-acting vacuum servo booster]　負圧を利用したブレーキ・ブースタ（真空式制動倍力装置）の一種で，マスタ・シリンダの入力を直接増大する方式のもの。増大されたプッシュ・ロッドの力でマスタ・シリンダのピストンを押すことにより強い制動力を得るもので，現在一般に使用されている。☞タンデム・ブレーキ・ブースタ。

ダイレクト・アダプティブ・ステアリング [direct adaptive steering; DAS]　ステアリング・ホイールの動きを電気信号に置き換えて車輪を操舵するステアバイワイヤ・システム（SBW）の一種で，日産が2014年発売の新型車に採用したもの。操舵に人力を一切使わない画期的なシステムで，量産車としての採用は世界初のもの。このシステムはラック・アシスト型のEPSとよく似た構成であるが，100%モータの力で転舵する。コラムに設けたモータはステアリング・フォース・アクチュエータ（SFA），ラック・ケースに設けた2個のモータはステアリング・アングル・アクチュエータ（SAA）と呼び，フェイルセーフのためのバックアップとしてステアリング・シャフトは残されており，途中に設けたクラッチ（MCU）により通常走行時はステアリング・ラックとステアリング・ホイールは切り離されている。このステアリングは応答遅れの極めて少ない操縦性の良さ，路面の傾斜や轍（わだち），横風などでハンドルが取られにくいのが（外乱によるキックバックの排除が）特徴。

ダイレクト・イグニション [direct ignition]　気筒別独立点火方式。イグナイタ一体型のイグニション・コイルを，各気筒のスパーク・プラグの真上に直接取り付けたもの。高圧コードが不要となり，高電圧部の損失や電波雑音が低減できる。例TDI。

ダイレクト・インジェクション [direct injection]　（ディーゼル）直接噴射。燃料を主燃焼室へ直接噴射して燃焼させる形式。

ダイレクト・カレント [direct current; DC]　直流。方向や強さが変化しない電流。例④電池類から供給する電流。⑤交流を直流化した電流（脈流であるが）対オルタネーティング～（AC）。

ダイレクト・コントロール [direct control]　直接操作方式。例変速機において，変速レバーを変速機に直接取り付けたもの。＝フロアシフト。対リモート～。

ダイレクト・シフト [direct shift]　直接変速方式。同前。

ダイレクト・ドライブ [direct drive]　直結伝動。減速なし伝動。例変速機のトップ・ギヤ状態。

ダイレクト・ハンマリング [direct hammering]　（板金作業の）直接打法。対インダイレクト～。

タイロッド［tie-rod］　連結棒。例左右ナックル・アームを連結するかじ取り用ロッド。

タイロッド・エンド［tie-rod end］　タイロッド両端の球継手。タイロッドとナックル・アームを連結する。

ダイン［dyne］　力のCGS単位。質量1gの物体に作用して1秒につき1cmの加速度を生ずる力。

ダウエル［dowel］　（接合用の）だぼ，合いくぎ。

ダウエル・ピン［dowel pin］　（2片の位置合わせに使う）合わせピン。だぼ。

ダウエル・ボルト［dowel bolt］　（ダウエル・ピンに代わる）位置合わせボルト。

タイロッド・エンド

ダウ・メタル［dow metal］　マグネシウムとアルミニウム，マンガンの軽合金。

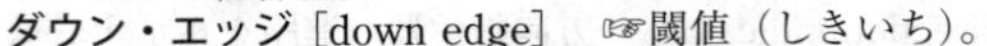

ダウン・エッジ［down edge］　☞閾値（しきいち）。

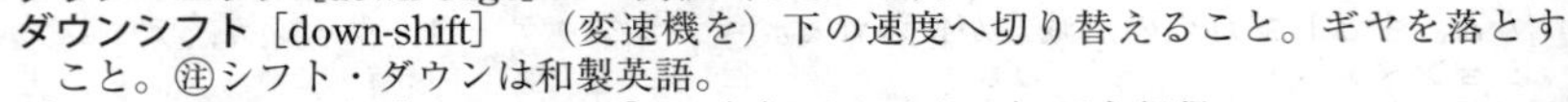

ダウンシフト［down-shift］　（変速機を）下の速度へ切り替えること。ギヤを落とすこと。注シフト・ダウンは和製英語。

ダウン・ストローク［down stroke］　（ピストンなどの）下向行程。

ダウンドラフト・キャブレータ［down-draft carburetor］　下向き型気化器。空気が気化器内を下向きに通るもの。キャブレーターの一般的な型式。

ダウンヒル［down-hill］　下り坂。

ダウンヒル・アシスト・コントロール［downhill assist control; DAC］　トヨタが2002年にSUVに採用した，オフロード等の急坂を安全に下降する装置。新アクティブTRCシステムの構成要素のひとつでもある。☞HDC。

ダウン・フォース［down force］　走行中に車体を地面に押し付けようとする車体周辺の流れによる力。

ダウンロード［download］　プログラムやデータ・ファイルをコンピュータ又は端末の記憶装置に移すこと。対アップロード。

ダウンワード・ストローク［downward stroke］　（ピストンなどの）下向行程。対アップワード～。

ダウンワード・ムーブメント［downward movement］　下向運動。

楕円（だえん）ばね［full-elliptic spring］　湾曲した重ね板ばねを上下両方向から組み合わせて楕円形を形作るばね。

舵角車速感応式4WS（だかくしゃそくかんのうしきフォーダブリューエス）［front wheel steering angle and vehicle speed sensitive four-wheel-steering system］　☞4輪アクティブ・ステア。

舵角（だかく）センサ［steering angle sensor］　ステアリング・ホイールの操舵角を検出するセンサ。

鏨（たがね）［chisel］　先のとがった金属製平工具で，工作物の一部のはつり作業，溝付けや切断に用いる。☞チズル。

タクサブル・ホースパワー［taxable horsepower］　課税馬力。税金をエンジン出力によって徴収する国において，所定公式によって求めた馬力数。

タクシー［taxi］　走行距離や待ち時間をメータで算出して料金を取る貸自動車。

タクシーキャブ［taxi-cab］　同前。

タクシー・ベイ［taxi bay］　タクシーの乗降場。歩道がへこんでいて乗降しやすいところ。

タクシーメータ［taximeter］　（タクシーに備える）自動料金表示器。速度計と連動して走行距離に応じ，また待ち時間はメータ内の時計によって料金を算出表示する。

ダクタイル鋳鉄（ちゅうてつ）［ductile iron］　鋳鉄の中の黒鉛が球状化したもの。球状黒鉛鋳鉄，ノジュラ鉄ともいう。

ダクト [duct] 導管，通気管，送水管。例 エア～。
ダクロ処理（しょり） [dacrodized process] 焼き付け型亜鉛クロム酸複合皮膜処理。例 ディスク・ブレーキ・ロータの表面に行う防錆処理。
タコグラフ [tachograph] ①運行記録計。1964年から法律によりGVW8t以上の大型トラックやバス，大都市圏のタクシーなどに装備が義務づけられた。初期にはチャート式に記録していたが，1999年にはデジタル・タコグラフ（データ・カード式）が登場している。②回転速度記録計。
タコメータ [tachometer] 回転速度計。軸端に押し当てる機械式，発電機を用いる電気式，回り灯ろう原理のストロボ式，電流の断続によるパルス式などがある。
多重通信（たじゅうつうしん）システム [multiplex communication system] ひとつの回線で複数の信号を伝送するシステム。周波数分割多重通信方式（FDMA）と時分割多重通信方式（TDMA）があり，増大する電装装置のワイヤ・ハーネスを削減するため，多重通信システムの採用が進んでいる。☞車内LAN。
ダスタ [duster] 掃除器。ほこりを吹き飛ばすもの。＝エア・ガン。
ダスト・インジケータ [dust indicator] エア・クリーナのエレメントの詰まり具合を表示する装置。エンジンの吸入負圧でピストンが作動し，のぞき窓から見える色分け（黄，赤）でエレメントの清掃・交換時期を知らせる。ディーゼル・エンジンの大型車に採用されたが，エレメントの改良により不要となった。
ダスト・エクスクルーダ [dust excluder] 除じん器，清浄器。
ダスト・カバー [dust cover] 除じん器，ほこりよけ覆い。
ダスト・キャップ [dust cap] 防じん帽。ほこりよけのふた。
ダズル [dazzle] ①まぶしがらせる，眩惑させる。②眩惑。まぶしい光。例 アンチ～ミラー。
タック・イン [tack in] 旋回中にアクセル・ペダルを急に放すと，車両が旋回円の内側へ巻き込まれる現象。
タック・ウェルド [tack weld] 仮溶接。完全溶接前の仮付け。
タックス [tax] 税，税金。例 ㋑取得税。㋺物品税。㋩自動車税。㊁自動車重量税。㋭輸入税。㋬ガソリン消費税。
タックスフリー [tax-free] 免税の，無税の。
ダック・テール [duck tail] 車体後部での空気流の下降を押さえる，あひるの尾のように跳ね上がった後端部形状。
ダッシュ [dash] 突進，猛進。例 信号機の合い図を待ちかねて突進する。
ダッシュ・パネル [dash panel] エンジン・ルームと客室との仕切り板。＝～ボード。
ダッシュ・ボード [dash board] 計器板。エンジン室との仕切り板。＝インストルメント～。バルク～。
ダッシュ・ポット [dash pot] おしつぼ。一種の緩衝器。急激な動きの変化を防ぐ気圧又は油圧装置。例 ㋑キャブレータにおいてスロットルの閉鎖を静かに行わせるもの。㋺ブレーキ・テスタのレバーの戻りを軟らげるもの。
ダッシュ・ライト [dash light] （運転台の）計器灯。
タッチアップ [touch-up] 手直し，修正。例 塗装後の部分的手直し。
タッチ・エリア [touch area] 接触面積。例 タイヤの接地面積。
タッチ・スイッチ [touch switch] 接触型のスイッチ。例 液晶ディスプレイ上での案内によるタッチ操作式スイッチ。
タッチ・トレーサ・ディスプレイ [touch tracer display] 操作・表示装置の一種で，トヨタが2009年発表の新型ハイブリッド車に採用した世界初のもの。ステアリング・スポークの左右に一対設置された円形状の多機能リモコンのボタンの役割を，操作に応じて自動的にスピードメータ両脇のディスプレイに浮かび上がらせるもので，手元スイッチを見ずにオーディオやエアコンの操作，トリップ・メータやエコドライブ・モニタの切り替えが可能となる。

タッチ・ブロック［touch block］　電極台。点検やテストに使う電極台。
タッピング［tapping］　ねじタップでねじを立てる作業。
タッピング・スクリュ［tapping screw］　雌ねじを使わず，ねじ自身でねじ立てができる小ねじ。
タップ［tap］　①ねじ切り工具。一本タップと組みタップ，手回しタップと機械タップ等の種類がある。②火造り用金型。上タップ。下～。横～。③コック類。＝スピガット。④電気回路の中間接点。

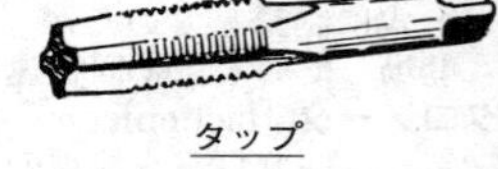
タップ

タップ・ドリル［tap drill］　ねじ下穴用きり。組みタップの中のテーパ・タップ先端の直径と同径のものを用いる。
タップ・ハンドル［tap handle］　タップ回し工具。
タップ・フィット［tap fit］　軽打ち合わせ。はめ合い作業において軽く打ち込める程度の合わせ方。

タップ・ホルダ［tap holder］　（機械タッピングで）タップを保持するもの。
タップ・ボルト［tap bolt］　押さえボルト。頭付き植ボルト。ナットの代わりに締結すべき部材に立てたねじ穴へ締めつけるボルト。
タップ・レンチ［tap wrench］　タップ回し工具。＝タップ・ハンドル。
脱落式（だつらくしき）ミラー［breakaway inner mirror］　衝撃緩衝式ミラーとしてルーム・ミラーに応用されている方式。乗員の頭部がミラーに当たると合成樹脂製ステーが切り込みから容易に折れ，ミラー本体が脱落するのでけがが少なくてすむ構造。ステーは交換式だからミラーは再使用できる。
脱硫（だつりゅう）［desulfurization］　（ガソリンや軽油などから）硫黄成分を除去すること。
多板（たばん）クラッチ［multiple disc clutch］　摩擦式クラッチで，クラッチ・プレートとプレッシャ・プレートの組み合わせを多数組み合わせたクラッチ。例㋑二輪車のクラッチ。㋺多板クラッチ式LSD（リミテッド・スリップ・デフ）。
ダブテール［dovetail］　はとの尾状のもの。例㋑ドアの振動止め金物。㋺（木組みにおいて）あり継ぎ。
タフトライド処理（しょり）［Tufftride process］　軟窒化処理。ドイツのデグーサ社が開発した表面硬化法で，素材表面に窒化物層を生成させる処理で極めて高い表面硬さが得られ，耐摩耗性，耐食性が向上する。例バルブ・ステム。
ダブリュ・エム型（がた）リム［WM type rim］　二輪車用の深底リム。チューブを使用するタイプでビート・シートが平らになっている。
ダブル・アクション・サンダ［double action sander］　塗装時にパテを研磨するサンダで，パッドが自転・公転運動をしてペーパーの傷跡を目立たなくさせている。粗研ぎや面出し工程に使用。オービタル・サンダより研磨力が強く，研磨速度も早い。☞オービタル・サンダ。
ダブル・アクティング［double acting］　複動式。両効き。例㋑複動式ショック・アブソーバ。㋺複動式エア・コンプレッサ。対シングル～。
ダブル・イグニション［double ignition］　複式点火装置。独立した点火装置を２組用いたもの。
ダブル・ウィッシュボーン・タイプ・サスペンション［double wishbone type suspension］　上下に配置された２本のアームで懸架するサスペンション形式の一つ。このサスペンションは足回り特性の設定自由度に優れ，乗り心地と操縦安定性の両立を図りや

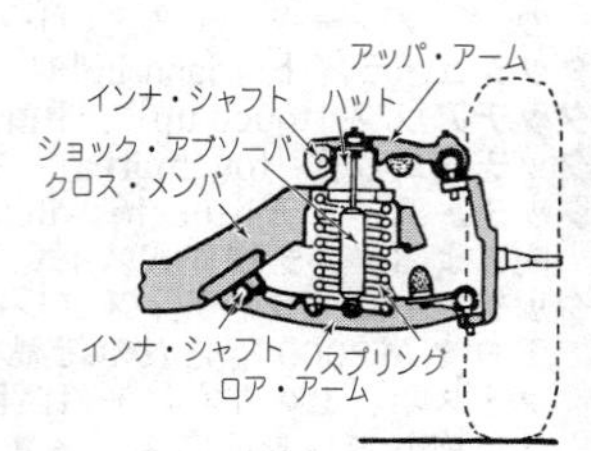

ダブル・ウィッシュボーン・タイプ・サスペンション

すい。ウィッシュボーンとは鳥の胸の鎖骨のことで，サスペンション・アームの形状がこの骨の形に似ている。☞ウィッシュボーン～。

ダブルエンデッド・スパナ [double-ended spanner]　両口スパナ。

ダブル・オーバヘッド・カムシャフト [double over-head camshaft; DOHC]　シリンダ・ヘッド内に配置されたカムシャフトが，インテーク・バルブ用とエキゾースト・バルブ用が独立して2本となっている型。＝ツイン・カムシャフト。☞DOHC。

ダブルカット・ファイル [double-cut file]　あや目やすり。複目やすり。

ダブル・カルダン・ジョイント [double Cardan joint]　複十字継手。十字継手を2個直結して等速性を与えたもの。

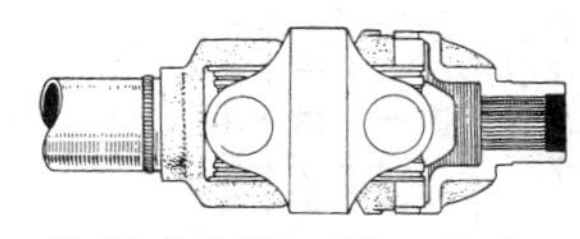

ダブルカルダン・ジョイント

ダブル・キャブ [double cab]　トラック用運転室で乗員の座席が前後2列のもの。

ダブル・クラッチ [double clutch]　運転上変速ギヤの切り替えにクラッチを2度使うことをいう。クラッチを切ってギヤを抜き，その状態でクラッチをつなぎ，もう一度クラッチを切ってギヤを入れる方法である。シンクロ装置のない変速機ではギヤ鳴きせずスムーズに切り替えができ効果的なこともあるが，シンクロメッシュ式ではその必要はない。

ダブル・コーン・シンクロ [double corn synchromesh; double cone synchronizer]　シンクロメッシュ式トランスミッションのシンクロナイザ・リングの摩擦面を2重にしたもの。シンクロナイザ・リングの同期力を強くし，シフト操作がスムーズに行える。☞トリプル～。

ダブルコンタクト・バルブ [double-contact bulb]　複接点電球。

ダブルコンタクト・ブレーカ [double-contact breaker]　複接点式断続器。回路をつなぐ接点と切る接点とを備えたもので，一次電流を通す時間（ドエル・タイム）を長くし，よいスパークを得る手段である。＝オルタネート・タイプ。デュアル～。

ダブルジョー・ジョイント [double-jaw joint]　複式継手。フックス式十字継手2個を接続した一種の等速継手。＝ダブルカルダン～。

ダブルス [doubles]　2両連結（のトレーラ等）。

ダブルス・トレーラ [doubles trailer]　トレーラの2両連結車。

ダブル・タイヤ [double tire]　複タイヤ。＝～ホイール。

ダブルデッカ [doubledecker]　2階式（のバス）。

ダブルデッキ・バス [double-deck bus]　2階付き乗合自動車。

ダブルピストン・エンジン [double-piston engine]　複ピストン・エンジン。燃焼室を挟んで上下にピストンを持つ特殊エンジン。

ダブル・ピストン・ダンパ [double piston damper]　周波数感応型のショック・アブソーバで，日産が2009年に採用したもの。通常のピストン・バルブの下にフリー・ピストンを内蔵した副室が設けられており，高周波／微振幅域ではフリー・ピストンをストロークさせることにより減衰力の立ち上がりを抑制して乗り心地をよくし，フリー・ピストンがフル・ストロークする低周波／大振幅領域では，通常のピストン・バルブを使用して大きな減衰力を発生させて，操縦安定性を確保している。

ダブル・ピニオン・アシスト式EPS [double pinion assist electric power steering]　☞デュアル・ピニオン・アシスト式EPS。

ダブルフィラメント・バルブ [double-filament bulb]　複芯線電球。例㋑ヘッドライト用上下芯線電球。㋺テール，ストップ兼用電球。

ダブルフォールディング・ドア [double-folding door]　（バスなどの）2枚折りの扉。

ダブル・プラグ [double plug]　複点火栓。1シリンダに2個のプラグ。

ダブル・ベンチュリ [double venturi]　2重ベンチュリを備えたキャブレータ。例ストロンバーグ型キャブレータ。☞トリプル～。

ダブル・ホイール [double wheel]　複輪。＝～タイヤ。
ダブルポイント・ブレーカ [double-point breaker]　☞ダブルコンタクト・ブレーカ。
ダブル・ホーン [double horn]　警報用のホーンで，ロー・ピッチ（低音）用とハイ・ピッチ（高音）用とを組み合わせたもの。現在，一般的に使用されている。
ダブル・リダクション [double reduction]　２段減速。ファイナル・ギヤにおいて２段に減速するもの。例 重トラック。＝dual reduction。
ダブルレーヤ・ワインディング [double-layer winding]　２層巻き。例 アーマチュアの巻き線において鉄芯の一つの溝に上下２層に巻線すること。
ダブルレンジ・ボールベアリング [double-range ball-bearing]　複列球軸受。
ダブルロー・チェーン [double-row chain]　２列鎖。
ダブルロー・ボールベアリング [double-row ball-bearing]　複列球軸受。
ダブル・ローラ・チェーン [double roller chain]　２重ローラ式チェーン。通常のシングル・ローラ・チェーンよりも耐久性に優れている。例 タイミング・チェーン。

タ

タフンド・グラス（ガラス） [toughened glass]　強化ガラス。熱処理して強度を増したガラス。破壊されると大豆粒ほどに粉砕されるが，網目状にひびが入って前方が見えなくなることがあるので，前面ガラスとして使用することは禁止された。現在用いるのは合わせガラスのみ。＝テンパード～。☞ラミネーテッド～。
タペット [tappet]　バルブ・タペットの略。カムの運動をバルブに伝える短い棒。
タペット・エンド [tappet end]　タペットのカムに接する端部。その形状には，平面，球面，ころ付きなどがある。
タペット・ガイド [tappet guide]　タペット案内管。
タペット・カバー [tappet cover]　シリンダ・ヘッド上部のカバー。バルブ・クリアランスの調整やシリンダ・ヘッド・ボルトの脱着時には，このカバーを取り外して作業を行う。＝バルブ・ロッカ・カバー。
タペット・クリアランス [tappet clearance]　タペット（バルブ）すきま。バルブの熱膨張を逃がすために必要な隙間で，通常0.2～0.4mmくらい。冷間又は温間で測定，調整を行う。＝バルブ～。㊟ハイドロリック・バルブ・リフタ（オイル・タペット）では，このクリアランスが油圧により常時0に保たれている。
タペット・スパナ [tappet spanner]　タペット調整用のスパナ。肉が薄く，柄が長く，口の角度に特長がある。3丁をもって１組とする。
タペット・プランジャ [tappet plunger]　タペットとなる丸棒。オイル・タペットでは本体の中子のこと。
タペット・レンチ [tappet wrench]　☞タペット・スパナ。
太（だ）ぼ [dowel]　型の雄，雌のかん合。合い釘。
玉掛作業（たまがけさぎょう） [sling operation]　クレーン作業において，フックなどの釣り具に複雑な型の重量物をロープなどで荷掛けする作業。安全管理上に特別な技能が要求される。
ダミー [dummy]　自動車の衝突実験に使われる人体模型のこと。車が衝突したときのシート・ベルトやエアバッグの効果をテストするために利用される。
ダミー・コイル [dummy coil]　遊びコイル。例 直流機の電機子巻線において直列巻きの場合，合成ピッチの関係上ある数のコイルを整流子片と接続せずに遊ばせておくことがある。
ダミー・シャフト [dummy shaft]　仮りの軸。例 クラッチなどを組み立てるときクラッチ板のしん出しをするため使用する案内軸。
ダミー・ロード [dummy load]　仮の負荷。例 電流制限器などを調整するとき使用する可変抵抗器。
ダム・アイアン [dumb iron]　ばね支え。トラック用親子ばねにおいて，荷重が大きいとき補助ばねの端に乗るようにフレームに固着したブラケット。
ダム・アクション [dam action]　ダム作用。せきを切ったような急激な作用。例 点火用高圧回路に点火プラグと直列に火花すき間を設けるとプラグの火花が一層強くなる（満を持して一気に飛ぶ）ような作用。

ダメージ [damage]　損害，損傷。事故による車や人の損傷。

ダメージャビリティ [damageability]　軽衝突時の壊れにくさ。欧米では保険会社が修理費軽減対策の為，15km/hの低速で車両の前後を衝突させた場合の損傷度により，保険料率の等級を決定している。

ダライバン [*Drehbank*]　㊥ダライ盤。旋盤。＝レース。㊗バンコ。

タルガ・トップ [targa top]　前面風防ガラスからタルガ・バーまでの固形屋根が取り外し式になっているもの。オープン・カーで転覆しても，バーで保護される。＝タルガ・ルーフ。

タルガ・バー [targa bar]　ロール・バーの一種だがパイプ製ではなく，比較的幅広な鋼鉄バンドになっているタイプ。ポルシェ911Targaから流行。

タルク・パウダ [talc powder]　滑り石粉。俗に雲母（うんも）粉，きら粉。例チューブの粘着発熱を防ぐためタイヤに入れる粉。

達磨（だるま）ジャッキ [screw jack]　だるま形のずんぐりした携帯用ねじ式押し上げ装置。

タワー [tower]　塔。例㋑バッテリの極柱。㋺ディストリビュータ・キャップの極柱。

タンカ [tanker]　（原油などを運ぶ）油槽船。

炭化水素（たんかすいそ） [hydrocarbon; HC]　一般には炭素と水素からなる化合物の総称。内燃機関では排出ガス中の未燃焼分を指す。

タンガ・チャージャ [Tunger charger]　タンガ充電器。タンガ整流管を使った充電器。例バッテリ充電。☞タンガ・バルブ。

タンガ・バルブ [Tunger bulb]　タンガ管。熱陰極ガス入り整流管の一種で陰極は直熱型トリウム・タングステン，陽極は黒鉛，封入ガスはアルゴン又は水銀とアルゴンで低圧の整流に用いる。2A，6A，15Aなどの大きさがある。

タンガ・レクチファイヤ [Tunger rectifier]　タンガ整流器。タンガ管を使って交流を直流に変える整流器。例バッテリの充電。

短期排出（たんきはいしゅつ）ガス規制（きせい） [short-term emission regulation]　ディーゼル重量車（GVW3.5t以上）を対象とした排出ガス規制。1994年（平成6年）から実施されたもので，1988年から規制されていたCO，HC，NO_xの規制値を強化するとともに，PM（粒子状物質）を追加したもの。この短期規制から，従来の排出ガス濃度規制が重量規制に変わり，試験モードも6モードから定常13モードへ移行した。☞長期排出ガス規制。

短距離（たんきょり）レーダ [short range radar; SRR]　ミリ波レーダの一種で，対象物までの測定距離が60m程度のもの。24GHzの電波を使用して対象物との距離や速度，方向を検出するもので，運転支援システムにおける車線変更用などに用いられる。准ミリ波レーダとも。☞中距離／長距離レーダ。

タンク [tank]　①槽，大おけ。例ガソリン～。②戦車。

タング [tang]　刀根，こみ。例やすりなどの柄に入る部分。

タング [tongue]　舌状のもの。例㋑フロートのリップ。㋺テーパシャンクの軸端舌状部。㋩シート・ベルト・タング・プレート。

タンク・カー [tank car]　タンク車。例油槽車，水槽車。＝～ローリ。

タンク・キャップ [tank cap]　タンク注入口のふた。

タングステン [tungsten]　金属元素の一つで記号W。融点3400℃。灰白色の重金属で空気中で酸化しない。例㋑電球芯線。㋺ポイント表面材料。㋩特殊鋼。㊁工具鋼。

タングステン・スチール [tungsten steel]　タングステン鋼。タングステンを含む特殊鋼。硬さ，強さ大で耐熱性にも優れている。例切削工具。

タングステン・フィラメント [tungsten filament]　（電球の）タングステン製芯線。

タングステン・ポイント [tungsten point]　タングステン接点。耐熱，耐摩耗性があって酸化しにくい特長があるが電気抵抗がやや高い。例①コンタクト・ブレーカ。②ボルテージ・レギュレータ。③バイメタル計器。

タンク・トラック [tank truck] タンク貨車。=〜カー。〜ローリ。

タンク・トレーラ [tank trailer] トレーラのタンク車。

タングド・ワッシャ [tongued washer] 舌付き座金。回り止めに使う折り曲げ部をもつ平ワッシャ。=ラグ〜。

タング・プレート [tongue plate] シート・ベルトなどのバックルに押し込むことによりベルトを結合する舌状の金具。

タンク・ユニット [tank unit] タンク側装置。電気式フューエル・ゲージにおいて，タンクにある送信装置で一種の可変抵抗器。=センダ〜。

タンク・ローリ [tank lorry] タンク車。=〜カー，トラック。

段差学習制御（だんさがくしゅうせいぎょ） [learning control of road surface grade difference information] ショック・アブソーバの減衰力の学習制御機能で，トヨタが2008年に採用したもの。センサで検知した路面の段差などの情報をカーナビの地図情報に記録し，次に同じ場所を走行するするときに記録したデータを反映させ，発生する減衰力を適正化する。☞NAVI・AI-AVS。

タ

炭酸（たんさん）ガス [carbon dioxide; carbonic acid gas] 化学式CO_2。気体状態の二酸化炭素。空気と比較して1.5倍の重さを有し，空気中に0.03%含まれる。

炭酸（たんさん）ガス溶接（ようせつ） [metal active gas welding] ☞MAG welding。

タンジェンシャル [tangential] 接する，接線の，接線方向の。

タンジェンシャル・カム [tangential cam] 接線カム。基礎円と頂上円の円弧を直線で結んだ輪郭を有するカム。これに接する従動節（タペット）には球面又はローラ付きを用いる。

タンジェンシャル・ブラシ [tangential brush] 接線ブラシ。斜めブラシ。整流子又は集電環に接するブラシが円弧の接線方向に向いているもの。

タンジェント・カム [tangent cam] ☞タンジェンシャル〜。

弾性（だんせい） [elasticity] 変形させている力を取り除くと，原形を回復する特性。対塑性（そせい）。

弾性変形（だんせいへんけい） [elastic deformation] ある物体に外から力を加えて変形させたとき，その力を取り去ると元の形に戻る変形をいう。対塑性（そせい）〜。

鍛造（たんぞう） [forging] 工具や金型などを用い，金属を圧縮又は打撃して成形および鍛練を行うこと。

単相交流（たんそうこうりゅう） [single phase alternating current] 二つの端子間に一定の周期で方向と大きさが変化する電流。例一般家庭の交流100V電源。

炭素鋼（たんそこう） [carbon steel] 鉄と炭素の合金で，炭素の含有量が0.02〜2%の範囲の鋼。

炭素繊維（たんそせんい） [carbon fiber; CF] アクリル繊維を蒸し焼きにした後，2,000〜3,000℃で高温処理して糸に紡いだもの。布状の繊維をエポキシ樹脂で固めると，強度は鉄の10倍，重さは鉄の1/4のスーパー素材となる。炭素繊維は米ユニオン・カーバイド社が1962年ころに開発したものであるが，国内では1962年にポリアクリロニトリル（PAN）樹脂を原料とする炭素繊維が，1964年にはピッチ系炭素繊維が開発されたことにより，炭素繊維の分野で世界をリードするようになった。炭素繊維は硬くて成形・加工が難しく，時間とコストがかさむため，主に航空機やレーシング・カーなどの部材に利用される。市販車の環境対策（車両の軽量化による燃費性能の向上策）として，車台，ルーフ，エンジン・フードなどへの使用も検討され，このための研究開発が進んでいる。東レ㈱はPAN系炭素繊維の世界最大メーカで，国内の他に米国，フランス，韓国にも生産拠点を有している。☞CFRP。

炭素繊維強化熱硬化性樹脂（たんそせんいきょうかねつこうかせいじゅし） [carbon fiber reinforced thermosetting resin] ☞CFRTS。

炭素繊維強化（たんそせんいきょうか）プラスチック [carbon fiber reinforced plastics; CFRP]　カーボン繊維強化複合プラスチック。グラファイトの結晶からなる炭素繊維をエポキシ樹脂で固めたもの。軽量で強度，弾性率が高く，振動の減衰性がよいため，高価であるが航空機部材やスポーツ・カーのモノコック・ボデーの素材などに用いられる。☞CFRP。

担体（たんたい） [carrier]　表面に触媒の活性成分を付着させ，支持するための多孔質の物質。☞モノリス～。

単体構造（たんたいこうぞう） [unitary construction]　シャシ・フレームとボデーが一体に作られた構造のボデー。＝モノコック・ボデー。

タンデム [tandem]　①（二つのものが）縦に並んだ，前後の。②電気では直列に。

タンデム・アクスル [tandem axle]　前2軸又は後2軸車の前後車軸。

タンデム・シート [tandem seat]　前後座席。㊐二輪車用前後シート。

タンデム・ソレノイド・スタータ [tandem solenoid starter; TS starter]　アイドル・ストップ機能をもつエンジン向けに開発された新しい始動装置で，2011年にデンソーが発表したもの。スタータの先端にあるピニオン・ギアの押し出しとモータ駆動を単独で制御する構造を世界で初めて採用し，従来品と比較してエンジン再始動の待ち時間を最大1.5秒程度短縮している。

タンデム・ディスタンス [tandem distance]　縦に二つのものが並んでいる場合の前後間の距離。㊐前後シートのヒップ・ポイントの距離。☞カップル・ディスタンス。

タンデム・ピストン [tandem piston]　前後ピストン。㊐㋑2系統油圧ブレーキのマスタ・シリンダの中にある前後に並んだピストン。㋺大型制動倍力装置内にある前後ピストン。

タンデム・フライホイール [tandem fly-wheel]　前後はずみ車。クランクシャフト前後両端に設けたフライホイール。

タンデム・ブレーキ・ブースタ [tandem brake booster]　ブレーキの操作力を軽減するブレーキ・ブースタの一種で，ダイアフラムとパワー・ピストンを前後に二組用いたもの。小さなダイアフラム径で大きな制動増大効果が得られるようにしたもので，タンデム・ダイアフラム式制動倍力装置ともいう。

タンデム・マスタ・シリンダ [tandem master cylinder]　前後親シリンダ型。長いシリンダの中に前後二つのピストンを入れ，マスタ・シリンダを前後の二つに分けて用いるもの。すなわち油圧系統を前輪用と後輪用との2系統に分けたもので安全性が高い。

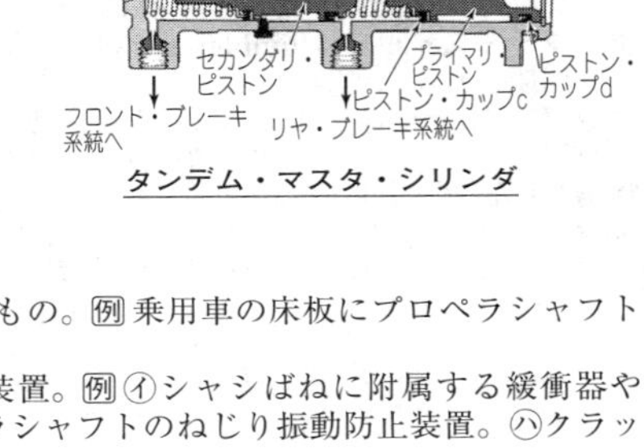

タンデム・マスタ・シリンダ

タンデム・ローラ [tandem roller]　前後ローラ付き自動車。㊐道路工事用。

断熱圧縮（だんねつあっしゅく） [adiabatic compression]　気体が外部と熱の授受をせず，発熱や吸熱もなしに圧縮されること。

断熱材（だんねつざい） [heat insulator; heat insulating material]　熱を伝えにくく，温度差を維持するために使用される材料。㊐アスベスト，グラス・ウール，発泡スチロール。

タンネル [tunnel]　地下道。トンネル様のもの。㊐乗用車の床板にプロペラシャフトの逃げとして設けられたトンネル。

ダンパ [damper]　①（振動などの）減衰装置。㊐㋑シャシばねに附属する緩衝器や緩衝ゴム。㋺クランクシャフトやプロペラシャフトのねじり振動防止装置。㋩クラッチ板の緩衝ばねやゴム。②ヒータの通風加減弁。③湿らせる装置。④電気の制動子。

ダンパ・スプリング

ダンパ・スプリング [damper spring]　衝撃や振動を減衰させるためのばね。例クラッチ・ディスク。

ダンパ・マス [damper mass]　振動を減衰させるために付加する質量（おもり）。＝ダンピング〜，マス・ダンパ。例クランクシャフト・プーリ。

単板（たんばん）クラッチ [single disc clutch]　摩擦式クラッチで，クラッチ・ディスクとプレッシャ・プレートが1組の基本的タイプ。対多板クラッチ。

ダンピング [damping]　①（振動の）減衰。②（電気の）減幅，制動。③加湿，湿りを与える。

ダンピング・オイル [damping oil]　緩衝に用いる油。例アブソーバ・オイル。

ダンピング・スプリング [damping spring]　緩衝ばね。例ディストリビュータの軸がブレーカ・アームのスプリング力によって回転むらを生ずるのを救う手段として用いるスプリング。

ダンピング・ディスク [damping disc]　（振動の）減衰用円板。摩擦式ダンパの円板。

ダンピング・ディバイス [damping device]　（振動や運動の）減衰装置。

ダンピング・フォース [damping force]　（振動や運動の）減衰制動力。流体の粘性抵抗又は摩擦力などを利用する。

ダンピング・マス [damping mass]　☞ダンパ・マス。

タンピング・ローラ [tamping roller]　（道路工事で）つき固め用ローラ（付き自動車）。

ダンプ[1] [damp]　①水気，湿気，湿り。②（振動を）止める。③（電気の）減幅。電気信号の振幅を減ずること。

ダンプ[2] [dump]　①車体を傾け又は底を開いて積荷を一度に降ろす。②積荷を一度に降ろす装置を持ったトラック。

ダンプ・カート [dump cart]　同前。＝〜トラック。チップ・カー。

ダンプ・カー（トラック） [dump car; dump truck]　放下車。積荷が自然に滑り落ちるように荷台を傾けたり底を開くことができるようにした車。リヤ・ダンプ，サイド・ダンプ等がある。ダンプ・カーは和製英語。正しくはダンプ・トラック。

ダンプトロニック [Damptronic]　☞ビルシュタイン・ダンプトロニック。

ダンプナ・スプリング [dampener spring]　緩衝ばね。例㋑クラッチ板の回転方向に弾力を与えたばね。㋺カムシャフトやカウンタ・シャフトの端に入れてスラストを抑え躍りを防ぐばね。

ダンプ・ボデー [dump body]　積荷を一度に降ろす方式の車体。後方へ捨てるリヤ・ダンプのほか側方へ捨てるサイド・ダンプもある。

タンブラ・スイッチ [tumbler switch]　反転スイッチ。つまみを起伏させることにより開閉されるスイッチ。例各種の豆スイッチ。

タンブル [tumble]　①転ぶ，倒れる，転倒する。②ひっくりかえす。例㋑シリンダ内を縦方向に旋回する流れ（縦渦）。☞スワール。㋺シートの転倒機構。

短絡（たんらく） [short circuit]　☞ショート・サーキット。

ダンロップ [Dunlop]　英John Boyd Dunlop。1840〜1921。英国人。空気入りタイヤ発明者。ダンロップ会社を設立。ゴム園も経営した。

[チ]

チーズヘッド・ボルト [cheese-head bolt]　円筒平頭ボルト。
ヂーゼル・エンジン [Diesel engine]　☞ディーゼル～。
チーフ・メカニック [chief mechanic]　工長又は職長。主任技術者。
チェーサ [chaser]　ねじ切り工具の一種で旋盤の刃物台又はダイスに取り付けて用いる。
チェーファ [chafer]　（タイヤ・ビードの）巻き布。ビードを保護する布。
チェーン・ガード [chain guard]　チェーンの危険防止装置。安全装置。
チェーン式（しき）CVT [chain type continuously variable transmission]　1対のプーリを用いたCVT（無段変速機）の動力伝達には一般に金属ベルトが使用されるが，このベルトの代わりにチェーンを用いたもの。チェーン式はベルト式よりも動力伝達効率が5%ほど高く，小径プーリにも使用できる利点があるが，チェーンとプーリの接触面圧が高く，両者の表面処理には高度な技術を要する。また，巻き付け径が小さいときでも高い効率を発揮するため，高速巡航時の燃費向上効果が大きいのもチェーン式の特徴。スバルが2009年に国内初採用し，商品名はリニアトロニックCVT。
チェーン・ジョイント [chain joint]　鎖継手。継ぎ目。
チェーン・ストレッチャ [chain stretcher]　チェーン張り。チェーンをぴんと張る装置。＝～テンショナ，～タイトナ。
チェーン・スプロケット [chain sprocket]　チェーン用歯車。
チェーン・タイトナ [chain tightener]　チェーンをぴんと張るもの。＝～テンショナ。
チェーン・ツール [chain tool]　鎖工具。例チェーン使用のパイプ回し工具。
チェーン・テンショナ [chain tensioner]　チェーンをぴんと張る装置。＝～タイトナ，～ストレッチャ。
チェーン・ドライブ [chain drive]　鎖伝動。例タイミング・ギヤ。
チェーン・パイプレンチ [chain pipe-wrench]　チェーン式管回し工具。チェーン・ツールの一つ。
チェーン・ブロック [chain block]　鎖歯車滑車。歯車を組み合わせチェーンを引いて小さい力で重いものを引き上げる機械。

チェーン・テンショナ

チェーン・ホイール [chain wheel]　鎖用歯車。＝スプロケット。
チェーン・ホイスト [chain hoist]　鎖歯車滑車のうち，運転用手鎖で鎖歯車を回し，巻き上げ鎖歯車を回すまでの中間に減速比の大きい伝動装置を有するもの。
チェーン・リベット [chain rivet]　チェーン・リンクピンのかしめびょう。
チェーン・リベット・リムーバ [chain rivet remover]　チェーンのリベット切り。チェーン切り。リベットを押し抜く工具。
チェーン・リンク [chain link]　チェーンの一こま。つなぎ。
チェーン・ローラ [chain roller]　チェーンのころ。
チェスト [chest]　①大箱，ひつ。②容器，道具箱。
チェッカ [checker]　各部品およびシステムの良否判定に用いる装置。
チェッキング・ゲージ [checking gauge]　検査用ゲージ。工業用又は検査用ゲージの良否を調べるゲージ。
チェック [check]　①観察，試験。②照合，引き合わせ。③妨害，阻止。④止めるもの，妨害物。
チェック・ゲージ [check gauge]　☞チェッキング～。
チェック・スプリング [check spring]　止めばね。
チェック・ナット [check nut]　止めナット。＝ロック～。

チェック・バルブ [check valve]　防逆弁，逆止弁。例㋑フューエル・ポンプのバルブ。㋺気化器加速ポンプ弁。㋩マスタ・シリンダの送出弁。

チェック・ポイント [check point]　検問所。

チェック・リング [check ring]　止め輪。ばね輪。＝スナップ～。

チェンジ [change]　①変える，変化させる。②変化，取り換え。例㋑（変速機で）ギヤを入れ換える。＝シフト。㋺運転者の交替。

チェンジアップ [change-up]　上変速。低速から高速の方へ変えること。例ローからセカンドへ，セカンドからトップへ。＝アップシフト。

チェンジオーバ・スイッチ [change-over switch]　切り換えスイッチ。例㋑⊕⊖切り換え～。㋺（ヘッドライトの）上下切り換え～。

チェンジダウン [change-down]　下変速，高速ギヤから低速ギヤへの切り換え。例トップからセカンドへ，セカンドからローへ。＝ダウンシフト。

チェンジャ [changer]　交換機，変換機（器）。例㋑タイヤ～。㋺オイル～。

チェンジャブル・メタル [changeable metal]　交換式軸受メタル。軸受メタルだけ入れ換えができる構造のもの。＝インサート～。対ノンリムーバブル～。

遅角（ちかく） [retard angle]　①エンジンの点火時期を自動的に遅らせること。例真空式進角装置が負荷時に。②点火時期の初期設定を意識的に遅らせること。

地球温暖化（ちきゅうおんだんか） [global warming]　石炭，石油，天然ガスなどの化石燃料の消費で生じる二酸化炭素などの温室効果により，全世界の平均気温が長期的に見て上昇していく現象。これにより海面が上昇して低地が浸水したり，世界各地で異常気象が発生して，人類や生物に悪影響を与えるとされている。☞温室効果ガス，二酸化炭素排出規制。

地球温暖化係数（ちきゅうおんだんかけいすう） [global warming potential]　☞GWP。

蓄電池（ちくでんち） [battery]　☞バッテリ。

蓄冷式（ちくれいしき）エバポレータ [cold storage evaporator; CS evaporator]　カー・エアコンにおいて，アイドリング・ストップ中でも車室内の冷却をある程度可能にする構造のエバポレータ（熱交換器）。デンソーが2012年に製品化したもので，約10℃で凝固するパラフィン系の蓄冷材を封入した板状のケースを冷媒チューブで挟み込み，エアコン作動時には冷媒チューブが蓄冷ケースを冷やし，内部の蓄冷材を凝固させる。アイドリング・ストップ時には蓄冷ケースが冷媒チューブの温度を維持し，車室内に冷風を送り続ける。

チズル [chisel]　たがね。金属を少しずつ削る工具。平，えぼし，溝等の種類がある。

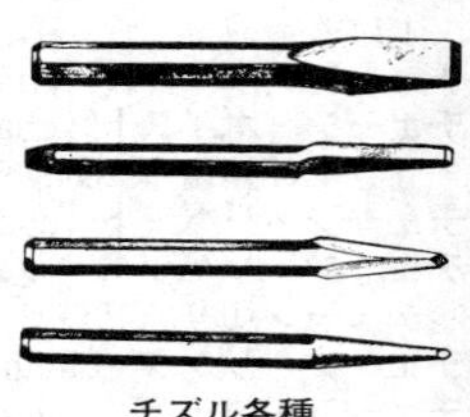
チズル各種

チタニウム [titanium]　☞チタン。

チタン [独 Titan; 英 titanium]　金属元素の一つで元素記号Ti，原子番号22。天然には化合物として地殻中に広く存在し，純粋なものは強い耐蝕性をもち，可塑性，加工性大で航空機材料，耐蝕材料や合金成分として広く用いられる。比重が小さい割に強度は炭素鋼にほぼ等しい。例～バルブ。

チタン・カーバイド [titanium carbide]　炭化チタン。融点が高く，アーク溶融電極などに用いる。

チタン・クリア・ドア・ミラー [titanium clearing door mirror]　親水性の高い酸化チタン膜をドア・ミラー鏡面に塗布・焼成することにより，鏡面に付着した雨滴を膜状に広げるもの。また，酸化チタンの光触媒効果により，鏡面に付着した汚れを太陽光の紫外線によって分解すると同時に酸化チタンの表面構造が変化し，高度の親水性を維持することが可能となり，特別なメンテナンスも不要である。

チタン合金（ごうきん） [titanium alloy]　鉄鋼材料にチタニウムを添加したもの。例吸気・排気バルブ。

チタン酸（さん）ジルコン酸鉛（さんえん）［lead zirconate titanate; PZT］　分子式 $Pb(Zr,Ti)O_3$。三元系金属酸化物であるチタン酸鉛とジルコン酸鉛の混晶。極めて高い圧電性を示し，圧電素子などに用いられる。☞ピエゾ素子。

チタン酸（さん）リチウム［lithium titanate; LTO］　分子式 $Li_4Ti_5O_{12}$。酸化チタンとリチウムの化合物で，リチウムイオン電池の負極材料などに用いられる。LTOはリチウムイオンの挿入・脱離に伴う体積変化がわずかで容量劣化がほとんどなく，充放電電位が約1.5Vであるため，電解液の分解や急速充放電によりリチウム金属の析出などの副反応が生じにくい特徴を有している。リチウムイオン電池で負極材にハード・カーボンを使用するメーカが多いが，正極材にコバルト酸リチウムを，負極材にチタン酸リチウムを用いた革新的なリチウムイオン電池を東芝が開発し，「SCiB」の商品名で2008年から量産を開始している。

窒化（ちっか）［nitriding］　鉄鋼の表面層に窒素を拡散させ表面層を硬化する操作。

窒化（ちっか）アルミニウム［aluminium nitride］　記号AlN。この緻密焼結体は耐熱性，融解金属に対する耐食性，電気絶縁性，熱伝導性などに優れ，IC基板材料，金属融解材，放熱絶縁材などの用途が期待される。

窒化（ちっか）ガリウム［gallium nitride］　分子式GaN。ガリウムの窒化物で，主に青色発光ダイオード（青色LED）の材料として用いられる半導体であるが，熱伝導率が大きくて放熱性に優れ，高温での動作が可能で絶縁破壊電圧が高いなどの理由から，ハイブリッド車や電気自動車などの次世代パワー半導体として期待されている。

窒化（ちっか）ケイ素（そ）［silicon nitride］　分子式 Si_3N_4。二酸化ケイ素と炭素の混合物を窒素雰囲気中で加熱生成したもの。ファイン・セラミックスの一種で結晶体はセラミックス中で最も強度が高く，高熱伝導率を持つことから，電動化車両のパワー・モジュール用絶縁基板や，高性能なファイン・セラミックス・ベアリングなどに用いられる。

窒化鋼（ちっかこう）［nitriding steel］　アルミニウム，クロム，モリブデンなどを含有し，窒化処理して表面硬化させる鋼。

窒素酸化物（ちっそさんかぶつ）［nitrogen oxides］　記号 NO_x。吸入空気中の窒素がシリンダの高温下で酸化されることによって生成される化合物。排気ガス中の有害成分の一つで，NO，NO_2 などの総称。

チッピング［chipping］　自動車走行の石跳ねによる塗装膜やガラスの小さな欠け傷。

チッピング・ローリ［tipping lorry］　放下車。＝ダンプ・トラック。

チップ［chip］　①切れはし，かけら。②削る，欠ける。例 耐～塗装：タイヤから跳ね上げられた砂利や凍結状の雪などにより，ロッカ部の塗膜が欠損するのを防止するための特殊塗装。☞チッピング。

チップ・クリアランス点検

チップアップ・シート［tip-up seat］　上げ起こし式いす。

チップ・カー［tip car］　放下車。＝ダンプ・トラック。

チップ・カート［tip cart］　同前。

チップ・クリアランス［tip clearance］　（オイル・ポンプ）ロータリ式ポンプにおいて，インナ・ロータとアウタ・ロータとの先端部間のすき間。

チップ・スピード［tip speed］　先端速度，渦巻きポンプやファンなど翼車先端の外周速度。m/sで表す。

チャージ［charge］　①（シリンダへ）燃料ガスの充てん。②充電。③クーラ用冷媒の充てん。

チャージ・インジケータ［charge indicator］　充電指示器。例 ㋑電流計。㋺充電指示ランプ。

チャージ・ウォーニング・ランプ［charge warning lamp］　充電警告灯。

チャージ・コントロール・システム［charge control system］　☞充電制御システム。

チャージ・パイロット・ランプ [charge pilot lamp] 充電案内灯。
チャージャ [charger] 充電器，装薬器。例 ①バッテリ～。②スーパ～。
チャージ・ライト [charge light] 充電表示灯。＝～ランプ。
チャージ・ランプ [charge lamp] 充電表示灯。＝～ライト。
チャージ・ランプ・リレー [charge lamp relay] 充電系統の異常を知らせるウォーニング・ランプを点灯させるためのリレー。充電状態により，磁力で接点を開閉する。
チャージング・エフィシェンシ [charging efficiency] 充てん効率。シリンダの排気容量に対する新気の比率。＝ボリュメトリック～。
チャージング・カレント [charging current] 充電電流。
チャージング・サーキット [charging circuit] 充電回路。
チャージング・ステーション [charging station] 充電所。例 EV。
チャージング・ストローク [charging stroke] （エンジンの）吸入行程。
チャージング・ボルテージ [charging voltage] 充電電圧。
チャージング・レート [charging rate] 充電率。電流Ｉで H時間充電して完了したとき，これをＩ電流におけるH時間率充電といい，Hを充電率という。
チャータ [charter] 乗り物を一定期間契約して借りること。
チャート [chart] 図表。例 ①機械の図表。②タコグラフが自記する運行記録図表。
チャイルド・シート [child seat] 年少者拘束補助装置（CRS）。シート・ベルトで座席に固定するようになっている。道交法の改正により，6才未満の幼児に対しての使用が2000年4月より義務付けられた。☞ CRS[1]。
チャイルドプルーフ [child-proof] 4ドアの乗用車で，後席の子供がいたずらでドア・ロックを解除し，ドア・レバーを操作してもドアが開かないようにした安全機構のこと。
チャイルド・プロテクタ [child protector] 子供に対する安全装置。例 内側からドアを開けられない装置。
チャコール [charcoal] 炭，木炭。活性炭。
チャコール・キャニスタ [charcoal canister] 木炭容器，活性炭容器。例 タンクのガソリン蒸発ガス吸収容器。
チャタ [chatter] ☞チャタリング。
チャタ・マーク [chatter mark] （機械の削り面に）振動でできる波状痕。
チャタリング [chattering] ①（機械が）がたがた音をたて振動すること。②ブレーキなどの振動や騒音。
チャッキング・リーマ [chucking reamer] （機械の）チャックに取り付けて使用する穴仕上げ工具。

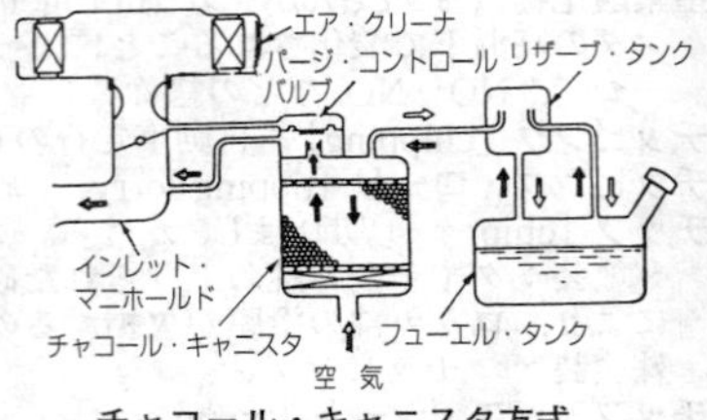

チャコール・キャニスタ方式

チャック [chuck] つかみ，くわえ。工作物をつかむ装置。例 ①ボール盤のドリル～。②旋盤の～。
チャック・ハンドル [chuck handle] チャック締めハンドル。
チャデモ協議会（きょうぎかい） ☞ CHAdeMO。
チャビ・スクリュドライバ [chubby screw-driver] 狭い場所の作業用の握りが太くて短く，ずんぐりしたドライバ。＝スタッビ・ドライバ。
チャンネル [channel] ①（水や油を通す）導管，溝，穴。例 シリンダ・ブロックを前後に貫通するオイル～。②溝型断面の型鋼。～アイアン。③ラジオの放送周波数帯。
チャンネル・アイアン [channel iron] 溝型鋼。例 フレーム用材。
チャンネル・セクション [channel section] 溝型断面，コの字型断面。

チャンネル・バー [channel bar] 溝型鋼。断面溝・型の構造材。

チャンバ [chamber] 部屋，室。例 ①フロート～（キャブレータの浮子室）。②コンバッション～（エンジンの燃焼室）。

チャンファ [chamfer] 丸めた角。面取りした角。丸溝。例 ギヤの歯の角を面取りしたもの。

チャンファード・ティース [chamfered teeth] （ギヤの）面取りした歯。例 ①スタータのピニオン。②選択式トランスミッションのしゅう動歯車とその相手歯車。

チャンファリング・ツール [chamfering tool] 面取り工具，面取りバイト。

中型自動車（ちゅうがたじどうしゃ） [medium-sized vehicle] 道路交通法による運転免許の種類のひとつ。道交法の改正により2007年6月より新設されたもので，車両総重量5t以上11t未満，最大積載量3t以上6.5t未満，乗車定員11人以上30人未満の車，と規定されている。

中距離（ちゅうきょり）レーダ [mid range radar; MRR] ミリ波レーダの一種で，対象物までの測定距離が160m程度のもの。25GHzまたは77GHzの電波を使用して対象物との距離や速度，方向を検出するもので，運転支援システムにおける高速走行時の長距離測定に用いられる。対象物までの距離を正確に検出でき，比較的低コストで，認識精度が天候などの影響を受けにくいが，対象物の種別（車，歩行者，自転車など）を認識する用途には向かない。☞短距離／長距離レーダ。

中空（ちゅうくう）カムシャフト [hollow camshaft] 軸心部が中空になっているカムシャフト。強度を保ちながら軽量化を図る。

中古車品質評価書（ちゅうこしゃひんしつひょうかしょ） [used car quality appraisal] 中古車の修復歴の有無や，内外装，機能の状態，走行距離などをチェックし，発行される書類。中古車販売業界が消費者の信頼を獲得するために行うもので，日本自動車査定協会（日査協）は「車両状態証明書（V-CON）」，トヨタは「車両検査証明書」，NPO法人 日本自動車鑑定協会（JAAA）は「自動車鑑定書」，オートモーティブ・インスペクション・システム（AIS）は，「車両品質評価書」の名称で発行している。これら評価書の発行に当たっては，自動車公正取引協議会が監修を行っている。

鋳造（ちゅうぞう） [casting] 鋳型に溶融金属を流し込んで製品を造る方法。キャスティング。

鋳鉄（ちゅうてつ） [cast iron] 炭素，けい素を多く含む銑鉄を原料として鋳造した合金状の鉄。炭素1.7～3.5%，けい素1.5～2.5%程度を含んでいる。硬く，耐食性，耐摩耗性を有しているが，性質は一般にもろい。

チューナ [tuner] 調整器。例 ①エンジン調整用器具類。②ラジオの同調装置。

チューナップ [tune-up] 調子を合わせる，調整する。＝チューンアップ。

チューナップ・ショップ [tune-up shop] 整備工場，調整所。

チューナップ・データ [tune-up data] （エンジンなどの）調整用基礎資料，調整用の基準値。

チューナップ・テスタ [tune-up tester] 調整用試験機器や計器類。例 ①エンジン・アナライザ。②シャシ・ダイナモメータ。

チューニング [tuning] 調整，同調。

チューブ [tube] タイヤの中にあって空気を保持するゴム製の袋。赤色チューブは天然ゴム製，黒色チューブはブチル・ゴム（人造ゴム）製。

チューブ・プロテクタ [tube protector] 内管保護帯。チューブを保護するためリムとの接触面へ入れる帯。＝タイヤ・フラップ。

チューブラ [tubular] 管の，管状の，管式の。

チューブラ・シャフト [tubular shaft] 中空軸，管状軸。例 プロペラシャフト。

チューブラ・フレーム [tubular frame] 管材製車枠。

チューブラ・ラジエータ [tubular radiator] 管状放熱器，上下水槽を多数の水管で連結し，かつ多数のフィンを組み合わせたもの。

チューブレス・タイヤ [tubeless tire]　チューブなしのタイヤ。タイヤの内側にインナ・ライナと呼ばれる特殊なゴム層を張り付けているため，釘を踏んでも急速な空気漏れ（パンク）をしない。

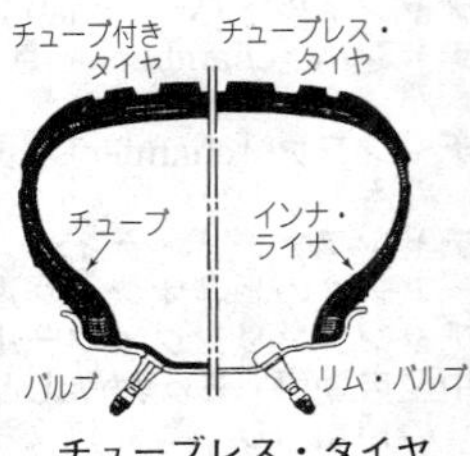

チューブレス・タイヤ

チューリップ・バルブ [tulip valve]　チューリップ形のバルブ。弁頭を流線型にして気流抵抗を小さくしたもの。＝ストリームライン～。

チューン [tune]　①曲。②調和。③調子を合わせる，調整する。☞チューニング，チューナップ。

チューンアップ [tune-up]　☞チューナップ。

超音波（ちょうおんぱ） [ultrasonic wave]　正常な聴力を持つ人には聞こえないような周波数の高い音波。15,000～20,000Hz 以上の音波。

超音波雨滴除去（ちょうおんぱうてきじょきょ）ミラー [ultrasonic raindrop eliminating mirror; ultrasonic rain clearing mirror]　ドア・ミラーに付着した雨滴や霜を，ミラー裏面に取り付けられた圧電振動子が高周波で振動し，水滴を霧化する。同時にヒータが作動し，水滴の霧化とヒータの発熱の相乗効果により，ミラー表面の水滴を除去する。また，ヒータの発熱効果により，霜を除去する。トヨタ車に採用。

超音波（ちょうおんぱ）センサ [ultrasonic sensor]　可聴周波数域を超えた音波の特性を利用したセンサ。圧電素子を用いた送受信器で発射した超音波が対象物に反射して返ってくるまでの時間を計測することにより，対象物の有無や，そこまでの距離を検出する。対象物までの距離は5m程度で，バック・ソナーやクリアランス・ソナー，駐車支援システムなどに利用される。

超音波洗浄器（ちょうおんぱせんじょうき） [ultrasonic cleaner]　洗浄液中に超音波を発信して部品などを洗浄する機器。身近なところでは，メガネの洗浄器がある。

超音波探傷器（ちょうおんぱたんしょうき） [ultrasonic flaw detector]　超音波による音響的性質を利用して，金属内の傷やひび割れを検査する装置。

超音波（ちょうおんぱ）モータ [ultrasonic motor; supersonic motor]　超音波を利用したモニタ。特長としては低回転，高トルクのうえ小型，軽量であり，静粛性にも優れている。例テレスコピック式ステアリング・コラムの駆動モータ。

超音波溶接（ちょうおんぱようせつ） [ultrasonic welding; USW]　超音波振動による摩擦熱を利用した溶接法。アルミニウムなどの軽金属の同種および異種材料の接合や，プラスチックなどの接合に用いられる。

鳥瞰図（ちょうかんず） [bird's eye view]　高い所から見下ろしたように描いた風景図又は地図（透視投影図），鳥目絵。例バード・ビュー・ナビゲーション。

長期排出（ちょうきはいしゅつ）ガス規制（きせい） [long-term emission regulation]　ディーゼル重量車（GVW3.5t 以上）を対象とした排出ガス規制。1997年（平成9年）から実施されたもので，NOx（窒素酸化物）を未対策時の26%以下に，PM（粒子状物質）は1994年（短期規制）を基準に36%以下としている。☞新短期排出ガス規制。

長距離（ちょうきょり）レーダ [long range radar; LRR]　ミリ波レーダの一種で，対象物までの距離が250m程度のもの。77GHzの電波を使用して対象物との距離や速度，方向を検出するもので，運転支援システムにおける高速走行時の長距離測定に用いられる。対象物までの距離を正確に検出でき，認識精度が天候などの影響を受けにくいが，対象物の種別（車，歩行者，自転車など）を認識する用途には向かない。中距離レーダと比較して，高精度な分コスト高となっている。☞短距離／中距離レーダ。

超高張力鋼板（ちょうこうちょうりょくこうはん） [ultra-high tensile strength steel sheet; UHSS]　一般に，引っ張り強さが780～980MPaくらいの高張力鋼板を指し，超ハイテンともいう。トヨタが2008年に発売した乗用車の場合，センタ・ピラーとリア・バンパのリインフォースメントに980MPa級の超高張力鋼板を使用している。☞極超高張力鋼板。

超小型（ちょうこがた）モビリティ [micro-mobility]　原動機付き自転車より大きく，軽自動車より小さい乗り物で，1～2人が乗車できるもの。高齢者や子育て世代，観光客などを対象とした新たなカテゴリの車で，自動車メーカなどが電気自動車（EV）を主体に開発を進めており，EVの場合には定格出力が8kW以下，内燃機関の場合には125cc以下で最高速度は時速60km，EVの航続距離は100km程度が想定されている。この超小型モビリティの認定制度が2013年1月に創設され，国土交通大臣認定手続きによらず公道（高速道路は除く）を走行することができるが，現状では軽自動車扱いとなる。2013年現在，COMS（トヨタ車体），i-ROAD（トヨタ），ニュー・モビリティ・コンセプト（NMC／日産），MC-β（ホンダ），MOTIV（ヤマハ），Q'mo II／TOO'in（NTN）などの超小型モビリティが各自動車メーカ等から発表または発売されている。☞パーソナル・モビリティ。

調色（ちょうしょく） [color matching]　色合わせ。例 補修塗装。

調速機（ちょうそくき） [governor]　ディーゼル・エンジンのポンプ本体と連結され，エンジン回転数と負荷に応じて噴射量を制御するもの。ガバナ，スピード・ガバナ。

稠度（ちょうど） [consistency]　グリースの軟らかさ，流動性のこと。JISでは，用途別にちょう度を00，0，1～4号に分類してある。

蝶（ちょう）ナット [wing nut]　蝶の羽根のようなつまみつきの手締め用ナット。ウイング・ナット，サム・ナット。

チョーカ [choker]　①気化器空気吸入口の閉鎖弁（チョーク・バルブ）。②気化器内の気流加速管（ベンチュリ又はスロート）。③電気の閉そくコイル。

チョーカ・フライ [choker fly]　チョーク用ちょう弁，バタフライ・バルブ。

チョーキング・コイル [choking coil]　チョーク用線輪。交流の流れるのを阻止又は加減するコイル。＝チョーク～。

チョーク [choke]　①ふさぐ，閉じる。②交流の流れを妨げる。

チョーク・オープナ [choke opener]　キャブレータでエンジン冷間時のCOやHCを低減させるための装置。エンジンを冷間始動後，過濃混合気を防止するために自動チョークにバキューム・ピストン（又はチョーク・ブレーカ）や電熱チョークが装備されていてチョーク・バルブを徐々に開いていくが，暖機に従い，電熱チョークで開かれる以上にチョーク・バルブを開き，混合気が濃くなるのを防止する。

チョーク・チューブ [choke tube]　絞り管。例 キャブのベンチュリ。＝スロート。

チョークト・サーモスタット [choked thermostat]　そく流型整温器。バイパスを持たない形式のサーモスタット。

チョーク・バルブ [choke valve]　閉鎖弁。気体などの通路を遮断する弁。例 キャブレータの空気吸入口を閉じるバルブ。＝ストラングラ。

チョーク・ブレーカ [choke breaker]　寒冷時，エンジン始動直後の急加速時にチョーク・バルブが全閉して失速するのを防止するため，チョーク・バルブをリンク機構で強制的に若干開く装置。☞チョーク・オープナ。

チョーク・ボタン [choke button]　（運転席の）チョーク操作用つまみ。

チョーク・レバー [choke lever]　（レバー式の）チョーク操作装置。

直接水素型燃料電池（ちょくせつすいそがたねんりょうでんち） [direct hydrogen fuel-cell]　燃料電池（FC）において，発電用の燃料となる水素に圧縮水素を用いたもの。350～700気圧に圧縮した水素を高圧タンクに充填するため，圧縮水素型燃料電池（CHFC）とも呼ばれている。2015年現在，国内メーカが発売または試験運用中の燃料電池車は，すべてこの直接水素型の燃料電池を使用している。

直接（ちょくせつ）メタノール型燃料電池（がたねんりょうでんち） [direct methanol fuel cell]　☞DMFC。

直噴式（ちょくふんしき）ディーゼル・エンジン [direct injection type diesel engine]

主燃焼室内に直接燃料を噴射し，燃焼させるディーゼル・エンジン。

直流（ちょくりゅう）［direct current; DC］　時間の経過に対し，極性の変わらない電流。例 自動車用電源。対 交流（AC）。

直留（ちょくりゅう）ガソリン［straight gasoline］　原油の常圧蒸留装置から得られた軽質ナフサをガソリン洗浄装置で処理したもの。そのままではオクタン価が低くて自動車用燃料としては使用できず，オクタン価を上げるために改質ガソリンや分解ガソリンと混合して使う。

直流発電機（ちょくりゅうはつでんき）［direct current generator］　整流子とブラシを持ち，直流電流を供給する発電機。DC ジェネレータ。交流発電機が登場する以前に使用された。☞ダイナモ。対 交流～（オルタネータ）。

直列（ちょくれつ）エンジン［in-line engine; straight engine］　エンジンをシリンダの配列によって直列，V 型，対向などと分類する方法の一つで，シリンダがエンジンの前後方向に一列に並べて配置されたもの。最も普通の配列で，4 気筒および 6 気筒エンジンに多い。

チョッパ［chopper］　一定周期でスイッチ素子をオン・オフして，負荷への電力を制御する方法。

チョッパ・コントロール［chopper control］　（電気自動車）サイリスタ・チョッパ方式。モータの制御を抵抗器によらずサイリスタによって行う方式。☞サイリスタ。

チラー［chiller］　冷たくする機械。冷凍機。

チリング・ユニット［chilling unit］　冷房又は冷凍装置。☞クーラ。

チル［chill］　①冷え，冷やす。②鉄を冷剛する。

チル鋳物（いもの）［chilled casting］　☞チルド・キャスティング。

チル・カー［chill car］　冷凍車，冷蔵庫。例 生鮮食料品輸送車。

チルド・キャスティング［chilled casting］　チル鋳物，冷し鋳物。鋳物を造るとき一部に金型を当てて急冷するとその部分の鉄は白銑化して硬くなる。こうしてできた鋳物をチル鋳物といい，その方法をチルド・キャスティングという。例 タペットの底部。

チン・スポイラ［chin spoiler］　フロント・バンパ下部に取り付けてあるスポイラ。＝エアロ・スタビライザ，エア・ダム。

［ツ］

ツアー［tour］　周遊，観光旅行，自動車旅行。

ツアニケット［tourniquet］　絞圧器。締め上げるもの。例 チューブレス・タイヤをリムに密着させるためタイヤを巻き締める帯。＝タイトニング・フラップ。

ツアラ［tourer］　旅行用自動車。＝ツーリング・カー。

ツイータ［tweeter］　ステレオなどに取り付けられる高音専用のスピーカ。＝トゥイータ。例 カー・オーディオ用～。対 ウーファ。

ツイスティング・モーメント［twisting moment］　ねじり回転力。軸をねじ回す運動率。＝トルク。

ツイステッド・ワイヤ［twisted wire］　より線。細い線をより合わせたひも線。＝ストランド～。通称コード。

ツイスト［twist］　①ねじる，ねじり。②よじる，より。＝トゥイスト。例 ～ドリル。

ツイスト・ギヤ［twist gear］　ねじり歯ギヤ。

ツイストグリップ・コントロール［twist-grip control］　握りをねじる操縦法。例 オートバイ類。

ツイスト・タイプ・リング［twist-type ring］　ねじれ型リング。ピストン・リングのうち，圧縮してシリンダへ入れると，ねじれが生じテーパ接触するもの。断面の角が面取りされたものはこれに属する。

ツイスト・ドリル [twist drill] ねじれきり。ボール盤で穴空け作業するときに用いるきりで，鋼鉄の丸棒の外周にねじれ溝を作ったもの。

追突軽減（ついとつけいげん）ブレーキ [collision mitigation brake system] ☞CMS。

ツイン [twin] 二つの，複数の，対の。＝トゥイン。例～ターボ。

ツイン・インジェクション・システム [twin injection system] ☞デュアル・インジェクション・システム。

ツインエア [TwinAir] 直列２気筒ターボ・エンジンの商品名で，フィアットが2011年に搭載したガソリン・エンジン。このエンジンの排気量はわずか875ccで63kW（86ps）の出力があり，マルチエアというノンスロットル・システムやバランス・シャフトを採用したハイテク・エンジンで，ダウンサイジングの流れを汲んでいる。

ツイン・エキゾースト・システム [twin exhaust system] テール・パイプが２本になっている排気方式で，性能向上又はＶ型エンジンのため２系統になっているものと，単にマフラーから２本に分かれているだけのものとがある。

ツイン・オーバヘッド・カムシャフト [twin overhead camshaft] ☞ダブル・オーバヘッド・カムシャフト。

ツインカム [twin-cam; twin camshaft] １対（２本）のカムシャフトを使用したトヨタのエンジンの名称。インテーク・カムシャフトとエキゾースト・カムシャフトが独立しており，気筒あたり４バルブ式の吸排気効率を高めたもの。＝DOHC。例ツインカム16（4気筒用），ツインカム24（6気筒用）。

ツインキャブ [twin-carb] ツィン・キャブレータ（twin carburetor）の略。

ツイン・キャブレータ [twin carburetor] ２気化器式。一つのエンジンに独立した二つの気化器を使用する形式。ツー・バレルとは異なる。

ツイン・クラッチSST（エスエスティー） [twin clutch sport shift transmission; TC-SST] ☞DCT。

ツイン・クラッチ・シームレス・トランスミッション [twin clutch seemless transmission; TST] ☞DCT。

ツインシックス [twin-six] 双6，2列6シリンダ，すなわちＶ型12シリンダのこと。

ツイン・スクロール・ターボチャージャ [twin scroll turbocharger] ターボチャージャの一種で，タービン・ハウジングへの排気ガスの流路となるスクロール（渦巻き）部分が二つに分割されていて，同時に二つの排気バルブが開かないよう排気管がグループ分けされているもの。これにより，排気ガスのエネルギーはタービンへ直接伝わり，ターボ・ラグ（ターボの応答遅れ）が低減される。2014年には，レクサスのダウンサイジング・ターボ・エンジンやスバルのWRXなどに採用された。

ツイン・ターボチャージャ [twin turbocharger] ターボチャージャの過給効果を高めるためにタービンを２基備えたもので，これには次の２種類がある。

①パラレル・ツイン・ターボ：偶数気筒のエンジンにおいて，同じ型の小型のタービンを並列に配置したのもので，６気筒などの直列エンジンでは気筒の前半と後半に，Ｖ型エンジンでは片バンクずつにそれぞれ独立したタービンを設けることにより応答性が向上し，排気干渉を防ぐ効果もある。

②ツーステージ・ツイン・ターボ：大小２基のタービンを直列に配置したもので，ツーステージ・ターボまたはシーケンシャル・ターボともいう。

ツイン・タイヤ [twin tire] 複タイヤ。＝ダブル～。

ツイン・チャンバ・エア・バッグ [SRS twin chamber air bag] レクサスに採用された，助手席用の新型エア・バッグ。エア・バッグが二つの袋形状をしており，中央にくぼみを設けて乗員が荷重を頭，肩など多面で分散して受け止められるようにしている。このように乗員を多面で受け止め，衝突時の荷重を分散させて人体への負担を軽減する考え方を，「オムニサポート・コンセプト」という。

ツイン・チューブ式（しき）ショック・アブソーバ [twin tube type shock absorber] 複筒式と呼ばれ，内外２本の筒からなるショック・アブソーバで，その外側を外筒で覆った構造のもの。

ツイン・プラグ・エンジン [twin plug engine]　1気筒に対して点火プラグを2個取り付けたエンジン。例 ロータリ・エンジン。

ツイン・ヘッドランプ [twin headlamp]　一つのヘッドランプに二つのシールド・ビームが組み込まれている4灯式のタイプで，外側のランプは主ビームと副ビーム，内側のランプは主ビームのみとなっている。

ツイン・ポスト・オート・リフト [twin post auto lift]　自動車整備用の2軸式オート・リフト。

ツインポット式（しき）ブレーキ・キャリパ [twin-pot type brake caliper]　ディスク・ブレーキで，浮動式キャリパの片側にシリンダを一対（2個）有しているタイプのもの。☞シングル～。

ツイン・モータ4WD [twin motor four-wheel-drive system]　電動4WD（AWD）の一種で，三菱自動車が2013年にプラグイン・ハイブリッド車（アウトランダーPHEV）に採用したもの。電動S-AWC（車両運動統合制御システム）ともいい，前後輪それぞれに独立した出力60kWの強力なモータを搭載しており，プロペラ・シャフト等の機械的な結合がないためにレスポンスが極めてよく，きめ細やかな制御が可能な上，フリクション・ロスも少ない。

ツーウェイ [two-way]　2通りの，両面交通の，相互的な。例 ㋑交直両用のテスタ類。㋺2方コック。

通気孔（つうきこう） [vent hole]　☞ベントホール。

ツー・コート・ツー・ベーク [two coat two bake]　塗装と焼き付け作業を2回ずつ行うこと。

ツー・サイクル [two cycle]　ツーストローク・サイクルの略。2サイクル。☞ツーストローク・エンジン。

ツー・シータ [two seater]　2人乗り自動車。

ツー・ジョイント・プロペラシャフト [two joint propeller-shaft]　軸の両端に継手を有するプロペラシャフト。

ツー・シリンダ [two cylinder]　2気筒（のエンジン）。

ツーステージ・コンバータ [two-stage converter]　二相型変換機。コンバータ・レンジとカップリング・レンジの二相に働く流体変速機。

ツーステージ・コンプレッサ [two-stage compressor]　2段型圧縮機。低圧側と高圧側の2段に作用する空気圧縮機。

ツーステージ・ツイン・ターボチャージャ [two-stage twin turbocharger]　ツイン・ターボチャージャの一種で，大小2基のタービンを直列に配置したもの。排気流量が少ない低速域では小容量（プライマリ）タービンを，排気流量が増える高速域では大容量（セカンダリ）タービンを作動させ，中速域は双方でカバーしてターボ効果を向上させている。2013年には，マツダが圧縮比14.0のスカイアクティブ・ディーゼル・エンジンに採用している。シーケンシャル・ターボチャージャとも。

ツーステージ・ツーバレル [two-stage two-barrel]　（キャブレータの）2段作動2連式。二つのバレルが一次と二次に別れて作用するもので，最も広く使用された。

ツースド・ホイール [toothed wheel]　歯付車すなわち歯車，ギヤ。

ツーストローク・エンジン [two-stroke engine]　2行程式エンジン。ピストンが2行程の運動をする間に1サイクルの作用を完了するもの。二輪車に長年使用されてきたが性能は4行程式に及ばず，排ガス浄化も難しいので採用されなくなった。

ツースピード・アクスル [two-speed axle]　2速車軸。減速比の異なる2種の減速歯車を持った車軸。

ツースピード・ギヤ [two-speed gear]　2速歯車装置。原動軸の回転に対し従動軸の回転数を2通りに変えることのできる変速装置のことで，副変速機として主変速機の後部に附属させるか，終減速装置内に設ける。

ツースピード・ファイナルギヤ［two-speed final-gear］　２速終減速歯車。低速高速２種の減速歯車を備え路面又は荷重に応じ切り換え使用できる装置。切り換えは手動式と自動式がある。例大型トラック。

ツーツーワン・ギヤ［two-to-one gear］　２対１歯車。原軸の２回転に従軸が１回転する割合の歯車。例バルブ用タイミング・ギヤ。

ツートーン・カラー［two-tone color］　車体外表面の塗装をボデー・ラインによって２色に塗り分けるデザイン手法。

ツートーン・ホーン［two-tone horn］　２音階警音器。音階の異なる二つの音（高音・低音）を調和させて映音を出すもの。一般に使用されている。

ツー・トレーリング・シュー・ブレーキ［two trailing shoe brake］　ドラムの回転によって押し戻されるシューを２個組み合わせた内部拡張式ドラム・ブレーキ。ツー・リーディング・シュー・ブレーキを装備した車両が後退してブレーキを作動させると（ドラムの回転方向が逆になると），リーディング・シューがトレーリング・シューとなる。

ツーバレル・キャブレータ［two-barrel carburetor］　２連式気化器。空気通路となるバレル（胴）が２本並んで一体になっている気化器。作用の仕方には両バレルが同時作用する１段式と，一次二次に分かれて２段階に作用する２段式がある。

ツーピース・アロイ・ホイール［two-piece alloy wheel］　リムとホイール・ディスク又はスパイダが互いにボルト締めとなっている合金ホイール。

ツーピース・ハウジング［two-piece housing］　２片型軸管。アクスル・ハウジングが左右の２片に分解できるもの。＝スプリット～。

ツー・プラス・ツー［two plus two］　２＋２。４人乗りのスポーツ・タイプの乗用車で，前列２座席をゆったりとした主座席とし，後ろの２座席は補助的に使えるだけの小型座席にしたもの。クーペの後部に補助座席を設けてあるタイプ。

ツーブレード・ファン［two-blade fan］　２枚羽根のファン。

ツープレーン・キャブレータ［two-plane carburetor］　☞ツーバレル～。

ツーペダル・コントロール［two-pedal control］　２ペダル運転（方式）。流体クラッチなどが使われてクラッチ・ペダルがなく，アクセルとブレーキの２ペダルだけの車。AT車のこと。

ツーホイール・ドライブ［two-wheel drive］　四輪中前か後の二輪が駆動輪となる，通常の車の駆動方法。対フォー～。

ツーポイント・ブレーカ［two-point breaker］　２接点式断続器。☞ダブルコンタクト

ツーポート・タイプ［two-port type］　２孔型。例２サイクル・エンジンにおいて，シリンダの側壁に排気孔と掃気孔の２孔だけを有するもの。この場合吸気孔はクランク・ケースに設けられる。

ツー・ボックス・カー［two box car］　車体の間仕切りで，後部荷物室と乗員居室とが同じ屋根の下で１室となり，エンジン・ルームと合わせて２室の構成となっている車。従来からのステーション・ワゴンやライト・バンに合わせて，最近のFFのコンパクト・カーに多いタイプ。対ワン～。

ツーユニット・システム［two-unit system］　２単位方式。例始動に必要なモータと充電に必要なダイナモを別々に用いる方式。対シングル～。

ツー・リーディング・シュー・ブレーキ［two leading shoe brake］　ブレーキ内の二つのシューが共に増力作用の起こる方向になっているブレーキ。前進時に比し後退時の制

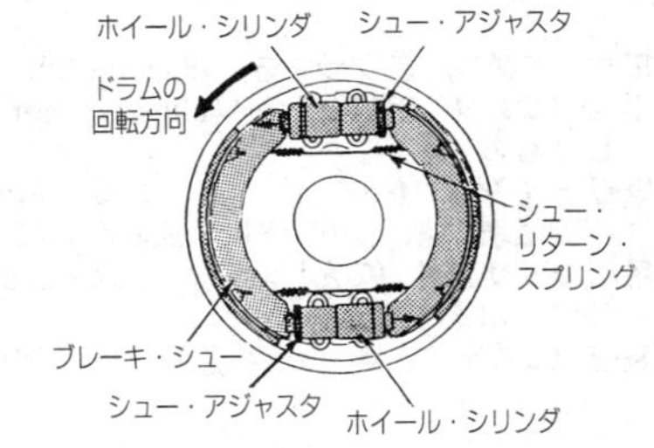

ツー・リーディング・シュー・ブレーキ

動力が劣るのでフロント以外には用いない。

ツーリスト［tourist］ 観光客。旅行家。

ツーリスト・トロフィ・レース［tourist trophy race; TTR］ 市販車両をベースとした車両で行うレースで，TTレースとも呼ばれる。アイルランド海のマン島TTレースが有名。

ツーリスト・ビューロー［tourist bureau］ 旅行協会，旅行案内所。

ツーリング［touring］ 乗用車やオートバイなどで遠乗りすること。

ツーリング・カー［touring car］ 本来は横席2個を前後に並べたほろ型乗用車であるが，現在はスポーツ・カー以外の一般の乗用車を指していう。

ツーリング・カー・レース［touring car race］ 量産乗用車を改造した車両によるレース。

ツール［tool］ 工具，道具，用具。

ツール・キット［tool kit］ 一そろいの工具，工具一式。

ツール・ディスプレイ・ボード［tool display board］ 工具陳列板。

ツールボックス［tool box］ 工具箱，道具箱。

ツール・レスト［tool rest］ 工具受け，刃物台。

ツーワイヤ・システム［two-wire system］ 2線方式，複線式。機体アースを行わず帰往ともに電線を用いる配線方式。例 アースできない部分の配線。

ツェッパ型（がた）ユニバーサル・ジョイント［Rzeppa type universal joint］ 円弧状ボール構内に，位置決め保持された駆動ボールを有する，固定式の等速ジョイント。＝バーフィールド型～。㊟ツェッパ＝ゼッパ。

ツェナ・ダイオード［Zener diode］ 定電圧ダイオード。定電圧素子としてシリコン接合形ダイオードの逆方向特性を利用したダイオード。㊟ツェナ＝ゼナー。

ツェナ・フェノメナ［Zener phenomena］ ツェナ現象。PN接合ダイオードの逆方向電圧を大きくすると電流は極めてわずかづつ増すが，ある電圧（ツェナ電圧）以上になると急激に逆方向電流が増加する現象をいう。

ツェナ・ボルテージ［Zener voltage］ 降伏電圧。PN接合ダイオードの逆方向電流は，加えられる逆電圧の値によらないある一定の値を持つが，ある電圧値に達すると急激に逆方向電流が増加する。これを降伏現象といい，このときの電圧を降伏電圧という。＝ブレークダウン・ボルテージ。

突（つ）き合（あ）わせ抵抗溶接（ていこうようせつ）［butt resistance welding］ 溶接継手の端面を突き合わせ，加圧して行う電気抵抗溶接。

突（つ）き出（だ）しプラグ［extended electrode spark plug］ スパーク・プラグの先端部分を燃焼室の中心へできるだけ近づけるために，中心電極を突き出したプラグ。

鼓形（つづみがた）ウォーム［hourglass worm］ ウォームの直径が中央より両端に近づくほど大きくなっている鼓形のウォームをいう。アワーグラスとは砂時計のこと。

撮（つま）みナット［thumb nut］ 羽根付きの手締めナット。サム・ナット，ウイング・ナット，蝶ナット。

爪付（つめつ）きクラッチ［claw clutch］ ☞クロー・クラッチ，ドグ・クラッチ。

爪付（つめつ）きワッシャ［claw washer］ 座金の一部を切り，折り曲げて回り止めにしたもの。

ツリーイング［treeing］ 木になる。木のように成長する。例 バッテリの極板面に生ずる硫酸塩の結晶が樹枝状に成長すること。

吊（つ）り天井（てんじょう）［suspended ceiling］ 天井の内張りで，ルーフからつられているタイプ。

蔓巻（つるま）き線（せん）［helix］ ヘリクス。ねじの基本形状を表す軌跡。

[テ]

ティア２ビン５　☞Tier 2 Bin 5（略語）。

ディアイサ［deicer］　氷を取り除くもの，除氷装置。例ウインド・シールド・ディアイサ（寒冷地仕様）。＝デアイサ。

ディアイシング・ソルト［deicing salt］　氷結防止剤。道路にまく防凍塩類。

ディアイス［deice］　氷を取り除く，除氷をする。

定圧（ていあつ）サイクル［constant pressure cycle］　内燃機関の熱サイクル（定圧，定容，複合）の中の一つ。☞ディーゼル・サイクル。

ディー・アイ・ディーゼル［DI diesel］　direct injection ディーゼルの略。直噴ディーゼル・エンジン。

ディー・コック［D cock］　drain（ドレイン）・コック。排出口のコック。

ティーザ・キャンペーン［teaser campaign］　新型車（新商品）の事前広告活動。正式発表を前に消費者の購買意欲を刺激するため，実車そのものは見せないが新タイプの車の登場を予告して消費者の関心を引き付ける。

ディー・シー・ジェネレータ［DC generator］　直流発電機。

ディー・シー・ダイナモ［DC dynamo］　直流発電機。

ディー・シー・リム［DC rim］　drop center rim の略。☞深底リム。

ディー・ジェトロニック方式［D-jetronic］　電子制御式燃料噴射装置で，あらかじめコントロール・ユニットに記憶させておく基本噴射時間を，吸入空気圧力により算出する方式。「*jetronic*」はドイツボッシュ社の商標名。Dはドイツ語の圧力（*druck*，ドルック）の頭文字。☞Lジェトロニック方式。

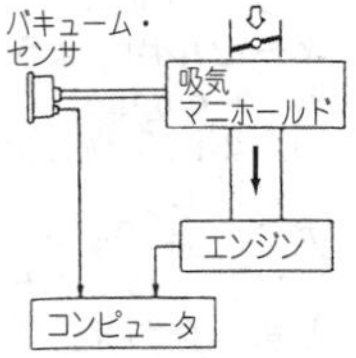

バキューム・センサ
吸気マニホールド
エンジン
コンピュータ

Dジェトロニック方式

ティー・ジョイント［T-joint］　T継手。例㋑三方管継手。㋺T字型溶接法。

ティース［teeth］　ギヤの歯，ツース（tooth）の複数。

ティースロット・ピストン［T-slot piston］　T溝入りピストン。スカートに断熱用の横溝と弾力用の縦溝をTの字形に入れたピストン。

ティーセクション［T-section］　T字形切り口。材料断面の別名称。

ディーゼリング［dieseling］　自然着火現象。過熱などの場合，自然着火されてスイッチを切ってもエンジンが止まらない現象。激しい運転後に起こりやすい。＝ランオン。

ディーゼル［*Rudolf Diesel*］　独1858～1913。1892年にディーゼル機関原理を発表したドイツの機械技術者。

ディーゼル・エンジン［diesel engine］　ディーゼル機関。空気の圧縮熱を利用して燃料に点火するエンジン。圧縮比が大きいから熱効率が高く，燃料は安価で危険性も少ない。

ディーゼル・サイクル［diesel cycle］　ディーゼル機関の基本サイクル。燃料の燃焼が一定圧力のもとで行われるもので，発明者の作ったエンジンがこの原理に一致するのでディーゼル・サイクルといわれたが，現在使用されているディーゼル機関は定容定圧の複合式であり，サバテ・サイクルという。

ディーゼル重量車（じゅうりょうしゃ）2015年度燃費目標基準（ねんどねんぴもくひょうきじゅん）［fuel efficiency target value in 2015 for diesel heavy duty vehicles］　☞平成27年度重量車燃費目標基準。

ディーゼル・スモーク［diesel smoke］　ディーゼル・エンジンから排出される煙で，黒煙と白煙とがある。黒煙は急加速時や高負荷でエンジンの回転が重い登坂時などに多く，未燃焼の遊離カーボン（すす）である。白煙は気温の低いところでエンジンを始動したときに多く，燃料が燃えなくて霧状となって排出されたものである。黒煙は大気汚染物質として，保安基準による規制の対称となっている。

ディーゼル重量車の排出ガス規制［emission regulation for diesel heavy duty vehicles］　GVW3.5t 以上のディーゼル重量車に対する排出ガス規制は平成元年（1989年）から始まっており，1994年以降の規制の変遷は次のとおり（2014年現在）。
・平成6年（1994年／短期規制）：PM（粒子状物質）が追加されて規制値も重量表示に変わり，NO_X は6.0g/kWh，PMは0.7g/kWh。
・平成9年（1997年／長期規制）：NO_X が4.5g/kWh，PMは0.25g/kWh。
・平成15年（2003年／新短期規制）：NO_X が3.38g/kWh，PMは0.18g/kWh。新たに車載故障診断装置（OBD）の装備を義務づけ。
・平成17年（2005年／新長期規制）：NO_X が2.0g/kWh，PMは0.027g/kWh。
・平成22年（2010年／ポスト新長期規制）：NO_X が0.7g/kWh，PMは0.01g/kWh。

テ

ディーゼル・ノック［diesel knock］　ディーゼル特有の衝音振動。燃料の着火遅れ（セタン価が低い）から生ずるもので，特に低温低速のとき起こりやすい。

ディーゼル・パティキュレート［diesel particulate］　ディーゼル・エンジンから排出されるカーボン（すす），燃料やオイルの燃えかすなど微粒子の総称。アメリカでは1982年から規制されており，日本でも保安基準により，“粒子状物質”として排出量の規制が行われている。

ディーゼル・パティキュレート・フィルタ［diesel particulate filter］　ディーゼル・エンジンの排出ガス中の粒子状物質を除くためのフィルタ。☞DPF system。

ディーゼル用（よう）NO_X（ノックス）触媒（しょくばい）［nitrogen oxides catalyst for diesel engine］　ホンダが乗用車のディーゼル・エンジン用に採用した，排気ガス中の窒素酸化物を無害化する後処理装置。この触媒は排気ガス中の NO_X（窒素酸化物）を吸着してアンモニア（NH_3）に変える層と，このアンモニアを吸着して NO_X を窒素（N_2）に還元して浄化する層の二層構造を採用しており，排気ガス内の成分を基にアンモニアを生成するのが特徴。酸化触媒やDPF（ディーゼル用微粒子フィルタ）と組み合わせ，米国の次期規制「Tier 2 Bin 5」をクリアしている。

ティー・タイプ・タイヤ［T type tire］　Tはtemporary（一時的な）の頭文字。スペア専用タイヤで標準タイヤより小さいタイヤを高い空気圧で使用するもので，アメリカのファイアストン社の開発したものを日本でも規格化し，“乗用車用Tタイプ応急用タイヤ”としてタイヤ側面に“応急用”の文字が刻印されている。応急用タイヤには別に折り畳み式もある。

ティー・チューブ［T tube］　T字形の三方管。

ティー・バー・ルーフ［T bar roof］　サンルーフの一種でルーフの中央から後ろにかけての部分を残し，運転席と助手席の上を取り外せるようにしたもの。外したあとの屋根の形がT字型になることから名付けられた。

ディープ［deep］　深い，深遠な。対シャロー。

ディープ・スカート・タイプ［deep skirt type］　ピストン・スカート部が長い形状のもの。

ディープ・ソケットレンチ［deep socket-wrench］　（奥行きの）深いソケット・レンチ。例スパーク・プラグ用レンチ。

ディープ・ドローイング［deep drawing］　深絞り加工。＝カッピング。

ディープローディング・トレーラ［deep-loading trailer］　低床式被牽引自動車。

ティーヘッド・シリンダ［T-head cylinder］　T字型シリンダ。バルブをシリンダの両側に配置したもの。サイド・バルブ・エンジンの一部に見受けられた。

ディーラ［dealer］　販売店，販売人。

ディーラ・オプション［dealer option］　新車の付属部品で，顧客の選択により販売を担当したディーラで取り付けるもの。例リヤ・カーテン。対メーカ〜。

ディーラ・ネット [dealer net]　販売網，販売組織。
ディガ [digger]　穴掘り工具。例 ドリル。
ディカーボナイズ [decarbonize]　脱炭。鋼を空気中で高温に加熱すると表面は酸化されて酸化鉄となり炭素は一酸化炭素に変わって脱出する。これを脱炭という。
定期交換部品（ていきこうかんぶひん） [periodic replacement parts]　自動車の構成部品のうち，機能保全上，定期的な交換が決められている部品。例 ブレーキ・マスタ・シリンダのゴム・カップ類。
定期点検（ていきてんけん） [periodical checkup; periodical checking; periodic inspection]　自動車を一定期間ごとに，異常の有無を検査すること。例 12カ月点検。
ディグリー [degree]　（角度，弧，寒暖計などの）度。
ディグリーサ [degreaser]　グリース除去具，又は溶剤。
ディクリース [decrease]　減少，減退。対 インクリース。
抵抗（ていこう） [resistance]　☞レジスタンス。
抵抗入（ていこうい）リスパーク・プラグ [resistive spark plug]　5kΩ程度のカーボン抵抗体を碍子の中に設けた電波雑音防止用スパーク・プラグ。
抵抗器（ていこうき） [resistor]　レジスタ，レオスタット。抵抗を得るために使用する部品で，電気回路を構成する素子。
ディコンプレッサ [decompressor]　減圧装置。例 ㋑ディーゼル・エンジンの始動を容易にするため設けられた圧縮抜装置。㋺エア・コンプレッサを空転させる減圧装置。＝アンローダ。略してデコンプ。
ディコンプレッション [decompression]　減圧，圧縮圧力を下げること。
停止距離（ていしきょり） [stopping distance]　アクセルからブレーキへペダルを踏み替え，ブレーキが効き始めるまでの間（0.7～0.8秒）に車の進む空走距離に実制動距離を加えたものを停止距離という。

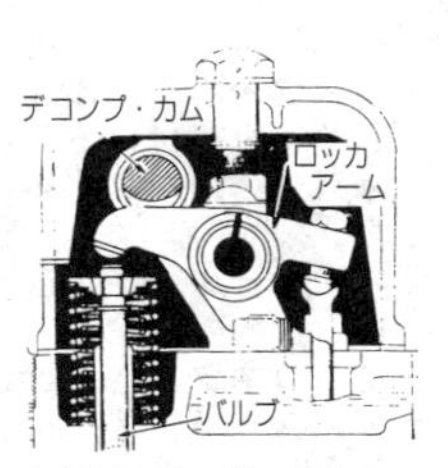

ディコンプレッサ

ディジタル [digital]　計数型。数や量の表示を数字を用いて表す方式。＝デジタル。対 アナログ。

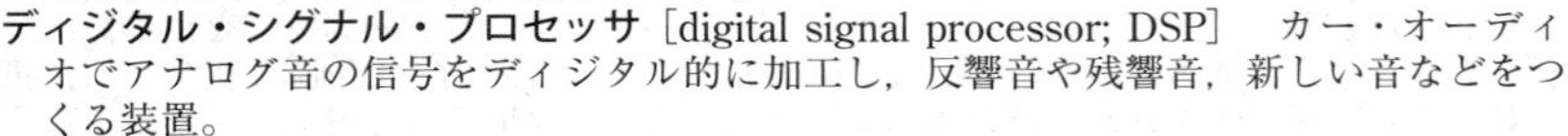

ディジタル・シグナル・プロセッサ [digital signal processor; DSP]　カー・オーディオでアナログ音の信号をディジタル的に加工し，反響音や残響音，新しい音などをつくる装置。
ディジタル・スピードメータ [digital speedometer]　指針盤なしで現スピードのみを数字で表示するスピードメータ。日本では81年発売のトヨタ車に初めて採用された。
ディジタル・メータ [digital meter]　指針（アナログ）式ではなく，数字を直接読むことができるメータ。例 ディジタル・スピードメータ。
停止表示板（ていしひょうじばん） [warning reflector]　高速道路などで車両が故障や事故で停止したとき，追突防止のため，後続車に知らせるために車両後方に置く三角形の赤色反射板。
ディスアセンブル [disassemble]　分解する。対 アセンブル（組み立てる）。
ディスアッセンブリ [disassembly]　分解，取り外し，解体。
ディスアライメント [disalignment]　整列の狂い。例 フロント・アライメントのキャンバ，トーイン，キャスタ，インクリネーション等の狂い。
ディスエィブルド・アンド・エィジド・ビークル [disabled & aged vehicle]　福祉車両。介護を必要とする身体障害者や高齢者を運搬したり，又，自ら運転する特殊改造車両。例 車椅子仕様のリフト付き送迎車。
ディスエンゲージ [disengage]　放す，外す，切り放す。例 クラッチを切る。
ディスキャップ [dis-cap]　ディストリビュータ・キャップの略称。
ディスク [disc; disk]　円盤，平円盤。例 ㋑クラッチ～。㋺～ブレーキ。

ディスク・カップリング [disc coupling]　円盤継手。円盤クラッチ。

ディスク・クラッチ [disc clutch]　円盤クラッチ。円盤表面の摩擦によって動力を伝えるクラッチ，単板式と多板式がある。

ディスク・サンダ [disc sander]　円盤砂やすり器。紙やすり車をモータで回転して面直しをする工具。例 ボデーの板金作業。

ディスク・スプリング [disc spring]　円盤ばね。反りを与えた円盤の弾力を利用するばね。＝ダイアフラム〜。

ディスク・ブレーキ [disc brake]　円盤ブレーキ。ブレーキ用円盤をホイールに固定して回転させ，その両面から制動パッドで挟んで制動するブレーキ。前輪用として特に多い。

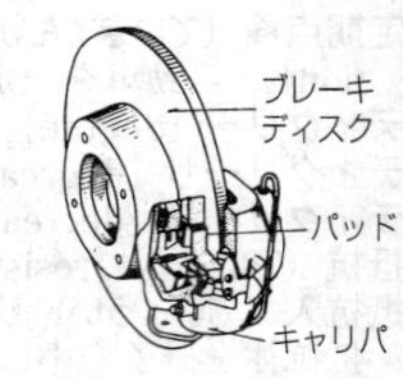

ディスク・ブレーキ

ディスク・ブレーキ・キャリパ [disc brake caliper]　ディスク・ブレーキの骨格部分で，ディスク・ロータ（回転円板）を両脚で挟むような形状になっている。このキャリパに取り付けられたピストン（片側又は両側）が油圧によりパッドを押し，ロータを挟みつけて制動力を発生する。

ディスク・ブレーキ・パッド [disc brake pad]　ディスク・ブレーキのディスクに押し付けられて制動力を発生する摩擦材。通常，一対で用いる。＝ディスク・パッド，ブレーキ・パッド。

ディスク・ホイール [disc wheel]　厚鋼板を型抜きし，リムを溶着したもの。これにタイヤを組付ける。但し，アルミ・ホイールは除く。

ディスク・ロータ [disc rotor]　車輪と一緒に回転するディスク・ブレーキの制動用円板。

ディスケール [descale]　湯あかの掃除。例 ㋑ウォータ・ジャケット内の掃除。㋺ラジエータ内の掃除。

ディスコネクト [disconnect]　接続を切る，連絡を絶つ。

ディスターバンス [disturbance]　かく乱，乱すこと。例 圧縮行程のとき混合気に起こる騒乱。＝タービュランス。

ディスタンス [distance]　①距離。②遠方。③隔てる。

ディスタンス・アラート [distance alert]　車間距離警報装置の一種で，ボルボやプジョーなどが採用したもの。アラートとは警報のことで，ウォーニングと同義語。

ディスタンス・ウォーニング [distance warning]　車間距離警報装置。車両前部に搭載したレーザ・センサから前走車にレーザ光を発し，反射時間を計測して前車との車間距離を測り，必要に応じてランプやブザーで運転者に警報を発する。三菱車等に採用。

ディスタンス・コントロール・アシスト [distance control assist; DCA]　日産が2007年に採用した，世界初の車間維持支援システム。バンパに組み込まれたレーダなどで前走車との車間距離と相対速度を監視し，前車に近づき過ぎた場合には，運転者がアクセル・ペダルから足を離すと自動で滑らかなブレーキが作動し，前車との車間距離を維持する。運転者が前車への接近に気づかなかったり，前車が減速した場合には，アクセル・ペダルに組み込まれたモータがペダルを押し戻す方向に動き，運転者にペダルの踏み替えを促す。インテリジェント・ペダルとも。

ディスタンス・コントロール・コンピュータ [distance control computer]　車間距離制御用コンピュータ。例 レーダ・クルーズ・コントロール用〜。

ディスタンス・スペーサ [distance spacer]　隔離物。隔てるために入れてあるもの。

ディスタンス・ピース [distance piece]　隔て片。隔てるために入れた物。

ディスタンス・レコーダ [distance recorder]　走行距離記録計。例 スピードメータ内にある距離記録計。＝マイレージ・カウンタ，オドメータ。

ディスタント・コントロール [distant control]　遠隔操縦。遠くから操ること。＝リモート〜，リモコン。

ディスチャージ [discharge]　①（電気の）放電。②（水やガスの）吐出，排出。対チャージ。

ディスチャージ・テスタ [discharge tester]　放電試験器。バッテリの充電状態を見るもの。☞ハイレート～。

ディスチャージ・パイプ [discharge pipe]　吐出管，排出管。

ディスチャージ・バルブ [discharge valve]　吐出弁，排出弁。

ディスチャージ・ヘッドランプ [discharge headlamp]　高輝度放電灯。発光管内にキセノン・ガス，水銀および金属ヨウ化物を封入し，電極間に高電圧を加え電子と金属原子を衝突・放電させ，光エネルギーを放出することによりバルブの点灯を行う。ハロゲン・ランプの約70%の消費電力で2倍以上の光量と，20%以上の照射範囲拡大ができる。大光量のため対向車や前車への眩惑が起こらないよう，車両姿勢の変化にかかわらずヘッドランプ光軸の向きを自動的に一定に保つオート・レベリング機構を備えた車もある。= HID headlamp。

ディスチャージャ [discharger]　①荷降ろし人，荷降ろし用具，②放電用具。

ディスチャージ・レート [discharge rate]　放電率。バッテリが一定電流でX時間放電を持続できるとき，その放電率をX時間率といい，その電流の強さをX時間率の電流という。

ディスチルド・ウォータ [distilled water]　蒸留水。例バッテリ用。

ディスチレーション [distillation]　蒸留（作用），蒸留法。例水を煮沸させて水蒸気となし，これを冷やして液化した水。

テイスト [taste]　①趣味，趣向。②味，味わい。=テースト。例新型車の～。

ディストーション [distortion]　ゆがみ，ねじれ，湾曲。

ディストラクション [distraction]　気の散ること，注意の散漫。運転中にナビゲーションやポータブル機器などを操作することにより，運転者の注意が散漫になる「ドライバ・ディストラクション」などを指す。

ディストリビューション [distribution]　配分，配給。

ディストリビューション・パイプ [distribution pipe]　分配管。例㋑混合気を各シリンダへ分配する吸気マニホールド。㋺ポンプからの低温水をバルブ・シート周辺へ分配するためジャケット内にある配水管。

ディストリビュータ [distributor]　分配器，分配装置。例㋑コイルに生ずる高圧電流を各プラグに分配する配電盤。㋺ポンプから来るオイルを必要部分へ分配する配油器。㋩ディーゼル用分配式噴射ポンプの分配装置。

ディストリビュータ・カム [distributor cam]　配電器用カム。クランクの半速に回転し，1回転の間にシリンダ数と同じ回数コイルの一次回路を切る。

ディストリビュータ・ギヤ [distributor gear]　配電器駆動歯車。一般にカムシャフトから駆動され，クランクの半速に回転する。

ディストリビュータ・キャップ [distributor cap]　配電器の帽，電極を配列したエボナイトのキャップ。略称デスキャップ。

ディストリビュータ・タイプ・フューエル・インジェクション・ポンプ [distributor type fuel injection pump]　☞分配型燃料噴射ポンプ。

ディストリビュータ・ハウジング [distributor housing]　配電器の本体。

ディストリビュータ・プレート [distributor plate]　配電器の接点板。=ブレーカ～。

ディストリビュータレス・イグニション・システム [distributorless ignition system; DLI]　ディストリビュータを用いない電子点火システム。各気筒ごとにプラグ・ホール内にDLIコイルを取り付ける。小型・軽量で従来の点火コイル，イグナイタやハイテンション・コードは不要となる。

ディストリビュータ・ロータ [distributor rotor]　配電器の回転配電子。エボナイトの台に金属片を付着させたもので，配電器軸の頭に固定して回転し中心電極と周囲電極とを順次連絡する。

ディストリビューティング・バルブ［distributing valve］　分配弁。
ディストリビューティング・ボックス［distributing box］　（配線の）配電箱。＝コンジャンクション～。
ディストリビューテッド・ウェイト［distributed weight］　配分重量。各車軸に配分される重量。
ディストリビューテッド・ロード［distributed load］　配分荷重。同前。
ディストリビュート［distribute］　分配する，配給する，分類する。
ディストロニック・システム［Distronic system］　MBが採用した車間距離制御装置。悪天候下でも影響を受けにくいミリ波レーダで先行車を正確に認識し，ドライバの設定通りに車速/車間距離を自動調整するため，スロットルやブレーキを的確にコントロールする。
ディストロニック・プラス［Distronic plus］　ディストロニック・システム（ブレーキ併用型・車間距離制御装置）の進化版で，ダイムラー（MB）が2007年に採用したもの。従来のディストロニックに車両が停止するまで機能する「渋滞追従機能」を追加したもので，0～200km/hの速度範囲で作動する。このため，77GHz（中・長距離）と25GHz（近距離）の2種類のレーダを装備している。2011年には，5種類の安全装置がセットになったレーダ・セーフティ・パッケージが発表され，ディストロニック・プラスにステレオ・マルチパーパス・カメラとマルチモード・ミリ波レーダ（後方×2）が追加され，ミリ波レーダは計6個となった。このディストロニック・プラスは車間距離を維持するだけではなく，車線から逸脱しそうになると自動操舵で逸脱を防止している。☞リアCPA。
ディスパッチ・コントロール［dispatch control］　①運行管理，発車管理。②作業管理。例サービス工場の作業工程管理。
ディスパッチャ［dispatcher］　①運行管理者。②作業管理者。例サービス工場の作業工程管理者。
ディスプレイ［display］　データを文字，記号，図形などで表示する装置。
ディスプレイ・オーディオ［display audio; DA］　カー・ラジオにおいて，7インチ程度の液晶画面を持ったもの。スマート・フォンとの接続機能を持ち，スマート・フォン側のソフトを使ってカーナビやメール，情報表示などを行うことができる。
ディスプレイ・ケース［display case］　陳列ケース，展覧ケース。
ディスプレイスメント［displacement］　①排除，排出。②転置，置き換え。例ピストン～。
ディスプレイ・ボード［display board］　陳列板，展示板。
ディスプロシウム［dysprosium］　☞ジスプロシウム。
ディスペンサ［dispenser］　小出し容器，自動販売機。例ガソリンやLPGの給油装置。
ディスマウント［dismount］　（機械などを）分解する，取り降ろす。
ディセラレーション［deceleration］　減速，減速度。対アクセラレーション。
ディセラレーション・コントロール・システム［deceleration control system; DCS］　減速時（混合気）制御装置。減速時に過濃混合気が燃焼室に供給されるのを防止するため，マニホールド負圧を利用してエア・クリーナからエアを導入し，COやHCの発生を抑制する。
ディセラレーション・コントロール・バルブ［deceleration control valve; DCV］　減速制御弁。前述DCSにおいて，エア・クリーナから吸気マニホールドにエアを導入する回路の制御弁。
ディセラレート［decelerate］　（エンジンや車の速度を）落とす，減速する。
ディセレロメータ［decelerometer］　減速度計。m/s^2単位で測る。対アクセラロメータ。
低速走行時側方照射灯（ていそくそうこうじそくほうしょうしゃとう）［maneuvering light］　低速走行時に車両側面の路面を照らすライトで，保安基準の改正により2012年11

月18日以降の生産車から認可されたもの。国連欧州経済委員会の自動車基準調和世界フォーラム（WP29）が2012年11月に灯火器類の規則を改訂したことに伴うもので，夜間の駐車時などに役立つとされている。このライトを点灯できるのは前進速度が10km/h以下または後退時（ともに前照灯点灯時）で，前進速度が10km/h以上になった時点で自動的に消灯させる必要がある。

低速追従機能付（ていそくついじゅうきのうつ）きインテリジェント・クルーズ・コントロール［intelligent cruise control with low speed following function］　日産が2004年に採用した，低速追従機能付き車間距離制御装置。従来のクルーズ・コントロール（インテリジェント・クルーズ・コントロール／ICC）に低速追従機能を追加したもので，車速が35km/h以下になると自動的に低速追従モードに切り替わり，10～40km/hの範囲なら首都高速道路や一般道路でも自動的な追従走行が可能となる。低速追従機能は世界初。

ディゾット［DiesOtto］　ダイムラーが研究・開発中の新燃焼法式のエンジン。HCCI（予混合圧縮着火）と呼ばれる理想的な燃焼方式に近づけたもので，ディーゼル・サイクルとオットー・サイクルを併用したものがネーミングの由来。このエンジンでは未だ点火プラグを残しており，高負荷時は火花点火で，低負荷・定速走行時には圧縮自己着火のHCCI燃焼（均質・低温燃焼）を行っている。2007年の東京モーター・ショーで，このエンジンを搭載した大型セダン（F700）を発表している。

ディタージェント［detergent］　①洗浄性の，洗浄力のある。②洗浄剤。

デイタイム・ランニング・ランプ［daytime running lamp; DRL］　日中に点灯使用するヘッドランプまたはスモール・ランプ。陽光が弱く，昼間の短い北欧で義務づけられていたものが，交通事故の減少効果があるとされ，昼間にヘッドランプを点灯して走行する車両が見受けられる。2輪車の場合，1997年からの新型車には，前照灯の自動点灯（エンジン作動中は常に前照灯が点灯する構造）が法的に義務づけられた。

ディタッチ［detach］　引き離す，取り外す。例トレーラをトラクタから引き離す。

ディタッチャブル・ゲート［detachable gate］　（トラック荷台の）差し込み式あおり板。随時取り外しうるあおり板。

ディタッチャブル・ヘッド［detachable head］　（シリンダの）分解式ヘッド。対ブロック～。

ディタッチャブル・リム［detachable rim］　（ホイールの）分解組み立て式リム。

定地燃費（ていちねんぴ）［steady speed fuel consumption］　平坦な舗装道路を一定の速度で直進したときの燃料消費率で，普通km/ℓで示す。

ディチョーカ［dechoker］　チョーク開放装置。チョークを戻すもの。例チョーク・アンローダ。チョーク・ブレーカ。

ディッシュ［dish］　くぼみ，鉢形。例ディスク・ホイールにおいて取り付け面とリム中心面とのオフセット量。

ディッチ・プレート［ditch plate］　溝付き板。例AT車のトランスミッションにおいて，バルブ・ボデーと組み合わせる油溝付き板。

ディッパ［dipper］　すくうもの。例コンロッドの下端につけて油を跳ね飛ばすもの。＝オイル～。

ディッピング・スイッチ［dipping switch］　（ヘッドライトの）下向切り替えスイッチ。＝ディマ～。

ディッピング・ミラー［dipping mirror］　防眩式ルーム・ミラー。2枚のガラス板で構成され，1枚は鏡，もう1枚の透明なガラスが少し下に傾けるようになっていて，後続車のまぶしいヘッドライトを下方に反射する仕組み。＝アンチグレア・ミラー。

ディップ・スティック［dip stick］　（オイルなどの）計量棒。その先端が油中に沈めてあり，引き抜いてオイルの深さを見る。＝レベル・ゲージ。

ディテール［detail］　（機械の）細かな部分。細部。

ディテクション［detection］　発見，探知，検出。例クラッシュ～センサ。

ディテクタ［detector］　①探知機。発見機。例㋑シミー～。㋺アイアン～。②検電器，ラジオ検波器。
定電圧方式（ていでんあつほうしき）［constant voltage control］　☞コンスタント・ボルテージ・コントロール。
ディテント［detent］　止め金，戻り止め，（ラチェットの）回転止め。
ディテント・プラグ［detent plug］　止め栓。
ディテント・プレート［detent plate］　戻り止め用の板がね。例AT車シフト機構のガイド・プレートに使用。
定電流式（ていでんりゅうしき）［constant current type］　サード・ブラシ式DCジェネレータにおいて，バッテリの充電状態にかかわらず一定の電流値で充電し続ける方式。
ディトゥア［detour］　回り道。
ディネィチャード・アルコール［denatured alcohol］　変性アルコール。変性剤（毒物）を入れて不可飲にした工業用アルコール。例㋑部品洗浄用。㋺不凍液用。㋩溶剤。㊁燃料。
低熱価型（ていねつかがた）スパーク・プラグ［low heat value type spark plug］　スパーク・プラグ中心電極の温度を一定温度（自己清浄温度）に保つため，プラグの熱をシリンダ・ヘッドへ伝えにくい（中心電極部が長い）構造にして，低速走行でも焼けやすい型（ホット・タイプ）のもの。対高熱価型～。
低燃費（ていねんぴ）タイヤ［low fuel consumption tire; fuel efficient tire; low rolling resistance tire］　燃費性能に優れたタイヤ，転がり抵抗の少ないタイヤ。車の走行を妨げる走行抵抗のうち，転がり抵抗の大部分はタイヤの転動（屈伸運動）に起因しており，路面と接するトレッド・ゴム・ポリマの改良やトレッド・ゴムにシリカ（二酸化ケイ素）やオレンジ・オイルなどを混入することにより，タイヤの転がり抵抗を低減することができる。この結果，燃費性能が向上するとともに，雨天時のブレーキ性能も向上している。エコタイヤとも。☞タイヤ・ラベリング制度。
ディパーチャ［departure］　発車，出発。
ディパーチャ・アングル［departure angle］　車体の後部下端から後輪タイヤ外周への仮想平面が，地面となす角度。急こう配にて車体後部が接地する危険のある角度。＝後部オーバ・ハング角。対アプローチ・アングル。

ディパーチャ・アングル

ディバイス［device］　工夫，仕組み，方策，装置。
ディバイダ［divider］　両脚器，分割コンパス。先端が鋭くとがった両脚器で製図や工作に使用する。
ディバイド［divide］　分ける，分割する。例窒素ガス封入式ショック・アブソーバの～ピストン（油室とガス室の分離用ピストン）。
ティビア・パッド［tibia pad］　トー・ボード（前席つま先部の踏み板）に貼り付けられた衝撃吸収材。2009年にレクサスに採用されたもので，前面衝突時に発泡ポリプロピレン製のパッドが下肢への入力を緩和する。ティビアとは，脛骨（すねの内側の細長い骨）のこと。
ディビエーション［deviation］　ゆがみ，片寄り。脱線，逸脱，偏差。
ディファレンシャル［differential］　①差別的な，差異のある。②差動式。
ディファレンシャル・ギヤ［differential gear］　差動歯車装置。左右駆動輪が動力的関係を保ちながらカーブなどにおいて自動的に異なる速度に回転できるように

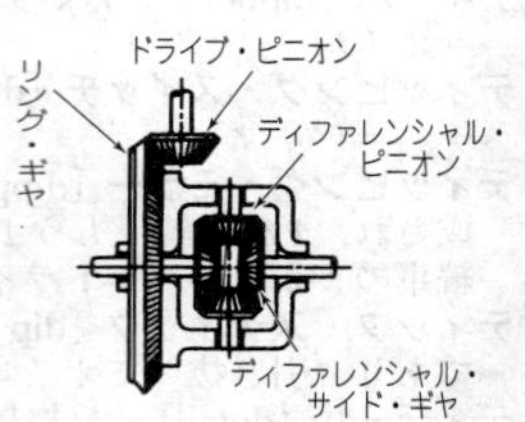

ディファレンシャル・ギヤ

した装置。略称デフ。

ディファレンシャル・キャリア [differential carrier]　差動歯車の支持装置。略称デフ・キャリア。

ディファレンシャル・ケース [differential case]　差動歯車箱。略称デフ・ケース。

ディファレンシャル・コンパウンド [differential compound]　差動複巻コイル。複巻電機のうち，2コイルの励磁力が反対に働くもの。対キューミュラティブ～。

ディファレンシャル・サイドギヤ [differential side-gear]　差動用側歯車。略称デフ・サイドギヤ。

ディファレンシャル・ピニオン [differential pinion]　差動用小歯車。略称デフ・ピニオン。

ディファレンシャル・ピニオンシャフト [differential pinion-shaft]　差動小歯車軸。一本軸，三叉軸，十字軸などの形がある。＝スパイダ。

ディファレンシャル・ロッキング・ディバイス [differential locking device]　差動歯車固定装置，差動作用を止める装置。操縦式と自動式がある。前者はレバーの操作によりサイド・ギヤをケースへロックし，後者は特設のクラッチを介して差動作用を止め速度の高い車輪から速度の低い車輪へトルクを分け与える。☞LSD。

ディファレンス [difference]　相違，差別，差異。

ディフィート・ストラテジー [defeat strategy]　（計画や目的などを）だめにする策略。＝ディフィート・デバイス。☞オフサイクル。

ディフェクティブ・パーツ [defective parts]　欠陥のある部品，不完全部品。

ディフェクト [defect]　欠陥，欠点，短所。

ディフォッガ [defogger]　前後の窓ガラスの霧やくもりをヒータや熱線で取り除く装置。デフォッガともいう。＝ディミスタ（デミスタ）。

ティプトロニック・トランスミッション [Tiptronic transmission]　ドイツのポルシェが採用した電子制御の自動変速機で，このシステムはスロットル・バルブ開度，エンジン回転数，車速，横加速度，前後加速度を検出し，その時の車両の状態に応じて5つの変速パターンを自動的に選択している。通常のATは，ドライバが手動でギヤ位置を選択できるエンジン・ブレーキ・レンジをもっているが，このシステムは新しい手動式ギヤ位置選択法として，通常のP-R-N-D-3-2-1のゲートと平行に＋（アップ）－（ダウン）の手動変速ゲートをもち，アップシフトやダウンシフトがスイッチ操作で実行され，よりスポーティな運転を実現している。

ディフューザ [diffuser]　（光，熱，ガスなどの）拡散器。例ターボ機器の出口において流動速度を減速させ，動圧を静圧にする拡散流路。

ディフュージング・エアホール [diffusing air-hole]　（気化器で）燃料の霧化を助けるため導入するエアの入口。＝エア・ブリード。

ディフュージング・レンズ [diffusing lens]　ヘッドランプの光を一様な輝度の光軸に屈折させる前面レンズ。

ディフレーション [deflation]　（タイヤなどから空気を）抜くこと。＝デフレーション。対インフレーション。

ディフレータ [deflator]　（空気などを）放出する装置。例エア・リフトの空気放出弁。対インフレータ。

ディフレクション [deflection]　①反り，それ，ゆがみ。②たわみ，振れ，光の屈折。

ディフレクタ [deflector]　（流体の方向などを）そらせる装置。例㋑2ストローク・エンジンにおいてガスの流れる方向をそらせる目的でピストン・ヘッドに設けた偏向装置。㋺クランクシャフトなどにある油の跳ね返し板。

ディフレクト [deflect]　そらす，外させる，それる，片寄る。

ディプレッション [depression]　くぼみ。例ロータリ・エンジンのロータにあって燃焼室となるくぼみ。

ディフロスタ [defroster]　ヒータの温風を利用し，前面ガラスの霜や内面の曇りを除去させる装置。保安基準では，乗用車系に特に強力な曇り取り能力を要求している。
ディフロスト [defrost]　①霜や氷などを取り除く。②ガラスの曇りを取る。＝デフロスト。☞ディフロスタ（デフロスタ）。
ディベロッパ [developer]　（写真の）現像剤（液）。例 染色浸透探傷装置において着色液を発色させるためにかける現像液。
ディベロップメント [development]　①（エンジンなどの）出力，発生馬力。②進歩，発展。
ディポーラライザ [depolarizer]　消極剤，減極剤。電池の陽極に発生する水素による逆起電力を防ぐために用いる酸化剤。例 乾電池では過酸化マンガン。
ディポーラリゼーション [depolarization]　減極。帰極性を取り去ること。
ディボンダ [debonder]　（接着を）はがすもの。例 ブレーキ・シューからライニングをはぎとる機械。＝ライニング・ストリッパ。
ディマ [dimmer]　減光装置。例 ヘッドライトの減光装置。
ディマグネタイズ [demagnetize]　消磁する，減磁する。強磁性体の磁力を消し去ること。例 ㋑電磁チャックに加えて加工したものの消磁。㋺磁気探傷をした鋼鉄部品の消磁。
ディマグネタイゼーション [demagnetization]　消磁，脱磁，減磁。
ディマ・スイッチ [dimmer switch]　減光切り替えスイッチ。
ディマ・レジスタンス [dimmer resistance]　減光用抵抗。抵抗挿入式減光法のものに使用した抵抗器。
ディマンド・バス [demand bus]　（乗客の）要求に応じて運転される乗合自動車。
ディミスタ [demister]　窓ガラス内面の曇りを除去する装置。＝ディフロスタ（デフロスタ）。
ディミニッシュ [diminish]　減ずる，減光させる。例 ヘッドの減光。
低（てい）ミュー（μ）路（ろ） [low μ road]　雪道，凍結路，濡れた路面等の滑りやすい道路，路面。μ は摩擦係数。
ディム [dim]　薄暗い，薄暗くする（なる），ぼんやりした。☞ディマ・スイッチ。
ディム・ライト [dim light]　薄暗い明かり，かすかな明かり。
ディメンション [dimension]　①長さ，幅，厚さなどの寸法。②次元。
ティ・ユニオン [T union]　T 字型の 3 方管継手。＝T ジョイント。
定容（ていよう）サイクル [constant volume cycle]　一定容積のもとで燃焼が行われる理論サイクルで，一般のガソリン・エンジンがこれに該当し，4 サイクルのものはオットー・サイクル，2 サイクルのものはクラーク・サイクルと呼ばれる。
ティラー [tiller]　①かじ，かじ棒。②農耕作業用車。
ティラー・ステアリング [tiller steering]　（オートバイのような）かじ棒式変向。
ティリル・レギュレータ [Tirrill regulator]　ティリル式調整器，発電機用電圧調整器のうち接点の断続によって励磁電流を調整し定電圧を保つもの。別名接点振動式ともいう。
ティルト [tilt]　①日おい，雨よけ，ほろ枠。②傾く，傾ける。＝チルト。
ティルト・キャブ [tilt cab]　傾けられる運転席。キャブオーバ車において，エンジン点検などに便するため運転席を傾けられるようにしたもの。
ティルト・シート [tilt seat]　シート・クッションの傾斜角度を調節するための装置。
ティルト・ステアリング・コラム [tilt steering column]　ステアリング・ホイールの傾きを調整できるようにしたステアリング・コラム。
ティルト・ドーザ [tilt dozer]　（ブルドーザのうち）排土板を斜めに傾けることができる構造のもの。

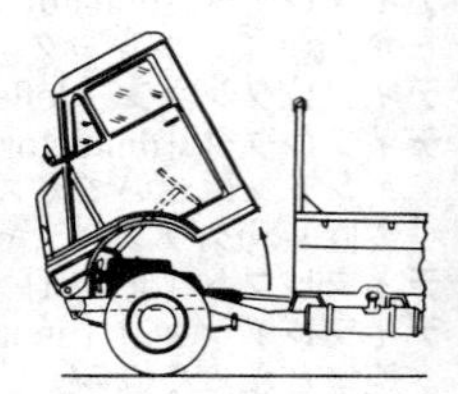
ティルト・キャブ

ティルト・ハンドル [tilt handle]　☞ティルト・ステアリング・コラム。
ティルト・ボデー [tilt body]　傾けられる車体。例ティルト・キャブ。
ティルト・レバー [tilt lever]　ティルト・ハンドルの角度を調節する際のロック解除レバー。
ディレイ・スイッチ [delay switch]　遅動スイッチ。指令より遅れて作用するスイッチ。例④オーバドライブ用。⑤コンデンサ式フラッシャ用。
ディレイドアクション・リンケージ [delayed-action linkage]　遅動リンク。指令より遅れて作用するリンク機構。
ディレイド・エキスプロジョン [delayed explosion]　遅れ爆発。＝～ファイヤリング。
ディレイド・ファイヤリング [delayed firing]　遅れ爆発。～エキスプロジョン。
ディレイ・バルブ [delay valve]　負圧遅延弁。例排気ガス浄化システムの制御用。＝バキューム・トランスミッティング・バルブ（VTV）。
ディレクショナル・トレッド・パターン [directional tread pattern]　指向性タイヤ。トレッドの溝の方向や配置を工夫することによって，主としてウェット路面の排水効果を良くしたり，コーナリング性能を高めてある。サイドウォールに表示された矢印をタイヤの回転方向に合わせて装着する。
ディレクション [direction]　方向，方位。＝ダイレクション。
ディレクション・インジケータ [direction indicator]　方向指示器，車の進行方向を他の者に知らせる信号器。＝ダイレクション～。
ディレクト・ドライブ [direct drive]　直結伝動，エンジンとプロペラシャフトが等速に回転する状態。＝トップ・ギヤ。
ティン [tin]　金属元素の一つ。すず。記号Sn。銀白色の光沢を有し酸化しにくい。例④鉄板にめっきしてブリキ。⑤銅に合金して青銅（砲金）。㊁軸受メタル。㊀鉛と合金してハンダ。㊄箔にしてコンデンサ。
ディン [独 *DIN*; *Deutsche Industrie Normen*]　ドイツの工業製品標準規格，DIN規格。日本のJIS規格に相当する。
ティン・アロイ [tin alloy]　すず合金。例ホワイト・メタル（すずが大部分）。
ディンギング・ハンマ [dinging hammer]　がんがんと鳴る騒々しいハンマ。例ボデー板金作業。
ティン・スニップ [tin snip]　ブリキばさみ，金切りばさみ。
ティンテッド・グラス [tinted glass]　着色ガラス。例風防ガラス上部の着色。＝トップ・シェード・グラス。
ディンプル [dimple]　えくぼ，くぼみ。例ヒータ・コア・チューブの～加工。
ティンベース・ベアリング [tin-base bearing]　すず台軸受メタル。すずが大部分の軸受メタル。＝ホワイト・メタル，バビット・メタル。
テーキン [punching]　ロット番号や製品番号を製品に刻印又は印字すること。
テークオフ [takeoff]　取り出し口。例パワー～。
データ・ストリーム [data stream]　OBD-II（SAE統一規格の車載故障診断装置）において，現在のエンジン・コンディションのデータを取り出すことができる機能。データ・ストリーム機能付きのOBDスキャン・ツールをDLC（専用コネクタ）に接続した状態で，電圧，吸気温度，冷却水温度，エア・フロー・メータ信号値，吸気管負圧，エンジン回転数，アクセル開度，空燃比，インジェクタ開度，燃料補正量，点火時期，O_2センサ数値，車速などの計17項目がスキャン・ツールの画面にリアル・タイムで表示でき，異常部の分析などが走行状態を含めて行える。このエンジン・コンディションのデータを取り出すことを，データ・ストリーミングという。
データ・ブック [data book]　仕様書，諸元表。
データ・ベース [data base]　コンピュータが処理しやすい形に整理されたデータの集合。

データ・モニタ [data monitor]　オンボード・ダイアグノーシス（OBD）で使用する外部診断器（スキャン・ツール）において，ECUから出力されたデータを数値やグラフで表示する装置。☞データ・ストリーム。
データ・リンク・カプラ [data link coupler; DLC]　OBD専用の接続端子。車載診断装置（OBD）に記憶された故障データ等を読み出すために用いる外部診断機（スキャン・ツール）を接続するため，通常，車両のインパネ下部に設けられている。OBD-IIの場合，カプラ（コネクタ）は台形16ピンで統一されている。
データ・レコーダ [data recorder]　データ記録機器。例 車両に搭載して走行試験を行い，記録したデータを後で解析する。
テーパ [taper]　こう配，傾斜。製図では物の片面だけ傾斜しているときはこう配，両面が対称的に傾いているときはテーパという。
テーパード・ピン [tapered pin]　こう配付きピン。打ち込みピン。例 ノック・ピン。
テーパード・プラグ [tapered plug]　こう配付きねじ栓。例 ドレイン～。
テーパ・コイル・スプリング [taper coil spring]　コイル・ばねの鋼線を一端又は両端に向かって先細りにし，その部分の線の間隔を徐々に狭くしてあるもの。ばねのたわみに対してばね常数が変化するので，サスペンションに利用され，荷重の少ないときは柔らかくて乗り心地よく，大きくなってもその割には車高が下がらない特徴がある。
テーパ・コーン [taper cone]　円錐状の加工部分。例 テーパローラ・ベアリング。
テーパ・シャンク [taper shank]　シャンク（取り付け軸）がテーパになったもの。中心が正確にでるので精密加工ができる。例 ㋑～ドリル。㋺～リーマ。
テーパ・スリーブ [taper sleeve]　テーパ付き円筒。テーパ・シャンクを受けるソケット。
テーパ・セレーション [taper serration]　テーパ軸につけたぎざぎざ。例 ㋑ハンドルの取り付け軸。㋺ピットマン・アームの取り付け軸。
テーパ・タップ [taper tap]　テーパのついた雌ねじたて工具。例 ㋑テーパ穴のねじたて。㋺3本組みの中の一番タップ。
テーパ・ピン [taper pin]　くさび形をした断面形状が円形の頭なしピン。
テーパフェース・リング [taper-face ring]　こう配面リング。例 シリンダに接触する表面にこう配を有し線接触の状態になるもの。＝テーパ・リング。

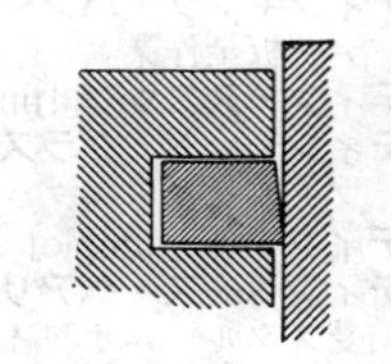
テーパフェース・リング

テーパリーフ・スプリング [taper-leaf spring]　こう配付き板ばね。中央が厚く両端に至るほど薄くなっている板ばね。
テーパローラ [taper-roller]　こう配ころ。両端の直径が異なるころ。
テーパローラ・ベアリング [taper-roller bearing]　こう配ころ軸受。ラジアルとスラスト両方向の荷重を支える軸受。例 ㋑ホイールおよびアクスル・シャフト用。㋺ハンドル軸用。
テーピング [taping]　テープを巻くこと。例 モータやダイナモのフィールド・コイルに綿テープを巻くこと。
テープ [tape]　①平ひも。例 電気絶縁用ブラック～。ゴム～。ビニール～。綿～。紙～。②巻き尺。
テーラード・システム [tailored system]　エアバッグに爆発力の異なる二つのインフレータを装備したシステム。幼児などの小柄な体型の人が乗車した場合には爆発力の弱いインフレータを作動させて首の骨折などを防止する。
テーラード・ブランク [tailored blank; TB]　☞テーラ・

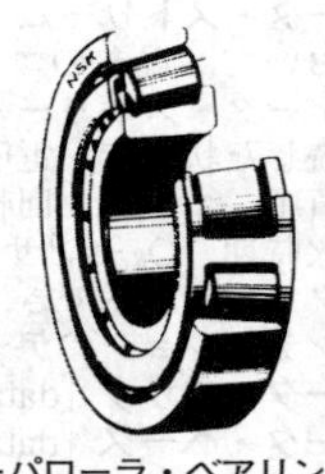

テーパローラ・ベアリング

ウェルド・ブランク。

テーラ・ウェルド・ブランク [tailor welded blank; TWB]　板厚や材質の異なる鋼板をレーザ溶接などで接合して一枚の鋼板（ブランク材）にし，プレス加工すること。これにより車体の強度や剛性が向上し，軽量化とコスト低減を両立させることができるため，Bピラーなどの成形に用いられる。テーラード・ブランクとも。

テーラ・ロールド・ブランク [tailor rolled blank; TRB]　テーラ・ウェルド・ブランクと同じ効果を得るため，素材鋼板を製造する段階で板厚を連続的に変化させて圧延した鋼板。TWB材の製造工程で行っている接合工程を省略した技術。

テールゲート [tailgate]　①（トラック車体の）後尾とびら。あおり板。②俗 前車にはなはだ近接して運転すること。

テール・スポイラ [tail spoiler]　車体後端に設けられるエア・スポイラ。リヤのリフトを抑えて走行安定性を良くする目的で付けられる。

テール・パイプ [tail pipe]　後尾管。例 マフラ終端のパイプ。

テール・フィン [tail fin]　（車体の）尾ひれ。車体両側の後部がひれ型のもの（フィニー・テール）の尾部。1960年代の米車に流行した。

テール・ボード [tail board]　（トラック車台の）後尾板，あおり板。＝～ゲート。

テール・ライト [tail light]　尾灯。尾部の明かり。＝～ランプ。

テール・ランプ [tail lamp]　尾灯。尾部の灯器。＝～ライト。

テール・リフト [tail lift]　制動時に車体前部が沈み込む（ノーズ・ダイブする）ことにより，車体後部が持ち上がること。

デオドラント [deodorant]　①防臭剤，脱臭剤。②防臭の，臭いを消す。例 ～効果のあるシート表皮。

テキスタイル・ラジアル・タイヤ [textile radial tire]　ラジアル・タイヤをベルトの材料で分類するとき，スチール・ラジアルに対してレーヨンなど繊維織物のものをいう。

テクニーク [technique]　☞テクニック。

テクニシャン [technician]　技師，専門技術家，自動車整備士。☞エンジニア。

テクニック [technique]　技術，技巧，技法。＝テクニーク。

テクノショップ [techno-shop]　トヨタ系ディーラで採用している「サービス工場」の新しい名称。

テクノロジー [technology]　技術，科学技術，工業技術。例 ハイ～。

デコーダ [decoder]　解読機，暗号化された情報を復元する装置。対 エンコーダ。

デコンプ [de-comp]　ディコンプレッションの略。

デコンプ・レバー [decomp lever]　デコンプ装置の操作レバー。

テザー・アンカ [tether anchor]　チャイルド・シートの上部をベルトで固定するためのアンカ。ISO-FIX対応チャイルド・シートなどで使用し，トップ・テザー・アンカともいう。テザーとは「つなぎ輪，つなぎ鎖」の意。

デザイナ [designer]　意匠図案家，造形デザインの専門家。例 カー～。

デザイン [design]　意匠。図案，模様。例 ㋑ボデー～。㋺タイヤトレッドの～。

デザインイン [design-in]　新型車の開発過程から，サプライヤ（部品メーカ）と打ち合わせ（擦り合わせ）をしながら供給部品の仕様を決定していく手法。新型車開発のリード・タイム短縮やコストの削減等を図る。

デシ [deci]　…の1/10の意。

デシケータ [desiccator]　乾燥器，乾燥剤。例 気化器において燃料粒子の気化乾燥を促進させる装置。

デジタル [digital]　計数型。＝ディジタル。

デジタル・モックアップ [digital mock-up]　コンピュータ・ディスプレイ上で，三次元の形状データを使用して仮想試作車や部品などを組み上げること。現在の新型車開発に用いられる手法で，従来の木材，プラスチック，粘土などでモックアップ（実物大の模型）を作っていたころよりも精度の高いモックアップが短時間で作成でき，新型車開発のリード・タイムを大幅に短縮することができる。☞クレイ・モデル，CAD。

デシベル［decibel］　音の強さのレベル。記号 dB。可聴限界 0〜100dB。

デシメートル［decimeter］　長さの単位。1/10 メートル。＝10cm。

デジュール・スタンダード［de jure standard］　ISO（国際標準化機構）や IEC（国際電気標準会議）で制定されている「公的な標準」のこと。de jure はラテン語。☞デファクト〜。

テスタ［tester］　試験器，試験者。例 ㋑コンプレッション〜。㋺コイル〜。バッテリ〜。

テスト［test］　試験，検査，考査。

テスト・コード¹［test code］　試験法を指示した説明書。法典。

テスト・コード²［test cord］　試験用電線。＝ジャンパ，チッキン・ワイヤ。

テ

テスト・スタンド［test stand］　試験台。

テスト・ハンマ［test hammer］　試験用小ハンマ。軽打してその響きにより亀裂又は緩みを調べるために使う。

テスト・プロッド［test prod］　探り針。配線検査などに用いる。

テスト・ベンチ［test bench］　試験台。

テスト・ボード［test board］　試験板。試験用計器板。

テスト・ランプ［test lamp］　試験灯。導通の良否を見るときに用いる。

デストリビュータ［distributor］　☞ディストリビュータ。

テスト・ワーキング［test working］　試験運転，試運転。

デスビ［distributor］　ディストリビュータの略。

デスモドロミック・バルブ機構（きこう）［desmodromic valve mechanism］　エンジンの吸排気バルブを強制的に開閉する機構。通常のエンジンでは，バルブはカムによって開かれ，スプリングによって閉じられるが，この機構では開閉ともにカムを用いる。これによりバルブ・スプリングのサージングが解消されるため，高速回転時にバルブとピストン上部の接触が起きず，レース用の超高速エンジンに適している。フェラリーが F1 に，ダイムラーがルマン用エンジンに採用したことがあり，2輪車では，イタリアのドゥカティが現在でも採用している。日産が採用したノンスロットルの可変バルブ機構である VVEL にも，デスモドロミック機構が採用されている。

テスラ・モーターズ［Tesla motors, inc.］　米カリフォルニア州に本社を置く電気自動車のベンチャ企業。2003 年 7 月に設立され，2008 年には最初の生産車「テスラ・ロードスター」を発表している。この車はリチウムイオン電池を搭載したスポーツ・カーで，炭素繊維製の車体にパナソニック製のノート・パソコン用リチウムイオン電池（6,831 本で 53kWh）や最大出力 185kW（248ps）の三相交流モータなどを搭載し，回生ブレーキも備えて最高速度は約 230km/h，航続距離は約 400km。2010 年にはトヨタが 2.5% 程度の出資と業務提携を行い，パナソニックも資本提携を行っている。2012 年には 4 ドア・セダンの「モデル S」が発売され，パナソニックが EV 向けに新たに開発したリチウムイオン電池約 7,500 本を搭載して，最高速度は 212km/h，航続距離は約 500km。このモデル S は，2014 年に日本でも発売された。

デッカ［decker］　層甲車。2 階付きのバス。例 ダブル〜。

デッキ［deck］　甲板，床，屋根，階。例 ㋑トラック荷台。㋺バスの階。㋩車体の屋根。

デッキ・リッド［deck lid］　荷台のふた。

鉄損（てつそん）［core loss］　モータにて，アーマチュア・コアに発生する渦電流による電力ロス。☞銅損。

デッド・アクスル［dead axle］　死軸。固定車軸。回転しない車軸。例 ㋑後輪駆動車の前軸。㋺前輪駆動車の後軸。

デッド・ウェイト [dead weight]　死荷重。自重。例 ④車両自体の重量。⑫機械の部分にかかる静的荷重。⑳計測機器較正用の錘（おもり）。
デッド・エンド [dead end]　死端。例 ④管の閉じた端。⑫道路の行き止まり。⑳バスの終点。
デッド・ストック [dead stock]　死蔵品。例 ④売れ残り品。寝ている資本金。⑫タンクの中に残ってくみ出せない油。
デッド・スペース [dead space]　有効活用されず，無駄になっているスペース。
デッドスムーズカット・ファイル [dead-smooth-cut file]　油目やすり。
デッド・センタ[1] [dead center]　死点。往復運動するものが方向を転ずる不動の点。＝〜ポイント。例 ピストンの〜。
デッド・センタ[2] [dead center]　止まりセンタ。旋盤作業において工作物を支え回転しない芯金。
デッド・タイム [dead time]　無駄時間。作業行程中の待ち時間。
デッド・ポイント [dead point]　死点。＝〜センタ。
デッド・ワイヤ [dead wire]　死線。電源に接続してない線。電流が通っていない線。対 ライブ〜。
デトネーション [detonation]　爆燃。爆発的燃焼。ノッキングの原因となる異常燃焼，低オクタン価燃料，過圧縮，過熱等はその誘因となるが燃焼室の構造も無関係ではない。
テトラエチル・レッド [tetra-ethyl lead]　四エチル鉛。$(C_2H_5)_4Pb$。鉛のエチル化合物で無色可燃性の有毒物質。優秀なノック防止剤としてガソリンに添加されたが，鉛公害を防ぐため現在はその使用が禁止されている。☞エチル・ガソリン。
デフ [diff]　ディファレンシャル・ギヤ（differential gear）の略称。
デファクト・スタンダード [de facto standard]　事実上の標準。公的な標準ではない。あるメーカの製品が市場で圧倒的なシェアを占め，その製品のスペックが業界の事実上の標準になること。de facto はラテン語。☞デジュール〜。
デファレンシャル・ギヤ [differential gear]　☞ディファレンシャル〜。
デフォーメーション [deformation]　変形，ひずみ。例 エラスチック〜（弾性変形），プラスチック〜（塑性変形）。
デフォッガ [defogger]　☞ディフォッガ。
デフ・キャリア [diff carrier]　ディファレンシャル・キャリア（differential carrier）の略。☞ディファレンシャル〜。
デプス [depth]　深さ，奥行き。☞ディープ。
デプス・インジケータ [depth indicator]　深さ計。＝〜ゲージ。
デプス・ゲージ [depth gauge]　深さ計。深さの寸法を測るもの。
デフノイズ [diff-noise]　differential-gear noise の略。デフ・ギヤの騒音。
デフレーション [deflation]　①空気やガスを抜くこと，収縮。②経済のデフレ（通貨収縮）。＝ディフレーション。対 インフレーション。
デプロイアブル・ボンネット・システム [deployable bonnet system]　☞ポップアップ・エンジン・フード。
デフロスタ [defroster]　☞ディフロスタ。
デフロック [diff-lock]　ディファレンシャル・ロッキング・ディバイスの略。
テフロン [Teflon]　米国デュポン社が開発した熱可塑性樹脂の一種。4フッ化エチレン樹脂（ポリテトラフルオロエチレン／PTFE）の商標で，耐熱性，耐薬品性，耐候性，低摩擦係数，非粘着性，非吸水性などの面で極めて優れた性質をもっている。その特異な性質をから一般の成形はできず，ピストン側面，アクセル・ワイヤ，Oリング，チェーン・テンショナ，ディスクパッド・クリップ，フライパンなどの金属の表面に皮膜処理（テフロン・コート）をして用いる。
デポー [depot]　①停車場，停留所。②倉庫，保管所，貯蔵所。

デポジット [deposit]　燃焼室壁面にたい積した燃料およびオイルの燃焼生成物である酸化物。炭化物。

デマンド・バス・システム [on-demand bus system]　利用者の乗車時間や目的地への需要に応じ，その都度路線を決定して運行する中・小型のバス。「呼び出しバス」とも言われ，公共交通需要の少ない地域での運行を想定してITS技術で対応している。

デミオEV [Demio electric vehicle]　電気自動車（EV）の車名で，マツダが2012年10月から限定販売したもの。マツダ・デミオがベース車となっており，総電圧346V，総電力量20kWhのリチウムイオン電池を搭載し，一充電当たりの走行距離200km（JC08モード），交流電力消費率（電費）は100Wh/km。2014年には，この車に発電専用のロータリ・エンジンを搭載した試作車「デミオEVエクステンダby RE」が披露され，ベース車の航続距離を200kmから約2倍の400kmまで延長している。

デミジョン [demijohn]　かご入り細口大びん。例蒸留水や硫酸びん。

テ

デミスタ [demister]　窓ガラスの霧やくもりを取り除く装置。＝デフォッガ。

デミング賞（しょう） [Deming prize]　デミング（W・E・Deming）は米国の統計学者。日本で，工業製品の品質管理の向上に功績のあった企業や個人に与えられる賞で，1951年（昭26）に創設。

デモンストレーション [demonstration]　①示威運動。②宣伝などのために行う実演。

デモンストレーション・カー [demonstration car]　①実物宣伝車。②試乗車。デモカーとも。

デモンストレータ [demonstrator]　①宣伝車。＝デモンストレーション・カー。②ダイナミック・ホイール・バランサ。

デュアル [dual]　2の，2重の，の意。例㋑～モード。㋺～エアコン。

デュアルVVT-i [dual variable valve timing-intelligent]　トヨタが採用した高性能エンジン用の吸排気連続可変バルブ・タイミング機構。吸気および排気の両バルブ・タイミングを連続的に変化させ，低速から高速までの全域にわたって高い吸入効率を実現し，中軽負荷域では燃焼の安定と内部EGR率を高め，燃費の向上とNOxの低減を図る。㊟通常のVVT-iは，吸気側のバルブ・タイミングのみを連続的に変化させている。☞デュアルVVT-iw。

デュアルVVT-iW [dual variable valve timing-intelligent wide]　吸排気連続広範囲可変バルブ・タイミング機構。トヨタが採用しているデュアルVVT-iの進化版で，2014年にレクサスの新開発2ℓ直噴ターボ・エンジンに搭載されたもの。この「wide」版では，低温時でも始動時の性能を低下させることなく，軽負荷時には，よりアトキンソン・サイクルを可能にして燃費性能を向上させている。

デュアル・イグニション [dual ignition]　2重点火。1シリンダに2個のプラグを設け別々な電源から独立に点火する方法。

デュアル・インジェクション・システム [dual injection system]　ガソリン・エンジンの燃料噴射装置において，気筒当たり2個のフューエル・インジェクタ（燃料噴射弁）を装備したもの。これにはポート噴射エンジン（PFI）用のものと筒内直接噴射エンジン（DI）用のものがあり，ポート噴射用のものは日産がデュアル・インジェクタ，スズキがデュアル・ジェット・エンジン，ホンダがツイン・インジェクション・システム，ダイハツがデュアル・インジェクタの名称でそれぞれ採用している。直噴エンジンの場合には，燃焼室内への直接噴射と吸気ポートへの噴射を併用することにより低燃費，高出力，低排出ガスに優れ，トヨタ（D-4S），アウディ，VWなどで採用している。

デュアル・エアコン [dual air-con]　快適性向上のため，車室内の前後部に二つのクーラ・ユニットを配したもの。

デュアル・エアバッグ・システム [dual airbag system]　自動車の運転席と助手席に衝撃緩和用のエアバッグを付ける方式。

デュアル・エキゾースト [dual exhaust]　排気マニホールドで二つ以上のシリンダの排気口をまとめて出口を二つにしたもの。排気ガスが流れやすく，排気干渉が起こりにくいので高出力エンジンに採用される。

デュアル・エキゾースト・システム [dual-exhaust system]　2重排気装置。例V型エンジンの左右別々な排気装置。

デュアル・キャブレータ [dual carburetor]　複式気化器。＝2連式〜。

デュアル・クラッチ・トランスミッション [dual clutch transmission]　☞DCT。

デュアル・サーキット・ブレーキ [dual circuit braking system]　ブレーキ回路を複数設け，一つが故障した場合でも残る1系統で制動力が得られるもの。一種のフェイルセーフ機能。☞タンデム・マスタ・シリンダ。

デュアル・ジェット・エンジン [dual jet engine; DJE]　☞デュアル・インジェクション・システム。

デュアル・ステージ・エア・バッグ [dual stage air bag]　2段階作動のエア・バッグ。新世代のエア・バッグ（スマート・エア・バッグ）で，衝突による衝撃の大小によりエア・バッグの展開を2段階に調整し，乗員の顔面への衝撃を緩和するもの。

デュアル・タイヤ [dual tire]　2重タイヤ。＝ダブル〜。

デュアル・ダイヤフラム・ディストリビュータ [dual diaphragm distributor]　複動膜式ディストリビュータ。バキューム・アドバンサに副室を設け，アイドリング時に点火時期を進めて燃焼を安定させ，排出ガスを浄化する装置。

デュアルツーリーディング・シュー・ブレーキ [dual-two-leading shoe brake]　2重2リーディング。ドラムが前後どちら向きに回転しても二つのブレーキ・シューがいつもリーディング方向になるもの。

デュアルトロニック [DualTronic]　デュアル・クラッチ・トランスミッション（DCT）の一種で，日産が2007年発売のGT-Rに搭載したボルグワーナー社製のもの。

デュアル・バルブ [dual valve]　2重弁。例1シリンダごとに2個の吸気弁と2個の排気弁を備えたもの。大きい1個より軽量になる。

デュアル・ピニオン・アシスト式（しき）EPS [dual pinion assist electric power steering; DP-EPS]　電動式パワー・ステアリング（EPS）の一種であるピニオン・アシスト式EPS（P-EPS）において，2個のピニオンを設けた構造のもの。一つのピニオンに混合入力するP-EPSの宿命的な構造を是正するためのもので，ピニオン・アシスト式の操舵力とアシスト駆動力をそれぞれ独立させるかたちでステアリング・ラックに入力している。これにより伝達系の負荷が分散されて高出力化がしやすく，VWのゴルフやMBのAクラス，ホンダのミニバンなどに採用されている。

デュアル・フューエル・エンジン [dual fuel engine]　特定燃料だけでなく，2種類の燃料でも運転できるエンジン。天然ガス（CNG）用の大型ディーゼル・エンジンでは，CNGが圧縮着火できないので，始動にはパイロット噴射弁から軽油を少量噴射して着火し，CNGに切り換えている。

デュアル・フロー・パス・ショック・アブソーバ [dual flow pass shock absorber]　日産が2004年に採用した，新型ショック・アブソーバ。内部に2個のバルブ（メイン・ディスク・バルブ，パイロット・リリーフ・バルブ）とリップル・コントロールを設けて減衰力を自在に制御し，優れた乗り心地を確保するとともに操縦安定性にも寄与している。

デュアル・ベッド・キャタライザ [dual bed catalyzer]　2重床触媒。酸化触媒と還元触媒とを1個のケースに収めたもの。

デュアル・ベッド・コンバータ [dual bed converter]　酸化触媒と還元触媒を使ってCO，HCおよびNO_xを浄化する装置。＝デュアル・ベッド・キャタライザ。

デュアル・ヘッドライト [dual headlight]　複前照灯（四つ目式）。

デュアル・ホイール [dual wheel]　複車輪（トラック，バス）。

デュアル・ポイント［dual point］ 複接点式（のブレーカ）。
デュアル・マスタ・シリンダ［dual master cylinder］ ☞タンデム～。
デュアル・マス・フライホイール［dual mass flywheel; DMF］ エンジンのフライホイールを2分割にし，両者の間にダンパ・スプリングなどを設けてエンジンからの振動や騒音を低減するもの。トーショナル・ダンパ付きフライホイールとも。
デュアル・モード［dual mode］ 複式の，2重方式の。例～マフラ。
デュアル・モード・バス・システム［dual mode bus system; DMBS］ 新しい交通システムで，一般道路上での手動運転と，専用道路（ガイドウェイ）上でのコンピュータ制御による自動運転を組み合わせたもの。導入事例としては，2001年3月に名古屋ガイドウェイ・バスが名古屋市内において営業運行を開始している。トヨタでは，このようなシステムをIMTS（intelligent multi-mode transit system）と呼んでいる。
デュアルライン・システム［dual-line system］ 2系統方式（ブレーキなど）。
デュアル・リンク式（しき）サスペンション［dual link type suspension］ 2本のリンクを持つ形式のサスペンション。ストラット式サスペンションの一種。
デュアレーション・スプリング［duration spring］ 追尾ばね。後から追いかけるばね。例気化器加速ポンプ・ピストンのロッド側に設けられたばね。アクセルの動きを止めた後もしばらく燃料を発射する。
デュアロジック［Dualogic］ 自動化機械式変速機（AMT）の商標で，伊フィアットが採用したもの。手動変速機（MT）に電子制御式の油圧作動クラッチを組み合わせた2ペダル式のもので，マニュアル・モードとオートマティック・モードを使い分けることができる。ロボタイズド・マニュアル・トランスミッション（RMT）とも。
デューティ［duty］ （エンジンなどの）総効率。燃料の消費量に対するエンジンの仕事率，効率。
デューティ・コントロール［duty control］ ☞デューティ制御。
デューティ制御（せいぎょ）［duty control］ 1サイクル又は単位時間当たりの信号のオン/オフの割合を調整する方法。例電子制御式燃料噴射装置のインジェクタの噴射量制御。
デューティ・ソレノイド・バルブ［duty solenoid valve］ デューティ制御されたソレノイド・バルブ。例EFI（EGI）インジェクタ。
デューティ比（ひ）［duty ratio］ 1サイクル又は単位時間あたりの信号のオン/オフの割合。
デュープレックス［duplex］ （構造が）2重の。
デュープレックス・キャブレータ［duplex carburetor］ 2連式気化器。
デュープレックス・チェーン［duplex chain］ 複列チェーン，2列ローラ・チェーン。＝ダブルロー～。
デュオ［duo-］ 2，の意の結合辞。例～サーボ・ブレーキ。☞ユニ（uni-）。
デュオサーボ・ブレーキ［duo-servo brake］ 2重サーボ・ブレーキ。ドラム・ブレーキにおいて，ドラムが前後どちら向きに回転してもサーボ作用（一次シューが二次シューの圧着力を増強する働き）が起こるもの。例乗用車用後輪ブレーキ。対ユニサーボ～。
デュオニック ☞ Duonic。
デュトロ・ハイブリッド［Hino Dutro hybrid］ ハイブリッド車の車名で，日野自動車が2003年に小型ディーゼル・トラックとして世界で初めて商品化したもの。大型バスに採用したHIMRシステムをベー

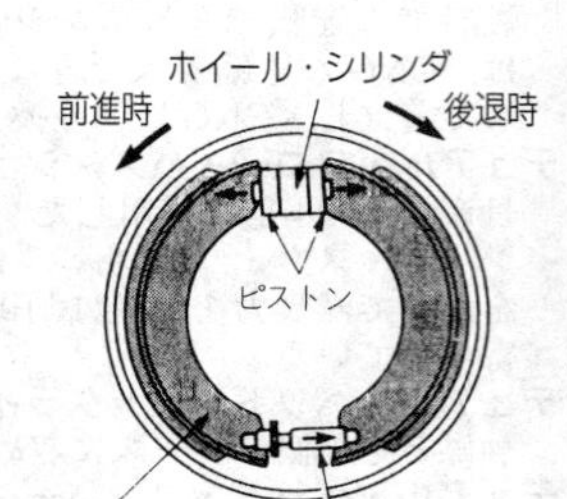

デュオサーボ・ブレーキ

スとしたパラレル・ハイブリッド方式を採用し，モータ兼発電機やECU＋ニッケル水素電池＋インバータなどで構成されている。2011年にはベース車がモデル・チェンジされ，ディーゼル商用車としては初めてアトキンソン・サイクルを採用し，エンジンと変速機の間にクラッチを新設している。変速機にはロボタイズ式5速AMT（ProShift V）を採用し，ハイブリッド・システムの制御の改良や，小型・軽量化が図られている。これらの結果，実用燃費で38〜46%の燃費改善が得られたという。☞キャンター・エコハイブリッド。

テュフ ☞TÜV。

デュボネ・システム [Dubonnet system] フロント・サスペンションの一形式。トレーリング・アーム方式の一種。

デュラスチール [dura-steel] 有機被膜で両面の表面処理をされた防錆用鋼板。

デュレーション・スプリング [duration spring] ☞デュアレーション〜。

デラックス [deluxe] 豪華，高級，ぜい沢な。例〜セダン。

テラバイト [terabyte] 1兆バイト（1,000GB）。コンピュータの記憶容量の単位で，記号TB。テラ（tera-）は，「1兆倍」の意。キロバイト（KB），メガバイト（MB），ギガバイト（GB）の上にテラバイト（TB）がある。

デリック [derrick] ①貨物のつり上げ装置。②つり上げ装置付きの自動車。＝レッカ。③油井やぐら。

テリトリ [territory] 受け持ち区域。販売担当範囲。

デリバリ [delivery] 配達，分配。例デリバリ・バルブ。

デリバリ・カー [delivery car] 配達用車。雑貨配達用軽量貨物車。＝〜トラック。〜バン。〜ワゴン。

デリバリ・ストローク [delivery stroke] 噴射ポンプの送出行程。

デリバリ・タイプ・ポンプ [delivery type pump] 分配式ポンプ。例ディーゼル噴射ポンプのうちプランジャが1個でその送出燃料を分配弁で各噴射弁へ分配するもの。＝モノプランジャ〜。

デリバリ・パイプ [delivery pipe] （ポンプの）送出管，吐出管。

デリバリ・バルブ [delivery valve] 送出弁，吐出弁。例㋑燃料ポンプの〜。㋺噴射ポンプの〜。

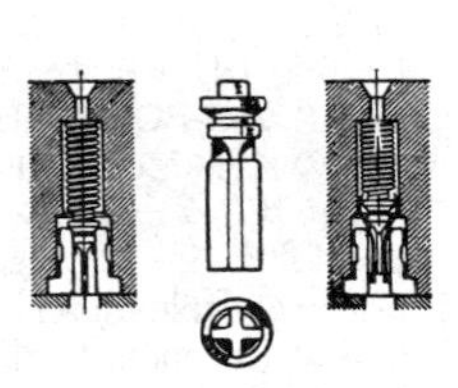
デリバリ・バルブ

デリバリ・バン [delivery van] 配達用箱型軽量貨物自動車。＝〜ワゴン。

デリバリ・プレッシャ [delivery pressure] （ポンプの）送出圧力。

デリバリ・ライン [delivery line] 送出路，送出配管。

デリバリ・ワゴン [delivery wagon] 配達用箱型軽貨物車。＝〜バン。

デルタ・コネクション [delta connection] 三角結線。三相交流方式において実用される結線の一つで，各相を順次直列に結合したものをいう。例オルタネータのステータ・コイル。

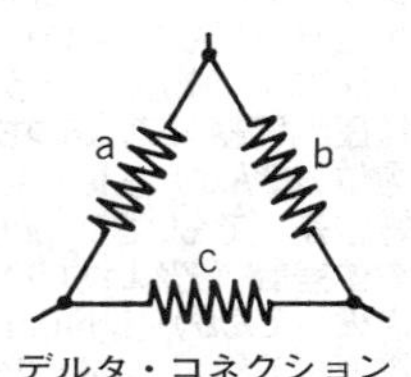

デルタ・コネクション

デルタ・メタル [delta metal] 銅，鉄，亜鉛などの合金。耐食性が大きく化学用機械部品に用いる。

テルテール [telltale] ①自動表示器。②警告する。例車に異常があったとき，点灯により運転者に警告する装置。ウォーニング・ランプ。

テルテール・ライト [telltale light] 自動表示灯。＝ウォーニング〜。パイロット〜。

テルペン [turpentine] 松脂油。＝テレビン，テレメン。

テレイン [terrain] 土地，地形，地勢。☞ATV。

テレイン・レスポンス［terrain response］　駆動力制御装置の一種で，ランドローバーが2013年に電子制御センタ・デフ付きフルタイム4WDに採用したもの。制御はエンジン・トルクとブレーキ，ATシフト・スケジュール，センタ・デフの差動制限率，PSのアシスト量，エア・サスペンションの車高等に及び，舗装路，草地／砂利／雪，泥／わだち，砂地，岩場の5種類のモードが運転席のセレクタで選択できる。不整地を自動選択するオート・モード仕様車もある。

テレゲージ［tele-gauge］　遠隔計器。センダとレシーバからできている遠隔計器。例 ㋑電気式燃料計。㋺電気式油圧計。㋩電気式水温計。

テレスコーピング・ゲージ［telescoping gauge］　伸縮式計器。入れ子式計器。例 入れ子式内側計。

テレスコープ［telescope］　望遠鏡。テレスコピック（伸縮自在の）の語源。

テレスコピック［telescopic］　望遠鏡の，伸縮自在の。例 ～ステアリング。

テレスコピック・アンテナ［telescopic antenna］　伸縮式アンテナ，入れ子式空中線。手動式と電動式がある。

テレスコピック・ジャッキ［telescopic jack］　伸縮式起重機。入れ子式ジャッキ。

テレスコピック・ショック・アブソーバ［telescopic shock-absorber］　伸縮式緩衝器。筒型緩衝器。テレスコープ（望遠鏡）型の緩衝器。

テレスコピック・ステアリング［telescopic steering］　伸縮式ステアリング。ステアリング・シャフトを2重にして軸方向にスライドさせ，長さを望遠鏡のように伸び縮みできるタイプのもの。

テレスコピック・フォーク［telescopic fork］　伸縮式前輪フォーク，望遠鏡のように伸び縮みするフォーク。例 二輪車の前輪フォーク。

テレビン油（ゆ）［terebene oil; turpentine oil］　松脂油。溶剤，ワニスの原料。＝テレピン油。

テレホイスト［tele-hoist］　テレスコピック・ホイストの略。繰り出し式起重機。＝テレスコピック・ジャッキ。

テレマティクス・サービス［telematics service］　カー・ナビゲーションや携帯電話を利用して，車両の内外でデータを双方向にやりとりする次世代情報通信システム。1996年4月からサービスを開始したVICS（道路交通情報通信システム）をはじめ，トヨタがG-BOOK，日産がCARWINGS，ホンダがインターナビ・プレミアムクラブ等の名称で交通や生活に関する情報を既に提供している。テレマティクスとは，テレコミュニケーション（遠距離通信）とインフォーマティクス（情報科学）からの造語。

テレメータ［tele-meter］　遠隔計器。＝テレゲージ。

テレメン［terebene］　松脂油の通称。＝テレビン，テルペン。

テレンプ［Telemp］　天連布。経緯に綿糸を用いこれに毛糸を織りこんで作ったビロード様の織り物。例 ボデー内装材。

電圧（でんあつ）［voltage; tension］　2点間の電位の差。単位はボルト（V）。

電圧計（でんあつけい）［voltmeter］　2点間の電位差を測定する計器。ボルトメータ。

電圧降下（でんあつこうか）［voltage drop］　☞ボルテージ・ドロップ。

電圧調整器（でんあつちょうせいき）［voltage regulator］　☞ボルテージ・レギュレータ。

電位（でんい）［electric potential］　電界が作用する空間の電気的な位置エネルギー。

電位差（でんいさ）［potential difference］　2点間の電位の差。電圧。

電位差計（でんいさけい）［potentiometer］　☞ポテンショメータ。

点火（てんか）［ignition; firing］　火をつけること。イグニション。

電荷（でんか）［electric charge］　帯電した物質が持っている電気量。単位はクーロン（C）で表す。

電解（でんかい）［electrolysis］　電解質を溶解又は融解し，電流を流して分解反応を起こさせること。電気分解のこと。

電解液（でんかいえき）［electrolyte; electrolytic solution］　電解作用ができる液。☞エレクトロライト。

添加剤（てんかざい）［additives; addition agent］　燃料，潤滑油，冷却水などに，それぞれの機能を増す目的で添加されるもの。

点火時期（てんかじき）［ignition timing］　☞イグニション・タイミング。

点火順序（てんかじゅんじょ）［firing order］　☞ファイヤリング・オーダ。

点火進角装置（てんかしんかくそうち）［spark advance system; ignition advancer］　エンジンの回転数や負荷に応じて点火時期を変化させる装置。

点火（てんか）プラグ［spark plug］　☞スパーク・プラグ。

電気式（でんきしき）エアバッグ・システム［electrical airbag system］　インフレータ内のスクイブを電気的に着火させ，エアバッグを展開させるシステム。㊟エアバッグの展開方法には，機械式と電気式とがある。

電気式（でんきしき）スピードメータ［electric speedometer］　車速を電気信号に変換し，アナログ又はデジタル式スピードメータで表示するもの。

電気式（でんきしき）フューエル・ポンプ［electric fuel pump］　ソレノイドやモータを利用してポンプを作動させ，燃料タンクからエンジンまで燃料を圧送するもの。

電気式無段変速機（でんきしきむだんそくへんき）［electrically controlled continuously variable transmission; E-CVT］　トヨタがハイブリッド・システム（THS）に搭載した独創的な変速機（エレクトロマチック）。駆動用のモータと発電機を内蔵した遊星歯車機構（プラネタリ・ギア）による動力分割機構で構成されており，変速は一組のプラネタリ・ギアで行っている。エンジンの動力は分割機構により一部が駆動力に，一部が発電用に分配され，分割の割合は発電機の回転抵抗によって決定される。したがって，発電機への電流（発電機の抵抗）を変化させることで車輪に伝わる動力の比率を変化させ，変速を行っている。

電気自動車（でんきじどうしゃ）［electric vehicle; EV］　原動機に電動モータを使用する車で，原則的に有害物質を排出しない無公害車（ZEV）として実用化途上にある。EVを大別すると，電源バッテリを搭載して停車中に外部から充電する方式のもの（BEV／ピュアEV）と，燃料電池（発電装置）を搭載して車上で水素と酸素の化学反応により発電してモータを駆動する方式のもの（燃料電池車／FCV）がある。これら以外に，架線から電力を受けて走行するトロリー・バスや，電源バッテリと発電専用のエンジンを搭載して航続距離を延ばすようにした車などもある。近年，エネルギー密度や安全性に優れたリチウムイオン電池が開発され，EVの実用化が急速に進んでいる。2008〜2014年の間に発表または発売された主なEVは次のとおり。

- 2008年：ロードスター（米テスラ・モーターズ）。
- 2009年：i-MiEV（三菱），プラグインステラ（スバル），e-tron（アウディ）。
- 2010年：シボレー・ボルト（GM／レンジ・エクステンダEV），リーフ（日産），ニュー・モビリティ・コンセプト（日産／超小型EV）。
- 2011年：ミニE（BMW），フォーカスEV（フォード），ミニキャブ（三菱）。
- 2012年：スマートEV（ダイムラー），フィットEV（ホンダ），デミオEV（マツダ），eQ（トヨタ），モデルS（テスラ），コムス（トヨタ車体／超小型EV），ポンチョEV（日野自動車／小型EVバス）。
- 2013年：i-ROAD（トヨタ／超小型EV），e-NV200（日産／商用EV），ブレード・グライダー（日産／次世代EV），MC-β（ホンダ／超小型EV），BMW i3（BMW），e-up！（VW），e-Golf（VW）。
- 2014年：MIRAI（トヨタ／FCV）。

電気抵抗（でんきていこう）［electric resistance］　電流の通りにくさを表した値。単位はオーム（Ω）。

電気溶接（でんきようせつ）［electric welding］　☞エレクトリック・ウェルディング。

電極（でんきょく）［electrode］　☞エレクトロード。

電源制御（でんげんせいぎょ）ECU（イーシーユー）［power supply management electronic control unit］　バッテリの電圧と電流からバッテリ充電率と内部抵抗を算出し，電気が不足している場合にはオルタネータの発電用調整電圧やアイドル時のエンジン回転数を上げるなどして，バッテリの充電量の増加を促す方式のECU。レクサスに採用されたもので，車の電子化が進み，必要な電力量も増加していることへの対応。
テンサイル・ストレス［tensile stress］　引っ張り応力，引っ張り内力。
テンサイル・ストレングス［tensile strength］　引っ張り強度。＝～フォース。
テンサイル・フォース［tensile force］　引っ張り強度＝～ストレングス。
電子（でんし）［electron］　☞エレクトロン。
電磁（でんじ）クラッチ［electromagnetic clutch; magnetic clutch］　☞マグネット～。
電磁（でんじ）シールド［electromagnetic shield］　☞電磁波障害。
電磁式（でんじしき）リターダ［electromagnetic type retarder］　☞エディ・カレント～。
電子制御（でんしせいぎょ）［electronic control］　電子式回路により，エンジンやシャシ関係などを制御すること。
電子制御（でんしせいぎょ）イー・ジー・アール（EGR）システム［electronic control exhaust gas recirculation system］　電子制御排気ガス再循環システム。電子制御によりEGRバルブをステップ・モータで開閉するため，旧排圧制御式に比べ大量のEGRガスをきめ細かく正確に制御できる。
電子制御（でんしせいぎょ）エア・サスペンション［electronic control air suspension］☞TEMS。
電子制御（でんしせいぎょ）LPG（エルピージー）液体噴射装置（えきたいふんしゃそうち）［electronically controlled liquefied petroleum gas liquid injection system］　LPG車において，加圧されたLPGを液体のまま燃焼室の直前に噴射する方式のもの。LPGタンク内蔵の加圧用インタンク・ポンプでタンク内の燃料（2気圧程度のもの）をさらに4～5気圧加圧し，電子制御により気筒数だけ設けたインジェクタから液体のままインテーク・ポートへ噴射することにより，高出力，低燃費，排出ガスのクリーン化を図っている。2007年に韓国のヒュンダイ・モータが「LPG電子制御加圧液状噴射システム」を乗用車に，トヨタは「電子制御LPG液体噴射方式（EFI-LP）」を小型トラックにそれぞれ搭載している。高圧ガス保安法の改正により，LPGの液体噴射方式が1999年9月以降許可された。
電子制御（でんしせいぎょ）キャブレータ［electronic controlled carburetor; ECC］　☞ECC。
電子制御（でんしせいぎょ）サーモスタット［electronic control thermostat］　エンジンの冷却水温をコントロールするサーモスタットの開閉に，コンピュータ制御を採用したもの。これにより，エンジンの冷却水温を最適に制御することが可能となり，燃費性能の向上に寄与している。2013年に日産自動車と三菱自動車が共同開発した新型軽自動車に採用されたものでは，サーモスタットの冷却水バルブの開度を強制的に増加させることにより，高圧縮比（12.0）のエンジンを低温に保っている。
電子制御式（でんしせいぎょしき）コンバインドABS［electronically controlled combined antilock braking system］　2輪車に採用されたABS（ブレーキ・ロック防止装置）の一種で，前後輪連動ブレーキ・システムとABSの双方を電子制御する方式のもの。ホンダが2008年に2輪車のスポーツ・モデルに導入したもので，世界初のもの。同様な装置を独ボッシュ社では，e-CBS（電子制御式コンバインド・ブレーキ・システム）と呼んでいる。
電子制御式（でんしせいぎょしき）サスペンション［electronically controlled suspension］車の運転状況や路面の状況を各種のセンサで検出し，サスペンションのばね定数，ショック・アブソーバの減衰力，車体の姿勢，車高などを電子回路で制御する方式のサスペンション。このサスペンションは，次の二つに大別される。①スカイフック理論に基づき，車体の姿勢制御を行うエア・サスペンション。②アクチュエータを用いて，車体の動きを積極的に制御するアクティブ・サスペンションやセミアクティブ・サスペンション。

電子制御式自動変速機（でんしせいぎょしきじどうへんそくき）［electronic controlled automatic transmission; ECT］　変速制御等を電子制御により行うオートマチック・トランスミッション。☞ECT。

電子制御式燃料噴射（でんしせいぎょしきねんりょうふんしゃ）ポンプ［electronic controlled fuel injection pump］　ディーゼル・エンジンの燃料噴射量と噴射時期を電子制御により行うインジェクション・ポンプ。

電子制御（でんしせいぎょ）スロットル［electronic throttle control system; ETCS］　アクセル・ペダルの操作を電気信号に変換し，モータによってスロットル・バルブの開閉をする機構。☞ETCS[1]，DBW。

電子制御（でんしせいぎょ）スワール・コントロール・バルブ［electronic swirl control valve］　ステップ・モータを使用した，電子制御式の吸気渦流制御弁。日産のNEO Di直噴エンジンに採用。

電子制御電動油圧式（でんしせいぎょでんどうゆあつしき）ブレーキ［electro-hydraulic brake; EHB］　先進ブレーキ・システムの一種で，ブレーキバイワイヤへの過渡的なもの。これには次の2種類がある。①制動用の油圧をマスタ・シリンダに頼らず，ポンプ・モータによる蓄圧式のもの。従来のマスタ・シリンダの油圧は制動用ではなく，蓄圧されたブレーキ液の制御に用いる。これにはダイムラー（MB）のセンソトロニック・ブレーキ・コントロール（SBC）や，トヨタの電子制御ブレーキ・システム（ECB）などがある。②制動用油圧の発生には従来のマスタ・シリンダを用いるが，このマスタ・シリンダのピストンを押すのに電動モータを用いたもの。日産が電気自動車やハイブリッド車に採用した電動型制御ブレーキ・システム（EDIS）や，ホンダがハイブリッド車に採用した電動サーボ・ブレーキなどがある。

電子制御（でんしせいぎょ）トルク・スプリット・フォー・ホイール・ドライブ（4WD）［electronic torque split control four wheel drive］　車速や路面状況に応じて電子制御された湿式多板クラッチにより，前後車軸に加わるトルクを制御するトランスファを備えた四輪駆動車。日産車に採用。

電子制御燃料噴射装置（でんしせいぎょねんりょうふんしゃそうち）［electronic fuel injection］☞EFI，EGI。

電子制御（でんしせいぎょ）フルタイム・フォー・ホイール・ドライブ（4WD）［electronic control full time four wheel drive］　電子制御により，路面状況に適した前後輪の駆動力配分を行う四輪駆動車。

電子制御（でんしせいぎょ）ブレーキ・システム［electronically controlled brake system; ECB］　トヨタが2001年にハイブリッド車に採用した，電子制御油圧式ブレーキ。電動油圧式のハイドロブースタを用いて高油圧を蓄圧アキュムレータに蓄え，ペダル・ストローク操作量とマスタ・シリンダの油圧を検知してブレーキ・アクチュエータの油圧制御バルブを働かせ，ハイブリッド・システムと協調して4輪独立の油圧制御を行っている。その後，VDIM（車両の動的統合制御）搭載車にも採用された。同類のものでは，Mベンツのセンソトロニック・ブレーキ・コントロール（SBC）がある。

電子制御（でんしせいぎょ）ブレーキ・システム［electronic brake system; EBS］　大型トラックやトレーラ等において，荷重によって変わるブレーキ性能をコンピュータで自動制御する装置で，ブレーキ・ペダルから電気配線によって伝えられる電気信号によって各輪のブレーキを制御する「バイワイヤ式」を採用している。各輪独立した制御も容易なことからESCやABSとも親和性が高く，特にトレーラの場合，ジャックナイフ現象による横転事故の防止に役立つ。日野自動車やUDトラックスでは，2010年発売のポスト新長期排出ガス規制適合車よりEBSを標準採用している。

電子制御（でんしせいぎょ）ブレーキ倍力装置（ばいりょくそうち）［electronically controlled brake booster］　電子制御により，ペダル操作とは無関係に倍力装置を作動させることが可能なブレーキ・ブースタ。このため，ペダル操作によって大気圧を導入する経路とは別に，電磁バルブによって大気圧を導入する経路を設けている。トヨタの場合，レーダ・クルーズ・コントロール（車間距離制御装置）の自動減速用に利用している。

電子制御油圧駆動（でんしせいぎょゆあつくどう）ファン　［electronic control hydraulic fan］　タイミング・ベルトで駆動される専用オイル・ポンプにより圧送されるオイルでファンに直結した油圧モータを駆動し，電子制御によりファンの回転数を無段階に制御して騒音を低減したクーリング・ファン。トヨタ車に採用。

電子制御（でんしせいぎょ）ヨーレート感応型（かんのうがた）フォー・ホイール・ステアリング（4WS）［electronic control yaw rate sensing four wheel steering］　従来の車速感応型4WSに，ステアリング操舵角，操舵速度およびヨーレート（車両の動き），ABS，TCS（トラクション・コントロール・システム）を加えた電子制御システム。卓越した危険回避性と，あらゆる条件下での快適で安全な走りを目指す。マツダ車に採用。

電子制御連続可変無段変速機（でんしせいぎょれんぞくかへんむだんへんそくき）［electro continuously variable transmission; ECVT］　富士重工が採用した，電磁クラッチとスチール・ベルトによる無段変速機。

デンシティ［density］　密度，濃さ，込み合い（程度）。㊀電解液の濃さ。

電磁波（でんじは）［electromagnetic wave］　電場と磁場がからみあって真空中や空気中を光速で伝わる波。電波も光も電磁波であり，波長が長い順に電波，赤外線，可視光線，紫外線，X線，ガンマ線と分類される。電波は更に中波（ラジオ），短波，超短波（テレビ），マイクロ波（衛星通信や携帯電話）に分かれる。

電磁波障害（でんじはしょうがい）［electromagnetic interference; EMI］　点火火花やスイッチの断続等によって発生する電磁波（電磁騒音／電波ノイズ）により，電子装置が機能上妨害を受けること。電磁干渉，電波障害ともいい，車載電子装置を電磁波から保護するため，電気回路などを金属で覆って遮蔽（しゃへい）する電磁シールドが行われている。欧州メーカでは，2010年の新型車から「車載電子システムの電磁波耐性」の国連協定規則を導入しているが，日米では未導入。

電子（でんし）ビーム溶接（ようせつ）［electron beam welding; EBW］　電子ビームを熱源とする溶接法で，真空容器の中で高電圧をかけて行う。高エネルギー密度が得られるため，融点の高い材料の溶接や，溶け込みが深くて歪みの少ない溶接ができ，精密部品や微小部品の溶接に用いられる。

電子（でんし）プラットフォーム［electronic platform］　トヨタが2008年に採用した車の運動神経に相当する電子的な基盤で，車載LANの通信量を格段に向上させたもの。個々の部品を制御するECUやソフト技術，またこれらを結ぶネットワークや通信規格で構成され，さまざまな信号をやりとりすることにより高度な車体制御や利便性の向上，故障診断の効率化などを図ることができる。ECUの処理能力は従来の2倍に，LANの通信容量も2.4倍となっている。☞車内LAN。

電磁（でんじ）ブレーキ［electromagnetic brake］　電磁作動によるブレーキ。☞エディ・カレント・リターダ。

電磁弁（でんじべん）［solenoid valve］　☞ソレノイド・バルブ。

電磁（でんじ）ポンプ［electromagnetic pump］　電磁力を利用したポンプ。㊀フューエル～。

デンシメータ［densimeter］　密度計，比重計。㊀ハイドロメータ。

デンジャ・シグナル［danger signal］　危険信号，赤信号。同信号灯。

電磁誘導（でんじゆうどう）［electromagnetic induction］　導体を貫く磁束が変化することによって，起電力が生じる現象。

テ

テンショナ [tensioner]　引っ張り器。引っ張り装置。例 ①チェーン～。②ベルト～。③ピストンリング～。

テンショナ・リング [tensioner ring]　張りを強めるリング。例 ピストン・リングの下に入れる波型のばねリング。＝エキスパンダ。

テンション [tension]　①張力。弾性体の応力。②電気では電圧。動電力。＝エレクトロモーティブ・フォース。③機械では伸張器，引っ張り装置。

テンション・サイド [tension side]　引っ張り側。ベルトやチェーンの引っ張り側。対 リリース～。

テンション・シャックル [tension shackle]　（ばねシャックルのうち）引っ張り力を受けるシャックル。対 コンプレッション～。

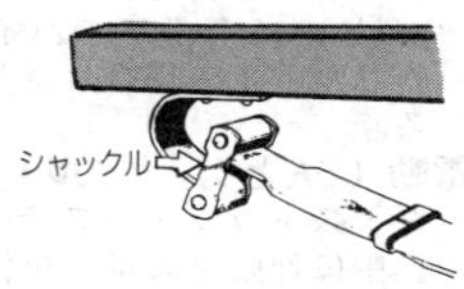

テンション・シャックル

テンション・スプリング [tension spring]　引っ張りばね。荷重を引っ張り方向にかけるばね。例 ①ブレーキ・シューの戻しばね。②ペダルの戻しばね。対 コンプレッション～。

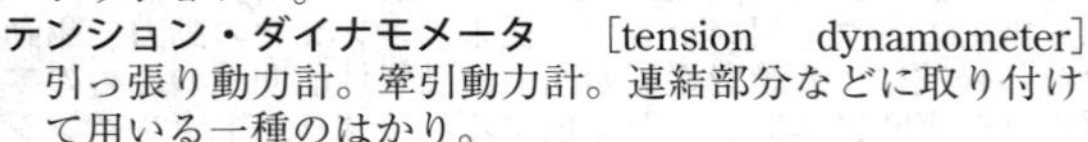

テンション・ダイナモメータ [tension dynamometer]　引っ張り動力計。牽引動力計。連結部分などに取り付けて用いる一種のはかり。

テンション・バー [tension bar]　引っ張り棒，突っ張り棒。例 ①オルタネータの支え棒（ベルトに張りを与える）。②ダンプ・ボデーの引っ張り棒。

テンション・プーリ [tension pulley]　（ベルトに張りを与える）遊びプーリ。＝アイドル～。

テンション・ボール・ジョイント [tension ball joint]　引っ張り型球継手。フロント・サスペンション用ボール・ジョイントのうち，ボールに引っ張り力が作用する型式。広く使用されている。

テンション・リデューサ [tension reducer]　張力減少装置。例 シート・ベルト装着時の圧迫感を軽減する装置。

テンション・リンク [tension link]　引っ張り力が作用するリンク。

テンション・レンチ [tension wrench]　☞トルク・レンチ。

テンション・ロッド [tension rod]　引張力を受けるために使用されるロッド（棒）。リヤ・サスペンションに使用される。

デンソー・ダイアグステーション [Denso diag-station; DGS]　☞ダイアグステーション。

転舵角（てんだかく）センサ [steering angle sensor]　前輪の操舵角を検出するもの。4WSや車両安定性制御等のステアリング・センサとして使用される。単に舵角センサともいう。

電着塗装（でんちゃくとそう） [electrodeposition coating]　導電性のある物体を水に分散した塗料の中へ入れ，電流を通し物体に塗料を塗る方法。

デント [dent]　くぼみ，へこみ，打った跡。（歯車やくしの）歯。

電動（でんどう）4WDシステム [electric four-wheel-drive system]　4輪駆動車において，前後の1軸または2軸を電動モータで駆動する方式のもの。ハイブリッド車やインホイール・モータ（駆動用モータと減速機が車輪内に組み込まれたもの）を用いたEVなどに搭載され，E-Four（トヨタ），e-4WD（日産），ツイン・モータ4WD（アウトランダーPHEV／三菱），スポーツ・ハイブリッドSH-AWD（ホンダ）などがある。ただし，インホイール・モータ式のEVは実用化途上にある。

電動（でんどう）アクティブ・スタビライザ・サスペンション・システム [electric active stabilizer suspension system]　レクサスが2005年に採用した，電動スタビライザ。前後のスタビライザ・バーと同軸上に取り付けた電動モータと減速機で構成されるアクチュエータによってサスペンションに荷重を与え，直進時の乗り心地はそのままで旋回中に発生する車体のロールを抑え，安定した姿勢を保持する。アクチュエータの出力配分を変えることにより車両のステア特性を制御することもでき，モータの電源には専用のサブ・バッテリを搭載している。

電動（でんどう）ウォータ・ポンプ［electrically operated water pump］　ウォータ・ポンプの駆動に電動モータを用いたもの。通常，ウォータ・ポンプの駆動はベルトを介してエンジンの動力で行っているが，電動ウォータ・ポンプを用いることによりエンジンへの負荷が軽減でき，約2%の燃費性能の向上に寄与する。電動ウォータ・ポンプはBMWが2004年に初採用し，トヨタは2009年発売のハイブリッド車に，ホンダは2013年発売のハイブリッド車にそれぞれ採用している。トヨタやホンダのハイブリッド車の場合，電動エアコンも採用してエンジン補機のベルトレス化を図っている。

電動（でんどう）オイル・ポンプ［electrically operated oil pump; EOP］　アイドリング・ストップ・システムを採用したATやCVTにおいて，交差点などでエンジン停止中に作動油の油圧を保つために使用する電動式のオイル・ポンプ。

電動（でんどう）カー・エアコン［electrically operated car air-conditioner］　カーエアコンのコンプレッサ駆動に，電動モータを用いたもの。従来はエンジンの動力で駆動されていたが，エンジン負荷の軽減による燃費性能の向上，燃費性能向上のためのアイドル・ストップ機構の採用，停車時にエンジンが停止するハイブリッド車やエンジンのないEVの登場などにより，電動コンプレッサの採用が進んでいる。

電動格納式（でんどうかくのうしき）ドアミラー［electric retractable rearview mirror］ドア・ミラー・ケース内に設けたモータ機構により，格納と復帰を遠隔操作できるミラー。

電動型制御（でんどうがたせいぎょ）ブレーキ・システム［electrically-driven intelligent brake system; EDIS］　油圧式ブレーキにおいて，人力でマスタ・シリンダのピストンを押す代わりに電動モータを用いたもので，日産が2010年末発売のハイブリッド車や電気自動車に世界初採用している。このブレーキ・システムではコンピュータ制御の高精度モータを使用し，ボール・スクリュを介してマスタ・シリンダの液圧とブレーキ・ペダルの反力を制御し，回生ブレーキ力を最大限に利用している。

電動（でんどう）サーボ・ブレーキ・システム［electrically operated servo brake system］　油圧式ブレーキにおいて，人力でマスタ・シリンダのピストンを押す代わりに電動モータやボールねじ機構，センサやECUなどを用いた協調回生ブレーキ。ホンダが2013年発売のハイブリッド車に採用したもので，ブレーキ・ペダル踏力をフィール・シミュレータで電気信号に換え，モータが油圧をコントロールしている。

電動（でんどう）スーパーチャージャ［electric supercharger］　エンジンの過給に用いるスーパーチャージャの動力源に電動コンプレッサを用いたもの。電動コンプレッサを採用する理由はレスポンスに優れていることであり，アウディやBMWが仏ヴァレオ社製の電動コンプレッサを採用して実用化途上にある。このモータを駆動するには相応の電力を必要とし，アウディでは48Vシステムを採用している。2014年には，アウディがディーゼル・エンジンにターボチャージャと電動コンプレッサを搭載したツインチャージャ・エンジン「e-TDI」を発表している。略してE-S／Cとも。

電導体（でんどうたい）プリント・ガラス［heater circuit print glass］　リヤ・ウインドウとして使用する強化ガラスで，電導性のある金属粉を熱処理前のガラス面に横しま模様にプリントしておき，ガラス強化の熱処理にて焼き付けたもの。通電して暖め，曇り取りとして利用する。

電動（でんどう）トラック［electric truck］　☞EVトラック。

電動（でんどう）パーキング・ブレーキ［electric parking brake; EPB］　駐車ブレーキの操作を手や足でする代わりに電動モータの力を借りるもので，パーキング・ケーブルを電動モータで引くタイプと，ブレーキ・キャリパにモータを内蔵して直接ピストンを押すタイプに二分される。非力な女性でも確実に操作することができ，欧州をはじめ国内でもレクサスやホンダなどで採用している。☞ EPB。

電動（でんどう）ハードトップ [electrically operated hardtop; retractable power hardtop]　開閉式のルーフを持つコンバーチブルにおいて，屋根材に金属や樹脂などの硬質材を用いて電動モータで開閉する方式のもの。キャンバスなどを用いたソフトトップと比較して安全性や快適性などに優れ，コスト高ではあるが一部のコンバーチブル・クーペに採用されている。例 ㋑バリオルーフ（Mベンツ）。㋺メタルトップ・コンバーチブル（トヨタ）。㋩パワー・リトラクタブル・ハードトップ（マツダ）。

電動（でんどう）バス [electric bus]　☞ EVバス。

電動（でんどう）パワー・ステアリング [electric power steering; EPS]　操舵力のアシストに電動モータの駆動力を直接利用するシステム。ラック・ピニオンを基本として，ピニオンを駆動するピニオン・アシスト方式や，ラックを動かすラック・アシスト方式などがある。☞ C-EPS，P-EPS，R-EPS。

電動（でんどう）ファン [electric fan]　ラジエータやクーラ・コンデンサの冷却用ファンの駆動に，電動モータを用いたもの。

電動油圧式（でんどうゆあつしき） [electro-hydraulic system]　電動モータを使用して油圧ポンプを駆動し，発生した油圧を利用するタイプのもの。例 パワー・ステアリング。

電動（でんどう）リトラクタ式（しき）シート・ベルト [seat belt with motorized retractor]　☞プリクラッシュ・シート・ベルト。

電動（でんどう）リモコン・ミラー [electric remote controlled rearview mirror]　リヤビュー・ミラーのケース内に設けたモータ機構や電磁石により，鏡面の角度を遠隔操作できるミラー。

デント・リペア [dent repair]　軽度の板金塗装作業で，新しい技術の利用により塗装面を傷つけない修復方法もある。カー・ディテイリングの一環として注目を集めている。デントは凹みの意。

電熱式自動（でんねつしきじどう）チョーク [electric heating automatic choke]　電気ヒータ（ニクロム線）を用いてバイメタルを暖め，チョーク・バルブを開くタイプの自動チョーク。

天然（てんねん）ガス [natural gas; NG]　自然界に埋蔵されているメタンを主成分とするガス。都市ガスとして広く利用されているが，ガソリンに代わる自動車用燃料としても一部で使用されている。天然ガスの貯蔵法としては，圧縮（CNG）と液化（LNG）とがある。☞ CNG，LNG。

天然（てんねん）ゴム [natural rubber; NR]　ゴムの木から産出される天然のゴム。ブタジエンなどを原料とした合成ゴムと対比される。☞合成ゴム。

テンパ [temper]　①（鋼鉄などの）鍛え加減。焼き入れや焼き戻し。②（ガラス強化のための）急冷熱処理。

テンパード・グラス [tempered glass]　熱処理ガラス。焼き入れ～。赤熱状態から急冷して強度を高めたガラス。＝タフンド～。例 窓ガラス。

テンパ・カラー [temper color]　（熱処理）焼き戻し色。焼き戻しのとき鋼鉄の表面に表れる色。

テンパ・タイヤ [tempor tire]　テンポラリ・タイヤ（temporary tire）の略。応急タイヤのこと。スペア・タイヤで応急用の小型・軽量のもの。

テンパラチャ [temperature]　☞テンパレチャ。

テンパリング [tempering]　焼き戻し。焼き入れした鋼を再加熱してじん性を増し，また硬さを減ずるなどの操作をいう。

テンパレチャ [temperature]　温度，寒暖。＝テンパラチャ。例 ウォータ～ゲージ。

テンパレチャ・ゲージ [temperature gauge]　温度計。例 エンジンの水温計。センダとレシーバからできている電気式が用いられ，センダにはバイメタル又はサーミスタ，レシーバにはバイメタル又はコイル式が使われる。

テンパレチャ・コンペンセータ [temperature compensator]　☞温度補償。
テンパレチャ・センサ [temperature sensor]　☞サーモ・センサ。
テンパレチャ・センシティブ・バルブ [temperature sensitive valve]　温度感知弁。測定箇所の温度により，流体通路の断続や切り換えを行う弁。☞サーマル・バルブ。
テンパレチャ・センシティブ・レジスタ [temperature sensitive resistor]　温度に敏感な抵抗器。例 点火一次回路抵抗器。遮断回数の少ない低速時には抵抗を増して電流を節約し，高速になると冷却して抵抗が減じ良いスパークを得る。＝バラスト・コイル，レジスタンス・ユニット。
テンパレチャ・ディテクト・スイッチ [temperature detect switch]　冷却水温検出用スイッチ。ラジエータやエアコン・コンデンサ冷却ファン用電動モータのON・OFF用スイッチ。
テンパレチャ・モジュレーテッド・エア・クリーナ [temperature modulated air cleaner]　感温自動調整式空気清浄器。エンジン温度に基づいて吸入空気の冷暖が切り替えられる弁を持つ空気清浄器。
テンパレチャ・レギュレータ [temperature regulator]　温度調整装置。例 ㋑エンジン水温調整装置（サーモスタットなど）。㋺エンジン油温調整装置（オイル・クーラなど）。
電費（でんぴ） [specific power consumption]　☞電力消費率。
テン・フィフティーン・モード [ten（10）・fifteen（15）mode]　我が国の自動車排出ガス濃度および燃費測定用のパターンで，1991年から採用されたもの（ガソリンおよびLPG車で車両総重量2.5t以下の新車）。1973年（昭和48年）から使用されていた10モードに都市型高速走行を想定した15モードを追加し，最高速度を70km/h（従来は40km/h）にすると共にアイドリング時間を長くしている。我が国最初の排出ガス測定パターンは4モード式からスタートし，1973年まで使用されていた（COのみ測定）。

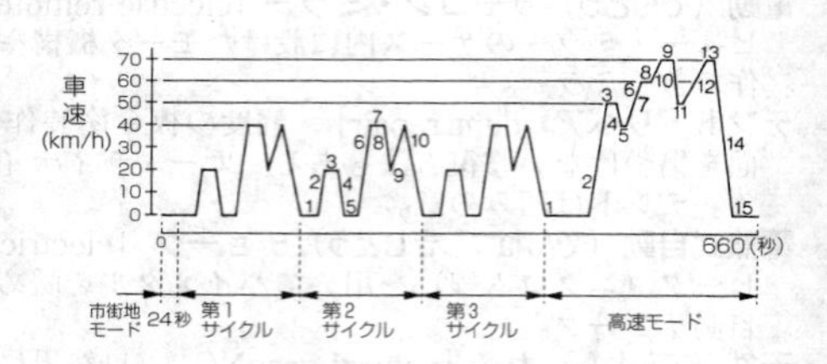

テン・フィフティーン・モード

テン・フィフティーン・モード燃費（ねんぴ） [10・15 mode fuel consumption]　前述の方法で測定した燃料消費率（km/ℓ）。新車のカタログに公表されている。
テンプ・ゲージ [temp gauge]　テンパレチャ・ゲージ（temperature gauge：温度計）の略。
テンプレート [template]　型取り工具，型板，さし型。例 ボデー直し型。
テンプレット [templet]　同前。
テンポラリ [temporary]　一時の，間に合わせの。略してテンパ。例 テンパ・タイヤ。
テンポラリ・マグネット [temporary magnet]　一時磁石。電流の磁場又は他の磁石の磁場内にある間だけ磁性を有するもの。例 電磁石。対 パーマネント～。
テン（10）・モード・テスト [ten mode test]　10種類の走行様態試験。排ガス試験のうち，市街地走行をモデルとしたもので，別名ホット・サイクル・テストともいう。1973年から導入。

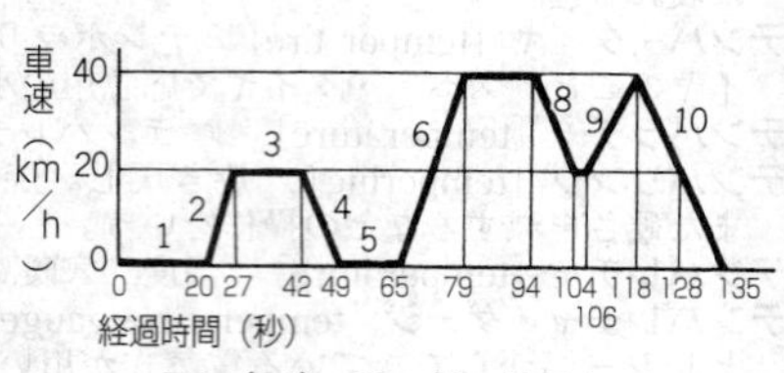

テン（10）・モード・テスト

テン・モード燃費（ねんぴ）［ten（10）mode fuel consumption］　前述10モードの走行パターンで測定した燃費（km/ℓ）。
電流計（でんりゅうけい）［ammeter; ampere meter］　アンメータ，アンペア・メータ。
電力（でんりょく）［electric force］　電流による動力。単位はワット（W）。電力は電流と電圧の積で表される（W＝IE）。
電力消費率（でんりょくしょうひりつ）［specific power consumption; electric mileage］　電気自動車における単位走行距離当たりの消費電力（Wh/km），または単位電力量当たりの走行距離（km/kWh）。略して「電費」とも。☞交流電力量消費率。

［ト］

ドア［door］　①戸，扉。②戸口，門口，出入口。
ドア・アウタ・パネル［door outer panel］　ドアの外板。塗装仕上げしている部分。
ドア・インジケータランプ［door indicator-lamp］　ドア指示灯。＝ウォーニングランプ。
ドア・インパクト・ビーム［door impact beam］　☞ドア・サイド・インパクト・プロテクション・ビーム。
ドア・ウインドウ・グラス［door window glass］　ドアの窓用ガラス。
ドア・ウォーニングランプ［door warning-lamp］　ドア警告灯。ドアが開放されていることを知らせるランプ。ドアを開くと自動点灯し閉じると消える。
ドア・エッジ・プロテクタ［door edge protector］　ドアを開いたとき，ドア端部が他の車などに当たって傷が付かないよう保護する，金属又は樹脂製のプロテクタ。装飾性も兼ねている。
ドア・エッジ・モール［door edge moulding］　☞ドア・エッジ・プロテクタ。
ドアオープン・ストッパ［door-open stopper］　ドアの開き制限装置。
ドア・カーテシ・ランプ［door courtesy lamp］　ドアの開閉により，自動的に点灯，消灯するランプ。特にドアに取り付けて足元を照らすものなどを指す。
ドア・クローザ［door closer］　半ドアを検出し，自動的にモータでドアを引き込み，半ドア走行を防止する装置。
ドア・サイド・インパクト・プロテクション・ビーム［door side impact protection beam］　車の側面衝突の衝撃から乗員を保護するため，ドア内部に設けられたパイプ状の梁材。＝ドア・インパクト・ビーム。

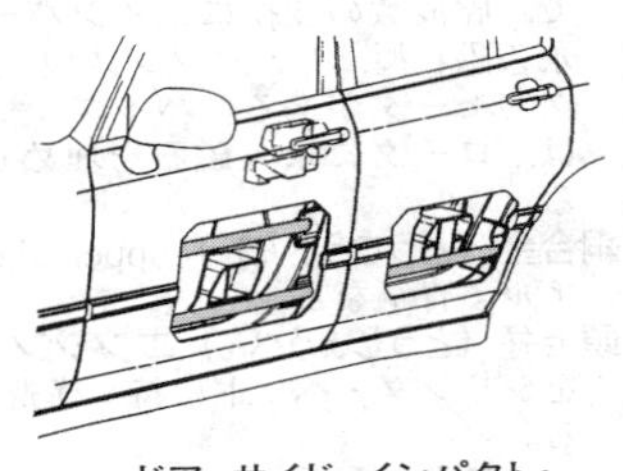
ドア・サイド・インパクト・プロテクション・ビーム

ドア・サッシュ［door sash］　ドア上部のガラス摺動および保持のための枠，窓枠。＝～サッシ。
ドア・シル［door sill］　戸口の敷居。戸当たり金物。
ドア・スイッチ［door switch］　ドアの開閉により，室内灯などを点灯・消灯するスイッチ。
ドア・ストライカ［door striker］　ラッチとかみ合ってドアをロックするピン状またはU字形の部品。
ドア・チェック［door check］　車のドアを，半開き又は全開状態で固定する装置。
ドアトゥドア・カー［door-to-door car］　戸口から戸口への車。すなわち配達用自動車のこと。＝デリバリ・ワゴン。
ドアトリム・ボード［door-trim board］　ドア内側にはめる仕上げ内張り板。
ドア・ノブ［door knob］　ドアの取っ手。＝～ハンドル。

ドア・パネル [door panel]　ドア用羽目板。
ドア・ハンドル [door handle]　ドアの取っ手。＝～ノブ。
ドア・ヒンジ [door hinge]　ドア開閉の支点となる蝶番（ちょうつがい）。
ドア・ミラー [door mirror]　ドア部に取り付けられた後方確認用のミラー。☞アウタ・リヤビュー・ミラー。
ドア・ラッチ [door latch]　ストライカとかみ合ってドアをロックする爪状部品。
ドア・ロック [door lock]　ドアを閉めておくための施錠装置。
トウ [toe]　☞トー。
銅（どう） [copper]　カパー。金属元素の一つで元素記号Cu，原子番号29。展延性に富み赤色を呈し，銀に次ぐ電気や熱の良導体。あかがね。
トゥイスト [twist]　☞ツイスト。
統一型式認証制度（とういつかたしきにんしょうせいど） [whole vehicle type approval]　☞WVTA。

ト

トゥイン [twin]　一対の，二つの。＝ツイン。
トウイング・フック [towing hook]　牽引かぎ。車を引き又は引かれるときに必要なかぎ。例 トラックやバス。
トゥース [tooth]　①ギヤの歯，歯状のもの。②のこぎりややすりの目。
投影図（とうえいず） [projection drawing]　一定の規則によって，三次元形状を平面上に描いた図。
トウ・カー [tow car]　故障車などを引く救難トラック。＝レッカ。
等価慣性質量（とうかかんせいしつりょう） [equivalent inertia mass]　シャシ・ダイナモメータなどに設定する試験車両荷重に相当する慣性質量。
等価慣性重量（とうかかんせいじゅうりょう） [equivalent inertia weight]　☞等価慣性質量。重量≒質量。
ドウ・ガム [dough gum]　生パン状ゴム。＝～ゴム。
同期噛（どうきか）み合（あ）い [synchromesh]　手動変速機のギヤをかみ合わせやすい回転速度に自動的に同期させること。対 常時かみ合い（constant mesh）。
同期作用（どうきさよう） [synchronized action]　異なる物体が同じ動きをすること。
同期噴射（どうきふんしゃ） [sequential injection]　ガソリン・エンジンにおいて，常に同じクランク角度で燃料を噴射すること。
同期（どうき）モータ [synchronous motor; SM]　電源周波数に同期して回転する交流モータ（シンクロモータ）。誘導モータのロータを電磁石または永久磁石にしたもので，周波数の変換にはインバータが用いられる。これには電磁石型（巻線界磁型），永久磁石型，リラクタンス型，ヒステリシス型などがあり，派生型としてステッピング・モータがある。ハイブリッド車（HV）や電気自動車（EV）の駆動用モータには，ロータに永久磁石を埋め込んだ永久磁石型同期モータ（IPMSM）が用いられる。
銅合金（どうごうきん） [copper alloy]　銅を主成分とする合金。黄銅，青銅，燐青銅，アルミ青銅など。
頭上弁（とうじょうべん）エンジン [overhead valve engine; OHV]　吸気および排気弁をシリンダ・ヘッドに持つ構造のエンジン。バルブがピストンの頭上に配置されている。
トウ・スタート [tow start]　（エンジンの）引きがけ。他の車で引っ張ってエンジンを始動させること。
トゥースト・ホイール [toothed wheel]　歯のついた車。歯車。＝ギヤ。
等速（とうそく）ジョイント [constant velocity universal joint]　入力軸の角速度と出力軸の角速度とが等しくなる自在継手。CVジョイントとも。
銅損（どうそん） [copper loss]　銅の電気抵抗によって生じる損失電力。W/kgで表される。☞鉄損。

動的（どうてき）バランス［dynamic balance; kinetic balance］　物体が動いている状態での釣り合い。ダイナミック（カイネチック）・バランス。例走行中のホイール・バランス。対静的～。

導電率（どうでんりつ）［conductivity］　抵抗率の逆数で，物質の電流密度（i）と電界の強さ（E）との比。導電率（σ）＝i/E。

筒内噴射（とうないふんしゃ）［direct injection］　燃焼室内に燃料を直接噴射すること。例三菱のGDI。

筒内噴射式（とうないふんしゃしき）ガソリン・エンジン［direct injection gasoline engine］　燃焼室内へ燃料を直接噴射する方式（直噴式）のガソリン・エンジン。高圧燃料ポンプを用いて燃圧を10～20MPaくらいに高めたものを噴射し，燃焼方式を成層燃焼と均質燃焼に使い分けて省燃費と高出力化を図っている。三菱が1996年に「GDI」の名で国内初採用した。

銅鉛合金（どうなまりごうきん）［copper-lead alloy］　銅に鉛を添加した合金。軸受材料として鉛青銅鋳物が多く用いられる。

動粘度（どうねんど）［kinematic viscosity］　粘度をその液体の密度で割った値。SI単位m/s，従来単位cSt（センチ・ストークス）。

ドウプ［dope］　☞ドープ。

頭部傷害基準（とうぶしょうがいきじゅん）［head injury criteria; HIC］　人間が頭部に致命傷を受ける限度を，頭部に発生する減速度で表したもの。

トウ・フック［tow hook］　牽引かぎ。＝トーイング～。

動弁機構（どうべんきこう）［valve train; valve mechanism］　吸・排気弁を駆動させる機構。OHV，OHC，DOHCなどの方式がある。

動摩擦（どうまさつ）［kinetic friction］　相対運動を行っている物質の接触面に生じる摩擦。対静摩擦。

灯油（とうゆ）［kerosene］　原油蒸留の際，ガソリンと軽油の間に留出する沸点範囲150～250℃程度の留分。ケロシン。

踏力（とうりょく）［pedal effort］　ブレーキやクラッチ・ペダルを踏むのに要する力。例踏力計。

動力計（どうりょくけい）［dynamometer］　☞エンジン（シャシ）・ダイナモメータ。

動力性能（どうりょくせいのう）［engine performance］　エンジンの総合的な出力性能。エンジン・パフォーマンス。

動力伝達効率（どうりょくでんたつこうりつ）［efficiency of power transmission］　エンジンで発生した出力が駆動輪に伝わる割合。

動力伝達装置（どうりょくでんたつそうち）［power train system］　☞パワー・トレーン。

動力取（どうりょくと）り出（だ）し装置（そうち）［power take-off; PTO］　エンジンやトランスミッションに付設された動力取り出し装置。パワー・テークオフ。

動力分割機構（どうりょくぶんかつきこう）［power divider］　トヨタがハイブリッド・システム（THS）に採用した新機構。電気式無段変速機内部のジェネレータとモータとの間に配置されたプラネタリ・ギアで，エンジンからの動力を「走行」と「ジェネレータの発電」とに効率よく振り分ける連続無段変速機（CVT）の役目をしている。

道路運送車両法（どうろうんそうしゃりょうほう）［road vehicles act］　自動車の登録・検査制度や点検基準・保安基準などを規定した日本の法規で，主管は国土交通省。

トウ・ロープ［tow rope］　（車などを引く）引き綱。

道路交通法（どうろこうつうほう）［road traffic law］　道路における車両や歩行者の交通方法その他のルールを規定した日本の法規で，主管は警察庁。

道路標識認識支援（どうろひょうしきにんしきしえん）［road sign recognition assist］　☞ロード・サイン・インフォメーション，トラフィック・サイン・アシスト。

ドエル［dwell］　（機械の）しばらくの休止。

ドエル・アングル［dwell angle］　ドエル角。例ブレーカにおいて，ポイントが閉じた状態でカム軸が回転する角度。その大小はポイントすき間に関係があり，すき間が大きければドエル角は小さい。＝カム〜。クロージング〜。

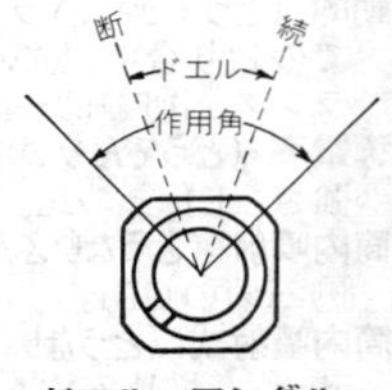

ドエル・アングル

ドエル・タイム [dwell time]　（機械が）休んでいる時間。例ブレーカのポイントが閉じた状態でいる時間。その大小がスパークの強さに関係する。

ドエル・タコ・テスタ [dwell tacho tester]　ドエル（ブレーカの閉角）とタコ（回転速度）との両用試験器。これが組み合わせられる理由は，どちらも一次電流の流れ方によって計測できるからである。

ドエル・テスタ [dwell tester]　ドエル角試験器。＝〜メータ。

トエルブ・シリンダ [twelve cylinder]　12シリンダ，12シリンダ・エンジン。2列6シリンダ。V型又は水平対向型に作られる。例高級乗用車。

トエルブポイント・レンチ [twelve-point wrench]　12角レンチ。

トエンティアワー・レーティング [twenty-hour rating]　20時間率。例バッテリの点灯容量を表す時間率の一つ。

トエンティアワー・レート [twenty-hour rate]　20時間率。同前。

トー [toe]　①つま先。②車輪の前端。③傘歯車の歯の部分的名称では歯幅の狭い方の端。＝トウ。

トーアウト [toe-out]　（前輪の）先開き。左右前輪がV字形に開いていること。例強く変向するときの姿勢。対トーイン。

トーイン [toe-in]　（前輪の）先閉じ。左右前輪が逆V字形に閉じていること。前輪が直進方向を向いているときはこの姿勢である。

トーイン・ゲージ [toe-in gauge]　トーイン計測器。左右車輪に当ててトーイン量寸法を計測するもの。光学式のものもある。

ドー・ガム [dough gum]　練ったゴム。

トー・コンタクト [toe contact]　つま先当たり。例終減速用傘歯車において相手歯車との歯の当たりがトー（歯幅の狭い方）に偏っていること。対ヒール〜。

ドーザ [dozer]　①うたた寝する人。②ブルドーザの略称。

トーショナル・ダンパ [torsional damper]　ねじり振動止め。軸のねじり弾力による振動防止装置。例㋑クランクシャフトの〜。㋺プロペラシャフトの〜（大型車）。

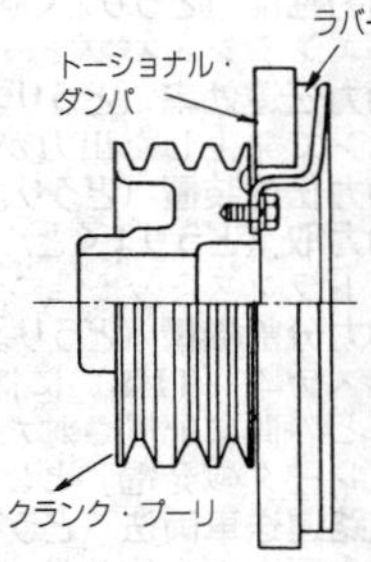

トーショナル・バイブレーション [torsional vibration]　ねじり振動。クランクシャフトやプロペラシャフトなど長い軸を回転するとき回転力の不同とこれを反発する弾性とによって起こる振動。

トーショナル・バランサ [torsional balancer]　ねじり振動止め。＝〜ダンパ。ハーモニック〜。

トーション・ゴム [torsion gum]　ねじり力の緩衝ゴム。例㋑クラッチ板の緩衝ゴム。㋺エンジン・マウントのゴム。

トーション・スプリング [torsion spring]　①ねじりばね。例トーション・バー。②ねじり緩衝ばね。例クラッチ板の緩衝ばね。

トーショナル・ダンパ

トーション・バー [torsion bar]　ねじり棒ばね。ねじり方向に弾力のあるばね。例㋑ローリングを防ぐスタビライザ用。㋺車体サスペンション用。

トーションバー・スプリング [torsion-bar spring]　同前。

トーション・ビーム [torsion beam]　ねじり振動に耐えるための長い部材。

トーション・ビーム式（しき）サスペンション [torsion beam type suspension]　車軸

式サスペンションの一種で，左右の車軸を結ぶビームがロール時に捩れる構造のもの。ビームの前後方向の位置により，アクスル・ビーム，ピボット・ビーム，カップルド・ビーム，の3種類がある。例FF車のリヤ・サスペンション。

ドージング・システム [dosing system] ☞尿素SCRシステム。

トースカン [scribing block] 検面具，け書き工具の一つで旋盤作業において芯振れを検査するときに用いる。英サーフェース・ゲージ，スクライビング・ブロック。

トータル・ウェイト [total weight] 総重量。＝グロス〜。

トータル・ギヤ・レシオ [total gear ratio] 総変速比，総減速比。一般に変速機の変速比と終減速装置の減速比の積で表される。

トータル・クオリティ・コントロール [total quality control; TQC] ☞TQC。

トースカン

トータル・ハイドロカーボン [total hydrocarbon] ☞THC。

トータル・マイレージ [total mileage] （車の）全走行距離。

トータル・リダクション・レシオ [total reduction ratio] 総減速比。

トータル・ロード [total load] 全荷重。

トーチ [torch] ①（一般に）トーチ・ランプの略称。②溶接用吹管。③たいまつ。

トーチ・イグニション [torch ignition] 噴炎点火法。成層燃焼方式の一つで，主燃焼室には希薄混合気，副燃焼室には濃厚混合気を吸入，副室のガスにプラグで点火し，その噴炎が主室の希薄混合気を燃焼させる。☞CVCC。

トー・チェンジ [toe change] （二輪車などの）つま先変速。足変速。ペダルを踏み込むだけで1，2，3と変速されるロータリ式変速装置。

トーチ・ランプ [torch lamp] 噴炎灯。ガソリン又は石油に圧力を加えて噴出燃焼させるものでハンダ付けのこて焼きその他塗装はがし等一般加熱作業に用いる。一般に予熱を要するがLPGを燃料とする即用式もある。

ドーナツ・コイル [doughnut coil] ドーナツ型線輪。例オルタネータの界磁線輪。

ドーナツ・タイヤ [doughnut tire] ドーナツ型タイヤ。太さ太く内径小さく超低空気圧で，洋菓子ドーナツに似た外観のタイヤ。＝バルーン〜。

トーピード・ボデー [torpedo body] （競走自動車などの）水雷型車体。

ドープ [dope] ①アンチノック剤。アンチノック剤入りガソリン。②レーシング・カーや高圧縮エンジン用アルコール基燃料。

ドープ・スカベンジング [dope scavenging] （2ストローク式）反転掃気式。

トー・ボード [toe board] （運転席などの）踏み板。

ドームヘッド・シリンダ [dome-head cylinder] 半球形燃焼室のシリンダ。

ドームヘッド・ピストン [dome-head piston] 丸頭型ピストン。ヘッドが球状に盛り上がったピストン。

ドーム・ランプ [dome lamp] 天井灯，室内灯。

トーラス [torus] 円環体。例流体クラッチのポンプやタービン。

トール [toll] （通路の）使用料，通行税，駐車場使用料金。

トール・ゲート [toll gate] 有料道路や橋の出入口にある料金徴収所。

トール・バー [toll bar] （道銭を払って開けてもらう）遮断棒。＝〜パイク。

トール・パイク [toll pike] 同前。

トール・ハウス [toll house] 通行料徴収人の詰め所。料金所。

トール・ブース [toll booth] ☞トール・ハウス。

トール・ロード [toll road] 有料道路。

トーン [tone] 調子，音色。例㋑（音の）ツートーン。㋺（色の）ツートーン・カラー。

ド・カルボン式（しき）ショック・アブソーバ [de carbon type shock absorber] シリンダの下部に高圧ガスを封入した単筒式のショック・アブソーバ。作動中どんな条件でもオイルが負圧になることはないため，キャビテーションが発生せず，安定した性能を得ることができる。ド・カルボンは発明者の名前。＝モノチューブ・タイプ〜。

ドグ [dog]　つかみ金。回し金。鉄かぎ。例 旋盤のつかみ金。

ドグ・クラッチ [dog clutch]　（凹凸の）かみ合いクラッチ。回転軸の断続装置。＝クロー〜。ジョー〜。例 変速機の直結ギヤ。

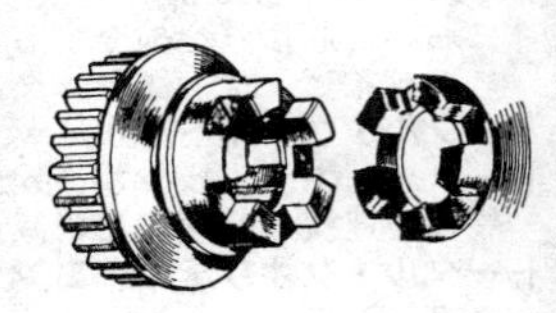
ドグ・クラッチ

特殊鋼（とくしゅこう） [special steel]　特殊な性能や用途のため，鉄鋼にクロムやモリブデンなどを添加した鋼材。

特装車（とくそうしゃ） [special purpose vehicle]　特別な用途向けに製作された車。例 ダンプ・トラック，タンクローリ，トレーラ，積載車，塵芥車。

ドクタ [doctor]　①調整器，補正器。例 ブレーキ〜。②医者。例 カー〜。

特定（とくてい）フロン [specified flon]　オゾン層の破壊による皮膚ガンの発生等で問題になり，国連により2000年までに全廃を決められていたCFC（chloro-fluoro-car-bon：クロロフルオロカーボン）のこと。CFC-11，-12，-113，-114，-115などがあり，カー・エアコンの冷媒にはCFC-12（フロン12）が使用されていた。代替フロンとしてHFC（hydro-fluoro-carbon）やHCFC（hydro-chloro-fluoro-carbon）があるが，自動車用にはHFC134aが使用されている。フロンはフルオロカーボンの略。☞ノンフロン・カーエアコン。

独立懸架（どくりつけんが） [independent suspension]　左右輪を車軸で連結せずに，それぞれ独立に運動できるようにした懸架装置。

トグル・ジョイント [toggle joint]　ひじ継手。直角方向に力を大きくして伝える継手。

トグル・スイッチ [toggle switch]　ひじスイッチ。つまみを起こしたり倒したりするスイッチ。＝タンブラ〜。例 豆スイッチ類。

時計回（とけいまわ）り [clockwise]　時計の針が回転する方向。右回り。対 anticlockwise（左回り）。

塗装（とそう）ブース [painting booth; spray booth]　塗装を行うための専用の部屋。☞スプレー〜。

ドッキング [docking]　ドックに入ること。修理のため車を工場に入れること。

トッグル [toggle]　ひじ。＝トグル。

ドット [dot]　①点，斑点。②点を打つ。☞dpi。

ドット・パンチ [dot punch]　小点を打ち込むポンチ。刻印用ポンチ。

トッピング [topping]　①頂部，上部，上端。例 屋根，カウル。②原油の蒸留において初めに出てくる部分を採取すること。

トップ [top]　①頂上，屋根，ほろ。例 ハード〜。②（変速機で）一直結状態。〜ギヤ。③原油の蒸留で最初の揮発部分。

トップ・インチ [top inch]　（ピストン行程上死点から）1インチ（25.4mm）の部分。シリンダの最も摩耗しやすい部分。

トップ・ウィッシュボーン [top wishbone]　（ダブル・ウィッシュボーン型において）上のウィッシュ・ボーン。＝アッパ〜。

トップ・ギヤ [top gear]　頂速ギヤ。変速機において変速比が1：1の直結状態。

トップ・キャッピング [top capping]　（タイヤの）表面を修繕する。張り替える。＝リキャッピング，リトレッド。

トップ・コート [top coat]　①外とう。＝トッパ。②（塗装の）上塗り。

トップ・シェイド・グラス [top shade glass]　太陽光線のまぶしさを防ぐため，ガラス上部を遮光処理したもの。☞ティンテッド〜。

トップ・スラット・アイアン [top slat-iron]　（車体）ほろ骨の腕金装置。

トップ・テザー・アンカ [top tether anchor]　☞テザー・アンカ。

トップ・デッド・センタ [top dead-center; TDC]　（ピストンなど往復運動の）上死点。ピストンが燃焼室側に上昇した終点。＝アッパ〜。対ボトム〜（BDC）。

トップ・フィード・タイプ [top feed type]　（気化器フロート・チャンバへ）上から流入させる方式。対ボトム〜。

トップ・ボウ [top bow]　弓型のほろ骨。

ドップラ効果（こうか） [Doppler effect]　音や光などの波動の源や観測者が移動している時，波動の振動数が異なって観測される現象。例踏み切りなどで聞く汽笛の音は，列車が近づくとき高く，遠ざかるとき低く聞こえる。オーストリアの物理学者J.C.ドップラが1842年に，この現象を発見した。車間距離制御用のミリ波レーダに，この原理を応用。

トップ・ランド [top land]　上段部分。例ピストンにおいてトップ・リングの上の段部。高温になり潤滑も不十分なので最も摩耗しやすい部分。

トップ・ランナ方式（ほうしき） [top runner method]　例えば，国が新たに車両の燃費目標を策定する場合，現在商品化されている製品のうち，最も優れた省エネ性能以上にする方式。現実味のある目標設定方式。

トップ・リング [top ring]　（ピストンの）最上部リング。第1リング。

ド・ディオン・アクスル [De Dion axle]　フランスのド・ディオン社が開発した後車軸の一形式で，左右車輪を固定車軸によって支持し，フレームに固定した減速および差動歯車から，自在継手付駆動軸によって動力を伝えるもので，ばね下重量が軽減されることが特長であるが，構造が複雑となるため余り使用されない。

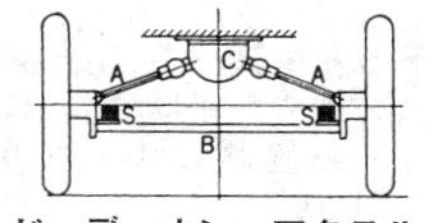

ド・ディオン・アクスル

ドナー [donor]　（半導体において）電子伝導をもたらす不純物。例N型半導体を作るため，シリコンやゲルマニウムに加えるアンチモン，ひ素，リン等。☞アクセプタ。

トノウ [tonneau]　（客室の）後部座席のある部分。＝トノー。

トノウ・カバー [tonneau cover; parcel cover]　ハッチバック系車両のラゲージ（トランク）と居室を仕切るためのトレイ状の板。＝〜ボード。

登坂抵抗（とはんていこう） [grade resistance; climbing resistance]　車両が登坂するとき，これを妨げようとする力（重力により発生する力）。

登坂能力（とはんのうりょく） [hill climbing ability]　車両が最大積車状態で登坂できる最大傾斜角の正接値。

飛（と）び出（だ）し検知機能付（けんちきのうつ）きBASプラス [BAS plus with jump out detection]　☞BASプラス。

トミー・バー [tommy bar]　回し柄。T字型バー。

トミーヘッド・ボルト [tommy-head bolt]　T字形ボルト。

トミー・レンチ [tommy wrench]　T字形ねじ回し。T形レンチ。

トヨタ・セーフティ・センス [Toyota safety sense]　予防安全装置のパッケージで，トヨタが2014年に発表したもの。低速域から高速域まで衝突回避支援または被害軽減を図るもので，2015年から導入し，2017年までに日本，北米，欧州のほぼ全ての乗用車に設定を予定している。これには主にコンパクト・クラス向けの単眼カメラとレーザ・センサなどを用いた「トヨタ・セーフティ・センスC」と，ミリ波レーダと単眼カメラなどを用いたミディアム／プレミアム・クラス向けの「トヨタ・セーフティ・センスP」がある。前者（C）は衝突回避支援型プリクラッシュ・セーフティ（PCS），レーン・ディパーチャ・アラート（LDA），オートマティック・ハイビーム（AHB）で，後者（P）は歩行者検知機能付き衝突回避支援型プリクラッシュ・セーフティ（PCS）やレーダ・クルーズ・コントロールなどで構成されている。

ドライ・アイス [dry ice]　固形炭酸。固体無水炭酸を圧縮して使いやすくした冷凍剤。常圧では−78.5℃で昇華する。例 バルブ・シート入れ替え作業においてシート・リングを冷却収縮させるときに用いる。

トライアクスル・トラック [triaxle truck]　3車軸トラック。

トライアル・ラン [trial run]　試運転走行試乗。

トライアンギュラ・ファイル [triangular file]　三角やすり。

トライアングル [triangle]　三角形，三角形のもの，三角定規。

ドライ・ウェイト [dry weight]　乾燥重量。例 燃料，冷却水，潤滑油等を入れていない状態の車の重量。対 カーブ〜。

トライオード [triode]　（電気）3極あるもの。例 トランジスタのように，ベースB，コレクタC，エミッタEの3極を持つもの。☞ダイオード。

ドライ・グラインディング [dry grinding]　乾燥研磨。砥石に注油又は注水しないで行う研磨作業。

ドライ・クラッチ [dry clutch]　乾式クラッチ。クラッチが乾燥状態で作用するもの。対 ウェット〜。

ドライサンプ・ルブリケーション [dry-sump lubrication]　サンプ（オイル・パン）に油を保有しない潤滑法。供給用（フィード）と返送用（スカベンジ）の2ポンプを備え，レザーバ（タンク）から供給したオイルがサンプに集まるとこれを返送ポンプがタンクへ吸い上げ循環する方式。例 レーシング・エンジン。

トライシクル [tricycle]　三輪車。オート三輪。＝スリー・ホイーラ。

ドライ・スート [dry soot]　遊離炭素，すす。主にディーゼル・エンジンの排気ガス中の粒子状物質（PM）の中に含まれる固体状の炭素質成分で，燃料の不完全燃焼や熱解離によって生成され，ディーゼル・スモークの主成分となっている。☞SPM。

トライ・スクエア [try square]　正角定規，かね尺，指し金。

ドライ・スターティング [dry starting]　乾燥状態始動。長く休車してシリンダが乾燥している状態での始動。かかりにくいためシリンダへオイルを注入する必要がある。

ドライ・セル [dry cell]　乾電池。対 ウェット〜。

ドライ・タイプ・エア・クリーナ [dry type air cleaner]　乾式空気清浄器（空気濾過器）。現在，一般に使用されている濾紙式などのエア・クリーナを指す。古く用いられたオイル・バス式（湿式）との対比で用いられる。

ドライディスク・クラッチ [dry-disc clutch]　乾板式クラッチ。＝ドライ・プレート〜。

トライトラック [tritruck]　三輪貨物自動車。オート三輪貨物車。

ドライバ [driver]　①自動車運転者。②動力伝動部。回し側。③打ち込み機。④ねじ回し。

ドライバーズ・シート [drivers seat]　運転者席。運転席。

ドライバ・アラート・コントロール [driver alert control; DAC]　居眠り運転防止装置の一種で，ボルボが2007年に採用したもの。時速65km以上の速度でデジタル・カメラが車両と路面の車線の距離を計測し，ふらつき運転を始めると音声信号で警告を発するとともに，コーヒー・カップのアイコンとメッセージで休憩を促す。

ドライ・バッテリ [dry battery]　懐中電灯などに使う乾電池。

ドライバ・ディストラクション [driver distraction]　運転中に携帯電話などを使うことにより，注意が散漫になること。1999年11月以降，法律により運転中の携帯電話の使用は禁止となっている。ディストラクションとは，「気を散らすこと」。

ドライバビリティ [drivability]　自動車の運転感覚。

ドライバ疲労検知（ひろうけんち）システム [fatigue detection system]　ドライバのステアリング入力や角度をモニタリングし，疲労や眠気による急なステアリング操作など通常の運転パターンと異なる動きを検知して，インディケータの表示とブザーで休憩を促す装置。VWが採用したもので，インディケータの表示にはコーヒ・カップの絵が出る。

ドライバ・モニタ付（つ）きプリクラッシュ・セーフティ・システム [pre-crash safety system with driver's eye monitor]　衝突予知安全装置（PCS）の進化版で，トヨタが2008年に採用したもの。車両前方を監視するミリ波レーダに加え，ドライバの顔向きや眼の開閉状態を検知するカメラを備え，衝突の可能性がある場合には表示とブザーで警告を発し，状態が改善されない場合には警報ブレーキ（自動ブレーキ）を作動させる。2006年にレクサスに装備された同様のシステムでは，前方車両や障害物を検知するミリ波レーダに歩行者検知機能を加え，ドライバのわき見運転防止装置を連動させた「ドライバ・モニタ付きミリ波レーダ・ステレオカメラ・フュージョン方式プリクラッシュ・セーフティ・システム」が採用されている。夜間の歩行者検知には，近赤外線を利用。

ドライビング [driving]　①動力推進の，駆動の。対コースティング。②自動車の運転，操縦。

ドライビング・アクスル [driving axle]　駆動車軸。例FR車の後車軸。

ドライビング・アシスト・プラス [driving assist plus]　自動緊急ブレーキの一種で，BMWが2012年に採用したもの。前車への追突の危険がある場合にドライバへ警告を発する前車接近警告機能や，警告を出したにもかかわらず，さらに近づいて危険がある場合に自動的にブレーキを作動させて衝突を回避・被害の軽減を図る衝突回避・被害軽減ブレーキ機能を備えている。フロント・バンパ内に組み込まれたミリ波レーダとインナ・ミラーに装備されたカメラをセンサとして，時速40kmまでであれば衝突を回避することができる。

ドライビング・ギヤ [driving gear]　①駆動歯車。②運転装置。

ドライビング・クロー [driving claw]　駆動つめ，クロー・クラッチのつめ。

ドライビング・サイド [driving side]　駆動側。対リービング・サイド。

ドライビング・シミュレータ [driving simulator]　運転模擬装置。各種条件下での自動車運転者の挙動や車両の挙動を解析・調査するもの。

ドライビング・シャフト [driving shaft]　駆動軸。対ドリブン〜。

ドライビング・スクール [driving school]　自動車の運転を習う学校，自動車教習所。

ドライビング・チェーン [driving chain]　駆動鎖。例タイミング用。

ドライビング・ピニオン [driving pinion]　駆動小歯車。終減速機の小歯車。通称ミッド・ギヤ。＝ドライブ・ピニオン。

ドライビング・フィット [driving fit]　打ち込み合わせ。かん合法において軽く打ち込める程度のはめ合い。

ドライビング・フォース [driving force]　駆動力。

ドライビング・ホイール [driving wheel]　駆動車輪。例FR車の後輪。

ドライビング・ポジション [driving position]　運転姿勢，運転座席位置。例マイコン・プリセット式〜システム（コンピュータによる運転姿勢記憶システム）。

ドライブ [drive]　①運転する，操縦する，車を駆る。②推進する，駆動する。③（ピンなどを）打ち込む。④自動車で出かける。⑤自動車道。⑥駆動装置。

ドライブイン [drive-in]　乗り込みの，乗ったままでの。例乗り込みの食堂，映画館，デパート，銀行など。

ドライブ・ウェイ [drive way]　自動車道，車道，（屋敷内の）車回し。

ドライブ・エンド [drive end]　（モータなどの両端を区別する場合の）駆動側。対コミュテータ〜。

ドライブオン・タイプ [drive-on type]　乗り入れ型。例㋑乗り入れ型のオート・リフト。㋺乗り入れ型の重量計。

ドライブ・ギヤ [drive gear]　駆動側歯車。例スピードメータ・ドライブ・ギヤ。対ドリブン・ギヤ。

ドライブ・シャフト [drive shaft]　駆動軸。①ディファレンシャルからの動力を車輪に伝達する軸。＝アクスル・シャフト。②変速機からディファレンシャルまで動力を伝達するユニバーサル・ジョイントを有する軸（＝プロペラシャフト）。

ドライブ・スタート・コントロール [drive start control; DSC]　AT（自動変速機）やCVT（無段変速機）などを搭載した車両において，通常とは異なるシフト操作をした場合（例えば，アクセルが踏み込まれた状態でシフト操作が行われた場合）に急発進を抑制する装置。トヨタが2012年に採用したもので，駐車時にアクセル・ペダルやシフト・レバーの誤操作を行った場合，エンジンやモータの出力，ブレーキを自動制御して障害物との衝突被害を軽減するもので，インテリジェント・クリアランス・ソナー（ICS）とセットで用いる。☞誤発進抑制制御。

ドライブ・スルー [drive through]　車に乗ったまま買い物などができる店の方式。例ハンバーガ・ショップ。

ドライブ・トレイン [drive train]　動力伝達系列。エンジンから駆動車輪に至る動力伝達装置。＝ドライブ・ライン，パワー・トレイン（トレーン）。

ドライブバイワイヤ・システム [drive-by-wire system; DBW]　☞ DBW。

ドライブ・ピニオン [drive pinion]　駆動小歯車。終減速装置に用いる。

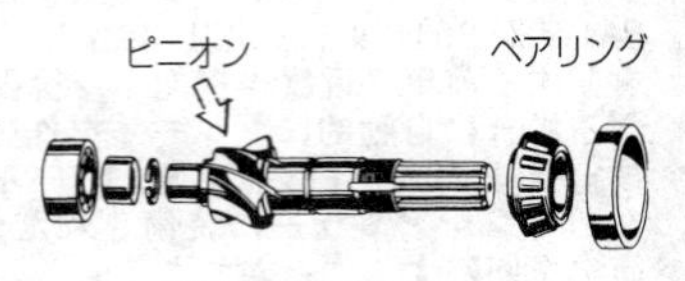

ドライブ・ピニオン

ドライブ・フィット [drive fit]　打ち込み合わせ。＝ドライビング〜。

ドライブ・プレート [drive plate]　駆動側板皿。例自動変速機のトルク・コンバータが取り付けられているフライホイール部分。

ドライブ・マップ [drive map]　運転者用の道路地図。

ドライブ・ライン [drive line]　動力伝達経路。例エンジンからホイールまでの伝動系統。＝パワー・トレーン，パワー・トランスミッション。

ドライ・フリクション [dry friction]　乾燥摩擦。滑り摩擦のうち，摩擦面が油や水に汚れていない状態の固体間摩擦。対グリージー〜。

ドライプレート・クラッチ [dry-plate clutch]　乾板式クラッチ。＝ドライディスク〜。

ドライブ・レコーダ [drive data recorder; DDR]　事故発生時の映像や車両の状況を記憶する装置。衝突や急ブレーキなどで0.4G以上の衝撃をセンサが感知すると，カメラが衝突前後の車速や減速度，操舵角の変化，ブレーキ操作の有無などを映像とともに20〜30秒間くらい記録する。このレコーダをフロント・ガラス付近に取り付け，内蔵されたカード型の記憶媒体（SDカードなど）をパソコンなどで再生する。これは航空機のフライト・レコーダを模したもので，国土交通省が2005年度にタクシー事業者を中心に行った搭載効果の検証結果では，24事業者中の20社で事故低減の効果があったと報告されている。アクシデント・データ・ボックスとも。☞ EDR。

ドライブ・レンジ [drive range]　Dレンジ，AT車のセレクタ・レバーが普通走行のD（ドライブ）段を示す状態。

トライボメータ [tribometer]　摩擦計。

トライボロジー [tribology]　摩擦学。

ドライヤ [drier; dryer]　①乾燥機，乾燥装置。②（塗料に入れる）乾燥促進剤。

トライヤル [trial]　試験，挑戦する。＝トライアル。

ドライ・ライナ [dry liner]　乾式ライナ。例シリンダ・ライナのうち，冷却水が直接ライナに触れないもの。一般にスリーブという。対ウェット〜。

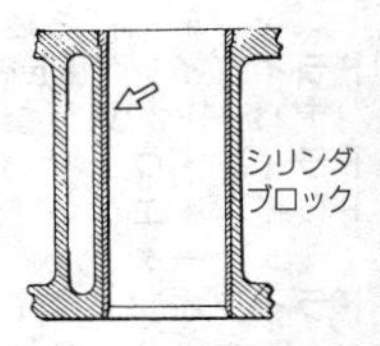

ドライ・ライナ

ドライング・ランプ [drying lamp]　乾燥用ランプ。例塗装の乾燥に用いる赤外線灯。

トラクション・インジケータ [traction indicator]　牽引力計。

トラクション・エンジン [traction engine]　牽引自動車。

トラクション・コントロール・システム [traction control system]　雨，積雪，凍結などで滑りやすい路面にて，コンピュータによりエンジンの出力や制動力を制御して，タイヤの空転を防止するシステム。例 TRC，TCL，TCS。

トラクション・ホイール [traction wheel]　牽引車輪。例 前輪駆動車における前輪。

トラクタ [tractor]　牽引自動車。トレーラを牽引する自動車。動力部と操縦席とからできており，車輪はホイール式とクローラ式がある。

トラクタ・ショベル [tractor shovel]　（建設機械の一種）ブルドーザの排土板の代わりにすくい上げのショベルを取り付け，ブルドーザ，ショベル，クレーン等の機能を持たせたもの。

トラクタ・タイプ・ジョイント [tractor type joint]　トラクタ型継手。等速継手の一種。両軸に取り付けた二又の間に2個のスライダ（滑り子）を直角に入れたもので，推進軸に大きい屈折角があってもその周速に変化が起こらず等速回転する。

ト

トラクタ・トラック [tractor truck]　牽引用貨物車。車台が短く荷箱のない貨物自動車で，主にトレーラ又は他のトラックを牽引する。

トラクタ・ドローバー [tractor draw-bar]　牽引自動車用牽引棒。トレーラを引く棒。

トラクタ・プロテクション・バルブ [tractor protection valve]　牽引自動車保護弁。トレーラ切り離しの際，トラクタの空気だめ管とサービス管を締め切ってブレーキ系統を保護する弁。

トラクティブ・アビリティ [tractive ability]　牽引能力。最大積載状態の自動車を牽引できる最大余裕力。

トラクティブ・フォース [tractive force]　牽引力。他の車や物体を牽引しているときに使われる力。

トラス [truss]　（一種の）けた，三角形に組み立てたけた材。例 フレームの一部分。

トラス・ロッド [truss rod]　（ボデー部材）けた組みの支え棒。

トラッカ [trucker]　トラック運転手。トラック運送業者。

ドラッギング [dragging]　①（重いものを）引く，引きずる。例 ㋑ブレーキの引きずり。㋺クラッチの切れ不良。②ドラッグ・レースをすること。

トラッキング・ゲージ [tracking gauge]　トレッドやホイール・ベースの他，ボディ各部の寸法を測定する計測器。

トラック¹ [track]　①わだち，通った跡。②走路，競走路。③左右車輪の間隔。輪距＝トレッド。④トラクタの無限軌道。

トラック² [truck]　①貨物自動車。＝ローリ。②荷物車，手押し車。＝トロッコ。

ドラッグ [drag]　①（重い物を）引く，引っ張る。＝ドラッギング。②（ホット・ロッドなどによる）自動車スピード競走。

トラック・アーム [track arm]　（かじ取り用の）腕金。かじ取り関節とドラッグ・リンクを連結するアーム。＝ナックルスラスト～。サード～。

トラック・クレーン [truck crane]　（建設機械）トラック・シャシに独立した機関を持つクレーンを架装したもの。

ドラッグ・ショベル [drag shovel]　（建設機械）トラック・シャシに掘削作業用ショベルを架装したもの。＝プル～。

ドラッグスター [dragster]　停止状態から発進し，1/4マイルをいかに短時間で走るかを競うドラッグ・レース用に作られた車。市販車を改造して作られた車（ホット・ロッド）から，本格的な専用競走車まで様々なレベルがある。

ドラッグ・ストリップ [drag strip]　ドラッグ・レース専用の直線1/4マイルのトラック。

トラック・ターミナル [truck terminal]　①貨物積み降ろしのためトラックを停留させ

るところ。②法の規定では，一般路線貨物自動車運送事業の用に供する自動車ターミナルをいう。
トラック・トラクタ [truck tractor] ☞トラクタ・トラック。
ドラッグ・トルク [drag torque] 引きずりトルク。クラッチやブレーキなどを作動させていないときに，連れ回りにより生じる摩擦トルク。
トラック・トレーラ [truck trailer] 被牽引自動車。＝トレーラ。
トラック・バー [track bar] （車体の横振れを防ぐ）左右方向の突っ張り棒。＝ラテラル・ロッド。
ドラッグ・リンク [drag link] 引き棒。例かじ取り装置において，ピットマン・アームからタイロッドへ力を伝え，押したり引いたりする棒。＝ステアリング・コネクティング・ロッド。

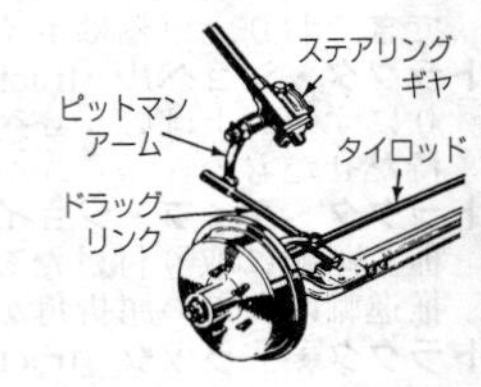

ドラッグ・リンク

トラックル [truckle] （滑車などの）小車輪，滑車。
トラック・レース [track race] トラック（競技場）で行う競走。対フィールド～。
ドラッグ・レース [drag race] 1/4マイル（約403m）の直線コースを，専用に改造された車で加速力を競う競技。
トラックレス・カー [trackless car] 無軌条車。例トロリ・バス。
トラックレス・トロリー [trackless trolley] 無軌条電車。＝トロリー・バス。
トラック・ロード [truck load] トラック1台分の荷物。
トラック・ロッド [track rod] ①（かじ取りの）タイロッド。②（車体の横振れを防ぐ突っ張り棒。＝ラテラル～。アンチスウェイ・バー，パナール・ロッド。
ドラッグ・ロッド [drag rod] ☞ドラッグ・リンク。
トラップ [trap] わな，落とし穴，捕えるもの。例燃料や滑油中の不純物を捕えるもの。すなわち除じん器，清浄器。
トラニオン [trunnion] 耳軸，かんざし軸。例㋑ピストン・ピン。㋺後二軸車スプリングの中点支持軸。㋩～ジョイントの耳軸。
トラニオン・シャフト [trunnion shaft] ☞トラニオン。
トラニオン・ジョイント [trunnion joint] 耳軸型継手。推進軸端に軸と交わる耳軸を設け，これに鋼球を通したものを相手のハウジングに入れたもの。＝ボール・アンド～。
トラバーサ [traverser] ①（駐車場などで）車両を持ち上げ横に移動させる装置。②横断者，横断物。
トラバーサ・テーブル [traverser table] 遷車台。＝トラバーサ。
トラバース [traverse] ①横切る，横断。②横材，横断路。
トラバースト・ガレージ [traversed garage] 横向き車庫。車両の出し入れにトラバーサを用いる車庫。
トラバース・ドリー [traverse dolly] 横向き運搬具。車両を乗せ（つり）横方向に移動させる装置。
トラフィケータ [trafficator] 方向指示器。＝ターン・シグナル，ウインカ。
トラフィック [traffic] ①交通，通行，往来。②交通量，運輸量。③運賃収入。
トラフィックアイ・ブレーキ [Traffic-eye brake] ミリ波レーダ等を用いた衝突被害軽減ブレーキの一種で，日産ディーゼルが2007年に採用したもの。2010年には社名がUDトラックスと変わり，2012年には，この装置は標準装備化された。
トラフィック・アイランド [traffic island] （街路の）安全地帯。
トラフィック・アクシデント [traffic accident] 交通事故。
トラフィック・カウンタ [traffic counter] 交通量計算器。
トラフィック・コントロール [traffic control] 交通整理。

トラフィック・サークル [traffic circle] 円形交差点。＝ロータリ。
トラフィック・サイン・アシスト [traffic sign assist] 交通標識を読み取り，一方通行の逆走や速度制限を超えると警告を発する装置。交通標識認識支援（TSR）の一種で，ダイムラー（MB）が2012年に新型車に採用したもの。
トラフィック・シグナル [traffic signal] 交通信号。
トラフィック・ジャム [traffic jam] 交通渋滞。交通量がジャムを瓶に詰めたようにギュー詰めの状態であること。トラフィック・コンジェスチョン，ボトルネックとも。
トラフィック・ジャム・パイロット [traffic jam pilot; TJP] 混雑した道路上において，自動運転を可能にする技術。日産自動車では，2016年末までの導入を目指している。
トラフィック・チケット [traffic ticket] （交通巡査が渡す）交通違反カード。
トラフィック・デンシティ [traffic density] 交通量。
トラフィック・ノイズ [traffic noise] 交通騒音。
トラフィック・ビーム [traffic beam] ヘッドライトの高い光束。＝ハイ・ビーム。
トラフィック・ペイント [traffic paint] 交通標識線を描くのに用いる路面用の塗料。
トラフィック・ポリスマン [traffic police-man] 交通整理巡査。＝カップ。
トラフィック・ボリューム [traffic volume] 交通量。
トラフィック・ライト [traffic light] 交通信号灯。赤（止まれ），黄（注意），青（進め）などの信号灯。
トラフィック・レギュレーション [traffic regulation] 交通法規，交通規則。
ドラフティング [drafting] 製図。＝ドローイング。
ドラフティング・ペーパ [drafting paper] 製図用紙。
ドラフト・タイプ・エア・クーリング [draft type air cooling] 吸入型空気冷却法。例ファンの吸い込み気流によってシリンダを冷却するもの。対ブラスト・タイプ。
ドラフト・チューブ [draft tube] 通気管，換気管。例クランクケース通気管。＝ブリーザ～。
ドラフト・ホール [draft hole] 通気孔。
トラブル [trouble] ①（機械の）故障。②（交通の）事故。災難。
トラブル・シュータ [trouble shooter] ①故障探求者，修理技術者。②紛争解決者，調停委員。
トラブル・シューティング [trouble shooting] 故障原因の探究。
トラペゾイダル・ベルト [trapezoidal belt] （断面が）台形のベルト。＝Vベルト。
トラベラ [traveller] ①（工作機械の）走行台。②旅行者。
トラベリング [travelling] ①（機械などの）移動する，可動の。②旅行用の。
トラベリング・タックス [travelling tax] 通行税，旅行税。
トラベリング・ロード [travelling load] 移動荷重。＝ムービング～。
トラベル [travel] ①（車が）走る。②（機械が）動く。③（遠くへ）旅行する。④行程又は動程。
トラベル・サービス [travel service] 巡回サービス，巡回修理。
ドラム [drum] （機械の）太鼓状のもの。例ブレーキ～，～カン。
ドラム・イン・ディスク・ブレーキ [drum in disc brake] ディスク・ブレーキと駐車用のドラム・ブレーキが一体となったもの。四輪ディスク・ブレーキの後輪に用いる。
トラム・ウェイ [tram way] （市街の）電車道。
トラム・カー [tram car] 市街電車。
ドラム・カム [drum cam] 円筒カム。円筒表面に溝又は突起をもったカム。
ドラム・カン [drum can] 太鼓型鉄板容器。例ガソリンやオイル容器。
トラム・ゲージ [tram gauge] ボデーの変形やねじれを測定するゲージ。

ドラムタイプ・アーマチュア［drum-type armature］　鼓状巻電機子。例 セルモータやダイナモの電機子。
ドラム・ブレーキ［drum brake］　鼓状ブレーキ。太鼓状ブレーキ・ドラムを内又は外から摩擦する構造のもの。対 ディスク～。
ドラム・ホイスト［drum hoist］　巻き胴式物上げ機。手動式と電動式がある。
トラム・ライン［tram line］　市街電車軌道。＝ストリートカー～。
トラメル［trammel］　さおコンパス。だ円コンパス。
トラランス［tolerance］　公差，許容誤差。＝トレランス。
トランク［trunk］　①乗用車後部の荷物入れ。②大かばん。
トランク・エンジン［trunk engine］　トランク・ピストンを用いた単動式エンジン。すなわち一般のエンジン。
トランク・オープナ［trunk opener］　☞トランク・リッド・オープナ。
トランク・ピストン［trunk piston］　（一端の閉じた）コップ型ピストン。すなわち，普通のピストン。
トランク・リッド［trunk lid］　荷物室のふた。
トランク・リッド・オープナ［trunk lid opener］　乗用車の荷物室の蓋を機械又は電気式で開ける装置。＝ラッゲージ・ドア～。
トランク・リッド・スマート・オープナ［trunk lid smart opener］　乗用車の荷物室の蓋をセンサを利用して開ける装置で，BMWが導入したもの。リア・バンパの下で足を動かすとセンサが反応してトランク・リッドが自動的に開くもので，携帯するキーが認識された場合のみ作動する。
トランク・ルーム［trunk room］　荷物室。
トランク・ロード［trunk road］　幹線道路。
トランジスタ［transistor］　trans-resistor からの造語。ゲルマニウムやシリコンなど半導体結晶中の電子又は正孔の動きを利用して増幅，発振等従来の真空管に代わる作用をするもので，一般にベース，エミッタ，コレクタの３極を有しNPN型とPNP型とがある。

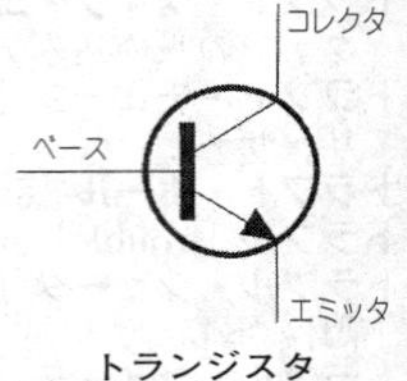

トランジスタ

トランジスタライズド・イグニション［transistorized ignition］　トランジスタを用いた点火法。フルとセミがあり，フル・トランジスタ式では従来のブレーカの代わりに信号電流を発生するピックアップを設け，その信号を受けてトランジスタがコイル一次回路を断続する。セミ・トランジスタ式では，従来のブレーカにトランジスタのベース電流を断続させ，それに基づいてトランジスタがコイルの一次回路を断続する。フルではブレーカがなく，セミではブレーカ電流が小さくなるから，従来故障の多発点といわれたポイントの問題が解決され，点火性能も向上している。何れも過去のものとなっている。
トランジット［transit］　①通過，通行。②運送，通路。
トランス［trans］　変圧器。トランスフォーマ（transformer）の略。
トランスアクスル［Transaxle］　トランスミッションとアクスル（デフ）とが一体に作られたもの。例 ㋑前輪駆動車。㋺後部エンジン車。
トランスデューサ［transducer］　エネルギーなどの物理的・化学的な量を他の形に変換する装置。例 高圧線からパルスをとるピックアップ装置。
トランストップ［trans-top］　ホンダが採用した電動開閉オープン・ルーフ・システム。約40秒でルーフをトランク室へ格納できる。
トランスバーサル・スプリング［transversal spring］　（車両に対し）横向きに取り付けた車体支持ばね。＝トランスバース～。
トランスバース［transverse］　①横切る，横の。②横断物，横筋。
トランスバース・エンジン［transverse mounted engine］　（車両に対し）横向きエン

ジン。
トランスバース・スプリング [transverse spring]　(車両に対し) 横向きに取り付けたサスペンションばね。
トランスバース・スロット [transverse slot]　横溝。例 ピストン・スカートの横溝。断熱用横溝，スリット。
トランスバース・ドラッグ・リンク [transverse drag link]　(車両に対し) 横動きのドラッグ・リンク。クロス・ステアリング車。
トランスバース・メンバ [transverse member]　(車両に対し) 横向きに使用した部材。例 フレームのクロス・メンバ。
トランスバース・ロード [transverse load]　横荷重。横向きにかかる荷重。例 旋回時遠心力で車両にかかる荷重。
トランスファ [transfer]　①移す，動かす，運ぶ，渡す。②乗り替え，乗り替え点，乗り替え切符。
トランスファ・キャリパス [transfer calipers]　写しパス。
トランスファ・ケース [transfer case]　動力分配歯車箱。例 四輪駆動車などにおいて，エンジンの動力を前後車軸へ分配する歯車箱。減速装置を有するものもある。
トランスファ・スイッチ [transfer switch]　切り換えスイッチ。回路の極性切り替え，又は接続の切り替えに使用するもの。＝チェンジオーバ～。

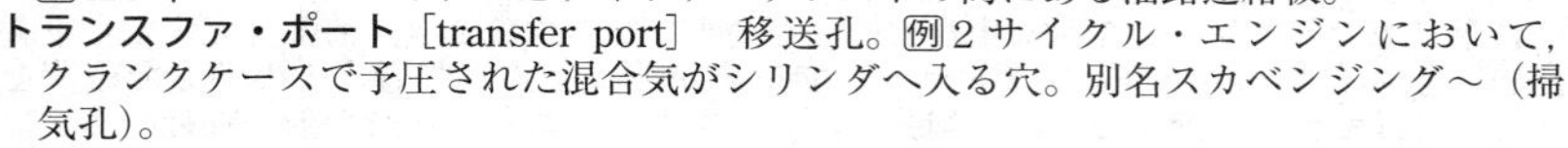

トランスファ

トランスファ・プレート [transfer plate]　連絡板。例 AT車のバルブ・ボデーとディッチ・プレートの間にある油路連絡板。
トランスファ・ポート [transfer port]　移送孔。例 2サイクル・エンジンにおいて，クランクケースで予圧された混合気がシリンダへ入る穴。別名スカベンジング～ (掃気孔)。
トランスファ・ボックス [transfer box]　☞～ケース。
トランスファ・マシン [transfer machine]　自動連続加工機械。加工に必要な専門の自動機械を加工順に配置し，自動的に工作物を送るようにした一群の装置。
トランスファ・レシオ [transfer ratio]　移送比。例 ノンスリップ・デフなど制限装置付き差動装置において，左右車軸に与えられるトルクの比率。
トランスフォーマ [transformer]　変圧器，トランス。例 点火コイル。
トランスプラント [transplant]　植え替える，移住する。例 日本の自動車メーカが海外に生産工場を建設すること。
トランスポータ [transporter]　①運送者，輸送者。②運搬輸送装置。
トランスポーテーション [transportation]　①輸送，運送，運輸。②輸送機関。
トランスポート [transport]　①輸送する，運送する。②輸送，運搬。
トランスポート・ミキサ [transport mixer]　ミキサ車。例 コンクリート・ミキサを備えたトラック。＝レミコン・トラック。
トランスポンダ [transponder]　外からの信号を受けると自動的に信号を送り返すラジオやレーダの送受信機。例 カー・セキュリティ (イモビライザ)・システムのIDコード確認用に使用。
トランスミッション [transmission]　①(動力の) 伝動装置。②(伝動装置中特に) 変速機。
トランスミッション・ケース [transmission case]　トランスミッションのギヤ類を収納する箱。
トランスミッション・コントロールド・スパーク・システム [transmission controlled spark system; TCS]　排気ガス中のHCとNO_Xを低減するための点火時期制御装置。

エンジンの暖機と運転状態を感知してバキューム進角（遅角）の負圧をON・OFFすることによって，その状態に応じた点火時期にコントロールする装置。トヨタ車に採用。

トランスミッション・ジャッキ [transmission jack]　トランスミッション脱着時に使用するジャッキ。オート・リフトなどと併用する。通称ミッション・ジャッキ。

トランスミッション・ソレノイド [transmission solenoid]　自動変速機に装備されている変速段やロック・アップ状態などを制御する電磁弁。

トランスミッション・ポジション・インジケータ [transmission position indicator]　自動変速機のシフト位置を表示する装置。床面又はメータ・パネル内にある。

トランスミッタ [transmitter]　送信器，発信器。例 ㋑電気式遠隔計器において，発信側の装置。＝センダ・ユニット。㋺方向指示器のスイッチ類。㋩リモコン・キー。

トランスレーション・カム [translation cam]　直動カム。直線往復運動によりこれと直角方向の従動部に直線運動を与える装置。

ト

トランスロット [translot]　横溝，トランスバース・スロット（transverse slot）の略。

トランドル [trundle]　（手押し車などの）脚輪，小車輪。＝キャスタ・ホイール。

トランプ [tramp]　（走行状態）重い足どり。車軸型に見られる左右の車輪が反対に振動するような状態。

トランペット [trumpet]　らっぱ，らっぱ形のもの。例 警音器のらっぱ状部分。

トリアシルグリセロール [triacylglycerol; TAG, TG]　中性脂肪の一種で，1分子のグリセロール（グリセリン）に3分子の脂肪酸がエステル結合したアシルグリセロール（グリセリド）。トリグリセリドともいい，バイオディーゼル燃料への混入率が法律（揮発油等の品質の確保等に関する法律／品確法）で規制されている。

ドリー [dolly]　①エンジンなど複雑な外形の重量物を移動するための金属製の手押し台車。②セミトレーラや事故車など動けない車を牽引するとき，前部を支える台車。

鳥居（とりい） [guard frame]　トラックで積荷が前に移動しても，この部分で積荷を受けて運転台を保護するための補強部材。アングルを組み合わせた形が神社の鳥居に似ているので，この名がある。

ドリー・ブロック [dolly block]　当て金。例 板金作業のときハンマの相手とする当て盤。

トリガ [trigger]　①引き金。例 スプレー・ガンの引き金。②制動機。輪止め。

トリガ・ジェネレータ [trigger generator]　引き金となる発電機。例 トランジスタ式点火法において点火合い図の引き金となる信号電流を発生する装置。ディストリビュータの中に設ける。別名ピックアップ〜。

トリクル・チャージ [trickle charge]　細流充電。小刻み充電。保管中のバッテリに対し自己放電量を補う程度の充電。このために用いる充電器をトリクル・チャージャという。

トリクレン [Trichlene]　トリクロロ・エチレンの商品名。

トリクロロエチレン [trichloroethylene]　$Cl-CH=CCl_2$。エチレンを塩素化し分留して得られる無色の液体で，不燃性で有毒。ゴム，油脂，樹脂，塗料等の溶剤となり，その他パーツの洗剤とする。

トリチェリ [*Torricelli*]　伊 *Evangelista Torricelli*。1608〜1647。イタリアの物理学者，数学者。いわゆる“トリチェリの真空”発見者。

トリチェリアン・バキューム [Torricellian vacuum]　トリチェリの真空。水銀中に倒立した水銀入りガラス管の上部にできる真空。大気圧下での水銀柱高さはほぼ760mm（30インチ）を示す。

ドリッピング [dripping]　滴り，しずく。例 ㋑機械から流れ落ちるオイルの滴り。㋺屋根の周りから落ちる水のしずく。

トリップ [trip]　短距離走行（旅行）。

トリップ・オドメータ [trip odometer]　短距離用記録計。随時0に戻すことができる。＝トリップ・メータ。
トリップ・カウンタ [trip counter]　☞トリップ・オドメータ。
トリップ・ギヤ [trip gear]　（止め具の）引き外し装置。
ドリップ・フィード [drip feed]　滴下注油法。例工作機などの軸受け注油法の一つで，油つぼから自動的に適度に滴下させる方法。
トリップ・メータ [trip meter]　☞トリップ・オドメータ。
ドリップ・モールディング [drip moulding]　車体の屋根周辺部に設けた雨樋に取り付ける装飾用のメッキ部品。
トリップ・ラン [trip run]　試運転。
ドリップ・レール [drip rail]　雨だれ受けとい。ボデー屋根の周りにある雨だれ受け。
ドリフト [drift]　①金属の穴に打ち込んで穴を拡大する打ち込み矢。拡大ポンチ。②（風力などによる）車両の横流れ。③（自動車レースにおいて）全速力で方向転換をして，わざと4車輪を横滑りさせること。
ドリフトアウト [drift-out]　旋回速度の増加に伴い旋回半径が維持できなくなり，外側へ滑り出すこと。強度なアンダステア現象。
ドリフトアップ・アングル [drift-up angle]　偏向角，流され角。例旋回による遠心力その他横風等により車両に横力を受けてタイヤがひずみ，かじ取り車輪の方向と車両の進行する方向との食い違い角。＝スリップ～。
ドリフト・アングル [drift angle]　同前。
ドリフト・ピン [drift pin]　（固定用の）打ち込みピン。例キングピン固定用打ち込みピン。＝ノック・ピン。
トリプル [triple]　3部分からできている。3重の，3部の。
ドリブル [dribble]　滴り，滴下，後垂れ。例ディーゼルにおいて，燃料噴射後の油切れが悪く，しずくとなって垂れること。
トリプル・ギヤ [triple gear]　3個1体の歯車。例AT車用プラネタリ・ギヤ。
トリプル・コーン・シンクロ [triple cone synchromesh]　シンクロメッシュ式トランスミッションのシンクロナイザ・リングを3個（インナ・ミドル・アウタ）使用したもの。シンクロナイザ・リングの摩擦面積を増大して同期力を大きくし，シフト操作がスムーズに行える。☞ダブル～。
トリプル・ベンチュリ [triple venturi]　3重ベンチュリ。3重ベンチュリを備えたキャブレータ。3重ベンチュリとメータリング・ロッドを採用したカーター型キャブレータが有名。☞ダブル・ベンチュリ。
トリプル・ホーン [triple horn]　三連式警音器。
トリプレックス [Triplex]　合わせガラスの商標。3重ガラス。元はセルロイド今はポリビニール・ブチラールの薄いフィルムを2枚の板ガラスの間に挟んで密着させた安全ガラス。破砕しても破片が飛散しない。☞ラミネーテッド・グラス。
トリプレックス・グラス [triplex glass]　3重ガラス。同前。
トリプレックス・ロー・チェーン [triplex row chain]　三列式ローラ・チェーン。
トリプレット [triplet]　3人乗り，3人乗り自動車。
ドリブン・ギヤ [driven gear]　従動歯車。回される方のギヤ。☞ドライビング～。
ドリブン・シャフト [driven shaft]　従動軸。回される方の軸。☞ドライビング～。
ドリブン・メンバ [driven member]　従動部。回される方の部分。
トリポード・ジョイント [tripod joint]　等速ジョイントの一種で，ハウジングと3個のローラお

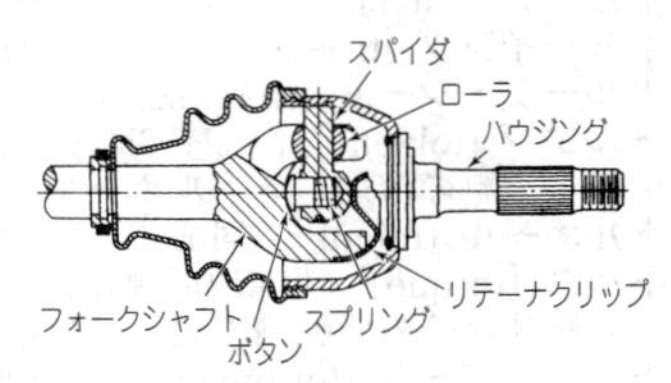

トリポード・ジョイント

よびスパイダで構成されている。ハウジングの内側に３本の溝があり，ローラの軸方向への移動を可能にし，独立懸架装置の前輪駆動車のドライブ・シャフトに広く採用されている。tripod は写真機の三脚のことで，スパイダのローラ軸が３本あることからの名称。＝トライポッド～。

トリマ [trimmer]　整頓する人，装飾する人，装飾品。例 アンテナ～。

トリミング [trimming]　①外観を整える。②車室内の飾りつけ，装飾品。③積荷などを釣り合いよく整頓すること。④プレス品，鍛造品のばり取り作業。

トリム [trim]　①整頓，装備。②装飾，飾り付け。③自動車の内装。例 ～ボード。

トリム・ハイト [trim height]　整備状態での高さ。例 タイヤやエア・サスペンション用空気圧などを正規状態にしたときの車両の高さ。

トリム・パッキング [trim packing]　車体内装用パッキング類。

トリム・ボード [trim board]　飾り板。例 ドアの内張り板。

トリム・リテーナ [trim retainer]　飾り板の支え金物。例 トリム・ボードの支え。

トリメタル [tri-metal]　３層平軸受の意。例 クランクやコンロッドに用いられる３層平軸受。鋼鉄のバック・メタル（背金）を土台とし，軸受面にケルメット（銅と鉛合金）を張り，更にその表面にホワイト・メタル（すず合金）をかぶせたもの。

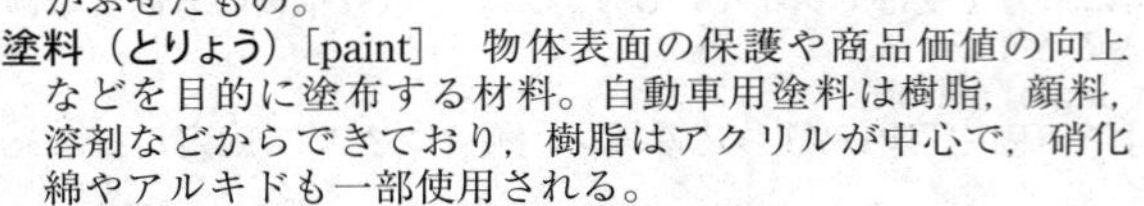

トリメタル

塗料（とりょう） [paint]　物体表面の保護や商品価値の向上などを目的に塗布する材料。自動車用塗料は樹脂，顔料，溶剤などからできており，樹脂はアクリルが中心で，硝化綿やアルキドも一部使用される。

ドリリング・マシン [drilling machine]　穴空け機械，ボール盤。＝ドリル・プレス。

ドリル [drill]　①穴空け用きり，ねじれきり。②穴空け機械。③訓練，教練。

ドリル・ウェイ [drill way]　きり穴。例 シリンダやクランクシャフトなどにドリルで空けた油穴。

ドリル・スタンド [drill stand]　ドリル台。例 携帯用電気ドリルを固定して用いる台。

ドリル・ストック [drill stock]　きりのつかみ。＝～チャック。

ドリル・スリーブ [drill sleeve]　ドリル受け。テーパ・ドリル用受けさや。＝～ソケット。

ドリル・チャック [drill chuck]　きりのつかみ，きり保持具。

ドリル・ビット [drill bit]　きりの穂先。穴空け工具。

ドリル・プレス [drill press]　きりもみ盤。＝ボール盤。種類には，ベンチ（卓上），アップライト（直立），ラジアル（半径）等がある。

ドリル・ホルダ [drill holder]　きり支持具。例 ㋑スリーブ。㋺チャック。

ドリル・ロッド [drill rod]　きり棒。

ドリンク・メータ [drink meter]　飲酒量を調べる測定器。呼気に含まれるアルコール濃度を測る。＝アルコール・チェッカ。

トルーア [truer]　☞タイヤ・トゥルーア。

トルーイング [trueing]　正しい位置に合わせる。例 中心合わせ。

トループ・シート [troop seat]　（バスなどに使用される）長いす。

トルエン [toluene]　$C_6H_5CH_3$。コールタールの分留によって得られる無色透明の揮発油。塗料の溶剤。＝トルオール。

トルオール [toluol]　同前。

トルク [torque]　回転力。軸回りの力のモーメント。回転している物体又は回転できる物体がその回転軸の周りに受ける偶力。＝トーク，ツイスティングモーメント。

トルク・アーム [torque arm]　トルク支持腕。＝～ロッド。

トルク・カーブ [torque curve]　エンジン性能曲線のトルク曲線。

トルク・コンバータ [torque converter]　トルク変換装置。一般に，流体を用いてトルクの変換を行う装置のことを指し，流体変速機などともいう。回すポンプ・インペラ，回されるタービン・ランナ，力を強めるリアクタ（ステータ）の3要素からできており，タービン速度が低いうちはリアクタが固定されてトルクを倍増するが，タービン速度がポンプ速度に近づくとリアクタが空転して単なる流体継手として作用する。トルクの倍率は2.5くらいであるがこれだけでは不十分であり，かつ，バックの必要もあるので歯車装置を併用する。

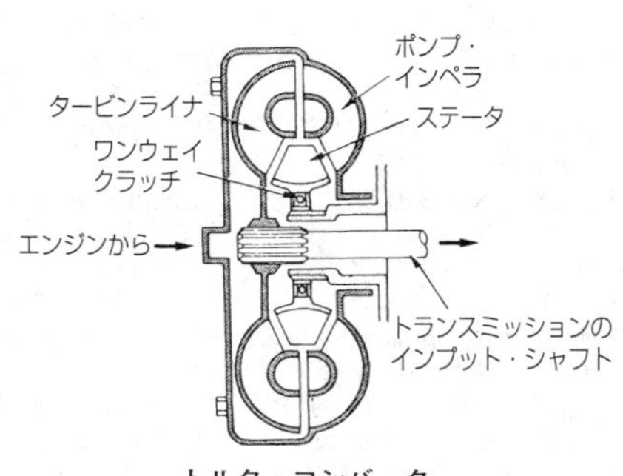

トルク・コンバータ

トルク・ステア [torque steer]　ステアリング取られ。FFや4WD車でハンドルを切っていないにもかかわらず，操舵輪に大きな駆動力が加わったときにステアリングが左右のいずれかに取られたりする現象。エンジン出力が大きいと，この現象も目立つ。

トルク・スプリット式（しき）フォーホイール・ドライブ（4WD） [torque split type four-wheel drive]　路面や運転状況の変化により，前後駆動系に適切な駆動力配分を制御する四輪駆動車。

トルク・センサ [torque sensor]　軸に作用する回転力を検出するセンサ。電動式パワー・ステアリング（EPS）の場合，操舵による路面の反力をトーション・バーなどを用いたトルク・センサで検出し，他のセンサの信号も含めて最適な補助動力を計算して，アシスト・モータが駆動される。

トルク・チューブ [torque tube]　トルク管。プロペラシャフトを包む太い鋼管。その後端部は後車軸管に接続，前端部は中空球状（この中に自在継手がある）にして変速機ケースに接続する。その役目は減速機の反動による後車軸管の回転を防止する。最近の車はホチキス式が多くトルク管を用いるものは少ない。☞ホチキス・ドライブ。

トルクチューブ・ドライブ [torque-tube drive]　トルク管駆動。前述のトルク管を車両の駆動にも利用するもので，トルク管は後車軸管の回転を防ぐ役のほか後車軸の推進力を車台に伝え，制動のときは車台を引き止める役をする。この形式の車両は少ない。

トルク・ディバイダ [torque divider]　トルク分配装置。＝トランスファ・ケース。

トルク・トランスファ [torque transfer]　トルク移送装置。＝トランスファ・ケース。

トルク・バイアス比（ひ） [torque bias ratio]　リミテッド・スリップ・デフにおける左右輪に対するトルクの分配比。

トルク比（ひ） [torque ratio]　☞ストールトルク・レシオ。

トルク比例式（ひれいしき）LSD（エルエスディー） [torque proportion type limited slip differential]　差動制限機構付きデフ（LSD）の一種で，差動制限トルクが入力トルクに比例している方式のもの。トルク感応式LSDともいい，摩擦クラッチ式（多板クラッチ式）LSDや，ウォーム・ギア式LSD（トルセンLSD）などがある。

トルク・ブリッジ [torque bridge]　トルク指示計。トルクの大きさを電気メータの指示で読むようにした一種の可変抵抗器。㊙動力計用計器。

トルク・ベクタリング・システム [torque vectoring system; TVS]　4輪駆動装置（4WD）における駆動トルクの配分制御装置。電子制御のフルタイム4輪駆動システムとヨー・コントロール・デフを組み合わせ，車輪速センサ，舵角センサ，アクセル・センサ，ヨー・レート・センサなどを利用して，あらゆる走行状態においてエンジンの駆動トルクを自動的に前後輪または左右輪に最適に配分するシステム。フルタイム4WDシステムの最も進化したもので，アクティブ・トルク・ベクタリング（スバル），SH-AWD（ホンダ），S-AWC（三菱），トルク・ベクトル機能付きオールモード4×4-i（日産），ETV（BMW），PTVplus（ポルシェ），TVC（フォード），R8 e-tron（アウディ）などがある。

トルク・ベクタリング・デフ [torque vectoring differential; TVD]　トルク・ベクタリング・システムにおいて，左右の駆動力移動機構をもったリア側のデフ。ヨー・コントロール・デフともいい，三菱自動車のスーパーAYC，BMWのダイナミック・パフォーマンス・コントロール，Audiのスポーツ・デフなどに採用されている。レクサスでは，後輪駆動のスポーツ・タイプ車にこのデフを採用している。

トルク・ベクトリング・ブレーキ [torque vectoring brake]　コーナリング時にESP（横滑り防止装置）がアンダステア傾向を検知すると，コーナ内側後輪のブレーキを作動させてアンダステアを解消する装置。ダイムラー（MB）が2009年に採用したもので，1輪ずつ独立してブレーキ制御を行うことにより，高速コーナリング時に車両の挙動を安定させることができる。

ト

トルク・ベクトル機能付（きのうつ）きオールモード4×4-i [all mode four-wheel-drive system with torque vector]　☞トルク・ベクタリング・システム。

トルク・ボックス [torque box]　ドア開口部下部のサイド・シル前側と，フロント・サイド・メンバを結合している部材。エンジンやサスペンションからのねじれ荷重を受け止めたり，前面衝突荷重をサイド・メンバからサイド・シルへ分散させる働きをしている。

トルク・マシン [torque machine]　強力機械。モータなどの回転機において，回転速度が低く回転力が大きいもののこと。

トルク・マルチプライヤ [torque multiplier]　トルク増強装置。例 ㋑変速機。㋺トルク・コンバータ。

トルク・レンチ [torque wrench]　トルク計付きねじ回し。指度を見ながら使うものと，あらかじめ所要トルクにセットして使うプレセット式がある。＝テンション〜。

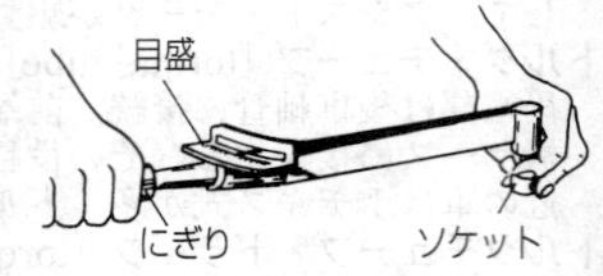

トルク・レンチ

トルク・ロッド [torque rod]　トルク支持棒。例 終減速歯車の反動による軸管（ハウジング）の回転を防ぐために用いる突っ張り棒。＝〜アーム。

トルコン [tor-con]　トルク・コンバータの略語。

トルセン・エル・エス・ディー（LSD） [torsen LSD]　トルク感知式の差動制限装置付きデフ（torque sensing limited slip differential）の略で，トルセン・デフともいう。差動制限装置付きデフはノンスリップ・デフともいい，駆動輪の片側のタイヤがスリップしたとき，ディファレンシャル・ギヤの働きによってタイヤが空転して車が動けなくなるのを防ぐ。LSDには，トルセン式以外にも多板式やビスカス式がある。トルセン・デフの特長としては，ウォーム・ギヤ歯面摩擦とスラスト・ワッシャの板間摩擦を利用しているために強いトラクションが得られ，コーナリング時やアクセル・ワークによる車両姿勢のコントロール性等に優れている。「トルセン」はトルク・センシング（トルク感知）の略で，DK GLEASON.INC.の商品名。

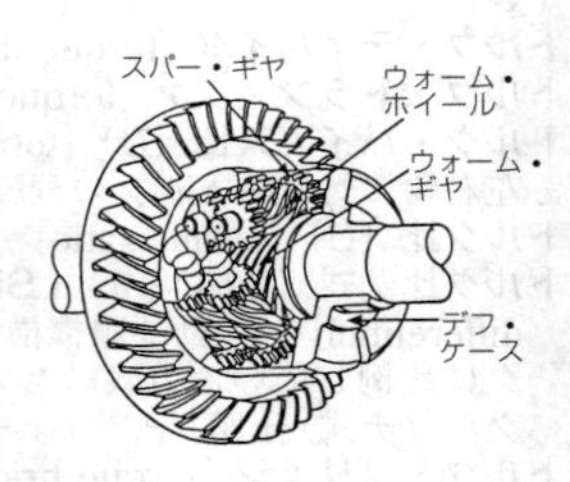

トルセンLSD

トルセン・デフ [torsen diff]　☞トルセン・エル・エス・ディー（LSD）。

ドルビー方式（ほうしき） [Dolby system]　録音テープの雑音を低減する方法の一つ。

英国のドルビー研究所で開発された商標。例 カー・オーディオ。
ドレイニング・コック [draining cock]　排出コック。例 排水（排油）用コック。
トレイン [train]　①列。つながり。連動。例 パワー〜。②列車，汽車。
ドレイン [drain]　①排水する，排出する，流出する。②排水装置，水はけ。＝ドレーン。
ドレイン・コック [drain cock]　排水（油）コック。
ドレイン・タップ [drain tap]　同前。
ドレイン・パイプ [drain pipe]　排水（油）管，吐き出しパイプ。
ドレイン・バルブ [drain valve]　排水（油）弁。
ドレイン・プラグ [drain plug]　排水（油）栓，排水（油）ねじ栓。
トレー [tray]　盆，皿。例 アッシュ〜（灰皿）。
トレーサ [tracer]　①写図者，透写工。②配線コードの色分けに使うしま模様。
トレーサコントロール・レース [tracer-control lathe]　ならい旋盤。
トレース [trace]　①図面を引くこと，透写すること。②跡をたどること。
トレード・アソシエーション [trade association]　同業組合。
トレードイン [trade-in]　新品購入代金の一部として提供される品物。例 新車販売に伴う下取り中古自動車。
トレードオフ [tradeoff; trade-off]　複数の条件を同時に満たすことのできないような（二律背反の）関係。ディーゼル・エンジンにおける NOx（窒素酸化物）と PM（粒子状物質）の関係がこれに当たり，NOx を減らそうと燃焼温度を下げると PM が増加し，PM を減らそうと燃焼温度を上げると，NOx が増大する。
トレード・スクール [trade school]　職業学校。
トレード・セール [trade sale]　仲間競売。
トレード・ネーム [trade name]　商品名，商用名，商号，商標。
トレード・マーク [trade mark]　登録商標。
トレード・ユニオン [trade union]　労働組合。
トレーニング [training]　訓練，教練，練習。
トレーニング・スクール [training school]　訓練所，養成所。
トレーラ [trailer]　（トラクタに引かれる）付随車。1軸のセミ〜と2軸のフル〜とがある。
トレーラ・キャンプ [trailer camp]　旅行者移動家屋群。トレーラの臨時住宅。
トレーラ・コーチ [trailer coach]　☞トレーラ・ハウス。
トレーラ・パーク [trailer park]　移動家屋の駐車用地。一般にガス，水道，電気等の設備がある。
トレーラ・ハウス [trailer house]　自動車で牽引する住居設備のある車両で，旅行やキャンプ用。＝〜コーチ。
トレーリング [trailing]　追従すること。例 ドラム・ブレーキの〜シュー。
トレーリングアーム・タイプ [trailing-arm type]　追従腕型。例 サスペンション形式のうち，ホイールの支持腕が後向きに出されたもの。ホイールを引く形となるからこの名がある。対 リーディング・アーム・タイプ。
トレーリング・アクスル [trailing axle]　従動車軸。多軸車において，動力的に関係なく追従するだけの車軸。
トレーリング・シュー [trailing shoe]　（ドラム・ブレーキにおいて）摩擦力がシューの圧着力を弱める方向に向いているシュー。シューのアンカ・ピンがドラムの回転方向と反対の位置にあるシュー。対 リーディング〜。
トレール [trail]　①二輪車において，ハンドル軸中心の延長と車輪接地点とが路面上で隔つ距離。四輪車において，キングピン（又はボール・ジョイント）中心線の延長と車輪接地点とが路面上で隔つ距離。②引きずること。後を追うこと。
ドレーン [drain]　☞ドレイン。

ドレス・アップ [dress up]　盛装する，着飾る。例 車の内外を自分の好みのアクセサリ部品等で仕立てる。

トレスル [trestle]　（台とする）馬，支脚，架台。

ドレッサ [dresser]　①仕上げ用具。例 ダイヤモンド～。②仕上げ工。

ドレッシング [dressing]　砥石車の研削性能が低下したとき，工具（ドレッサ）で目詰まり等をした砥石の表面を研削すること。

ドレッシング・ストーン [dressing stone]　仕上げ砥石。例 ポイント用。

トレッド [tread]　①輪距。左右車輪の中心間隔寸法。＝トラック。②タイヤの踏み面。

トレッド・パターン [tread pattern]　（タイヤの）踏み面模様。滑り止め模様。基本的には縦向きのリブと横向きのラグとあるが，これを組み合わせたものが多い。

リブ・ラグ併用型

ブロック型

リブ型

ラグ型

タイヤのトレッド・パターン

トレドル [treadle]　ペダル，踏み子。

トレブル [treble]　①3倍，3重。②最高音。例 カー・オーディオの高音表示。

トレランス [tolerance]　公差，許容誤差。＝トランス。

トレンブラ [trembler]　振動子，振動板。例 警音器振動板。

トロイダル [toroidal]　①直接噴射式ディーゼル・エンジンの燃焼室の形の一種。②ピストン頂部のくぼみがドーナツ状になっている形（深皿形）。toroidalとは，「リング状の，円環体の」の意。

トロイダル式（しき）シー・ブイ・ティー（CVT） [toroidal type CVT]　トロイダル式無段変速機（toroidal type continuously variable transmission）の略。構造としては，円錐状の入・出力ディスクと2個のパワー・ローラで構成されている。エンジンの動力を受けた入力ディスクの回転をパワー・ローラに伝達し，動力がこのパワー・ローラを通じて出力ディスクに伝えられることで駆動力となる。2枚のディスクに挟まれたパワー・ローラの傾斜角を連続的に変えることにより，滑らかな無段階変速を行う。日産が1999年に世界で初めて開発に成功したトロイダル式CVTは商品名を「エクストロイドCVT」と呼び，新型の乗用車（3ℓターボ）に搭載した。残念ながら2005年で生産を終了している。

トロイダル式CVT

トロイダル・スワール・タイプ [toroidal swirl type]　円すい渦巻き型。ディーゼル燃焼室の一形式で直接噴射式に属し，ピストン上にトロイド（円すい）状のくぼみを設けたもの。圧縮の後期に空気は外周からトロイド形のくぼみに渦をなして流れ込み，それに向けて燃料を噴射する。

トロイダル・ワインディング［toroidal winding］　トロイダル巻き。環状鉄芯に特殊な巻き線機で直接導線を巻いたもの。閉磁路が作られているので漏えい磁束が少なく，巻き数に比べて大きなインダクタンスがとれる。例トロイド。

トロイド［toroid］　①トランジスタ点火に使用する一種の変圧器。ドーナツ型鉄芯に線を巻いたもので，一次回路のコレクタと直列に入っており，ブレーカによって信号回路が切られたとき逆パルスを生じて一次電流を止め二次コイルに高圧を生じさせる。②円すい曲線回転面。

トロエル［trowel］　こて。例鋳物用砂型に使うこて。

トロー［trough］　（舟形の）細長い容器。例スプラッシュ～。

ドローイング［drawing］　①（板金加工の）絞り。②（ダイスによる）引き抜き加工。③製図。

ドローイン・コイル［draw-in coil］　引き込みコイル。＝プルイン～。

ドロー・バー［draw bar］　引っ張り棒。例トレーラ牽引棒。

ドロー・ファイリング［draw filing］　やすり磨き。やすりの両端を持ち長手方向と直角に動かして行う研磨作業。

ドローワ［drawer］　①引き抜き工具。＝プーラ。②製図家。＝ドローア。

トロコイド［trochoid］　円が一つの曲線又は直線上を転がるとき，円の半径の一つ，又はその延長線上の一点が描く曲線。余擺線（よはいせん）。

トロコイド・カーブ［trochoid curve］　トロコイド曲線。一直線上を円が滑ることなく転がるときに，この円に対して固定した一点が描く曲線で，転円の外接する曲線をエピトロコイド，内接する曲線をハイポトロコイドという。例㋑ロータリ・エンジンのハウジング。㋺トロコイド・ポンプ。

トロコイド・ポンプ［trochoid pump］　トロコイド形の外ロータと内包絡線（エンベロープ）で形作られた内ロータが同方向に回転して作用するポンプ。例油ポンプ。

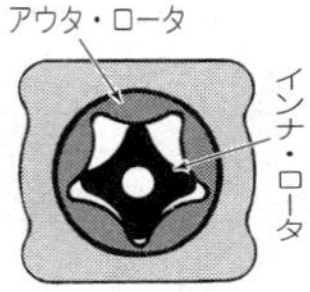

アウタ・ロータ
インナ・ロータ

トロコイド・ポンプ

ドロップ［drop］　①滴り，しずく。②（温度などの）降下。③急坂。

ドロップ・アーム［drop arm］　垂れ下がった腕。例かじ取りのピットマン・アーム。

ドロップイン・ボルテージ［drop-in voltage］　電圧降下。

ドロップセンタ・リム［drop-center rim］　深底リム。タイヤ装着用リムにおいて，中央に深溝を有しタイヤの着脱に便したもの。＝ウェルベース～。例乗用車用リム。

ドロップド・フレーム［dropped frame］　下がり車枠。下方へ曲げた車枠。

ドロップ・ハンドル［drop handle］　バイクや自転車のハンドルで，下向きに曲がっているもの。

ドロップ・ハンマ［drop hammer］　落としづち。鍛造用機械の一つで鋼鉄製のつちを落下させて鍛圧する装置。

ドロップ・フォージング［drop forging］　落とし鍛造。鋼鉄製ハンマを高所から落下させ，その衝撃で鍛造する方法。例各種素材の成形。

トロリー・カー［trolley car］　市街電車，トラム・カー。

トロリー・コーチ［trolley coach］　☞トロリー・バス。

トロリー・バス［trolley bus］　触輪式バス，架空線から送電を受けて運転する無軌道電車。

トロリー・ワイヤ［trolley wire］　架空線，触輪線。

トン［ton］　貨物重量単位。例㋑メートル・トンは1000kg。㋺米トンは2000ポンド。㋩英トンは2240ポンド。

トング［tongue］　舌，舌状のもの。＝タング。

トングド・ワッシャ［tongued washer］　（回り止めの）舌付き座金。
トンネル［tunnel］　地下道。トンネル状のもの。＝タンネル。
トンノー［tonneau］　（客室の）後部座席のある部分。＝トノー。
トンノー・ライト［tonneau light］　室内灯，ルームライト。＝トノー～。

[ナ]

ナーライザ [knurlizer]　（表面を）粗雑化する機械，金属の表面につぶつぶの突起やぎざぎざをつくる装置。＝ナーライジング・マシン。例 軽合金製古ピストンのスカートを打ち出して直径を大きくする機械。＝ピーニング・マシン。

ナーライジング・マシン [knurlizing machine]　同前。

ナーリング・ツール [knurling tool]　（工具の握りなどに）ぎざぎざをつける工具。例 鋼鉄車の外周にぎざぎざの鋭い目をつくり，これを回転させながら工作物の表面に押しつけて刻み目をつける工具。別名ローレット。

ナールド・スクリュ [knurled screw]　（頭に）ぎざをつけ滑り止めにしたねじ。例 手回し用小ねじ類。

ナールド・ヘッド・スクリュ [knurled head screw]　頭の周りにぎざをつけたねじ。例 つまみねじ類。＝ミルドヘッド〜。サムナット。

内外歯車式（ないがいはぐるましき）オイル・ポンプ [inner-gear drum type oil pump]　ポンプ・ボデー内にドライブ・ギヤとドリブン・ギヤが偏心して取り付けられ，オイルは内外歯車のクレセント（三日月形ギヤ間溝）により送り出される。

内拡式（ないかくしき）ドラム・ブレーキ [internal expanding dram brake]　ドラムの内面に摩擦材を押し付けて作動するドラム・ブレーキ。内部拡張式。

内気温（ないきおん）センサ [in-vehicle temperature sensor]　オート・エアコンの温度制御用に，車室内温度を検出する検知器。対 外気温〜。

内気循環（ないきじゅんかん）モード [internal circulation mode]　車の空調装置で，車室内の空気を循環させて使用する様態。空気の汚れた市街地走行で主に使用するモード。対 外気導入〜。

内測用（ないそくよう）マイクロメータ [inside micrometer]　☞インサイド〜。

ナイト・エンジン [Knight engine]　ナイト式スリーブ・バルブのエンジン。1903年シカゴで発明され，1905年までオハイオで実験が重ねられた。1906年Charles V Knightのエンジンを英国デムラー社が採用，その他仏国パナール社，独国マセデス社，白国ミネルバ社，米国ウイリス社などが採用したが，構造が複雑で高価となり，内部摩擦が大きくて効率が低いなどの欠点があって自然消滅し，現在はほとんど使用されていない。

ナイト・スリーブ・バルブ [Knight sleeve valve]　ナイト式円筒弁。シリンダとピストンの間に2重のスリーブを入れてこれを偏心軸で上下させ，各円筒の穴の出合いで開き交わりで閉じるようにしたもの。衝撃部分がないことが特長であるが摩擦が大きく構造も複雑となる。

ナイトハルト・クッション [Neidhart cushion]　ナイトハルト式ゴムばね。＝〜スプリング。

ナイトハルト・スプリング [Neidhart spring]　ナイトハルト式ばね。内外筒の間にゴムを焼き付けたもので，外筒を固定し内筒にねじりを与えたときゴムに生ずる転がり圧縮ばね作用を利用したもので小型軽自動車に用いられている。

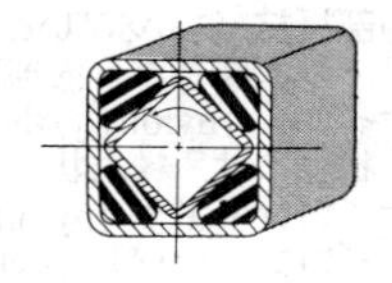
ナイトハルト・スプリング

ナイト・ビジョン [night vision]　車載赤外線暗視システム。GMが世界で初めて開発した夜間視認装置の名称。夜間走行時に車の前方に赤外線を照射し，人間や動物などの障害物を感知するシステム。これにより夜間走行時の運転者の視力は5倍に高まる。キャデラックに搭載。

ナイトビジョン・システム [night-vision system; NV]　夜間暗視装置，夜間視認装置。ナイトビュー・システムともいい，国が推し進める先進安全技術の呼称では「夜間前方情報提供装置」という。夜間走行時に車の前方にカメラで遠赤外線または近赤外線を照射し，人や動物などの熱を発する物体や目では見えにくい物体を映像化し，ヘッドアップ・ディスプレイや液晶パネルなどに映し出すもの。遠赤外線式カメラでは発熱する物体を捕らえて白く映像化し，近赤外線カメラでは物体から跳ね返ってきた赤外線を映像化するもので，前者をパッシブ方式，後者をアクティブ方式ともいう。遠赤外線式は，GM，ホンダ，BMWなどが，近赤外線式は，トヨタやMベンツなどがそれぞれ採用している。

ナイト・ビュー [night view system]　トヨタが2002年に採用した，車載赤外線暗視装置。ロー・ビーム走行時は，照射範囲から先の見えにくい歩行者，車両障害物，道路などを表示し，ハイ・ビーム走行時には，直視では見えにくいものを映像化してドライバに前方の情報を提供する。この装置は，2個の近赤外線投光器と，対象物に反射した近赤外線を受光する近赤外線カメラ，ヘッドアップ・ディスプレイやコンピュータ等で構成されている。2008年発売の進化版（歩行者検知機能付き）では，ヘッドアップ・ディスプレイの代わりにスピードメータ等を表示するファイン・グラフィック・メータ（TFT液晶パネル）をモニタに切り替えて表示し，歩行者を2名まで検知して黄色の枠で囲って注意を促す機能も備えている。☞ナイトビジョン・システム。

ナイトライディング [nitriding]　窒化，表面窒化。鋼材に窒素を侵入させてその表面を硬化させる焼き入れ操作法。工作物をアンモニア・ガス中で500℃くらいで20時間余り熱し自然に冷却させる。例クランクシャフト焼き入れ。

ナイトライディング・スチール [nitriding steel]　窒化鋼。表面を窒化するのに適するように造られた鋼。アルミニウム，クロム，モリブデンなどを含む。これらの元素は窒化速度を早め窒化層の硬さを増進する。例クランクシャフト。

ナイトリック・アシッド [nitric acid]　硝酸。HNO_3。例硫酸と混ぜて部品の酸洗い用にする。

ナイトロジェン [nitrogen]　窒素。記号N。気体元素の一つ。N_2として空気体積の78.1%を占め，化合状態では動植物タンパク質の成分として広く存在する。常温では不活発な気体であるが高温のもとでは酸素と結合し，いわゆる排気公害の一つNO_Xを生ずる。

内燃機関（ないねんきかん） [internal combustion engine]　機関の内部で燃料を燃やし，発生する高温・高圧のガスを作動流体として動力を得るもの。ガソリン・エンジンやディーゼル・エンジンのピストン・エンジンと，ガスタービンやジェット・エンジンも含まれる。☞インターナル・コンバッション・エンジン。対外燃機関。

内部（ないぶ）イー・ジー・アール（EGR） [internal exhaust gas recirculation]　ガス交換期間に残留ガス量を増し，排気ガス再循環と同じ効果を与えること。

ナイフ・エッジ [knife edge]　ナイフの刃先のようなもの。柱状態の稜（りょう）を支えに利用する特殊な軸受で摩擦抵抗が極めて小さい。例ブレーキ・テスタや動力計などの計測部機構。

内部抵抗（ないぶていこう） [internal resistance]　電源装置やバッテリで，端子電圧降下の原因となる内部回路の抵抗。

ナイロン [nylon]　ポリアミドの商品名（米デュポン社）が一般名称化したもの。その状態には，繊維状，塊状，粉末状のものがある。

ナイロン・ギヤ [nylon gear]　ナイロン製歯車。例ワイパ，ウォッシャ等の歯車装置。

ナイロン・ナット [nylon nut]　ナイロン製ナット。特殊部品。

ナイロン・ブッシュ [nylon bush]　ナイロン軸受。無油，無音，耐久性が特長。例サスペンションばね用。

中刳（なかぐ）り [boring]　穴をくり拡げる切削で，バイトが回転する場合と工作物が回転する場合とがある。例シリンダのボーリング。

中子（なかご） [core]　コア。鋳物を造るとき，空洞になる部分に入れる内形面に相当する砂型。

中塗（なかぬ）り［surfacer painting］　上塗り塗装の品質をより向上させるため，小さなへこみを埋め，塗膜を平滑に保つと共に，上塗り塗料の溶剤の浸透を防止する働きをするサーフェーサなどの塗料を用いる。
ナゲット［nugget］　（点溶接の）溶接部。溶接点の強さはナゲットの大きさで決まる。
ナショナル・エキストラファイン［national extra-fine; NEF］　（アメリカねじ規格の）最もねじ目の細かいもの。
ナショナル・コース［national coarse; NC］　（アメリカねじ規格の）荒目ねじ。
ナショナル・ファイン［national fine; NF］　（アメリカねじ規格の）中目ねじ。
ナショナル・ブランド［national brand; NB］　全国的な知名度や普及率をもった商品およびその商標。製造業者ブランド。対 プライベート～。
ナスカー［NASCAR; National Association for Stock Car Auto Racing］　☞NASCAR。
ナチュラル［natural］　自然の，天然の。
ナチュラル・アスピレーション・エンジン［natural aspiration engine; NA engine］　自然吸入エンジン，自然吸気エンジン。無過給式エンジンを示し，過給式エンジンと区別するために用いられる。＝ナチュラリ・アスピレーテッド～。
ナチュラル・ガス［natural gas］　天然ガス。天然に油田，炭坑，沼地などに発生する可燃性ガス。主な成分はメタンであるがその他エタンやプロパンを含むものもある。これを液化したものが液化天然ガス。☞LNG。
ナチュラル・ガソリン［natural gasoline］　天然ガソリン。油田から出る湿性天然ガスに含まれる比較的低沸点のガソリンで，エンジンの始動性を良くする成分として市販ガソリンへ混合される。＝ケーシングヘッド～。
ナチュラル・コンタクト［natural contact］　自然接触。例 空冷エンジンにおいてファンを用いず走行することによって，自然に接触する空気により冷却するもの。
ナチュラル・サーキュレーション［natural circulation］　自然循環。例 水冷却装置において，シリンダとラジエータの間にポンプを用いず温度の差による自然対流の原理で循環するもの。初期のエンジンに用いられた。＝サーモサイフォン～。
ナチュラル・サウンド・スムーザー［natural sound smoother］　デイーゼル・ノック音を低減するダイナミック・ダンパで，マツダが2015年に採用したもの。このダンパをピストン・ピンの内部に装着してピストンとコンロッドの共振を抑え，人間が不快と感じる3.5kHzの周波数の発生を低減している。日，米，独，中国で特許を取得済みで，ガソリン・エンジンにも適用できるという。
ナチュラル・シーズニング［natural seasoning］　☞シーズニング。
ナチュラル・ドラフト［natural draft］　自然通風。
ナチュラル・ベンチレーション［natural ventilation］　自然通風換気法。
ナチュラル・マグネット［natural magnet］　天然磁石。
ナチュラル・ラバー［natural rubber］　天然ゴム。生育している植物中において生成されたゴム。生ゴムは，ゴムの木のラテックスから得られて主成分はポリイソプレン。
ナックル［knuckle］　ちょうつがいのつぼがね。連結のひじ。例（車軸端の）かじ取り関節。キングピンの周りに回転する関節。＝スイベル。
ナックル・アーム［knuckle arm］　（かじ取りの）関節腕。ナックルとタイロッドを連結する腕金。
ナックル・サポート［knuckle support］　（独立懸架式における）ナックル支持部。ナックルはキングピンによってこのサポートに支持されるが，最近のものはナックルとサポートは一体にされ，上下のボール・ジョイントによってかじ取り運動をするようになったものが多い。
ナックル・ジョイント［knuckle joint］　ナックル継手。一方の軸端を二又にし他の軸端をその間に入れてピンで連結したも

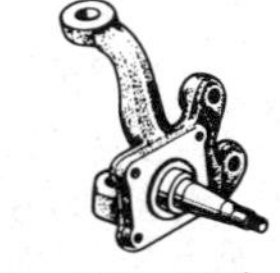
ナックル・サポート

の。例前車軸端の変向継手。

ナックル・ストッパ［knuckle stopper］　ナックル止め。前輪の舵取量を制限するボルト。

ナックル・スピンドル［knuckle spindle］　関節軸。例かじ取り関節と一体になった車輪取り付け用短軸。＝ホイール～。スタッブ・アクスル。

ナックル・ピボット［knuckle pivot］　ナックル取り付け軸。＝キングピン。

ナックル・ピン［knuckle pin］　ナックル取り付けピン。＝キングピン。

ナット［nut］　雌ねじを持つねじ部品。雄ねじと組んで締め付けに用いる。通常六角形であるが四角形その他のものもある。複数形はナッツ（nuts）。

ナット・クラッカ［nut cracker］　ナット破砕器。さびついて容易に取ることのできないナットを割り砕いて取る工具。

ナット・スピンナ［nut spinner］　ナット速回し工具。ナットの着脱を能率的に行う工具で手動式，電動式，空気式などがある。

ナット・タップ［nut tap］　ナット専用ねじたて器。手回しタップの中タップと同一形状であるが柄を長くして操作しやすいようにしてある。＝マシン～。タッパ～。

ナット・ランナ［nut runner］　ナット速回し工具。電動又は圧縮空気を利用する回転機にボックス・レンチをはめて用いる動力工具。

ナ

ナッハラウフ［*nachlauf*］　独ステアリング・アクシス（キングピン軸）と車輪中心の配置により，車輪に復原性を与える機構の総称。キングピン軸をアクスル中心より前方に位置するナッハラウフを採用し，キャスタ角を小さくしながらトレール量を大きく設定することにより，自然な操舵フィーリングを実現し，直進安定性とステアリング操舵時の手応え感の向上が図れる。対フォアラウフ（vorlauf）。

ナップス［NAPS; Nissan anti-pollution system］　日産の排出ガス浄化装置の総称。

ナトリウム・クールド・バルブ［natrium cooled valve］　ナトリウム冷却弁。弁体を中空にしてナトリウムを入れ，その流動によって冷却効果を高めた弁。例レーサ用エンジンの排気弁。＝ソジウム・クールド～。

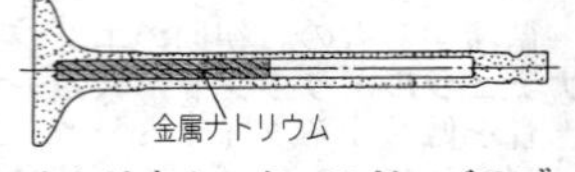

ナトリウム・クールド・バルブ

ナトリウム・ランプ［natrium lamp］　ナトリウム蒸気の放電発光を利用した黄橙色のランプで，高速道路やトンネル，山岳路などの照明に使われる。

七都県市低公害車指定制度（ななとけんしていこうがいしゃしていせいど）［low emission vehicle designation system in seven Tokyo area municipalities］　東京都，神奈川県，千葉県，埼玉県，横浜市，川崎市，千葉市の七都県市における低公害車の指定制度（1996年3月発足）。電気自動車，天然ガス車，メタノール車，ハイブリッド車，および低公害のガソリン車，LPG車，ディーゼル車を指定し，普及を図る制度。排出ガス規制値は国の基準よりも厳しく，三つの区分（ULEV，LEV，TLEV）に分類され，専用のステッカが用意されている。ただし，税法上の優遇措置はない。1999年からは規制が強化され，さいたま市の政令都市化に伴い，現在では八都県市となっている。☞八都県市環境確保条例。

斜（なな）めオフセット衝突（しょうとつ）［frontal oblique offset collision; ～impacts］　一般に車対車の前面衝突において，10°以上の衝突角度を有するもの。現在行われているオフセット衝突試験は衝突角度0°の直進路における正面衝突を想定したものであり，斜めオフセット衝突は，交差点などにおける車同士の衝突を想定したより現実的なもの。

ナノテクノロジー［nanotechnology］　10億分の1メートル（nm／ナノメートル）程度の大きさのものを扱う超微細加工技術。マツダでは，この技術を使って貴金属の使用量を大幅に削減した「シングル・ナノテクノロジー触媒」を開発している。

ナノ粒子（りゅうし）［nano-particulate matter］　直径が約50ナノメートル（ナノは1/

10億）以下の微細な粒子状物質（PM）。ディーゼル車の排気ガス中などに含まれ，通常のPMより小さいために体内に入りやすく，強いアレルギー作用や循環器などへの影響が懸念されている。環境省や自動車業界等で，調査研究を2003年に決定した。☞ PM2.5。

ナビ協調（きょうちょう）アダプティブ・クルーズ・コントロール [adaptive cruise control by navigation enabled function] 車間距離制御装置（ACC）とカー・ナビゲーションの機能を組み合わせた運転支援システムの一種で，日産が採用したもの。従来のACCでは，カーブ進入時にドライバが減速操作を行い，一度ACCをキャンセルし，カーブ通過後にACCを再セットする必要があった。しかし，このシステムでは，ACCを使用して走行中にナビが走行路上のカーブを検出すると，検出したカーブの大きさに応じてカーブ手前から緩やかに減速し，カーブ通過後はACCセット車速まで滑らかに加速することができる。

ナビ協調機能付（きょうちょうきのうつ）きインテリジェント・ペダル [intelligent pedal with navigation system] ワインディング・ロードなどを安全に走行するための支援装置で，日産が2009年に採用したもの。危険な速度でカーブに進入しようとした際，カーナビの地図情報を元に警告とともにアクセル・ペダルを押し戻す力を加え，ドライバに減速を促す。ドライバがアクセルから足を離すと，自動で減速する機能も付いている。

ナビ協調（きょうちょう）シフト制御（せいぎょ） [co-operative shift control of navigation] トヨタが採用した，コーナや交差点走行時のドライバビリティ向上を目的としたシステム。ナビゲーションからの道路情報と現在位置情報を利用して，これから走行する道路形状と車両の走行状況および運転者の操作情報を，シフト制御へ反映させるシステム。これによりギヤ段を自動選択可能とし，不必要なシフト・アップを制御する。

ナビゲーション [navigation] ①航海術，航空術。②自動車のラリーで助手席に座り，地図，時計，コンピュータなどを使ってドライバを誘導すること。

ナビゲーション・システム [navigation system] ☞ GPS navigation。

ナビゲータ [navigator] 道先案内人。自動車ラリー競技において，通過地点の時刻や指示平均速度に合わせるための計算や運転者への助言をする人。

ナビ・ブレーキ・アシスト [navigation-linked brake assist] カー・ナビゲーション・システムと連動して，一時停止交差点でブレーキ操作をアシストする装置。トヨタが2008年に採用した「一時停止情報提供」機能で，画面表示と音声によってドライバに二度，一時停止に近づいていることを知らせた後で，ドライバが気づいて急ブレーキをかけると，車側がブレーキ量をアシストして停止する。プリクラッシュ・セーフティのブレーキ・アシストに比べると，減速は弱め。当初は東京23区，横浜市，名古屋市，大阪市が対象。

ナビ・レーダ協調制御（きょうちょうせいぎょ） [cooperative shift control by navigation and radar system] カー・ナビゲーション協調型の車間距離制御装置（ACC）と，走行状態に応じて最適なシフト・スケジュールを自動選択する適応型変速制御（ASC）を組み合わせたもの。日産が2009年に採用したもので，これにより，コーナの情報や先行車との相対速度情報などをシフト・スケジュールに反映して，減速時フューエル・カットをより長く使うことにより，燃料消費量を抑制することができる。

ナフサ [naphtha] 原油を蒸留して得られる沸点範囲

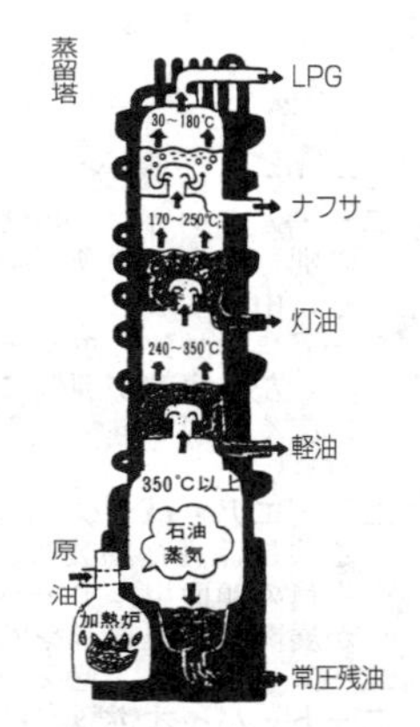

原油の蒸留（ナフサ）

ナ

30〜200℃の「粗製ガソリン留分」のことをいう。軟質ナフサからは「直留ガソリン」が，重質ナフサからは「改質ガソリン」が作られベース・ガソリンとなるが，ナフサの90%余は石油化学工業の原料として，合成繊維や合成樹脂が作られる。

ナフテン [naphthene] C_nH_{2n}。シクロペンタン，シクロヘキサンおよびこれら同族体の総称，石油成分として重要なもので，コーカサスやガリシア原油は大部分がナフテンからなり，国産石油も40〜50%を含んでいる。

生（なま）ゴム [raw rubber] 一般に市場に出ている固形の天然ゴム原料。

鉛（なまり） [lead] 金属元素の一つ。元素記号Pb。青みを帯びた灰色の金属。方鉛鉱から採取し，重くて柔らかく展性に富み，鉛管，バッテリ極板，ハンダ，ガソリン添加剤などに利用する。鉛は有毒なため，自動車用材料としての鉛離れが進んでいる。

鉛蓄電池（なまりちくでんち） [lead acid battery] 鉛化合物と希硫酸で構成された二次電池。

鉛（なまり）フリー化（か） [lead-free] 環境負荷物質のひとつである鉛の使用をやめ，他の素材に転換すること。鉛フリーはんだや，鉛フリーすべり軸受けなどがある。

慣（な）らし運転（うんてん） [breaking-in; running-in] エンジンのしゅう動部をなじませるために行う，すり合わせ運転のこと。メーカでの新組立エンジンや整備工場でオーバホール後のエンジンに行う。現在では余り行われない。

ナロー [narrow] 狭い，細い。対 ワイド。

ナロー・オフセット [narrow offset] ☞スモール・オーバラップ・テスト。

ナローフェース・リング [narrow-face ring] 幅の狭いリング。例 ピストン・リングのうち，面圧を大きくするため特に幅を狭く作ったもの。

軟鋼（なんこう） [soft steel] ☞ソフト・スチール。

軟鋼板（なんこうはん） [low carbon steel sheet; mild steel sheet] 炭素含有量0.25%以下の炭素鋼鋼板。

軟水（なんすい） [soft water] カルシウム，マグネシウムなどの塩類の溶存量の少ない水。対 硬水。

ナンド回路（かいろ） [NAND〜] ☞付図－「論理回路」。

ナンバ [number] ①数，②番号。

ナンバ・プレート [number plate] 番号板，例 登録（又は車両）番号標板。＝ライセンス〜。

[ニ]

ニー [knee] ひざ，ひざ関節。

ニー・アクション [knee action] 独立懸架（インディペンデント・サスペンション）の別称。人間のひざ関節の動作のように，片足の関節を曲げても姿勢が崩れないところに由来する。

ニーアクション・ホイール [knee-action wheel] ひざ作用車輪。独立支持車輪の別名。左右車輪が別個に独立支持され，その振動が他の車輪に影響しない構造。乗用車に広く採用されている。＝インディペンデント・サスペンション，インディビデュアル〜。

ニー・エア・バッグ [knee air bag] エア・バッグの一種で，ひざ部の衝撃を緩和する乗員保護補助装置。正確にはSRSニー・エア・バッグといい，前面衝突時に前席乗員の顔面用エア・バッグと連動して，インパネ下部に収納されていたエア・バッグが展開し，運転者や助手席乗員の下半身を保護する。トヨタや三菱などで採用。

ニーズ [needs] 必要（入用）な物，要求，要請。例 顧客の〜。

ニート・バイオ燃料（ねんりょう） [neat biofuel] ガソリンや軽油などと混合していないバイオ燃料成分が100%の燃料，純バイオ燃料。☞バイオマス燃料。

ニードル [needle]　針，針状のもの。

ニードル・バルブ [needle valve]　針弁。例キャブレータ・フロートの～。

ニードル・ベアリング [needle bearing]　☞ニードル・ローラ・ベアリング。

ニードル・ローラ・ベアリング [needle roller bearing]　転動体として針状ころを用いたラジアル軸受。＝ハイヤット・ベアリング。例変速機のカウンタ・ギヤ・シャフトの軸受。

ニードル・バルブ

ニーリング [kneeling]　ノンステップ・バスや福祉車両などにおいて，乗降時にエア・スプリングのエアを排出して車両を左に傾けたり，車両全体を下げるなどして乗降口をより低くすることにより車椅子などに対応すること。電子制御車高調整装置を手動操作で行うもので，このような構造をニール・ダウン機構ともいう。

ニードル・ローラ・ベアリング

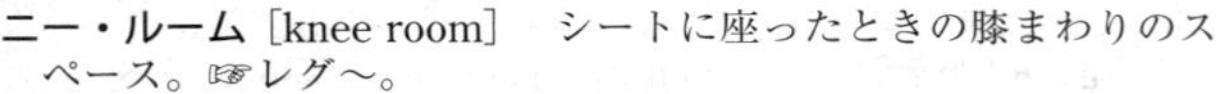

ニー・ルーム [knee room]　シートに座ったときの膝まわりのスペース。☞レグ～。

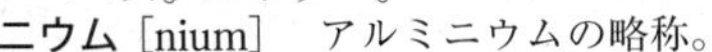

ニウム [nium]　アルミニウムの略称。

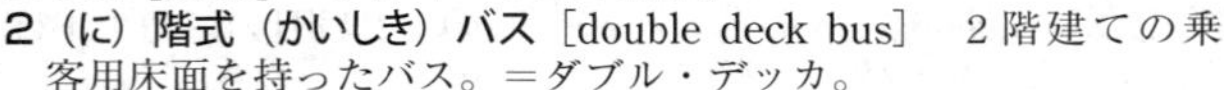

2（に）階式（かいしき）バス [double deck bus]　2階建ての乗客用床面を持ったバス。＝ダブル・デッカ。

逃（にが）し穴（あな） [spill port]　スピル・ポート。ディーゼル・エンジン用噴射ポンプにおいて，オーバ・フロー式又は逃し穴式の燃料噴射量の調節で，吐出し始め又は終わりを制御する穴。

逃（にが）し弁（べん） [relief valve]　燃料や潤滑系統内などの圧力の上昇を防ぐ弁。☞バイパス・バルブ。

肉盛（にくもり） [weld overlay]　溶接で金属の盛り上りを作る作業。

ニクロム合金（ごうきん） [nichrome alloy]　Ni80%，Cr20%からなる合金。高い電気抵抗をもち，その温度変化も小さく，約1100℃まで使用できる。

ニクロム・ワイヤ [nichrome wire]　ニクロム線。ニッケルとクロムの合金線。鉄を混ぜたものもある。電気抵抗率が大きく，かつ耐熱性があるので電熱用抵抗体として用いられる。例㋑点火一次回路抵抗コイル。㋺シガー・ライタ用熱線。㋩ディーゼル予熱せん用電熱線。

2（に）行程（こうてい）エンジン [two-cycle engine]　ピストンの上下の2行程で掃気，圧縮，燃焼，排気の1サイクルの作用が完了するエンジン。対4行程エンジン。

ニコラス・オーガスト・オットー [*Nicolaus August Otto*]　独☞オットー。

二酸化鉛（にさんかえん） [lead dioxide]　PbO_2。酸化剤。鉛電池の陽極板の作用物質として用いる。

二酸化炭素（にさんかたんそ） [carbon dioxide]　CO_2。無色，無臭の気体。通称炭酸ガス，固体はドライアイスという。空気中にわずかに含まれるが，化石燃料の燃焼により毎年増加しており，地球温暖化が世界的な問題となっている。

二酸化炭素排出規制（にさんかたんそはいしゅつきせい） [carbon dioxide emission regulation]　地球温暖化の主原因とされる二酸化炭素（CO_2）の自動車排出規制。各国の対応は次の通り。①欧州：EUでは，2008年からCO_2排出量の自主規制値をメーカ平均で140g/km以下と設定している。2007年現在の平均排出量は160g/kmと言われており，EUの欧州委員会では，2012年までにCO_2の排出量を130g/km（努力目標は120g/km）まで削減するよう2007年2月に提案している。②米国：カリフォルニア州では，車から排出される温室効果ガス（CO_2）の規制を2009年より実施予定。米連邦最高裁は2007年4月，環境NGOの求めに対して「CO_2は温室効果ガスで大気汚染物質である」と判決をくだし，連邦政府に自動車からの温室効果ガス排出規制の見直しを命じている。③日本：エネルギーの使用に関する法律（省エネ法）により「平成22年度（2010年度）燃費基準」が策定され，燃料消費量を減らすことによりCO_2の排出量を削減するように誘導している。

二酸化窒素（にさんかちっそ）［nitrogen dioxide］NO_2。常温では赤褐色の気体で毒性が強い。排気ガス中の有害物質の一つ，窒素酸化物（NO_X）中の主成分で，燃焼温度が高いと発生しやすい。

二酸化（にさんか）マンガン［manganese dioxide］MnO_2。灰色ないし黒色の結晶。電池，触媒，マッチ，上薬，ガラスの着色剤として用いる。

二次回路（にじかいろ）［secondary circuit］　点火コイルで発生する高電圧の回路。セカンダリ・サーキット。

二次空気（にじくうき）［secondary air］　エンジンから排出されるCOやHCを触媒装置などで再燃焼させるために供給する空気。

二次空気供給装置（にじくうききょうきゅうそうち）［secondary air supply system; SAS］二次空気を排気管内へ供給する装置。例エア・ポンプ。

二次空気導入装置（にじくうきどうにゅうそうち）［secondary air pulse induction system］排気ガス処理用の二次空気を，排気管内の排圧脈動を利用し導入する装置。

二次空気噴射装置（にじくうきふんしゃそうち）［secondary air injection system; AIS］☞エア・インジェクション・システム。

二次減圧室（にじげんあつしつ）［secondary depression chamber］　２段目の圧力を下げる部屋。例LPGレギュレータ（ベーパライザ）。

二次（にじ）コイル［secondary coil］　☞セカンダリ・コイル。

二次衝突（にじしょうとつ）［secondary collision］　☞一次衝突。

二次電圧（にじでんあつ）［secondary voltage］　点火コイルで発生する10,000V以上の高電圧。

二次電池（にじでんち）［secondary battery］　☞ストレージ・バッテリ。

二臭化（にしゅうか）エチレン［ethylene dibromide］　$BrCH_2CH_2Br$。別名1，2－ジブロモエタン，臭化エチレンともいわれる。加鉛ガソリンでオクタン価向上剤として四エチル鉛［$(C_2H_5)_4Pb$］が使用されていたとき，単独に用いると燃焼によって酸化鉛の粉末を生じエンジンの作用を害するので，ほぼ同量の二臭化エチレンを加え，臭化鉛として揮発し去るように用いられていた。

20（にじゅう）時間率（じかんりつ）［twenty hour rating］　☞トエンティ・アワー・レーティング。

ニス［英 varnish; 仏 vernis］　ワニスの略。＝ワニス。

荷台（にだい）オフセット［cargo deck offset］　トラックの荷台中心と後車軸の中心との水平距離。荷台中心点が後車軸より後方にあるときは，マイナス（－）の数値で表す。

2段変速式（にだんへんそくしき）リダクション機構付（きこうつ）きTHS-Ⅱ　［Toyota hybrid system Ⅱ with two-stage motor speed reduction device］　2006年にレクサスに搭載された，FR乗用車用専用ハイブリッド・システム。第２世代のハイブリッド・システム・THS Ⅱの進化版で，高出力・低燃費を特徴としている。主要な機構では，3.5ℓのV6エンジン（D-4S）をFR方式で搭載し，その後部にジェネレータ，動力分割機構，駆動モータ，２段変速式リダクション機構を内蔵したハイブリッド・トランスミッション（電気式無段変速機）を配置している。駆動モータの電源となるニッケル水素バッテリは後席とトランクの間に搭載し，パワー・コントロール・ユニット（PCU）内の昇圧コンバータで総電圧288V（240セル）のものを最大650Vまで昇圧している。小型化したモータ（最高出力147kW/200PS）の出力をリダクション（減速）機構で２段階に増幅することにより，ローではより大きな最大駆動力が，ハイではより高い最高速度が得られ，10·15モード燃費は14.2km/ℓ。2007年には5ℓ·V8エンジンを搭載したフルタイムAWD車にもこのシステムが搭載され，モータ出力は最高165kW/224ps, 10·15モード燃費は12.2km/ℓで，ハイブリッド・トランスミッションの最後部にトランスファを設けている。

日常点検（にちじょうてんけん）［daily check］ 道路運送車両法第47条の2により，事業用車および自家用の大型車の使用者は，1日1回その運行前に灯火類の点灯，ブレーキの作動その他定められた項目を目視により点検するように義務付けられている。自家用乗用車も使用状況から判断した適切な時期に，同様の点検が要求されている。

2（に）柱（ちゅう）リフト［two post lift］ 車両の点検・整備に必要な車体を昇降させる装置で，油圧式支柱が左右2本のもの。

ニッケル［nickel］ Ni。鉄と同族の元素で銀白色を呈し融点は1455℃。湿気に対し安定で酸化されにくい。めっきや各種合金の成分として広く用いられている。

ニッケル・カドミウム電池（でんち）［nickel cadmium battery］ 正極にニッケルの酸化水酸化物，負極に金属カドミウム，電解液に水酸化カリウムを用いる二次電池。充電して繰り返し使用可能で鉛電池より寿命が長く，軽量で完全密封化できるので，小型の携帯用電源に適しているが高価である。俗にニッカド電池と略称される。公称電圧1.2V。

ニッケルクロム・スチール［nickel-chrome steel］ ニッケルクロム鋼。Ni-Cr鋼。Ni 1.0～35%，Cr 0.5～1.0%を含む合金鋼。硬く引っ張り強さ大。歯車，軸類その他構造用材として広く用いられる。

ニッケル・クロム・モリブデン・スチール［nickel chromium molybdenum steel］ ニッケルクロム鋼に少量のMoを加えたもので粘り強さを増し，熱処理も容易になる。優れた構造用鋼として広く使用される。

ニッケル水素電池（すいそでんち）［Ni / metal-hydride battery］ 正極にニッケル（Ni），負極に金属水素化物を用い，か性カリ水溶液電解液中で組み合わせた密閉型二次電池。公称電圧1.2V。負極の水素吸蔵合金電極が水素の貯蔵タンクの役目を兼ねており，放電で放出，充電で吸蔵する仕組みになっている。ニッケル・カドミウム電池とよく似ており互換性があるが，約10～30%高性能といわれ，小型電池からハイブリッド車や電気自動車用の大型電池にまで実用化されている。

ニッケル・スチール［nickel steel］ ニッケル鋼。Ni鋼。Niを含む合金鋼。炭素鋼に比べ均一な組織をもち強度が大きく粘りがあり，歯車，軸その他重要な構造用材として広く用いられる。

ニッケル・プレーティング［nickel plating］ ニッケルめっき。さび止めと表面美化のため最も広く用いられるめっき。陽極に純ニッケル。めっき液は普通弱酸性の硫酸ニッケル水溶液を用いる。

日産（にっさん）コネクト［NissanConnect］ ☞コネクテッド・カー。

ニッチ［niche］ 壁のくぼみ，隙間，少数派。

ニッパ［nipper］ 針金切り。食い切り。一般に斜めに刃を持った食い切りを言い，配線作業などに重用される。

ニップ［nip］ （板ばねの）締まり，はさみ。親板に対し子板の湾曲半径を小さくしてこれを組み立てたとき子板の両端が強く親板へ密着するようにすること。＝クラッシュ。

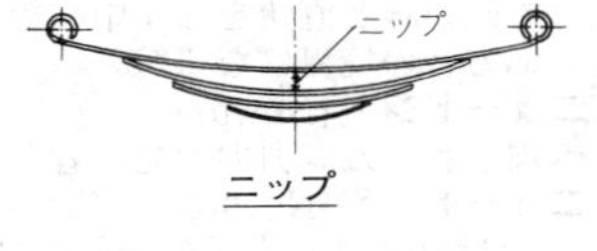

ニップ

ニップル［nipple］ 乳首様のもの。例㋑グリース注入口。㋺ワイヤ・スポーク調整ねじ。㋩ねじ付管継手。

2（に）点式（てんしき）シート・ベルト［lap belt］ ラップ・ベルト。シート・ベルトで腰の左右2点を支持する形式のもの。保安基準では「第一種座席ベルト」という。☞3点式シート・ベルト。

ニトリル・ゴム［nitrile rubber］ ☞ニトリルブタジエン・ゴム。

ニトリルブタジエン・ゴム［acrylonitrile-butadiene rubber; NBR］ 合成ゴムの一種。

石油を原料としたブタジエンとアクリロニトリルのゴム状重合体。略してニトリル・ゴム。

ニトロゲン・ガス [nitrogen gas] 窒素ガス。nitrogen（窒素）＝ナイトロジェン。例 窒素ガス封入式ショック・アブソーバ。☞ナイトロジェン。

ニトロセルロース [nitrocellulose] 硝化繊維素。パイロキシリン・ラッカの原料。硝化綿ともいいセルローズの硝酸エステル。

ニトロメタン [nitromethane] CH_3NO_2，ニトロ化合物の一つで無色の液体。例 出力増強剤としてレーサやホットロッド用燃料へ添加する。

ニブラ [nibbler] 打ち抜き切り取り工具。鉄板を少しずつつかみ取ったり窓抜きなどの工作に使用する工具。電動式が多い。例 ボデー板金作業用。

ニュー・カー [new car] 新車。

ニューカマー [newcomer] 新人，初心者，新参者。

ニュー・セラミックス [new ceramics] ☞ファイン・セラミックス。

ニュートラム [new-tram] 自動運転の軌道交通機関。高架軌道をゴムタイヤで走る。

ニュートラル [neutral] ①（変速機の）中立，中立位置。②（化学的の）中性。③（電気の）中性点。④（力の）中立。

ニュートラル・アイドル制御（せいぎょ）システム [neutral idle system] 自動変速機搭載車において，交差点などの停車時に自動的にシフトをニュートラルにして，燃費性能を改善する装置。日産が2006年に採用したもので，トルク・コンバータを用いたATやCVTで停車時にDレンジなどの駆動レンジからエンジンを解放することにより，2010年燃費基準＋20%を達成している。坂道発進などの走行環境制御も含む。Nアイドル制御システムとも。

ニュートラル・インジケータランプ [neutral indicator-lamp] 中立指示灯。変速機の中立位置を指示するランプ。

ニュートラル・システム [neutral system] 非接地配線方式。＝アイソレーテッド～。

ニュートラル・ステア [neutral steer] （かじ取り性能）特性のないかじ取り性能。オーバステアでもアンダステアでもない普通のもの。

ニュートラル・セーフティ・スイッチ [neutral safety switch] 中立安全開閉器。例 AT車において，N（ニュートラル）又はP（パーキング）位置でないとスタータが作用しない安全スイッチ。＝インヒビタ・スイッチ。

ニュートラル・ターミナル [neutral terminal] 中立電極。N電極。例 スター結線オルタネータにおいて，N電圧を利用するために設けられた電極。

ニュートラル・ポイント [neutral point] 中性点。例 オルタネータのステータ・コイルがスター（又はY）結線の場合の3コイルの結束点。

ニュートラル・ポジション [neutral position] 中立位置。例 変速機では動力を伝えないフリー状態。

ニュートラル・ライン [neutral line] 中立線。例 ㋑発電機の磁場において磁極の中間で磁力線と直角をなす中心線。㋺曲げの力を受けるはりにおいて引っ張り応力と圧縮応力との境界になる線。

ニュートン[1] [Newton] 英 Sir Issac Newton。1643～1727。イギリスの数学者，物理学者。万有引力の発見者として有名。

ニュートン[2] [Newton] SI（国際単位）で力の単位。記号N。1Nは質量1kgの物体に$1m/s^2$の加速度を与える力で，1kgf＝9.8N。又，応力の単位はN/m^2又はPa（パスカル）で，$1Pa = 1N/m^2$。

ニューマチック [pneumatic] 空気の，空気圧を利用した，の意。例 ～サスペンション。

ニューマチック・ガバナ [pneumatic governor] ディーゼル・エンジンにてベンチュリ負圧の変化を利用し，インジェクション・ポンプのコントロール・ラック を移動して燃料噴射量を増減させ，エンジンの回転速度を調節する装置。

ニューマチック・グラインダ [pneumatic grinder]　気動研磨盤。圧縮空気の力により砥石車を回転する構造で振動の少ないことが特長。

ニューマチック・サスペンション [pneumatic suspension]　空気ばね支持。＝エア〜。☞TEMS。

ニューマチック・シリンダ [pneumatic cylinder]　①エア・サスペンションの空気シリンダ（エア・チャンバ）。空気シリンダへの空気の流れをコントロールして，車高やばね定数の切り換え（soft & hard）ができるものもある。②空圧機器のエア・シリンダ。

ニューマチック・タイヤ [pneumatic tire]　空気入りタイヤ。ケーシング（タイヤ）に入れた空気の弾力を利用するタイヤ。チューブ入りとチューブレスがある。

ニューマチック・ツール [pneumatic tool]　気動工具。圧縮空気で作用する工具類の総称。振動の少ない特長がある。

ニューマチック・ドリル [pneumatic drill]　気動穴空け機。圧縮空気によりドリルを回転して穴空けを行うもので特に小穴用として重用される。

ニューマチック・トレール [pneumatic trail]　車が旋回しているとき，タイヤの進行方向とタイヤの中心面の間にずれがあり，滑りが生じている（スリップ・アングルの発生）。このように横滑りしているタイヤの接地面は変形しているため，力の作用する中心点（着力点）は，接地の中心からずれており，このずれをニューマチック・トレールという。

ニューマチック・バルブ・ラッパ [pneumatic valve-lapper]　気動式弁すり合わせ機。圧縮空気の力でバルブを回転軽打しシートとのすり合わせを行う工具。

ニューマチック・ハンマ [pneumatic hammer]　空気づち。＝エア〜。

ニューマチック・フューエルポンプ [pneumatic fuel-pump]　気動式燃料ポンプ。例2サイクル・エンジンにおいて，クランクケース圧力の脈動を利用する燃料供給ポンプ。

ニューマチック・ブレーキ [pneumatic brake]　空気ブレーキ。＝エア〜。

ニュー・モビリティ・コンセプト [new mobility concept; NMC]　超小型モビリティの一種で，日産が2010年に公開した2人乗りの実証実験車。定格出力8kWのモータやリチウムイオン電池などを搭載して，最高速度は80km/h，航続距離は100km。2013年には，このコンセプト車を用いた有償のカー・シェアリング・サービスを横浜市との共同事業「ヨコハマ・モビリティ・プロジェクト」の一環として開始している。

ニューラル [neural]　神経系の，神経中枢の。☞ニューロ。

ニューラル・ネットワーク [neural network]　神経回路網。コンピュータでの判断をできるだけ人間の脳の判断機能に近づけようとした論理回路で，人間の脳のように複数の入力情報を相互に細かく関連づけて，瞬時に適切な判断を下すことができる。例㋑オート・エアコン制御。㋺AT変速点の自動切り替え制御。

ニューロ [neuro]　神経の，神経組織の。例コンピュータ。☞ニューラル。

ニューロン [neuron]　神経単位。神経細胞とそれから突起している神経繊維からなる1個の細胞。

ニュルブルクリンク24時間（じかん）レース [24 hours Nürburgring]　ドイツのニュルブルクリンク・サーキットで毎年5〜6月に開催されるADAC（全ドイツ自動車クラブ）主催のツーリング・カーによる耐久レース。24時間でどれだけ長い距離を走れるかを競うレースで，参加車両は3クラスに大別され，予選は北コース（1周約20.8km）で，決勝は北コースとGPコースを連結した1周約25.4kmの全コースで行われる。日本は1999年から参加しており，2012年で40回目を迎えた。なお，北コースは世界の自動車メーカやタイヤ・メーカがテスト・コースとして使用している。

尿素（にょうそ）SCR（エスシーアール）システム [urea-selective catalytic reduction system] ドイツのボッシュ社が開発した，尿素還元型NOx触媒装置。ディーゼル・エンジンの排気ガス中に還元剤として尿素水溶液を噴射することにより，尿素から変化したアンモニア（NH_3）との化学反応でNOxを無害なN_2とH_2Oに還元するもので，還元剤には32.5%濃度のアドブルー（AdBlue）と呼ばれる尿素水溶液が用いられる。2005年（平成17年）から適用された新長期排出ガス規制をクリアするため，日産ディーゼルがこのシステムを2004年末に大型トラックに世界で初めて搭載してFLENDS（フレンズ）と呼び，三菱ふそうも同システムを2007年に採用している。尿素水の噴射装置はドージング・システムともいい，これには尿素水を供給するインフラが必要となる。☞ブルーテック，NOx吸蔵アンモニア生成・還元触媒。

尿素（にょうそ）グリース [urea grease] グリースの一種で，増稠剤（ぞうちょうざい／粘りを増すために混入する物質）に有機系のジウレアやテトラウレア化合物を用いたもの。同じ万能（MP）グリースであるリチウム石鹸グリースよりも耐熱性や耐水性に優れ，等速ジョイント（CVJ）や電動パワー・ステアリング（EPS）などに用いられる。ただし，リチウム・グリースよりも価格は高く，ゴムや樹脂を侵す性質がある。

尿素樹脂（にょうそじゅし） [urea formaldehyde resin; UF] 尿素とホルムアルデヒドとを重合反応させて得られる無色透明の熱硬化性樹脂。耐火性や耐酸性などに優れ，接着剤，塗料，電気絶縁材料などに用いられる。

二硫化（にりゅうか）モリブデン [molybdenum disulfide] MoS_2。黒色の粉末で，潤滑剤に用いる。

ニレジスト [niresist] 合金鋳鉄の一種。ニッケルを多量に含むオーステナイト鋳鉄材で，耐熱性，耐食性，耐酸性に優れ，ターボチャージャのケーシングなどに用いられる。Ni-Cr-Cu鋳鉄とも。

2（に）連式気化器（れんしききかき） [two-barrel carburetor] ☞ツーバレル・キャブレータ。

任意保険（にんいほけん） [voluntary insurance] 自動車使用者が任意で加入する自動車保険。自賠責（強制）保険での不足分を補う。☞自賠責保険。

人間工学（にんげんこうがく） [human engineering] 車の運転性，乗り心地を人間の生理，心理や能力の面から研究する科学技術。

認証（にんしょう） [homologation] 基準や規格に対しての適合性を試験し，合格車を認可すること。ホモロゲーション。例 輸入車のホモロゲーション。

[ヌ]

縫（ぬ）い合（あ）わせ溶接（ようせつ） [seam welding] 抵抗溶接の一方法。ローラ電極2個の間に金属板を挟み，電極を徐々に回して移動させて溶接する。

ヌープ硬（かた）さ [knoop hardness] 微小硬さ試験機の一つで，アメリカのウィルソン会社で考案されたもの。微小硬さ試験機の中心であるビッカースのダイヤモンド圧子は対角線長さが等しい正方形であるのに比べ，ヌープ圧子は菱（ひし）形を呈し，長手対角長さを測定して算出表から硬さを求め，Hk記号で表す。☞ビッカース硬さ（Hv）。

抜（ぬ）き取（と）り検査（けんさ） [sampling inspection] 検査ロットから規定のサンプル数を無作為に抜き取って各項目を検査，サンプル中の不良品の数と合格基準（AQL）と比較してロットの合否を判定する検査。

布鑢（ぬのやすり） [emery cloth] 布基材の表面に研磨材を接着剤により固着した研磨工具。研磨布という。エメリ・クロース。

[ネ]

ネイキッド [naked] ①裸の，むき出しの。②覆いのない。
ネーブ [nave] （車輪の）回転体の中心部。＝ハブ。
ネーム・プレート [name plate] 銘板。機械装置に関する主要なことを記して見やすいところに表示した金属板。
ネオジム [独 Neodym; neodymium] 希土類元素（レア・アース）の一つ。記号Nd，原子番号60。ランタノイドにも属する銀白色の金属で，比重7.0，融点1,024℃。延性や展性に富み，熱水に触れると水素を発生する。ネオジムを主成分とする化合物は極めて強力な永久磁石となり，磁石以外では，セラミック・コンデンサやYAGレーザの添加物などに利用される。ネオジムの産出国はインジウム，ジスプロシウム，タングステンなどと同様，中国に偏在している。
ネオジム磁石（じしゃく） [neodymium magnet] 希土類磁石（レア・アース・マグネット）の一つで，ネオジム・鉄・ホウ素の化合物（$Nd_2Fe_{14}B$）でできた硬磁性材料。磁力は永久磁石の中で最も強力な磁石（フェライト磁石の約12倍）とされ，従来のフェライトに代わってハイブリッド車や電気自動車の永久磁石型同期モータや，電動パワー・ステアリングのモータなどに使用される。この磁石は高温で急激に保磁力が低下するという欠点があるため，ジスプロシウム（Dy）やテルビウム（Tb）という希土類元素を添加してこれを防止している。
ネオプレン [neoprene] オゾン，風化，各種の薬品，油，火炎に対して特に高度の耐久性がある合成ゴム。ガスケット・パッキング，オイル・シール類に多用される。
ネオン [neon] Ne。希ガス元素の一つで空気中に約10万分の1容含まれる。これを真空管に封じ高圧電流を通すと美しい赤色光を放つ。例 各種のテスタ類。
ネオン・タイミングライト [neon timing-light] ネオン利用調時灯。ネオン管の発光を利用してタイミング・マークを読み，点火時期および進角作用の良否を点検するもの。点火用高圧電流によって発光する簡単なものと，トランスを内蔵する強力型がある。最近はネオン（赤色光）より光輝の強いキセノン（紫色光）を使用したものが多い。☞キセノン。
ネオン・ランプ [neon lamp; negative glow lamps] 細長いガラス管の両端に円筒形電極を付け，ネオン・ガスを封入した放電ランプ。タイミング・ランプなどに利用される。
ネガティブ [negative] 負，負の，陰の。例 負（陰）電気，負圧力。対 ポジティブ。
ネガティブ・エレクトリシティ [negative electricity] 負電気，陰電気，マイナス電気。
ネガティブ・エレクトロード [negative electrode] 負電極，陰極，略号N又は⊖（マイナス）。対 ポジティブ，プラス。
ネガティブ・キャスタ [negative caster] 負キャスタ。マイナス・キャスタ。フロント・アライメントにおいて，キングピンが前傾していること。積車および走行状態では0又は正キャスタ状態に傾く。対 ポジティブ〜。
ネガティブ・キャンバ [negative camber] 負，マイナスのキャンバ（前輪の内反り）。対 ポジティブ〜。
ネガティブ・キングピン・オフセット [negative kingpin offset] 車を前から見た場合，キングピンの中心線がタイヤの接地部中心より内側にあるもの。＝〜スクラブ。
ネガティブ・スクラブ [negative scrub] 逆スクラブ。☞ネガティブ・キングピン・オフセット。
ネガティブ・プレート [negative plate] 陰極板，マイナス極板。例 バッテリの陰極板は鉛でその表面は放電すると硫酸鉛に覆われ，充電すると純鉛の状態に変化する。
ネガティブ・プレッシャ [negative pressure] 負圧力，大気圧（760mmHg）より低い圧力。例 エンジンの吸入力。

ネガティブ・ポール [negative pole]　陰極。対 ポジティブ～。

ねじプラグ・ゲージ [thread plug gauge]　多量生産品の雌ねじ内径および形状を検査する雄ねじ型のゲージ。

ねじ山（やま）ゲージ [thread gauge]　ねじ山のピッチ，形状を素早く測定，検査するのこ刃形の合わせゲージ。

捩（ねじ）り振動（しんどう） [torsional vibration]　☞トーショナル・バイブレーション。

捩（ねじ）りばね [torsion spring]　☞トーション・スプリング。

捩（ねじ）り棒（ぼう） [torsion bar]　☞トーション・バー。

ねじリング・ゲージ [thread ring gauge]　多量生産品の雄ねじ外径および形状を検査する雌ねじ型のゲージ。

ねずみ鋳鉄（ちゅうてつ） [gray cast iron]　含有炭素の大部分が遊離黒鉛として存在するため，破面が灰色になる鋳鉄。

ネスル [nestle]　（軸受で）バック・メタル（台がね）へホワイト・メタルやケルメットなどの減摩合金を盛り付けること。かつて用いられた。

燃圧（ねつあつ）センサ [fuel pressure sensor]　エンジンへ供給される燃料の圧力を検出する感知器。昨今の直噴式ガソリン・エンジン，コモン・レール式ディーゼル・エンジン，圧縮天然ガス（CNG）・エンジンなどにおける燃料の圧力は非常に高く，システムの信頼性を確保するために燃圧センサが設けられている。CNGの場合，燃料圧力計で表示するとともに大量漏洩時には警告灯を点滅させ，燃料の供給を遮断して安全性を確保している。

燃温（ねつおん）センサ [fuel temperature sensor]　燃料の温度を検出するセンサで，一般にサーミスタが用いられる。①電子制御燃料噴射式ガソリン・エンジンの燃料ギャラリ内の温度を検出し，燃料の噴射量を制御する。②圧縮天然ガス車（CNGV）のエンジン側とタンク（ボンベ）側に設置された二つのセンサで燃料の温度を検出し，異常温度（約100℃以上）になると警告灯を点滅させる。

熱価（ねつか） [heat range]　スパーク・プラグの放熱性を示す目安で，電極碍石部の長さ，電極の形や材料によって高低がある。熱価の高いのが放熱性が良くてコールド・タイプ（冷え型），熱価の低いのは放熱性が悪くてホット・タイプ（焼け型）と呼ばれる。

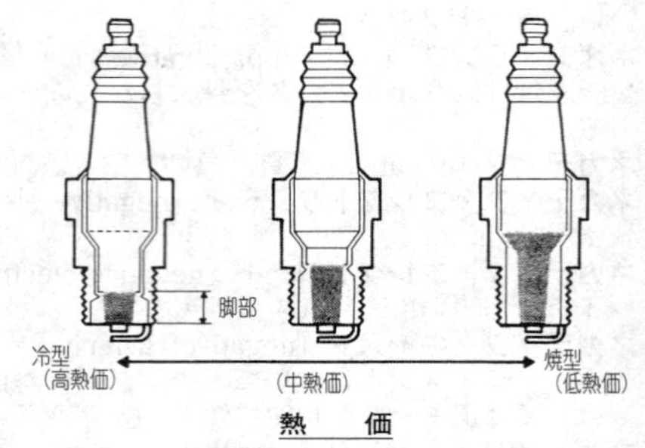

熱　価

熱可塑性（ねつかそせい）CFRP [carbon fiber reinforced thermoplastics]　☞CFRTP。

熱可塑性（ねつかそせい）エラストマ [thermoplastic elastomer; TPE]　常温でゴム状の弾性を示す高分子材料で，高温で流動性を示し，成形加工が可能なもの。ポリアミド系（TPAE），ポリエステル系（TPEE），ポリウレタン系（TPU），ポリスチレン系（TPS），ポリオレフィン系（TPO）などがあり，用途に応じて使い分ける。これらはリサイクル性に優れ，バンパ，トリム，モール，グリル，エンブレム，等速ジョイント用ブーツや，スポーツ用品などに用いられる。

熱可塑性樹脂（ねつかそせいじゅし） [thermoplastic resin]　常温では硬く，熱を加えると軟らかくなる性質をもつプラスチック。塩化ビニル，ポリエチレン，ポリプロピレンなど。☞熱硬化性樹脂。

熱可塑性（ねつかそせい）ポリウレタン樹脂（じゅし） [thermoplastic polyurethane; TPU] 熱可塑性樹脂の一種で，熱劣化特性や耐傷性に優れ，成形後の塗装工程が不要などの特徴がある。PVC（塩化ビニル樹脂）の代替品として，インパネ表皮，ウレタン樹脂バンパ，ステアリング・ホイールなどに用いられる。TPU は TPUR とも。

熱間圧延鋼板（ねっかんあつえんこうはん） [hot rolled steel plates] フレーム，メンバ，ディスク・ホイールなどに使用される厚さ 1.6～6.0mm の厚い鋼板で，800℃以上の温度で熱間圧延されたもの。☞冷間圧延鋼板。

熱勘定（ねつかんじょう） [heat balance] 燃料の燃焼によって得られたエネルギーがどのように分配されたかを表すもの。軸出力，排気損失，冷却損失，機械損失などに分けて示される。

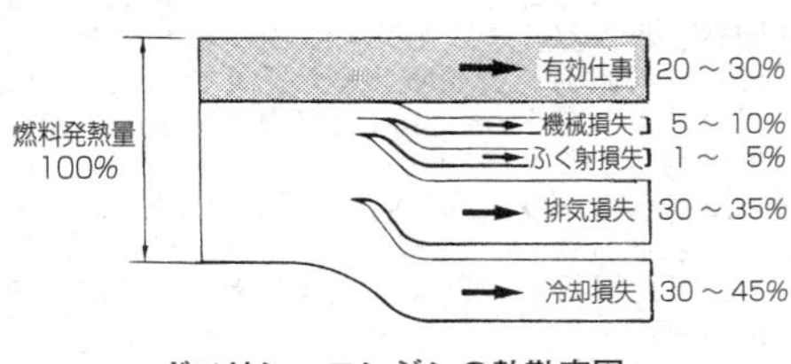

ガソリン・エンジンの熱勘定図

熱機関（ねつきかん） [combustion engine] 燃焼エンジン。燃料を燃やすことによって発生する熱エネルギーを機械的な仕事に変える装置の総称。内燃機関と外燃機関とがある。

ネッキング [necking] （きのこ弁で）弁の首が伸びて細ること。バルブの過熱による弱体化や弁ばねの強過ぎなどによって起こる。

ネック [neck] ①首，けい部。例俗ソケットレンチ・セットの中の１個。②通路の狭くくびれた部分。

ネック・アブレーション [neck abrasion] 衝突時に肩ベルトが首に損傷を与えること。

熱硬化性（ねつこうかせい）CFRP [carbon fiber reinforced thermosets] ☞CFRTS。

熱硬化性（ねつこうかせい）アクリル樹脂（じゅし） [thermosetting acrylic resin] 熱硬化性樹脂の一種で，加熱により架橋反応が進展するアクリル樹脂。透明性，耐候性，高硬度，外観性などに優れ，テール・ランプ・レンズやメータ・パネルなどに用いられる。

熱硬化性（ねつこうかせい）アクリル樹脂塗料（じゅしとりょう） [thermosetting acrylic resin paint] 焼き付け型上塗り塗料の一つ。アクリル樹脂とメラミン樹脂を主成分とするもので，メタリックやパールなどの焼き付け乾燥に使用される。自動車メーカの生産ラインでは一般的に 140℃で 30 分くらい，補修用では範囲は限定されるが 130～150℃で 30～40 分間，焼き付け乾燥される。

熱硬化性（ねつこうかせい）アミノ・アルキド樹脂塗料（じゅしとりょう） [thermosetting amino alkyd resin paint] 焼き付け型上塗り塗料の一つ。メラミン樹脂とアルキド樹脂を主成分とするもので，メラミン・アルキド樹脂塗料とも呼ばれ，ソリッド・カラーの焼き付け乾燥に使用される。自動車メーカの生産ラインでは一般的に 140℃で 30 分くらい，補修用では範囲は限定されるが，120～140℃で 30～40 分間，焼き付け乾燥される。

熱硬化性樹脂（ねつこうかせいじゅし） [thermosetting resin] 比較的低分子量の樹脂を 80℃くらいで流動性の粘性液とし，加熱した型に圧入して熱で化学反応を行わせ，高分子にする方法で硬化したもの。この製品は加熱すると軟化せず，焦げていくだけであるが，機械的な強度が大きいので自動車の部品として様々な用途に使われている。フェノール樹脂，メラミン樹脂，ポリウレタン樹脂など。☞熱可塑性樹脂。

熱交換器（ねつこうかんき） [heat exchanger] ☞ヒート・エキスチェンジャ。

熱効率（ねつこうりつ） [thermal efficiency] 熱機関において，有効な仕事に変えられた熱量と供給された燃料の発熱量との比をいい，ガソリン・エンジンで約25～28%，ディーゼル・エンジンで約28～34%である。

熱処理（ねつしょり）[heat treatment] 材料に必要な性質を付与するために行う加熱と冷却の色々な組み合わせの操作。焼き入れ，焼き冷まし，チルなど。

熱線入（ねつせんい）りガラス[laminated with heat-wire glass] 合わせガラスの中間膜に微細なタングステン線を埋め込み，通電によりガラスを暖め，水滴や霜による曇りを除くようにしたもの。リヤ・ウインドウ・ガラスに使用される。

熱線吸収（ねつせんきゅうしゅう）ガラス[heat-absorbing glass] 太陽光線に含まれる赤外線などの熱線を吸収するガラス。車室内の温度上昇を抑える。

熱線式（ねつせんしき）エア・フロー・メータ[heat-wire type air flow meter] 電子制御式燃料噴射装置の吸入空気流量計にて，空気流路に電流で加熱した白金線を置き，気流によって冷される白金線の温度を一定に保つのに必要な電流によって，空気の流量を測定するもの。

熱線反射（ねつせんはんしゃ）ガラス[solar energy reflecting glass] 金属の薄い膜をガラス表面につけ赤外線などの熱線を反射する，半鏡（かがみ）のように見えるガラス。又，屈折率の異なるプラスチックの薄い膜を数枚張り，光の干渉によって熱線を反射するタイプもあり，外からは濃い紫色に見える。

熱損失（ねつそんしつ）[heat loss] ☞ヒート・ロス。

熱対流（ねつたいりゅう）[heat convection] 熱量を帯びた流体の移動で熱が移動すること。

熱電効果（ねつでんこうか）[thermoelectric effect] 金属や半導体中の熱の流れと電子の流れとが相互に影響を及ぼしあって，熱による発電，電流による発熱および吸熱効果を発生する現象。ゼーベック効果，ペルチェ効果およびトムソン効果などがある。

熱電対（ねつでんつい）[thermoelectric couple; thermo-couple] 2種の金属を環状に接合し両接合点に温度差を与えることにより熱起電力を起こすもの。この性質を利用して熱起電力を測定して温度差を測るのに使う。JIS-C-1602には，白金ロジウム－白金，クロメル－アルメル，鉄－コンスタンタン，銅－コンスタンタンの4種が規定されている。高温部の測定に使用。

熱伝導率（ねつでんどうりつ）[thermal conductivity] 熱伝導率kは，厚さ1mの板の両面に1Kの温度差があるとき，その板の面積1m²の面を通して1sの間に流れる熱量Wで表す。熱の伝わりやすさを表す物質定数の一つ。

ネット[net] ①正味の，純粋の。②正味の重量，純益，正価など。③網，網状のもの。例エンジンのネット出力（馬力・トルク）：エンジンを車両に搭載した状態で出力を測定したもので，エンジン単体で測定したもの（グロス出力）よりもガソリン車で約15%，ディーゼル乗用車で約10%ほど低くなる。現在，新車カタログのエンジン出力表示はネットで行われている。対グロス。

ネット・ウェイト[net weight] 正味重量。自動車の場合，空車状態の重量をロード・メータで測定した値（車両重量）。☞グロス・ウェイト。

ネット・エフィシェンシ[net efficiency] 正味効率。供給したエネルギー（入力）に対しその何%が有効なエネルギー（出力）として得られたかを表す割合。

ネット軸出力（じくしゅつりょく）[net power; net brake power; installed power] エンジンを車に搭載した状態で取り出せるエンジンの正味出力。エンジンの出力軸端から動力として取り出せる出力には，ネット軸出力とグロス軸出力がある。ネット軸出力は，エンジンの運転に必要な補機類をすべて装備した状態で台上運転したときに出力軸端から取り出せる出力で，正味出力，ネット・パワー，DIN馬力などとも呼ばれている。この出力は，エンジン単体で測定したもの（グロス軸出力）よりもガソリン車で約15%，ディーゼル乗用車で約10%ほど低くなる。現在，新車カタログ等のエンジン出力表示はネットで行われており，表示単位はkW（SI単位）であるが，従来のPSの併記もある。

ネット・ヘッド [net head]　正味落差，有効落差。全落差から供給管の摩擦損失などを差し引いた落差。例 燃料の重力供給においてタンクとキャブレータ間の落差。

ネット・リフト [net lift]　正味揚程。例 カムのリフト寸法から弁すき間寸法を引いたもの。

熱分解（ねつぶんかい） [thermal cracking]　☞サーマル・クラッキング。

熱膨張（ねつぼうちょう） [thermal expansion]　温度の上昇に伴い，物体の寸法が増す性質。

熱膨張係数（ねつぼうちょうけいすう） [thermal expansion coefficient]　物体の温度が1℃上昇したときのその物体の体積の膨張の割合。＝熱膨張率。

熱力学（ねつりきがく） [thermodynamics]　熱の持つ性質や作用について調べる学問。

燃焼（ねんしょう） [combustion]　空気中の酸素により燃料が酸化される反応であり，発光と発熱を伴う化学反応。コンバッション。

燃焼室（ねんしょうしつ） [combustion chamber]　シリンダ・ヘッドとピストンで形成される混合気が燃焼するための部屋。コンバッション・チャンバ。

粘性式（ねんせいしき）クラッチ [viscous clutch]　☞ビスカス・カップリング。

粘度（ねんど） [viscosity]　オイルの粘りの度合を表すもの。SAE（米国自動車技術協会）の粘度分類番号が広く用いられ，番号の大きいほど粘度は高い。

粘度計（ねんどけい） [viscosimeter]　☞ビスコシメータ。

粘度指数（ねんどしすう） [viscosity index; VI]　温度の変化によるオイルの粘度の変化を示す指数。指数の大きいものほど温度による粘度変化の度合が少ない。

燃費（ねんぴ） [fuel consumption：fuel economy]　燃費消費量の略。☞燃料消費率。

燃費基準（ねんぴきじゅん） [fuel efficiency standard]　乗用車系車両等の燃費性能を表す基準。国により測定方法や表示方法が異なるが，日本では車の重量ごとに決められており，欧米ではCAFE（企業別平均燃費基準）方式が導入され，自動車メーカが1年間で販売した車両の平均値で決められる。2014年現在，日・欧・米の燃費基準は次のとおり。

- 日本：2015年までは重量区分ごとの平均値で16.8km/ℓ。以降は乗用車と小型バスに対して2020年燃費基準を策定し（平均値で20.3km/ℓ），国際ルールに基づくCAFE方式を導入予定。小型貨物自動車の次期燃費基準の目標年度を2022年度とし，重量区分ごとの平均値で17.9km/ℓ。燃費性能の表し方は，km/ℓ。
- EU：2012年までに17.9km/ℓ，2015年までに19.4km/ℓ（1km当たりのCO_2排出量で120g），2020年には24.5km/ℓ（1km当たりのCO_2排出量で95g）の長期目標も示している。燃費性能の表し方は，ℓ/100km。
- 米国：2011年までは約12.0km/ℓ，2016年までに15.0km/ℓとなっている。その後米国では，2025年までに乗用車とトラックの新車に対して平均約23.0km/ℓへの引き上げを2012年に決定している。燃費性能の表し方は，MPG（マイル/ガロン）。

燃費計（ねんぴけい） [fuel consumption tester; mileage tester]　燃料消費量を計測する計器。エンジンに燃料を供給する経路中に流量計を接続し，実走行又は台上試験機による走行距離や時間から燃費率を算出する。

燃費（ねんぴ）ラベル [fuel economy label; fuel economy values for a model type]　車の燃費性能等を表示するラベル。米国で新車販売時に表示が義務づけられているもので，このラベルはDOT（運輸省）とEPA（環境保護庁）の連名で，燃料消費率(MPG)，推定年間燃料費（＄），航続距離，環境性能などが表示されている。このラベル表示は2007年9月1日以降からすべての車が対象となり，2011年以降からはCity・Highwayモードに加え，エアコン，高負荷，高速，低温の影響を加味した計算法（5サイクル法）による表示に一本化された。これにより，ラベルに表示された燃費は実走行燃費に近い値となり，モード燃費と実走行燃費の乖離（かいり）問題は解消された。また，プラグイン・ハイブリッド車，電気自動車，新燃費基準などを考慮して，2013年から内容が変更された。EPA燃費ラベルとも。

燃費率（ねんぴりつ）［rate of fuel consumption; fuel consumption ratio］ ☞燃料消費率。

燃料（ねんりょう）［fuel］ フューエル，フュエル。☞フューエル。

燃料計（ねんりょうけい）［fuel gauge］ ☞フューエル・ゲージ。

燃料蒸発（ねんりょうじょうはつ）ガス［fuel evaporative emission］ 燃料系統の換気孔やパイプ・ライン接続部などから，燃料の蒸発や浸透により放出される生ガス。

燃料蒸発（ねんりょうじょうはつ）ガス排出抑止装置（はいしゅつよくしそうち）［evaporative emission control system］ フューエル・タンクやキャブレータのフロート・チャンバから燃料（炭化水素）が大気中に放出されるのを防ぐ装置で，一般に活性炭を使うチャコール・キャニスタ方式，燃料蒸発ガスをクランクケースに導くクランクケース・ストレージ方式，エア・クリーナに導くエア・クリーナ・ストレージ方式などがある。

燃料消費率（ねんりょうしょうひりつ）［rate of fuel consumption; fuel consumption ratio; specific fuel consumption］ エンジンの経済性を示す尺度。例 ㋑燃料1リットル当たりの走行距離（km/ℓ）。㋺1馬力1時間あたりの燃料消費質量（g/PS・h）。SI単位ではg/kW・h。

ネ

燃料電池（ねんりょうでんち）［fuel cell; fuel-cell; FC］ 燃料の水素と酸化剤（酸素）の電気化学反応により電気エネルギーを取り出す電池で，一種の発電装置。構造により，固体高分子型燃料電池（PEFC／PEMFC），固体酸化物型燃料電池（SOFC），溶融炭酸塩型燃料電池（MCFC），直接メタノール型燃料電池（DMFC），リン酸塩型燃料電池（PAFC）などがあり，現在開発が進められている自動車用の燃料電池には，固体高分子型燃料電池が使用されている。また，燃料となる水素の供給方式により，直接水素型（圧縮水素型）燃料電池，直接メタノール型燃料電池，メタノール改質型燃料電池などがある。燃料電池は，燃料の水素から電気を取り出す電極部に耐酸，耐食性のプラチナやパラジウムなどの高価な貴金属を台当たり約100gも使用しているが，ダイハツでは，燃料の水素を水加ヒドラジンに置き換えることにより，貴金属を全く使用しない燃料電池の基礎技術を開発している。燃料電池は発電時に80℃くらいの熱が発生するため，家庭用の発電装置としても石油やガス会社が開発を進めている。この場合，都市ガスなどから水素を取り出して発電し，発生した熱も利用する一種のコジェネレーション（熱電併給）となる。

燃料電池車（ねんりょうでんちしゃ）［fuel cell vehicle; FCV］ 搭載した燃料電池（FC）で水素と酸素を電気化学反応させて発電し，発生した電力でモータを駆動して走行する電気自動車（EV）の一種。排出されるのは水（水蒸気）だけという究極の低公害車（ZEV）で，発電用水素の補給には圧縮水素を高圧容器に充填した純水素型が一般に使用されるが，開発初期のFCVでは，改質器を用いてメタノールから水素を取り出す方式も検討された。自動車メーカ等によるFCVの開発は1990年代の初頭から始まっているが，ある程度まとまった数量のFCVの市場投入は2015年以降とされている。2014年12月には，トヨタが量販市販車としては世界初のFCV（MIRAI; 後述）を発売している。FCVの開発には莫大な投資を要するため，トヨタはBMWと，ホンダはGMと，日産はダイムラー及びフォードとそれぞれ共同開発を進めている。なお，FCVには小型車以外に大型バスや2輪車もあり，前者はトヨタと日野自動車が，後者は各2輪車メーカが開発を進めている。東京都では，2020年のオリンピック開催年までにFCVを6千台，FCバスは100台の導入を掲げ，水素ステーション（前述）も35箇所（移動式を含む）の設置を計画している。FCVはFCEVとも。㊟FCVの燃料となる水素の製造には一般に電気を多く用いるため，この電気を太陽光か風力などの再生可能エネルギーで発電しない限り，究極の低公害車にはならない。☞FCVコンセプト，TeRRA，F-CELL。

燃料電池（ねんりょうでんち）スタック［fuel cell stack; FC stack］ 現在開発が進められ

ている燃料電池車（FCV）の発電装置。この電池の最小単位であるセル（膜電極接合体／MEA）において，触媒などの作用で水素と酸素を電気化学反応させて発電するものであるが，発生電圧が1V弱と低いため，このセルを100枚程度直列に積層して大きな電圧を得ている。この積層した構造体を燃料電池スタック（FCスタック）といい，スタックとは，「積み重ね，堆積」を意味している。燃料電池スタックの開発ではカナダのバラード・パワー・システムズ社が先行していたが，ホンダやトヨタ等では独自の開発を進め，化学反応時に発生する水（水蒸気）が氷点下では凍結してエンジンが始動できなくなるのが大きな問題点であったが，両社ともに－20～－30℃くらいでも始動する燃料電池スタックの開発に成功している。

燃料電池（ねんりょうでんち）ハイブリッド電気自動車（でんきじどうしゃ）［fuel cell hybrid electric vehicle］　燃料電池と駆動用電池の２種類の動力源を備えた電気自動車。例 ㋑FCHV（トヨタ）。㋺FCHV-BUS（トヨタと日野が共同開発した大型バス）。

燃料電池（ねんりょうでんち）バス［fuel cell bus; FC bus］　電気自動車の一種で，燃料電池システムを搭載して自ら発電しながら走行するバス。国内では，トヨタと日野自動車が2002年に共同開発した大型燃料電池バス（FCHV-BUS-2）があり，愛知万博や中部国際空港，成田～羽田空港間などで実証運行された。2015年初には新たなFCバスが発表され，愛知県豊田市内の路線バスとして新年から営業運転を開始している。このバスには，先に発売を開始した燃料電池車（MIRAI／乗用車）のトヨタ・フューエルセル・システム（TFCS）が搭載されており，FCスタック（発電装置）とモータなどを２個搭載して出力の向上を図ったのに加え，高圧水素タンクも８本（MIRAIは２本）搭載している。また，災害時などに外部に電力を供給する外部電源供給システムも備えている。

燃料噴射装置（ねんりょうふんしゃそうち）［fuel injection system］　燃料をポンプにより加圧し，吸気通路また燃焼室内へノズルから噴射する装置。ガソリン・エンジン（キャブレータ仕様を除く）とディーゼル・エンジンの双方に用いる。

燃料噴射（ねんりょうふんしゃ）ポンプ［fuel injection pump］　ディーゼル・エンジンに使用される燃料噴射ポンプ。☞インジェクション・ポンプ。

燃料（ねんりょう）ポンプ［fuel pump］　☞フューエル・ポンプ。

［ノ］

ノア回路（かいろ）［NOR～］　☞付図－1「論理回路」。

ノイズ［noise］　①好ましからざる音，騒音。②電気の雑音。

ノイズ・エリミネータ［noise eliminator］　騒音防止器。雑音除去装置。例 ㋑ラジオの受信を妨げる電波障害除去用の高抵抗コード，コンデンサ，シールド装置。㋺ブレーキ音の防止装置。

ノイズ・コンデンサ［noise condenser］　雑音防止用蓄電器。例 ダイナモやオルタネータの出力極へ並列に入れるコンデンサ。

ノイズ・サプレッサ［noise suppressor］　騒音防止装置。＝～エリミネータ。☞ラジオ・インタフィアレンス・サプレッサ。

ノイズ・レベル［noise level］　騒音や雑音の大きさ，程度。

ノイズ・レベル・メータ［noise level meter］　騒音計，音量計。耳に感ずる音の大きさを測定する計器。単位はdB（デシベル）又はホン。＝サウンド・レベル・メータ。例 警音器や排気騒音の測定。

ノイマン型（がた）コンピュータ［Neuman type computer］　プログラム内蔵方式のコンピュータ。ハンガリー生まれの米国の数学者，フォン・ノイマンが提唱したコンピュータの設計思想に基づくもので，現在実用化されているコンピュータの方式。

納税証明書（のうぜいしょうめいしょ）［tax paid certificate］　車の税金が納付済みである

ことを証明する書類。車検時に必要となる。
ノウハウ [know-how] ①技術情報。産業上利用できる技術的な秘訣。②技術指導料。
能率（のうりつ） [efficiency] 生産性を評価する基準として，一定時間内にできあがる仕事の割合。エフィシェンシ。
能力（のうりょく） [capacity] 仕事などをすることができる力や働き。
ノー・クラッチ [no clutch] クラッチの付いていない自動変速機仕様車の俗称。略してノークラ。和製英語。
ノー・クリアランス・タペット [no clearance tappet] すき間なし揚弁子。弁すき間を持たないタペット。＝ゼロラッシュ～。例オイル～。ハイドロリック～。
ノー・ゴー・エンド [no go end] （限界ゲージの）止まり側。対ゴー～。
ノー・ゴー・サイド [no go side] 同前。
ノーズ [nose] （鼻を思わせる）突出部，先端，機首。例㋑カムの先端。プライヤの先端。㋺道路の接近端。㋩自動車の先端。
ノーズ・アップ [nose up] （自動車などの）先端が上がる。例発進の瞬間。
ノース・アップ表示（ひょうじ） [north up display] 北上方表示。例カーナビの画面で，地図の北向きを上にして車両の進行方向を表示するもの。☞ヘッディング・アップ表示。

ノーズ・コーン [nose cone] トラック荷台前面の突起状付加物で，高速走行時の空気抵抗を低減する装置。
ノース・サウス・レイアウト [north-south layout] シリンダの列が車の長さ方向となるようなエンジンの配置。南北は地図上で縦方向となるため，縦置きエンジンのこと。対 east-west layout（横置きエンジン）。
ノーズ・スポイラ [nose spoiler] 車の先端に設けられるスポイラ。気流によってノーズを抑え，前輪の荷重を増やすと同時にボデーの下に入る空気量を減らす目的で付けられる。フロント・スポイラ，エア・ダム，エア・ダム・スカートなどとも呼ばれる。
ノーズ・ダイブ [nose dive] ブレーキをかけたときに車の先端が路面にもぐり込むように下がる現象。＝ノーズ・ダウン。
ノーズダウン [nose-down] 同前。
ノーズディップ [nose-dip] 同前。
ノースピン・ディファレンシャル [no-spin differential] 無空転差動装置。差動制限装置を有し，ぬかるみや砂地においても一方だけの空転を許さないもの。＝ノンスリップ，デフロック，リミテッド・スリップ。
ノース・ポール [north pole] 北磁極。磁石のN極。略号N。対サウス～。
ノースリップ・ディファレンシャル [no-slip differential] ☞ノースピン～。
ノーダル・ポイント [nodal point] （振動の）波節。振動レベルが極小となる部位。振動体の静止点。
ノート [note] ①帳面，書き留めること。②注釈。③音色。例エキゾースト～。
ノード [node] 結節点，節，ふくれ。例ロータリ・エンジンのハウジングにおいて，エピトロコイド曲線の節部分。
ノードラフト・ベンチレーション [no-draft ventilation] 無通風換気法。例車室換気法において直接風を導入せず走行に伴う吸出作用を利用して行う方法。
ノーノイズ・エアフィルタ [no-noise air-filter] 無音空気清浄器。インテーク・サイレンサを内蔵するエア・クリーナ。
ノーパーキング [no-parking] 駐車禁止。
ノーパッシング [no-passing] 追い越し禁止。
ノーホーン [no-horn] 警音器禁止。
ノーマライジング [normalizing] 焼き慣らし。結晶組織の大きいもの又はひずみのあるものを常態化するために行う操作で，鋼材を変態点以上の適温に加熱し静かに空気中に放冷する。

ノーマル [normal]　規格通りな，標準的な，正常な。＝ノルマル。

ノーマル・オクタン [normal octane; n-octane]　正オクタン，$CH_3(CH_2)_6CH_3$。ガソリンに含まれる炭化水素の一つであるが分子量が大きく，かつ直鎖構造であるためオクタン価はマイナス18とはなはだ低い。＝ノルマル・オクタン。

ノーマル・コンバッション [normal combustion]　正常燃焼，混合気の燃焼において，点火プラグによって着火されその炎が順次周辺に及ぼして燃焼を完了する状態をいう。☞デトネーション。

ノーマル・テンパレチャ [normal temperature]　規格温度，標準温度。例㋑バッテリ液比重は20℃。㋺バッテリ容量は25℃。

ノーマル・ヘプタン [normal heptane]　正ヘプタン。$CH_3(CH_2)_5CH_3$。ガソリンの一成分。ガソリン・エンジンに用いてノッキングを起こしやすい物の一つで，CFRエンジンで耐ノック性を試験するときオクタン価0の標準燃料として用いる。☞イソオクタン。＝ノルマル・ヘプタン

ノーマル・ミクスチャ [normal mixture]　標準混合気，理論混合気。燃料1重に対し空気15重の割合になっているもの。☞エア・フューエル・レシオ。

ノーロード [no-load]　無負荷，無荷重。例㋑エンジンに負荷がかかっていない。㋺車に荷重を積んでいない。㋩電源に負荷がかかっていない。

ノーロード・テスト [no-load test]　無負荷試験。例㋑無負荷でのエンジン性能テスト。㋺無負荷で行うモータの試験。

ノーロード・ボルテージ [no-load voltage]　無負荷電圧。例負荷のかかっていないバッテリの電圧。1セル当たり約2V。

ノーロード・ランニング [no-load running]　無負荷運転。

ノーロール・システム [No-roll system]　車のにじり動きを防ぐ装置の一商品名。☞アンチクリープ・システム，アンチロール，ヒルホルダ。

ノギス [Nonius]　ポルトガルの数学者ノニウス（*Nonius*）のなまりでノニスともいう。バーニヤ（副尺）付き物指し。内外側又は深さなどの簡単な測定具として広く使用される。精度にはメートル式の場合1/50mm，1/20mm，1/10mm等がある。＝バーニヤ・キャリパス。

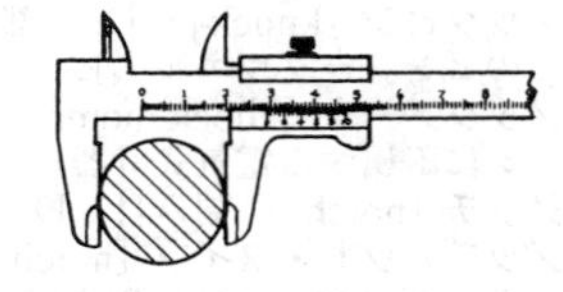

ノギス

ノコ [NOCO; no corrosion]　バッテリ・ターミナル専用の防錆保護剤の商品名。

ノジュラグラファイト・キャストアイアン [nodular-graphite cast-iron]　球状黒鉛鋳鉄。鋳鉄にマグネシウムを添加し，炭素を球状黒鉛組織として強度を増大したもので，可鍛鋳鉄に匹敵する性質を有し自動車部品材料として多用される。

ノズル [nozzle]　吹き口，管先，噴出口。例㋑キャブレータ内にある燃料の吹き口。㋺ディーゼル・エンジンの燃料噴出口。

ノズル・テスタ [nozzle tester]　ノズル試験機。例ディーゼル用噴射弁の噴出圧力や噴霧の状態を試験する機械。

ノズル・ホルダ [nozzle holder]　ノズルを保持する部品。インジェクション・ノズルをシリンダ・ヘッドに取り付けるときに使用する。

ノズル・レンチ [nozzle wrench]　ノズル着脱用特殊ねじ回し。

ノッキング [knocking]　①こつこつたたくような音。②スパーク・プラグで点火後，火炎が伝播していく前に未燃焼ガスの一部が自己着火して急激な燃焼を起こすことにより，その衝撃波が燃焼室壁に反射して発するキンキン，カリカリというような異音。＝ノック，デトネーション，ピンキング。

ノック [knock]　①たたく，打つ。②異常燃焼によりノッキングを発する。

ノックイン [knock-in]　打ち込む，たたき込む。

ノックオフ・ホイール [knock-off wheel]　レーシング・カーのホイールで，ハブのスプラインへ中央の大ナット（スピンナ）１個で締め付けている構造のもの。脱着はソフト・ヘッドのハンマの一撃で簡単にできることからの呼び名。

ノック・コントロール・システム [knock control system]　エンジンの点火時期を常に最適に制御する装置。シリンダ・ブロックに取り付けられたノック・センサがノッキング（異常燃焼）を検知すると電子制御により点火時期を遅らせ，ノッキングが止まるとノッキングが発生するまで点火時期を進める。再びノッキングが発生すると点火時期を遅らせ，ノッキングが止まると点火時期をまた進める。㊟これの繰り返しをフィードバック制御という。☞ESA。

ノックス（NO_x） [nitrogen oxides]　排気ガス中に含まれる窒素酸化物の総称。混合気中の窒素ガス（N_2）は酸素ガス（O_2）とは結合しにくい安定した気体だが，混合気が高温で燃焼するときに一部が酸化してNOとなって排出され，外気中で更に酸化されてNO_2となる。排気ガス中の窒素酸化物は95%がNO_2，3～4%がNOである。NO_2は刺激臭の強い有害な気体で光化学スモッグの主原因となる。

ノック・センサ [knock sensor]　ノッキングによって発生する振動を検出するセンサで，シリンダ・ブロックに取り付ける。ターボチャージャ付きエンジンの場合，圧縮比を上げるとノッキングが発生するので，その振動を圧電素子により感知，電気信号をコントロール・ユニットに送って点火時期を遅らせる。

振動板
圧電素子
ノック・センサ

ノックダウン・システム [knock-down system]　略号KD方式。解体輸送方式。例自動車の輸出において解体箱詰めにして送り現地でこれを組み立てる方式。

ノック・バック [knock back]　ディスク・ブレーキにて，ディスクの振れや変位によって，パッドが押し戻される現象。

ノックピン [knock-pin]　２部品の結合部に打ち込む，回り止めのピン。＝ダウエル・ピン。

ノックメータ [knock-meter]　ノック指示計。オクタン価の測定に用いるCFRエンジンに附属する電気式計器。

ノッチ [notch]　刻み目，段。例軸受けメタル台の切り込み。

ノッチカット・タイプ [notch-cut type]　段付き型。切り込み型。例ピストン・リング断面の内周又は外周を段付き又は面取りしたもの。圧縮するとねじり力を生ずる。☞ツイスト・タイプ・リング。

ノッチバック・タイプ [notch-back type]　（ボデーの）後部段付き型。屋根からトランク室へ段差があるもの。セダン，サルーンなど一般乗用車の後部車体の形状。

ノット回路（かいろ） [NOT～]　☞付図－「論理回路」。

ノニウス [Nonius]　☞ノギス。

ノブ [knob]　握り，取っ手，引き手。例㋑ドアの握り。㋺レバーの取っ手。

ノミナル [nominal]　名称上の，名義上の。

ノミナル・アウトプット [nominal output]　公称出力。

ノミナル・サイズ [nominal size]　公称寸法，呼び寸法。

ノミナル・スピード [nominal speed]　公称速度。

ノミナル・ホースパワー [nominal horse-power]　公称馬力。

ノルボルネン・ゴム [polynorbornene rubber; NOR]　分子量が極めて高い合成ゴムの一種。弾まないゴムとして有名で，衝撃吸収性や遮音性などに優れ，制振材，防振材，防音材などに用いられ，低転がり抵抗タイヤのトレッド・ゴムにブレンドする場合もある。

ノルマル [normal]　☞ノーマル。

ノンアスベスト [non-asbestos]　アスベスト（石綿）を使用していない，アスベスト以外のもの。アスベストは耐熱性が高いためにクラッチ・フェーシングやブレーキ・パッド等に使用されてきたが，近年アスベストの発がん性が指摘され，その使用が禁止された。例 ㋑～ブレーキ・パッド。㋺～ガスケット。

ノンアスベスト摩擦材（まさつざい） [non-asbestos friction material]　発がん性物質であるアスベスト（石綿）を全く使用していない摩擦材。☞アスベスト・フリー摩擦材。

ノンエレクトロライト [non-electrolyte]　非電解質。水溶液中でイオンに解離しない物質。これらは電流を通さない。

ノングレア [non-glare]　光の反射を抑える表面処理。防眩の。

ノンコンダクタ [non-conductor]　不導体，絶縁体。電気（又は熱）を伝えにくいもの。例 ㋑電気不導体には雲母（うんも），ガラス，陶磁器，ゴム，油，空気，ビニール，プラスチック。㋺熱不導体には空気，木材，木炭，毛，綿等。

ノンサージング・スプリング [non-surging spring]　サージ現象のないばね。高速時おどり現象のないばね。例 不等ピッチ巻きばね。☞サージング。

ノンシンメトリカル・スプリング [non-symmetrical spring]　非対称ばね。車軸取り付け部から前後の長さが対称でない板ばね。

ノンスキッド・タイヤ [non-skid tire]　滑り止めタイヤ。トレッドに滑り止めパターンを有するタイヤ。例 スノー・タイヤ。

ノンスキッド・チェーン [non-skid chain]　（タイヤに巻く）滑り止め鎖。

ノンスキッド・パターン [non-skid pattern]　（タイヤの）滑り止め模様。

ノンステージ・トランスミッション [non-stage transmission]　無段階変速機。例 ㋑ベルト式CVT。㋺トロイダルCVT。

ノンステップ・バス [non-step bus]　乗降口に階段のない低床式バスのことで，高齢者や身障者等に配慮した乗降の容易なバス。

ノンスリップ・ディファレンシャル [non-slip differential]　制限装置付き差動歯車。＝ノースピン，ノースリップ，リミテッド・スリップ，デフロック。

ノンドライング・オイル [non-drying oil]　不乾性油。例 ㋑オリーブ油。㋺ニーツフート・オイル（牛脚油；レザー・オイル）。

ノンフェラス・メタル [non-ferrous metal]　非鉄金属。主成分として鉄を含まない金属。例 ㋑銅およびその合金。㋺アルミニウムおよびその合金。

ノンフリージング・ソリューション [non-freezing solution]　不凍液。冷却水に混入して凍結を防止する薬剤。＝アンチ～。例 ㋑エチレン・グリコール。㋺アルコール。

ノンフロン・カー・エアコン [non-fluorocarbon car air conditioner]　カー・エアコンの冷媒にフロン系の冷媒を使用していないもの。地球温暖化を防止するため，次の2種類のものが開発されている。㊟現在使用されている冷媒のHFC-134a（R-134a）のGWP（地球温暖化係数）は1,430であり，欧州では，GWP150以上の冷媒の新型車への使用が，2017年以降は禁止されている。① CO_2：二酸化炭素（CO_2/R744）を冷媒に用いた CO_2 エアコンをデンソーが2002年に開発し，トヨタが燃料電池車（FCV）に世界で初めて搭載している。二酸化炭素の地球温暖化への影響度は，HFC-134aの1,430分の1（GWP＝1）と非常に少ない。ただし，CO_2 エアコンは100気圧の高圧で作動するためにガス・シールに手間がかかり，コンプレッサ負荷が大きく，高濃度の CO_2 の吸引は危険。② HFO-1234yf：米ハネウェル社とデュポン社が2008年に開発した新冷媒（ハイドロフルオロオレフィン／高フッ素化有機化合物）。この冷媒はGWP（地球温暖化係数）が4と CO_2 に近く，既存のエアコン・システムで使用できるのが特徴で，ホンダが2012年にフィットEVに採用している。ただし，この冷媒は微燃性があるため，ダイムラーやVWでは CO_2 冷媒を採用予定。

ノンマグネチック・マテリアル [non-magnetic material]　非磁性体。磁気に感応しない物質。一般に鉄族（鉄，ニッケル，クロム）以外のもの。

ノンメタリック・コンジット［non-metallic conduit］　非金属導管。例 高圧線の案内管となるファイバ導管。

ノンメタンHC規制（きせい）［non-methane hydrocarbon standard］　米国における排出ガス規制の一つ。車の排出ガスに含まれる有害物質の炭化水素（HC）からメタン分を差し引いた残りのHC量（NMHC）を規定している。カリフォルニア州が1980年に実施し，1994年には連邦規制となった。カリフォルニア州はその後規制を強化し，メタン分を差し引いた炭化水素に酸素を加えたNMOG（非メタン有機ガス）規制に移行している。☞ THC。

ノンメタン・オーガニック・ガス［non-methane organic gas］　☞ NMOG。

ノンメタン・ハイドロカーボン［non-methane hydrocarbons］　☞ NMHC。

ノンリターン・バルブ［non-return valve］　逆止弁，一方通行弁。＝チェック～。例 ㋑フューエル・ポンプのバルブ。㋺ディーゼル吐出弁。

ノンリバーシブル・ステアリング［non-reversible steering］　不可逆式ステアリング。ホイールからハンドルを回すことのできないもの。＝イリバーシブル～。

ノンリムーバブル・メタル［non-removable metal］　非交換式軸受メタル。メタルが軸受体に鋳込まれて交換できないもの。通称盛りつけメタル。対 インサート～。

ノンロード・ボルテージ［non-load voltage］　☞ ノーロード～。

ノンロッキング・リトラクタ［non-locking retractor; NLR］　ロック機構のないシート・ベルト巻き取り装置。装着の都度，手作業でベルトの長さを調整する。☞ ALR，ELR。

[ハ]

バー [bar] 棒，棒状のもの。例 ①～ハンドル。②ストラット～。
バー [burr] ばり。まくれ，ぎざぎざ。ささくれ。例 金属表面の傷。
パーカライジング [Parkerizing] （防せい処理の商品名）鉄の表面にりん酸塩皮膜をつくるさび止め加工法。
パーキング [parking] （自動車などの）駐車。
パーキング・エリア [parking area] 駐車区域，駐車場。
パーキング・スプラグ [parking sprag] 駐車用歯止め。例 AT 車において出力軸を回転できなくする歯止め。出力軸が回らないと車は動かせない。セレクタをP位置にすると歯止めがかかる。=～ロックポール。
パーキング・チケット [parking ticket] 駐車違反者に対する警察の呼び出しカード。
パーキング・ブレーキ [parking brake] 駐車用ブレーキ，車輪をロックするものとプロペラ・シャフトをロックするものがある。
パーキングブレーキ・インジケータランプ [parking-brake indicator-lamp] 駐車ブレーキ指示灯。=～ウォーニング～。
パーキングブレーキ・ウォーニングランプ [parking-brake warning-lamp] 駐車ブレーキ表示灯。=～インジケータ～。
パーキング・メータ [parking meter] （駐車場にある）駐車時間自動表示器，駐車料金自動徴収器。駐車計。=パーコメータ。
パーキング・ランプ [parking lamp] 駐車灯，駐車表示灯。自動車の存在を表示するために駐車中点灯しておく灯火。
パーキング・ロックギヤ [parking lock-gear] 駐車用歯止めギヤ。AT 車において出力軸にありポール（爪）をかませる歯車。
パーキング・ロックポール [parking lock-pawl] 駐車用歯止め爪。AT 車において，ロックギヤにかませて歯止めする爪。
パーキング・ロット [parking lot] （自動車の）駐車場。=～エリア。
パーク [park] ①公園，駐車場。②駐車させる。
パークアンドライド [park-and-ride; P&R] 自宅から最寄りの駅までは車を利用して駅周辺に駐車させ，電車等の公共交通機関を利用して中心部へ通勤するような様態をいう。
バー・グラフ表示（ひょうじ） [bar graph display] メータの表示方法で，指針の代わりにセグメントを用いてバー（棒）グラフ表示するもの。例 燃料計，水温計。

バー・グラフ表示

バー・ゲージ [bar gauge] 棒計器。例 油量計。=ベイオニット～。
パーコレーション [percolation] ①浸出，染み出し，ろ過。②エンジン故障の一つ。過熱などによりキャブレータのガソリンが膨張してノズルやブリードから染み出し，混合気が濃くなり過ぎてかからなくなること。
パーコレータ [percolator] ろ過器。
パージ [purge] ①除去する，追放する。②浄化，追放。例 エア～。
パージ・エア [purge air] 清掃空気。例 燃料蒸発ガスを蓄えるキャニスタにおいて，エンジンをかけたときキャニスタへ流入して蒸発ガスを清掃する空気。
パージ・スイッチ [purge switch] ①清掃用スイッチ。例 バスなどに用いる燃焼式カー・ヒータにおいて，主スイッチを切っても，なおしばらくブロワを回転してヒータ内を清掃する熱自動スイッチ。②安全スイッチ。例 スタータ電気回路において，エンジンが回転していると誤ってスタータのスイッチを入れても作用しないようにしたもの。

パージ・バルブ［purge valve］　パージ・エアなどの入口にある弁。

パーシャル・エンジン［partial engine］　マニホールドや始動，充電，点火系統などの補機類を除いたエンジン本体。

パーシャル・スロットル［partial throttle］　スロットルの部分開状態。

パーシャルタイプ・ルブリケーション［partial-type lubrication］　部分型潤滑法。例バイパス式潤滑法において，分流してフィルタを通ったオイルの一部をギヤなどの潤滑に利用する方式。

パーシャルタフンド・グラス［partial-toughened glass］　部分強化ガラス。例事故に際し車を止めるまでの間，前方視界が確保できるよう前面ガラス専用に開発されたもの。現在は，その使用を禁止されている。☞部分強化ガラス。

パーシャル・ロード［partial load］　（全負荷に対し）部分負荷状態。

ハーシュ・ドライビング［harsh driving］　乱暴な運転。

ハーシュネス［harshness］　舗装道路の継ぎ目や突起などを通過する際に，車体に発生する衝撃による振動や異音。

バージョン［version］　①翻訳。②‥版，‥化。例㋑スノー～。㋺ユーロ～。

バーズ［burrs］　ぎざぎざ，まくれ。☞バー。

バースト［burst］　（タイヤなどの）破裂。通称バス。

パーセル・トレー［parcel tray］　（浅い箱，ぼん形の）手荷物入れ。

パーセル・ラック［parcel rack］　小荷物だな。網だな。

パーソナル［personal］　個人的な，個人の。例～ランプ。

パーソナル・モビリティ［personal mobility; PM, personal mobility vehicle; PMV］　主にバッテリを動力源とした1人乗りの簡便な乗り物や移動機器を指し，施設内や市街地等での使用を想定したもの。施設内等で使用するものとしては，例えば，トヨタが背もたれ型の「i-REAL」や立ち乗り型の「ウィングレット」を，ホンダは背もたれのない椅子型の「UNI-CUB β」をそれぞれ開発している。パーソナル・モビリティの中で公道を走行できるものは，「超小型モビリティ」とも呼ばれる。

バー・タイプ［bar type］　棒型，棒状。

バーチカル［vertical］　①垂直の，縦の。②垂直線，垂直面。＝バーティカル。例～シート・アジャスタ。対ホリゾンタル。

バーチカル・アジャスタ［vertical adjuster］　シートを上下させる機構で，全体，あるいは前縁や後部のみを上下させるものの総称。

バーチカル・タイプ［vertical type］　鉛直型，垂直型，縦型。例エンジン・シリンダの置き方。

バーチカル・プレー［vertical play］　上下の遊び，縦の遊び。

バーチカル・フロー・ラジエータ［vertical flow radiator］　冷却水を垂直方向に流す方式のラジエータ。一般的なラジエータ。

バーチカル・ライン［vertical line］　鉛直線，垂直線。

バーチャル［virtual］　①虚像の，仮想の。②事実上の，実質上の。

バーチャル・ショッピング・モール［virtual shopping mall］　インターネット上の仮想商店街。

バーチャル・リアリティ［virtual reality］　仮想現実感。コンピュータを用いて現実には存在しない空間を創造し，現実の空間にいるのと同じ疑似体験をさせること。新型車の開発でもバーチャル・リアリティ手法を用いて，プロトタイプを1台も作らずに開発期間の短縮と品質の向上を図っている例がある。

パーツ［parts］　部分品，部品。パートの複数。

パーツ・キャディ［parts caddy; ～caddie］　（工場内の）部品運搬車。

パーツ・クリーナ［parts cleaner］　部品洗浄装置。例貯油槽の洗油をポンプでくみ上げシャワーとして噴出。用済みの洗油は清浄されて再循環する。

パーツ・リスト [parts list]　部分品目録，部品表。
パーティキュレート [particulate]　排気ガス中の微粒子（鉛塩，カーボン，鉄サビ等）。☞ PM[1]。
パーティション [partition]　仕切り，区画，仕切り壁。例 バッテリ・ケース内の仕切り。
パーティション・ボード [partition board]　仕切り板。例 乗用車ボデーの後部座席と荷物室との仕切り板。
バーテックス・シール [vertex seal]　（ロータリ・エンジンの）ロータ頂点とハウジングとの気密を保つ密封材。＝アペックス～。
ハード [hard]　堅い，堅固な。対 ソフト。
パート [part]　①部分，一部分。②部分品，部品。＝パーツ。
ハードウェア [hard-ware]　（集合的）金物類，鉄器類。対 ソフト～。
ハードウォータ [hard-water]　硬水。カルシウム塩類やマグネシウム塩類を比較的多量に溶かしている天然水。冷却水として用いると水あかの沈澱が多い。例 河川や井戸水。対 ソフト～。
ハードクロミウム・プレーティング [hard-chromium plating]　硬質クロムめっき。耐摩耗性向上。例 ㋑ショック・アブソーバのピストン・ロッド。㋺ピストン・リング。
ハードスチール [hard-steel]　硬鋼。炭素含有量0.4～0.5％の鋼，焼き入れによって硬化し工具材料などに用いられる。
パート・スロットル [part throttle]　気化器スロットルの部分開。＝パーシャル～。
ハードソルダ [hard-solder]　（ろう接用の）硬ろう。例 ㋑しんちゅうろう。㋺銀ろう。
ハードソルダリング [hard-soldering]　硬ろう接。例 真ちゅうろうづけ。
パートタイム [part-time]　時間の一部，常時ではない。例 ～4WD。対 フル～。
パートタイム・フォーホイール・ドライブ [part-time four-wheel drive; ～4WD]　四輪駆動車で通常は前か後の二輪だけを駆動に使い，必要に応じて四輪駆動として使う方式。対 フルタイム 4WD。
ハードトップ [hard-top]　硬い屋根（の車）。金属板又はプラスチック屋根の車。屋根は取れないものが多いが着脱できるものもある。センタ・ピラー（中柱）がないのが特長であるが，ピラード～といって中柱をつけたのもある。
ハードナ [hardener]　硬化剤。例 焼き入れ用材料。
ハードニング [hardening]　硬化，焼き入れ。金属に適度な加工又は熱処理をして材料を硬くする操作。
ハードニング・エージェント [hardening agent]　硬化剤。焼き入れ薬。
ハードネス・テスタ [hardness tester]　硬度計。硬さを測る計器。例 ㋑ショア～。㋺ブリネル～。㋩ロックウェル～。㊁ビッカス。
バードビュー・ナビゲーション [bird's-eye view navigation]　日産が採用した立体図式カーナビ画面の商品名。鳥が空から地表を眺めるように，上空から自車の進行方向を斜めに見下ろし，地平線まで見渡すことができる。鳥瞰（ちょうかん）図。一画面で現在地付近は詳細に，かつ，遠方まで同時に表示が可能。
ハードプラグ [hard-plug]　高温型点火栓。ホット（焼け型）プラグ。対 ソフト～。
ハードボード [hard-board]　（木材代用の）硬い板紙。例 ドア裏その他ボデー内装材料。
ハードラバー [hard-rubber]　硬質ゴム。強く硫化したゴム。例 エボナイト。
パートリ・オープン [partly open]　（スロットルなどの）部分開。＝パート，パーシャル。
ハードレッド [hard-lead]　硬鉛。鉛に少量のアンチモンを加えた合金。例 バッテリ極板のグリッド（格子）。
バーナ [burner]　火口，燃焼器，噴炎器。例 ㋑溶接用吹管。㋺トーチランプ。

バーニシャ［burnisher］　磨くもの。例㋑ボデー磨き。㋺ブシュやメタル内面を磨く機械。
バーニッシュ［varnish］　☞ワニス。
バーニヤ¹［*Vernier Pierre*］　仏フランスの数学者。副尺付き計器を発明。
バーニヤ²［vernier］　副尺，遊標，ノギス。
バーニヤ・キャリパス［vernier calipers］　副尺付きキャリパス。通称ノギス。
バーニング・オイル［burning oil］　燃料油。主として軽油のこと。
バーニング・チャージ［burning charge］　シリンダへ吸入された燃料又はその混合気。
ハーネス［harness］　組み配線。その車用に組み合わした配線一式。例ワイヤ～。
バーフィールド・ユニバーサル・ジョイント［Birfield universal joint］　等速ジョイントの一種で，バーフィールド社で開発されたもの。6個の鋼球をインナ・レース（溝）とアウタ・レースで保持し，ボールの接触点でトルクを伝える構造になっており，FF車の駆動軸に使用される。

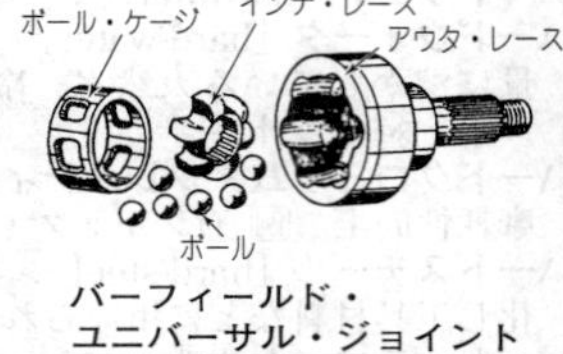

バーフィールド・ユニバーサル・ジョイント

ハーフエリプチック・スプリング［half-elliptic spring］　半だ円型ばね。＝セミエリプチック～。
パーフォレィテッド・チューブ［perforated tube］　穴空き管。例マフラ内の消音用穴空き管。
パーフォレーテッド・ディスク［perforated disc］　穴あきディスク。ディスク・ブレーキ・ロータの円周上に冷却用の穴をあけたもので，スポーツ・カーなどに用いられる。☞ベンチレーテッド・パーフォレイト・ディスク。
ハーフコンプレッション・カム［half-compression cam］　圧力半減カム。起動を容易にするため圧力を半減させるカム。例ディーゼルのデコンプ。
ハーフシャフト［half-shaft］　半軸。例2本からできている後車軸の1本。
ハーフタイム・シャフト［half-time shaft］　半転軸，半速軸。例カムシャフト（クランクシャフトの半速だから）。
ハーフ・トロイダル式（しき）シー・ブイ・ティー（CVT）［half toroidal type continuously variable transmission］　ハーフ・トロイダル式無段変速機。構造としては，円錐状の入・出力ディスクと2個のパワー・ローラで構成されている。エンジンの動力を受けた入力ディスクの回転をパワー・ローラに伝達し，動力がこのパワー・ローラを通じて出力ディスクに伝えられることで駆動力となる。2枚のディスクに挟まれたパワー・ローラの傾斜角を連続的に変えることにより，滑らかな無段階変速を行う。フル・トロイダル式CVTはパワー・ローラ軸受への荷重は小さいが，動力伝達部の効率が悪くて発熱が大きく，ハーフ・トロイダル式は動力伝達部の効率はよいが，パワー・ローラ支持軸受にかかる荷重が大きい。トロイダル式CVTでは，ディスクとパワー・ローラを直接接触させるのではなく，ディスクとパワー・ローラ間のオイルの剪断力（せんだんりょく）で動力を伝達するトラクション・ドライブ方式である。このオイルはトラクション・オイルと呼ばれ，トロイダル式CVT専用に出光興産が開発した。ハーフ・トロイダル式CVTは，日産が日本精工と出光興産の協力を得て世界で初めて商品化に成功し，1999年に“エクストロイドCVT”の名称で3ℓターボ車に搭載して発売した。
ハーフ・ベアリング［half bearing］　半割り軸受。例コンロッド大端やクランクシャフト軸受。＝スプリット～。
ハーフラウンド・ファイル［half-round file］　半（甲）丸やすり。
バー・マグネット［bar magnet］　棒型磁石。
パーマネント・タイプ［permanent type］　（不凍液などの）永久型。蒸発しにくいエチレン・グリコールおよび防せい剤などを入れた冷却液（クーラント）。
パーマネント・マグネット［permanent magnet］　永久磁石。保磁力の強い鋼鉄で作った磁石。例 ①高圧マグネトー。ⓡフライホイール・マグネトー。ⓗスピードメータ用。ⓝアンメータ用。

パーミシブル・エラー [permissible error] 許容誤差。＝アローワブル～。

パーム・フィット [palm fit] 手のひら合わせ。例 ピンと穴とのはめ合いで，ピンを手のひらで押し入れられるくらいの硬さ。

ハーモ ☞Ha:mo。

ハーモニック・ドライブ [harmonic drive gearing] 減速機構の一種で，楕円と真円の差動を利用したもの。ハーモニック・ドライブ・システムズ社の商標で，一般には波動歯車装置またはストレイン・ウェーブ・ギアと呼ばれ，高減速比，軽量，コンパクト，バックラッシュが少ないなどの特徴があり，ロボットなどのサーボモータに使用される。自動車関係では，トヨタや日産の可変ギア比ステアリング，トヨタの電動スタビライザ，アウディのダイナミック・ステアリングなどに採用された。

ハーモニック・バランサ [harmonic balancer] 調和平衡器。例 クランクシャフトに取り付けたダンパ。＝トーショナル・ダンパ。

パーライチック・キャストアイアン [pearlitic cast-iron] 高級鋳鉄の一つ，パーライトの素地に片状黒鉛が分布した組織の鋳鉄で良好な機械的性質をもつ。

パーライト [pearlite] （鋳鉄および鋼に現れる顕微鏡組織の名称）セメンタイトとフェライトが層状に重なった共析組織。

バーリング [burring] ばり取り。

バーリング・マシン [burring machine] 鋳物のばり取り機械。

バール [bar] ①圧力の単位。1バール＝1×10^5Pa。1atm＝1.01325×10^5Pa＝1.01325バール。②金てこ（バー）。

パール・マイカ塗装（とそう） [pearl mica coating] 顔料にパール雲母（うんも）粉を用い，真珠色の深みのある独特な塗装で高級車用。

バーンドアウト [burned-out] （電球などの）焼き切れ。＝バーナウト。

ハイ [high] 高い，高級な，高度の。例 ①～ルーフ。ⓡ～スピード。対 ロー。

バイアス [bias] ①斜めの，すじかいの。例（タイヤの）バイアス・コード。②偏り。③真空管やトランジスタを作用させるために電極に加える電圧又は電流。

バイアス・ファブリック [bias fabric] 斜め織りの布。

バイアスプライ・タイヤ [bias-ply tire] （コードが）斜め編みのタイヤ。＝クロスプライ～。☞ラジアル～。

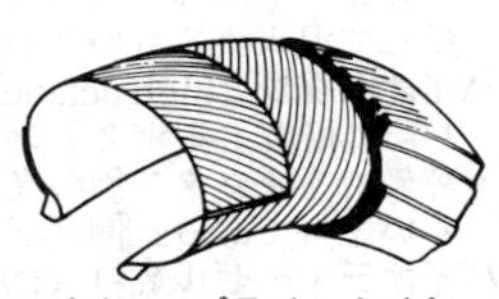
バイアスプライ・タイヤ

バイアス・レシオ [bias ratio] （力などの）偏り率。例 制限付き差動装置において左右シャフトに加わるトルクの最大比率。☞トランスファ～。

背圧（はいあつ） [back pressure] 排気の吐き出しに対向する圧力や，ピストンの下降・上昇を妨げるクランクケース内の正・負圧などをいう。

ハイ・アルティテュード・コンペンセータ [high altitude compensator; HAC] 高度補償装置。高地では空気密度が低く混合気が濃くなる傾向にあるため，高度に応じて吸入空気量を増加させる装置をつける。

ハイウェイ [highway] 大道，公道，主要道路。＝～ロード。

バイウェイ [byway] わき道，抜け道。＝～ロード。

バイオPET [bio-polyethylene terephthalate] バイオプラスチック（植物由来樹脂）の一種で，トヨタが採用したもの。従来のバイオプラスチックと比較して耐熱性や耐衝撃性などに優れ，2011年にラゲージ（トランク）の内装表皮，シート表皮，フロア・カーペットなどに採用している。

バイオPTT [bio-polytrimethylene terephthalate] ☞ポリトリメチレン・テレフタレート。

バイオエタノール [bioethanol] サトウキビ，トウモロコシ，ナタネや木材，ワラなどの生物から作ったエチルアルコール。バイオは生物を意味し，エタノールはエチルアルコールの別称でバイオ燃料ともいい，再生産の効くガソリンの代替燃料として注目されている。この燃料は，植物が成長過程で光合成により大気中の二酸化炭素（CO_2）を吸収しており，燃焼してもこのCO_2を排出するだけのカーボン・ニュートラルの関係にあるため，地球温暖化の原因となるCO_2を削減することができる。しかし，食料と直接競合するトウモロコシ等は，世界的な食料高騰の一因となって問題提起されている。バイオエタノールに関する各国の対応は次の通り。①ブラジル：ガソリンにサトウキビから作ったエタノールを約20%混入することを義務づけており，エタノール25%混入ガソリン（E25）が一般に使用されている。最近ではエタノール85〜100%のものが増えており，このような燃料に対応できる車をFFVという。エタノールは発熱量が低く，低温ではエンジンの始動ができない。②米国：トウモロコシから作ったエタノール10%混入ガソリン（E10）のシェアが2005年頃に12%くらいあったが，その後エタノールの混入率が増え，エタノール85%混入のE85が増えている。③欧州：EUでは，2010年末までにバイオ燃料5.75%，2020年までに10%のガソリンへの混入を義務づけている。④日本：2003年の法改正で，エタノール3%混入ガソリン（E3）が認可された。環境省では，自動車用ガソリンの全量を2030年までにエタノール10%混入（E10）に切り替える方針を2006年に決定している。石油連盟では，エタノールを直接ガソリンに混入するのではなく，エタノールを原料とするETBE（エチル・ターシャリ・ブチル・エーテル）に変換して使用する方法を選択している。ETBEを3%混入したバイオガソリン（E3）の試験販売は2007年4月末から首都圏において開始され，これを7%程度混入したハイオクタン・ガソリンの販売も，2010年をめどに予定されている。エタノールは水分を嫌うため，ガソリンに3%以上混入する場合には燃料系部品を対応させる必要があるが，ETBEの場合にはそのままでよい。国土交通省では，2008年度にエタノール10%混合ガソリン（E10）の公道試験を予定している。なお，E3に混入したETBEはフランスから輸入したもので，小麦を原料としている。☞カーボン・ニュートラル・サイクル，フレキシブル・フューエル・ビークル。

バイオガソリン［biogasoline］　バイオエタノールを混入したガソリン。これには，バイオエタノールをガソリンに直接混入するものと，バイオエタノールをETBEに変換して混入するものとがある。

ハイオクタン［high-octane］　高オクタン。日本工業規格「自動車用ガソリン」では，1号に相当するオクタン価96以上のもの。オクタン価とは燃料の非ノック性を表す評価で，オクタン価の高いものは非ノック性が大きく，すなわち，ノックの起こりにくい燃料である。例 ①イソオクタンは100。②トルエンは120。

バイオディーゼル燃料（ねんりょう）［bio-diesel fuel; BDF］　バイオマス由来の油脂（動植物油）に化学処理を行い，製造されるディーゼル・エンジン用燃料の総称。未使用の菜種，大豆，ヒマワリ，パーム（油ヤシ），ジャトロファ（ナンヨウアブラギリ）などの植物油または廃食油を原料とする脂肪酸メチルエステル（FAME）や，未使用の菜種油から精製したラプシード・オイル・メチルエステル（RME）などがある。ともにディーゼル・エンジンの代替燃料として，欧州では2004年からFAMEの軽油への混合率を5%（B5）まで認めており，日本でも資源エネルギー庁が2007年3月に「揮発油等の品質の確保等に関する法律（品確法）」に基づく規格化が行われ，軽油にBDFを5%（上限）混入することが認められた。このFAMEは原料油脂の影響をうけやすく，高濃度で使用した場合には酸化安定性等に課題がある。この問題を解決するため，第2世代のバイオディーゼル燃料と言われる水素化バイオ軽油（BHD）が新日本石油とトヨタで共同開発され，FAMEとBHDともに都営バスに使用して実証運行が行われた。

バイオ燃料（ねんりょう）［biofuel］　☞バイオマス燃料。

バイオファブリック［biofabric］　トウモロコシなどを原料とする植物由来の織物。車のシート表皮やドア・トリムなどの内装材に用いるもので，従来の石油由来繊維の代替品として，各自動車メーカが産業界の協力を得て製品化を急いでいる。①マツダ：石油資源を全く使用しない植物由来100%の繊維を世界で初めて開発し，2008年に発売する水素ロータリ車のシート表皮やドア・トリムに採用予定。②ホンダ：石油由来の原料（PPT）と組み合わせ，2008年に燃料電池車のシート表皮やドア・トリムに採用予定。③トヨタ：ポリ乳酸繊維を用いたファブリック（織物）と，バック・ボードにケナフ（アオイ科の植物）素材を使ったバイオファブリック・シートなどを開発中。

バイオプラスチック [bioplastic; BP]　さつま芋，サトウキビ，トウモロコシなどから取れる澱粉や乳酸を原料とした植物系の生分解性プラスチック。バイオ樹脂ともいい，代表的なものにポリ乳酸（PLA）がある。廃棄時には土の中で水と炭酸ガスに分解される無公害のプラスチックであるとともに，地球温暖化に対する二酸化炭素（CO_2）排出量削減の一助にもなる。まだ開発途上にあるために石油系原料を混入したものもあるが，各自動車メーカが産業界等の協力を得て，実用化を急いでいる。①トヨタ：ポリ乳酸と植物のケナフを原料とするものを「トヨタ・エコプラスチック」と呼び，フロア・マットやスペア・タイヤ・カバー等に採用。②三菱：ポリ乳酸とナイロン樹脂を組み合わせたものを「グリーン・プラスチック」と呼び，電気自動車のフロア・マットに採用。バイオ樹脂（PBS）と竹の繊維を組み合わせた内装部材をトランク・ルーム底面のボードなどに採用予定。③マツダ：トウモロコシを原料とするポリ乳酸88%で射出成形したバイオプラスチックを，2008年に発売する水素ロータリ車のコンソール，インパネ・アンダカバー，ドア・トリム・ロアなどに採用予定。

バイオポリエステル [bio-polyester]　☞ポリトリメチレン・テレフタレート。

バイオポリエチレン [bio-polyethylene]　バイオプラスチック（植物由来樹脂）の一種で，三菱自動車が開発したもの。この樹脂はサトウキビの廃糖蜜（製糖時の廃食材）を原料としたもので，2012年にフロア・マットに採用している。

バイオマス [biomass]　再生可能な生物由来の有機性資源で，化石資源を除いたもの。自動車用の資源としては，材料としての生分解性プラスチック，燃料としてのバイオエタノールやバイオディーゼルなどがあり，地球温暖化防止にも効果がある。

バイオマス燃料（ねんりょう） [biomass fuel]　植物などの生物体を構成する有機物から合成した燃料でバイオ燃料ともいい，バイオエタノール（ガソリンの代替燃料）や，バイオディーゼル（軽油の代替燃料）などがある。両項目参照。

ハイカーボン・スチール [high-carbon steel]　高炭素鋼，硬鋼。一般に炭素0.6%以上含む鋼のことで，ゲージや工具その他ばね，ピアノ線の材料。＝ハード〜。

ハイ・カムシャフト [high camshaft]　OHVエンジンで，カムシャフトが通常よりも高い位置に配置されたエンジン。プッシュ・ロッドが短くでき，慣性質量が軽減できる。

排気温警報装置（はいきおんけいほうそうち） [exhaust gas temperature warning system]　排気ガス浄化装置（触媒マフラ）の異常過熱をセンサで検出し，ウォーニング・ランプなどで警報を発する装置。排気ガス対策の初期に採用された。

排気温（はいきおん）センサ [exhaust gas temperature sensor]　排気ガス浄化装置（触媒マフラ）の過熱を検出するために装着された検知器。熱電対やサーミスタなどを使用している。

排気（はいき）ガス [exhaust gas]　排気管から排出されるガス。二酸化炭素（CO_2），水蒸気（H_2O）および窒素（N）のほか，少量の一酸化炭素（CO），炭化水素（HC），窒素酸化物（NO_X）などを含む。☞排出ガス。

排気（はいき）ガス再循環装置（さいじゅんかんそうち） [exhaust gas recirculation system; EGR]　排気ガスの一部を吸気系に戻し，混合気が燃焼するときの最高温度を低くして窒素酸化物（NO_X）の生成量を少なくする装置。

排気（はいき）ガス浄化装置（じょうかそうち） [exhaust emission control system]　排

気ガス中に含まれている有害成分を低減する装置。☞エミッション・コントロール・システム。
排気（はいき）ガス測定器（そくていき）［exhaust gas analyzer］ ☞エキゾースト・ガス・アナライザ。
排気行程（はいきこうてい）［exhaust stroke］ ☞エキゾースト・ストローク。
排気黒煙（はいきこくえん）［diesel smoke］ ☞ディーゼル・スモーク。
バイキセノン・ヘッドランプ［bi-xenon headlamp］ 高輝度放電式のキセノン・ヘッドランプにおいて，ロー・ビームとハイ・ビームとも同一のキセノン・バルブを用いたもの。バイ（bi-）は「2，両」を意味する接頭語。
排気損失（はいきそんしつ）［exhaust loss］ ☞エキゾースト・ロス。
排気熱再循環（はいきねつさいじゅんかん）システム［exhaust heat recirculation system］ 排気管の外周にエンジンの冷却液を循環させ，排気ガスの熱エネルギーを回収してエンジンの暖機を促進する装置。トヨタが2006年発売のハイブリッド車に採用したもので，触媒下流の排気管内に制御バルブを設け，エンジンの暖機や車室内暖房を要する場合にはバルブを閉じて排気ガスを熱交換器へ導いて冷却液を暖めることにより，冬季においてヒータの効きが早くなると同時に実用燃費も向上している。2009年発売のハイブリッド車にもこのシステムが採用され，排気熱回収器はサブ・マフラに組み込まれている。この装置は排気熱回収システムともいい，主に寒冷地仕様車に使用される。
排気（はいき）ブレーキ［exhaust brake］ ☞エキゾースト～。
排気弁（はいきべん）［exhaust valve］ ☞エキゾースト・バルブ。
排気（はいき）マニホールド［exhaust manifold］ ☞エキゾースト～。
排気脈動（はいきみゃくどう）［exhaust pulsation］ エンジンが排気ガスを放出することによって，排気管内の圧力が間欠的に変動すること。
ハイ・ギヤ［high-gear］ （変速機段階の）高速ギヤ。＝トップ／オーバートップ～。
ハイ・ギヤード［high geared］ トランスミッションの変速比を小さめに設定すること。主にエンジン出力に余裕のある高速走行向け。対ロー～。
排気（はいき）リターダ［exhaust retarder］ ☞エキゾースト～。
排気量（はいきりょう）［displacement］ ☞ディスプレイスメント。
バイク［bike］ ①米 自転車。＝バイシクル。②軽量小型なオートバイ。＝モータ～。
パイク［pike］ ターンパイクの略。①通行税取り立て道（門）。＝ターンパイク・ロード，トール・バー。②通行税。
パイクスピーク・インターナショナル・ヒルクライム［Pikes Peak International Hill Climb; PPIHC］ 米コロラド州で毎年独立記念日前後に行われる4輪車と2輪車のレースで，別名「雲へ向かうレース（the race to the clouds）」とも呼ばれている。レースの舞台はロッキー山脈の東端，コロラドスプリングスの西16kmに位置する標高4,301mの山。標高2,862m地点をスタート地点とし，頂上までの標高差1,439mを一気に駆け上がる。2012年には，トヨタのEV（P002）が電気自動車クラスで初優勝し，2014年には，三菱自動車のEVが1・2位に入賞している。
バイク・モータ［bike motor］ 自転車用エンジン。☞モータバイク。
背隙（はいげき）［backlash］ ☞バックラッシュ。
バイザ［visor］ （帽子の）まびさし，ひさし，日よけ。例サン～。
バイシクル［bicycle］ 自転車。＝バイク。
排出（はいしゅつ）ガス［exhaust emission］ 排気管から排出される排気ガスに加え，クランクケースから排出されるブローバイ・ガスや，ガソリン・タンクやキャブレータから蒸発する生ガス（エバポレーティブ・エミッション）を総合して排出ガスと呼ぶ。☞排気ガス。
排出（はいしゅつ）ガス規制（きせい）［emission regulation］ 自動車が排出する有害なガスを法的に規制するもので，排気ガス，ブローバイ・ガス，燃料の蒸発ガスが対象となる。世界で最初の規制は光化学スモッグが問題となった米国カリフォルニア州における1963年のブローバイ・ガス規制で，1970年に成立したマスキー法が有名である。日本では1966年のCO規制に始まり，次第に強化されて現在に至る。

バイス [vice; vise]　万力。工作物をくわえて作業に便する工具。例 ㋑ハンド～。㋺ベンチ～。

ハイスチール [high-steel]　硬鋼。＝ハイカーボン～。ハード～。

ハイスピード・エンジン [high-speed engine]　高速型のエンジン。一般にOHCやDOHCを採用したエンジンを指す。

ハイスピード・シェイク [high-speed shake]　タイヤのユニフォーミティ（均一性）不良による車体の振動（バネ下質量の共振）現象で，乗用車が80～130km/h位の高速走行時に発生し易い。ハイスピード・カー・シェイクとも呼ばれ，ホイール・バランスの修正だけでは直らない。ラジアル・ランナウトの修正が是非とも必要になる。

ハイスピード・スチール [high-speed steel]　高速度鋼。特殊鋼の一種で高速で金属を削る工具に用いられる鋼。W（タングステン）Mo（モリブデン）V（バナジウム）Cr（クロム）C（カーボン）などを含む。例 ㋑旋盤用バイト。㋺穴空け用ドリル類。略称ハイス。

ハイスピード・ダンピング・コントロール・ショック・アブソーバ [high-speed damping control shock absorber; HDC shock absorber]　ショック・アブソーバ（ダンパ）の一種で，日産が2007年にSUVに採用した独ZFザックス社製のもの。ダンパの動きが遅いときは必要な減衰力を素早く立ち上げ，ダンパの動きが一定以上のスピードになるとオイルのバイパス・チャンネルを開き，減衰力の過剰な立ち上がりを抑制してゴツゴツ感を減少させている。

ハイ・スワール・ポート [high swirl port; HSP]　強渦流吸気孔。マツダがCEAPSに採用したもので，吸気ポートの形状を工夫して強いスワール（渦流）を発生させ，希薄燃焼によりCOやHCを低減している。

配線図（はいせんず） [wiring diagram; circuit diagram]　☞ワイヤリング・ダイアグラム。

ハイソリッド・ラッカ [high-solid lacquer]　硬質ラッカ塗料。一般ラッカに比べ樹脂分を多くしたもので不揮発分が多く肉乗り，光沢，耐久性に優れている。

ハイテク [high-tech]　☞ハイ・テクノロジー。

ハイ・テクノロジー [high technology]　高度先端技術，高度科学技術。略してハイテク。

ハイ・デッカ [high decker]　床が高く座席が一般のバスより高位置にあるため，車窓からの眺めがよい観光用バス。☞ダブル～。

ハイテンション [high-tension]　高圧，高電圧。例 自動車では点火コイルからディストリビュータ，ディストリビュータからプラグに至る高圧電流。1万～2万V。

ハイテンション・エレクトリック・イグニション [high-tension electric ignition]　高圧電気点火法。高圧電流が空間を飛ぶとき出る火花で点火する方法。例 ガソリン・エンジンの点火方式。

ハイテンション・カレント [high-tension current]　高圧電流。電圧の高い電流。例 点火コイルからプラグに流れる電流。

ハイテンション・コイル [high-tension coil]　高圧線輪。低圧を高圧に変える変圧器。＝イグニション～。スパーク～。

ハイテンション・コード [high-tension cord]　高圧電線，厳重な被覆絶縁を施した高圧用電線。例 コイルからディストリビュータ，ディストリビュータからプラグに至る線。

ハイテンション・サーキット [high-tension circuit]　高圧回路。点火コイルの二次電極からディストリビュータを経てプラグに至り，アース・ラインによって出発点に回帰する回路。＝セカンダリ～。

ハイテン・スチール [hi-ten steel]　ハイ・テンシル・ストレングス・スチール（high tensile strength steel）の略。高張力鋼板。車両の剛性を高めるとともに軽量化を図るため，ドア，フード，フレームやメンバ等，ボデー各部に用いられる。

ハイト [height]　高さ，高度。例㋑～ゲージ。㋺～コントロール。

バイト[1] [bite]　（旋盤，型削盤等で切削に用いる）切削工具。例㋑片刃～。㋺ダイヤモンド～。㋩突っ切り～。

バイト[2] [byte]　コンピュータ情報量の単位の一つ。2進数の8桁で，1バイトは8ビット。メガバイト（MB）は1バイトの100万倍で，ギガバイト（GB）は10億倍。☞ビット[2]。

ハイト・アジャスタ [height adjuster]　高さ調整器。例シャシ・スプリングとしてトーション・バーを用いるものにおいて，バーのねじりを変えて車高を調整する装置。バーの固定端に調整ねじがある。

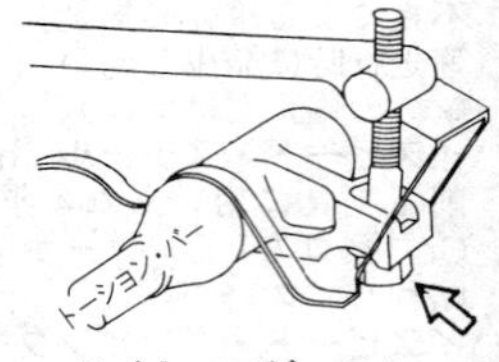

ハイト・アジャスタ

ハイト・ゲージ [height gauge]　高さ計。高さを測るものの総称。例クラッチ・リリース・レバーの高さの測定。

ハイト・コントロール [height control]　高さの調整。例㋑エンジン・スコープでブラウン管に映し出されるパターンの上下調整。㋺車高調整。

ハイト・コントロール・センサ [height control sensor]　車高調整装置の車高検知器。

バイト・ホルダ [bite holder]　バイトを支持するもの。刃物台。

ハ

ハイドラマチック・ドライブ [Hydra-Matic drive]　米国GM社が採用した自動変速機の商品名。キャデラック，オールズモビル，ポンテアック車などに搭載。

ハイドロカーボン [hydro-carbon]　HC。炭化水素。炭素と水素の化合物でパラフィン系，オレフィン系，ナフテン族，芳香族等の種類があり，ガソリンはこれら色々な炭化水素の混合物である。ガソリンの蒸発ガスや未燃焼ガスの主成分である炭化水素は，排気中に含まれる一酸化炭素COや窒素酸化物NOxと共に有害ガスとしてその発散が規制されている。

ハイドロクロリック・アシッド [hydrochloric acid]　HCl。塩酸。塩化水素HClの水溶液。例㋑部品の酸洗い。㋺ハンダ液。

ハイドロジェン [hydrogen]　水素。

ハイドロジェンRE（アールイー） [hydrogen rotary engine]　マツダが2006年に開発した，水素ロータリ・エンジン。エンジンは最新のRENESISを使用し，トランクに搭載した高圧水素タンク（充填圧力35MPa）から供給される圧縮水素を燃料とし，燃焼して排出されるのは水だけという究極のクリーン・エネルギー車。燃料の補給が課題で，万一に備えてガソリンも使用できるようなデュアル・フューエル・システムを採用している。水素での走行可能距離は約100km（ガソリンでは約550km），最高出力は109馬力（ガソリンでは210馬力）。

ハイドロジェンRE（アールイー）ハイブリッド [hydrogen rotary engine hybrid]　マツダが2008年に発表した，水素を燃料とするロータリ・エンジンのハイブリッド車。エンジンを発電に特化したシリーズ・ハイブリッド方式のEV（電気自動車）で，加速時には電池を介さず，エンジンから直接モータに電力を供給して加速性能を向上させている。水素を満タン（150ℓ，35MPa）にした時の最大走行距離は約200km，内装材にバイオ素材を使用している。2008年度中にリース販売の予定。

ハイドロスタチック・トランスミッション [hydrostatic transmission]　静油圧式変速機。油圧ポンプ・モータを使用し，作動流体の流量を連続的に制御することにより無段変速作用を得るもので，このため入力回転速度を一定に保ったまま出力回転の変速，正逆転，停止が容易に行われ，変速機として優秀な特性を持っており，フォーク・リフトや農業用トラクタには実用されているが，高速で連続走行する一般自動車用としては不十分なところがあり普及していない。

ハイドロスタティック・クラッチ・アクチュエータ [hydrostatic clutch actuator] デュアル・クラッチ式変速機（DCT）の操作機構で，ホンダが2013年発売の新型ハイブリッド車（i-DCD）に採用したもの。このアクチュエータはDCTの上部に設置され，コンピュータからの指令でアクチュエータのモータが駆動され，シリンダ内のピストンが作動することで油圧が発生する。発生した油圧はスレーブ・シリンダに送られ，ピストンが作動することによって各クラッチが解放または接続される。

ハイドロダイナミック・ドライブ [hydrodynamic drive] 流体伝動，液体による動力伝動。例 ㋑フルード・カップリング。㋺トルク・コンバータ。

ハイドロダイナミック・リターダ [hydro-dynamic retarder] 流体式減速機。車両の運動エネルギーを流体に吸収させるもので，発生熱はラジエータを介して放散する。

ハイドロテクト・ミラー [HYDROTECT mirror] 光触媒技術による超親水性効果で，雨滴を防止すると共に汚れを防ぐドア・ミラーの商品名。衛生陶器メーカの東陶機器（TOTO）が開発した。

ハイドロニューマチック・サスペンション [hydro-pneumatic suspension] 液圧・気圧併用懸架装置。車体の振動を液圧で受け気圧で吸収する構造。気圧を変化させて車高を調整することができる。

ハイドロニューマチック・シリンダ [hydro-pneumatic sylinder] 液圧・気圧併用式懸架装置に使用する円筒。☞ハイドロニューマチック・サスペンション。

ハイドロバキューム・ブレーキ [hydro-vacuum brake] 真空倍力付き油圧ブレーキ。油圧ブレーキに真空式倍力装置を付加したもの。例 ハイドロバック。

ハイドロバック [Hydro-vac] ハイドロバキューム・ブレーキの商品名。油圧式ブレーキに真空式倍力装置が併用されており，軽く踏んでよく効くことが特長。

ハイドロブースタ・システム [hydro-booster system] 油圧式ブレーキ助勢システム。通常，ブレーキ・ペダル踏力の助勢にはインテーク・マニホールド負圧を利用しているが，ハイドロブースタ・システムでは，パワー源として高圧に蓄圧された油圧を用いて，ブレーキ・ペダル踏力の助勢およびABSやTRCの制御を行う。このシステムでは，バキューム圧に左右されない安定したブレーキ踏力の高助勢が得られると共に，システムの一体化による軽量化，低コスト化等が図れる。トヨタやホンダで採用。

ハイドロフォーミング [hydroforming] 金型に挟んだ鋼管を水圧で成型加工する工法。従来，プレス，溶接を経て成型していた複雑な形状のプレス部品でも1工程で成型できる。軽量化と強度アップが図れるだけでなく，成型精度が高まるなどの複数のメリットがある。

ハイドロフルオロオレフィン [hydrofluoroolefin] ☞HFO1234yf。

ハイドロプレーニング [hydroplaning] （水上飛行機のような）水乗り現象。豪雨で水が路面にあふれるとき高速度でこれに突入すると，水を排除するひまがないため車輪は水膜上に浮く状態となり，はなはだしければ操縦の自由を失う危険な現象。

ハイドロマスタ [Hydro-master] ハイドロバックを国産化した商品名。

ハイドロメータ [hydrometer] 液体比重計。例 バッテリ電解液の比重測定用。

ハイドロリック [hydraulic] 水力の，水圧の，油圧の。例 ～プレス。

ハイドロリック・アクチュエーション [hydraulic actuation] 油圧操作。

ハイドロリック・エア・ブースタ [hydraulic air booster] 圧縮空気を利用してブレーキ油圧を高める倍力装置。大型トラックやバスなどに用いられる。

ハイドロリック・クラッチ [hydraulic clutch] 流体クラッチ。例 ㋑フルード・カップリング。㋺トルク・コンバータ。

ハイドロリック・コントロール・システム [hydraulic control system] 油圧制御装置。例 自動変速機のバルブ・ボデーに取り付けられたソレノイド・バルブにより油路を切り換え，シフトやロックアップを制御する機構。

ハイドロリック・サスペンション [hydraulic suspension] 油圧式懸架装置。サスペンションに液体を利用したものであるが，ばね作用を行うのは気体又はゴムで，液体は力の伝達とダンパの作用を行う。例 ハイドロニューマチック・シリンダ。
ハイドロリック・ジャッキ [hydraulic jack] 油圧起重機。例 ガレージ〜。
ハイドロリック・ショックアブソーバ [hydraulic shock-absorber] 油圧式緩衝器。油圧を利用して車体の振動を減衰する装置。
ハイドロリック・シリンダ [hydraulic cylinder] 油圧シリンダ。例 ㋑油圧ブレーキのマスタおよびホイール・シリンダ。㋺倍力装置の従動シリンダ。
ハイドロリック・タペット [hydraulic tappet] 油圧揚弁子。油圧を利用してバルブを突き上げるタペット。バルブ・クリアランスがないのでタイミングが正確であり，いわゆるタペット音も出ない。通称オイル〜。☞ハイドロリック・バルブ・リフタ。
ハイドロリック・トルクコンバータ [hydraulic torque-converter] 流体変速機。流体の粘性および遠心力によって動力を伝達し，かつ流体反力を利用してトルクを増強する装置。略称トルコン。
ハイドロリック・バキューム・ブースタ [hydraulic vacuum booster] エンジンの吸気負圧によってブレーキ油圧を高める倍力装置。＝ブレーキ・ブースタ。☞ハイドロバック，ハイドロマスタ。
ハイドロリック・バッファ [hydraulic buffer] 油圧式緩衝器。＝ショック・アブソーバ。
ハイドロリック・バルブ・ラッシュ・アジャスタ [hydraulic valve lash adjuster; HVLA] ☞ハイドロリック・バルブ・リフタ。

ハ

ハイドロリック・バルブ・リフタ [hydraulic valve lifter] 油圧揚弁子。油圧を利用してバルブを押し上げるタペット。バルブ・クリアランスがないのでタイミングが正確であり，いわゆるタペット音も出ない。＝〜タペット，〜バルブ・ラッシュ・アジャスタ。
ハイドロリック・ブレーキ [hydraulic brake] 油圧式ブレーキ。ブレーキ力の伝達に油圧を利用するもので，露出する運動部分がなく，かつ各ブレーキに平等に力を伝達できる利点がある。通称オイル〜。
ハイドロリック・ブレーキ・ブースタ [hydraulic brake booster] ☞ブレーキ・ブースタ。
ハイドロリック・プレス [hydraulic press] 油圧プレス。自動車整備に使用する小型のものから，自動車メーカ等で使用する中・大型のものまで色々ある。
ハイドロリック・ホイスト [hydraulic hoist] 油圧式巻揚機。
ハイドロリック・ラッシュ・アジャスタ [hydraulic lash adjuster; HLA] ☞ハイドロリック・バルブ・リフタ。
ハイドロリック・リターダ [hydraulic retarder] 流体式減速機。＝ハイドロダイナミック〜。
ハイドロリック・リフト [hydraulic lift] （主に自動車整備用の）油圧式押し上げ機。1柱から4柱まで各種のものがある。例 オート・リフト，カー・リフト。
ハイドロリック・レシオ・チェンジャ [hydraulic ratio changer] 油圧比変換装置。例 制動油圧調整器。後輪の油圧を前輪より下げる装置。
ハイパー [hyper] 超越，過度，非常な，などを意味する接頭語。
ハイパー・シー・ブイ・ティー（CVT） [hyper continuously variable transmission] 日産が採用したスチール・ベルト式無段変速機。世界で初めて2ℓクラスのエンジンに対応でき，トルク・コンバータや自動エンジン・ブレーキ制御を採用している。
バイパス [bypass] わき道，側路。例 ㋑（道路の）側道。㋺（流体の）側管。㋩（電気の）側路。
バイパスタイプ・フィルタ [bypass-type filter] 分流型ろ過器。例 油ろ過器の用い方においてこれをわき道に入れたもの。＝パーシャルフロー〜。

バイパス・バルブ [bypass valve]　わき道逃がし弁。例 全流式オイル・フィルタにおいて，エレメントが詰まったとき開いてオイルを通す弁。
ハイ・バック・シート [high back seat]　シート・バックの上部が乗員の頭部の高さまであり，ヘッド・レストを兼ねているもの。
ハイ・パフォーマンス [high performance]　高性能。例 〜エンジン。
ハイパボロイダル・ギヤ [hyperboloidal gear]　食い違い歯車。＝スキュー・ベベルギヤ。☞ハイポイド〜。
ハイパワード・エンジン [high-powered engine]　高出力高性能エンジン。
ハイビーム [high-beam]　（ヘッドライトの）正射光線。＝カントリ〜。対 ロー〜。
バイビームLEDヘッドランプ　☞Bi-Beam LEDヘッドランプ。
ハイビーム・アシスト [high beam assist]　ヘッドランプのハイビーム／ロービームを自動的に切り替えるオートマティック・ハイビームの一種で，日産が2014年に採用したもの。周囲の明るさから対向車や先行車，街灯の有無などを車室内カメラのセンサが検知して，ハイビームとロービームを自動的に切り替える。
ハイビーム・コントロール・システム [high beam control system; HBC]　先行車や対向車をカメラで検知し，ヘッドランプのハイビーム／ロービームを自動的に切り替えるオートマティック・ハイビームの一種で，マツダが2012年に採用したもの。この装置では，ハイビームの使用を基本としている。HBCは，i-Activsense（マツダの先進安全システムの総称）の構成要素の一つ。
ハイピッチ・ホーン [high-pitch horn]　警音器の高音用ホーン。一般に低音用と組み合わせて使用される。対 ロー〜。
パイピング [piping]　①配管，管系統。②管状のもの。
パイプ [pipe]　管，導管。例 ガソリン〜。オイル〜。エキゾースト〜。
バイフォカル・バルブ [bi-focal bulb]　2焦点電球。例 ヘッドライト用2フィラメント電球。低光線と高光線の2種に使い分ける。
パイプ・カッタ [pipe cutter]　管切り工具。
パイプ・クランプ [pipe clamp]　パイプの止め金。揺れ止め金具。
パイプ・グリッパ [pipe gripper]　管つかみ工具。丸い管をつかみ回す道具。
パイプ・スチル [pipe still]　管を用いた蒸留器。例 カー・ヒータの放熱器。
パイプ・スレッド [pipe thread]　管用ねじ。管継手やこれに類する部分に用いられるねじで，外径に比べてピッチが細かい。
パイプ・ツール [pipe tool]　管工作用特別工具。例 〜カッタ，〜グリッパ，〜ベンダ，〜フレアリング，〜レンチなど。
パイプ・バイス [pipe vice]　管専用万力。管や丸棒をくわえる構造のバイス。
パイプ・フィッティング [pipe fitting]　管継手の総称。例 エルボ，ティー（スリーウェイ），ユニオン，ニップル，プラグなど。
パイプ・フレア [pipe flare]　管端の広がり。張り開き。
パイプ・フレアリングツール [pipe flaring-tool]　管端を広げる工具。
パイプ・ベンダ [pipe bender]　管曲げ工具。
バイフューエル [bi-fuel]　バイフューエル自動車とは，2種類の燃料をスイッチで切り換え使用し，走行する自動車のこと。現在，ガソリン・エンジンと天然ガス（CNG），ガソリン・エンジンと液化石油ガス（LPG）という組み合わせがある。例 ㋑ボルボの圧縮天然ガスとガソリンを使ったハイブリッド・カー「ボルボV70バイフューエル」。㋺オペルの圧縮天然ガスとガソリンを使用した「デュアル・フューエル・エンジン」。
パイプ・ライン [pipe line]　管系統。
ハイフリクエンシ・ヒーティング [high-frequency heating]　高周波加熱。高周波電流による誘導加熱。被加工物の表層を渦電流損やヒステリシス損を利用して加熱する。例 クランク軸やカム軸の表面硬化。

ハイブリッド [hybrid]　①雑種，雑種の。②混成物，混成の。例～カー。
ハイブリッドIC [hybrid integrated circuit; HIC]　混成集積回路。単一チップの上にデジタル回路とアナログ回路が混在している集積回路で，車速センサなどに用いられる。
ハイブリッドIPT（アイピーティー）バス [inductive power transfer hybrid bus]　日野が開発・実用化中のハイブリッド・バス。ディーゼル・エンジンと電気モータを併用して走行するもので，駆動用バッテリの充電に電磁誘導による非接触型の急速充電システム（IPTシステム）を採用しているのが特徴。バス・ターミナルなどの地面に埋め込まれた給電装置から車両下部に備えたリチウムイオン・バッテリへと電磁誘導によって急速充電するもので，停車中に非接触で大量充電ができる。国土交通省では，2008年2月に羽田空港において2週間程度の実証運行を行ったが，場所を変えて実証運行を継続する予定。IPTハイブリッド・バスとも。
ハイブリッドLSD（エルエスディー） [hybrid limited slip differential; hybrid LSD]　三菱が採用した差動制限装置付きのデフ（LSD）で，トルク感応式のヘリカル・ギア式LSDと，回転数感応式のビスカス・カップリング式LSDとを組み合わせたもの。後輪に設定され，優れたレスポンスと脱出性を両立させている。
ハイブリッド・コンプレッサ [hybrid compressor]　ホンダがハイブリッド車のエアコン用に採用した，新型コンプレッサ。エンジン動力と電動モータの双方で駆動できるもので，走行中はエンジン動力で駆動し，アイドル・ストップ中は電動モータで駆動する。エンジン負荷を低減させるため，走行中でもモータ駆動に切り替えたり，急冷房を要するときには双方を作動させる機能も備えている。

ハ

ハイブリッド車 [hybrid vehicle; HV]　2種類以上の動力源を搭載した車の総称。これには色々な方式があるが，現在実用化されているのはハイブリッド電気自動車（HEV）で，一般にガソリンまたはディーゼル・エンジンに電動モータと高電圧のニッケル水素電池またはリチウムイオン電池を用いた駆動システムを組み合わせ，減速・制動時のエネルギーを回収して発電するエネルギー回生システムを備えている。ISOでは，ハイブリッド電気自動車を「外部充電なし（non-externally chargeable）HEV」と呼んでいる。HEVは，システムにより次の3種類に大別できる。
①シリーズ・ハイブリッド方式（SHEV）：エンジンを発電専用に使用し，電動モータのみで走行する方式のもの。発電用のエンジンを搭載した電気自動車（EV）。
②パラレル・ハイブリッド方式（PHEV）：エンジンとモータが並列で協働する方式で，エンジンのみで走行，モータのみで走行，エンジンとモータ走行という三つの方式を適宜切り替えて走行するものであるが，エンジンを電動モータがアシストするのが基本。
③シリーズ・パラレル・ハイブリッド（スプリット）方式：シリーズ方式とパラレル方式の両者の機構を持ち，走行状態に応じて最適なシステムを選択することができるもの。構造は複雑になるが，燃費や排ガス性能は3種類の中で最も優れている。
また，ハイブリッド車はそのシステムの大小によりフル（ストロング）・ハイブリッド（モータ走行が可能），マイルド・ハイブリッド（主にモータがエンジンをアシスト），マイクロ・ハイブリッド（通常の車にアイドリング・ストップや回生充電などを装備）の3種類（通称）で呼ばれることもある。ハイブリッド車の開発を歴史的に見ると，1991年に日野自動車が大型バス（HIMR）を，1997年にトヨタがマイクロバス（コースターハイブリッドEV）を，1997年にトヨタがプリウス（THS）を，1999年にはホンダがインサイト（IMAシステム）をそれぞれ発表している。トヨタの場合，ハイブリッド車の世界累計販売台数は，2015年7月末現在で804万台に達している。☞プラグイン・ハイブリッド車，電気自動車，燃料電池車。
ハイブリッド電動式冷蔵車（でんどうしきれいぞうしゃ） [hybrid electric refrigerator vehicle]　☞クール・ハイブリッド。
ハイブリッド・ドア・パネル [hybrid door panel]　ドア・パネルの骨格には従来の鉄

材を使用し，アウタ・パネルにアルミ合金材を用いたもの。ホンダが2013年に採用したもので，コストを抑えながらオール・スチール製に比べて17%の軽量化を図っている。電位差が違う素材と水が反応して起こる電食を抑えるため，鋼板に亜鉛とアルミニウム，マグネシウムによるめっきを施し，さらに「3Dロックシーム成形」の確立により，接着剤を塗布した鉄とアルミを巻き込むように折り曲げ，溶接不要で異材結合を可能にしている。☞ハイブリッド・ボディ。

ハイブリッド・トラック [hybrid truck]　ハイブリッド車の一種で，中・小型トラックのパワー・トレインにハイブリッド・システムを搭載したもの。既に商品化された事例としては，キャパシタ・ハイブリッド・トラック（日産ディーゼル／2002年），デュトロ・ハイブリッド（日野自動車／2003年），エルフ・ディーゼルハイブリッド（いすゞ／2005年），キャンター・エコハイブリッド（三菱ふそう／2006年）などがある。普及の著しい乗用車と比較して，全般的に開発途上にある。

ハイブリッド・バス [hybrid bus]　主に路線バスにハイブリッド・システムを搭載したもの。時系列的に見ると，1991年（平成3年）に日野自動車が開発したパラレル式の大型ハイブリッド・バス「HIMR」が都営バスに初登場している。HIMRは2004年で終了し，2005年以降は「ブルーリボン・シティ・ハイブリッド」に引き継がれた。2002年には，三菱ふそうが発電用ディーゼル・エンジンを搭載したシリーズ式のハイブリッド・バス「エアロスター・ノンステップHEV」を開発して路線営業運行を開始し，2007年には，2世代目の「エアロスター・エコハイブリッド」に進化している。2008年には，日野自動車がパラレル・ハイブリッド式の大型バス「セレガ・ハイブリッド」を発表し，2012年には，いすゞ自動車がパラレル式の大型ハイブリッド路線バス「エルガ・ハイブリッド」を発表している。また，非接触型の急速充電システムを搭載した「ハイブリッドIPTバス」も，日野自動車により開発途上にある。

ハイブリッド・ボディ [hybrid body]　車体を構成する素材に異種材料を用いたもの。車体の軽量化を目的に鋼板とアルミニウム合金を用いるのが一般的で，アルミ合金以外に樹脂を用いる場合もある。鋼板とアルミ合金の場合，アルミ合金がルーフ，エンジン・フード，トランク・リッド，ドア，フェンダなど主に蓋物（ふたもの）に使用される。軽量化のためならオール・アルミにすればよいが，生産性・価格・補修等の観点から，一部の車種にとどまっている。2014年にダイムラー（MB）が発売した新型Cクラスには「アルミニウム・ハイブリッド・ボディ」が採用され，ホワイト・ボディにおけるアルミ合金の比率を48%（従来の約5倍）に拡大して，70kgの軽量化を実現している。これには，アルミとスチールを片面から高速で打ち込むインパクト（impact；後述）という接合方法などを採用している。☞異種金属接合技術，FDS。

ハイブリッド・リニアトロニック [hybrid Lineartronic]　ハイブリッド車用変速機で，スバルがリニアトロニック（チェーン式CVT）をベースに，CVTの後部にモータなどを組み込んだもの。2013年発売のスバルXVハイブリッドに搭載された。

バイブレーション [vibration]　振動，震動。

バイブレーション・ダンパ [vibration damper]　制振器，振動防止器。例㋑クランクシャフト用。㋺プロペラ・シャフト用。

バイブレータ [vibrator]　振動子，振動板。例㋑警音器振動板。㋺オシログラフやタイミング・ライト用変圧器の振動板。㋩リレー類の振動板。＝トレンブラ。

バイブレータ・コイル [vibrator coil]　振動子付き変圧器。一次回路を切る振動子を附属した変圧器。例㋑インバータ用。㋺タイミング・ライト用。㋺オシログラフ用。

バイブレーティング・リレー [vibrating relay]　接点振動式継電器。例㋑電圧調整器。㋺電流制限器。㋩充電回路自動開閉器。

パイプ・レンチ [pipe wrench]　管回しレンチ。丸いものをくわえて回す工具。くわえるあごに刃型がつけてある。チェーン式もある。

バイブロ・シア [vibro shear]　高速はさみ。幅の広い刃物を高速に振動させて板金の直線切断，円形切断，自由切断又は成形加工を行う機械。

バイブロメータ [vibrometer]　振動計。振動の波形，振幅，周波数などを機械的，光学的又は電気的に拡大記録する装置。例 車両の振動測定。

バイヘキサゴン・レンチ [bi-hexagon wrench]　12角レンチ。

ハイ・ペネトレーション・レジスタンス・グラス [high penetration resistance glass; HPR]　高貫通抵抗ガラス。ウインドシールド・ガラスの合わせガラスに0.76mmの中間膜（ポリビニル・ブチラール）を使用した安全性の高いもの（JISで合わせガラスAと呼ぶ）。通常の合わせガラスの中間膜の厚さは0.36mm（JISで合わせガラスBと呼ぶ）。一部の高級乗用車に使用されている。

ハイポイド・ギヤ [hypoid gear]　食い違い歯車の一種で軸の食い違い角が90°のもの。ピッチ面が双曲面（ハイパボロイド）の一部をなすのでこの名がある。傘歯車に似ているがピニオンを大きくでき，接触率も大きくて滑らかに回転し減速比も大きくとれる。その上プロペラ・シャフトを下げることができるので車室の床も下げられるが，歯車のかみ合いに滑り摩擦を伴うため特に優秀な潤滑油を用いる必要がある。

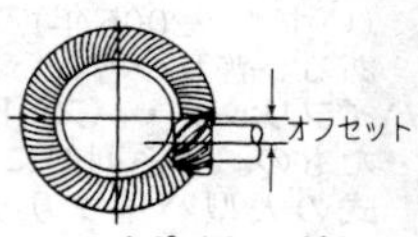

ハイポイド・ギヤ

ハイポイド・ギヤ・オイル [hypoid gear oil]　ハイポイド・ギヤの潤滑に用いる極圧添加剤入りのオイル。

バイポーラ・マシン [bipolar machine]　2極式回転電機。発電機や電動機のうち界磁々極が2極のもののこと。例 直流ダイナモ。

ハイポトロコイド [hypotrochoid]　（内転トロコイド）。定円の円周上をこれに内接する一つの円が滑らずに転がるとき，その円に固定した1点の描く軌跡。

ハイボルテージ [high-voltage]　高電圧。＝ハイテンション。

ハイボルテージ・バッテリ [high-voltage battery]　高電圧バッテリ。一般に，ハイブリッド電気自動車の駆動モータに用いる高電圧バッテリを指す。トヨタのハイブリッド車（THS II）の場合，ニッケル水素（Ni-MH）バッテリが使用され，起電力1.2Vのセル6個を直列に接続した7.2Vのモジュールを38個直列に接続して，273.6Vの電圧を得ている。実車の場合には更に昇圧回路を用いて500Vで使用し，レクサスの場合には，288Vを650Vに昇圧してパワー・アップを図っている。HVバッテリとも。

ハイマウント [high-mounted]　高い位置に取り付けた，の意。例 ～ストップ・ランプ。

ハイマウント・ストップ・ランプ [high-mounted stop lamp]　補助制動灯。車高の低い乗用車系の制動灯は，大型のトラックやバスなど高い位置の運転席からは見えにくいため，後面の高い位置に追加される制動灯のこと。保安基準では随意灯として，車両中央部，後部窓の下縁より上に1個と規定している。

ハイメカ・ツインカム [high-mechanism twin-camshaft]　トヨタのDOHC4バルブ・エンジンの呼称。吸入側のカム・シャフトをタイミング・ベルトで駆動し，排気側のカム・シャフトはシザーズ・ギヤにより吸気側のカム・シャフトが駆動する方式。

バイメタリック・タイプ [bimetallic type]　バイメタル式。合わせ金の湾曲作用を利用したもの。例 ㋑オート・チョーク。㋺ゲージ類。㋩ヒート・ライザ。㊁アイドル・コンペンセータ。

バイメタル [bimetal]　張り合わせ金。膨張率の異なる金属板（例えば鉄板と真ちゅう板）を張り合わせ温度の変化による変形を利用するもの。例 バイメタル計器類。

バイメタル・バキューム・スイッチング・バルブ [bimetal vacuum switching valve; BVSV]　バイメタル式負圧回路切り換え弁。トヨタのキャブレータ式エンジンの排気ガス浄化装置に装備されており，冷却水温や吸気温度をバイメタルが感知して，ディバイスなどへの信号圧の切り換えを行う。サーマル・バキューム・バルブ(thermal vacuum valve：TVV)，サーモ・バルブ (thermo valve：TV) とも呼ばれている水温スイッチ。

ハイヤ [hire] 貸切自動車。主として時間単位に料金を定めた営業であるが，法規上はタクシーと共に一般乗用旅客自動車営業になっている。車両だけの貸し出しはレンタ・カー又はリース・カーという。

バイヤ [buyer] 買手，買方，購買者。

ハイヤット [John Wesley Hyatt] 米 1837～1920。アメリカ人，ローラ・ベアリングを発明。

ハイヤット・ベアリング [Hyatt bearing] ころを円筒状に配列したローラ・ベアリング。

倍力装置(ばいりょくそうち) [servo unit] ブレーキで吸気負圧又は圧縮空気圧の助けによって入力を軽減する装置の総称。☞ブースタ。

パイル [pile] 積み重ね，たい積。例 カーボン・パイル。

ハイルーフ [high-roof] 車室内の居住空間や積荷スペースを広げるために，通常よりも屋根を高くした車両。

ハイレート・ディスチャージテスタ [high-rate discharge-tester] (バッテリの) 高率放電試験器。一時に大電流を放電してそのときの電圧降下を調べ，バッテリの起動力(セルモータを回す能力) をみる試験。＝バッテリ～。

バイレベル・モード [bilevel mode; BI-LEVEL] 上下２層の様態。カー・エアコン吹き出し口の切り換え操作で，足元と顔面の上下２層に分かれて吹き出す状態。

ハイロード [high-road] 大道，公道，主要道路。＝ハイウェイ。

バイロード [by-road] わき道，抜け道。＝バイウェイ。

パイロキシリン・ラッカ [pyroxyline lacquer] 硝化綿塗料。ニトロセルローズに樹脂，可塑剤，溶剤，着色顔料などを調合した速乾性塗料。略称は単にラッカ。

パイロット噴射(ふんしゃ) [pilot injection] ディーゼル・エンジンで噴射の初期着火をよくするため，少量の燃料を噴射すること。ピントウ・ノズルの一種。

パイロット・ベアリング [pilot bearing] 案内軸受。回転軸の先端を支える軸受。例 ㋑クラッチ・シャフト用。㋺変速機主軸用。

パイロット・ランプ [pilot lamp] 案内灯，警告灯。機械装置の働きが正常であるか否かをランプの点滅で示すもの。例 ㋑充電指示。㋺オイルの循環。㋩ヘッドライト。㋥駐車ブレーキ。㋭方向器。

パイロヒューズ [pyrofuse] ダイムラー (MB) が採用した安全装置の一種。エアバッグ作動時にスタータ・ケーブルとオルタネータ・ケーブルをバッテリから遮断して，ショートによる車両火災を防止している。

パイロメータ [pyrometer] 高温度計。普通の温度計より，はるかに高い温度を測定するときに用いる温度計。

パイロン [pylon] (道路工事現場などに立てる) 標識円すい。多くはゴム又は樹脂で作られている。車両のコース・テスト用。

バイワイヤ技術(ぎじゅつ) [drive-by-wire; X by-wire] 車の操作系を機械的な作動から電気的な信号による制御に置き換える技術。操作力の軽減，緻密な制御，素早い応答性，設計の自由度などにより採用が拡大しており，アクチュエータの動力源には，電動モータや油圧などが用いられる。例 ㋑スロットルバイワイヤ (TBW／電子制御式スロットル)。㋺シフトバイワイヤ (トラックやバスなどの手動変速機のシフト・コントロール)。㋩ブレーキバイワイヤ (BBW／蓄圧式ブレーキ)。

バインダ [binder] 縛るもの，固めるもの。例 ㋑回転電機のアーマチュア・コイルを巻き締めるひも。㋺バッテリ極板接合用帯。㋩バッテリ陽極板ペーストの脱落を防ぐ凝固剤。

バインディング [binding] 緊縛，まつわりつくこと。例 ブレーキが緩まず引きずること。

バインディング・ポスト［binding post］　電極柱。例バッテリの電極。

バインディング・マテリアル［binding material］　結合材，固着剤。例㋑研削砥石ではゴム，シリケート，シェラック等。㋺バッテリ陽極板には硫酸アンモニウム。

パイント［pint］　pt.英式液量単位，1/8ガロン。英0.57 ℓ。米0.47 ℓ。

バインド・メタル［bind metal］　（軸受メタルの）盛りつけメタル。台金に減摩合金を直接溶着したもの。過去に用いられた。対インサート～。

ハウジング［housing］　（機械の部分を包む）囲い，枠。例㋑アクスル～。㋺ロータ～。

ハウストレーラ［house-trailer］　トレーラに宿泊するための設備を設けたもので，一般に乗用車に牽引されドライブ旅行に使用される。

パウダ・クラッチ［powder clutch］　磁粉式クラッチ。電磁クラッチの一種で，駆動体と被動体とのすき間に磁粉を保有し，駆動体のコイルに通電することにより鉄粉が励磁されて被動体が共に回転する構造。使用例は少ない（磁粉＝鉄粉）。

ハウリング［howling］　音響的再生作用。スピーカから出た音がマイクに入って雑音が生ずる現象。

パウル［pawl］　歯車の回転を防ぐ歯止め，爪。＝ポール。

バウンシング［bouncing］　走行中に車体が上方に揺れる運動で，路面が大きく波打っているところを比較的高速で走っているときに生じる。大型乗用車のように車体が重く，その割にバネが柔らかいと起こり易い。昔の米国車によくあった。

バウンシング・ピン［bouncing pin］　跳躍ピン。オクタン価試験用CFRエンジンに附属する測定装置の一部品。

バウンス［bounce］　跳ね返る，弾む。例自動車振動のうち，車体の前後左右が全体同時に上下する状態をいう。☞ローリング，ピッチング，ヨーイング。

バウンド［bound］　跳ね返る，飛び上がる，跳ね飛ぶ。

パウンド［pound］　☞ポンド。

ハウンド・ロッド［hound rod］　駆動棒。後車軸の推進力を車台に伝え押し進める棒。例ラジアス～。パナール～。

バギー［buggy］　①凹凸不整地を乗り回す頑丈な車。②子供用遊戯自動車。

バキューム［vacuum］　①真空，空所。②負圧，大気圧（760mmHg）より低い圧力。

バキューム・アドバンサ［vacuum advancer］　（点火の）真空進角装置。負圧の強さに応じて点火時期を進退させる装置。

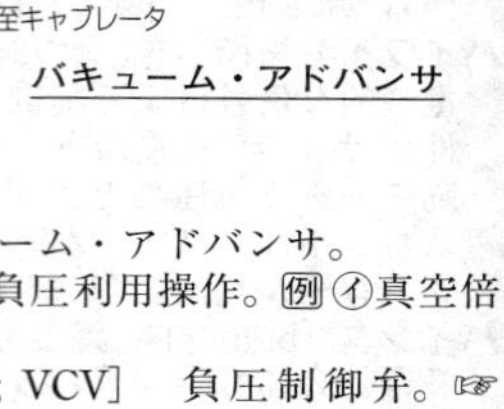

バキューム・エジェクタ［vacuum ejector］　真空取り出し口。エンジンの吸入負圧を利用する場合の吸い出し口。一般に気化器のスロットル・バルブ付近に設けられる。

バキューム・カー［vacuum car］　吸い上げ式くみ取り車。例し尿くみ取り車。俗ハニ～。

バキューム・ゲージ［vacuum gauge］　真空計。負圧力の強さを水銀柱の高さに相当する数字で示す。完全真空は760mm。例㋑整備用工具。㋺真空ブレーキ車の運転席計器。

バキューム・アドバンサ

バキューム・コントローラ［vacuum controller］　☞バキューム・アドバンサ。

バキューム・コントロール［vacuum control］　真空制御。負圧利用操作。例㋑真空倍力装置。㋺点火時期の進角。㋩自動変速機の制御。

バキューム・コントロール・バルブ［vacuum control valve; VCV］　負圧制御弁。☞VCV。

バキューム・コントロール・モジュレータ・バルブ［vacuum control modulator valve;

VCM〕 負圧制御電磁弁。☞ VCM。

バキューム・サーボ・ブレーキ 〔vacuum servo brake〕 真空倍力付きブレーキ。真空倍力装置の助けにより小さい踏力で大きい制動力を得るブレーキ。大型車にはもちろん一般の車に広く使用される。

バキューム・サスペンデッド・タイプ 〔vacuum suspended type〕 真空保持式。真空倍力装置において，不用時倍力装置内が真空にされているもの。必要なとき一方にエアを入れてその圧力差により作動する。対 エア～。

バキューム・シリンダ 〔vacuum cylinder〕 真空シリンダ。真空作動～。

バキューム進角装置（しんかくそうち） 〔vacuum advancer; vacuum controller〕 ☞バキューム・アドバンサ。

バキューム・スイッチ 〔vacuum switch〕 真空開閉器。真空力でスイッチを開閉するもの。例 エンジンがかかると負圧力で切れ回転中は働かない安全スイッチ。

バキューム・スイッチング・バルブ 〔vacuum switching valve; VSV〕 負圧切換弁。☞ VSV。

バキューム・スピード・ガバナ 〔vacuum speed governor〕 ☞ニューマチック・ガバナ。

バキューム・センサ 〔vacuum sensor〕 ガソリン・エンジンの電子制御式燃料噴射装置に使用され，インテーク・マニホールド負圧の変化を電気的に検出し，エンジンに吸入される空気量を測定するセンサ。

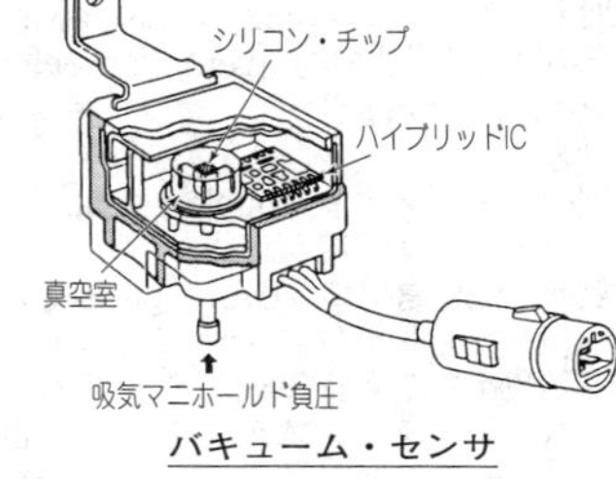

バキューム・センサ

バキューム・タンク 〔vacuum tank〕 真空タンク。例 真空倍力装置用。＝～リザーバ。

バキューム・チェック・バルブ 〔vacuum check valve〕 負圧逆止弁。負圧を保持する弁。真空倍力装置の負圧配管の途中などに使用。

バキューム・チャンバ 〔vacuum chamber〕 負圧室。例 ブレーキ・ブースタの～。

バキューム・ディレイ・バルブ 〔vacuum delay valve; VDV〕 負圧遅延弁。排気ガス浄化システムの制御に使用。単にディレイ・バルブともいう。＝～トランスミッティング・バルブ。

バキューム・トランスミッティング・バルブ 〔vacuum transmitting valve; VTV〕 負圧遅延弁。排気ガス浄化システムの制御に使用。＝～ディレイ・バルブ。

バキューム・パワー・ブレーキ 〔vacuum power brake〕 ☞バキューム・サーボ～。

バキューム・ピストン 〔vacuum piston〕 負圧によって作動するピストン。例 オート・チョーク～。

バキューム・ブースタ 〔vacuum booster〕 真空倍力装置。

バキューム・フルオレセント・ディスプレイ 〔vacuum fluorescent display; VFD〕 ☞ VFD。

バキューム・ブレーキ 〔vacuum brake〕 真空ブレーキ，負圧力で操作されるブレーキ。真空を倍力に使う例は多いが純然たる真空ブレーキは少ない。

バキューム・ポート 〔vacuum port〕 負圧を取り出す孔。例 キャブレータのバキューム・コントローラ用の孔。

バキューム・ホーン 〔vacuum horn〕 真空式警音器，負圧力で鳴らすホーン。

バキューム・ポンプ 〔vacuum pump〕 真空ポンプ，負圧力を生ずるポンプ。例 ㋑真空倍力装置を持つディーゼル車（エンジンの吸入負圧力が利用できないので）。㋺真空ワイパ用（多く燃料ポンプと組み合わせ）。

バキューム・メータ 〔vacuum meter〕 真空計。＝～ゲージ。

バキューム・モジュレータ 〔vacuum modulator〕 負圧の変化で働く調整器。例 AT車において，エンジンの負荷に応じた油圧を生ずる自動調整装置。

バキューム・モジュレータ・バルブ［vacuum modulator valve; VMV］　☞VMV。

バキューム・ロック［vacuum lock］　LPGレギュレータ（ベーパライザ）の安全装置。エンスト等，イグニション・キーONの状態でエンジンが停止した場合，気化したLPガスがレギュレータから出ないよう吸気負圧を利用して減圧室のバルブを強制的に閉じる装置。

バキューム・ワイパ［vacuum wiper］　真空式窓ふき器。エンジンの吸入負圧又は真空ポンプの負圧で作用する窓ふき。かつて用いられた。

白煙（はくえん）［white smoke］　①ディーゼル・エンジンの場合，寒中の始動時に，未燃焼の燃料が霧状になって排出され白く見える。②ガソリン・エンジンの場合，シリンダの摩耗等でエンジン・オイルが燃焼室へ侵入して燃えたとき，通常無色の排煙が白色となる。

白心可鍛鋳鉄（はくしんかたんちゅうてつ）［whiteheart malleable iron］　白銑鋳物を酸化鉄の中で長時間加熱し，脱炭したもの。破断面が白く，耐摩耗性に富む。

爆発行程（ばくはつこうてい）［combustion stroke; explosion～; expansion～; power～; working～］　☞コンバッション・ストローク。

薄膜（はくまく）トランジスタ［thin film transistor; TFT］　☞TFT。

剥離（はくり）［peeling; break away; separation］　塗装や接着物がはがれること。

剥離剤（はくりざい）［remover; release agent］　☞リムーバ。

バケット［bucket］　バケツ，手おけ。例㋑グリース～。㋺オイル～ポンプ。㋩～掘削機。

バケット・シート［bucket seat］　（体がすっぽりはまり込むような）深い座席。例スポーツ・カー用シート。

パケット通信（つうしん）［packet telecommunication］　通信システムの一つ。データをパケット単位に分けて，交換機に蓄積してから送受信するもの。パケット通信は，電話回線に常時接続していても送受信したデータ量だけ課金されるため，トラックなどの運行管理システムのコスト削減に寄与する。パケットとは，束，小包の意。コンピュータ関連では，伝達する情報の1単位。

バケット・ポンプ［bucket pump］　ポンプのついたバケツ型の注油機。

ハザード［hazard］　危険，障害物。

ハザード・ウォーニング・ランプ［hazard warning lamp］　左右のターン・シグナル・ランプを同時に点滅させる装置。故障や事故等で路肩に駐車するとき，後続車に危険を知らせるために使用する。＝ハザード・ランプ，ハザード・シグナル。

ハザード・ウォーニング・リフレクティブ・トライアングル［hazard warning reflective triangle］　☞三角表示板。

ハザード・ランプ［hazard lamp］　☞ハザード・ウォーニング・ランプ。

パシメータ［passimeter］　①乗車券自動販売機。②穴径測定用通し計器。

バス¹［bath］　①浴，入浴，湯あみ。②浴槽，湯舟，電解槽。

バス²［bus］　①乗合自動車。②一般の乗り物。

パス¹［pass］　①無料（定期）乗車券。②通る，通り過ぎる。

パス²［path］　（車が通れないほどの）小道，細道，歩道。

パスカル¹［*Blaise Pascal*］　仏1623～1662。フランスの科学者。パスカルの定理発見者。

パスカル²［Pascal］　圧力および応力の単位（Pa）。1パスカルは1m²当たり1Nの力が作用する際の圧力。

パスカルの原理（げんり）［Pascal's principle］　「密閉せる液体の一部に加えられた圧力は，その流体のすべての点にその大きさを変ずることなく伝えられる」というもの。水（油）圧機械の原理である。

バスタードカット・ファイル［bastard-cut file］　荒目やすり。

バス・ターミナル [bus terminal]　①乗合自動車の発着駅。②法の規定では一般乗合旅客自動車運送事業の用に供す自動車ターミナルをいう。
バスタブ [bath-tub]　①浴槽，湯舟。②㊊㊖サイドカー付きオートバイ。
バスタブ型燃焼室（がたねんしょうしつ） [bathtub type combustion chamber]　シリンダ・ヘッドの燃焼室の形状が，西洋式浴槽のように浅く横長のくぼみとなっている基本的タイプ。吸排気バルブともシリンダに対して垂直に配列される。

バスタブ型燃焼室

バス・バー [bus bar]　（電気配線の）母線。
斜歯歯車（はすばはぐるま） [helical gear]　☞ヘリカル・ギヤ。
勢車（はずみぐるま） [flywheel]　☞フライホイール。
バスレーン [bus-lane]　（交通）バス専用通路。
パスワード [password]　合言葉，暗証番号，識別符号。
パターン [pattern]　①模範，手本。②原型，基本型。③図案，模様。例㋑エンジン・スコープに出る二次電圧パターン。㋺タイヤ・トレッドの模様。
パターン・セレクト・スイッチ [pattern select switch]　走行パターン（様態）の選択スイッチ。例㋑ATのパワー・モードやスノー・モード。㋺乗心地のソフトやハード。㋩車高のローやハイ。
パターン・ノイズ [pattern noise]　タイヤが回転するとき，トレッド（踏面）と路面の接触や空気の圧縮，放出の繰り返しによって起こる走行騒音の総称。一般にラグやブロック・パターンは大きく，リブ・タイプは小さい。
パターン・ピストン・コーティング [pattern piston coating]　ピストンのフリクション低減技術の一つで，ホンダやスズキなどが採用したもの。ピストン・スカート部の樹脂コーティングに特殊なディンプル（くぼみ）加工を施して油膜の保持性能を向上させ，摩擦を低減して燃費性能向上の一助としている。
バタフライ・ナット [butterfly nut]　ちょうねじ，羽付きナット。サムナットの一つ。
バタフライ・バルブ [butterfly valve]　ちょう弁。軸に円板を固定しこれを回転させて気体の通路を開閉する弁。例気化器のスロットル・バルブ，チョーク・バルブ。
八都県市環境確保条例（はちとけんしかんきょうかくほじょうれい） [Environment Security Ordinance in Eight Prefectures and Cities]　首都圏の東京都，埼玉県，千葉県，神奈川県，横浜市，川崎市，千葉市，さいたま市が制定した，ディーゼル車（乗用車は除く）排気ガス中の粒子状物質（PM）低減条例。2003年10月から実施され，PM排出基準に適合しないディーゼル車の運行は禁止された。初年度登録から7年間までのものは猶予され，八都市県が指定するPM減少装置を装着すれば規制値に適合するとみなされる。☞七都県市低公害車指定制度。
発煙筒（はつえんとう） [flare]　発煙剤を筒形の容器に詰めたもので，発火させることにより煙が発生する。非常用信号として使用。
発火点（はっかてん） [firing point]　☞ファイヤリング・ポイント。
歯付（はつ）きベルト [toothed belt]　☞コグ・ベルト。
バッキング [backing]　裏付け，裏張り。例軸受メタルの裏金。
パッキング [packing]　詰めもの。例接合部から気体や液体が漏れないように詰めものをすること。材料にはファイバ，コルク，ゴム，プラスチック，金属，液体など。薄板状のパッキングはガスケットという。＝パッキン。
パッキング・グランド [packing gland]　パッキング押さえ金物。
パッキング・シート [packing sheet]　パッキング用紙。
バッキング・フィールド [bucking field]　（複巻き式回転電機磁極の）逆方向に働く調整磁場。
バッキング・プレート [backing plate]　☞バック～。
バッキング・メタル [backing metal]　背金，裏金。例軸受メタルの鋼鉄製台金。＝

ハ

バック～。

白金（はっきん）スパーク・プラグ [platinum spark plug]　スパーク・プラグの中心電極に白金のチップを溶接したもので，高温に対してニッケルよりも更に長い耐久性を持っているが高価である。

バック [back]　①背部，背中，後部。②後退させる，後へ戻す。

バックアップ機能（きのう） [backup function]　主装置の故障や事故発生時に備えて，その機能を行う予備機を用意するか，又はその機能のコピーを用意しておくこと。例 ㋑～回路。㋺～メモリ。☞フェイル・セーフ機能。

バックアップ・コリジョン・インターベンション [backup collision intervention; BCI]　後退時衝突防止支援システム。日産が2014年に日本初採用したもので，駐車場などから後退で車を出そうとするとき，車や子供が横切ったときに車両が自動的に制動をかけて危険回避を行うもの。リア・バンパに埋め込まれたミリ波レーダが後方約20mを監視し，身長1mくらいの子供でも認知できる。

バックアップ・ブースト・コンバータ [backup boost converter; BBC]　昇圧コンバータの一種で，ダイハツやトヨタがアイドリング・ストップ・システム搭載車に採用したもの。エンジン再始動時の電源電圧低下をカバーして，カー・ナビゲーションなどがシャット・ダウンするのを防止している。

バックアップ・ランプ [backup lamp]　後退灯。後退信号用としてリバース・ギヤへ入れると自動的に点灯される灯火。＝バック～。

バックウインドウ [back-window]　（車体の）後部窓。

バックウインドウ・レッジ [back-window ledge]　後部窓下のたな。

バック・オーダ [back order; BO; B/O]　部品の引き当て発注。

バック・ガイド・モニタ [back guide monitor]　トヨタが採用した，後退時の後方確認表示装置。車両後退時，車両後方の死角を減少させるため，リヤ・スポイラ又はテール・ゲート等に内蔵されたCCD（charge coupled device）カメラの映像をマルチ・ディスプレイ画面上に表示する。＝バック・モニタ，リヤビュー・モニタ。

バックキック [back-kick]　逆転，逆回転。例 スタートに際しエンジンが逆転してけ返すこと。通称ケッチング。

バック・ギヤ [back gear]　（変速機の）後退ギヤ。＝リバース～。

バック・シート [back seat]　後部座席，後席。リヤ～。

バックシート・ドライバ [back-seat driver]　俗 後席から運転についてとやかくいうでしゃばった乗客。

バック・ストローク [back stroke]　折り返し。例 ピストンの返り行程。

ハックソー [hack-saw]　金切りのこぎり，通称金のこ。

ハックソー・ブレード [hack-saw blade]　金切りのこぎりの替え刃。

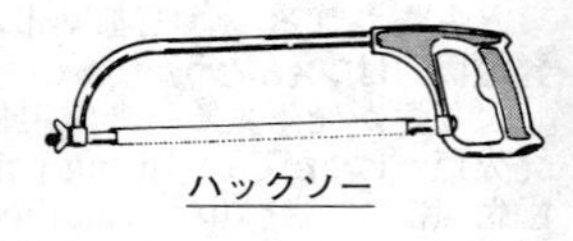

ハックソー

バック・ソナー [back sonar]　後退用音波探知機。後退時障害物をブザーとランプで運転者に知らせる装置。

バックファイヤ [backfire]　逆火，さか火。例 ㋑気化器へ吹き返すこと。＝ブロー・バック。㋺スタートのとき逆転すること。

バック・プレート [back plate]　背板，裏板。例 ブレーキ取り付け板。

バック・プレッシャ [back pressure]　背圧，逆圧，反抗圧力。例 ㋑排出ガスの～。㋺圧縮されるガスの～。

バック・プレッシャ・トランスデューサ [back pressure transducer; BPT]　☞ BPT。

バック・ホー [back hoe]　パワー・ショベルの作業装置を逆向きにしたもので，くわのように地面に打ち込み手前に引き寄せ旋回して運搬車に積み込むもの。

バックボーン・フレーム [backbone frame]　背骨型車枠。中央に太い中空断面の縦材1本を用い，これに曲げや，ねじりの応力一切を受ける形式。車体架装用に数本の横材を設ける。スポーツ・カーなどに見られ，VW ビートルやトヨタ 2000GT でも採用。

バック・ミラー [back mirror]　後写鏡。後方を写し見る鏡。車内用と車外用がある。

バックライト [backlight]　後ろからの照明。液晶ディスプレイ（LCD）の液晶自体は発光能力のない受光素子であるため，液晶パネルの裏側に冷陰極管（蛍光ランプ）を使用して文字や画像を浮かび上がらせる。

バックラッシュ [backlash]　背隙，裏側の遊び。例 ギヤのかみ合いにおいてギヤを逆転するとき存する遊び。歯裏のすき間。

バックラッシュ・エリミネータ [backlash eliminator]　背隙除去装置。例 ギヤと軸の間に回転方向に効くばねを入れて遊びをなくす。

バックリング [buckling]　反曲，反り返り。例 バッテリの極板が反ること。特に陽極板に著しい。

バックル [buckle]　①締め金具。例 ターン〜。②板金などのゆがみ。

バックレスト [backrest]　（シートの）背もたれ。

バックワード・ギヤ [backward gear]　（変速機）後退ギヤ。＝バック・ギヤ。

パッケージ [package]　①荷造り，包装。②ひとまとめ，（機械の）完成品単位。

パッケージ・トレー [package tray]　①グローブ・ボックスの下に設けられた小物入れ。②後部座席とリヤ・ウインドウ・ガラスとの空間部分（リヤ〜）。

発光（はっこう）ダイオード [light emitting diode; LED]　電子表示の一種で，通電すると電流を可視光線に変え，光を発するダイオード。デジタル・メータの数字表示などに使用されるが，輝度が弱いため直射日光下では見えにくい欠点がある。

バッジ・エスカッション [badge escutcheon]　（車名を表す）縦形紋章。

パッシブ [passive]　受動的な，消極的な。例 〜セーフティ。対 アクティブ。

パッシブ・サスペンション [passive suspension]　受動的懸架装置。一定のばね常数をもつばねと，ある減衰特性をもつショック・アブソーバによって路面からの入力を受動的に処理する普通のサスペンション。これに対し，ばね常数を変化できるエア・サスペンションや減衰特性を変化できるアブソーバなど，路面に能動的に働きかけるタイプをアクティブ・サスペンションという。対 アクティブ・サスペンション。

パッシブ・セーフティ [passive safety]　受動的安全対策。事故が起きたとき乗員の負傷をできるだけ軽減できる対策装置のこと。例えば，エアバッグ，衝撃緩衝ステアリング・コラム，ヘッドレスト，シート・ベルトなど。対 アクティブ・セーフティ。

パッシブ・レストレイント [passive restraint]　受動式乗員拘束装置。例 ㋑衝突時自動的にエアバッグが作動して乗員が安全である装置。㋺シート・ベルトをつけないと警報が鳴ったりランプが点滅する自動警告装置付き安全ベルト。

パッシング・ランプ [passing lamp]　追い越し信号灯。一般にヘッドランプを点滅して信号する。

パッセージ [passage]　①通路，路，抜け道。②通行料，乗車賃。

パッセンジャ [passenger]　乗客。

パッセンジャ・カー [passenger car]　乗用車。

パッセンジャ・シート・ベルト・リマインダ [passenger seat belt reminder; PSBR]　シート・ベルト・リマインダ（SBR）の一種で，運転席以外のシート・ベルトの未装着を知らせる装置。(独)自動車事故対策機構（NASVA）が行っている自動車アセスメント制度（J-NCAP）に基づく安全性能評価項目の一つで，2009 年度から追加され，その装備の有無は公表されている。

パッチ [patch]　①修理用当て板，当てもの。例 チューブ修理用当てゴム。②つぎ，つぎはぎ。

パッチゴム [patch-gum]　（チューブ修理用の）当てゴム。

ハッチバック [hatch-back]　（車体形式）乗用車としての基本型を残しながらワゴンのような跳ね上げ式のテールゲートのあるもの。

バッチボード［batch-board］　（トラック荷台の）仕切り板。
ハッチング［hatching］　（図面などの）しま陰，線影。例 断面を表すしま線。
バッテリ［battery］　電池，蓄電池。例 2V セル3個を直列にした6V。6個を直列にした12V～。

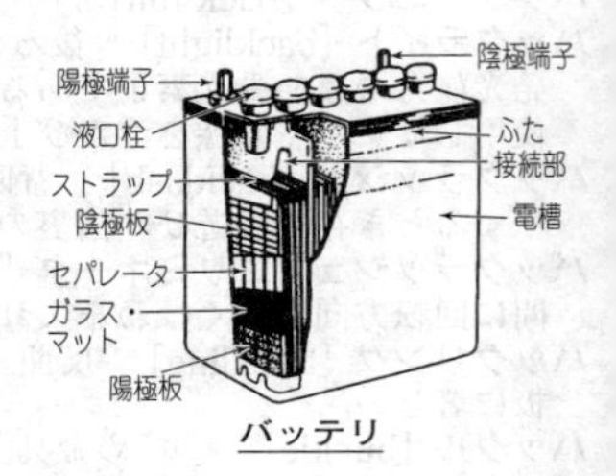

バッテリ

バッテリ・アシッド［battery acid］　①バッテリ用酸，希硫酸。②俗 米陸軍用語でコーヒー。
バッテリ・イグニション［battery coil ignition］　蓄電池点火法。バッテリの電流を変圧して行う点火方式。現在最も一般的なもの。
バッテリ温度（おんど）センサ［battery temperature sensor］　バッテリの劣化は熱で促進されるため，バッテリ・セルの温度を監視するためにセンサが用いられる。通常の12Vや24Vの鉛バッテリではそれほどでもないが，電気自動車やプラグイン・ハイブリッド車などに搭載されているニッケル水素電池やリチウムイオン電池（高電圧バッテリ）では熱管理が非常に重要となり，ファンや冷却液などで強制的に冷却している。日産の電気自動車・リーフの場合，リチウムイオン電池のバッテリ・パック内のモジュールにバッテリ温度センサ（NTCサーミスタ）が組み込まれており，運転席のメータ・パネル内にバッテリ温度計が12個のセグメントの集合体で表示されている。
バッテリ・カー［battery car］　蓄電池自動車。バッテリを電源として運転する電気自動車，主としてリフト・トラックや構内用運搬車として使用される。
バッテリ・キャリア［battery carrier］　バッテリ受け金具。
バッテリ・クイック・チャージャ［battery quick charger］　☞クイック・チャージャ。
バッテリ・チャージャ［battery charger］　蓄電池の充電器。
バッテリ・テスタ［battery tester］　蓄電池試験器。
バッテリ・フィリングプラグ［battery filling-plug］　バッテリの注液口栓。
バッテリ・プレート［battery plate］　蓄電池極板。
バッテリ・ベントプラグ［battery vent-plug］　バッテリの通気口栓。
バッテリ・マネジメント・システム［battery management system; BMS］　バッテリ・エネルギー管理システム。二次電池（充電式電池）において，充電状態を高精度に検知し，最適な充放電制御や安全制御を行うこと。主に電気自動車（EV）やハイブリッド車（HEV）に用いるリチウムイオン電池やニッケル水素電池を対象としているが，携帯機器向けのリチウムイオン電池や，太陽電池などで発電した電力を蓄電池に充放電する制御機能も含まれる。リチウムイオン電池の場合，使用方法を誤ると寿命が一気に短くなるうえ，最悪の場合，発熱や発火の可能性があり，安全な取り扱いが要求される。日産のEV（リーフ）の場合，全48個のバッテリ・パックの充電状態を2個のBMSで監視し，全セルのSOC（充電率）をそろえるようにしている。
発電機（はつでんき）［generator; dynamo; alternator］　☞ジェネレータ，ダイナモ，オルタネータ。
ハット［hat］　帽子，帽子状のもの。例 スプリング～。
パッド［pad］　当てもの。例 ㋑ディスク・ブレーキ～。㋺ステアリング・ホイール～。
バット・ウェルド［butt weld］　（溶接法）突き合わせ溶接。
バット・ジョイント［butt joint］　突き合わせ継手。例 ㋑突き合わせ溶接継手。㋺ピストン・リングの突き合わせ形継手。
バット・ストラップ［butt strap］　目板。例 ㋑ステップに当てた横板。㋺リベット継手の当て板。
バットレス・スレッド［buttress thread］　のこ歯ねじ。軸方向の力が一方向だけのものに用いるねじ。例 バイス軸ねじ。

発熱量（はつねつりょう）［combustion heat］ 燃料などが完全燃焼したときに発生する熱量。
バッファ¹［buffer］ 緩衝器。機械的衝撃を緩和する装置。ばね，ゴム，気圧，液圧などを利用したものがある。＝ショック・アブソーバ。
バッファ²［buffer］ つや出し研磨用バフ車。バフ盤，バフ棒。
バッファ・クリアランス［buffer clearance］ 緩衝間隙。例 車軸と車枠との間隔。
バッファ・スプリング［buffer spring］ 緩衝用ばね。
バッフル［baffle］ （気体や流体の流れを）反らせる装置，反らせ板。
バッフルド・ピストン［baffled piston］ バッフル付きピストン。例 2サイクル・エンジン用ピストン。＝ディフレクタ付きピストン。
バッフル・プレート［baffle plate］ 仕切り板。マフラの中を小室に仕切って，音波の干渉や圧力の変動によって排気音を小さくしたり，燃料タンクの中を仕切って，車体の動揺，急発進・急ブレーキなどで中の燃料が大きく波立つのを防いでいる。
パテ［putty］ （塗装下地の凹凸を慣らす）下地材。石こうを溶剤で練ったもので溶剤の種類によりオイル～，ラッカ～，プラスチック～などがある。
パティキュレート［particulate］ 微粒子。ディーゼル黒煙に代表される排気ガス中の粒子状物質。☞ PM[1]。
パテ・ナイフ［putty knife］ パテ付き用こて，へら。木製と金属製がある。
パトカー［pat-car］ ☞パトロール・カー。
パドック［paddock］ レース場で参加する車が集まり，車両の点検整備や検査が行われる場所で，競馬場の下見所が転用されたもの。
パドル［paddle］ 水かき。例 フルード・カップリングやトルク・コンバータの水かき状羽根。
パトロール・カー［patrol car］ 巡察用自動車。例 ㋑警察用。㋺高速道路用。略称パトカー。
バトン・ダイ［button die］ （調節のできない）むくダイス。＝ボタン～。
バトンヘッド・スクリュ［button-head screw］ 丸頭の押さえねじ。＝ボタン～。
パナール［*Panhard Rene*］ 仏 フランスの技術者。最も古い自動車メーカ。
パナール・ロッド［panhard rod］ 英（横向きの）半径かん。車軸と車枠を連結して車体の横振れを防ぐ。＝ラテラル～。
バナジウム［vanadium］ V。鋼灰色の硬い金属。鋼や鋳鉄に加えて強さを増す。
バナジウム・スチール［vanadium steel］ バナジウム鋼。バナジウムを含む鋼。硬さ，展性，引っ張り強さが大きい。
ハニ・カー［honey car］ ふん尿運搬車の俗称。＝バキューム～。
ハニカム［honeycomb］ はちの巣，はちの巣状のもの。例 触媒コンバータ。
ハニカム・タイプ［honeycomb type］ はちの巣型。例 ㋑ラジエータ形式。㋺排気浄化用触媒反応器の一形式。
ハニカムタイプ・コンバータ［honeycomb-type converter］ はちの巣型変換器。はちの巣型担体触媒を用いた排気ガス浄化装置。＝モノリス。

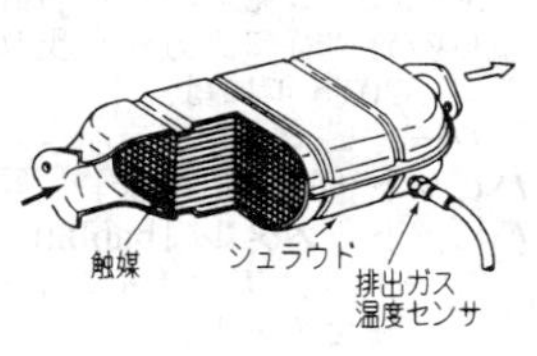

ハニカムタイプ・コンバータ

パニック［panic］ ①突然の恐怖。②経済恐慌。例 ～ブレーキ。
バニティ・ミラー［vanity mirror］ 運転席や助手席のサン・バイザなどに付けた化粧用のミラー。
ばね上重量（うえじゅうりょう）［sprung weight］ ☞ばね下重量。
ばね上振動（うえしんどう）［vibration of sprung mass］ 車の振動には，ばね上質量の振動とばね下質量の振動がある。ばね上振動とは，懸架装置に支持された上部車体の振動（共振現象）を指す。ばね上振動には，①バウンシング（上下振動），②ピッチング（左右軸回りの回転運動），③ローリング（前後軸回りの回転運動），④ヨーイング（上下軸回りの回転運動），などがある。

ばね鋼（こう）[spring steel]　熱処理を施してばね性を付与した鋼。

ばね下共振（したきょうしん）[vibration of unsprung]　懸架ばねと，その下の車軸や車輪などの質量により構域される振動系の共振。

ばね下重量（したじゅうりょう）[unsprung weight]　車のサスペンションをばねを境に上下に分けたとき，ばねが負担する重量を「ばね上重量」，車軸に取り付けられている部分の総重量を「ばね下重量」という。ばね下重量は軽いほど跳ね返りで車体に振動を伝える度合が少なく，アルミホイールやアルミのブレーキ部品はこの重量を軽くする目的で使用されている。

ばね下振動（したしんどう）[vibration of unsprung mass]　車の振動には，ばね上質量の振動とばね下質量の振動がある。ばね下振動とは，懸架ばねとその下の車軸や車輪などの振動（共振現象）を指す。ばね下振動には，①ワインドアップ（エンジンのトルク変動によるパワー・トレインの振動），②ホイール・ホップ（ばね下の上下振動），③ホイール・トランプ（ばね下の前後軸回りの回転振動，地団駄振動），などがある。

ばね定数（じょうすう）[spring constant]　ばねの堅さ（剛性）の程度を表す数値。スプリング・コンスタント。ばねに作用する荷重に対するばねのたわみ量との比（N/mm）で表す。ばね定数が小さいほどスプリングは柔らかく，ばね定数が大きいほど堅い。＝ばねレート。

ハ

パネル[panel]　①鏡板，羽目板。②車体外板。③配電盤の一区画。

パネル・バン[panel van]　運転室と荷物室が一体に作られた鋼板ボデーの軽量トラック。＝ルート～。

パネル・ボード[panel board]　鏡板，車体外板。

パネル・ボデー[panel body]　（トラックの）鋼板張り車体。

ばねレート[spring rate]　☞ばね定数。

パノラマ・ウインドウ[panorama window]　パノラマ式窓。前面左右に大きく湾曲して広範囲に展望できる窓。＝ラップアラウンド～。

パノラミック・ウインドウ[panoramic window]　同前。

パノラミックビュー・モニタ[panoramic-view monitor]　駐車支援装置の一種で，車両を上から見下ろしたような映像をナビゲーション画面に表示する装置。トヨタが2012年に採用したもので，車両の前後左右に取り付けた4個のカメラから取り込んだ映像を継ぎ目なく合成している。このモニタはシフト操作とも連動しており，フロントまたはバック・ビューをパノラミック・ビューと同時に映し出すこともできる。進化版では発進時の左右確認サポート機能が追加され，駐車場や見通しの悪い場所からの発進時に側方から現れる人や車を検知すると，画面に黄色い枠と警告音で知らせる。2015年には，ドライバの視線で車両の周囲を透かしたように見渡せる「シースルー・ビュー」が追加された。

バビット[Babbitt Isac]　英 1839。イギリス人。バビット・メタルの発明者。

バビット・メタル[babbitt metal]　すずを主成分とした軸受用減摩合金（すず70～90%，アンチモン7～20%，銅2～10%）。例 コンロッド大端やクランクシャフト用軸受メタル。

バビットラインド・メタル[babbitt-lined metal]　バビット張り軸受。鋼鉄又は青銅の裏金にバビットを薄く張ったもの。例 コンロッド大端やクランクシャフト軸受。

ハブ[hub]　（車輪やギヤの）こしき（軸に取り付ける部分）。＝ネーブ。

バフ[1][buff]　バフ仕上げに用いる布又は皮を合わせて作った円板。

バフ[2][buff]　（衝撃などを）緩和する。（打力を）弱める。

バファ[buffer]　☞バッファ。

パフォーマンス [performance]　①遂行。②動作，性能。③演技。例エンジン〜。
パフォーマンス・カーブ [performance diagram]　（エンジンなどの）性能曲線(図)。回転速度，トルク，出力，燃料消費率等の関係を表した曲線。
パフォーマンス・ダンパ [performance damper]　ヤマハが開発した，4輪車用の車体制振ダンパ。一種のショック・アブソーバで，フロントまたはリアのサスペンションと車体の左右2点間に取り付けることにより操縦安定性が向上し，乗り心地や振動・騒音の改善にも寄与する。高機能部品のため，トヨタのスポーツ仕様車などに採用されている。
パフォーマンス・ナンバ [performance number]　出力価，出力指数。オクタン価測定用CFRエンジンにおいて，標準燃料イソオクタンを使用した場合の出力を100とし，供試ガソリンの出力をこれに比較した指数値。
ハブキャップ [hub-cap]　車輪ハブのふた。例フロント・ホイールのハブに取り付け防じんとグリースの漏れ止めにする。ホイール・キャップを指すこともある。
ハブ・ナット [hub nut]　①後又は前のアクスル・ハブを取り付けている大きめのナット。②ホイールを取り付けている数個のナット。＝クリップ〜。
ハブ・プーラ [hub puller]　ハブ抜き工具。ハブをシャフトから引き抜く工具。
ハブ・ボルト [hub bolt]　（ホイールの）ハブにあるボルト。半浮動車軸の乗用車ではホイール取り付け用であり通称クリップ・ボルトという。全浮動車軸のトラックでは車軸端のつば（フランジ）を取り付けるボルトをいう。
ハブ・ユニット [hub unit]　車輪を取り付けるハブと軸受けを一体化したもの。かつては別々の独立した部品であったが，部品の小型・軽量化や組み立て性の改善などを目的に，これらの部品の一体化（ユニット化）が進められている。ハブ・ユニットには駆動輪用と従動輪用があり，軸受けにはボール・ベアリングやテーパ・ローラ・ベアリングが内側と外側に設けられている。新世代のユニットでは，ABS，ESC，アクティブ・サスペンション用などの車輪速センサや荷重センサが組み込まれており，さらに等速ジョイントと一体化したものも開発されている。
バフル [baffle]　☞バッフル。
バブル [bubble]　あわ，気泡。
ハブ・レンチ [hub wrench]　ホイール脱着用ねじ回し。通称クリップ〜。
パペット・バルブ [puppet valve]　揚弁，きのこ弁。＝ポペット〜，マシラム〜。
ハマー [hammer]　金づち。＝ハンマ。
ハマリング [hammering]　①ハンマ打ち。②ハンマで打つような打撃音。
ハマリング・テスト [hammering test]　（テスト・ハンマによる）つち打ち試験。たたき試験。例㋑緩みの有無を見る。㋺き裂の有無を見る。
バヨネット・ゲージ [bayonet gauge]　棒状ゲージ。＝ベイオニット〜。例オイル・レベル・ゲージ。
ハライド・トーチ [Halide torch]　冷媒フロンの漏出点検装置。トーチの炎を漏出部分に当てると漏出量に応じて炎の色が緑色から紫色に変わる。
パラジウム [palladium]　硬く，腐食に対して強い白金属の金属，元素で記号Pd。排気ガス浄化の酸化触媒として使用する。
バラス [balas]　工業用ダイヤモンドの一種。例ダイヤモンド・ツール。
バラスト [ballast]　（道路などに敷く）道床，バラス，砂利。
バラスト・コイル [ballast coil]　安定（抵抗）線輪。例点火一次回路に入れて電流値の安定を図る。
バラスト・レジスタ [ballast resister]　安定抵抗器。同前。
バラスト・レジスタンス [ballast resistance]　安定抵抗。一次電流値を安定させるために一次回路へ直列に入れた抵抗。
パラフィン [paraffin]　石ろう。重油を冷却して得られる白色半透明の固体又は無色流動性の液体。成分はC_nH_{2n+2}の炭化水素。流動パラフィンは潤滑剤とする。

パラフィン・オイル [paraffin oil]　パラフィン油。英灯用。＝ケロシン。
パラフィン・シリーズ [paraffin series]　パラフィン列（C_nH_{2n+2}）で表される炭化水素。例メタン，エタン，プロパン，ブタン（以上常温で気体）。ペンタン，ヘキサン，ヘプタン，オクタン，ノナン，デカン（以上常温で液体）など。
パラフィン・ベース [paraffin base]　パラフィン基。原油の区別。
パラフィン・ペーパ [paraffin paper]　パラフィン紙，ろう紙。例㋑コンデンサ絶縁用紙。㋺コイル層間絶縁用紙。
パラボラ [parabola]　（物理学上の）放物線。☞パラボリック・リフレクタ。
パラボリック・リフレクタ [parabolic reflector]　放物線反射鏡，放物線回転面をもつ反射鏡，その焦点に発光体を置くと遠方へ達する平行光線が得られる。例ヘッドランプ。
パラメータ [parameter]　①母数。②媒介変数。③命令を細かく指示するための数字や文字。
パラレル [parallel]　①平行の，平行する。②並列の，並列。
パラレル・コネクション [parallel connection]　並列連結，分岐つなぎ。
パラレル・サーキット [parallel circuit]　並列回路，分岐電路。＝シャント～。
パラレル・シート [parallel seat]　平行座席。
パラレル・シリーズ・ハイブリッド車（しゃ） [parallel series hybrid electric vehicle; PSHV]　ハイブリッド電気自動車において，パラレル方式とシリーズ方式の両者の機構を持ち，車両の負荷などにより電動モータで駆動したりエンジンで駆動したり，また，両者を同時に駆動したりして最適な運転モードを選択するパワー・スプリット方式のもの。構造は複雑になるが，燃費や排出ガス等の面で優れた性能が得られる。例トヨタのハイブリッド車（THS）。
パラレル・バイス [parallel vice]　箱万力，横万力，あごが平行に開閉する万力。例一般に多い仕上台用万力。
パラレル・ハイブリッド車（しゃ） [parallel hybrid electric vehicle; PHEV]　ハイブリッド電気自動車において，エンジンと電動モータを併用して走行する方式のもの。パラレル・シリーズ・ハイブリッド車よりも構造は簡素化できるが，燃費や排ガス性能面では一歩譲る。例㋑ホンダのハイブリッド車（IMA システム）。㋺三菱ふそうの電気／ディーゼル・ハイブリッド小型トラック。☞シリーズ・ハイブリッド方式。
パラレル・リーマ [parallel reamer]　直刃リーマ，切り刃が軸に平行しているリーマ。＝ストレート。対スパイラル～。
パラレルリンク・タイプ [parallel-link type]　平行リンク式。例独立式サスペンションで上下アームが平行して上下動するもの。
パラレログラム・タイプ [parallelogram type]　（独立サスペンションの）平行四辺形型。上下アームに平行した同一長さのアームを用いたもの。上下動によりトレッドは変化するがキャンバは変わらない。☞ショート・アンド・ロング・アーム・タイプ。
バランサ [balancer]　平衡器。釣り合いをとる装置。例㋑ホイール～。㋺ハーモニック～。㋩トーション～。
バランシング・ウェイト [balancing weight]　☞バランス～。
バランス・ウェイト [balance weight]　①車の回転部の中で異常振動の原因となる部分，例えば，ホイール，プロペラ・シャフト，ブレーキ・ドラムなどに動的質量バランスを取るため取り付けるおもり。②クランクシャフトにおいて，突出しているクランクピン部と動的な質量バランスをとるため，カウンタ・ウェイトと称して当初からシャフトの一部となっているおもり部分。
バランス・シャフト [balance shaft]　エンジンのクランク機構の動きによって生じる慣性力のアンバランスを除くために設けたシャフト。
バランス・チューブ [balance tube]　平衡管，均圧管。例気化器においてホーン（空気入口）とフロート・チャンバとを連通し，両者の圧力を等しくしてエア・クリーナの詰まりによる混合気の濃厚化を防ぐ装置。＝エアベント～。

バリ [burr]　金属を切断したときに切り口に残る，ぎざぎざの鰭（ひれ）状のもの。＝バー。

バリア [barrier]　①防壁。②障害物。例 車の衝突実験に使うコンクリートやアルミ製の壁。

バリア衝突試験（しょうとつしけん） [barrier collision test]　コンクリート製やアルミ製の障壁に衝突させる衝突安全性試験。☞フルラップ・クラッシュ，オフセット・クラッシュ。

バリアブル [variable]　①変化しやすい。②変え得る，可変的な。

バリアブル・ギヤ・レシオ [variable gear ratio; VGR]　可変ギヤ比。ステアリング・ギヤに見られ，据切りなど転舵角の大きいときはギヤ比を大きくして操舵力を軽減し，直進時にはギヤ比を小さくして安定性を高めている。

バリアブル・コンデンサ [variable condenser]　可変容量蓄電器。静電容量が調整できるコンデンサ。ラジオに内蔵される。略称バリコン。

バリアブル・トルク・ディストリビューション [variable torque distribution; VTD]　☞VTD-4WDsystem。

バリアブル・バルブ・タイミング [variable valve timing]　可変バルブ・タイミング。エンジンの回転数などの運転条件に応じて，吸排気の開閉弁時期を変化させる機構。

バリアブルピッチ・ステータ [variable-pitch stator]　（トルコンの）可変ピッチ案内翼車。ステータ羽根の開き角を自動的に変えて伝達効率を高めたもの。

バリアブルピッチ・スプリング [variable-pitch spring]　不等ピッチばね，巻きばねにおいて巻きの間隔（ピッチ）を不等にして共振現象（サージング）を防いだもの。＝サージディスパッチ～。ノンサージング～。

バリアブル・レジスタ [variable resistor]　可変抵抗器。例 ㋑電気用整備機器。㋺燃料計のタンク・ユニット。

バリエーション [variation]　変化，変動，多様性。例 ㋑ラジアル・フォース～(RFV)。㋺シート～。

馬力（ばりき） [horsepower]　仕事率のこと。英国でこの工率を馬と比較したので馬力という。1HP（英馬力）＝33000ft・1bs/min＝550ft・1bs/s＝746W。1PS（佛馬力）＝75kgf・m/s＝735.5W。

バリコン [vari-con]　☞バリアブル・コンデンサ。

バリュー [value]　価値，値，値うち。例 ㋑オクタン～。㋺ヒート～。

バルーン・タイヤ [balloon tire]　低圧タイヤ，太さを太くして空気圧を低くした乗用車用タイヤ。1930年ころよく使われた言葉。＝ドーナツ～。

バルカナイザ [米 vulcanizer; 英 vulcaniser]　加硫機。生ゴムに硫黄を入れて加熱し，ゴムに弾性を与える機械。例 タイヤやチューブの修理機械。

バルカナイズ [vulcanize]　（ゴムを）加硫する。和硫する。生ゴムに硫黄を混ぜて加熱し，老化しにくい弾性ゴムに変化させること。硫黄を多くするほど硬化される。

バルカナイズド・ガム [vulcanized gum]　加硫ゴム。硫黄を混ぜて硫加したゴム。熱に対して安定し老化しにくい。

バルカニゼーション [vulcanization]　（ゴムの）加硫操作。

バルク [bulk]　①大きさ。②かさ，容積。③かさばる。

バルク・カーゴ [bulk cargo]　ばら荷。例 砂利。鉱石。

バルク・ストレージ [bulk storage]　荷物置場。

バルクヘッド [bulkhead]　隔壁，遮断壁。例 ㋑運転室とエンジン室との仕切り板。㋺クランクケース内の仕切り壁。

バルク・ボード [bulk board]　仕切り板。例 ダッシュ板。

パルサ・コイル [pulser coil]　半導体式点火装置の内，コンデンサ放電式（CDI）のエキサイタ・コイル（励磁コイル）と組になった発振コイル。

バルジ [bulge]　（たる，桶などの）胴，張り出し，ふくらみ。

バルジング [bulging]　突き出し加工。金属板又はその製品の一部を張り出し，膨らませる作業。

パルス [pulse]　脈動，鼓動，持続時間の極めて短い変調。例 ④点火一次回路断続による脈動変化。⑩交流電圧電流の変化。⑥吸気負圧の変動。

パルス・エア・インダクション・リアクタ [pulse air induction reactor]　☞ ASS。

パルス・ジェネレータ [pulse generator; PG]　パルス（脈動）発生器。かつては，主にフルトランジスタ式点火装置に用いるロータとピックアップ・コイルを指していたが，近年では，ABSやTCSの車輪速センサに用いる歯車状のロータ（ギア・パルサ）とピックアップ・コイルなどを指す。

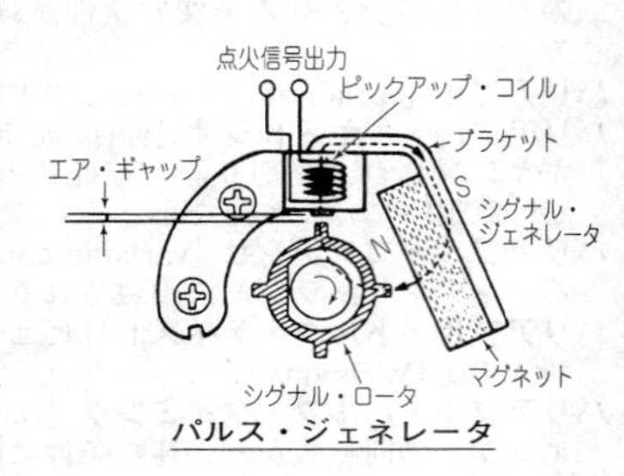

パルス・ジェネレータ

パルス・モータ [pulse motor]　☞ステッピング・コントロール・モータ。

パルセーション [pulsation]　脈拍，動悸，脈動。

パルセーション・ダンパ [pulsation damper]　脈動減衰装置。燃料噴射式エンジンにおいて，燃圧はプレッシャ・レギュレータにより一定の高圧に保たれているが，インジェクタの噴射により配管中の燃圧に脈動現象（燃圧の微変動）が生じ，空燃比の異常や異音が発生しやすい。このため，パルセーション・ダンパを設けてダイアフラムの働きにより，この脈動を減衰させて（吸収して）いる。

パルセータ [pulsator]　鼓動装置，鼓動させる仕掛け。例 ④部品洗浄装置でかごを揺り動かす仕掛け。＝アジテータ。⑩パルス発振器。

パルセーティング・カレント [pulsating current]　脈流。一定の周期でその強さ又は方向が変動する流れ。例 ④交番電流。⑩点火電気回路の電流。

ハルデックスAWD [Haldex all-wheel-drive system]　4輪駆動装置（4WD／AWD）の一種で，スウェーデンのハルデックス社が開発したトルク・スプリット式のもの。電子制御による油圧作動の多板クラッチ（ハルデックス・カップリング）を用いたもので，雨・雪・氷などの滑りやすい路面でトルク配分を最適化し，安定した走行を実現している。第3世代のものでは，ABSやESPの作動などをCAN上を流れる情報から引き出し，カップリングの伝達トルク容量を制御している。ボルボ，VW，AUDI，米GMなどで採用。☞ eLSD。

バルブ[1] [bulb]　球，球状のもの。例 電球，真空管。

バルブ[2] [valve]　弁，弁作用をするもの。例 吸気弁，排気弁。

バルブ・インサイド [valve inside]　タイヤ空気弁の内弁，通称虫。＝インナ・バルブ，バルブ・コア。

バルブ・イン・ヘッド [valve in head]　頭上弁。＝オーバヘッド。

バルブ・オーバラップ [valve overlap]　バルブ・タイミングで排気弁が閉じ終わらない前に吸気弁が開き始めること。吸・排気両弁が共に開いている角度又は期間。

バルブ・ガイド [valve guide]　弁案内管，弁導管。

バルブ・カバー [valve cover]　弁装置の覆い。

バルブ・キー [valve key]　（弁ばね受けを止める）くさび。＝コッタ。

バルブ・キャップ [valve cap]　弁帽，タイヤ空気弁の防じんキャップ。

バルブ・グラインダ [valve grinder]　弁研磨盤。弁面を仕上げ直す機械。＝～リフェーサ。

バルブグラインディング・コンパウンド [valve-grinding compound]　弁研磨用練りもの。すり合わせ用金剛砂を油で練ったもの。

バルブグラインディング・ツール [valve-grinding tool]　弁すり合わせ用工具。バルブを回転軽打する工具。手動，気動，電動の各種がある。

バルブ・クリアランス [valve clearance]　弁すき間，閉弁時にバルブとタペットとの間に必要な少隙。0.2〜0.4mm 位。

バルブ・コア [valve core]　バルブの中子。通称虫。＝〜インサイド。

バルブ・コッタ [valve cotter]　（弁ばね受けの）止め金。一般に円すいを二分した形をしている。

バルブ・サージング [valve surging]　☞サージ。

バルブ・シート [valve seat]　弁座。弁の相手となる円すい面。シリンダと一体のものと，はめ込みのものがある。円すい角は30°又は45°。

バルブシート・カッタ [valve-seat cutter]　弁座研削器。シート修正工具。

バルブシート・カッタ

バルブシート・グラインダ [valve-seat grinder]　弁座研磨器。回転砥石車により弁座を修正する工具。同心型と偏心型がある。

バルブシート・リセッション [valve-seat recession]　（腐食などによる）弁座のあばた状くぼみ。無鉛ガソリン使用の場合著しいといわれ，これを防ぐには耐食合金のシート・リングを用いる必要がある。

バルブシート・リング [valve-seat ring]　弁座円環。バルブ・シートとしてシリンダへはめ込む円環。

バルブ・スティック [valve stick]　吸・排気弁の固着現象。潤滑不良等により，焼き付きが発生する。

バルブ・ステム [valve stem]　弁軸，弁棒。一般に弁頭と単体であるが接合したものもある。案内管に支えられる。

バルブ・ステム・オイル・シール [valve stem oil seal]　バルブ・ステム（弁棒）とバルブ・ガイド（弁案内）の隙間からエンジン・オイルが燃焼室へ下がるのを防ぐ油止め。特に吸気側は負圧による吸引作用で下がりやすい。バルブ・ステムの潤滑，オイルの燃焼による消費の増大，バルブの焼き付き，この三者のバランスが難しい。

バルブステム・ガイド [valve-stem guide]　弁案内管，弁導管。＝バルブ〜。

バルブ・スプール [valve spool]　糸巻き状弁。例パワー・ステアリング装置においてオイルの流路を切り替える弁。

バルブ・スプリング [valve spring]　弁ばね。弁に閉じる力を与えるばね。一般につる巻きばねが使われる。

バルブスプリング・コンプレッサ [valve-spring compressor]　弁ばね圧縮機。弁の着脱に際し弁ばねを圧縮して作業に便する工具。

バルブスプリング・リフタ [valve-spring lifter]　弁ばね押し上げ工具。同前。

バルブ・セッティング [valve setting]　弁の整備作業，弁と弁座の修正すり合わせなどの作業。

バルブ・タイミング [valve timing]　弁の調時，弁の開閉をクランクの回転角に対し正しい関係にすること。

バルブタイミング・ギヤ [valve-timing gear]　弁調時歯車。弁調時を行う歯車。例クランクからカムシャフトを回転させる歯車装置。

バルブタイミング・サイン [valve-timing sign]　弁調時の表示。例タイミング・ギヤにあるかみ合わせ位置の目印。

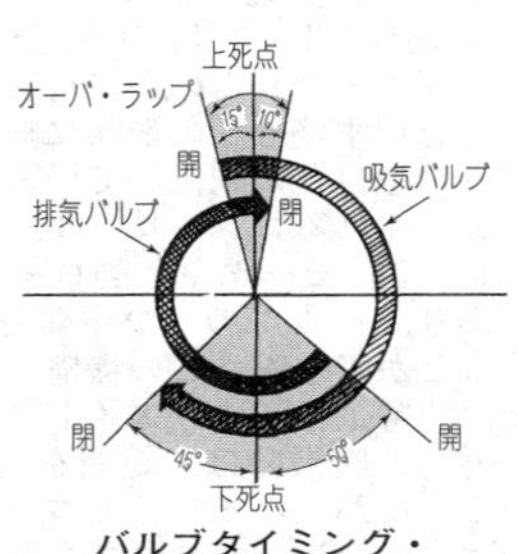

バルブタイミング・ダイヤグラム

バルブタイミング・ダイヤグラム [valve-timing dia-

gram〕 弁調時図表。バルブの開閉位置をクランク・サークル上に記入した図表。
バルブ・タペット〔valve tappet〕 揚弁子。バルブを突き上げる短い棒。＝～リフタ。☞タペット。
バルブタペット・ガイド〔valve-tappet guide〕 揚弁子導管。☞タペット～。
バルブ・チャンバ〔valve chamber〕 弁室。弁のある室（へや）。
バルブ・ツール〔valve tool〕 バルブ整備作業に関係する工具の総称。
バルブ・トレイン〔valve train〕 バルブを動かす一連の機構。例 ㋑カムとカムシャフト。㋺タペット。㋩プッシュロッド。㋥ロッカアーム。
バルブトロニック〔VALVETRONIC〕 BMW が2001年に世界で初めて実用化した革新的なエンジン吸気システムで，「電子制御式無段階可変バルブ・リフト機構（variable valve electronics）」を意味する造語。エンジンの吸気系から吸入空気量を調整するスロットル・バルブを取り去り，スロットル・バルブの代わりにステップ・モータ，ウォーム・ホイール，エキセントリック・シャフト，中間レバーなどを用いて吸気バルブを開けるリフト量と時間を変え，シリンダ内に吸い込む混合気の量を調整している。可変バルブ・タイミング機構（ダブルVANOS）との協調制御により，エンジンの全回転域で理論空燃比が得られるとともに吸気抵抗（特に低速部分負荷時のポンピング・ロス）が低減し，実用燃費，出力，加速時のレスポンス等が大幅に向上している。2004年には，改良型（第2世代）が出ている。類似の機構を2007年にトヨタが「バルブマチック」，日産が「VVEL（ブイベル）」の名称で採用している。
バルブ・フィッシング・ツール〔valve fishing tool〕 弁つり工具。例 タイヤ装着のとき空気弁が落ち込まないよう，釣り上げている工具。

ハ

バルブ・フィッティング〔valve fitting〕 バルブ取り付け用部品。例 真空倍力装置において制御装置の附属部品。
バルブ・フェース〔valve face〕 弁面。弁座に接する弁の表面。例 エンジン・バルブでは30°又は45°の円すい面になっている。
バルブ・プッシュロッド〔valve push-rod〕 弁押し棒。タペットからロッカアームへ力を伝える細長い棒。
バルブ・ヘッド〔valve head〕 弁頭。例 きのこ弁の傘の部分。
バルブヘッド・マージン〔valve-head margin〕 弁頭の厚さ。厚さの余裕。
バルブ・ボデー〔valve body〕 バルブを組み込むケース。例 自動変速機の～。
バルブマチック〔valvematic〕 トヨタが2007年に採用した，連続可変バルブ・タイミング&リフト機構。可変バルブ・タイミング機構のVVT-iと可変バルブ・リフト機構を組み合わせたもので，吸入空気量の制御をスロットル・バルブに頼らず，吸気バルブのリフト量を連続的に変化させることにより中低速域ではバルブのリフト量を少なく，高速域では多くして，吸気抵抗（ポンピング・ロス）を低減している。これにより，燃費性能が5～10%，出力が10%以上向上している。メカニズムとしては，Dual VVT-i（吸／排気連続可変バルブ・タイミング機構）の吸気側カムシャフトとロッカ・アームの間に可変リフト用の揺動アームを挟み，揺動アームがロッカ・アームを押す接触面の形状に無効ストロークを設け，この面のどこを使うかによってリフト量を自在に制御している。ロッカ・シャフトの内部にはアクチュエータで軸方向に動かされるコントロール・シャフトが組み込まれており，アクチュエータにはブラシレスDCモータや差動ローラ・ギア（減速装置）が内蔵されている。これらの機構により，バルブのリフト量を1～11mmの間，作用角は106～260°の間で変化させることができる。この機構では従来の電子制御スロットルを残しており，上記が働くのは通常走行時で，アイドリング時の吸入空気量制御は電子制御スロットルで行い，始動時と暖機時は，範囲を限定したバルブ作用角制御とスロットル制御を併用している。なお，バルブ・リフト量の少ない軽負荷時には電子制御スロットルを大きく開け，ポンピング・ロスを低減している。☞バルブトロニック，VVEL。
バルブ・ラッシュ〔valve lash〕 弁すき間。＝～クリアランス。

バルブラッシュ・アジャスタ [valve-lash adjuster]　バルブのゼロラッシュ機構。油圧タペットを用いて弁すき間をゼロにする。
バルブ・ラッパ [valve lapper]　弁すり合わせ工具。手動，気動，電動色々なものがある。
バルブ・リシータ [valve reseater]　弁座再生工具。例 ④シート・カッタ。回シート・グラインダ。
バルブ・リシーティング [valve reseating]　弁座再生作業。すり合わせ。
バルブ・リセス [valve recess]　ピストン頂部に設けられた，バルブ・ヘッドとの衝突を避けるための小さなくぼみ。バルブがガイドとの固着などで開いたままになったとき，ピストンが上死点で衝突して双方が破損するのを防いでいる。
バルブ・リセッション [valve recession]　（腐食などによる）弁面のあばた状くぼみ。☞バルブシート～。
バルブ・リフェーサ [valve refacer]　弁面再生工具。例 弁研磨盤。弁面のほかステム・エンド，タペット・エンド，ロッカ・アーム等の仕上げもできる。＝～グラインダ。
バルブ・リフタ [valve lifter]　揚弁子。＝タペット。この他弁ばねを圧縮する工具を指すこともある。
バルブ・リフト [valve lift]　弁の揚がり，揚がり寸法。
バルブリング [valve-ring]　俗 エンジンの整備において，バルブをすり合わせピストン・リングを交換する作業を表す俗称。
バルブレス・エンジン [valveless engine]　無弁機関。バルブのないエンジン。例 ④2サイクル・エンジン。回ロータリ・エンジン。
バルブレット [valvelet]　小型なバルブ，小さなバルブ。
バルブ・ロッカアーム [valve rocker-arm]　弁てこ。動弁揺り腕。プッシュ・ロッドに突き上げられバルブを突き下げるてこ。
バルブ・ロッカレバー [valve rocker-lever]　動弁用てこ。カムとタペットが同一中心にないときに用いる動弁装置。
バルブ・ロック [valve lock]　弁ばね座の止め金。＝～コッタ。
パレード・コントロール [parade control]　（エンジン・スコープのパターンを）上下又は左右に広げたり縮めたりする調整装置。
パレット [pallet]　①（フォーク・リフトの荷役作業に使われる四角な）枠組み又は板台。木製，鋼製，ファイバ製などがある。②爪，爪車の歯止め爪。
バレット・パーキング [valet parking]　主に欧米のホテルやレストランにおける駐車代行サービス。ドライバはエントランスで降車して番号札と引き換えにキーを預け，サービス提供者が駐車場まで車を運転して駐車する。用事を終えた車の持ち主が番号札を渡すと，サービス提供者が車をエントランスまでもってきてくれる。このようなサービスを想定して，安全のためにグローブ・ボックスやトランクをロックし，ナビゲーションやオーディオが作動しないように設定する「バレット・モード」を備えた車もある。バレットとは，ホテルなどの「客の世話係」のこと。
バレット・モード [valet mode]　☞バレット・パーキング。
バレル [barrel]　①ビールだるのように胴の膨れたたる。円筒，胴，ポンプの筒。例 ④気化器の胴部分。ツー～等。回エンジンのシリンダ。②石油原油の計量単位。1バレルは42ガロン（159ℓ）。
バレル・スプリング [barrel shape spring]　たる型巻きばね。中央部が膨らんだ巻きばね。
バレルタイプ・クランクケース [barrel-type crankcase]　たる型クランク室。例 船舶用エンジンに多い。
バレルタイプ・ベンディックスドライブ [barrel-type Bendix-drive]　セルモータのベンデックス・ドライブ方式のうち，スクリュ・シャフトその他がピニオンと一体のバ

ハ

レル内に収められた式。

バレル・フェース・ピストン・リング [barrel face piston ring] リングとシリンダの接触面が丸く，断面形状が樽状のピストン・リング。コンプレッション・リングの一種。

ハロゲン [halogen] 周期表の7B族のフッ素，塩素，臭素，ヨウ素，アスタチンの5元素の総称。例 ～ランプ。

ハロゲン・ランプ [halogen lamp] タングステン電球で不活性ガスに微量のハロゲン（ヨウ素など）を加えたガスが封入されているもの。タングステンとハロゲンの原子が結合，分解するハロゲンサイクルによって，明るくて寿命の長いランプとなっている。

パワー [power] ①動力，原動力。②工率，仕事率。

パワー・アシステッド [power assisted] 動力援助式の，倍力式の。例 ㋑倍力式ステアリング。㋺倍力式ブレーキ。

パワーアシスト・タイプ [power-assist type] 倍力式，増力式。

パワー・アンテナ [power antenna] 自動伸縮アンテナ。室内から遠隔操作で伸縮できるモータ付きアンテナ。

パワー・アンプリファイヤ [power amplifier] 主増幅器。プリ・アンプから送られてきた信号を，スピーカを鳴らすのに必要な音量に増幅するもの。略してパワー・アンプ。メーン・アンプともいう。

パワー・ウインドウ [power window] （モータ駆動の）自動開閉窓。

パワー・ウインドウ・レギュレータ [power window regulator] モータで窓ガラスの昇降を調整する装置。リンク式とワイヤ式とがある。

パワー・ウェイト・レシオ [power weight ratio] 自動車の性能を表す数値の一種で，車両重量をエンジンの最大出力で除した値。kg/kWで表す。

パワー・ガン [power gun] （ピン回りの給油に使う）動力グリース・ガン。圧縮空気などで作動する。

パワーグライド [Powerglide] GM社シボレーの自動変速機商品名。

パワー・サプライ [power supply] 電源，動力供給源。

パワー・サンダ [power sander] （ボデー塗装）電動サンダ，ペーパがけを行う電動工具。

パワー・シート [power seat] 自動調節座席。前後上下その他傾きがスイッチ一つで調整できる電動座席。

パワーシフト [power-shift] （変速機）動力変速。油圧，空圧，電気などを用いギヤの入れ替えを行うもの。

パワー・ショベル [power shovel] （建設工事で掘削荷積みに使う）動力ショベル。

パワー・シリンダ [power cylinder] 動力（倍力）シリンダ。倍力装置において原動力を生ずる円筒。

パワー・ステアリング [power steering] 動力かじ取り装置。かじ取りに必要な力の大部分を動力により援助する装置。動力源には油圧のほかに電動モータがある。

パワー・ステアリング・フルード [power steering fluid] パワー・ステアリング専用の作動油。

パワー・ストローク [power stroke] 動力行程。燃焼行程。＝ワーキング～。エキスパンション～。エキスプロジョン～。

パワー・セーブ [power save] バッテリの消費電力を低減すること。

パワー・ソー [power saw] 動力のこぎり。電動のこぎり盤。

パワー・ソース [power source] 動力源，電源。例 ガソリン・エンジン，ディーゼル・エンジン，バッテリ，燃料電池。

パワータード・ブレーキ [Powertard brake] 大型車の補助ブレーキの一種で，三菱ふそうトラック・バスが採用したもの（登録商標）。開発者の名称では「ジェイク・ブレーキ」と呼ばれるもので，ディーゼル・エンジンに第3の排気バルブを設け，エンジン・ブレーキ時に開閉することにより膨張行程のシリンダの圧力を逃がし，エンジン・ブレーキの効きを高めている。高過給率の高出力ターボ車では，排気ブレーキの能力が不足気味となるため，これで補う。

パワー・タイミングライト［power timing-light］　強光度調時灯。タイミング・ライトのうち，トランスを内蔵し，点火電流のパルスを受けて強力に自発光する調時灯。点火位置や進角作用の良否を点検するときに用いる。

パワー・ツール［power tool］　（空圧，電動等による）動力工具の総称。

パワー・テークオフ［power take-off］　動力取り出し口。例トランスミッション・ケースの側面にあって，ダンプその他に必要な動力を取り出すところ。

パワー・ドアロック［power door-lock］　電動によるドアのロック装置。運転中自動的にドアがロックされる安全装置。

パワー・トップ［power top］　電動ほろ屋根。自動的に取り払ったり張ったりできるほろ。幌（ほろ）以外に金属や樹脂製のものもある。

パワー・トランクロック［power trunk-lock］　後部トランク・リッドを電動で開閉する装置。

パワー・トランジスタ［power transistor］　一般に大電流を制御するために使用されるトランジスタのこと。例無接点式点火装置のイグナイタ。

パワー・トランスファ［power transfer］　動力分配装置，補助変速機。四輪又は六輪駆動車において動力を前後の車軸へ分配する歯車装置。＝トルク・ディバイダ。

パワー・トランスミッション［power transmission］　動力伝達装置。

パワー・トレーン［power train］　動力伝達系列。例エンジンから駆動車輪に至る動力伝達装置。＝～トランスミッション。

パワー・パック［power pack］　電源箱。変圧器その他電源として必要なものをひとまとめにしたもの。例DCからAC100Vを得る装置。

パワー・バルブ［power valve］　増力弁。例気化器において全出力を出すとき燃料を補給する弁口。機械式と負圧式があり，どちらもアクセルを一杯に踏みつけると作用する。

パワー半導体（はんどうたい）［power semiconductor］　電力用の半導体。車に使用されるパワー半導体素子には，12V系や42V系に用いる低耐圧のMOS-FET（金属酸化膜半導体を用いた電界効果トランジスタ）と，600～1,200Vの高耐圧のIGBT（絶縁ゲート型バイポーラ・トランジスタ）がある。前者はモータ制御やソレノイド駆動などに使用され，後者はハイブリッド車や電気自動車などの電流制御に用いられる。ハイブリッド車の電力損失の約2割をパワー半導体が占めているため，トヨタでは，電力損失の少ないSiC（シリコン・カーバイド／炭化ケイ素）を用いたパワー半導体の実用化を進めている。これによりハイブリッド車の燃費性能を10%改善でき，パワー・コントロール・ユニット（PCU）の体積を1/5に低減することができるという。

パワーフライト［Powerflite］　クライスラー社製自動変速機の商品名。

パワー・プラント［power plant］　①動力装置。クラッチやトランスミッションを組みつけたエンジン。②発電装置，発電所。

パワー・プラント・ベンディング［power plant bending］　パワー・トレーン振動の一つで，主としてエンジン回転部分の慣性モーメントのアンバランスによる共振現象。回転部分のアンバランス修正やトランスミッション結合部の剛性向上等が必要となる。

パワー・ブレーキ［power brake］　動力ブレーキ。例㋑エアー～。㋺バキューム～。

パワー・ベスト［power vest］　着衣タイプの安全ベルトの商品名。幼児がチャイルド・シートの代わりに着用し，シート・ベルトで固定して使用する。折り畳んで携帯することも可能。

パワー・モーア［power mower］　動力芝刈機。
パワー・モード［power mode］　出力を重視した運転モード。例 電子制御式ATの変速点を高目に設定したもの。運転席の選択スイッチで操作する。対 エコノミ～。
パワー・ユニット［power unit］　内燃機関式のエンジン。
パワー・リトラクタブル・ハードトップ［power retractable hardtop; RHT］　マツダが2006年にロードスターに採用した，電動ハードトップ。ルーフを３分割にして背もたれスペースに世界最速の12秒の速さで収納するもので，荷室を犠牲にしないのが特徴。ルーフの素材には樹脂（SMC）を使用している。☞電動ハードトップ。
パワーロック［Powerlock］　ノンスリップ・デフの一商品名。
パワステ［power-ste］　パワー・ステアリング（power steering）の略称。
パワフル［powerful］　強力な，力強い。
バン［van］　屋根のある荷車のこと。周囲も囲った箱型荷台をパネルバン，その小型のもので運転席と荷物室との仕切りを外したものをライト・バンという。
パン［pan］　平なべ，底の浅いなべ。例 オイル～。
ハンガ［hanger］　つり手，つり材，つるす物。例 車台ばねのつり手。
ハンガ・ピン［hanger pin］　つり手を支えるピン。＝シャックル・ピン。
板間摩擦（ばんかんまさつ）［friction between spring leaves］　重ね板ばねのたわみにより板間に生じる摩擦で，ばね常数の要素となる。
バンギング［banging］　ずどんと大音を発すること。例 エンジン不調のときマフラに起こる大爆音。アフタ・ファイヤによる爆音。

バンキング・アングル［banking angle］　（四輪車などの）横傾斜角。
パンク［punc］　パンクチュア（puncture）の略。
バンク[1]［bank］　①土手，堤。盛り上がった部分。例 V型エンジンのレフト～（左列）。ライト～（右列）。②坂，斜面，横傾斜。＝キャント。
バンク[2]［bank］　旋盤，通称バンコ。独 *Drehbank*。
ハングアップ［hang-up］　遅らす，手間取らす。例 HCテスタなどにおいて前回テストの後遺現象により次回のテストを手間取らすこと。
パンクチュア［puncture］　刺す，穴を空ける。例 タイヤがパンクすること。
パンクチュア・プルーフ［puncture proof］　パンク止めの，パンクしない。
パンケーキ・エンジン［pancake engine］　パンケーキのように平べったいエンジン。例 横に寝かした床下用エンジン。
バンケル［*Felix Wankel*］　独 ドイツ人。バンケル・ロータリ・エンジン発明者。
バンケル・エンジン［Wankel engine］　２節エピトロコイド曲線で構成されたハウジング内で三葉形の内包絡線を持つロータが回転するロータリ・エンジン。
バンコ［bank］　☞バンク[2]。
バンジョー・アクスル［banjo axle］　（楽器の）バンジョー型ハウジングに包まれた駆動車軸。例 最も一般的な後車軸。
バンジョータイプ・ハウジング［banjo-type housing］　バンジョー型軸管。減速機を納めた胴部から左右に軸管を出した一体式車軸外管。
バンジョー・フィッティング［banjo fitting］　バンジョー型管継手。

バンジョータイプ

バンジョー・ユニオン［banjo union］　バンジョー型管継手。
ハンズ・フリー［hands free］　手が自由に使える状態。例 自動車（携帯）電話を使用する場合，送受話器（ハンド・セット）を手に持たずに会話ができる状態。又は，そのための装置。＝ハンド～。
ハンズフリー・キット［hands-free kit］　自動車電話や携帯電話を車内で使用する際，両手を使用せずに通話ができるよう電話に付加する部品のセット。＝ハンド・フリー・キット。㊟道交法の改正で，平成11年11月より運転中の携帯電話の使用（ハンドセットを手に持っての）が禁止となった。
半田（はんだ）［solder］　一般にすず，鉛の合金で低い溶融点をもつ，ろう剤。
パンタグラフ・ジャッキ［pantograph jack］　（電車の）パンタグラフに似たひし形枠の伸縮を利用したねじ式のジャッキ。小型車に搭載されている。
パンタソート・トップ［pantasote top］　折り畳み装置付きほろ屋根。
パンチ［punch］　穴空け器。刻印器。通称ポンチ。例センタ～。
パンチ・マーク［punch mark］　パンチで入れた目印。
ハンチング［hunting］　☞ハンティング。
ハンディキャップト・カー［handicapped car］　身体障害者の移動に便利な機能を有する車。例車椅子に座ったまま乗り降りできる車。
ハンティング［hunting］　乱調。調子が安定しないこと。例㋑エンジンのアイドル・スピードが安定せず速くなったり止まりそうになったりすること。ディーゼルではガバナ不調から起こりやすい。㋺計器の指針が安定せず振れること。＝ハンチング。
ハンティング・リンク［hunting link］　車台駆動用ロッド類。例㋑トルク・ロッド。㋺ラジアス・ロッド。
バンド・アイアン［band iron］　帯鉄。
ハンド・アクセラレータ［hand accelerator］　手動の加速器。例二輪車。
半導体（はんどうたい）［semiconductor］　☞セミコンダクタ。
ハンド・コントロール［hand control］　手動の。
ハンドセット［handset］　卓上や自動車電話の送受話器。
バンド・ソー［band saw］　帯のこぎり。
ハンド・ツール［hand tool］　動力源を使わない手回り工具。
ハンド・バイス［hand vice］　手万力。Cバイス，しゃこ万力。
ハンド・ファイル［hand file］　平やすり。
ハンドフリー・キット［hand-free kit］　☞ハンズ～。
ハンド・ブレーキ［hand brake］　手ブレーキ。
ハンドブレーキ・レバー［hand-brake lever］　手動ブレーキてこ。
ハンド・ポンプ［hand pump］　手動ポンプ。
ハンドメード［hand-made］　手製の，手作りの，自家製の。
ハンドリング［handling］　取り扱い，運用，操縦。
ハンドル［handle］　①柄，取っ手。②使う，扱う，操る。
バンドル［bundle］　束，包み，くくったもの。例㋑マニホールド類。㋺磁束。
ハンドル・チェンジ［handle change］　変速レバーがハンドル下にあるもの（和製英語）。＝リモート・コントロール，リモコン，コラム・シフト。
ハンド・レバー［hand lever］　手動のてこ類。
反応射出成形（はんのうしゃしゅつせいけい）［reaction injection molding; RIM］　合成樹脂成形法の一つ。二液またはそれ以上からなる低分子量・低粘度の配合組成物を金型内に混合射出し，重合反応および発泡させて成形すること。大型で複雑な部品が容易にできるため，ウレタン・バンパなどの成形に用いられる。RIM成形とも。
バンパ［bumper］　緩衝器。例㋑車両前後面に水平に取り付けた保護レール。㋺車台と車軸間に設けた緩衝ゴム等。＝バッファ。
バンパ・ガード［bumper guard］　バンパを含むボディ前部の保護装置。かつて金属製バンパ上に一対取り付けられていた。＝オーバライダ。通称かつお節。
バンパ・ジャッキ［bumper jack］　バンパに当てて使うジャッキ。軽量車用。
半波整流（はんぱせいりゅう）［half-wave rectification］　交流を整流して直流にする際，その半サイクルだけを負荷に流す方式。☞全波整流。
バンパ・パッド［bumper pad］　緩衝用当てゴム。バンパを保護する当てゴム。
バンパレット［bumperette］　車両後部の小緩衝器。

バンピ・ロード［bumpy road］　でこぼこ道。＝ラフ～。
ハンピング［humping］　☞ハンプ現象。
バンプ［bump］　衝撃，衝突，突き当てること。
ハンプ現象（げんしょう）［humping］　4WD車のビスカス・カップリングで，スタック時など差動回転速度が大きいとシリコン・オイルが剪（せん）断され，直結（金属摩擦）状態になる現象。＝ハンピング。
バンプ・ストッパ［bump stopper］　サスペンション・スプリングが大きく圧縮されたとき，車体とサスペンションが直接干渉しないように設けられたゴムやウレタン製の緩衝材。
半浮動軸（はんふどうじく）［semifloating axle］　☞セミフローティング・アクスル。
ハンプ・リム［hump rim］　チューブレス・タイヤ用の深底リムで，ビード・シート部にかまぼこ状の突起（ハンプ）を設け，パンク時にもビードが落ち込まないように対策がされているリム。
パンヘッド・リベット［pan-head rivet］　なべ頭びょう。
ハンマ［hammer］　金づち。＝ハマー。

［ヒ］

ピアノ・ワイヤ［piano wire］　ピアノ線，鋼線。例 ㋑巻きばね材。㋺すき見計用針金。
ピーアンドビー・バルブ［P&B valve］　プロポーショニング・アンド・バイパス・バルブ（proportioning & bypass valve）の略。油圧式ブレーキで，プロポーショニング・バルブ（後輪ロック防止弁）とバイパス・バルブ（故障時迂回路弁）が一体になっているもの。☞Pバルブ。
ピー・エヌ接合（せつごう）［PN junction］　☞PN junction。
ピーエル法（ほう）［PL law］　☞PL law。
ピー型（がた）インジェクション・ポンプ［P type injection pump］　ディーゼル・エンジンの列型インジェクション・ポンプで，重量物を運搬する中・大型車の直接噴射式燃焼室をもち，噴射量の多いエンジンに用いられる。ポンプ本体は完全密閉型で，耐高圧性・耐油密性に優れた構造となっている。☞エーがた（A型）インジェクション・ポンプ。
ピー型（がた）半導体（はんどうたい）［positive type semiconductor］　ゲルマニウムやシリコンなどの半導体（真性半導体）にアルミニウムやガリウムを加えることにより電子が不足した状態の（正孔が多くあるように造られた）半導体。P型にするために加える元素をアクセプタと呼ぶ。☞エヌ（N）型半導体。
ビーク［beak］　くちばし，くちばし状のもの。例 気化器のノズル。
ピーク［peak］　①山頂。②最高点。例 ～電流。
ピーク・コンタクト［peak contact］　（ギヤのかみ合いで）峰当たり，先当たり。かみ合いが浅く歯先だけが接触する状態。
ピーク樹脂（じゅし）［polyetheretherketone resin］　☞PEEK樹脂。
ビークル［vehicle］　①車，乗り物，自動車類。②運搬具類。③（塗料の）展色剤。
ビークル・ウェイト［vehicle weight］　車両重量，空車重量。
ビークル・クリアランス［vehicle clearance］　車の排除余地。車が旋回するときバンパやフェンダが他のものに当たらずに通れる余地。
ビークル・クリアランス・サークル［vehicle clearance circle］　回転円。ハンドルを一杯に切って，フェンダやバンパが障害物に当たらずに回転できる円。
ビークル・ダイナミクス［vehicle dynamics］　車両の運動力学，運動性能。
ピーク・ロード［peak load］　最大負荷，最大荷重。
ピー・コック［P cock］　ペット～又はプライミング～の略。豆コック。例 昔のエンジンのシリンダ・ヘッドにあってスタートのときガソリンを注入して，かかりをよくしたり，その他圧縮抜きなどに使った。

ビーコン [beacon]　位置確認のための電波信号を発信する装置。VICSの構成要素として高速道路等に設置されている電波ビーコンや，主要幹線道路に設置されている光ビーコンがある。

ビーコン・ライト [beacon light]　標識灯。例 救急車の赤色点滅灯。

ピース [piece]　一片，一部，1個。例 ツー〜ホイール。

ビースレッド [vee (V) thread]　（ねじ型のうち）V型ねじ。普通のねじ型。

ヒータ [heater]　加温器，暖房装置。例 ㋑ピストン〜。㋺ルーム〜。

ビータイプ [vee (V) type]　（エンジンなどの）V字型。例 V8，V12。

ヒータプラグ [heater-plug]　（ディーゼルの）予熱栓。＝グロー〜。

ビーチワゴン [beach-wagon]　☞ステーション〜。

ビーディング [beading]　（金属の薄板に細長い）膨らみ（ビード）を作る作業。

ビーディング・ツール [beading tool]　縁曲げ機。板金の縁を曲げ込む機械。

ビード [bead]　玉縁。断面が円弧形をしている繰り型。例 ㋑タイヤの耳。㋺ビーディングを施した部分。㋩溶接の肉盛り部分。

ヒート・インジケータ [heat indicator]　温度計。例 エンジン水温計。

ヒート・インシュレータ [heat insulator]　断熱材。熱の絶縁体。

ヒート・エキスチェンジャ [heat exchanger]　熱交換器。温度の異なる二つの流体を直接又は間接に接触させて熱の授受を行わせる装置。例 ㋑排気熱による吸気加熱装置。㋺温水によるルーム・ヒータ。

ヒート・エンジン [heat engine]　熱機関。熱エネルギーから機械エネルギーを生ずる原動機。例 ㋑内燃機関。㋺外燃機関。

ビート音（おん） [beat noise]　音の大きさが周期的に波を打っているように聞こえる騒音。ビート（うなり）音はパワー・トレーン振動の一つで，エンジンからタイヤに至る各回転部分の振動等により発生する。

ヒートコントロール・バルブ [heat-control valve]　調温弁。温度調整弁。

ビード・シーツ [bead seats]　（タイヤの）ビードが乗るリムの部分。

ヒートシンク [heat-sink]　降温装置。例 ダイオードやトランジスタの放熱装置。

ヒート・スペーサ [heat spacer]　断熱片，断熱用の挟むもの。

ヒートダム [heat-dam]　断熱せき，熱を遮断する溝。例 ピストンの〜。

ヒート・トリートメント [heat treatment]　熱処理，金属を融点以下の温度に加熱し，冷却速度を加減して所要の組織性質を与える操作。例 ㋑焼き入れ。㋺焼き戻し。㋩焼きなまし。㋥焼き慣らし。

ヒート・バランス [heat balance]　熱勘定。熱の出入りを細かく分析し，その収支を明らかにすること。

ヒートバリュ [heat-value]　（点火プラグなどの）熱価。＝〜レンジ。

ビード・フィラ [bead filler]　（タイヤ）ビードの芯。数本のピアノ線が束ねて入れてあり，型くずれを防いでいる。

ヒートフェード [heat-fade]　熱弱り。温度が上がったために性能が低下すること。例 ブレーキ・ライニングの〜。

ヒートポンプ [heat-pump]　熱ポンプ，低温の熱源から熱を吸収して高温の熱源に熱を与える装置。例 車室の冷暖房。

ヒートユニット [heat-unit]　熱量単位（J）。英式ではBTUを用いる。

ヒートライザ [heat-riser]　昇温装置。加温装置。例 排気熱による吸気管加熱装置。

ビートル [beetle]　空冷式リヤ・エンジンを搭載したVWの俗称。かぶと虫。

ヒート・レイ [heat ray]　熱線，赤外線。例 赤外線乾燥機。

ヒート・レーティング [heat rating]　（点火プラグなどの）熱価。＝〜レンジ。〜バリュ。

ヒート・レジスティング・スチール [heat resisting steel]　耐熱鋼。例クロム鋼，ニッケルクロム鋼，ニッケルクロムコバルト鋼，タングステン鋼。
ヒート・レンジ [heat range]　点火プラグなどの熱価。＝～レーティング，～バリュ。
ヒートロス [heat-loss]　熱損失，熱損。例ガソリン・エンジンで75%余り。
ビードロック・バンド [bead-lock band]　（タイヤ）滑り止め帯。例スクータ用コンバット・リムに用いる。
ピーニング [peening]　（金属表面の）たたき作業。例㋑ハンマ打ち作業。㋺ショットを打ちつけるショット～。
ピーニング・ハンマ [peening hammer]　ピーニング作業用金づち。
ピーニング・マシン [peening machine]　ピーニング用機械。
ピー・バルブ [P valve]　proportioning valve の略称。アンチロック・ブレーキ・システムの油圧制御バルブで，マスタ・シリンダとホイール・シリンダとの油圧の釣り合いにより作用する。後輪のロックを防ぐ油圧調整弁。
ピーピー・バンパ [PP bumper]　ポリプロピレン・バンパ（polypropylene bumper）の略。ポリプロピレン製のバンパ。
ビー・ピラー [B-pillar]　☞ B-pillar。
ピー・ブイ線図（せんず） [PV diagram]　シリンダ内の圧力（P）と行程間の容積（V）の変化を図示したもの。指圧線図（インジケータ・ダイアグラム）という。
ピープホール [peep-hole]　のぞき穴。例フライホイールをのぞく穴。
ビー・ポスト [B post]　☞ B-pillar。
ビーミング [beaming]　車体又はフレーム全体が弾性体として振動することにより発生する弾性振動。＝シェーク。
ビーム [beam]　①はり。曲げの力を受ける棒材。例剛直車軸。②光線，光軸。例ロー～。ハイ～。
ビーム・アクスル [beam axle]　剛直車軸。例Iビーム・アクスル。
ビーム・コンパス [beam compass]　（直定規を利用する）大型コンパス。
ビーム・セレクタ [beam selector]　（ヘッドライトの）光軸切り替えスイッチ。
ヒール [heel]　かかと，かかとに相当する部分。例㋑カムの底部。㋺ベベル・ギヤの歯幅の厚い方。㋩コンタクト・アームのカムに突かれる部分。㋥手の平の手首に近い部分。対トー。
ヒール・アンド・トー [heel and toe]　かかとでアクセルを踏み，つま先でブレーキをかけること，またその逆の動作。自動車レースで，カーブを高速で通る際などのテクニック。
ヒールコンタクト [heel-contact]　（ギヤの）かかと当たり。ベベル・ギヤのかみ合いにおいて，ヒール側で当たること。対トーコンタクト。
ヒールフィット [heel-fit]　かかと合わせ。ピンと穴とのはめ合わせでピンを手の平の付け根で押し込める位の硬さ。
ピーン [peen]　①金づちの丸頭。②ハンマで打つ，たたく。
ピエゾ・クリスタル [piezo crystal]　ピエゾ電気石。ピエゾ効果のある鉱石。例水晶，ロッシェル塩，チタン酸バリウム。
ピエゾ効果（こうか） [piezo elective effect]　圧電効果。水晶，ロッシェル鉛，チタン酸バリウム等の結晶体にある方向から張力又は圧力を加えると，その端面に正負の電荷を生じ，逆に電荷を加えるとひずみを生ずる現象。例㋑圧電点火。㋺ピックアップ。㋩マイクロフォン。㋥圧力計。㋭超音波の発生。
ピエゾ式（しき）インジェクタ [piezoelectric injector]　ディーゼル・エンジンやガソリン・エンジンのフューエル・インジェクタ（燃料噴射弁）において，アクチュエータにピエゾ素子を用いたもの。主に第3世代のコモン・レール式高圧燃料噴射装置から使用されたもので，従来のソレノイド式よりも可動部の慣性質量が小さく応答性に優れたピエゾ・セラミックスを用いることにより，160～200MPa くらいの超高圧燃料噴射を緻密にコントロールすることができる。ディーゼル乗用車用インジェクタの場合には噴射孔が7～8個あり，主噴射の前後にそれぞれ複数回の燃料噴射（通常5回のマルチ噴射）を行って，排気ガスのクリーン化や低騒音・低振動化に貢献している。これにより，2005年から始まった欧州の排出ガス規制「Euro4」をクリアすることができる。

ピエゾ・セラミックス [piezoelectric ceramics]　圧電性セラミックス。電圧を加えると結晶構造が数msec（1/1000秒）という極めて短時間で変化する特性を有するセラミックスで，加速度センサやフューエル・インジェクタ（燃料噴射弁）などに使用される。インジェクタ先端のニードル・ジェットの応答速度は，ソレノイド式の約2倍。

ピエゾ素子（そし） [piezoelectric element]　圧電素子。振動や圧力を加えると電気を発生し，逆に電圧を加えると振動を起こす性質をもつ電子部品。古くから水晶やチタン酸バリウムを焼結した圧電セラミックスがあるが，現在では主にチタン酸ジルコン酸鉛（PZT）が用いられる。ピエゾ素子は，圧力センサ，加速度センサ，角速度センサなどの各種センサに利用されるため，これらのセンサをピエゾ・センサともいう。

ピエゾ抵抗効果（ていこうこうか） [piezoelectric effect]　半導体で圧力により結晶の釣り合いが変わり，抵抗率が変化すること。

ピエゾ抵抗素子（ていこうそし） [piezoresistive device]　外力が加えられると電気伝導度が変化するピエゾ抵抗効果を応用した素子。☞ピエゾTEMS。

ピエゾ・テムス（TEMS） [piezo Toyota electronic modulated suspension]　トヨタが採用した電子制御式エア・サスペンション（TEMS）。アクチュエータ部に応答性の高いピエゾ素子を使用し，路面状態の検出と減衰力切り換えを同時にかつ瞬時に行い，乗り心地と操縦安定性の両立を図っている。ピエゾ素子とは，鉛，ジルコニウム，チタンを主成分とした圧電セラミックスで，力を加えると変形して電荷を発生する圧電効果を持つ。またこれと反対に電圧を加えると変形して変位を発生するという逆圧電効果をも合わせ持つ。☞TEMS。

被害軽減（ひがいけいげん）ブレーキ [damage mitigation brake]　☞衝突被害軽減ブレーキ。

被害軽減（ひがいけいげん）ブレーキ付（つ）き後方衝突警告（こうほうしょうとつけいこく）システム [rear collision protection alert with damage mitigation brake; rear CPA]　☞リアCPA。

光触媒（ひかりしょくばい）ミラー [photo-catalyst mirror]　☞フォトキャタリスト・ミラー。

光（ひかり）センサ [photo sensor]　光を検出する素子。光電管，フォトダイオード，フォトトランジスタなど。

光透過式（ひかりとうかしき）スモーク・メータ [light extinction smoke meter]　光の透過率を利用して，ディーゼル車などの排気の煙濃度を計測する装置。☞オパシメータ。

光（ひかり）ファイバ [optical fiber]　光通信に使われるプラスチックやガラスで作られた繊維（ファイバ）で，光の屈折率の高いコア（芯材）とこれを囲む屈折率の低いクラッド（被覆）からできており，光はコアとクラッドの境界面で全反射しながらほとんど減衰することなく伝えられる。

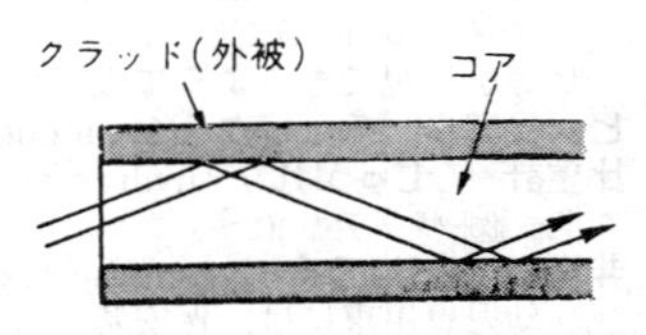

光ファイバによる伝送

ピギーバック・システム [piggyback system]（輸送方式）トレーラや無蓋（むがい）貨車に自動車を乗せて運ぶこと。

引（ひ）き摺（ず）りトルク [drag torque]　クラッチやブレーキなどを作動させていないときに，潤滑油による連れ回りで生じる摩擦トルク。

非金属材料（ひきんぞくざいりょう） [non-metallic material]　金属以外の材料。ゴム，樹脂，セラミックス，塗料，油剤，接着剤など。

ピグアイアン [pig-iron]　銑鉄，製鋼原料。

ピグテール・ワイヤ [pigtail wire]　豚尾線。豚の尾のようにねじれた線。例 回転電機のブラシにつけたリード線。

ピクトグラム [pictogram]　絵文字。絵で示した言葉。ピクトグラフとも。

名　称	シンボル	名　称	シンボル	名　称	シンボル	名　称	シンボル
ヘッドランプ		ワイパウォッシャ		エンジンストップ		パーキングランプ	
ヘッドランプ（ロア）		ウォッシャ		バッテリ		ターンシグナル	L ⇦ ⇨ R
ランプ		ウインドシールドデフロスタ		ヒータファン		リヤウインドデフロスタ	
フォグランプ		チョーク		シガーライタ		パワーアンテナ	
ルームランプ		スロットル		フードロック		パネルライトコントロール	
ワイパ		エキゾーストブレーキ		ハザードウォーニング		ホーン	

ピクトグラム

ビクトリヤ [victoria]　（車体形式）後部席の覆いが畳めるオープン車。

ピグメント [pigment]　絵の具，顔料。例 塗料着色剤。

ピケ [pique]　太いうね織り綿布。車室内装材料。

ビジー・シフト [busy shift]　トランスミッションの変速操作を頻繁に行うこと。

ビジネス・カー [business car]　業務用自動車。対 レジャー～。

ビジュアライナ [Visu-aligner]　光学式フロント・ホイール・アライメント・テスタの商品名。

ビジュアル [visual]　見る，視覚の，目に見える。例 ～チェック。☞オーディオ。

ビジュアル・システム [visual system]　画像表示（目で見る）システム。車載の液晶ディスプレイ（LCD）に車両情報，エアコン，オーディオ，ナビゲーション，テレビ等を目視できるように表示するシステム。

ビジュアル・チェック [visual check]　目視点検。

比重計（ひじゅうけい） [hydrometer]　液体の水に対する密度比（比重）を計測する装置。例 バッテリ液～。

非常口（ひじょうぐち） [emergency exit]　乗車定員30人以上のバス（中・大型）および幼児専用車には，保安基準により非常口の設置が要求されている。その位置を示す灯火は緑色。

非常信号用具（ひじょうしんごうようぐ） [emergency signal lamp (flare)]　夜間の高速道路上などで事故時，他車の衝突を避けるための信号用，赤の手提げランプ又は発煙筒など自発光式の灯火。保安基準により常時車中への備え付けが要求されている。
非常点滅表示灯（ひじょうてんめつひょうじとう）［hazard warning flashing lamp］ ☞ハザード・ウォーニング・ランプ。
ビショップ・ギヤ［bishop gear］ （かじ取りギヤの）カムとレバー式の別称。
ビジョン［vision］ ①視覚，②光景。
ビス［仏 *Vis*］ 小ねじ。＝スクリュ。
ビスカス［viscous］ ねばねばする，粘着性の，粘性の。
ビスカス・エルエスディー［biscous LSD］ ビスカス・リミテッド・スリップ・ディファレンシャル（biscous limited slip differential）の略。終減速装置の差動制限をビスカス・カップリングで行う差動制限装置。☞ビスカス・カップリング。
ビスカス・カップリング［biscous coupling］ シリコーン油のような流体の強い粘性を利用して動力を伝達する機構。例粘性式ファン・クラッチ，粘性式自動差動制限型ディファレンシャル。
ビスカスタイプ・ダンパ［viscous-type damper］ 粘性式緩衝器。油などの粘性を利用して衝撃を柔らげる装置。例油入りダンパ。
ビスカス・ダンピング［viscous damping］ 粘性緩衝作用。
ビスカスドライブ・ファン［viscous-drive fan］ 粘性駆動ファン。流体継手を用いシリコーン油などの粘性を利用して回転するファン。
ビスコシティ［viscosity］ 粘質，粘性。例油などの粘性。
ビスコシティ・インデックス［viscosity index］ 粘度指数。温度の変化による粘度の変化の大小を表す指数。
ビスコシメータ［viscosimeter］ 粘度計。液体の粘度を測定する装置。例英レッドウッド。米セーボルト。独エングラ。
ヒステリシス［hysteresis］ 履歴現象。相互に関係ある二つの量のうち，その一方の状態が同じであるにもかかわらず履歴の相違により結果が異なる現象。例えば発電機の回転速度と発生電圧の関係において，同じ1000rpmでも加速時と減速時とでは電圧値に差があるというように。またATにて，同じスロットル・バルブ開度でもアップ・シフトとダウン・シフトの自動変速点の車速に差が生じる。ATではこの現象が，変速点附近の車速でアップ，ダウン・シフトが頻繁に繰り返されるのを防いでいる。
ヒステリシス・ループ［hysteresis loop］ 履歴環線。互いに関係のある二つの量の一方を周期的に変化させてその結果を記録すると一つの閉曲線ができこれを～という。
ヒステリシス・ロス［hysteresis loss］ 履歴損失。ヒステリシス現象によって失われるエネルギーのことで，一般に熱になって損失する。
ピストン［piston］ シリンダ内を往復し，流体の圧力を受け，あるいは流体を圧縮し，これとエネルギーの授受を行う部品。
ピストン・ウイック［piston wick］ （ブースタの）ピストンを潤滑する灯芯状のもの。レザー・パッキングの下に油を含ませたフェルトが入っている。そのフェルトのこと。
ピストン・ウォール［piston wall］ ピストン外壁。シリンダとの接触面。
ピストン・エンジン［piston engine］ ピストン式機関。＝レシプロ～。
ピストン・カップ［piston cup］ ブレーキなどの油圧機構において，油圧を受け止めたり，シリンダからの油漏れを防ぐためピストン端部に入れるゴム製部品。油漏れを防ぐカップはセカンダリ・カップまたはピストン・パッキンともいう。例マ

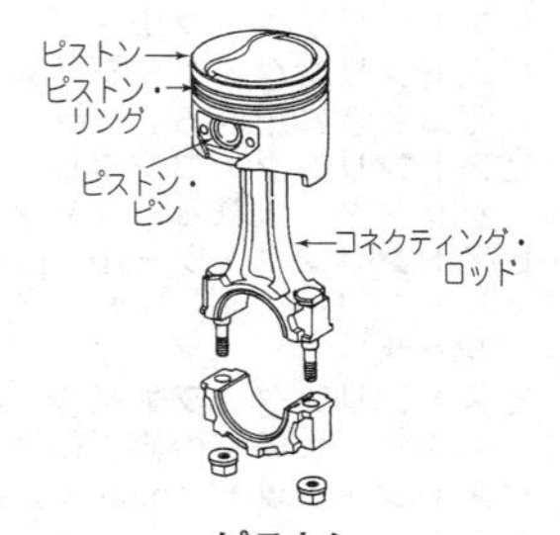

ピストン

ヒ

スタ・シリンダ，ホイール・シリンダ，リリース・シリンダ。

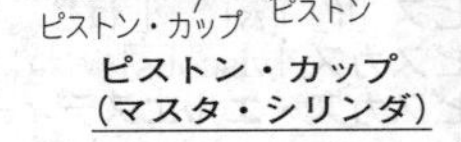

ピストン・カップ
（マスタ・シリンダ）

ピストン・クラウン [piston crown]　ピストン頭部。＝～ヘッド。

ピストン・クリアランス [piston clearance]　ピストンすき間。ピストンとシリンダとのすき間。一般に0.05mm内外である。

ピストン・サイズ [piston size]　ピストンの寸法。主として直径。

ピストン・スカート [piston skirt]　ピストンのすそ部分。ピンから下部分。

ピストン・ストローク [piston stroke]　ピストンの行程（寸法）。上下死点間の寸法。

ピストン・スピード [piston speed]　ピストン速度。瞬間速度と平均速度があるが一般には後者で，m/sで表す。

ピストン・スラップ [piston slap]　ピストンの打側音。側圧によりピストンがシリンダへたたきつけられ音を出すこと。＝サイド・ノック。

ピストン・ディスプレースメント [piston displacement]　ピストン排気容量。エンジンの出力が決まる最大要素。一般にcc（立方センチ）又はℓ（リットル）で表す。

ピストン・ノック [piston knock]　ピストンの横打ち音。＝～スラップ。

ピストン・バイス [piston vice]　ピストン専用万力。

ピストン・パッキン [piston packing]　☞ピストン・カップ。

ピストン・バルブ [piston valve]　（2サイクル）ピストン弁。シリンダに設けた掃気孔や排気孔を，ピストンがふさいだり開いたりして弁作用をするもの。

ピストン・ヒータ [piston heater]　ピストン加温器。分解組み立てに際し，ピストンを熱しピンの着脱を容易にするもの。油浴式と電熱式がある。

ピストン・ピン [piston pin]　ピストンとコンロッドを結ぶピン。一般に中空の鋼軸である。別名ガジョン～。リスト～。

ピストンピン・エキストラクタ [piston-pin extractor]　ピン抜き取り工具。

ピストン・ベロシティ [piston velocity]　ピストンの瞬間速度。

ピストン・ボス [piston boss]　（ピストン・ピンの軸受となる）厚肉の突部。

ピストン・ランド [piston land]　（リング溝の間の）島部分。

ピストン・リング [piston ring]　ピストン環。ガス漏れを防ぐコンプレッション・リングとオイルの調節をするオイル・リングがある。

ピストンリング・エキスパンダ [piston-ring expander]　（リング着脱用）リング拡大器。

ピストンリング・グルーブ [piston-ring groove]　リングのはまる溝。

ピストンリング・ゲージ [piston-ring gauge]　リング計測器。リング圧縮時の直径を測るときに用いる。

ピストンリング・コンプレッサ [piston-ring compressor]　リング圧縮器。ピストンをシリンダへ入れるときリングを圧縮する工具。

ピストンリング・ツール [piston-ring tool]　ピストン・リング用工具。例 ㋑リング・エキスパンダ。㋺～コンプレッサ。㋩～ファイリング・ツール。

ピストンリング・ツール

ピストンリング・ファイル [piston-ring file]　リング専用やすり。合い口の修正研磨に用いる。

ピストン・ロッド [piston rod]　（一般に）コンロッドのこと。

ビスマス [bismuth]　蒼（そう）鉛。金属元素の一つで記号はBi。鉛の性質に似て軟らかく融点が低い。主に可融合金の主成分とする。例 フューズ。

歪（ひず）み［strain］　物体に外力を加えたとき，内部に発生する形状の変化率。応力変形。

歪（ひず）みゲージ［strain gauge］　☞ストレーン（ストレイン）～。

ビスモータ［bis-motor］　原動機付き自転車。小型オートバイ。

非接触式充電（ひせっしょくしきじゅうでん）［non-contact charge; wireless charge］　現在市販されている電気自動車やプラグイン・ハイブリッド車には，すべて車両に充電器を直接接続する接触充電方式が採用されている。これに反して，車両と充電器の間にケーブル接続のない（ワイヤレスの）非接触式充電方式が注目されている。これには電磁誘導（磁気誘導）方式，マイクロ波送電方式，電磁（磁界）共鳴方式などがあり，電磁誘導方式や電磁共鳴方式の開発が進んでいる。ワイヤレス給電とも。☞磁気共鳴式充電。

非線形（ひせんけい）スプリング［non-linear spring］　ばねの荷重とたわみ量との関係をグラフにしたとき，ばね常数が一定ならば直線になるが，ばね常数が変わるので折線となるスプリング。コイル・スプリングやリーフ・スプリングともにある。☞プログレッシブ・スプリング。

非線形（ひせんけい）スロットル［nonlinear throttle］　☞電子制御スロットル。

非対称（ひたいしょう）［asymmetry］　対称でないこと。対 対称（symmetry）。

非対称（ひたいしょう）タイヤ［asymmetrical tire］　トレッド・パターンがタイヤの中心線に対して対称になっていないタイヤで，車への装着方法（表裏や回転方向）を特定する必要がある場合にいう。サスペンションが独立懸架式の車で，走行中アライメント変化によってトレッドの接地部分が変化することを利用し，タイヤの駆動・制動性能と旋回性能を共に高める目的で採用される。

左螺子（ひだりねじ）［left-handed screw］　反時計回り（左回り）に回転して締め付けるねじ。対 右螺子（right-handed screw）。

左（ひだり）ハンドル車（しゃ）［left-hand drive vehicle］　ステアリング機構が左側に装着されている車両。輸入車に多く，右側通行用。

ビッカース硬（かた）さ［Vickers hardness］　硬さ記号Hv。焼き入れされたような硬い金属の硬度を調べる方法の一つ。ダイヤモンドで作られた四角錐（すい）圧子の先端をサンプルに押しつけ，表面にできたくぼみの対角線の長さを計って面積Sを求め，加えられた荷重PをSで割って得られる。ビッカースはイギリスの鉄鋼会社Vickers Armstrong LTDの名称。

ヒック［HIC; head injury criteria］　「頭部傷害基準」の英略。☞HIC。

ピックアップ［pickup］　①運転室の後ろに運転室と一体の無蓋（むがい）荷台を有する小型トラック。②自動車の急加速能力。③拾うこと，集めること。

ピックアップ・コイル［pickup coil］　半導体式点火装置の内，トランジスタ式のシグナル・ジェネレータ（励磁コイル）と組になった発振コイル。

ピックアップ・ブラシ［pickup brush］　（回転電機の）集電刷子。＝コレクティング～。

ビッグエンド［big-end］　大端，端部に大小があるとき大きい方。＝ラージエンド。例 コンロッドの大端。対 スモール～。

ビックス［VICS］　☞VICS[1]。

ビッグ・データ［big data］　大量で多様な電子情報。スマートフォンなどを使用してインターネット上に発信される情報や，全地球測位システム（GPS）端末，交通系ICカード，ソーシャル・ネットワーキング・サービス（SNS）などで積み上がる膨大なデジタル・データなどを指す。自動車の場合には，各社のテレマティクス・サービスから得られるプローブ交通情報などを指し，トヨタはG-BOOKを，日産はカーウィングスを，ホンダはインターナビを装備することにより道路交通に関するビッグ・データが得られる。2011年3月に発生した東日本大震災，2012年12月に発生した中央高速道路の笹子トンネル崩落事故などでは各社のプローブ交通情報（ビッグ・データ）が公開され，ITSジャパンがこれらを集約して当該地区における移動や支援・救護活動をバックアップしている。☞プローブ・カー・システム。

ピックリング [pickling]　（部品洗浄）酸洗い。さび落としのために行う硫酸洗い。

ピッチ・ゲージ [pitch gauge]　ピッチ計器。例 ねじピッチを調べるねじ型。

ピッチサークル [pitch-circle]　ピッチ円。例 ギヤのピッチラインで描かれたピッチ円。

ヒッチハイカ [hitch-hiker]　通りがかりの自動車に乗せてもらって徒歩旅行する人。

ヒッチハイク [hitch-hike]　通りがかりの自動車に乗せてもらって徒歩旅行すること。

ヒッチホール [hitch-hole]　（トラクタにトレーラを連結する）牽引用かぎ穴。

ヒッチボール [hitch-ball]　（トラクタにトレーラを連結する）牽引用継手の球。

ヒッチメンバ [hitch-member]　（トラクタとトレーラを）連結する部分。

ピッチライン [pitch-line]　（ギヤなどの）ピッチ線。

ピッチング [pitching]　急ブレーキをかけたときのような，車首の上下運動。重心を左右に貫くY軸回りの回転運動。＝ノーズダウン，ノーズダイブ。

ピッティング [pitting]　（タイヤの）カップ状摩耗。＝カッピング。

ピット [pit]　①自動車競走場の給油所。タイヤ交換所。②工場の作業坑。もぐり穴。③路面の穴，くぼみ。

ビット¹ [bit]　削ったり，打ち砕いたり，穴を空けたりする工具の刃先部分。

ビット² [bit]　コンピュータ情報量の最小単位。2進数の1桁。0又は1，ON又はOFFなど，1桁で2種類の情報を表現できる。☞bps，バイト。

ヒットアンドラン・ドライバ [hit-and-run driver]　ひき逃げ運転者。

ピットイン [pit-in]　ピット入り。例 競走場で故障などのためピット入りすること。

ピットマン [pitman]　①連結かん。②坑内作業員。

ピットマン・アーム [pitman arm]　（かじ取り）受歯車軸腕。ピットマン・シャフト端に固定するアーム。＝ドロップ～。

ピットマン・シャフト [pitman shaft]　（かじ取りの）受け歯車軸。通称セクタ～。

ピットマン・アーム

ビデオ・ディスク [video disc; VD]　映像と音声が記録されたレーザ・ディスクなどの円盤状の媒体。例 カーナビのDVD-ROM。☞DVD。

ピトー・チューブ [Pitot tube]　ピトー管。流体の速度を測るL字型管。

ピトー・チューブ・タイプ [Pitot tube type]　ピトー管式。例 気化器ノズル型式。

ビトリアス・レジスタ [vitreous resistor]　ほうろう引き抵抗器。例 電圧調整器に附属する抵抗器。

ビトリファイド・ストン [vitrified stone]　（結合剤が）ガラス質の砥石。

ヒドリン・ゴム [epichlorohydrin rubber; ECO]　☞エピクロロヒドリン・ゴム。

ヒドン [hidden]　隠された，覆われた。例 ～ピラー。

ピニオン [pinion]　（大歯車とかみ合う）小歯車。例 ①スタータ～。②終減速のドライブ～。

ピニオン・アシスト式（しき）EPS [pinion assist electric power steering; P-EPS]　電動式パワー・ステアリング（EPS）の一種で，アシスト（助勢）・モータがステアリング・ギアボックスのピニオン部に取り付けられたもの。コンパクト～ミドル・クラス向けのEPSで，コラム・アシスト式では確保が難しいエネルギー吸収ストロークを確保でき，モータ・ノイズの遮断や高出力化もできる。反面，エンジン・ルーム内でのレイアウト，周辺温度や防水性への配慮が必要で，ラック&ピニオン部の負荷が大きい。☞デュアル・ピニオン・アシスト式EPS。

ピニオン・ギヤ [pinion gear] 小歯車。＝ピニオン。例 ㋑スターター。㋺デフ〜。

ビニル [vinyl] 不飽和の一価の基 $CH_2=CH-R$ をもつ化合物の総称。代表的なものに塩化ビニル樹脂（$CH_2=CHCl$）がある。ビニルはプラスチック製品の代表格で，繊維，接着剤，塗料など多方面に利用される。

比熱（ひねつ） [specific heat] 1gの物質の温度を1℃上昇させるのに必要な熱量。水の比熱は1。

非破壊試験（ひはかいしけん） [nondestructive inspection] 素材や製品を破壊せずに，内部の傷等を検査すること。例 ㋑磁気探傷試験。㋺染色浸透探傷試験。

火花隙間（ひばなすきま） [spark gap] 点火プラグの両極間の距離。

火花点火（ひばなてんか） [spark ignition] 混合気を電気火花によって点火すること。

火花点火機関（ひばなてんかきかん） [spark ignition engine] 電気火花によって点火するエンジン。SIエンジンとも。例 ガソリン・エンジン。

火花放電（ひばなほうでん） [spark discharge] コイルやコンデンサに蓄積した電気エネルギーによる点火プラグ電極間の放電。

ビフォア・コントロール [before control] 事前制御。例 電圧調整器が発電機界磁コイルの前に入れられたもの。BC方式。対 アフタ〜。

ビフォア・トップ・デッド・センタ [before top dead center; BTDC] ピストンの上死点前。バルブ・タイミングを表すのに用いる。☞ BTDC。

ビフォア・ボトム・デッド・センタ [before bottom dead center; BBDC] ピストンの下死点前。バルブ・タイミングを表すのに用いる。☞ BBDC。

非分散型赤外線分析計（ひぶんさんがたせきがいせんぶんせきけい） [non-dispersive infrared analyzer; NDIR] ☞ NDIR analyzer。

ピペット [pipette; pipet] （比重計などの）吸い上げ用ガラス管。＝シリンジ。

ピボット [pivot] 旋回軸，枢軸。例 ㋑キングピン。㋺てこの中心軸。

非（ひ）メタン系炭化水素（けいたんかすいそ） [non-methane hydrocarbons] ☞ NMHC。

非（ひ）メタン系有機（けいゆうき）ガス [non-methane organic gas] ☞ NMOG。

ヒューイ [HEUI] ハイドロリック・エレクトロニック・ユニット・インジェクタ（hydraulic electronic unit injector）の略。☞ コモン・レール式高圧燃料噴射装置。

ヒュージブル [fusible] 溶けやすい。＝フュージブル。

ヒュージブル・リンク [fusible link] ☞ フュージブル〜。

ヒューズ [fuse] 可溶片。☞ フューズ。

ヒューズ・ボックス [fuse box] ☞ フューズ〜。

ヒューマン・エラー [human error] 人為的な誤り。

ヒューマン・セーフティ [Human Safety; full auto brake and City Safety with pedestrian detection] 自動緊急ブレーキの一種で，ボルボが2011年に採用した「歩行者検知機能付き追突回避・軽減フルオートブレーキ・システム」。2009年に発売されたシティ・セーフティの進化版で，センサには単眼カメラと中・長距離の二つのミリ波レーダを併用したデュアル・モード・レーダを採用している。その作動は，時速4〜35km以下で歩行者および車両を検知して衝突の危険性があれば全自動ブレーキが介入して衝突を回避し，時速35〜200kmの場合には，衝突スピードを減速させることで衝突被害を軽減している。ブレーキのかけ方も従来のシティ・セーフティが0.5〜0.6G程度であったのに対し，新型ではフル・ブレーキング（1G）を行う。2013年には「歩行者およびサイクリスト検知機能付き追突回避・軽減フルオート・ブレーキ・システム」を採用し，自転車への追突回避や追突被害の軽減も行っている。

ヒューマンマシン・インターフェイス [human-machine interface; HMI] 人間と機械の媒介装置や技術。人間とコンピュータなどの機械が相互に情報をやりとりするための，ハードウェア・ソフトウェア的な仕組み。以前はマンマシン・インターフェイス（MMI）と呼ばれていたもので，パソコンやカーナビのディスプレイなどが該当する。

ピュリファイヤ [purifier]　清浄器，清浄装置。例エア～。

ビュレット [burette]　目盛付きガラス管。例燃料消費試験機用。

氷結防止剤（ひょうけつぼうしざい） [deicing salt]　冬季に寒冷地で路面凍結防止のために使用する薬剤，凍結防止剤，融雪剤。

標識認識支援（ひょうしきにんしきしえん） [traffic sign recognition; TSR]　道路標識（特に速度標識）の見落としなどによる速度超過から起こる事故を未然に防止するもの。ホンダが2015年に導入したホンダ・センシング（安全運転支援システムの総称）の中で採用した一機能で，カメラで道路標識を読み取り，ディスプレイに表示する。同様な装置として，トラフィック・サイン・アシスト（MB）や，ロード・サイン・インフォメーション（RSI／ボルボ）などがある。交通／道路標識認識支援とも。

標準（ひょうじゅん）ガス [standard gas]　排気ガス分析計の目盛校正用ガス。＝スパン～。

標準作業時間（ひょうじゅんさぎょうじかん） [standard operation time]　習熟した作業者が定められた方法・条件で，正常なペースで作業をする場合に要する時間。

標準燃料（ひょうじゅんねんりょう） [reference fuel]　ガソリンのオクタン価や軽油のセタン価などの計測時に使用する基準の燃料。CFRエンジンを使用して行う。

表面硬化処理（ひょうめんこうかしょり） [surface hardening]　鉄鋼などの表面を硬くするための処理。焼き入れ，窒化，機械加工などがある。

表面磁石型同期（ひょうめんじしゃくがたどうき）モータ [surface permanent-magnet synchronous motor; SPMSM]　永久磁石型同期モータ（PMSM）の一種で，モータの表面に永久磁石を張り付けた表面磁石構造のもの。☞埋込磁石型同期モータ。

表面処理鋼板（ひょうめんしょりこうはん） [surface treated steel sheet]　鉄鋼の表面に金属又は非金属の被覆を施して，耐食性や耐熱性を向上させたもの。

表面着火（ひょうめんちゃっか） [surface ignition; surface self-ignition]　燃焼室内において，高温の壁面に触れた燃料が自ら発火すること。

ピラー [pillar]　支柱のことで，屋根を支え，車体の強度の一部を担っている。セダン型を横から見て前からフロント・ピラー（Aピラー），センタ・ピラー（Bピラー），リヤ・ピラー（Cピラー）と呼ぶ。

ピラード・ハードトップ [pillared hardtop]　ハードトップ型車両で，センタ・ピラー（Bピラー）を有するもの。ハードトップは本来センタ・ピラーがないものであるが，安全性の見地から，センタ・ピラーを備えた車両もある。

ピラー・ブラケット [pillar bracket]　（ハンドルの）変向機柱の支え。＝ポスト・ハンガ。

平座金（ひらざがね） [plain washer]　☞プレーン・ワッシャ。

平軸受（ひらじくうけ） [plain bearing]　☞プレーン・ベアリング。

ピラミッド・ブレース [pyramid brace]　（フレームの）補強用三角すみ板。＝ガセット・プレート。

ピリアン [pillion]　英（オートバイの）後部席。タンデム・シートの後席。

ピリオディック・チャージ [periodic charge]　定期的充電。例保管中のバッテリを定期的に補充電すること。

微粒子（びりゅうし） [particulate]　排気ガス中のすすなどの微粒子成分を指す場合が多い。☞ PM[1]。

ヒル・アセント・コントロール [hill ascent control]　オフロード等の上り坂を安全に上る装置。ヒル・ディセント・コントロール（HDC／降坂制御）の逆で，HDCに追加して用いるメーカがある。アセントとは，「上り坂，勾配」の意。

ヒルクライミング・アビリティ [hill-climbing ability]　（自動車性能のうち）登坂能

力。こう配能力。

ヒルクライミング・レジスタンス [hill-climbing resistance]　登坂抵抗。

ヒルクライム・レース [hill-climb race]　急勾配の坂道を車で駆け登り，タイムを競うレース。☞パイクスピーク・インターナショナル・ヒルクライム。

ビルシュタイン・ダンプトロニック [Bilstein Damptronic]　ダンパ（ショック・アブソーバ）の一種で，独ビルシュタイン社が開発した電子制御連続可変式ダンパの商標。あらゆる走行状態において，各種センサからの車両情報を基に電子制御ユニットが減衰力を最適に制御するもので，1秒間に最大500回の頻度で最適な減衰力を選択することができる。日産がGT-Rに採用したダンプトロニックの場合，11個のセンサを使用して，VDC-RやDCTとも連繫作動している。

ヒル・スタート・アシスト [hill start assist; HSA]　☞坂道発進補助装置。

ヒル・スタート・エイド [hill start aid; HSA]　いすゞの大型トラックなどに採用されているブレーキ保持装置。ブレーキ・ペダルを放してもブレーキが作動していて，次にアクセルを踏むとブレーキが自動的に解放されるシステム。坂道などで便利な装置。＝ヒル・ホルダ。

ヒル・ディセント・コントロール [hill descent control]　☞HDC。

ビルドアップ [build-up]　強化，増強，集積。例磁場の強化。

ビルトアップ・タイプ [built-up type]　組み立てた。組み立て式。例①組み立て式のバランス・ウェイト。②組み立て式のリヤアクスル・ハウジング。対インテグラル（単体）～。

ビルドアップ・タイム [build-up time]　強化時間。例点火コイルにおいて，一次回路が閉じてから磁場が強化されるまでの時間。

ビルトイン・タイプ [built-in type]　作りつけ式。例燃料ポンプへストレーナが作りつけになったもの。

ヒルホルダ [Hill-holder]　あとずさり防止装置の一商品名。坂路で停車した場合，ブレーキを踏んでいる必要がなく，クラッチを接続するとブレーキが緩むようになっている。類名。アンチクリープ，ノーロール，アンチロール等。

疲労検知（ひろうけんち）システム [fatigue detection system]　☞アテンション・アシスト，ドライバ疲労検知システム。

ピロー・ブロック [pillow block]　まくら状部材。例プロペラ・シャフトの中間軸受を支える軸受台。

ピロー・ボール [pillow ball]　ステアリング・リンケージやサスペンション等で使われるボール・ジョイントの一種。

広幅平底（ひろはばひらぞこ）リム [inter rim advanced; IRA]　リムの形状の一つで，トラックやバス用として使われる。片側のリムフランジが取り外せるようになっており，このフランジをサイド・リングという。

ピン [pin]　①止め針。針状のもの。例ピボット～。メータリング～。②栓，くさび，かん抜き。例ピストン～。キング～。ノック～。

ピンキング [英 pinking; 米 pinging]　（エンジンが）きんきんとノックすること。ピンを打つなどという。

ピンサーズ [pincers]　やっとこ，ペンチ。＝ピンチャーズ。

ヒンジ [hinge]　ちょうつがい。例ドア～。

品質管理（ひんしつかんり） [quality control; QC]　消費者の品質要求レベルに合った品物を経済的に作る管理体制。☞TQC，SQC。

品質保証（ひんしつほしょう） [quality assurance]　消費者の要求品質が満たされることを保証するために生産者が行う体系的な活動。

ヒンジド・ゲート [hinged gate]　（トラックなどの）ちょうつがいで開閉できるあおり板。

ヒンジド・ドア [hinged door]　ちょうつがいで開閉できるとびら。

ピン・スパナ

ピン・スパナ [pin-spanner]　引っ掛けスパナ。かに目～。＝フック～。
ピンチボルト [pinch-bolt]　挟みボルト，挟みねじ。
ピンチャーズ [pinchers]　挟むもの。ペンチ。＝ピンサーズ。
ビンテージ・カー [vintage car]　（英国ベテランカー・クラブおよびビンテージスポーツカー・クラブの規定では）1919～1930年までに作られたクラシック・カー。
ピントウ・ノズル [pintaux nozzle]　（ディーゼル）ピントル型ノズルの一変型。コールド・スタートの時先行噴射をする補助穴が特設されている。

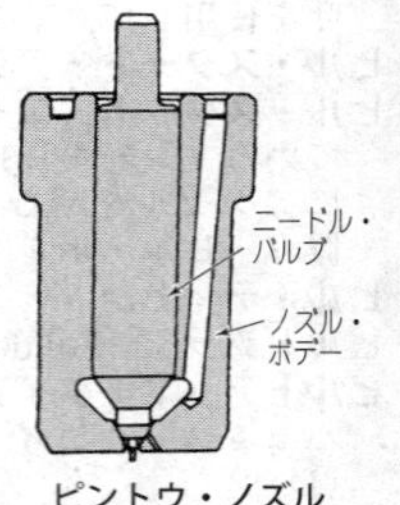

ピントウ・ノズル

ピン・ドリフト [pin drift]　ピン打ち抜き工具。＝ピンパンチ。
ピントル・ノズル [pintle nozzle]　（ディービル）噴射弁の一形式。針弁の先端に円すい部があり中空円すい状に噴射する。自動車エンジンには少ない。
ピントル・フック [pintle hook]　（トレーラ）連結用引っ掛け金具。
ヒンドレ・ウォーム [Hindolet worm]　鼓型ウォーム。＝アワグラス～。
ピンパンチ [pin-punch]　ピン打ち抜き工具。＝ピンドリフト。
ピンホール [pinhole]　①（針で突いたような）小穴。例 鋳物などにできる小穴。②ピン軸の取り付け穴。例 ピストンのピン穴。
ピンホール・グラインダ [pinhole grinder]　ピン穴研磨器。回転軸に平行に取り付けた砥石によりブッシュなどの内面を磨く機械。リーマに代わるもの。
ピンホール・ホーナ [pinhole honer]　ピン穴研ぎ上げ機。＝～ホーニング・マシン。
ピンホール・ホーニング・マシン [pinhole honing machine]　同前。
ピンボス [pin-boss]　（ピンの軸受となる）厚肉突起部分。例 ピストンの～。
ピンレンチ [pin-wrench]　引っ掛けスパナ。かに目レンチ。＝フック～。

[フ]

ファースト・ギヤ [first gear]　（変速機の）第一ギヤ。＝ロー・ギヤ。
ファーストクラス・オートモービル・エンジニア [first-class automobile engineer]　☞ソーシャル検定。
ファースト・スピード [first speed]　（変速機の）第一速。＝ロー・スピード。
ファースト・デッド・センタ [first dead center]　第一死点。FDC。＝上死点。TDC。
ファーネス [furnace]　炉。燃料をたいて高温を生ずる装置。例 焼き入れ炉。
ファーム・ジョイント [firm joint]　キャリパスの変名。
ファーム・トラクタ [farm tractor]　農耕用牽引自動車。
ファーリング [furring]　①（ウォータ・ジャケットやラジエータに）湯あかの付着。②（塗装の）下地，下地材料。
ファーレンハイト [*Fahrenheit*]　独 1686～1736。*Gabriel Daniel Fahrenheit*。温度計か氏目盛の発案者。
ファーレンハイト・スケール [Fahrenheit scale]　（温度計の）か氏目盛り。1気圧下の水の氷点（0℃）を32°，沸点（100℃）を212°とするもの。記号℉。主として英語の通用する国で用いる。
ファイ [ϕ]　製図では“まる”と呼び，直径を表す記号。例 30 ϕ（30mm）。
ファイア [fire]　火，火事。点火。＝ファイヤ。

ファイナル [final] 最終の，最後の，最後のもの。例～リダクション・ギヤ。
ファイナル・ギヤ [final gear] 最終歯車。主として最終減速歯車を指す。
ファイナル・コーティング [final coating] 最終塗装，仕上げ塗り。
ファイナル・ドライブ・ギヤ [final drive gear] 最終駆動歯車。
ファイナル・リダクションギヤ [final reduction-gear] 最終減速歯車。一般にデフ・ギヤのことで，ドライブ・ピニオンとリング・ギヤからできており，速度を落としてトルクを増し，回転方向を直角に変える役をしている。
ファイナル・レシオ [final ratio] 終減速比。一般に乗用車で3～6，トラックやバスで4～8くらい。
ファイナンス・リース [finance lease] カー・リースで車の保守整備契約を含まないもの。対メンテナンス～。
ファイバ [fiber; fibre] 堅紙，木綿や麻の繊維質を加熱圧搾して作ったもの。例㋑電気絶縁材。㋺パッキング。㋩ギヤ。
ファイバ・ギヤ [fiber gear] ベークライト製の歯車。例カムシャフト・ギヤ。
ファイバ・グラス [fiber glass] ☞グラス・ファイバ。
ファイバ・グリース [fiber grease] 繊維状グリース。ナトリウム石けんと鉱油で作られ，耐熱性に優れている。例ホイール・ベアリング用。
ファイバ・パッキング [fiber packing] ファイバ製パッキン。気密液密の必要な部分に用いる。
ファイバ・ヒール [fiber heel] (ディストリビュータのポイント・アームにある)ファイバのかかと。カムに突かれる部分。＝カム・フォロア，ベークライト・ヒール。
ファイバ・ブッシュ [fiber bush] ファイバ製絶縁ブッシュ。例コンタクト・アームの取り付け軸。
ファイバ・リインフォースト・プラスチック [fiber reinforced plastics] 繊維強化プラスチック。☞FRP。
ファイバ・リインフォースト・メタル [fiber reinforced metal] 繊維強化金属。☞FRM。
ファイバ・ワッシャ [fiber washer] ファイバの座板。例電気絶縁用。
ファイヤウォール [fire-wall] 防火壁。エンジン室と運転室との仕切り板。＝ダッシュ・ボード，バルクヘッド。
ファイヤ・エクスティングイッシャ [fire extinguisher] 消火器。例バス，タンクローリその他の必備品。
ファイヤ・エンジン [fire engine] 消防自動車。
ファイヤハイドラント [fire-hydrant] 消火栓。＝ファイヤ・プラグ。
ファイヤハウス [firehouse] 消防詰所，消防署。
ファイヤ・プラグ [fire plug] 消火栓。＝～ハイドラント。
ファイヤマン [fireman] 消防士。
ファイヤリング・オーダ [firing order] 点火順序。例㋑4シリンダでは1−2−4−3又は1−3−4−2。㋺6シリンダでは1−4−2−6−3−5又は1−5−3−6−2−4。
ファイヤリング・ポイント [firing point] 発火点，着火点。加熱して自己発火する温度。例ガソリンは500℃前後。
ファイリング [filing] やすりがけ，やすり仕上げ。
ファイル [file] やすり，金属を削る手工具。形状や目の荒さには色々なものがある。例平やすり，角やすり，丸やすり，半丸やすり。
ファイル・カード [file card] やすりブラシ，やすりの目詰まりを掃除するワイヤ・ブラシ。＝クリーナ。
ファイル・クリーナ [file cleaner] 同前。
ファイングラフィック・メーター [finegraphic meter] スピードメータ等の表示にパ

ソコンのようなTFT（薄膜トランジスタ）液晶パネル・メータを用いたもの。トヨタが2008年発売のハイブリッド車に採用したもので，ハイブリッド・システム・インディケータや各種車両情報も表示でき，画面を5種類の走行モードに切り替えることができる。ナイトビュー（赤外線暗視装置）装着車の場合には，この液晶パネル・メータを切り替えてモニタとして使用する。

ファイン・スレッド [fine thread]　細目ねじ，細かいねじ目。

ファイン・セラミックス [fine ceramics]　陶磁器の類似材料又は製品のこと。熱に強い，硬い，錆びないなどの優れた性質をもち，磁性材料や光学材料などに使用される。＝ニュー・セラミックス。

ファイン・フィニッシング [fine finishing]　精密仕上げ。各種の加工法で，高密度の面に加工すること。又は，その面の状態。☞マイクロ・プレシジョン。

ファイン・ボーリング [fine boring]　精密穴ぐり。例 ㋑シリンダ内面の精密仕上げ。㋺軸受メタル内面の精密仕上げ。

ファインボーリング・マシン [fine-boring machine]　精密穴ぐり機。穴内面の精密仕上げ機械。

ファインメッシュ [fine-mesh]　目の細かい，きめの細かい。例 ㋑目の細かいフィルタ用金網。㋺きめの細かい砥石。

ファインワイヤ [fine-wire]　極めて細い線，毛のような線。例 点火コイルの二次線。

ファクトリ・オートメーション [factory automation; FA]　☞FA。

ファジー [fuzzy]　①ぼやけた，はっきりしない。②けばだった。

ファジー制御自動変速機（せいぎょじどうへんそくき） [fuzzy control automatic transmission]　従来の固定的なシフト・パターンを持った自動変速機ではなく，アクセル・ペダルやブレーキ操作などから道路の勾配や屈曲の度合いを推定し，そのときの走行状況に合ったシフト・ポジションを自動的に選択できる自動変速機。

ファスト [fast]　①速い，速やかな。②固定した，しっかりした。

ファスト・アイドル [fast idle]　高いアイドル（遊転）速度。エンジンのアイドル速度は500～700rpm位であるから，ファスト・アイドルでは1000～1500rpm位をいう。

ファストアイドル・カム [fast-idle cam]　高速遊転用カム。チョーク機構と連動し，チョークするとスロットルが開くようにしたカム。気化器のチョーク・リンケージに設けられる。

ファスト・アイドル機構（きこう） [fast idle mechanism]　始動したばかりのエンジンで暖機を早めるためアイドリングの回転数を高めるメカニズム。EFIエンジンでは，閉じたスロットル・バルブのバイパスから少量の空気を吸入する。

ファスト・エイド・キット [fast aid kit]　車載用応急手当（救急）セット。

ファスト・チャージ [fast charge]　（バッテリの）急速充電。強い電流で短時間に行う充電法。＝クイック～。

ファスト・チャージャ [fast charger]　（バッテリの）急速充電機。急速充電に使用する特別な充電機，始動の補助電源にもなる。＝クイック～。

ファストバック [fastback]　（ボデー・タイプ）ボデー後部に段をつけず滑らかなスロープをなすもので，後部から見て速い感じを受けるのでこの名がある。

ファスナ [fastener]　締め金具，留め金具。例 フード（ボンネット）～。

ファスニング・ヨーク [fastening yoke]　取付用二又金具。

ファスニング・ラグ [fastening lug]　取り付け用耳金具。例 エンジン取り付け部。

負圧（ふあつ） [negative pressure; vacuum]　大気圧より低い圧力。真空。

負圧開閉器（ふあつかいへいき） [vacuum switch]　☞バキューム・スイッチ。

負圧切換弁（ふあつきりかえべん） [vacuum switching valve; VSV]　☞VSV。

負圧制御電磁弁（ふあつせいぎょでんじべん） [vacuum control modulator valve; VCM]　☞VCM。

負圧制御弁（ふあつせいぎょべん）［vacuum control valve; VCV］　☞VCV。
負圧遅延弁¹（ふあつちえんべん）［vacuum delay valve; VDV］　☞VDV。
負圧遅延弁²（ふあつちえんべん）［vacuum transmitting valve; VTV］　☞VTV。
負圧調整弁¹（ふあつちょうせいべん）［vacuum regulating valve; VRV］　☞VRV。
負圧調整弁²（ふあつちょうせいべん）［vacuum modulator valve; VMV］　☞VMV。
ファティーグ［fatigue］　①疲労，弱り。②疲れさせる。
ファティーグ・ディテクション・システム［fatigue detection system］　☞疲労検知システム。
ファティーグ・テスト［fatigue test］　（材料の）疲労試験。
ファティーグ・リミット［fatigue limit］　（材料の）疲れ限度。
ファブリック［fabric］　①織物，編物，布地。②建物，構造，組立。
ファブリック・ギヤ［fabric gear］　☞ベークライト～。
ファブリック・シート［fabric seat］　織物（布製）座席。革製等と対比される。
ファブリック・ジョイント［fabric joint］　布継手。幾重にも重ねた布をゴムで固めた円板を弾性体として用いた一種のたわみ継手。通称ズック～。皮革又はゴムのものもある。☞フレキシブル～。
プア・ミクスチャ［poor mixture］　弱い混合気。希薄混合気。ガソリンに対し空気が過剰な薄い混合気。＝リーン～。
ファミリ・カー［family car］　家族向きの自動車。
ファラッド［farad］　（静電容量の）msk単位。記号F。電位を1ボルト上げるために1クーロンの電気量を要する導体の電気容量。その100万分の1をマイクロファラッド（μF）という。例 コンデンサの電気容量。
ファラデー［Michael Faraday］　英1791～1867年。イギリスの物理学者。電磁誘導作用の発見その他に偉大な功績を残す。
ファルクラム［fulcrum］　①てこの支点。てこまくら。②支柱，支え。
ファルクラム・ピン［fulcrum pin］　支えとなるピン。例 ブレーキ・シューの支点となるピン。＝アンカ～。
ファン¹［fan］　風車，送風器。例 ㋑エンジン冷却用。㋺客室暖冷房用。
ファン²［fan］　熱心な愛好者，熱狂者。例 モータ～。
ファン・カップリング［fan coupling］　エンジン高速回転時にクーリング・ファンの回転数を減少させ，ファン駆動により騒音や損失馬力の低減を行うカップリング（流体継手）付きのファン。＝ファン・クラッチ，サイレント・ファン。
ファンクション［function］　①機能，作用。②役目を果たす，作用する。
ファン・クラッチ［fan clutch］　☞ファン・カップリング。
ファン・シュラウド［fan shroud］　クーリング・ファンの冷却効果を高めるため，ラジエータ裏に設ける導風覆い。
ファン・ドルネ式無段変速機（しきむだんへんそくき）［Van doorne type continuously variable transmission］　オランダのファン・ドルネ（VDT）社が特許をもつ，ベルト式無段変速機。燃費向上に効果的な変速機として，日産，富士重工，ホンダ等が小型車に採用している。☞CVT。
ファンネル［funnel］　漏斗（じょうご）のこと。エア・ファンネル＝じょうごの口のように開いた吸気口。トランペット型ともいう。
ファンノイズ［fan-noise］　ファン騒音，ファンの風音。
ファンプーリ［fan-pulley］　ファン・ベルトをかける滑車。
ファンブレード［fan-blade］　ファンの羽根。
ファンベルト［fan-belt］　ファンを駆動するベルト。
フィーダ［feeder］　①供給装置。②給電装置。③（機械の）送り装置。
フィーディング［feeding］　①供給。②（機械の）送り作用。
フィード［feed］　①食物を与える。②（機械に燃料，水，原料などを）供給する。

フィードパイプ ［feed-pipe］　（ガソリンなどの）供給管。
フィードバック ［feedback］　帰還，復元。出力側エネルギーの一部を入力側に返還する操作。
フィードバック・キャブレータ ［feedback carburetor; FBC］　排気ガス中の酸素濃度をO_2センサで測定し，その測定値を制御中枢のECUへフィードバックすることにより，キャブレータの混合気の濃度を制御する。
フィードバック・コントロール ［feedback control］　帰還制御。指令に基づく結果を常に自動調整器に送り，もとの指令を調整して安定した機能や働きを得るように制御すること。例ノッキング制御装置。対フィードフォワード～。
フィードフォワード・コントロール ［feedforward control］　使用条件に応じて，予め決められた設定にして装置を制御すること。対フィードバック～。
フィート・ポンズ ［feet pounds］　略号ft-lbs，フィート・ポンドの複数形。英式仕事（又はトルク）単位。
フィード・ポンプ ［feed pump］　供給ポンプ。例フューエル～。＝燃料供給ポンプ。
フィードライン ［feed-line］　供給系路。例タンク→フィルタ→ポンプ→キャブレータ。
フィーラ ［feeler］　探るもの。例すき間計器。
フィーラ・ゲージ ［feeler gauge］　すき指し，すき間計器。＝シクネス～。
フィーラ・ストック ［feeler stock］　☞フィーラ・ゲージ。
フィーリング ［feeling］　①触感，感覚，知覚。②感じ，気分，気持ち。例㋑乗った感じ。㋺ハンドルの具合い。㋩ブレーキの効き具合い。㋥加速の反応。
フィール・テスト ［feel test］　感触試験。計器を用いず感触だけで良否を判定するテスト法。経験を必要とする。
フィールド ［field］　①磁界，磁場。②電界，電場。③トラック内の競技場。④競走の場，活躍舞台。
フィールド・カレント ［field current］　励磁電流。＝エキサイティング～。
フィールド・コア ［field core］　界磁鉄芯。界磁コイルの巻き芯。
フィールド・コイル ［field coil］　界磁巻き線。界磁鉄芯に巻いた線。
フィールド・バランス ［field balance］　パワー・トレーンの総合バランスのこと。プロペラ・シャフトやデフのアンバランスにより，高速走行時，車体に振動を発生する場合がある。
フィールド・ポール ［field pole］　界磁磁極。N極とS極。
フィールド・マグネット ［field magnet］　（マグネトーなどの）界磁磁石。永久磁石が使われる。
フィールド・マン ［field man］　（販売又は技術指導のため販売店などを）全国的に巡回する人。
フィールド・レース ［field race］　原野を走破する競技。
フィールド・ワインディング ［field winding］　磁極巻き線。＝～コイル。
ブイ・エイト ［V eight］　V8，V型8気筒エンジン。エンジンのシリンダをクランクシャフトを中心にV字型に配置したもの。直列8気筒エンジン（ストレート・エイト）よりも構造は複雑になるが，エンジンの全長を短くできるメリットがある。
フィギュア・パンチ ［figure punch］　（数字打ち込み用の）定金。数字打ち込みパンチ。
フィクス ［fix］　①固定する，取り付ける。②調整する，修理する。
フィクスト・アクスル ［fixed axle］　固定車軸。回転しない車軸。＝デッド～。例車軸懸架式車（FR）の前車軸。
フィクスト・キャリパ・ブレーキ ［fixed caliper brake］　（ディスク・ブレーキ）固定キャリパ式ブレーキ。対フローティング～。
フィクスト・ゲート ［fixed gate］　（トラックなどの）固定あおり板。
フィクスト・タイプ ［fixed type］　固定式。

鞴（ふいご）　☞ベローズ。
フィジィタ［FISITA］　☞ FISITA。
ブイシェープ［V-shape］　V 型の，V 字型の。例 V 型エンジン。＝ビー・タイプ。
フィジカル・オペレーション［physical operation］　（運転者の）手足による操作。倍力装置などの助けを借りない運転。
フィジカル・プレッシャ［physical pressure］　運転者本来の自然の操作力。例ペダルの踏力は 294N くらい。
ブイタイプ［V-type］　V 字型。＝ブイシェープ，＝ビータイプ。
フィックス・イコライザ［fix equalizer］　カー・オーディオにおいて，スピーカから出る音が車室内の形状や材質などによって変化するのを，フィルタや増幅で補正する回路。
フィッシュ・テーリング［fish tailing］　（車の）しり振り。車が魚のようにしり振りすること。
フィッシュ・テール・モーション［fish tail motion］　同前。
フィッティング［fitting］　①取り付け，取り付け具。②（機械の）備品，附属品。
フィット［fit］　合わせる，はめる，かん合。例ランニング〜。
フィット EV［Fit electric vehicle］　電気自動車（EV）の車名で，ホンダが 2012 年に日米で限定販売を開始したもの。国内仕様の場合，20kWh のリチウムイオン電池と 92kW/256N·m のモータを搭載し，エネルギーを回生する電動サーボ・ブレーキ・システムも備え，交流電力量消費率（電費）は 106Wh/km で，1 充電当たりの走行距離は 225km（JC08 モード）。充電時間は急速充電で約 20 分，普通充電で約 6 時間。
フィット・ジョイント［fit joint］　（はめ合い）いんろうばめ。
フィニーテール［finny-tail］　（ボデー後部両側の）ひれ状尾部。
フィニッシュ［finish］　①終える，済ます，完成する。②仕上げる，磨き上げる。
フィフス・ドア［fifth door］　5 番目のドア。4 ドア・セダンを原型に造られたハッチバックの場合，後部ハッチを 5 番目のドアと呼ぶ。
フィフスホイール［fifth-wheel］　①（トレーラ連結部分の）転向輪。②車両の走行試験用に取り付ける車輪。
フィフスホイール・リード［fifth-wheel lead］　（トレーラ）第五輪オフセット。セミトレーラ・トラクタの第五輪中心と後車軸の中心との水平距離。カプラ・オフセットと慣用される。
ブイブロック［V-block］　V 型受け台，やげん台。
ブイベルト［V-belt］　（断面が）三角形のベルト。例ファン〜。
フィメール［female］　①女性の，女性。②雌の，雌。対メール。
フィメール・スクリュ［female screw］　雌ねじ。対メール〜。
フィメール・スレッド［female thread］　（雌ねじの）ねじ目。対メール〜。
フィメール・メンバ［female member］　はめ合いの雌側。対メール〜。
フィラ［filler］　①（オイルなどの）つぎ口。②詰めもの。例ビード〜。
フィラ・オープニング［filler opening］　供給口。つぎ口。例タンク注入口。
フィラ・キャップ［filler cap］　供給口キャップ。
フィラ・チューブ［filler tube］　供給管。注入管。
フィラ・パイプ［filler pipe］　供給管。＝〜チューブ。
フィラ・プラグ［filler plug］　供給口の栓。
フィラ・ポート［filler port］　供給口。つぎ口。＝〜オープニング。
フィラメント［filament］　（電球や真空管の）芯線。
フィラメント・キャップ［filament cap］　（直射光を避けるため）フィラメントにかざした覆い。例ヘッドライト用電球。
フィリプス・スクリュ［Phillips screw］　フィリプスねじ。頭に十字溝を切ったねじ。

別名プラス～。

フィリプス・ドライバ［Phillips driver］ フィリプスねじ用ねじ回し。別名プラス又はクロス～。

フィリプス・ドライバ

ブイリブド・ベルト［V-ribbed belt］ Vベルトを数本並べて一体にしたような形のベルトで，V溝は浅い。プーリとの接触面積が広く動力の伝達能力が大きい。

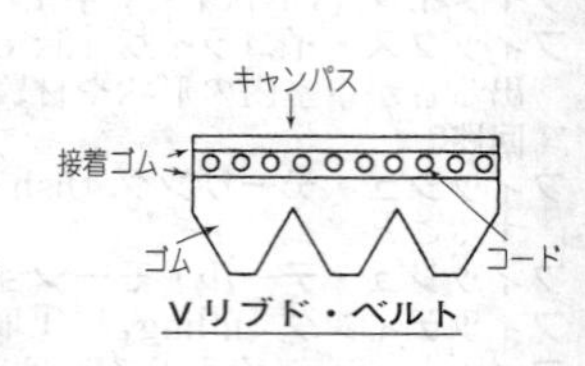

Vリブド・ベルト

フィリング［filling］ ①充てん物，詰めもの。②（道路や土手の）盛り土。

フィリング・ステーション［filling station］ 米給油所。＝米ガス～。英ペトロール～。

フィリング・プラグ［filling plug］ 供給口の栓。＝フィラ～。

フィリング・マテリアル［filling material］ （溶接などの）補充材，溶接棒。

フィル［fill］ 満たす，一杯にする。例フィリング・ステーション（米給油所）。

フィル・アップ［fill up］ （ガソリンなどを）補給して一杯にする。

フィルタ［filter］ ①（ガソリンやオイルの）ろ過器。②（電気の）ろ波器。例ラジオの受信妨害除去装置。

フィルタ・エレメント［filter element］ （フィルタの）ろ過材。例布，皮革，金網，焼結合金。

フィルム［film］ 薄皮，薄膜。例オイル～。

フィレット［fillet］ ①すみ肉。鋳物や鍛造品の内角を強くするためつけてあるすみ肉。②金属の環状帯。

フィン［fin］ ひれ，ひれ状のもの。例空冷シリンダやラジエータの放熱用ひれ。

フィンガ［finger］ 指。指状のもの。例㋑機械の指状突起。指示物。㋺クラッチ・リリースレバー。㋩タイミング位置を示す矢印。

フィンガ・コントロール・シフト［finger control shift］ 変速機の電気的な変速操作により操作力を軽減した装置（指先で変速操作ができる，の意。）で，大型トラックやバス等に採用されている。ギヤのシフト操作は人力によるリンク操作の代わりにエア・シリンダが行い，運転者はエア・シリンダの回路にある電磁弁の切り換え操作をコントロール・ユニット経由で行えばよい。いわゆるドライブ・バイ・ワイヤ（DBW）である。☞フェザ・タッチ・フィンガ・コントロール・シフト。

フィンガチップ・コントロール［fingertip control］ 指先操作。指先でボタンを突くだけでできるイージードライブ法。

フィンド・コイル［finned coil］ ひれ付きら旋管。例カークーラ用。

フィン・ピッチ［fin pitch］ フィンとフィンの間の距離。例ラジエータのフィンの間隔。

フーガ・ハイブリッド［Fuga hybrid］ ハイブリッド車の車名で，日産が2010年に発売したもの。3.5ℓのガソリン・エンジンと1モータ2クラッチ式のシリーズ・パラレル・ハイブリッド・システム「インテリジェント・デュアル・クラッチ・コントロール」を搭載した後輪駆動車で，燃費性能は16.6km/ℓ（JC08モード）。このシステムは一つのモータで発電と駆動を行うシンプルな構造を特徴とし，既存の7速ATをハイブリッド仕様に変更してトルク・コンバータの代わりに乾式クラッチ，その後方に駆動と発電を兼ねるモータ（最高出力50kW/68ps），後端にATと同じ湿式多板クラッチを配置し，駆動用電源には定格電圧346V/1.4kWhのマンガン系リチウムイオン電池を搭載している。このシステムは2012年発売のシーマにも搭載され，2013年には燃費性能が16.6→18.0km/ℓ（同）に改善されている。2015年にはSUVのエクストレイルにも搭載され，燃費性能は20.6km/ℓ（同）。

フーコー［*Jean Barnard Leon Foucault*］㊫1819～1868。フランスの物理学者。フーコー電流といわれる渦電流発見のほか多くの発明をした。

フーコー・カレント［Foucault current］　フーコー電流。渦電流。☞エディ・カレント。

ブース［booth］　仮小屋。小室。㊞㋑有料道路料金徴収所。㋺塗装小室。

ブースタ［booster］　後押し，後援するもの。昇圧器。㊞㋑倍力装置，機械の増圧器。㋺エンジンの過給機。㋩電気の昇圧器。

ブースタ・ギャップ［booster gap］　（点火の）昇圧火花すき間。二次電圧を上げるために設ける二次回路火花すき間。

ブースタ・ケーブル［booster cable］　他の車両から電源をもらう場合，バッテリのターミナル間を結ぶ赤（+）・黒（−）に色分けされた２本の太いケーブルのことで，両端は頑丈なわに口クリップになっている。

ブースタ・サーボ［booster servo］　倍力装置。倍力作用をする自動装置。

ブースタ・ブレーキ［booster brake］　倍力装置付きブレーキ。㊞ハイドロバック式。ハイドロマスタ式ブレーキ。

ブースト［boost］　①押し上げる。②電圧を上げる。③吸気圧，過給圧。

ブースト圧（あつ）［boost pressure］　①エンジンの吸気圧力，吸気管内の圧力（負圧）。②過給エンジンの過給圧力。

ブースト・コントロール［boost control］　吸気負圧による制御装置。㊞点火時期の自動進退。

ブースト・コントロールド・デセラレーション・ディバイス［boost controlled deceleration device; BCDD］　☞BCDD。

ブースト・コントロール・バルブ［boost control valve; BCV］　☞BCV。

ブースト・コンペンセータ［boost compensator］　過給機付ディーゼル・エンジンにおいて，過給圧に応じて燃料噴射量を増量する装置。

ブースト・チャージ［boost charge］　（バッテリの）急速充電，応急充電。＝クイック～。

ブーツ［boots］　①（気密水密又は防じん用に使用する）蛇腹ゴム。②（車体後部の）荷物室。＝トランク。

フード［hood］　覆い。㊞エンジンの覆い。＝㊥ボンネット。

ブート［boot］　☞ブーツ。

フード・スクープ［hood scoop］　運転席の正面ガラスを汚れにくくするために，エンジン・フードに取り付けた気流の整流板。

フード・セーフティ・キャッチ［hood safety catch］　エンジン・フードのラッチが外れていても，フードが風により開くのを防止する装置。

フード・ファスナ［hood fastener］　フード押さえ，ボンネット押さえ。

フード・ラッチ［hood latch］　フードの掛け金。ボンネット押さえ。

フード・リッジ・パネル［hood ridge panel］　タイヤ・ハウスとエンジン・ルームを仕切る隔壁で，フロント・サイド・メンバと共にサスペンションを支えている。

ブートリッド［boot-lid］　（車体後部）荷物入れのふた。

フードリプロセス［Houdry-process］　フードリ法。分子量の大きい炭化水素から高オクタン価ガソリンを製造する方法。

フード・ルーバ［hood louver］　フード（ボンネット）の通風窓。

フード・レッジ［hood ledge］　フードの横壁となる鉄板。

フープ・アイアン［hoop iron］　帯鉄，帯鋼。

フーラ［fuller］　溝付きへし（当て金具），丸へし。板金又は鍛工用工具。

プーラ［puller］　引き抜き具。㊞ギヤ～，ホイール～。＝プラー。

プーリ［pulley］　滑車。ベルト用溝車。㊞ファン～。

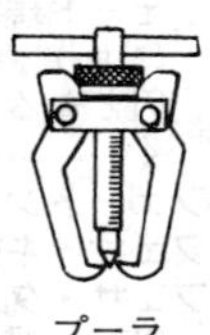
プーラ

プーリ比（ひ）［pulley ratio］　プーリとベルトを用いた動力伝達方式の変速比。被駆動側プーリの有効半径を駆動側プーリの有効半径で除した値。ギヤ駆動のギヤ比に相当する。
プール［pool］　①水たまり。②置き場。例 モーター～。
フールプルーフ［fool-proof］　だれが操作しても間違えようのないようにしてあること。正しい方向以外には動かない，使い方を間違うと作動しないなど，装置の誤った使い方に対応する機能。
フェアリング［fairing］　車両の空気抵抗を低減するために設ける覆い。
フェイリア［failure］　①失敗。②不足。③故障。
フェイル［fail］　①失敗する，失敗。②故障する，故障。＝フェイリア。
フェイルセーフ機能（きのう）［failsafe］　安全保障装置，2重安全装置。一部に故障や欠陥が起きたり，誤った操作をしても他の系統が安全装置として働き，事故を防止する。例 油圧ブレーキのタンデム・マスタシリンダ。
フェーシャパネル［fascia-panel］　（自動車の）計器板。
フェーシャボード［fascia-board］　同前。＝インストルメント～。
フェーシング［facing］　①上張り，表面材。例 クラッチ～。②表面仕上げ。③正面研削。④鋳型の表面に塗材を塗ること。
フェージング・ギヤ［phasing gear］　位相歯車。例 ロータリ・エンジンでロータに正しい動きを与えるギヤ装置。
フェーシングツール［facing-tool］　正面削り用機械工具。
フェース［face］　（物の）面，表面，表側。対 バック。
フェーズ［phase］　①（変化するものの目又はしんに写る）相，面，現れ。②（変化発達の）段階，様相。③（電気の）相，位相。
フェースオフ［face-off］　面取り。角を取り丸めること。＝チャンファ。
フェースギヤ［face-gear］　正面歯車。例（差動装置の）両サイド・ギヤ。
フェーズ・センサ［PHASE sensor］　日産車に採用された気筒判別信号の名称で，VQエンジンの磁気式クランク角センサのこと。PHASEセンサのほかにPOSセンサやREFセンサがあり，これら三つのセンサで従来のクランク角センサと同じ働きをしている。
フェースナット［face-nut］　化粧ナット。
フェースバー［face-bar］　（ボデー前後の）バンパ。
フェースピン・スパナ［face-pin spanner］　かに目スパナ。
フェース・リフティング［face lifting］　①顔の若返り術。②自動車の部分的なモデル・チェンジ。＝フェース・リフト，マイナ・チェンジ。
フェーダ［fader］　音声や映像の出力レベル減衰器。
フェーダ・コントロール［fader control］　（ラジオの）音量調整。
フェーディング［fading］　（機能が）衰えること。例 ブレーキ～。
フェード［fade］　色があせる，衰える，音が小さくなる。
フェードアウト［fade-out］　溶暗。（ラジオの音が，テレビの画像が）次第にぼんやりしてくること。
フェードイン［fade-in］　次第に明るく（音が大きく）なること。対 フェードアウト。
フェード現象（げんしょう）［fade; brake fade］　長い下り坂などでブレーキの使い過ぎにより摩擦材表面の摩擦係数が熱により低下し，制動力が不足する現象。大事故の原因となる。構造的にドラム・ブレーキに起こり易く，ディスク・ブレーキは起こりにくい。＝ブレーキ・フェード。
フェートン［phaeton］　（ボデー・タイプ）横席二つを前後に設けた乗用ほろ型車。
フェザ・キー［feather key］　案内キー，平行キー。
フェザ・タッチ・フィンガ・コントロール・シフト［feather touch finger control shift; FF shift］　日野が大型車両に搭載しているトランスミッションの新しい変速方式。

従来の機械式リモート・コントロール方式から電気信号によるエア・シリンダの動きに置き換えたもので，運転者の疲労軽減に寄与する。いわゆるドライブバイワイヤ（DBW）方式。

フェザリング [feathering]　（タイヤのトレッド・パターンが）矢羽形に見える異常摩耗（片べり）。

フェノール [phenol]　化学式 C_6H_5OH。独特の刺激臭をもつ無色の結晶。

フェノール樹脂（じゅし） [phenolic resin]　フェノール類とアルデヒドから得られる熱硬化性樹脂。例 ブレーキ・ライニングの結合剤。

フェライト [ferrite]　（鉄鋼の組織上の名称）α 鉄，ほとんど純鉄に近い。

フェライト・コア [ferrite core]　酸化鉄，酸化亜鉛，酸化マンガンや酸化ニッケルなどの金属粉を混合して焼結した磁性体を材料とした鉄芯のことで，透磁率が大きく，絶縁性にも優れているのでモータを小型化することができ，インタンク型フューエル・ポンプなどに採用される。

フェライト磁石（じしゃく） [ferrite magnet]　フェライトを磁化した永久磁石。価格が安く保持力が大きいため，広範に利用される。

フェラス・メタル [ferrous metal]　含鉄金属，鉄を含む金属。

フェリボート [ferry-boat]　自動車航送船。客が乗ったまま自動車を渡す連絡船。

フェルール [ferrule]　（先端の）着せ金。はめ輪，はばき金。金輪。

フェルト [felt]　（羊毛を圧縮した）毛せん。例 保温，防音，ろ過材。

フェンダ [fender]　①（自動車などの）泥よけ。②防御物，緩衝装置，当てもの。

フェンダ・エプロン [fender apron]　フェンダのたれ板。フェンダに対し，タイヤの内側をカバーする側壁板。

フェンダ・カバー [fender cover]　整備工場でエンジン・ルームの作業時に，フェンダの塗装面に作業服や工具等で油汚れや傷を付けないように使用する布製やビニル製の覆い。

フェンダスカート [fender-skirt]　（ボデー）泥よけのすそ部分。

フェンダバランス [fender-balance]　（ボデー）泥よけのたれ幕。

フェンダボード [fender-board]　（ボデー）泥よけ板。

フェンダ・マーカ・ランプ [fender marker lamp]　左右のフロント・フェンダ先端部に設置された車体寸法確認用のランプ。

フェンダ・ミラー [fender mirror]　フロント・フェンダに取り付けられた後部確認用ミラー。ドア・ミラーが認可されるまで，使用が義務付けられていた。

フェンダ・ライナ [fender liner]　フェンダの裏張り。通常は薄い樹脂等でできており，泥水や塩害（寒冷地における凍結防止剤）によるフェンダの防錆用。

フォアラウフ [独 vorlauf]　前車軸を車両側方から見て，車輪中心がステアリング・アクシス（キングピン中心線）より前方に位置しているものをフォアラウフ配置と呼ぶ。一般に大キャスタ角・小キャスタトレールで，直進性と操舵力，操縦感の両立が図れる。対 ナッハラウフ（nachlauf）。

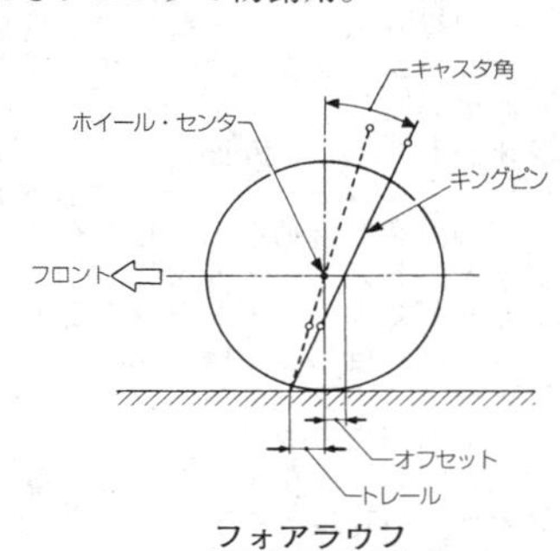

フォアラウフ

フォイル [foil]　金属の薄片。はく。例 コンデンサ用すずはく。アルミはく。

フォーウェイ・コントロール [four-way control]　4通りの調節。例 シートの調整装置で，前後，上下に調整できるもの。

フォーカシング・スクリュ [focusing screw]　（ヘッドライトの）焦点合わせねじ（今のものにはないものが多い）。

フォーカス [focus]　（レンズの）焦点。例 ヘッドライト反射鏡の焦点。電球のフィラメントがここに位置すると最も有効な反射光線が得られる。

フォーカル・ポイント［focal point］　☞フォーカス。

フォーク［fork］　又，二又，又になったもの。例 ㋑二輪車の～。㋺変速機のギヤシフト～。

フォークセンタ・シャフト［fork-center shaft］　フォーク中心軸。

フォークト・タイプ［forked type］　二又式の。例 V型エンジン・コンロッドの一形式。

フォークリフト［fork-lift］　2本のマストに沿ってフォークを上下する荷上げ荷降ろし装置。

フォークリフト・トラック［fork-lift truck］　フォークリフトを備えもっぱら荷扱いに従事するトラック。

フォー・サイクル［four cycle］　4行程式，フォー・ストローク・サイクルの略。ピストンの4行程の運動で1回のサイクルを完結するもの。＝オットー～。

フォージ［forge］　①（鉄を）鍛える，鍛えて作る。②かじ工場の炉。

フォーシータ［four-seater］　4人乗自動車。

フォー・シリンダ［four cylinder］　4気筒（エンジン）。

フォージング［forging］　鍛造，鍛造物。例 ドロップ～。

フォーシング・スクリュ［forcing screw］　起重機，ジャッキ。

フォースト［forced］　強制の，無理強いの，強行の。

フォースト・サーキュレーション［forced circulation］　強制循環式。例 冷却水の循環原理のうち，ポンプによって強制的に行うもの。

フォースト・ベンチレーション［forced ventilation］　強制換気。車室内の換気をファンで強制的に行う方法。対 ナチュラル～。

フォースト・ルブリケーション［forced lubrication］　圧送式潤滑法。ポンプ圧力によりオイルを強制供給するもの。

フォーストローク・エンジン［four-stroke engine］　4行程式エンジン。＝フォーサイクル～。

フォース・バリエーション［force variation］　タイヤの剛性変動。☞ RFV（縦剛性変動），LFV（横剛性変動），TFV（前後剛性変動）。

フォースフィード［force-feed］　圧力供給。例 エンジン潤滑において，目的部分までオイルを圧送供給するもの。

フォース・リミッタ付（つ）きシート・ベルト［force limiter seat belt］　シート・ベルトの荷重制限装置。衝突時に乗員が衝撃の反動で前方へ移動したときにシート・ベルトを繰り出し，一定荷重で乗員を拘束し，乗員の胸を圧迫する力を低減する。通常はプリテンショナとフォース・リミッタを組にして使用し，シート・ベルトの効果を高めている。

フォード［Henly Ford］　米国の技術者であり実業家（1863～1947）。1903年，デトロイトにフォード・モータ社を設立。流れ作業方式の導入による大衆車T型フォードの生産で自動車王として有名。

フォー・ドア［four door］　4ドアの（車）。例 セダン。

フォードマチック・トランスミッション［Ford-matic transmission］　フォード車に搭載された自動変速機の商品名。

フォー・バルブ・エンジン［four valve engine］　吸排気バルブを2個ずつ備えた，1シリンダ当たりフォー（4）バルブのエンジン。2バルブ式と比較して吸排気効率が向上して高性能なエンジンとなるが，カムシャフトを2本使用し，構造は複雑となる。

フォー・バレル・キャブレータ［four barrel carburetor］　4胴式キャブレータ。4組のベンチュリを持つ気化器。電子制御式燃料噴射装置が開発される前，排気量の大きいエンジンに使用されていた。

フォーホイーラ [four-wheeler]　四輪の自動車。
フォーホイール・ステアリング・システム [four-wheel steering system]　四輪操舵システム（4WS）。☞ 4WS。
フォーホイール・ドライブ [four-wheel drive]　四輪駆動の（自動車）。
フォー・ポイント・サスペンション [four point suspension]　4点支持。
フォーマ [former]　型，模型，成形具。例 電気コイルの巻き型。
フォーマット [format]　①形式。②判型。③配列形式，記憶形式。
フォーミュラ [formula]　公式，一定の形式。
フォーミュラE [formula E]　FIA フォーミュラ E 選手権。国際自動車連盟（FIA）が主催する電気自動車（EV）による世界選手権レースで，共通のシャシ，電動システム，パワー・トレイン，バッテリ，タイヤ等による本格的な単座席電気レーシング・カーが使用される。2014年後半，中国の北京を皮切りに6カ国で開催される予定で，競技場はすべて市街地を閉鎖したコースが使用される。2014年の初シーズンに限り，仏ルノー社が開発したEVマシンによるワンメイク・レースが行われた。
フォーミュラSAE [formula society of automotive engineers]　☞ FSAE。
フォーミュラ・カー [formula car]　公式の競走用自動車。低く細長い胴体で外側にむき出しの車輪をつけ，競走に必要なもの以外は取り付けていない。このため一般道路は走れない。☞ F1～F4，F2000～F3000。
フォーミュラ・ジュニア [formula junior]　フォーミュラ・カーほどでなく，一般スポーツ・カーその他の部品を使って作ったレーシング・カーで形も小さい。
フォーミュラ・リブレ [formula libre]　競走用自動車のうち，車の型もエンジンの排気量もなんら制限のないもの。
フォーム [form]　姿，形状，外観。＝フォルム㊕。
フォームドコイル [formed-coil]　型巻き線輪。例 回転電機の磁極コイル。
フォーム・ラバー [foam rubber]　泡ゴム。ラテックスから作られるが気泡が連続していない点でスポンジとは異なる。例 シートのクッション材。
フォーム・ワインディング [form winding]　（コイルの）型巻き。
フォーメーション [formation]　形成，構成，組成。例 シート～。
フォー・モード [four mode]　我が国で最初に採用されたガソリン車の排気ガス測定法。シャシ・ダイナモ上で，アイドル→加速→定速（40km/h）→減速の四つのモードでCO排出量の測定を行った。4モード測定法は1973年（昭和48年）まで行われ，それ以降は10モード法や11モード法（1975年～）に移行し，更に1991年からは10・15モード法に変わった。☞ 10（テン）モード・テスト，11（イレブン）モード・テスト，10・15（テン・フィフティーン）モード。
フォーリン・カー [foreign car]　外車。外国製の自動車。
フォー・リンク式（しき）サスペンション [four link type suspension]　ダブル・ウィッシュボーン・サスペンションの上下アームを分割し，4本のリンクで構成されたマルチリンク・サスペンション。ブシュの変形による前後方向のコンプライアンスを確保しながら外力によるアラインメント変化を防止するため，良好な乗り心地を維持しながら優れた操縦安定性が得られる。
フォールディング・ドア [folding door]　折り畳み式のドア。例 バスのドア。
フォールバック [fallback]　後退，退却。例 ディスク・ブレーキにおいて，ピストンがシール・リングの変形復元によって退く自動調整作用。
フォーレタイプ・プレート [Faure-type plate]　（バッテリ）フォーレ式極板。硬鉛の格子の目に鉛粉のペーストを塗り込むもの。現在皆この製法で作られている。
フォー・ローブ・カム [four lobe cam]　四角カム。例 4シリンダ用ディストリビュータのカム。
フォグ・ランプ [fog lamp]　（濃霧時に用いる）霧灯。淡黄色灯。一種の補助前照灯。
フォスファ・ブロンズ [phosphor bronze]　含りん青銅，りん青銅，青銅にりんを合金したもので弾性および耐摩耗性に優れている。例 ギヤ，スラスト・ワッシャ，スプリング，軸受メタル。

フォト [photo-]　光り，の意の結合辞。例 ～トランジスタ。

フォトインタラプタ [photointerrupter]　フォトトランジスタを用いた光遮断器。例 ステアリング・ホイール操舵量や操舵方向検出用。

フォトカプラ [photocoupler]　電気信号を光信号を介して伝達する素子。発光素子に発光ダイオード，受光素子にフォトトランジスタやフォトダイオードを使用したものが一つのパッケージに収められている。

フォトキャタリスト・ミラー [photocatalyst mirror]　光触媒超親水性ミラー。水をはじかずに物質の表面になじんだ状態（親水状態）にすることにより視認性を確保するもの。衛生陶器のTOTOが開発し，商品名をハイドロテクトと呼んでいる。光触媒とは，光を吸収することで他の物質に化学反応を引き起こす働きをする物質のことで，酸化チタン等を使用している。

フォトケミカル・スモッグ [photochemical smog]　光化学スモッグ。自動車や工場等から排出されたHCとNOxが強い太陽光線にあたって光化学反応を起こし，オキシダントが発生してスモッグを生じ，目に刺激を受ける。☞オキシダント。

フォトダイオード [photodiode; PD]　光ダイオードとも呼ばれ，光の強弱に比例した電流を流す素子。

フォトチューブ [phototube]　光電管。光によって生じる光電子を利用する一種の真空管。例 ヘッドライトの自動減光装置。

フォトトランジスタ [phototransistor]　光電効果を利用して点火信号パルスを発生する装置。例 フルトランジスタ点火装置。

フ

フォルクスワーゲン [独 Volkswagen; VW]　ドイツ最大の自動車メーカ名およびその車名。会社名はVolkswagen Werk AG.。VWは1934年に作られた国民車で，設計はフェルディナンド・ポルシェ。車の形状がカブトムシに似ていたことからビートルの愛称で親しまれた。

フォルム [仏 forme]　姿，形状，外観。＝フォーム英。

フォルムアルデヒド [formaldehyde]　☞ホルムアルデヒド。

フォロア [follower]　従動節，従動体，従輪。原節に従って運動するもの。例 カム～。＝タペット。

フォロー・スプリング [follow spring]　従動ばね，補助ばね。

フォロワ [follower]　☞フォロア。

フォロワ・スプリング [follower spring]　従動節用ばね。例 ㋑コンタクト・アーム用ばね。㋺燃料ポンプ・ロッカのばね。

フォワード [forward]　前の，前方の，前部の。

フォワード・エマージェンシ・ブレーキ [forward emergency braking; FEB]　衝突回避支援ブレーキの一種で，日産が2014年に採用したもの。フロントに搭載したレーダ・センサが衝突の危険性を検知すると警報でドライバに回避操作を促すとともにアクセル・ペダルを押し戻して緩制動を開始し，万一ドライバが安全に減速できなかった場合には，自動的に強い制動をかけて衝突回避を支援する。停止車両に対しては，走行速度60km/hまでの衝突回避能力を持つとともに2段階の制動を行い，歩行者対応もある。

フォワード・クラッチ [forward clutch]　自動変速機に組み込まれた前側の多板式クラッチ。インプット・シャフトとフロント・インターナル・ギヤ間の動力を断続する。

フォワード・コリジョン・アラート [forward collision alert]　前方衝突事前警告機能で，米GMが2012年に新型キャディラックに搭載したもの。レーダとカメラが前方衝突の可能性を検知してドライバに警告するシステムで，40km/h以上の速度で作動し，検知可能距離を3段階に切り替えることができる。その他，サイド・ブラインドゾーン・アラート（アウタ・ミラーの死角警告機能），リア・クロス・トラフィック・アラート（後退時安全確認警告機能），フロント＆リア・オートマテック・ブレーキ（衝突被害軽減ブレーキ，前進／後退）などの安全装置がセットになっている。

フォワードタイプ [forward-type]　（ボデー）前進型。運転席を車台の前端まで前進させたもの。＝キャブオーバ。

フォン [phon]　音の大きさの単位。主として騒音の大きさを表すために用いる。

フォンメータ [phon-meter]　音量計。フォン単位で騒音を測定する計器。＝騒音計。サウンドレベル・ゲージ。

負荷（ふか） [load]　ロード，荷重。

不可逆式（ふかぎゃくしき）ステアリング・ギヤ [non-reversible steering gear]　ステアリング・ホイールの操作でステアリング・ギヤを動かすことはできるが，ホイール側からはギヤを動かせない方式のもの。路面からの影響を受けにくい反面，旋回時の復元力が弱い。

深皿型燃焼室（ふかざらがたねんしょうしつ） [deep bowl type combustion chamber]　ディーゼル・エンジンで，ピストン頂部が深い皿状のくぼみとなって燃焼室を形成しているもの。

深底（ふかぞこ）リム [drop center rim]　リムの形状の一つで，記号 DC で示される。リムの中央部にタイヤの脱着を容易にするための深溝（ウェル，well）が設けられているもの。

不活性（ふかっせい）ガス [inert gas]　窒素など反応性の乏しい気体。

不完全燃焼（ふかんぜんねんしょう） [incomplete combustion; imperfect combustion]　燃料の酸化が不十分な燃焼。CO や HC などの未燃焼成分が排気ガス中に残る。

吹（ふ）き返（かえ）し [spit-back]　燃焼室からキャブレータに混合気が逆流すること。点火時期やバルブ・タイミングが異常になったときに発生する。

吹（ふ）き抜（ぬ）け [blowby]　☞ブローバイ。

復元（ふくげん）トルク [self-aligning torque]　☞セルフアライニング・トルク。

複合渦流調速燃焼方式（ふくごうかりゅうちょうそくねんしょうほうしき） [compound vortex controlled combustion; CVCC]　☞ CVCC。

複合（ふくごう）サイクル [combined cycle]　定圧および定容サイクルを複合したもので，サバテ（sabathe）・サイクルともいう。

複合式（ふくごうしき）ブレーキ [compound type brake]　制動作動力の伝達が，空気圧と油圧との複合した圧力で行われる複合ブレーキ装置。エア・コンプレッサの圧縮空気を制動倍力装置で油圧に変換する。

複合燃費（ふくごうねんぴ） [compound specific fuel consumption]　プラグイン・ハイブリッド車（PHV）における燃料消費率。PHV は電気自動車（EV）として走行するモードとハイブリッド車（HV）として走行する２種類の走行モードをもつため，この両者を複合した燃料消費率（複合燃費）の計算方法を国土交通省が次のように定めている。EV 走行時の燃費（無限大）と HV 走行時の燃費それぞれに係数（UF）を掛けて足したもので，全走行距離の約 46％を EV 走行し（UF＝0.462），残りの約 54％を HV 走行したという前提で複合燃費を計算している。例えば，トヨタのプリウス PHV（2012 年）の複合燃費は 61.0km／ℓ，三菱のアウトランダー PEHV（2013 年）の同燃費は 67.0 km／ℓ，ホンダのアコード・プラグイン・ハイブリッド（2013 年）の同燃費は 70.4km／ℓ。UF は，「utility factor／実用係数」の略。

複式気化器（ふくしききかき） [duplex carburetor]　☞デュープレックス・キャブレータ。

複式（ふくしき）チェーン [duplex chain]　☞デュープレックス〜。

福祉車両（ふくししゃりょう） [disabled & aged persons vehicles; elderly or disabled persons vehicles; barrier-free vehicles; accessible vehicles]　一般に，身体の不自由

な人が利用するリフト付き車椅子送迎車や入浴用車など福祉目的の特別改造車両を指す。ウェルキャブ（トヨタ），ライフ・ケア・ビークル（日産），アルマス（ホンダ）などの呼称があり，これ以外に身体の不自由な人が自ら運転できるように特別改造した車で，フレンドマチック（トヨタ）やフランツ・システム（ホンダ）などもある。

副室式（ふくしつしき）ディーゼル・エンジン［indirect injection diesel engine］ 副室式燃焼室をもったディーゼル・エンジン。対 直噴射式～。

輻射（ふくしゃ）［radiation］ 熱エネルギーが熱源から放熱（放射）されること。

複動式（ふくどうしき）ショック・アブソーバ［double acting type shock absorber］ 伸長時・圧縮時ともに減衰力を発生するショック・アブソーバ。対 単動式～。

副燃焼室（ふくねんしょうしつ）［pre-combustion chamber］ ディーゼル・エンジンの燃焼室型式で，直噴式に対する副室式で，更に予燃焼室式と渦流室式に分類される。

副変速機（ふくへんそくき）［sub transmission］ 通常使用する主変速機に連結し，大きな牽引力を要するときには変速段数を増す装置。高速走行用の増速用もある。

副変速機付（ふくへんそくきつ）きCVT［continuously variable transmission with auxiliary transmission］ ベルト式CVT（無段変速機）に副変速機構を取り入れた新世代のCVTで，ジャトコと日産が2009年に共同開発した世界初のもの。このCVTは出力プーリ側に遊星歯車式（ラビニョウ式）の副変速機を備え，副変速機は前後2段の変速機能と前後切り替え機能をもっている。この構造によりプーリを従来より20%小型化でき，変速比の幅（レシオ・カバレッジ）を従来の6から7.3と拡大している。

複巻電動機（ふくまきでんどうき）［compound motor］ 固定磁界に直巻と分巻の両方を有するモータ。例 ワイパ・モータ。

袋（ふくろ）ナット［cap nut］ 雌ねじ開口部が片側のみの帽子状のナット。

袋（ふくろ）ねじ［hollow screw］ 雄ねじで頭部中央に，特殊工具で回す四角の穴があるもの。

ブザー［buzzer］ ①電気信号器。②信号音。例 各種警報信号用。

ブシュ［bush］ ☞ブッシュ。

ブシング［bushing］ ☞ブッシュ。

ブシングツール［bushing-tool］ ブシュ脱着用工具。

ブタジエン［butadiene］ 化学式$CH_2=CHCH=CH_2$の不飽和炭化水素。無色・無臭の可燃性気体で，容易に液化できる。合成ゴムの原料として重要。

ブタノール［butanol］ ☞ブチルアルコール。

フタリック・アシッド［phthalic acid］ フタル酸$C_8H_6O_4$。塗料色素の原料。

ブタン［butane］ C_4H_{10}。メタン系炭化水素に属し天然には石油原油に含まれている。プロパンと共に液化石油ガスの主成分。ノルマル・ブタンの沸点は−0.5℃。

ブチルアルコール［butyl-alcohol］ C_4H_9OH，ブタノールともいい塗料の溶剤シンナの原料。

ブチル・テープ［butyl tape］ シール剤の一種。気密性，耐熱性，耐劣化性に優れたシール剤をテープ状にしたもの。黒色で粘着性に富む。

ブチル・ラバー［butyl rubber］ ブチル・ゴム。イソブチレンとイソプレンを材料とした合成ゴム。タイヤに黒色チューブとして用いられ，天然ゴムの赤色チューブより耐久性に優れている。

フック¹［Robert Hooke］ 1635～1703。イギリスの科学者。弾性体に関するフックの法則，フックスジョイントなどにその名を残した。

フック²［hook］ かぎ，止め金。通称ホック。例 車両牽引用かぎ。

フックアップ［hook-up］ （電気の）接続。接続図。

フックスジョイント［Hooke's-joint］ フックの継手。2軸が交差している場合に使用する自在継手。各軸端に取り付けた二又金具を十字軸によって連結した構造。例 プロペラ・シャフト用自在継手。

フック・スパナ [hook spanner]　引っ掛けスパナ。周囲に切り欠きのあるナット用。

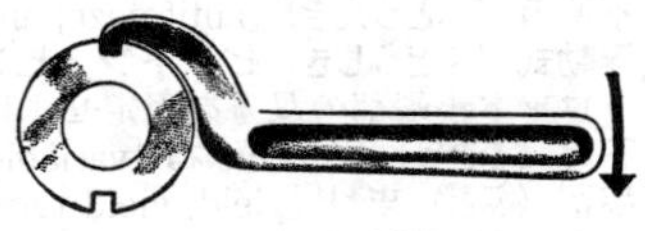

フック・スパナ

フック・ボルト [hook bolt]　かぎ付きボルト。

フックモビル [bookmobile]　㊊自動車図書館，移動図書館。

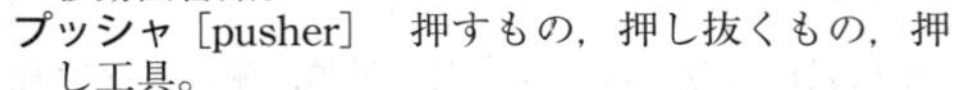

プッシャ [pusher]　押すもの，押し抜くもの，押し工具。

プッシャタイプ・ポンプ [pusher-type pump]　（燃料ポンプの）圧送式ポンプ。ポンプがタンクの燃料内に沈められ，燃料を気化器へ圧送するもの。＝サブマージド～。

ブッシュ [bush]　軸受金とする円筒。一般に青銅で作られるが，使用する部分により鉄のもの，ゴムのものなどもある。㊞㋑コンロッド小端。㋺キングピン。㋩シャックル・ピン。＝ブシュ。

プッシュ [push]　押す，突く，押し動かす。㊟プル。

プッシュ・スイッチ [push switch]　押すと入り，次に押すと切れる押しスイッチ。

プッシュプル・スイッチ [push-pull switch]　押し引き型スイッチ。

プッシュ・ボタン [push button]　押しボタン。㊞ホーン～。

プッシュ・ロッド [push rod]　押し棒。㊞㋑バルブ用～。㋺油圧ピストン用。

ブッシング [bushing]　☞ブッシュ。

フッ素（そ）ゴム [fluororubber]　合成ゴムの一種で，フッ素樹脂またはフッ素樹脂の共重合体をゴム状弾性体に加工したもの。耐熱性，耐油性，耐薬品性などに優れるが，耐寒性や動的性質は劣り，燃料系ホースやオイル・シールなどに用いられる。フッ素ゴムにはFKM，FEPM，FFKMなどがあるが，主にFKMが用いられる。近年，アルコール入りガソリンへの対策として，燃料系部品へFKMの採用が増えている。

フッ素樹脂（そじゅし） [fluorocarbon resin]　フッ素を含むオレフィンを重合して得られる熱可塑性樹脂の総称。耐薬品性，耐候性，耐摩耗性などに優れ，PTFE，PVDF，PCTFEなどがある。米デュポン社のテフロン（PTFEの商品名）は，その代表例。

フッ素塗料（そとりょう） [fluorocarbon coat]　フッ素樹脂を含む上塗り塗料。汚れにくく，水をはじく力や光沢が長期間持続する。クリアとして使用され，新車用は焼き付け乾燥，補修用は二液ウレタン系塗料になっている。フッ素クリアとも。☞クリア・コート。

沸点（ふってん） [boiling point]　大気圧（1,013hPa）下で，液体が沸騰して気体に変わる温度。

フット [foot]　英式長さの単位。1フットは12インチ，1/3ヤード，約30cm。1マイルは5280フィート（フィートはフットの複数呼び）。

フットウェイ [footway]　歩道。

フット・スイッチ [foot switch]　足踏みスイッチ。㊞ヘッドディマ～。

フット・トランスファ・タイム [foot transfer time]　（ペダルなどの）踏み替え時間。危険を認めてアクセルからブレーキへ足を踏み替える時間。

フットパス [footpath]　歩道。

フット・ブレーキ [foot brake]　足ブレーキ。足動ブレーキ。

フット・ボード [foot board]　乗降用踏み板。＝ステップ～。

フット・ポンド [foot pound]　英式仕事量又はトルク単位。略号ft-lb，1ft-lbは1ポンドのものを1フット上げる仕事量又は半径1フットの点に1ポンドの力を加えたときのトルク。1ft-lb＝0.138kg・m＝1.353N・m。

フットレスト [footrest]　ドライバの左足を置くために設けられた台。AT車の場合，左足のクラッチ操作がないため，足休め兼コーナリング時の踏ん張りの支えとして設けられている。

不凍液（ふとうえき）［antifreeze; antifreezing agent］　☞アンチフリーズ。

浮動式（ふどうしき）ピストン・ピン［floating type piston pin］　ピストン・ボスとコンロッド小端部の双方を固定せずに自由状態にあるピストン・ピン。

不等（ふとう）ピッチばね［variable-pitch spring］　☞バリアブルピッチ・スプリング。

歩留（ぶど）まり［yield; yield rate］　使用する原材料が製品として検査に合格した割合。原材料生産性。

ブナゴム［Buna-gum］　（ドイツIG会社製）人造ゴムの商品名。耐熱，耐油，耐摩耗性に優れ用途が広い。例 オイルシール類。

プフェーアデシュテルケ［*Pferdestärke*］　独ドイツ語で馬力。メートル馬力，記号PS。1PS＝0.74kW。

部分強化（ぶぶんきょうか）ガラス［zone tempered toughened glass］　日本工業規格「自動車用安全ガラス」（JIS-R-3211）による規格品で表示記号Z，破損したときに運転視野を確保するために破片の一部がやや粗片になるようにした強化ガラス。運転席の正面ガラス用に作られたものだが，事故時に破片により運転者が失明することが多く，現在は保安基準の改正により使用できず，正面は合わせガラスとなっている。

不飽和（ふほうわ）［unsaturation］　飽和に達しない状態。例 ブタジエン等の～炭化水素。

踏（ふ）み間違（まちが）い衝突防止（しょうとつぼうし）アシスト［unintended starting collision prevention assist］　☞誤発進抑制制御。

フューエル［fuel］　燃料。エンジンに使用して燃焼させ動力の源となる燃焼材。例 ガソリン，灯油，軽油，重油，LPG。

フューエル・インジェクション・エンジン［fuel injection engine］　燃料噴射式エンジン。キャブレータを用いず燃料をポンプにより吸気マニホールド又はシリンダへ噴射するエンジン。現在一般に採用されている。例 EFI，EGI。

フューエル・インジェクション・ノズル［fuel injection nozzle］　燃料噴射口。

フューエル・インジェクション・パイプ［fuel injection pipe］　燃料噴射管。

フューエル・インジェクション・ポンプ［fuel injection pump］　☞インジェクション・ポンプ。

フューエル・インジェクタ［fuel injector］　燃料噴射装置。噴射口。

フューエル・エコノマイザ［fuel economizer］　燃料節減装置。節減剤。

フューエル・オイル［fuel oil］　燃料油。主として重油。

フューエル・カット・システム［fuel cut system］　燃料供給遮断装置。

フューエル・キャニスタ［fuel canister］　燃料蒸発ガスを一時蓄える金属容器。

フューエル・キャパシティ［fuel capacity］　燃料容量。燃料タンク最大容量。

フューエル・ゲージ［fuel gauge］　燃料計。タンク燃料の現存量を示す計器。

フューエル・コンサンプション［fuel consumption］　燃料消費量。

フューエル・コンサンプション・メータ［fuel consumption meter］　燃料消費計。車両の燃料経路に取り付け，実走行もしくは台上で燃料消費量を計測する流量計。

フューエル・コンサンプション・レシオ［fuel consumption ratio］　☞燃料消費率。

フューエル・コンテンツ・ゲージ［fuel contents gauge］　燃料計。

フューエル・サプライ・システム［fuel supply system］　燃料供給装置。

フューエル・ストレーナ［fuel strainer］　燃料濾過器。金網などで比較的大きなゴミを取り除く。☞～フィルタ。

フューエル・セジメンタ［fuel sedimenter］　燃料中の水や沈殿物を取り除く装置。水分はフューエル・フィルタも通ってしまうため，燃料系統に燃料だまりを設け，比重の差で沈殿・分離して取り除く。

フューエル・セル［fuel cell; FC］　燃料電池。燃料がもつ化学エネルギーを直接電気エネルギーに変換する装置。☞FC。

フューエル・セル・ビークル［fuel cell vehicle; FCV］　☞燃料電池車。

フューエル・センダ・ゲージ [fuel sender gauge]　燃料タンクに取り付けられた残量検出・発信装置。運転席のレシーバ・ゲージで読み取る。
フューエル・タンク [fuel tank]　燃料槽，燃料タンク。
フューエル・ダンパ [fuel damper]　フューエル・ポンプから出る燃料の脈動による騒音を押さえるもの。例EGI方式のもの。
フューエル・チャージ [fuel charge]　（シリンダへ充満された）燃料混合気。
フューエル・ノック [fuel knock]　燃料の低オクタン価によるノッキング。
フューエル・パイプ [fuel pipe]　燃料管。
フューエル・パルセーション・ダンパ [fuel pulsation damper]　☞パルセーション・ダンパ。
フューエル・フィード・システム [fuel feed system]　燃料供給装置。
フューエル・フィード・ポンプ [fuel feed pump]　燃料供給ポンプ。
フューエル・フィルタ [fuel filter]　燃料濾過器，ごみ取り器。
フューエル・ポンプ [fuel pump]　燃料ポンプ。燃料供給ポンプ。
フューエル・リターン・パイプ [fuel return pipe]　燃料戻しパイプ。燃料供給装置の過剰な燃料を燃料タンク又は燃料系統の途中に戻すためのパイプ。
フューエル・リターンレス・システム [fuel returnless system]　フューエル・リターンをフューエル・タンク内で行い，エンジンで消費される分しか燃料を供給しないシステム。エンジン・ルームを通過し，過熱された燃料がタンクに戻らなくなり，フューエル・タンク内の燃料蒸気（エバポレーション・ガス，生ガス）の発生を大幅に抑える。

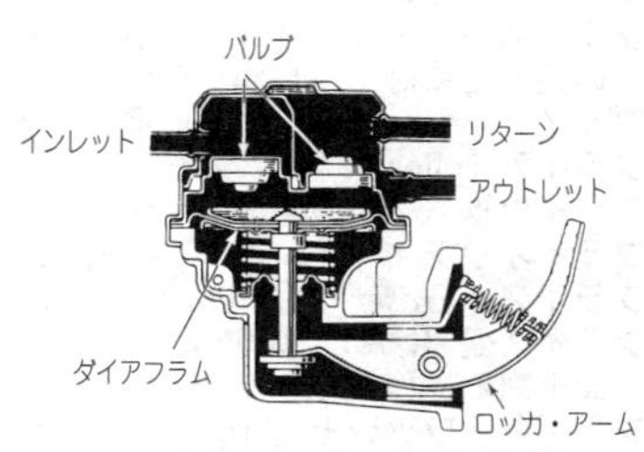

フューエル・ポンプ（機械式）

フューエル・リッド [fuel lid]　燃料注入口の蓋。
フューエル・リッド・オープナ [fuel lid opener]　燃料注入口の蓋を機械又は電気式で開ける装置。
フューエル・レベル・ライト [fuel level light]　燃料残量警告灯。
フューエロメータ [fuelometer]　燃料消費量測定器。
フュージブル [fusible]　溶けやすい。＝ヒュージブル。例～リンク。
フュージブル・アロイ [fusible alloy]　易融合金。溶けやすい合金。すず，鉛，ビスマス，カドミウム等融点の低い金属を適度に混融して，一層融点を低く（普通100℃以下）したもの。例フューズ。

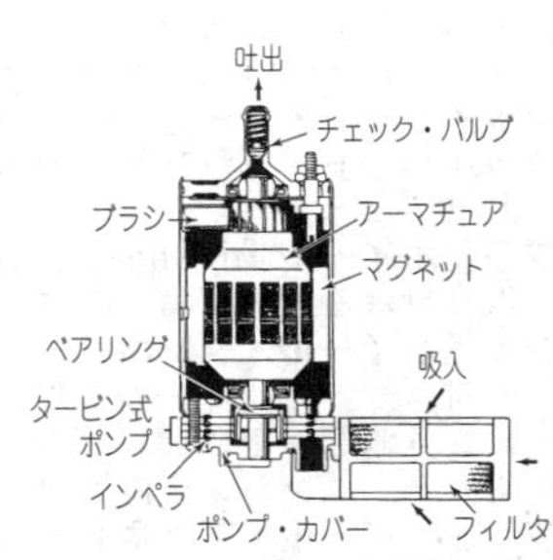

フューエル・ポンプ（電気式）

フュージブル・メタル [fusible metal]　易融金属。溶けやすい金属。例すず，鉛，ビスマス，カドミウム。
フュージブル・リンク [fusible link]　事故破損による車両火災の発生を予防するため，電源回路がショート故障したときに発生する過電流から回路を遮断する部品。
フュージング・ポイント [fusing point]　融点。＝メルティング～。
フューズ [fuse]　可溶片。短絡や過負荷による過大電流が流れると発熱溶断して回路を開き配線や機器の損傷を防ぐ。裸

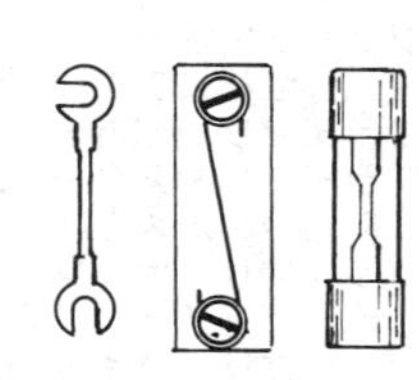
フューズ

フューズと管入フューズがあり，許容電流量はその太さで定まる。＝ヒューズ。
フューズ・アロイ [fuse alloy]　フューズ用合金。☞フュージブル・アロイ。
フューズ・ボックス [fuse box]　フューズ箱。一般にバルク・ボードのエンジン室側にあり，ジャンクション・ボックスと一体のものが多い。
フューズ・ホルダ [fuse holder]　管入フューズの支持具。
フューズ・ワイヤ [fuse wire]　フューズ線，易融合金の線。
フューネラル・カー [funeral car]　葬儀用自動車，霊きゅう自動車。
フューム・コンシューマ [fume consumer]　蒸発ガス吸収装置。例 ㋑ブローバイ・ガス吸収装置。㋺燃料タンク蒸発ガス吸収装置。
浮遊粒子状物質（ふゆうりゅうしじょうぶっしつ） [suspended particulate matter]　☞SPM。
フユエル [fuel]　☞フューエル。
ブラースト [blast]　突風，衝風。例 砂吹きやショット吹き付け用突風。
ブラースト・タイプ [blast type]　吹き付け型。例 ㋑空冷エンジンの吹き付け型（吸い込み型に対して）。㋺プラグ・クリーナの型式。
プライ [ply]　（布などの）重ね，層。例 タイヤ・コードの重ね。
プライア [plier]　☞プライヤ。
プライウッド [plywood]　合板。通称ベニヤ板。例 車体用材。
プライオリティ [priority]　優先権，優先順位。
フライス [*Fraser*]　独 ドイツ語フレーセルのなまり。フライス刃物。
フライス盤（ばん） [独 Fräse; milling machine]　取り付けられた刃が回転して，金属面を削る工作機械の一種。
ブライト・ワッシャ [bright washer]　磨き座金。対 ブラック～。
プライ・バー [pry bar]　てこ棒，こじり棒。
フライバイワイヤ・システム [fly-by-wire system; FBW]　航空機などの操縦方式。従来の機械式に代わって電気信号によって伝える。車両の電子制御式スロットルなどを，これとの対比でドライブバイワイヤ・システム（DBW）と呼ぶ。☞DBW。
プライベート・カー [private car]　（公用に対し）私用の自動車。
プライベート・ブランド [private brand; PB]　補修部品の低価格品などにつける名称。対 ナショナル～。
フライホイール [flywheel]　はずみ車，回転を円滑にするため軸に取り付ける重い車輪。例 クランクシャフト用～。
フライホイール・ダンパ [flywheel damper]　トーショナル・ダンパ付きフライホイール。フライホイールをエンジン側と変速機側に2分割し，その間にダンパ（スプリング）を入れて，異音，こもり音，エンジン負荷等の低減を図る。
フライホイール・マグネトー [flywheel magneto]　フライホイールに設けた磁石発電機。例 一部オートバイの点火点灯用。
プライマ [primer]　①作動準備をするもの。例 ㋑燃料ポンプの～。㋺エンジンの始動を助ける装置。②塗装の下塗り塗料。
プライマ・サーフェーサ [primer surfacer]　塗装の下地で，パテの上に最初に吹き付け塗装するもの。略してプラサフ。

フライホイール

プライマリ [primary]　①第1の，一次の，一次側。②下塗り。☞セカンダリ。
プライマリ・アクチュエーテッド・タコメータ [primary actuated tachometer]　一次回路のパルスを利用して作用する回転計。例 ガソリン・エンジン用。
プライマリ・カレント [primary current]　一次電流。点火コイルの一次線に流れる電流。バッテリから流れる低圧電流。
プライマリ・コイル [primary coil]　一次線輪。点火コイル巻き線のうち入力側のコイル。線は太く巻き数は少ない。☞セカンダリ～。

プライマリ・サーキット [primary circuit]　一次回路。点火電気回路のうち，バッテリから流れる低圧側回路。☞セカンダリ～。
プライマリ・シュー [primary shoe]　ユニサーボ式やデュオサーボ式ドラム・ブレーキで，ホイール・シリンダのピストンにより直接押されるブレーキ・シュー。
プライマリ・スロットル・バルブ [primary throttle valve]　ツー・バレル・キャブレータの一次側絞り弁。主に低速・部分負荷走行時に作動する。高速・全負荷走行時には，プライマリ（一次側）・セカンダリ（二次側）双方のスロットル・バルブが作動する。
プライマリ・セル [primary cell]　一次電池。起電力が衰えたとき充電できない電池。例乾電池。
プライマリ・ダイアフラム [primary diaphragm]　LPG レギュレータ（ベーパライザ）の一次減圧室に用いられているダイアフラム（ゴム製の膜）。
プライマリ・チェック機能（きのう） [primary check function]　初期点検機能。例各電子システムの初期点検用。イグニション・キーをONにすると自動的にチェックする。
プライマリ・チャンバ [primary chamber; primary pressure reducing chamber]　LPG レギュレータ（ベーパライザ）の一次減圧室。LPG ボンベから来た液体LPGを気化・膨張させ，約29kPa（0.3kg/cm^2）に調圧する。☞セカンダリ～。
プライマリ・バレル [primary barrel]　（双胴気化器の）一次側の胴。2段作動の初段すなわち低速時に作用する方のバレル。
プライマリ・ピストン [primary piston]　一次側ピストン。例ブレーキ・マスタ・シリンダのプッシュ・ロッド側のピストン。
プライマリ・プーリ [primary pulley]　ベルト式無段変速機（CVT）の入力軸側に配置されたプーリ。
プライミング・ポンプ [priming pump]　ディーゼル・エンジンの燃料ポンプの一部で，燃料のエア抜きなどに使う手動式の初動ポンプ。
プライミング・レバー [priming lever]　始動準備レバー。例燃料ポンプを手動で作用させるレバー。
プライム [prime]　①最初の，第1の，最上の。②最初，初期。☞プライマリ，プレミアム。
プライム・ムーバ [prime mover]　原動機。例エンジン。
フライヤ [flier; flyer]　飛ぶもの。例㋑エンジンのフライホイール。㋺急行バス。
プライヤ [pliers]　（やっとこやペンチなど）挟む工具の総称。例㋑コンビネーション～。㋺カッティング～。
プライ・レーティング [ply rating; PR]　（タイヤの）プライ数評価値。例4PRとはコード4層のものと同級強度のもの。
ブライン [brine]　塩水。塩化カルシウム，塩化ナトリウム，塩化マグネシウムなどの水溶液。
フライング・スクァド [flying squad]　（自動車やオートバイを備えた）特務警察隊。
フライング・スタート [flying start]　（レースにおいて）疾走状態スタート。出発点の手前から発車してスタート・ラインへ臨む。対スタンディング～。
ブラインダ [blinder]　目隠しするもの。例㋑車室の窓覆い。㋺昼間ヘッドライトにかぶせる覆い。
ブラインド [blind]　①目隠し，日よけ。②俗目の見えない，隠れた。
ブラインド・アクスル [blind axle]　固定車軸，死軸。＝デッド～。
ブラインド・コーナ [blind corner]　見通しの効かないカーブ。
ブラインド・コーナ・モニタ [blind corner monitor]　視認性補助装置。バンパの両側に埋め込んだCCDカメラによって，見通しの悪い交差点，T字路などの左右方向の状況をインパネのディスプレイ画面に映し出す。トヨタ車に採用。

ブラインド・スポット [blind spot]　死角。車の運転者から見えない部分。

ブラインド・スポット・アシスト [blind spot assist]　後側方車両（死角）検知警報装置の一種で，ダイムラー（MB）が2009年に採用したもの。24GHz帯のミリ波レーダをリア・バンパ・コーナに備えて並走する車やバイクなどを検出し，アウタ・ミラーの死角に入った場合にはミラーの赤い警告灯が光り，それに気づかずウインカを出して車線変更をしようとすると警告灯の点滅と警告音で注意を促す。進化版に，アクティブ・ブラインド・スポット・アシストがある。

ブラインド・スポット・インターベンション [blind spot intervention; BSI]　後側方車両（死角）衝突防止支援装置の一種で，日産が2014年に採用したもの。高速走行中などに隣の車線の車がアウタ・ミラーの死角に入っていて，それに気づかずに車線を変更しようとすると計器板とアウタ・ミラーの根元に設けた警報ランプが点灯し，さらにESCの働きで後輪の片側に制動をかけて車両の向きを元の車線に戻す方向に作動する。このため，リア・バンパにミリ波レーダを設けている。

ブラインド・スポット・インフォメーション [blind spot information]　後側方車両（死角）検知警報装置の一種で，ホンダが2013年にミニバンに採用したもの。24GHz帯のミリ波レーダをリア・バンパ・コーナ両側に設け，車両最外側から後方または側方ともに3m以内にいる車両を検出してアウタ・ミラー内にあるインディケータを点灯し，その方向にウインカが出されると警告音を発してドライバに注意を促す。さらにこのシステムを利用して，後退出庫サポート機能も追加している。

ブラインドスポット・インフォメーション・システム [blind-spot information system; BLIS]　後側方車両（死角）検知警報装置の一種で，ボルボが2007年に採用したもの。アウタ・ミラーの下部にデジタル・カメラを設け，ミラーの死角10mの範囲に追い越し車やバイクなどが入ると両側ドア・パネルの警告灯が点滅し，ドライバに注意を促す。2013年発表の進化版の場合，リア・バンパ内蔵の76GHz帯ミリ波レーダ・センサを備えて側方約3.5m，後方約70mという広範囲をスキャンすることが可能となり，警告は2段階で行われる。また，後方70mの範囲内に急接近してくる車両がいるとき，その方向へターン・シグナルを出すとLEDを点滅させるレーン・チェンジ・マージ・エイド（LCMA）や，リヤ・バンパ内蔵のレーダ・センサを利用して，視界の遮られた状況からバックで車両を発進させたとき，左右から来る車両を検知してアウタ・ミラーのインディケータが警告を発するクロス・トラフィック・アラート（CTA）も備えている。レーダの検知範囲は約80度，半径約30mの範囲をカバーできる。☞リア・クロス・トラフィック・アラート。

ブラインド・スポット・ウォーニング [blind spot warning; BSW]　後側方車両（死角）検知警報装置の一種で，日産が2013年に採用したもの。32km/h以上の速度で走行中，死角になりやすい後側方に車両が存在する場合，車線変更でウインカ操作時にブザー音と警報ランプによってドライバに注意を促す。後側方の車両確認は，リア・カメラで行う。これの進化版が，ブラインド・スポット・インターベンション。

ブラインド・スポット・モニタ [blind spot monitor; BSM]　後側方車両（死角）検知警報装置の一種で，レクサス等に採用されたもの。アウタ・ミラーの死角に存在する車をレーダで検知し，ドライバが気づかずにウインカを操作すると，アウタ・ミラーに内蔵されたインディケータが点滅して注意を喚起する。このため，リア・バンパ内に24GHz帯の準ミリ波レーダを2個搭載している。

ブラインド・ナット [blind nut]　袋ナット。一端が閉じたナット。

ブラインド・プラグ [blind plug]　盲栓。部品の加工穴などをふさぐ栓。＝ウェルシ〜。

プラウ [plough; plow]　すき。トラクタの後部につけて農耕に使うすき。

プラグ [plug]　①（穴をふさぐ）栓。例㋑スパーク〜。㋺ドレイン〜。②電路接続器具の差し込み側。相手はジャック又はリセプタクル。

プラグイン・ハイブリッド車（しゃ） [plug-in hybrid vehicle; PHV]　ガソリン・エン

フ

ジンと電気モータを用いたハイブリッド車（HV）において，外部充電との併用で電気モータのみの走行域（EVモード）を大幅に増やし，現行のハイブリッド車より環境負荷を抑えることを目的としたもので，ISOでは，「外部充電あり（externally chargeable）HEV」と呼んでいる。日常の通勤や買い物などに使用し，バッテリの充電は一般家庭の深夜電力を有効活用することを想定している。2014年現在，プリウスPHV（トヨタ），アウトランダーPHEV（三菱），アコードPHV（ホンダ），V60プラグイン・ハイブリッド（ボルボ），パナメーラS E-ハイブリッド（ポルシェ），BMWi8（BMW），ゴルフ・プラグイン・ハイブリッド（VW），A3 e-tron（アウディ），S550プラグインハイブリッド・ロング（MB）などのプラグイン・ハイブリッド車が発表または発売されている。また，プラグイン・ハイブリッド・バスの開発を日野自動車が行っており，2013年には，中型PHVバスの実証実験を東北地方で開始している。PHVはPHEVとも。☞複合燃費。

プラグ・ギャップ [plug gap]　プラグすき間。点火プラグの火花すき間。

プラグギャップ・ゲージ [plug-gap gauge]　プラグすき間計測器。ワイヤ式の丸ゲージと板ゲージがある。

プラグ・クリーナ [plug cleaner]　プラグ清浄器。一般に金剛砂を圧縮空気で吹きつけるサンドブラースト式が用いられ，テスタを組み合わしたものもある。

プラグ・ゲージ [plug gauge]　栓計器。量産部品の丸穴検査用工具で，一端が通り側，他端が止まり側になっている。

フラクショネーティング・タワー [fractionating tower]　（石油精製の）分留塔。

フラクチュエーション [fluctuation]　動揺，変動。作動が不安定なこと。

プラグ・テスタ [plug tester]　（点火）プラグの試験器。のぞき穴を設けた気密室にプラグを取り付け圧縮空気を入れた状態で発火状態を見る。

プラグ・レンチ [plug wrench]　（点火）プラグ脱着用ねじ回し。多く深いボックス・レンチになっている。

ブラケット [bracket]　腕木，腕金。張り出しだな。

プラサフ [primer surfacer]　プライマ・サーフェーサの略。

ブラシ [brush]　はけ，はけのようなもの。例㋑洗車用～。㋺塗装用～。㋩回転電機の集電～。

ブラシ・スプリング [brush spring]　ブラシ押さえばね。例ジェネレータやモータ類。

ブラシ・ホルダ [brush holder]　ブラシ支持具。アーム型と，枠型がある。

ブラシレスDCモータ [brushless direct current motor; BLDC motor]　整流子とブラシの代わりに，制御・駆動用の電源回路の組み込まれた永久磁石型同期モータ（PMSM）と同じ原理をもつ直流モータ。摩耗による寿命のあるブラシを電子回路に置き換えたもので，電動冷却ファン，AC用ブロア，スライド・ドア，ドア・ミラー，EPS等のモータから，ハイブリッド車のアシスト・モータ（ホンダIMAシステムなど）に至るまで，幅広く使用される。ブラシレスDCモータと永久磁石型同期モータは原理的には同じものであるが，インバータ内蔵で直流電流を流すものをブラシレスDCモータ，交流電源でそのまま同期，または別体式のインバータを使うものを永久磁石型同期モータと呼んでいる。☞薄型DCブラシレス・モータ。

ブラシレス・モータ [brushless motor]　ブラシのないモータ。ロータに永久磁石を使い，電機子を固定子にして電機子の電流を半導体で制御し，磁界を回すことで回転子を回転させるモータ。信頼性が高く，ノイズが小さい。

ブラス [brass]　しんちゅう，黄銅。銅と亜鉛の合金。

プラス [plus]　（正負の）正。（陽陰の）陽。（加減の）加。記号⊕。対マイナス。

プラス・アース [plus earth]　⊕接地方式。配線に際しバッテリの⊕極をフレームへアースするもの。マイナス・アース式に比べ少ない。

プラス・キャスタ [plus caster]　（キングピンのキャスタ）正キャスタ。ピンの頭が車の後の方へ傾いていること。積車および走行状態ではマイナスからプラス・キャスタに変化する傾向がある。
プラス・キャンバ [plus camber]　ホイールの上方が外側に傾斜して取り付けられている状態。＝ポジティブ～。対 マイナス（ネガティブ）～。
プラス・サイン [plus sign]　プラス記号，⊕。
プラス・スクリュ [plus screw]　十文字ねじ，ねじ頭の溝が十字形に切られたもの。プラス・ドライバ用ねじ。＝フィリプス～。
プラス・スレッド [plus thread]　右ねじ。時計回りで食い込むねじ。
プラスチゲージ [Plasti-gauge]　プラスチック糸を使ったすき間計器の商品名。軸受面にプラスチック糸を乗せて締めつけ，つぶれた幅の大小によってすき間寸法（オイル・クリアランス）を読むもの。例 クランクやコンロッド・メタルの組み立て作業。
プラスチック [plastic]　可塑（そ）性の，形成力のある。対 エラスチック。
プラスチックス [plastics]　可塑（そ）性物質。尿素樹脂，石炭酸樹脂，ビニル樹脂などの可塑（そ）性物質。例 バッテリ・ケース，ランプのレンズ，グリルその他各種部品。

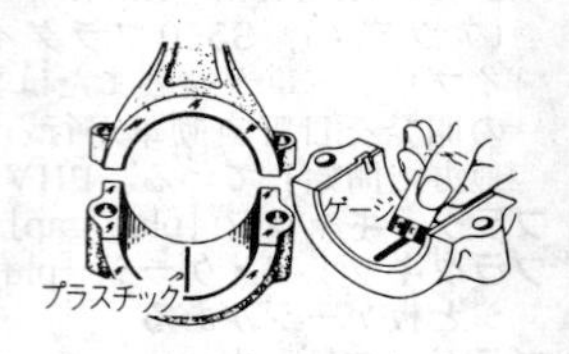

プラスチゲージ

プラスチック・ソルダ [plastic solder]　（塗装用パテ）プラスチックの下地修正材。
プラスチック・ディフォーメーション [plastic deformation]　塑性（そせい）変形。応力を与えられた物質に生ずる変形のうち，応力を取り去った後も残存する変形。対 エラスチック～。
プラスチック・パテ [plastic putty]　合成樹脂パテ。ポリエステル樹脂などを用いたもので速乾性があり，補修用に広く使用される。
プラスチック・ハンマ [plastic hammer]　プラスチック頭のハンマ。
プラスチック・フィラ・メソド [plastic filler method]　プラスチックによるすき間点検法。＝プラスチゲージ。
ブラス・ハンマ [brass hammer]　しんちゅう製金づち。
プラズマ [plasma]　真空中で，電離した電子と陽イオンが同じ割合で混じり合った状態。
プラズマ・アーク溶接（ようせつ） [plasma arc welding]　プラズマ・アークの熱を利用して行う溶接（溶断）。加工母材が電極のため導電性が必要だが，アークが直接届くため非常に高温の加工が可能。
プラズマクラスタ・イオン・エアコン [plasmacluster ion air-conditioner]　日産が2003年に採用した，イオンによる除菌エアコン。エアコン吹き出し口に取り付けた除菌イオン発生装置により除菌イオンを車室内に放出し，浮遊する雑菌やカビ菌を不活性化する。イオン発生装置はシャープの製品で，プラズマクラスタおよびプラズマクラスタ・イオンはシャープの商標。トヨタ，ダイハツなどでも採用。
プラズマ溶射（ようしゃ） [plasma spraying; plasma spray coating]　超高温，超高速のプラズマ・ジェットをエネルギー源として利用する溶射法。プラズマ・コーティングともいい，溶射材料を加熱・加速し，素地に吹き付けて被膜を形成することにより，高品質な被覆層が得られる。ピストン・リングの表面処理などに利用されていたが，日産が2007年に発売したGT-Rのエンジンの場合，アルミ・ブロックはライナレス構造とし，プラズマ・コーティングにより，ボア表面に0.15mmの低炭素鋼被膜を形成している。
プラス・ラップ [plus lap]　正の重なり。例 バルブ・タイミングで，排気バルブが閉じ終わらない先に吸気バルブが開き始め，両バルブの開きが重なること。＝オーバラップ。対 マイナス～。
プラチナム [platinum]　金属元素の一つ白金。Pt。例 排気ガス浄化用触媒。

プラチナム・キャタライザ [platinum catalyzer]　白金触媒。例 排気ガス浄化用コンバータにおいてガスの酸化促進に用いる。
ふらつき運転検知機能（うんてんけんちきのう） [doze drive detection]　居眠り運転や脇見運転による車のふらつきを車両の挙動から検知し，ドライバに警報を発する機能。カーナビを利用し，ヨー・レート・センサや車速センサ等からの情報により，警報音や画面表示を行う。ホンダが1997年に世界で初めて開発した。
ふらつき警報装置（けいほうそうち） [zigzag warning system]　居眠り運転や脇見運転による車のふらつきを車両の挙動から検出し，ドライバに警報を発する装置。居眠り警報装置と同義語で，ふらつき運転検知機能（ホンダ），ドライバ・モニタ付きプリクラッシュ・セーフティ・システム（トヨタ），ふらつき警報（スバル，日産），アテンション・アシスト（MB），MDAS（三菱ふそう），運転集中度モニタ（いすゞ），ドライバ・モニタ・システム（日野）などがある。
フラッグ・シップ [flag ship]　①旗艦（最高司令官が乗艦して艦隊の指揮をとる）。②自動車メーカが生産する車の中で，メーカを代表する車種。例 ～モデル，～カー。
フラックス [flux]　①電磁気では電力束，磁力束，磁束。②輻（や）金では融材，溶剤，鍛合剤，接合剤。例 ㋑ほう砂。㋺ハンダ付け用塩化亜鉛，ペースト。
フラックス・スクリュ [flux screw]　（カーボンパイル式電圧調整器の）磁束調整ねじ。これを締めこむと出力電圧が低下する。
ブラック・スモーク [black smoke]　（ディーゼルなどの）排出黒煙。
ブラックトップ・ロード [blacktop road]　アスファルト舗装道路。
ブラック・ナット [black nut]　①黒皮ナット。②緩み止めナット。＝チェック～。
ブラックライト [black-light]　黒灯，紫外線を出す不可視光線灯。蛍光物質に当てると蛍光を発する。例 蛍光探傷装置。
ブラックレッド [black-lead]　黒鉛，石墨。＝グラファイト。
ブラック・ワッシャ [black washer]　黒皮座金。
フラッシャ¹ [flasher]　灯火の自動点滅装置。例 ㋑ターンシグナル用。㋺パトカーや救急車のビーコン・ライト。
フラッシャ² [flusher]　（水で洗い流す）洗車装置。
フラッシャ・リレー [flasher relay]　点滅式方向指示器の点滅自動スイッチ。
フラッシュ¹ [flash]　①閃（せん）光を発する，閃光。②きらきら反射する。
フラッシュ² [flush]　①どっと流れる。②同じ高さにする，同平面の。例 ～サーフェース。
フラッシュオーバ [flashover]　せん絡。絶縁物の表面に沿って起こる短絡放電。例 点火プラグのがい子表面に沿ってスパークが飛ぶこと。
フラッシュ・サーフェイス [flush surface]　ボデー外面上にある構成部分間の段差を少なくし，見栄えと空力特性を向上させる表面構造。
フラッシュ・バット・ウェルディング [flush butt welding]　突き合わせ火花溶接。溶接物を突き合わせて大電流を通し，そこに生ずる火花の熱で溶接される一種の抵抗溶接法。
フラッシュ・ポイント [flash point]　引火点。燃料又は引火性のある物質が引火しうる最低温度。例 ガソリンは0℃以下，灯油は30℃以上くらい。
フラッシュ・メモリ [flash memory]　電気的方法によりメモリを一括消去し，再書き込みが繰り返し可能な半導体メモリ。電源を切っても記憶が保持される。
フラッシング¹ [flashing]　閃光。ぴかぴか輝く，きらめく。例 緊急自動車のビーコン・ライト。
フラッシング² [flushing]　配管系内部を流体を用いて洗浄すること。
ブラッシング [brushing]　かぶり，曇り。吹き付け塗装面が白くぼけたりすること。雨天など湿気の多い日の塗装に起こりやすい。
フラッシング・オイル [flushing oil]　洗浄用の油（液）。例 エンジン～。

フラッシング・ポイント [flashing point]　☞フラッシュ～。

フラッタ [flutter]　ばたばたすること。例①ピストン・リングがその溝に対し緩い場合に起こるばたつき。②前車輪が左右に首振りする振動。

フラッタリング・ツール [flattering tool]　平へし（当て金具）。慣らしづち。鍛造品を平たくするへし。

フラッタ・レジスタ [flatter resistor]　平衡抵抗器。例ボルテージ・レギュレータにおいて，出力電圧の変動を防ぐように働く抵抗器。

フラット [flat]　①平らな，平坦な，均一な。②タイヤのパンク。

フラッド [flood]　あふれさせる，みなぎらせる。例エンジンのかかりをよくするため気化器にガソリンをあふれさせること。

プラッド [prod]　突き棒，刺し棒。例サーキット・テスタなどの触針。

フラット・キー [flat key]　平キー。く形断面のテーパ・キー。

フラット・ゲージ [flat gauge]　平ゲージ，板ゲージの類。

フラット・ケーブル [flat cable]　平型組配線。被覆した電線を並列に成形したもので，新しいワイヤ・ハーネス（W／H）として一部車種のボディ回りに採用されている。従来のW／Hと比較して軽量・省スペースで生産性がよく，放熱性に優れ，取り付け作業も容易で表皮はリサイクル可能な樹脂を使用している。特にLEDランプを使用した場合，消費電力は少ないが制御回路まで含めた熱の発生のために冷却部品が必要となるため，回路自体に放熱性のあるこのハーネスは適している。フラット・タイプ・ワイヤ・ハーネスとも。

フ

フラット・スポット [flat spot]　①エンジンを加速するときミスして失速すること。始動直後に起こりやすい。②長期間放置した車のタイヤの接地部分が平らになること。走行すると自然に解消される。

フラット・タイヤ [flat tire]　パンクしてぺしゃんこになったタイヤ。

フラット・チズル [flat chisel]　平たがね。はつり工具。

フラット・トルク [flat torque]　均一なトルク。回転速度の変化にかかわらず余り変化しないトルク。

フラット・トレッド [flat tread]　（タイヤの）トレッドが平滑な状態。摩耗してパターンがなくなった坊主タイヤ。

プラットフォーム[1] [platform]　車台。エンジンやトランスミッション，伝達駆動装置，ステアリング装置等の組み合わせを指す。自動車メーカ各社は，生産コストの削減とモデルの多様化を目指して，プラットフォームの大幅な削減を行っている。

プラットフォーム[2] [platform]　スノー・タイヤのトレッドの数か所に設けた，新品溝の50%の深さを示す摩耗指標段のこと。雪上使用の安全限界の目安としている。

プラットフォーム・カー [platform car]　平台のトラック。

プラットフォーム・ボデー [platform body]　平らな床板を基盤として組み立てられたモノコック・ボデーのことで，コンパクト・カーに多く見られる。

フラット・フォロア [flat follower]　平面従動節。例カムフォロアであるタペットのカム接触面が平面なもの。＝フラット・エンド。

フラットベース・リム [flat-base rim]　（タイヤの）平底リム。例トラック。

フラットヘッド・タイプ [flat-head type]　①（ピストンの）平頭型。②米俗Lヘッド（サイドバルブ）型エンジン。

プラットホーム [platform]　☞プラットフォーム。

フラットレート・マニュアル [flat-rate manual]　標準作業時間表。

フラッパ [flapper]　ばたばたするもの。例気化器のチョーク・バルブにある自動空気弁。＝ポペット・バルブ。

フラッパ・バルブ [flapper valve]　入力軸に連動するフラッパがノズルを開閉することによって油圧を制御するバルブ。例フラッパ・バルブ式パワー・ステアリング。

フラップ [flap]　①競走用自動車などに付加するウイングの後端に取り付け，風圧で揚力を押さえる装置。②（リムの）当て帯。チューブを保護する帯。

プラトウ・ホーニング [plateau honing] シリンダ内面などのホーニング加工において，プラトウ（台地）形状の摺動面を形成するようにホーニングすること。オイルの保持溝を粗加工後に摺動平面を鏡面仕上げするもので，フリクション低減策のひとつ。

プラトウ領域（りょういき） [plateau area] 二次電池において，出力を安定的に取り出せる領域。これは，電池の満充電状態（SOC＝100％）から完全放電状態（SOC＝0％）までの間で，例えば日産の電気自動車（リーフ）のリチウムイオン電池の場合，SOC（充電率）80～30％くらいの範囲で充放電を繰り返して使用することが推奨され，こうすることにより，電池のサイクル寿命を延ばすことができる。したがって，満充電をしたり，完全放電するまで使い切ったりして急速充電などを繰り返していると，電池の寿命を大幅に縮めてしまうおそれがある。

プラネタリ [planetary] ①惑星のような。②惑星（遊星）運動装置の。

プラネタリ・ギヤ [planetary gear] 遊星歯車。中心となるサン・ギヤの周辺を自転しながら公転する歯車。例 ㋑AT車の減速歯車。㋺4WD車のセンタ・デフ。

プラネタリ・ギヤリング [planetary gearing] 遊星歯車装置。サン・ギヤ，プラネタリ・ギヤ，キャリア，リング・ギヤ等からできている。

プラネタリ・ピニオン [planetary pinion] 遊星小歯車。＝～ギヤ。

プラネット [planet] 遊星，惑星。例 プラネタリ・ギヤ。

プラミット [plummet] （鉛直を見る）下げ振り。＝プラム・ボブ。

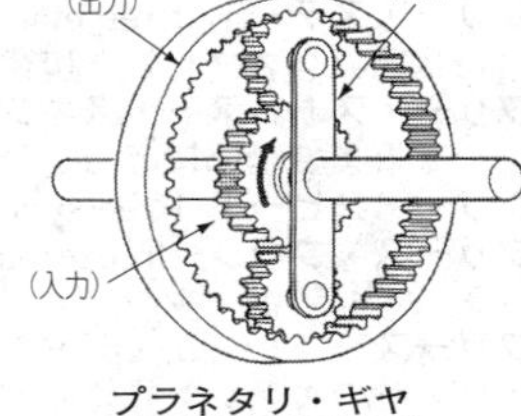

プラネタリ・ギヤ

プラム・ボブ [plumb bob] （鉛直を見る）下げ振り。＝プラミット。

プラン [plan] ①計画，案，やり方。②設計図，図面。

フランク [flank] 横腹，わき腹，側面。例 ギヤの歯元の面。

ブランク [blank] ①深絞り加工によって膨らんでいる部分。②空白，未加工のもの。

フランク・コンタクト [flank contact] （歯の当たりで）歯元当たり。かみ合いが深過ぎて歯元で当たる状態。

フランジ [flange] つば，つば金，突縁。例 フライホイール取り付け用～。

フランジ・カップリング [flange coupling] つば継手，フランジ継手。

プランジャ [plunger] （突き動かされる）棒，棒ピストン。例 ㋑タペット。㋺噴射ポンプの押し棒。

プランジャ・ポンプ [plunger pump] 棒ピストン式ポンプ。例 ㋑ディーゼル噴射ポンプ。㋺一部のオイル・ポンプ。

ブランチ・パイプ [branch pipe] 分岐管，枝管。＝マニホールド。例 吸気マニホールド。排気～。

ブランチ・ボックス [branch box] （配線の）分岐箱。＝ジャンクション～。

フランチャイズ [franchise] ①特許，特権。②（自動車などの）一手販売権。

プランテ [*Plante Raimond Louis Gaston*] 仏 1834～1889。フランスの電気学者。1859年鉛バッテリを発明。

プランテタイプ・プレート [plante-type plate] プランテ式極板。鉛板を電気化学処理して作る極板であるが効率が悪いので現在使用しない。☞フォーレタイプ～。

プラント [plant] 装置，設備，製造工場。例 パワー～。

ブラント・プローブ [blunt probe] 先端の鋭くない探り針。

プランフォーム [planform] 平面図。例 上から見た車の輪郭。

プリ [pre] 前，先，あらかじめなどの意。＝プレ。

フリー［free］　自由。拘束されない状態。例ギヤの中立状態。
フリーウェイ［freeway］　米高速自動車道。交差点，踏切，その他交通上の障害のない直通道路。一般に無料。
フリー・カーボン［free carbon］　遊離炭素。例不完全燃焼で出る黒煙。
フリー・ギャップ［free gap］　遊びのすき間。
フリー・キャンバ［free camber］　（板スプリングの）自由状態での反りの程度。
プリイグニション［preignition］　☞プレ〜。
ブリーザ［breather］　呼吸するもの。通気装置。例エンジン・クランクケースの呼吸管。
ブリーザ・チェック・バルブ［breather check valve］　通気防逆弁。
ブリーザ・パイプ［breather pipe］　呼吸管，通気管。
ブリーザ・プラグ［breather plug］　換気栓。機械の作動による内部圧力の上昇を抑える。例リヤ・アクスル・ハウジング〜。＝ブリーザ。☞ブリーダ〜。
ブリーザライザ［breathalyzer; 〜lyser］　呼気による体中アルコール分測定器の商品名。飲酒運転取り締まり用検査機器。
フリー・ステート［free state］　自由状態。例㋑ピストン・リングをシリンダへ入れない状態。㋺スプリングに荷重をかけない状態。
フリー・ストレスト・スキン［fully stressed skin］　（ボデー）全応力外皮構造。屋根や側板まで全部に応力を分担させる構造。＝モノコック。
フリー・スピード［free speed］　惰行速度。
フリーズ・プラグ［freeze plug］　（鋳物の砂抜穴をふさぐ）盲栓，盲ぶた。＝ウェルシ〜，コアホール〜。
フリーズ・フレーム・データ［freeze frame data］　車載のダイアグノーシスが，異常検出時のエンジン状態などをダイアグノーシス・コードに記憶したデータ。診断ツールを接続し，その記憶データを呼び出して故障診断を行う。☞OBD。
ブリーダ［bleeder］　（油圧装置の）液抜き。空気抜き装置。例クラッチのリリース・シリンダやブレーキ・シリンダに附属しているエア抜きねじ。
ブリーダ・スクリュ［bleeder screw］　（油圧装置の）液（又はエア）抜きねじ。
ブリーダ・プラグ［bleeder plug］　油圧装置等の配管に混入した空気を排出するための栓。エア抜きねじ。例㋑ブレーキ・ホイール・シリンダ〜。㋺クラッチ・リリース・シリンダ〜。☞ブリーザ〜
フリート［fleet］　①輸送車の車隊。自動車隊。②同一所有者に属する全車両。
ブリード［bleed］　①（ブリード穴から）流出させる。流入させる。②一般にはブリード穴そのもの。例エア〜。
ブリード・エア［bleed air］　ブリード穴から入る空気。
フリート・オーナ［fleet owner］　多くの運送車両を持つ業者。
ブリード・スクリュ［bleed screw］　（油圧装置の）液抜口の開閉ねじ。
ブリード・ホール［bleed hole］　①（油圧装置の）液抜き口，空気抜き口。②気化器のブリード・エアの入り口穴。
フリー・トラベル［free travel］　（ペダルなどの）空動き，遊び動き。
プリーナム・チャンバ［plenum chamber］　（ガスなどの）充満室。例クーラやヒータで冷気又は熱気が充満する室。
フリーバルブ・メカニズム［free-valve mechanism］　（エンジンの）自由弁機構。バルブが開かれるとばね力がバルブにかからなくした装置。バルブの回転を促進して偏摩耗を防ぐ。
フリーハンド［freehand］　手で書いた。定規やコンパスを用いず手書きの。
フリー・ピストン［free piston］　コンロッドやクランクシャフトなどによって，ストロークを機械的に拘束されていない自由なピストン。例ガス封入式ショック・アブソーバのガス室とオイル室の間のピストン。☞モノチューブ・ダンパの図参照。

フリー・プレー [free play] 自由な動き，遊び動き。＝フリー・トラベル。

フリーホイーリング [freewheeling] 自由輪機構。動力の伝達を断ったとき原軸と関係なく自由回転する機構。例 ㋑スタータのピニオン。㋺オーバドライブ装置。㋩トルク・コンバータのステータ。㊁一部自動車の変速機出力軸。

フリー・ホイール [free wheel] 自由輪。同前。

フリー・ホイール・キー・シリンダ [free wheel key cylinder] 車両の盗難防止（カー・セキュリティ）システムの一つ。ドアやトランク（ラッゲージ）をその車以外のキーやドライバなどでキーを回そうとしても，ロックが解除できないようにした機構。

フリー・ホイール・ハブ [free wheel hub] パート・タイム4WD車で，アクスルとホイールの動力伝達を必要に応じて断続するハブ（クラッチ機能を有する装置）。＝ロッキング～。

フリー・ランニング・タイム [free running time] ☞空走時間。

フリー・ランニング・ディスタンス [free running distance] ☞空走距離。

フリー・レードン [fully laden] 最大積載状態。

フリー・レングス [free length] 自由長。例 ばねの自由状態の長さ。

プリウスPHV [Prius plug-in hybrid vehicle] 充電式ハイブリッド車の車名で，トヨタが2012年に発売したもの。この車は通常のハイブリッド車の電源バッテリの容量を大きくして外部充電を取り入れ，電気自動車（EV）としての走行距離を大幅に増やしたもので，電池のみでの走行可能距離は26.4km（JC08モード）。総電圧207.2V，総電力4.4kWhのリチウムイオン電池を搭載して最高出力60kW，最大トルク207Nmのモータを駆動しており，電力消費率（電費）は8.74km/kWh，複合燃費は61.0km/ℓ（同）。電池を使い切ってEV走行が不可能になった場合や急加速時には，エンジンを併用してハイブリッド車として走行する。トヨタでは，この車にスマート・フォンと連携する「eConnect」機能を搭載したPHVドライブ・サポートを導入して，充電状況や充電ステーションに関する情報提供や，エアコンの遠隔操作を可能にしている。

ブリキ [*blik*] 和 鉄板の表面にすずのめっきを施したもの。

フリクショナル・レジスタンス [frictional resistance] 摩擦抵抗。摩擦の合力として現れる抵抗。最近のエンジンやタイヤなどでは，回転・摺動部分の摩擦抵抗を低減して性能向上や省燃費等を図っている。例 ピストン・スカート部の樹脂コーティング。

フリクション [friction] 摩擦。物体が他の物体と接触して運動し，又は運動しようとするとき，両物体間に運動を阻止しようとする力が作用し，その原因となるものを摩擦という。

フリクション・ウェルディング [friction welding] 摩擦圧接溶接。接合する両部材の相対運動によって接合界面に摩擦熱を発生させ，界面の高温部を加圧によって押し出して接合する溶接。

フリクション・ギヤ [friction gear] 手動式変速装置において，ギヤのバックラッシュによるガタ打ち音を防止するため，ギヤの側面に取り付ける補助ギヤ。これによりギヤのバックラッシュが0となり，騒音が減少する。

フリクション・クラッチ [friction clutch] 摩擦式クラッチ。面の摩擦を利用して動力の断続をするクラッチ。

フリクション・ブレーキ [friction brake] 摩擦式ブレーキ。

フリクション・プレート [friction plate] 摩擦板。例 多板式クラッチの～。

フリクション・ロス [friction loss] 摩擦損失。機械各部の摩擦により，熱となって生じるエネルギー損失。例 エンジンの燃費向上や排気ガス低減のため，エンジン各部の摩擦抵抗を低減し，フリクション・ロスを少なくしている。

プリクラッシュ・インテリジェント・ヘッドレスト [pre-crash intelligent head restraint] ☞後方プリクラッシュ・セーフティ・システム。

プリクラッシュ・シート・バック [pre-crash seat back]　衝突に備えてリクライニングしているシートを引き起こすもので，トヨタが2009年に採用した衝突被害軽減技術の一つ。前・後方に設けたミリ波レーダで車両などの接近を検知し，衝突の可能性が高いと判断した場合にはリクライニングしている後席のシートを起こし，シート・ベルトやエアバッグが機能を発揮できるようにしている。

プリクラッシュ・シート・ベルト [pre-crash seat belt; PSB]　衝突予知安全装置で用いるシート・ベルト。衝突直後に作動するプリテンショナ機構に加え，衝突前でもプリクラッシュ・センサが衝突不可避を判断してベルトを電動モータで早期に巻き取り，乗員の拘束性能を高めるもの。電動リトラクタ式シート・ベルトとも。

プリクラッシュ・ステアリング・アシスト [pre-crash steering assist]　衝突の可能性が高いとシステムが判断した場合，ドライバのステアリング回避操作があればVDC（横滑り防止装置）特性を変更して旋回性能を高め，ステアリングでの回避操作をアシストする制御。スバルが2014年に新型車に採用したもので，VDCにはアクティブ・トルク・ベクタリング機能が追加されており，旋回時にVDCにより前輪内側輪にブレーキをかけ，相対的に外側の駆動力を大きくすることで（アンダステアを抑制することで）旋回性能を高めている。

プリクラッシュ・セーフティ・システム [pre-crash safety systems]　衝突予知安全装置。衝突が避けられないような状態をステアリングやブレーキの操作状況，カメラやミリ波レーダなどで検知し，ペダルの踏み込みに応じて早期に制動力を補助したり，自動的にブレーキを作動させたり，エア・バッグやプリテンショナ・シート・ベルトを事前に作動させるなどして被害を軽減するもの。追突の場合には，ヘッドレストを前方へ移動させるなどしてむち打ち被害を軽減する。この装置は2003年にトヨタとホンダが初めて採用し，その後，大型トラックにも導入された。例 ㋑ドライバ・モニタ付きプリクラッシュ・セーフティ・システム（トヨタ）。㋺追突軽減ブレーキ（CMS）＋E-プリテンショナ（ホンダ）。㋩インテリジェント・ブレーキ・アシスト＋プリクラッシュ・シート・ベルト（日産）。

プリクラッシュ・ブレーキ [pre-crash brake]　衝突予知安全装置で用いる，緊急自動ブレーキ。レーダやカメラなどのプリクラッシュ・センサが衝突の危険性があると判断した場合，ブザー音とメータ内ディスプレイ表示でドライバに危険を知らせ，それでも衝突が避けられないと判断した場合には自動ブレーキを作動させ，衝突速度を低減する。

プリクラッシュ・ブレーキ・アシスト [pre-crash brake assist]　衝突予知安全装置で用いる，ブレーキ助勢装置。トヨタ，ダイハツ，スバルなどが採用したもので，ブレーキ・ペダルを踏む前にプリクラッシュ・センサが衝突不可避を判断し，ブレーキの踏み込みが急速度でない場合でも踏み込みと同時にアシストを作動させることで大きな制動力を発生させ，衝突速度を低減している。

プリクラッシュ・プロテクション [pre-crash protection]　後方からの追突時に，乗員を保護する装置。ボルボが2014年に採用したもので，後方レーダが衝突の危険を察知すると乗員を適切な位置に固定するため，シート・ベルトが自動で巻き上げられる。さらに，テール・ランプが点滅して後方車両に注意を促すと同時に，乗員の衝撃を減らすためにブレーキが作動する。

プリザーバ [preserver]　保護者，保護装置。例 エンジン回転中誤ってスタータのスイッチを入れても作用しなくしてある装置。

プリザーバ・スイッチ [preserver switch]　保護スイッチ。例 エンジン回転中は無効となるようにしたスタータ・スイッチ。

ブリスタ [blister]　水ぶくれ，火ぶくれ，こぶ。例 ㋑タイヤの砂こぶ。㋺塗面のふくれ。

ブリスタ・フェンダ [blister fender]　幅広タイヤを装着するために，タイヤ周辺部の車体をふくらませたフェンダ。

ブリスタリング [blistering]　（塗装面の）ふくれ。

プリストローク制御式（せいぎょしき） [pre-stroke control system]　インジェクション・ポンプのプランジャ上にしゅう動できるタイミング・スリーブを設け，プランジャの上昇時にインレット・ポートをタイミング・スリーブで覆う噴射始めまでの行程（プリストローク）を調整できるようになっている。

プリストローク制御式インジェクション・ポンプのプランジャ

プリズム [prism]　光学プリズム。光の分散や方向転換に用いるガラス。例ヘッドライト照明の配光用レンズ。

プリズン・バン [prison van]　囚人護送車。

プリセット [preset]　あらかじめ設定した。予定の。

プリセット・トルク・レンチ [preset torque wrench]　あらかじめ締め付けトルクを設定できるレンチ。所定トルクに達すると自然にフリーになる。

プリチャージ機能付（きのうつ）き真空式制動倍力装置（しんくうしきせいどうばいりょくそうち） [vacuum servo brake booster wih precharging system]　真空式制動倍力装置において，トラクション・コントロールおよびESC（横滑り防止装置）作動時のプリチャージ用として，プリチャージ・ソレノイド・バルブ，ブーツ，サブプレートおよびサブダイアフラムを追加した構造のもの。これにより補助変圧室が形成され，トラクション・コントロールおよびESC作動時には補助変圧室に大気が導入され，制動力が発生する。すなわち，駆動輪がスリップしたり，横滑りが発生したときなどには，安全のためにブレーキが自動的に作動する。

フリッカ [flicker]　ちらちらする，ちらちらする光。例パソコンやテレビ画面（車載ディスプレイ）のちらつき。

ブリック [brick]　れんが，れんがのような砥石。

プリック・パンチ [prick punch]　穴空けポンチ。

ブリック・ロード [brick road]　れんが舗装道路。

ブリッジ [bridge]　①橋，橋梁。橋のようにかけたもの。②（故障）電橋。橋絡。例点火プラグの両極間に汚物が付着して発火しなくなること。

ブリッジ・サーキット [bridge circuit]　ブリッジ配線。4個の抵抗あるいはリアクタンスなどの素子で閉回路をつくり，その対角線の方向に当たる接続点の一組に電源や入力，他の一組に計器や負荷を接続した回路。例オルタネータのダイオード整流回路。☞ホイートストン・ブリッジ。

ブリッジ・レクチファイヤ [bridge rectifier]　ブリッジ整流回路。整流素子をブリッジ回路に組むことにより交流周波の全波整流を行う方法。例④オルタネータの整流装置。回二輪用マグネトーの整流装置。

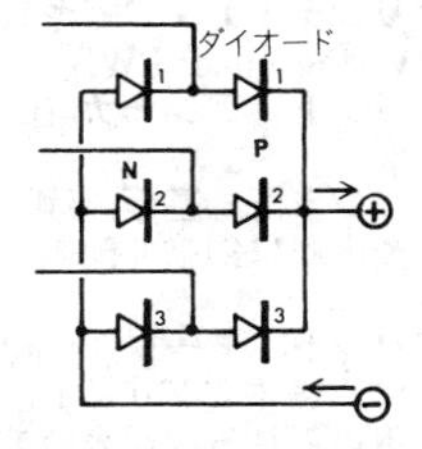

ブリッジ・レクチファイヤ

フリップフロップ回路（かいろ） [flip-flop circuit]　半導体記憶装置に利用される電気回路で，信号によって二つの可能な回路状態のうち，どちらか一方を安定した状態で維持する回路。例コンライト・システム。

フリップフロップ性（せい） [flip-flop]　車の塗色が見る角度により明度が変化する現象。主に高級車の塗装に用いられるもので，カラー・フロップ性，フロップ性ともいう。

ブリティッシュ・サーマル・ユニット [British Thermal Unit; BTU]　英熱単位。1BTUは1lbの水の温度を1°F上げる熱量。約1/4kcal。

プリテンショナ [pretensioner]　予め張力を加える装置。

プリテンショナ付（つ）きシート・ベルト［pretensioner seat belt］　予め張力を加える機構を備えたシート・ベルト。衝突時にシート・ベルトを瞬時に巻き取り，乗員の初期拘束効果を高めるもの。巻き取りの動力源として，点火装置（スクイブ）を使用したものもある。＝プレローダ付き～。

プリテンショナ&フォース・リミッタ付（つ）きELR（イーエルアール）シート・ベルト［emergency locking retractor seat belt with pretensioner and force limiter］　シート・ベルトに緊急時ロック機構（ELR），予張機構（プリテンショナ）および荷重制限機構（フォース・リミッタ）を組にして備えた安全性の高いもの。ロード・リミッタ付きプリテンショナELRシート・ベルトとも。

ブリネル硬（かた）さ［Brinell hardness］　硬さ記号 H_B。材料の硬さを表す量の代表的なものの一つ。ISOに規定された超硬合金球を規定荷重で押しつけたときにできる窪みの表面積を測定する。

ブリネル・ハードネス［Brinell hardness］　ブリネル硬度計による硬度。

プリプリペアード・レストレインツ・システム［pre-prepared restraints system; PRS］　衝突安全装置の一種で，ボルボが2009年に採用したもの。シティ・セーフティ（低速型自動ブレーキ）用のレーザ・センサが前方車両との衝突の危険性を察知すると他の車載技術と連携し，エアバッグやロード・リミッタ付きシート・ベルトの作動を事前に準備して，安全装備の乗員保護効果を最大限に高めている。

プリプレグ［prepreg］　炭素繊維に熱硬化性樹脂（主にエポキシ樹脂）を含浸させて成形したシート状の材料。炭素繊維強化樹脂（CFRP）の中間材料で，レーシング・カーやスポーツ・カーの車体などに用いられる。成形後に焼成するためのオートクレーブ（高圧釜の一種）のような大きな設備を要するため，生産性の低いのが難点。熱硬化プリプレグとも。☞PCM，RTM。

プリベンティブ・メンテナンス［preventive maintenance］　予防整備。性能を維持し故障を未然に防ぐため行う整備作業。

ブリンカ［blinker］　明滅信号灯。例 方向指示器。＝ウインカ，フラッシャ。

プリンテッド・アンテナ［printed antenna］　ウインドウ・ガラスに焼き付けされたラジオやテレビ用のアンテナ。＝プリント～。

プリンテッド・サーキット［printed circuit］　印刷回路。不導体の基板上に印刷された銅はくの回路。例 運転席計器板配線。＝プリンテッド・ワイヤ。

プリンテッド・サーキット

プリンテッド・ワイヤ［printed wire］　☞プリンテッド・サーキット。

プリンテッド・ワイヤリング・ボード［printed wiring boad; PWB］　☞プリント配線基板。

プリント・アンテナ［print antenna］　☞プリンテッド～。

プリント配線基板（はいせんきばん）［printed circuit boad; PCB］　絶縁物の基板の外層や内層に銅箔で配線パターンを作成したもの。＝プリンテッド・ワイヤリング・ボード。

プリント・モータ［print motor］　印刷式モータ。絶縁体の円板の両側にコイルに相当する導体をプリント配線したものを電機子とするモータで，界磁はフェライト磁石が用いられる。従来のモータとは異なり巻き尺のように薄型である。

フル［full］　①満ちた，一杯。②満員。③完全な。

フル・アドバンス［full advance］　全進状態。例 点火を早めた状態。

プルイン・コイル［pull-in coil］　引っ込みコイル。電磁スイッチ類において，可動鉄芯の引っ込みに使用する線輪。例 ④スタータのマグネチック・スイッチ。㋺オーバドライブ用ソレノイド。

ブルーアム [brougham]　（ボデー・タイプ）客室は箱型で運転室はほろ型。運転席に屋根のない変わり型。＝ブロアム。

ブルー・スモーク [blue smoke]　（排気などの）青煙。例オイル上がりなどの場合。

ブルーテック [BLUETEC]　MBがクリーン・ディーゼル・エンジンに採用した，NO_x（窒素酸化物）を還元する後処理装置。これにはフェーズ1とフェーズ2があり，前者の場合にはDeNO_x（NO_x還元）触媒とSCR（選択還元）触媒を併用したもので，燃焼中に発生するアンモニアを還元剤としてNO_xを無害な窒素と酸素に還元している。後者では，アンモニアを発生させる「AdBlue（アドブルー）」と呼ばれる尿素水を排気ガス中に噴射させることにより，EUの「Euro6」，米カリフォルニア州の「Tier2 Bin5」，日本の「ポスト新長期排出ガス規制」等の排出ガス規制をクリアしている。ブルーテックは「青空を取り戻す技術」を意味する造語で，MB，VW，アウディの3社が同盟を組んで同一名称を使用している。☞NO_x吸蔵アンモニア生成・還元触媒。

フルーテッド・ナット [fluted nut]　菊ナット，溝付き割ピン入りナット。

フルード [fluid]　液体，流体，作動油。例㋑～カップリング。㋺ブレーキ～。㋩オートマチック・トランスミッション～。

ブルートゥース [Bluetooth]　携帯電話を利用して電気製品を音声で操作する（携帯電話とコンピュータを結びつける）短距離無線デジタル・データ通信技術。エリクソン（スウェーデン），ノキア（フィンランド），IBMとインテル（米国），東芝（日本）の5社が主体となって1998年から開発に着手したもので，2.4GHz帯の微弱な無線電波を利用した次世代型のデータ通信方式。車内でエアコン，オーディオ，カー・ナビゲーションなどの操作用に開発が進んでおり，日産のCARWINGSやトヨタのG-BOOK ALPHAなどのカー・テレマティクス（車載通信システム）における携帯電話と車載ユニットとの接続や，ハンズフリー電話などに利用されている。「Bluetooth」は，Bluetooth SIG, inc., U. S. A.の商標。ブルートゥース（青い歯）とは，10世紀の伝説のバイキング王の名前（ハラルド・ブルートゥース）で，ノルウェーとデンマークの2国を無血統合した英雄に由来している。

フルード・カップリング [fluid coupling]　流体継手。流体クラッチ。流体を介して動力的断続を行う装置。回すポンプ翼車と回されるタービン翼車とを抱き合わせ流体（オイル）の中に収めたものである。

フルード・カップリング式（しき）ファン [fluid coupling type fan]　シリコーン・オイル等の潤滑油を介して駆動するエンジン冷却ファン。高速回転時の馬力損失や騒音の低減，オーバ・クール防止等を狙っている。☞サイレント～。

フルード・クラッチ [fluid clutch]　流体継手。流体クラッチ。例フルード・カップリング。

フルード・サスペンション [fluid suspension]　流体懸架法。空気圧と液圧とを組み合わした流体ばね装置。

フルード・ダイナモメータ [fluid dynamometer]　流体動力計。水動力計。ブレーキ動力計の一種で正味馬力の測定に用いる。例フロード～。

フルード・ドライブ [fluid drive]　流体伝動。流体を介して動力を伝達する方式。例㋑フルード・カップリング。㋺トルク・コンバータ。㋩粘性式ファン。

フルード・フライホイール [fluid flywheel]　流体はずみ車。流体クラッチを内蔵するはずみ車。例㋑フルード・カップリング。㋺トルク・コンバータ。

フルート・リーマ [flute reamer]　溝付き直刃リーマ。

プルービング・グラウンド [proving ground]　（新しい装備，理論などの）実験場。例各種の道路状態を備えたメーカの実験場。

ブルーリボン・シティ・ハイブリッド [Blue ribbon city hybrid]　ハイブリッド・システムを搭載した路線バスで，日野自動車が2005年に発売したもの。ハイブリッド・システムは日野が独自に開発したパラレル方式で，2010年にはディーゼル・エンジンを平成22年（ポスト新長期）排出ガス規制に対応させ，ハイブリッド・システムも刷新している。電源バッテリ（ニッケル水素電池）等を一つにまとめたPCUや新開発の電動パッケージ・クーラを屋根上に設置して，アイドル・ストップ中でもハイブリッド・バッテリで電動コンプレッサを駆動している。ディーゼル・エンジンは7.7ℓ，206kW（280ps），変速機は5速のAMT（自動化機械式変速機）を搭載し，都営バスを始め，私鉄各社や地方自治体の路線バスなどで採用されている。

フルエリプチック・スプリング [full-elliptic spring]　（板ばね）全だ円型ばね。シャシばねの一形式であるが現用するものはほとんどない。

フルオート・エアコン [full automatic air conditioner]　☞オートマチック・エア・コンディショナ。

フルオート・チョーク・システム [full automatic choke system; FACS]　日産のNAPS-Zの自動チョークで，暖機運転中にファスト・アイドルが作動して上がっていたエンジン回転が，暖機とともに自動的に下がってくる機構。☞PFAC。

フルオート・フルタイム式（しき）フォー・ダブリュ・ディー（4WD） [full automatic full-time four-wheel drive]　ビスカス・カップリングを使用した日産の4WD車。

フルオートマチック・コントロール [full-automatic control]　全自動式制御。全自動操縦。例 ㋑点火時期の進退。㋺チョーク・バルブの開閉。

プルオフ・スプリング [pull-off spring]　引き戻し用ばね。

フルオレセント・チューブ [fluorescent tube; FLT]　☞FLT。

フルオレセント・ランプ [fluorescent lamp]　蛍光灯。☞インキャンデセント〜。

フル・キャブオーバ [full cab over (engine)]　キャブ（運転席，キャビン）が完全にエンジンの上まで覆いかぶさっているトラックやバスの車体型式。

フル・コンシールド・ワイパ [full concealed wiper]　ワイパ・アームやブレードが，不要時に全部隠れたワイパ。☞セミ〜。

フル・サイズ [full size]　実物大，原寸。対 コントラクション。

フルサイズ・クラス [full-size class]　大型クラス（米国における乗用車の大きさによる分類）。＝ラージ・クラス。☞ミディアム〜，コンパクト〜。

フル・シンクロメッシュ [full synchromesh]　（どのギヤも）全同期かみ合い式。現在の車はこれが多い。略してフルシンクロ。

プル・スイッチ [pull switch]　引き出し式スイッチ。

フル・スケール [full scale]　全面的の。実物大の。＝フル・サイズ。

フル・スピード [full speed]　全速力。

フル・スロットル [full throttle]　スロットル全開。全負荷状態。対 パート〜。

フルタイム・フォー・ダブリュ・ディー [full-time 4WD (four wheel drive)]　常時四輪駆動。常に前軸と後軸の四輪が駆動輪となっている事。＝パーマネント4WD。対 パート・タイム4WD。

フルディーゼル [full-diesel]　完全ディーゼル，始動のときから圧縮点火によるエンジン。例 自動車用ディーゼル・エンジン。☞セミ〜。

フル電子制御（でんしせいぎょ）イー・シー・ブイ・ティー（ECVT）システム [full electronic control electro continuously variable transmission system; ECVT]　富士重工製の，完全なる電子制御による連続無段変速機。従来の電磁クラッチとスチール・ベルトを用いたECVTの油圧制御をコンピュータで精密制御することにより，高効率化と変速制御の最適化を図る。6速のマニュアル・シフト・モードも付加したスポーツシフトECVT。スバルが1997年に採用。

フル電子制御（でんしせいぎょ）ベルト・シー・ブイ・ティー（CVT） [full electronic control continuously variable transmission]　ホンダ製の，完全なる電子制御による連続無段変速機。発進・変速・側圧制御を完全に電子制御化し，制御自由度を高くしたもので，1995年に採用。商品名はマルチマチック。

プルテンション・ゲージ [pull-tension gauge]　引っ張り力計。ばねばかり。

ブルドーザ [bulldozer]　（土砂岩石などの排除に用いる無限軌道付きの）強力トラクタ。

フルトラ [full-tra]　フルトランジスタ点火装置（full-transistor ignition system）の略称。

フルトランク・ピストン [full-trunk piston]　完全円筒ピストン。対スリッパスカート～。

フルトランジスタ点火装置（てんかそうち） [full-transistor ignitor; full-transistorized ignition]　イグニション・コイルの一次電流の断続に機械的な接点を用いないで，ディストリビュータに組み込まれたロータとピックアップ・コイルの信号をトランジスタの増幅回路で増幅して行う点火装置。無接点式点火装置のため耐久性が高く，点火火花も強力にできる。☞セミトランジスタライズド・イグニション。

フルトレーラ [full-trailer]　トラクタ（動力をもったけん引車）から分離しても，そのまま安定した状態を保つ2軸4輪のトレーラ（動力を持たない被けん引車）。対セミトレーラ。

フル・トレーリング・アーム式（しき）サスペンション [full trailing arm type suspension]　トレーリング・アーム式サスペンションにて，車輪を支えるスイング・アームの車体側への取り付け軸（上下揺動軸）が車両の前後中心線に対して直角に取り付けられている形式。車輪が上下してもトレッドやキャンバが変化しない基本的な構造で，FF車の後輪に用いられる。対リーディング・アーム式。

ブルドン・チューブ [Bourdon tube]　ブルドン管。弾力のある金属板で作られた偏平管を円弧状に曲げ先端を密閉したもの。固定端を通して圧力を加えると管が伸張して自由端が変位し，これと連結した指針が圧力を指示する。例圧力計。

ブルドンチューブ・ゲージ [Bourdon-tube gauge]　ブルドン管式計器。例㋑油圧計。㋺空気圧力計。㋩真空計。㊁水温計。

フル・ハーネス・シート・ベルト [full harness seat belt]　腰部拘束用ベルトと，少なくとも2本の胸部拘束ベルトからなるシート・ベルト。ラリーやレース用車両などで使用する。☞3点式～。

プルバック・スプリング [pull-back spring]　引き戻しばね。＝プルオフ～。

フルピッチ・ワインディング [full-pitch winding]　（アーマチュア巻き線法）全節巻き。1コイルの両側がおおむね磁極間隔と等しいもの。

フル・フェース・コンタクト・リング [full face contact ring]　（ピストンリング）全面接触式リング。＝プレーン・リング。

フル・フォース・フィード [full force feed]　（潤滑法）全圧送式。クランクやカムシャフトはもちろん，シリンダやピストンまで圧送給油する式。

フル・フラット・シート [full flat seat]　シート・バックを後方へ倒すと，リヤ・シート・クッションと同一面にできるシート。

フルフレックス・ショック・アブソーバ [full-flex shock absorber]　日産が採用したメカニカル式周波数感応型ショック・アブソーバ。減衰力を可変にして凸凹道では弱く，うねりの大きな道路の通過やコーナリングおよび車線変更時などは強くしている。

フルフロー・タイプ [full-flow type]　（オイル・フィルタの）全流式。目的部分へ行くオイルの全部が通るようにしたもの。

フル・フローティング [full floating]　（ピストン・ピン）全浮動式，ピンをピストンにもコンロッドにも固定せず浮動させておくもの。

フル・フローティング・アクスル [full floating axle]　全浮動車軸。駆動車軸のうち，内軸（シャフト）に車の

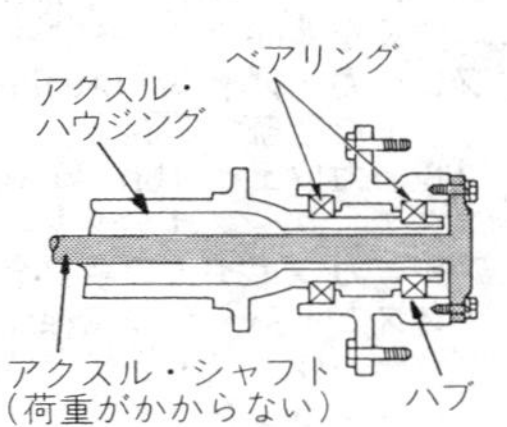

全浮動式アクスル・シャフト

フ

荷重が少しもかからないもの。荷重は軸管（ハウジング）で支えている。例トラックやバスの駆動車軸。

フル・フローティング・ベアリング [full floating bearing]　ターボ・チャージャのタービンおよびコンプレッサのシャフトに利用されており，ベアリングがハウジングとシャフトの間でオイルにより浮いているため，耐久性に良く高速回転に適している。

フル・モデル・チェンジ [full model change]　全面的型式変更。☞マイナ～。

フルラップ・クラッシュ [full-lap crash]　自動車の前面が全て（100%）障害物に衝突すること。従来，自動車メーカなどの衝突実験はバリアに対してフルラップ・クラッシュ（日本の安全基準で初速度50km/h）を行ってきたが，前面衝突事故による死者の約75%が前面の部分衝突（オフセット・クラッシュ）によることから，車両の前面衝突実験はオフセット・クラッシュ（欧州の安全基準でオフセット率40%，初速度56km/h）も追加するようになった。フルラップ・クラッシュの衝突試験速度は通常55km/h。☞オフセット・クラッシュ。

フルリタード [full-retard]　全遅延状態。例点火を最も遅くした状態。

フル・レングス [full length]　（寸法）全長。

フル・ロード [full load]　全負荷。アクセル全開での走行状態。

プル・ロッド [pull rod]　引き棒。例ブレーキ・ロッド。

プル・ワイヤ [pull wire]　引き綱。例パーキング・ブレーキ用ワイヤ。

プレ [pre-]　前，先，あらかじめなどの意の接頭語。＝プリ。

フレア [flare]　①ゆらめく炎，閃（せん）光信号。②張り開き（朝顔型の）。例ブレーキ・チューブ～。

フレアード・カップリング [flared coupling]　（パイプ用ナット）朝顔形の管継手用ナット。

フレアード・チューブ [flared tube]　（パイプ端部）朝顔形に先が開いたパイプ。

フレアード・フィッティング [flared fitting]　ラッパ形の管継手。

フレア・タイプ [flare type]　朝顔形の，先開きの。ラッパ形の。

フレア・ナット [flare nut]　（先開きパイプを締めつける）ラッパ形ナット。

フレアリング・ツール [flaring tool]　（パイプの）先をラッパ状に開く工具。

フレア・レンチ [flare wrench]　（パイプ用の）開口レンチ，めがねレンチの周辺一部を切り離したパイプ専用めがねレンチ。

プレイグニション [preignition]　混合気の早期点火，過早点火。エンジンの過熱又はカーボンのたい積などにより自然発火してスパーク・プラグの点火以前に点火されること。ノッキングの原因になる。

プレウォー・カー [prewar car]　世界大戦前の自動車。対ポスト～。

プレー [play]　（運動の）遊び，自由な動き，空動き。

ブレーカ [breaker]　遮断するもの。例㋑点火装置において一次回路を遮断するコンタクト～。㋺ショートした時電路を遮断するサーキット～。㋩タイヤの組織で損傷の波及を遮断する。～ストリップ。

ブレーカ・アーム [breaker arm]　（点火用の）遮断器腕。カムに突かれて動きポイントを断続する腕金。

ブレーカウェイ [breakaway]　分離，切断，脱出。＝ブレークアウェイ。例㋑～コネクタ。㋺～ブラケット。

ブレーカウェイ・コネクタ [breakaway connector]　電線切り離し用連結器。例トラクタとトレーラの電線連結器。

ブレーカウェイ・トルク [breakaway torque]　起動回転力。静止しているエンジンを起動するときに必要な回転力。

ブレーカウェイ・ブラケット [breakaway bracket]　分離式ブラケット。一般にステアリング・コラムを車体に固定するためのブラケットを指し，前面衝突時の衝撃で車体から分離し，ステアリング・シャフトの収縮と併せてコラム全体が下方へ移動して，運転者を保護している。

ブレーカ・カム [breaker cam]　遮断器用カム。ディストリビュータの軸にあってクランクの半速で回転し，一次電気回路を切る。4シリンダ用は四角，6シリンダ用は六角。

ブレーカ・ストリップ [breaker strip]　（タイヤの）補強帯。トレッドとカーカスの間にあって両者の密着を助け，カーカスを保護する。

ブレーカ・プレート [breaker plate]　（ディストリビュータの）遮断器台板。ポイント装置があり点火の進退にはこれを動かす。

ブレーカ・ポイント [breaker point]　（ディストリビュータ）遮断器の接点。固定側と可動側があり，表面はタングステン張りである。

ブレーカポイント・シンクロナイザ [breaker-point synchronizer]　交互式複接点同期機。複接点の開閉時期を精密調整する工具。例 複接点用。

ブレーカレス・ディストリビュータ [breakerless distributor]　遮断器なし配電器。例 フルトランジスタ式に用いるもの。ブレーカはなく，その代わりに信号パルスを発するピックアップ（一種の発電機）がある。

ブレーキ [brake]　制動機，制動装置。直接又は間接に車輪に作用してその回転を押さえ，減速停止させる装置。すなわち運動エネルギーの吸収装置となるもので，一般に摩擦式ブレーキが採用される。

ブレーキ・アシスタ [brake assistor]　制動倍力装置。運転者に助力して制動効果を高める装置。＝〜ブースタ。

ブレーキ・アシスト [brake assist; BA]　急ブレーキ時の車輪ロックを防ぐABSの効きを助ける装置，制動支援装置。予防安全システムの一つで緊急ブレーキ・アシスト（EBA）ともいい，一定の踏力以上（踏む速度や踏み込み量など）で働き，機械式と電気式（電子式）がある。機械式はバキューム・ブースタの出力を増加させたり，ハイドロリック・ユニットの液圧を増加させたりしている。電気式はきめ細かな判定が可能であるが，コスト高となる。一般に，タイヤがロックするほど強いブレーキを踏めるドライバは5割に満たないと言われており，ABSはタイヤがロックするほどブレーキを強く踏まなければ効果が出ない。国土交通省では，このブレーキ・アシストと横滑り防止装置（ESC）の装備を2012年10月からの新型車（継続生産車は2014年10月から）に義務づけた。軽自動車に関しては，新型車で2年間，継続生産車で4年間の猶予期間を設けている。略語のBAは，BASとも。

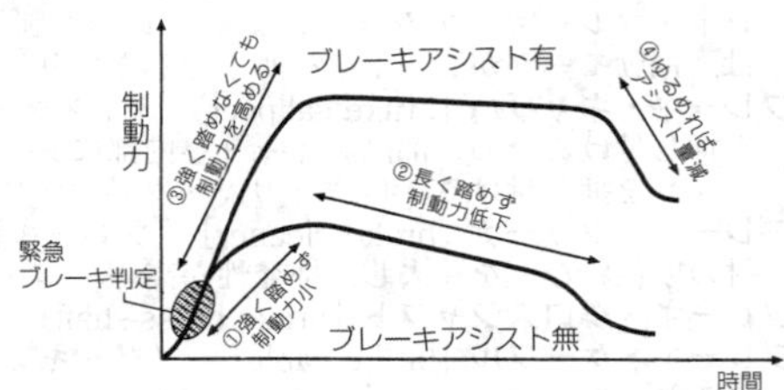

ブレーキ・アシスト

ブレーキ・アジャスタ [brake adjuster]　ブレーキ調整装置。

ブレーキ・アジャスティング・スクリュ [brake adjusting screw]　ブレーキ調整ねじ。

ブレーキ・イコライザ [brake equalizer]　ブレーキ平衡装置，左右又は前後のブレーキ力をつり合わせる装置。

ブレーキLSD（エルエスディー） [active brake limited slip differential; ABLS]　空転している車輪にブレーキをかける装置で，日産が2007年に「オールモード4×4-i」と呼ばれるFF車用の4WDシステムに採用したもの。直結4輪駆動で悪路や凍結路などを走行中，前後それぞれの片輪が空転してしまうと前進不能になるため，空転している車輪にブレーキをかけ，疑似グリップ力を発生させて前進できるようにしている。

ブレーキ・オイル [brake oil]　☞ブレーキ・フルード。

ブレーキ・オーバライド・システム [brake override system; BOS]　アクセル・ペダルとブレーキ・ペダルが同時に踏み込まれた場合に，エンジン出力を抑制する機能。このような運転操作は通常ではあり得ないが，トヨタの米国におけるフロア・マットに起因する暴走事件への対策として，2010年に米国向けの新型車からこの装置の導入を開始している。米国運輸省（DOT）の道路交通安全局（NHTSA）では，2014年9月からBOS装備の義務づけを予定しており，国内でも国土交通省が義務づけを検討中。国内向け車両でも，2010年以降，BOSの採用が進んでいる。

ブレーキ・オン・ディファレンシャル [brake on differential]　差動機軸ブレーキ。差動機左右のドライブシャフトに設けた一種のインボード・ブレーキ。

ブレーキ・オン・トランスミッション [brake on transmission]　変速機軸ブレーキ。変速機主軸（出力軸）に設けたブレーキ。＝センタ～。

ブレーキ片効（かたぎ）き [brake pull; brake pulling]　制動時に車が真っすぐに止まらないこと。制動時，左・右輪に制動力差が生じ，進路を変えようとする力が働くため。

ブレーキ・カム [brake cam]　ブレーキ・シュー拡張用カム。機械式やエア・ブレーキに用いる。

ブレーキ感応型（かんのうがた）プリクラッシュ・シート・ベルト [brake operated pre-crash seatbelts system]　緊急時自動巻き取り型のシート・ベルト。日産が採用したもので，運転者のブレーキ操作を緊急ブレーキと判断した場合，またはインテリジェント・ブレーキ・アシストによるブレーキ制御（自動ブレーキ）が作動した場合には，電動モータがシート・ベルトを巻き取り，乗員を確実に拘束する。

ブレーキ・キャリパ [brake caliper]　ディスク・ブレーキのロータにパッド（摩擦材）を押し付けるための部品。キャリパ内部にシリンダがあり，ピストンが油圧によってパッドを押し付ける。☞キャリパ・タイプ・ブレーキ。

ブレーキ・クリーナ [brake cleaner]　ブレーキ装置の洗浄用薬剤。分解整備時に摩擦材の摩耗粉などを除去し，揮発性が高い。

ブレーキ・クロスシャフト [brake cross-shaft]　（機械式の）ブレーキ横軸。

ブレーキ・ケーブル [brake cable]　（パーキング・ブレーキの）ブレーキ用引き綱。ワイヤ・ロープ。

ブレーキ・コードラント [brake quadrant]　ブレーキ・レバーの戻り止め金具。四分円に歯をつけたもの。

ブレーキ・コンペンセーティング・ディバイス [brake compensating device]　（パーキング・ブレークの）ブレーキ平衡装置。＝イコライザ。

ブレーキ・サーボ [brake servo]　ブレーキ助力装置。＝～ブースタ。

ブレーキ・ジャダ [brake judder]　制動時に車体やブレーキ・ペダルに感じるビビリ振動。＝～チャタ。

ブレーキ・シュー [brake shoe]　制動用可動片。制動時，ブレーキ・ドラムへ圧着される半円形の金属片。その摩擦面にはライニングを付着してある。

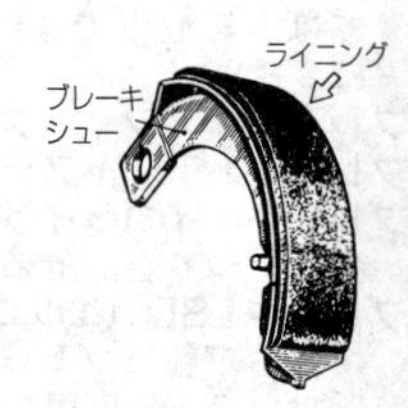

ブレーキ・シュー

ブレーキ・シュー・グラインダ [brake shoe grinder]　ブレーキ・シューに接着されているライニングの表面を研磨するグラインダ。主にブレーキ・ライニング交換時に使用し，ドラムとの摩擦面の初期当たりをよくする。

ブレーキ・シュー・リターン・スプリング [brake shoe return spring]　ブレーキ・シューの戻しばね。

ブレーキ・シリンダ [brake cylinder]　制動装置のマスタ・シリンダ，ホイール・シリンダ，パワー・シリンダなどの総称。

フ

ブレーキ・スキーク [brake squeak]　☞ブレーキ・スキール。

ブレーキ・スキール [brake squeal]　ブレーキ鳴き。制動時に発するキーキーという音。ライニングとドラム又はパッドとロータとの摩擦時の振動音。＝～スキーク。

ブレーキ・チャタ [brake chatter]　☞ブレーキ・ジャダ。

ブレーキ・チャンバ [brake chamber]　エア・ブレーキで，圧縮空気の圧力をダイアフラムにより機械的な力に変換し，プッシュ・ロッドを押してブレーキを作動させる装置。

ブレーキ調整（ちょうせい） [brake adjustment]　ブレーキ・ペダルの高さ，遊び，踏み残り代など，ブレーキ系統の調整作業の総称。一般的には，ドラム・ブレーキのクリアランス調整（踏み残り代）を指す場合が多い。

ブレーキ・ディスク [brake disc]　制動用円板。ディスク・ブレーキ用円板。ホイール・ハブに固定され，ブレーキ・パッドがこれを挟んで制動する。

ブレーキ・ディプレッサ [brake depressor]　（ブレーキ・ペダルを）押し下げておく装置。例 ㋑修理用工具。㋺一部自動車の駐車用。

ブレーキ・テスタ [brake tester]　制動試験機。制動力を実測してその効率を調べる機械。簡単なものから複雑なものに至る各種のものがある。

ブレーキ・テスト [brake test]　制動試験。

ブレーキ・ドラッギング [brake dragging]　☞ブレーキ引き摺り。

ブレーキ・ドラム [brake drum]　制動鼓輪。鋳鉄で作られた大鼓状の輪。これを内部からシューで拡圧するか外部からバンドで緊縮して制動する。

ブレーキ鳴（な）き [brake squeal; brake squeak]　☞ブレーキ・スキール，ブレーキ・スキーク。

フ

ブレーキ・ノイズ [brake noise]　ブレーキ騒音。高周波なきしり音（スキーク又はスキール）から低周波なうなりや振動（チャタ，ジャダ，ラトラ）まで色々ある。

ブレーキ・パイプ [brake pipe]　（油圧式の）送油管。主として鋼鉄製高圧パイプ。

ブレーキバイワイヤ・システム [brake-by-wire system; BBW]　ブレーキ・ペダルの操作を電気信号に変換し，極めて短時間でブレーキ油圧を4輪独立に発生させ，ドライバの制動状態と走行状態を統合的に感知して制御することにより，制動距離を短縮する革新的な次世代型のブレーキ装置。現在実用化されているMベンツのセンソトロニック・ブレーキ・コントロール（SBC）やトヨタの電子制御ブレーキ・システム（ECB）などは，ハイドロリック・ユニット（蓄圧装置）に液圧ブレーキをバックアップに備えたものであるが，最終的には，液圧ブレーキを持たず，電気信号を受けた電動ブレーキによって制動力を直接発生させるシステムを目指している。

ブレーキ・バックプレート [brake back-plate]　ブレーキ背板。ブレーキ取り付け基板。鋼板の型抜き品が用いられる。

ブレーキ・パッド [brake pad]　ディスク・ブレーキで，ロータを両面から挟む制動用の摩擦材。

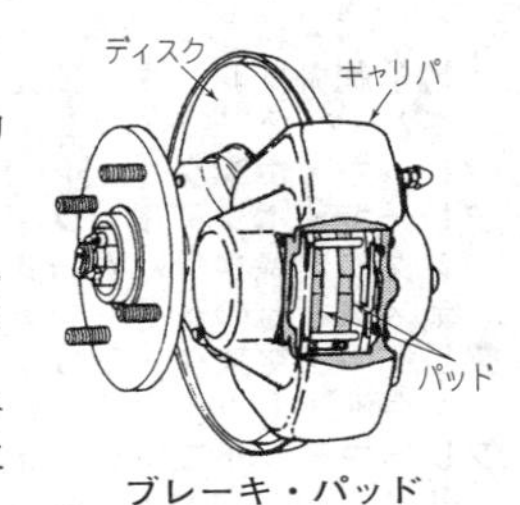

ブレーキ・パッド

ブレーキ・バルブ [brake valve]　（エアブレーキの）制動弁。運転者が操作する空気弁。

ブレーキ・パワー [brake power]　軸出力。

ブレーキ・バンド [brake band]　（緊縮式の）制動バンド。

ブレーキ・ハンドレバー [brake hand-lever]　（駐車用の）手ブレーキてこ。

ブレーキ引（ひ）き摺（ず）り [brake dragging]　ブレーキの調整不良等により，ブレーキ・ペダルを解放しているにも拘わらず，ブレーキが若干作動している状態。

ブレーキ・ブースタ [brake booster]　制動倍力装置。＝～アシスタ。～サーボ。例 ㋑真空倍力装置。㋺空気倍力装置。

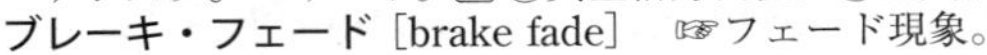
ブレーキ・フェード [brake fade]　☞フェード現象。

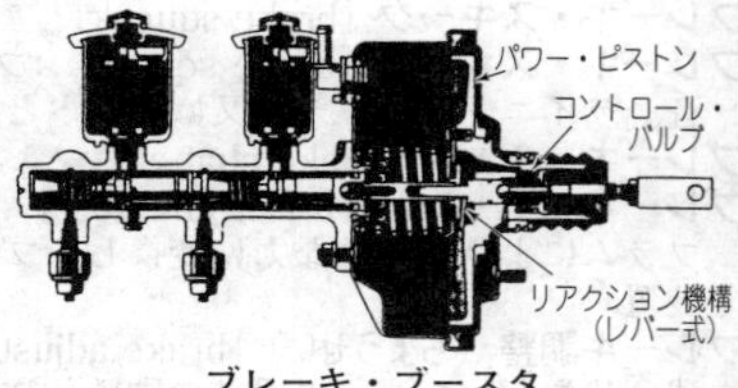

ブレーキ・ブースタ

ブレーキ・ブリーダ［brake bleeder］ブレーキの油圧配管内に混入した空気を抜き取る装置。通常，ホイール・シリンダのブリーダ・プラグを指す。

ブレーキ・ブリーディング［brake bleeding］（油圧ブレーキの）空気抜き作業。ブリーダねじを緩めて排出する。

ブレーキ・プル［brake pull］☞ブレーキ片効き。

ブレーキ・フルード［brake fluid］（油圧ブレーキの）作動液。エチレングリコールを主体としたもので，通称～オイルという。

ブレーキ・フルード・リザーブ・タンク［brake fluid reserve tank］ブレーキ液の貯蔵用容器。半透明の樹脂製容器で，液面が目視できるものが多い。

ブレーキ・プル・ケーブル［brake pull cable］（機械式の）ブレーキ引き綱。

ブレーキ・プル・ロッド［brake pull rod］（機械式の）ブレーキ引き棒。

ブレーキ・プレフィル機能（きのう）［brake prefill］ブレーキ時の制動距離を短縮するために付加された機能で，ミリ波レーダで衝突被害を軽減するプリクラッシュ・セーフティ・システムの一部として，マツダが2008年に採用したもの。システムが衝突の危険性が高いと判断した場合，運転者への警告と合わせてブレーキをわずかに作動させてロータにパッドを密着させておき，運転者がブレーキ・ペダルを踏むと即座にブレーキが効き，ブレーキ・アシストと合わせて空走距離を少なくしている。

ブレーキ・ペダル［brake pedal］ブレーキの踏み子。

ブレーキ・ペダル後退抑止装置（こうたいよくしそうち）［brake pedal structure prevents rearward pedal movement］前面衝突時にブレーキ・ペダルがドライバ側に押し出され，足を怪我するのを防止する装置。衝突時の衝撃でペダル支持部のクリップが離脱することにより，ペダルは前方下側に移動する。トヨタ・日産，ダイハツなどで採用。

ブレーキ・ホイール・シリンダ［brake wheel cylinder］☞ホイール・シリンダ。

ブレーキ・ホース［brake hose］ブレーキの油圧配管中，サスペンションやステアリングの動きに合わせてフレキシブルに動く配管が一部に必要なため，その部分に用いるブレーキ油圧配管用のゴム・ホース。

ブレーキ・ホースパワー［brake horsepower］制動馬力，実馬力。動力計を用いエンジンの出力軸で測定した正味馬力。

ブレーキ・ホールド［brake hold; BH］制動力保持装置で，レクサスに採用されたもの。信号待ちや渋滞時などに，ステアリング・パッド上のHOLDスイッチを押すと電子制御ブレーキ（ECB）が４輪の制動力を保持し，アクセルを踏むと自動的に解除される。オート・ブレーキ・ホールドまたはオート・ホールドとも。

ブレーキ・ボンダ［brake bonder］（ライニングの）焼き付け機。

ブレーキ・ボンディング・イクイップメント［brake bonding equipment］（ライニングの）焼き付け機一式。古ライニングのストリッパ，グラインダ，ボンダ，ボンドテスタなどの一そろい。

ブレーキ・マスタ・シリンダ［brake master cylinder］（油圧ブレーキの）親シリンダ。油圧力を生ずる方のシリンダ。

ブレーキ・ライニング［brake lining］ブレーキ・シューの表面に張り付けた摩擦材。基材の非アスベスト繊維に充てん剤を加え，結合剤で固めたもの。

ブレーキ・リライナ［brake reliner］（ライニングの）張り替え機。張り替えに必要な穴空け，びょう打ち，研磨などができるもの。

ブレーキ・レバー［brake lever］ブレーキてこ，駐車用ブレーキてこ。

ブレーキ・ロータ [brake rotor]　ディスク・ブレーキの制動用円板。この円板（ロータ）を摩擦材（ブレーキ・パッド）で両側から締め付けて制動する。＝ディスク・ロータ。
ブレーキ・ロック [brake lock]　制動時，車輪がロックして回転していないにも拘わらず，車両が動いている状態。この状態では車両の姿勢制御は不可能に近い。
ブレーキ・ロック・ディファレンシャル [brake lock differential]　空転している車輪にブレーキをかけ，トラクションを確保するシステム。通常はデフ・ロック装置（LSD）を用いるが，米クライスラーのジープ・チェロキーは前後のアクスルにデフ・ロック装置がなく，ブレーキ・ロック・ディファレンシャルを使用している。
ブレーキ・ロッド [brake rod]　パーキング・ブレーキ用のロッド。
ブレーキ・ワイヤ [brake wire]　パーキング・ブレーキ用のワイヤ。＝～ケーブル。
ブレーキングイン [breaking-in]　使い慣らし，すり合わせ。
ブレーキングイン・ランニング [breaking-in running]　慣らし運転。例 オーバホールしたエンジンの慣らし運転。
ブレーキング・エフォート [braking effort]　制動力，制動作用力。
ブレーキング・システム [braking system]　制動装置。
ブレーキング・ディスタンス [braking distance]　制動距離。
ブレーク [break]　①（回路を）絶つ，遮断する。②慣らす。すり合わせる。
ブレークアウェイ [breakaway]　☞ブレーカウェイ。
ブレークアウェイ・コネクタ [breakaway connector]　☞ブレーカウェイ～。
ブレークアウト・ボックス [break-out box]　ECU の故障診断には，OBD（車載故障診断装置）と OFD（車外診断装置）が用いられる。ブレークアウト・ボックスは後者に属し，ECU のコネクタ部に接続してサーキット・テスタやオシロスコープを用いてトラブル・シュートを行う診断ツールの一種で，ピン・ボックスともいう。OBD-Ⅱで故障の有無は判断できるが，故障箇所の断定はしてくれない。
ブレークイーブン・ポイント [breakeven point]　損益分岐点。
ブレークイン・ピリオド [break-in period]　慣らし運転期間。
ブレークイン・ランニング [break-in running]　慣らし運転。
ブレークダウン [breakdown]　（機械類の）破損，故障。
ブレークダウン・テスト [breakdown test]　（機械類の）耐久（力）テスト。
ブレークダウン・ボルテージ [breakdown voltage]　①破壊電圧。絶縁物に電圧をかけ絶縁が破壊されるときの電圧。②降伏電圧。半導体 PN 接合素子に逆電圧を加え電流が急に大きく流れるに至るときの電圧。＝ツェナ～。
ブレージング [brazing]　（工作法）硬ろう付け。例 真ちゅうろう付け。
ブレース [brace]　突っ張り，支柱，筋かい。
ブレーズ [braze]　真ちゅうで作る。真ちゅうろうで付ける。
ブレーズド・フィッティング [brazed fitting]　真ちゅう製の管継手類。
ブレース・ロッド [brace rod]　突っ張り棒，筋かい棒，支柱。
プレーティング [plating]　☞鍍金（めっき）。
ブレーデッド・ストラップ [braided strap]　編んだ帯。例 アース線に使われる編み線。＝ボンド・ワイヤ。
プレーテッド・ライナ [plated liner]　（シリンダ）めっきしたライナ。耐摩耗性を高めるため内面にクロムめっきをした～。
プレーテッド・リング [plated ring]　（ピストンの）めっきリング。耐摩耗性を増すためクロムめっきなどをしたリング。
フレート [freight]　①貨物運送。②運送貨物。
ブレード [blade]　翼，羽根，水かき。例 ㋑ファンの羽根。㋺流体クラッチ翼車の羽根。㋩ワイパー～。
プレート [plate]　平板，板金。例 ㋑クラッチ～。㋺バッテリ極板。

フレート・カー [freight car]　貨物車。＝トラック，バン。
プレート・グラス [plate glass]　板ガラス。
プレート・クラッチ [plate clutch]　板状クラッチ。単板～。＝ディスク～。
フレート・トラフィック [freight traffic]　貨物運送，貨物運輸。
フレート・ライナ [freight liner]　貨物運送定期便。
ブレートン・サイクル [Brayton cycle]　圧縮，膨張は断熱変化であり，受熱と放熱とが定圧的に行われる熱機関の理想サイクル。定圧燃焼を行う一般のガスタービンの基本サイクルである。
プレーナ [planer]　平削り盤。平面削りをする機械。
フレーム [frame]　枠。構造物の骨組み。例 ㋑車枠。㋺電気機器の枠。
フレーム・アレスタ [flame arrestor]　火炎防止器。例 ㋑エアクリーナ内のもの。㋺LPG 装置用。㋩草原用自動車。
フレーム修正機（しゅうせいき） [frame straightener]　事故等でフレームやボデーに狂いが生じた場合，これを油圧等で修正する機械。修正機によっては，ボデーの寸法測定装置が付いているものもある。
フレーム・ストレートナ [frame straightener]　☞フレーム修正機。
フレーム・スピード [flame speed]　火炎速度。延焼速度。
フレーム・フロント [flame front]　火炎前面。
フレームレス・コンストラクション [frameless construction]　フレームのない車体構造（の車）。☞フレームレス・ビークル。
フレームレス・ビークル [frameless vehicle]　フレームのない車両。底板，側板，屋根等ボデーの外郭（スキン）で応力（ストレス）を受け止めるようにしてフレームを省略したもの。軽量低床にすることができる。☞ストレストスキン・コンストラクション，モノコック・ボデー，ユニット・コンストラクション。
プレーンチューブ・タイプ [plain-tube type]　（気化器）平管型。＝ピトー型。
プレーン・ベアリング [plain bearing]　平軸受。軸と軸受面とが直接に接触し，しゅう動摩擦の状態で支持する軸受。荷重の方向によりラジアルとスラストの別があり，一般にメタルと呼ぶ。例 ㋑クランク，カム各シャフト，コンロッド用。㋺スラスト・メタル類。
プレーン・リング [plain ring]　（ピストンの）平リング。並の～。
プレーン・ワッシャ [plain washer]　平座金。板金を押さえる面積を広くするために用いる板座金。

プレーン・ベアリング

フレオン [Freon]　アメリカのデュポン社が開発した空調用冷媒ジクロロジフルオロメタンの商品名。オゾン層破壊物質とわかり，使用が禁止された。☞特定フロン。
フレキシビリティ [flexibility]　曲げやすいこと。柔軟性。融通性。例 低速走行時のエンジン・トルクの～。
フレキシブル [flexible]　曲げやすい，たわむ，柔軟性のある。例 ～パイプ。
フレキシブル・カップリング [flexible coupling]　たわみ継手。ゴム又はズック・ジョイント。＝～ジョイント。
フレキシブル・シャフト [flexible shaft]　たわみ軸。例 スピードメータ駆動用。
フレキシブル・ジョイント [flexible joint]　たわみ継手。＝～カップリング。
フレキシブル・チューブ [flexible tube]　たわみ管。蛇腹管。例 スピードメータ用。
フレキシブル・パイプ [flexible pipe]　たわみ管。ホース類。
フレキシブル・ファイル [flexible file]　（ボデー工具）たわみやすり，ボデー板金作業に用いる湾曲できるやすり。
フレキシブル・フューエル・ビークル [flexible fuel vehicle; FFV]　多種類の液体燃料

（ガソリン，ガソリン＋エタノール，エタノール100％など）に対応可能な車。ブラジルではサトウキビを，米国ではトウモロコシを原料とするエタノール（バイオエタノール）がガソリンの代替燃料として既に実用化されており，エタノール100％にも対応できるFFVをホンダは2006年末に，トヨタと三菱は2007年央にブラジルで販売を開始している。ホンダの場合，排気系に取り付けた排気ガス濃度センサの出力からタンク内の燃料性状を指定し，エタノール燃料の混合比率20〜100％の濃度に対応させている。加えて，サブタンクを用いたコールド・スタート・システムを採用し，低温時の始動性を確保している（エタノールは低温では気化せず，始動できない）。

フレキシブル・フライホイール [flexible flywheel] クランクシャフトの曲げ共振を低減するため，フレキシブル・プレートを用いたフライホイール。例 三菱・MIVECエンジン，日産・VQエンジン。

フレキシブル・ホース [flexible hose] ゴム又は樹脂製の柔軟なホース。可動部分等の配管に使用される。例 ブレーキ〜。

フレキシブル・マニュファクチャリング・システム [flexible manufacturing system; FMS] ☞FMS。

フレキシブル・ローラ [flexible roller] （ベアリング）たわみころ。ら旋状に作った弾性ころ。例 ハイアット・ローラベアリング。

プレコート・ボルト [precoat bolt] ねじ部にシールロック剤が塗布されているボルト。

プレコンバッション・チャンバ [precombustion chamber] （ディーゼルの）予燃焼室。

プレザーバ [preserver] ☞プリザーバ。

プレシジョン [precision] ①正確，精度。②精密，精密な。

プレシジョン・ゲージ [precision gauge] ☞プレシジョン・メータ。

プレシジョン・ベアリング [precision bearing] 精密仕上げ軸受メタル。

プレシジョン・メータ [precision meter] 精密計器。

プレシジョン・メタル [precision metal] 精密仕上げ軸受メタル。スクレーパですり合わせする必要のない仕上げメタル。

プレス [press] 圧搾機，てこ，ねじ，油圧等を用いて材料を強圧する機械。例 ㋑ハイドロリック〜。㋺アーバ〜。㋩ハンド〜。

プレスティージ・カー [prestige car] 伝統ある最高級車。☞ラグジュアリ〜。

プレス・ドア [press door] 窓枠部をプレスでドア外板と一体成形したドア。最近の車両に多く見られる。

ブレスト・ドリル [breast drill] 胸当て板付き穴空けドリル。

プレス・フィット [press fit] 圧合。プレスで圧入する程度のはめ合わせ。

プレセーフ・ブレーキ [Pre-Safe brake] 自動緊急ブレーキの一種で，ダイムラー（MB）が2005年に採用したもの。77GHz（中・長距離用）と25GHz（近距離用）のミリ波レーダを併用しており，衝突の危険性を感知するとディスプレイと音でドライバに警告を与え，ドライバがブレーキ・ペダルを踏むとBASプラス（ブレーキアシスト・プラス）が作動して，ブレーキ液圧を高める。警告音にドライバが反応しない場合には，Pre-Safeブレーキが軽いブレーキングで警告し，それでも反応しない場合には衝突不可避と判断して，自動緊急ブレーキによりフル・ブレーキングを行い，衝突被害を大幅に軽減する。2011年に採用された進化版（歩行者検知機能付き）では，ステレオ・マルチパーパス・カメラとマルチモード・ミリ波レーダ（後方）が追加され，衝突予防安全性が大幅に向上している。このプリクラッシュ・ブレーキの作動速度範囲は約7〜200km/hで，歩行者検知機能は約7〜72km/h。

プレセット [pre-set] ☞プリセット。

プレチャンバ [pre-chamber] ☞プレコンバッション〜。

フ

フレックス [flex]　①曲げる，曲がる。②曲げやすい，柔軟な（flexible）の略。
フレックス・ファン [flex fan]　樹脂冷却ファン。
フレックス・プレート [flex plate]　曲げ板。波形板。
フレックスレイ [FlexRay]　☞FlexRay。
フレックス・ロックアップ・システム [flex lockup system]　ロックアップ領域を拡大したトルク・コンバータ。ロックアップ・クラッチの作動領域を高度な電子制御により，通常のものより更に低速域までロックアップを拡大（ロックアップ・クラッチに微妙な滑りを安定して継続させる）して燃費の大幅な向上を図っている。トヨタ車に採用。☞ロックアップ機構。
プレッシャ [pressure]　圧力。単位はPa（パスカル）。
プレッシャ・ウェーブ・スーパーチャージャ [pressure wave supercharger; PWS]　過給機の一種で，排気の圧力波を利用して新気を直接加圧する方式のもの。エンジンの動力で駆動されるハニカム状の円筒形ロータの一端から入った排気が，ロータのセル内に吸入されている新気を加圧して他端から押し出して過給を行うもので，ディーゼル・エンジンに適している。コンプレックス過給機とも。
プレッシャ・ウェルディング [pressure welding]　（工作法）圧接，加圧接合。
プレッシャ・キャスティング [pressure casting]　加圧鋳造。例ダイカスト。
プレッシャ・ゲージ [pressure gauge]　圧力計。例㋑空気圧力計。㋺油圧計。
プレッシャ・コントロール・ブレーキ [pressure control brake]　油圧制御式ブレーキ。例㋑後ブレーキの油圧を前輪ブレーキ油圧より低くするもの。㋺荷重の大小に応じてブレーキ油圧を制御するもの。☞P valve，ロード・センシング・プロポーショニング・バルブ。
プレッシャ・スイッチ [pressure switch]　圧力スイッチ。例㋑ブレーキの油圧〜。㋺エア・ブレーキ車の気圧〜。㋩エンジンの油圧〜。
プレッシャ・センサ [pressure sensor]　圧力感知装置。電子制御燃料噴射装置において，マニホールドの負圧力を感知してこれを電圧に置きかえ，空燃比を調整する。
プレッシャ・タイプ・ラジエータ・キャップ [pressure type radiator cap]　加圧弁付きラジエータ・キャップ。エンジンの冷却系統に0.03〜0.09MPa位の圧力で加圧することにより冷却液の沸点が高くなり，冷却効率が高まる。
プレッシャ・パージャ [pressure purger]　圧力緩め装置。例コンプレッサの圧力緩め弁。＝リリーフ・バルブ。
プレッシャ・バルブ [pressure valve]　加圧弁。例ラジエータ・キャップ。
プレッシャ・プレート [pressure plate]　加圧板。例クラッチ・ディスクを押しつける厚板。
プレッシャリリーフ・バルブ [pressure-relief valve]　圧力緩め弁。過大圧力を逃がす装置。例㋑エンジン油圧の〜。㋺コンプレッサの〜。
プレッシャ・レギュレータ [pressure regulator]　圧力調整器。例㋑エンジンの油圧〜。㋺コンプレッサの気圧〜。㋩EGIの燃圧〜。
フレッシュ・エア・ユニット [fresh air unit]　（エアコンの）新気導入装置。
フレッチャ・ラウドネス・カーブ [Fretcher loudness curve]　アメリカのフレッチャが作った音の等感度曲線。物理的強さdB（デシベル）と感覚的大きさph（ホン）との関係を示

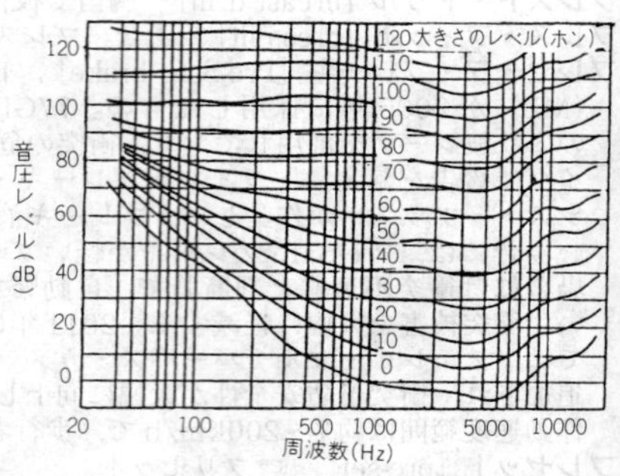

フレッチャの等感度曲線

フ

した曲線。人間の聴覚は，同じ強さの音でも周波数により大きさが変化して聞こえる。＝フレッチャ・マンソンズ（Munson's）カーブ。

プレディクティブ・セーフティ・システム [predictive safety system; PSS]　☞プリクラッシュ・セーフティ・システム。

プレディクティブ・フォワード・コリジョン・ウォーニング [predictive forward collision warning system; PFCW]　☞前方衝突予測警報システム。

プレハブ・ガレージ [prefab garage]　簡易組み立て式車庫。プリファブリケーテッド～の略。

プレヒータ [preheater]　予熱器。例 ㋑ディーゼル・エンジンのグロー・プラグ。㋺始動前の触媒加熱装置。㋩LPG レギュレータの加熱装置（寒冷時始動用）。

プレヒーティング [preheating]　予熱すること。前もって暖めること。

プレヒーティング・インジケータ [preheating indicator]　予熱表示装置。予熱が完了したことを知らせるランプなどのもの。例 ディーゼル・エンジンのグロー・プラグ・パイロット。

プレヒーティング・タイマ [preheating timer]　予熱器の制御装置。グロー・プラグに流す電流を制御する回路。

プレヒーティング・プラグ [preheating plug]　☞グロー～。

プレヒート [preheat]　予熱する。前もって暖める。例 ㋑ディーゼルの始動。㋺排ガス・テスタの使用。

プレヒート・インジケータ [preheat indicator]　☞プレヒーティング～。

プレヒート・タイマ [preheat timer]　☞プレヒーティング～。

プレビュー・ディスタンス・コントロール [preview distance control]　三菱が採用した，先行車との車間距離を適切に制御する装置。高速道路などで，車両前部に取り付けたスキャン式レーザ・センサと車室内に取り付けたビデオ・カメラで先行車を認識し，近づき過ぎないようエンジン出力を調整（必要に応じてダウンシフト）したり，近づき過ぎれば警報を発してドライバに注意を促す。過去に採用したディスタンス・ウォーニングを進化させたもの。☞アダプティブ・クルーズ・コントロール・システム（ACC）。

プレマチュア・イグニション [premature ignition]　過早点火，早期点火。

プレマフラ [premuffler]　（前後2個ある場合）前のマフラ。

プレミアム [premium]　①賞金。②額面以上に払う割増金。③手数料。＝プレミア。例 ～ガソリン。

プレミアム・ガソリン [premium gasoline]　割り増し金付き高級ガソリン。高オクタン価ガソリン。自動車ガソリンは日本工業規格（JIS-K-2202）によって，オクタン価 96.0 以上のものが1号，同じく 89.0 以上のものが2号と分類され，市販ではこれに基づいてプレミアム・ガソリン（JIS1 号相当，オクタン価 98～100）とレギュラ・ガソリン（JIS2 号相当，オクタン価 90 前後）の2種類に分けられている。

フレミング [John Ambrose Flemming]　英 1849～1945。イギリスの物理学者，電磁気学で有名なフレミングの法則発見者。

フレミングス・ロー [Flemming's law]　イギリスの電気工学者フレミングが発見した，電流と磁場と力に関する法則。磁場内で運動する導体に起こる電流の方向を知る右手法則では，親指，示指，中指の3指を各直角にし，親指を導体運動方向，示指を磁力線方向に合わせるとそのとき中指の示す方向に電流が流れる。導体の運動方向を知る左手の法則では，親指，示指，中指を各直角にし，示指を磁力線，中指を電流の方向に合わせるとそのとき親指が示す方向に運動する。

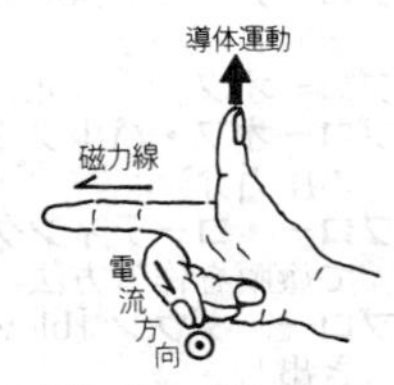

フレミングス・ロー

プレローダ付（つ）きシート・ベルト [preloader seat belt]　☞プリテンショナ付き～。

プレローデッド・ベアリング [preloaded bearing]　予荷重をかけた軸受。調整式軸受。例 ㋑ハンドル。㋺デフ関係。㋩フロント・ホイール。

プレロード [preload]　予荷重，予圧。調整式ベアリングを組み立てるとき無負荷状態における締め加減を表すもの。起動トルクなどでその大きさを表す。

プレロード式（しき）シート・ベルト [preload seat belt]　☞プリテンショナ付き～。

プレロード装置（そうち） [preloading device]　自動車の衝突時，シート・ベルトをあらかじめ設定した荷重で引っ張る装置。

フレンチ・チョーク [French chalk]　（タイヤに入れる）雲母（うんも）粉，きら粉，実質は滑石粉。発熱を防ぎチューブやタイヤを保護する。

ブレンディング [blending]　（ガソリン，ウイスキ，香水などを）混ぜ合わせること。例 ブレンデッド・ガソリン。

ブレンデッド・ガソリン [blended gasoline]　調合ガソリン。混合～。製法の異なる異性のガソリンを調合した市販のガソリン。

ブレンド・ガソリン [blend gasoline]　調合ガソリン。同前。

フロア [floor]　①床，車室内の床。②床に敷く。③階。

ブロア [blower]　☞ブロワ。

フロア・エンジン [floor engine]　床下エンジン。例 バス。

フロア・カーペット [floor carpet]　車室内の床に敷く絨毯。

プロアクティブ [proactive]　先のことを考えた，事前に対策を講じる。

プロアクティブ・オキュパント・プロテクション [proactive occupant protection]　事故が起きる可能性を予測し，早い段階で乗員保護機能の作動に備える装置。VW が新型ゴルフ（ゴルフ 7）などに採用したもので，急制動や極端なオーバステアまたはアンダステアによって発生し得る事故の可能性を検出すると，即座にシート・ベルトの張力を高めると同時にドア・ガラスやサン・ルーフをわずかな隙間を残して閉じ，万一衝突が起きた際に各エアバッグが最大限に効力を発揮できるように備える。

フ

フロア・サイレンサ [floor silencer]　車の床に敷く防振，防音材。

フロア・シフト [floor shift]　（変速機操作）床上型。変速レバーが運転席の床に立っているもの。＝ダイレクト～。

フロア・シフト・レバー [floor shift lever]　床上式変速装置の変速レバー。

フロア・チェンジ [floor change]　フロア・シフトの和製英語。

フロア・トンネル [floor tunnel]　プロペラ・シャフトを収納する床下のトンネル状に盛り上がった部分。FR 車の車体構造。

フロア・ハイト [floor height]　床面の地上高。

フロア・パネル [floor panel]　車体の床板。☞フロア・パン。

フロア・パン [floor pan]　床板で平なべ状の形をしたもの。

フロア・マット [floor mat]　（車室の）床敷物。下敷き。

ブロア・モータ [blower motor]　☞ブロワ～。

フロー [flow]　流れる。例 ㋑オーバ～。㋺フル～。

ブローアウト [blowout]　破裂，爆発，吹き飛び。例 ㋑タイヤの破裂。㋺フューズの溶断。

ブローオフ [blowoff]　吹き出し，噴出。☞ブローバイ。

ブローオフ・バルブ [blowoff valve]　吹き出し弁，噴出弁。例 ラジエータ・キャップの圧力弁。

フロー・コーティング [flow coating]　（塗装）流し塗り。塗料を被塗装物に流しかけて塗膜を作る方法。＝フロー・コート。

ブロー・ダウン [blow down]　排気行程中に燃焼ガスの膨張によって起こる排気の吹き出し。

ブローチ [broach]　（工具）通し矢。スプライン切りその他穴の成形に用いる通し矢。長い棒の外周に何段かの切り刃が設けられる。

フロー・チャート [flow chart]　流れ作業図。作業工程の手順を図式化したもの。マトリックス。例 故障診断のフロー・チャート。

ブローチング [broaching]　ブローチ削り。ブローチによる切削作業。

フローティング・アクスル [floating axle]　浮動車軸。駆動車軸にかかる車体又は終減速歯車の荷重の一部，全部を免除して浮動させた車軸。例 フル～。スリークォーター～。セミ～。

フローティング・カー・データ [floating car data; FCD]　ホンダ車において，インターナビ装着車から収集された走行データ。その蓄積データ量は2013年現在，約59億kmに達するという。ホンダの車載情報通信システム「インターナビ・リンク・プレミアムクラブ」に入会すれば，このFCDを活用した渋滞予測と，それに基づいて渋滞を回避する「インターナビ・ルート」を利用することができる。

フローティング・キャリパ [floating caliper]　（ディスク・ブレーキにおける）浮動式キャリパ。キャリパ本体を固定せずピストンと対称的に運動するようにした1ピストン式構造のもの。

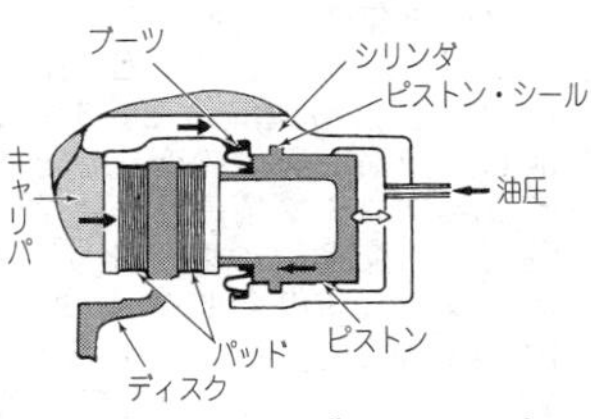

フローティング・キャリパ

フローティング・サスペンション [floating suspension]　（エンジンの）浮動支持法。重心を通る縦方向の前後2点でエンジンを支え，ある範囲の左右振動を自由にして車体の振動を少なくする設計。～マウンティング。

フローティング・シュー [floating shoe]　ドラム・ブレーキの浮動式シュー。シューをアンカで固定せず自動調しん作用ができるようにした構造。

フローティング・ディスク・ブレーキ [floating disc brake]　浮動するディスクの片側に加圧し，加圧力を反対側にも働かせるディスク・ブレーキ。

フローティング・マウンティング [floating mounting]　☞フローティング・サスペンション。

フロー・テスタ [flow tester]　（キャブレータの空気）流量試験器。2個以上のキャブレータを同調させる装置。＝キャブ・バランサ。

フロート [float]　浮き，浮子。例 ㋑キャブレータ用。㋺燃料計用。

フロート・アーム [float arm]　フロートにつけた腕金。

フロート・アクスル [float axle]　浮動車軸。＝フローティング～。

ブロー・トーチ [blow torch]　（加熱用の）噴炎器。＝トーチ・ランプ。

フロート・ガラス [float glass]　磨き板の平面性と普通板の表面火造り良さを兼ね備えた板ガラス。現用自動車ガラスの主流。

フロート・スイッチ [float switch]　浮きを利用した液面検出用のスイッチ。例 ブレーキ液量検出用。

フロード・ダイナモメータ [Froude dynamometer]　水動力計の一種。水に急激な運動を与え，その内部摩擦によって出力を吸収する動力計。

フロート・チャンバ [float chamber]　浮子室。例 気化器で，燃料を保有する小室。

フロート・ニードル・バルブ [float needle valve]　浮子針弁。フロートに連動して燃料の入口を開閉する針弁。

フロート・バルブ [float valve]　浮子弁。同前。

ブロードビーム・ライト [broad-beam light]　広域照射用灯，広角前照灯。例 強力補助前照灯。

フロート・リップ [float lip]　キャブレータ・フロートのニードル・バルブを押す部分。このリップを曲げてフロート・レベルを調整する。

フロー・ドリル・スクリュー [flow drill screw]　☞FDS。

フロートレス・キャブレータ [floatless carburetor]　浮き子なし気化器。

フロート・レベル [float level]　キャブレータ・フロート室の規定された油面の高さ。フロート室側面のガラス窓から見られるものもある。
フロート・レベル・ゲージ [float level gauge]　（気化器の）油面計。燃料油面の高さを測定する計器。色々な型がある。
ブローバイ [blow-by]　吹き漏れ。吹き抜け。例シリンダとピストンのすき間から圧縮ガスや爆発ガスがクランクケースへ吹き抜けること。
ブローバイ・ガス [blow-by gas]　吹き抜けガス。その成分は未燃焼成分 HC や CO，燃焼成分 CO_2 や H_2O，および N_2 などである。
ブローバイ・ガス還元装置（かんげんそうち） [positive crankcase ventilation; PCV]　＝クランクケース・エミッション・コントロール・システム。☞PCV。
ブローパイプ [blowpipe]　（溶接機の）吹き管。噴炎管。
プローブ [probe]　①（電気テスタなどに附属する）探り針。触針。②排気ガス・テスタの排気管への挿入部。
プローブ・カー・システム [probe car system]　インターネットITSの事例で，走行中の車を道路環境のセンサ役に見立て，速度計やワイパ，ABSなどの動作状況を集計して渋滞や天候の変化などを把握するシステム。このシステムは，プローブ・システム，プローブ情報サービス，フローティング・カー・システムとも呼ばれ，これを利用して交通流の変化をリアルタイムで把握し，信号を最適制御することもできる。ホンダが2002年にインターナビ・プレミアムクラブで，トヨタが2007年にG-BOOK mXで，それぞれ実用化している。経済産業省では，カー・ナビゲーション，VICS，ETCに次ぐITSの有力なサービスとして，自動車メーカ間のシステムの共通化を図り，育成する方針。プローブとは，「探査」の意。
プローブ情報（じょうほう）サービス [probe information service]　☞プローブ・カー・システム。
ブローホール [blowhole]　①通気穴，通気孔。②鋳物の気泡。巣穴。
ブローランプ [blowlamp]　（加熱用の）噴炎灯。＝トーチ〜。
プログラム [program]　①予定表。②番組表。③コンピュータに処理させる仕事の手順や計算方法を一定の形式に従って特定の言語で書いたもの。
プログラムド・キャブレータ [programmed carburetor; PGM-CARB]　☞PGM-CARB。
プログラムド・フューエル・インジェクション [programmed fuel injection; PGM-FI]　☞PGM-FI。
プログレス・コントロール [progress control]　☞作業進行管理。
プログレッシブ・コマンダ [progressive commander]　ホンダが採用した，カー・ナビゲーションの集中コントローラ。カーナビの多機能化による操作性の煩雑化や，スイッチ類の増加を解消するもので，スイッチを八方向に操作できるジョイ・スティック機能を有している。☞i-Drive，COMANDシステム。
プログレッシブ・スプリング [progressive spring]　（重ね板ばねの）前進型ばね。弧状板ばねの下に真っすぐな板ばねを重ねたもので，荷重が増大するとばね力も強くなる。例小型トラックに用例が多い。
プログレッシブ・タイプ・トランスミッション [progressive type transmission]　前進式変速機。しゅう動歯車式のうち，変速レバーがR−N−1−2−3のように一直線上を順に動かす構造のもの。現在その例は少ない。
プログレッシブ・タイプ・パワー・ステアリング [progressive type power steering; PPS]　車速感応型パワー・ステアリング。低速では軽く，高速では重めになるようコントロールしている。トヨタ車などに採用。
プログレッシブ・ワインディング [progressive winding]　（アーマチュアの）前進巻き。単重波巻きにおいて一整流子片より出発して，アーマチュアを一巡した導体の終端が出発した整流子片の右隣の整流子片に到達する巻き方。対リプログレッシブ〜。

プログレッション・ジェット [progression jet]　（キャブレータの燃料噴出を）継続する噴口。例 アイドル・ポートからメイン・ジェットへ変わるつながりを良くするジェット，すなわちスロー・ポート又はバイパス・ポート。
プロジェクション・タイプ [projection type]　突き出し型。例 点火プラグの絶縁がい子が本体シェルから突き出している型。
プロジェクタ [projector]　①設計者，計画者。②映写器，投光器。
プロジェクタ・ランプ [projector lamp]　電球の発する光を半楕円状のリフレクタ（反射鏡）で焦点に集光し，同じ位置に焦点を持つ凸レンズを通して照射する方式のランプ。ヘッドランプおよびフォグ・ランプの一部に使用されており，従来型に比べ小型でありながら配光が広く均一で明るく前方が確認しやすいと共に，上方向への光を少なくすることができるため対向車への眩惑を防ぐことができる。
フロスト [frost]　①霜，霜柱。②（ガラスなどを）曇らせる，つや消しにする。
プロスマテック・システム [Prosmatec system]　ホンダが採用した電子制御式自動変速機の名称。
プロセーフ [Pro-Safe]　ダイムラー（MB）が2006年に採用した新しい安全コンセプト（造語）。事故を未然に防ぐための安全思想で，①パフォームセーフ（Perform-Safe／安全走行サポート），②プレセーフ（Pre-Safe／事故を予測した乗員保護），③パッシブセーフ（Passive-Safe／事故発生時の乗員保護）），④ポストセーフ（Post-Safe／事故発生時の乗員救出や二次被害の防止）で構成されている。
プロセス [process]　①工程，手順。②経過，過程。③加工した。
プロセス・コントロール [process control]　自動制御の一部で，コンピュータなどを利用して工場生産の各工程を自動的に管理する方式。
プロセッサ [processor]　入力されたデータの演算を行う処理装置，又はマイクロコンピュータのチップ（マイクロプロセッサ）。
プロダクション・エンジン [production engine]　大量生産エンジン。
プロダクション・カー [production car]　大量生産自動車。量産車。
プロダクション・コードナンバ [production code-number]　製造順番号。例 シャシなどの一連番号。＝シリアル・ナンバ。
ブロッカ・リング [blocker ring]　邪魔輪。回転の邪魔をする円環。例 ㋑シンクロメッシュ機構のボーク〜。別名シンクロナイザ・リング。㋺オーバドライブ機構のサン・ギヤと組み合わした邪魔輪。
ブロック [block]　①大きいかたまり。例 シリンダ〜。②台。例 V〜。③滑車。例 チェーン〜。④妨害，邪魔。例 〜リング。
ブロック・キャスト・シリンダ [block cast cylinder]　（幾つかを）ひとかたまりに鋳造したシリンダ。
ブロック・ゲージ [block gauge]　（寸法の基準となる）鋼塊ゲージ。普通ブロック・ゲージといわれるものは，スウェーデンのヨハンソンが考案したいわゆるヨハンソン型のことで，35 × 9 又は30 × 9（mm）の鋼片を精密仕上げしたもので，予備寸法の異なるものを一組みとしてあり，何枚かを組み合わして所要寸法にする。標準の一組は103個からできており工場用ゲージとして最も正確なものとされる。
ブロック・ダイアグラム [block diagram]　①機械装置や回路などの配置・構成を示した図。②地形を立体的に表した図。
ブロック・パターン [block pattern]　タイヤのトレッドが独立したブロック（かたまり）で構成された模様で，スノー・タイヤや建設車両用タイヤに使用される。

ブロック型
ブロック・パターン

ブロック・リング [block ring]　☞ボーク・リング。
プロテクション [protection]　①保護，防御，防衛。②保護物。例 サイド〜モール。

プロテクション・モール [protection moulding]　車のドアやフェンダに取り付ける傷つき防止用のモール（モールディング）。

プロテクタ [protector]　保護器，保安装置。例 回路を保護するフューズ。

プロテクティブ・ブレード [protective blade]　保護編み。コードの編み被覆。

プロデューサ・ガス [producer gas]　発生炉ガス。薪炭等固形燃料をガス発生炉でいぶし焼きして生ずる可燃性ガス。主成分は一酸化炭素や炭酸ガス。

プロトコル [protocol]　①議定書。②規約。③コンピュータ本体と周辺機器の間でのデータ伝送の手順の規約。例 トヨタ標準プロトコルBEAN。

プロト・タイプ [prototype]　①最初の型，原型。量産車のもととなった試作車。②スポーツ・カー。サーキットでのレース用に特別に作られた2座席競走車。公道走行可能な装備は必要。

プロトラクタ [protractor]　分度器，角度計。

プロニー・ブレーキ [Prony brake]　プロニー動力計。摩擦動力計の一つ。

プロパン [propane]　液化石油ガス（LPG）の主成分。分子式C_3H_8。沸点−42.1℃。常温では気体であるが，加圧することにより容易に液化する。無色・無臭で気化したガスの重量は空気の約1.5倍。自動車用や家庭用の燃料などに用いられる。☞ LPG，ブタン。

プロパン・トーチ [propane torch]　冷媒フロンの漏出検知機。＝ハライド〜。

プロピレン [propylene]　エチレン系炭化水素の一つ。無色・可燃性の気体で，独特の臭いがある。石油精製分解中のガスに多量に存在し，重要な石油化学工業の原料となる。例 ポリプロピレン。

プロファイル [profile]　☞プロフィル。

プロフィル [profile]　①横顔，側面。②外形，輪郭。③側面図，縦断面図。

プロペラ・シャフト [propeller shaft]　推進軸，変速機から駆動車軸へ動力を伝達する回転軸。裸軸が多いがトルク管に入れたものもある。

プロポーショニング・バルブ [proportioning valve]（ブレーキなどの）調和弁。前輪に対し後輪のブレーキ力を下げて後輪のロックを防ぐ油圧調整弁。

プロモーション [promotion]　①促進，奨励。②昇格，昇進。③販売促進のための宣伝資料。例 セールス〜。

ブロワ [blower]　送風器，送風装置。例 ヒータ用，クーラ用。

ブロワ・モータ [blower motor]　送風器のファンを駆動するモータ。

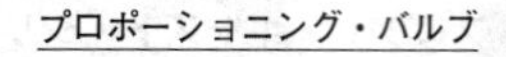

プロポーショニング・バルブ

フロン回収破壊法（かいしゅうはかいほう） [Law concerning the Recovery and Destruction of Fluorocarbons; Fluorocarbons Recovery and Destruction Law]　太陽からの有害な紫外線を吸収するオゾン層を破壊するフロン（CFC，HCFC，HFC）を大気中に放出せず，専用の機械で廃車等から回収して破壊業者により無害化することを義務づけた法律で，2001年6月に公布された。正式には「特定製品に係わるフロン類の回収および破壊の実施の確保等に関する法律」といい，カー・エアコンに関しては2002年10月より実施された。例えば，廃車を委託する自動車ユーザはフロン券を郵便局やコンビニで購入し（フロンの破壊処理に必要な費用2,580円を払う），自動車販売店や整備工場等に車両とともに引き渡さなければならない。

フロン・ガス [flon gas]　メタン又はエタンの水素原子を塩素及びふっ素原子で置き換えてできた化合物の総称で，各原子の数でCFCsの符号で表す。その中のCFC12は，沸点−29.8℃，不燃性，非爆発性，無毒，化学的にも非常に安定し，普通の金属を腐食させないので，カーエアコンや家庭用電気冷蔵庫・クーラの冷媒，またスプレーの噴霧剤として広く利用されてきた。しかし，近年このガスが地球を取り巻くオゾン層を破壊し，皮膚がんの発生率を高めるとの学界の警告から，90年の国際会議で今世紀中に特定フロンの生産・消費を全廃することが決められ，更にオゾン層の破壊が進んでいることから，95年末までに全廃する方針で産業界の協力が要請されていた。

フロン・ガス規制（きせい）［flon gas regulation］ ☞特定フロン，CFC。

ブロンズ［bronze］ 青銅。銅とすずの合金。通称砲金。例 ㋑ブシュ，メタル，スラスト・ワッシャ類。㋺小ギヤ類。

ブロンズ・ガラス［bronze glass］ 銅色をしたガラス。近年紫外線をカットする機能を付与したものが側面ガラスに使用される。

ブロンズバックド・メタル［bronze-backed metal］ 青銅台の軸受メタル。青銅のバック・メタルにホワイト・メタルなどを着せたもの。

ブロンズ・ブッシング［bronze bushing］ 青銅製ブシュ。

フロンタル・プロジェクテッド・エリア［frontal projected area］ 前面投影面積。車の進行方向に直面する面積。

フロント¹［front］ 前部，前面，前方，正面。

フロント²［customer reception］ 販売店や整備工場での整備の受付。☞サービス・アドバイザ。

フロント・アウトプット・シャフト［front output shaft］ 四輪駆動用トランスファにおいて，前輪を駆動するための出力軸。

フロント・アクスル［front axle］ 前車軸。対 リヤ〜。

フロント・アクスル・ハブ［front axle hub］ 前車輪の取り付け部。こしき（車輪の中心部）。

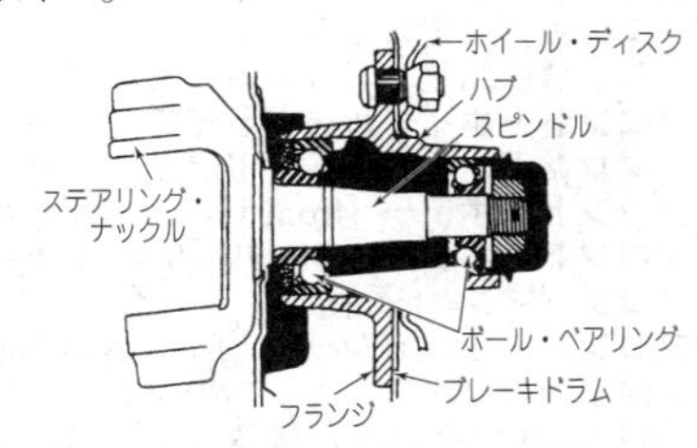

フロント・アクスル・ハブ

フロント・アライメント［front alignment］ ☞フロント・ホイール・アライメント。

フロント・アンダ・ガード［front under guard］ 路面干渉や飛石からオイル・パンなどを保護するため，エンジン・ルーム下部に取り付ける保護装置（プロテクタ）。例 ㋑ラリー車。㋺オフロード車。

フロント・アンダラン・プロテクタ［front underrun protector］ ☞FUP。

フロント・エンジン［front engine］ 前部設置エンジン。対 リヤ〜。

フロント・エンジン・フロント・ホイール・ドライブ［front engine front wheel drive; FF; FWD］ 車両の前部に搭載したエンジンで前輪を駆動する方式で，小型車に多く採用されている。直進性に優れ室内を広く取れるなどの反面，前車軸に荷重がかかり過ぎるためにハンドル操作が重く，アンダステアが強く出る傾向にある。対 FR。

フロント・エンジン・リヤ・ホイール・ドライブ［front engine rear wheel drive; FR; RWD］ 車両の前部に搭載したエンジンで後輪を駆動する方式。前後軸の重量配分の関係からFF車と比較して操縦性に優れ，スポーティ車や大きな車に多く採用されている。対 FF。

フロント・エンド［front end］ 前端。対 リヤ・エンド（後端）。

フロント・エンド・モジュール［front end module; FEM］ 車の前回りの機能部品をひとつのユニットに取りまとめたもの。例えば，ラジエータとエアコン用コンデンサ，電動ファン，ウォッシャ・タンクなどの部品をキャリアに一体化したもので，これにより体積，重量，コストなどを削減することができる。このようなモジュールを作ることができる大規模な部品メーカを，システム・インテグレータと呼んでいる。

フロント・オーバハング［front overhang］ 前の出っ張り。前車輪中心から前方へ張り出している長さ。

フロント・オーバハング・アングル [front overhang angle]　前部張り出し角。張り出し部分の下面と前輪タイヤ外周との接平面が路面となす角度。＝アプローチ〜。

フロント・ガード・フレーム [front guard frame]　前面保護囲い枠。例 ㋑前面バンパ。㋺トラック車体の鳥居。

フロント・グリル [front grille]　自動車の前の空気取り入れ口。四角い格子状になっているのでグリルと呼ぶ。＝ラジエータ・グリル。

フロント・サイド・メンバ [front side member]　車体前部の強度および剛性部材として車体前側下部に設ける縦通材。

フロント・サスペンション [front suspension]　前輪懸架（支持）装置。

フロント・シート [front seat]　車の第1列目のシート。

フロント・スポイラ [front spoiler]　フロント揚力低減用のスポイラ。＝エアダム，エアダム・スカート。

フロント・ドライブ [front drive]　前輪駆動。対 リヤ〜。

フロント・ハブ [front hub]　☞フロント・アクスル・ハブ。

フロント・バンパ [front bumper]　車両の最前部に取り付けた緩衝器。

フロント・ピラー [front pillar]　前面風防ガラスの左右の部分を保持している傾斜した柱。☞ A-pillar。

フロント・フェンダ [front fender]　前車輪部の泥よけ。

フロント・ブレーキ [front brake]　前車軸に取り付けられたブレーキ装置。

フロント・ホイール・アライメント [front wheel alignment]　前車輪の整列。操舵および走行安定に必要なトー・イン，キャンバ，キャスタ，キングピン傾斜角などが正しい値に調整されていること。

フロント・ホイール・ドライブ [front wheel drive; FWD]　☞フロント・エンジン・フロント・ホイール・ドライブ。対 RWD。

フロント・ボデー [front body]　車体の前部。主にエンジン・ルーム部の車体を指す。

フロント・ボデー・シェル [front body shell]　車体殻の荷物室より前方の部分。

フロントマン [frontman]　整備工場などで顧客に面接し折衝する人。

フロント・ミッドシップ [front midship; FM]　車体に対するエンジンの搭載位置で，前車軸の後ろにエンジンの重心がくるように配置したもの。前後車軸の重量配分を理想の50：50に近づけるため，スポーツ・セダンやスポーツ・カーでよく用いられる。☞リア・ミッドシップ・レイアウト。

フロント&リア・オートマテック・ブレーキ [front and rear automatic brake]　衝突被害軽減ブレーキの一種で，米GMが2012年に新型キャディラックに搭載したもの。短距離レーダと超音波センサを利用して，低速での衝突の危険を感知するとまず警報を発し，さらに必要な場合には，自動的にブレーキを作動させる。警報は音だけではなく，ドライバ・シートのシート・クッションを振動させることで注意を促す。このシステムは前進または後退時にも作動するのが特徴で，フォワード・コリジョン・アラート（前方衝突事前警告機能），リア・クロス・トラフィック・アラート（後退時安全確認警告機能）およびパーキング・アシストと連動している。サイド・ブラインドゾーン・アラート（アウタ・ミラーの死角警告機能）もセットに含む。

フロンフリー・カー・エアコン [fluorocarbon-free car air conditioner]　☞ノンフロン・カー・エアコン。

分解（ぶんかい） [disassembly]　部品又は装置を点検・整備のために，その構成要素に分けること。

分解（ぶんかい）ガソリン [cracked gasoline]　重質油の減圧蒸留装置から得られた軽油相当の減圧留出油を原料とし，接触分解装置で分解して製造されたもの。オクタン価が高く，直留ガソリンと混ぜて自動車用に使う。

分解整備（ぶんかいせいび） [overhaul]　☞オーバホール。

分岐管（ぶんきかん） [branch pipe]　☞ブランチ・パイプ，マニホールド。

噴射（ふんしゃ）［injection］　☞インジェクション。
噴射時期（ふんしゃじき）［injection timing］　燃料噴射装置において，噴射ノズルから燃料が噴射される時期。クランク角度で上死点前何度と表す。
噴射（ふんしゃ）ノズル［injection nozzle; injector］　☞インジェクション～，インジェクタ。
噴射（ふんしゃ）ポンプ［injector pump］　☞インジェクション～。
ブンゼン・バーナ［Bunsen burner］　燃料の噴出エネルギーにより空気と燃料を混合させ燃焼させるバーナ。
分配型燃料噴射（ぶんぱいがたねんりょうふんしゃ）ポンプ［distributor type fuel injection pump］　ディーゼル・エンジンの燃料噴射ポンプの一種で，１本のプランジャが回転しながら往復することで，全シリンダへの燃料の分配・噴射が行われるポンプ。４気筒の小型エンジンに多く使用された。対列型噴射ポンプ。

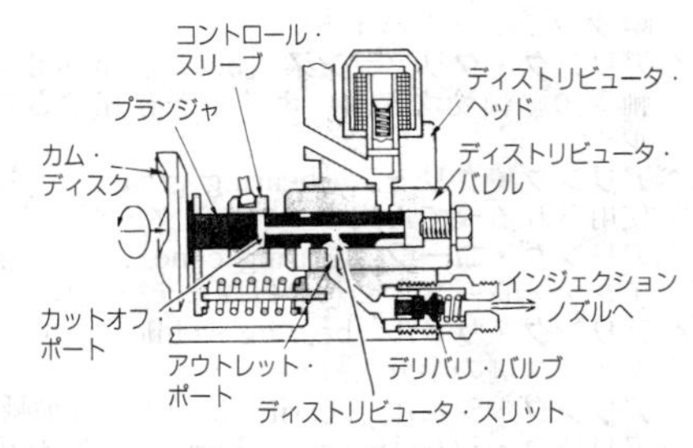

分配型インジェクション・ポンプ（噴射行程）

分配器（ぶんぱいき）［distributor］　☞ディストリビュータ。
分巻（ぶんまき）コイル［shunt coil］　☞シャント～。
分巻電動機（ぶんまきでんどうき）［shunt wound motor］　☞シャント・ワウンド・モータ。
分巻発電機（ぶんまきはつでんき）［shunt wound dynamo; shunt wound generator］　☞シャント・ワウンド・ダイナモ。
噴霧（ふんむ）［spray］　液体を微細にして噴出させた粒子群。
分離型（ぶんりがた）［separate type］　セパレート・タイプ。
噴流（ふんりゅう）［jet］　流体がノズルから周囲の流体中に流出するときの流れ。

［へ］

ペア［pair］　①対をなす二つ，一対。②対偶，つがい。例①ボルトとナット。
ベア・アクスル［bare axle］　裸車軸。むきだし軸。
ベア・ウェイト［bare weight］　裸重量。例（ボデーを除いた）シャシ重量。
ペア・グラス［pair glass］　２重ガラス。合わせガラス。例前面ガラス。
ヘア・クラック［hair crack］　（鋳物などにできる）ひび割れ，肉眼で見分けがたい毛のようなき裂。
ヘアスプリング［hairspring］　（メータなどに用いる）ひげばね。指針の釣り合いに用いる渦巻きばね。
ベアバック・トラクタ［bareback tractor］　（トレーラを引かない）空の牽引自動車。
ヘアピン・カーブ［hairpin curve］　（道路）ヘアピン状の急カーブ。
ヘアピン・スプリング［hairpin spring］　ヘアピン状のばね。例一部エンジンのバルブ・スプリングに用いる。
ヘアピン・バルブ［hairpin valve］　ヘアピン状の弁。例AT車の油圧ライン切り替え用板ばね。
ベアラ［bearer］　支え。張り出し。＝アウトリガ。
ベアリング［bearing］　軸受。回転する軸を支える装置。力の方向でラジアルとスラスト，構造でプレーン，ボール，ローラ，ニードル～等の別がある。

ベアリング・カップ [bearing cup] （コーンアンドカップ・ベアリングの）外環。アウタ・レース。
ベアリング・カラー [bearing collar] （スラストボール・ベアリング取り付け用の）つば付き短管。例クラッチリリース・ベアリング用。
ベアリング・キャップ [bearing cap] （半割り型平軸受の）取り外し得る半分。

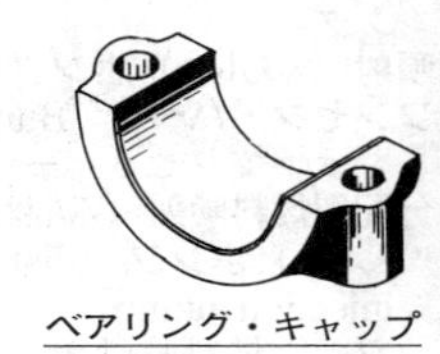
ベアリング・キャップ

ベアリング・クラッシュ [bearing crush] （平軸受用メタルの）締め代。メタルがキャップから乗り出している寸法。☞クラッシュ・ハイト。
ベアリング・クリアランス [bearing metal clearance] （平軸受の）軸受すき間。オイルが存在できるすき間。＝オイル〜。
ベアリング・グリース [bearing grease] 主に前輪の軸受に使用される充てん式のベアリング・グリースを指す。
ベアリング・コーン [bearing cone] （コーンアンドカップ・ベアリングの）内環，インナ・レース。これの外周にテーパローラが配列されている。
ベアリング・サドル [bearing saddle] （半割り型軸受の）母体となる半分。クランクケース側の半分。対〜キャップ。
ベアリング・シェル [bearing shell] （平軸受の）外殻，背金，台金。
ベアリング・シム [bearing shim] （半割り型平軸受調整用の）挟み金。摩耗してがたが生じた場合シムを抜いて締め直す。

ベアリング・スクレーパ [bearing scraper] （平軸受メタル修正用の）刃物。通称さっぱ。メタルの当たりの高いところを欠き削る工具。
ベアリング・スプリング [bearing spring] 支えばね。例車台支持ばね。
ベアリング・スプレッド [bearing spread] （軸受メタルの）張り。メタルの自由状態半径がこれを取り付けるシェルの半径より大きいことで，メタルとシェルの密着を確実にする。
ベアリング・ナンバ [bearing number] （ボールおよびローラ・ベアリングに刻印された）番号，その種類構造および寸法を表示する。
ベアリング・プーラ [bearing puller] （工具）ベアリング抜き。ボール又はローラ・ベアリングを引き抜く工具。＝〜ドロア。
ベアリング・メタル [bearing metal] （平軸受用の）減摩合金。例㋑バビットなどすず合金。㋺ケルメットなど銅合金。㋩ブシュなどの砲金。
ベアリング・リップ [bearing lip] （平軸受メタルの移動を防ぐ）突起。キャップのへこみへはまる。＝〜ラグ。
ベアリング・リテーナ [bearing retainer] （ベアリングの移動を防ぐ）保持装置。＝〜ハウジング，〜ホルダ。
ベアリング・レース [bearing race] （ボール又はローラ・ベアリングの）走り面。インナ・レース（内環）とアウタ・レース（外環）がある。
ペアレント・メタル [parent metal] 土台となる金属。＝ベース〜。
ヘア・ロック [hair rock] （クッション材）強力繊維を固めたもの。
ベア・ワイヤ [bare wire] （電気の）裸線。絶縁被覆を施してない線。
ベイ [bay] 自動車置き場。タクシーなどの駐車場。例タクシー〜。
ペイ・アズ・ユー・ドライブ [pay as you drive] ☞PAYD。
ペイ・ウェイト [pay weight] （運送）有料荷重。換価重量。＝〜ロード。
ベイオニット・ゲージ [bayonet gauge] 棒状計器。例エンジンの油面計。
ベイオニット・ベース・バルブ [bayonet base bulb] 差し込み式電球。例自動車用電球。
平均（へいきん）ピストン・スピード [average piston speed] ピストンの動く速さを

ストロークに単位時間当たりの往復回転数を掛けたもので表す。普通のエンジンで最大値20m/secくらい。

平均有効圧力（へいきんゆうこうあつりょく）［mean effective pressure; MEP］　エンジンのピストンにかかる計算上の平均圧力で，1サイクルの仕事を行程容積で割ったもの。理論～，図示～，正味～の三つに分けて定義される。

閉磁路型（へいじろがた）コイル［closed magnetic circuit coil］　イグニション・コイルの二次電圧を高めるため，磁路としての鉄芯が磁束を通りやすくするためにループ状に閉じたタイプのもの。㊖開磁路型～。

閉磁路型コイル

平成12年排出（へいせい12ねんはいしゅつ）ガス規制（きせい）［new short-term emission regulation］　☞新短期排出ガス規制。

平成17年排出（へいせい17ねんはいしゅつ）ガス規制（きせい）［new long-term emission regulation］　☞新長期排出ガス規制。

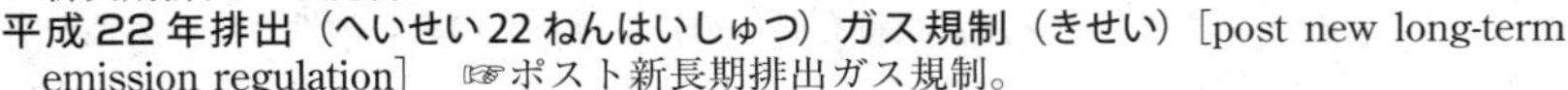

平成22年排出（へいせい22ねんはいしゅつ）ガス規制（きせい）［post new long-term emission regulation］　☞ポスト新長期排出ガス規制。

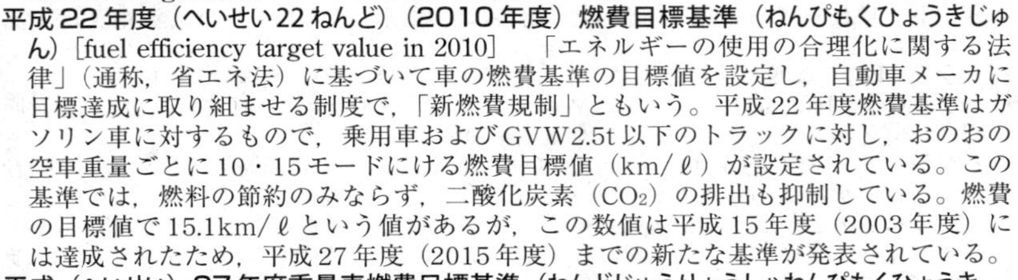

平成22年度（へいせい22ねんど）（2010年度）燃費目標基準（ねんぴもくひょうきじゅん）［fuel efficiency target value in 2010］　「エネルギーの使用の合理化に関する法律」（通称，省エネ法）に基づいて車の燃費基準の目標値を設定し，自動車メーカに目標達成に取り組ませる制度で，「新燃費規制」ともいう。平成22年度燃費基準はガソリン車に対するもので，乗用車およびGVW2.5t以下のトラックに対し，おのおの空車重量ごとに10・15モードにける燃費目標値（km/ℓ）が設定されている。この基準では，燃料の節約のみならず，二酸化炭素（CO_2）の排出も抑制している。燃費の目標値で15.1km/ℓという値があるが，この数値は平成15年度（2003年度）には達成されたため，平成27年度（2015年度）までの新たな基準が発表されている。

平成（へいせい）27年度重量車燃費目標基準（ねんどじゅうりょうしゃねんぴもくひょうきじゅん）［fuel efficiency target value in 2015 for heavy duty vehicles］　2015年（平成27年）以降に国内で出荷されるディーゼル重量車に義務づけられた燃料消費の目標基準値（km/ℓ）。重量トラックの場合，燃費カテゴリが重量ごとに11区分されており（T1～T11），例えばT1（最大積載量1.5t以下）で10.83km/ℓ，T6（GVW8t超～10t以下）で6.52km/ℓ，T11（GVW20t超～）では4.04km/ℓをクリアする必要がある。これに伴い，燃費の試験法も従来の13モード法からJE05モード法に変更された。☞平成27年度燃費目標基準。

平成27年度（へいせい27ねんど）（2015年度）燃費目標基準（ねんぴもくひょうきじゅん）［fuel efficiency target value in 2015］　「平成22年度燃費基準」との相違点は次の通り。①対象車両に小型バスとディーゼル車（重量車を除く）を追加。②燃費目標平均値は16.8km/ℓ。③試験方法は実走行に近いJC08モードに変更。④車両重量区分は乗用車で16区分とし，国際規準への調和を図った。

平成（へいせい）28年排出（ねんはいしゅつ）ガス規制（きせい）［new heavy-duty vehicle emission regulation in 2016］　2016年（平成28年）以降に導入予定の，ディーゼル・トラックやバスなど「重量車」に対する次期排出ガス規制。ポスト新長期（平成22年）規制の次に導入されるもので，新しい規制値は従来のNOx（0.7g/kWh）を約4割減の0.4g/kWhとするが，PMの規制値（0.01g/kWh）に変更はない。試験方法も，今回から国連のWP29が策定した世界統一のテスト・サイクルである「WHTC」を採用予定で，EUがディーゼル重量車に対して2013年から導入したEuro6と同じ規制値を採用している。

平成（へいせい）32年度燃費目標基準（ねんどねんぴもくひょうきじゅん）［fuel efficiency

target value in 2020]　2014年現在，我が国における最新の燃費基準で，「小型乗用車と小型バス」を対象としたもの（プラグイン・ハイブリッド車は除く）。2020年度（平成32年度）を目標年度とするもので，車両重量を15区分した平均燃費は20.3km/ℓ（JC08モード）で，2015年度基準比で19.6%の改善を義務づけている。今回から，欧米で採用されているCAFE（企業別平均燃費基準）方式が導入される。

平成（へいせい）34年度燃費目標基準（ねんどねんぴもくひょうきじゅん）［fuel efficiency target value in 2022］　2014年現在，我が国における最新の燃費基準で，「小型貨物自動車」を対象としたもの。2022年度（平成34年度）を目標年度とするもので，車の構造や車両重量などを38区分した平均燃費は17.9km/ℓ（JC08モード）で，2015年度基準比で23.4%の改善を義務づけている。今回から，乗用車と同じCAFE（企業別平均燃費基準）方式を採用。

ベイナイト［bainite］　鋼を150〜550℃の熱浴に焼き入れして，恒温変態を起こさせたときに生じる組織。☞オーステナイト，マルテンサイト，変態点。

ベイ・リフト［bay lift］　駐車場にある押し上げ機。＝オート〜。

ペイロード［payload］　有料荷重。換価荷重。最大積載重量。＝ペイ・ウェイト。

ペインタ［painter］　塗装工。ペンキ屋。

ペイント［paint］　塗料。ペンキ。顔料を展色剤に溶解した塗料。油性とラッカ性がある。

ペイント・リムーバ［paint remover］　塗料はく離剤。ペイントをはぐ溶剤又は工具類。

ベーク［bake］　①焼く，焼き固める。②塗装の焼き付け乾燥。例4コート・4〜。

ベークライト［bakelite］　フォルムアルデヒドと石炭酸を縮重合して作った人造樹脂製品。例㋑カムシャフト・ギヤ。㋺電気絶縁体。

ベークライト・ギヤ［bakelite gear］　ベークライト材のギヤ。非金属ギヤとして騒音の少ないのが特長。例カムシャフト・ギヤ。

ベークライト・ヒール［bakelite heel］　（ブレーカの）カム・フォロアとなるベークライト片。コンタクト・アームにあってカムに突かれる小片。＝カム・フォロア，ラビング・ブロック。

ベーシック・カー［basic car］　走行に必要最小限の装備をした車。小型で低価格な車。

ベース［base］　土台，基礎，基盤。例㋑〜メタル。㋺トランジスタの〜。㋩電球口金。㋥リムの底部分。

ベース・ガソリン［base gasoline］　アンチノック剤を入れる前のガソリン。

ペーステッド・プレート［pasted plate］　（バッテリの）ペースト式極板。

ベース・デポー［base depot］　路線の基地となる車庫。自動車置き場。

ペースト［paste］　のり，練りもの。例㋑ハンダ付け用〜。㋺バッテリ極板に詰める鉛粉の練りもの。

ベース・メタル［base metal］　①（鉄，銅など）基本的な金属。②メッキの台となる金属。③（合金内の）主要金属。

ベースレス・バルブ［baseless bulb］　口金のない電球。例計器用電球の一部。

ベーパ［vapor; vapour］　蒸気，湯気。例㋑水蒸気。㋺ガソリンの蒸気。

ペーパ［paper］　紙。例サンド〜。

ペーパ・ガスケット［paper gasket］　紙製ガスケット。

ペーパ・コンデンサ［paper condenser］　（誘電体が）ろう紙の蓄電器。例㋑ブレーカ用。㋺電波障害除去用。

ベーパ・セパレータ［vapor separator］　蒸気分離器。例タンク蒸発ガスと液体ガソリンとを分離するタンク。燃料タンクの附属。

ベーパ・テンション［vapor tension］　蒸気張力。＝〜プレッシャ。

ペーパ・ドライバ［paper driver］　免許証はあるが運転の実力がない運転者。

ペーパ・パッキング [paper packing]　紙製のパッキング。
ペーパ・フィルタ [paper filter]　（エレメントが）紙のろ過器。
ベーパ・プレッシャ [vapor pressure]　蒸気圧力。＝〜テンション。
ベーパライザ [vaporizer]　蒸発器，気化器。例 LPG 装置において液状の燃料をガス化する装置。＝レギュレータ。
ベーパ・リターン・パイプ [vapor return pipe]　蒸気復帰導管。例 タンクの蒸発ガスのうちセパレータで分離されたガソリンをタンクへ戻す管。
ベーパ・ロック [vapor lock]　蒸気による閉塞。液相であるべきものが気相に変わることによって起こる故障。例 ㋑燃料装置において，パイプやポンプ内のガソリンが蒸気化し供給が中絶すること。過熱などによって起こる。㋺油圧ブレーキにおいて過熱の場合，ブレーキ液が蒸発してペダルの踏みごたえがなくなること。
ペーブメント [pavement]　①舗装。②舗道，車道。
ベール・ワイヤ [bail wire]　（フィルタなどのカップを押さえる）あぶみ金。＝スチラップ。
ベーン [vane]　羽根。例 水車，風車，羽車等の羽根。
ベーン・ポンプ [vane pump]　羽根ポンプ。例 ㋑油圧〜。㋺排気浄化用空気〜。
ヘキサゴン [hexagon]　六角形。
ヘキサゴン・キャップ・ボルト [hexagon cap bolt]　六角頭ボルト。
ヘキサゴン・ナット [hexagon nut]　六角ナット。
ヘキサゴン・ボルト [hexagon bolt]　六角頭のボルト。

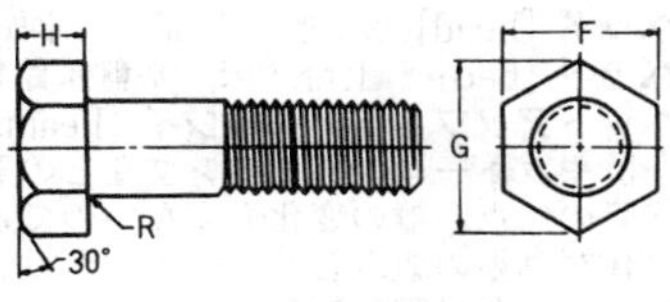

ヘキサゴン・ボルト

ヘキサン [hexane]　（燃料）メタン系炭化水素の一つ。C_6H_{14}。5種の異性体がある。例 ガソリンの一成分。
ペグ [peg]　くぎ。せん。例 カムとレバー式ステアリング・ギヤでカムの溝の中にはまって動くくぎ。ローラ付きのものもある。
ベクトル [独 Vektor]　大きさと向きで表される量，速度，力などについて用いる。㊟英語ではベクタ（vector）。
ペグ・ワイヤ [peg wire]　（ナットの）回り止め針金。＝ロッキング〜。
ベジタブル・オイル [vegetable oil]　植物性油。例 ㋑カストル油。㋺オリーブ油。
ヘジテイション [hesitation]　ちゅうちょ（ためらい）。例 アクセルを踏んだとき円滑に加速されずミス（失速）状態になること。
ヘジテイト [hesitate]　ちゅうちょする。加速がスムーズに行われない。
ベゼル [bezel]　①時計のガラスのはまる溝ぶち。②指輪などの宝石をはめるところ。例 AT 車のシフト・レバー（フロア式）回りの化粧枠。
ペダル [pedal]　踏み子，踏み板。例 ㋑クラッチ〜。㋺ブレーキ〜。
ペダル・ストローク・シミュレータ [pedal stroke simulator]　ハイブリッド車や電気自動車において，ブレーキ・ペダルの踏み代や踏み応えを疑似的に作り出す装置。
ペダル・ストローク・センサ [pedal stroke sensor]　ブレーキ・ペダルの踏み込み量を検出するセンサ。ハイブリッド車や電気自動車では回生ブレーキの制御用に，プリクラッシュ・セーフティ・システムでは，ドライバの運転状態を監視するために他のセンサなどと組み合わせて用いられる。トヨタの電子制御ブレーキ（ECB）では，油圧源（アキュムレータ）の圧力を電子制御で調整するためにブレーキ圧センサとともに用いる。ブレーキ・ストローク・センサまたはストローク・センサとも。
ペダル・トラベル [pedal travel]　ペダルの動き量。
ペダル・フィール・シミュレータ [pedal feeling simulator]　☞電動サーボ・ブレーキ・システム。

ペダル踏（ふ）み間違（まちが）い防止装置（ぼうしそうち）［pedal misapplication prevention system］　☞誤発進抑制制御。
ペダルフリー・オート・チョーク［pedal free automatic choke; PFAC］　☞PFAC。
ヘックス・レンチ［hex wrench］　（工具）六角頭のねじ回し。六角穴用～。
ヘックス・ワッシャ［hex washer］　六角座金。
ヘッシャン・クロース［Hessian cloth］　目の粗い麻布。ズック，つなそ（黄麻）などで作った丈夫な包装用布。例シートの下張り。
ベッセル［vessel］　入れ物，容器。ダンプの荷台等。＝ベセル。
ヘッセルマン・エンジン［Hesselmann engine］　スウェーデンのK・T・Eヘッセルマンが考案したもので，ガソリン機関とディーゼル機関の中間性のものであるが用例は少ない。
ヘッダ［header］　①管寄せ。例ラジエータの上下水槽。②頭打ち機。赤熱した棒材の頭を加圧成形する機械。例バルブの製造。
ヘッダ・タンク［header tank］　（ラジエータ上下の）管寄せ水槽。
ヘッダ・ボード［header board］　前面板。例トラック車体前面の板。
ヘッディング・アップ表示（ひょうじ）［heading up display］　進行方向上方表示。例カーナビの画面で車両の進行方向を上にして表示するもの。☞ノース・アップ表示。
ヘッド［head］　①頭，首部。②水頭，落差，水圧，蒸気圧。
ベッド［bed］　土台，床，基盤，路盤。例旋盤の主軸台を支持する箱型鋳物。
ヘッドアップ・ディスプレイ［headup display; HUD］　運転者の正面ガラス上に速度計やウォーニング・ランプなどの重要情報を投影表示する方法。前方の景色との間に目の焦点距離の変化も少ないので安全で見やすい。技術的には，液晶表示とレーザ立体写真術の組み合わせで実画が投影される。

ヘッド・クリアランス［head clearance］　頭上のすき間。例着席したときの天井とのすき間。
ペットコック［petcock］　（各種の）豆コック類。例㋑排気コック。㋺排水～。㋩排油～。
ヘッド・ストック［head stock］　（旋盤などの）主軸台。
ヘッド・ソラックス・サイドバッグ［head thorax side bags］　エアバッグの一種で，ダイムラー（MB）がロードスター（バリオルーフ）に採用したもの。シート・ベルトの補助装置で，側面衝突時に乗員の胸から頭部を覆うように展開する。ソラックスとは，「胸部」のこと。☞ペルビス・エアバッグ。
ヘッドライト［headlight］　前照灯。夜間前方進路を照らす重要な灯火。不要時隠される構造のものもある。＝ヘッドランプ。
ヘッドライト・テスタ［headlight tester］　前照灯試験機。主光軸の方向や配光状態および明るさなどを測定する車検機器。
ヘッド・ライニング［head lining］　（ボデー）天井の裏張り。
ヘッド・ライニング・クロース［head lining cloth］　天井裏張り用布。
ヘッドランプ［headlamp; headlight］　前照灯。夜間走行中に前方を照明するもので，保安基準では走行（上向き）ビームのとき前方100m，すれ違い（下向き）ビームでは40m前方の障害物を確認できる明るさで，ランプの色は白色または淡黄色（白色又は淡黄色は平成17年12月31日以前に制作された自動車に適用。白色は平成18年1月1日以降に制作された自動車に適用）と規定されている。かつてはセミシールド・ビームやシールドビーム・ランプが使用されていたが，最近では，明るさに優れるハロゲン・ランプやディスチャージ・ランプ（HIDヘッドランプ）などが使用され，2007年には，世界初のLED（発光ダイオード）を用いたヘッドランプがレクサスに採用された。高級車の一部には，ステアリングと連動して照射方向が変わる配光可変型前照灯（AFS）も採用されている。保安基準の改正により，2011年1月よりヘッドランプの最大光度が30万カンデラから国際基準の43万カンデラに引き上げられ，同年10月には，走行状況に応じて，ハイ／ローを自動的に切り替えるオートマティック・ハイビーム（AHB）や，配光自体を制御するアダプティブ・ドライビング・ビーム（ADB）の基準が整備された。これにより，夜間の視認性が大幅に向上している。☞アダプティブ・フロントライティング・システム。

ヘッドレス・スクリュ [headless screw]　頭のない小ねじ。

ヘッドレスト [headrest]　①ヘッド・レストレイントを略したもの。②頭を保護する支え。まくら。

ヘッドレスト

ヘッド・レストレイント [head restraint]　レストレイントとは抑えることで，保安基準の規定する「頭部後傾抑止装置」をいう。追突されたときに，乗員がのけぞって首を痛め鞭（むち）打ち症になるのを予防する。

ペディキャブ [pedicab]　乗客用三輪自転車。輪タク。

ペディスタル [pedestal]　台，台座，柱脚。例 ㋑軸受け台。㋺ゲージ支柱。

ペディスタル・ベース [pedestal base]　柱脚台。例 ダイアル・ゲージ取り付け台。

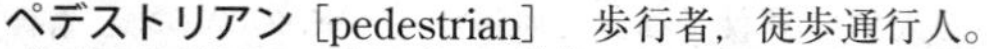

ペデストリアン [pedestrian]　歩行者，徒歩通行人。

ペデストリアン・クロシング [pedestrian crossing]　横断歩道。

ベテラン・カー [veteran car]　ダイムラやベンツに始まるガソリン・エンジン初期（1885～1904）の自動車をいう。

ペトロイル [petroil]　（ペトロールとオイルの）混合油。例 2サイクル燃料。

ペトロイル・ルブリケーション [petroil lubrication]　2サイクル・エンジンでの混合油潤滑方式。燃料にオイルを混ぜ，空気との混合気としてクランクケースを通過するとき，各作動部分を潤滑する。

ペトローリアム [petroleum]　石油。

ペトローリアム・ジェリィ [petroleum jelly]　☞ワセリン。

ペトロール [petrol]　英 精製石油，揮発油。米 ガソリン。

ペトロール・ゲージ [petrol gauge]　☞ガソリン～。

ペトロール・ステーション [petrol station]　燃料給油所。英 ペトロール～。米 ガス～，フィリング～。注 ガソリン・スタンドは和製英語。

ペトロール・タンク [petrol tank]　☞ガソリン～。

ペトロリフト [petro-lift]　ガソリン吸い上げ装置。＝フューエル・ポンプ。

ベネシャン・ブラインド [Venetian blind]　板すだれ式目隠し。

ペネトラント [penetrant]　浸透液。

ペネトレーション [penetration]　浸入，浸入力。例 グリースのちゅう度。

ヘビー [heavy]　①重い。②大きな。③激しい。④苛酷な。対 ライト。

ヘビー・インシュレーション [heavy insulation]　厳重な絶縁。例 高電圧部分の絶縁。

ヘビー・オイル [heavy oil]　重油。濃厚な油。対 ライト～。

ベビー・カー [baby car]　豆自動車。

ヘビーデューティ [heavy-duty; HD]　①苛酷な使用や激務に耐え得るように作られた，丈夫な，頑丈な。②重荷重用，極圧用。

ヘビーデューティ・オイル [heavy-duty oil]　酷使に耐える良質な油。

ヘビーデューティ・タイヤ [heavy-duty tire]　（プライ数の多い）堅牢型タイヤ。

ヘビー・ロード [heavy load]　大きい負荷，重荷。対 ライト～。

ヘプタン [heptane]　メタン系炭化水素の一つ。C_7H_{16}。9種の異性体がある。ノルマル（正）ヘプタンはエンジンに用いて爆燃を起こしやすい物質として知られ，ガソリンの耐爆性判定の標準（オクタン価0）とされる。

ベベル・ギヤ [bevel gear]　傘歯車。交わる2軸間に運動の伝達をする円すい状歯車。例 ㋑ファイナル～。㋺デフ～。

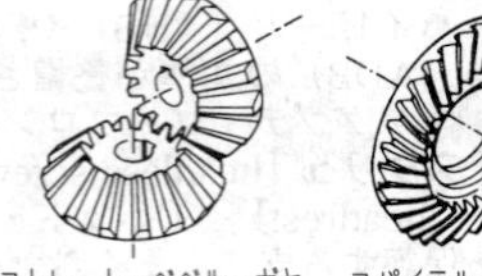
ストレート・ベベル・ギヤ　スパイラル・ベベル・ギヤ

ベベル・ギヤ

ベベルギヤ・ドライブ ［bevel-gear drive］ 傘歯車伝動。
ベベルシーテッド・バルブ ［bevel-seated valve］ 斜面着座弁。円すい弁。＝コニカル～。
ベベル・ピニオン ［bevel pinion］ 傘型小歯車。
ベベル・リング・ギヤ ［bevel ring gear］ 環状傘歯車。ピニオンと噛む大歯車。
ヘミスフェリカル ［hemispherical］ 半球形の。例 半球型燃焼室。対 ペントルーフ。
ヘミング ［hemming］ 板の縁を折り曲げ返す加工。例 ドアなどふたもので，内板を挟み込むこと。
ヘム ［hem］ 「縁，へり，縁取りをする」等を意味し，ドア・パネル端の折り返し部などを指す。☞ヘミング。
ヘモグロビン ［hemoglobin］ 血液中の赤血球に含まれ，主に酸素を運ぶ働きをする。排気ガス中の一酸化炭素（CO）が人体に吸収されると血液中のヘモグロビンと結合してCOヘモグロビン（CO-Hb）となり，正常な血液の酸素運搬機能を阻害する。
ベヤリング ［bearing］ ☞ベアリング。
ベヨネット・ゲージ ［bayonet gauge］ ☞ベイオニット・ゲージ。
ベリー・ラージ・スケール・インテグレーション ［very large scale integration; VLSI］ ☞VLSI。

ヘリカル ［helical］ 螺旋（らせん）状の。＝スパイラル。
ヘリカル・ギヤ ［helical gear］ はす歯々車。歯が軸に対し斜めになった歯車。平歯車より歯の噛み合い率が大きく騒音も少ない。しかし，側圧を生じるためこれに対処しなければならない。例 ㋑タイミング・ギヤ。㋺トランスミッション内常時かみ合い歯車。
ヘリカル・スプリング ［helical spring］ ら旋ばね。つる巻きばね。力の方向により圧縮用，引っ張り用，ねじり用などがある。＝コイル～。

ヘリカル・ギヤ

ヘリカル・ベベル・ギヤ ［helical bevel gear］ はす歯傘歯車。＝スキュー。
ヘリカル・ポート ［helical port］ ら旋状の吸気口。吸気を渦流状にして燃料との混合をよくする目的で，直噴式ディーゼル・エンジンに多く用いられる。
ヘリサート ［Helisert］ ねじ穴再生用ねじブシュに関する商品名。摩滅したねじ穴にオーバサイズねじを切り，これにねじブシュを入れて標準に戻す。
ペリトロコイド ［peritrochoid］ （幾何学上の）余はい線。＝エピトロコイド。例 ロータリ・エンジンのハウジング内周面を形成する曲線。
ペリフェラル・ポート ［peripheral port］ （ロータリ・エンジンの）周孔。ハウジングの外周に設けた気孔。☞サイド・ポート。
ペリフェリ ［periphery］ 円周，外周，周辺。例 タイヤのトレッド部。
ペリメータ・フレーム ［perimeter frame］ 枠型フレーム。ボデー台部の外周を部材で囲んだ構造。
ヘリンボーン・ギヤ ［herringbone gear］ （にしんの骨のような，すぎあや形の）山歯々車。歯筋の方向の異なる二つのヘリカル・ギヤを組み合わせたダブル・ヘリカル・ギヤ。例 特別大型車の終減速歯車。
ベル・クランク ［bell crank］ ベル型クランク。2本の腕を「く」の字型に組み，その交点を枢軸として運動するクランク。運動の方向や行程を変えるときに用いる。例 ㋑アクセルの連動部分。㋺駐車ブレーキ連動部分。

ベルジアン・ロード［Belgian road］　代表的な悪路。花崗岩のブロックを使用して人工的に造った試験路で，ベルギーの石畳路が悪路の代表として取り上げられたものである。

ペルチェ効果（こうか）［Peltier effect］　熱電効果の一つ。異種金属または半導体の接合点に電流を流すと，接合点でジュール熱以外に熱の発生または吸収が起きる現象。フランスのJ. C. A. Peltierが1834年に発見した。☞ペルチェ／ペルティエ熱交換器。

ヘルツ［hertz］　振動数の単位。記号Hz。サイクル／秒と同じ。1秒間にn回の振動をnヘルツの振動という。

ペルティエ熱交換器（ねつこうかんき）［Peltier heat exchanger］　金属板と半導体からなる熱交換器。電流の向きにより吸熱・発熱の切り替えを行い，電圧により熱交換量を調整するもので，トヨタの高級乗用車のコンフォータブル・エアシート（空調付きシート）に採用された。フランスの物理学者ペルティエ（ペルチェ）が発見した熱電効果による。

ベルテッドバイアス・タイヤ［belted-bias tire］　バイアスとラジアル中間性のもので，バイアス編みのカーカスの周囲にガラス繊維などのベルトを用いたもの。

ベルト［belt］　（伝動用の）調帯。断面の形状により平，丸，Vなどがあるが自動車用はVベルトが多い。強力なコードを芯にして綿布で巻きゴムを浸みこませたもの。例エンジン補機駆動用。

ベルト・コンベヤ［belt conveyer］　ベルト式自動搬送装置。例自動車メーカの工場設備。

ベルト・シフタ［belt shifter］　ベルト寄せ。ベルトの調整装置。

ベルト・タイトナ［belt tightener］　ベルト締め。張りの調整装置。

ベルト・テンショナ［belt tensioner］　ベルト引っ張り装置。張りの調整装置。

ベルト・テンション・ゲージ［belt tension gauge］　ベルト張力測定器。

ベルト・ドライブ［belt drive］　ベルト駆動。例ファン，ウォータ・ポンプ，ジェネレータ等。

ベルト・バッグ［belt bag］　前面衝突時に後席左右のシートベルト・ストラップの幅を約3倍に膨張させることで後席乗員の肩部や胸部にかかる衝撃を軽減し，負傷のリスクを軽減するもの。ダイムラー（MB）がリア・セーフティ・パッケージに採用。

ベルト・モールディング［belt moulding］　（ボデーの）ベルト状盛り上げ飾り。

ベルヌーイ［*Daniel Bernoulli*］　1700～1782。スイスの理論物理学者。1738年ベルヌーイの定理（流体の定常な流れでは速度水頭，圧力水頭および位置水頭の和は常に一定であるから，速度の大きいところでは圧力は小さいという理論）の確立者。

ベル・ハウジング［bell housing］　ベル型室。例㋑クラッチ・ハウジング。㋺デフ～。

ヘルパ・スプリング［helper spring］　補助ばね。

ペルビス・エアバッグ［pelvis airbag］　エアバッグの一種で，ダイムラー（MB）がEクラスに世界初採用したもの。このエアバッグは運転席および助手席の背もたれ外側の低い位置に内蔵されており，側面衝突時にサイド・エアバッグと同時に作動して，腰椎や骨盤を保護している。ペルビスとは「骨盤」のことで，2011年発表の新型Bクラスでは，サイド・エアバッグとペルビス・エアバッグを統合したペルビス・ソラックスバッグを採用している。

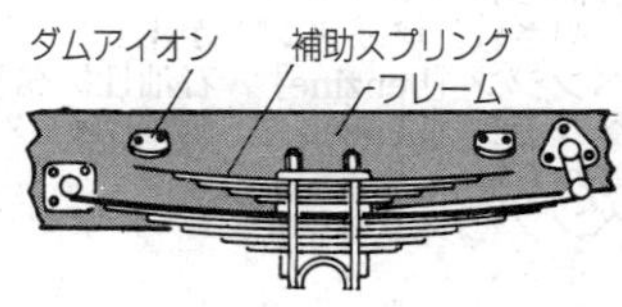

ヘルパ・スプリング

ペルビス・サポート［pelvis support］　シートの構造において，骨盤を保持して運転姿勢を適正化させるシートのサポート機能。ペルビスとは「骨盤」のことで，骨盤をしっかりと保持することが着座姿勢を安定させる基本となる。腰椎を支持するランバ・サポートは，骨盤が動いてしまっては効果がない。

ペルビス・ソラックスバッグ [pelvis thorax airbag]　☞ペルビス・エアバッグ，ヘッド・ソラックス・サイドバッグ。
ヘルプネット [the emergency notification system; emergency call service]　☞HELPNET（略語）。
ベル・マウス [bell mouth]　ベル型の口。ラッパ状の口。
ベルリーナ [*berlina*]　伊イタリア語でセダンのこと。
ベルリーヌ [*berline*]　仏フランス語でセダンのこと。
ペレット [pellet]　丸めた球。銃丸のようなもの。例㋑排気ガス浄化用触媒に用いる白金被覆～。㋺ワックス～型サーモスタット。
ペレット・タイプ・キャタライザ [pellet type catalyzer]　（排気ガス浄化用の）銃丸型触媒。仁丹粒ほどのセラミックに白金を被覆したもので，これを1ℓ～2ℓ量ステンレス容器に充填してコンバータに用いる。排気ガス対策初期に使用された。
ペレット・タイプ・サーモスタット [pellet type thermostat]　（ろうを作用主体とする）水温調整器。ペレットの中に充填した銅粉入りろうが膨張して水路のバルブを開くもの。ベローズ式に比べ水圧の影響を受けないことが特長。例加圧冷却装置用。☞ワックス・ペレット。
ベロア [velour]　（フェルトを起毛した）毛製品生地。例車体内装用。
ベローズ [bellows]　蛇腹，ふいご。例㋑～型サーモスタット。㋺エアサス用空気袋。㋩防塵用～。
ベローズ・タイプ・コラプシブル・ステアリング・シャフト [bellows type collapsible steering shaft]　衝突の衝撃にて蛇腹状のコラム・チューブが折り畳まれ衝撃を吸収するステアリングの安全装置。☞メッシュ・タイプ～。
ベローズ・タイプ・サーモスタット [bellows type thermostat]　蛇腹型整温器。金属製蛇腹管の中にエーテルを封入し，その膨張を利用して水路を開閉する整温器。水圧によって作用特性が変わるのが欠点とされ，加圧冷却方式の普及により，ワックス・ペレット式のサーモスタットが採用された。
ベロシティ [velocity]　速さ，速度，速力。一定時間に対する変位の割合。
ペロブスカイト触媒（しょくばい） [perovskite catalyst]　貴金属の使用量を大幅に削減した排気ガス浄化用触媒の一種。使用過程中にパラジウム（Pd）が自ら再生する機能を有するPd固溶ペロブスカイト触媒を使用したもので，ホンダが2001年に世界で初めて自動車用ペロブスカイト三元触媒システムを開発している。ペロブスカイトとはチタン酸カルシウム（$CaTiO_3$）の鉱物名で，発見者であるロシア人科学者Perovskyの名にちなむ。☞インテリジェント触媒，シングル・ナノテクノロジー～。
ヘロン・チャンバ [Heron chamber]　中央部に深いくぼみを持つピストンと平面な底面を持つシリンダ・ヘッドとによって構成された燃焼室で，S.D.Heronによって提唱され，ノッキングが生じにくく，より高い圧縮比が得られるといわれている。
ベンジン [benzine]　石油性揮発油。ベンゾリンともいう。＝ガソリン。
ベンゼン [benzene]　コール・タールから蒸留される揮発油。ゴムや樹脂の溶剤。＝ベンゾール。
ベンゾール [benzol]　ベンゼンの工業用粗製品。＝ベンゼン。
ベンゾリン [benzoline]　☞ベンジン。
ベンダ [bender]　（工具）曲げる道具。例パイプ～。
変態点（へんたいてん） [transformation temperature]　合金の温度を上昇または下降させたとき，組織のある相が他の相に変化する温度。☞オーステナイト，マルテンサイト，ベイナイト，ホット・スタンプ。
ペンタン [pentane]　メタン系炭化水素の一つ。C_5H_{12}。3種の異性体がある。

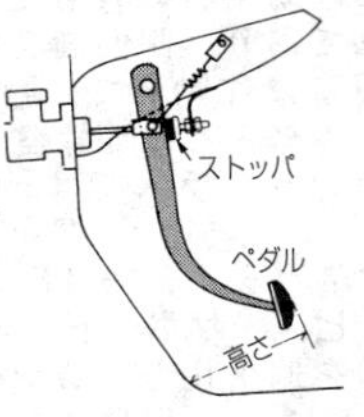

ペンダントタイプ・ペダル

ペンダント・タイプ・ペダル [pendant type pedal]　（乗用車に多い）つり下げ式ペダル。㊞つり下げ式クラッチ・ペダル，ブレーキ～。＝サスペンデッド～。

ベンチ [bench]　①長腰掛け。②作業台。

ペンチ [pinchers; pincers]　側面に刃を持った針金切り。＝カッティング・プライヤ。ピンサーズ。

ベンチ・グラインダ [bench grinder]　卓上研磨盤。作業台に固定して用いる小型研磨盤。片砥石型と両頭型とがある。

ベンチ・シート [bench seat]　２人以上が腰掛けられる長椅子型のシート。

ベンチ・チャージ [bench charge]　（車上充電に対し）取り降ろして行う充電作業。

ベンチ・テスト [bench test]　エンジンやトランスミッションなどの大型機能部品の定置台上テスト。裸エンジンの出力テストなど。

ベンチ・ドリル [bench drill]　卓上穴空け機，卓上ボール盤。

ベンチ・ハンマ [bench hammer]　片手ハンマ。

ベンチマーク [benchmark]　基準点，水準点。

ベンチュリ・チューブ [venturi tube]　㊥1746～1822。イタリアの物理学者 *Giovanni B. Venturi* が考えた流体の流量測定用絞り管。流体がくびれ部分で速度を増し圧力が下がるので他の部分との圧力差から流量が求められる。㊞気化器の気流加速用管。＝チョーク・チューブ。スロート。

ベンチュリ・バキューム・トランスデューサ・バルブ [venturi vacuum transducer valve; VVTV]　☞VVTV。

ベンチレーション [ventilation]　通風，換気。

ベンチレータ [ventilator]　通風器，換気窓。㊞車室，工場，塗装室。

ベンチレーティング・システム [ventilating system]　通風換気装置。

ベンチレーティング・ファン [ventilating fan]　通風換気用風車。

ベンチレーテッド・ディスク [ventilated disc]　ディスク・ブレーキ・ロータを中空に加工したもの。通気性を良くしてフェード防止とパッドの寿命向上を図っている。☞ソリッド～。

ベンチレーテッド・パーフォレイト・ディスク [ventilated perforated disc]　ベンチレーテッド・ディスクの冷却効果をさらに高めるため，ディスクの円周上に冷却用の穴をあけたもの。☞パーフォレーテッド・ディスク。

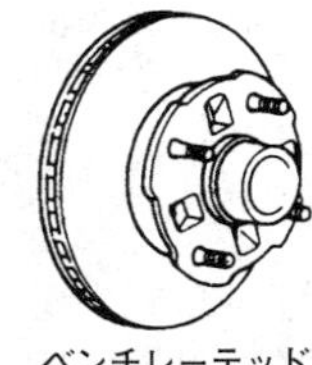

ベンチレーテッド・ディスク

ベンツ [*Karl Friedrich Benz*]　㊦1844～1929。ドイツの技術者。1878年２サイクルのガス機関を完成。85年には４サイクル・ガソリンエンジンを装備した三輪自動車を製作，後にゴットリーブ・ダイムラと共同してダイムラ・ベンツ社を設立した。

ベンディックス・ドライブ [Bendix drive]　（スタータ）ピニオンかみ合わせ法の一形式。モータ軸のら旋上にピニオンを乗せ，モータが回るとピニオンが軸方向に走ってリング・ギヤにかみ合う構造。＝イナーシャ・タイプ。

ベンディックス・ブレーキ・テスタ [Bendix brake tester]　ベンディックス社開発のローラ型ブレーキ試験機。歯車箱にかかる反動トルクの大きさから制動力を測る。

ベンディング [bending]　①曲げること，曲げ。②曲がること。☞ベンド。

ベンディング・ストレングス [bending strength]　曲げ強さ。曲げモーメントに対する強さ。

ベンディング・テスト [bending test]　（材料など

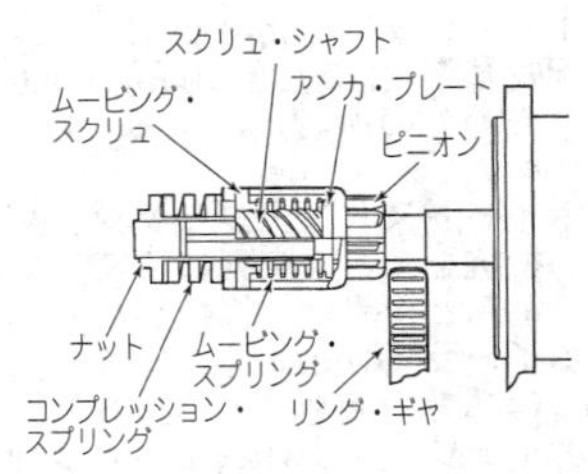

ベンティックス・ドライブ

の）曲げ試験。
ベンディング・ブラケット [bending bracket]　衝撃吸収ステアリングの一種。衝突時の衝撃で離脱・変形するブラケットでステアリング・コラムを車体に固定している。
ベンディング・モーメント [bending moment]　曲げモーメント。はりに荷重が働いてこれを曲げようとする働き。
ペンデュラム式（しき）エンジン・マウント [pendulum engine mount]　振り子式エンジン懸架方式。エンジンの車体に対する取り付け方の一つで，パワー・プラント揺動軸の平面視上の両端でエンジンを吊る方式のもの。これにより，エンジンを吊るマウントを柔らかくして振動を吸収し，揺動は電子制御式液体封入マウント（トヨタ）やトルク・ロッド（日産，スズキ）などで抑制している。
ペンデュラム・タイプ [pendulum type]　（時計のような）振子式。
ベント¹ [bent]　曲がった。ベンド（bend：曲げる）の過去，過去分詞。
ベント² [vent]　（空気や液体を入れたり抜いたりする）口，穴，通気口。
ベンド [bend]　①曲げる。②曲がる。③曲がり，屈曲。
ベント・キャップ [vent cap]　通気口のふた。
ベント・ノーズ・プライヤ [bent nose plier]　先曲がりプライヤ。
ベント・プラグ [vent plug]　（通気口の）通気用栓。
ベント・ホール [vent hole]　通気孔，通気用穴。
ペント・ルーフ燃焼室（ねんしょうしつ） [pent roof combustion chamber]　屋根の傾斜型の燃焼室で，主に4バルブ式ガソリン・エンジンに採用される。㊜ヘミスフェリカル（球型）～。
偏平率（へんぺいりつ） [aspect ratio]　タイヤの断面幅に対する高さの比率。乗用車タイヤでは40～70％くらい。☞アスペクト・レシオ。
ヘンリー・フォード [Henry Ford]　㊍1863～1947。アメリカ自動車工業の父といわれ，また大量生産のフォード・システム創始者。自動車普及の基となったT型フォード車は約1500万台生産された。

[ホ]

ボア [bore]　①（きりなどで空けた）穴。②穴の内径，口径。㊟シリンダ～。
ポア [pour]　①（鋳造などで溶金を）鋳込む。②（鋳型の）注入口，一回の注入量。
ボアストローク・レシオ [bore-stroke ratio]　口径・行程比。シリンダの口径（ボア）と行程（ストローク）との寸法比率。同寸のものをスクェア・エンジン，行程の大きいものをロング・ストローク・エンジン，口径の大きいものをショート・ストローク・エンジン又はオーバスクェア・エンジンという。＝ストローク・ボア・レシオ。
ボア・ピッチ [bore pitch]　隣接するシリンダ内径の中心軸間距離。＝シリンダ～。
保安基準（ほあんきじゅん） [safety regulation for road vehicle]　道路運送車両法（国土交通省の所管）による，自動車の安全と公害防止性を確保するための最低限度の基準。
ホイートストン・ブリッジ [Wheatstone bridge]　ブリッジ（電橋）の一種で，4個の抵抗を互いに直列に接続して四辺形の閉回路を作り，相対する接続点の間にそれぞれ電源と検流計を接続したもの。低抵抗以外の抵抗の測定に広く使われる。
ホイーラ [wheeler]　①車で運ぶもの。複合語を用いた車付きのもの。㊟フォー～。（4人乗り自動車）。②㊗熟練運転者。オートバイ警察官。
ホイーリング [wheeling]　輪転，回転。㊟フリー～。
ホイール [wheel]　車輪，車輪状のもの。㊟㋑ロード～。㋺フライ～。
ホイール・アーチ [wheel arch]　タイヤとの接触を避けるための，車体サイド・パネルのアーチ型切り欠き。

ホイール・アライナ [wheel aligner]　車輪の姿勢を点検する装置。例④キャンバ・ゲージ。⑩キャスタ～。⊘トーイン～。⊜キングピン～。
ホイール・アライメント [wheel alignment]　車輪の整列，姿勢。
ホイール・ウェル [wheel well]　深底リムで，タイヤの脱着を行うために設けられているくぼみの部分。
ホイール・オフセット [wheel offset]　車輪中心面と取り付け面との偏位。
ホイール・カバー [wheel cover]　車輪のハブ・カバー。
ホイール・キャップ [wheel cap]　車輪ハブの防じん帽。
ホイール・クレーン [wheel crane]　（キャタピラ車に対し）車輪式車の起重機。
ホイール・シリンダ [wheel cylinder]　ドラム・ブレーキの構成部品で，各車輪のブレーキ・ドラム内に設置された油圧シリンダ。
ホイール・スタチック [wheel static]　車輪空電。車輪の回転によって起こる静電気によるラジオ雑音。
ホイール・スポーク [wheel spoke]　（車輪のハブとリムをつなぐ）輻（や）。例ワイヤ～。
ホイールタイプ・トラクタ [wheel-type tractor]　車輪式牽引自動車。
ホイール・ディスク [wheel disc]　☞ディスク・ホイール。
ホイール・デモンストレータ [wheel demonstrator]　（ホイール・バランスの）実演装置。＝ホイール・バランサ。
ホイール・トラクタ [wheel tractor]　車輪付き牽引自動車。対クローラ～。
ホイール・トラッキング・ゲージ [wheel tracking gauge]　英輪距測定器。トラック（トレッド）やホイールベースなどを計測する器具。
ホイール・トラック [wheel track]　英①輪距。左右車輪中心間距離。②タイヤの踏み面。＝トレッド。
ホイール・トランプ [wheel tramp]　車両のバネ下質量が前後軸まわりに回転振動するもので，地だんだ振動とも呼ばれる。リジッド・アクスル車が凹凸路面を走る際に起こり易い。
ホイール・ドリー [wheel dolly]　大型タイヤの脱着運搬に使用されるジャッキ付き台車。＝タイヤ～。
ホイール・トレッド [wheel tread]　米①輪距。左右車輪中心間距離。②タイヤの踏み面。＝トラック。
ホイール・ドロア [wheel drawer]　（工具）車輪引き抜き具。＝～プーラ。
ホイール・ナット・スパイダ [wheel nut spider]　ホイール・ナット脱着用の十字型ソケット・レンチ。四つの異なったサイズのソケットで，各車に使用できる。
ホイール・ハウス [wheel house]　（ボデーの）車輪えぐり部分。＝タイヤ～。
ホイール・バランサ [wheel balancer]　車輪の釣り合い試験機。静止状態又は回転状態の釣り合いを点検修正する機械。オンザカー・タイプとオフザカー・タイプがある。＝シミー・ディテクタ，デモンストレータ。
ホイール・プーラ [wheel puller]　（工具）車輪抜き具。＝～ドロア。
ホイール・フラッタ [wheel flutter]　（前輪などの）強制振動。☞ホイール・ワッブル。
ホイール・ベアリング・グリース [wheel bearing grease]　リチウムやナトリウム石けん基のグリースで，耐熱性・耐水性・酸化安定性・機械的安定性に優れ，ホイール・ベアリングのようにブレーキからの高温にさらされると共に，常に衝撃荷重を受けるような所に用いる。

ホイール・バランサ
（オフザカー・タイプ）

ホイールベース [wheelbase]　軸距。前後車軸中心間の水平距離。三軸車では前軸と中間軸間を第一軸距。中間軸と後軸間を第二軸距といい，合わせたものを最遠軸距という。

ホイール・ホップ［wheel hop］　車輪が上下に跳ね上がる振動現象。駆動力や制動力が急激に作用したときや，ホイールのアンバランスなどにより発生する。

ホイール・リフト［wheel lift］　旋回中強く遠心力が作用したとき，内側車輪が路面から浮き上がる現象。

ホイール・レンチ［wheel wrench］　車輪脱着専用レンチ。

ホイール6分力（ろくぶんりょく）［wheel six components force］　車輪に働く力を直角方向に3力と3モーメントに分解したもの。6分力計を用いて計測する。①3力：⑴抗力（前後方向）。⑵横力（左右方向）。⑶揚力（上下方向）。②3モーメント：⑴縦揺れ。⑵横揺れ。⑶偏揺れ。☞空力6分力。

ホイール・ロック［wheel lock］　車輪拘束。回転できない状態。

ホイール・ワッブル［wheel wobble］　☞ウォッブル。

ポイズ［poise］　つり合わせる。平衡させる。例センタ～ライド。

ホイスト［whist］　巻き上げ装置，起重機，昇降器。

ボイス・ナビゲーション［voice navigation］　カー・ナビゲーションの音声案内。目的地までのルート案内を画像のみならず，音声でも行うもの。

ホイッスル［whistle］　警笛。笛を鳴らす警音器。現在使用されない。

ホイットワース［Sir Jeseph Whitworth］　英1803～1887。イギリスの機械技術者。1841年ホイットワースねじ規格を定めた。

ホイットワースねじ［Whitworth thread］　イギリスのホイットワースの提案を基礎におく，ねじ山の角度が55°のインチねじの一種。我が国ではISOねじの導入に伴い，ホイットねじのJISは廃止された。

ボイラ［boiler］　蒸気発生がま。本体と燃焼装置からできている。例洗車用スチーム・クリーナ。

ボイリング・ポイント［boiling point］　沸騰点，沸点。例水の沸点は大気圧のもとでは100℃。気圧が上がると沸点も上がる。

ホイル［foil］　（金属の）はく。薄い金属片。例コンデンサ用すずはく。アルミはく。＝フォイル。

ボイル［Robert Boyle］　英1627～1691。イギリスの物理学者。化学者。1660年有名なボイルの法則（温度が一定のとき気体の圧力と体積とは互いに逆比例する）を表明した。☞シャルルス・ロー。

ボイルド・オイル［boiled oil］　ボイル油。ペイント溶剤。

ポインタ［pointer］　指針，指標。例㋑ギヤかみ合わせ位置指標。㋺点火位置指標。

ポイント［point］　①小さい点，ぽつ。②スイッチ類の接点。例コンタクト～。

ポイント・ギャップ［point gap］　ポイントすき間。例コンタクト・ブレーカの場合0.4～0.5mm。

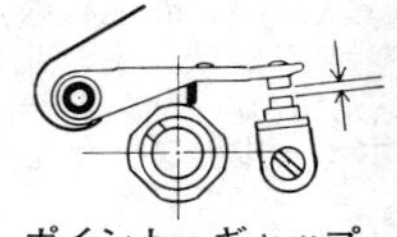

ポイント・ギャップ

砲金（ほうきん）［gun metal］　すずを約10%，亜鉛を数%含む銅合金のことで青銅ともいう。かつて，砲身材として使用されたことから砲金という。硬い銅合金として，ブシュなどに使用する。

防眩（ぼうげん）ミラー［anti-glare mirror］　ルーム・ミラーで，後続車のヘッド・ライトが反射してまぶしいとき，これを柔らげる仕組みをもったもの。鏡面への入射光量に応じて反射率を変化させる，プリズム式，液晶式などがある。

方向指示器（ほうこうしじき）［turn signal indicator; turn signal lamp］　転向しようとする方向の左右を示す点滅式灯火で，保安基準により点滅回数毎分60～120回，灯光は橙（とう）色と規定されている。

防振鋼板（ぼうしんこうはん）［vibration damping steel sheet］　積層鋼板，制振鋼板，サンドイッチ鋼板ともいう。2枚の薄い鋼板の間にプラスチック・シートやアスファルト・シートを挟んだ構造。鋼板の振動を吸収するための防音目的で，エンジン・ルームと運転席との隔壁（ダッシュ・ボード）などに使用される。

放電深度（ほうでんしんど）［depth of discharge; DOD］　電池の放電状態を定格容量に対する放電量の比で表した数値。例えば，DOD80%。

ボウル［bowl］　どんぶり，深い鉢。例 ㋑セジメント～。㋺フロート～。

ポウル［pawl］　☞ポール。

ボー［bow］　弓，弓状物，弓状湾曲。例 ㋑弓状（半楕円）ばね。㋺ほろ骨。

ボーキサイト［bauxite］　水ばん土鉱又は鉄ばん石。主成分は $Al_2O_3 \cdot 2H_2O$。アルミニウムの原料鉱石。

ホーク［fork］　☞フォーク。

ボーク・リング［balk ring］　邪魔輪。動きや回転の邪魔をする輪。例 ㋑シンクロ機構にある～。㋺オーバドライブ機構の～。

ホース[1]［horse］　①馬，木馬。②（支えとする）台。③米俗トラック，トラクタ。

ホース[2]［hose］　布管，ゴム管，蛇管。例 ㋑エア～。㋺ウォータ～。㋩ブレーキ～。

ポーズ［pause］　中止，休止，途切れ。例 爆発の途切れ。＝ミスファイヤ。

ホース・カプラ［hose coupler］　ホース連結器。例 トラクタとトレーラ用。

ホース・クランプ［hose clamp］　ホース締め具。＝～バンド。

ホース・コネクション［hose connection］　ホース連結機。＝～カプラ。

ホースシュー・マグネット［horseshoe magnet］　馬蹄形磁石。例 高圧磁石発電機（ハイマグ）用。

ホースパワー［horsepower］　（工率単位）馬力。記号はHP又はIP。メートル馬力はPS（独 Pferdestarke；馬力）で表す。1PS＝0.736kW。

ホース・バンド［hose band］　ホースを締める帯金。＝～クランプ。

ホース・フィッティング［hose fitting］　ホース端の接続金具。例 ㋑ブレーキホース。㋺ガソリンホース。

ホース・リール・セット［hose reel set］　ホース巻き取り装置。例 サービス・ステーションの給油（気）設備。

ポータブル・エア・コンプレッサ［portable air compressor］　移動式空気圧縮機。

ポータブル・エレクトリック・ドリル［portable electric drill］　携帯用電気穴空け機。通称電気ドリル。

ポータブル・ドリル［portable drill］　携帯式穴空け機。

ポータブル・ボーリング・マシン［portable boring machine］　移動式中ぐり盤。シリンダ上に取り付けて中ぐりをする機械。例 整備工場用中ぐり盤。

ポータル・フレーム［portal frame］　門型の車台枠。例 フレームレス車においてボデー前方に出したエンジン支持用フレーム。

ボーツ［bortz］　ダイヤモンドの一種であるが装飾用とならないくずダイヤ。もっぱら工業用とする。＝ボート，ボルツ。

ボーディング［boarding］　板張り，板囲い。

ポーティング［porting］　穴を磨くこと。例 エンジンの性能向上のためガス通路となる穴の内面を滑らかに磨くこと。

ボーテックス・ジェネレータ［vortex generator］　渦流発生装置。気流の中に故意に渦を作り出し，空力特性を制御するための整流板または導風器。フォーミュラ・カーのフロント・ウイングなどに用いるが，トヨタが採用したエアロスタビライジング・フィンは，ボーテックス・ジェネレータの一種。ボルテックス・ジェネレータとも。

ボーテックス・フロー［vortex flow］　渦流，渦巻き状の流れ。例 ㋑流体クラッチのポンプとタービン間に起こる渦巻き。タービンの速度が上がると消滅する。㋺エンジンの圧縮行程における混合気の渦巻き。＝ボーテックス。

ボーテックス・ホーン［vortex horn］　渦巻きラッパ。長いトランペットを渦巻き状に

ホ

して小型にまとめた警音器。
ボーデン・ブレーキ [Bowden brake]　ボーデンワイヤ式ブレーキ。
ボーデン・ワイヤ [Bowden wire]　鋼線をら旋巻きした自在管の中にワイヤを通したもの。例 ㋑チョークやスロットル操作用。㋺クラッチやブレーキ操作用。
ボート [bort]　工業用くずダイヤモンド。＝ボーツ。例 工作機械用。
ポート [port]　口，出入口。例 ㋑インレット～。㋺エキゾースト～。
ポート・スカベンジド・エンジン [port scavenged engine]　孔掃気式エンジン。例 2サイクル・エンジン。
ポート・タイミング [port timing]　気孔開閉時期。
ポート・タイミング・ダイアグラム [port timing diagram]　気孔開閉時期図表。例 2サイクル・エンジンにおいて，排気孔や掃気孔の開閉時期をクランク円上に記入した図表。
ポートパワー [portpower]　可搬式油圧ボディ・ジャッキ。主に事故車の修理に用いるもので，元は特定の商品名。

ポートパワー

ポートレス・マスタ・シリンダ [portless master cylinder]　(ピストンしゅう動部に) 穴のない親シリンダ。インレット・バルブがリザーバとの通路を閉鎖することにより液圧が発生する構造のもの。
ホーニング [horning]　(シリンダなどの) 砥石磨き。ホーンで磨くこと。
ホーニング・ホーン [honing hone]　ホーニング用砥石，回転砥石。
ホーニング・マシン [honing machine]　砥石がけ機械。シリンダ内面などを回転砥石で磨く機械。
ホーム・ページ [home page; HP]　インターネットの情報発信ソフトwww (world wide web) サーバの最初の画面。
ホーム・ラバー [foam rubber]　泡ゴム。☞フォーム～。
ボーメ・ディグリ [Baumé degree]　ボーメ度。フランスの化学者ボーメが比重計の目盛用に考案した比重単位系の一つで，略号Bé。比重と一定の関係を保ち，水より重い液体のための重ボーメ度と水より軽い液体に対する軽ボーメ度がある。
ボーメ・ハイドロメータ [Baumé hydrometer]　ボーメ度計。ボーメ浮きばかり。
ボーラ [borer]　穴を空ける機械。例 ボーリング・マシン。
ポーラス・プレーティング [porous plating]　多孔状めっき，網目状めっき。例 シリンダ・ライナなどのクロムめっき，含油性を向上する目的。
ポーラス・ブロンズ [porous bronze]　多孔性青銅。青銅粉末を焼結して多孔性にしたもの。例 軸受ブシュ。
ポーラス・メタル [porous metal]　多孔性金属。粉末を焼結して作った合金。例 ㋑焼結ブシュ。㋺クラッチ・フェーシング。㋩フィルタ・エレメント。☞シンタード～。
ポーラライジング [polarizing]　(正負の) 極性の確立。
ポーラライジング・スイッチ [polarizing switch]　極性転換スイッチ。例 点火コイル又はブレーカに通る電流の方向が点火スイッチを入れるごと，又はスタータを使うごとに反対になるようにした特殊スイッチ。目的はブレーカ・ポイントの片べりを防ぐものであるが用例は少ない。＝リバーシング～。
ポーラライズ [polarize]　極性を与える，極性を確立する。
ポーラリゼーション [polarization]　分極作用，成極作用。例 電池において電解の際の生成物のために極のできることを分極作用といい，逆起電力を生じて端子電圧を低下する。
ポーラリゼーション・スイッチ [polarization switch]　極性転換スイッチ。＝ポーラライジング～。

ポーラリティ [polarity]　（正負の）極性。例 ㋑電気の正負。㋺磁石のNS。
ボーリング [boring]　穴ぐり，穴空け作業。例 ㋑シリンダの穴ぐり作業。㋺軸受穴ぐり作業。
ボーリング・バー [boring bar]　（ボーリング機の）中心回転軸。
ボーリング・マシン [boring machine]　穴ぐり機械。中ぐり盤。例 ㋑シリンダ用。㋺ベアリング穴用。
ホール [hole]　穴，くぼみ。例 ㋑アイドル～。㋺ピン～。
ボール [ball]　玉，球。例 ㋑～バルブ。㋺～ベアリング。
ポール¹ [pawl]　歯止めの爪。例 ラチェットの爪。パウルとも。
ポール² [pole]　①極，磁極，電極。例 ㋑ノース～。㋺サウス～。㋩ポジティブ～。㊁ネガティブ～。②棒，さお。③英式長さ。5½ヤード。
ボールアンドソケット・ギヤ・シフティング [ball-and-socket gear shifting]　（変速レバーを球と球受けの構造とし）ゲート（案内溝）を用いない変速装置。大部分が採用する標準型。
ボールアンドソケット・ジョイント [ball-and-socket joint]　球と球受け式継手。ボール・ジョイントやタイロッド・エンドなど。
ボールアンドトラニオン・ジョイント [ball-and-trunnion joint]　球と耳軸式継手。筒形継手。☞トラニオン。
ボール・アンド・ナット・ステアリング [ball and nut steering]　ステアリング軸の回転運動をウォームねじ溝の鋼球を介して，軸方向の直線運動に変換する操舵方式。＝リサーキュレーティング・ボール・ステアリング。

ブーツ
ジョイント ボデー
ボール
プロペラ・シャフト
トラニオン
ボール

ボールアンドトラニオン

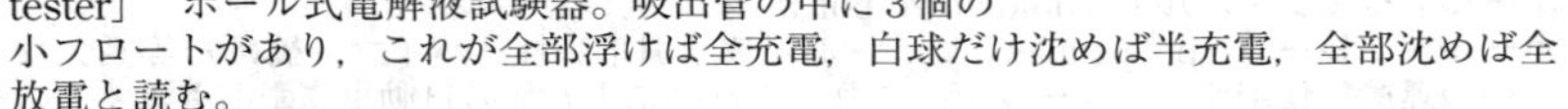
ボール・エレクトロライト・テスタ [ball electrolyte tester]　ボール式電解液試験器。吸出管の中に3個の小フロートがあり，これが全部浮けば全充電，白球だけ沈めば半充電，全部沈めば全放電と読む。
ボール・エンド・タペット [ball end tappet]　球状端揚弁子。カムに接触する部分が球状をなすもの。
ボール・ケージ [ball cage]　（等速式ジョイントなどでボールを正位置に保持する）ボール保持かご。
ポール・コア [pole core]　（回転電機の）磁極鉄芯。
ボール・サーキット・タイプ [ball circuit type]　（ステアリング装置の）ボール循環式。＝ボール・スクリュ，リサーキュレーティング・ボール。
ボールシート [ball-seat]　ボール受けとなるもの。例 ドラッグ・リンクのボール・ジョイント部品。
ポール・シュー [pole shoe]　（回転電機の）極鉄，極片。
ポールシュー・スプレッダ [pole-shoe spreader]　（工具）極鉄支え。ポールシュー脱着の際ヨーク（フレーム）の変形を防ぐ当て金。
ボール・ジョイント [ball joint]　玉継手。球状自在継手。例 ㋑乗用車のフロント・サスペンション。㋺かじ取り用ドラッグ・リンクの継手。
ボール・ジョイント・サスペンション [ball joint suspension]　球状継手式懸架法。キングピンを廃し，ナックル・サポートの上下に玉継手を用いて上下振動とかじ取り運動ができるようにしたもの。例 一般乗用車。

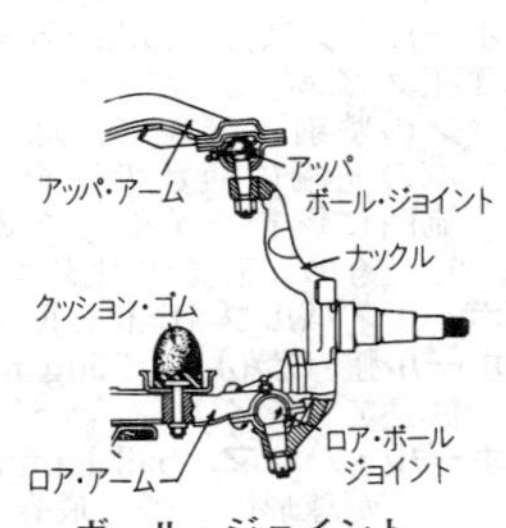

ボール・ジョイント

ボール・スタッド [ball stud]　丸頭ボルト。

ボール・ストローク [ball stroke]　（オイル・タペット）ボールの遊び行程。チェックバルブ・ボールの遊び，普通タペットの弁すき間に相当する。

ボール・スパント [ball spunt]　（かじ取り）ボールの案内。ボール・スクリュ式においてボールを正しい軌道へ案内するもの。＝ボールリターン・ガイド。

ボール・ソケット [ball socket]　玉受け，ボール・ジョイントの玉座。

ボール・ソケット・レバー [ball socket lever]　球受け式の（変速）てこ。現在多くこの形式になっている。

ホール素子（そし） [Hall element; Hall device]　磁気センサの一種で，ホール効果を生じる半導体素子。ホール効果素子ともいい，クランク角センサ，車速センサ，EPS用トルク・センサ，舵角センサなどに用いられる。ホール効果とは，半導体を流れる電流に直交する磁界を加えると，電界が生じる（電圧が発生する）現象。

ボール・チェック・バルブ [ball check valve]　球状防逆弁。例㋑気化器の加速ポンプ。㋺オイル・タペット。㋩油圧装置。

ポール・チェンジャ [pole changer]　（電気）変極装置。例スイッチを入れるごとにコイル又はブレーカへ通る電流の方向を変える装置。＝ポーラライジング・スイッチ。

ホールディング・コイル [holding coil]　（スタータの）保持コイル。スタータのマグネチック・スイッチにおいて，プランジャを引っ込み状態に保持するコイル。引っ込み用のプルイン・コイルより線が細く巻き数が多い。

ホールディング・ドア [folding door]　（バス）折り畳み式ドア。＝フォールディング～。

ホールドイン・コイル [hold-in coil]　保持コイル。＝ホルディング～。

ホールドダウン・アーム [hold-down arm]　押さえつけ腕金。例ディストリビュータをシリンダ・ブロックの穴へ押さえつける取り付け金物。

ホールドダウン・ボルト [hold-down bolt]　押さえつけボルト。

ポール・トレーラ [pole trailer]　ポール用被牽引車。柱，パイプ，橋げた等長大なものの運搬に使用するトレーラで，これらの物品により他の自動車に牽引されるものをいう。

ボール・ナット・タイプ [ball nut type]　（かじ取り）ボール入りナット型。ウォームとナット型の進歩したもので，かみ合い部に多数のボールを入れて動きを軽くしてある。＝ボールスクリュ，ボール・リサーキュレーティング。

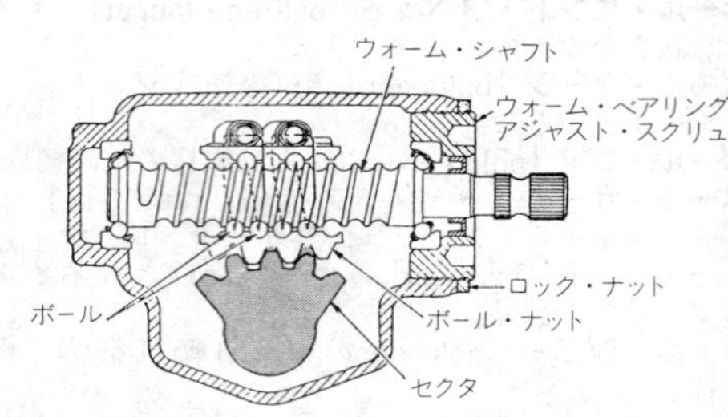

ボール・ナット型ギヤ

ホール・ノズル [hole nozzle]　多孔ノズル。ディーゼル・エンジンの噴射ノズルで，球状のノズルの先端に複数の孔をあけ，広範囲に燃料を噴射できるようにしたもの。直接噴射式エンジンに採用される。

ボール・バルブ [ball valve]　球弁。鋼球を使った弁。例チェック～。

ボール盤（ばん） [drilling machine]　穴空け機。ドリルを用いて穴空けをする工作機械。アプライト～，ラジアル～等がある。

ボール・ハンマ [ball hammer]　玉頭ハンマ。下面（フェース）は平らで上面（ピーン）が球形のもの。最も普通の片手ハンマ。＝ボールピーン～。

ポール・ピース [pole piece]　（回転電機などの）極片，極鉄。＝ポール・シュー。

ホ

ポールピース・スプレッダ [pole-piece spreader] ☞ポールシュー～。
ボールピーン・ハンマ [ball-peen hammer] ☞ボール・ハンマ。
ポール・ピッチ [pole pitch] （回転電機の）極間隔。360°を極数で割った角度。
ボール・ベアリング [ball bearing] 球軸受。玉を入れた軸受。力の方向によりラジアル，スラスト，アンギュラの3通りがある。

ボール・ベアリング

ボール・ヘッド・ボルト [ball head bolt] 丸頭ボルト。
ボール・ミル [ball mill] 球入り粉砕機。クラッシャの一種。
ボール・リターン・ガイド [ball return guide] （かじ取り）ボールスクリュ式ステアリングにおいてボールを循環させる案内金。＝ボール・スパント。
ボール・リテーナ [ball retainer] （ベアリング）ボール支持かご。
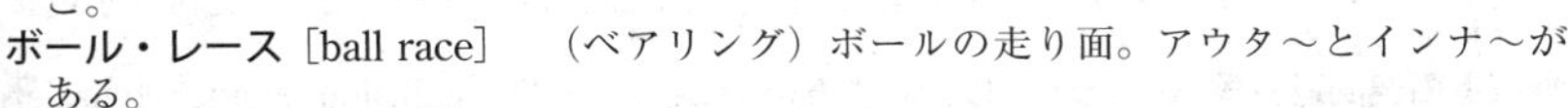
ボール・レース [ball race] （ベアリング）ボールの走り面。アウタ～とインナ～がある。
ポール・レバー [pawl lever] ポール（歯止め）付きレバー。例ブレーキ～。
ホーレージ [haulage] ①引張力。牽引力。②（貨物の）運搬。
ホーン¹ [hone] （ホーニング用）砥石。
ホーン² [horn] ①警音器，らっぱ。②つの型をしたもの。例㋑気化器の空気取り入れ口。㋺金敷きのとがった部分。
ボーン [bone] 骨。例㋑バック～。㋺ウイッシュ～。
ホーン・サウンダ [horn sounder] ホーンを鳴らすもの。例ホーンボタンやホーンリング。
ホーン・リレー [horn relay] 警音器用継電器。操作スイッチの指令によりバッテリからホーンへ直接送電するもの。

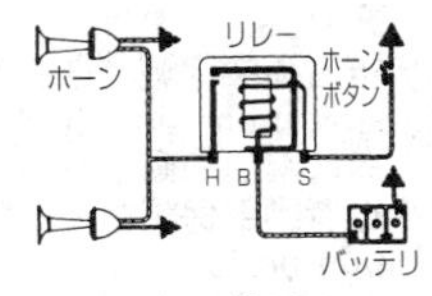

ホーン・リレー

ボギー・アクスル [bogie axle] 台車が垂直軸の周りを回転できるようにした車軸。
ボクシー [boxy] （ボデー形状で）四角張った箱型の。
ボクシング・テノン [boxing tenon] 箱型ほぞつなぎ。例ハンドル軸継手。
ポケット [pocket] くぼみ，囲まれたところ，かくし。例バルブ～。
歩行者（ほこうしゃ）およびサイクリスト検知機能付（けんちきのうつ）き追突回避（ついとつかいひ）・軽減（けいげん）フルオートブレーキ・システム [pedestrian and cyclist detection with full auto brake and City Safety] ☞ヒューマン・セーフティ。
歩行者脚部保護性能試験（ほこうしゃきゃくぶほごせいのうしけん） [pedestrian leg protection performance test] 自動車アセスメント制度に基づく車の安全試験項目の一つで，2011年度から実施されているもの。この試験は，歩行者の脚部を模したフレキシブル脚部インパクタ（日本が開発したダミー）を時速40kmでフロント・バンパに衝突させ，衝突時に受ける被害の度合いを測定する。保安基準の改正により，2013年度以降に型式を取得する車から歩行者脚部保護性能基準が適用された。
歩行者検知機能付（ほこうしゃけんちきのうつ）き衝突回避支援型（しょうとつかいひしえんがた）PCS [collision avoidance assisted Pre Crash Safety system with pedestrian detection] ミリ波レーダと単眼カメラを用いて前方の車両や歩行者を検出し，警報，ブレーキ・アシスト，自動ブレーキで衝突回避支援および軽減を図るもので，トヨタが2015年から導入した予防安全パッケージ「トヨタ・セーフティ・センスP」の構成要素の一つ。自動ブレーキは歩行者に対しては10～80km/hの速度域で作動し，歩行者との速度差が30km/hの場合には約30km/h減速し，衝突回避を支援する。車両に対しては10km/h～最高速度の速度域で作動し，停止車両に対して自車の速度が40km/hの場合には，約40km/hの減速が可能。

歩行者事故低減（ほこうしゃじこていげん）ステアリング［pedestrian collision mitigation steering system; PCMSS］ 歩行者への衝突回避を支援する世界初の装置で，ホンダが2015年発売の新型車に搭載したもの。フロント・グリル内のミリ波レーダとフロント・ウインドウ内上部に設置した単眼カメラの2種類のセンサを使用して，カメラは車両前方60mまでの歩行者や対象物体の属性，大きさなどを識別・認識ができる。事故の未然防止や回避に寄与する運転支援システム「ホンダ・センシング」の構成要素の一つ。

歩行者傷害軽減（ほこうしゃしょうがいけいげん）ボディ［pedestrian injury lessening body］ 車が走行中に歩行者をはねた場合，歩行者の頭部がエンジン・フードなどに当たって傷害を受けやすい。このような傷害を軽減するため，エンジン・フードやカウル・トップなどにエネルギー吸収構造を設けたもの。J-NCAPが行う新車の安全テスト・自動車アセスメントの評価項目に「歩行者頭部保護性能」として2003年度より追加された。

歩行者衝突回避支援（ほこうしゃしょうとつかいひしえん）PCS［collision avoidance assisted Pre Crash Safety system; advanced PCS］ 自動緊急ブレーキの一種で，自動操舵により歩行者との衝突回避を支援するシステムを備えたもの。レクサスが2012年に搭載した全車速域型のPCS（プリクラッシュ・セーフティ）で，自動ブレーキだけでは止まり切れない速度や飛び出し事故に対応している。76GHz帯のミリ波レーダやステレオカメラ等によって前方車両や歩行者などを認識し，相対速度が40km/h以下で自動ブレーキにより衝突回避を支援し，相対速度が40km/hを超える状況でも，自動ブレーキやブレーキ・アシストにより衝突速度を減速し，被害の軽減を図っている。このシステムは，近赤外線投光器の採用により夜間でも機能する。歩行者対応PCS，A-PCSとも。

歩行者衝突軽減（ほこうしゃしょうとつけいげん）ブレーキ・システム［pedestrian collision mitigation systems; PCMS］ 前方の歩行者に衝突する可能性があるとき，自動的に緊急制動を行い，追突被害を軽減するシステム（ISO／AWI19237）。

歩行者頭部保護性能試験（ほこうしゃとうぶほごせいのうしけん）［pedestrian head protection performance test］ 自動車アセスメント制度に基づく，車の安全試験項目のひとつ。車が時速44kmで歩行者をはねたとき，ボンネットなどで歩行者の頭部が受ける衝撃の度合いを測定するもの。人の頭に見立てた頭部インパクタ（半球形のダミー）をボンネットやフロント・ガラスに向けて発射し，インパクタが受けた衝撃から5段階で評価する。☞HIC。

歩行者用（ほこうしゃよう）エアバッグ［airbag for pedestrian］ 車と歩行者の事故で頭部外傷による死亡者や負傷者を低減するため，エンジン・フードにエアバッグを設けたもの。ボルボが2012年に発表したもので，車の正面に7個のセンサを埋め込み，歩行者と衝突した場合にはエアバッグが前面ガラスを覆うように展開して歩行者を保護する。エアバッグはエンジン・フードを10cm持ち上げるとともに，前面ガラス付近の強固な部分に衝突した際の衝撃を吸収するという二つの機能を有している。

星形（ほしがた）エンジン［radial engine］ クランク軸を中心に等角度で放射状にシリンダが配列された多気筒エンジン。航空機の空冷式エンジンに多く使われる。

星型結線（ほしがたけっせん）［star connection］ 多相交流方式の実用的結線で，各相の起点を全部1箇所に結合したもの。三相ではY字型になり，Y結線と呼ばれる。㊖デルタ・コネクション。

ポジション［position］ 位置，場所。㊕㋑オン～（作動位置）。㋺オフ～（不作動位置）。

ポジション・セレクタ［position selector; POS］ カー・オーディオで，乗員の人数や座席位置に応じて音場のベスト・ポジションを実現するもの。例えば，全席モード，運転席モード，前席優先モード，後席優先モードなど。

ポジション・センサ［position sensor］　位置検出器。例クランク～，カム～。
ポジション（POS）センサ［position sensor］　日産のVQエンジンに採用されたクランク位置信号（1°信号）のこと。
ポジティブ［positive］　①正の，プラスの，陽の。②確実な，積極的な。対ネガティブ。
ポジティブ・エレクトロード［positive electrode］　陽電極，陽極，プラス極。対ネガティブ。
ポジティブ・オフセット・ステアリング［positive offset steering］　キングピン・オフセットで，タイヤの接地中心がキングピン中心線の路面との交点より前方にあるもの。
ポジティブ・キャスタ［positive caster］　（キングピンの）後向傾斜。対ネガティブ～。
ポジティブ・キャンバ［positive camber］　正，プラスのキャンバ（前輪の外反り）。対ネガティブ～。
ポジティブ・ターミナル［positive terminal］　陽電極，陽極，プラス電極。
ポジティブ・ディスプレース・ポンプ［positive displace pump］　確実排除ポンプ。残留を許さないポンプ。例油ポンプ類。非確実例は遠心ポンプ，燃料ポンプ。
ポジティブ・テンパレチャ・コエフィシェント・サーミスタ［positive temperature coefficient thermistor; PTC thermistor］　正温度特性サーミスタ。温度の上昇に伴い，抵抗値も増大する感熱抵抗素子。
ポジティブ・プレート［positive plate］　（バッテリ）陽極板，プラス板。
ポジティブ・ベンチレーション［positive ventilation］　強制換気方式。例クランクケースの換気を風の吹き込み又は吸出で行う方式。
ポジティブ・ルブリケーション［positive lubrication］　強制潤滑方式。＝フォースト～。
歩車間通信（ほしゃかんつうしん）［pedestrian-to-vehicle communications; PVC］　歩行者と車両を通信技術でつなぐもの。歩行者の携帯端末などと車両が接近情報などをやりとりすることで衝突を防いだり，利便性を高めたりするもので，第5期ASV（2011年～）で新たな開発が検討されている。
保証期間（ほしょうきかん）［warranty period］　製品（自動車）や整備などの品質について，メーカや整備業者が責任を負う一定の期間や走行距離。
保証書（ほしょうしょ）［warranty card］　保証内容を明示した条件で無料修理することを約束した書類。
補助（ほじょ）ブレーキ［auxiliary brake］　自動車を減速するために，常用ブレーキを補助する排気ブレーキやリターダなどの装置。
ボス［boss］　いぼ，突起，盛りあげ。例㋑ピストン・ピン軸受部。㋺クラッチ板のスプライン部。㋩ホイールのハブ。
ポスト¹［post］　柱，支柱。例㋑ハンドル～。㋺ターミナル～。
ポスト²［post］　部署，地位，官職，持ち場。
ポスト³［post-］　後，次の意の結合辞。
ポストイグニション［post-ignition］　（スイッチオフ）後の自己点火現象。過熱時に起こりやすい。＝ランオン，ディーゼリング。
ポストウォー・カー［postwar car］　戦後生産された自動車。対プレウォー・カー。
ポスト新長期排出（しんちょうきはいしゅつ）ガス規制（きせい）［post new long-term emission regulation］　「平成22年排出ガス規制」の通称。新長期排出ガス規制（平成17年排出ガス規制）の次に実施されたもので，2009年10月以降，順次導入された。①ガソリン車：直噴リーンバーン車のみを対象に，ディーゼル車と同等のPM規制値を新設。②ディーゼル乗用車：平成21年（2009年，輸入車は2011年）から実施され，規制値はNO_x：0.08g／km，PM：0.005g／km。③ディーゼル重量車

ホ

(GVW3.5t超のトラック・バス)：新長期排出ガス規制値に対し，NOxを65%減の0.7g/kWh，PMは63%減の0.01g/kWhに低減する。

ポスト・ビンテージ・サラブレッド [post vintage thoroughbred] (英国ビンテージ・スポーツカー・クラブの分類では) 1931～1940年まで作られた特定の質の良い車とされている。

ポスト噴射(ふんしゃ) [post-injection] ディーゼル・エンジンのコモン・レール式高圧燃料噴射装置などの燃料噴射行程において，メイン噴射(主噴射)の後に少量の燃料を噴射すること。これにより，排気ガスの後処理装置(酸化触媒)を250℃くらいの活性温度に上昇させ，PM(粒子状物質)の発生を抑制している。☞マルチ噴射。

細目螺子(ほそめねじ) [fine thread] 直径に対するピッチの割合が，基準としてのメートル並目ねじより細目のねじ。例 並目ねじの呼び"M16"に対し細目ねじでは，"M16×1.5"と呼び径のあとにピッチをmmで付記する。

ポタシウム [potassium] ☞カリウム。

ボタン・ノブ [button knob] つまみボタン。例 ㋑チョークボタン。㋺スロットル～。

ボタンヘッド・ボルト [button-head bolt] 丸頭ボルト。

ホチキス・ドライブ [hotchkiss drive] ホチキス式駆動法。後車輪の駆動力を車軸管，半楕円ばねを介して車枠に伝え推進するもので現在の代表的構造。ばね押し駆動法。(ホチキスはアメリカの兵器発明家Benjamin Berkeley Hotchkiss。後車軸の板ばねで車台の推進する格好がホチキス砲に似ているからこの名が付けられた。)

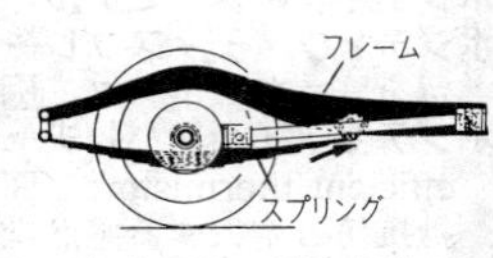

ホチキス・ドライブ

ホック [和 hoek] カギ，止め金。注 英語はフック(hook)。

ボックス [box] ①箱，箱形部分。例 ギヤ～。②番小屋，詰め所，交番所。例 ポリス～。③俗 トラックのトレーラ。

ボックス・シート [box seat] 運転席と助手席が別々になっている席。

ボックス・スパナ [box spanner] 箱形スパナ。＝ソケット～。

ボックス・セクション・フレーム [box section frame] 箱形断面の車枠。溝形鋼を抱き合わせにしたもの。

ボックス・タイプ・マスタシリンダ [box type master-cylinder] (油圧装置)箱型の親シリンダ。シリンダを箱型のレザーバで包んだもの。

ボックス・フレーム [box frame] ☞ボックス・セクション～。

ボックス・ボデー [box body] (トラックの)箱型荷台。

ボックス・レンチ [box wrench] 箱型レンチ。＝ソケット～。

ボッシュ・カー・サービス [Bosch car service] ☞BCS。

ホッチキス・ドライブ [hotchkiss drive] ☞ホチキス・ドライブ。

ホット・アイドル [hot idle] エンジンが過熱して乱調な空転状態。＝ハンティング状態。

ホット・アイドル・コンペンセータ [hot idle compensator] 乱調空転補正装置。エンジンが過熱して乱調となったとき，その原因である過濃混合気を補正するため空気をスロットル下(マニホールド)へ補給する自動弁。キャブレータ仕様に用いる。

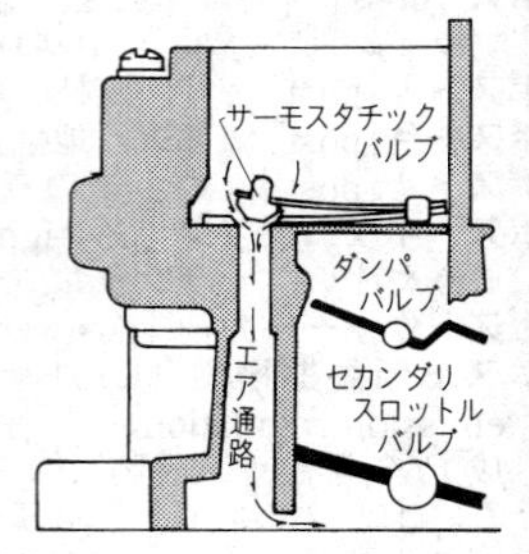

ホット・アイドル・コンペンセータ

ホット・ウォータ・タイプ [hot water type] 温水型。例 ㋑ルーム・ヒータ。㋺吸気マニホールド加熱。

ホット・エア [hot air] 熱空気，暖空気。例 電熱，排気熱，温水熱等で予熱した暖かい空気。

ポット・カップリング [pot coupling] メラニン軸継

手を用いたステアリング・シャフト・ジョイント。＝トラニオン・ジョイント。

ホット・サイクル [hot cycle]　（排出ガス測定モードの）10モード法。暖機状態からテストを開始するもの。☞コールド～。

ポット・ジョイント [pot joint]　つぼ型継手。＝トラニオン～。

ホット・ショートネス [hot shortness]　（材料の）熱間もろさ。＝レッド～。

ホット・スタンプ [hot stamping; HS]　熱間プレス成形。変態点以上の温度（900～950℃くらい）に加熱した鋼板材（例えば張力590MPaのもの）を水冷した型でプレスすることにより成形と同時に焼き入れをして，超高張力鋼板なみ（1,470MPa級）の張力を確保している。これにより高強度で安定なマルテンサイト組織が得られ，バンパ・ビーム，ドア・インパクト・ビーム，ピラーのリインフォースメントなどの高強度材に利用される。HSはダイクエンチ工法の別称で，ホット・プレスまたはホット・フォームともいう。

ホット・スプレー・ガン [hot spray gun]　加熱式噴霧器。塗料を電熱で加熱しながら吹き付けするもの。

ホット・スポット [hot spot]　熱点，熱集中点。例㋑燃焼室において，自然点火の原因となる過熱点。㋺吸気マニホールドの分岐点を排気マニホールドで囲んでいる室。㋩前照灯の直射中心点。

ホット・スポット・マニホールド [hot spot manifold]　加熱型分岐管。排気熱で吸気を暖めるように作られた分岐管。

ホット・タイプ・プラグ [hot type plug]　高温型点火栓。焼け型プラグ。絶縁がい子が燃焼室側へ突出し，火花すき間付近の温度が高いもの。燃焼温度の低いエンジンに適する。対コールド～。

ホット・パッチ [hot patch]　（タイヤ）焼き付け用ゴム片。タイヤ，チューブの修理において焼き付け修理に用いるゴム片。対コールド～。

ホット・バルブ・エンジン [hot bulb engine]　焼球機関。＝セミディーゼル。

ホット・プラグ [hot plug]　☞ホットタイプ～。

ホット・プレス [hot pressing]　☞ホット・スタンプ。

ホット・リード [hot lead]　（電気が通じている）口出し線。

ホット・ロッド [hot rod]　①（高速力を出すために）エンジンをスーパーチャージした（ぼろ）自動車。改造高速自動車。②同上を運転（所有）する人。＝ホット・ロッダ。例ドラッグ・レース出場自動車の1クラス。

ホット・ワイヤ[1] [hot wire]　加熱抵抗線。例電熱器。

ホット・ワイヤ[2] [hot wire]　電子制御式燃料噴射装置のエアフロー・メータにホット・ワイヤ（熱線）を用いる方式で，熱線が冷えると電気抵抗が低下する特性を利用し，熱線の電流の大小により吸入空気量を検出している。

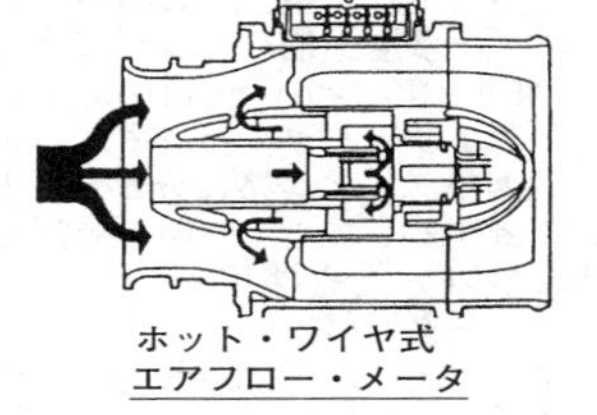

ホット・ワイヤ式
エアフロー・メータ

ホッパ [hopper]　（石炭，砂利などをざーっとあける）底開き荷台トラック。

ポップアップ・エンジン・フード [pop-up engine hood]　歩行者保護装置の一種。車が歩行者との衝突を検出すると，シリンダ構造のアクチュエータが瞬時にエンジン・フード（ボンネット）後部を火薬の力で上方に100mmくらい持ち上げ，衝撃を緩和するもの。ジャガー，シトロエン，日産などで採用しており，ジャガーでは，デプロイアブル・ボンネット・システムという。日産の場合，20km/h以下の衝突時には作動しない。

ポップアップ式（しき） [popup type]　跳ね上げ式。普段は収納しておいて，使用するときにポンとはね上がるタイプのもの。例～ディスプレイ。

ホップオフ [hop-off]　（自動チョークなどでチョーク・バルブが）開き始めること。

ボディ剛性（ごうせい）［body rigidity］　積み荷，路面状況，衝突などによる車体への入力に対する車体の曲がりやねじりの変形度合い。ボディ剛性は材質，構造，板厚，接合などで決まるが，ここで注意を要するのは，「強度」と「剛性」は別物であるということ。車体に高張力鋼板を使用して高まるのは「強度」であり，形状が同じならば「剛性」は高まらない。剛性を支配するのは部材の断面形状であり，薄肉化するとむしろ剛性は低下する。

ボデー［body］　①身体。②物の本体，主体。③車体。＝ボディ。

ボデー・アウタ・パネル［body outer panel］　車体の外板。一般に薄鋼板。

ボデー・アンダ・ストラクチュア［body under structure］　車体下部構造。構造物。例フレームなど。

ボデー・インシュレーション［body insulation］　（振動や騒音の）車体絶縁。

ボデー・インナ・パネル［body inner panel］　車体の内板。

ボデー・ウェア・プレート［body wear plate］　車体の当て板。すり板。

ボデー・エントランス［body entrance］　乗車口。車室入口。

ボデー・オーバハング［body overhang］　車体の出っ張り。車体の車軸中心からの出っ張り。フロント～。リヤ～。

ボデー・ガイド［body guide］　（ダンプ）車体案内装置。ダンプ車においてボデーを降ろすとき正しく元の位置に納まるよう案内する装置。

ボデー・サイドウォール［body sidewall］　車体側壁。

ボデー・サブ・フレーム［body sub frame］　車体の副車枠。

ボデー・サポート［body support］　車体支え装置。

ボデー・シーラ［body sealant］　ボデー・パネルの板合わせ部などの水密，気密を必要とする箇所に使用するシール剤。

ボデー・シェル［body shell］　車体殻。車体を構成する枠組み。＝ホワイト・ボデー。

ボデー・ジャッキ［body jack］　車体用起重機。ボデーの一部分に設けた当て板に当てて使用するジャッキ。

ボデー・ショップ［body shop］　①車体の組み立て工場。②ボデー・リペアショップの短縮で，車体修理専門工場。

ボデー・スティフニング・パネル［body stiffening panel］　車体補強用当て板。

ボデー・タイプ［body type］　車体の型式。大別して乗用。乗合，貨物等に分け，更に細別される。例㋑乗用のセダン，クーペ，フェートン。㋺乗合のキャブオーバ型，ボンネット型。㋩貨物のステーキ，パネル，バン。

ボデー多重通信（たじゅうつうしん）［body multiplex network］　トヨタが採用したBEAN（body electronics area network）では，ボデー系電子システムのスリム化およびワイヤ・ハーネスの省線化を図る。システムとしては，インパネ系・ドア系およびダイアグ系に分かれており，各ECU間の信号の送受信により電子システムを制御する。また，時間を分割して少しずつ時間帯をずらして各情報を割り当てる時分割多重方式を採用し，膨大な信号（情報）を的確・迅速に伝達する。☞シリアル・データ通信。

ボデー・ビルダ［body builder］　車体製造業者。＝コーチ～。

ボデー・ヒンジ［body hinge］　車体のちょうつがい。例トラックあおり板用。

ボデー・ファイル［body file］　車体専用やすり。弾力性のある特別なもの。

ボデー・ブラケット［body bracket］　車体支え金具。＝～サポート。

ボデー・フロント・パネル［body front panel］　（トラック荷箱の）前面板。

ボデー・ボトム［body bottom］　車体の床。

ボデー・ポリシャ［body polisher］　車体磨き用機械，又は磨き粉。

ボデー・ポリシュ［body polish］　①車体磨き作業。②車体磨き用材料。

ボデー・リフティングジャッキ［body lifting-jack］　☞ボデー・ジャッキ。

ボデー・リペア［body repair］　自動車の車体修理，板金塗装。☞BP。

ボデー・リヤ・パネル［body rear panel］　（トラック荷箱の）後面板。
ボデー・ワーク［body work］　車体工作。ボデー作業。＝コーチ〜。
ボデー・ワックス［body wax］　車体つや出し用ワックス。美観と塗面保護。
ポテンシャル［potential］　①潜在の，可能の。②位置の，電位の。
ポテンシャル・エナジー［potential energy］　位置の勢力，位置エネルギー。
ポテンシャル・ディバイス［potential device］　（電気の）変圧装置。
ポテンシャル・ディファレンス［potential difference］　電位差，電圧。
ポテンショメータ［potentiometer］　電位差計。例EFI（電子式燃料噴射装置）において，エアフロー・メータのフラップの開度を電気信号に変えるときに用いる。
ボトム［bottom］　①底。②基礎。③最低の。例〜デッド・センタ。対トップ。
ボトム・エンド［bottom end］　①下端。②俗クランクシャフト，メイン・ベアリング，コンロッド・ベアリング等のこと。
ボトム・ギヤ［bottom gear］　（変速機の）最低速歯車。ロー・ギヤ。
ボトム・センタ［bottom center］　（ピストン・ストロークの）下死点。対トップ。
ボトム・タップ［bottom tap］　（ねじ切り用組みタップの）仕上げタップ。
ボトム・ダンプ［bottom damp］　底開き式ダンプ車。
ボトム・デッド・センタ［bottom dead center］　（ピストン行程の）下死点。BDC。対TDC（トップ・デッド・センタ）。
ボトムフィード・タイプ［bottom-feed type］　（気化器のフロート室へ燃料を）底から供給する形式。対トップ〜。
ボトム・プレート［bottom plate］　底板。
ボトル・カー［bottle car］　びん運搬専用トラック。例清涼飲料運搬車。
ホバー・クラフト［hover craft］　噴射空気で浮上する自動車。実用例はない。
ポピュラ・カー［popular car］　大衆車。大衆向きの安価な自動車。
ボビン［bobbin］　（コイルなどの）巻き枠，糸巻き。
ポピング［popping］　（気化器などで）ポンと鳴ること。例逆火などの場合。
ホブ［hob］　（工作機）歯切り工具。＝ギヤ・カッタ。
ボブ・ウェイト［bob weight］　（測量用の）下げ振りの重り。
ポペット・バルブ［poppet valve］　きのこ弁，ポペット弁。例㋑フォトダイオード。エンジンの吸排気弁。㋺ブレーキ倍力装置内ポペット弁。＝パペット〜。マシラム〜。
ホモロゲーション［homologation］　承認，認可。例外国製自動車の〜（輸入認可）。
ボラックス［borax］　ほう砂。$Na_2B_4O_7 10H_2O$，4ほう酸ナトリウムの10水化物。白色の粉末でろう接や溶接用フラックスとして用いる。
ポラロイド［Polaroid］　人造偏向板に与えられた商品名。ポラロイド方式。ヘッドライト・レンズにプリズム作用を与えて配光を適切にすること。
ポリ［poly-］　「多，重」を意味する接頭語。
ポリアクリレート［polyacrylate］　アクリル酸およびその誘導体を主体とする重合体で，アクリル樹脂ともいう。☞ポリメタクリル酸メチル樹脂。
ポリアクリロニトリル［polyacrylonitrile; PAN］　有機高分子の一種。軟化点が高く，繊維として優れた性質をもち，アクリル繊維などの主成分として用いられる。1962年には，PAN樹脂を原料とする炭素繊維が国内で開発され，2009年には，PAN系炭素繊維を用いた軽量・高強度でかつ低コストの炭素繊維強化アルミニウム基複合材料が開発されている。
ポリアセタール［polyacetal; polyoxymethylene polyacetal; POM］　ホルムアルデヒドの重合によって得られる熱可塑性樹脂。5大エンジニアリング・プラスチックのひとつで，耐熱性，機械的強度，耐薬品性，自己潤滑性に優れ，ギア，軸受け，ドア・ハンドル，燃料ポンプなどに用いられる。
ポリアミド［polyamide; PA］　熱可塑性樹脂の一種で，5大エンジニアリング・プラス

ホ

チックのひとつ。分子中にアミド結合をもつ重合体でナイロン製品の原料となっており，機械的強度，耐摩耗性，耐炎性，耐薬品性，耐油性などに優れるが吸湿性に難点があるため，ナイロン6よりもナイロン66（PA66）が多く用いられる。ラジエータ・タンク，リザーバ・タンク，シート・カバー，クーリング・ファン，吸気マニフォールド，エア・バッグなどに利用され，PA11やPA12は電線被覆用のフッ素樹脂，燃料やエア・ブレーキ用のチューブなどに用いられる。ポリアミドにポリフェニレン・エーテルなどを加えた樹脂（PA／PPE）は，外板パネルなどに使用される。ポリアミドの代名詞となっているナイロンは，米デュポン社の商品名。

ポリアミドイミド［polyamideimide; PAI］　主鎖中にイミド基とアミド基を交互に含む熱可塑性樹脂。耐熱性プラスチックのひとつ。

ポリアミド系熱可塑性（けいねつかそせい）エラストマ［polyamide base thermoplastic elastomer; TPAE］　常温でゴム状弾性を示す高分子材料（TPE）の一種。柔軟性に富み，ホースやチューブ，スポーツ用品などに用いられる。

ポリアミノビスマレイミド［polyaminobismaleimide; PABM］　ポリイミド系の熱硬化性樹脂。スーパー・エンジニアリング・プラスチックの一つで耐熱性や成形性に優れ，摺動部材料，機械や電子部品などに用いられる。略語はPABIとも。

ポリアリレート［polyarylate; PAR］　非晶性の熱可塑性樹脂。スーパー・エンジニアリング・プラスチックの一つで透明性や耐熱性に優れ，ターン・シグナル・レンズや電装部分のハウジングなどに用いられる。

ポリアルキレン・グリコール［polyalkylene glycol; PAG］　アルコール類にアルキレンオキサイドを付加重合して合成したもので，ポリエチレン・グリコールやポリプロピレン・グリコールなどがある。PAGは粘度指数が高く，流動点も低く，合成潤滑油やブレーキ液，難燃性作動液などに用いられ，R134aを冷媒に用いたカー・エアコン用のコンプレッサ・オイルにも使用される。

ポリイソブチレン［polyisobutylene; PIB］　イソブチレンの重合体。合成ゴムなどの原料となる。

ポリイミド［polyimide; PI］　主鎖にイミド基結合をもつ熱可塑性樹脂の総称。耐熱性，引っ張り強度，対衝撃性，電気絶縁性などに優れ，コンピュータ部品やプリント基板などに用いられる。

ポリウレタン［polyurethane］　分子中にウレタン結合（-NHCOO-）をもつ重合体の総称。耐摩耗性や耐薬品性などに優れ，成形材料，合成ゴム，発泡剤，合成繊維，合成皮革，塗料，接着剤などに広く用いられる。車の部品では，インパネ，コンソール・ボックス，バンパ，エアロパーツ，ゴム部品など。

ポリウレタン系熱可塑性（けいねつかそせい）エラストマ［polyurethane base thermoplastic elastomer; TPU］　常温でゴム状弾性を示す高分子材料（TPE）の一種で，ポリエステル・タイプとポリエーテル・タイプの2種類がある。耐摩耗性，耐油性，耐屈曲性などに優れ，内装表皮やグリップ類などに用いられる。

ポリウレタン・ゴム［polyurethane rubber; PUR］　ポリウレタンのゴム状弾性体。合成樹脂の一種で熱硬化性と熱可塑性があり，バンパ，シート・クッション，トリム類，塗料，接着剤，断熱材などに用いられる。

ポリウレタン・フォーム［polyurethane foam］　ポリウレタン合成樹脂でできた人造泡ゴム。例 ㋑シートのクッション材。㋺防音防熱材。㋩エア・クリーナ用エレメント。

ポリエーテル・イミド［polyether imide; PEI］　エンジニアリング・プラスチックの一種。機械的強度，耐摩耗性，難燃性，リサイクル性などに優れている。

ポリエーテルエーテルケトン［polyetheretherketone］　☞PEEK樹脂。

ポリエーテル・ケトン［polyether ketone］　高耐熱性の熱可塑性樹脂。高靭性，高強度のエンジニアリング・プラスチックとして使用される。☞PEEK樹脂。

ポリエーテル・サルフォン［polyether sulphone; PES］　ベンゼンまたはベンゼンとビフェニルがスルホニル基とエーテル基によって結合された熱可塑性樹脂。ポリエーテル・スルフォンとも。☞ PEEK 樹脂。

ポリエステル [polyester]　分子内にエステル結合（-COO-）を有する高分子物質の総称。代表的なものに熱硬化性のアルキド樹脂，不飽和ポリエステル樹脂（単にポリエステルとも），熱可塑性のポリカーボネート，ポリエステル系合成繊維（ポリエチレン・テレフタレートなど），ウレタン・ゴムなどがある。

ポリエステル系繊維（けいせんい） [polyester fiber]　ポリエチレン・テレフタレート（PET）やポリエチレン・ナフタレート（PEN）を繊維状にしたもの。高強度，熱安定性，低収縮性，耐候性，耐薬品性に優れ，タイヤ・コード，ブレーキ・ホース，V ベルトやカーペット，織物，衣服などに広く用いられる。☞ HMLS。

ポリエステル系熱可塑性（けいねつかそせい）エラストマ [polyester base thermoplastic elastomer; TPEE]　常温でゴム状弾性を示す高分子材料（TPE）の一種。耐熱性や耐屈曲性などに優れ，ホース，チューブ，シール，ジョイント・ブーツ，ダスト・カバーなどに用いられる。

ポリエステル樹脂（じゅし） [polyester resin]　熱硬化性樹脂の一種。これにはポリエチレン・テレフタレート（PET）やポリブチレン・テレフタレート（PBT）などがあり，軽量・高強度・耐熱性・耐薬品性・耐候性・電気絶縁性などに優れ，主に軽量化材料として繊維強化樹脂（FRP）などに，また塗料やパテなどにも用いられる。

ポリエステル樹脂塗料（じゅしとりょう） [polyester resin paint]　補修用高級上塗り塗料の一種。ポリエステル樹脂と硬化剤を用いた２液型のもので，高光沢と鏡面肌が特徴。

ポリエステル・パテ [polyester putty]　不飽和ポリエステル樹脂と硬化剤を併用する２液型パテで，通称ポリパテ。下塗り塗装用パテの総称で，板金パテ（ボディ・フィラ），中間パテ，ポリパテなどがあり，それぞれポリエステル樹脂の成分が異なる。

ポリエチレン [polyethylene; PE]　エチレンを重合させて得られる熱可塑性の汎用樹脂で，低密度ポリエチレンと高密度ポリエチレンに大別される。成形性，耐水性，耐薬品性，絶縁性などに優れ，電気絶縁体，包装材料，容器，合成繊維などに広く利用される。自動車用としては，フェンダ・ライナ，エンジン・カバー，成形天井，トリム類，シート表皮，ホイール・キャップ，フューエル・タンクなどに使用される。

ポリエチレン・グリコール [polyethylene glycol]　エチレン・グリコールを縮合して得られる水溶性のポリエーテル。単にエチレン・グリコールまたはポリグリコールともいい，ブレーキ・フルードに使用される。

ポリエチレン・テレフタレート [polyethylene terephthalate; PET]　エチレングリコールとテレフタル酸の重合によって得られる熱可塑性ポリエステル樹脂。高機能樹脂（エンジニアリング・プラスチック）のひとつで，タイヤ・コード，コネクタ，ドア・ハンドル，ガーニッシュ，内装部材などに，自動車用以外では，繊維（商品名テトロン）や飲料用容器（PET ボトル）などに使用される。

ポリエチレン・ナフタレート [polyethylene naphthalate; PEN]　熱可塑性ポリエステル樹脂。HMLS ポリエステルの一種で，高弾性・低熱収縮性に加えて耐熱性や耐薬品性に優れ，タイヤ・コード（キャップ・プライ用），ブレーキ・ホース，V ベルトなどに用いられる。また，PEN 繊維でポリプロピレンを補強したものは耐衝撃性に優れ，車の内外装材として実用化途上にある。

ポリオール・エステル [polyol ester; POE]　合成エステル油の一種。潤滑性，耐熱性，低温流動性，難燃性などに優れ，ジェット機用の潤滑油，自動車用エンジン・オイル，難燃性を必要とする作動油，圧縮機油，電気絶縁油などに用いられる。ハイブリッド車や電気自動などの電動系車両のエアコンのコンプレッサ・オイルには，POE が使用される。

ポリオキシメチレン [polyoxymethylene; POM]　一般に，ポリアセタールと呼ばれる熱可塑性樹脂の一種。

ポリオレフィン系熱可塑性（けいねつかそせい）エラストマ [polyolefin base thermoplas-

tic elastomer〕 常温でゴム状の弾性を示す高分子材料（TPE）の一種。主にオレフィン類の共重合体が含まれているもので，非架橋型（TPO）と架橋型（TPV）がある。
ポリカーボネート〔polycarbonate; PC〕 熱可塑性樹脂の一種で，5大エンジニアリング・プラスチックのひとつ。炭酸エステルの重合によって得られる樹脂で，耐熱性，耐衝撃性，透明性および電気絶縁性に優れ，金属やガラスの代用としても利用される。自動車用としては，バンパ，メータ・カバー，ランプ・レンズやリフレクタ，インパネ，グリル，ギア，クーリング・ファンなどに広く用いられる。PCにシリコン・ハードコートを施したものがウインドウ・ガラスに，PCにポリブチレン・テレフタレートを加えた樹脂（PC／PBT）は，外板パネルなどに使用される。
ポリクロロトリフルオロエチレン〔polychlorotrifluoroethylene; PCTFE〕 フッ素樹脂の一種。3フッ化エチレンともいい，PTFE（商標テフロン）に比べると耐熱性や耐薬品性はやや劣るが機械的強度や光学特性は優れており，樹脂ベアリングなどに用いられる。
ポリサルフォン〔polysulphone; polysulfone; PSU〕 熱可塑性樹脂の一種。米ユニオン・カーバイド社で開発されたエンジニアリング・プラスチックのひとつで，透明性，難燃性，耐熱性などに優れている。ポリスルホンとも。
ポリシ〔polish〕 磨き粉，つや出し剤。＝ポリッシュ。
ポリシャ〔polisher〕 磨くもの，つや出し機。＝ポリッシャ。
ポリス〔police〕 警察，警察官。
ポリス・カー〔police car〕 警察自動車。
ポリス・ステーション〔police station〕 （地方の）警察本署。
ポリスチレン〔polystyrene; PS〕 スチレンおよびその誘導体を重合して得られる熱可塑性樹脂。スチロール樹脂ともいい，ルーフ・ライニングやシート・クッションなどに用いられる。スチレン（styrene）は英語で，ドイツ語ではスチロール（Styrol）。発泡スチロールは，食品トレーなどに用いられる。
ポリスチレン系熱可塑性（けいねつかそせい）エラストマ〔polystyrene base thermoplastic elastomer; TPS〕 常温でゴム状弾性を示す高分子材料（TPE）の一種。加硫ゴムに匹敵するゴム弾性を有するとともに耐候性や耐熱性などに優れ，ウェザ・ストリップ，エアバッグ・カバー，グリップ類などに用いられる。
ポリス・ボックス〔police box〕 交番所，立番所。
ポリス・マン〔police man〕 警察官，巡査。
ポリス・ワゴン〔police wagon〕 囚人護送用自動車。
ホリゾンタル〔horizontal〕 ①水平線の，横の。②地平線，水平線。例 〜オポーズド・エンジン（水平対向エンジン）☞ラテラル。対 バーチカル。
ホリゾンタル・エーム〔horizontal aim〕 （ヘッド光線の）水平の照準。
ホリゾンタル・エンジン〔horizontal engine〕 （シリンダが）水平エンジン。
ホリゾンタル・オポーズド・エンジン〔horizontal opposed engine〕 （シリンダが）水平対向式エンジン。例 ㋑水平対向4シリンダ。㋺水平対向12シリンダ。

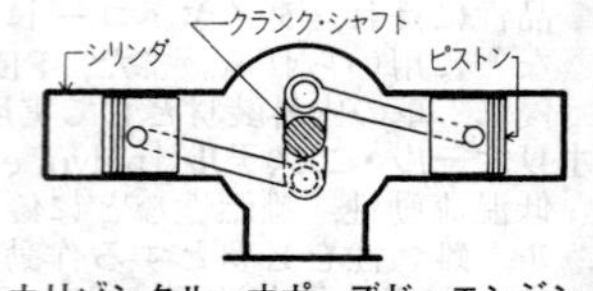

ホリゾンタル・オポーズド・エンジン

ホリゾンタル・スロット〔horizontal slot〕 （ピストンなどの）水平溝。例 ピストンのヒートダム（断熱溝）。
ホリゾンタルドラフト・タイプ〔horizontal-draft type〕 （気化器の）水平通風式。横向き式。
ポリッシャ〔polisher〕 ☞ポリシャ。
ポリッシュ〔polish〕 ①磨く，つやを出す。②つや，光沢。③磨き粉，つや出し剤。＝ポリッシ。

ポリッシング・コンパウンド [polishing compound]　磨き粉の練りもの。例ボデー塗装の仕上げ用磨き粉。

ポリテトラフルオロエチレン [polytetrafluoroethylene; PTFE]　テトラフルオロエチレンを重合して得られる熱可塑性樹脂。4フッ化エチレン樹脂のことで，商品名はテフロン（Teflon／米国デュポン社）。耐熱性，耐候性や非粘着力に優れ，摩擦係数が小さい特徴を生かし，ピストンの摺動抵抗を低減するため，スカート部にテフロン処理を施す例などがある。家庭用では，フライパン表面のテフロン加工が有名。

ポリトリメチレン・テレフタレート [polytrimethylene terephthalate; PTT]　バイオプラスチックに用いる植物系原料の一種。繊維材でバイオポリエステルとも呼ばれ，車の内装材としてシート表皮，ドア・トリム，アームレスト，フロア・マットなどに各自動車メーカが実用化中のもの。

ポリ乳酸（にゅうさん） [polylactic acid; PLA]　さつま芋，サトウキビ，トウモロコシなどに含まれる糖質などの炭水化物を発酵させて得られる乳酸を多数結合して作られるプラスチック。このプラスチックがバイオプラスチック（植物系の生分解性プラスチック）やバイオファブリック（植物系の織物）の原料となる。

ポリパラフェニレン・テレフタルアミド [poly-paraphenylene terephthalamide; PPTA]　☞アラミド繊維。

ポリヒドロキシ・ブチレート [polyhydroxy butyrate; PHB]　バイオプラスチックに用いる植物系原料の一種。

ポリビニル・アセテート [polyvinyl acetate; PVA]　酢酸ビニル樹脂。無色透明な熱可塑性樹脂で，軟化点が低いので成形材料としては使用されず，溶液または乳化液として塗料や接着剤，チューインガムのベースなどに用いられる。

ポリビニル・クロライド [polyvinyl chloride; PVC]　塩化ビニルの重合によって得られる熱可塑性樹脂のひとつ。分子式 $CH_2=CHCl$。ポリ塩化ビニルまたは塩ビとも呼ばれ，ワイヤ・ハーネスの被覆，インパネ・パッド，ルーフ・ライニング，ドア・トリム，シート表皮，モール類などに用いられる。

ポリビニル・ブチラール [polyvinyl butyral; PVB]　ポリビニル・アルコールをブチルアルデヒドと反応させて得られる強靭でたわみ性のある無色透明な樹脂。ビニル樹脂の一種で，合わせガラスの中間膜などに使用される。

ポリフェニレン・エーテル [polyphenylene ether; PPE]　熱可塑性樹脂の一種で，米GEが1965年に開発したもの。使用温度範囲が極めて高いのが特徴で，1967年には成形性を改良した変性ポリフェニレン・エーテル（modified PPE／m-PPE）が汎用エンジニアリング・プラスチックとして商品化された。m-PPEはPPEにポリアミド（PA）やポリプロピレン（PP）などの合成樹脂をアロイ化したもので，PA-PPEは外板パネル，ドア・ハンドル，ホイール・キャップなどに，PP-PPEはニッケル水素電池のケースなどに用いられる。

ポリフェニレン・オキサイド [polyphenylene oxide; PPO]　主鎖にエーテル結合をもつ熱可塑性樹脂。5大エンジニアリング・プラスチックのひとつで，スチレン系高衝撃樹脂とブレンドした変性PPOとして用いる。PPOはナイロンとのアロイ化により耐熱性や耐薬品性を向上させ，外装材などに用いられる。

ポリフェニレン・サルファイド [polyphenylene sulfide; PPS]　p-ジクロロベンゼンと硫化ナトリウムとの反応によって得られる熱可塑性樹脂。スーパー・エンジニアリング・プラスチックのひとつで，機械的強度，耐熱性，耐薬品性，難燃性，電気特性などに優れ，ガラス繊維などで強化した複合体として用いる場合が多い。自動車関係では，点火系部品やガソリン・タンク（樹脂タンク）などに用いられる。

ポリブタジエン・ゴム [polybutadiene rubber; BR]　ブタジエンを重合して作られる合成ゴム。弾性や耐摩耗性に優れ，タイヤ，ベルト，ホースなどに用いられる。

ポリフタル・アミド [polyphthalic amide; PPA]　分子中にフタル酸のアミド基結合を持つ熱可塑性樹脂のひとつ。耐熱性や耐加水分解性などに優れ，冷却系部品などに用いられる。

ポリブチレン・サクシネート［polybutylene succinate; PBS］　ブチレンと琥珀酸塩との重合によって得られるもので，バイオプラスチック（植物系の生分解性プラスチック）の原料に用いられる。バイオ樹脂とも。

ポリブチレン・テレフタレート［polybutylene terephthalate; PBT］　テトラメチレングリコールとテレフタル酸またはテレフタル酸ジメチルとの重合によって得られる熱可塑性樹脂。5大エンジニアリング・プラスチックのひとつで，機械的強度，耐衝撃性，耐薬品性，電気絶縁性などに優れ，ボディ外板，スポイラ，ヘッドランプ・カバー，エプロン，エア・バッグ用部品，コネクタなどに用いられる。

ポリフッ化（か）ビニリデン［polyvinylidene difluoride; PVDF］　高耐性・高純度な熱可塑性フッ素重合体の一つ（2フッ化のフッ化炭化水素）で，フッ素系樹脂の中では最高の強度を有している。機械的強度，耐薬品性，耐熱性などに優れ，パイプ，シート，プレートや釣り糸などに用いられる。

ポリプロピレン［polypropylene; PP］　プロピレンを重合して得られる熱可塑性樹脂のひとつ。軽量で耐薬品性や耐疲労性に優れ，バンパ，ステアリング・ホイール，ファン，ファン・シュラウド，バッテリ・ケース，グローブ・ボックス，ハーネス・コネクタ，ガーニッシュ，ウォッシャ・タンクなどに広く用いられる。

ポリプロピレン・テレフタレート［polypropylene terephthalate; PPT］　ホンダがデュポンと共同開発した，バイオファブリック用素材。トウモロコシから製造した1-3プロパンジオール（1-3PDO）と石油から製造したテレフタル酸を重合したもので，半分がバイオ成分のもの。100%石油成分のポリエチレン・テレフタレート（PET）に代わる素材として，シート表皮やドア・トリムなどの内装部材への使用が予定されている。

ポリマ［polymer］　重合体。高分子化合物。㊎ポリエチレン，ポリプロピレン。

ポリマ・アロイ［polymer alloy］　2種類以上の高分子を組み合わせた高分子複合材料。軽くて加工性に富み，強度もある新しい高分子材料で，バンパ，ホイール・カバー，外板パネルなどに用いられる。㊎㋑PC／ABS。㋺PC／PBT。

ポリマ・ガソリン［polymer gasoline］　重合法によって作られたガソリン。

ポリマ基複合材料（きふくごうざいりょう）［polymer matrix composite; PMC］　繊維などの強化材を高分子樹脂の母材で固めて複合化し，強化したもの。CFRP（炭素繊維強化樹脂）やGFRP（ガラス繊維強化樹脂）などがある。☞金属基／セラミック基〜。

ポリマ・バッテリ［polymer battery］　☞リチウムイオン・ポリマ・バッテリ。

ポリメタクリル酸（さん）メチル樹脂（じゅし）［polymethyl methacrylate resin; PMMA］　メタクリル酸メチルの重合体を主成分とする熱可塑性樹脂。汎用樹脂の一種で一般にアクリル樹脂と呼ばれ，透明性の高いことが特徴でランプやレンズなどに用いられる。

ボリュート・スプリング［volute spring］　渦巻き型ばね。㊎メータ類。

ボリュート・チャンバ［volute chamber］　渦巻き型室。㊎㋑ディーゼル燃焼室。㋺渦巻き式水ポンプ。

ボリュート・ポンプ［volute pump］　渦巻きポンプの一種。㊎水ポンプ。

ボリューム・コントロール・スイッチ［volume control switch］　（ラジオの）音量調節スイッチ。

ボリューム・コントロール・バルブ［volume control valve］　容量制御弁。㊎㋑気化器の燃料調整弁。㋺ブローバイ・ガス還元装置のメータリング・バルブ。

ボリューム・サイクル［volume cycle］　定容サイクル。＝オットー〜。

ボルグワーナ・タイプ・シンクロメッシュ［Borg-warner type synchromesh］　手動変速機の変速操作を行うための同期装置の一つで，キー式のことをいう。㊒イナーシャ・ロック・ピン式。

ボルスタ［bolster］　（車体の）横材，受け台。㊎エプロン。

ホルダ [holder]　支えるもの，入れるもの。例 フューズ〜。
ボルテージ [voltage]　電圧。ボルト数。
ボルテージ・コイル [voltage coil]　電圧コイル。励磁コイルのうち巻き数効果に期待する方のもの。従って細線多巻であり，主電路に対し並列になる。対 カレント〜。
ボルテージ・コントロール・ユニット [voltage control unit]　電圧調整装置。＝レギュレータ。
ボルテージ・コンバータ [voltage converter]　電圧変換器，変圧器。例 イグニション・コイル。
ボルテージ・ドロップ [voltage drop]　電圧降下。例 ㋑電圧が抵抗によって降下すること。㋺負荷を入れて電源電圧が降下すること。
ボルテージ・リミッタ [voltage limiter]　（ゲージ用）電圧制限器。電源電圧の変動により計器の指度が狂うことを防ぐため，ゲージ回路に入れた電圧制限器。バイメタル式ゲージにバイメタル式以外のセンダを用いるものに必要。＝〜レギュレータ。
ボルテージ・レギュレータ [voltage regulator]　電圧調整器。例 ㋑発電機用は発電電圧過大のとき励磁電源を減少して発電を押さえる。㋺ゲージ用は電圧過大のとき電流を遮断してゲージの狂いを防ぐ。☞〜リミッタ。

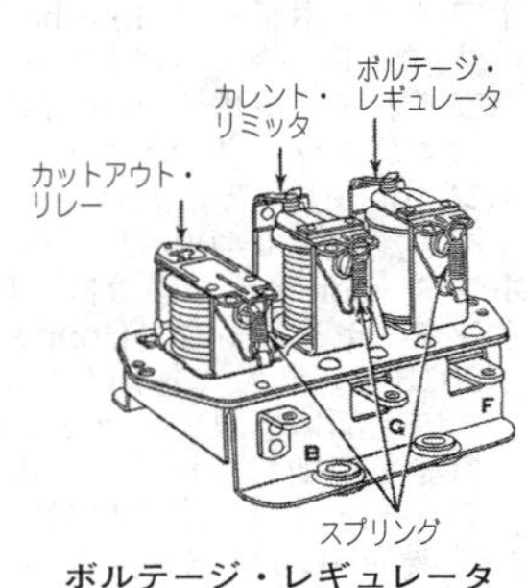

ボルテージ・レギュレータ

ボルト¹ [bolt]　雄ねじ，ねじ棒に頭をつけたもの。＝ボールト。
ボルト² [volt]　電圧の単位。記号V。1Vとは1Ωの抵抗に1Aの電流を通すのに必要な電圧。例 ㋑鉛バッテリの電圧は1セル当たり約2V。㋺プラグに流れる電流の電圧は1万〜2万V。
ボルトアンペア [volt-ampere]　電力単位。記号VA。1VAとは電圧1V電流1Aの場合の電力で，これが1W（ワット）。735Wは1PS（馬力）。
ボルトアンメータ [volt-ammeter]　ボルト兼アンペアメータ。電圧ボルトの測定と電流アンペアの測定ができる兼用計器。
ボルト・カッタ [bolt cutter]　（工具）ボルト切断工具。＝〜クリッパ。
ボルト・キャップ [bolt cap]　ボルトの頭。＝〜ヘッド。
ボルト・クリッパ [bolt clipper]　（工具）ボルト切り。＝〜カッタ。
ボルト・ヘッド [bolt head]　ボルト頭。＝〜キャップ。
ボルトメータ [voltmeter]　ボルト計。電圧計。mV（ミリボルト）からkV（キロボルト）用まで各種がある。
ホルムアルデヒド [formaldehyde]　化学式はH−CHO。常温で刺激臭の強い液体で，催涙性がある。還元性が強く，水によく溶け，フェノール樹脂などの原料となる。
ホロー・シャフト [hollow shaft]　中空軸。管状軸。例 ピストン・ピン。
ホロー・パンチ [hollow punch]　はと目パンチ，打ち抜きポンチ。例 パッキングの穴空け用。
ホロー・リベット [hollow rivet]　中空のびょう。軸部が管になったびょう。例 クラッチ・フェーシングのかしめ用。
ホロー・レンチ [hollow wrench]　一般に六角のL型レンチのこと。ボルト頭部の六角の凹みにレンチを入れて回す。＝ヘキサゴン（ヘックス）〜，アレン〜。
ホログラム [hologram]　被写体に参照光と物体光の二つのレーザ光線を同時に当てた時にできる干渉しま模様を記録したフィルム。コンピュータの情報記録などに利用される。例 〜ヘッドアップ・ディスプレイ。
ホログラム・ヘッドアップ・ディスプレイ [hologram headup display; HUD]　☞HUD。

ボロン [boron]　硼（ほう）素，硼酸。記号B。
ボロン・キャスト・アイアン [boron cast iron]　（材料）ボロン鋳鉄，ほう素入り鋳鉄。耐摩耗性に優れている。
ボロン鋼（こう） [boron steel]　低炭素鋼にボロン（ホウ素）を微量添加して焼き入れ性を高めた鋼。ボロン鋼は通常の鋼（スチール）の4～5倍の強度を有するために超高張力鋼（UHSS）とも呼ばれ，省モリブデン鋼や省クロム鋼として用いられる。また，錆にも強く，亜鉛めっきをする必要がない。☞ダイクエンチ工法。
ホワイトウォール・タイヤ [white-wall tire]　白壁タイヤ。側面（サイドウォール）に白ゴムを張った派手なタイヤ。一時流行した。＝ホワイトサイド～。
ホワイト・ガソリン [white gasoline]　白ガソリン。無鉛ガソリン。アルキル鉛を入れた赤ガソリンと区別する呼び名。
ホワイト・ピグ・アイアン [white pig iron]　（材料）白銑。炭素がセメンタイトの状態で含有されておりはなはだ硬い。製鋼原料。
ホワイト・ボデー [white body]　自動車の製造工程で，溶接組み立てされたままの塗装前の車体殻。＝ボデー・シェル。
ホワイト・メタル [white metal]　すずを主成分とする白色合金。例コンロッドの大端およびクランク・ジャーナル軸受用のバビット・メタル。
ホン [phon]　音の大きさのレベル。音の強さのレベル（dB，デシベル）を，聴覚の周波数特性で1000Hz（ヘルツ）の標準音に修正した感覚的レベル。＝フォン。
ボンダ [bonder]　接着機，接合機器。例ライニング焼き付け器。
ホンダ・センシング [Honda Sensing]　安全運転支援システムの総称で，ホンダが2015年に新たに採用したもの。フロント・グリル内にミリ波レーダを，前面窓ガラス内上部に単眼カメラをそれぞれ設置して，従来の運転支援システムに新たに六つの機能を追加している。①衝突軽減ブレーキ（CMBS），②歩行者事故低減ステアリング（PCMSS），③路外逸脱抑制機能（RDM），④車線維持支援システム（LKAS），⑤渋滞追従機能付きアダプティブ・クルーズ・コントロール，⑥標識認識機能（TSR），⑦誤発進抑制機能，⑧先行車発進お知らせ機能。
ポンチ [punch]　刻印器。穴空け器。例センター～。＝パンチ。
ポンチョEV [Poncho electric vehicle]　☞EVバス。
ポンツーン・タイプ [pontoon type]　浮き舟式。例フロート式雪上車。
ボンディング・オーブン [bonding oven]　焼き付けがま。例ブレーキ・ライニング焼き付け用加熱がま。＝ボンダ。
ボンディング・マシン [bonding machine]　（工具）焼き付け機。例ブレーキ・ライニング用。
ポンド [pound]　英式重量単位。記号lb（libraの略）。1lbは約453.6グラム。
ボンド・ストラップ [bond strap]　（バッテリ用）アース用平帯線。
ボンド・テスタ [bond tester]　（工具）接着状態試験機。例ライニング用。
ボンド・メタル [bond metal]　焼結金属。＝シンタード～。
ボンネット [bonnet]　英エンジン室の覆い。イギリスの婦人帽の型（髪にかぶせてあご紐で締める。）からとった言葉。米フード。
ボンネット・ファスナ [bonnet fastener]　ボンネットの押さえ金具。
ボンネット・リリース [bonnet release]　ボンネットの押さえ外し装置。
ボンネット・ルーバ [bonnet louver]　ボンネットの通風よろい窓。
ポンピング・ロス [pumping loss]　ポンプ損失。ピストンの往復運動（ポンピング）によるエネルギー損失で，混合気の燃焼によって生じたエネルギーの一部が吸気行程や排気行程で消費されること。吸気行程ではスロットル・バルブとバルブ・ボディの隙間から新気を吸引するために吸気抵抗となり（注射器で空気を吸引するようなもの），排気行程では排気管，触媒コンバータ，マフラなどが邪魔をして排気抵抗となる。昨今では，燃焼室へEGRガスを大量に送り込むことでポンピング・ロスを低減する方法を多くのメーカで採用している。根本的にはガソリン・エンジンからスロットル・バルブを取り去ることであり，バルブトロニック（BMW），バルブマチック（トヨタ），VVEL（日産），マルチエア（フィアット）などのノンスロットル・システムが開発・実用化されている。

ポンプ [pump]　（気体や液体を）吸排する装置。例㋑フューエル～。㋺オイル～。㋩ウォータ～。㋥エア～。

ポンプ・アイランド [pump island]　（内外歯車式）ポンプの島部分。クレセント（三日月状）部分。例AT車の油圧ポンプ。

ポンプ・インペラ [pump impeller]　トルク・コンバータやウォータ・ポンプに組み込まれ，遠心力で油や水を送り出すための羽根。一種の遠心ポンプ。☞セントリフューガル・ポンプ。

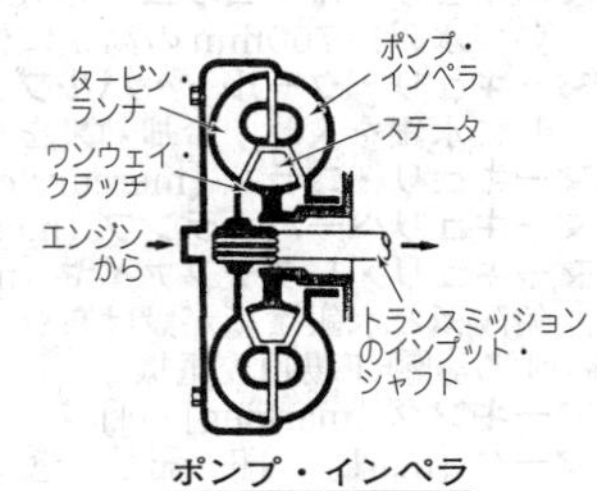

ポンプ・インペラ

ポンプ・フィード [pump feed]　ポンプ式供給法。

ポンプ・プライマ [pump primer]　ポンプの呼び水装置。

ボンベ [*Bombe*]　独高圧容器。例㋑LPガス容器。㋺アセチレン・ガス容器。㋩酸素容器。

ホン・メータ [phon meter]　音量計，騒音計。☞フォン～。

[マ]

マーカ [marker] 目印。目標となるもの。例 道路標識の類。
マーカ・ライト [marker light] 目印灯。例 ㋑バス表示灯。㋺タクシ表示灯。
マーキュリ [mercury] 水銀。記号Hg。常温で液体という珍しい金属。銀白色を呈しはなはだ重く比重13.59。例 ㋑温度計。㋺水銀整流器。㋩気圧計。☞環境負荷物質。
マーキュリアル・コラム [mercurial column] (計器) 水銀柱。大気圧は海面上において水銀柱760mmの高さに相当する。
マーキュリ・クールド・バルブ [mercury cooled valve] 水銀冷却弁。弁体を中空にして水銀を入れ, 冷却効果を高めたもの。例 レーサ・エンジンの排気弁。
マーキュリ・コラム [mercury column] 水銀柱。＝マーキュリアル～。
マーキュリベーパ・ランプ [mercury-vapor lamp] 水銀灯。
マーキュリ・レクチファイヤ [mercury rectifier] 水銀整流器。真空ガラス球内に黒鉛陽極と水銀陰極が設けられ, 加熱された水銀面から出る電子によって交流を直流にする。例 工場用充電機。
マーキング [marking] 印をつけること。
マーク [mark] 印, 記号。例 タイミング～。
マーク・シート [mark sheet] コンピュータへの入力方法の一つ。多数の項目や選択肢の中から, 必要なものを鉛筆で塗りつぶすもの。
マーケティング [marketing] ①市場で売買すること。市場取引。②市場調査, 広告宣伝。
マージン [margin] ①へり, ふち, はし。②余裕, 余剰。③販売利益, 利ざや。
マーレス・ステアリング・ギヤ [Marles steering gear] (かじ取り) つづみ型ウォームとローラの組み合わせになるステアリング・ギヤ。
マイカ [mica] 雲母 (うんも), きらら。造岩鉱物の一つとして岩石の中に存在する。用途の広いものは無色又は淡色の白雲母と金雲母。熱および電気の不導体で特に誘電率が高い。例 ㋑コンデンサ用誘電体。㋺整流子片間絶縁体。㋩一部点火プラグ用絶縁体。㊁その他電熱器類。
マイカ・アンダカッタ [mica under-cutter] (工具) マイカ切り下げ機。整流子片間の絶縁体を切り下げ溝を掘る電動機械。
マイカ・コンデンサ [mica condenser] (誘電体が) 雲母の蓄電器。
マイカナイト [Micanite] マイカ加工品の商品名。天然マイカを薄くはがしたものを接着剤ではり合わせ加熱圧縮して作ったもの。例 ㋑整流子片間絶縁用。㋺電熱器用。
マイクロ [micro-] 小, 微, の意の結合辞。例 マイクロメータ。対 マクロ。
マイクロエレクトロニクス [microelectronics] 超小型の電子機器。又は, これを製造する技術。
マイクロコミュータ [micro-commuter] ☞ MC-β。
マイクロコンピュータ [microcomputer] 超小型コンピュータ。LSI (大規模集積回路) をさらに集積した超高密度素子に, 記憶装置や入出力装置などを付加して作られた超小型の電子計算機。略してマイコン。パワー・トレーン, シャシ, 補機類などの電子制御に広く利用されている。
マイクロスイッチ [microswitch] 小型スイッチ類。豆スイッチ。
マイクロスコープ [microscope] 顕微鏡。☞テレスコープ。
マイクロハイブリッド・システム [micro-hybrid system] ハイブリッド電気自動車に用いるシステムの大小を表したもので, 装備が簡単で減速・制動時のエネルギー回生効果が小さいもの。燃費の改善率は数%と少ないが, システム専用のバッテリやモータなどは不要で, 既存システムの改良や若干の装置を付加することにより, ほとんどの車に採用することができる。BMWでは「インテリジェント・パワー・マネジメント・システム」と称し，新開発の12Vバッテリの採用やオルタネータに回生機能を持たせて充放電を高度に制御し，加速時にはオルタネータをモータとして機能させてエンジン出力を補助することにより，約4%の燃費改善率が得られるという。

マイクロバス [microbus] 小型バス。座席は運転席を入れて17席未満。バスは小型，中型（30席未満），大型に分けられる。☞ライト・バス。

マイクロファラッド [microfarad] （静電単位）記号μF。1μFは百万分の一ファラッド。コンデンサの蓄電容量を表す。

マイクロフィッシュ [microfiche] マイクロフィルムの一種。約10cm²のカード状フィルムに100ページ弱の文献が複写でき，自動車の部品カタログに利用される。

マイクロフィニッシング [microfinishing] 精密仕上げ，金属加工表面の鏡面仕上げ。＝ファイン・フィニッシング。例クランク・ピンやジャーナル。

マイクロフィルム [microfilm] 縮小写真フィルム。書類や図面などの複写に使用される微小なフィルム。マイクロリーダで拡大して読む。

マイクロプレシジョン [micro-precision] 非常に精密なこと。精密仕上げ。☞ファイン・フィニッシング。

マイクロプロセッサ [microprocessor] マイクロコンピュータ。1個又は数個のLSIを用いた超小型のコンピュータで，主に演算部，制御部，記憶部からなる。＝マイクロプロセッシング・ユニット（MPU）。

マイクロプロセッシング・ユニット [microprocessing unit; MPU] ☞マイクロプロセッサ。

マイクロメータ [micrometer] （工具）測微計。外径内径厚さなどを1/100mm単位で測定できる精密計器。外側用と内側用とがある。

マイクロメータ

マイクロモビリティ [micro-mobility] ☞超小型モビリティ。

マイクロリーダ [microreader] マイクロフィルムなどに縮小されているものを読むための特殊な拡大映写装置。

マイコン [mi-com] マイクロコンピュータ（micro-computer）の短縮語。

マイコン・コントロール [mi-com control] マイクロコンピュータ（microcomputer：マイコン）による制御。電子制御。

マイコン・プリセット・ドライビング・ポジション・システム [microcomputer preset driving position system] 運転席シートやステアリングの位置をあらかじめ任意の位置にセットしたものをマイコンに記憶させ，スイッチ操作により各ポジションが連動して自動的に再生できるもの。

マイスタ [*Meister*] 独師匠，親方。

マイタ・ギヤ [miter gear] マイタ歯車。直交する2軸間に動力の授受をする歯数の等しい一対の傘歯車。

マイタ・ジョイント [miter joint] （リング合い口の形）斜め継手。はすに切断した継手。

マイタ・ホイール [miter wheel] （ギヤ）傘形ギヤの類。例デフ・ギヤ。

マイティバック [mighty-vac] 負圧発生診断器の商品名。手動ポンプにより負圧を発生させ，主にエンジン回りの負圧ディバイスの作動確認を行う。

マイナ・エア・セル [minor air cell] （ディーゼルの）小空気室。渦流室。

マイナス [minus] （正負の）負，負数，負量。記号㊀。対プラス。

マイナス・アース [minus earth] （配線で）マイナス側を接地する方式。例バッテリのマイナス極をアースする。一般にこの方式が多い。対プラス～。

マイナス・キャスタ [minus caster] （キングピン）前傾状態。ピンの頭部が車の前方へ傾いている状態。乗車し，かつ走り出すと鉛直又はプラス（後傾）キャスタになる性質がある。

マイナス・キャンバ [minus camber] （ホイールの）逆反り。例ホイール上部が車の内方へ傾くこと。

マイナス・スクリュ［minus screw］　ねじ頭の溝が一文字のねじ。㊊フィリプス～。

マイナス・スレッド［minus thread］　（ねじ目）負のねじ目，左ねじ。

マイナス・ラップ［minus lap］　（バルブタイミング）負の重なり。排気弁が閉じてから吸気弁が開くまでに間があること。㊊オーバラップ。

マイナ・チェンジ［minor change］　（車のデザイン等）小変更。部分的模様変え。

マイナ・チューンアップ［minor tuneup］　部分改造。部分調整。㊊メイジャー～。

マイナス・キャスタ

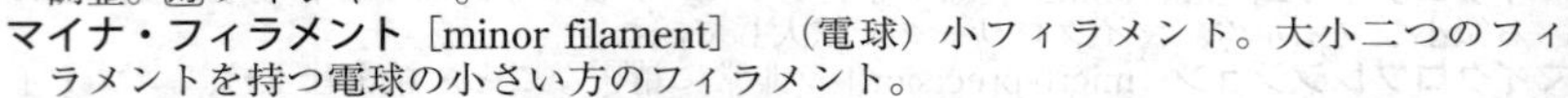

マイナ・フィラメント［minor filament］　（電球）小フィラメント。大小二つのフィラメントを持つ電球の小さい方のフィラメント。

マイル［mile］　英式長さ単位。記号 mil。1mil は約 1.6km。

マイルス・パー・アワー［miles per hour］　1 時間当たりマイル数。mil/h。

マイルド・アイアン［mild iron］　（材料）軟鉄。＝ソフト～。

マイルド・スチール［mild steel］　（材料）軟鋼。＝ソフト～。

マイルド・ハイブリッド・システム［mild hybrid system］　ハイブリッド電気自動車に用いるシステムの大小を表したもので，それほど大掛かりな装備を用いず，減速・制動時のエネルギー回生効果が中程度のもの。回生効果の大きい重装備のフル・ハイブリッド・システムと比較して燃費改善率が 1/2 程度ではあるが，構造を簡素化してコスト・アップを抑えている。㊎THS-M（トヨタ），IMA システム（ホンダ）。

マイル・パー・ガロン［mile per gallon; MPG］　燃料 1 ガロン当たりの走行マイル数（mile/gallon)。米国などにおける車の燃料消費率の表示法。㊟1 ガロンは 3.785 ℓ，1 マイルは 1.609km。日本では燃料 1 リットル当たりの走行キロ数（km/ℓ）で表す。

マイレージ［mileage］　総マイル数。一定時間に進行するマイル数。

マイレージ・カウンタ［mileage counter］　（計器）走行マイル積算器。一般にスピードメータに組み込まれている。＝オドメータ。

マイレージ・テスタ［mileage tester］　（燃料消費試験）走行マイル試験機。

マイレージ・レコーダ［mileage recorder］　（計器）走行マイル記録器。＝～カウンタ。オドメータ。

マウス［mouse］　パソコン・ディスプレイ画面上のカーソルの位置を指示する装置。形がマウス（はつかねずみ）に似ていることから，こう呼ばれる。

マウンティング［mounting］　①（機械などの）すえ付け。取り付け。②台，架台。㊎エンジンをシャシ・フレーム上に架装すること。

マウンティング・ブロック［mounting block］　取り付け台，すえ付け台。

マウンテン・バイク［mountain bike］　山や荒地を走るための自転車，又は，モータ・バイク。

マウント［mount］　（機械などを）すえ付ける。取り付ける。

マウント・ゴム［mount gum］　（取り付け部の）緩衝ゴム。

マカダム・ローラ［macadam roller］　（道路工事）砕石鎮圧ローラ車。

巻（ま）き込（こ）み防止装置（ぼうしそうち）［pedestrian protection side guard］　歩行者や自転車などをトラックの側部に巻き込むのを防止する側面保護装置。

マキシマム［maximum; MAX］　①最大限度，最大数（量）。②最大の，最高の。㊊ミニマム。

マキシマム・アウトプット［maximum output］　最大出力，最大馬力。

マキシマム・スピード［maximum speed］　最高速度。

マキシマム・テンション［maximum tension］　最大張力。
マキシマム・トルク［maximum torque］　最大回転力。
マキシマム・パワー［maximum power］　最大出力。
マキシマム・プレッシャ［maximum pressure］　最大圧力。
マキシマム・ペイロード［maximum payload］　（トラックの）最大積載荷重。
マキシマム・ホースパワー［maximum horsepower］　最大馬力。
マキシマム・ローディングキャパシティ［maximum loading capacity］　最大積載容量。
マキシマム・ロード［maximum load］　最大荷重。
巻（ま）き取（と）り装置（そうち）［retractor］　シート・ベルトの場合，ウェビング（帯び紐）を巻き取る装置。リトラクタ。
膜式燃料（まくしきねんりょう）ポンプ［diaphragm fuel pump］　ダイアフラムを用いた燃料圧送ポンプ。通常，カムシャフトで駆動される機械式ポンプ。
マグダイ［mag-dy］　マグネトー兼ダイナモの略称。
マグダイナモ［mag-dynamo］　同前。
マグナチェック［magna-check］　☞マグネチック・フロー・ディテクタ。
マグネシウム［magnesium］　（材料）金属元素の一つ。記号Mg。銀白色の軽金属で，マグネシウム合金として用いられる。
マグネシウム合金（ごうきん）［magnesium alloy］　マグネシウムを主成分にアルミ，亜鉛，マンガンなどを加えた合金。ステアリング・ホイール芯金やシート・フレームなどに用いられる。
マグネシウム・ホイール［magnesium wheel］　マグネシウム合金製のディスク・ホイール。アルミニウム合金製よりも更に軽量であるが，価格が高い。
マグネスイッチ［magne-switch］　電磁スイッチ。マグネチック・スイッチの略。
マグネタイザ［magnetizer］　着磁機，磁化器。鋼鉄に着磁する電磁機械。
マグネタイゼーション［magnetization］　磁化。磁性体を磁極に近づけると，磁性体の磁極に対抗する面に磁性を帯びる現象。
マグネチズム［magnetism］　磁気，磁性，磁気作用。
マグネチック・インダクション［magnetic induction］　磁気誘導。磁気感応。磁性体が磁場におかれて磁化される現象。
マグネチック・クラッチ［magnetic clutch］　電磁クラッチ。例㋑一部の車のクラッチに採用。㋺ファン用。㋩クーラ・コンプレッサ用。 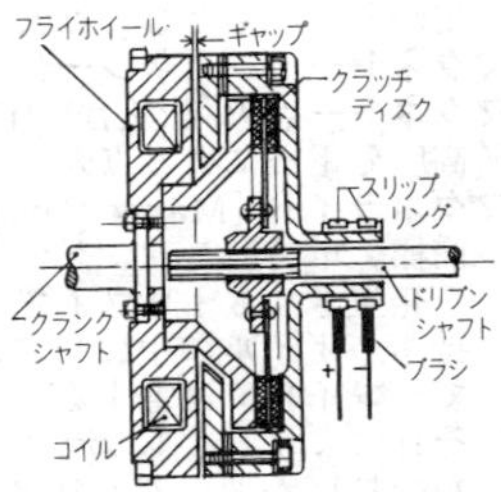
マグネチック・サーキット［magnetic circuit］　磁気回路。磁束の回路。
マグネチック・サチュレーション［magnetic saturation］　磁気飽和。磁化力を増しても磁束密度が増加しなくなること。
マグネチック・サプレッション・ワイヤ［magnetic suppression wire］　（ラジオ受信の）電波障害除去電線。例 プラグ用コード。
マグネチック・シールド［magnetic shield］　磁気遮蔽（しゃへい）。電気機器の全部又は一部をその外部と磁気的に絶縁すること。一般に磁性体で囲むことによって行う。

マグネチック・クラッチ

マグネチック・シャント［magnetic shunt］　磁気分路。分路装置。主磁気回路の分岐路又は分路用磁性体。例 リレー類の温度補償装置。
マグネチック・スイッチ［magnetic switch］　電磁スイッチ。ソレノイド（コイル）が鉄芯を吸引する働きを利用して接点を閉じるもの。例 スタータ用。
マグネチック・スピードメータ［magnetic speedometer］　磁気式速度計。計器内で永久磁石が回転し，これによって誘導板に生ずる渦電流の磁力との干渉で指針が動く。
マグネチック・チャック［magnetic chuck］　電磁チャック。電磁力により加工品をつかむチャック。磁性体（鉄鋼）に応用する。
マグネチック・ドラッグ［magnetic drag］　磁気牽引力。回転する磁石に接近して金属板（非磁性体）があるとそれに渦電流を生じ金属板を回転方向に引きずる力。例スピードメータ。
マグネチック・バイパス［magnetic bypass］　磁気分路。＝〜シャント。
マグネチック・パルス・ジェネレータ［magnetic pulse generator］　ディストリビュータの電磁信号発生器。フルトランジスタ式点火装置における点火信号用発電装置。☞コンタクトレス・トランジスタ・イグナイタ。
マグネチック・フィールド［magnetic field］　磁場，磁界。NS両極間の磁力の働く場。
マグネチック・フィールド・センサ［magnetic field sensor］　地磁気検知器。カー・ナビゲーションで現在位置を求める場合，GPSの電波航法と自車のマグネチック・フィールド・センサやスピード・センサなどにより，移動距離や進行方向を検出する自立航法とを組み合わせたものがある。
マグネチック・フォース［magnetic force］　磁力，磁気力。
マグネチック・プラグ［magnetic plug］　オイルパンのオイルを抜く栓を磁石にして，オイルに含まれる鉄粉を吸着するもの。
マグネチック・フラックス［magnetic flux］　磁束，磁力線の流束。ある面積に磁力線が多いほど磁束の密度が高いという。
マグネチック・フロー・ディテクタ［magnetic flaw detector］　磁気探傷器。磁気を利用して鉄製部品内部の傷の有無を検査する装置。＝マグナチェック。
マグネチック・ライン・オブ・フォース［magnetic line of force］　磁力線。磁場の分布状態を示す仮想曲線。
マグネット［magnet］　磁石。永久磁石と一時磁石とがある。
マグネット・クラッチ［magnet clutch］　☞マグネチック〜。
マグネット・スイッチ［magnet switch］　☞マグネチック〜。
マグネット・スチール［magnet steel］　磁石用鋼。磁鋼。例㋑コバルト鋼。㋺アルミニウム，ニッケル，コバルト等の合金。㋩タングステン鋼。
マグネトー［magneto］　磁石発電機。界磁に永久磁石を使った発電機。低圧用と高圧用があり，主として点火用とするが用例は少ない。
マグネトー・ジェネレータ［magneto generator］　磁石発電機。
マグネトー点火（てんか）［magneto ignition］　マグネトー（磁石発電機）を使用した高圧発電機による点火。バッテリを必要とせず，オートバイなどに用いられた。
マグネライド［Magne-Ride］　米デルファイが開発した，革新的な減衰力可変ダンパの商標。単筒型ショック・アブソーバの一種であるが，オイルの流れを阻害して減衰力を発生させるオリフィスは備えていない。このダンパはピストン内部に電磁コイルを持ち，オイルの中に目には見えない磁性粉体（10 μm 程度の鉄球）が入れられていて，コイルに通電することでオイル中の鉄粉が印加されて鉄粉自体が流線状に並び，それによりオイルの流れを阻害して減衰力を得ている。コイルを制御することでオイルの粘度が変わり，リアル・タイム（1/1000秒単位）で減衰力が可変制御される。このダンパは流体を使用したアクチュエータにより各車輪やボディの振動を抑制し，操縦性と乗り心地を高次元で両立させることができるのが特徴。キャディラック，シボレー，アウディなどに採用された。
マクファーソン・ストラット［MacPherson strut］　支柱式前輪支持装置。マクファーソンはこのサスペンションを1950年に考案したフォードのエンジニアの名前。ショック・アブソーバを内蔵し，コイル・スプリングを取り付けた支柱（ストラット）を立て，上端をボデーに取り付け，下端をロアー・アームで支える構造の独立懸架装置。

マグホイール [mag-wheel]　マグネシウム(magnesium)・ホイールの短縮語。アルミホイールより軽いホイールとしてレーシング・カーに使われているが，鋳造が難しく機械加工時に発火しやすいので製造に高度の技術が必要。

マグ溶接（ようせつ） [MAG welding]　Metal Active Gas～の頭字語。酸化性のシールド・ガスを用い，溶接ワイヤを電極とするアーク溶接の総称。

曲（ま）げ剛性（ごうせい） [flexural rigidity]　物体への曲げモーメントと，これに対応する変位との比。

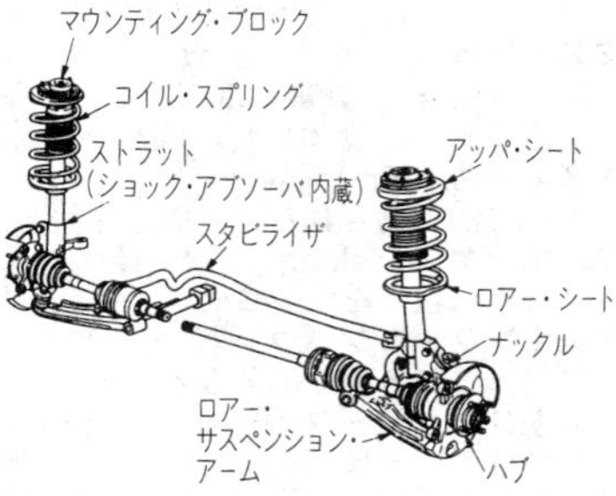

マクファーソン・ストラット

曲（ま）げモーメント [bending moment]　物体の曲げ方向に作用するモーメント（回転偶力）。

摩擦（まさつ） [friction]　☞フリクション。

摩擦撹拌接合（まさつかくはんせつごう） [friction stir welding]　☞FSW。

摩擦（まさつ）クラッチ [friction clutch]　摩擦力によって動力を伝達するクラッチ。機械式クラッチ。対 流体クラッチ。

摩擦係数（まさつけいすう） [coefficient of friction]　摩擦両面に生じる摩擦力と両面間の法線力との比で，接触面の面積や移動速度とは無関係である。静止状態より運動状態の方が，一般に摩擦係数が小さい。記号は μ。

摩擦損失（まさつそんしつ） [friction loss]　☞フリクション・ロス。

摩擦抵抗（まさつていこう） [frictional resistance]　☞フリクショナル・レジスタンス。

摩擦熱（まさつねつ） [frictional heating]　物体の表面が摩擦しているときに発生する熱。

摩擦（まさつ）ブレーキ [friction brake]　摩擦力により制動するブレーキ。☞排気～，電磁～。

増（ま）し締（じ）め [retightening]　締め付け力を点検し，必要に応じて締め直す作業。例 シリンダ・ヘッド・ボルト。

マジック・ボディ・コントロール [magic body control; MBC]　ダイムラー（MB）がEクラス（2012年）やSクラス（2013年）などに採用したサスペンション。最大15m前方の路面の凹凸をステレオ・マルチパーパス・カメラで捉え，その路面状況に応じて瞬時にスプリング・ストラットおよびダンパのオイル流量を制御することによりボディに伝わる衝撃を最小限にして，フラットで極上の乗り心地を実現している。

マシナリ [machinery]　機械類。機械装置。からくり。

マシニスト [machinist]　機械工。特に工作機械工。機械修理工。

マシン [machine]　①機械。機械装置。②機械仕掛けで動くもの。ミシン，自転車，自動車。特に競走用自動車。③機構。からくり。

マシン・エレメント [machine element]　機械要素。例 軸，歯車，ねじ。

マシン・オイル [machine oil]　機械油。JISによれば中質油に属し一般機械および車軸の潤滑油として用いる油となっている。

マシン・スクリュ [machine screw]　機械ねじ，小ねじ。ねじ部の直径9mm以下で頭部にドライバ溝を有するもの。

マシン・タップ [machine tap]　機械タップ，雌ねじを切るタップの一種で柄が長く，食いつき部のテーパも緩やかにしてねじ切り加工を機械で行うために都合良くしてある。

マシン・リーマ [machine reamer]　機械リーマ，チャックリーマとも称しリーマを機械に取り付けて使用するものを総称する。
マス[1] [mass]　集団，多数，多量，大衆。例～プロダクション。
マス[2] [mass]　質量。重り。例㋑～ダンパ。㋺エアバッグ・センサ内の減速度を検出する重り。注物体の質量は不変であるが，重量は地球の重力の関係で変化する。
マスキー法（ほう）[Act of Muskie]　1970年アメリカの上院議員マスキーの提案によって法制化された「大気浄化法」であり，乗用車の排出ガス規制値が制定された。
マスキング [masking]　覆い隠すこと。例塗装作業に際し塗料が付着してはならないところに覆いをすること。
マスキング・コンパウンド [masking compound]　マスキング用練り粉。非塗装部分に塗っておき後でふき取る。
マスキング・テープ [masking tape]　マスキング用テープ。非塗装部分に覆う紙を貼りつけるときに用いる。
マスコット [mascot]　縁起物。福の神，それがあるため幸福がもたらされると考えられるもの。例車のアクセサリ。
マス・セールス [mass sales]　大量販売。
マスタ・キー [master key]　車両のドア，イグニション，トランクのすべてに使用できるキー。対サブ～。
マスタ・シリンダ [master cylinder]　（油圧装置の）親シリンダ。油圧を加える方のシリンダ。対スレーブ・シリンダ～。
マスタ・シリンダ・リザーバ [master cylinder reservoir]　ブレーキやクラッチのマスタ・シリンダへ供給するフルードを溜めておく容器。＝～リザーブ・タンク。注リザーバ＝レザバー。
マスタ・シリンダ・リザーブ・タンク [master cylinder reserve tank]　☞～リザーバ。
マスタ・スイッチ [master switch]　パワー・ウインドウで，運転者がすべてのドア・ガラスの開閉を操作できるスイッチ。

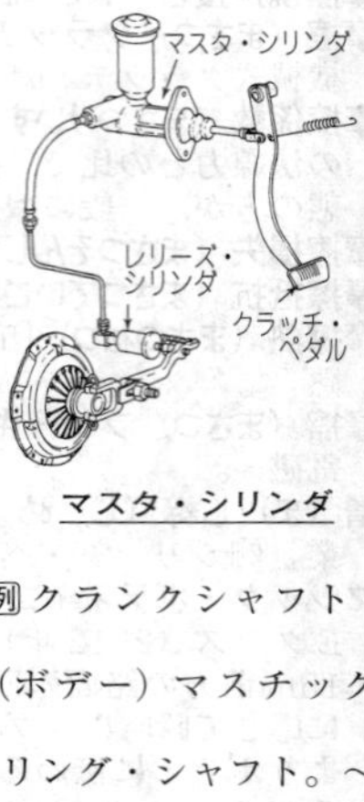

マスタ・シリンダ

マス・ダンパ [mass damper]　振動系の共振抑制のために振幅の大きい部分に取り付けるおもり。＝ダンパ・マス。例クランクシャフト・プーリ。
マスチック・サウンド・デッドナ [mastic sound deadener]（ボデー）マスチック（乳香）樹脂の防音塗料。ボデーのアンダコーティング材。
マスト [mast]　帆柱，柱，さお。例ステアリング～。＝ステアリング・シャフト。～コラム。
マスト・ジャケット [mast jacket]　柱の外管。例ステアリング軸の外管。
マスプロ [mass-pro]　マスプロダクションの略。
マス・プロダクション [mass production]　大量生産，量産。
マッシュルーム・バルブ [mushroom valve]　きのこの形をした弁。例吸排気弁。
マツダ・コネクト [Mazda Connect]　車載情報通信サービスの一種で，マツダが2013年に新型車に搭載したもの。スマート・フォン（高機能携帯電話）の接続を想定した情報エンターテインメント・サービスで，アプリケーション，エンターテインメント，コミュニケーション，ナビゲーション，セッティングの五つのメニューで構成されている。☞コネクテッド・カー。
マッチ・ナンバ [match number]　（組み合わせ）合わせ番号。例メタル組み合わせ。
マッチング [matching]　①異なるものが組み合わされ，釣り合いがとれること。②異なるものを1組ずつ対比すること。例㋑カラー～。㋺タイヤとホイールの～。
マッチング・マーク [matching mark]　合わせマーク。例㋑タイミング・ギヤ。㋺クランク・プーリ。

マッディ・ロード [muddy road]　泥道。ぬかるみ道路。

マット [mat]　（ボデー）敷物。車室床の敷物。例 ゴム〜。ウーブン〜。

マッド [mud]　泥，ぬかるみ。例 〜ガード。

マッド・ガード [mud guard]　（ボデーの）泥よけ。＝フェンダ。

マッド・フラップ [mud flap]　タイヤが跳ね上げる泥や小石が後ろに飛ばないようにするためフェンダの後方に取り付けられているゴム製の板。

マップ [map]　地図。例 ロード〜。

マップ・オンデマンド [map on-demand]　カー・ナビゲーション用地図の自動更新機能。トヨタが関係各社の協力を得てG-BOOKの新サービスとして開発したもので，全国の高速道路や有料道路，カーナビに登録した自宅および設定した目的地周辺の道路変更部のみが，携帯電話や専用の通信機（DCM）を通じてカーナビに配信され，高速道路や有料道路は開通後約7日間で反映される。DCMを装着している場合には，エンジン始動とともにネットワークに接続され，地図情報が自動更新される。

マップ・ポケット [map pocket]　（ボデー）地図入れ。計器板の小物入れ。

マップ・マッチング [map matching]　カー・ナビゲーションで，地図上の現在位置と自車位置の誤差を修正する機能。GPS衛星，CD-ROM内の地図データおよび各線センサによって検出された信号を処理することにより行う。

マップ・ランプ [map lamp]　地図を見るのに便利な小灯。

マテリアル [material]　①物質。②材料，原料。

マテリアル・ハンドリング [material handling]　原材料の取り扱い。略してマテハン。

マトリックス [matrix]　「母体，基盤，回路網」等を意味し，複合材料における母材や，コンピュータの入力導線と出力導線の回路網などを指す。メイトリクスとも。

マトリックスLEDヘッドライト [matrix beam light emitting diode headlight]　全天候環境対応可変ハイビーム式ヘッドライト。アウディが2013年に新型A8に採用した革新的なLEDヘッドライトで，コーナリング・ライト，歩行者視認性向上，防眩，シーケンシャル式ターン・シグナルなどの各機能を有している。これには，左右のヘッドライト・ユニットにそれぞれハイビームのLEDが25個あり，個々のLEDは固定されており，カメラで前方の車を感知して，コンピュータ制御で各LEDの点灯をコントロールしている。☞レーザ・ヘッドライト。

マニバータ [mani-verter]　マニホールド・コンバータ（manifold converter）の短縮語。エキゾースト・マニホールドに触媒コンバータを取り付けたもの。排気ガスの温度の高い状態で触媒が効率よく働かせることができ，触媒コンバータを小さくすることができるが，エンジン・ルーム内の配置に難点がある。

マニフェスト制度（せいど） [manifest system]　産業廃棄物の処理および清掃に関する法律の施行から1年6カ月以内とされていた「産業廃棄物管理票」のこと。新しい廃棄物処理法では，すべての産業廃棄物にマニフェストの添付を義務付けている。マニフェストとは，税関に示す積荷目録のこと。「使用済み自動車のマニフェスト制度」は1998年12月よりスタートし，廃車の発生からシュレッダ業者に至るまでの流通を管理する責務を負う。また，自動車整備工場などから排出されるエンジン・オイルなどの廃油もこの対象となる。

マニフォウルド [manifold]　☞マニホールド。

マニホールド [manifold]　多岐管，枝管。例 ㋑吸気〜。㋺排気〜。

マニホールド・キャタリティック・コンバータ [manifold catalytic converter; MCC]　マニホールド内蔵式触媒コンバータ。☞ MCC。

マニホールド

マニホールド・ゲージ [manifold gauge]　☞ゲージ・マニホールド。
マニホールド・リアクタ [manifold reactor]　（排ガス浄化装置）多岐管内反応器。排気マニホールドを高温に保ち，更に空気を導入してCOやHCを酸化させる装置。
マニュアリ・オペレーテッド [manually operated]　手動式。人の力で動かす。非自動式の意。＝フィジカル・オペレーション。
マニュアル [manual]　①手の，手でする，手動の。②小冊子，便覧，手引き書，必携書。
マニュアル・オペレーション [manual operation]　手動式，非自動式。
マニュアル・ギヤ・ボックス [manual gear box]　①手動変速機。②パワー・アシストのないステアリング・ギヤ・ボックス。
マニュアル・コントロール [manual control]　手動操作，非自動制御。
マニュアル・ステアリング [manual steering]　倍力装置をもたない，運転者の力だけにより操作されるかじ取り装置。対パワー・ステアリング。
マニュアル・チョーク [manual choke]　（気化器の）手動チョーク。
マニュアル・トランスミッション [manual transmission; MT; M/T]　手動式変速機。変速の際にクラッチ操作を要するので煩わしく，乗用車では8〜9割が自動変速機（AT）に変わっている。対オートマチック〜（AT）。
マニュアル・バルブ [manual valve]　オートマチック・トランスミッションの油圧回路切り換え弁。シフト・レバーと連動して作動し，各レンジの切り換えを行う。
マニュアル・ブック [manual book]　手引書，便覧，必携書。
マニュアル・フリー・ホイール・ハブ [manual free wheel hub]　車軸と車輪の結合の解除を手動で行うハブ。4WD車の前輪に使用された。

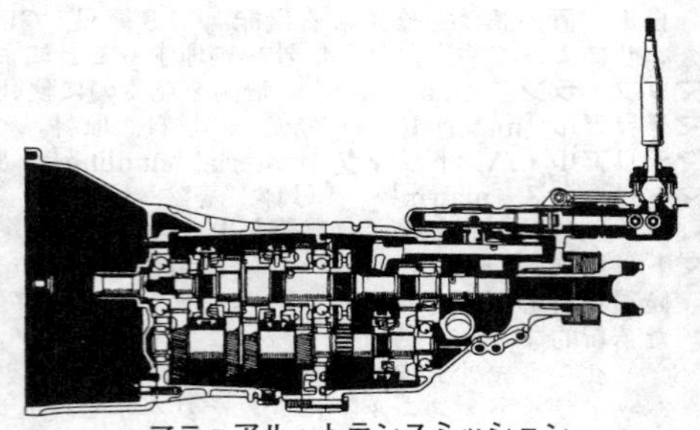
マニュアル・トランスミッション

マニュアル・ロッキング・ハブ [manual locking hub]　ハブ中央部のつまみを手動で回転させ，車軸と車輪の結合を操作できる装置。4WD車のフロント・アクスル・ハブにかつて使用された。
マニューバビリティ [maneuverability]　操縦のしやすさ，操縦性。マヌーバラビリティがより原音に近い。
マニューバリング・ライト [maneuvering light]　☞低速走行時側方照射灯。
マニュファクトリ [manufactory]　製造所，工場。
マネージメント [management]　取り扱い，処理，管理，経営，支配。＝マネジメント。
マネージャ [manager]　支配人，管理人，経営者。＝マネジャ。
マノコンタクト [mano-contact]　（油圧装置）圧力接点。例㋑油圧スイッチ。㋺ストラップライト〜。
マノメータ [manometer]　圧力計，気圧計。例㋑プレッシャ・ゲージ。㋺バキューム〜。
マフ [muff]　筒，筒形の継手。例シリンダ用スリーブ。
マフ・カップリング・ジョイント [muff coupling joint]　☞マフ・カプラ。
マフ・カプラ [muff coupler]　筒型継手。例トラニオン・ジョイント。
マフラ [muffler]　①覆うもの。②消音器。排気の爆音を消す装置。排気を膨張冷却しその他音波の干渉，共鳴，吸収等の原理を応用して爆音を消す。＝サウンド・デッドナ。㊫サイレンサ。

マフラ

摩耗（まもう）［abrasion; wear］　機械などの作動部分が接触によって表面をこすられたり，削られたりして消耗すること。

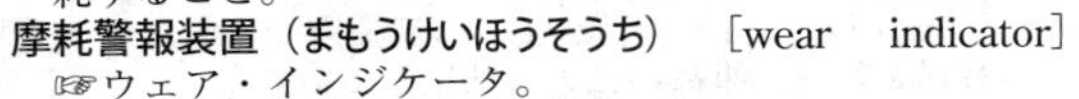

摩耗警報装置（まもうけいほうそうち）　［wear　indicator］　☞ウェア・インジケータ。

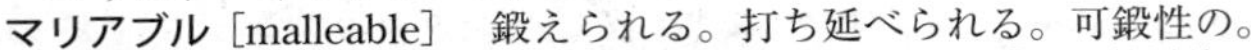

マリアブル［malleable］　鍛えられる。打ち延べられる。可鍛性の。

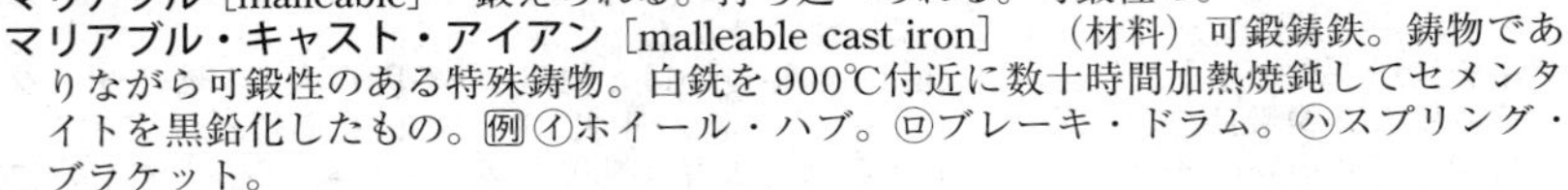

マリアブル・キャスト・アイアン［malleable cast iron］　（材料）可鍛鋳鉄。鋳物でありながら可鍛性のある特殊鋳物。白銑を900℃付近に数十時間加熱焼鈍してセメンタイトを黒鉛化したもの。㋑ホイール・ハブ。㋺ブレーキ・ドラム。㋩スプリング・ブラケット。

マリーン・エンジン［marine engine］　船舶用エンジン。

マリーン・タイプ・クランクケース［marine type crankcase］　船舶用エンジン型曲軸室。箱型で前後にふたがある。

マリット［mallet］　木つち，木ハンマ。＝マレット。

マルアジャストメント［maladjustment］　調整不良。調整の狂い状態。

マルエージング鋼（こう）［maraging steel］　☞マレージング鋼。

マルチ［multi-］　「多い，多称の」を意味する接頭語。☞マルチプル。

マルチアジャスタブル・シート［multi-adjustable seat］　座席各部の位置や角度などを多段階に調整できるシート。

マルチアラウンド・モニタ［Multi-around monitor］　駐車支援装置の一種で，三菱自動車が車高の高いミニバンやSUVなどに採用したもの。車の死角を少なくするため，フロント・グリルにノーズビュー・カメラ，リア・ガーニッシュにリアビュー・カメラ，左ドア・ミラーにサイドビュー・カメラをそれぞれ装備し，車両周辺の映像を室内のディスプレイに表示している。さらに，映像を合成したマルチビュー画面も搭載。

マルチインジェクション［multi-injection］　☞マルチポイント・インジェクション。

マルチインフォメーション・ディスプレイ［multi-information display］　多元画像表示装置。車載の液晶ディスプレイ（LCD）で，車両情報，エアコン，オーディオ，ナビゲーション，テレビ等を画像表示できるもの。＝マルチディスプレイ。☞TEMV。

マルチエア［MultiAir］　電子制御式の油圧バルブ・コントロールによる可変動弁機構付きノンスロットル・システムの商品名。伊フィアットが2009年に採用した革新的な吸気システムで，燃料噴射式のガソリン・エンジンからスロットル・バルブを取り去り，気筒別に設けたソレノイド・バルブで油圧をオン・オフして吸気バルブのバルブ・タイミングとリフト量を連続的に変化させることにより，出力やトルクの向上に加え，排出ガスのクリーン化や低燃費化を図っている。☞ツインエア。

マルチオペレーション・タッチ［multi-operation touch］　タッチ式の多機能操作スイッチで，トヨタが2012年末発売の新型車に採用したもの。数多くの装備のスイッチ数を減らして操作を容易にするために開発されたもので，カー・ナビゲーションのディスプレイ下部に5インチのカラーTFTディスプレイを設け，エアコンや車両設定などの操作をスマホのようにタッチ式で行う。

マルチギャップ・プラグ［multi-gap plug］　多間隙点火栓。火花すき間が幾つかあるプラグ。

マルチグレード・オイル［multigrade oil］　エンジン・オイルのSAE粘度分類にて，低温および高温の特性を共に持っているオイルで，季節的に適用範囲が広い。㊣SAE10W－30，低温時にはSAE10Wの，高温時にはSAE30の特性を持つ。

マルチコーン・シンクロ［multicone synchronizer］　摩擦面が複数あるトランスミッ

ションの同期噛合機構。例 ダブルコーン～，トリプルコーン～。
マルチコリジョン・ブレーキ・システム [multi-collision brake system]　自動ブレーキの一種で，衝突や追突事故発生時に対向車線へのはみ出しによって起きる多重事故の危険を低減させる（二次衝突を防ぐ）装置。VWが新型ゴルフ（ゴルフ7）などに採用したもので，衝突の形態や規模をエアバッグ用のGセンサ，ドアの内圧センサ，音響センサなどを用いて把握し，ESPが介入して最大0.6Gの減速度で自動ブレーキを作動させて10km/h以下まで減速を行い，事故の拡大を防止している。
マルチシリンダ [multi-cylinder]　（4，6，8など）多シリンダ（のエンジン）。その作用は円滑静粛で加速性能および高速性に優れる。
マルチスパーク・イグニション [multi-spark ignition; MSI]　多段点火。1燃焼サイクルの中で，複数回の点火を行うこと。ダイムラー（MB）が2010年にピエゾ・インジェクタを用いたスプレー・ガイド燃焼方式の直噴式ガソリン・エンジン（CGI）に採用したMSIの場合，1,000分の1秒以内に最大4回の放電で強力なプラズマを生成することにより，CGI＋MSIで約4%の燃費改善効果が見込めるという。
マルチスロットル・レスポンシブ・エンジン・コントロール・システム [multithrottle responsive engine control system; MTREC]　ホンダが採用した多連スロットル高応答性エンジン制御システム。
マルチディスプレイ [multidisplay]　☞マルチインフォメーション・ディスプレイ。
マルチテレイン・セレクト [multi-terrain select]　オフロードの走行環境に応じて，車両の駆動・制動を最適に制御する装置。トヨタが2009年に新型SUVに採用したもので，4種類の路面モードを選択することができ，2013年には5モードに変更して，オフロードの走破性を高めている。この装置の作動に合わせ，車両周囲の状況確認を四つのカメラの映像で支援する「マルチテレイン・モニタ」を世界初採用している。
マルチパーパス [multipurpose]　多目的の，汎用の。
マルチパーパス・グリース [multipurpose grease]　汎用グリース。どんな部分にも適応するグリース。
マルチパーパス・ビークル [multipurpose vehicle; MPV]　☞MPV。
マルチバルブ [multivalve]　1気筒当たり三つ以上の吸排気弁をもつ方式。吸排気効率を高めエンジンの高性能化に対応できるが，バルブ・メカニズムが複雑となりコストも上がる。例 3弁式，4弁式，5弁式。
マルチバルブ・エンジン [multi-valve engine]　1気筒当たりの吸排気バルブが3個以上設けられたエンジン。例 4バルブ式。
マルチピース・リング [multi-piece ring]　（数片からできている）組み立て式リング。例 2枚のサイドレールとその間に入れるスペーサとの3部分からなっているリング。＝コンバインド～。
マルチビュー・カメラ・システム [multi-view camera system]　視認性支援装置の一種で，ホンダが2008年にミニバンに採用したもの。前後と左右のドア・ミラーに取り付けた魚眼CCDカメラ，ECUおよびナビゲーション画面を用いてT字路で前方道路の左右（フロント・ブラインド・ビュー）を180°見渡したり，幅寄せやすれ違い（サイド・ビュー）を容易にしたり，上空からからの映像（グラウンド・ビュー）で縦列駐車や車庫入れを支援している。左側のカメラは夜間用に近赤外線LED照明付きで，グラウンド・ビューはドア・ミラーを折り畳んでも正しく表示することができる。CCDカメラは，後にCMOSカメラに変更された。
マルチファンクション [multifunction]　多機能。例 ①～ディスプレイ。②～リモート・コントロール・システム。
マルチファンクション・インジケータ・ディスプレイ [multifunction indicator display]　☞マルチインフォメーション・ディスプレイ。
マルチファンクション・コントローラ [multifunction controller; MFC]　多機能なコマンド操作装置。複雑化する装置別のスイッチ類を整理するために設けられたもので，

マ

i-Drive（BMW），COMAND システム（MB），リモート・タッチ・コントローラ（レクサス），プログレッシブ・コマンダー（ホンダ）などがある。

マルチファンクション・スイッチ [multi-function switch]　多機能スイッチ。一つのスイッチで沢山の動作ができ，ワイパやフラッシャ等に用いられる。

マルチフューエル・エンジン [multifuel engine]　☞バイフューエル。

マルチフューエル・ビークル [multi-fuel vehicle; MFV]　多種類の液体燃料や気体燃料に対応可能な車。一般に２種類の燃料に対応できる車はバイフューエル・ビークルといい，マルチフューエル・ビークルの場合には３種類以上の液体燃料や気体燃料に対応可能な車を指す。ボルボが開発中のMFVは，バイオガス，天然ガス，水素，エタノール（E85），ガソリンの５種類の燃料に対応できる。☞フレキシブル・フューエル・ビークル。

マルチプライヤ [multiplier]　（力，熱，電流などの）効力増強装置。倍率器。例 ㋑トルクコンバータにあるステータ。㋺ブレーキの倍力装置。

マルチプル [multiple]　複合の，複式の，多数の。

マルチプル・サーキット・ブレーキ [multiple circuit brake]　多系統ブレーキ。

マルチプル・シリンダ [multiple cylinder]　多気筒（のエンジン）＝マルチシリンダ。

マルチプル・ディスク・クラッチ [multiple disc clutch]　多板式クラッチ。多数の駆動板と被動板を交互に重ねてスプリングで圧着するクラッチ。二輪車に多い。又，ATの変速には湿式多板クラッチが使われている。

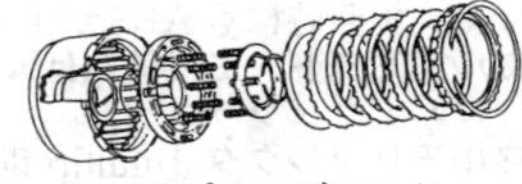
マルチプル・ディスク・クラッチ（AT）

マルチプル・プレート・クラッチ [multiple plate clutch]　同前。

マルチプレート・トランスファ [multiplate transfer; MPT]　四輪駆動車のトランスファで，油圧多板クラッチを使用して前後トルクの配分を制御する方式。富士重工の4WD車に採用され，車速とスロットル開度によってコントロールされている。

マルチブレード・ブロワ [multi-blade blower]　多葉送風器。ロータの羽根が多数ある送風器。

マルチプレックス・ネットワーク [multiplex network; MPX]　多重通信網。１本の多重通信線を通してコンピュータでデジタル化された複数信号の送受信を行い，ワイヤ・ハーネスの省線および軽量化を図る。トヨタ車に採用。☞BEANシステム。

マルチプレックス・メータ [multiplex meter]　運転席メータ類の総称で，ホンダが2009年にハイブリッド車に採用したもの。上下２段に分かれていて，スピードメータ（デジタル式），タコメータ（アナログ式），マルチインフォメーション・ディスプレイ，アンビエント・メータ，モータ・アシスト＆チャージ・メータ，燃料計などで構成され，カラフルに演出されている。

マルチ噴射（ふんしゃ） [multiple injection]　多段噴射，複数回噴射。一般に，コモン・レール式高圧燃料噴射装置などを用いたディーゼル・エンジンにおいて，１サイクルの中で燃料の噴射を複数回（2～5回くらい）に分けて燃焼を制御することを指す。最多の５回の場合には，まず少量のパイロット噴射で圧力上昇を滑らかにし，次に本燃焼をプレ，メイン，アフタの３段階に分けて噴射し，ピストンが下降に移った後に最後のポスト噴射を行う。ポスト噴射は，排気ガスの後処理装置（酸化触媒）を250℃くらいの活性化温度に上昇させるためのもの。Mベンツの直噴ガソリン・エンジン（CGI）では，３回のマルチ噴射を行っている。

マルチポイント・イグニション [multi-point ignition]　多点点火。１気筒内に複数のスパーク・プラグを有する点火方式で，ロータリ・エンジンやホンダのi-DSIなどに採用された。☞マルチスパーク・イグニション。

マルチポイント・インジェクション [multipoint injection; MPI]　電子制御燃料噴射装置で，各シリンダごとにインジェクタを備え，インレット・ポートへ別々に燃料を噴射する方式。シングル・ポイント・インジェクション（SPI）と比較してコストは高くなるが応答性は良くなる。対 SPI。

マルチポート・インジェクション [multiport injection] ☞マルチポイント～。

マルチポーラ・マシン [multipolar machine] 多極式回転電機。磁極が4個以上のモータやジェネレータ。

マルチホール・インジェクタ [multi-hole injector] 多孔式燃料噴射弁。ガソリン・エンジンやディーゼル・エンジンのフューエル・インジェクタにおいて，噴射孔が複数設けられているもの。かつては単孔式であったが，厳しさを増す排出ガスや燃費規制に対応させるため，燃料噴射の高圧化とともに噴射孔を4～12個くらい設けて燃料の微粒化を促進している。ガソリン・エンジンの場合には，一般に燃焼室内へ燃料を直接噴射するエンジン（直噴エンジン）に採用される。

マルチホール・ノズル [multi-hole nozzle] （ディーゼル）多孔式ノズル。燃料の吹き口が幾つかの細かい穴でできているもの。

マルチメディア [multimedia] 映像，音響，活字など種々の伝達媒体を同時に組み合わせて使う技法，又はその作品。例 カー～。

マルチモード・エー・ビー・エス（ABS） [multimode antilock brake system] 通常のABSに操舵角を計測するステア・センサや車体減速度を計測するGセンサ等を加え，旋回時にもABSが十分に作動するようにしたもの。三菱車に採用。

マルチモード・ミリ波（は）レーダ [multi-mode millimeter-wave radar] ☞ディストロニック・プラス。

マルチリフレクタ [multireflector] ヘッドランプ等のリフレクタ（反射鏡）を複合放物線状とすることで，バルブ光を拡散して配光を行うもの。ランプ意匠や点灯時の見栄えが向上する。従来，バルブ光の拡散はランプのレンズで行っていた。

マルチリンク・サスペンション [multi-link suspension] アクスルを複数のリンクで位置決めする方式の懸架装置。ウィッシュボーン式サスペンションの変形が多い。

マ

マルチルーバ [multi-luber] （シャシの）総合給油装置。ボタン一つの操作で自動的にシャシ必要部に滑油を供給する装置。

マルチ・ロードパス構造（こうぞう） [multiple load path structure] 多荷重経路構造。前面衝突や側面衝突などにおいて，衝突の衝撃をボディ全体で分散・吸収して，乗員室変形量の低減を図るようにした車体構造。前面衝突では，衝突の衝撃をサイド・メンバ，サブ・フレーム，Aピラー，フロア・トンネルやサイド・シルなどで分散・吸収し，側面衝突では，衝突の衝撃をセンタ・ピラー（Bピラー），ルーフ・リインフォースメント，センタ・フロア・クロス・メンバ，フロント・シート骨格などで効率よく分散・吸収している。ロードパス・コントロールとも。

マルテンサイト [martensite] 鋼を加熱してオーステナイト状態とした後，水などで急冷したときに得られる顕微鏡組織の一つ。変態点以下の温度で拡散を伴わずに生じる組織で，針状を呈して一般に硬くて脆い（もろい）性質を有しているため，焼き戻しをして脆性（ぜいせい）を改善して用いる。ドイツの冶金学者マルテンス（A. Martens）の名にちなむもので，マルテンサイト系ステンレス鋼やマルテンサイト系耐熱鋼などがある。ホット・スタンプは，マルテンサイト組織を得るためのプロセス。☞マレージング鋼，オーステナイト。

マルテンサイト系（けい）ステンレス鋼（こう） [martensitic stainless steel] ステンレス鋼の一種で，耐食性や耐摩耗性を向上させたもの。クロムを12～18%，銅を0.18～1.2%くらい含む高クロム鋼（強磁性）で，焼き入れすることによりマルテンサイト組織となり，硬化させることができ，高温高圧蒸気用構造材や耐食性の刃物などに使用される。☞オーステナイト系ステンレス鋼。

マルテンサイト系耐熱鋼（けいたいねつこう） [martensitic heat resisting steel] 耐熱鋼の一種で，クロムを12～13%含むステンレス鋼にモリブデン，バナジウム，ニオブなどを添加して焼き入れすることによりマルテンサイト組織化し，硬化させたもの。

マルテンサイト系ステンレス鋼よりも耐熱性に優れ，蒸気タービンやガス・タービンの翼車などに使用される。☞オーステナイト系耐熱鋼。

マルファンクション [mal-function]　機能不良，不調。

マレージング鋼（こう） [maraging steel]　極低炭素合金マルテンサイトを時間をかけて徐々に冷却し，硬化させた鋼。航空宇宙用として開発された高強度と強靭性を両立させる特殊な素材で，自動車用としてはベルト式CVT（無段変速機）のスチール・ベルト（リング）などに使用される。マルエージングとも。

マンガニーズ [manganese]　マンガン。金属元素の一つで記号Mn。赤味を帯びた灰色をしていて，外観は鉄に似ているが，それより硬くてもろい。鉄と合金してマンガン鋼を作るほか銅やアルミニウムにも合金することがある。

マンガニーズ・スチール [manganese steel]　（材料）マンガン鋼。鋼にマンガンを合金したもので，ニッケル鋼の廉価な代用品として用途が広い。

マンガニーズ・ブロンズ [manganese bronze]　マンガン青銅。4：6黄銅に数%以下のマンガンを加えた高強力黄銅。耐食性があり強度も大きく鍛練もできる。例バルブシート鋳物。

マンガニン [manganin]　（合金名）銅84，マンガン12，ニッケル4（%）を含む合金。温度による電気抵抗変化が少ないので標準抵抗線として優れている。例㋑標準抵抗線。㋺電圧（流）計のシャント。

マンガン [manganese]　マンガニーズの略称。

マンガン鋼（こう） [manganese steel]　☞マンガニーズ・スチール。

マンドリル [mandril; mandrel]　（機械の）芯軸，芯棒。＝アーバ。例㋑旋盤で加工品の中心穴へ打ち込む芯棒。㋺鋳物用の芯金。㋩すり合わせ工具の芯棒。

マンドリル・プレス [mandrel press]　☞アーバ・プレス。

マン燃焼室（ねんしょうしつ） [MAN combustion chamber]　ドイツのマン社が開発した直噴式ディーゼル・エンジンの燃焼室。燃焼室壁面の温度を利用し，壁に沿って噴射された燃料の気化促進を計っている。

マン・パワー [man power]　（工率単位）人力。1人力は普通1/10馬力とする。

マンマシン・インタフェース [man-machine interface]　人間とコンピュータなどの機械が相互に情報をやりとりするための，ハードウェア・ソフトウェア的な仕組み。人間と機械の媒介装置や技術。例パソコンやカーナビのディスプレイ。

万力（まんりき） [vise; vice]　バイス。工作物を強い力で挟み固定する道具。

[ミ]

ミータ [meter; metre]　☞メータ。

ミーディアム [medium]　☞ミディアム。

ミーハナイト [Meehanite]　特殊可鍛鋳鉄の一種。組織の中にセメンタイト又はパーライトの一部を存し，普通鋳鉄に比べ強度が大きく耐摩耗，耐熱，耐食性に優れている。

ミーン・エフェクティブ・プレッシャ [mean effective pressure]　平均有効圧力。実際のエンジンから取った指圧線図の面積をシリンダ容積で割った値。

ミキサ [mixer]　混合器（機）。例㋑LPG装置でガスとエアを混ぜる装置。㋺コンクリート工事でセメントと砂利を混ぜる装置。

ミキサ・トラック [mixer truck]　ミキサ車。ミキサを搭載し運搬中コンクリートを調合するトラック。☞レミコン・トラック。

ミキシング [mixing]　混ぜること，混合すること。

ミキシング・チャンバ [mixing chamber]　混合室。例㋑キャブレータでノズルから出た燃料とエアが混合する部分。㋺カーヒータのバーナにおいて噴出する燃料と空気が混合する部分。

ミキシング・フィード [mixing feed] 混合供給。例2サイクル・エンジンにおいて潤滑油を燃料に混ぜて供給すること。

ミキシング・レシオ [mixing ratio] 混合割合，混合比。例①ガソリン混合気は重量比でガソリン1にエア15くらい。②2ストローク用混合油はガソリン1にオイル1/20くらい。

右手式（みぎてしき）クランク [right-hand crankshaft] 直列6気筒エンジンの実用的点火順序は2組しかなく，右手式と左手式に区別する。右手式は，クランクシャフトを前から見て，1番を圧縮上死点としたとき3番のクランクピンが右手側になるクランクをいい，左手式はその逆。点火順序は右手式1−5−3−6−2−4，左手式1−4−2−6−3−5。

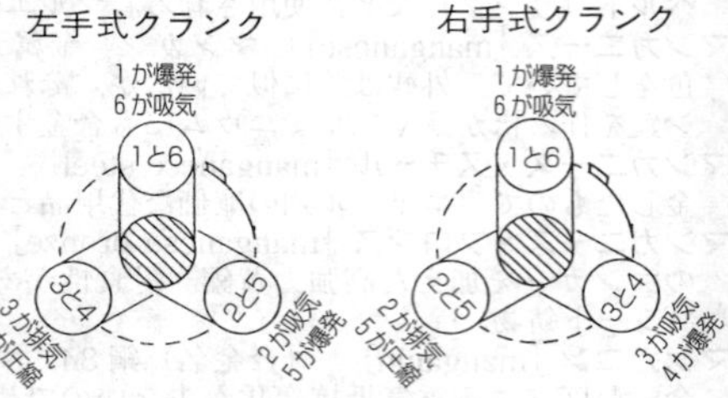

左手式クランク　右手式クランク

6シリンダの点火順序

右螺子（みぎねじ） [plus thread] ☞プラス・スレッド。

右螺子（みぎねじ）の法則（ほうそく） [right-handed screw's law] 電流により磁界が生じる場合，両者の方向には一定の関係があり，電流の流れる方向を右ねじの進む方向とすると，ねじの回転する方向が磁力線の方向となる。

右（みぎ）ハンドル車（しゃ） [right-hand drive vehicle] 運転席が車両右側にある車。対左～。

見切（みき）り幅（はば） [body panel gap] フードやドアなどボデー各部の蓋物部品とボデー本体との隙間。この隙間が狭いほど見栄えがよく，風切り音も少ない。

ミクスチャ [mixture] 混合気，混合ガス，混合物。例燃料ガスとエアが混合されたもの。

ミクスチャ・アジャスト・スクリュ [mixture adjust screw] LPGエンジンのミキサ（気化ガスと空気の混合器）に装着されているアイドル時のガス流量を調整するねじ。

ミクスチャ・コントロール・バルブ [mixture control valve; MCV] 混合気調整弁。☞MCV。

ミグ溶接（ようせつ） [metal inert gas welding; MIG welding] ☞MIG welding。

ミクロ [micro-] 微，小の意の結合辞。＝マイクロ。

ミクロン [micron] 長さの単位。記号μ。1μは1/1000mm。

ミスアラインメント [misalignment] 整列の狂い。例①前輪キャンバ，トーイン狂い。②キングピンのキャスタ又はスラントの狂い。

ミステリ・ショッパ [mystery shopper] 販売店のレイアウトや接客応対術など，ハード・ソフト両面にわたり顧客を装って調査する人。販売店が自社を見直し，営業力強化のために第三者機関の調査会社に委託する場合が多い。

ミスト [mist] 薄い霧，もや，かすみ。例排気公害の硫酸ミスト。

水（みず）の三重点（さんじゅうてん） [water triple point] 熱力学の温度目盛で水の三重点は，液体（水），気体（水蒸気）および固体（氷）が共存する温度で，1気圧のとき273.16K（ケルビン）と決められている。セ氏の氷点0℃に相当するが，0℃＝273.15Kのため0.01Kの差がある。

ミスファイヤ [misfire] 失火，不点火。点火の不良又は混合気の濃度不正などにより，たまたま燃焼しないことがあり調子が乱れること。

ミスファイヤリング［misfiring］　失火すること，点火されないこと。＝スキッピング。
水噴射（みずふんしゃ）［water injection］　燃焼室内へ水を噴射すること。蒸発による水の潜熱を利用して燃焼室の温度を下げ，NOxの発生を少なくしたり燃費の向上を図る。
ミゼット・カー［midget car］　ごく小型な自動車，豆自動車。＝ミジェット。
溝（みぞ）［groove］　☞グルーブ。
溝付（みぞつ）きナット［castle nut; fluted nut; slotted nut］　☞キャッスル～。
ミッシュメタル［独 Mischmetall; Mm］　複数の希土類元素（レア・アース）が含まれた合金。セリウム（Ce）40～50%，ランタン（La）20～40%のほか，ネオジム（Nd），プラセオジム（Pr），イットリウム（Y）などが少量含まれた未精製の希土類元素で，耐熱合金やニッケル水素電池の負極材などに用いられる。これらの元素は性質がよく似ており，分離が難しい。ミッシュメタルは，ドイツ語で「合金」の意。
ミッション［mission］　トランスミッションの略称，変速機のこと。
密度（みつど）［density］　☞デンシティ。
ミッドウェイ・ディフレクション［midway deflection］　中間のたわみ。例ファンベルトの中間を押さえたときのたわみ。たわみ寸法。
ミッド・ギヤ［mid gear］　中央歯車，真ん中の歯車。一般にファイナル・ギヤのドライブ・ピニオンを指す。
ミッドシップ［midship］　船体（自動車では車体）中央部。
ミッドシップ・エンジン［midship engine］　エンジンを客室とリヤ・アクスルの間に備え後輪を駆動する方式。重量配分には都合が良いが，客室スペースをとりにくく，エンジンの騒音を受けやすい。
ミッドシップ・マウンティング［midship mounting］　中間支持。例トラックなど長いプロペラシャフトの中間支持装置。センタベアリング部。
ミッドナイト・エクスプレス［midnight express］　夜行の長距離高速バス。
ミッド・レンジ［mid range］　中間の段階。例変速機の中間速状態。
三菱（みつびし）ドライバー・サポート・システム［Mitsubishi driver support system］　三菱が採用したドライバ支援システム。レーザ・センサやCCDカメラ（前後用に2台）などを備え，車間距離制御，後側方モニタ，レーン逸脱警報システムで構成されている。☞アダプティブ・クルーズ・コントロール・システム（ACC）。
密閉（みっぺい）タンク・システム［fuel vapor-containment system; FVS］　プラグイン・ハイブリッド車（PHV）に採用された燃料タンクで，タンク内に燃料蒸発ガス（エバポ）を閉じ込める方式のもの。トヨタが米カリフォルニア州のSULEVおよびゼロエバポ・エミッション規制に対応させるために採用したもので，エンジンの作動頻度の低下でキャニスタに吸着されたエバポのパージの機会が少なくても，エバポの大気中への放出を防ぐことができる。
見積（みつも）り［estimation］　☞エスティメーション。
見積書（みつもりしょ）［written estimate］　見積り価格の内訳を記述した書類。
ミディアム［medium］　①中間，中央，中庸。②媒介物，媒体，媒質。
ミディアム・オイル［medium oil］　中粘度油，ヘビーとライトの中間油。
ミディアム・クラス［medium class］　中型クラス（米国での乗用車の大きさによる分類）。☞フル・サイズ～，コンパクト～。
ミディアム・スケール・インテグレーテッド・サーキット［medium scale integrated circuit; MSI］　1チップ上にICを100～1,000個程度使用した中規模集積回路。
ミディアム・スピード［medium speed］　中間速度，中速。ローとハイとの中間ギヤ又は速度。
ミディアム・タイプ・プラグ［medium type plug］　中間型プラグ。ホットとコールドの中間型スパーク・プラグ。☞ヒート・レンジ。
ミドシップ［midship］　☞ミッドシップ。

ミドル・ギヤ［middle gear］　中央歯車。＝ミッド・ギヤ。
ミニ［Mini］　英イギリスで1959年に開発された前輪駆動の小型自動車で，以後世界に輸出されて有名になった。
ミニアム［minium］　鉛丹，光明丹。Pb_3O_4，四三酸化鉛のこと。一酸化鉛を450°付近で長く熱して得られる赤色の粉末。例①バッテリ陽極板用鉛粉。②メタルなどのすり合わせ用。＝レッド・レッド。
ミニカー［minicar］　☞ミニチュア・カー。

ミニカー

ミニチュア・カー［miniature car］　小型な自動車，豆自動車。＝ミニカー。
ミニチュア・バルブ［miniature bulb］　小電球，豆球。
ミニット・ボンダ［minute bonder］　（ライニングの）簡易焼き付け器。小型で手軽にできる焼き付け器。
ミニバス［minibus］　ミニチュア・バスの略。小型バス。＝マイクロバス。
ミニバン［minivan］　小型乗用車サイズのバン。
ミニマム［minimum］　①最小の，極小の。②最小限，極小限。対マキシマム。
ミニマム・ターニング・ラジアス［minimum turning radius］　最小回転半径。ハンドルを一杯に切って回ったときの回転半径。回転中心から最外側を通る車輪のわだち中心に至る長さ。
ミニマム・マキシマム・スピード・ガバナ［minimum-maximum speed governor］　ディーゼル・エンジンの燃料噴射量をコントロールするガバナで，低速回転域と高速回転域のみ調速を行うタイプのもの。
ミニマム・ロード・クリアランス［minimum road clearance］　☞最低地上高。
ミネラル［mineral］　鉱物。無機物。
ミネラル・オイル［mineral oil］　鉱油（石油のように炭化水素の混合物からできている鉱物起源の油類）。
脈動（みゃくどう）［pulsation］　☞パルセーション。
ミュー（μ）　ギリシャ文字。摩擦係数を表すのに用いる。例路面の転がり抵抗係数，乾いた舗装道路で約0.01～0.02μ。
ミューチュアル・インダクション［mutual induction］　（コイル）相互誘導。二つのコイルを組み合わせ，一方のコイルの電流の変化により他方のコイルに起電力を生じさせる現象。例点火コイルに高電圧の発生。
ミュート［mute］　①弱音器をつける，音を消す。②弱音器。
ミラー［mirror］　鏡，反射鏡。例バック～。
ミラー・グラス（ガラス）［mirror glass］　熱線反射ガラス。表面に薄い金属の膜を張りつけたもの。
ミラー・サイクル［Miller cycle］　アメリカのラルフ・H・ミラーが1947年に最初の概念を発表したオットー・サイクルの改良型で，オットー・サイクルが膨張比＝圧縮比に対し，「吸入行程を短縮して，膨張比＞圧縮比を実現したサイクル」である。一定排気量のエンジンをミラー・サイクル化すると，仕事量は余り変わらず熱効率を改善することができるので，40年余を経た現在，自動車用エンジンへの開発を各社が進めている。方式には吸気バルブの早閉じ式（マツダ系）と遅閉じ式（三菱系）とがあり，スーパーチャージャを併用する場合がある。

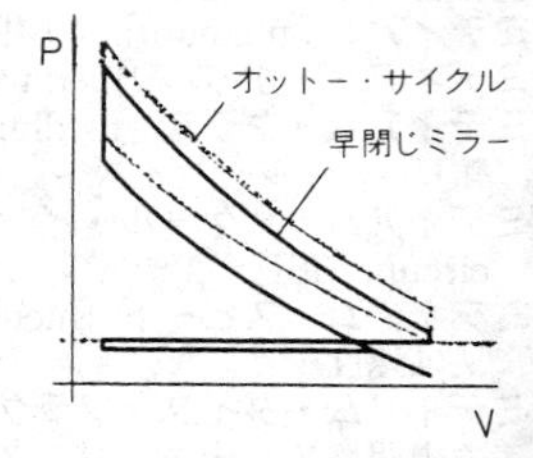

ミラー・サイクルPV線図

ミライ　☞MIRAI。
ミリ［milli-］　1/1000の意の結合辞。例ミリメートル。
ミリアンペア［milliampere］　1/1000アンペア。mA。

ミリオーム [milliohm] 1/1000オーム。mΩ。
ミリグラム [milligram] 1/1000グラム。mg。
ミリ波（は）レーダ [millimeter wave radar] 波長の短い電波（77GHz帯/24GHz帯の電波）をパルスにして目標物に当て，その反射波から距離を測定する装置。77GHz帯のミリ波レーダ（長距離レーダ／LRR）は100m以上の長距離まで車両を検知することができるために前方車両との衝突回避や車間距離維持の支援に用いられ，24GHz帯のミリ波レーダ（準ミリ波レーダ／短距離レーダ／SRR）は検知距離が短く，車線変更支援システムが主な用途となっている。これらのミリ波レーダは耐天候性が高い（雨や雪，霧などの天候の影響を受けない）ことが最大の特徴であるが，最大の課題は高コストであること。☞レーザ・センサ。
ミリボルト [millivolt] 1/1000ボルト。mV。
ミリボルト・テスト [millivolt test] ミリボルト試験，コイル類のレーヤ・ショート（層間短絡）の有無を試験する方法。すなわち抵抗の精密測定法。
ミリメータ [millimeter] 1/1000メートル。mm。
ミリメートル [millimeter] 同前。
ミリメートル波（は） [extremely high frequency; EHF] 極超短波（マイクロ波）の一種で，波長1～10mm，周波数30～300GHzの電磁波。一般に「ミリ波」と呼ばれ，自動車用レーダ，無線LAN，衛星通信などに用いられる。
ミリング [milling] フライス切削，フライス作業，フライス盤でフライスを用いて工作物を加工する作業。平面削り，溝削り，四角削り，ねじれ溝削り，歯切り，ねじ切り等各種がある。
ミリング・カッタ [milling cutter] （切削工具）フライス刃物。フライス削りに用いる回転式刃物。円筒の外周および端面に何枚かの切り刃を持ちこれに回転運動を与え，工作物に適度な送り運動を行わせて切削する。
ミリング・マシン [milling machine] （工作機械）フライス盤。フライス削りに用いる機械。軸に取り付けたフライスが回転し，工作物に送りを与えて切削する。
ミル[1] [mil] 英式長さ単位。1/1000インチ。1ミルは25.4ミクロン。例電線の直径表示。
ミル[2] [mill] ①製粉機。②工作機械。例㋑プレーニング～（平削り盤）。㋺ローリング～（圧延機）。
ミル規格（きかく） [MIL specifications and standards] MILは，Militaryの略で，アメリカ軍用に使用される物品に適用される規格で，民間にも応用されている。
ミルド・ヘッド・スクリュ [milled head screw] 頭の周りにぎざをつけたねじ。例つまみねじ類。＝ナールドヘッド～。サムナット。
ミルボード [millboard] ①（ガスケットなどで）金属板の間に挟んであるアスベスト（石綿）板。②（書籍の）表紙用ボール紙。

[ム]

ムーバ [mover] ①動くもの，発動機，原動機。プライム～。②米運送屋，引越屋。
ムーバブル・ウェイト [movable weight] （トラック）積載荷重。
ムーバブル・プレート [movable plate] 可動板。例ディストリビュータのコンタクト・プレート，これを動かして点火時期を進退させる。
ムービング・オブジェクト・ディテクション [moving object detection; MOD] 移動物検知機能。日産が2007年に採用したアラウンドビュー・モニタ（車を上空から見下ろしたような合成画像を映し出す装置）に追加された機能（2010年）。
ムービング・コア・タイプ [moving core type] （メータ）可動鉄芯型。電圧（流）計において指針と一体の鉄片が動くもの。精度は低いが簡単安価である。例自動車用。

ムービング・コイル・タイプ [moving coil type] (メータ) 可動線輪型。電圧(流)計において指針と一体のコイルが動くもの。構造は複雑であるが精度が高い。例 工業用，試験用。

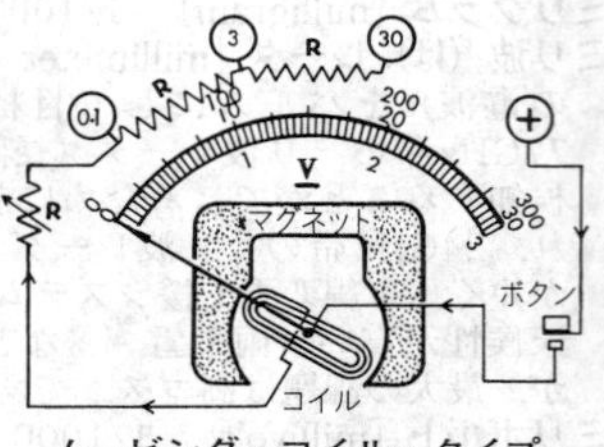

ムービング・コイル・タイプ

ムーン・ルーフ [moon roof] サンルーフのうち，スモークド・ガラスを使って熱線をカットするようにしたもの。

無鉛(むえん)ガソリン [unleaded gasoline] アルキル鉛が混入されていない自動車用ガソリン。オクタン価を上げるためにガソリンに添加されていたアルキル鉛は，燃焼室内で酸化鉛などの無機鉛になって排出され人体に有害なため，現在は自動車用には使用が禁じられている。(航空機用には使用され，ピンクに着色して区別されている。)

無過給(むかきゅう)エンジン [natural aspiration engine] ☞ナチュラル・アスピレーション・エンジン。

無限軌道(むげんきどう) [endless track, crawler, caterpillar] 金属又はゴム製の細長い板を連結して造られたベルト状のもので，車のタイヤに相当する。建築機械や戦車に多く使用されている。通称キャタピラ。

無接点式(むせってんしき)ディストリビュータ [breakerless distributor] 機械式コンタクト・ポイントの代わりにピックアップ・コイルとシグナル・ロータを組み合わせた，トランジスタ式ディストリビュータ。

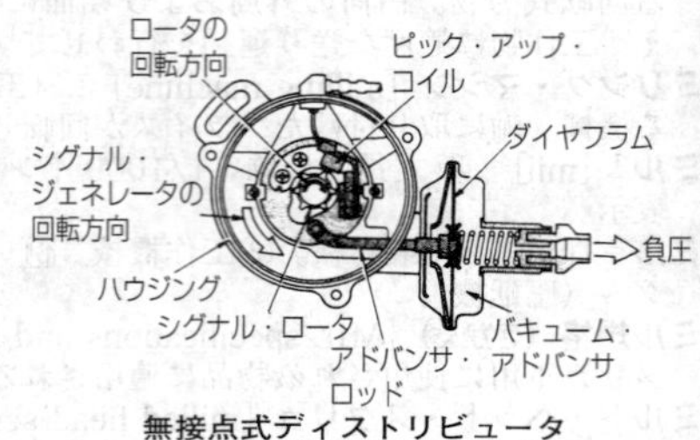

無接点式ディストリビュータ

無段間欠(むだんかんけつ)ワイパ [variable intermittent wiper] 間欠時間を無段階に調節可能な間欠ワイパ。

無段変速機(むだんへんそくき) [continuously variable transmission] 入力軸と出力軸の間のギヤ比を連続的に可変にできる変速機。☞CVT。

むち打(う)ち症(しょう) [whiplash injury] 追突された車の乗員の頭部が瞬間的に後ろに強く傾き，反動で前へと往復運動を繰り返し，けい部の筋や関節を傷めて痛みや目まいなどの症状がでるもの。瞬間の頭部の振れ方が，むちの先の描く軌跡に似ているのでこの名がある。各国ともこの障害を防ぐため，車のシートにヘッドレストを装備することを義務付けている。

無調整式(むちょうせいしき)クラッチ・リリース・シリンダ [self-adjusting clutch release cylinder] クラッチ・ディスクの摩耗量に関係なく，リリース・シリンダ・プッシュ・ロッドの遊びを常にゼロに保つ機構を有するリリース・シリンダ。

霧灯(むとう) [fog lamp] フォグ・ランプ。保安基準では，随意灯として“前部霧灯(白又は淡黄色)”と“後部霧灯(赤色)”が規定されている。

無負荷(むふか) [no-load] ☞ノーロード。

無負荷最高回転数(むふかさいこうかいてんすう) [maximum no-load engine speed] ガバナ付きエンジンにおいて，無負荷状態で安定して運転可能な最高回転数。

無負荷状態(むふかじょうたい) [unloaded condition] エンジンが回転の抵抗となる負荷を受けず空回転している状態。アイドリング。

[メ]

メイジャ [major]　大きな，主な，一流の。＝メジャー。対マイナ。
メイジャ・エア・セル [major air cell]　（ディーゼル）主空気室。渦流室型の主燃焼室。対マイナ～。
メイジャ・チェンジ [major change]　仕様の大幅な変更。＝フル・モデル～。
メイジャ・チューナップ [major tuneup]　①全面的整備。重整備。車検整備。②出力増強のための全面的改造。対マイナ～。
メイトリクス [matrix]　☞マトリックス。
メイン [main]　主な，主要な，第一の。＝メーン。例～フレーム。☞サブ。
メイン・アンプ [main amplifier]　スピーカを鳴らすための電力増幅器。パワー・アンプの和製英語。
メイン・エア・ブリード [main air bleed]　キャブレータのメイン系統に空気を混入し，燃料の霧化を助けるための管。
メイン・ジェット [main jet]　（気化器）主噴口。主ノズルへ供給する燃料を規正する小穴。
メイン・シャフト [main shaft]　主軸。例変速機の出力軸。しゅう動ギヤのはまるスプライン軸。サードモーション・シャフト。
メイン・ディーラ [main dealer]　車両の主販売店，主販売者。☞サブ～。
メインテナンス [maintenance]　車両の保守，整備。＝メンテナンス。
メイン・ドライブ・ギヤ [main drive gear]　主伝動歯車。例変速機の入力軸歯車。通称メンドラ。
メイン・ドライブ・シャフト [main drive shaft]　主伝動軸。例変速機の入力軸。＝クラッチ・シャフト。
メイン・ノズル [main nozzle]　（気化器）主噴霧口。高速用噴霧口。
メイン・フレーム [main frame]　主フレーム。サブ（副）フレームで補強する場合が多い。☞サブ～。
メイン・ベアリング [main bearing]　主軸受。例エンジンではクランクシャフト用軸受。通称親メタル。
メイン・ベンチュリ [main venturi]　（気化器）主絞り管。ダブル又はトリプル・ベンチュリ式においてバレル本体のベンチュリ。
メイン・ボア [main bore]　（気化器）本体となる筒。＝バレル。
メイン・ボデー [main body]　車体殻の基本的な構成部分。溶接でできあがった部分を指し，後付けの付属部品は除く。
メイン・リレー [main relay]　電気主回路の電源のオン・オフを行うスイッチの負担を軽減するために設けられたリレー（継電器）。
メーカ [maker]　製作者，製造者。例自動車～。
メーカ・オプション [maker option]　購入者が選択できる装備品のうち，メーカ出荷時点で装着されるもの。
メーカ平均燃費（へいきんねんぴ） [corporate average fuel economy]　☞CAFE。
メークアンドブレーク・イグニション [make-and-break ignition]　断続式点火法。低圧電気回路の断続によって生ずる火花を利用する点火法。現用するものはない。
メータ[1] [meter; metre]　メートル式度量衡の長さ基本単位。記号m。1mは3.28フィート。＝メートル。
メータ[2] [meter; metre]　計器，量計。例㋑スピード～。㋺ボルト～。㋩タコ～。㋥アン～。＝ミータ。
メータ・クラスタ [meter cluster]　各種のメータを一つにまとめたもの。
メータ・パネル [meter panel]　計器板。運転に必要なメータやスイッチ類を取り付けた部分。

メータリング・ジェット [metering jet]　（気化器）計量ジェット。流量が調整されるジェット。その中に入れたテーパ付き針弁の上下により流量が変わる。＝メジャリング～。

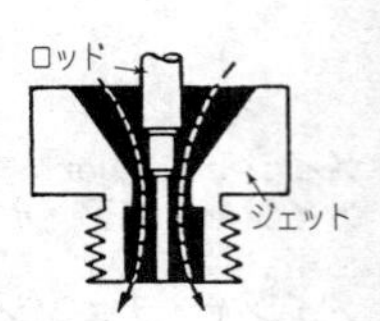

メータリング・ジェット（カーター気化器）

メータリング・バルブ [metering valve]　計量弁。例 PCV 装置において，クランクケースから吸気マニホールドへ吸引するブローバイ・ガス量を負荷に応じて自動調整する弁。＝ PCV バルブ。

メータリング・ピン [metering pin]　（気化器）計量針弁。計量ジェットに通した流量調整用針弁。スロットルと連動する。＝メジャリング～，メータリング・ロッド。

メータリング・ロッド [metering rod]　同前。＝メジャリング～。

メーテッド・ギヤ [mated gear]　仲間のギヤ。組み合わせのギヤ。例 クランク・ギヤとその相手となるカム・ギヤ。

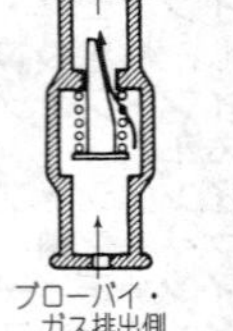

メータリング・バルブ（PCV）

メーテッド・ペア [mated pair]　組み合わされた一対。仲間の一組。例 ㋑すり合わせたバルブとその相手のシート。㋺ピストンとコンロッド。

メートリックス [matrix]　☞マトリックス。

メートル [meter]　☞メータ。

メートル・キログラム [meter kilogram]　mkg。機械的仕事量やトルクの単位。キログラムメートル（kgm）と同じ。SI単位での記号はＪ（ジュール）。1kgm＝9.8J。

メートル螺子（ねじ） [metric thread]　メートル法に準拠したねじ。ねじ山が60度で，ピッチが mm 単位で作られている。メトリック・スレッド。

メ

メートル法（ほう） [metric system]　度量衡体系の一つ。m，kg，s を単位とし，日本は1959年から採用している。メトリック・システム。

メール [male]　①男性，男性の。②雄，雄の。例 配線コネクタの雄側。対 フィメール。

メール・カー [mail car]　郵便自動車。

メール・スクリュ [male screw]　雄ねじ，ボルトねじ。対 フィメール～。

メール・スレッド [male thread]　（雄ねじの）ねじ目。対 フィメール～。

メール・プラグ [male plug]　雄側となる栓。穴の栓。

メール・メンバ [male member]　雄側となる部分。対 フィメール～。

メカ [mecha]　メカニックの略。メカニズムの略。

メガ [mega-]　「100万倍」を意味する接頭語で，記号M。大きい，巨大なの意味も。＝メグ。

メガー [megger]　（電気テスタ）絶縁試験器の商品名。メグ（百万）オーム以上の高抵抗を測定する。器内に発電機を自蔵し，手回しで回転して生ずる電流を被検物に通して試験する。導通すれば指針が動く。各種電圧のものがある。

メガ・ウェブ [MEGA WEB]　☞ MEGA WEB。

メカトロニクス [mechatronics]　メカニズム（機構）とエレクトロニクス（電子）を結び付けた和製英語。電子によって機械の動きを制御する技術。

メカニカル [mechanical]　①機械の，機械による。②機械学の，力学の。

メカニカル・エナジー [mechanical energy]　機械的勢力。例 ㋑運動エネルギー。㋺位置～。㋩弾性～。

メカニカル・エフィシェンシ [mechanical efficiency]　機械効率。例 エンジンでは実馬力を図示馬力で割ったものに相当する。

メカニカル・エンジニアリング [mechanical engineering]　機械工学。

メカニカル・オクタン・バリュ［mechanical octane value］　機械オクタン価。エンジンの構造上からみた非ノック性の評価。一定の基準はない。

メカニカル・ガバナ［mechanical governor］　ディーゼル・エンジンにて，インジェクション・ポンプのカムシャフトに取り付けられたフライウェイトの遠心力によりコントロール・ラックを移動し，燃料噴射量を増減させてエンジンの回転速度を調節する装置。

メカニカル・クリンチング［mechanical clinching］　ドイツのTOX社が開発した金属薄板接合法のひとつで，TOX（トックス）ともいう。型鍛造法に似た技法で，パンチ（おす）とダイ（めす）との間で圧着された2枚の薄板が相手方に食い込むようにして機械的に接合される。現在，鋼板とアルミニウムを用いたハイブリッド車体の異種金属接合に利用されているが，リベット止め（SPR）と併用される場合が多い。

メカニカル・スーパーチャージャ［mechanical supercharger］　機械式過給機。エンジン過給方法の一つ。エンジンの動力を利用してコンプレッサを駆動し，圧縮空気を供給する。例リショルム・コンプレッサ。☞ターボチャージャ。

メカニカルタイプ・パワー・ステアリング［mechanical-type power steering］　機械式動力かじ取り装置。油圧機構がリンケージに設けられ直接タイロッドを動かすもの。セパレート又はリンケージタイプともいう。

メカニカル・パーキング［mechanical parking］　機械設備駐車場。例㋑エレベータ式。㋺トラバーサ式。㋩メリーゴーラウンド式。

メカニカル・ブレーキ［mechanical brake］　機械式ブレーキ。制動力をロッドやワイヤで伝達するブレーキ。例駐車ブレーキ。

メカニカル・ポンプ［mechanical pump］　機械式ポンプ。例燃料供給ポンプにおいて電気式ポンプに対しカムやレバーを用いて作動するポンプのこと。

メカニカル・レジスタンス［mechanical resistance］　機械抵抗。機械部分の運動に伴って生ずる抵抗。例滑り面の摩擦抵抗や回転体の空気抵抗。

メカニカル・ロス［mechanical loss］　機械損失。機械的原因による損失。例シリンダとピストン，軸と軸受間の摩擦による損失。

メカニズム［mechanism］　機構。からくり。機械装置の仕組み。例バルブ～。

メカニック［mechanic］　機械工，自動車整備士，修理工，技術者。

眼鏡（めがね）レンチ［offset wrench］　腕の両端に穴のあいた眼鏡状の工具の俗称。ボルトやナットの脱着に使用し，正式名はオフセット・レンチ又はボックス・エンド・レンチ。一般に数種類のセット扱いが多い。

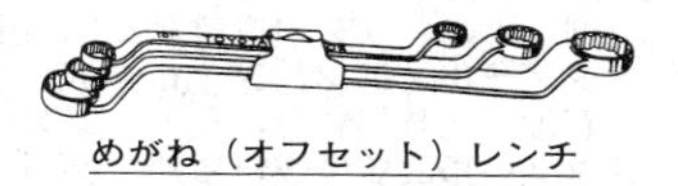

めがね（オフセット）レンチ

メガバイト［megabyte］　100万バイト（キロバイト／KBの1,000倍）。コンピュータの記憶容量の単位で，記号MB。メガは「100万倍」を意味し，メガバイトの1,000倍がギガバイト（GB），ギガバイトの1,000倍はテラバイト（TB）。

メグオーム［megohm］　絶縁抵抗単位。記号MΩ。1MΩは100万オーム。

盲（めくら）ぶた［blind plug］　部品の製作工程でやむをえずあけたが，以後なにも機能しない孔をふさいでおくふた。例シリンダ・ブロックの鋳造時，中子を取り出すための大きな孔が前後に1個ずつあいており，金属キャップが圧入されている。

メジャ［measure］　①度量。物指しやますで計ること。計った量。②度量計測用具，物指し，巻き尺，ますなど。例オイル注入器を兼ねた計量ます。

メジャメント［measurement］　①測定，測量。②測る量，長さ，厚さ，広さ，深さ，容積など。

メジャメント・グッズ［measurement goods］　容積貨物。重量でなく容積の大きさで運賃が決められるかさもの。

メジャメント・トン［measurement ton］　容積トン。1トンは木材40立方フィート，石材16立方フィートなど。

メジャリング・ジェット [measuring jet]　計量ジェット。＝メータリング～。

メジャリング・シリンダ [measuring cylinder]　計量用円筒。例 燃料消費試験に用いる目盛り付き円筒タンク。＝メスシリンダ。

メジャリング・タンク [measuring tank]　計量タンク。同前。

メジャリング・ピン [measuring pin]　計量針。計量ジェットに通した流量調整針弁。＝メータリング～。

メジャリング・プレート・タイプ・エア・フロー・メータ [measuring plate type air flow meter]　EFIエンジンに使用される吸入空気流量センサで，フラップ式のもの。吸入空気抵抗をフラップ（回転板）で受け，回転軸に取り付けたポテンショ・メータ（電位差計）で電気信号に変え発信する。

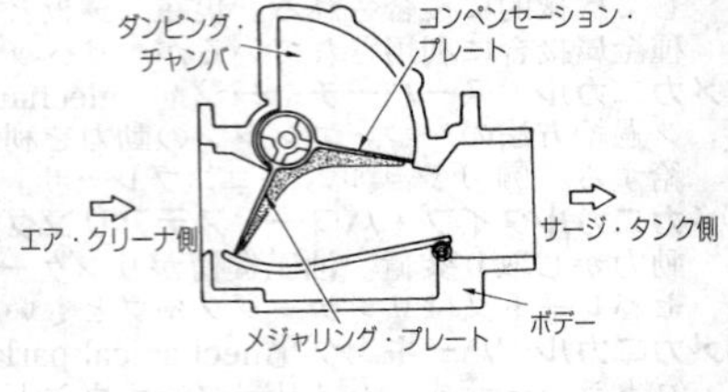

メジャリング・プレート式
エア・フロー・メータ

メジャリング・フロート [measuring float]　計量浮き子。液体の保有量を一定に保つため使用されるフロート。例 気化器のフロート。

メジャリング・ルール [measuring rule]　物指し，スケール。

メジャリング・ロッド [measuring rod]　計量針。＝メータリング～。

メスシリンダ [measuring cylinder]　メジャリング・シリンダの略称。

メソド [method]　組織だった方法。方式，やり方。＝メソッド。

メタクリル酸（さん）メチル [methyl methacrylate; MMA]　メタクリル酸のメチル・エステルに当たる有機化合物の一種。メタクリル酸メチルを重合させたポリマがポリメタクリル酸メチル樹脂（PMMA）で，透明なプラスチック（アクリル樹脂）となる。

メタノール [methanol]　化学式CH_3OH。木精。無色・揮発性の液体で，木材を乾留した木酢（もくさく）から取れるが，現在では主に石炭や天然ガスが原料。燃料，溶剤，ホルマリンの原料などに使用される。別名メチルアルコール。

メタノール・エンジン [methanol engine]　メタノールを燃料としたエンジンの総称。石油の代替燃料を使うエンジンの一つ。

メタノール改質型燃料電池（かいしつがたねんりょうでんち） [methanol reformed fuel cell; MFC]　燃料電池（FC）において，発電用の燃料となる水素をメタノールから改質器（リフォーマ）を用いて取り出す方式のもの。燃料電池車（FCV）の開発初期に検討された方式であるが，実用化段階では，圧縮水素を用いる直接水素型が採用された。

メタノール燃料（ねんりょう） [methanol fuel]　メタノール・エンジンの燃料として使われるが，気化しにくく燃焼後の有害物質は少ないもののCO_2はガソリンと変わらないこと，熱量がガソリンの半分しかないことおよび金属を腐食する性質があることが問題とされる。メタノール100%をM100と称し，15%のガソリンと混合したM85を標準燃料として，アメリカ，ドイツなどで実用化が進んでいる。

メタライズ [metalize]　金属に化する。金属的性質を与える。ゴムを硬化する。

メダリオン [medallion]　（飾り）円形浮きぼり。円形飾り模様。例 運転席メータの代わりにつける円形飾り。

メタリコン [Metallikon]　金属溶射法の商標名。金属線を電弧又は高熱ガスで溶融し，圧縮空気又は水素で吹き付け肉盛りする方法。主として高価な部品の再生に利用する。例 ㋑シリンダ割れの修理。㋺摩耗クランクの再生。

メタリック [metallic]　金属の，金属質の，金属製の。
メタリック・オキサイド [metallic oxide]　金属の酸化物。
メタリック・カーボン [metallic carbon]　金属質黒鉛。銅粉と黒鉛とを混合成形したものと黒鉛の表面に銅めっきを施したものがある。単なるカーボンより電気抵抗が小さい。例 ㋑セルモータ用ブラシ。㋺オルタネータ用～。
メタリック・カラー [metallic color]　車の上塗り塗膜で，塗料に無数のアルミの小片を混ぜて一番上にクリヤという無色の上塗りを重ねている。☞ソリッド・カラー。
メタリック・グラファイト [metallic graphite]　金属質黒鉛。同前。
メタリック・コート [metallic coat]　（ボデー）金属光沢塗装。塗料の中へ銀粉（アルミ粉）などを入れた塗装。
メタリック・コンジット [metallic conduit]　（電線の）金属製導管。
メタリック・ディスク・ブレーキ・パッド [metallic disc brake pad]　ディスク・ブレーキのパッドに鉄，銅，錫，グラファイトなどの焼結合金製摩擦材を主材に用いたもの。メタル・パッドとも呼ばれ，高負荷時の耐フェード性等に優れることから，航空機，新幹線，欧州系車両，２輪車等に用いられる。国内の乗用車系車両では，アラミド繊維，ガラス繊維，繊維状の金属などのノンアスベスト材や，セミメタリック系の摩擦材が主に使用される。
メタリック・パッキング [metallic packing]　金属製パッキング。
メタリック・ラスタ [metallic luster]　金属光沢。金属のようなつや。
メタリック・ラッカ [metallic lacquer]　銀粉（アルミ粉）などを入れたラッカ塗料。金属的色彩を与える。
メタル [metal]　①金属，金（かね）。②軸受用減摩合金。③一般に平軸受のこと。
メタル・アーマード・ケーブル [metal armored cable]　金属巻き電線。武装電線。
メタル・アイリット [metal eyelet]　はと目環。
メタル・アスベスト・ガスケット [metal asbestos gasket]　圧縮材にアスベスト・ゴム系の材料，芯金に軟鋼板を用いた複合ガスケット。アスベストは発癌性の疑いがあり，最近は使用されない。
メタル・インジェクション・モールディング [metal injection molding; MIM]　金属粉末射出成形焼結法。金属の微粉末とバインダ（樹脂製結合材）の混合物を金型で射出成形し，取り出した成形品を真空炉で脱脂と高温焼結を行い，金属製品を作り出す製法。これにより精密成形部品を量産することができ，エンジン，トランスミッション，パワー・ステアリング，ショック・アブソーバなど多岐にわたる部品の生産に利用される。
メタル・ウール [metal wool]　金属の毛，金属繊維。例 フィルタ・エレメント。
メタル・ガスケット [metal gasket]　ステンレス等の金属を単層又は複層（積層）にして作ったガスケット。シール材としてゴム・コーティング等を表面に実施。発癌性物質のアスベスト（石綿）を使用していないノンアスベスト・ガスケット。
メタル・グラファイト・ガスケット [metal graphite gasket]　圧縮材に膨張黒鉛，芯金に軟鋼板を用いた複合ガスケット。
メタル・クリアランス [metal clearance]　☞オイル・クリアランス。
メタル・スプレイング [metal spraying]　金属吹き付け。金属溶射。溶融金属を吹き付け肉盛りする技術。例 メタリコン。

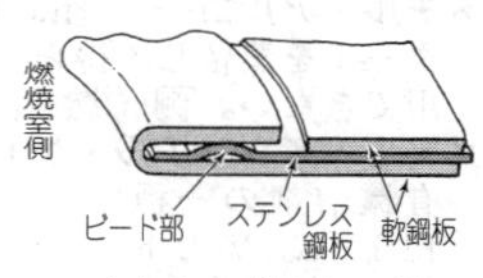

メタル・ガスケット

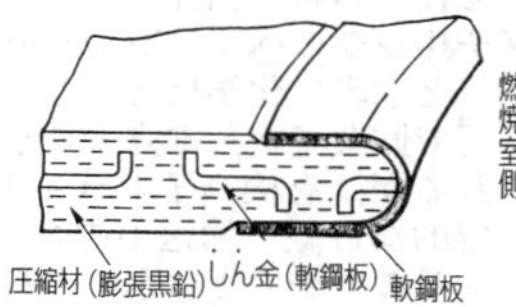

メタル・グラファイト・ガスケット

メタル打音（だおん）［bearing rattle］　クランクシャフト・ベアリング（親メタル）やコンロッド・ベアリング（子メタル）から発生する音で，ベアリング（メタル）のクリアランスが大きいときに発生しやすい。

メタル担体（たんたい）［metallic carrier; metallic substrate］　排気ガス浄化用の触媒を保持する担体（キャリア）の一種。耐熱鋼で構成された薄い箔状のモノリス担体で，金属触媒ともいう。セラミックで作られた担体よりも温度上昇が早く，始動直後の排気ガス浄化性能がよい。☞セラミック担体。

メタルトップ・コンバーチブル［metal-top convertible］　☞電動ハードトップ。

メタル・トランスファ［metal transfer］　金属の転移。例 ブレーカのポイントにおいて，その一方に穴が空き相手側に山ができること。

メタル・ハーネス［metal harness］　金属製電線導管。

メタル・ハイドライド［metal hydride; MH］　☞水素吸蔵合金。

メタル・パッド［metal pad］　☞メタリック・ディスク・ブレーキ・パッド。

メタル・ハライド・ランプ［metal halide lamp］　金属のハロゲン化物（よう化タリウム，よう化ナトリウムなど）を封入した放電ランプで，点灯中金属ハロゲン化物は蒸発解離し，金属特有の発光が得られる。金属ハロゲン化物を高圧水銀ランプに添加した型のものが大部分である。

メタル・マトリックス・コンポジット［metal matrix composite; MMC］　金属基複合材料のこと。金属を基材（マトリックス）として種々の強化材を加えた複合材料。基材としては鉄，銅，アルミニウム，マグネシウム，チタン，ニッケルなどが，強化材としてはセラミック，炭素などが使われている。例 繊維強化金属（FRM）。

メタル・レクチファイヤ［metal rectifier］　（電気）金属整流器。半導体を用いて交流を直流にする装置。ドライタイプともいう。例 ㋑セレン整流器。㋺ゲルマニウム～。㋩シリコン～。

メタロイド［metalloid］　①金属に似た，金属質の，金属状の。②類金属。例 ひ素，けい素，アンチモン，テルリウム。

メタン［methane］　CH_4。メタン系炭化水素の代表。無色無臭の可燃性気体で沼気ともいう。石油産出地方の天然ガスや石炭ガスの主成分。

メタン・ハイドレート［methane hydrate］　メタン・ガスの水酸化物。日本周辺の深海に埋蔵していると推定されるもので，メタン・ガスが海水の圧力でシャーベット状に固まったもの。メタン・ガスは天然ガスの主成分。

メチル・アルコール［methyl alcohol］　CH_3OH。木精又はメタノールともいい，木タールを蒸留して得られる無色透明の液体。エチルアルコールに似ているが有毒で飲用できない。例 ㋑燃料。㋺溶剤。㋩防凍剤。

メチル・イソブチル・ケトン［methyl isobutyl ketone; MIBK］　ケトンに分類される有機溶剤の一種で，分子式 $C_6H_{12}O$。特有の甘い匂いのする無色の液体で，沸点116.2℃。アセトンなどの他のケトン類とは異なり，水には溶けにくい。2014年には，パテに含まれるMIBKがスチレンとともに特定化学物質の規制の対象となった。

メチルエステル［methylester］　バイオマス燃料のひとつ。菜種などから作られる軽油の代替燃料（BDF）で，フランスで実用化生産が進んでいる。

メチルシクロヘキサン［methylcyclohexane; HCH］　分子式 C_7H_{14}。有機溶剤のトルエンと水素を化学反応させて得られるベンゼン様の臭気をもつ無色の液体で，常温・常圧で貯蔵でき，沸点101℃。医薬品，農薬製造用の溶媒やジェット燃料などに用いられるが，有機ハイドライドの一種として燃料電池車（FCV）の燃料となる水素の安定的な貯蔵・輸送手段として注目されている。液化することにより体積を1/500とすることができ，水素の抽出は改質装置（脱水素化触媒）を用いて行う。

メチル・ターシャリ・ブチル・エーテル［methyl tertialy butyl ether］　☞MTBE。

メチル・ナイトレート［methyl nitrate］　$C_nH_{2n+1}ONO_2$。硝酸メチル。芳香ある中性の液体で過熱すると爆発する。例 ディーゼル燃料の発火促進剤。すなわちセタン価向上剤。

メチレーテッド・アルコール [methylated alcohol]　メチル化したアルコール。メチルを混ぜて飲用できなくした変性アルコール。＝ディネィチャード～。

メチレーテッド・スピリット [methylated spirit]　同前。

鍍金（めっき） [plating]　物質の上に金属の薄層を作ること。電気めっきは電気分解によって溶液から金属を打ち出し，化学めっきは還元剤で金属（Cu，Ni）を折出させる。化学めっきは，特にプラスチック上へのめっき法としてプリント回路の製造に応用されている。

メッシュ [mesh]　①（ギヤの）かみ合い。例 ㋑コンスタント～。㋺シンクロ～。②網の目。普通長さ1インチ（25.4mm）の間の目数で表す。例 ファイン～。

メッシュ・タイプ・コラプシブル・ステアリング・シャフト [mesh type collapsible steering shaft]　衝突の衝撃にて金網状のコラム・チューブが折り畳まれ，衝撃を吸収するステアリングの安全装置。☞ベローズ式～。

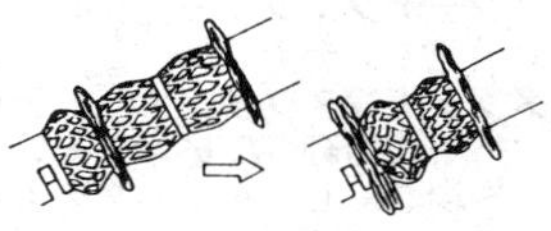

メッシュ状コラム・チューブ

メディア [media]　媒体，手段。情報伝達媒体を指すことが多い。例 マス～。

メトリック・サイズ [metric size]　メートル式寸法。

メトリック・システム [metric system]　メートル法。

メトリック・スレッド [metric thread]　メートル規格ねじ。ねじの直径およびピッチ寸法をmmで表し，ねじ山の角度は60°。

メトリック・ホースパワー [metric horsepower]　メートル馬力。PS（*Pferdestärke*）を用いる。1PSは75kgf・m/sの仕事率に相当し，735.5Wに当たる。

メニスカス [meniscus]　新月形（のもの）。例 細管内の液体の表面が表面張力の関係で生じる曲面。バッテリ用比重計では液面は凹面をなし，比重計および外管に触れる部分より低い。水銀の場合はこの反対になる。

雌螺子（めねじ） [female screw; internal thread]　ナットなど雄ねじの受け側となるねじ。フィメール・スクリュ。対 おねじ（雄螺子：メール・スクリュ）。

メモリ [memory]　①記憶。②コンピュータ用半導体記憶素子。読み出し専用ROM（read only memory）と読み書きできるRAM（random access memory）とがある。例 シート～スイッチ。

メモリ・アイ・シー [memory IC]　電源が供給されなくてもデータを記憶し続けるIC（集積回路）。例 電子式オドメータ。

メモリ効果（こうか） [memory effect]　ニッケル・カドミウム電池やニッケル・水素電池において，浅い放電深度のサイクル充放電をした場合（電池を使い切らずに充放電を繰り返した場合），一時的に放電電圧が低下する現象。EV（電気自動車）では一時的に走行距離が短くなるが，完全に放電させて再度充電することにより回復させることができ，この作業をリフレッシュ充電という。ニッケル水素電池を搭載したトヨタのハイブリッド車の場合，かつてはディーラでリフレッシュ充電を行っていたが，THS IIでは走行しながら自動的にリフレッシュ充電を行う機能を備えている。

メモリ・バックアップ [memory backup]　コンピュータなどの記憶情報が事故等で消去されるのを防止するため，予備の記憶情報を取ること。例 パソコンに内蔵されたハード・ディスクの記憶情報を複製すること。

メモリ容量（ようりょう） [memory capacity]　半導体メモリに記憶できる情報量。バイト数で表す。例 ㋑メガバイト（MB）：100万バイト。㋺ギガバイト（GB）：10億バイト。㋩テラバイト（TB）：1兆バイト。☞バイト。

メラミン・アルキド樹脂塗料（じゅしとりょう） [melamine alkyd resin coating]　☞熱硬化性アミノ・アルキド樹脂塗料。

メラミン・レジン [melamine resin]　メラミン樹脂，車体塗料。

メルティングイン [melting-in]　溶かし込み。古くから行われたメタルすり合わせ法において，やや堅目に締めたメタルを溶ける寸前まで回転させ十分油を与えながら慣らすこと。＝バーニングイン。

メルティング・ポイント [melting point]　融解点，融点。物質の固相と液相とが平衡を保って共存するときの温度。普通1気圧のもとにおける融点をその物質の融点という。㊥ハンダ150，鉛327，アルミ658，銅1083，鉄1520，タングステン3000(以上℃)。

メルトダウン [meltdown]　溶解。㊥フューズの～。

メンテナンス [maintenance]　維持，保守，保存。㊥自動車の維持手入れ。＝メインテナンス。

メンテナンス・アンド・リペア [maintenance and repair]　保守と修理。＝メインテナンス～。

メンテナンスフリー [maintenance-free]　手入れ不要の。維持に世話がかからない。＝メインテナンス～。

メンテナンスフリー・バッテリ [maintenance free battery]　従来のバッテリが極板の格子の鉛合金にアンチモン合金を使用したものを，カルシウム合金として自己放電量を少なくし，補水の必要もなく長期使用に耐えるようにしたタイプ。MFバッテリとも。＝メインテナンス～。

メンテナンス・リース [maintenance lease]　カー・リースで車両の保守整備代金も含んで契約するもの。㊟ファイナンス～。

面取（めんと）り [chamfering]　工作物の角又は隅を斜めに削ること。チャンファリング。㊥トランスミッション・ギヤの～。

メンバ [member]　（機械装置の）部材，構材。㊥（フレームの）サイド～。クロス～。

メンブレン [membrane]　膜，薄膜。＝ダイアフラム。㊥㋑気化器で加速ポンプに使う薄膜。㋺真空制御装置で使う薄膜。㋩イオン交換膜。

[モ]

モー [mho]　導電率（電流の通りやすさ）の単位。記号℧。1℧とは抵抗1Ωあるものの導電率で常に抵抗値の逆数である。抵抗が電流の通りにくさを表すことに対し導電率は電流の通りやすさを表すからその考えは逆で，従ってその単位も抵抗単位オームの逆でムーオ（モー）とし，記号もΩを逆にしたものを用いる。

モーション [motion]　①運動，運行。㊥サーキュラ～。②（機械の）運転。

モーション・アダプティブEPS [motion adaptive electric power steering; MA-EPS]　操舵力アシスト＋車両運動性能支援システムで，ホンダが2008年に採用したもの。VSA（車両挙動安定化制御装置）とEPS（電動パワー・ステアリング）を協調制御して車両の挙動を安定方向に補正するもので，新型ミニバンでは，横風制御を採用して，横風による挙動の乱れを補正すよう操舵力をアシストしている。

モース [Friendrich Mohs]　フリードリッヒ・モース。ドイツの鉱物学者（1773～1839)。鉱物を用いて物体の硬度を測定するモース硬度計を考案した。

モース硬度計（こうどけい） [Mohs hardness tester]　モースが考案した硬さ試験機。硬度の異なる10種類の鉱物を柔らかい物から順番に1番，2番・とし，10番を一番硬いものと設定した。物体の表面に引っかき傷を付けて硬さを測定する。

モータ [motor]　①発動機，原動機。②電動機。③内燃機関特にガソリン・エンジン。④自動車，オートバイ。＝モートル。

モータ・アナライザ [motor analyzer]　エンジンの総合試験機。＝エンジン～。

モータウェイ [motorway]　㊧高速自動車道路。日本では一般の自動車道。

モータ・オクタン価（か）［motor octane number; MON］　ガソリンのオクタン価で，実験室オクタン価測定法の一つであるモータ法によって求められたもの。自動車の高速あるいは高負荷走行時におけるエンジンのアンチノック性を表すとされ，リサーチ法で求められたオクタン価より10オクタン価ほど小さい値。対リサーチ・オクタン価。

モータ・オムニバス［motor omnibus］　乗合自動車。バス。

モータカー［motorcar］　英自動車。＝オートモビル。略してカー。

モータキャブ［motorcab］　タクシー，タクシーキャブ。

モータ・グラインダ［motor grinder］　（工具）電動研磨盤。

モータ・グレーダ［motor grader］　地慣らし用自動車。

モータ・コーチ［motor coach］　米長距離用大型バス。バス。

モータ・コンボイ［motor convoy］　護衛自動車。護送自動車。

モータサイクリスト［motorcyclist］　オートバイ乗り。

モータサイクル［motorcycle］　二輪車。オートバイ。

モータサイクル・コンビネーション［motorcycle combination］　側車付二輪車。サイドカー付オートバイ。

モータ・ジェネレータ［motor generator］　電動発電機。エンジン始動のときスタータとなり，始動後ダイナモに変わる一機二役の回転電機。

モータ・ショー［motor show］　自動車展示会。＝オート〜。

モータ・スイーパ［motor sweeper］　（道路の）清掃用自動車。

モータ・スクータ［motor scooter］　原動機付スクータ。

モータ・スクレーパ［motor scraper］　車輪式土木作業車。掘削，積込，運搬，捨土，敷き慣らしの作業を連続的に行うもの。

モータ・スタータ［motor starter］　電動機の起動器。電流加減抵抗器。

モータ・スピリット［motor spirit］　内燃機関用燃料。＝ガソリン。

モータ・スポーツ［motor sports］　自動車やバイクなどを車を使用して，ラリーやレースなどを行うこと。

モータ・ダイナモ［motor dynamo］　電動発電機。＝モータ・ジェネレータ。

モータダム［motor-dom］　自動車業界。

モータ・トライシクル［motor tricycle］　三輪自動車。オート三輪。

モータ・トラック［motor truck］　貨物自動車，トラック，ローリ。

モータ・トラフィック［motor traffic］　自動車交通。

モータバイク［motorbike］　原動機付自転車。モータ付バイク。

モータ・バイシクル［motor bicycle］　自動自転車。自動二輪車。オートバイ。

モータバス［motorbus］　乗合自動車，オムニバス，バス。

モータ・バン［motor van］　箱型荷台付貨物自動車。

モータ・ビークル［motor vehicle］　自動車。＝モータ・カー。

モータ・ファン¹［motor fan］　電動送風器。

モータ・ファン²［motor fan］　自動車愛好家。

モータ・プール［motor pool］　米自動車置き場，駐車場。

モータ・ホーム［motor home］　宿泊設備，調理設備などを配置した自動車。初めからそのように作ったデラックスなものから改造車まで色々ある。

モータ・メソッド［motor method］　（オクタン価試験）モータ法。この方法の結果によるオクタン価をモータ法オクタン価という。☞リサーチ・メソッド。

モータリスト［motorist］　自動車運転者，自動車常用者。

モータリスト・ホテル［motorist hotel］　自動車旅行者用宿舎。＝モーテル。

モータリゼーション［motorization］　①自動車化。②動力化。

モータリング［motoring］　①自動車の運転，ドライブ。②（オーバホールしたエンジンを）モータで慣らし回転をする。③モータで回転する。

モータリング・テスト [motoring test]　電動回転試験。例 ④モータでエンジンを回転させ機械損失を測定する試験。⑪ダイナモ（直流発電機）をバッテリの電流で回転させて良否を判定する試験。オルタネータにはできない。

モータリング・ドローテスト [motoring draw-test]　電動回転試験。同前。

モーダル・シフト [modal shift]　様態移行。輸送の様態を変更すること。例 物流で自動車輸送から鉄道や船舶輸送に切り換えること。

モータ・レース [motor race]　自動車競走。＝オートレース。

モータ・レース・トラック [motor race track]　自動車競走路。＝スピードウェイ。

モータ・ローリ [motor lorry]　貨物自動車。＝モータトラック。

モーティブ・パワー [motive power]　（機械の）原動力，動力。

モーテル [motel]　①自動車旅行者用宿泊所。②棟続きの小屋からできている集団式自動車旅行者宿泊所（コート）。motorist-hotelの縮語。

モード [mode]　様式，様態。例 スノー・モード，マニュアル・モード。燃費や排気ガスを測定するときの一定条件の運転方法（速度や時間）のこと。例 10モード燃費，11モード燃費。

モートサイクル [motocycle]　自動自転車。＝モータサイクル。

モード・セレクト・スイッチ [mode select switch]　ドライバの好みで各種の制御が選択できるスイッチ。例 ④AT車のシフト・モード（パワー，スノー）。⑪車高調整のモード（ノーマル，ハイ）。

モートティルタ [moto-tilter]　荷台傾斜装置付自動車。＝ダンプ・トラック。

モートル [motor]　モータのオランダ語読み。

モーニング・シックネス [morning sickness]　朝の車の動き始めに現れる不具合のことで，特に最初のブレーキが冷えているので強く効く症状をいう。但し，ドラム・ブレーキ。

モーバイル [mobile]　①動きやすい，可動性の。②可動物。③蒸気自動車。＝モービル。

モービル [mobile]　米 自動車。

モービル・オイル [mobile oil]　米 自動車エンジン用潤滑油の通名となっているが，元はある商社の商品名であった。

モービル・ガス [mobile gas]　米 自動車用ガソリン。

モービル・グリース [mobile grease]　（潤滑剤）モービル油と金属石けんとを混合して作ったグリースで流動性がありシャシ用グリースとする。

モービル・クレーン [mobile crane]　自動車起重機。ホイール又はクローラにより自由に移動できるジブ（突出旋回腕）付きクレーン。

モービル・ハウス [mobile house]　トレーラ式の大型移動住宅車両。旅行やキャンプに使用する。＝モービル・ホーム。

モービル・ハム [mobile ham]　自動車に無線機を積んで交信する移動式のアマチュア無線。

モービル・ホーム [mobile home]　☞モービル・ハウス。

モーペット [*Moped*]　独 モータ自転車。Motor＋pedal。ドイツの新語。

モーメンタム [momentum]　①運動量。物体の質量と速度との積。②勢い，はずみ。

モーメンタリ・オーバロード [momentary overload]　瞬時過負荷。機器に対し瞬間的に定格を越えて負荷をかけること，又はその負荷。

モーメンタリ・スイッチ [momentary switch]　瞬時スイッチ。ほんのしばらく電流を通すスイッチ。

モーメンタリ・ロード [momentary load]　瞬時負荷。機器にかかる瞬間的な負荷。

モーメント [moment]　①力率，回転偶力。②物体の中のある点を基準とし，それを中心として回ろうとする力。例 キングピン～。

モーメント・オブ・フォース [moment of force]　力のモーメント。作用する力の大きさと半径寸法（回転中心から力の作用点に至る長さ）の乗積。
モール[1] [mall]　①樹陰のある遊歩道。②プロムナード風商店街。例 オート〜。
モール[2] [moul]　モールディング（moulding）の略。盛り上げ。
モールス・テーパ [Morse taper]　工作機械の主軸穴やこれにはまる工具（ドリル，リーマなど）のシャンクやセンタに用いられているテーパで1/20である。例 各種工作機械。
モールディング [moulding]　①盛り上げ。くり形飾り。例 ボデー周辺の盛り上げ飾り。②塑造，鋳造。略してモールとも。
モールディング・マシン [moulding machine]　造型機。鋳型の型込めに用いる機械。
モールデッド・フェーシング [moulded facing]　型造りのフェーシング。クラッチ・フェーシングの作り方において，材料石綿をゴム又は合成樹脂と混合し，型に入れて加熱成形したもの。
モールデッド・ライニング [moulded lining]　型作りのライニング。ブレーキ・ライニングのうち，前記フェーシング同様型作りしたもの。
モールド [mold; mould]　①型，鋳型。②型に入れて作る（作ったもの）。
モールド・ライニング [mould lining]　☞モールデッド〜。
目視検査（もくしけんさ） [visual inspection; visual check]　計器類を使わない，外観検査のこと。
モケット [仏 moquette]　（ボデー内装）内張り用添毛々織物。
モジュール[1] [module]　①メートル規格歯車の歯の大きさを表すもので，ピッチ円直径mmを歯数で割ったもの。②基本寸法，基本単位。
モジュール[2] [module]　モジュール（複合）化，モジュール生産と呼ばれ，欧米で開発された自動車生産手法。機能ユニットごとにあらかじめ部品メーカ段階や自動車メーカのサブラインなどで組み付けをを行い，完成車の組み立ての際の負担を軽減し，コストの削減を図る。日本の自動車メーカでも導入されつつある。対 スタンド・アローン。
モジュール・インテグレート・システム [module integrate system; MI system]　部品の基本単位を統合し，軽量化や性能向上を図るシステム。
モジュラ [modular]　関連する部品を数点まとめあげること。＝モジュラ化。
モジュラ・トランスバース・マトリックス [modular transverse matrix]　☞MQB。
モジュレータ [modulator]　調整器，調整装置。例 AT車のスロットル〜。（エンジンの負荷に応じた油圧にする。）
モジュレータ・バルブ [modulator valve]　調整弁。例 EGR〜。
モジュレーテッド・ディスプレースメント・エンジン [modulated displacement engine; MDE]　三菱が採用した可変排気量（可変気筒）式エンジン。バルブ停止装置付き可変排出量エンジン。
モダン・カー [modern car]　現代風自動車。近代的〜。

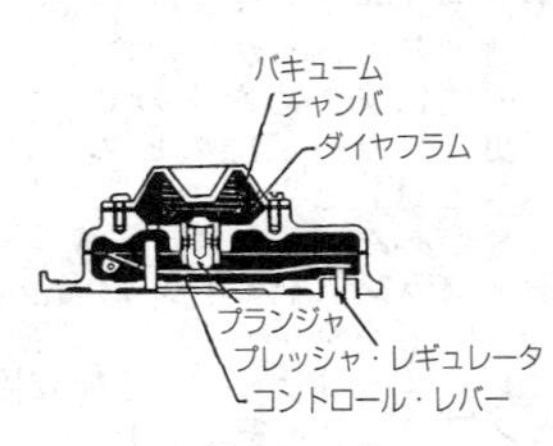

モジュレータ

モックアップ [mock-up]　実物大の模型。例 構造研究や実験のためベニヤ板，厚紙，粘土などで作った自動車の模型。
モディファイア [modifier]　変更装置，修正装置。例 ATのロックアップ・モディファイア・バルブ。
モディフィケーション [modification]　修正，改良，改造。例 排ガス対策への改良。
モデム [MODEM]　変復調装置（modulator-demodulator）の略。コンピュータのデータをデータ送出装置が処理できる型に変換したり，データ受信装置のデータをコンピュータが処理できる型に変換したりする装置。例 デジタル→アナログ変換，アナログ→デジタル変換。
モデリング [modeling]　車などの模型を粘土などで製作すること。クレー・モデルの作製。
モデル [model]　①模型，ひな型，標本。②模範，典型，手本。③方法，方式。
モデル・イヤー [model year]　車の製造年度のこと。アメリカでは，翌年の新型車を秋のモータ・ショーに発表したことから，大体9月1日から翌年8月31日までをいう。日本では初度登録年を暦年で検査証に記入するのみで，車の型による年式制はとっていない。略してMYとも。
モデル・カー・レーシング [model car racing]　模型自動車競走。
モデル・チェンジ [model change]　型式変更。自動車の内容外観などを変更すること。例 ㋑マイナ～。㋺メイジャ～。
モトクロス [motocross]　原野横断競技。オートバイで山林原野の急坂悪路にいどむ運転競技。モータ・クロスカントリの短縮語。
モニタ [monitor]　①勧告者，警告者。例 試作車などを一定期間試乗してもらいその批評や感想などを聞くためにユーザの中から選ばれた人。②制御装置の作動監視。
モニタ・ランプ [monitor lamp]　監視用のランプ。
モニタリング [monitoring]　監視装置などで監視すること。☞モニタ。
モネルメタル [Monel-metal]　モネル合金。ニッケル（65～70%）と銅（26～30%）を主成分とする合金の商品名で，酸や塩の水溶液に対し耐食性が強いのでタービン・ブレードなどに用いる。1905年カナダのインタナショナル・ニッケル社から発売。モネルは当時の社長アンブローズ・モネル氏の姓。
モノ [mono-]　単一の，単独の，の意の接頭語。例 ～レール。
モノキサイド [monoxide]　一酸化物。ある元素と酸素とが1対1の割合で化合してできた酸化物。例 カーボン～。
モノコック・ボデー [monocoque body]　単殻車体。単体構造車体。ボデーを構成する床，側板，屋根のそれぞれを強度部材とし，卵の殻が薄くても丈夫なように，一つの箱としての強さを特長としたもので，フレームも用いていない。軽量で剛性に富み床も低くできるが，事故に対する安全性には問題がある。＝ストレストスキン，ユニットコンストラクション，フレームレス。モノコックは仏語。
モノコンストラクション [monoconstruction]　一体構造。
モノチューブ・ダンパ [monotube damper]　単筒型ダンパ。普通のダンパが2重筒式になっているのに対し，これを1本の筒にまとめたもので，ロッドについたピストンの下側に更にフリー状態のピストンを入れ，その下側に高圧窒素ガスを封入したもの。取り付け角度に左右されず機能する特長がある。＝ガス封入式ショック・アブソーバ。

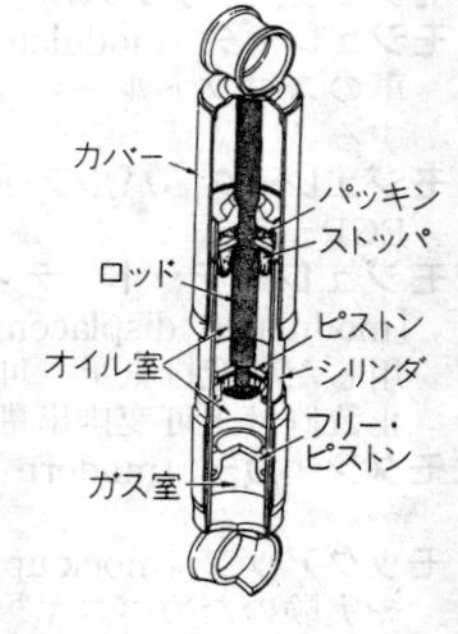

モノチューブ・ダンパ

モノプランジャ・ポンプ [monoplunger pump]　（ディーゼル噴射用）単一ピストン型ポンプ。列型と異なり，プランジャは1個であり，分配装置によって各ノズルへ分配する。
モノブロック・キャスト [monoblock cast]　（シリンダなどの）単体鋳造。幾つかのシリンダを一つの鋳物として作る。＝エンブロック～。対 インディビジュアルキャスト。
モノブロック・バッテリ [monoblock battery]　単体蓄電池。幾つかのセルを一つのケース（内部に仕切りがある）にまとめたもの。
モノリシック・キャタリスト [monolithic catalyst]　単体触媒。＝モノリス。
モノリス [monolith]　①一枚岩，一本石。②一体型。☞ペレット。
モノリス触媒（しょくばい） [monolith catalyst]　一体成形構造の担体の表面に，活性成分を分散付着させた触媒。☞ペレットタイプ・キャタライザ。

モノリス触媒（しょくばい）コンバータ [monolith catalytic converter]　一体型担体の表面に触媒成分を保持させ，通過する排気ガスを反応浄化するもの。

モノリス担体（たんたい） [monolith substrate]　触媒成分を保持するための多数の排ガス通路を有したはちの巣状の一体型基材。☞ハニカムタイプ・コンバータ。

モノレール [monorail]　単軌条，一本レール。例チェーン・ホイストの移動用として工場の天井に設けた一本レール。

モノレール・チェーンブロック [monorail chain-block]　単軌条式（移動）チェーンブロック。走行式物上げ機。

モノレール・ホイスト [monorail hoist]　単軌条走行式物揚機。

モバイルWiMAX [worldwide interoperability for microwave access]　路車間通信に用いる新無線通信システム。路車間通信では，2.4GHz帯の光ビーコンを用いたVICSや5.8GHz帯のDSRC（専用狭域通信）を用いたETCが既に実用化されているが，こららは1～4Mbpsくらいの伝送容量しかなく，路車間通信サービスを提供するには不十分である。そこで，大容量伝送に適したUHF帯（極超短波）を用いたモバイルWiMAXの開発・実用化が行われている。☞WiMAX。

モバイルリンク [Mobile Link]　ソニーが提供するカー・ナビゲーションと携帯電話を利用した双方向通信システム。インターネットのホーム・ページにモバイルリンクを開設し，施設情報やアミューズメント情報等の提供を行っている。

モビール [mobile]　☞モービル。

モビリティ [mobility]　可動性，移動性，活動性。

モビリティ・タイヤ [mobility tire]　セルフシール・タイヤ。釘などを踏んだとき，5mm以下の穴ならば自己修復して走行することができる特殊構造のタイヤで，トレッド部のインナ・ライナに特殊高分子ポリマの粘着性の強いシール層を設けている。このタイヤはVWが2008年にコンチネンタル・タイヤと共同開発したもので，これによりスペア・タイヤレスも可能となる。

モビレージ [mobillage]　自動車村。mobileとvillageの合成語。自動車旅行者のために設けた野営場で，キャンプ生活のための水・電気・ガス・トイレの用意もある。

モペット [moped]　モータ・ペダル（motor pedal）の略。原動機付き自転車。ペダルで走らせることもできる。

モリブデン [molybdenum]　金属元素の一つ。記号Mo。その純粋なものは銀白色で硬く融点（2620℃）も高い。鋼に合金するほか電気炉用抵抗線などに用いる。

モリブデン・コーティング [molybdenum coating]　固体である二硫化モリブデン（MoS_2）を用いた潤滑性皮膜処理。バルブ・ステム，バルブ・リフタのカム接触面，ピストン・スカート部などにモリブデン・コーティングを行うことにより，摩擦損失（フリクション・ロス）を低減して燃費性能や排ガス性能の向上を図ることができる。

モリブデン・スチール [molybdenum steel]　モリブデン鋼。モリブデン単独，又はニッケル，クロムなどとともに鋼に合金したもので，構造用強じん鋼として，軸，歯車等に広く用いられる。

モル [mol]　グラム分子。物質の分子量に等しいだけのグラム単位の質量をその物質の1グラム分子又は1モルという。例酸素1モルは32グラム。

モル濃度（のうど） [molarity]　溶液1リットル中に含まれる構成要素のモル数。

モンキ [monkey]　モンキ・レンチの略称。

モンキ・スパナ [monkey spanner]　（工具）自在スパナ。次と同じ。

モンキ・レンチ [monkey wrench]　（工具）自在スパナ。調整レンチ。調整ねじによりナットを挟む口の開きが加減でき，その口は一般に柄に対し傾いている。＝アングル～。クレセント～。アジャスタブル～。

モンキ・レンチ

［ヤ］

ヤード¹［yard］　囲ったところ。駐車場，操車場。

ヤード²［yard］　英式長さ単位。記号yd。1ydは3フィート。91.4cm。

ヤード・ポンド・システム［yard pound system］　ヤードポンド法。ヤードとポンドを基本とする英国式度量衡単位。

焼（や）き入（い）れ［hardnening; quenching］　ハードニング，クェンチング。金属を加熱して高温にしたあと急冷し，硬さを増す操作。主として鋼板を硬くするために行われる。

焼玉（やきだま）［hot bulb］　ホット・バルブ。焼玉エンジンの球形燃焼室を焼玉という。この部分は冷却されないようになっており，運転中400〜500℃に保たれている。燃料の重油はこの内部に噴射されて，熱面によって点火，燃焼する。始動の場合にはバーナなどで焼玉をあらかじめ外部から加熱しておく。

焼玉（やきだま）エンジン［hot bulb engine］　シリンダ・ヘッドに焼玉をもつエンジン。すべてクランク室掃気2サイクル・エンジンで，構造と取り扱いが簡単なことから小型船用として，以前はかなり用いられたが，現在は少ない。その燃焼形式からセミ・ディーゼル・エンジンとも呼ばれる。

焼（や）き付（つ）き［seizure］　しゅう動部分が潤滑不足により摩擦し，しゅう動不良となること。例 ピストンとシリンダとの焼き付き。＝スティック。

焼（や）き付（つ）け［baking］　ベーキング。塗料を塗り付けた後，高温で加熱して塗膜を硬化させる工程。

焼（や）き鈍（なま）し［annealing］　アニーリング。冷間加工により硬化した金属材料を軟化する目的で，適度な温度に加熱し，比較的ゆっくり冷却する熱処理のこと。

焼（や）き慣（な）らし［normalizing］　ノーマライジング。鋼を必要な温度まで加熱した後，静かに大気中に放冷することで，加工による内部応力（ひずみ）を除く熱処理のこと。

焼（や）きばめ［shrinkage fit］　締まりばめの一種で，常温ではまり込まない程度の穴と軸を，穴を加熱して膨張させた状態ではめ込んで，常温になって収縮して硬く固定されるようにすること。例 フライホイールとリング・ギヤの結合。

焼（や）き戻（もど）し［tempering］　テンパリング。焼き入れによるもろさを緩和し，粘り強さを増すため，ある温度まで加熱した後，徐々に冷却する操作をいう。

焼（や）け型（がた）［hot type］　スパーク・プラグの電極の熱が逃げにくく，焼けやすいタイプ。☞コールド・タイプ・プラグ。

薬研台（やげんだい）［V block］　☞ブイ・ブロック。

やすり［file］　工作物の表面を削るために用いる多数の細かい切刃のある工具で，鋼製の本体の表面にたがねやフライス削りなどで直線状や円弧状のきざみをつけ（これを目という），焼き入れ硬化させてある。

やっとこ［tongs］　手工具の1種。工作物をつまむのに用いるもの。やっとこばさみ。

山掛（やまか）けタイヤ［recapped tire］　更生タイヤ。一度使用してトレッドが摩耗し，なお残存寿命のあるタイヤに，再び新しい未加硫トレッド・ゴムを密着させて加硫を行い，元の新品時のタイヤと同程度に復元すること。その規格は，JIS-K-6329（更生タイヤ）に詳述されており，アンダ・トレッドの厚さが条件となる。

山形鋼（やまがたこう）［angle steel］　断面がL型をした構造用鋼の型材。

やまば歯車（はぐるま）［double helical gear］　左右両ねじれはすば歯車が一体に組み合わされた歯車。

ヤング率（りつ）［Young's modulus］　素材固有のばね定数のことで，固体中の断面に垂直に働く力と，その方向における歪みとの比で表される。構造物の剛性を支配するのはヤング率と断面2次モーメントの積であり，どんな高張力鋼板といえども鉄を主成分とした圧延鋼板である限り，ヤング率は一定である。英国のT.ヤングが1807年に提唱したもので，たて弾性係数，伸び弾性率またはヤング係数ともいう。

[ユ]

油圧（ゆあつ）[oil pressure] ☞オイル・プレッシャ。

油圧（ゆあつ）クラッチ[hydraulic clutch] 油圧によってクラッチ操作を軽くする装置。ペダルを踏むとマスタ・シリンダの油圧がリリース・シリンダを介してリリース・フォークを強く押してクラッチが切れる。

油圧計（ゆあつけい）[oil pressure gauge] ☞オイル・プレッシャ・ゲージ。

油圧警報灯（ゆあつけいほうとう）[oil pressure warning lamp] エンジンの油圧が規定圧以下になると，計器板の赤い警報灯が点灯して危険を知らせる装置。

油圧（ゆあつ）サスペンション[hydraulic suspension] 主に作動液体の力（油圧）により懸架機能を果たすサスペンションの総称。ハイドロリック・サスペンション。

油圧式（ゆあつしき）[hydraulic type] ☞ハイドロリック。

油圧式（ゆあつしき）ジャッキ[hydraulic jack] 油圧を利用して自動車などを押し上げる道具。主に自動車整備工場で使用する。☞ガレージ〜。

油圧式（ゆあつしき）リターダ[hydraulic retarder] ロータとステータで構成し，満たされた作動油のかくはん抵抗でロータにブレーキをかける減速装置。

油圧制御式（ゆあつせいぎょしき）オートマチック・トランスミッション[hydraulic control type automatic transmission] トルクコンバータや補助変速機の変速操作を油圧回路で制御する自動変速機。

油圧制御装置（ゆあつせいぎょそうち）[hydraulic control units] 作動液体の圧力（油圧）をコントロールする装置。

油圧（ゆあつ）センサ[oil pressure sensor] エンジン・オイル，ブレーキ・フルードなどの液体の圧力検知器。

油圧（ゆあつ）タペット[hydraulic tappet] ☞ハイドロリック〜。

油圧（ゆあつ）バルブ・リフタ[hydraulic valve lifter] OHVエンジン等でバルブ・リフタのバルブ・クリアランスをなくし，バルブ開閉時の騒音を低減するための装置。

油圧反力制御式（ゆあつはんりょくせいぎょしき）パワー・ステアリング[hydraulic reaction applied power steering] 適度な操舵反力を得るため，反力室内の油圧を制御できるパワー・ステアリング。

油圧（ゆあつ）ブレーキ[hydraulic brake] ブレーキの操作力をマスタ・シリンダによって油圧に変え，ホイール・シリンダのピストンを作動させて強い制動力を発生するブレーキ装置。

油圧（ゆあつ）プレス[hydraulic press] ☞ハイドロリック〜，オイル〜。

油圧（ゆあつ）ポンプ[oil pump] ☞オイル〜。

油圧（ゆあつ）モータ[hydraulic motor] 作動液体の圧力（油圧）によって駆動するモータ。

有鉛（ゆうえん）ガソリン[leaded gasoline] ☞エチル・ガソリン。

融解点（ゆうかいてん）[melting point] ☞メルティング・ポイント。

有機（ゆうき）ELディスプレイ[organic electroluminescence display; OEL display] 有機EL（エレクトロルミネッセンス／冷熱光）を用いた表示装置。有機ELは一方向に電流を流すと自発光する発光ダイオードの一種で，バックライトを用いる液晶よりも視認性が格段に優れており，2009年にはレクサスのマルチインフォメーション・ディスプレイに採用された。

有機化合物（ゆうきかごうぶつ）[organic compounds] 炭素を含む化合物の総称。

有機（ゆうき）ハイドライド[organic hydride] トルエンやナフタレンなどの芳香族

化合物に水素を結合させた水素化物。常温・常圧で液体である水素貯蔵材料の一種で，使用時には触媒を使って水素を取り出す。燃料電池車（FCV）で使用する水素をマイナス253℃に冷却した液体水素として水素ステーションに運ぶのに比べて，貯蔵や輸送の効率が飛躍的に高まるため，経済産業省が技術開発を推し進めている。

有機溶剤（ゆうきようざい）［organic solvent］ 有機物からなる溶剤。例 シンナ。㊟自動車用の塗料類には有機溶剤が含まれており，長期間に吸引すると健康を害する恐れがあるので，塗装作業者は保護具を使用するなど取り扱いには十分に注意を要する。

ユーグレナ［euglena］ 藻の仲間であるミドリムシの学名。光合成により増殖する運動性のある藻類で，2005年に設立された㈱ユーグレナが開発した大量培養技術が実用化の段階に入り，新たな食料，医薬品，燃料（油）として注目を集めている。自動車の場合，その粉末から脂肪酸メチルエステル（FAME）を生成し，軽油に5%程度混入したバイオディーゼル燃料として，いすゞ自動車と㈱ユーグレナが共同で実証試験を進めている。

有効圧縮比（ゆうこうあっしゅくひ）［effective compression ratio］ エンジンの作動中の実際の圧縮比。4サイクル・エンジンでは排気弁が，2サイクル・エンジンでは掃気孔が閉じられた瞬間のシリンダ内容積と，ピストンが上死点に達したときの燃焼室容積との比で表す。排気量から求めた通常の圧縮比と比較して4サイクル・エンジンで10%程度，2サイクル・エンジンでは20%程度小さい。

有効圧力（ゆうこうあつりょく）［effective pressure］ ☞エフェクティブ・プレッシャ。

ユーザ［user］ 使う人，使用者。例 自動車使用者。自動車を買ってくれる人。

ユーザブル・ホースパワー［usable horsepower］ 有効馬力，実馬力。

ユーズド・カー［used car］ 中古自動車。通称セコ，セコハン。＝セコンドハンド・カー。

ユーズド・カー・ビジュアル・インフォメーション・システム［used cars visual information system; UVIS］ ユービス。トヨタが開発した，インターネットを利用して中古車在庫情報を検索できる中古車画像システム。

ユースフル・アウトプット［useful output］ 有効出力。

ユースフル・ホースパワー［useful horsepower］ 有効馬力。

ユースロッテッド・ピストン［U-slotted piston］ U字形溝付きピストン。スカートのスラスト反対側に逆U字形の切り割りを入れ弾性を与えたピストン。

ユースロット・ピストン［U-slot piston］ 同前。

遊星歯車（ゆうせいはぐるま）［planetary gear］ ☞プラネタリ・ギヤ。

ユー・チューブ［U-tube］ U字管。例 マノメータ用ガラス管。

ユーティリティ［utility］ 役に立つこと，有用，実用向きの。例 スペース～。

ユーティリティ・カー［utility car］ 実用的な自動車。例 ステーション・ワゴン。エステート・ワゴン。

ユーティリティ・ファクタ［utility factor; UF］ 「貢献割合，実用係数」等を意味し，プラグイン・ハイブリッド車（PHV）において，電気走行とエンジン運転時の双方の燃費性能を評価する際，走行量全体に占めるプラグイン（電気）走行の貢献割合（寄与度）などを指す。☞複合燃費。

融点（ゆうてん）［melting point］ ☞メルティング・ポイント。

遊転（ゆうてん）［idling］ ☞アイドリング。

誘導（ゆうどう）コイル［induction coil］ 一次，二次の巻線をもち，一次巻線を電池につなぎ，それに流れる電流で鉄芯中に磁束を生じ，その磁束がある値に達すると，その磁力で一次回路を開いて，二次巻線に高電圧を発生するもの。

誘導式故障診断（ゆうどうしきこしょうしんだん）システム［inductive diagnostic system］ 車載電子機器などの故障診断法の一種。販売店のサービス現場で対応しきれない難解な不具合車両のデータをメーカのホスト・コンピュータに送り込み，ホスト・コンピュータが診断手順を指示するもの。それでも不具合が解消しない場合にはコール・

センタへ接続し，車両のデータを見ながらメーカの専任技術者が直接アドバイスする。この手法を「リモート故障診断システム」という。IT技術を活用した究極の故障診断システムとして一部の欧州メーカでは既に実施しており，日産が2008年に「CONSULT Ⅲ」を用いて実施した。

誘導電動機（ゆうどうでんどうき）［induction motor］　☞インダクション・モータ。

誘導電流（ゆうどうでんりゅう）［induced current］　☞インデュースト・カレント。

ユー・ブイ・カット・グラス［UV cut glass; ultraviolet cut glass］　紫外線よけガラス。太陽の紫外線（ultraviolet rays; UV）による肌荒れを防ぐため，車のガラスに紫外線をカットする成分を加えたもの。

ユー・ボルト［U bolt］　U字形のボルト。例リーフ・スプリングを車軸に固定するUボルト。

ユー・ボルト・レンチ［U bolt wrench］　（工具）Uボルト専用の長柄レンチ。

ユー・マグネット［U magnet］　U字型磁石，馬てい形磁石。＝ホースシュー〜。

ユーレカ計画（けいかく）［EUREKA plan］　ヨーロッパの先端技術共同開発計画。☞EUREKA。

ユーロ［Euro］　①ヨーロッパの，欧州の（Euro-)。②EUの統一通貨単位（euro)。

ユーロ1〜6［motor vehicle emission group 1〜6 in Europe］　☞Euro1〜6。

ユーロNCAP　☞EU-NCAP。

ユーロ・バッグ［Euro bag］　ヨーロッパ式エアバッグのことで，アメリカ式と区別していう。ベンツが1981年に開発したエアバッグ・システムで，1976年にアメリカのイートン社が発表したシート・ベルトを着用してないドライバを対象としたエアバッグ・システムに対し，シート・ベルトを着用したドライバを対象としたシステム。エアバッグを小さく，システムをコンパクトにできるので，日本のメーカもこのタイプを採用している。☞SRS airbag system。

ユーロピアン・カー［European car］　欧州製の自動車。

ユーロピアン・スタイル［European style］　欧州風，欧州様式。

ユーロ・フォー［Euro four (4)］　欧州で2005年から施行されている新排ガス規制の名称。2000年からはユーロ3で，規制を早期に達成した車両の取得税や自動車税を減額する措置が設けられている。DE乗用車のユーロ4では，ユーロ3と比較してNO_xとPM（粒子状物質）の排出量をそれぞれ半減することが必要である。

油温（ゆおん）センサ［oil temperature sensor］　サーミスタの温度による電気抵抗値の変化を利用した油温度センサ。

ゆずはだ［orange peel］　柚子（ゆず）の実の表皮のような小さなくぼみのある塗膜の外観。新車の焼付け塗装に見られる。

油性（ゆせい）［oiliness］　強い油膜を作る性質。

油性向上剤（ゆせいこうじょうざい）［oiliness improver］　金属表面に吸着膜を形成することによって潤滑性能を向上させる添加剤。

ユニ［uni-］　一，単，の意の接頭語。例ユニサーボ・ブレーキ。☞デュオ。

ユニオン［union］　①組合，協会。②継手，管継手。例T〜。バンジョー〜。

ユニオン・ガスケット［union gasket］　ユニオン・ボデーとユニオン・ナットの間に装着されるパッキン。銅やアルミ製のものが多い。例ホイール・シリンダとブレーキ・パイプの接続部。

ユニオン・ジョイント［union joint］　ねじを利用してパイプとパイプをつなぐ部品。

ユニオン・ナット［union nut］　管継手のナット。パイプ用袋ナット。

ユニオン・ボルト［union bolt］　管継手用の雄ねじ。例ブレーキ・パイプやオイル・パイプの機器接続用。

ユニクロームめっき［uni-chrome plating］　亜鉛めっきのクローム酸による防せい処理。

ユニサーボ・ブレーキ［uni-servo brake］　（ブレーキ）単サーボ。一定（前進）方向

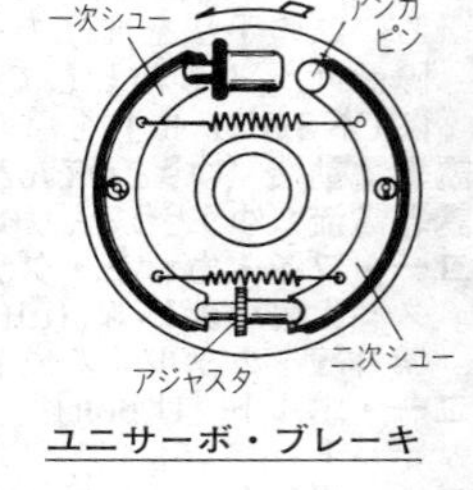

ユニサーボ・ブレーキ

のときだけ自己倍力作用が働くブレーキ。前輪専用とする。対デュオ〜。

ユニタイズド・コンストラクション [unitized construction]　（ボデー）単体構造。＝ユニット〜。

ユニタリ・コンストラクション [unitary construction]　（ボデー）単体構造。＝ユニット，モノコック，フレームレス，ストレスドスキン〜。

ユニタリ・ボデー [unitary body]　＝モノコック・ボデー。

ユニット [unit]　①構成単位。例センダ〜。レシーバ〜。②数学，理化学単位。例ボルト，アンペア，オーム，ワット，ホースパワー。

ユニット・インジェクタ [unit injector]　ディーゼル・エンジンにおける高圧燃料噴射装置の一種で，機械的な燃料加圧機構を噴射弁に内蔵したもの。気筒別に設けた噴射弁体の中に燃料加圧プランジャをもち，バルブ駆動系と共通の軸上に設けたカムでプランジャを押し下げることにより200〜250MPaくらいの超高圧燃料噴射を実現し，多段噴射もできる。UDトラックスやボルボなどの大型商用車用エンジンに採用され，排ガス，燃費，出力等の各性能に優れている。サプライヤは，米デルファイ。

ユニット・コンストラクション [unit construction]　単体構造。＝ユニタリ〜。

ユニット・パワー・プラント [unit power plant]　完全動力装置。クラッチとトランスミッションを組み付けたエンジン。

ユニット・リプレースメント [unit replacement]　ユニット交換。一装置ごと交換。例AT。

ユニット・リペア [unit repair]　一装置単位修理。悪い小部分にとどめず装置全体としての機能を回復させること。

ユニディレクショナル・タイプ [unidirectional type]　（ステアリング）一方向型，不可逆型。かじ取り装置でホイールからステアリング・ホイールを回転できないもの。＝イリバーシブル〜。

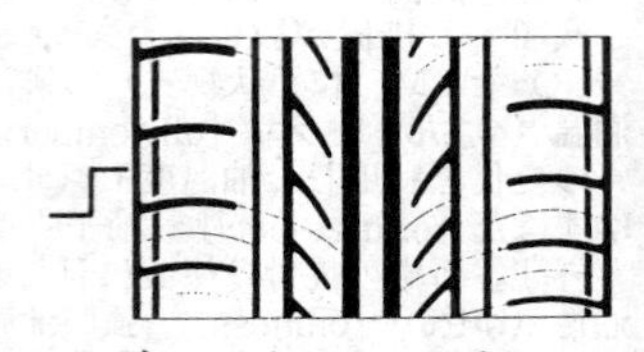
ユニディレクショナル・パターン

ユニディレクショナル・パターン [unidirectional pattern]　タイヤのトレッド・パターンに回転方向性があり，高い排水性をもつ。

ユニバーサル・エレクトリック・テスタ [universal electric tester]　万能電気試験機。自動車用電気機器のすべての機能が検査できる試験機。

ユニバーサル・カップリング [universal coupling]　（伝動装置）自在継手。中心線の交わる２本の軸を連結して自由に回転する継手。

ユニバーサル・ジョイント [universal joint]　同前。＝カルダン〜。

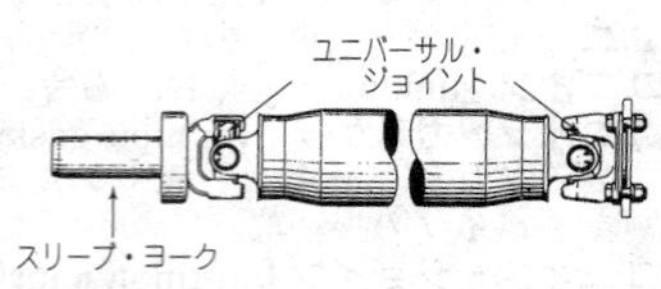

ユニバーサル・ジョイント

ユニバーサル・チャック [universal chuck]　（工具）連動自在チャック。旋盤のつかみ装置で３個又は４個の爪が連動して動くもの。

ユニバーサル・デザイン [universal design; UD]　国籍，年齢，性別，障害の有無などを問わず，すべての人にとって使いやすいデザイン。1990年代の初頭に米ノースカロライナ州立大学のロン・メイス教授により提唱されたもので，トヨタでは，社内においてUDの人間工学的な評価指標を「エルゴインデックス」と称して，運転席やメータ回り（コックピット）等の設計に使用している。国土交通省では，2011年にUDタクシーの認定制度を導入しており，車椅子の利用できる日産車が2012年にUDタクシー第1号に認定された。

ユニバーサル・テスタ [universal tester]　万能試験機。総合試験機。例エンジン・アナライザ。

ユニバーサル・トラフィック・マネジメント・システム [universal traffic management system; UTMS]　総合交通管理システム（ITS関連用語）。道路上の光ビーコンと車載装置とで双方向の光通信を行うことにより緻密な情報収集と高度な情報処理を行い，きめ細かな信号制御，積極的な情報提供，公共車両の運行支援などを行い，総合的な交通管理を実現するシステム。構成要素としては次のものがある。①公共車両優先システム（PTPS）。②高度交通管理システム（ITCS）。③交通情報提供システム（AMIS）。④最適経路誘導システム（DRGS）。⑤車両運行管理システム（MOCS）。

ユニバーサル・プーラ [universal puller]　（工具）万能引抜工具，ギヤ，プーリ，ベアリング，ホイール等の引き抜きに共通して使用できるプーラ。

ユニバーサル・レンチ [universal wrench]　自在レンチ。ある寸法範囲内では調整の必要なく共通して使えるレンチ。

ユニファイド・スレッド [unified thread]　ユニファイ並目ねじ。三角ねじの一種。メートル式の長所を取り入れたインチ式のねじ。将来ホイット並目ねじに代わって用いられる予定。

ユニフォーミティ [uniformity]　均一性。タイヤのユニフォーミティとして使われ，タイヤの重量，寸度，剛性で表す。ユニフォーミティの良否が高速走行時の車体振動等に影響を与え，測定はユニフォーミティ・マシンで行う。☞RFV，LFV，TFV。

ユニフォーミティ・テスタ [uniformity tester]　☞ユニフォーミティ・マシン。

ユニフォーミティ・マシン [uniformity machine]　タイヤの均一性を測定する機械。タイヤをドラム上で負荷し，回転半径を一定にして低速で回転させ，上下（RFV），左右（LFV），前後（TFV）の反力の変動を検出・測定する。☞RFV，LFV，TFV。＝〜テスタ。

ユニフロー・スカベンジング [uniflow scavenging]　（2サイクル）単流掃気式。掃気作用が一定方向の気流によって行われるもの。

ユニフロー・スカベンジング・ディーゼル・エンジン [uniflow scavenging diesel engine; UD]　2サイクル・ディーゼル・エンジンの一種。☞ユニフロー・スカベンジング。

ユニフロー・タイプ [uniflow type]　単流式。

輸入自動車特別取扱制度（ゆにゅうじどうしゃとくべつとりあつかいせいど） [preferencial handling procedure]　☞PHP。

ユニラテラル・システム [unilateral system]　片側式。例はめ合い公差の定めかたで基準穴（又は軸）の公差をすべて呼び寸法の正又は負の側だけに与える方式をいう。

ユビキタス [ラ ubiquitous]　ユビキタスとは，ラテン語で「いたるところに存在する」ということを意味し，インターネットなどの情報ネットワークに「いつでも，何処からでも，誰でも」接続できる環境をいう。車の中からインターネットに接続できるのもユビキタス技術のひとつである。☞テレマティクス・サービス。

油膜（ゆまく） [oil film]　☞オイル・フィルム。

油密（ゆみつ） [oil sealing]　油を供給するため，その漏れを防いだ構造。例オイル・シールなどで回転体から外部への油漏れを防いでいる。

ユリヤ・レジン [urea resin]　尿素樹脂。尿素とホルムアルデヒドとの縮重合によって作られる。無色透明であるから自由に着色できる。例レバー類の握り玉。

ユンカース・ダイナモメータ [Junkers dynamometer]　ユンカース動力計。吸収動力計の一つで水をかき回して動力を吸収するようになっている。ケーシングは軸受によってフレーム上に支えられ，ロータを原動機軸に直結して回転する。水の抵抗によってロータが制動されるとその反動でケーシングが動き，はかりがその力を示す。一方，回転計によって回転速度を求めれば馬力が算出される。

[ヨ]

溶解（ようかい）アセチレン [dissolved acetylene]　ボンベの中の多孔物質に吸収させてあるアセトンに溶解されたアセチレン。溶接に使用する。

要求（ようきゅう）オクタン価（か） [octan number requirement; ONR]　火花点火エンジンが，ある運転条件でノッキングを発生しない最低のオクタン価。

陽極（ようきょく） [anode]　☞アノード。対陰極（カソード）。

陽極板（ようきょくばん） [positive plate]　☞ポジティブ・プレート。対陰極板（ネガティブ・プレート）。

溶剤（ようざい） [solvent]　塗料の希釈などに用いる液剤。溶媒。例シンナ。☞有機溶剤。

幼児拘束装置（ようじこうそくそうち） [child restraint system; CRS]　☞CRS[1]。

容積（ようせき）エネルギー密度（みつど） [volumetric energy density]　☞エネルギー密度。

容積効率（ようせきこうりつ） [volumetric efficiency]　☞体積効率。

溶接棒（ようせつぼう） [welding rod]　溶接時に用いる棒状又は線状の溶着材。

沃素電球（ようそでんきゅう） [halogen lamp]　ハロゲン族のヨウ素や臭素などを封入したガス入り電球。

溶断（ようだん） [flame cutting]　熱と炎の噴出圧力にて厚手の母材を溶融して行う切断作業。

溶着（ようちゃく） [weld sticking]　電気溶接で，電極あるいは溶接ワイヤが母材にくっついてしまうトラブル。

用品（ようひん） [accessory parts; accessory]　カー・ライフをより豊かにするための車の付属品。カー・メーカ出荷後に購入者の好みで取り付ける。＝カー・アクセサリ。

溶融（ようゆう） [melting]　金属が固体の状態から液体の状態に変化すること。

溶融（ようゆう）めっき [hot dipping]　めっきしたい物を溶融した金属の中に浸して，表面に金属被膜を作ること。

容量（ようりょう） [capacity]　容器の中を満たし得る分量。容積。バッテリの場合は，完全充電状態から取り出せる電気の総量。

容量放電（ようりょうほうでん） [capacitive discharge]　バッテリで使用できる電気量をすべて放電させること。

揚力（ようりょく） [lift]　物体が流体から受ける力の流れに垂直な部分。走行中に空気の流れによって発生する車体を上方に持ち上げようとする力。エア・スポイラは，この揚力を抑制する働きなどをする。

ヨー [yaw]　船や航空機の船首・機首が左右に振れたり，ふらついたりすること。揺首。車のヨー，ヨーイングの語源。＝ヨーイング。

ヨーイング [yawing]　車体の上下軸（Z 軸）まわりの回転運動で，偏揺（かたゆ）れともいう。車体を真上から見た場合，X 字形に左右に首振り運動をすることで，その時の回転角をヨー角，変化の速さをヨー・レートという。要因としては，滑りやすい路面や横風などの影響が考えられる。

ヨーク [yoke]　くびき，くびき状のもの。又状のもの。例㋑ジョイント～。㋺（電機の）継鉄，磁極をつなぐ鉄部。㋩モータやジェネレータの本体部。

ヨーク・エンド [yoke end]　（電機類の）ヨーク端の金物。例モータやジェネレータ両端の円板。＝エンドカバー。

ヨークト・タイプ [yoked type]　二又型。例V 型エンジン用コンロッド。＝フォークト～。

ヨー・モーメント・コントロール [yaw moment control]　車の旋回運動（横滑り）を

制御すること。最近の車ではヨー・レート・センサ，横方向の加速度センサおよび操舵角センサの情報により，4輪のブレーキ力をヨー・モーメントを打ち消す方向に作用させ，ヨー（車体の上下軸まわりの回転運動）の発生を未然に抑制する電子制御の横滑り防止装置（ESC）が装備されている。略してヨー・コントロールとも。

ヨー・レート [yaw rate]　ヨーイング（車体を真上から見たときX字型に左右に首振り振動すること）が発生しているときの，車体に加わる力の度合い。レート＝レイト。

ヨー・レートGセンサ [yaw rate and gravity sensor]　車体のヨー・レート（車体の上下軸まわりの回転運動の度合い）を検出するヨー・レート・センサと，前後左右の加速度を検出するG（加速度）センサを一体化したもの。ヨー・レート・センサの進化版で2008年ころからESC（横滑り防止装置）に採用されており，イナーシャ・センサともいう。

ヨー・レート・センサ [yaw rate sensor]　ヨーイング発生時に車体に加わる力を検出するセンサ。車体姿勢制御などに用いる。☞ヨー・レートGセンサ。

ヨーロピアン・テイスト [European taste]　欧州向けの味付け。欧州人の嗜好（しこう）や道路事情に合わせた車両の仕様。＝ヨーロピアン（ユーロ）バージョン。

浴槽型燃焼室（よくそうがたねんしょうしつ） [bathtub type combustion chamber]　☞バスタブ型燃焼室。

横置（よこお）き板（いた）ばね [transverse leaf spring]　車軸と平行に取り付けられた板ばね。トランバース・タイプ。初期の自動車に採用された。

横置（よこお）きエンジン [transverse mounted engine]　クランクシャフトが車の左右方向となるように横に置かれたエンジン。小型FF車に多く採用されている。

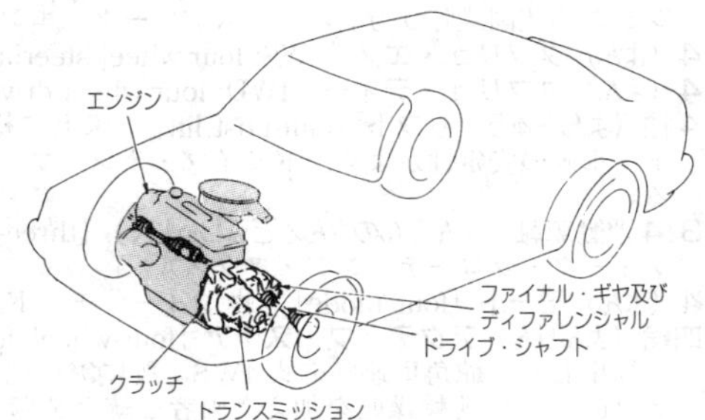

横置きエンジン・FF車

横風安定性（よこかぜあんていせい） [crosswind stability]　横風により車が横方向に移行（偏向）するのに対する安定性。高速走行時に重要な要素となる。

横加速度（よこかそくど） [lateral acceleration]　進行方向と直角に発生する加速度。＝横G。㊟加速度：時間に対する速度の変化の割合。

横剛性（よこごうせい） [lateral rigidity]　物体の横方向からの力に対して耐える能力。㊡側面衝突時の～。

横（よこ）ジー（G） [lateral gravity]　☞横加速度。㊟G：加速度を表す単位。地球の重力加速度は9.8m／sec²。

横滑（よこすべ）り [skidding; side slip]　☞サイド・スリップ。

横滑（よこすべ）り角（かく） [slip angle]　☞サイド・スリップ・アングル。

横滑（よこすべ）り防止装置（ぼうしそうち） [electronic stability control system]　☞ESC。

横振（よこふ）れ [lateral run-out; LR]　☞LR。

横揺（よこゆ）れ [rolling]　☞ローリング。

予混合圧縮着火（よこんごうあっしゅくちゃっか） [premixed charge compression ignition]　☞PCCI。

予混合燃焼（よこんごうねんしょう） [premixed combustion]　燃料と空気を予め混合し，

可燃混合気を形成した後に燃焼させること。

予熱（よねつ）［preheating］　☞プレヒーティング。

予熱栓（よねつせん）［preheating plug］　ディーゼル・エンジンの始動を容易にするため，圧縮空気を加熱するプラグ。グロー・プラグ。

予燃焼室（よねんしょうしつ）［precombustion chamber］　ディーゼル・エンジンで，燃料の一部に事前着火させ，主燃焼室へ噴出させるための副燃焼室のこと。略称プレ・チャンバ。☞CVCC。

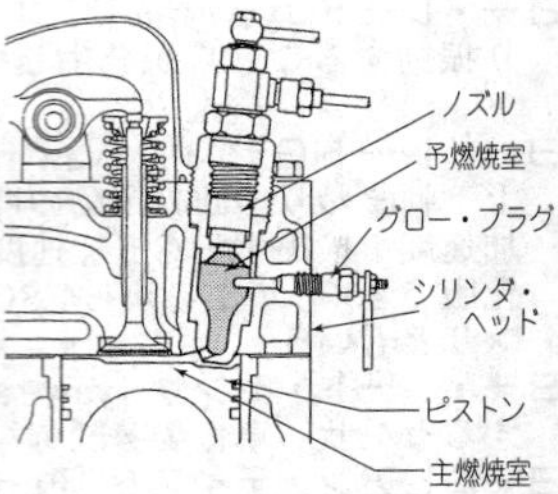

予燃焼室

ヨハンソン・ブロック・ゲージ［Johanson block gauge］　☞ブロック・ゲージ。

呼（よ）び寸法（すんぽう）［nominal dimension］　規格品を，寸法公差や製作誤差を無視して標準寸法で表す呼び方。㊞ボルトの呼び径。

予防整備（よぼうせいび）［preventive maintenance］　日常点検，定期点検などで故障の起こるおそれのあるところを，前もって手入れしておくこと。

4（よん）エチル鉛（なまり）［tetra-ethyl lead］　☞テトラエチル・レッド。

4行程（よんこうてい）エンジン［four-stroke engine］　ピストンの上下4行程で，吸入，圧縮，燃焼，排気の1サイクルが完了するエンジン。オットー・サイクル。㊞2行程エンジン。

4（よん）サイクル・エンジン［four-cycle engine］　1サイクルが4行程で完了するエンジンの英国式呼び方。＝㊜4ストローク・エンジン。

4（よん）ダブリュ・エス［4WS; four-wheel steering］　四輪操舵の略称。☞4WS。

4（よん）ダブリュ・ディー［4WD; four-wheel drive］　四輪駆動の略称。☞4WD。

4柱（よんちゅう）リフト［four-post lift］　床上に柱を4本立てた自動車整備用のリフト。車両の安定性がよく，ドライブ・オン，フリー・ホイールのいずれでも使用できる。

3/4浮動車軸（よんぶんのさんふどうしゃじく）［three-quarter floating axle］　☞スリークォータ・フローティング・アクスル。

4（よん）モード［four mode］　☞フォー・モード。

四輪（よんりん）アクティブ・ステア［four-wheel active steer; 4WAS］　日産が2006年に採用した，舵角車速感応式4WS。既に実用化されているリア・アクティブ・ステア（RAS）に前輪操舵を加え，両者を統合制御した世界初の4輪操舵システム。操舵に対する前後のタイヤ切れ角を車速に応じて変化させるもので，低速では少ないステアリング操作で前輪が大きく切れて取り回しがよく，中速では少ないステアリング操作で前輪が大きく切れ，さらに後輪が同じ方向に切れるためにキビキビと曲がれ，高速ではステアリング操作に対する前輪の切れ角が抑えられ，さらに後輪も前輪と同じ方向に切れるため，レーン・チェンジなどでもぶれることなく安定した走行ができる。Super HICASと違い，旋回初期の逆位相操舵は廃止されている。

四輪（よんりん）アライメント・テスタ［four-wheel alignment tester］　四輪を台上に乗せ，前後輪それぞれのホイール・アライメントおよび四輪の整列状態も測定できるホイール・アライメント・テスタ。

四（よん）リンク式（しき）サスペンション［four link type suspension］　車軸式懸架装置の後輪に用いられるもので，4本のリンクを用いて位置決めを行うサスペンション。フォー・リンク式サスペンション。

四輪駆動（よんりんくどう）［four-wheel drive］　エンジンの出力を前，後の四輪へ伝え駆動させること。一般に4WD（4×4）といい，フルタイム～とパート・タイム～の2方式に分かれる。

四輪操舵（よんりんそうだ）［four-wheel steering］　前・後軸の全車輪で舵取り操作を行う操舵方式。一般に4WSといい，車速感応型と舵角応動型の２方式がある。

四輪（よんりん）ダブル・ウィッシュボーン式（しき）サスペンション［four-wheel double wishbone type suspension］　フロント，リヤ共にダブル・ウィッシュボーン式の独立懸架装置を採用したもの。車軸懸架式と比べ，設定の自由度が高く操縦安定性や走行安定性に優れているが，構造は複雑になる。

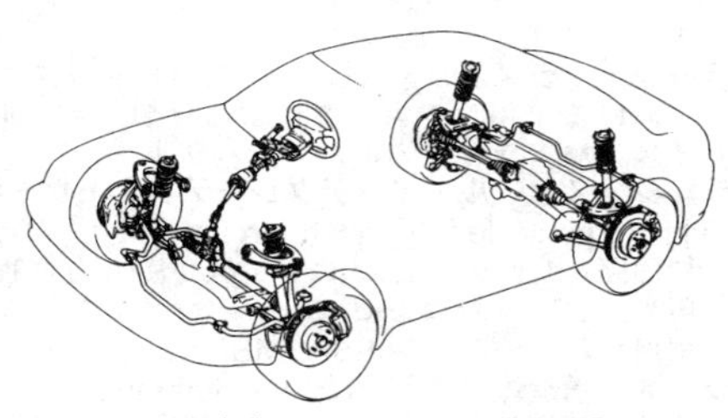

四輪ダブル・ウィッシュボーン式サスペンション

四輪独立懸架（よんりんどくりつけんが）［four-wheel independent suspension］　四輪のすべてが車軸などで連結されずに，それぞれ独立して運動できる懸架方式。構造は複雑になるが，操縦安定性や走行安定性が向上する。

[ラ]

ラージ・エンド [large end]　大端。例 コンロッド大端。＝ビグ〜。対 スモール〜。

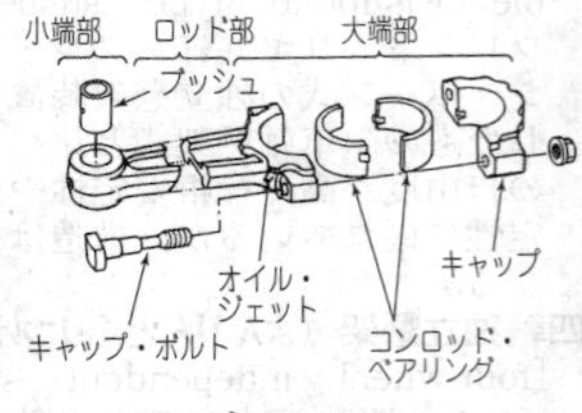

ラージ・エンド（コンロッド大端部）

ラージ・クラス [large class]　大型車クラス。米国における乗用車の大きさによる分類。＝フル・サイズ。☞ミディアム〜，コンパクト〜。

ラージ・スケール・インテグレーテッド・サーキット [large scale integrated circuit; LSI]　大規模集積回路。1チップ上にICを1,000〜10万個程度使用し，マイクロコンピュータ（マイコン）などに利用されている。☞SSI，MSI。

ラーメン構造体（こうぞうたい） [Rahmen　structure]　建造物，構造物の枠形の骨組。柱と梁（はり）によって構成されたもの。車ではモノコック・ボデーがこの考え方をベースに設計されている。ラーメン（Rahmen）は独語で「枠」の意。

ライクポール [like-pole]　同極。例 ㋑磁石のNとN，SとS。㋺電気の⊕と⊕，⊖と⊖。対 アンライク〜。

ライザ [riser]　①昇温装置。例 マニホールドのヒート〜。②立ち上がるもの。例 コミュテータのリード線接続部。③け上げ，けこみ。例 バスなどの乗降階段。

ライザ・バー [riser bar]　（回転電機の）整流子片。＝セグメント。

ライズ・アップ [rise up]　ワイパの停止時下方へ隠されたものが，使用時持ち上がってくる状態。

ライズ・アップ・ワイパ・モータ [rise up wiper motor]　ワイパ払しょくと，エンジン・フード内へのワイパ格納機構の二つの機能をもつモータ。

ライセンス [licence; 米 license]　①免許，許可，認可。②免許証，検査証，鑑札。

ライセンス・プレート [licence plate]　許可標板。例 ㋑自動車登録番号標。㋺車両番号標。＝ナンバ〜。

ライセンス・ランプ [licence lamp]　許可標板灯，番号標用灯火。

ライタ [lighter]　点火器。例 ㋑シガー〜。㋺溶接ガス用〜。

ライダ [rider]　①乗る人，乗り手，特にバイク乗り。②他のものの上（台上）で動く部分。

ライディング・キャパシティ [riding capacity]　乗車定員。

ライティング・サーキット [lighting circuit]　灯火用電気回路。灯火配線。

ライティング・システム [lighting system]　灯火装置。

ライティング・スイッチ [lighting switch]　灯火開閉器。

ライト¹ [light]　光，光線，灯火，照明，発光体。

ライト² [light]　軽い，軽装の。対 ヘビー（重い，重装の）。

ライト³ [right]　①正しい，正確な。②右，右の。対 レフト（左，左の）。

ライド [ride]　①（自動車などに）乗る。（物が）乗りかかる。②乗ること。

ライト・アロイ [light alloy]　軽合金。例 ㋑アルミ合金。㋺ジュラルミン。

ライト・インテンシティ [light intensity]　灯火の光度，明るさ。

ライト・ウェイト・ビークル [light weight vehicle; LWV]　☞LWV。対 HDV。

ライト・エミッティング・ダイオード [light emitting diode; LED]　発光ダイオード。電子表示の一種で，通電すると可視光線に変え，光を発するダイオード。デジタル・メータやストップ・ランプなどに使用され，2007年にはLEDヘッドランプも実用化された。最近では，赤色に加え青色や緑色のLEDも実用化された。

ライト・オイル [light oil]　軽質油。薄い油。例 灯油，軽油。対 ヘビー〜。
ライト消（け）し忘（わす）れ警報器（けいほうき） [light-on reminder]　ヘッドライトなど点灯のままイグニション・キーを抜いたとき，ブザーで警報する装置。消し忘れによるバッテリ放電を防止する目的。＝ランプ消し忘れ警報器。
ライト・コントロール・センサ [light control sensor]　コンライト・システム（ヘッドの自動点灯装置）の明暗検知器。自車の周囲の照度をスキャナ部で検知し，コンピュータへ出力する。
ライト・トラック [light truck]　軽量貨物自動車，軽トラック。
ライトニング・ホール [lightening hole]　トラックのフレームで，クロスメンバなど強度に余裕のある部材に，軽量化のため空ける穴。
ライド・ハーシュネス [ride harshness]　（舗装の継ぎ目などで感じる）ごつごつ振動。単にハーシュネスとも。
ライト・バス [light bus]　中型バス。日本では座席定員17人以上30人未満のバス（JIS-D-0101，自動車の種類による）。
ライト・バン [light van]　軽量箱型トラック。＝デリバリ〜。
ライト・バンク [right bank]　（V型エンジンの）右列（シリンダ）。対 レフト〜。
ライトハンド・クランクシャフト [right-hand crankshaft]　右手式クランクシャフト。直列6シリンダ用において，1番のピンを上にして前端から見通したとき3番が右手に出るもの。点火順は1−5−3−6−2−4になる。対 レフト〜。
ライトハンド・ドライブ・ビークル [right-hand drive vehicle]　右ハンドル車。
ライト・ビーム [light beam]　灯火の光線，光束。例 ヘッドライトの光束。
ライト・メタル [light metal]　（材料）軽金属。通例比重4.0以下のものをいう。例 ㋑アルミニウム（2.69）。㋺マグネシウム（1.741）。㋩カルシウム（1.15）。㊁ナトリウム（0.971）。㋭カリウム（0.8621）。
ライト・ロード [light load]　軽負荷，軽荷重。対 ヘビー〜。
ライトン・ホール [lighten hole]　重量軽減用穴。＝ライトニング〜。
ライナ [liner]　（摩滅止めの）着せ金。敷き金。入れ子。例 ㋑シリンダ〜。㋺メタル〜。
ライニング [lining]　裏張り，裏付け。例 ㋑ブレーキ〜。㋺メタル〜。㋩シリンダ〜（ライナ）。
ライニング・ストリッパ [lining stripper]　ブレーキ・ライニングはぎ取り機。
ライニング・セメント [lining cement]　ブレーキ・ライニング接着用のり。
ライブ [live]　①（針金に）電気が通じている。帯電した。②（機械が）動いている。回転する。
ライブ・アクスル [live axle]　活軸，回転車軸。例 後車軸の内軸。対 デッド〜。
ライフガード・デザイン [lifeguard design]　護身用設計。不慮の事故に対する安全設計。例 ㋑フェーシャ（計器板）の緩衝材。㋺衝撃吸収ハンドル。㋩シートベルト。㊁ヘッドレスト。
ライフ・ケア・ビークル [life care vehicle]　日産が採用した身体障害者向け車両の呼称。
ライフ・サイクル・アセスメント [life cycle assessment; LCA]　製品（自動車）の資源採取→製造→使用→廃棄→リサイクルまでの各段階で，車が環境に与える要因を定量化し，総合評価する手法で，ISO14040シリーズで国際標準化されている。例えばトヨタの場合，車の生涯走行距離を10万km（10年）として，CO_2，NO_x，NMHC（非メタン系炭化水素），PM（粒子状物質），SO_x（硫黄酸化物）などの排出量を重量や指数でカタログ上に記載している。☞ Eco-VAS。
ライフ・サイクル・テスト [life cycle test]　繰り返し負荷耐久試験。
ライブ・サウンド・システム [live sound system]　生放送（演奏）に近い音響効果を再現するカー・オーディオ・システム。

ラ

ライブ・センタ [live center]　（旋盤主軸の）回りセンタ。
ライブラ [libra]　重量ポンド。記号lb。1lbは約0.45kg。
ライフル・ブラシ [rifle brush]　（工具）ら旋ブラシ。例 穴掃除などに使うら旋状ワイヤブラシ。
ライブ・ワイヤ [live wire]　活線。電流の通っている線。
ライム [lime]　①石灰，生石灰，酸化カルシウム。CaO。②（ウォータ・ジャケットに溜まる）水あか。炭酸塩。CaO_3。＝スケール。
ライム・ソープ・グリース [lime soap grease]　石灰石けん油脂。鉱油とカリ石けんで作ったグリース。別名カップ・グリース。耐水性に強いが耐熱性に弱い。
ライム・デポジット [lime deposit]　（ウォータ・ジャケットに溜まる）水あか。湯あか。＝スケール。
ライン・オフ [line off]　（製造工場などのコンベヤの）ラインを出る。できあがって組み立てラインを出ること。
ライン・オブ・マグネチック・フォース [line of magnetic force]　磁力線。＝マグネチック・ライン・オブ・フォース。
ライン・コネクタ [line connector]　電線連結器。＝カプラ。
ライン・プレッシャ [line pressure]　オートマチック・トランスミッションの油圧式制御装置（バルブやブレーキなど）の基本となる油圧。
ライン・ボアラ [line borer]　（工具）通し穴ぐり機。＝ラインボーリング・マシン。
ライン・ボーリング [line boring]　（工作）通し穴ぐり。一直線上にある幾つかの穴を一本の通し軸を回転して穴ぐりすること。例 クランクシャフトやカムシャフト・ベアリングの穴くり。
ライン・ボーリング・マシン [line boring machine]　（工具）通し穴ぐり機。＝ラインボアラ。
ライン・リーミング [line reaming]　（工作）通しリーマ仕上げ。一直線上にある幾つかの軸受穴を１本の通しリーマで仕上げること。＝スルー～。
ラウタール [独 Lautal]　アルミ合金の一種。アルミニウムに4%程度の銅と5%程度のけい素を加えた鋳造用アルミニウム合金。
ラウンディング [rounding]　（工作）丸くすること，角（かど）を取り丸くすること。＝チャンファリング。
ラウンドアバウト [roundabout; RAB]　信号機のない環状交差点。欧米（特に英国）で採用されている平面式交差点の一つで，交差点の中心に島（ロータリ）があり，進入車両は定められた向き（左回り／右回り）に周回して所要の道路へ進む方式。周回している車両側に優先権があり，郊外や交通量のあまり多くない交差点を主体に採用されている。2013年の道路交通法の一部改正により，国内でも「環状交差点」の通行方法に関する規定が整備された。ラウンダバウトが，より原音に近い。
ラウンド・ゲージ [round gauge]　（計器）丸ゲージ。丸い断面のすき見計。例 スパーク・プラグのギャップ・ゲージ。
ラウンド・ファイル [round file]　（工具）丸やすり。
ラウンドヘッド・ピストン [roundhead piston]　丸頭ピストン。＝ドーム～。
ラグ[1] [lag]　（運動や時期の）遅れ。例 ①バルブがピストンの死点より遅れて閉じることをラグ何度という。②ターボチャージャの加速遅れ（タボ・ラグ）。対 リード。
ラグ[2] [lug]　①突起，突出部。例 ㋑～ワッシャ。㋺メタル～。②強く引くこと。
ラグ[3] [rag]　ぼろ，ぼろくず。例 フィルタエレメント。
ラグ型（がた） [lug type]　タイヤのトレッド・パターンが回転方向に直角の溝を基本として構成された模様で，駆動力・制動力が強いためトラック・バス・建設機械に多く採用されているが，高速用には不向きである。lugは"強く引く"の意味。
ラグジュアリ・カー [luxury car]　室内装備が豪華に設定された乗用車。☞プレスティージ～。

ラグ・パターン [lug pattern]　（タイヤ・トレッド）強力型。トレッドに横方向の型をつけ駆動力や制動力に優れたもの。例トラック・タイヤ。

ラグ・パターン

ラグ・ボルト [lug bolt]　耳がね付きボルト。

ラグ・ワッシャ [lug washer]　耳がね付き座金。回り止め用折り曲げ部付き平座金。

ラゲージ・コンパートメント [luggage compartment]　荷物入れ，荷物室。＝トランク・ルーム。

ラゲージ・コンパートメント・ドア [luggage compartment door]　乗用車の荷物室の蓋（ふた）。＝トランク・リッド，トランク・カバー。

ラゲージ・ドア [luggage door]　☞ラゲージ・コンパートメント・ドア。

ラゲージ・ドア・オープナ [luggage door opener]　乗用車の荷物室の蓋を機械式又は電気式で開ける装置。

ラゲージ・ドア・クローザ [luggage door closer]　乗用車の荷物室の蓋をモータで強制的に閉じる装置。一部の高級乗用車に採用されている。

ラゲージ・ルーム [luggage room]　☞ラゲージ・コンパートメント。

ラゲージ・ルーム・ランプ [luggage room lamp]　トランク内を照明するランプで，トランク・カバーを開くとスイッチが入るようになっている。

ラジアス [radius]　①（円や球の）半径。②放射線状。例ターニング〜。

ラジアス・プライ・タイヤ [radius ply tire]　カーカス・コードを半径方向にしたタイヤ。＝ラジアル〜。☞バイアス〜。

ラジアス・ロッド [radius rod]　半径桿（かん）。車軸と車枠にかけ渡した突っ張り棒。その用い方により，推進および制動の応力を受けるもの，駆動トルクを受けるもの，補強用のものなどがある。

ラジアス・ロッド・ドライブ [radius rod drive]　半径桿（かん）駆動方式。後車軸ハウジングとフレームの間に架設した半径桿により車台を推進し又は引き止めるもの。ただし，その半径桿が駆動トルクも吸収するものではトルクロッド・ドライブという。☞ホチキス〜。

ラジアル [radial]　半径の，半径方向の，放射の。＝レイディアル。例〜タイヤ。☞スラスト。

ラジアル・クリアランス [radial clearance]　半径方向すき間。がた。

ラジアル・タイヤ [radial tire]　（カーカス・コードが）半径方向に配列されたタイヤ。一般車用として広く使用されている。☞バイアスプライ〜。

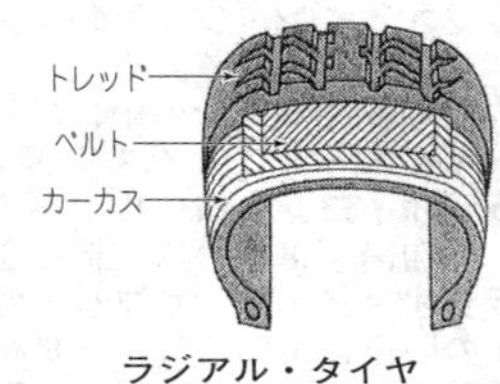

ラジアル・タイヤ

ラジアル・フォース・バリエーション [radial force variation; RFV]　☞RFV。

ラジアル・プライ・タイヤ [radial ply tire]　☞ラジアル・タイヤ。

ラジアル・ブラシ [radial brush]　（回転電機の）放射状ブラシ。半径方向に向いたブラシ。例モータやジェネレータ用ブラシ。☞アンギュラ〜。

ラジアル・プレー [radial play]　半径方向の遊び。がた。

ラジアル・ブレード [radial blade]　放射状の羽根。例フルード・カップリングのポンプやタービンの羽根。☞バイファーケーテッド・フロー。

ラジアル・ベアリング [radial bearing]　径圧軸受。軸と直角方向の荷重を支える軸受。対スラスト〜。

ラジアル・ボール盤（ばん） [radial drilling machine]　旋回ボール盤。きり軸を納めたヘッドが直立したコラム（円柱）の周りを旋回できる構造の穴あけ機。対アップライト〜。

ラジアル・ボール・ベアリング［radial ball bearing］　径圧玉軸受。軸と直角方向の荷重を受ける玉入り軸受。単列，複列などがある。

ラジアル・ボール・ベアリング

ラジアル・ランナウト［radial run-out; RR］　☞RR²。

ラジアル・ロード［radial load］　径圧。軸に垂直な方向からかかる荷重。対スラスト～。

ラジアン［radian］　弧度，角度の単位。記号rad。角の頂点を中心とする円からその角が切り取る弧の長さと円の半径との比で角度を表すもの。1rad＝57°17’44.8”。

ラジエータ［radiator］　放熱器，冷却器，暖房器。例㋑エンジン冷却水の放熱器。㋺カーヒータの暖房器。㋩カークーラの冷風放出器。

ラジエータ・キャップ［radiator cap］　放熱器給水口のふた。

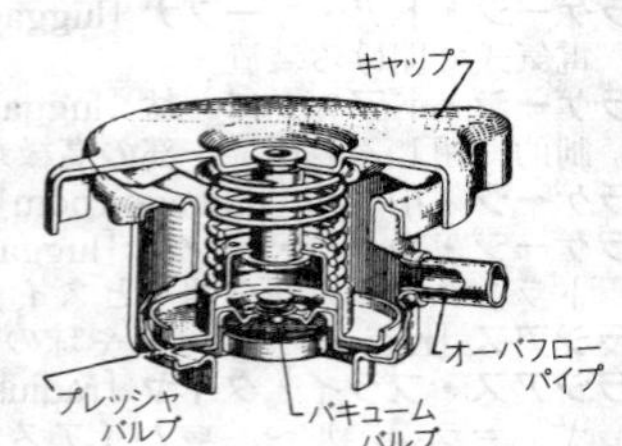

ラジエータ・キャップ

ラジエータ・キャップ・テスタ［radiator cap tester］　放熱器キャップ試験器。ラジエータおよびそのキャップの気密を試験する工具。手押しポンプと圧力計が附属している。

ラジエータ・グリル［radiator grille］　放熱器の囲い格子。保護と飾り。

ラジエータ・コア［radiator core］　放熱器の中組み。大切な放熱部分。上下のタンクを接続する多数の水管と，それに組み合わせた多数の放熱フィンからできている。

ラジエータ・シェル［radiator shell］　放熱器の外枠，飾り枠。

ラジエータ・シャッタ［radiator shutter］　放熱器開閉よろい戸。厳寒地で暖機運転中閉じる。

ラジエータ・ダンパ［radiator damper］　同前。

ラジエータ・ホース［radiator hose］　放熱器用ゴム水管。

ラジエーティング・フィン［radiating fin］　放熱用ひれ。例㋑空冷シリンダ。㋺ラジエータ。㋩オイルクーラ。㊁ブレーキドラム。

ラジエーティング・フランジ［radiating flange］　放熱用つば。同前。

ラジオ・インタフィアレンス・サプレッサ［radio interference suppressor］　ラジオ受信障害除去装置。点火プラグその他の火花放電によって起こる放送電波障害を除く装置の総称で，その中には抵抗器，コンデンサ，シールド法など色々ある。＝ノイズエリミネータ，ノイズサプレッサ。

ラジオ・コントロール・ドア［radio control door］　無線操作のとびら。例車庫とびらの開閉を車載の送信機によって行うもの。＝ラジコン～。

ラジオ・ノイズ・サプレッサ［radio noise suppressor］　点火装置から出る高周波雑音の防止に用いる外付け抵抗器又はコンデンサ。

ラジオ・ヒーティング［radio heating］　高周波加熱。不導体には誘電加熱法，導体には誘導加熱法。＝ハイフリクエンシ～。

ラジコン［radi-con］　無線操作，ラジオ・コントロールの略。

ラシモア・タイプ［Rushmore type］　スタータのピニオンかみ合わせ法のうち，アーマチュアが軸方向に動いて行うもの。＝アーマチュア・シフト。アキシャル・シフト。

ラスタ［luster; lustre］　①光沢，つや，輝き。②飾り。運転席計器類の飾り。

ラスト［rust］　①錆（さび）。②さびつく。例アンチ～。☞コロージョン。

ラスト・インヒビタ［rust inhibitor］　さび止め，防食剤。

ラスト・プリベンタ [rust preventer]　☞ラスト・インヒビタ。

ラスト・レジスタ [rust resistor]　☞ラスト・インヒビタ。

ラスプ [rasp]　（工具）石目（鬼目）やすり，わさび目やすり。木材その他非金属を削る荒目やすり。

ラダー [ladder]　はしご，はしご状のもの。例RVのリヤ〜。

ラダー・カー [ladder car]　（消防用などの）はしご自動車。

ラダー・タイプ [ladder type]　はしご型。

ラダー・フレーム [ladder frame]　はしご型車枠。例トラック用フレーム。

ラチェット [ratchet]　爪車。追い歯車装置。爪歯車とそれを回す（又は止める）爪とからなる一方回転装置。例㋑レンチハンドル。㋺ブレーキレバーのロック装置。

ラチェット・ギヤ [ratchet gear]　爪歯車。＝〜ホイール。

ラチェット・ジャッキ [ratchet jack]　爪歯車式起重機。

ラチェット・ハンドル [ratchet handle]　（レンチ用の）ラチェット付きハンドル。左回転，右回転。固定などに切り替えられる。

ラチェット・ホイール [ratchet wheel]　爪歯車。＝〜ギヤ。

ラチェット・レンチ [ratchet wrench]　爪歯車付ねじ回し。

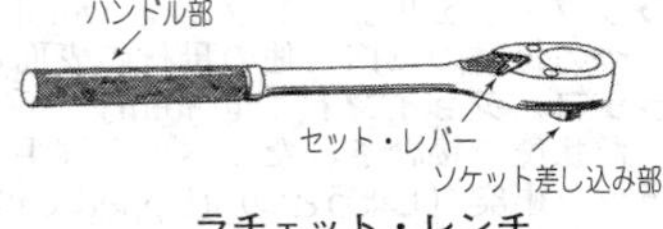

ラチェット・レンチ

ラッカ [lacquer]　パイロキシリン・ラッカの略。☞パイロキシリン・ラッカ。

ラッカ・エナメル [lacquer enamel]　ラッカ系光沢塗料。仕上げ塗料。

ラッカ・サーフェーサ [lacquer surfacer]　ラッカ系下地塗料。

ラッカ・シンナ [lacquer thinner]　ラッカ用薄め液。ラッカ溶剤。その成分は各種エステル，エーテル，ケトン，トルエン，ベンゼンなどの混合液で芳香があり，引火性が強い。

ラッカ・パテ [lacquer putty]　ラッカ系パテ。プラスチック・パテにつぐ速乾性がある。

ラック [rack]　①棒歯車，歯ざお。例㋑ラックピニオン式ハンドル。㋺ディーゼル噴射量調整装置。②たな，網だな，検車だな。例インスペクション〜。

ラック・アシスト式（しき）EPS [rack assist electric power steering; R-EPS]　電動式パワー・ステアリング（EPS）の一種で，アシスト（助勢）・モータがラック・シャフト部に取り付けられたもの。モータの配置場所により同軸式と平行軸式があり，中・大型車用の高出力なタイプが特徴でフィーリングもよいが，システムが大型化し，エンジン・ルーム内での搭載性や防水性に対する配慮が必要となる。平行軸式はBMWなどで採用しているが，モータの駆動力はベルトを介してラック・バーへ伝達される。トヨタなどでは，モータの駆動電源を12Vから34Vに昇圧して，ハイ・パワーに対処している。☞コラム／ピニオン・アシスト式EPS。

ラック・アンド・ピニオン [rack and pinion]　（ハンドル）棒歯車と小歯車式。ハンドル軸でピニオンを回転しこれに従動して左右動するラックによってかじ取りをするもの。小型車に多い。

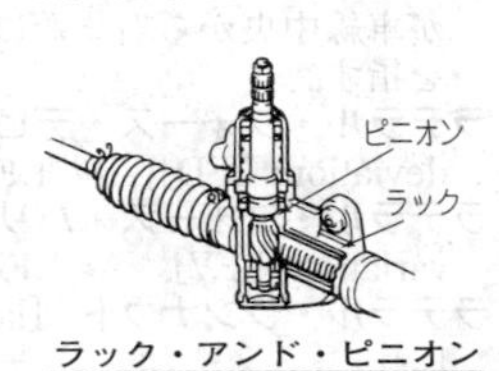

ラック・アンド・ピニオン

ラッシュ[1] [lash]　強く打ち当たる。強く打つ。例㋑ペダルの遊び。㋺ギヤのかみ合いの遊び。バック〜。

ラッシュ[2] [rush]　突進，急進，殺到。例急発車，急加速。

ラッシュ・アジャスタ [lash adjuster]　遊びの調整装置。例ギヤのバックラッシュ調整装置，バルブ〜。

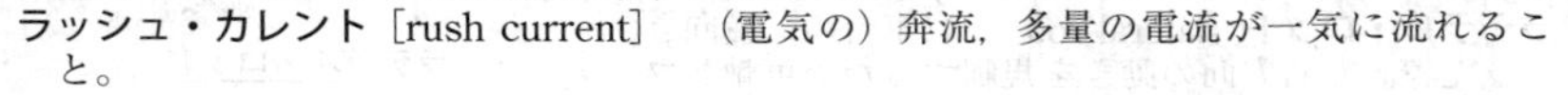

ラッシュ・カレント [rush current]　（電気の）奔流，多量の電流が一気に流れること。

ラッシング・フック [lashing hook]　（ボデー）牽引用かぎ。ロープかけ。
ラッチ¹ [latch]　（ドアなどの）掛け金。かんぬき。
ラッチ² [ratch]　追歯爪装置。＝ラチェット。
ラッテール・ファイル [rat-tail file]　（工具）ねずみの尾のように細い丸やすり。
ラット [rut]　わだち，車輪のあと。
ラットテールド・ファイル [rat-tailed file]　☞ラッテール～。
ラットル [rattle]　☞ラトル。
ラッパ [lapper]　（工具）すり合わせ工具。例 バルブすり合わせ用具。
ラッピング・コンパウンド [lapping compound]　すり合わせ用練り物。例 金剛砂を油で練ったもの。
ラッピング・ツール [lapping tool]　すり合わせ用工具。
ラッピング・マシン [lapping machine]　ラップ盤。工作物をラップ仕上げする工作機械。
ラップアラウンド・タイプ [wrap around type]　（風防ガラス）広角型。運転者を取り巻くように曲面ガラスで包んだ見通しのよい風防ガラスのこと。＝パノラミック・ウインドウ。かつて用いられた。
ラップ・ウェルディング [lap welding]　（溶接法）重ね溶接。2部材の一部を重ね一つの母材の小口と他の母材の表面との間にすみ肉を盛って行う溶接法。
ラップ・ジョイント [lap joint]　重ね継手。締結されるものの端が互いに重なりあった状態で接合されたリベット継手又は溶接継手。
ラップ衝突（しょうとつ） [lapped collision]　正面衝突時に，相手の車又は障害物が車の前面に部分的に衝突すること。☞フルラップ／オフセット・クラッシュ。
ラップストラップ [lap-strap]　（安全）腰ベルト。
ラップ・タイム [lap time]　（レース）トラック（競走路）を1周するために要する時間。
ラップド・ベルト [wrapped belt]　Vベルトの1種で，繊維製の芯を入れた台形の断面形状のゴム・ベルトをゴム引き布で覆った2重構造のもの。
ラップ・ベルト [lap belt]　シートベルトで腰ベルトのこと。保安基準では，第一種ベルトと称する。2点式ベルト。
ラップ・ワインディング [lap winding]　（アーマチュア巻線法）重ね巻き。別名並列巻き。例 直流ダイナモのアーマチュア巻線。＝パラレル～。
ラティス [lattice]　格子，格子づくりのもの。例 バッテリ極板。＝グリッド。
ラテックス [latex]　（特にゴム樹）乳液，乳樹脂，天然ゴムの原料。
ラテックス・スポンジ [latex sponge]　海綿状ゴム。ラテックスを発ぽうさせて加硫（バルカナイズ）したもの。
ラテラル [lateral]　①横の，側面の。②側部。例 ～ロッド。☞ホリゾンタル。
ラテラル・オフセット [lateral offset]　横方向のずれ。車線維持支援装置（LKAS）において，車両が車線中央から右または左にずれていることなどを指す。
ラテラル・フォース・デビエーション [lateral force deviation; LFD]　☞LFD。
ラテラル・フォース・バリエーション [lateral force variation; LFV]　☞LFV。
ラテラル・ランナウト [lateral run-out; LR]　☞LR。
ラテラル・ロード [lateral load]　横向き荷重。
ラテラル・ロッド [lateral rod]　（車台の）横向き支え棒。左右方向の動きを規制するため車軸とフ

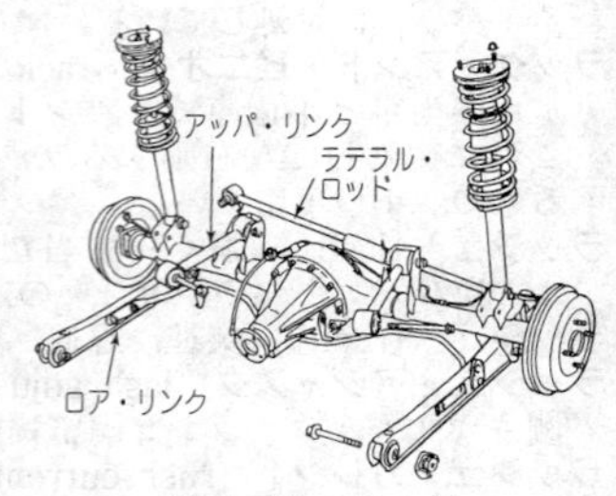

ラテラル・ロッド

ラ

レームとの間に横向きに取り付けた棒。サスペンションの形式によりこれを用いるものと用いないものがある。

ラトラ [rattler]　がらがら音をたてるもの。例 アンチ～。

ラトル [rattle]　がらがらと音をたてる。例 アンチ～スプリング。

ラナー [runner]　①（自動車などの）競走者。②（機械の）ころ。③（コンバータなどの）羽車。＝ランナ。

ラナウト [run-out]　（回転体の）芯振れ，横振れ。＝ランアウト。

ラナバウト [runabout]　小型自動車。

ラバー [rubber]　①こするもの。②弾性ゴム（インディア～）。

ラバー・クッション [rubber cushion]　ゴム座布団。ゴム敷物。

ラバー・グリース [rubber grease]　植物油にリチウム石けんを加えたグリース。ゴム部分に悪影響を与えない特徴があり，ブレーキのマスタ・シリンダやホイール・シリンダの組み付けに用いる。

ラバー・クロース [rubber cloth]　ゴム引きの布，ゴム引き防水布。

ラバー・ジョイント [rubber joint]　ゴム継手。例 軽自動車用自在継手。

ラバー・スプリング [rubber spring]　ゴムばね。

ラバー・セパレータ [rubber separator]　ゴム製隔離板。例 バッテリ用多孔質ゴム隔離板。

ラバー・セメント [rubber cement]　ゴムのり。ゴムの接着に用いるのり。生（なま）ゴムをベンゼンなどで溶解したもの。

ラバー・バッファ [rubber buffer]　ゴム緩衝器。オーバロードのとき車軸とフレームの衝突を防ぐゴム塊。

ラバー・バンド・フィール [rubber band feeling]　ベルト式CVT（無段変速機）特有の現象で，エンジン回転だけが高まって加速感がついてこないという（ゴム・ベルトを介して引っ張るような）違和感。メカニズムの見直しや制御技術の進歩により，この問題は解消されつつある。ラバー・バンド・フィールは欧州でCVTを表現するときに用いられる用語で，この感触が欧州では嫌われている。CVTラグとも。

ラバー・ブッシュ [rubber bushing]　ゴム製のブッシュ。サスペンションなどの連結部に使われ，衝撃や振動を吸収する。ブッシュ＝ブシュ。

ラバー・プラグ [rubber plug]　（穴をふさぐ）ゴム栓。

ラバー・ホース [rubber hose]　ゴムホース。

ラバー・マウント [rubber mount]　ゴム架装の，ゴムに乗せた。例 エンジンの取り付け。

ラピッド・チャージ [rapid charge]　急速充電。＝クイック～。ファスト～。

ラピッド・リリース・バルブ [rapid release valve]　（エア・ブレーキの）急速緩め弁。＝クイック～。

ラビ塗装（とそう） [ravy painting]　塗膜がつや消し機能を有し，防眩性・遮断性に優れたウレタン塗装。例 運転席メータ回りの塗装。

ラビニョー・タイプ・ギヤ・トレーン [Ravigneaux type gear train]　（AT車の）ラビニョー型歯車列。異なった大きさの2個のサン・ギヤを1個の遊星歯車装置に組み合わせたもので広く使用されている。☞シンプソン～。

ラビリンス・パッキング [labyrinth packing]　迷路パッキング。ケーシングと回転軸のすき間から流体の漏れを防ぐために用いられるもので，黄銅あるいは青銅製の鋭い先端を持つ多数のひれを並べ狭部と拡大部とを交互に設けたもので，大きい圧力差に対し漏れを少なくすることができる。例 ④2サイクル用クランク軸受部。⑩スーパーチャージャ軸受部。

ラビリンス・プレート [labyrinth plate]　気密用当て板。

ラビング [rubbing]　摩擦，研磨。例 ～コンパウンド。

ラビング・ブロック [rubbing block]　こするもの。例 ブレーカ・アームのカムとこする部分。＝ベークライト・ヒール。カムフォロア。

ラフ [rough]　荒い，粗暴な，調子外れの。例 エンジンの不調。

ラフ・アイドル [rough idle]　不調な空転，スローの不調子。

ラプチュア・ストレス [rupture stress]　破裂応力。

ラフネス [roughness]　タイヤのユニフォーミティ（均一性）不良に起因する乗用車の振動騒音現象の一つ。50〜120km/h 位の速度で発生し，圧迫感の強い連続音（打音）として感じられる。

ラフ・ボーリング [rough boring]　（シリンダなどの）荒削り。

ラフ・ロード [rough road]　でこぼこ道。

ラマー [rammer]　突き固めるもの。例 路面を突き固める土木機械。

ラミネーテッド [laminated]　①薄板・合板にした。②薄板・プラスチック膜をかぶせた。例 〜グラス（合わせガラス）。

ラミネーテッド・グラス（ガラス）[laminated glass]　成層ガラス，合わせガラス。2枚の板ガラスの間にポリビニル・ブチラールなどを挟み圧着したもの。割れても飛散しない安全ガラス。例 自動車の前面風防ガラス。☞合わせガラス。

ラミネーテッド・コア [laminated core]　成層鉄芯。薄鉄板を重ねて作った鉄芯。例 ㋑ジェネレータやモータのアーマチュア鉄芯。㋺コイルの鉄芯。

ラミネーテッド・シム [laminated shim]　成層挟み金。めくって薄くすることができる挟み金。例 ベアリング・メタルの調整シム。

ラミネーテッド・スチール・シート [laminated steel sheet]　☞ラミネート鋼板。

ラミネーテッド・スプリング [laminated spring]　成層ばね，鋼板を重ね合わせたばね。例 シャシばね。

ラミネーテッド・リーフ・スプリング [laminated leaf spring]　成層板ばね。鋼板を重ね合わせた板ばね。例 シャシばね。

ラミネート鋼板（こうはん）[laminated steel sheet]　2枚以上の鋼板の間にアスファルト・シートか樹脂シートを挟み接合した複合鋼板で，プレス成形して防音，防振目的で，ダッシュ・ボードなどに使用される。＝積層鋼板。サンドイッチ鋼板とも。

ラム [ram]　（プレスなどの）突き棒，くい打ち機。例 プレスや水圧機の突き棒。

ラムダ・コントロール [lambda control]　O_2センサによる空燃比のフィードバック制御。ラムダ（λ）は空気過剰率の記号。理論上，燃料が完全燃焼する理論空燃比は$\lambda=1$である。三元触媒を用いたエンジンでは，O_2センサにより常に$\lambda=1$になるよう燃料が供給されている。しかし，高負荷時等ではλの値が1以上の濃い混合気が必要なため，コンピュータに記憶させた最適なλ値により空燃比を制御している。

ラム・リフト [ram lift]　（オートリフトなどの）ラムの揚程。ストローク。

ラメラ・スプリング [lamella spring]　板ばね。＝リーフ〜。

ラリー [rally]　自動車レースの一種で，一般公道を使い，指定されたコースを指示された速度に合わせるように走行し，各区間ごとの時間差の集計で順位を競う。

ラン・アイドル [run idle]　（機械の）空回り。＝アイドリング。

ランアウト [run-out]　☞ラナウト。

ラン・イン [run in]　☞ランニングイン。

ランイン・スタンド [run-in stand]　（エンジンなどの）すり合わせ台。

ランウェイ [runway]　①走路，自動車道。②（窓ガラスの）走り溝。

ランオフ・ロードプロテクション [run-off road protection]　安全装置の一種で，道路逸脱時に乗員を保護する機能。ボルボが2014年に新型車に採用したもので，道路逸脱をいち早く検知し，車両が停止するまで運転席と助手席のシート・ベルトを自動的に強く巻き上げることで乗員を適切な位置に固定して保護するセーフ・ポジショニング機能を設けている。欧米の道路では，道路から転落して車が横転／転覆（ロールオーバ）する事故が多く発生している。

ランオン [run-on]　火花点火エンジンで，火花を止めても表面点火で燃焼が続く現象。

オーバ・ヒート時に起こりやすい。

ランガソリン [run-gasoline]　直留ガソリン。＝ダイレクト〜。ストレート〜。ロー〜。

ランキン・サイクル [Rankine cycle]　ランキンは，スコットランドのエンジニアで物理学者の名前。ランキンの考案になる蒸気エンジンの蒸気ボイラ，蒸気タービン，複水器，給水ポンプを含めた基本サイクル。

ランキン・サイクル・エンジン [Rankine cycle engine]　外燃機関としてのランキン・サイクルを作動原理とするエンジン。

ランス [lance]　やり，やす。例 エアバッグ用配線コネクタ２重ロック機構の一次側ロック（やり型の形状をしている）。

ラン・ダウン [run down]　①（エンジンなどの）運転が止まる。②（電池などが）起電力が衰え電流が起こらなくなる。

ランタノイド [lanthanoid]　ランタン族。希土類元素（レア・アース）の中で，原子番号57のランタンから71のルテチウムまでの15のランタン系列元素の総称。中でも，原子番号58のセリウム（Ce）は研磨剤・製鋼原料・触媒などに，同60のネオジム（Nd）と同66のジスプロシウム（Dy）はハイブリッド車や電気自動車の駆動モータ用磁石に不可欠なもの。なお，ランタノイドの各元素記号は次の通り。La，Ce，Pr，Nd，Pm，Sm，Eu，Gd，Tb，Dy，Ho，Er，Tm，Yb，Lu。

ランダム・アクセス・メモリ [random access memory; RAM]　☞RAM。

ランダム・サンプリング [random sampling]　（製品検査）無作為抜き出し。＝〜チェック。

ランタン [独 Lanthan]　希土類元素（レア・アース）の一つ。記号La，原子番号57。錫（すず）に似て鉱物中に化合物として含まれており，空中では酸化されやすく，水に作用して水素を生じる。セラミック・コンデンサ，光学レンズ，水素吸蔵合金，フェライト磁石などに用いられる。☞ランタノイド，ミッシュメタル。

ランチェスタ・ウォーム [Lanchester worm]　（ハンドルの）つづみ型ウォーム。＝ヒンドレ〜。アワグラス〜。

ランディング・ギヤ [landing gear]　（トレーラの）着地装置。トラクタから切り放したときトレーラの前部を支持する補助脚。

ランデル・タイプ [Lundell type]　（オルタネータ形式）ランデル型。爪極型ロータを用いた普通のもの。＝インプリケーテッド〜。

ランド [land]　①陸，陸地。②土地，地面。例 ピストンのリング溝に挟まれた部分。上からトップ〜，セカンド〜等。

ランドー [landau]　（ボデー形式）箱型であるが後席だけほろ屋根になっており随時開放できる変わり型。現在はほとんど見られない。馬車時代の名残り。

ランド・クルーザ [Land Cruiser]　トヨタ社が製造販売している乗用車系荒地向け四輪駆動車の商品名。☞ジープ。

ランドマーク [landmark]　①陸上の目印，土地の境界標識。②その土地や場所の目印や象徴となっている建造物。例 カーナビ画面のコンビニやガソリン・スタンドなど。

ランドレー [landaulet]　（ボデー）ランドーと同じ外観であるがランドー継手は飾りであり後席の屋根は開放できない。ランドーのにせもの。

ランド・ローバー [Land Rover]　英国ローバー社製四輪駆動車の商品名。☞ジープ。

ランナ [runner]　☞ラナー。

ランナバウト [runabout]　☞ラナバウト。

ランニングイン [running-in]　（オーバホール後の）慣らし運転。＝ブレーキングイン，ブレークイン。

ランニング・ギヤ [running gear]　（自動車の）走行装置。

ランニング・コスト [running cost]　装置を作動させるのに必要な費用。例 モータなどの電気代，エンジンの燃料・潤滑油代，人件費など。対 イニシャル〜。

ランニング・フィット［running fit］　（はめ合わせで）遊合，動きばめ，すき間ばめ。＝ルーズ〜。

ランニング・ボード［running board］　（乗降ロドア下の）踏み板。＝ステップ〜。

ランニング・レジスタンス［running resistance］　走行抵抗。例転がり，登坂，空気各抵抗の合計。

ランバ・サポート［lumbar support］　シート・バックの腰の部分の張り具合や形を変える装置。長時間運転時に腰椎（ようつい）を保護する。

ランプ¹［lamp］　①灯火，あかり。例㋑ヘッド〜。㋺テール〜。②加熱用灯火。例トーチ〜。

ランプ²［ramp］　（道路）斜道，坂路，傾斜路。例高さの異なる二つの道路を結ぶ傾斜道路。

ランプ・アングル［ramp angle］　ランプ角。軸距の中点を含む車体中心面に垂直な鉛直面上の自動車の最低点から前輪および後輪タイヤ外周への二つの接平面がなす角度。

ランプ・アングル

ランプ・ウェイ［ramp way］　傾斜路，坂路。

ランプ・オイル［lamp oil］　灯油，石油。＝ケロシン。

ランプ・オート・カット・システム［lamp auto cut system］　ヘッドランプおよびテール・ランプの消し忘れ防止システム。ライト・スイッチをオンの状態からイグニション・スイッチをオフにし，運転席のドアを開くとヘッドランプとテール・ランプは自動的に消灯する。

ランプ・タイプ・レジスタ［lump type resistor］　節型抵抗器。コードの途中に入れて節のようになる抵抗器。例電波障害除去のためプラグ・コードの途中に入れる抵抗器。

ランプ断線警報装置（だんせんけいほうそうち）［lamp failure warning indicator; bulbs burn-out indicator］　☞ランプ・フェイリア・ウォーニング・インジケータ・ランプ。

ランプ・バルブ［lamp bulb］　電球。

ランプ・フェイリア・ウォーニング・インジケータ・ランプ［lamp failure warning indicator lamp］　ヘッドランプ，テール・ランプ，ストップ・ランプなどランプ類の断線（バルブ切れ）を警報する表示ランプ。

ランプ・ブラケット［lamp bracket］　灯器の支持金具。ランプの取り付け。

ランプ・ブラック［lamp black］　油煙。＝カーボン〜。

ランフラット・タイヤ［runflat tire; RFT］　パンクして空気が抜けても走行可能なタイヤで，パンクしても 90km/h 以下の速度で 80〜200km くらいは走行可能と言われている。これにはタイヤのサイド・ウォールを強化した「サイド補強式」と，サポート・リングと呼ばれる中子（なかご）を用いた「中子式」の２種類があり，前者は主に軽量車に，後者は主に重量車に用いられる。このタイヤはポルシェが 1987 年に，BMW が 2000 年に，国内ではトヨタが 2001 年にそれぞれ初採用しており，いずれもスペア・タイヤは搭載していない。RFT は空気が抜けてもドライバには分かりにくいため，通常はタイヤ空気圧監視装置（TPMS）の装備が義務づけられている。

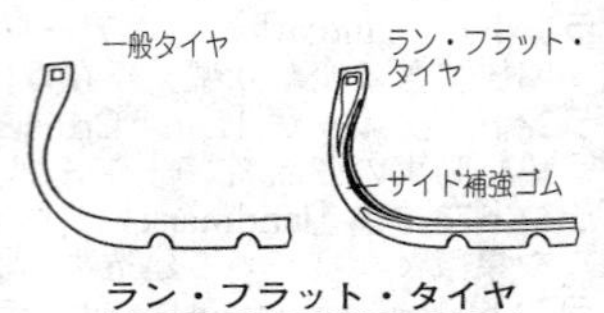

ラン・フラット・タイヤ

ランプ・リフレクタ［lamp reflector］　灯火の反射鏡。例ヘッドランプの凹面反射鏡。

ランブル・シート［rumble seat］　（車室外の）折り畳み式無蓋座席。例ロードスターやクーペのトランク部座席。

ランプ・レンズ［lamp lens］　灯器のガラスぶた。例ヘッドランプ用は適切な配光を得るため光線を屈折偏向させるプリズムになっている。
ランプ・ワイヤリング [lamp wiring]　灯火用配線。
ランマ [rammer]　☞ラマー。
乱流（らんりゅう） [turbulence]　☞タービュランス。
乱流生成（らんりゅうせいせい）ポット [turbulence generating pot; TGP]　☞タービュランス・ジェネレーティング・ポット。

[リ]

リア [rear]　後ろ。＝リヤ。
リアCPA [rear collision protection alert]　被害軽減ブレーキ付き後方衝突警告システム。ダイムラー（MB）が採用しているディストロニック・プラス（渋滞追従機能付き車間距離制御装置）にマルチモード・ミリ波レーダ・センサをリア・バンパの左右に追加したもので，車間距離と接近速度から衝突の危険があると判断すると，リア・コンビネーション・ランプを素早く点滅させて後続車のドライバに警告する。それでも後続車が十分に減速しない場合には，自動的にブレーキ液圧を高めて自車をロックし，玉突き衝突の回避など二次被害の軽減を支援する。☞CPA。
リア・アンダラン・プロテクタ [rear underrun protector]　☞RUP。
リア・オブスタクル・センサ [rear obstacle sensor]　後方障害物感知器。オブスタクルとは障害物のことで，超音波を利用したバック・ソナーなどを指す。
リアクション [reaction]　反動，反作用，抗力。
リアクション・ギヤ [reaction gear]　反動歯車。反作用を与え又はその原因となる歯車。例 プラネタリ・ギヤ装置のサン・ギヤ。
リアクション・チャンバ [reaction chamber]　反動室。パワー・ステアリングのコントロール・バルブに隣接した小室で，油圧がかけられており，ハンドルを切ったときに手応えを感じるようにしたもの。
リアクション・ディスク [reaction disc]　真空式制動倍力装置内のバルブ・プランジャとプッシュ・ロッドの間にある円盤状のゴム。パワー・ピストン作動時のマスタ・シリンダ・ピストンの反力をパワー・ピストンとバルブ・プランジャに分圧して作用させ，ブレーキ・ペダルに掛かる反力を低減させる役目をしている。
リアクション・メンバ [reaction member]　反動部。反動の原因部分。例 ㋑トルク・コンバータのステータ翼車。㋺ホイールに対する路面。
リアクタ [reactor]　①反動子。反動を与えるもの。②反応装置。
リアクタTPO [reactor thermoplastic polyolefin]　☞RTPO。
リアクタンス [reactance]　（電気）交流に対する一種の抵抗で，インダクタンスＬや静電容量Ｃに加わる電圧とこれに流れる電流との比で表される。
リアクティブ・フォース・ペダル [reactive force pedal; RFP]　低燃費運転アシスト・ペダル。ホンダが2013年発売のハイブリッド車に採用したもので，低燃費ゾーンを超えてアクセルを踏み込もうとすると，ペダルの反力を増大させて過剰な踏み込みを抑制している。このペダルは雪道発進時アシストとしても機能し，トルクの立ち上がりを抑制する働きをしている。☞ECOペダル。
リアクティブ・マニホールド [reactive manifold]　排気マニホールドの容積を増大し，排気の熱酸化反応を促進させる排気マニホールド。排気ガス浄化を目的としている。
リアクトル [reactor]　交流回路にリアクタンス（抵抗）を発生させるために用いる誘導コイルで，インダクタ（誘導子）ともいう。鉄心に絶縁した銅線をコイル状に巻いたものをモータに直列に入れ，電流を流れにくくする働きをしている。これにより，交流モータ起動時の急激な加速を抑制し，滑らかな加速が可能となる。
リア・クロス・トラフィック・アラート [rear cross traffic alert; RCTA]　後退時安全

確認警告機能。後退出庫時に接近する車両をインディケータやブザーなどで知らせるもので，レクサス，マツダ，キャディラックなどで採用している。この機能は後側方車両（死角）検知警報装置に用いるミリ波レーダを利用しており，キャディラックの場合，シート・クッションを振動させて警告を発する点がユニーク。ボルボでは，単にクロス・トラフィック・アラート（CTA）という。

リア・シート・エンターテインメント・システム [rear seat entertainment system; RSE]　車室内の後席で，独立してTVやDVD映像などを楽しむ装置。RVや高級乗用車の一部に採用され，レクサスの場合，天井部に格納式の9インチ高精細ディスプレイを備えている。リア・エンターテインメント・システム（RES）とも。

リア・シート・リラクゼーション・システム [rear seat relaxation system]　レクサスの後席左側に採用された，セレブ用のくつろぎ機能を備えたセパレート・シート。シート・バックにはバイブレータによる振動機能と，8個のエア・チャンバへの吸／排気の繰り返しによる押圧機能（マッサージ機能）を備えている。

リアジャスト [readjust]　再調整する，調整し直す。

リア・ビークル・モニタリング・システム [rear vehicle monitoring system; RVM]　車線変更時などに後方から接近する車をレーダで探知し，ドライバにLEDで警告を与える装置。マツダが2008年に採用した安全装置の一種で，時速60km以上で作動し，後方50mまで検知できる。プリクラッシュ・セーフティ・システムやレーダ・クルーズ・コントロール・システムとセットで用いる。

リアビュー・モニタ付きルーム・ミラー [inner mirror embedded rear-view monitor]　シフト・レバーをRレンジに入れると，車両後方の映像がインナ・ミラー内のモニタに表示されるもの。三菱自動車が2013年に日産自動車と共同開発した軽自動車に採用したもので，ナビゲーション用ディスプレイ等を用いる必要はないが，映像は当然小さくなる。自動防眩機能付き。

リア・ミッドシップ・レイアウト [rear midship layout]　三菱が2006年に4人乗り軽乗用車に採用したエンジンの搭載方法で，後席シート・バック下部と後車軸との間の床下にエンジンを配置するという革新的なもの。これにより，小型車並の長いホイール・ベースに大径タイヤ，約45：55の前後重量配分，高剛性ボディの採用などにより，優れた操縦安定性や乗り心地，全方位の衝突安全性などを実現している。☞フロント・ミッドシップ。

リアル・タイム [real time]　電算機にて同時処理，即時処理のこと。

リアルタイムAWD [real time all-wheel-drive system]　全輪（4輪）駆動装置の一種で，ホンダが2011年にFF式のSUVに採用した電子制御式リアルタイムAWD。2003年に採用したカム式デュアル・ポンプ・システムの進化版で，従来使用していた2個の油圧ポンプを1個に減らし，ポンプが機械式から電動モータ式に変更され，システムが電子制御化されてVSA（横滑り防止装置）とも協調制御を行っている。これにより後輪の滑りを予測して先回り制御し，雪道での発進やコーナリング，登坂における安定性などを飛躍的に高めている。

リアル・ドライビング・エミッション [real driving emission; RDE]　（台上試験ではなく）実際の運転時の排出ガス性能。主に欧州における呼び方で，EUでは，排出ガス規制・Euro6において，2017年9月からRDE規制の導入を検討している。我が国では，オフサイクル・エミッション（OCE）という。☞PEMS。

リーガル・リミット [legal limit]　法定制限。例最高速度。

リーク [leak]　①漏えい，漏れ。②漏電。

リーク・ダウン・テスタ [leak down tester]　油圧式バルブ・リフタやラッシュ・アジャスタの油密を点検する工具。

リーク・ディテクタ [leak detector]　☞リーク・テスタ。

リーク・テスタ [leak tester]　ガス類の漏洩試験（検出）器。カー・エアコンの冷媒やLPGの配管接続部などのガス漏れ検査に用いる。＝～ディテクタ。

リ

リーク・テスト [leakage test]　気体や液体の漏洩を検査すること。
リーケージ [leakage]　漏れ，漏出。
リーケージ・カレント [leakage current]　漏えい電流。
リース [lease]　期間を定めた賃貸借。例 カー・リース。
リース・カー [lease car]　貸し（又は借り）自動車。月ぎめ，年ぎめで貸し借りする自動車。
リーセント・モデル [recent model]　近代型。対 アーリ～。
リーチ [reach]　届く距離。力の及ぶ範囲。例 ④点火プラグの首下寸法。ロング～。ショート～。⑩運転者に対するハンドルの距離。
リーチ・ショベル [reach shovel]　（土木機械）繰り出し式パワー・ショベル。
リーチ法（ほう）　☞REACH。
リーディング・アーム式（しき） [leading arm type]　独立懸架装置で車輪を支持するスイング・アームの回転軸が車軸の後方にあり，アームの先端が進行方向を向いているタイプ。対 トレーリング・アーム式。
リーディング・シュー [leading shoe]　先導型ブレーキ・シュー。前進時にブレーキをかけたときシューのブレーキ力が倍増する方向になるもの。対 トレーリング～。
リーディング・トレーリング・シュー・ブレーキ [leading trailing shoe brake]　ドラム式ブレーキの一形式で，1個のホイール・シリンダに2個のピストンを有している。ドラムの回転方向にブレーキ・シューを押し付けるリーディング・シューと，回転方向と逆方向にブレーキ・シューを押し付けるトレーリング・シューとを組み合わせたもので，前進時と後退時の制動力は等しく，乗用車の後輪に多く採用される。

リーディング・トレーリング・シュー・ブレーキ

リーディング・ランプ [reading lamp]　（車室内の）読書用ランプ。
リード [lead]　①先行，先導，進み。例 ④キングピン・キャスタの結果ピンの中心線の延長がタイヤ接地点の前方に位置していること。⑩エンジンのバルブが，ピストンが死点に達する前に開くこと。対 ラグ。②（電機類の）口出し線。③ねじの1回転に軸方向に進む距離。1条ねじではピッチと同じ。
リード・スイッチ [reed switch]　磁石を近づけると作動するスイッチ。磁性体でできた2片のリード（舌片）の接触により電流の開閉を行うスイッチで，液面レベル・スイッチ，加速度（G）スイッチ，近接スイッチ，開閉スイッチなどに用いられる。
リード・タイム [lead time]　標準的に必要な日程で，発注から納入完了までの期間。
リード・バルブ [reed valve]　舌状弁，音舌状の弁。例 ④排気ガス対策として，エア・クリーナからエキゾースト・マニホールドへの二次空気導入口に設けられ，排気の脈動にて開閉する。⑩2孔式2サイクル・エンジンのクランクケース吸気孔にある舌状弁。気圧差により自動開閉する。
リード・プライヤ [lead plier]　先長平口プライヤ。
リード・メソッド [Reid method]　（ガソリン蒸気圧測定法）リード法。
リード・ワイヤ [lead wire]　（電気機器の）口出し線。
リーニング・ディバイス [leaning device]　（土木機械）傾斜機構。グレーダなどにおいて前輪を左右に傾ける装置。
リービング・サイド [leaving side]　（ギヤなど）逃げ側。ギヤの歯の裏側。＝リバース～。対 ドライブ～。エンタリング～。
リーフ[1] [leaf]　①（草木の）葉，1葉，1枚。例 板ばねの1枚。②はく。例 コンデンサ用はく。＝フォイル。
リーフ[2] [LEAF]　電気自動車（EV）の車名で，日産自動車が2010年末に発売したもの。5人乗りハッチバックに電源のリチウムイオン電池や駆動用モータなどを搭載し，回生ブレーキ・システムも採用して満充電当たりの航続距離は200km（JC08モード），交流電力量消費率（電費）は124Wh/km（同）。搭載する電池はラミネート型リチウムイオン電池（総電圧360V，容量24kWh）で，最高出力80kW（109ps），最大トルク280N･mを発生する3相交流同期モータで前輪を駆動して，最高速度は145km/h。一部のグレードでは，リア・スポイラ上にソーラー・セル・モジュール（太陽電池）を搭載している。EVの航続距離の弱点として，夏期の冷房使用時に約2割，冬期の暖房（PTCヒータ／電気温水器）使用時には4割程度低下するという。電池の充電は急速充電で30分，普通充電で約8時間を要し，EV専用の情報通信システム（EV-IT）を利用してバッテリの充電状況や充電スポットなどの情報を取得することができる。また，乗車前後に携帯電話やパソコンなどからバッテリの充電状況をチェックしたり，遠隔操作で充電やエアコンの作動も可能となる。2012年のマイナ・チェンジで車体の軽量化や空調消費電力の削減などが行われ，航続距離は228kmに，交流電力量消費率は114Wh/kmに向上している。このため，空調にはヒート・ポンプ・システム付きオート・エアコンを採用したり，ステアリング・ヒータやシート・ヒータも採用している。リーフの世界累計販売台数は，2014年10月末現在で14万8,700台。

リーブ・アングル [leave angle]　（ボデー）後部下端から後輪タイヤ外周への接平面が地面となす最小角度。＝リヤオーバハング～。

リープス [REAPS; rotary engine anti-pollution system]　☞REAPS。

リーフ・スプリング [leaf spring]　葉状ばね，板ばね。鋼板の弾性を利用するもので1枚ものと重ね板ばねがある。例シャシ・サスペンション。

リーフ・ティン [leaf tin]　（材料）すずはく。例コンデンサ用。

リーフ・バルブ [leaf valve]　板弁。＝リード～。

リーマ [reamer]　穴ぐり工具。拡孔器。ブシュやメタルの内面を精密に仕上げる刃物。

リーマ・ボルト [reamer bolt]　リーマ仕上げ穴に合わせた精密堅牢な特殊ボルト。例㋑コンロッド大端用ボルト。㋺クランク・ベアリング用ボルト。

リーミング [reaming]　リーマ通し作業。手作業と機械作業がある。

リール [reel]　（針金，ゴムホースなどの）巻き枠。例ホース～。

リール・セット [reel set]　（ホースなどの）巻き取り装置。

リーン [lean]　①やせた，脂肪のない。②（混合気が理論混合比より）薄い。③（自動車生産方式で）無駄のない。対リッチ。

リーンアウト [lean-out]　（車体などが）外へ傾く。

リーンイン [lean-in]　（車体などが）内へ傾く。

リーン生産方式（せいさんほうしき） [lean manufacturing]　自動車を生産する上で，カンバン方式に象徴される在庫部品を持たない合理的な生産方式。トヨタが創始者で，トヨタ生産方式として有名。

リーンNO_x触媒（しょくばい） [lean nitrogen oxides catalyst]　ガソリン・エンジンにおいて，希薄（リーン）燃焼の残存酸素が多い中でNO_x（窒素酸化物）分子を捕らえ，無害な窒素に還元する装置。リーンNO_xトラップともいい，リーンバーン・エンジンなどに用いられる。ホンダや三菱の場合，ディーゼル乗用車用のものを開発している。

リーンNO_xトラップ触媒（しょくばい） [lean nitrogen oxides trap catalyst; LNT catalyst]　ディーゼル・エンジンの排気ガス中のNO_x（窒素酸化物）を無害化する触媒装置。日産が2008年に発売した国内初の乗用車用クリーン・ディーゼル・エンジンに採用したもので，燃焼時のリーン（希薄混合気）条件でNO_xをトラップ層にため込み，リッチ（過濃混合気）条件に酸素と燃料をコントロールして，無害な水とCO_2とN_2に変換（還元）している。燃料噴射装置にはピエゾ式インジェクタを用いたコモン・レール式を採用して，ポスト新長期排出ガス規制を世界で初めて達成している。2010 年発売の AT 車には，貴金属（プラチナ）の使用量を半減した高分散型リーン NOx トラップ触媒を採用。☞ NOx 吸蔵還元触媒。

リーンバーン・エンジン [lean-burn engine]　希薄空燃比燃焼エンジン。標準空燃比より希薄な混合気を完全燃焼させる構造のエンジン。

リインフォースト・タイヤ [reinforced tire]　欧州で採用されているタイヤ規格で，ETRTO（欧州タイヤ・リム技術機構）が定めるもの。同機構が定める乗用車タイヤの規格にはスタンダード・タイヤとリインフォースト・タイヤの２種類があり，スタンダード・タイヤよりも空気圧と負荷能力を高く設定したのがリインフォースト・タイヤ。エクストラロード・タイヤとも。

リインフォースメント [reinforcement]　補強，補強材。例 モノコック・ボデーの補強材。例 クロス・メンバ〜。

リインフォースメント・メンバ [reinforcement member]　（シャシなど）補強部分，補強材。

リーン・ベスト・メソッド [lean best method]　キャブレータのリーンベスト方法。混合気をできるだけ薄くして排気を浄化する方法。CO や HC を減少する目的。

リーン・ミクスチャ [lean mixture]　（キャブレータ）希薄混合気。空気の多い薄い混合気。＝プア〜。対 リッチ〜。

リーン・ミクスチャ・センサ [lean mixture sensor]　理論混合比より希薄な空燃比を検出できる空燃比検知器。

リエントラント型燃焼室（がたねんしょうしつ） [reentrant type combustion chamber]　直接噴射式ディーゼル・エンジンのピストン頂部に設けた凹形燃焼室で，くぼみが内広がりになっているタイプ。reentrant とは数学用語で，凹部の内角が 180° より大きいもの。

リカード・ヘッド [Ricardo head]　リカード型燃焼室。L ヘッド・シリンダ（サイド・バルブ）の代表的燃焼室。主容積をバルブ上に置き，圧縮時の渦流により燃焼が完全でノッキングも少ない。

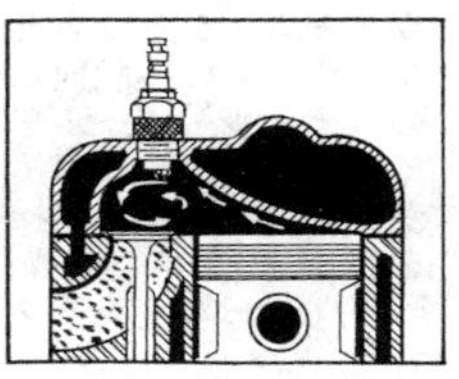
リカード・ヘッド

リカバリ [recovery]　回復，復旧。例 フェード現象の回復。

リカバリ・テスト [recovery test]　（エンジンなどの）再生試験。

リキッド [liquid]　☞リクィド。

リキャッピング [recapping]　（タイヤ）摩耗したトレッドに山掛け（ゴムを盛りつける）をして再生すること。

リキャップ [recap]　（タイヤ）①山掛けをする。②山掛け再生タイヤ。

リキャップド・タイヤ [recapped tire]　更生タイヤ，山掛け〜。

リクィド [liquid]　液体，流動体。＝リキッド。

リクィド・クーリング [liquid cooling]　液体冷却。例 ㋑水冷法。㋺油冷法。

リクィドクールルド・エンジン [liquid-cooled engine]　液（水）冷式エンジン。

リクィド・コンテナ [liquid container]　液体容器。例 ガソリンやオイルの予備缶。

リクィド・フライホイール [liquid flywheel]　流体はずみ車。流体クラッチを内蔵したフライホイール。

リクィド・フリクション [liquid friction]　液体摩擦。２物体が互いに接触して相対運動をするその摩擦面に流体（例えばオイル）が介在するときの摩擦。☞ソリッド〜。

リクィド・ブレーキ [liquid brake]　流体ブレーキ。液（油）圧〜。＝ハイドロリック〜。

リクィファイド [liquefied]　液化した，液状の。＝リキファイド。

リクィファイド・ナチュラル・ガス [liquefied natural gas; LNG]　☞ LNG。

リクィファイド・ペトローリアム・ガス [liquefied petroleum gas; LPG]　☞LPG。
リクライニング・アングル [reclining angle]　（シートなどの）傾き角。
リクライニング・シート [reclining seat]　傾斜式座席，背もたれを倒し，またその角度が調整できるシート。例 ①運転席シート。②高級バスシート。
リクライン [recline]　もたれる，寄りかかる。例 リクライニング・シート。
リクリエーショナル・ビークル [recreational vehicle; RV]　☞RV。
リコイル [recoil]　跳ね返り，反動。例 ばねの跳ね返り。
リコート [recoat]　（ペンキなどで）上塗りする，塗り直す。
リコール制度（せいど） [recall regulation]　製造上欠陥のあった車を公表して無料回収，修理することを義務付けた制度。自動車メーカおよび輸入業者はリコールの場合，必要事項を国土交通大臣に届け出るように規定されている（道路運送車両法第63条の3，改善措置の届出等）。1969年創設。
リコンディショナ [reconditioner]　修理調整などをする機械。
リコンディション [recondition]　修理する，調整する。＝リペヤ。
リコンディションド・エンジン [reconditioned engine]　再生エンジン。
リサーキュレーション [recirculation]　再循環。例 ①EGR（排気ガスの燃焼室への再循環）。②カー・エアコン作動時に，外気を導入せずに車室内の空気（内気）を再循環させること。空気の汚れた市街地走行時の使用が多い。
リサーキュレーティング・ボール・タイプ [recirculating ball type]　（ハンドル）ボール再循環式。列をなすボールが一定の軌道を循環する構造。＝ボール・ナット型。
リサーキュレーティング・ボール・タイプ・ステアリング・ギヤ [recirculating ball type steering gear]　ボール再循環式舵取歯車。ウォーム・シャフトとボール・ナットの接触面に多数のスチール・ボールを入れて循環させ，滑り摩擦を転がり摩擦に変換して操舵力を軽減している。操舵力は，ウォーム・シャフト→スチール・ボール→ボール・ナット→セクタ・ギヤ，へと伝達される。＝ボール・ナット・タイプ・ステアリング・ギヤ。

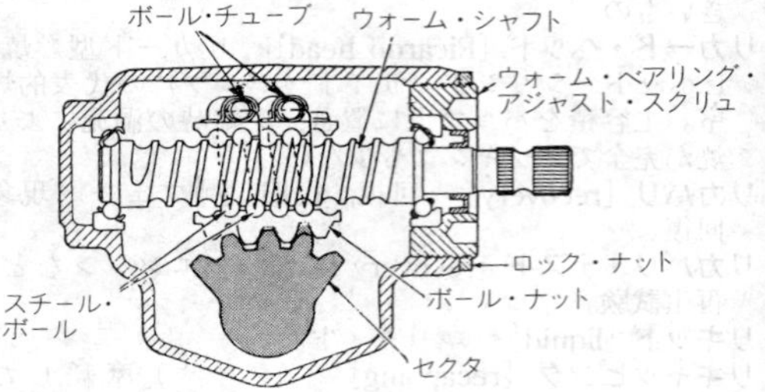

リサーキュレーティング・ボール・タイプ・ステアリング・ギヤ

リサージ [litharge]　（バッテリ）黄色酸化鉛。PbO。通称密陀僧。陰極板用鉛粉。＝レッドオキサイド。
リサーチ・エンジン [research engine]　試験研究用エンジン。例 オクタン価試験用CFRエンジン。
リサーチ・オクタン価（か） [research octane number; RON]　ガソリンのオクタン価で，実験室オクタン価測定法の一つであるリサーチ法によって求められたもの。軽荷重のファミリ・カーのエンジンや低速走行時のエンジンのアンチノック性を表すとされる。JISによるオクタン価もこのリサーチ法で表示されている。対 モータ法オクタン価（高速走行時～）。
リサーチ・メソッド [research method]　リサーチ法。☞リサーチ・オクタン価。
リザーバ [reservoir]　貯蔵所，貯蔵器，貯水槽，油溜め，空気溜め。＝リザーブ・タンク。例 ①冷却液～。②ブレーキ・フルード～。注 リザーバ＝レザバー。

リザーブ [reserve]　①とって置く，たくわえて置く。②予約する。例～タンク。

リサーフェーサ [resurfacer]　表面を仕上げ直す機械。

リザーブ・タンク [reserve tank]　液体の予備タンク。一定容器内の液体の温度や作動による容積の変化に対応するための附属タンク。例ラジエータや油圧系のクラッチ，ブレーキ，パワーステアリングのオイル容器に付いている。

リザーブ・トラベル [reserve travel]　動きの余裕。例ブレーキをかけた状態でペダルと床板とのすき間。

リサイクル [recycle]　再使用。中古部品やボデー材料を使って車を修理したり，原材料の資源として再利用すること。

リサイザ [resizer]　寸法を復元する機械。例ナーライザ。

リサイジング・ツール [resizing tool]　寸法復元用工具。同前。

リサイジング・マシン [resizing machine]　寸法復元機。

リザルタント・ピッチ [resultant pitch]　（アーマチュア巻き線）合成ピッチ。前ピッチと後ピッチとの差。

リザルタント・フォース [resultant force]　合力。ある力と他の力の合計。単にリザルタントとも。

リシータ [reseater]　（工具）弁座修正器。例㋑シートカッタ。㋺シートグラインダ。

リシェーパ [reshaper]　造り直す機械。形直し道具。

リジェクト [reject]　①捨てる，はねつける。②拒絶，拒否する。例自動変速機のレンジ・ダウン～（エンジンのオーバ・レブ防止）。

リジェネレータ [regenerator]　（ガスタービンの）蓄熱器，熱交換器。＝ヒート・エキスチェンジャ。

リジェネレーティブ・ガス・タービン [regenerative gas turbine]　再生式ガスタービン。

リジッド [rigid]　①堅い，強直な。②厳格な。③剛直な。

リジッド・アクスル [rigid axle]　剛直車軸。左右車輪が独立して振動できない車軸。例㋑トラックやバスの前車軸。㋺独立式でない後車軸。

リジッド・ラック [rigid rack]　（車を支える）馬。ジャッキ代用品。＝ホース。

リジデュアル・プレッシャ [residual pressure]　（油圧ブレーキ）残存圧力，残圧。ブレーキ開放時にもパイプラインに存する圧力。作動を確実にしカップからの漏れを防ぐ効果がある。＝レムナント～。

リジデュアル・マグネティズム [residual magnetism]　（発電機）残留磁気。自励式直流ダイナモにおいて，磁極に残留するわずかな磁気。発電の開始に必要。＝レムナント～。

リジッド・ラック

リシャープニング・ツール [resharpening tool]　（刃物を）砥ぎ直す工具。

リジューム [resume]　取り返す，再び始める。例クルーズ・コントロール（オート・ドライブ）で定速走行キャンセル時の記憶速度まで復帰させるためのリジューム・スイッチ。

リジューム・スイッチ [resume switch]　復元スイッチ。元へ戻すスイッチ。

リショルム・コンプレッサ [Lysholm compressor]　機械式過給機の一種で，雄・雌一対のかん合回転するねじれ多葉型ロータ・シャフトにより，ハウジングとの間の空気室が移動・縮小する構造に

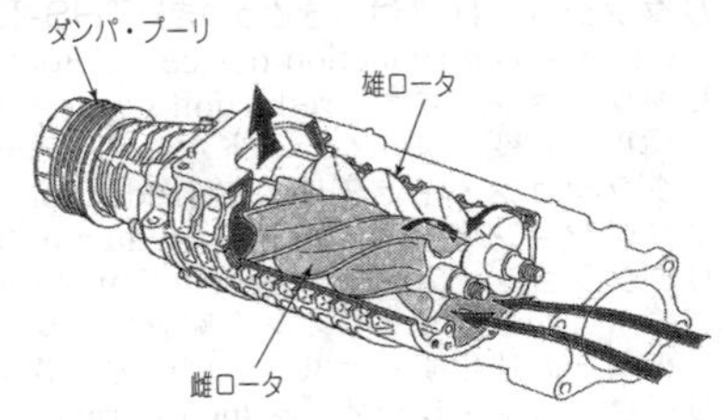

リショルム・コンプレッサ

なっており，内部圧縮できる特徴がある。ミラー・サイクル・エンジンなどに加圧過給機として採用される。

リスク [risk]　①危険，冒険。②保険の危険率，保険金額。

リスト [list]　表，一覧表。例 プライス～。

リスト・ピン [wrist pin]　☞ピストン～。ガジョン～。

リストリクション・ポート [restriction port]　（キャブレータでの燃料の）制限穴。燃料を絞る小穴。

リストリクション・ロッド [restriction rod]　（動きなどを）制限する棒。

リスニング・ロッド [listening rod]　（工具）聴音棒。ノイズを聞き取るために用いる棒切れ。

リスポンス [response]　☞レスポンス。

リセストタイプ・ステアリング [recessed-type steering]　朝顔型ステアリング・ホイール。中央部がへこんで安全性の高いハンドル。エアバッグ以前に使用された。

リセッション [recession]　凹所，くぼみ。例 バルブやシートの表面に腐食などによってできるへこみ。

リセッタ [resetter]　①砥ぎ直すもの。②はめ直すもの。

リセッティング [resetting]　砥ぎ直すこと，組み直すこと。

リセット [reset]　砥ぎ直す。組み直す。

リセプタクル [receptacle]　①容器，②電気のコンセント。

リゾルバ・センサ [resolver sensor]　☞レゾルバ・センサ。

リターダ [retarder]　①補助ブレーキのこと。排気ブレーキ，電磁式リターダ，流体式リターダなどがあり，トラックやバスなど大型車に採用される。②（塗料乾燥の）遅延材，曇り止め。③（点火時期を）遅らせる装置。対 アクセラレータ。

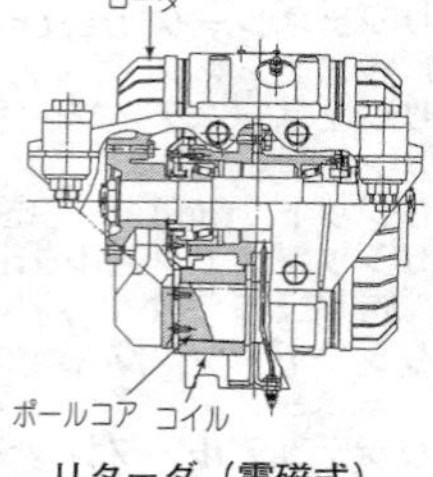

リターダ（電磁式）

リターダ・シンナ [retarder thinner]　高沸点溶剤。塗料に入れて乾燥を遅らせ多湿時の曇り止めにするもの。

リタード [retard]　①（速度を）減ずる。②（点火時期を）遅くする。③（塗料の乾燥を）遅くする。④阻止する，妨害する。対 アドバンス。

リタード・ポジション [retard position]　（点火時期の）遅い位置。対 アドバンス～。

リターン・スプリング [return spring]　戻しばね，復元用ばね。

リターン・ポート [return port]　戻し穴，戻り穴。例 ブレーキ液がシリンダからレザーバへ戻る穴。

履帯自動車（りたいじどうしゃ） [crawler vehicle]　キャタピラ式自動車。☞クローラ。

リタイヤ [retire]　引く。立ち去る。例 レース参加車が故障などのため立ち去ること。

リダクション [reduction]　①縮小，軽減。②還元。③車やギヤの減速。例 ～ギヤ。

リダクション機構付（きこうつき）THS-Ⅱ／E-Four [Toyota hybrid system Ⅱ with motor speed reduction device＋E-Four]　☞ THS Ⅱ／E-Four。

リダクション・ギヤ [reduction gear]　減速歯車。回転数を落とす歯車。例 ㋑終減速歯車。㋺変速機。㋩ハンドル。

リダクション・キャタリスト [reduction catalyst]　☞還元触媒。

リダクション・ギヤ・レシオ [reduction gear ratio]　減速歯車比。

リダクション・スタータ [reduction starter]　減速式スタータ。モータ本体とリング・ギヤとかみ合うピニオンを駆動するシャフトとの間に減速ギヤを内蔵させ，モータを小型・高速化すると共に，回転力を強くしてエンジンの始動性を良くしている。

リダクション・レシオ [reduction ratio]　減速比，減速割合。回されるギヤBの大きさ（直径又は歯数）を回すギヤAの大きさで割ったもの。B/Aで表される。

リ

リタッチング [retouching]　手を入れること，修正すること。例 車の完成時に塗面の傷その他細かい欠点を手直しすること。＝リタッチ。

リチウム [lithium]　金属元素の一つ。銀白色で軟らかく，金属中で最も軽い。水と作用して水酸化物となり，水素を発生する。記号Li。原子番号3。＝リシアム。例 ～電池。

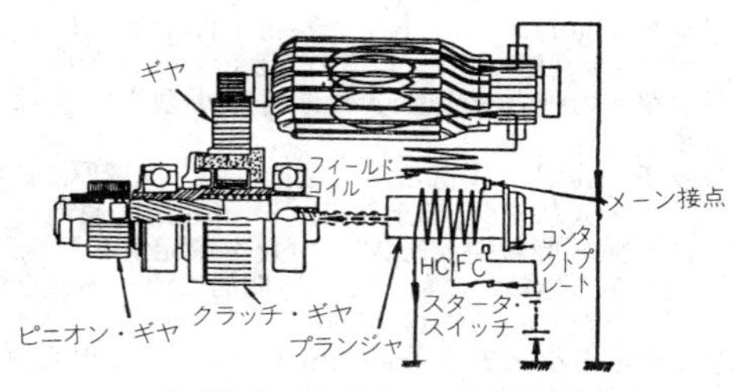

リダクション・スタータ作動図

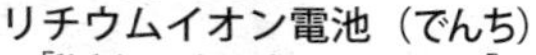

リチウムイオン電池（でんち） [lithium-ion battery; LiB]　二次電池（充電式電池）の一種で，電解質イオン（電気伝導性をもつ物質）にリチウム（Li）を用いたもの。その形状により角型，筒型，ラミネート（薄板）型などがあり，正極に使用する材料により，コバルト系やマンガン系，ニッケル系などに大別される。代表的なものとして，正極にコバルト酸リチウム（$LiCoO_2$）を，負極にカーボン・リチウム（LiC_6）を使い，電解液としてリチウム塩を有機溶媒に溶かした有機電解液を使用したものがある。正極に用いるコバルトは，産出量が極めて少ないレア・メタル（希少金属）のために高価で価格変動が激しく，これに代わるマンガン系やニッケル系正極材の開発が進んでいる。リチウムイオン電池は1991年にソニーが世界で初めて実用化したもので，エネルギー密度が高く，作動電圧は1セル当たり3.6V（ニッケル水素電池は1.2V）と高いために小型・軽量で長時間の連続使用に適しており，携帯電話，ビデオ・カメラ，ノート・パソコンから，一部のハイブリッド車（PHV含む）や電気自動車の電源などに使用されている。この電池はニッケル水素電池と比較して性能は優れているが熱に弱く，電解液に可燃性の溶媒を使用してるため，内部ショートによる過熱・発火が問題となったが，安全性も次第に向上している。

リチウムイオン二次電池（にじでんち） [lithium-ion secondary battery]　正極にコバルト酸リチウム（$LiCoO_2$）と負極に黒鉛化炭素材料（LiC_6）を使い，電解液としてリチウム塩を有機溶媒に溶かした有機電解液を使用する二次電池。平均放電電圧3.6V。充電のときには，正極からリチウムがイオンとして電解液中に溶解し，負極の黒鉛層間に入り，放電では，この逆の反応が起こる。

リチウムイオン・ポリマ・バッテリ [lithium-ion polymer battery; LiPo battery]　リチウムイオン電池の一種で，電解質に重合体（ポリマ）を用いたもの。従来の電解液やセパレータに代え，イオン電導性の高分子電解質を用いた電池で，電解質が準固体であるため，液漏れしにくいという利点がある。軽量でメモリ効果がなく，自由な形状に作ることができるために携帯機器などに利用されるが，過放電になると再使用ができなくなるという短所もある。リチウムポリマ／ポリマ・バッテリとも。

リチウム・グリース [lithium grease]　高級脂肪酸のリチウム塩を基本とした，熱安定性，耐水性の潤滑油グリース。

リチウム電池（でんち） [lithium battery]　二酸化マンガンやフッ化炭素を陽極，リチウムを陰極に用いた電池。自己放電が少なく，長期間使用できる。例 リモコン・キーのトランスミッタ用電池。

リチャージ [recharge]　①（バッテリの）再充電。②（シリンダへ）混合気の再吸入。

リッジ [ridge]　（背骨のような）隆起。うね。例 摩耗したシリンダの上部に残る段付き部。

リッジ・リーマ [ridge reamer]　（シリンダの）段付き部を削り取る工具。

リッジ・リムーバ [ridge remover]　同前。

リッタ [liter]　メートル法容積単位。記号ℓ又はL（SI単位）。1ℓは1000cc。0.264ガロン。1USガロンは3.785ℓ。＝リットル。
リッタ・カー [one-liter vehicle]　小型車のうちで，エンジン排気量が1ℓ前後の経済車。
リッチ [rich]　①富んだ，金持ちの。②濃厚な，濃い。③空燃比が濃い。対リーン。
リッチ・スパイク [rich spike]　瞬間的に過剰な（濃厚な）燃料を供給すること。一般に，NO_X吸蔵還元触媒でNO_Xを還元するとき，排気マニフォールドに備えた燃料添加弁から燃料を噴射して，瞬間的に濃い燃料を触媒内に送り込むことを指す。吸蔵されていたNO_XがHCと反応して，N_2に還元される。
リッチ・ミクスチャ [rich mixture]　濃厚混合気。適正比率よりガソリン分が多い混合気。対リーン～。プア～。
リッド [lid]　ふた。例トランク～。
リットル [liter]　☞リッタ。
リッピング機能（きのう） [ripping]　CDやDVDに記録されている音楽情報をデジタル・データとして直接読み取って，音声データに変換できる機能。2009年発売の3代目プリウスの場合，リッピング機能によりHDDに約2,000曲の音源をCDから保存が可能。
リップ [lip]　くちびる状のもの。例㋑ゴムカップのふち。㋺フロート・バルブを押し上げる金物。
リップル [ripple]　さざ波。例三相交流を全波整流したときの直流電圧の電圧変動。
リテーナ [retainer]　保持具，保持するもの。例（ベアリングの）㋑ボール～。㋺ローラ～。
リデューサ [reducer]　①（パイプの）径違いソケット。異径～。②減少させるもの。
リデューサ・バルブ [reducer valve]　（圧力などの）減圧弁。対ブースタ～。
リデューシング・パイプ [reducing pipe]　異径管。＝リデューサ。
リデュース [reduce]　①減ずる，縮める。②弱くする。③還元する。例㋑車を減速する。㋺産業廃棄物の発生を抑制する。
リテンション [retention]　「保有，保留，保持力」等を意味し，主に顧客が新車を購入後に定期点検や車検などで購入した販売店を訪れる率（回帰率）を指す。掌握率，防衛率とも。
リトラクタ [retractor]　引き戻すもの。収縮させるもの。引っ込ませるもの。例ディスク・ブレーキ用ピストンの～。
リトラクタブル・ヘッドランプ [retractable headlamp]　格納式前照灯。昼間走行時はフェンダやフロント・グリル内に格納されており，点灯時に出現する仕掛けで，スポーツ・カーに多く採用される。
リトラクティング・スプリング [retracting spring]　引き戻しばね。
リトラクテッド・ギャップ・プラグ [retracted gap plug]　火花すき間を引っ込ませた点火栓。例レーサ用。対プロジェクト～。
リトレッド [retread]　（古タイヤに）再び踏面をつける。通称山掛け。リキャップと共にタイヤ再生法の一つ。
リトレッド・タイヤ [retread tire]　（トレッドをつけかえた）再生タイヤ。山掛けタイヤ。
リニア [linear]　直線の，線形の，連続的な。例㋑～ソレノイド・バルブ。㋺～モータ・カー。
リニアGセンサ [linear G sensor]　横滑り防止装置（ESC）において，水平方向のあらゆる向きの加速度（G）を検出するセンサ。
リニア・エキスパンション [linear expansion]　線膨張。
リニア・エキスパンション・レート [linear expansion rate]　線膨張率。
リニア式（しき）スロットル・ポジション・センサ [linear type throttle position sen-

sor〕 電子制御式燃料噴射装置において，スロットル・バルブの開度に連動した可変抵抗器が，回路電圧を直線的に発生させるもの。

リニア・シフト制御（せいぎょ）〔linear shift control〕 変速制御の一種で，日産がCVT（無段変速機）搭載車の加速フィーリングを向上させるために採用したもの。コンピュータの処理能力を向上させ，車速やアクセルの踏み方に応じて1,000パターン以上の変速パターンの中から，最適な変速カーブを選択する。これにより，加速とともにエンジン回転を自然に上昇させることができる。☞ラバー・バンド・フィール。

リニア・ソレノイド・バルブ〔linear solenoid valve〕 連続制御式の精密電磁弁。例自動変速機のライン油圧およびロックアップ・クラッチ制御用。

リニアトロニックCVT〔Lineartronic continuously variable transmission〕 チェーン式CVT（無段変速機）の一種で，スバルが2009年に水平対向エンジン用に採用したもの。量産AWD（4WD）乗用車用の縦置きCVTにチェーンを採用したのは世界初で，スチール・ベルト式よりも巻き掛け半径が小さくできるためにレシオ・カバレッジ（変速機の変速比幅）をよりワイド（6.3）に設定でき，伝達効率も高められるために燃費性能が5速AT比で6〜8%向上している。アクセル操作に対してリニア（直線的）な加速感が得られのがネーミングの由来で，マニュアル・モードを採用したスポーツ・リニアトロニックもある。チェーンはドイツのLuk社製。

リニアトロニックHV〔Lineartronic HV〕 ☞スバルXV Hybrid。

リニア・モータ〔linear motor〕 軸のない線形電気モータ。通常の回転モータを線状（リニア）にしたもので，推力が直線的に生じるのが特徴。動作原理により，リニア誘導モータ（LIM），リニア同期モータ（LSM），リニア直流モータ（LDM），リニア・ステッピング・モータなどがある。

リニア・モータ・カー〔linear motor car〕 駆動装置を従来の回転型モータから線状のモータ（リニア・モータ）に変えた新型高速車両。磁石のもつ反発力や吸引力を利用して走る磁気浮上方式と，車輪・鉄レール方式がある。JR東海では，山梨県に設置した実験線を利用して時速400〜500kmで走る超高速の磁気浮上式リニア・モータ・カーを開発中であり，2027年をめどに中央リニア新幹線の実用化を目指している。この車両の推進には，リニア同期モータ（LSM）が使用されている。2015年4月21日には，有人走行試験で世界最高速度となる時速603kmを記録している。

リニューアブル・メタル〔renewable metal〕 交換式軸受メタル。＝インサート・メタル。プレシジョン〜。

リバーシブル〔reversible〕 可逆式の，逆にできる。

リバーシブル・ステアリング〔reversible steering〕 可逆式ステアリング。車輪の方からもステアリング・ホイールを回転できるもの。対イリバーシブル〜。

リバーシング・スイッチ〔reversing switch〕 反転スイッチ。電流方向を反転させる構造のスイッチ。例ポーラライジング〜。

リバーシング・ランプ〔reversing lamp〕 後退灯。＝バックアップ・ランプ。

リバース〔reverse〕 ①逆にする，逆転する，後退する。②反対，逆，逆転，後退。

リバース・アイドラ・ギヤ〔reverse idler gear〕 後退用遊転歯車。変速機のカウンタ・ギヤとリバース・ギヤとの中間歯車として，逆回転化機能を果たすギヤ。

リバース・インヒビット機能（きのう）〔reverse inhibit function〕 連続無段変速機（CVT）において，設定車速（約10km/h）以上の速度で前進走行中に誤ってリバース（後退）にシフトした場合，駆動力がプライマリ・プーリに伝わらないようにカットする安全機能。

リバース・エリオット・タイプ〔reverse Elliot type〕（かじ取り）逆エリオット型。ナックルが二又になり前車軸端を挟んだ構造。エリオット型の逆の形。車軸式における代表的構造。対エリオット〜。

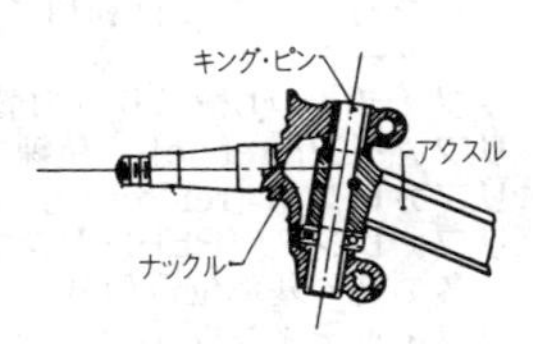

リバース・エリオット

リバース・カレント [reverse current] 逆電流，逆方向電流。
リバース・ギヤ [reverse gear] ①後退装置，後退かみ合い。②後退用歯車。
リバース・サーボ [reverse servo] （AT 車）後退用サーボ装置。リバース・バンドを締め又は緩める油圧装置。セレクタをRに入れると作用する。
リバース・サイド [reverse side] 裏側。例 ギヤの歯の裏側。＝リービング～。対 ドライブ～
リバース・シンクロ [reverse synchromesh] 変速機のリバース・ギヤ（後退用歯車）をシンクロメッシュ（同期噛み合い）式にして，ギヤ鳴りを防止したもの。
リバース・ステア [reverse steer] ステアリング特性の逆転。低速旋回時はアンダステアのものが，速度の増加と共にオーバステアに逆転するもの。

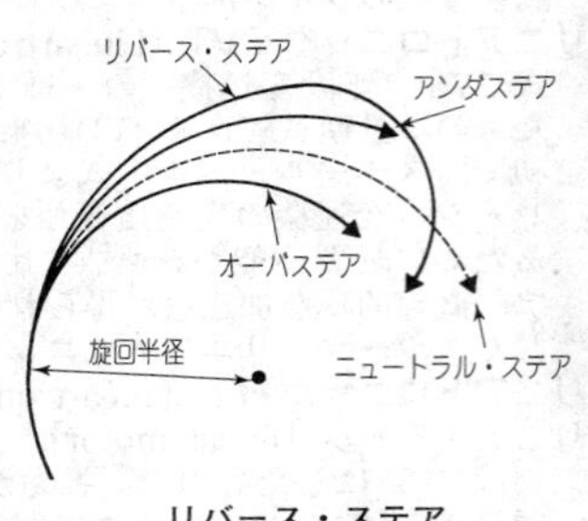

リバース・ステア

リバースト・チャージ [reversed charge] （バッテリ）逆充電。結線を誤って逆充電すること。
リバース・フラッシング [reverse flushing] 逆噴流。例 ラジエータなどの掃除に，常時水流の反対方向から勢いよく通水すること。
リバースフロー・スカベンジング [reverse-flow scavenging] （2ストローク）反転掃気法。シリンダの両側にある掃気孔から入る混合気がシリンダ壁に当たり反転して排ガスを掃気する方法。＝シニューレ，ループ～。
リバース・ミスシフト防止装置（ぼうしそうち） [reverse shift miss restrict mechanism] 前進中にギヤがバックに入ると危険なため，シフト手順の中にこれを防ぐよう仕組まれた装置。手動変速機の場合は，中立からでなくてはリバースに入らない構造や，シフト・レバーを押し上げたり，押し下げながらリバースにシフトする構造。AT でも，シフト・レバーを中立位置（N）から前進（D）とは逆の前方へシフトするようになっている。
リバウンド [rebound] はね返り，反発。例 サスペンション・スプリングが圧縮されて，元にはね返ること。対 バウンド。
リバウンド・スプリング [rebound spring] 跳ね返し緩衝ばね。
リパック [repack] 荷造りし直す。
リバビッティング [rebabbitting] （メタル）バビットのつけ換え。
リバンディング [rebanding] （ブレーキ）バンドのライニング張り替え。
リピータ [repeater] 繰り返す人（物），何度も来訪する人（客）。リピート客。
リビルト [rebuilt] 再建した，改築した，再生した。
リビルド [rebuild] 再建する，改築する，再生する。
リビルト・コア [rebuilt core] 再生を行うために市場から回収するユニットや部品。
リビルト・パーツ [rebuilt parts] ☞リビルト部品。
リビルト部品（ぶひん） [rebuilt parts] 中古品の不良部分のみを修理又は交換し，再組立を行った上で再利用される部品や装置。例 エンジン，AT/CVT，オルタネータ，スタータ。
リブ [rib] ①横ばり，力骨。例 薄肉部材の補強用力骨。②うね，あぜ。
リファイン [refine] 精錬する，精製する，不純物を除く。例 石油類精製。
リファレンス [reference] ①付託，委託。②照会，参照。③証明書。
リファレンス（REF）センサ [reference sensor] 日産製のVQエンジンに採用された各気筒の基準位置信号（上死点前信号）のこと。
リフィッティング [refitting] 修理，修復。
リフィル [refill] 再び満たす，再び詰める，補充する。

リフィル・チェック・バルブ [refill check valve]　補給逆止弁。
リフェーサ [refacer]　表面再生器。例バルブ研磨盤。バルブ～。
リフェース [reface]　表面を削り直す。新しい上張りをする。例①バルブを研磨する。②タイヤに山掛けをする。
リフォーミュレーテッド・ガソリン [reformulated gasoline]　大気汚染の減少を目指し，組成を大幅に変更したガソリン。アメリカで1990年の大気汚染法改正に伴い，含酸素化合物などを配合したものが製造された。
リフォーミング [reforming]　（ガソリン）改質法。オクタン価の低い重質揮発油，例えばナフサ留分を熱又は触媒を用いて高オクタン価ガソリンに改質すること。
リブ型（がた）トレッド [rib type tread]　タイヤのトレッドの溝が進行（周）方向に連続した模様で，転がり抵抗が少なく乗り心地が良いため，ほとんどの乗用車に採用され高速用に向いている。ribとは，"田畑のうね" のこと。

リブ型

リフタ [lifter]　持ち上げるもの。例バルブ～。＝タペット。
リフティング・アイボルト [lifting eyebolt]　（工具）つり上げ用目付きボルト。例エンジンつり上げ用輪付きボルト。
リフト [lift]　①持ち上げる。②持ち上げるもの，起重機。例①エア～。②オート～。③上がる高さ，揚程。
リフト・アクスル・トレーラ [lift axle trailer]　2軸式トレーラの車軸を，積み荷の荷重に応じて自動的に1軸に切り替えるもの。大型トレーラのエア・サスペンション仕様車において，空車時や軽量積載時には1軸が自動的に上昇し，軸重が一定荷重（8～9tくらい）以上になるとセンサが作動して2軸になる。これにより，タイヤやブレーキの摩耗が低減され，燃費性能もプラス・サイドに働くものと思われるが，最大の目的は，2軸式トレーラは高速道路の車種区分で特大車として扱われ，通行料金が大型車の約1.6倍にもなることへの対応措置。
リフト・アップ [lift up]　整備作業をやりやすくするため，リフトにより車両を任意の高さに持ち上げること。
リフト・トラック [lift truck]　荷物の積み降ろし用のリフトを荷台部に搭載したトラック。
リフトバック [liftback]　乗用車の車体スタイルでセダンの変形。セダンのリヤ・トランクのふたと後部窓枠部分とを一体化して跳ね上げ式の扉とし，後部シートの後ろを荷物台とした車。☞ハッチバック。
リフューエル [refuel]　燃料補給。
リフューズ [refuse]　①（メタルを）溶かし直す。②廃物。③拒絶する。
リフューズ・ダンプ [refuse dump]　ダンプ式塵芥車。
リブ・ラグ型（がた）トレッド [rib-lug type tread]　タイヤのトレッドの中央部にリブ型溝を設けて操縦性を向上させ，横滑りを防ぐと同時に両肩部にラグ型溝を配して牽引力や制動力を発揮している。小型トラックや乗用車向きだが，最近は高速道路を利用する長距離バスや大型トラックにも採用されている。
リフリジェラント [refrigerant]　冷却剤，冷凍剤。例クーラ用冷媒。
リフリジェレータ [refrigerator]　冷凍機。
リフリジェレーテッド・ビークル [refrigerated vehicle]　冷蔵庫，保冷庫，冷凍車。
リプレーサ [replacer]　復元工具。元のところへ戻す取り付け工具。
リプレーサブル・メタル [replaceable metal]　交換式軸受メタル。＝インタチェンジャブル～。インサート～。
リフレクタ [reflector]　反射鏡。例①ヘッドライト用。②後写用。③（バスの）アンダミラー。
リフレックス・リフレクタ [reflex reflector]　屈折反射鏡。
リフレッシュ [refresh]　元気づける。例バッテリを充電する。

リプログラミング [reprogramming]　コンピュータにおけるプログラムの書き換え。一般にECUのプログラムの変更や追加により，排出ガス対策装置関係の内容変更やグレード・アップすることを意味し，2002年に米国では，一般整備工場でECUのリプログラミングができるようにするよう，EPA（環境保護庁）が法律で義務づけている。このため，SAEがJ2534という統一規格を決め，リプログラミング用のツール（パス・スルー・ツール）が市販されている。リフラッシングとも。

リプログレッシブ・ワインディング [reprogressive winding]　（アーマチュア）逆行巻き。最終の線輪辺が最初に出発した整流子片の左隣に帰るような巻き方。対 プログレッシブ～。

リペア [repair]　修理，手入れ。

リペア・アンド・メンテナンス [repair and maintenance]　修理と保守。

リペア・オーダ [repair order]　修理指示書。整備工場で使用する作業項目や内容，完成予定時間，予算などが記入された書面。整備記録簿などを含む場合もある。

リペア・ガム [repair gum]　（タイヤ，チューブ）修理用ゴム。例 チューブレス・タイヤ用に作られた特別のゴム。

リペア・ショップ [repair shop]　修理工場，分解整備工場。

リペア・ツール [repair tool]　修理工具，道具。

リペアビリティ [repairability]　車の整備性を意味し，整備作業の難易度を表す。最近の車両は設計段階から整備性を考慮するようになってきている。＝リペアラビリティ。

リペア・マニュアル [repair manual]　修理手引き書，修理必携書，便覧。

リペア・マン [repair man]　修理工，整備士，修理業者。

リペア・ラバー・プラグ [repair rubber plug]　（チューブレス・タイヤの）修理用ゴム栓。

リペイント [repaint]　①（ペンキ又は色を）塗り直す。②塗り直したもの（自動車）。

リベッタ [rivetter]　リベット締め，びょう締め機。

リベッティング [rivetting]　リベット締め，びょう締め。

リベッティング・ハンマ [rivetting hammer]　びょう締め用金づち。

リベット [rivet]　びょう。金属板を重ねた穴に通してから締めるくぎ。

リペヤ [repair]　☞リペア。

リボア [rebore]　（穴を）くり直す。例 シリンダをボーリングし直す。

リボーリング [reboring]　（穴の）くり直し。＝リボア。

リボリューション [revolution]　☞レボリューション。

リボルビング [revolving]　☞レボルビング。

リボン・ワイヤ [ribbon wire]　（電気）平ひも線。例 セルモータ磁極コイル用電線。

リマグネタイズ [remagnetize]　再磁化，着磁し直す。

リマシニング [remachining]　再機械加工。

リミット [limit]　極限，限度。例 ㋑リーガル～。㋺～ゲージ。

リミット・オブ・インフラマビリティ [limit of inflammability]　燃焼限界。点火しても燃焼できない空燃比限界。

リミット・ゲージ [limit gauge]　限界計器。通り側と止まり側とがあり，製品が許容誤差精度内にあるか否かを速やかに検査するために用いる。

リミット・スイッチ [limit switch]　機械の動作をある範囲で制限するスイッチ。

リミット・ロード [limit load]　限界荷重，許容最大荷重。

リミテッド [limited]　①限られる，有限の。②米 乗客数制限バス。③特別バス。

リミテッド・スリップ・ディファレンシャル [limited slip differential; LSD]　自動差動制限型のディファレンシャル装置。駆動輪のスリップを防止するために差動装置にクラッチ機構を組み込んである。

リム [rim]　（円形な器の）へり，ふち。例 ㋑ホイールの輪周。㋺ヘッドランプのレンズ枠。㋩計器の枠。

リムーバ [remover]　①（工具の）取り去るもの。例スタッド～。②はく離剤。

リムーバブル [removable]　取り外せる，除くことのできる。＝ディタッチャブル。

リムカット [rim-cut]　（タイヤ）リム切れ。タイヤのビードがリムの角で切れること。空気不足によって起こりやすい。

リムジン [limousine]　①運転席と客室の間に仕切りを設けた前後２室の運転手付き箱型乗用車。②乗用車型の高級バス。

リム・ライン [rim line]　リム線。タイヤ装着の良否を見るためタイヤにつけてある表示線。＝レファランス～。

リメタル [remetal]　（軸受などの）メタルのつけ換え。

リモート [remote]　遠い，遠方の。例～コントロール。

リモート・イモビライザ [remote immobilizer]　車両が盗難にあった際，携帯電話などによる遠隔操作でエンジンを始動できなくする装置。レクサスなどに採用された電子キーの一種で，トヨタが提供しているテレマティクス・サービス「G-BOOK」を通して機能する。G-BOOK センタからの遠隔操作でエンジンを停止させて自走を不可能にしたり，再始動もセンタから行う。実際の盗難例で実証済み。

リモート・エアコン・システム [remote air conditioning system]　車に乗り込む前に遠隔操作で電動エアコンを最大３分間だけ作動させ，車室内の温度を急速に下げる装置。トヨタが2009年にハイブリッド車に世界初採用したもので，エンジンを始動せずにハイブリッド・バッテリの電力を利用している。ただし，この装置はソーラー・ベンチレーション・システムとセットでオプション採用。

リモート故障診断（こしょうしんだん）システム [remote diagnostic system]　☞誘導式故障診断システム。

リモート・コントロール [remote control]　遠隔操縦。例㋑変速機の操作をハンドルに設けたレバーで行うもの。㋺ドア・ミラーを運転席で調整できるもの。

リモート・タッチ・コントローラ [remote touch controller]　カー・ナビゲーション，オーディオ，エアコンなどの操作を手元で行うリモート・コントローラ。レクサスが2009年に採用したもので，センタ・コンソール部に設置された操作ノブを前後左右に操作することにより離れたディスプレイ上のポインタが移動し，パソコンのマウスと同様の感覚で各種の操作を行うことができる。ノブの操作力は２個の内蔵モータで電気的に作られる点がユニークで，ダイヤル式を採用している欧州車よりは操作性に優れている。2013年には，業界最高水準となる12.3インチのLCDワイド・ディスプレイ（リモート・タッチ・インターフェース／RTI）を採用している。

リモールデッド・カー [remolded car]　改造自動車，改装自動車。

リモールド [remold; remould]　再び成形する，造り直す，改造する。

リモールド・タイヤ [remolded tire]　☞更生タイヤ。

リモコン [remo-con]　遠隔操縦。リモート・コントロールの略。

リモコン・エンジン・スタータ [remo-con engine starter]　エンジンの始動を遠隔操作でする装置で，事前の暖機などに使用する。

リモコン・ドア・ロック [remo-con door lock]　ドアの施開錠を遠隔操作でする装置で，電波式と赤外線式がある。

リヤ・アクスル [rear axle]　後車軸全体。対フロント～。

リヤ・アクスル・シャフト [rear axle shaft]　後車軸の内軸（駆動軸）。

リヤ・アクスル・ハウジング [rear axle housing]　後車軸の外管。＝チューブ。

リヤ・ウイング [rear wing]　車の後端に取り付ける翼型断面の板。レーシング・カーやスポーツ・タイプ車が高速走行時のダウン・フォースを得るために取り付ける。＝リヤ・スポイラ。

リヤ・ウインドウ [rear window]　（ボデーの）後ろ窓。

リヤ・ウインドウ・ディフォッガ [rear window defogger]　リヤ・ウインドウ表面に

プリントされた電熱線により，リヤ・ウインドウ内部表面の結露を除去する装置。
リヤ・エンジン・カー [rear engine car]　後部エンジン車。㊀フロント～。
リヤ・エンジン・バス [rear engine bus]　後部エンジン乗合自動車。
リヤ・エンジン・リヤ・ホイール・ドライブ・ビークル [rear engine rear wheel drive vehicle; RR]　後部エンジン後輪駆動車。エンジンを車体の後部に搭載し，後輪を駆動する方式の車。一部の乗用車（VW ビートルが有名）や大型バスなどに見られる。車体後方に荷重が集中するため，高速旋回時にオーバステアが強く出やすい。
リヤ・オーバハング [rear overhang]　後車軸の中心から車体後端部までの水平距離。㊀フロント～。
リヤ・オーバハング・アングル [rear overhang angle]　（ボデー）後部下端から後輪タイヤ外周への接平面が地面となす最小角度。＝ディパーチャ～。リーブ～。㊀フロント～。
リヤ・カー [rear car]　後部付随車。
リヤ・キックアップ [rear kickup]　ルーフ後端部上面が，ルーフ全体形状より持ち上がっている形状。
リヤ・クォータ・パネル [rear quarter panel]　☞クォータ・パネル。
リヤ・クォータ・ピラー [rear quarter piller]　☞クォータ・パネル。
リヤ・コンビネーション・ランプ [rear combination lamp]　車の後部のランプ類を一体化してデザインを向上したもの。テール・ランプ，ターン・シグナル・ランプ，バックアップ・ランプやリフレクタなどが横1列にまとめてある。
リヤ・サイド・メンバ [rear side member]　車体後部の強度および剛性部材として取り付けられた縦方向の補強材。
リヤ・サスペンション [rear suspension]　（車の）後部懸架装置。㊀フロント～。
リヤ・サンシェイド [rear sunshade]　シルク・スクリーン・プリントやスモークにした透明樹脂板を日よけとして，リヤ・ウインドウにはめ込む部品。
リヤ・シート [rear seat]　後部座席。
リヤ・シャフト [rear shaft]　後車軸（特に内軸）。
リヤ・スポイラ [rear spoiler]　揚力，空気抵抗を減らす目的で車体後部に取り付ける空力的部品。
リヤ・ダンプ・トラック [rear dump truck]　後方放下式トラック。☞サイド・ダンプ。
リヤ・ドライブ [rear drive]　後輪駆動。㊀フロント～。
リヤ・パーソナル・ランプ [rear personal lamp]　高級セダンやリムジンの後席に設けられている，書類や本を読むための照明。
リヤビュー・ミラー [rearview mirror]　車などの後写鏡。通称バック・ミラー。インナ（車室内）とアウタ（車室外）とがある。☞インナ・リヤビュー～，アウタ・リヤビュー～。
リヤ・ピラー [rear piller]　乗用車の左右側面後部にあって，ルーフとウインドウを支える柱。Cピラーともいう。（Aは前，Bは中央，Cは後部のピラーを指す。）
リヤ・フォグ・ランプ [rear fog lamp]　後部霧灯。保安基準に規定されており，霧の深い地方で後車の追突防止のため使用が認められている，赤色のフォグ・ランプ。
リヤ・ブレーキ [rear brake]　後車輪に取り付けられた制動装置。通常はフット・ブレーキとして作動し，パーキング・ブレーキを兼用もしくは内蔵している場合が多い。
リヤ・ホイール [rear wheel]　後車輪。㊀フロント～。
リヤ・ホイール・アライメント [rear wheel alignment]　後輪の整列で，主にトー角とキャンバ角からなる。後車軸の独立懸架方式の採用や後輪操舵の採用により，必要な角度となっている。
リヤ・ホイール・ドライブ [rear wheel drive vehicle; RWD]　後輪駆動車。後車輪に

動力を伝えて駆動する車。エンジンの位置は，前・中央・後の3通りがある。対フロント・ホイール・ドライブ（FWD）。

リヤ・ボデー・オフセット［rear body offset］　（トラック）荷台片寄り。後車軸中心と荷台中心との水平距離。荷台中心が後車軸の前にあるのを正，後にあるのを負とする。

荷台中心
オフセット
ホイール・ベース

荷台のオフセット

リヤ・ボルスタ［rear bolster］　（トラック荷台の）後枕木，横ばり，受け台。

リヤ・ラダー［rear ladder］　RVなどのリヤ・ドアやスペア・タイヤ・キャリアに取り付ける梯子（はしご）。

リヤ・ワイパ［rear wiper］　後部窓用窓ふき器。＝リヤ・ウインドウ・ワイパ。

硫酸（りゅうさん）［sulphuric acid］　☞サルフューリック・アシッド。

粒子状物質（りゅうしじょうぶっしつ）［particulate matter; PM］　☞PM[1]。

リユース［reuse］　①再利用する。②再利用。③製品や部品の再使用。㊟3R：reduce（抑制），reuse（再利用），recycle（リサイクル）。

流体（りゅうたい）クラッチ［fluid coupling］　フルード・カップリング。流体継手。ドーナツ形のオイル・ケースの中に入力側のポンプと出力側のタービンの両羽根車が対向してあり，ポンプ羽根車を回すとオイルの流速でタービン羽根車も回る仕組み。ATのトルコンの原形だが，ステータがないのでトルクの倍力作用は行われず，又，高速時にはオイルの乱流にてトルクの伝達ロスが多く，現在は使われていない。

流体式（りゅうたいしき）リターダ［hydraulic retarder］　大型車の補助ブレーキとして使われるリターダの一種。トランスミッション・ブレーキとも呼ばれ，流体クラッチと似た構造のロータとステータを対向させて置いてオイルを満たした構造で，ロータを回転させてオイルをステータに送り込むとロータに回転抵抗を生じてブレーキ力が発生する。

流体継手（りゅうたいつぎて）［fluid coupling］　☞フルード・カップリング。

リューブ［lube］　☞ルーブ。

リューブライト処理（しょり）［lubrite process］　リン酸塩とリューベ（ステアリン酸ナトリウム）が反応して金属石けんを生成させる処理。冷間圧造用潤滑被膜などに使用。初期なじみ，耐摩耗性に優れる。例バルブ・リフタ・アジャスティング・シム。

リューブリケーション［lubrication］　☞ルブリケーション。

流量可変式（りゅうりょうかへんしき）オイル・ポンプ［variable flow oil pump］　エンジン内部に潤滑油を圧送するオイル・ポンプの一種で，エンジンの負荷に応じて必要なだけの潤滑油を吐出する方式のもの。通常のオイル・ポンプはエンジン回転に比例してポンプが駆動されるが，流量可変式を用いることによりポンプの駆動トルクを低減して，燃費性能の向上を図っている。可変容量オイル・ポンプとも。

流量計（りゅうりょうけい）［flow meter］　単位時間当たりの流量を計測する機器。☞エアフロー・メータ。

リュブリカント［lubricant］　☞ルブリカント。

リライアビリティ・トライアル［reliability trial］　（自動車，オートバイなどの）長距離運行試験。耐久試験。

リライナ［reliner］　①（ライナの）交換機。②（ライニングの）張り替え機。

リライニング・ツール［relining tool］　（ライニングの）張り替え工具。

リライニング・マシン［relining machine］　☞リライナ。

リラクタンス［reluctance］　磁気抵抗。

リラクタンス・トルク［reluctance torque］　電磁石の吸引力，すなわち磁気エネルギーの位置に対する変化によって発生する回転力。トヨタのハイブリッド車の駆動用モータの場合，ロータ内の永久磁石をV字型に配置することにより磁気的な突起を作り出してリラクタンス・トルクを発生させ，モータ&ジェネレータの効率を高めている。

リラクタンス・モータ [reluctance motor]　電源周波数に同期して回転する非正弦波駆動の交流モータの一種。一般に，ロータの鉄心にいくつかの突極部が作られており，電磁石の吸引力（リラクタンス・トルク）の変化で回転力を得ている。巻線構造とその駆動方法により，スイッチド・リラクタンス・モータ（SRM）とシンクロナス・リラクタンス・モータ（SyRM）がある。電磁石の代わりに永久磁石を使用した永久磁石型リラクタンス・モータ（PRM）は既にハイブリッド車に使用されているが，SRMはレア・アース資源に問題のある永久磁石を使わないモータとして，開発が進んでいる。

リリース [release]　①解放・解放する，解除・解除する。②新発売，（新型車を）発表する。レリーズとも。例クラッチ～シリンダ。

リリース・カラー [release collar]　（クラッチ）開放用つば管。クラッチを切るリリース・ベアリングを支える短管。

リリース・シリンダ [release cylinder]　（クラッチ）開放用シリンダ。マスタ・シリンダの油圧を受けてクラッチを切る従動シリンダ。＝スレーブ～。

リリース・ノブ [release knob]　駐車用ブレーキ・レバーの解除用ノブ。＝～ボタン。

リリース・バルブ [release valve]　開放弁，逃がし弁。例㋑（エア・タンクの）過大圧逃がし弁。㋺（油圧装置の）過大圧逃がし弁。＝リリーフ～。

リリース・フィンガ [release finger]　（クラッチ）開放用指状金具。＝～レバー。

リリース・フォーク [release fork]　（クラッチ）開放用二又金具。

リリース・ベアリング [release bearing]　（クラッチ）開放用軸受。スラスト・ボール・ベアリングが多いがカーボン・ベアリングもある。

リリース・ボタン [release button]　☞リリース・ノブ。

リリース・レバー [release lever]　（クラッチ）開放用てこ。一般に3本用いられており，ベアリングに押されてプレッシャ・プレートを引き戻しクラッチを切る用をする。＝～フィンガ。

リリース・ロッド [release rod]　（クラッチ）開放用押棒。リリース・シリンダ・ピストンの動きをリリース・フォークへ伝えて，クラッチを解放する。

リリービング・アーチ [relieving arch]　（トラック）荷受けせりもち。鳥居。

リリーフ [relief]　①救助，救援。②除去，軽減。例～バルブ。

リリーフ・エリア [relief area]　軽減面積。例ピストンなどでシリンダと接触させない部分の面積。

リリーフ・コック [relief cock]　（気体や液体圧力の）逃がしコック。

リリーフ・サイド [relief side]　開放側。例ギヤの歯の裏側。＝コースト～。リービング～。対ドライブ～。

リリーフ・バルブ [relief valve]　（作動流体の）逃がし弁。例㋑油圧逃がし弁。㋺コンプレッサの圧力逃がし弁。

リリーフ・レバー [relief lever]　（ディーゼル・デコンプ）操作レバー。

リレー [relay]　①代わり。交代者。②中継する。例継電器。

リレー・エマージェンシ・バルブ [relay emergency valve]　トレーラのブレーキ作用の迅速化のため自動的に非常ブレーキをかけるためのバルブ。

リレー・コンタクト [relay contact]　（電）継電器の接点。

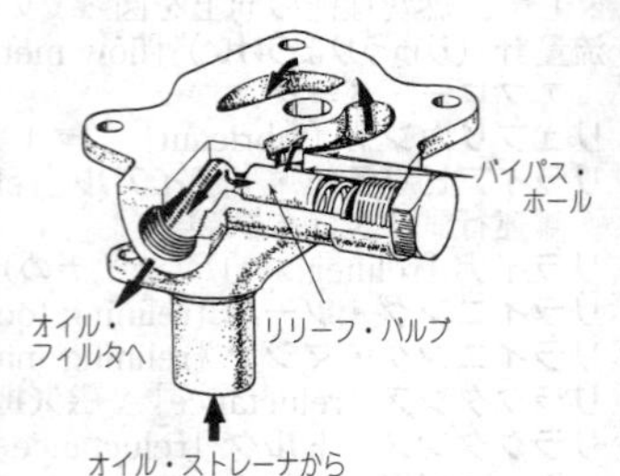

リリーフ・バルブ

リレー・シーケンス回路（かいろ）［relay sequential circuit］　リレーのオン・オフ動作を利用した論理回路を組み各機器とリレー間を結線し，電気図記号による分かりやすい制御回路。
リレー・バルブ［relay valve］　（ブースタなどの）切り替え弁，交替弁。例 二つのバルブが関連して交替に作用するもの。
リレー・ピストン［relay piston］　（ブースタ）リレー・バルブを作用させる油圧ピストン。
リレー・ロッド［relay rod］　（かじ取り）中継棒。ニーアクション式においてピットマン・アームの運動を左右のタイロッドへ伝える棒。＝センタ・タイロッド。
履歴現象（りれきげんしょう）［hysteresis］　☞ヒステリシス。
リロケーション［relocation］　再配置。例 カー・ディーラ営業拠点の設置場所を見直し，営業効率の高い場所へ移転すること。
理論空燃比（りろんくうねんひ）［stoichiometric air-fuel ratio］　供給した燃料を完全に燃焼させるために，理論上必要な最小空気量と燃料量との質量比。ストイキとも。
理論混合比（りろんこんごうひ）［theoretical mixture ratio］　☞理論空燃比。
理論熱効率（りろんねつこうりつ）［theoretical thermal efficiency］　理論サイクルの圧力容積線図（P-V 線図）に示された仕事を基準とした熱効率。
リワインディング［rewinding］　（電）巻き直し，巻き替え。例 アーマチュア・コイル。
臨界圧力（りんかいあつりょく）［critical pressure］　臨界温度において，気体に圧力を加えていきその気体が初めて液化するときの圧力。
臨界温度（りんかいおんど）［critical temperature］　圧縮によって気体を液化する場合，ある温度以下でないと圧力をいかに大きくしても液体にならない。この限界の温度。
臨界速度（りんかいそくど）［critical speed］　☞クリティカル・スピード。
輪距（りんきょ）［tread］　☞トレッド。
リンク［link］　①鎖の環。②つなぎ。③連結用の棒。例 ドラッグ～。
リング［ring］　輪，環，輪形のもの。例 ㋑ピストン～。㋺スナップ～。
リング・エキスパンダ［ring expander］　ピストンのオイル・リングの内側に付けられ，リングの拡張力を強める働きをする。
リング・ギヤ［ring gear］　環状歯車。例 ㋑フライホイールへはめた始動用環状ギヤ。㋺デフケースへはめた最終減速環状ギヤ。
リング・ギャップ［ring gap］　リングの合い口すき間。シリンダへ挿入時，すき間が大き過ぎると圧縮漏れやオイル上がりの原因となり，小さ過ぎると熱膨張で合い口が突き上げる原因となる。又，リングが摩耗するとこのすき間は大きくなる。
リング・グルーブ［ring groove］　☞リング溝（みぞ）。
リング・ジョイント［ring joint］　（ピストンの）リング継ぎ目，合い口。
リング・ナット［ring nut］　（かに目レンチやかぎレンチで回す）丸ナット。

リング・ギヤ
（フライホイール）

リング・フィット［wring fit］　（はめ合い）ねん合，ひねり合わせ。ひねって入る程度の固さ。
リング・フラッタ［ring flutter; piston ring flutter］　ピストン・リングがリング溝の中で振動すること。
リング・ボルト［ring bolt］　輪付きボルト。＝アイ～。
リング溝（みぞ）［ring groove］　リング・グルーブ。ピストン上部に3～4段設けられている溝で，ピストン・リングを保持すると共に，底に余分なオイルをピストン内部へ逃がす穴が空けられている。
リンケージ［linkage］　（機械の）つながり，連結。例 ハンドル～にはシャフト，ギヤ，アーム，ロッドなどがつながっている。

リンケージ型（がた）パワー・ステアリング［linkage type power steering］　パワー・ステアリングの型式の一つで，パワー・シリンダがステアリング・リンケージの途中に組み込まれているタイプ。コントロール・バルブがパワー・シリンダと一体になっているコンバインド型と，分離しているセパレート型と更に分かれる。対 インテグラル型～，ラック・ピニオン型～。

燐青銅（りんせいどう）［phosphor bronze］　青銅（Cu-Sn 合金）に少量のりんを添加して強度を向上させた銅合金で，耐食性も優れ用途も広い。鋳造品は軸受，歯車等に用いられる。

リンプ・モード［limp mode］　故障車がよたよたと辛うじて走行するさま。米国において，ECU を装備した車両のある装置が故障してその信号が出せなくなったとき，バックアップ機能により修理工場までどうにか走行することをいう。

［ル］

ルーカス［Lucas］　英国の自動車部品メーカ。電装品や燃料噴射装置で有名。

ルージュ［rouge］　（材）ベンガラ（紅がら），鉄丹。酸化第二鉄 Fe_2O_3。例 ㋑赤色塗料。㋺（ガラスなどの）研磨材。㋩ゴム等の着色剤。

ルース［loose］　①締まりのない，緩んだ。②すき間ばめ。～フィット。記号 L。③解放された，自由な。通称ルーズな。

ルース・サイド［loose side］　（ベルトなど）緩み側。例 ベルトやチェーンの緩み側。対 テンション～。

ルースネス［looseness］　（機械部分などの）遊び，がた。

ルース・フィット［loose fit］　（はめ合い）静合。すき間ばめ。軸の寸法が穴の寸法より小さく軸が穴の中で動くことができる程度のはめ合い。＝ランニング～。

ルースリーフ・シム［loose-leaf shim］　抜き差し自由なシム，多数のシムリーフが重ねてあり枚数の選択が自由にできる。＝ラミネーテッド～。

ルーツ・コンプレッサ［Roots compressor］　ルーツ式圧縮機。

ルーツ式（しき）スーパーチャージャ［roots type supercharger］　ルーツ・ブロワをエンジンの動力で駆動した過給機。☞ルーツ・ブロワ。

ルーツ・ブロワ［Roots blower］　ルーツ式送風器。2 葉のまゆ型又は 3 葉のロータをかみ合わせてケース内で回転させる構造。例 ㋑スーパーチャージャ用。㋺2 サイクル掃気用。

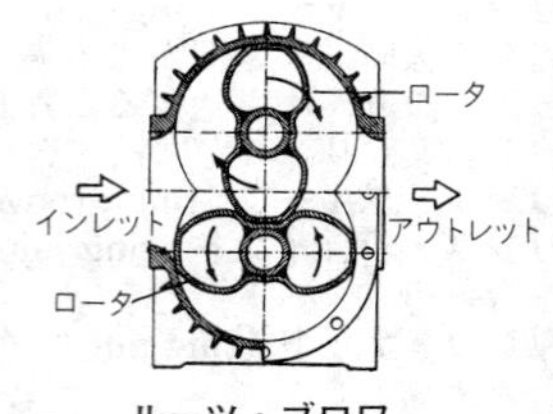

ルーツ・ブロワ

ル

ルート［route］　①道，道路。②（一定の）通路，路線，道筋。

ルート・ガイド［route guide］　道筋案内。カーナビで，目的地までの推奨ルート探索や表示を，画像又は音声でする機能。現在は，交通規制等も考慮されている。

ルート・コンタクト［root contact］　（ギヤかみ合いで歯の）根当たり

ルート・サークル［root circle］　ギヤの歯の根元部分を外周とした円。☞アデンダム・サークル。

ルート・ダイヤメータ［root diameter］　（ボルト寸法）谷部直径。ねじの谷部で表す直径で，ナットねじたての下穴内径に相当する。

ルート・ナンバ［route number］　（道路の）路線番号。

ルート・バン［root van］　（運転室と荷台とを一つの箱にした）商用貨物自動車。ライトバンより本格的トラック。＝パネル～。
ルーバ [louver]　（ボンネットなどの）通風用よろい窓。放熱穴。
ルーフ [roof]　①屋根，屋根形のもの。②（車の）屋根上。
ルーブ [lube]　潤滑油。ルブリケーティング・オイルの略。＝オイル。
ループ [loop]　①環，輪。輪状のひも。②（道路の）環状線。③環状電線。
ルーフ・アンテナ [roof antenna]　車の屋根やサンルーフの中に設置されたアンテナ。
ループ・アンテナ [loop antenna]　輪形アンテナ。
ルーブオイル [lube-oil]　潤滑油。ルブリケーティング・オイルの略。
ルーフ・キャリア [roof carrier]　屋根の上で荷物を運ぶ専用荷台。例 スキー・キャリア，サーフボード・キャリア，自転車キャリアなど。☞ルーフ・ラック。
ルーフ・クラッシュ [roof crush]　転覆により，車の屋根が押し潰されること。米国では，乗用車などのルーフ・クラッシュ・テストが行われている。
ループ・スカベンジング [loop scavenging]　（2サイクル）ループ掃気法。＝シニューレ～。リバースフロー～。
ルーフ・スポイラ [roof spoiler]　空力特性向上やスポーツ・イメージを高めるためにルーフ後端に取り付ける空力部品。
ルーフ・デッキ [roof deck]　トラックの運転室の屋根に取り付けた小物用荷台。
ルーフ・ドリップ [roof drip]　車体の屋根周辺部の雨樋（あまどい）。
ルーフ・バゲージ・レール [roof baggage rail]　（ボデー）屋根荷物受け手すり。
ルーフ・パネル [roof panel]　車の屋根部の鉄板。
ループ・フレーム [loop frame]　（二輪）環状の車枠。
ルーフ・ヘッド・ライニング [roof head lining]　（ボデー）天井の裏張り。
ルーフ・ボックス [roof box]　ルーフ・ラックに取り付ける荷物運搬用の箱。
ルーブポンプ [lube-pump]　潤滑油用ポンプ。＝オイル～。
ルーフ・ラック [roof rack]　屋根の上に荷物を積むための棚（たな）。☞ルーフ・キャリア。
ルーフ・レザー [roof leather]　乗用車などの屋根に張った装飾用のレザー（革）。ビニール・レザーの使用が多い。＝レザー・トップ。
ルーミー [roomy]　（ボデー）広々とした（車室）。
ルーミナス・パワー [luminous power]　（ライト）光力，光度。
ルーミナス・ペイント [luminous paint]　発光塗料，夜光塗料。例 メータ類。
ルーム [room]　（ボデー）室，部屋，車室。
ルーム・エアコン [room air-con]　ルーム・エアコンディショナの略。
ルーム・エアコンディショナ [room air-conditioner]　車室空調装置。暖冷房および除湿換気等を行う。
ルーム・クーラ [room cooler]　車室冷房装置。
ルーム・パーティション・パネル [room partition panel]　客室とラッゲージ（トランク）・ルームとの仕切り用鉄板。
ルーム・ヒータ [room heater]　車室暖房装置。
ルーム・ミラー [room mirror]　車室内後写鏡。ルーム・ミラーは和製英語で，英語ではインナ・リアビュー・ミラーまたはインナ・ミラーという。
ルーム・ランプ [room lamp]　車室灯，室内灯。＝トノー～。
ルーメン [lumen]　（ライト）光束の単位。記号lm。すべての方向に1cd（カンデラ）の光度をもつ点光源から単位立体角内に発せられる光束を1lmとする。
ルール [rule]　①定規，物指し。②規則，法則。
ルーレット [roulette]　（工具）（にぎりやつまみに滑り止めの）ぎざぎざをつける回転機。＝ローレット，ナーリング・ツール，ナーライザ。
ルクス [lux]　照度のSI単位。略号lx。$1m^2$の面積に1ルーメンの光束が一様に分布しているときの表面の照度。1カンデラの光源を中心にして半径1mの球面上の明るさ。
ルクス・ゲージ [lux gauge]　照度計。明るさをルクス単位で表示する計器。例ヘッドライト・テスタ。
ルックス [lux]　☞ルクス。
ルテニウム [ruthenium]　白金属元素の一つ。記号Ru，原子番号44。白金属元素の中で最も硬くて耐酸性に優れ，触媒や点火プラグの電極チップなどに用いられる。
ルドルフ・ディーゼル [Rudolf Diesel]　ドイツ人の技術者（1858～1913）でディーゼル・エンジンの発明者。ディーゼル・エンジンを1893年に創案し，1897年に完成した。☞ディーゼル・エンジン。
ルノー [Renault]　フランス最大の自動車メーカおよび自動車名。ルノー３兄弟が1899年に創業。第二次大戦後に国有化され，公団として発足した。戦後日本では日野自動車がルノーと技術提携し，国産のコンテッサ（車名）を生産した。1999年には日産自動車に資本参加。
ルブリカント [lubricant]　潤滑剤。例㋑オイル。㋺グリース。㋩グラファイト。㋥二硫化モリブデン。＝リュブリカント。
ルブリケーション [lubrication]　潤滑，注油。＝リュブリケーション。
ルブリケータ [lubricator]　注油器，給油機，油差し。
ルブリケーティング・システム [lubricating system]　潤滑装置，注油装置。
ルブリケート [lubricate]　潤滑する。油を差す。
ルマン24時間（じかん）レース [Le Mans 24-hour race]　自動車レースの一つ。1923年以来，フランス北部のサルテ県ル・マン市のサルテ・サーキット（1周13.6km）で毎年６月に開催される24時間耐久レース。午後４時にスタートし，翌日の午後４時までの24時間で走行できる距離を競い，ドライバは３人で交代する。
ルマン式（しき）スタート [Le Mans type start]　自動車レースのスタート方法の一つ。合図があると同時に，ドライバが自分の車に走り寄ってスタートするもの。
ルモアン・タイプ [Lemoine type]　（かじ取り）変向関節（ナックル）の一形式。スピンドルとキングピンとを一体にした形状であるが今は見られない。

［レ］

レア・アース [rare earth elements; REE]　希土類元素。レア・アース類の金属で，元素の周期表３族のうち，スカンジウム（Sc）とイットリウム（Y）にランタノイド（原子番号57～71の元素群の総称）を加えた17元素の総称。性質はいずれも酷似しており，合金，永久磁石，ガラスの研磨材，水素吸蔵合金，蛍光体，磁気ディスク，光ファイバ，レーザ，レントゲン・フィルム，セラミックスなどに用いられる。中でも原子番号60のネオジム（Nd）は最強の磁性材料として，ハイブリッド車や電気自動車のモータ用磁石などに使用される。☞ネオジム磁石，レア・メタル。
レア・メタル [rare matal]　希少金属。明確な定義はないが，自然の産出量が極めて少なかったり，化合物からの分離が難しい特殊な用途に必要な金属の総称で，日本では経済産業省が31種類の元素をレア・メタルに指定している。代表的なものとしてNi，Cr，W，Mo，Co，Mn，V，In，Ga，Pt，Pd，Ti，Li，Nb，Bi，Sbなどがあり，自動車用としては排気ガス浄化用の触媒，高張力鋼，電極，高電圧二次電池などに用いられる。☞レア・アース。
レイアウト [layout]　①（工場などの）設計，配置。②工具一式。
レイア・ショート [layer short]　層間短絡。コイルの内部ショート。＝レーヤ～。
冷間圧延鋼板（れいかんあつえんこうはん） [cold rolled steel sheet]　JISの規格表示SPC。熱間圧延鋼板を更に常温で圧延したもので，表面が特に滑らかに処理されており，ボデー外板などに使用される。

冷却装置（れいきゃくそうち）［cooling system］　☞クーリング・システム。
冷却損失（れいきゃくそんしつ）［cooling loss］　☞クーリング・ロス。
冷却（れいきゃく）ファン［cooling fan］　☞クーリング・ファン。
励磁（れいじ）［excitation］　磁束を発生するために，励磁コイルに電圧を印加すること。
レイディアス［radius］　☞ラジアス。
レイト[1]［late］　①遅い，遅れた。②近ごろの。＝レート。
レイト[2]［rate］　①割合，率，歩合。②料金，使用料，運賃。③等級。＝レート。
冷凍車（れいとうしゃ）［refrigerated vehicle］　輸送物品の鮮度などを保つために，冷凍機を用いて冷蔵できる自動車。
レイト・タイミング［late timing］　遅い調時，遅れた時期。例 ㋑バルブ・タイミングが遅い。㋺点火タイミングが遅い。
レイト・モデル［late model］　近ごろの型，最近の型。対 アーリ～。
冷媒（れいばい）［refrigerant］　冷凍サイクル内を循環し受熱，放熱を行う作動流体。フロンなど。
レイン・ガター［rain gutter］　車体の屋根周辺に設けた雨どい。
レイン・クリアリング・ドア・ミラー［rain clearing door mirror］　ドア・ミラーの鏡面に付着した水滴を膜状に広げることにより，後方視認性を確保するもの。鏡面にはチタニア層およびシリカ層があり，シリカには水滴を膜状にする親水効果があり，チタニアには光触媒作用によりシリカ層表面に付着した汚れを化学的に分解して除去するセルフ・クリーニング効果がある。
レイン・グルーブ［rain groove］　舗装路面に刻まれた排水用の小さな溝（みぞ）。降水時のスリップやハイドロプレーニングを抑止する。
レイン・センサ［rain sensor］　雨滴検知器。前面ウインドウ・ガラスの検知エリア内に雨滴を感知すると，雨滴量に合わせたワイパ駆動制御信号をコンピュータに発する。ワイパ・スイッチ操作が不要となる自動式ワイパ用のセンサ。
レイン・タイヤ［rain tire］　レーシング・カー用の特殊タイヤで，雨天走行時に使用する排水性がよく，グリップ力の強いタイヤ。タイヤの形状，トレッド・ゴムの材質，排水用のグルーブ（溝）などが考慮されている。＝ウェット～。
レインドロップ・センシング・オート・ワイパ［raindrops sensing auto wiper］　雨滴感知式自動ワイパ。エンジン・フード上に設けられたセンサに雨滴があたると自動的に作動するワイパ。雨量に合わせて払拭速度や間隔をコンピュータがコントロールする。☞レイン・センサ。
レー[1]［lay］　①置く。横たえる。②着せる。＝レイ。例 オーバ～。
レー[2]［ray］　光線，放射線。＝レイ。例 インフラレッド～。
レーキ［rake］　①傾斜，傾度，こう配。②くま手，火かき，草かき。＝レーク。
レーキ・ドーザ［rake dozer］　（ブルドーザの一種）排土板の代わりにくま手形の頑強な爪を設けたもので，整地作業で抜根などに用いる。
レーザ［laser］　電磁波の誘導放出により，特定の波長の光りだけを強める発振増幅装置。1960年に米国で開発され，その発振媒質の形態や種類によって気体レーザ，液体レーザ，固体レーザ，半導体レーザなどに分類され，溶接，切断，穴あけ，熱処理，距離計測，形状計測などに幅広く利用される。レーザは，「light amplification by stimulated emission of radiation」の略。☞レーダ。
レーサ［racer］　①競走用自動車。②競走自動車の運転者。
レーザ・スキャナ［laser scanner］　レーザを用いた走査装置。レーザの反射から距離を測定するため誤差は数cmという高い精度を誇り，自動運転実験車の測距センサなどに用いられる。レーザ・スキャナは通称で，レーザ・レンジ・ファインダが正式名称。
レーザ・スクリュ溶接（ようせつ）［laser screw welding; LSW］　車体を結合するレー

ザ・ビーム溶接において，レーザ・ガンを線状ではなく渦巻き状に動かすことで直径約5mmの溶接点を形成する工法。2012年にレクサスに採用されたもので，スポット溶接よりも点間を詰めることができ，溶接幅2mm程度の線レーザに比べて広い溶接面積が確保できる。このLSWをスポット溶接の打点間に打ち増しし，併せて構造用接着剤を用いることにより，ボディ剛性や剛性感が大幅に向上している。

レーザ・センサ [laser sensor]　レーザ光を目標物に当て，その反射光から距離を測定する装置で，主に自動ブレーキ（低速用）に用いられる。ミリ波レーダ（前述）と比較して安価で方向分解性能に優れるが，波長が短く減衰しやすいため，遠くまで届かない。一般に対応可能距離は10〜20m程度であり，霧・雨・雪などによりレーザ光が減衰するため，悪天候時には使用が困難となる。

レーサバウト [raceabout]　㊥競走用自動車。

レーザ・ビーム溶接（ようせつ） [laser beam welding; LBW]　レーザ光を熱源に，部品や鋼板を突き合わせまたは重ね合わせ接合するアーク溶接の一種で，一般にレーザ溶接という。通常，YAGレーザ溶接またはCO_2レーザ溶接が使用され，電子ビームと同じく非常に高いエネルギー密度が得られ，狭く深い溶け込みとなるために被溶接材の熱歪や材料特性の劣化が少なく，駆動部品のギア類，シャシの精密部品，ボディの薄板鋼板などの溶接に利用される。

レーザ・ヘッドライト [laser headlight]　ヘッドライトの光源にレーザを用いたもの。量産車としてはアウディがR8 LMXに世界初採用したもので，LEDよりも更に高輝度で，LEDハイビームの2倍の距離（約500m先）まで照らすことができる。アウディでは，ル・マン24時間レース用マシン（R18 e-tron quattro）にレーザ・ビーム・ヘッドライトを使用して，夜間の超高速走行で威力を発揮している。

レーザ・レンジ・ファインダ [laser range finder]　☞レーザ・スキャナ。

レーシャフト [lay-shaft]　添え軸。主軸に添えた形の軸。㊞変速機の副軸。＝カウンタ〜。

レーシング [racing]　（エンジンなどの）空回し，空吹かし。

レーシング・カー [racing car]　競走用自動車。＝レーサ。

レーシング・カート [racing cart]　競走などに用いる小型四輪車の一種。車体は簡単な鋼管製フレームでつくり，専用コースで走り100km/h以上出せる。

レース[1] [lace]　①ひも。組みひも。②ふち飾り，ささべり。

レース[2] [lathe]　旋盤。＝ダライ盤。＝レーズ。

レース[3] [race]　①競走。②（ベアリングなどの）走り面。

レース・カム [race cam]　競走車エンジン用に特別設計されたバルブ用カム。

レース・ドグ [lathe dog]　（旋盤の）回し金。＝キャリア。

レーダ [radar]　電波探知機。電波の直進性，反射性および定速性（電波のエコー）を利用したもので，1942年に米国海軍が命名した。レーダは「radio detecting and ranging」からの造語で，車間距離制御装置（ACC）やプリクラッシュ・セーフティ・システム（自動ブレーキ）などのセンサ（ミリ波レーダ）に利用される。

レーダ・クルーズ・コントロール [radar cruise control]　トヨタが1997年に採用した車間距離制御機能つきクルーズ・コントロール。レーザ・センサ，車速センサ，ステアリング・センサなどを備え，先行車両との距離を測定し，車速に比例した車間距離を保つよう追随走行を行う。☞アダプティブ・クルーズ・コントロール・システム（ACC）。

レーダ・クルーズ・ディスタンス・スイッチ [rader cruise distance switch]　車間距離切り替えスイッチ。レーダ・クルーズ・コントロール・システムの構成要素で，追随走行する場合の設定車間距離を長・中・短の3段階に切り換える。

レーダ・クルーズ・ディスプレイ [rader cruise display]　レーダ・クルーズ・コントロール・システムの構成要素で，セット車速，設定車間距離，先行車の有無，ウォーニング項目などを表示する。

レーダ・セーフティ・パッケージ [radar safety pachage]　ダイムラー（MB）が2011年に日本国内に導入した安全装置のセット名。77GHz帯の長距離ミリ波レーダや24GHz帯の近距離ミリ波レーダ，カメラなどを搭載しており，Pre-Safeブレーキ，BASプラス，ディストロニック・プラス，アクティブ・ブラインド・スポット・アシスト，アクティブ・レーン・キーピング・アシストで構成されている。

レーダ・チャート [radar chart]　幾つかの項目間のバランスを見るための多角形グラフ。

レーダ・ブレーキ・サポート [radar brake support; RBS]　自動緊急ブレーキの一種で，スズキが2013年に軽自動車に採用したもの。前面ガラスの上端部にレーザ・センサを設置し，低速走行時（約5～30km/h）に前方車両との衝突を回避できないと判断した場合，自動的に緊急ブレーキを作動し，衝突時の被害を軽減している。衝突が回避できるのは約15km/hまでであるが，センサの性能上，衝突を回避できない場合がある。誤発進防止機能付き。

レーダ・ブレーキ・サポートⅡ [radar brake support Ⅱ; RBS Ⅱ]　自動緊急ブレーキの一種で，スズキが2014年に登録車に採用したもの。センサには検知距離が長く，夜間や天候が悪いときでも前方車両を検知するミリ波レーダを採用している。RBSⅡは前方衝突警報機能，前方衝突被害軽減ブレーキ・アシスト機能，自動ブレーキ機能の三つの機能を備えており，約5～30km/hの低速で走行中，衝突を回避できないと判断した場合には，自動的に強いブレーキをかける。

レーティング [rating]　評価，評定，格付け，定格。例㋑（ガソリンの）オクタン～。㋺（タイヤの）プライ～。

レーテッド・スピード [rated speed]　定格速度，公称速度。

レーテッド・ホースパワー [rated horsepower]　定格馬力，公称馬力。＝ノミナル～。

レート [rate]　☞レイト。

レーバ [labour; labor]　労働。心身を労する仕事。

レーバ・レート [labor rate]　（労働に対する）賃金，時間賃金。

レーヤ [layer]　層，積み重ね。例㋑コイルの層。㋺メタルの層。

レーヤ・ショート [layer short]　層間短絡。コイルの上巻きと下巻きとの間に起こる短絡。

レーヤ・メタル [layer metal]　層状軸受メタル。例トリメタル。鋼鉄の台に銅合金のケルメットが張られその上にすず合金のバビットが張られ3重になっている。

レーヨン [rayon]　人造絹糸，人絹。木材繊維を取り出して糸にしたもの。再生繊維素。ビスコース人絹。ステープル・ファイバ。例タイヤコード材。

レール [rail]　①手すり，らんかん，さく，かき。例ガード～。②軌条。軌道。例～ロード。

レール・バス [rail bus]　軌道上を走るバス。ローカル鉄道の列車に代わる軽便な交通機関として開発された乗物。

レーン [lane]　米車線。自動車が一列になって進むように白線で画した道路の一部。

レーンウォッチ [LaneWatch]　助手席側アウタ・ミラー下部に設けたカメラで，死角をサポートするシステム（造語）。ホンダが2015年に新型ミニバンに採用したもので，左ウインカ操作またはレバーのスイッチを押すことで，ナビ画面にミラーの死角となる左後方側面が表示される。インターナビとセットでオプション設定。

レーン・キーピング・アシスト [lane keeping assist; LKA]　トヨタが採用した，車線維持支援装置。高速道路等の運転時に白線（黄線）をCMOSカメラで認識し，電動パワー・ステアリングを制御することで車線内走行を維持できるようにドライバのステアリング操作を支援する。車線の逸脱が予想される場合には警告を発したり，小さな操舵力を加える操作を行う。カメラは車線を認識するのみでなく，画像からも衝突の危険を察知し，プリクラッシュ・セーフティ・システムのミリ波レーダと併せて判断を早める役目もしている。

レーン・キーピング・エイド［lane keeping aid; LKA］　車線維持支援装置の一種で，ボルボが2014年に採用したもの。カメラやセンサなどを使用して，走行車線から外れそうになるとステアリング・ホイールを振動させ，ドライバに注意を促す。発展型に「渋滞支援システム」があり，時速50km以下で走行可能な渋滞状況において，カメラとレーダを使って前走車との距離を一定に保つと同時に，道路状況に応じてステアリングも自動的に制御する。

レーン・キープ・アシスト［lane keeping assistance system; LKA］　車線維持支援装置。国が推し進める先進安全装置（運転者支援装置）のひとつで，高速道路走行時に車線を維持するためにステアリング操作を支援するもの。換言すれば，車線逸脱防止装置（LDP）となる。

レーン・キープ・アシスト・システム［lane-keeping assist; lane keep assist system; LKAS］　ホンダが2002年に採用した，車線維持支援機能。高速道路運転支援装置（HiDS）の構成要素のひとつで，道路上のレーン・マーカをCCDカメラで検出し，車線を維持するために最適なステアリング・トルクを算出してEPS（電動パワー・ステアリング）へ送り，レーン・キープ・アシスト・トルクとして出力する。

レーン・キープ・サポート・システム［lane keeping support system］　日産が2001年に世界で初めて採用した，直線路車線維持支援装置。高速道路の直線路で車載のCCDカメラが道路上のレーン・マーカ（白線など）を捕らえ，ステアリング舵角や車速（65〜100km/h）から算出してステアリングに補助的な力を加えることにより，車線を維持している。車線から逸脱しそうになると，音と表示により運転者に警報を発する。

レーン・チェンジ［lane change］　車の走行車線を右又は左の車線に変更すること。

レーン・チェンジ・アシスト・システム［lane change assist system; LCA］　車線変更時の支援装置で，ポルシェが採用したもの。レーダ・センサが死角となる左右の後方をモニタし，30km/h以上での走行中に隣のレーンを走る車を検知すると，その存在をアウタ・ミラーに内蔵されたLEDを点灯させてドライバに知らせる。

レーン・チェンジ・ウォーニング［lane change warning］　車線変更時の支援装置で，BMWが採用したもの。左右のリア・バンパ・コーナに24GHzのレーダ・センサを配置し，斜め後方60m以内にいる車を検知する。車速が50km/hを越えた状態で後続車のいる側にターン・シグナルを操作すると，アウタ・ミラーに取り付けられたコーション・ランプが点灯し，ステアリングにも振動を発生させて危険を知らせる。

レーン・チェンジ・マージ・エイド［lane change merge aid; LCMA］　急接近車両警告機能。☞ブラインドスポット・インフォメーション・システム。

レーン・ディパーチャ・アラート［lane departure alert; LDA］　車線逸脱警報装置（LDW）の一種で，レクサスが2013年に採用したもの。道路上の白線または黄線を単眼カメラで認識し，ドライバがターン・シグナルを操作をせずに車線を逸脱する可能性がある場合，ブザーとディスプレイ表示により注意を喚起する。2014年発売のトヨタ車では，注意の喚起と同時に電動PSを制御して，車線逸脱を回避しやすいようにドライバのステアリング操作をサポートしている。☞トヨタ・セーフティ・センス。

レーン・ディパーチャ・ウォーニング［lane departure warning］　BMWが採用した，車線逸脱警告システム。前面ガラスに装着したCCDカメラで走行レーンを検知し，もし逸脱するとステアリング・ホイールが振動して，運転者にその旨を伝える。

レーン・デパーチャ・ウォーニング・システム［lane departure warning system; LDWS］　車線逸脱警報システム（ISO17361）。高速道路等においてカメラ等で走行レーン（白線）を認識し，逸脱が予想される場合には，音・ランプ・ステアリングの振動などで警報を発する。警報だけではなく，車線を外れた場合にはステアリングを自動的に修正して元の車線に戻す車線維持支援システム（LKAS）の装備も進んでいる。国土交通省と自動車事故対策機構（NASVA）では，予防安全アセスメントとして2014年度から新たにLDWSの試験を追加している。2015年1月に道路運送車両法が改正され，トラックの一部（GVW3.5t超），トラクタ，小型を含むすべてのバスに対してLDWSの装備が義務づけられ，2017年11月以降の新型車から2019年11月までの間に順次導入される。LDWSはLDWとも。☞レーン・キープ・アシスト。

レーン・デパーチャ・プリベンション [lane departure prevention; LDP]　日産が2007年に採用した，車線逸脱防止装置。ルーム・ミラー上方に取り付けたカメラが前方のレーン・マーカ（白線など）を画像処理技術で検出し，レーン・マーカからの相対位置を監視している。車が左右どちらかのレーン・マーカに近づくと，警報（表示とブザー音）を出すと同時に，逸脱しそうな側とは反対側の前後輪ブレーキを独立して作動させ，車線逸脱を防止している。

レーン・トレース・アシスト [lane trace assist]　三菱が採用した，車線維持支援装置。ルーム・ミラーに設置したカメラで路上の白線を検出し，車がレーンに沿って走るように常に弱いアシスト・トルクをステアリングに発生させ，ドライバの操舵負担を軽減するとともに，安全性を向上させている。

レーン・トレース・コントロール [lane trace control; LTC]　車線維持支援装置の進化版で，トヨタが開発したもの。自動運転技術を利用した全く新しいシステムで，カメラやレーダの高性能化，制御ソフトの高度化などによりあらかじめ適正な走行ラインを算出し，そのラインに沿って走行するようステアリングと駆動力，制動力を全車速域で適切に制御するもの。2013年に発表された自動運転技術を利用した高度運転支援システム（AHDS／後述）は，通信利用レーダ・クルーズ・コントロール（C-ACC）とLTCの連携により行われている。

レーン・マーカ [lane maker]　（ハイウェイ）車線区分線。例 走行車線と追越車線とを分ける白線。

レオスタット [rheostat]　（電気の）加減抵抗器，可変抵抗器。

レカロ [Recaro]　ドイツのシート・メーカ。スポーツ・タイプのシートで有名。

レギュラ [regular]　①通常の，習慣的な。②正規の。③規則的な。

レギュラ・ガソリン [regular gasoline]　リサーチ法オクタン価が89以上96未満のJIS-K-2202（自動車ガソリン）の2号に相当するガソリン。

レギュラ・サイズ [regular size]　普通寸法，規定寸法。

レギュラ・モータ・オイル [regular motor oil]　普通のエンジン油。

レギュレーション [regulation]　①調整，加減。②規制，制限，取り締まり。

レギュレータ [regulator]　調整器，調整装置。例 ④ボルテージ～。⑤プレッシャ～。

レグ [leg]　①脚，支柱，つっぱり。②ラリーの競技区間。＝レッグ。

レクサス [Lexus]　トヨタの米国や欧州における高級車販売チャンネルの名称及び車名。1989年に米国に，国内には2005年に導入された。

レクタンギュラ [rectangular]　直角の，長方形の，矩形（くけい）の。

レクタングル [rectangle]　長方形，矩形（くけい）。

レクティファイヤ [rectifier]　（電）整流器。交流を直流に整流する装置。例 ④ダイオード。⑤充電器。

レグ・バイス [leg vice]　（工具）脚付き万力，縦型万力。＝ステープル～。

レグ・パワー [leg power]　足の踏力。ペダルを踏む力。

レグルーム [legroom]　（車室の）足を自由に動かせる空間。足置き場。＝レッグルーム。

レクティファイア

レクリエーショナル・ビークル [recreational vehicle; RV]　☞RV。

レコーダ [recorder]　①記録者，記録係。②記録器。

レコード [record]　①記録。②最高記録。③蓄音機にかける音盤。④コンピュータのデータ1件分の長さ。

レコード・レーサ [record racer]　（最高速度を競う）競走自動車。
レザー [leather]　革，なめし革。
レザー・クロース [leather cloth]　革布。布の表面に塗料や合成樹脂を塗った皮まがいの防水布。例 車室内装用。
レザー・トップ [leather top]　☞ルーフ・レザー。
レザーバ [reservoir]　貯蔵所，貯蔵器，入れ物。例 ㋑オイル～。㋺エア～。＝タンク。
レザー・パッキング [leather packing]　皮パッキン。皮革製詰めもの。
レザーブ [reserve]　☞リザーブ。
レシーバ [receiver]　①（流体の）受け。②（電気信号の）受信装置。
レシーバ・ゲージ [receiver gauge]　燃料計や水温計など各種メータ類の表示部を指す。＝レシーバ・ユニット。㊟検出・送信部はセンダ・ゲージ。
レシーバ・ユニット [receiver unit]　燃料計や水温計などの表示部。＝ゲージ～。対 センダ～。
レシオ [ratio]　比，比率，割合。例 ㋑コンプレッション～。㋺リダクション～。
レシオ・カバレッジ [ratio coverage]　変速機の変速比幅（適用可能な変速比の範囲）。最大変速比を最小変速比で除した値で，この数値が大きいほど走行性能や燃費性能を改善することができ，4速ATで4程度，8速ATでは8くらいにまで広がっており，CVTは一般に5.5～6程度。CVTの場合，変速用プーリの大径化の制約により多段ATよりも変速比の幅を広げられなかったが，日産とジャトコは副変速機構付きのCVTを2009年に実用化し，乗用車としては最も広い変速比幅7.3という世界一の変速比幅を実現している。2011年には，独ZF社が変速比幅9.84の9速ATを発表し，6速AT比で16%の燃費改善を達成している。2013年発売のホンダのハイブリッド車（i-DCD）では，7速DCTを搭載して変速比幅は9.3と超ワイドで，36.4km/ℓ（JC08モード）の低燃費に貢献している。レシオ・レンジとも。

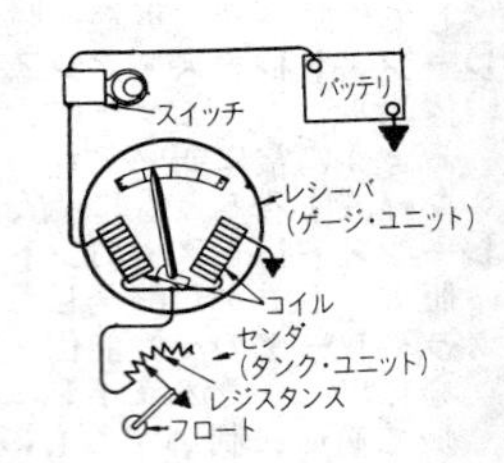

レシーバ（ガソリン・ゲージ）

レシオ・チェンジャ [ratio changer]　比率変換器。例 油圧ブレーキにおいて前後ブレーキにかかる油圧の比率を変える装置。☞LSPV。
レジスタ[1] [register]　①暖房の通風装置，調温装置。②登録簿，記録簿。
レジスタ[2] [resistor]　（電気の）抵抗器。
レジスタ・プラグ [resistor plug]　抵抗入り点火プラグ。
レジスタンス [resistance]　抵抗，反抗，妨害。例 ㋑運動抵抗。㋺電気抵抗。
レジスタンス・コイル [resistance coil]　電気抵抗用線輪。
レジスタンス・コード [resistance cord]　抵抗コード。例 電波障害除去のため用いる高抵抗（10～20KΩ/m）高圧コード。RR（ラジオ・レジスタンス），NS（ノイズ・サプレス），NF（ノイズ・フリー）コードともいう。
レジスタンス・フォース [resistance force]　抵抗力。走行抵抗に相当する力。
レジスタンス・ユニット [resistance unit]　抵抗器。例 点火一次回路の電流制限用。＝バラスト。
レジスティブ・コード [resistive cord]　抵抗コード。＝レジスタンス～。
レジストレーション [registration]　登記，登録。例 新車登録。
レジストレーション・ブック [registration book]　自動車の登録証。
レジデュアル [residual]　残存。残留。＝リジデュアル。
レシプロ・エンジン [reciprocating engine]　レシプロケーティング・エンジンの略。ピストンがシリンダ内を往復するエンジン。

レシプロケーティング・エンジン [reciprocating engine]　往復動熱機関，ピストン式熱機関。
レシプロ・タイプ・コンプレッサ [reciprocation type compressor]　ピストンの往復運動を利用した圧縮機。
レジン [resin]　①やに，松やに，樹脂。例 ㋑ハンダづけ用フラックス。㋺シーリング・コンパウンド材。②合成樹脂。
レジン・モールド [resin mold]　摩擦材製造方法のうち各種配合剤に樹脂（レジン）を混ぜ，熱間でプレス硬化させる方法，又はその製品。例 ブレーキ・ライニング，クラッチ・ディスクなど。
レジン・モールド・ライニング [resin mould lining]　樹脂成型ライニング。石綿を樹脂で固める方法で造ったライニング。石綿の使用は現在禁止されている。
レス [-less]　‥のない，の接尾語。例 ㋑チューブ～タイヤ。㋺ワイヤ～リモコン。
レスキュ [rescue]　①救う，救助する。②救助，救援。例 ～サービス（事故車等のレッカ牽引サービス）。
レスト [rest]　（物を乗せる）台。支え，もたれ。例 ㋑フット～。㋺アーム～。
レストア [restore]　クラシック・カー等，古い車を修復すること。＝リストア。
レスパレータ [respirator]　呼吸用マスク。例 吹き付け塗装時に着用。
レスポンス [response]　①応答，反応。②車のアクセルやブレーキ操作に対する反応性。＝リスポンス。
レゾネータ [resonator]　共鳴器，共振器。例 ㋑吸気音の低減装置。㋺マフラの内部にある消音用共鳴器。

レゾネータ（トヨタ）

レゾルバ・センサ [resolver sensor]　回転角度センサの一種で，磁気式のもの。モータの回転軸にコイルを複数個取り付けたもので一種の交流発電機として働き，ハイブリッド車や電気自動車の駆動用モータの制御や，電動パワー・ステアリングのトルク・センサなどに用いられる。レゾルバは，リゾルバとも。
レッカ [wrecker]　①救難車。故障車や事故車を救助する自動車。②（交通妨害物などを）取り片づける自動車。＝レッキング・カー。
劣化（れっか） [deterioration; degradation]　材料が熱，光その他の環境からの作用によって物理化学的変化を起こし，性質が低下すること。

列型噴射（れつがたふんしゃ）ポンプ [inline fuel injection pump]　ディーゼル・エンジンにおいて，シリンダ数と同数のプランジャを有する多筒形噴射ポンプ。対 分配型噴射ポンプ。
レッキング・イクイップメント [wrecking equipment]　救難用設備。
レッキング・カー [wrecking car]　☞レッカ。
レッキング・クレーン [wrecking crane]　（レッカにある）救難用起重機。
レッグ [leg]　☞レグ。
レッグ・スペース [leg space]　シートに座った状態での両足の保持空間の広さ。＝レグ～。☞レグ・ルーム。
レッデッド・ガソリン [leaded gasoline]　（オクタン価を高めるため）加鉛したガソリン。アルキル鉛を入れたハイオクタン～。現在は禁止されている。
レッデッド・フューエル [leaded fuel]　加鉛した燃料。例 加鉛ガソリン。
レッド [lead]　鉛，金属元素の一つ。記号Pb。帯青色の軟らかい結晶で比重11.34。新しい切り口は美しい金属光沢があるが空気中ではすぐさびて鈍色となる。例 ㋑

バッテリ極板材料。㋺軸受合金。㋩ハンダ。㊁フューズ。

レッド・アシッド・バッテリ [lead acid battery]　鉛と酸の蓄電池。極板に鉛，電解液に希硫酸を用いるバッテリ。現在の大部分のバッテリはこれに属する。

レッドウッド・ビスコシメータ [Redwood viscosimeter]　レッドウッド粘度計。英国で使用される工業用粘度計。試験液50ccが流出するために要する時間秒をもって表しR"（秒）とする。

レッド・オキサイド [lead oxide]　酸化鉛。PbO。別名密陀僧（みつだそう)。重い黄色の粉末。顔料，バッテリ陰極板材料。＝リサージ。

レッド・サルフェート [lead sulphate]　硫酸鉛。$PbSO_4$。バッテリ放電時に極板面に生成される物質。☞サルフェーション。

レッド・ゾーン [red zone]　（メータなどの）赤領域。危険領域。

レッド・ソルト [lead salt]　塩鉛。加鉛ガソリンの燃焼によって生じる物質で点火プラグの絶縁体に付着し黄褐色を呈す。低温時は非導電性であるが高温時は溶融して導電性となり発火を妨げる。

レッド・チェック [red check]　（テスト法）赤の発色試験。目に見えないき裂点検法の一つ。赤の着色液を塗付又は吹き付けてしばらく放置，着色液を洗い落とし，現像液を塗付又は吹き付け乾燥を待つ。もしき裂があればこれに浸みこんだ着色液が白い現像粉末に吸い出されて赤線が現れるからわかる。

レッド・バッテリ [lead battery]　鉛蓄電池。＝レッド・アシッド～。

レッド・フュージー [red fusee]　（非常時に用いる）緊急保安炎筒。

レッド・ブロンズ・ベアリング [lead bronze bearing]　鉛青銅軸受。銅，鉛，すずの合金で青銅色をしておりホワイト・メタルより耐圧力が大きい。☞ケルメット。

レッド・ペロキサイド [lead peroxide]　（バッテリ）二酸化鉛。PbO_2。充電されたバッテリの陽極板上に生成される物質。

レッド・ライト [red light]　赤灯。例㋑緊急自動車のビーコン・ライト。㋺自動車の尾灯。

レッド・レッド [red lead]　四三酸化鉛。Pb_3O4。別名光明丹（こうみょうたん）又は鉛丹。重い赤色の粉末。例㋑さび止め用下地塗料。㋺メタルの当たり点検用。㋩バッテリ陽極板材料。

レディ・アラート・ブレーキ [ready alert brake; RAB]　ブレーキ予圧装置。ボルボが採用した先進ブレーキ装置の一つで，アクセル・ペダルを急激に放したり，ACC（車間距離制御装置）が前方の障害物を認識した場合には，ドライバがブレーキ・ペダルを踏む前にブレーキを若干作動させて制動距離を短縮している。

レディネス・コード [readiness code]　OBD-Ⅱ（SAE統一規格の車載故障診断装置）における履歴情報データ。フリーズフレーム・データと異なるのは，診断項目とエンジン警告灯の点灯時だけではなく，排出ガス対策装置関係に影響がある項目で不具合を2回検知すると，故障としてデータがECU内に記録される。

レディミクスト・コンクリート・トラック [ready-mixed concrete truck]　調合コンクリート車。生コンクリートを調合運送するトラック。＝レミコン～，ミキサ～。

レバー [lever]　てこ，操縦桿。例㋑ブレーキ～。㋺チェンジ～。

レバー・スイッチ [lever switch]　てこ型開閉器。

レバー・タイプ・ショック・アブソーバ [lever type shock absorber]　てこ型緩衝器。大型車や特殊車の一部，または扉などに使用。☞テレスコピック～。

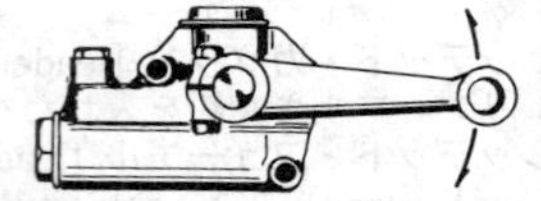
レバー・タイプ・ショック・アブソーバ

レバサイクル傘歯車（かさはぐるま） [revacycle bevel gear]　円弧歯形の高負荷低速用のすぐ歯傘歯車で，差動歯車として使われる。

レブ [rev]　レボリューション（revolution）の略。回転。例オーバ～。

レファレンス・ウェイト [reference weight]　自動車の基準重量。通常，空車重量に規定の重量を加えたもの。

レファレンス・ライン [reference line]　（位置合わせなどの）照合線。例 ㋑タイミング・ギヤ。㋺割りメタル。

レフト・サイド [left side]　左側。対 ライト～。

レフト・バンク [left bank]　左列。例 V型エンジンにおいて，運転席からみて左側になるシリンダ列。対 ライト～。

レフトハンド [left-hand]　左の，左手の，左側の。対 ライト～。

レフトハンド・クランクシャフト [left-hand crankshaft]　左手クランクシャフト。6シリンダにおいて，第1のクランク・ピンを上死点にして前端から見たとき，第3のピンが左側になるもののことで，このエンジンの点火順序は1－4－2－6－3－5となる。

レフトハンド・スクリュ [left-handed screw]　左ねじ。回転方向の関係から右ねじでは緩むおそれのある部分に用いる。例 ㋑車の左側になる車輪車軸関係のねじ。㋺時計の針と反対に回転するものの軸ナット。

レブ・リミッタ [rev-limiter]　レボリューション・リミッタ（revolution limiter）の略。エンジンの最高回転数を規制する装置。

レベリング・バルブ [leveling valve]　（エアサスの）車高調整弁。荷重の増減に応じてベローズの空気圧を調整し常に車高を一定に保つ装置。

レベル [level]　①水準，水平面。例 オイル～。②（強さなどの）段階。例 サウンド～。③水平器，水準器。

レベル・ウォーニング・スイッチ [level warning switch]　ガソリンなどの残量警告灯。

レベル・クロシング [level crossing]　（道路と鉄道の）平面交差。踏切。＝グレード～。

レベリング・バルブ

レベル・ゲージ [level gauge]　水準計。例 オイル～。

レボリューション [revolution]　①回転，旋回。②革命。

レボリューション・イナーシャ・マス [revolution inertia mass]　回転慣性質量。回転して慣性力を発生している部分の質量（重量）。

レボリューション・カウンタ [revolution counter]　回転数計，回転速度計。＝タコメータ。

レボリューション・センサ [revolution sensor]　回転数検出器。例 トランスミッション～。

レボリューション・パー・ミニット [revolution per minute]　回転速度単位。毎分回転数。記号 rpm。

レボルビング [revolving]　回転の，回転装置の。＝リボルビング。

レボルビング・アーマチュア・タイプ [revolving armature type]　（発電機の）電機子回転型。例 充電用ダイナモ。

レボルビング・コア・タイプ [revolving core type]　（電気メータ）鉄芯回転型。アンメータやボルトメータでコイルを固定しコアが動くもの。

レボルビング・コイル・タイプ [revolving coil type]　（電気メータ）線輪回転型。アンメータやボルトメータで可動コイルが動くもの。精密用に多い。☞ムービング～。

レボルビング・フィールド・タイプ [revolving field type]　（発電機の）磁極回転型。例 ㋑現用のオルタネータ。㋺一部のハイテンション・マグネトー。

レミコン・トラック [ready-mixed concrete truck]　調合済みのコンクリートを運搬するトラック。レミコンとは，レディミクスト・コンクリートの略。

レムナント・マグネティズム [remnant magnetism]　残留磁気。電磁石などにおいて，電流を切っても鉄芯に残留する磁気。＝リジジュアル〜。
レモン法（ほう）［lemon act］　米国の法律名。米国で新車購入後，修理できない故障などから消費者を救済する法律。
レリース［release］　☞リリース。
レリーズ［release］　開放。＝リリース。
レリーフ［relief］　☞リリーフ。
レングス［length］　長さ，距離。
錬綱（れんこう）［wrought steel］　銑鉄の中の炭素を除去し粉状の半溶鉄を取り出して鍛錬を加えた極軟鋼。ロート・スチール。
レンジ［range］　①範囲，区域，限界。②方向，方角。③列。
レンジ・エクステンダ［range extender; REx］　「車の航続距離を延ばすための装置」を意味し，主に電気自動車（EV）に搭載した発電用のエンジンを指す。米GM，BMW，アウディ，スズキ，マツダなどが開発・実用化中のEVでは，バッテリ残量が少なくなると搭載したエンジンで発電し，通常の車と同程度の航続距離（レンジ）を確保している。このように，発電用のエンジンを搭載した電気自動車を一般にレンジ・エクスレンダEV（REx-EV）といい，アウディとマツダでは，ロータリ・エンジンを使用している。
レンジ・セレクタ［range selector］　（AT車）速度段階選択器。セレクタ・レバー。P，N，L，2，D，R等の選択をするレバー。一般車のギヤ・シフト・レバーに当たる。
レンジ・ダウン・リジェクト［range down reject］　自動変速機でレンジ（シフト）ダウンするとき，エンジンのオーバ・レボリューション（過回転）を防止するため，ある車速以下にならないとレンジ・ダウンしないこと。
レンズ［lens］　晶体。例 ヘッドライトの前面ガラス。
連節（れんせつ）バス［articulated bus］　二つの車体の中間につなぎ台車をおいて両方の車体の一端が共通の芯皿の上に支えられるようにした大型バス。曲線の多い道路で車体長の影響を解決するために用いる。

連節バス

連続可変（れんぞくかへん）バルブ・リフト機構（きこう）［continuously variable valve lift system］　ガソリン・エンジンにおいて，吸入空気量の制御をスロットル・バルブに頼らず，吸気バルブのリフト量を連続的に変化させることにより行う機構。アイドリングや一般走行では吸気抵抗（ポンピング・ロス）が低減して燃費性能が向上し，高負荷時には高出力が得られる。通常，連続可変バルブ・タイミング機構と組み合わされ，バルブトロニック（BMW），バルブマチック（トヨタ），VVEL（日産），マルチエア（フィアット）などの採用例がある。
連続可変変速機（れんぞくかへんへんそくき）［continuously variable transmission; CVT］　☞CVT。
連続無段変速機（れんぞくむだんへんそくき）［continuously variable transmission］　☞CVT。
連続容量変化型（れんぞくようりょうへんかがた）エアバッグ・システム［continuously variable volume airbag］　☞i-SRSエアバッグ・システム。
レンタ・カー［rent-a-car］　借り主自身が運転する賃貸自動車。貸し主に全国組織があればどこでも乗り捨て自由。＝ユードライブイット・カー。
レンダリング［rendering］　透視図法で描いた完成予想図。自動車，建物などに用いる。
レンタル・カー［rental car］　☞レンタ・カー。
レンチ［wrench］　ねじ回し。＝スパナ。例 ㋑エンド〜。㋺ソケット〜。㋩モンキ〜。㋥トルク〜。

レンツ［*Heinrich Friedrich Emil Lenz*］　㊥ドイツの物理学者。1804～1865。電磁誘導の方向に関する“レンツの法則”の発見その他で有名。

レンツス・ロー［Lenz's law］　レンツの法則。電磁誘導作用によって回路に生じる誘導電流は，常に誘導作用を起こそうとする原因を阻止しようとする方向に流れる。

［ロ］

ロア［lower］　下級の，下部の，下層の。＝ロワ。㊟アッパ。

ロア・アーム［lower arm］　☞ロア・コントロール・アーム。

ロア・カロリフィック・バリュ［lower calorific value］　低発熱量，真発熱量。

ロア・クランクケース［lower crankcase］　下部クランク室。エンジン下面を密閉しオイルのレザーバとなっている。＝オイルパン。㊟アッパ～。

ロア・コントロール・アーム［lower control arm］（サスペンション）下部制御アーム。上下にアームを用いるダブル・ウィッシュボーン式の下部アーム。㊟アッパ～。

ロア・サスペンション・アーム［lower suspension arm］　同前。

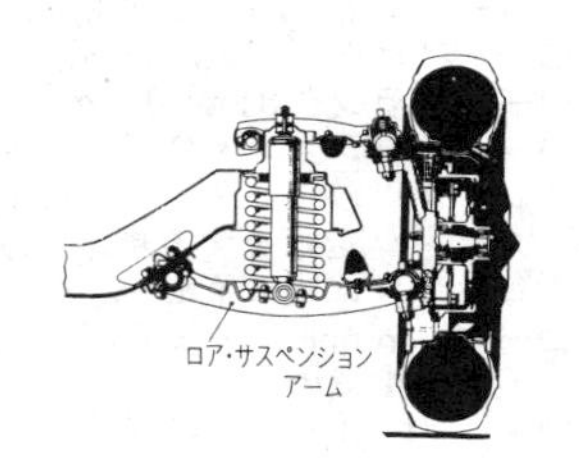

ロア・サスペンション・アーム

ロア・タンク［lower tank］　下部タンク。㊞ラジエータの下タンク。＝ロア・ヘッダ。

ロア・デッド・センタ［lower dead center］（ストロークの）下死点。㊞ピストンが下がりきったところ。＝ボトム～。㊟アッパ～又はトップ～。

ロア・ヘッダ［lower header］（ラジエータの）下部集水タンク。下部タンク。＝～タンク。㊟アッパ～。

ロア・ボール・ジョイント［lower ball joint］　ロア・サスペンション・アームとステアリング・ナックルを接続している球継手。

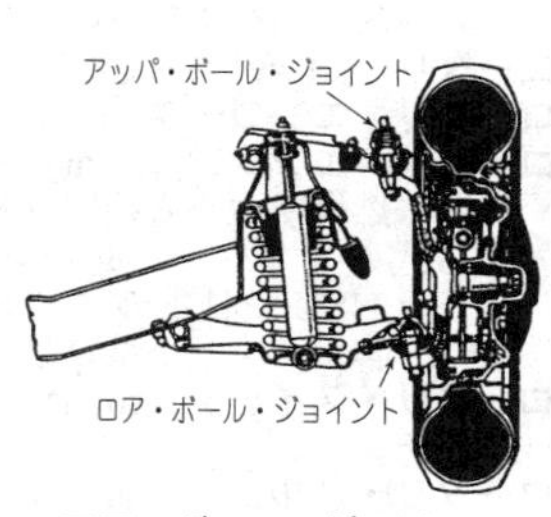

ロア・ボール・ジョイント

ロア・リミット［lower limit］（許容範囲の）下限。㊟アッパ～。

ロア・レール［lower rail］（マルチピース・ピストン・リングの）下側のレール（上レール，スペーサ，下レールの組み合わせ）。

ロイヤル・オートモービル・クラブ［Royal Automobile Club; RAC］　☞RAC。

漏洩電流（ろうえいでんりゅう）［leakage current］　絶縁されている場所を伝わって流れる電流。単位はμA。

老化（ろうか）［aging］　時間の経過とともに性能が低下する現象。ゴム材などで特に目立つ。

蝋付（ろうづ）け［brazing］　450℃以上の融点のろう接用金属を用いて，できるだけ母材を溶融しないで行う溶接。

漏電（ろうでん）［electric leakage］　電気が正常な回路以外を流れること。

ロー[1]［law］　①法律，法令。②理科学上の法則。定律，定理。㊞④オームス～。⑩レンツス～。

ロー[2]［low］　①（価値，位置，程度などが）低い。②低速ギヤ。＝ロウ。

ローエックス［Lo-ex］　アルミニウムを主材とする軽合金の商品名。低膨張。low expansion からの作語。けい素を多く（11～13%）含み耐熱性に優れ，特に熱膨張率が小さいことが特長で，内燃機関のピストン用として利用される。

ロー・エミッション・ビークル [low emission vehicle; LEV] ☞ LEV。
ロー・カーボン・スチール [low carbon steel] 低炭素鋼。軟鋼。
ロー・ガソリン [raw gasoline] 直留ガソリン。＝ストレート・ラン～，ダイレクト～。
ローカル・カレント [local current] （バッテリ）局部電流。局部電池によって生じる電流。極板の腐食や自己放電などの原因となる。
ローカル・バッテリ [local battery] （バッテリ）局部電池。極板に不均一な部分があるために生成する極板内の短絡電池。
ローカル・プレッシャ [local pressure] （エンジン）局部圧力。エンジンがノッキングを起こしているような場合，燃焼室に発生する異常な高圧力。
ロー・ギヤ [low gear] （変速機）低速かみ合い，低速ギヤ。発進や急坂で使うギヤで，速度は低く駆動力は大きい。
ロー・サーボ [low servo] （AT 車）低速サーボ装置。セレクタをローに入れたときローバンドを締める油圧装置。
ロー・スピード [low speed] 低速。対 ハイ～。
ロー・スラング [low slung] （自動車などの）車台が低い。低床式。
ロー・セクション・ハイト・タイヤ [low section height tire] 偏平率（アスペクト・レシオ）の高いタイヤ。タイヤの偏平率は幅と高さの比（%）で表され，高速走行やスポーツ走行をする車ほど偏平率は高く（数値は小さく）なる。例 偏平率 60%。＝ロー・プロファイル～。☞アスペクト・レシオ。
ロータ [rotor] 回転子。例 ㋑ロータリ・エンジンの～。㋺ディストリビュータの～。㋩回転電機の～。㋥タービンの～。対 ステータ。
ローダ [loader] ①荷を積む人。②荷を積む機械。③装てん器。対 アン～。
ロータ・コイル [rotor coil] オルタネータ（交流発電機）の回転子。エンジンの動力により駆動される発電用の電磁石。
ロータ・ハウジング [rotor housing] ロータリ・エンジンの燃焼室を形成する部品。この内部でおむすび形のロータが回転する。
ロータリ [rotary] ①米 環状交差路。②回転機械。
ロータリ・エンコーダ [rotary encoder] 回転角度や回転速度の検出器。
ロータリ・エンジン [rotary engine] 回転動機関。燃焼圧力を直接回転動力として取り出す方式のエンジン。例 バンケル特許によりドイツ NSU や日本のマツダで製造するロータリ・エンジン。小型軽量で振動が少ない。

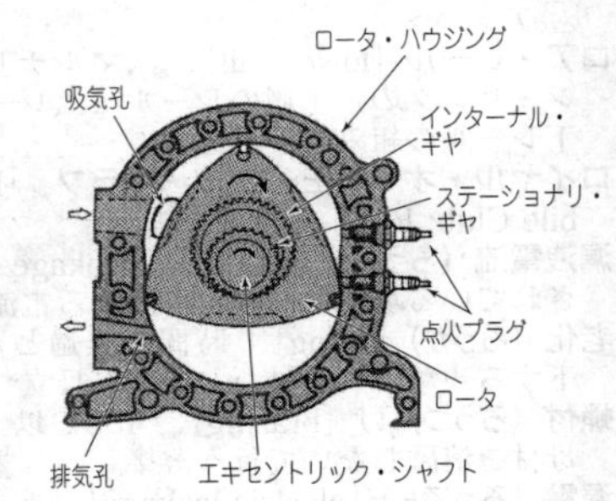

ロータリ・エンジン

ロータリ・スイッチ [rotary switch] 回転スイッチ。
ロータリ・バルブ [rotary valve] 回転弁。例 ㋑弁体の回転によって穴が開閉する弁。㋺きのこ弁のうち，上がるたびに軸回りに回転するもの。
ロータリ・フロー [rotary flow] （コンバータ）回転流，環流。作動流体がポンプやタービンと共にその軸回りに回転する流れ。
ロータリ・ベーン [rotary vane] （ポンプ）回転翼。ベーン・ポンプのロータにはめこまれた羽根。
ロータリ・ポンプ [rotary pump] 回転ポンプ。押し出し型ポンプのうち，ピストン作用する部分が回転運動を行い弁を用いずに作用するものをいう。例 トロコイド～。
ローディング [loading] ①荷積み，積込み。②装てん，充てん。③電気の装荷（負荷を入れること)。

ローディング・ハイト [loading height] (トラック) 最大積載時の荷台高さ。

ローデージ [loadage] 積載量, 積載荷重。

ローテーション [rotation] ①回転。②交替。例 タイヤ位置の交換。

ローテータ [rotator] 回転子, 回転するもの。=ロータ。

ローテータブル・バルブ [rotatable valve] 回転できる弁。

ローテンション [low-tension] 低圧, 電圧が低い。例 法の規定では交流350V, 直流750V以下となっている。対 ハイテンション。

ローテンション・カレント [low-tension current] 低圧電流。

ローテンション・マグネトー [low-tension magneto] 低圧磁石発電機。永久磁石とコイルの組み合わせで低圧電流を生じるものであるが自動車には用例は少ない。例 ㋑自転車用ランプ。㋺モータバイク用ランプ。

ロード[1] [load] ①荷, 積荷。②(エンジンにかかる) 負荷, 抵抗。③(電気の) 負荷, 電流を消費するもの。

ロード[2] [road] 道, 道路, 街道。

ロート・アイアン [wrought iron] 錬鉄, 軟鉄。=ソフト~。

ロード・アビリティ [road ability] 路行能力, 悪路走破能力。

ロード・インデックス [load index; LI] タイヤ荷重指数。タイヤの最大負荷荷重を指数化したもので, ISOに準拠してJATMA (日本自動車タイヤ協会) 規格で定められている。これによれば, 最大負荷荷重が45kg~136tまでの範囲を0~279までの指数で表している。例えば, タイヤの表示が205/65R15 94Hの場合, 94がロード・インデックスで, 最大負荷能力は670kg。

ロードウェイ [roadway] 道路, 特に車道。

ロード・オクタン価(か) [road octane number] 実走行オクタン価。一定条件のもとに道路上を実際に走らせ燃料の耐ノック性を評価したもの。一般に実験室内で測定したものより低い価を示す。

ロード・グラビング [road grabbing] (タイヤが) 路面をつかみ滑らないこと。=~ホールディング。

ロード・クリアランス [road clearance] (シャシ) 路面すき間。シャシ機構の最低部と路面とのすき間。最低地上高。一般に車軸の下で計る。=グラウンド~。

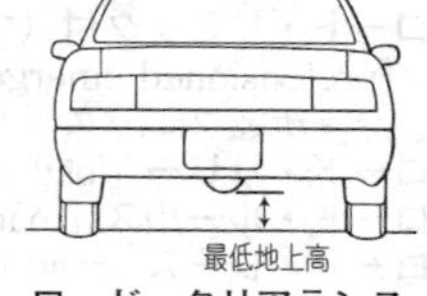

ロード・クリアランス

ロード・クリーナ [road cleaner] 道路清掃器 (車)。

ロード・サービス [road service] 路上における車両故障の修理や, 事故車の牽引 (けんいん) 作業等を指す。☞JAF。

ロードサイド [roadside] 路傍, 路辺。

ロードサイド・リテーラ [roadside retailer] 幹線道路沿い郊外の小売店舗。

ロード・サイン [road sign] 道路標識 (規制, 指示, 案内, 警戒等の)。

ロードサイン・インフォメーション [road sign information; RSI] デジタル・カメラを利用して, 制限速度等の道路標識の情報をインストルメント・パネルに表示する装置。交通標識認識支援 (TSR) の一種で, ボルボが2013年モデルからセーフティ・パッケージの一つとして採用したもの。

ロード・スイーパ [road sweeper] (噴水で路面を洗う) 道路洗浄車。

ロードスター [roadster] (ボデー形式) 前1列座席で2, 3人乗りのほろ型自動車。

ロード・スタビライザ [road stabilizer] (道路工事) 路面安定用特殊自動車。路面をつき固め形くずれを防ぐ作業車。

ロードストーン [loadstone] 天然磁石 (磁鉄鉱, ニッケル鉱など)。

ロード・スペース [road space] 路面すき間。=~クリアランス。

ロード・セル [load cell]　荷重又は加えられた力を検出するセンサ。例 トラック荷台の荷重検出用センサ。
ロード・センシング・プロポーショニング・バルブ [load sensing proportioning valve; LSPV]　☞LSPV。
ロード・センス [road sence]　（乗り物の）安全運転能力，路上操縦能力。
ロード・テスト [road test]　路上試験。実際道路で行う試験。
ロード・ノイズ [road noise]　路面から受ける騒音。例 タイヤや振動騒音。
ロード・パス・コントロール [load path control]　☞マルチロードパス構造。
ロード・ヒーティング [road heating]　道路の積雪，凍結を防止するための装置で，舗装の下に電熱線を設置して雪などを溶かすもの。
ロード・プライシング [road pricing]　決められた地域や道路に入る車から料金を徴収して，交通量をコントロールする方法。ITSの開発分野のひとつとしてTDM（交通需要マネジメント）の中で導入が検討されているが，シンガポール，ストックホルム（スウェーデン），ロンドンなどでは既に導入済み。ロンドンでは2003年2月より導入を開始し，1年後の結果では，交通量が38%も減少したという。具体的には，ロンドン中心市街地ゾーンの平日日中の通行に対して1日5ポンド（約950円）を課金し，車が課金エリアに入るとエリア内に設置された約700台のカメラが車のナンバが読み取り，課金する。支払いはインターネットや電話を通じて行うが，新聞スタンドやガソリン・スタンドなどでも支払うことができ，前払い制度もある。なお，未納者には40〜120ポンドの罰金が課せられる。
ロード・ホールディング [road holding]　（タイヤ）の路面との密着性。カーブや不整地でタイヤが浮き上がったり滑ったりしないことを〜がよいという。サスペンションの形式に関係が深い走行安定性。＝〜グラビング。
ロード・マーカ [road marker]　（レーンマークなどの）線引き機又は車。＝ライン〜。
ロード・マップ [road map]　（特に運転者向けの）道路地図。
ロード・ミラー [road mirror]　（カーブなどに設けた）大きな凸面鏡。
ロード・メータ [load meter]　荷重計，重量計。自動車の重量を測る車重計。
ロード・メタル [road metal]　道路舗装用割り石（砕石）。
ロード・リミッタ付（つ）きプリテンショナELR（イーエルアール）シート・ベルト [pretensioned emergency locking retractor seat belt with load limiter]　☞プリテンショナ&フォース・リミッタ付きELRシート・ベルト。

ロード・リレー [load relay]　負荷継電器。例 ①充電回路開閉器。②過負荷遮断器。
ロード・ルールス [road rules]　道路法規。道路に関する法律規則。
ロード・レース [road race]　道路で行われる競走。
ロード・ローラ [road roller]　（道路を固める）ローラ式地慣らし車。
ローハイド・ハンマ [rawhide hammer]　（工具）皮革ハンマ。牛などの生皮をかぶせたハンマ。
ロー・ビーム [low beam]　（ヘッドライトの）低光束。市内用光束。通称すれ違いビーム。＝シティビーム。対 ハイビーム。
ロー・ピッチ・ホーン [low pitch horn]　警音器の低音用ホーン。一般に高音用（ハイ・ピッチ）と組み合わせて使用される。対 ハイ〜。
ローブ [lobe]　（丸い）出張り，突出部。例 ブレーカ・カムの角。
ロープ [rope]　なわ，綱，太い綱。例 トー〜（引き綱）。
ローブ・コード [robe cord]　（車室内の）握りひも，つりひも，つり革。
ロープ・スタータ [rope starter]　（スクータなどにみる）ひも始動機。
ロープ・ツアニケット [rope tourniquet]　（タイヤ）絞圧器。チューブレス・タイヤがリムから離れてエアが入れられないときタイヤを締め上げて密着させるロープ。＝ツアニケ，タイヤ・バンド，タイトニング・フラップ。

ロー・フリークェンシ [low frequency] ①（交流周波の）低周波。②低振動数。③低ひん度数。㊌ハイ～。

ローブ・レール [robe rail] （車室内の）握り棒。

ロー・プレッシャ [low pressure] 低圧，低い圧力。㊌ハイ～。

ロー・プレッシャ・インジケータ [low pressure indicator] （エアブレーキ）低圧指示器。空気圧が低下して危険なことを警告するブザー又はランプ。

ロー・プレッシャ・タイヤ [low pressure tire] 低圧タイヤ。太さを太くして空気圧力を下げたタイヤ。㊋乗用車用。＝バルーン～。

ロー・プロファイル・タイヤ [low profile tire] ☞ロー・セクション・ハイト・タイヤ。＝ロー・プロフィール・タイヤ。

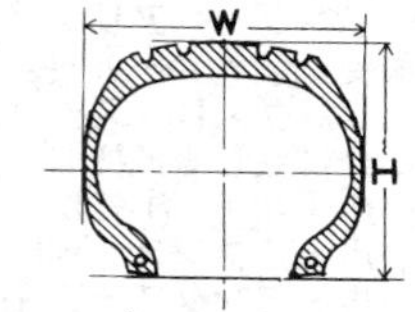

ロー・プロファイル・タイヤ

ロー・ベッド・トレーラ [low bed trailer] 低床式被牽引自動車。＝ローボーイ～。

ロー・ボルテージ [low voltage] 低電圧，低圧。㊌ハイ～。

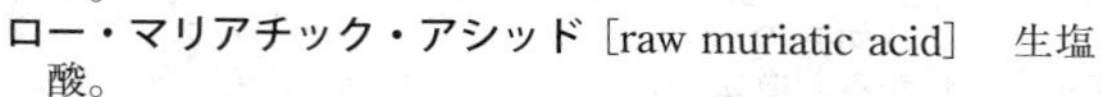

ロー・マリアチック・アシッド [raw muriatic acid] 生塩酸。

ローミング [roaming] 自動車（携帯）電話で加入している事業者のサービス・エリア外の他の事業者のサービス・エリアに接続して利用すること。国際ローミングもある。

ローラ [roller] ①ころ，転子。㊋～ベアリング。②圧延機。

ローラ・エンド [roller end] （タペット）転子端。カムとの接触部（フォロア）にローラを用いたもの。

ローラ・キャビネット [roller cabinet] ローラ（ころ）付きの工具棚。ツール・ボックス。メカニックの手回り工具類を収納するのに用いる。略してロール・キャブ。

ローラ・クラッチ [roller clutch] （オーバラン用）ころクラッチ。回転する方向によって空転したりロックされたりする一方伝動クラッチ。㊋㋑セルモータ。㋺オーバドライブ。㋩AT車。＝オーバラン～。フリーホイール。

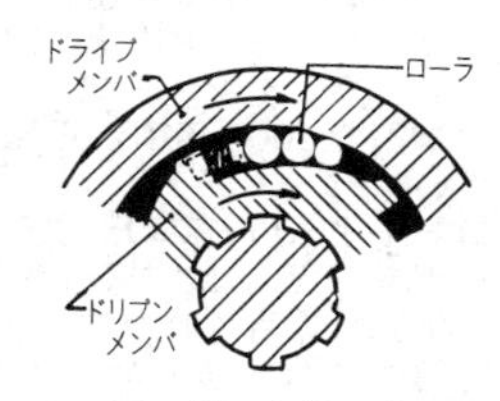

ローラ・クラッチ

ローラ・チェーン [roller chain] （チェーン形式）ころ鎖。まゆ型リンクをピンで連結し，ピンにブシュおよびローラをはめたチェーン。㊋㋑タイミング～。㋺オートバイ用～。

ローラ・ピストン・ポンプ [roller piston pump] ベーン・ポンプにおけるベーン（羽根板）をローラに置き換えた形式のポンプ。＝ローラ・ベーン～。㊋クーラ・コンプレッサ。

ローラ・ベアリング [roller bearing] ころ軸受。外輪と内輪の間にころを入れた減摩軸受，ころの形により，シリンドリカル，テーパ，スフェリカル，ニードル等の種類がある。

ローラ・ベーン・ポンプ [roller vane pump] ☞ローラ・ピストン・ポンプ。

ローラ・リテーナ [roller retainer] （ベアリング）ローラの支持器。

ローラ・ベアリング

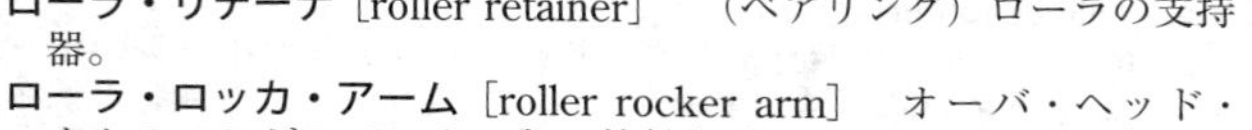

ローラ・ロッカ・アーム [roller rocker arm] オーバ・ヘッド・カムのエンジンで，カムとの接触部分にローラ・ベアリングを備えたロッカ・アームのこと。普通ニードル・ベアリングが使用され，カムとロッカ・アームの摩擦抵抗を小さくし，摩耗を低減する目的である。

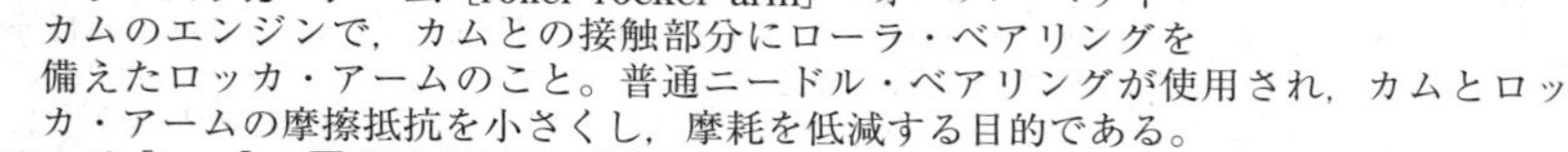

ローリ [lorry] ㊖貨物自動車。㊋タンク～。＝トラック。

ローリング [rolling]　①転がり，回転。②（自動車の）横揺れ。③金属の圧延。
ローリング・アクシス [rolling axis]　車体のローリング（横揺れ）では，フロントとリヤのサスペンションの構造の違いからロール・センタの高さも違い，この前後のロール・センタを結んだ直線をローリングの軸（アキシス）という。
ローリング・スタート [rolling start]　自動車レースのスタート方式の一つ。先導車が出場車の前にたってコースを周回し，エンジンの調子が出たところでスタートする。
ローリング・ブリッジ [rolling bridge]　開橋，転開橋。橋脚を中心に回転し航路などを開く橋。
ローリング・ベアリング [rolling bearing]　転がり軸受。円形軌道と転動体を用いた軸受。例㋑ボール～。㋺ローラ～。
ローリング・レジスタンス [rolling resistance]　転がり抵抗。車が走行するとき回転部分に生じる抵抗で，タイヤ，駆動部分の抵抗などがある。
ロール [roll]　①転がり，回転。②ころ，圧延機，ローラ。③横揺れ，ローリング。
ロール・アクシス [roll axis]　ロール軸。＝ローリング～。
ロール・アンダステア [roll understeer]　旋回時に車体の傾きによりハンドルの切れ角が小さくなり，旋回円が大きくなる傾向のハンドル。☞ロール・オーバステア。
ロールオーバ [rollover]　転がす，転がる，横転する。
ロールオーバ・コントロール [roll-over control; ROC]　横転制御，横転抑制。トラクタに牽引されるトレーラの横転事故を抑制するため，トレーラに自立型のシステム（ESC／電子制御による横滑り防止装置）を装備し，車両の挙動を検知して危険と判断した場合にはトレーラのブレーキを自動制御して減速し，横転事故を未然に防止（抑制）する。この装置は，米国，欧州，日本の順に法律で装備が義務づけられた。
ロール・オーバステア [roll oversteer]　旋回時に車体の傾きによりハンドルの切れ角が大きくなり，旋回円が小さくなる傾向のハンドル。☞ロール・アンダステア。
ロールオーバ・センサ付（つ）きサイド・カーテン・エアバッグ [side curtain airbags with rollover sensor]　車の横転時にカーテン・エアバッグが展開し，乗員が側面窓ガラスから車外に放出されるのを低減する装置。側面衝突時に乗員を保護するサイド・カーテン・エアバッグにロールオーバ・センサを追加したもので，SUVの多い米国で2002年頃から採用されている。車高の高いSUVは重心が高く，横転しやすい。
ロールオーバ・プロテクション・システム [roll-over protection system; ROPS]　ボルボやVWなどに採用された，横転時の乗員保護装置。①ボルボ：新型SUV（2003年）に採用されたロール・スタビリティ・コントロール（RSC），全7席すべてに装備されたプリテンショナ付き3点式シート・ベルト，3列全シートの左右側面をカバーするインフレータブル・カーテン（IC），2列目シート中央に組み込まれたスライディング・チャイルド・クッション，スチールの4～5倍の強度を持つボロン・スチール製のルーフやピラーなどを指す。② VW：ニュービートルのカブリオレ（2003年）に採用されたもので，走行中にセンサが規定値を超える車体の傾きや衝撃を感知するとリア・シートに内蔵されたロールオーバ・バーが0.25秒で作動して，ルーフのない車体から乗員を保護する。Mベンツのロードスターや BMW のカブリオレにも同様の装置が装備されている。アクティブ・ロールオーバ・プロテクション・システムとも。

ロール・キャブ [roll-cab; roller cabinet]　☞ローラ・キャビネット。
ロール・キャンバ [roll camber]　車体のローリング（横揺れ）によりホイールのキャンバ角が変化すること。独立懸架方式では，車軸方式に比べてサスペンションが軟らかいため，旋回時に外側ホイールのキャンバは大きく，内側ホイールのキャンバは小さくなり，サイド・スリップの原因となる。これを避けるため，スポーツ・タイプの車ではあらかじめマイナス・キャンバをつけ，旋回時にホイールが直立するようになっている。

ロール剛性（ごうせい） [roll stiffness]　自動車が旋回するとき，車体のロール（横揺れ）に対する抵抗力，あるいはロールしたときのサスペンションの反力をロール剛性という。ロール剛性が高ければ，コーナリング時のロール角は小さい。

ロール・スタビリティ・アシスト [roll stability assist; RSA]　日野の大型トラクタに採用された，横転事故防止装置。トレーラの無理な旋回時などに横方向のGがかかると後輪ブレーキを自動的に制御し，横転事故を防止する。

ロール・スタビリティ・コントロール [roll stability control; RSC]　横転防止装置の一種で，ボルボが2003年に新型SUVに採用したもの。横転の危険性が高いと判断した場合，自動的にエンジン・トルクを抑え，一つ以上の車輪にブレーキをかけて横転を抑制するシステム。ロールオーバ・プロテクション・システム（ROPS）の構成要素の一つで，フォードも同装置を採用。

ロール・スタビリティ・プログラム [roll stability program; RSP]　アウディのSUVに採用された，横転防止装置。

ロール・ステア [roll steer]　車がロールすることにより，実際の操舵角が変化すること。ロール・オーバステアとロール・アンダステアがある。

ロール・センタ [roll center]　自動車のローリングは車体とサスペンションが相対的にどのように動くかによって決まり，その回転運動の中心点のことをいう。

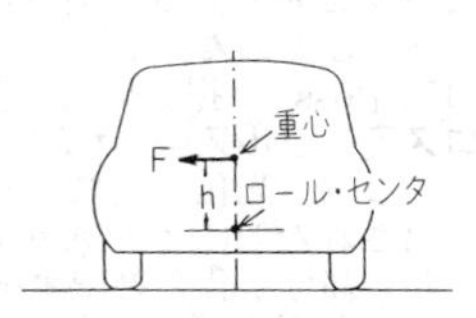

ロール・センタと重心

ロール・バー [roll bar]　レーシング・カー，オープン・カーやRVなどで，車が転覆したときに乗員を保護するため，頭部より高い位置に付けられた鋼管製の支柱。

ロール・レート [roll rate]　車体横揺れ割り合い。旋回時の遠心力によるロール軸回りのロール・モーメントをそのときのロール角で割った値。

ローレット [roulette]　☞ルーレット。

ロー・レンジ [low range]　変速機の減速比の大きい低速走行用ギヤ域。対ハイ～。

ロー・ローディング・シャシ [low loading chassis]　低床式車台。

ローン・モーア [lawn mower]　芝刈り機。一般にエンジンが付いている。

路外逸脱抑制支援（ろがいいつだつよくせいしえん） [road departure mitigation; RDM]　長時間運転などから生じる覚醒度の低下などにより，車が路外へ逸脱する事故を未然に防止するもの。ホンダが2015年に導入したホンダ・センシング（安全運転支援システムの総称）の中で採用した一機能で，自車が道路境界（実線部）から対向側や路肩に出てしまう場合には，ステアリングの振動とともに車線内へ戻すようトルクで支援を行う。ステアリングの支援だけでは逸脱を回避できない場合には，ブレーキと警報の併用によって，より効果的に路外への逸脱の防止を図っている。

ロケーション [location]　位置，所在。例㋑部品を格納している倉庫，棚の位置と場所。㋺カー・ディーラの販売拠点の位置。

ロケーション・ボルト [location bolt]　位置決めボルト。二つのものの組み合わせにおいて，その位置ずれを防ぐ精密ボルト。

ロケーティング・プレート [locating plate]　（カムシャフトなど）位置決め板。軸方向の動きを規制する板。＝スラスト～。

ロケーティング・ラグ [locating lug]　（メタルなど）位置決め用突起。位置ずれを防ぐため相手の凹所にはまる突起。

ロゴ・マーク [logo mark]　トレード・マーク，商品名，企業名のマークのこと。ロゴとは，一つの成語をまとめて鋳造した印刷用の合字活字のこと。

ロジウム [rhodium]　記号Rh。排気ガス浄化用の三元触媒コンバータの触媒に，白金・パラジウムと共に使用される。

ロシェル・ソルト [Rochelle salt]　（電気石）ロシェル塩。酒石酸カリソーダ。$NaKC_4H_4O_6 \cdot 4H_2O$。圧電効果に優れ電気石として用いる。

ロジスティクス [logistics]　企業兵站（へいたん）。企業が必要とする調達流通と物的流通を一つの組織とみなして行う経済的・技術的な制御活動。正式にはビジネス・ロジスティクス。ロジスティクスはもともと軍事用語で兵站（軍事物資の管理組織）の意。

ロジック [logic]　①論理，理論，論法。②論理学。例 ～IC。

ロジック・アイ・シー（IC） [logic integrated circuit]　論理集積回路。論理回路をICチップ上に複数のトランジスタなどを使い作製したもの。

路車間通信（ろしゃかんつうしん） [road vehivle communication; RVC]　道路側の設備と自動車間で行う無線通信で，VICS（道路交通情報通信システム），ETC（自動料金収受システム），DSSS（安全運転支援システム）などの例がある。☞車車間通信。

路上障害物警報（ろじょうしょうがいぶつけいほう）システム [traffic impediment warning systems; TIWS]　カーブ前方の障害物を路側のセンサで認識し，路側の表示板でドライバに知らせるシステム（ISO／TS15624）。

ロジン [rosin]　固形松やに，松やにから揮発性のテレピン油を蒸留したあとの固形物。例 ㋑はんだ付けなどのペースト。㋺ワニス原料。

ロジンコア・ソルダ [rosin-core solder]　ペースト入はんだ。中心にロジンを入れてあるひもはんだ。

ロス [loss]　損，損失。例 ㋑メカニカル～。㋺ヒート～。㋩パワー～。

ロスアンゼルス型（がた）スモッグ [Los Angeles type smog]　光化学スモッグの典型的な例。光化学（フォトケミカル）スモッグとは，自動車，工場，発電所などから排出されたHCとNO_Xが大気中に溜まり，強い太陽光線が当たって光化学反応を起こし，高分子化合物やオキシダント（過酸化物質）を発生したもの。オキシダントのほとんどがオゾンであり，強い酸化作用により眼に刺激を受ける。1952年にカリフォルニア工科大学のバーゲン・シュミット教授によりその発生メカニズムが解明された。☞ロンドン型～。

ロストフォーム鋳造（ちゅうぞう） [lost-foam casting]　精密鋳造法の一つ。発泡樹脂で形状模型を作り，周囲を鋳砂で埋めて型を作成する。型の上から溶けたアルミを流し込めば，発泡樹脂は燃えてなくなり，アルミに置き換わった製品ができる。これにより複雑な型を高精度で成形することができ，シリンダ・ブロックやシリンダ・ヘッドなどの鋳造に用いられる。

ロスト・モーション [lost motion]　（機械の）から動き。無駄な運動。

ロストワックス鋳造（ちゅうぞう） [lost-wax casting]　精密鋳造法の一つ。蝋（ろう）型で鋳型を作り，これを焼成して蝋型を燃焼気化させた空洞に溶融金属を注入する鋳造法。かつてはゴルフ・クラブ（アイアン）の製造法として有名になったが，車の場合には，ターボチャージャ用タービン・ホイールの製造などに利用される。＝インベストメント・キャスティング。

六価（ろっか）クロム [hexavalent chrome]　めっき処理などに用いる，酸化数6のクロム化合物の通称。発がん性の疑いから環境負荷物質に指定され，2008年以降（EUは2003年以降）の生産車への使用が禁止となり，安全性の高い三価クロムに切り替えられた。

ロッカ [rocker]　揺り子，揺れ動くもの。例 弁てこ。

ロッカ・アーム [rocker arm]　揺り腕。例 ㋑バルブ用～。㋺二，三輪車のフロント・フォークの～。

ロッカ・アーム・シャフト [rocker arm shaft]　揺り腕の中心軸。

ロッカ・シャフト [rocker shaft]　☞ロッカアーム・シャフト。

ロッカ・ピン [rocker pin]　揺り子支えピン。

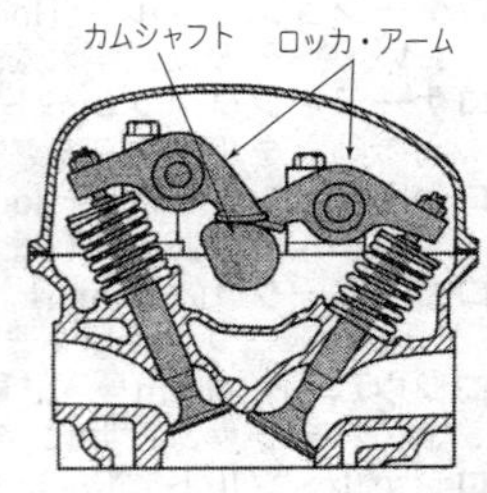

ロッカ・アーム

ロッカ・レバー [rocker lever]　揺り子。＝ロッカ。
ロッキング・アーム [rocking arm]　揺り腕。＝ロッカアーム。
ロッキング・ディバイス [locking device]　施錠装置，拘束装置。例 ①ステアリングの施錠。②差動歯車の拘束装置。＝デフロック。
ロッキング・ハブ [locking hub]　パート・タイム4WD車で，アクスルとホイールの動力伝達を必要に応じて断続するハブ（クラッチ機能を有する装置）。＝フリー・ホイール・ハブ。
ロッキング・ワイヤ [locking wire]　回り止め用針金。
ロッキング・ワッシャ [locking washer]　回り止め座金。
ロック[1] [lock]　①錠，錠前。②（諸車の）押し合い。③輪止め。
ロック[2] [rock]　①揺り動かす，ゆする。②揺れ，動揺。
ロックアウト・リレー [lockout relay]　閉鎖継電器。ある条件を具備するまで作動を阻止するリレー。例 ロックアウト型自動遮断器。
ロック・アクチュエータ [lock actuator]　電気自動車（EV）やプラグイン・ハイブリッド車（PHV）において，充電コネクタを機械的にロックする部品。
ロックアップ・クラッチ [lock-up clutch]　自動変速機（AT）のトルク・コンバータのポンプ・インペラ（エンジン側）とタービン・ランナ（変速機側）との間に設けられた機械式のクラッチ。このクラッチをONすることにより両者が直結されてATの伝達効率が高まり，燃費が向上する。

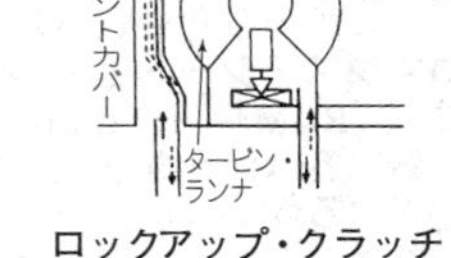

ロックアップ・クラッチ

ロックアップ・ソレノイド・バルブ [lock-up solenoid valve]　自動変速機のロックアップ・クラッチの断続を制御する電磁弁。
ロック・アングル [lock angle]　（前輪の）最大変向角度。
ロックウェルかたさ（硬さ） [Rockwell hardness]　金属の硬さを表す方法の一つで，ロックウェル硬さ試験で前後2回の基準荷重による圧子の侵入深さから算出する値。硬さ記号H_R。ロックウェルはアメリカの治金学者の名前。☞ショア硬さ，ビッカース硬さ，ブリネル硬さ。
ロック・オイル [rock oil]　英 石油。＝ペトローレアム。
ロックオフ・バルブ [lock off valve]　（LPG装置）遮断弁。エンジンが不時停止したときガスの供給を遮断する安全弁。ベーパライザ内にある。
ロック・スクリュ [lock screw]　（ナットの）回り止めねじ。
ロック・ストライカ [lock striker]　ラッチとかみ合ってドアなどを閉鎖位置に保つ部材。
ロック・チェーン [lock chain]　（ハンドルやホイールの）回り止め鎖。
ロック・テスト [lock test]　（セルモータなどの）拘束試験。回転できなくしておいて起動トルクや消費電流を測る試験。
ロック・トゥ・ロック [lock to lock]　ステアリング・ホイールを片方に一杯切り，次に反対方向へ止まるまで切った場合のホイールの回転数。回転数が少ないほど，シャープなステアリングといえる。
ロック・ナット [lock nut]　（ボルトやナットの）回り止めナット。
ロック・ピース [lock piece]　（トラック・リムの）止め金。サイド・リングを固定する輪金。＝ロックリング。
ロック・ポジション [lock position]　①（ピストンなどの）死点位置。②錠前の施錠状態。
ロック・リング [lock ring]　（トラック・リムの）止め金。サイド・リングの脱出を防ぐ輪金。＝ロックピース。
ロック・ワイヤ [lock wire]　回り止め針金。＝ロッキング〜。

ロ

ロック・ワッシャ [lock washer]　回り止め座金。＝ロッキング〜。
ロット[1] [lot]　等しい条件下で生産された品物の集まり。
ロット[2] [lot]　一組，一山，一口。☞ロット・プロダクション。
ロッド [rod]　①細長い棒，さお。②連かん。例 ㋑コン〜。㋺タイ〜。㋩トルク〜。㋥ラジアス〜。㋭プル〜。
ロット・プロダクション [lot production]　（製造）ロット生産。同じ製品が間をおいて繰り返し生産されること。その場合1回ごとの組みをロットという。
ロッピング [lopping]　（エンジンが）よたよた，ぐらぐらすること。アイドリング不調などで横ぶれすること。
ロディオ [rodeo]　オートバイなどの公開曲芸大会。
ロトンストーン [rottenstone]　トリポリ石。分解したけい質石灰石。金属の研磨用にする。
ロバスト性（せい） [robustness]　環境の変化に対する耐性／外部要因に対する安定性。例えば，DPF システムのロバスト性や，電気自動車の電池管理システムのロバスト性など。ロバスト性の本来の意味は，「堅牢さ，頑強性，強靭性」。
ロボタイズド MT [robotized manual transmission; RMT]　自動化機械式変速機（AMT）の一種で，フィアットや VW などが採用したもの。
ロボット溶接（ようせつ） [robotic welding]　産業用ロボットを用いて行う自動溶接。
ロマンス・カー [romance car]　（カップル向きの）２人乗り座席を通路の左右に前向きに配列した遊覧バス。観光バス等。
ロマンス・シート [romance seat]　（カップル向きの）２人がけ座席。
ロム [ROM]　read only memory の略。読み出し専用の記憶装置。電源を切っても記録内容は保存され，プログラムやデータの記憶装置として使われている。
路面（ろめん）μ（ミュー） [coefficient of friction on a road]　タイヤと路面間に生じる摩擦力をタイヤ荷重で除した値。摩擦係数。
ロワ [lower]　☞ロア。
ロング・アーム [long arm]　（サスペンション）長い腕。例 ダブルウィッシュボーンの下側の腕。対 ショート〜。
ロング・ストローク [long stroke]　（エンジン）長行程。ストロークがボアより大きいもの。昔のエンジンに多い。☞スクエア，オーバスクェア。
ロング・トン [long ton]　（重量単位）英トン。2240 ポンド。＝ 1016kg。☞ショート〜。
ロング・ノーズ・カム [long nose cam]　（バルブ用カム）リフトの大きい特殊カム。例 レーサ用エンジン。
ロング・ノーズ・ショート・デッキ [long nose short deck]　スポーツ・タイプの乗用車で，エンジン・ルームが長くキャビンが短いもの。
ロング・ノーズ・プライヤ [long nose plier]　先長のプライヤ。狭い部分の作業に便利。
ロング・ベース・カー [long base car]　長軸距車。大型な車。
ロングライフ [longlife]　長寿命の，長期間使用できる。例 〜クーラント。
ロングライフ・クーラント [longlife coolant; LLC]　（ラジエータ）耐久冷却液，防せい剤や潤滑剤および不凍剤を入れて長時間の使用に耐える冷却液。＝オールシーズン〜，パーマネント〜。
ロング・リーチ・プラグ [long reach plug]　（ねじ部の）長い点火プラグ。段下（ねじ部）はシリンダヘッドの厚さと一致すべきもの。対 ショート〜。
ロンジテューディナル [longitudinal]　①緯度の，経線の。②縦の，長さの。
ロンジテューディナル・カルダンシャフト [longitudinal cardan-shaft]　縦方向のカルダン軸。＝プロペラシャフト。
ロンジテューディナル・シート [longitudinal seat]　（バスシート）縦長のいす。例市内バス。

ロンジテューディナル・セクション［longitudinal section］　縦断面。

ロンジテューディナル・プレーン［longitudinal plane］　中心面。

ロンジテューディナル・ラナー［longitudinal runner］　（ボデー）縦の根太。

ロンドン型（がた）スモッグ［London type smog］　石炭の使用による工場や発電所の排煙，ビルや家庭用の暖房による排煙などによって発生する亜硫酸ガス（SO_2），すす，粉塵などを原因とする灰色のスモッグ。英国のロンドンにおいて19世紀から20世紀前半に発生して社会問題となった。☞ロスアンゼルス型～。

論理回路（ろんりかいろ）［logical circuit］　論理素子を組み合わせて論理関係を構成する電気回路。☞付表。

［ワ］

ワーキング［working］　①働き，作用，活動。②製作法，工作法，運転法。

ワーキング・クロース［working cloth］　作業衣，仕事服。

ワーキング・ストローク［working stroke］　作動行程，動力行程，爆発行程。＝パワー〜。

ワーキング・フルード［working fluid］　（油圧装置）作動流体。例 ㋑油圧ブレーキのブレーキ液。㋺自動変速機のATF。

ワーキング・プレッシャ［working pressure］　作動圧力，作動流体圧力。

ワーキング・ベンチ［working bench］　作業台，仕事台。多くは単にベンチ。

ワーキング・ランプ［working lamp］　作業灯。夜間作業用照明灯。

ワーク・インストラクション［work instruction］　☞作業指示書。

ワーク・シークェンス・シート［work sequence sheet］　☞作業手順書。シークェンス＝シーケンス。

ワークス［works］　①工場，製作所。②モータ・スポーツにおいて，自動車メーカがスポンサになっていること。プライベートはこれに対する言葉。

ワーク・ステーション［work station; WS］　ミニコンとパソコンの中間規模で，各種のデータ処理機能を持つ小型コンピュータ。

ワーク・ベンチ［work bench］　作業台，仕事台。＝ワーキング〜。

ワープ［warp］　反り，ゆがみ，曲がり，ひずみ。

ワーム［worm］　☞ウォーム。

ワールド・カー［world car］　多国籍企業化した自動車製造業者が，各国の分業で共同開発した小型車。

ワールド・ソーラー・チャレンジ［world solar challange; WSC］　☞ソーラー・カー・レース。

ワイアロイ［Y-alloy］　Y合金。JISアルミニウム鋳物５種に指定されているもので，耐熱性に優れているが熱膨張が大きい。例 ㋑シリンダヘッド材。㋺ピストン材。

ワイコネクション［Y-connection］　Y結線。オルタネータのステータ・コイル結線法の一つ。＝スター〜。

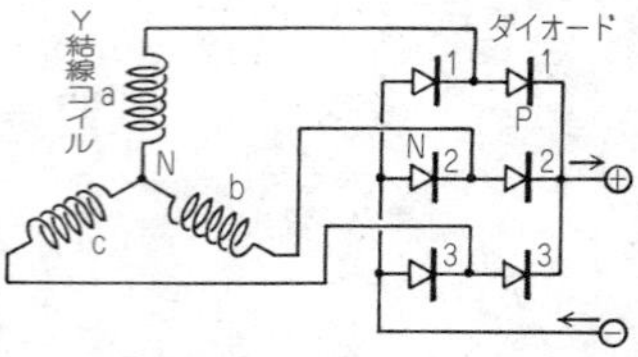

ワイコネクション

ワイス・ジョイント［Weiss joint］　前輪駆動車の駆動軸の一つ。ジョイント部がキングピンの中心線上にあるタイプ。

ワイド・オープン・スロットル［wide open throttle］　エンジンのスロットル・バルブ全開状態，運転条件としては最大負荷と同じ意味。

ワイド・トレッド・タイヤ［wide tread tire］　広幅タイヤ。トレッド幅の広いタイヤ。

ワイド・レンジ・プラグ［wide range plug］　広域点火栓。低負荷（低温）エンジンから高負荷（高温）エンジンに至るすべてのものに適応するスパーク・プラグ。

ワイパ［wiper］　（ボデー）ふくもの，ぬぐうもの，窓ふき器。例 前面ガラスの雨や雪をぬぐう装置。

ワイパ・アーム［wiper arm］　ワイパの腕金。ブレードを支持するアーム。

ワイパ・ディアイサ［wiper deicer］　フロント・ウインドウの雪のたまりやすい箇所に熱線などを配し，ワイパ凍結時の解氷や雪の凍結を防止する装置。

ワイパ・ブレード［wiper blade］　ワイパのぬぐいゴム。羽根ゴム。

ワイパ・モータ［wiper motor］　ワイパ原動機。一般に電動機で，１段作動の分巻モータ又は２段作動の複巻モータが使われる。

ワイパ・リンク [wiper linkage]　ワイパ・モータとワイパ・アームのピボット・シャフトを接続し，揺動運動をさせるリンク機構。ワイパ・リンケージ。

ワイヤ [wire]　針金，電線。

ワイヤ・ウーブン・ガスケット [wire woven gasket]　シリンダ・ヘッド・ガスケットのタイプで，圧縮材にアスベスト・ゴム系材，しん金に金網を用いたもので，へたりが少なく圧縮性に優れている。旧タイプのガスケット。

ワイヤ・カッタ [wire cutter]　針金切り。例 ㋑ニッパ。㋺ペンチ。

ワイヤ・クロース [wire cloth]　（目の細かい）金網。例 ろ過器エレメント。

ワイヤ・ゲージ [wire gauge]　①線径路。針金さし。わが国では線径を実寸 mm で表すが英米ではゲージの線番でいう。②線番。③針金製のすき間計。

ワイヤ・ゲージ

ワイヤ・コンジット [wire conduit]　電線導管。配線を保護整理する案内管のことで，金属製のものと非金属製のものとがある。

ワイヤ・ストリッパ [wire stripper]　ワイヤの皮はぎ器。配線に際し線端の被覆をはぎ取る道具。

ワイヤ・スポーク・ホイール [wire spoke wheel]　針金スポーク車輪。

ワイヤ・ドローイング [wire drawing]　線引き，針金の製造。素線の断面より小さい穴のダイス（金型）に素線を通して引き抜き，目的の形と寸法の針金を作る方法。

ワイヤ・ハーネス [wire harness]　組み配線。車両の各種電装品をつなぐために，配線を束ねたもの。

ワイヤ・フープ [wire hoop]　針金のたが。針金の輪。例 タイヤのビードに入れてあるピアノ線。

ワイヤ・ブラシ [wire brush]　針金ブラシ。例 ㋑やすり掃除用。㋺カーボン落とし用。㋩油穴掃除用ライフルブラシ。

ワイヤ・ホイール [wire wheel]　①針金スポーク車輪。②（工具）ワイヤブラシ・ホイール。

ワイヤリング [wiring]　①配線（工事）。②配線用電線。

ワイヤリング・ダイアグラム [wiring diagram]　配線図。

ワイヤリング・ハーネス [wiring harness]　☞ワイヤ・ハーネス。

ワイヤレス・カー [wireless car]　無線装備車。ラジオ・カー。

ワイヤレス給電（きゅうでん）システム [wireless power transfer system]　☞非接触式充電。

ワイヤレス・ドア・ロック・リモート・コントロール [wireless door lock remote control]　電波や赤外線を使用して，遠隔操作によりドアをロック（施錠），アンロック（解錠）すること。

ワイヤ・ロープ [wire rope]　鋼索。数本の鋼線をより合わして1本の子なわを作り，その子なわを更に数本より合わして作る。例 ㋑車両牽引用。㋺駐車ブレーキ用引き綱。

ワイヤ・ワウンド・ピストン [wire wound piston]　鋼線巻きピストン。熱膨張を押さえるため鋼線の鉢巻きを施した軽合金ピストン。

ワイルズ・ロック・ナット [Wile's lock nut]　ワイル式固定ナット。ナットを横に半分切り割り，その切り割り部を押しねじで締めつけて回り止めとする方法。

ワインダ [winder]　①巻くもの，巻線機。②巻き付け器，糸巻き。

ワインディング [winding]　①巻くこと，巻きつけ。②巻き線，巻いたもの。③屈曲する，うねる。

ワインディング・マシン [winding machine]　巻線機。電気装置のコイルを作る機械。

ワインディング・ロード [winding road] カーブの連続した道路，曲がりくねった道，山岳路。

ワインドアップ [wind up] 巻き上げ。車軸周りの回転振動。例発進の時ファイナル・ギヤにかかる駆動トルクの反動で車体前部が浮き上がる現象。対ノーズ・ダイブ。

ワウンド・ロータ [wound rotor] 巻き線型回転子。例セルモータや直流ダイナモの電機子。

ワゴン [wagon; waggon] 四輪貨物自動車。ステーション・ワゴンはワゴンといっても乗用車扱い。

ワセリン [*vaseline*] 米(油脂) 軟質パラフィンの商品名。重油から分留される無色半固体の油。例減摩，防せい，防食等。

ワックス [wax] ①みつろう，パラフィン，ろう状のもの。②ボデー磨き用ろう。

ワックス・タイプ・サーモスタット [wax type thermostat] ワックス型サーモスタット。容器に密封したワックスの膨張収縮を利用して制水弁を開閉するもので，その作用に水圧の影響を受けないことを特長として広く現用されている。＝ワックス・ペレット～。

ワックス・タイプ・サーモスタット

ワックスド・ペーパ [waxed paper] ろう紙。＝パラフィン～。例コンデンサの誘電体。

ワックス・パターン [wax pattern] ろう型，焼き流し精密鋳造（インベストメント・キャスティング）で必要なろう型。☞インベストメント・キャスティング。

ワックス・ペレット [wax pellet] （サーモスタットの）ワックス容器。

ワッシャ [washer] 座金。例㋑プレーン～。㋺スプリング～。

ワッテージ [wattage] ワット数。☞ワット。

ワット [watt] ①工率（仕事率）の単位。記号W。1秒間に1ジュール（J）の仕事をする工率をいう。1000W＝1KW＝1.333PS（メートル馬力）。②電力単位。1Wは1V1Aの電気勢力。735.5Wが1PS。

ワットアワー [watt-hour] ①ワット時。記号Wh。1Wの工率で1時間にする仕事量をいう。②電力量単位。1ワット1時間。

ワット・カレント [watt current] 有効電流。対ワットレス～。

ワット・リンク [Watt link] 車軸と車体の位置決めをするために，ワットの直線運動機構を応用したリンク。ワットはこのリンク機構を考案した英国人。

ワットレス・カレント [wattless current] 無効電流。対ワット・カレント。

ワッブル [wabble; wobble] ☞ウォッブル。

ワッブル・プレート [wobble plate] ぐらぐら揺れる板，回転しながら揺れる板。例カー・エアコン・コンプレッサの片斜板式の一種で，斜板は回転せずに往復運動をするタイプのもの。☞スワッシュ～。ワッブル＝ウォッブル。

ワッペン [*Wappen*] 独(車の飾りに用いられる) 紋章。＝オーナメント。

鰐口（わにぐち）レンチ [alligator pipe wrench] わにの口のような刻み目のついた部分でくわえて管などを回す工具。

ワニス [仏 *Vernis*; varnish] （塗料）物に塗付して乾燥させると光沢のある美しい表面が得られるものの総称。例㋑油～。㋺スピリット～。㋩天然～。

ワランティ [warranty] ☞保証。＝ウォランティ。☞ギャランティ。

ワランティ・カード [warranty card] ☞保証書。

ワランティ・クレーム [warranty claim] 顧客からの保証要求。

ワランティ・ピリオド [warranty period] ☞保証期間。

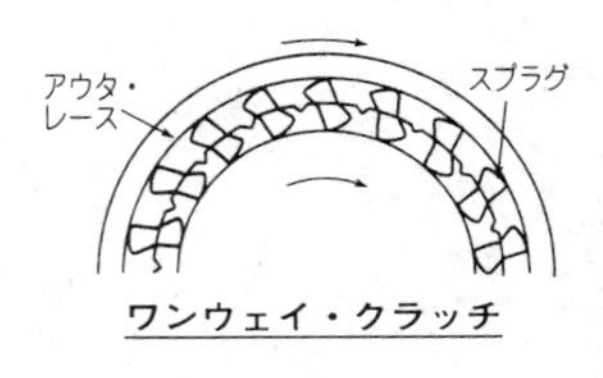

ワンウェイ・クラッチ

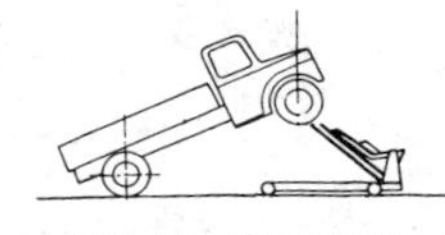
ワンエンド・リフト

割（わ）りピン [split pin; cotter pin]　抜けを防ぐために，二又に開くピン。

ワンウェイ・クラッチ [one-way clutch]　一方伝動クラッチ。動力の伝動が一方的に行われる装置。例 ㋑セルモータのオーバラン～。㋺オーバドライブ装置のフリーホイーリング。

ワンウェイ・トラフィック [one-way traffic]　一方交通。

ワンウェイ・バルブ [one-way valve]　逆止弁。＝チェック～。

ワンエンド・リフト [one-end lift]　（車の）前端又は後端だけを持ち上げるカー・リフト。

ワン・コート・ワン・ベーク [one coat one bake]　1回の塗装と焼き付けで仕上げる作業系の呼び方。

ワンサイデッド・キャブ [one-sided cab]　片側運転室。キャブ（運転室）が車の左又は右に片寄っているもの。例 大型特殊自動車。

ワンショット・ルブリケーション [one-shot lubrication]　1回で完全な給油。1度の操作でシャシ各部へ給油できる集中給油装置。

ワン・シリンダ [one cylinder]　1気筒，単気筒。＝シングル～。

ワンス・ストップ [Once stop]　（交通標語）一旦停車。

ワン・ストップ・サービス [one stop service]　☞ OSS。

ワンダ [wander]　ふらつく，さまよう。前輪がふらふらして車がさまようこと。フロント・アライメントの不正の場合起こりやすい。

ワンダリング [wandering]　ふらつき，さまよい。自動車が左右にふらつく現象。

ワンプライス・セリング [one-price selling]　自動車（物品）販売において，あらかじめ値引きをした価格を表示してそれ以上の値引きをしない販売方法。顧客により値引き額が違う，というような不透明な取引から脱却して顧客の信頼を獲得するとともに，商談時間も短縮でき，販売店の収益向上に寄与する。但し，これには商品力が重要である。ワンプライス・セリングは米国が先行しているが，日本でも一部導入されている。

ワン・ボックス・カー [one box car]　キャブ・オーバ型の乗用車やバンで，エンジン，乗員，トランクの三つのスペースが一室となった箱型車体。床面積が広く，座席を多く設けることができる。

ワンマン・トップ [one-man top]　（ボデー）1人で扱える屋根ほろ。

ワンマン・バス [one-man bus]　（車掌のいない）運転者だけのバス。料金は料金箱に入れてもらいドアは自動開閉。案内はテープで流している。

略字・略語集
（アルファベット順）

[A]

A, a [次の語彙などの頭文字] ①ampere (電流の単位)。②ammeter (電流計の記号)。③advance (点火時期などを，進める)。④after (上死点後など，‥の後)。⑤acceleration (加速度)。

AA [auto auction] 自動車のせり売り，競売。例 中古車のオークション。

AAA [American automobile association] 米国自動車協会。

A-ABS [active control anti-lock brake system] ホンダが採用した，車両の横滑りを能動的に制御するシステム。☞アクティブ・コントロール・アンチロック・ブレーキ・システム。

AACN [advanced automatic collision notification] 先進事故自動通報システム。日本緊急通報サービス (HELPNET) などが提供している自動緊急通報システム (ACN) の進化版で，2015年から国内への導入が予定されているもの。HELPNETは，事故でエアバッグが展開したり，ドライバがボタンを操作するとコール・センタにつながり，車両の位置情報を基に警察や消防に出動要請を行う。AACNは，これらの情報に加えて衝突方向や減速度，シート・ベルト着用の有無などの詳細な情報をコール・センタへ自動送信し，消防やドクターヘリ (HEM-Net) の出動を要請することにより，救命効果を高める狙いがある。

AACV [auxiliary air control valve] 日産が採用した，補助空気制御弁。☞オーグジリアリ・エア・コントロール・バルブ。

AAI [air assist injector] トヨタやホンダが採用した，空気支援式インジェクタ。☞エア・アシスト・インジェクタ。

AAM [alliance of automobile manufacturers] 自動車製造者連盟／米国自動車工業会。1999年に設立され，欧州や日本のメーカも加盟。旧AAMA。

AAP [auxiliary acceleration pump] アープ。トヨタが排気対策初期に採用した補助加速ポンプ。☞オーグジリアリ・アクセラレーション・ポンプ。

AAS[1] [air adjust screw] 空気調整ねじ。☞エア・アジャスト・スクリュ。

AAS[2] [automatic adjusting suspension] マツダが採用した，電子制御サスペンション。☞オート・アジャスティング・サスペンション。

AAS樹脂 (じゅし) [acrylonitrile acrylic styrene resin] 熱可塑性樹脂のひとつで，アクリロニトリル，スチレン，アクリル・ゴムなどを重合させたもの。耐候性があり，カウル・ルーバ，ミラー・ケース，ピラー・モールなどに使用される。

AAV[1] [anti-afterburn valve] 排爆防止弁。☞アンチアフタバーン・バルブ。

AAV[2] [auxiliary air valve] 補助空気弁。☞オーグジリアリ・エア・バルブ。

A/B [airbag] ☞エアバッグ。

ABC [active body control] MBが採用した，電子制御による車体の姿勢制御。☞アクティブ・ボデー・コントロール。

ABCV [air bleed control valve] 空燃比自動制御装置。☞エア・ブリード・コントロール・バルブ。

ABDC [after bottom dead center] ピストンの下死点後。バルブ・タイミングを表すのに用いる。

ABS[1] [antilock braking system] ブレーキ・ロック防止装置。☞アンチロック・ブレーキ・システム。

ABS[2] [antiskid brake system] アンチロック・ブレーキ・システム (ABS) の三菱の旧呼称。

ABS resin [acrylonitrile-butadiene styrene resin] 合成樹脂の一つ。スチレンにアクリロニトリルブタジエンを重合させたもので，耐熱性，耐化学薬品性，耐衝撃性，耐低温性を向上させた多用途プラスチック。

ABV[1] [air bypass valve]　空気逃がし弁。☞エア・バイパス・バルブ。
ABV[2] [anti-backfire valve]　排爆防止弁。☞アンチバックファイヤ・バルブ。
A/C [air conditioner]　空気調整装置，冷暖房装置。略してエアコン。
AC[1] [alternating current]　交流，交流電流。☞オルタネーティング・カレント。対 DC。
AC[2] [after control]　後処理制御。☞アフタ・コントロール。
ACC[1] [accessory]　アクセサリ。付属品，付属物。
ACC[2] [adaptive cruise control system]　車間距離制御装置。☞アダプティブ・クルーズ・コントロール・システム。
AC-DCコンバータ [alternating current to direct current converter]　交流から直流へ変換する装置，交直変換器。ハイブリッド車／電気自動車の駆動用モータや発電機は交流（AC）のため，このコンバータ（変換器）を用いて自動車用の直流（DC）に変換している。☞ DC-DC コンバータ。
AC dynamo [alternating current dynamo]　交流発電機。☞オルタネータ。
ACD＋AYC統合制御（とうごうせいぎょ） [integrated control of the acive center differential and active yaw control]　三菱が2001年に採用した，新フルタイム4WDシステム。前後輪の差動制限力を制御するACD（アクティブ・センタ・ディファレンシャル）と後輪左右の駆動力差を制御するAYC（アクティブ・ヨー・コントロール）デフをひとつのECUで制御することにより，駆動性能と旋回性能を飛躍的に向上させている。
ACEA [仏 association des constructeurs Europeens d'automobiles]　欧州自動車工業会。
ACEA規格（きかく） [仏 association des constructeurs Europeens d'automobiles standard]　エンジン・オイルの品質規格で，欧州自動車工業会（ACEA）が定めるもの。1996年から導入されたもので，ガソリン・エンジン用，軽負荷ディーゼル・エンジン用，低灰分ディーゼル・エンジン用，高負荷ディーゼル・エンジン用の4種類に分類され，さらに細分化されている。☞ILSAC，JASO。
ACEボディ構造（こうぞう） [advanced compatibility engineering body construction]　ホンダが新たに採用したボディ構造の名称で，「自己保護性能の向上と相手車両への攻撃性低減を両立するボディ構造」を意味している。「G-CON」の進化版。
AC generator [alternating current generator]　交流発電機。☞オルタネータ。
ACIS [acoustic control induction system]　トヨタが採用した，可変吸気システム。☞アコースティック・コントロール・インダクション・システム。
ACM[1] [advanced composite material]　先端複合材料。☞アドバンスト・コンポジット・マティリアル。
ACM[2] [active control engine mount]　電子制御式エンジン・マウント。☞アクティブ・コントロール・エンジン・マウント。
ACN [automatic collision notification]　自動車事故発生時の救命救急のための自動緊急通報システム。エアバッグの展開，ドライブ・レコーダやEDR，GPSなどを利用して自動的に緊急通報を行うもので，民間の救急サービスとして国内では日本緊急通報サービスの「HELPNET」が，米国ではGMの「OnStar」などが既に実用化されており，欧州のEU加盟国では「eCall」を準備中。進化版に，AACN（前述）がある。
ACS [acoustic flavor]　再生音調整装置。☞アコースティック・フレーバ。
ACSD [automatic cold start device]　ディーゼル・エンジンのインジェクション・ポンプに取り付けられた暖機性能と冷間時の運転性向上を図る装置。トヨタ車に採用。
ACT [active cylinder technology]　気筒休止エンジンの一種で，VWが2012年に採用したもの。4気筒1.4ℓのTSI（直噴過給）エンジンにおいて低中負荷域で作動し，2番と3番シリンダの吸排気バルブを閉じたままの状態にして，2気筒で運転する。

これにより，燃費性能が約8%向上している。

ACT-4 [computer-controlled active torque split four wheel drive]　富士重工が採用した，電子制御アクティブ・トルク・スプリット4WD。湿式多板式のトランスァ・クラッチをATの最後部に装備したもので，走行状態に応じて前後輪駆動力配分を最適に制御するフルタイム4WDシステム。

active LSD [active limited slip differential]　日産が採用した，差動制限装置。☞アクティブ・エル・エス・デイー。

ACV [air control valve]　空気制御弁。☞エア・コントロール・バルブ。

AD, A/D [auto drive]　自動定速度走行装置。＝クルーズ・コントロール。

ADA [active driving assist]　富士重工が採用した，ドライバ支援装置。☞アクティブ・ドライビング・アシスト。

ADAS [advanced driver assistance systems]　☞先進運転支援システム。

A/D conversion [analog to digital conversion]　☞アナログ/ディジタル変換。

A/D converter [analog to digital converter]　A/D変換を行う装置。

ADD [automatic disconnecting differential]　パートタイム4WD車において，前輪用の差動装置と車軸間の伝達を断続する終減速機。

AD port [aerodynamic port]　日産が採用した，インテーク・ポートの名称。インテーク・マニホールドのエンジン側の径を絞り込んで吸気の流速を速めている。

ADR [alternative dispute resolution]　裁判外紛争処理機関。自動車関係では，自動車ADR「(財) 自動車製造物責任相談センター」が製品トラブルの事故に対して，第三者機関として紛争解決に当たっている。☞PL law。

ADS¹ [active damper suspension]　サスペンションに減衰力可変ダンパ（ショック・アブソーバ）を用いたもの。電子制御により減衰力がほぼ無段階に調整でき，乗り心地が良くなる。

ADS² [adaptive damping system]　MBが採用した，電子制御可変減衰力ダンパ。☞アダプティブ・ダンピング・システム。

Advanced PALMNET [advanced protocol for automobile local area multiplexing network]　マツダが採用した，多重通信システム（車内LAN）。過去に開発したPALMNETの発展型で，高速化，高機能化などを図るとともに，車両の全信号の取り扱いを可能にしている。

AEB [automatic emergency braking]　自動緊急ブレーキ／衝突回避支援ブレーキ。衝突被害軽減ブレーキの一種で，EU-NCAP（欧州における自動車アセスメント）では，プリクラッシュ・セーフティ・システム（衝突予知安全装置）をAEBと呼んでいる。2014年から行う衝突安全試験ではAEBが評価項目として追加され，五つ星を獲得するにはAEBの装備が前提となる。

AEBS [advanced emergency braking system]　先進緊急ブレーキ。衝突被害軽減ブレーキの一種で，WVTA（欧州統一型式認証）が商用車やバス等の重量車に装備を義務づけしたもの。

A/ELR [automatic emergency locking retractor]　富士重工が採用した，チャイルド・シートをリヤ・シートに固定することが可能なオートマチックELR付きシート・ベルト。

AEM [active engine mount]　☞アクティブ・エンジン・マウント。

AF [antifreeze]　不凍剤，氷点降下剤。冬季のみ冷却水に混合して使用するもの。

A/F [air-fuel ratio]　空気と燃料との混合比率。☞エア・フューエル・レシオ。

AFCV [air fuel ratio control valve]　空燃比制御弁。ターボ・チャージャに使用し，希薄傾向の空燃比を補正する。

AFFP [accelerator force feedback pedal]　電子式アクセル・ペダルで，BMWがMT車に採用したもの。アクセル・ペダル・アッセブリの中に電子制御部とトルク・モータが組み込まれており，設定速度になるとアクセル・ペダルが振動して，シフト・

アップ操作を促す。これにより，燃費性能が10%程度向上するという。

AFM [air flow meter] 空気流量計。☞エアフロー・メータ。

AFS[1] [adaptive frontlighting system] ☞アダプティブ・フロントライティング・システム。

AFS[2] [advanced frontlighting system] 先進前照灯装置。☞アドバンスト・フロントライティング・システム。

AFS[3] [air flow sensor] 空気流量検出器。☞エアフロー・メータ。

AFS[4] [auxiliary fuel supply system] 補助燃料供給装置。EGRの導入によるエンジン性能の低下を防止するための空燃比補正装置。

A/F sensor [air to fuel sensor] ☞空燃比センサ。

Ag [ラ argentum] 銀の元素記号。＝silver 英。

AGL [automotive grade Linux] 車載情報システムやソフトウェア関連の技術を共同開発する団体で，米Linux Foundationが2012年に立ち上げたもの。これには内外の自動車関連企業やIT企業などが参加しており，各自動車メーカ共通の車載端末の開発を行う。☞Linux，OAA。

AGP mirror [auto glare proof mirror] ☞自動防眩ミラー。

AGS[1] [独 adaptive getriebe steuerung] 適応型変速制御（学習機能をもつシフト制御）の一種。BMWがATに採用したもので，ドライバの運転スタイルをフィードバックして変速プログラムを自動選択していくシステム。

AGS[2] [auto gear shift] ☞オート・ギア・シフト。

AH, Ah [ampere-hour] ☞アンペア・アワー。

AHA [agile handling assist] ☞アジャイル・ハンドリング・アシスト。

AHC [active height control] トヨタが採用した，車高調整装置。☞アクティブ・ハイト・コントロール。

AHDS [automated highway driving assist system] 自動運転技術を利用した高度運転支援システム。トヨタが2013年に発表したもので，高速道路や自動車専用道路において，先行車両と無線通信（700MHz帯の車車間通信／V2V）しながら追従走行する通信利用レーダ・クルーズ・コントロール（C-ACC）と，全車速域で道路の白線などをセンサで検出し，あらかじめ算出された最適なラインを走行するよう操舵を支援するレーン・トレース・コントロール（LTC）との連携により，安全運転の支援や運転負荷の軽減を行う。☞先進運転支援システム。

AHS[1] [advanced cruise-assist highway systems] 走行支援道路システム（ITS関連用語）。車両の安全および交通効率の向上を目指したもので，自動車メーカや道路側施設メーカ21社によりAHS開発機構が1996年に設立された。内容としては，AHS-i（情報提供サービス），AHS-c（制御支援サービス），AHS-a（自動走行サービス）がある。

AHS[2] [automated highway system] 米国で開発中のITS応用分野の一つで，事故防止等の安全運転を支援するため車路間で通信を行い，衝突回避や自動運転を実現するもの。このプロジェクトは1994年～1997年で終了し，1998年よりCAS（collision avoidance systems）を開発の中心としたIVI（intelligent vehicle initiative）プログラムが発足した。

AHSS[1] [advanced high-strength steel] 先進高張力鋼。DP鋼（複合組織鋼）あるいはTRIP鋼（変態誘起塑性鋼）などで組成制御された，引っ張り強さが700MPa超の高張力鋼。従来のC-Mn系や析出強化系ハイテンと比較して，成形性と衝撃エネルギー吸収性に優れている。

AHSS[2] [advanced highway safety system] 道路側に設置された連続通信ケーブルからの情報によって，運転の支援を行うもの。国土交通省が開発を進めているもので，いくつかのレベルを経て，最終的には自動運転の実現を目指している。

AI [artificial intelligence] 人工知能。☞アーティフィシャル・インテリジェンス。

AICE [automotive internal combustion engines] 自動車用内燃機関技術研究組合(アイス)。トヨタ，ホンダ，日産など日本の主な自動車メーカ8社と日本自動車研究所が2014年5月に設立した団体で，自動車エンジンの燃費性能向上や排出ガスを低減する先進的な技術についての共同研究を目的としている。日本の自動車メーカはハイブリッド車，電気自動車，燃料電池車などの電動化技術では世界をリードしているが，既存のガソリン・エンジンやディーゼル・エンジンの環境技術では欧州系自動車メーカの後塵を拝しているため，日本の自動車メーカの総合力を結集して，低燃費・低排出ガスの内燃機関の開発を加速する。

AIR [air injection reactor system] 二次空気噴射反応装置。☞エア・インジェクション・システム。

AIRmatic suspension [adaptive intelligent ride control] MBが1999年に採用した，エア・サスペンション。☞アダプティブ・インテリジェント・ライド・コントロール。

AIS [(secondary) air injection system] 二次空気噴射装置。☞エア・インジェクション・システム。

AI-SHIFT [artificial intelligence shift] トヨタが採用した，人工知能付き自動変速機。☞アーティフィシャル・インテリジェンス・シフト。

AIT [仏 alliance internationale de tourisme] 国際旅行連盟。世界各地の自動車ユーザ団体の国際組織。19世紀にルクセンブルグで自転車クラブとして発足。後に自動車を中心とする旅行連盟となり，97カ国・地域の133団体が加盟。JAFはAITとFIA（国際自動車協会）に加盟している。

AJS [air jet swirller control] 日産がリーン・バーン・エンジンに採用した，渦流制御装置。希薄燃焼時にはスワール・コントロール・バルブを閉じ，高負荷時には開く。

Al [aluminium] 英 aluminium; 米 aluminum。アルミニウムの元素記号。

ALB [anti-lock brake] アンチロック・ブレーキ・システム（ABS）のホンダの旧呼称。

ALH [automatic locking hub] ☞オートマチック・ロッキング・ハブ。

ALR [automatic locking retractor] シート・ベルトの自動ロック式巻き取り装置。

ALT [alternator] オルタネータ，交流発電機。

ALU [arithmetic and logical unit] 演算装置。コンピュータのCPU内で，加減算，論理演算，比較演算などの演算を行う部分。

ALV [autonomous land vehicle] 自律走行車両。自動運転システムにおいて，道路側インフラの支援を受けず，自車のシステムのみで走行することのできる車。ITSの一環として，米国で研究が進んでいる。☞AVCSS。

AMB [active mitigation brake] 衝突被害軽減ブレーキの一種で，三菱ふそうが2010年に大型トラックに標準採用したもの。時速30km以上で走行中に追突が避けられないような車の動きをミリ波レーダで感知し，限界点で補助的ブレーキを自動的に作動させて運転者に注意を促し，衝突速度を低減させて被害を軽減している。

AMC [American motors corporation] 米国の自動車メーカ。1986年に消滅。

AMIC [automotive multimedia interface collaboration] 車両情報系ネットワークの標準化活動機関で，日・米・欧の自動車メーカを主体に1998年に設立されたもの。2006年に制定されたISO22902では，共通ネットワークに接続される機器と，自動車メーカ独自のネットワークに接続される機器が相互にやりとりできるよう，ネットワークが構成されている。

AMLUX アムラックス。トヨタ車の総合展示場の名称。メーカ直営の情報発信基地で，東京にある。2013年末で閉館され，臨海副都心にあるMEGA WEBに集約された。

amp[1] [ampere] アンペア。電流の強さの単位。

amp² [amplifier]　アンプ，アンプリファイヤ。ステレオ等の増幅器。

AMSS [acceleration map select system]　アクセル・ペダルの操作スピードや踏み込み量と車速によってCVTを最適な変速特性に切り換えるシステム（ホンダ）。

AMT [automated manual transmission; automatic mechanical transmission]　☞オートメーテッド・マニュアル・トランスミッション。

AMTICS [advanced mobile traffic information & communication system]　新自動車交通情報通信システム。（財）日本交通管理技術協会が警察庁の指導のもとに開発した自動車ロケーション・システムと交通情報システムを融合したもの。1988年以降，東京都心や万博での実験を経てVICSに統合された。

analog IC [analog integrated circuit]　アナログ回路を集積化し，一つのチップにしたもの。音の強さや温度のように連続的に変化する信号を扱うICで，リニアICとも呼ばれる。

ANC system [active noise control system]　自動車騒音制御装置。☞アクティブ・ノイズ・コントロール・システム。

AND gate, AND circuit　論理回路の一つ。論理積回路。全部の入力端子に入力された場合にのみ出力が行われるもの。☞付図－「論理回路」。

Android　米Googleによってスマート・フォンやダブレットなどの携帯情報端末を主なターゲットとして開発されたプラットフォーム（アンドロイド）。Androidには Google Mapsのナビ機能が搭載されており，Android4.4（KitKat）はBluetooth Mapをサポートし，対応する自動車とメッセージを送受信することができる。「Google」は1998年に設立されたインターネット関連のサービスと製品を提供する米国の多国籍企業で，Googleマップを利用して自動（自律）運転車の開発も行っている。

ANG [absorbed natural gas]　吸着天然ガス。天然ガス貯蔵法の一つ。

ANX [automotive network exchange]　自動車メーカと部品メーカとの情報共有ネットワーク。☞オートモーティブ・ネットワーク・エクスチェンジ。

AOH brake system [air over hydraulic brake system]　空圧・油圧式複合ブレーキ装置。☞エア・オーバ・ハイドロリック・ブレーキ・システム。

AP, A/P¹ [air pump]　空気を供給するためのポンプ。

AP, A/P² [air purifier]　車室内の空気清浄装置。

A-PCS [advanced pre crash safety system]　☞歩行者衝突回避支援PCS。

APEV [association for the promotion of electric vehicles]　一般社団法人 電気自動車普及促進協議会。電気自動車（EV）の普及促進をねらい，EV関連の事業者や研究機関，自治体など35の企業や団体が2010年6月末に設立した新団体。

API [American petroleum institute]　米国石油協会。1919年設立。

A-pillar　車体のフロント・ピラー（前面ガラス左右の傾斜した柱）のこと。Bピラーはセンタ・ピラー，Cピラーはリヤ（クォータ）・ピラーと呼ぶ。ピラーはポスト（post）ともいう。

API service classification [American petroleum institute service classification]　☞エー・ピー・アイ・サービス分類。

APRC [Asia Pacific rally championship]　アジア・パシフィック・ラリー選手権。

APROSYS [advanced protection systems]　欧州における，先進予防安全技術。欧州連合（EU）主導による交通事故の死亡者数低減などを目指した研究開発プロジェクトで，自動車メーカ，部品メーカ，大学，研究機関などが参加している。

APTS [advanced public transport systems]　ITSの応用システム分野の一つで，高度な情報通信技術を利用して，公共・共用交通機関の利用の高度化を図るもの。

Aq [aqueous]　水柱圧の単位。mmAq。

AQGS [advanced quick glow system]　ディーゼル・エンジンに用いるグロー・プラグ・システムの一種で，日本特殊陶業（NTK）が製造したもの。最高温度の1,000℃に達するまでわずか2秒で，長時間のアフタ・グローも可能。

AQL [acceptable quality level] 合格品質水準。抜き取り検査で合格にできる工程平均の上限値。

AR [air regulator] 空気（流量）調整器。☞エア・レギュレータ。

Ar [argon] アルゴンの元素記号。

ARIA [automotive recyclers international alliance] ☞IRT。

ARS [active rear steer system] トヨタが採用した，電子制御四輪操舵装置。☞アクティブ・リヤ・ステア・システム。

ART[1] [advanced rapid transit] 次世代型の公共路線バス・システム。自動運転技術を駆使して乗降のしやすさを電車並にしたり，信号制御システムと連動させて定時性を飛躍的に高めるもの。政府が2020年のオリンピックでの実用化を目指している。

ART[2] [automobile shredder residue recycling promotion team] 自動車メーカ８社による自動車破砕機残渣リサイクル促進チーム。自動車リサイクル法が2005年１月から本格施行されたことに伴い，シュレッダ・ダストのリサイクル適正化を目的に，いすゞ，スズキ，日産，日産ディーゼル，富士重工，マツダ，三菱，三菱ふそうの計８社が参加して発足。さらに，ダイムラー，フォード，ルノー等の４輸入車事業者も参加。

ARTS[1] [adaptive restraint technology system] 適応型乗員保護システム（ジャガー）。乗員の着座姿勢，体重，シート・ベルト着用の有無，衝突時の衝撃度などからエア・バッグ展開の必要性や展開の度合いを判断する。開発は米デルファイ。

ARTS[2] [advanced road transportation systems] 国土交通省が開発を進めている次世代道路交通システム。情報通信技術などの先進技術を用いて，人と車と道路が一体となるシステム。例有料道路料金所のETC。

ASA樹脂（じゅし） [acrylate-styrene acrylonitrile resin] ABSのブタジエン・ゴムをアクリル・ゴムに置換した樹脂。

ASB [anti-spin brake system] ダイハツが採用した，ブレーキ・ロック防止装置。

ASC [adaptive shift control] 日産が採用した，適応変速制御。アクセル操作やエンジン出力，車両の前後左右のGなどをもとに，「ノーマル」，「パワー」，「登降坂」など４種類のシフト・マップを自動的に判別し，最適なシフト・コントロールを選択する。

ASC[1] [active sound control] 三菱が採用した，カー・オーディオの音量・音質制御装置。車の走行騒音に応じて音量のみならず，音質も最適に制御する。

ASC[2] [active stability control system] 三菱が採用した，制動力制御装置。☞アクティブ・スタビリティ・コントロール・システム。

ASC[3] [ammonia slip catalyst] ☞アンモニア・スリップ触媒。

ASC[4] [automatic stability control] BMWが採用した，トラクション・コントロール・システム。スロットル・バルブと点火時期の制御，および燃料カットを併用している。

ASCD [auto speed control device] 日産が採用した，自動定速度走行装置。＝オート・ドライブ，クルーズ・コントロール。

ASD [automatic locking differential] MBが採用した電子制御ロッキング・デフで，多板クラッチを使用している。ASDはドイツ語の略。

ASE [automotive service excellence] ☞NIASE。

ASF [Audi space frame] アウディが採用した，オール・アルミ・ボデーの名称。

ASG[1] [automated sequential gearbox] 自動化機械式変速機（AMT）の一種で，レクサスのスポーツ・カー（LFA）に採用されたもの。６速のマニュアル・トランスアクスルで，大容量のシンクロナイザ・リングと電子制御油圧アクチュエータにより変速操作が自動化され，変速速度はわずか0.2秒。FR駆動で，エンジンとリア・トランスアクスルの間はトルク・チューブで結ばれている。

ASG[2] [独 Automatisiertes Schalt Getriebe] VWがAセグメント車に搭載したロボ

タイズドMT。英語では，AMT（自動化機械式変速機）となる。

ASG樹脂（じゅし）［glass fiber reinforced styrene acrylonitrile resin］　ガラス繊維で強化した，スチレン・アクリロニトリル樹脂。AS樹脂より強度や耐熱性に優れている。

ASL［automatic sound levelizer］　カー・オーディオの音量・音質自動調整装置。☞オートマチック・サウンド・レベライザ。

ASN［仏 aurorité sportive national］　FIAの傘下にあって，それぞれの国のモータ・スポーツを統括する団体。世界中に117もあり，日本では日本自動車連盟（JAF）がこれに当たる。

ASR1［anti-slip regulation］　日産が採用した，駆動輪空転防止装置。☞アンチスリップ・レギュレーション。

ASR2［anti-slip regulator］　いすゞや富士重工が採用した，駆動輪空転防止装置。☞アンチスリップ・レギュレータ。

ASR3［anti-spin regulator］　三菱が採用した，駆動輪空転防止装置。☞アンチスピン・レギュレータ。

ASR4［独 Antriebs Schlupf Regelung］　MBが採用した，トラクション・コントロール・システムの一種。エンジン出力の大きい車種に採用し，エンジン出力とブレーキの協調制御により，駆動輪の空転を防止する。加速時の駆動輪のスキッドを抑えるのが特徴。＝acceleration skid control 英。

ASR5［automotive shredder residue］　自動車のシュレッダ（破砕）残留物，シュレッダ・ダストともいう。シュレッダ・ダストは，廃車から鉄や非金属等を回収した後に残るウレタン等の残留物で，従来はこれらを埋め立て処分していたものを再資源化して車両の防音材（RSPP）等に利用している。☞RSPP。

ASRB［automotive safety restraints bus］　エア・バッグ・システム用の車載通信規格（プロトコル）。

ASS［(secondary) air suction system］　二次空気導入装置。☞エア・サクション・システム。

ASS'Y［assembly］　アッシイ。アセンブリの略。組み立て部品（装置）一式。Ass'y，ass'y，ASSY，assyとも表す。

ASTC［active stability & traction control system］　三菱が採用した，横滑り防止装置。車体の不安定な挙動を防ぐASC（active stability control）と，各タイヤに個別に制動制御を行うATC（active traction control）で構成されている。

ASTM［American Society for Testing Materials］　アメリカ材料試験協会。

ASV1［advanced safety vehicle］　先進安全自動車。旧運輸省の指導で1991年にスタートした安全実験車の官民共同プロジェクト。当時発売されていた車の安全性よりも更に高い安全性を狙ったもので，各自動車メーカが21世紀初頭の実用化を目指していたもの。研究開発分野としては，①予防安全技術，②事故回避技術，③衝突時の被害軽減技術，④衝突後の被害拡大防止技術，の4項目があり，これらが更に20項目に細分化されている。この結果，車間距離制御装置，衝突被害軽減ブレーキ，レーン・キープ・システム，コーナリング・ヘッドランプ，ナイトビジョン等が逐次実用化されてきた。このプロジェクトは5年毎に区切られ，2006年からの第4期では安全運転支援システム等が，2011年からの第5期では自動ブレーキ等が，2016年からの第6期では，自動運転等が研究開発の対策となっている。

ASV2［air switching valve］　空気切り換え弁。☞エア・スイッチング・バルブ。

AS樹脂（じゅし）［acrylonitrile-styrene resin］　ポリスチレン（スチロール樹脂）の性質を改善するために作られた熱可塑性樹脂。インパネ，コンビネーション・メータ，ランプ・ケースなどに用いられる。

AT［ampere-turn］　アンペア回数。電磁石の起磁力の強さを表すもので，電流と電線の巻数との総乗積で表される。

AT, A/T [automatic transmission] 自動変速機。☞オートマチック・トランスミッション。

ATC [after turbo catalyst] 酸化触媒装置の一種で，ターボチャージャとDPRクリーナ（一般名はDPF）の間に設置したもの。日野自動車がポスト新長期排出ガス規制対応車（中・小型のディーゼル商用車）に採用したもので，尿素SCRシステムを不要としているのが特徴。

ATCC4WD [active torque control coupling four-wheel drive] マツダが採用した，電子制御アクティブ・トルク・コントロール・カップリング4WD。

ATC coupling [auto torque control coupling] 走破性と燃費性能を両立させるため，フジユニバンスが製造した4WDシステム。必要に応じて後輪へトルクを伝達するスタンバイ4WD方式とし，ATCカップリングをリヤ・デフ内に配置している。日産車に採用。

ATDC [after top dead center] ピストンの上死点後。バルブ・タイミングを表すのに用いる。

ATF [automatic transmission fluid] 自動変速機用作動油。☞オートマチック・トランスミッション・フルード。

ATICS [automobile traffic information control system] （財）日本交通管理技術協会が警視庁の指導のもとに開発した，自動車交通情報および制御システム。

ATIS[1] [advanced traffic information services] 東京都と民間団体が共同出資して設立した交通情報サービス（株）が提供する，有料の交通情報サービス。

ATIS[2] [advanced traveler information systems] カーナビや通信機能を利用してドライバへの個別の交通情報提供や経路誘導などを行い，交通の円滑化を図るもの。ITSの応用システム分野の一つ。

ATM [automatic transmission] 自動変速機。AT，A/Tとも表す。

atm [atmospheric pressure] 大気圧。水銀柱760mmに該当し，760mmHgと表す。

ATMS [advanced traffic management systems] 高度交通管理システム。道路交通管制において，画像処理技術や情報通信技術を高度に利用して，交通制御システムの性能向上等により道路交通の円滑化を目指すもの。ITSの応用システム分野の一つ。

ATPC [automotive trade policy council] 自動車工業連盟（米国）。米国自動車工業会（AAMA）を解散後に設立した。

AT-PZEV [advanced technology partial zero-emission vehicle] 米カリフォルニア州におけるLEV規制で，部分ゼロ・エミッション車（PZEV）の更に一歩進んだもの。ハイブリッド車，プラグイン・ハイブリッド車，CNG車，水素自動車などがこれに当たる。☞THS II。

ATT[1] [advanced transport telematics] 欧州におけるITSの初期の呼び方。

ATT[2] [attachment] 付属品，付属物。

ATTESA [advanced total traction engineering system for all] アテーサ。日産が採用した，FFベースのビスカス・カップリング付きセンタ・デフを備えた4WDシステム（1987年）。

ATTESA E-TS [advanced total traction engineering system for all electronic torque split] 日産が採用した，FRベースの電子制御式湿式多板クラッチによる4WDシステム。車速センサとGセンサからの情報をコンピュータが判断して，最適な駆動力配分とABSとの総合制御を行う。ATTESA E-TS PROは，ATTESA E-TSに電子制御のアクティブLSDとABSを組み合わせたもの（1999年）。

ATTS [active torque transfer system] ホンダが採用した，駆動力配分装置。☞アクティブ・トルク・トランスファ・システム。

ATV [all terrain vehicle] レジャー用のオフロード車で，通称サンド・バギーまたは4輪バギー（これらは和製英語）。低床，軽装で太いタイヤを付けた小型の4輪車で，海浜や砂漠などで使用する。テレイン（terrain）は「地形，地勢」の意。

ATX [automatic transaxle]　前輪駆動車の自動変速機と駆動軸（デフ）が一体となったもの。☞ MTX。
A type injection pump　☞エー（A）型インジェクション・ポンプ。
Au [ラ aurum]　金の元素記号。＝gold 英。
AUTOSAR [automotive open system architecture]　欧州において，自動車用ソフトウェア・プログラムの標準化を行っている団体（オートザー）。車の電子制御化の進展に伴うネットワーク（車載LAN）開発の効率化を図り，基本ソフトを国際標準化して開発コストを削減しようとするもの。ダイムラークライスラー（当時），BMW，ボッシュなどが中心となって2003年に設立された団体で，日本の標準化団体であるJASPARからは，トヨタがコア・メンバとして参加している。
AUX, aux [auxiliary]　オーグジリアリ。補助の，予備の，の意。
AV[1] [air valve]　空気（流量）調整器。
AV[2] [audio-visual]　視聴覚の，視聴覚機器。例 カー・オーディオやカーナビ。
AVC-LAN [audio visual communication local area network]　カー・オーディオやナビゲーションなどの各システム機器のコネクタ，通信ライン，制御機器などを統一化することにより各メーカ間に互換性を持たせ，用品などの後付けの拡張を目的とした狭域情報通信網。
AVCS[1] [active valve control system]　富士重工が採用した，可変バルブ・タイミング機構。☞アクティブ・バルブ・コントロール・システム。
AVCS[2] [advanced vehicle control systems]　高度な電子通信技術や制御技術を駆使してドライバの運転を支援し，車両の走行や安全快適性を高めるもの。ITSの応用システム分野の一つ。
AVCSS [advanced vehicle control and safety systems]　先進車両制御安全システム。ITSアメリカの六つのシステムの中の代表的なもので，運転支援と自動運転により事故と渋滞を防止する。☞ ALV。
AVL [automated vehicle location system]　車両位置自動標定システム。運行中の車の現在位置を把握するシステムで，タクシー，バス，物流などの会社で利用されている。
AVLS [automatic vehicle location system]　自動車両位置検知システム。GPSを利用して一定地域内にある特定車両の位置を検出し，表示するシステム。例 盗難車の追跡システム。
AVM [automatic vehicle monitoring system]　車両位置自動表示システム。移動局である車の位置や運行状況などを基地局の表示装置に自動的に表示させるシステム。警察のパトカーや配送車の管理などに用いられる。
AVS [adaptive variable suspension system]　レクサス等に採用された，減衰力可変ダンパ・サスペンション。モノチューブ・ショック・アブソーバの減衰力を運転操作や路面状況に応じて4輪独立で9段階に可変制御し，快適な乗り心地とハンドリング性能の両立を図っている。AVS機能付き電子制御式エア・サスペンションの場合，ノーマル，スポーツ，コンフォートの三つの走行モード，車高を一定に保つオートレベリング機能には，ノーマルとハイの二つの車高モード，高速走行時の車高制御モード，の各機能を備えている。
AVSV [air vent solenoid valve]　電磁式通気弁。☞エア・ベント・ソレノイド・バルブ。
AVT [aluminium vehicle technology]　オール・アルミニウム製の車体製造技術の一つ。カナダのアルキャン社が開発したもので，構造部のアルミ板を溶接ではなく，リベット止め（セルフピアシング・リベット）との組み合わせで接合する方法。溶接式と比較して，軽量化や強度の向上が望める。
AWD [all-wheel drive]　全輪駆動（車）。四輪駆動（車）の欧米における呼び方。
A weighted value　A特性。騒音測定時に人間の聴感に合わせるために用いられる騒音計内部の補正回路の一つ。警音器の測定はA特性で行う。

AWG [American wire gauge] アメリカ標準測線計。銅線などの線径を計測するゲージ。＝ブラウン・アンド・シャープ・ワイヤ・ゲージ（ビーアンドエス・ワイヤ・ゲージ）。

AWS [accelerated warm-up system] 触媒の早期活性化システムで，マツダが2012年発売のディーゼル乗用車（Skyactiv-D）に採用したもの。エンジン始動時に排気ガスの温度を上昇させるために吸気を絞り，最大で8回のマルチ噴射を行っている。

AXC [axial piston pump coupling] フジユニバンスがスズキ向けに開発した，油圧式4WD用カップリング。オート・ロックアップ機構も備えている。

AYC [active yaw control system] 三菱が採用した，左右駆動力移動装置。☞アクティブ・ヨー・コントロール・システム。

[B]

B, b [次の語彙などの頭文字] ① boron（ホウ素）。② base（トランジスタの電極の一つ）。③ benzene（ベンゼン）。④ battery（バッテリ）。⑤ biodiesel fuel（バイオディーゼル燃料）。

BA [brake assist] ☞ブレーキ・アシスト。

BAC [blood alcohol content] 血中アルコール濃度。飲酒運転の取り締まりに呼気を検査する。

BAP [basic automobile policy] 一般自動車保険で，対人・対物・車両の各担保種目を自由に選択組み合わせて付けられるが，無保険者傷害保険は担保できず示談代行サービスもない。

BASプラス [brake assist plus] 制動支援装置の一種で，ダイムラー（MB）が採用したもの。事故の可能性を検知した際には，ドライバのブレーキ・ペダル踏力が最大でない場合でも最大制動力が得られるようにアシスト（助勢）を行うと同時に，警告表示と音により減速を指示する。2011年に採用された進化版の「飛び出し検知機能付きBASプラス」では，車や歩行者，自転車などが交差点や路肩の駐車車両から飛び出してくるのを捉えてディスプレイと音で警告を発し，ドライバが警告に反応しない場合にはPre-Safeブレーキ（自動緊急ブレーキ）が段階的に作動する。

BAT [battery] バッテリ。電池，蓄電池。

BAV [bleed air valve] 三菱が採用した，空燃比補正用のバルブ。

BBDC [before bottom dead center] ピストンの下死点前。バルブ・タイミングを表すのに用いる。

BBW [brake-by-wire system] ☞ブレーキバイワイヤ・システム。

BCDD [boost controlled deceleration device] 減速時排出ガス減少装置。日産がキャブレータ仕様車に採用したもので，減速時にHCの増加を防止する。

BCS [Bosch car service] ボッシュ・カー・サービス。独ボッシュ社が1997年に発足させたもので，国内では2003年からスタートさせ，整備専業者を対象に事業の展開を図っている。その中心となるのは独自の診断機器を駆使した欧州基準の車両診断サービス「ボッシュ・サービス・プログラム（BSP）」で，同社独自の技術認定・ボッシュマイスターを取得したボッシュ・システム・テクニシャン（BST）が高難度な診断業務を担当している。☞ダイアグステーション。

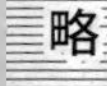

BCV [boost control valve] 負圧制御弁。日産EGIの構成部品で，減速時に吸気負圧を制御することによりCOやHCの発生を抑える。

BDC [bottom dead center] ピストンの下死点。バルブ・タイミングを表すのに用いる。

BDF [bio-diesel fuel] 未使用の植物油または廃食油を原料とした脂肪酸メチルエステ

ル。未使用の菜種油から精製したBDFをRME（メチルエステル）という。ともにディーゼル・エンジンの代替燃料として欧州を中心に研究が進んでいる。☞バイオフューエル。

BEAMS [breakthrough engine with advanced mechanism system]　トヨタの先進機能を備えた画期的なエンジンの名称。高性能と環境への配慮とを両立させている（1990年代）。

BEAN system [body electronics area network system]　☞ボデー多重通信。

BEV [battery electric vehicle]　バッテリを動力源とする電気自動車で，外部電源を用いて充電する方式のもの。一般には単にEVと表すが，燃料電池で発電して走行する電気自動車（FCEV／FCV）と区別するために用いる。FCEVもEVの一種。

BHD [bio hydrofined diesel]　パーム油などの植物油を水素化処理し，従来の軽油と同一成分とした第2世代のバイオディーゼル燃料。新日本石油とトヨタが共同開発したもので，第1世代のバイオディーゼル燃料（FAME／脂肪酸メチルエステル）と比較して動物性油脂も使用でき，酸化安定性などが良好なために高濃度での使用が可能となる。都営バス2台に日野自動車製ハイブリッド・バスを導入し，燃料（軽油）にBHDを10%混入して，2007年10月から東京都内で実証運行を行っている。

BHP [brake horsepower]　制動馬力，正味馬力，実馬力，軸馬力。エンジン・ダイナモメータで馬力試験をする際に，ブレーキ動力計を用いたことにちなむ。

BH steel sheet [bake hardenable steel sheet]　焼き付け硬化性鋼板。塗装の焼き付け工程で加熱することによって硬化する性質をもつ鋼板。BH鋼板ともいう。

Bi [bismuth]　蒼（そう）鉛の元素記号。

Bi-Beam LEDヘッドランプ　1灯の光源でロー・ビームとハイビームの切り替えが可能なLED式ヘッドランプ（オートレベリング機能付き）。トヨタが2014年に世界初採用したのもので，上下両ビームの切り替えはレンズ内部のシャッタで行う。

BJ [Birfield joint]　等速ジョイントの一種。バーフィールド社が開発したもので，6個の鋼球をインナ・レース（溝）とアウタ・レース（外輪）で保持し，ボールの接触点でトルクを伝える構造になっている。例FF車の駆動軸。

BL [British Layland]　イギリスの財閥ローバー・グループの有名な自動車メーカの名称。1986年にローバー・グループと改称された。

BLIS [blind spot information system]　☞ブラインド・スポット・インフォメーション・システム。

BMC [bulk moulding compound]　樹脂と強化繊維を混ぜて半硬化させた塊状のFRP素材。これを型でプレス成形して硬化させると所定の形状の製品となる。

BMW [Bayerische Motoren Werk AG.]　ドイツの自動車メーカ名。

BO, B/O [back order]　バック・オーダ。部品の引き当て発注。

BP[1] [bioplastic]　☞バイオプラスチック。

BP[2] [body & paint service / body repair & painting]　自動車の車体整備。板金，塗装。

B-pillar　センタ・ピラーのこと。セダン型車体の屋根を支える柱（ピラー）を横から見て，前からA，B，Cと呼び，センタ・ピラーをBピラーと呼ぶ。ピラー＝ポスト。

bps [bit per second]　ネットワーク通信装置の通信速度の単位で，1秒間に送信できるbit数。bit（ビット）は二進数の1桁で0または1，ONまたはOFFなど1桁で2種類の情報を表現できる。8bitは1byte（バイト），kbpsはbpsの1,000倍。㊟車載コンピュータと診断ツールの通信方法は，ISO規格に準拠して9.6bpsを採用。

BPT [back pressure transducer]　EGR排気圧コントロール用の負圧制御弁。BPTバルブともいう。

BR [polybutadiene rubber]　ブタジエンを重合して作られた合成ゴム。弾性および耐摩耗性に優れる。

BRICs　ブラジル，ロシア，インド，中国，の4カ国の頭文字で，世界の新興自動車市場の中で需要の大きな国を指す。各自動車メーカは，これらの国における生産設備や販売網の新設または増強を急いでいる。

BRT［bus rapid transit］　バス高速輸送システム。専用走行レーンを使用して定時性の高い快速運行が実現できるバス・システムで，名古屋市のガイドウェイ・バスなどの例がある。東日本大震災で壊滅的な被害を受けたJR気仙沼線や大船戸線の代替交通機関としてBRTの導入が検討されており，2012年12月末に気仙沼線のBRTによる運行がスタートしている。ここで使用されているバスは，日野自動車製のハイブリッド・バス。

BSFC［brake specific fuel consumption］　正味燃料消費率。単位時間，単位軸出力当たりの燃料消費量。

B/S ratio［bore-stroke ratio］　口径行程比。☞ボアストローク・レシオ。

B & S wire gauge［Brown & Sharpe wire gauge］　☞ AWG。

BTDC［before top dead center］　ピストンの上死点前。バルブ・タイミングを表すのに用いる。

BTL燃料［biomass to liquids fuel］　サトウキビ，トウモロコシ，菜種などのバイオマス原料をガス化し，合成液化した燃料。ガソリンや軽油の代替燃料として，実用化の研究開発が進んでいる。

BTO［build to order］　モジュール式生産を応用した受注生産システム。㊎新車を発注する際，顧客が装備，内外装，用品類などを選択し，インターネットを経由してメーカが受注生産する方式。

BTU［British thermal unit］　英国熱量単位。1ポンドの水の温度を華氏1度上昇させるのに要する熱量。

BTX［benzene, toluene, xylene］　ベンゼン，トルエン，キシレン。石炭の乾留等から得られる芳香族系炭化水素の総称。

BVSV［bimetal vacuum switching valve］　バイメタル式負圧回路切り換え弁。☞バイメタル・バキューム・スイッチング・バルブ。

BVV［bowl vent valve］　キャブレータ・フロート室のカバーに取り付けられたバルブ。温間再始動時の過濃混合ガスを規制する。

［C］

C, c［次の語彙などの頭文字］　① cold（冷たい）。② charge（充電）。③ capacity（容量）。④ centi-（1/100の意）。⑤ carbon（炭素）。⑥ Celsius / centigrade（摂氏）。⑦ candlepower（燭光）。⑧ collector（トランジスタの電極の一つ）。⑨ choke（チョーク）。⑩ coulomb（クーロン：電気量の単位）。⑪ condenser（蓄電器）。

C2C［car-to-car communication］　☞車車間通信。

C2C_CC［car-to-car communication consortium］　欧州のITS（ERTICO）における路車・車車間通信に関して，2002年にドイツ自動車メーカのアウディ，BMW，ダイムラー，VWの4社が車車間通信の標準化を目的に設立した事業連合体。

CA[1]　ディーゼル・エンジン用エンジン・オイルのAPI分類で，軽い運転条件下で使用される清浄分散剤や酸化防止剤等を添加したもの。現在は使用されていない。

CA[2]［crank angle］　クランクシャフトの回転位置をピストン上死点位置からの回転角度で表す。

Ca［calcium］　カルシウムの元素記号。

CAA［clean air act］　米国の大気汚染防止法。

CACC［cooperative adaptive cruise control systems］　協調型車間距離制御システム／協調型ACC。車間距離制御装置（ACC）に加え，車車間通信によって他車の加減速情報を共有することにより，より精密な車間距離制御を行う高度運転支援システム(ADAS)。CACCでは，ACCより短い距離での走行や，制御の遅れによるハンチング（車間の変動）の少ない安定した走行が可能となる。2013年には，CACCとLTC(レーン・トレース・コントロール）との連携による高度運転支援システム(ADAS）をトヨタが発表している。☞先進運転支援システム。

CACS [comprehensive automobile traffic control system]　自動車総合管制システム。日本におけるITSの始まりで，1972年から79年まで通産省が推進した大型プロジェクト。後に建設省がRACS（路車間情報通信システム）を，警察庁がAMTICS（新自動車交通情報通信システム）を独自に進めてきたが，これに郵政省を加えてVICSに統合・発展した。☞RACS，AMTICS。

CAD [computer-aided design]　コンピュータ支援によるデザイン業務で，キャドとも呼ばれる。新型車のデザイン業務などに使用され，開発期間の短縮やコストの削減に大きく貢献している。

CAE [computer-aided engineering]　コンピュータ支援による開発設計業務。新型車等を短期間に低コストで開発するために用いられる最新の手法。

CaFCP [California fuel cell partnership]　米国カリフォルニア州における燃料電池車の実用化に向けた共同事業体。自動車メーカ，燃料電池会社，米国政府関係機関などで構成され，日本からはトヨタ，ホンダ，日産などが参加している。

CAFE [corporate average fuel economy]　企業別平均燃費基準（カフェ）。米国における燃費規制で，米国で販売される乗用車や小型トラックの自動車メーカ別平均燃費を意味し，販売実績台数に基づきモデル・イヤーに対して評価される。この規制は連邦自動車燃費基準（FAFES）に基づいて実施され，基準を達成できないと罰金を課せられる。2015年から始まるEUの二酸化炭素排出規制ではこのCAFE方式が採用され，2020（平成32）年度を目標年度とする日本の新燃費基準でも，CAFE方式の導入が予定されている。

Cal, cal [calorie / calory]　熱量の単位。☞カロリー。

CAM [computer-aided manufacturing]　コンピュータ支援による生産業務。キャムとも呼ばれる。

CAN [controller area network]　ワイヤ・ハーネスの肥大化を解決する多重通信技術の通信規格（車内LANプロトコル）のひとつ。低速CAN（通信速度は125kbps）と高速CAN（1Mbps）があり，前者はボディ系の通信に，後者はパワー・トレイン系の通信に使用され，2007年の新型車からは，CANを採用したOBD-II（車載の故障診断装置）の搭載が義務づけられている。CANはドイツのボッシュ社が1980年に提唱し，1991年にはISO規格となり，1992年にはMベンツが初採用して欧州や日本で採用が広がっている。車内（車載）LANプロトコルとして，他にLIN，MOST，FlexRay，VANなどがある。☞車内LAN。

CAN-FD [controller area network with flexible data rate]　従来のCANを拡張した通信方式で，CANをベースに一つのデータ・フレームに載せられるデータ長を従来の8バイトから64バイトに拡張したもの。ボッシュ社が新たに策定したもので，これを車内で用いる場合には，通信速度が500kbpsに限られていたCANを1Mbps以上まで高速化することができる。

CAP [car life adviser assist program]　日産が販社の営業スタッフ（カー・ライフ・アドバイザ）用に開発した販売支援用携帯パソコン。

CAPS [collaboration with active and passive safety]　キャップス。日野が採用した安全思想の名称。アクティブ・セーフティとパッシブ・セーフティの両面をレベル・アップした安全思想。

CARB [California air resources board]　カリフォルニア州大気資源局（略称ARB)。1968年に設立されたもので，米カリフォルニア州における自動車等の排出ガス規制を制定し，実施する権限を有している。北米における排出ガス規制は，原則として全米50州に対して連邦政府直轄のEPA（環境保護庁）が管轄するTier2規制（Tier2 Bin5）で定められているが，カリフォルニア州だけは例外措置として独自の規制（LEV II）が認められている（2014年現在）。

CARS21 [competitive automotive regulatory system for 21 century]　欧州において，2020年をめどに車の新たな安全基準体系の構築等を行う行動計画。欧州委員会，EU加盟国政府，欧州議会，産業界，消費者団体等の代表者からなるハイレベル会議が取りまとめを行っている。☞GSR。

CART [Championship Auto Racing Teams]　米国のインディ・カー・レースを運営する組織。1978年に結成され，CARTシリーズを1979年から開始し，世界5カ国で年間20戦を開催していた。F1と似たオープン・ホイール・カーを使用し，エンジンは2.65ℓのシングル・ターボで，燃料にはメタノールを使用。2003年からは運営がIRL（Indianapolis racing league）に変わり，開催回数も年間16戦となった。このうちの1回は，日本で開催される。☞インディアナポリス500マイル・レース。

CARWINGS　日産が2002年から提供しているテレマティクス情報サービスで，初期のコンパスリンクの進化版（カーウィングス）。DVDナビゲーション等の対応端末に携帯電話をブルートゥース接続することにより，CARWINGS情報センタからダウンロードされた情報を音声で入手し，携帯電話やパソコンへの電子メールも楽しめる。簡単な道案内や緊急時には，オペレータとのやりとりも可能。2007年に発表されたGT-Rの場合，30GBのHDD方式CARWINGSナビゲーション・システムに世界初のデータ・レコーダ機能付きマルチファンクション・メータ機能が追加されている。CARWINGSは造語で，利用は会員制で有料。

CAS [crank angle sensor]　クランクシャフトの回転角度を検出するセンサ。

CATS [computer active technology suspension]　ジャガーが採用した，電子制御サスペンション。ノーマルとスポーツ走行の2段階にダンパのセッティングをコンピュータ制御する。

CAV [coasting air valve]　三菱が採用した，減速時排気ガス制御装置。減速時の空燃比を適正化し，COやHCの発生を抑制する。

CB[1] [choke breaker]　自動チョーク解除装置。Ch.Bとも表す。☞チョーク・ブレーカ。

CB[2] [circuit breaker]　回路遮断器。C/Bとも表す。☞サーキット・ブレーカ。

CB[3] [citizen band]　市民無線業務のために割り当てられた周波数帯。

CB[4]　ディーゼル・エンジン用エンジン・オイルのAPI分類で，清浄分散剤や酸化防止剤等を添加したもの。現在は使用されていない。

CC　ディーゼル・エンジン用エンジン・オイルのAPI分類で，清浄分散剤や酸化防止剤等が十分に添加され，軽度の過給機つきディーゼル・エンジンにも使用できるもの。

cc [cubic centimeter]　立方センチメートル。

CCC [computer command control]　GM方式の電子式燃料噴射制御装置。

CCD camera [charge coupled device camera]　電荷結合素子カメラ（固体撮像装置）。車体前後の視界確認や車間距離制御用などに用いる。

CCFL [cold cathode fluorescent lighting]　冷陰極蛍光ランプ。液晶モニタのバック・ライトなどに使用されるもので，従来の蛍光灯よりも消費電力が少なく，寿命も長い。

C clamp　C字型万力。溶接作業等において，加工物を仮締めするために用いる。通称しゃこ万力。

CCO [catalytic converter for oxidation]　酸化触媒コンバータ。排気ガス中のCOやHCを酸化（燃焼）して，無害の炭酸ガス（CO_2）と水蒸気（H_2O）にする装置。触媒マフラともいう。

CCR [catalytic converter reduction]　還元触媒コンバータ。排気ガス中のNO_Xを還

元して，無害の窒素（N_2）と炭酸ガス（CO_2）等にする装置。

CCRO [catalytic converter for reduction and oxidation]　☞三元触媒コンバータ。

CCS[1] [car communication system]　マツダが採用した地図情報，TV 放送受信，自動車電話，オーディオ，エアコンなどの多機能を一括した装置の名称。

CCS[2] [controlled combustion system]　吸入空気温度調整装置。エア・クリーナに吸入する空気の温度に応じて，混合気が濃くなり過ぎないよう規制する。☞HAI。

CD[1] [compact disc]　ディジタル化した信号を記録した円盤で，レーザ光線を当てて読み取る。音楽用の他に，自動車用ではナビゲーションの地図情報にも利用されている。

CD[2]　ディーゼル・エンジン用エンジン・オイルのAPI分類において，高速高出力運転で高度の摩耗およびデポジット防止性を要求する過給ディーゼル・エンジン用。広範な品質の燃料を使用する過給ディーゼルを満足させる軸受腐食防止性および高温デポジット防止性が必要。

Cd[1] [cadmium]　カドミウムの元素記号。

Cd[2] [candela]　光度の単位。☞カンデラ。

Cd[3] [coefficient of drag]　☞空気抵抗係数。

CD auto changer [compact disc auto changer]　複数のCDをセットし，いちいち入れ換えすることなく連続演奏を可能にしたCDプレーヤ。プレーヤと一体のものと，トランク・ルームなどに設置するものとがある。

CDC [continuous damping control]　4輪独立制御の減衰力連続可変ダンパ。電磁力を利用して作動油の流れを連続的に制御するショック・アブソーバで，CDCは開発した独ZF Sachs社の登録商標。VW，オペル，日産，ベントレーなどに採用され，アダプティブ連続ダンピング・コントロールともいう。

CD CRAFT [compact disc and cathode ray tube applied format]　CDソフトのフォーマット。☞シーディー・クラフト。

CDI[1] [capacitor discharge ignition / capacitive discharge ignition]　容量放電点火法。☞キャパシタ・ディスチャージ・イグニション。

CDI[2] [condenser discharge ignition]　コンデンサ放電式点火法。☞コンデンサ・ディスチャージ・イグニション。

CDMA [code division multiple access]　符号分割多元接続。移動体通信用に，従来方式とは異なる方式で符号を変えて混信を防ぐ新方式。米国や日本など一部の国で実用化されている。なお，電波の利用効率が飛躍的に高まる次世代携帯電話として，より高性能なW（wideband）-CDMAが日本で2001年より実用化された。

CD-R [compact disc recordable]　コンパクト・ディスク（CD）の一種で，1回だけ録音やデータの書き込みが可能なもの。☞CD-RW，CD-ROM。

CD-ROM [compact disc read only memory]　読み出し専用のコンパクト・ディスク（CD）。CDは，直径12cmの円盤にデジタル方式により音声や静止画像の信号を記録したもので，レーザ光線を当てて読み取り，片面だけで1時間以上の再生が可能。自動車関係では，音楽やナビゲーションなどのソフトに利用される。

CD-RW [compact disc rewritable]　コンパクトディスク（CD）の一種で，何度でも録音やデータの書き込みが可能なもの。☞CD-R，CD-ROM

CdS [cadmium sulphide]　半導体の光電効果を利用したセンサ（硫化カドミウムを用いた光導電セル）。明るさにより抵抗が敏感に変化する（明るいほど抵抗が小さい）性質を利用して，コンライト・システムなどのセンサに応用される。

CDY [chassis dynamometer]　C/DYとも表す。☞シャシ・ダイナモメータ。

CDモード [charge depleting mode]　プラグイン・ハイブリッド車（PHV）における，EV走行モード。PHVでは，バッテリの充電状態（SOC）により二つの走行モード（CD／CSモード）が存在し，CDモードでは，SOCが任意の値より上の場合はEV走行を多用し，外部充電エネルギーを優先的に使用するため，SOCを減らし

ながら走行している。☞CSモード

CE[1] [concurrent engineering] ☞コンカレント・エンジニアリング。

CE[2] ディーゼル・エンジン用エンジン・オイルのAPI分類で，CD級より更にオイル消費性能・デポジット防止性能・スラッジ分散性能を向上させたもの。1983年以降製造のヘビー・デューティの過給ディーゼル・エンジンで，低速高荷重と高速高荷重で運転するものの両方に用いる。

CEAPS [conventional engine anti-pollution system] シープス。マツダのレシプロ・エンジン排出ガス浄化装置。排出ガス対策初期に採用。☞REAPS。

C-EPS [column assist electric power steering] ☞コラム・アシスト式EPS。

CEV [clean energy vehicle] クリーン・エネルギー車。低公害車（LEV）の別称で，電気自動車（EV），天然ガス車（NGV），ハイブリッド車，メタノール車等を一括した呼び方。

CF [cornering force] 旋回求心力。☞コーナリング・フォース。

CF-4 ディーゼル・エンジン用エンジン・オイルのAPI分類において，苛酷な条件で運転されるディーゼル・エンジン用で，CEクラスのオイル消費抑止性とピストン・デポジット抑止性が向上している。1991年12月に認定された。

CFC [chloro-fluoro-carbon] クロロフルオロカーボンのことで，特定フロンと呼ばれる塩素を含む化合物。カー・エアコンの冷媒に使用しているフロン12（CFC12）等により地球のオゾン層が破壊され，紫外線による皮膚癌の増加や生態系への影響から，1987年に開催された国連のモントリオール会議で，2000年までに特定フロンの全廃を決定。☞フロン・ガス，HFC134a。

CFCP [California fuel cell partnership] カリフォルニア燃料電池共同事業体。燃料電池自動車の実用化方策を研究するため，ダイムラー・クライスラー，フォード，フォルクス・ワーゲン，ホンダ，日産の日米欧自動車メーカ，燃料電池会社，米国州政府機関などが参加。1999年設立。

CFD [computational fluid dynamics] 計算流体力学。車の空力特性を向上するため，コンピュータを用いて三次元画像上で空気の流れをシミュレーション解析すること。風洞実験に代わるもので，空気の流れがバーチャルで目視できる。

CFI [central fuel injection] フォードが採用した電子制御燃料噴射装置のシングル・ポイント・インジェクション（SPI）。

CF-Net [cross functional network] マツダが2008年に採用した，無線通信を利用した操作系システム。エアコン，オーディオ，トリップ・コンピュータのそれぞれの操作を，センタ・ディスプレイの表示をみながらステアリング・ホイール上のスイッチで行う。

CFR [cooperative fuel research] 米国における燃料の共同研究機関。

CFR engine [cooperative fuel research engine] ガソリンのオクタン価や軽油のセタン価を測定するための可変圧縮，水冷単気筒エンジン。米国の共同燃料研究委員会（CFR Committee）が制定した。

CFRP [carbon fiber reinforced plastics] 炭素繊維強化プラスチック。グラファイトの結晶からなる炭素繊維をポリエステル樹脂で硬化したもの。軽量で強度や弾性率が高く，振動の減衰性がよいため，高価ではあるが航空機部材やスポーツ・カーのモノコック・ボデーの素材等に用いられる。

CFRTP [carbon fiber reinforced thermoplastics] 熱可塑性樹脂を炭素繊維で強化したもの。成形法としては，主に射出成形法が用いられる。☞CFRP。

CFRTS [carbon fiber reinforced thermosetting resin] 炭素繊維強化熱硬化性樹脂。熱硬化性樹脂を炭素繊維で強化したもので，軽量で引っ張り強度が極めて高く，航空機やレーシング・カーなどに使用される。☞CFRP。

CGS unit [centimeter-gram-second unit] 長さにセンチメートル（cm），質量にグラム（g），時間に秒（sec）を基本単位として使用する単位系。☞MKS unit。

CGT engine [ceramics gas turbine engine] タービンなど高温部分をセラミックス化したガスタービン・エンジン。タービン入口温度を高めることにより，高効率化が達成できる。ガスタービン・エンジンは内燃機関の一種であり，航空機，船舶，発電機などに広く用いられているが，自動車用エンジンとしても研究開発が進められている。

CHAdeMO 電気自動車（EV）用急速充電器の設置拡充や，国内外での規格標準化を目的に2010年3月に設立された組織（チャデモ協議会）。CHAdeMOは急速充電器の商標名で，これにはトヨタ，日産，三菱，富士重工業および東京電力の5社を含む158の企業や団体が参画している。チャデモ方式は，急速充電と普通充電とで異なる形のプラグを併せ持っているが，欧米が規格化したコンボ方式（combined charging system／CCS）は，普通充電と一体化したプラグで急速充電できるのが特徴。2014年に開催された国際電気標準会議（IEC）では，CHAdeMO（日），COMBO1（米），COMBO2（独），GB／T（中国）の4方式がEV用急速充電器の国際標準規格として承認された。2014年現在，チャデモ規格の急速充電器は世界に約3千600基（国内2千基，欧州1千基，米国600基）ある。

CHASSE [clean hybrid assist system for saving energy] いすゞが採用した，蓄圧式エネルギー回生システム。京浜地区の路線バスに1996年から採用したもので，制動時のエネルギーを油圧に変換して蓄え，発進・加速時に再利用してディーゼル・エンジンの燃費改善と低公害を実現している。

Ch. B [choke breaker] ☞CB[1]。

CHF [clean hydrocarbon fuel] 燃料電池自動車に用いる水素を取り出すための燃料。低硫黄化したガソリンをベースとしており，温室効果ガス削減に最も効果があるとともにエネルギー効率も高く，GMやトヨタなどが開発を進めている。

CHG [charge] チャージ（充電）。

CHU [centigrade heat unit] 百分度熱単位。1ポンドの水の温度を1℃高める熱量。1ポンドは0.4536kg。

CI [central injection] 電子制御燃料噴射装置における燃料の中央噴射。シングル・ポイント・インジェクション（SPI）の別称。☞MPI。

CIAS [crash impact absorbing structure] トヨタが採用した，車体の衝撃吸収構造。☞クラッシュ・インパクト・アブソービング・ストラクチャ。

CICAS [cooperative intersection collision avoidance system] 米国における連邦運輸省（US･DOT）主導のITSプロジェクトの一つ。交差点における事故回避を狙ったもので，5.9GHzのDSRC（狭域通信）による路車間通信の導入を検討している。☞VII，協調型安全運転支援システム。

CI engine [compression ignition engine] 圧縮点火エンジン。例ディーゼル・エンジン。対SI engine。

CIM [computer integrated manufacturing] コンピュータ統合生産。製品生産の全工程を，一貫してコンピュータで統合する方式。

CISS [crash impact sound sensing] 衝突感知用音響センサで，VWが2009年に採用したもの。エアバッグを作動させるための衝突感知用Gセンサに加え，エアバッグのコントロール・モジュール内に人間の可聴域より低い音を検知するセンサを設置することにより，衝突時に車室にG（加速度）が伝わる以前に衝突の検知が可能となるとともに衝突の大きさまで判別でき，エアバッグ作動の可否の精度が向上している。

CKD [complete knock-down production] 車などの部品を海外へ送って，現地で完全に組み立てること。完成車ノックダウン。

Cl [chlorine] 塩素の元素記号。

CLA [chemiluminescence analyzer] 化学発光を利用したガス分析法。NOxの測定に用いる。☞NDIR analyzer。

CLCC [closed loop carburetor control] GMのキャブレータ式エンジンの排気浄化システム。O_2センサを利用し，電子制御により空燃比を制御する。

CMBS [collision mitigation brake system] ☞衝突軽減ブレーキ。

CMC [ceramic matrix composite] ☞セラミック基複合材料。

CMC brake [ceramic matrix composite brake] MBが実用化中の新素材ブレーキ・ディスク（セラミック・ブレーキ）。セラミックスを基材にしたもので，従来の鋳鉄製ディスクの約2倍にあたる1,400℃～1,600℃の熱負荷耐性を持つことにより高速ブレーキ時の耐フェード性が大幅に向上するとともに，ばね下荷重も軽減できる。☞カーボン・セラミック・ブレーキ。

CMF [common module family] 日産コモン・モジュール・ファミリ。日産自動車が2012年に発表した新技術で，車体の構成部品をモジュール化（ユニット化）し，最適な仕様を実現するもの。これにより部品の共通化率が8割と倍増し，開発や生産効率を大幅に引き上げるとともに大幅なコスト低減を図ることができる。CMFでは車体を4モジュールに分割し，これらの組み合わせにより多様な商品を効率よく開発することができる。☞ TNGA，MQB。

CMH [cold mixture heater] 低温時に混合気を加熱するヒータ。

CMOS [complementary metal-oxide semiconductor] 集積回路の構造の一つで，消費電流が極めて少ない相補型金属酸化膜半導体。

CMOSカメラ [complementary metal-oxide semiconductor camera] 相補性金属酸化膜半導体を用いた高解像度カメラ（シーモス・カメラ）。主に安全システムの画像認識用として，白線検知，車両検知，歩行者検知，顔や目の状態検知，などに用いられる。トヨタがレーダ方式のプリクラッシュ・セーフティ・システムに，日産が駐車支援用のアラウンド・ビュー・モニタに，それぞれ採用している。

CMRR [common mode reject ratio] デジタル式サーキット・テスタにおいて，アースを基準とした別の電圧（ノイズ）が測定電圧に印加された場合，測定値に与える影響度。例えば，CMRRが120dB以上50／60Hzなどと表す。☞ NMRR。

CMS[1] [camera monitor system] ☞カメラ・モニタ・システム。

CMS[2] [collision mitigation brake system] ホンダが2003年に採用した，追突被害軽減ブレーキ。プリクラッシュ・セーフティ・テクノロジーで導入した自動ブレーキ装置の一種で，前方を走行する車との距離や相対速度から追突の危険性を判断してブレーキを制御し，速度を低減する。衝突前に自動的にシート・ベルトを引き込む「E-プリテンショナ」と組み合わせ，市販車への採用は世界初。

CNG [compressed natural gas] 圧縮貯蔵された天然ガス。主成分はメタン（CH_4）で，自動車用燃料として高圧容器に貯蔵して使用する。石油系燃料と比べてCO_2の排出量が比較的少なく，地球温暖化問題に対応できる燃料として注目されているが，気体燃料のため1回の充填での走行距離が短いのが欠点。

CNGV [compressed natural gas vehicle] 圧縮天然ガスを燃料とする自動車。

CO [carbon monoxide] 一酸化炭素。無色，無臭で猛毒の気体。炭素または炭素化合物の不完全燃焼などで発生し，空気中に0.05%（500ppm）以上含まれていると急性中毒を起こす。自動車の場合，ガソリンが酸素不足により不完全燃焼したときに発生する。

CO_2 [carbon dioxide] 二酸化炭素，炭酸ガス。炭素の完全燃焼によって生ずる無色の気体。空気と比較して1.5倍の重さがあり，大気中に0.03%含まれている。

Co [cobalt] コバルトの元素記号。

CO_2エアコン [carbon dioxide-based air conditioner] フロンの代わりにCO_2（二酸化炭素）を冷媒に用いたエアコン。トヨタが政府に納入した燃料電池自動車（FCEV）に初めて採用され，ノンフロン・エアコンとして今後の導入が期待されている。☞ノンフロン・カー・エアコン。

CO, C/O [choke opener] チョーク解放機構。☞チョーク・オープナ。

CODEC [coder and decoder; coder-decoder]　アナログ信号とデジタル信号の変換を行う，AD／DAコンバータ（コーデック）。MODEM（モデム）とも。
CO-Hb [carbon oxide hemoglobin]　COヘモグロビン。☞ヘモグロビン。
CO・HC meter [carbon oxide & hydrocarbon meter]　ガソリン・エンジンの排気ガス中に含まれるCO（一酸化炭素）とHC（炭化水素）の濃度を測定する計測器。
COMANDシステム [cockpit management and data system]　Mベンツが採用した，集中コントロール装置（コマンド・システム）。カー・ナビゲーション，ラジオ，オーディオ，パーキング・アシスト，リアビュー・カメラ，ハンズフリー電話などの操作機能をダイアル式コントローラに集約したもので，BMWの「iDrive」と同類のもの。
COMeSafety [communications for e-safety]　EUにおける通信技術を利用した安全運転支援システムに関するプロジェクト名。
COMPASS LINK　☞コンパスリンク。
COMS　超小型電気自動車の車名で，トヨタ車体が2012年に発売したもの（コムス）。1人乗りの超小型モビリティで，5.2kWhの鉛電池と定格出力0.59kWのモータなどを搭載して，最高速度は60km/h，1充電での走行距離は約50km。AC100Vでの充電時間は約6時間で満充電となり，道交法上はミニカーのため普通免許が必要。
CONSULT [computerized on-board system universal tester]　日産が1989年に導入した，OBDスキャン・ツールの一種（コンサルト）。1999年には米国のOBD-Ⅱ規制に対応するCONSULT-Ⅱを採用し，2006年にはCONSULT-Ⅲにバージョン・アップし，無線LAN（CAN）対応を組み合わせることで顧客情報や整備マニュアルを確認することができるようになった。2008年には，難解故障の販売店支援策として，CONSULT-Ⅲを用いてメーカのカスタマ・サービス・センタと販売店のサービス現場を結ぶ「リモート故障診断システム」を導入している。
COP [conference of the parties]　☞UNFCCC。
COP3 [the conference of the parties to the United Nations framework convention on climate change : the 3rd session (the Kyoto protocol)]　第3回気候変動枠組み条約締結国会議。☞京都議定書。
COTY [car of the year]　日本カー・オブ・ザ・イヤー。自動車雑誌等の媒体代表者で構成する実行委員会が主催者で，その年に国内で販売されたすべての新型車の中から最も優れた車（イヤー・カー）を選出し，発表・表彰する。2002年より，輸入車と国産車の区別をなくした。イヤー・カーの他に特別賞もある。☞RJC，WCOTY。
CP¹ [candlepower]　燭光（光度の旧単位）。現在の単位はカンデラ（cd）。
CP² [cornering power]　☞コーナリング・パワー。
C/P [crank pulley]　クランクシャフトに取り付けられた滑車。Vベルトによりウォータ・ポンプやオルタネータなどを駆動する。
CPA [collision prevention alert]　レーダ型衝突警告システムで，ダイムラー（MB）が2011年以降にAクラスやBクラスなどに採用したもの。レーダには25GHzの準ミリ波レーダを使用し，前走車に近づきすぎると警告灯が点灯し，前走車や障害物に衝突する危険性がある場合には，警告灯と警告音でドライバに知らせる。さらに，ドライバのブレーキ操作では十分な制動力が得られない場合，BAS（ブレーキ・アシスト）により，事故回避に必要な制動力を自動的に補う。
CPAプラス [collision prevention alert plus]　ダイムラー（MB）が採用したCPAの進化版（緊急ブレーキ機能）。CPAにドライバが反応しない場合，システムが衝突を避けられないと判断し，最大ブレーキの約60%で自動緊急ブレーキが作動して，衝突の回避もしくは被害軽減をサポートしている。このCPAプラスは約7〜200km/hの範囲で作動し，静止した障害物に対しては，約7〜30km/hの範囲で作動する。
C-pillar　乗用車ボデーのリヤ（クォータ）ピラーのこと。前面ガラスの側面を支えている柱をAピラー，センタ・ピラーをBピラーと呼ぶ。

CPU [central processing unit] 中央処理装置。コンピュータの頭脳部分で，主記憶・制御・演算の三つの装置より構成されている。CPUは一度に処理できるデータの数によって8ビット機，16ビット機，32ビット機などがあり，自動車用としては32ビットが主流である。CPUはマイクロプロセッサともいう。

CR [chloroprene rubber] ☞クロロプレン・ゴム。

Cr [chromium] クロムの元素記号。

CR-DPF [continuously regenerating diesel particulate filter] 連続再生式DPF（粒子状物質除去装置）。ディーゼル・エンジンの排気ガス中の粒子状物質（PM）を特殊な再生装置を使わず，触媒により燃焼・酸化を行うもの。☞CRT²。

CRS¹ [child restraint system] 年少者拘束補助装置（チャイルド・シートの法律語）。＝child restraint attachment system。法改正により，6歳未満の幼児に対しての使用が2000年4月より義務付けられた。

CRS² [coasting richer system] 減速時に混合ガスが希薄化するのを防止するため，キャブレータに取り付けられた装置。不完全燃焼によるCOやHCの増加を防ぐ。

CRT¹ [cathode ray tube] 陰極線管，ブラウン管。

CRT² [continuously regenerating trap] 連続再生トラップ。英ジョンソン・マッセイ社の登録商標で，ディーゼルSPM（浮遊粒子状物質）除去装置の一つ。CRTは，SPMを化学反応により連続的に燃焼させて除去するものであるが，留意点として次の2点がある。

①CRTの反応温度が250℃以上に対し，アイドル時には90～100℃にしかならない。②燃料中の硫黄分を10～15ppm以下にしたサルファフリー・フューエル（硫黄分をほとんど含まない燃料）を使用する必要がある。☞DPF。

CS¹ [communication satellite] 人工衛星を中継局とする地球局間の通信に用いる衛星。

CS² [customer satisfaction] 顧客（消費者）の満足。

CSI [customer satisfaction index] 顧客満足度。米国の調査会社，JDパワー社が自動車購入顧客を対象に，第三者の立場からメーカ別の車両品質やディーラ・サービス等の顧客満足度調査や評価を行っている。

C-SMC [carbon fiber sheet molding compound] ☞SMC。

CSR headlamp [complex surface reflector headlamp] ヘッドランプの反射板を多数の微小な面で構成することで，ロー・ビームの照射性能を向上させたヘッドランプ。スラントの厳しい（レンズの傾斜が大きい）デザインにも対応できる。

cSt [centi stokes] 動粘度（kinematic viscosity）。粘度をその液体の密度で割った値。

CSWS [curve speed warning system] ☞カーブ速度警報システム。

CSモード [charge sustaining mode] プラグイン・ハイブリッド（PHV）における，充電持続モード（エンジン走行モード）。PHVでは，バッテリの充電状態（SOC）により二つの走行モード（CD／CSモード）が存在し，CSモードでは，SOCが任意の値に到達した後は，HV同様にSOCを保つように走行して，HV並の航続距離を実現している。☞CDモード。

CTA [cross traffic alert] ☞クロス・トラフィック・アラート。

CTT runflat [combined technology tire runflat] 住友ゴム（ダンロップ）が採用した軽量ランフラット・タイヤ。パンク時に荷重を支えるサイド・ウォールの補強を最小限にして乗り心地をよくしている。☞SSR，PAX System。

C/U [control unit] 制御装置。

Cu [ラ cuprum] 銅の元素記号。＝copper英。

CUV [crossover utility vehicle] 米国における車の分類のひとつ。SUVがトラック・ベースの大型実用車であるのに対し，CUVは乗用車ベースの小型実用車。

CV [仏 cheval vapeur]　馬力，課税馬力。
CVCC [compound vortex controlled combustion]　複合渦流調速燃焼方式。ホンダが1973年に開発に成功した排気ガス浄化システム。副吸気弁とスパーク・プラグを持つ副燃焼室で濃い混合気に点火し，主燃焼室に吸入された希薄な混合気を燃焼させることによりCO，HC，NO_xを低減するとともに，燃費率も向上する。
CVIS [cooperative vehicle-infrastructure systems]　欧州におけるITSプロジェクトの一つ。車両間の通信および車両と道路側との通信技術の開発を行い，路車協調型システムを通して交通の効率化を図るもの。期間は2006年から2010年までで，2008年からは別のITSプロジェクト「EuroFOT」がスタートしている。
CV joint [constant velocity joint]　等速ジョイント。受動軸が駆動軸に対して屈折していても，受動軸の角速度に変化が起こらない自在継手。例FF車の駆動軸継手。
CVO [commercial vehicle operation]　情報通信ネットワークの高度利用により，貨物車両の物流の効率化や車両運行管理の高度化を図るもの。ITSの応用システム分野の一つ。
CVS [constant volume sampling]　☞コンスタント・ボリューム・サンプリング。
CVT [continuously variable transmission]　無段変速機。変速比を走行状況に応じて無段階に調整できる変速機で，エンジン出力を効果的に引き出す事ができ，従来の自動変速機（ステップAT）と比較して，燃費や走行性能などの面で若干優れている。CVTには一対のプーリと金属ベルトまたはチェーンを用いたCVTと，ディスクとローラを用いたトロイダル式CVTがあるが，現在普及しているのは前者である。このCVTは非常に高い油圧を要するために機械効率はATより劣るが，エンジンの最適効率点を利用できるために燃費面ではATよりも若干優れており，構造もATよりはシンプルで軽自動車や小型車を中心に採用が広まっている。☞ラバー・バンド・フィール，レシオ・カバレッジ。
CVTC [continuously variable valve timing control system]　日産が1994年ころに採用した，連続可変バルブ・タイミング機構。油圧制御ソレノイド・バルブのデューティ制御化により吸気バルブの開閉時期を連続的に変化させ，低中速域のトルク向上を図る。NEO Di直噴エンジンに採用。
CW [clockwise]　右まわり，時計まわり。
C weighted value　C特性。警音器の音量測定などに用いる音量計のレンジ。☞A weighted value。
CWT [centum weight]　100ポンド（45.36kg）の重量。英式重量。
CYL [cylinder]　円筒，円柱。

[D]

D, d [次の語彙などの頭文字]　①diameter（直径）。②discharge（放電）。③drive（ATの前進）。④direct（直接の）。⑤Druck（ドイツ語で圧力）。⑥deci-（1/10の意）。⑦depth（深さ）。
D-4S [direct injection 4 stroke gasoline engine, superior version]　2005年にレクサスに搭載された新型ガソリン・エンジンで，吸気ポート噴射と筒内直接噴射を組み合わせたデュアル燃料噴射方式のもの。希薄燃焼直噴エンジン「D-4」の進化版で，気筒ごとに二つのインジェクタを備え，低燃費，高出力，低排出ガス（J-SULEVをクリア）を特徴としている。このシステムでは，市街地走行域で吸気ポート噴射と筒内直接噴射が作動し，高速走行域で筒内直接噴射のみが作動する。
D-4ST [direct injection 4 stroke gasoline engine superior version with turbocharger]　トヨタが採用しているデュアル・インジェクション・システム「D-4S」と，新開発の直噴ターボ・エンジンを組み合わせたもの。2014年にレクサスのダウンサイジング・エンジン（2.0ℓ）に搭載された。

DABC [driver assist braking control] レクサスに採用された，運転者支援装置（自動ブレーキ）の一種。レーダが検知した先行車に対し，車間距離や相対速度からブレーキが必要と判断された場合には，ドライバがアクセルを踏んでいない場合に限って，滑らかにブレーキを作動させる。

DAC [driver alert control] ☞ドライバ・アラート・コントロール。

D/A conversion [digital to analog conversion] ディジタル信号をアナログ信号に変換すること。㊊ A/D conversion。

D-ALH [dual mode automatic locking hub] トヨタが採用した4WD。オートマチック（自動）とマニュアル（手動）の両方が選択できるもので，前輪のフリー・ホイール・ハブに装着されている。

DAS[1] [dealer attitude study] ディーラの満足度指数。米国の民間調査機関であるJDパワー社によるカー・メーカやインポータに対する調査。☞ CSI。

DAS[2] [diagnosis assistance system] ダイムラー（MB）専用の電子システム診断機（ダス）。SDS（star diagnosis system）とも呼ばれるE-OBD II 規格のスキャン・ツールで，WIS（workshop information system／整備マニュアル）が組み込まれたノート・パソコンにより，エンジン，シャシおよびボディ・システムの診断適用範囲を提示することができる。欧州車の特徴で，診断機からインターネットで直接ドイツ本社とリンクできる機能を持っている。

DAS[3] [driver assistance system] 運転者支援システム。ドライバの運転負荷を軽減する装置で，車線維持機能（LKAS）や車間維持機能（ACC）などをいう。

dB [decibel] デシベル。音の強さのレベル。☞デシベル。

DBW [drive-by-wire system] 車のコントロール系の機械装置を電子システムに置き換え，操作力の軽減，軽量化，高い信頼性を実現するシステム。航空機のFBW（fly-by-wire system）が語源。㊖ ㋑電子制御スロットル。㋺変速機のフィンガ・コントロール・シフト。㋩センソトロニック・ブレーキ・コントロール・システム（MB）。㋥ダイレクト・アダプティブ・ステアリング（日産）。

DC[1] [dead center] 死点。ピストンの最上昇点（上死点）または最下降点（下死点）を表す。

DC[2] [direct current] 直流，直流電流。時間の経過に対し，極性の変わらない電流。㊖ 自動車用電源。㊊ AC。

DCA [distance control assist] ☞ディスタンス・コントロール・アシスト。

D-CAT [diesel clean advanced technology system] トヨタと日野が共同開発した，コモン・レール式燃料噴射装置と三元触媒DPNRを組み合わせたディーゼル・エンジンの排気ガス浄化装置（2003年）。

DCCD方式（ほうしき）AWD [driver's control center differential type all-wheel drive] スバルが採用した，MT用シンメトリカルAWDの一種。新型DCCD（2005年）では，トルク感応式メカニカルLSDと電子制御LSDを併せ持ったセンタ・デフを搭載し，前後輪へのトルク配分を自動的に行うオート・モードと，ドライバが任意に調整できるマニュアル・モードを備えているのが特徴。

DC-DCコンバータ [direct current to direct current converter] 直流電圧変換器。
①ハイブリッド車や電気自動車において，モータ駆動に用いる200〜300Vくらいの高圧な駆動用バッテリの電源電圧を，任意の直流電圧（例えば12V）に変換（降圧）する装置。
②電動システムを持たない一般的な車でアイドル・ストップ・システムを装備した場合，再始動時にDC-DCコンバータで電圧を維持してメータなどの作動電圧を補償したり，カー・ナビゲーションやオーディオなどのシャット・ダウンを防止している。☞ AC-DCコンバータ。

DC dynamo [direct current dynamo] 直流発電機。

DC generator [direct current generator] 直流発電機。

DCM [data communication module] トヨタの車載通信システム「G-BOOK」のオンライン・サービスに用いる専用通信機。KDDIと共同開発したもので，通信速度は携帯電話の15倍，最高144kbpsで通信可能な通信モジュール。通信方式はCDMA2000 1xを採用し，G-BOOK ALPHAではCDMA 1x EV-DOに変更して前者の最高16倍（2.4Mbps）の通信速度を持ち，ハンズフリー電話としての利用も可能。また，専用通信機のDCMを装着したG-BOOK mX Proの場合には，携帯電話に接続する作業や面倒な操作も必要なくネットワークに接続でき，エンジン始動とともにネットワークに接続されてマップ・オンデマンド（カーナビ地図情報の自動更新機能）が働き，プローブ交通情報の情報収集能力は携帯電話による通信時と比較して60倍にもなる。

D-cock [drain cock] ドレイン・コック。排出口のコック。

DC rim [drop center rim] 深底リム。リム（ディスク・ホイール）の形状の一つで，リムの中央部にタイヤの脱着を容易にするための深溝（ウェル）が設けられている。

DCS [deceleration control system] 減速時（混合気）制御装置。☞ディセラレーション・コントロール・システム。

DCT [dual clutch transmission] MTとATを兼ね備えたツイン・クラッチ式のセミAT。1速，3速，5速などの奇数段と，2速，4速，6速などの偶数段を別々のクラッチ（湿式多板クラッチまたは乾式クラッチ）が受け持ち，電子制御で二つのクラッチを交互につなぎ変えることにより，トルク切れのないスムーズな変速を可能にしている。このため，ツイン・クラッチ・シームレス・トランスミッション（TST）とも呼ばれ，変速操作はシフトバイワイヤ式で俊敏なシフトアップ，ダウンができ，手動変速はパドルで行うのが一般的。DCTは，VWが2003年にDSG（direct shift gearbox）の名称で初めて市販化した。国内では，三菱，富士重工，日産がそれぞれ2007年にスポーツ・モデルの車に初採用し，三菱ではtwin clutch SST（TC-SST）と呼んでいる。日産（GT-R）の場合，シフトに要する時間は0.2秒で，世界最速とのこと。DCTは2ペダル式で，ATより燃費性能はよいが，油圧で変速する分，MTより劣る。ツイン・クラッチの元祖は，ポルシェのPDK。

DCV [deceleration control valve] 減速制御弁。☞ディセラレーション・コントロール・バルブ。

Dd [Isuzu direct injection diesel] いすゞが採用した，コモン・レール式高圧燃料噴射装置。☞コモン・レール式高圧燃料噴射システム。

DDR [drive data recorder] ☞ドライブ・レコーダ。

DECS [Daihatsu economical clean-up system] ダイハツが採用した，排気ガス浄化システムの総称。

DEF [defroster] 窓ガラスの霜やくもりを除去する装置。

DeNOx触媒（しょくばい） [DeNOx catalyst] 排気ガス中の窒素酸化物を還元して，窒素と酸素分子に戻す働きをする触媒。DeNOxは造語。☞ブルーテック。

DEP [diesel exhaust particles / diesel engine particulate] ディーゼル・エンジンから排出される排気微粒子。直径2.5マイクロメートル以下の粒子状物質で，PM2.5と呼んでいる。トラックなどが吐き出す真っ黒な煙の正体で，発癌性や喘息を引き起こす疑いがあり，これらの除去が大きな社会問題となっている。

DEXRON GMが使用している自動変速機用作動油の商標。

D-4 (four) [direct injection 4-stroke gasoline engine] トヨタが1997年に採用した，ガソリン・エンジン用の筒内直接燃料噴射装置。燃料噴射時期を制御することにより，燃焼方式を成層燃焼（超希薄空燃比），弱成層燃焼（希薄空燃比）および均質燃焼（理論空燃比）に切り換え，画期的な燃費向上を図っている。

D-GPS [differential global positioning system] カー・ナビゲーションの測定精度を大幅に向上させる誤差補正システム。通常，カーナビで受信するGPS衛星からの自車位置の測定データでは10～20mの誤差が生じる。この誤差を修正するため，全国をカバーするFM多重放送のネットワークを利用してGPS衛星からの信号を全国7か所の基準局で受信し，リアルタイムで補正することにより自車位置の測定誤差を約1mと測定精度を飛躍的に向上させることができる。このサービスは㈱衛星測位情報センターにより1997年5月からジーペックス（GPex）の名称で提供されてきたが，2008年3月で終了している。

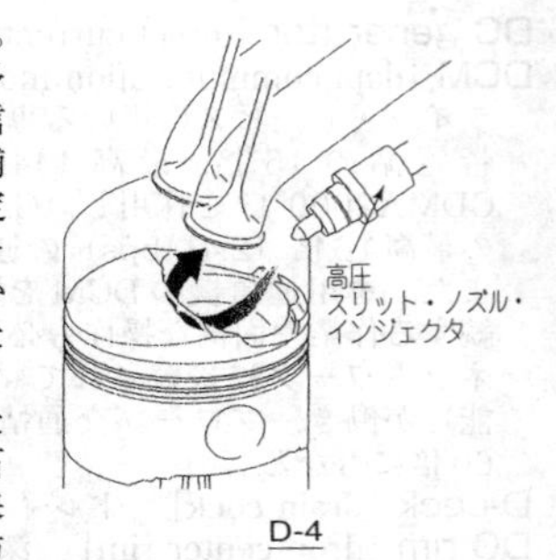

D-4

DH-1 日本製ディーゼル・エンジンに適合する新たなエンジン・オイルの規格。日本自動車工業会と石油連盟が制定し，2001年4月から市場に導入。従来のAPI分類にはない日本独自の「吸排気弁の摩耗防止性能の強化」などの特別な性能が付加され，近年の排気ガス規制対応エンジンに適合させている。☞DH-2，DL-1。

DH-2 2003年10月から施行されているディーゼル車排出ガス規制に対応したトラック・バス用エンジン・オイルの規格。ディーゼル微粒子除去装置（DPF）装着車を対象としている。☞DH-1，DL-1。

DiASil [die-casting aluminium silicon] ヤマハが開発したダイキャスト用アルミシリコン合金の商標。アルミ材に20%のシリコンを含んだ合金で，アルミシリンダに鋳鉄のライナやめっき処理が不要の新技術。

DI diesel [direct injection diesel engine] 直噴式ディーゼル・エンジン。

DIN [㊩ Deutsche Industrie Normen] ドイツの工業製品標準規格。日本のJIS規格に相当する。

DINサイズ [Deutsche Iudustrie Normen size] 車載オーディオ機器等の取り付け寸法規格。ドイツ工業規格（DIN）に基づくもので，機器の外形寸法が幅178mm，高さ50mmのものを1DIN，幅は同じで高さが100mmのものを2DINという。日本では，この規格をベースにしている。

DIN馬力（ばりき） [Deutsche Industrie Normen horsepower] ドイツ工業規格（DIN）が定めたエンジン性能試験方法で測定した馬力。単位はkW。☞ネット軸出力。

DISA [㊩ differenziert sauganlage] 共鳴過給吸気システム（BMW）。エンジンの回転数に応じてインテーク・パイプの長さを切り替えることにより，低中回転域ではエンジンのトルクが増大し，高回転域では高い出力を得る。

DISI [direct injection spark ignition] マツダが採用した，直噴ガソリン・エンジン（ディジー）。排気量の比較的小さいエンジンにターボチャージャと組み合わせ，出力，燃費，排出ガス等で優れた性能を発揮しているが，ノンターボ仕様も追加された。2007年に公開された次世代ロータリ・エンジンでは，DISIが採用されている。

DIY parts [do-it-yourself parts] 車両のユーザ自身が交換や組付けを行う部品。㊇ワイパ・ブレード，プラグ，バルブなど。

D-jetronic [㊩ Druck Menge Messer System] ドイツのロバート・ボッシュ社が1969年に開発した電子制御式燃料噴射装置の一種で，「吸入負圧感知式噴射システム」の商標。エンジンの吸入空気量を計測するために吸気管内の圧力をプレッシャ・センサ（バキューム・センサ）で検出して燃料噴射量を制御する方式のもので，1971年（昭和46年）にトヨタのEFIや日産のEGIに採用された。その後，排出ガス規制の強化に伴って精度の高いL-jetronic（吸気流量感知方式）へと変わって行ったが，プレッシャ・センサも改良を経て，現在では主に軽自動車や1ℓクラスのエンジンに使用されている。略して，Dジェトロ（D-J）とも。なお，Druck（ドルック）はドイツ語で「圧力」を意味し，ジェトロニックは電子制御噴射を意味する英式造語。

DL-1 2003年10月から施行されたディーゼル車排出ガス規制に対応したエンジン・オイルの規格。乗用車クラスを対象としたもので，ディーゼル微粒子除去装置（DPF）の装着に対応している。☞DH-1，DH-2。

DLC[1] [data link coupler; ～connector] ☞データ・リンク・カプラ。

DLC[2] [diamond-like carbon] ☞水素フリーDLCコーティング。

DLI system [distributor-less ignition system] ディストリビュータを用いない電子点火システム。各気筒ごとにプラグ・ホール内にDLIコイル取り付け，小型・軽量で従来の点火コイル，イグナイタやハイテンション・コードは不要となる。☞TDI，NDIS。

DMBS [dual mode bus system] ☞デュアル・モード・バス・システム。

DME [dimethylether] ジメチルエーテル。化学式CH_3OCH_3。炭素と水素を元にした合成燃料で，メタノール生成時の副産物として産出する可燃性ガス。LPガスに似た性質を持ち，常温で6気圧程度の圧力をかけると液化する。また，セタン価が高く含酸素燃料であるため，燃焼時にすすが殆ど排出されない。DMEは現在フロンの代替品としてスプレーの噴霧用ガスとして使用されているが，今後は自動車用燃料として軽油の代替品（ディーゼル・エンジン用の燃料）としての開発が進んでいる。

DMFC [direct methanol fuel cell] 直接メタノール型燃料電池。代替燃料の一種であるメタノールを燃料電池自動車（FCV）の燃料電池に直接供給して，電極触媒上で水素に反応させて発電するタイプのもの。改質器を通して水素を取り出すタイプのものと比較してこの装置が不要になるため，日本自動車研究所などで開発が進められている。

DMM [dimethoxy methane] ジメトキシメタン。含酸素燃料としてディーゼル燃料に添加剤もしくは主燃料として使用することにより，黒煙およびNO_xを低減する。現在，研究開発中のもの。

DOC [diesel oxidation catalyst] ディーゼル・エンジン用酸化触媒。ディーゼル・エンジンの排気ガス中に含まれる有害成分のうち，炭化水素と一酸化炭素を白金やパラジウムなどの触媒を用いて無害な二酸化炭素や水に変換する装置。通常，DOCはDPF（ディーゼル微粒子除去フィルタ）とセットで使用され，燃料には硫黄分10ppm以下の軽油を使用する必要がある。☞アンモニア・スリップ触媒。

DOD [depth of discharge] ☞放電深度。

DOE FCV [department of energy fuel cell vehicle learning demonstration] 燃料電池車の開発プロジェクトで，米国エネルギー省（DOE）が推進しているもの。2008年現在，92台のFCVと15基の水素ステーションで実証実験を行っている。

DOHC [double overhead camshaft] シリンダ・ヘッドの上方に2本のカムシャフト（吸・排気専用）を用いたエンジン。吸排気効率が向上して高性能なエンジンとなるが，構造は複雑になる。＝ツイン・カムシャフト。☞SOHC。

DON [distribution octane number] ガソリンのオクタン価測定法の中のディストリビューション法で測定されるオクタン価。CFRエンジンの吸気マニホールドに冷却装置を取り付けてリサーチ法で測定を行う。

DONUTS [driver oriented new ultimate tire science] ブリヂストンが1994年に発表した“ドライバのニーズに基づいたタイヤの新しい基盤技術”を意味し，走行性能，快適性および経済性を格段に向上させたタイヤ。

DOT [department of transportation] 米国やカナダの運輸省。ブレーキ・フルードの沸点，引火点，動粘度などの性能を表すときに用いられる。DOT3，DOT4，DOT5などがあり，数字が大きいほど性能がよい。

DP [dash pot] 機械装置の急激な動きを緩和する装置。例 減速時に排気ガス中のCOやHCを低減するため，スロットル・バルブが急激に閉じないようにする装置。

DPD [diesel particulate defuser] いすゞが採用した，ディーゼル・エンジンの排出ガス後処理装置。PM（粒子状物質）をセラミック・フィルタで捕集した後，電子制御式コモンレール・システムのきめ細かな燃料噴射や排気スロットルにより，効率的にPMを燃焼させ，フィルタを再生している。☞ポスト噴射。

DP-EPS [dual pinion assist electric power steering] ☞デュアル・ピニオン・アシスト式EPS。

DPF [diesel particulate filter] ディーゼル・エンジンにおいて，排気中の微粒子（PM）を捕集するため排気マニフォールド後方に取り付けるフィルタ。最新のコモンレール式やユニット・インジェクタ式の高圧燃料噴射装置を備えたディーゼル・エンジンと言えども，排気の後処理装置としてDPFを装着している。一般に，小型ディーゼルではSiC（炭化ケイ素）製のDPFが，大型ではコーディエライト（シリカ-アルミナ-マグネシア複合酸化物）製のものが使用され，その前段に酸化触媒（DOC）を配したものが多い。このDPFで捕集したPMは触媒で酸化されてCO_2となり，目詰まりが進んだとコンピュータが判断した場合には，マルチ（多段）噴射の最後のポスト噴射，または排気管部に設置した専用の燃料噴射装置で，排気を250℃以上の高温にして酸化処理（焼却）を行っている。このように，酸化触媒とDPFを連続して配置したPMの酸化プロセスをCRT（連続再生捕集）と言い，その装置を連続再生式DPF（CR-DPF）と呼んでいる。㊟東京都の場合，2003年から都内を走行するディーゼル車（使用過程車）に対して，条例でDPFの取り付けを義務づけている。これには通常捕集したPMを焼却して再生する装置が付いており，後付け装置のために認可制としていた。

dpi [dot per inch] 1平方インチあたりのドット（点）の数。ディスプレイの表示やプリンタの印刷の精細さを示す解像度の単位として用いられ，ドット数が多いほど画像は鮮明になる。

DPNR [diesel particulate NOx reduction system] PM（粒子状物質）とNOx（窒素酸化物）を同時に連続浄化する触媒装置で，トヨタが超低排出ガス車用のディーゼル・エンジンに採用したもの。NOx吸蔵還元型三元触媒を応用し，NOx還元時などに発生する酸素を利用して化学変化によるPMの連続浄化を可能にしたもので，欧州向けの小型ディーゼル・エンジンに採用している。この装置は，コモン・レール式燃料噴射装置，電子制御可変ノズル式ターボチャージャ，クールドEGRシステムなどに後処理用の触媒装置（DPNR）を組み合わせたもので，PM処理用のDPFが不要なことが大きな特徴。ただし，燃料には硫黄分が50ppm以下の超低硫黄軽油（サルファフリー・フューエル）を使用する必要がある。☞D-CAT。

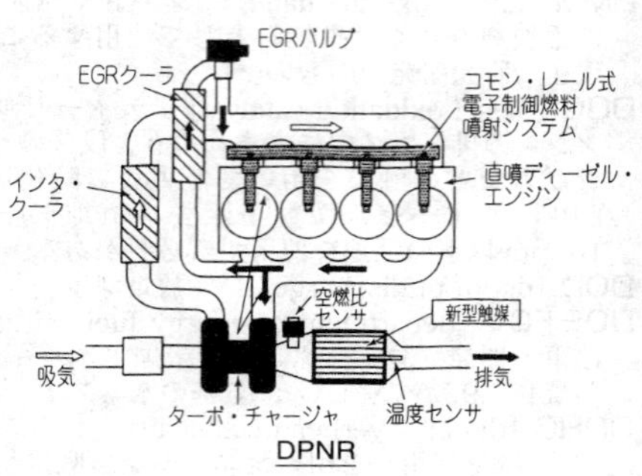

DPNR

DPR [diesel particulate active reduction system] 日野やトヨタが低排出ガス車用のディーゼル・エンジンに採用した，クリーン・ディーゼル・システム。コモン・レール式高圧燃料噴射装置，電子制御可変ノズル・ターボチャージャ，コンバインドEGRシステム（電子制御パルスEGR＋高効率クールEGR）などに後処理用の触媒装置（DPR-クリーナ）を組み合わせ，平成17年排出ガス規制に対応させている。

DP鋼板（こうはん） [dual phase steel plate] 複合組織鋼板。高張力鋼板（ハイテン）の一種で，フェライト相とマルテンサイト相からなる二相鋼板。伸びが大きく，加工性や疲労耐久性に優れ，メンバや足まわり部品などに使用される。☞TRIP鋼板。

DRAM [dynamic random access memory] 記憶を保持するために，一定周期でリフ

レッシュを必要とするRAM（随時書き込みや読み出しができる記憶素子）。

DRAMS [driving response and acceleration management system]　レクサスなどに採用された駆動力統合制御システムで，ドライバの意志を車が読み取り，駆動力を制御する方式のもの。従来の変速制御は，アクセル開度と車速から最適なギアとエンジン・トルクを統合制御して駆動力を得ていたが，DRAMSでは，アクセル開度と車速から必要な駆動力を推定し，その値に基づいて最適なギアとエンジン・トルクを統合制御している。また，従来は別々に制御されていたVDIM（車両運動統合制御）やプリクラッシュ・セーフティ・システムとも，協調制御している。

D-range [drive range]　オートマチック・トランスミッションの通常走行域。

DRGS [dynamic route guidance system]　最適経路誘導システム。刻々と変化する交通情報をリアルタイムに処理して，目的地までの最適の経路を案内する機能。VICSの進化したもの。☞P-DRGS。

DRIVE [dedicated road infrastructure for vehicle safety in Europe]　欧州における政府主導のITSで，「欧州の自動車交通安全に役立つ道路施設」を意味する。DRIVEはEC委員会が主体となった研究開発機関であり，1989年から91年までがDRIVE-Ⅰ，92年から94年までがDRIVE-Ⅱとなり，95年に終了したDRIVE-ⅡがTAP（情報通信技術の応用に関する研究開発を支援するプロジェクト）へと引き継がれた。☞PROMETHEUS。

DRL [daytime running lamp]　☞デイタイム・ランニング・ランプ。

DRP [direct repair program]　損保業界が指定した整備業者に事故車両を持ち込むシステム。技術とサービスの差別化を狙い，外資系損保会社を中心に導入が進んでいる。

DRS [dynamic rear steering system]　後輪操舵システムの一種で，レクサスが2012年に新型車のスポーツ仕様に採用したもの。☞LDH。

DRSS [distance recognition support system]　車間距離認知支援システム。☞スマート・ブレーキ・サポート。

DRT [on-demand rapid transit]　☞デマンド・バス・システム。

DSC[1] [dynamic stability control]　マツダが採用した，滑り易い路面における旋回時の横滑り防止装置。

DSC[2] [dynamic stability control system]　ジャガーが採用した，オーバステア防止装置。

DSCS [diesel smoke control system]　トヨタが採用した，ターボチャージャ付きディーゼル・エンジンの黒煙排出低減装置。気圧の変動やエンジンの運転条件に応じた燃料噴射量に制御することにより，高地走行時や急加速時での黒煙排出を低減するとともに，過給圧が過大になるのを防止する。

DSG [direct shift gearbox]　VWやアウディに採用された，ツイン・クラッチ式のセミAT。奇数段と偶数段を別々の湿式多板クラッチ（2003年）または乾式クラッチ（2007年）が受け持ち，電子制御で二つのクラッチを交互につなぎ変えることにより，トルク切れのないスムーズな変速を可能にしている。☞DCT。

DSI [distributed systems interface]　主にエアバッグの通信システムに用いる車載安全システム用通信規格。DSIの普及を目指してデンソー，フリースケール・セミコンダクタ・ジャパン，TRWオートモーティブ・ジャパンの3社により，DSIコンソーシアムが2009年に設立された。

DSP[1] [digital signal processor]　カー・オーディオにおいて，アナログ音の信号をディジタル的に加工し，反響音や残響音，新しい音などを作る装置。

DSP[2] [dynamic shift program]　VWが採用した，運転者の癖や道路状況に合わせて変速スケジュールを制御する自動変速機。

DSR [driver steering recommendation]　VWがESP（横滑り防止装置）に導入した，ステアリングとブレーキの協調装置。ブレーキと電動パワー・ステアリングとの相互作用により，左右輪の路面コンディションが異なる不安定な状況でも，制動時の安定性や直進軌道を確保している。☞VDIM。

DSRC [dedicated short range communications] 狭域通信。携帯電話や衛星放送などの広域通信に対して，限られた場所を対象にした無線通信手段。例ETC（自動料金収受システム）に用いる通信。

DSSS [drive safety support system] 路車間通信を利用した，安全運転支援システム(ディートリプルエス)。路上に設置された光ビーコンのセンサが交通量や渋滞の状況をリアルタイムで把握し，交通管制センタなどを通じて車載器（カーナビのディスプレイ）からドライバに注意を促すもの。ITSにおけるUTMS（総合交通管理システム）の構成要素のひとつとして警察庁が担当しているもので，2008年度以降の実用化を目指している。☞ITSスポット・サービス。

DST [Denso scan tool] デンソー製OBDスキャン・ツール（ダイアグテスター／汎用診断機）の略称。2014年現在，DST-i，DST-PC，DST-クラウドの3機種がある(各項目参照)。☞ダイアグステーション。

DST-i [Denso scan tool-i] デンソー製OBDスキャン・ツール（ダイアグテスター）の中の一機種で，2011年に発売されたもの。これは国土交通省が策定した汎用スキャン・ツールの標準仕様に合致した普及型のもので，診断ソフトの更新はSDメモリ・カードを用いてインターネットのホーム・ページからダウン・ロードできる。

DST-PC [Denso scan tool-personal computer] デンソー製OBDスキャン・ツール（ダイアグテスター）の中の一機種。DST-iとパソコンを連携させたモデルで，低コストで多機能化，多量なデータもパソコン画面上で見やすく表示，正常車のデータと並べて比較，ファイル管理やレポート作成をパソコンで対応等が可能。

DST-クラウド [Denso scan tool-cloud] デンソー製OBDスキャン・ツール（ダイアグテスター）の中の一機種。DSTシリーズの最上級モデルで，基準値や前回値と自動比較した車両の健康診断，問診・事例検索・修理レポート作成のサポート，定期点検記録簿をパソコンやタブレット・パソコンで対応，顧客情報や作業履歴をクラウド・サーバで一元管理等が可能で，日整連のFAINESとの接続もできる。2014年には，ハイブリッド車に特化した診断メニューを追加している。

DTC [diagnostic trouble code] 車載診断装置（OBD-Ⅱ）で使用する故障個所のコード番号（トラブル・コード）で，SAEによりアルファベットと4桁の数字で構成されている。車側に記憶された故障個所や不具合内容を調べるため，自動車メーカ製または市販のOBDスキャン・ツールをデータ・リンク・コネクタ(DLC)に接続して記憶を呼び出し，このコード番号を読み解く必要がある。例えば，水温センサに異常が発生した場合，すべての自動車メーカは「P0115」という故障コードを表示しなければならない。トラブル・コードの最初にくるアルファベットには，P（パワー・トレイン／エンジン，動力伝達装置)，B（ボディ)，C（シャシ)，U(ネットワーク）の4種類がある。ダイアグ・コード，フォルト・コードまたはエラー・コードとも。

DT rim [divided type rim] 二分割リム。リムとディスクをボルトとナットで固定したもので，軽自動車や産業用車両などに用いられる。

DUAL VVT-i [dual variable valve timing intelligent] ☞デュアルVVT-i。

DUET-EA [duet engine automatic transmission] 日産が採用した，エンジンと自動変速機の総合制御システム。エンジンECUと自動変速機ECUとの間でリアル・タイムの信号交換を行い，連携制御により変速ショックの低減や燃料消費の低減を行う。

DUET-SS [duet super sonic suspension steering] 日産が採用した，スーパーソニック・サスペンションとパワー・ステアリングの総合制御システム。ショック・アブソーバの減衰力を制御するスーパーソニック・サスペンションと，ステアリングの操舵力を制御する車速感応式電子制御パワー・ステアリングを総合制御する。

Duonic 自動化機械式変速機（AMT）の一種で，三菱ふそうが2010年に小型トラックに搭載したデュアル・クラッチ式もの（デュオニック／商標)。デュアル・クラッチ式の変速機は一般にDCTと呼ばれ，二組の湿式クラッチを用いた6速DCT(DC-AMT)は商用車としては世界初のもので，変速時のトルク切れがなく，変速ショックも抑制され，さらにクリープ機能やPレンジも備えている。2012年発売のキャンター・エコハイブリッドにも，Duonicが搭載されている。

DV [delay valve]　負圧遅延弁。＝VDV。

DVD [digital versatile disc]　映像と音声をディジタル化して，円盤状のレーザ・ディスクに記録した媒体。記憶容量はCDの6～8倍ある。

DVD-R [digital versatile disc recordable]　記録型のDVDで，一度だけ書き込みが可能なもの。

DVD-RAM [digital versatile disc random access memory]　書き換え型のDVDで，データの書き込みや消去が可能なもの。主にパソコン用記憶媒体として使用される。☞DVD-ROM。

DVD-ROM [digital versatile disc read only memory]　CD-ROMの約7.5倍の大容量で，かつ約10倍の伝送速度を誇る読み出し専用の記録装置。カー・ナビゲーションの場合，CD-ROMでは6～8枚に分割されていた全国地図が，DVD-ROMでは1枚に収まる。パイオニアが世界で初めて開発したカー・ナビゲーション・システム。

DVS [Daihatsu vehicle stability control system]　ダイハツが軽自動車に採用した，車体姿勢制御装置。ABSとトラクション・コントロール・システム，コーナリング時の横滑り制御を併せ持つ。

DVVT [dynamic variable valve timing]　ダイハツが軽自動車に採用した，連続可変バルブ・タイミング機構。

Dy [dysprosium]　ディスプロシウム／ジスプロシウムの元素記号。

DYC [direct yaw-moment control]　車体の上下軸まわりに作用する回転力（首振り運動）を直接制御すること。車体の姿勢制御（横滑り防止等）に用いるもので，左右輪の駆動力または制動力を直接制御することにより，スピンまたはドリフトアウト状態となるのを防止している。重要な安全装置の一つで，ESC（電子制御による横滑り防止装置）として装備の義務化が進んでいる。

DYCS [direct yaw control system]　ホンダが採用した，駆動力移動装置。左右の駆動力配分を調整する可変トルク配分デフ（トルク・トランスファ・デフ）を用いて左右の駆動力配分を可変にし，車体の向きを変える垂直軸まわりのモーメントを発生させて旋回性能を高める。

[E]

E, e [次の語彙などの頭文字]　①earth（接地）。②empty（から）。③emitter（トランジスタの電極の一つ）。④electric（電気の）。⑤electronic（電子の）。⑥electromotive force（起電力）。⑦economy（節約）。⑧energy（エネルギー）。

E3 [gasolines containing 3% ethanol]　エタノールを3%混入したガソリン。地球温暖化対策の一環として，再生可能なバイオ系燃料の使用を資源エネルギー庁や環境省が指導し，使用過程車への使用が認可された。環境省では，E3の製造・試験販売の実証事業を2007年から開始しており，E3の試験販売スタンドを11月には東京地区へ，12月には関西地区へそれぞれ開設した。関西地区の場合，廃木材からバイオエタノールを製造している。今後，技術的な問題点がクリアできれば，E10（エタノールを10%混入したガソリン）の使用も検討されている。☞バイオエタノール。

E10 [gasoline containing 10% ethanol]　エタノールを10%混入したガソリン。保安基準の改正により，2012年4月からその使用が認可された。

E22 [gasoline containing 22% ethanol]　エタノールを22%混入したガソリン。ブラジルで一般的に使用されているガソリンで，ブラジルでは，サトウキビから作ったエタノールを約20%混入することを法律で義務づけている。

EA bumper [energy absorbing bumper]　エネルギー吸収バンパ。低速衝突時の衝撃を吸収するバンパ。ウレタンなどの緩衝材を使用するものと，オイルの粘性を利用したものとがある。

EACV [electric air control valve]　トヨタやホンダが採用した，空燃比制御用の空気流量制御弁。☞エレクトリック・エア・コントロール・バルブ。

EAI [exhaust air induce]　日産が採用した，排気の脈動を利用した二次空気導入装置。☞エキゾースト・エア・インデュース。

EAIV [exhaust air induce control valve]　二次空気制御弁。☞エキゾースト・エア・インデュース・コントロール・バルブ。

EA pad [energy absorbing pad]　エネルギー吸収パッド。前面衝突時に前席乗員を二次衝突から保護するために，ステアリング・ホイールやインストルメント・パネルに使用する緩衝材。

EAROM [electrically alterable read only memory]　不揮発性メモリ。電源を切っても情報が消えない記憶装置（持久記憶装置）で，CDやDVDなどがある。

EAS[1] [electrically assisted steering]　電気モータで助成されたステアリング。電動式パワー・ステアリング。＝EPS。

EAS[2] [electronic air suspension]　フォードが採用した，電子制御サスペンション。

EASIS [electronic architecture and system engineering for integrated safety systems]　欧州におけるITS（ERTICO）の研究開発プロジェクトの一つ。車に搭載する各種の安全システムを電子的に統合する仕組みを開発している。

EASS [engine automatic stop and start system]　電子式エンジン始動停止装置。大気汚染の防止や省燃費のため，エンジンの停止や始動を自動的に行う。☞ERS, ISS。

e-Assist　自動ブレーキ・システムなどで構成される予防安全技術で，三菱自動車が2012年発売の新型SUVに採用したもの（イーアシスト）。200m先までの障害物を監視するミリ波レーダや車線監視用のカメラを備え，レーダ・クルーズ・コントロール・システム（ACC），衝突被害軽減ブレーキ・システム（FCM），車線逸脱警報システム（LDW）で構成されている。

EAT [electronic automatic transmission]　電子制御式オートマチック・トランスミッション。トヨタが1970年に日本で初めて開発したときの呼称。1981年以降はECTに発展。

E-AYC [electric powered active yaw control system]　差動モータを用いて後輪左右の駆動力を電子制御する装置。三菱自動車が2013年発売のプラグイン・ハイブリッド車の4輪駆動装置（S-AWC）に採用している。

EBCV [electronic bleed air control valve]　電子制御キャブレータに採用された，混合気の制御弁。ECUからの信号により，キャブレータの燃料通路に混合する空気の量を微調整している。

EBD [electronic brake force distribution system]　電子制御制動力配分システム。積載荷重に応じて前後輪の制動力配分を適正化する装置。ABSセンサを利用し，ブレーキ時の前後輪の微妙なスリップ差を検出することで制動力配分を最適化している。

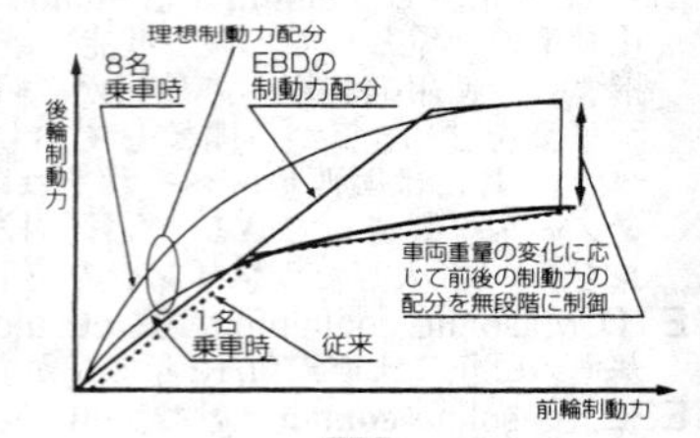

EBD

EBS [electric brake system]　ブレーキ操作を電気信号に変換したブレーキ装置。☞エレクトリック・ブレーキ・システム。

EBS[1] [electronic brake system]　☞電子制御ブレーキ・システム。

EBS² [emergency braking system] 緊急ブレーキ。☞ AEB, AEBS。

EBV [㊕ Elektr Bremskraft Verteilung / ㊫ electronic brake force distribution; EBD] 電子制御制動力分配装置（BMW）。☞ EBD。

EC¹ [electrochromic] ある種の物質が電圧を加えると発色または変色する現象。

EC² [electronic commerce] 電子商取引，E コマース。コンピュータ・ネットワークを利用して行う売買決済。

eCall [automated emergency call for road accidents mandatory in cars from 2018] 欧州における交通事故発生時の緊急通報システム。ITS プロジェクトの一つである「eSafety」の一環で，EU が推進する交通事故犠牲者の削減と事故に付随して発生する費用の引き下げを目的に，2018 年春以降に EU 加盟国で登録される小型車に「eCall」を標準装備することが義務づけられた。通信には携帯電話規格の GSM が使用され，エアバッグが展開するような重大な事故が発生すると，最寄りの緊急応答センタ（PSAP）に事故の発生と車両の正確な位置が自動的に通報される。このシステムは，日本の HELPNET に準じたもの。☞ ACN。

E-call system [emergency call system] ダイムラー・クライスラーが日本で開始した交通事故など緊急時の通報サービス。E-call を装備した契約車両が事故にあった際，車載センサが感知して自動的に位置情報などをセンタに送信するシステム。本国ドイツでは，テレエイドの名称で既に導入されている。

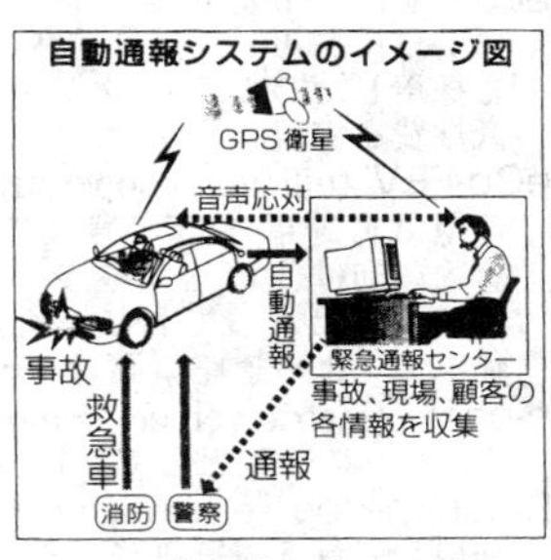

E-call system

ECAS [electronically controlled air suspension] 電子制御エア・サスペンション。大型トラックやトレーラのエア・サスペンションを電子制御することにより，走行中のローリングを大幅に抑制して積み荷を保護する。荷台の高さを上下に調整することも可能。

EC-AT [electronically controlled automatic transmission] マツダが 1987 年に採用した，電子制御 4 速オートマチック・トランスミッション。

ECB [electronically controlled brake system] ☞電子制御ブレーキ・システム。

ECC [electronic (electronically) controlled carburetor] 日産などが採用した，電子制御式キャブレータ。三元触媒を使用した空燃比フィードバック方式のもの。

ECCS [electronic concentrated engine control system] 日産が 1979 年に採用した，エンジン集中電子制御システム。マイコンによる燃料噴射制御，点火時期制御，アイドル回転数制御はもとより，オートマチック・トランスミッションの制御も行う。

ECD [electronic controlled diesel] トヨタが採用した，電子制御式ディーゼル・エンジン。各種のセンサにより燃料の噴射時期や噴射量をマイコンで制御するとともに，自己診断機能やフェール・セーフ機能も備えている。

EC display element [electro-chromic display element] 電圧を加えると発色または変色する受光型表示素子。☞エレクトロクロミック式自動防眩ミラー。

E-Cell ダイムラー社（MB）の電気自動車（EV）の総称。これに対し，燃料電池車（FCV）は F-Cell という。

EC engine [external combustion engine] 外部燃焼機関，外燃機関。

EC-HYMATIC [electronically controlled hydraulic multi-plate clutch active traction intelligent control] トヨタが 1988 年に採用した，電子制御差動制限機構付きフルタイム 4WD システム（EC ハイマチック）。センタデフの差動制限機構にコンピュータ制御の油圧多板式クラッチを用いている。☞ HYMATIC。

ECI [electronic controlled injection] 三菱が採用した，電子制御式燃料噴射装置。シ

ングルポイント・インジェクションとマルチポイント・インジェクションとがある。

ECM[1] [electronic control mounting] 電子制御液体封入式エンジン・マウントで，ホンダが採用したもの。

ECM[2] [emission controlled module] 日産がNAPS-Zに採用した車速センサ。EGR制御装置や点火時期制御装置の作動を一定の車速でコントロールしている。

EC mirror [electrochromic (glare proof) mirror] 酸化還元反応を応用した防眩ミラー。

EC mode [European community mode] 欧州で過去に採用した，排出ガスおよび燃費測定用の走行パターン。ECE/EECモードともいう。☞NEDC。

EcoBoost 筒内直接噴射エンジンとツイン・ターボチャージャを組み合わせたダウンサイジング・エンジンで，米フォードが2008年に発表したもの（エコブースト）。4気筒およびV6のガソリン・エンジンに採用し，低燃費と低排出ガス，排気量と動力性能の両立を実現している。

eco CVT [economical continuously variable transmission] ダイハツが1998年に軽自動車に採用した，低燃費のCVT（無段変速機）。連続可変バルブ・タイミング機構を採用したDVVTエンジンとCVTとの組み合わせにより，クラス・トップレベルの低燃費を実現。

eCo-FEV [efficient cooperative infrastructure for fully electric vehicles] 欧州における電気自動車（EV）普及のための社会基盤（インフラ）開発プロジェクト。EVの導入に向けてITインフラ，EV向けの情報システム，EV向けの充電スポットなどが検討課題となっており，実施期間は2012年9月から33カ月間。これには欧州の自動車メーカや道路事業者，研究機関など13団体が参加している。

e-com [electric vehicle commuter system] トヨタが開発を進めていた小型電気自動車。ITSの一環として，地域の通勤等の足を目的としている。2010年末で終了。

E-commerce [electronic commerce] 電子商取引。コンピュータ・ネットワークを利用して行う売買決済。ECとも。

eConnect ☞プリウスPHV。

ECONモード [effective control mode] 省燃費運転のための運転モード（イーコン・モード）。ホンダが2008年に採用したもので，運転席のECONスイッチを押すと燃費を優先させる運転モードに自動的に切り替わり，電子制御スロットルと無段変速機の協調制御や，エアコンの省エネ運転を行う。新型ミニバンの場合，これにより3～10%の燃費改善が見られ，2009年発売のハイブリッド車にも採用された。

Eco-VAS [eco-vehicle assessment system] トヨタが2005年から導入した，車のライフ・サイクルにおける環境評価システム（エコバス）。新型車の開発企画段階から，環境負荷低減目標を総合的に評価している（ライフ・サイクル・アセスメント）。

ECOペダル [eco-drive pedal] アクセル・ペダルを通常より重くすることにより，運転者にエコドライブ（省エネ運転）を促す装置。日産が2009年に採用したもので，燃料の消費状況を色と点滅で知らせるエコランプとアクセル・ペダルに反力を加えるモータなどで構成され，燃費が悪化しそうな状態になるとエコランプを点滅させるとともに，アクセル・ペダルの踏み込み力を重くしている。

ECOモータ [energy control motor] 減速エネルギー回生機構付きオルタネータと，エンジン再始動機能を兼ね備えたモータ。日産がアイドリング・ストップ仕様車に採用したもので，モータがベルトを介して直接エンジンを素早く（0.3秒で）再始動させ，スタータ音も発生しないのが特徴。通常の始動には，スタータ・モータを使用している。☞スマート・シンプル・ハイブリッド，ISG。

ECPS [electric control power steering] 三菱が採用した，電動パワー・ステアリング。電磁クラッチ付きの電動モータをステアリング・ギヤボックスに備えている。

ECS [electronic controlled suspension] 三菱が採用した，電子制御式サスペンション。荷重や路面状況に応じてばね定数や減衰力特性を変化させることができる。☞

アクティブ・プレビュー・イーシーエス。

ECT [electronic controlled transmission] 電子制御式ATで，トヨタが1981年に初採用したもの。EATの改良・発展型で，4~5速のロックアップ・クラッチ付き。ECT-i（intelligent）は，変速ショック等の低減を行い，ECT-iE（intelligent efficient）は，燃費向上を目的にフレックス・ロックアップ機構を採用し，ECT-iS（intelligent sports）は，マニュアル・シフトも可能。新世代のATは，スーパーECTと呼んでいる。☞TCCS。

ECU[1] [electronic control unit] エンジン，AT，ABSなど各種電子制御装置をコントロールするマイクロコンピュータ。

ECU[2] [engine control unit] 電子制御式燃料噴射装置などエンジンの電子制御を行うマイクロコンピュータ。

E-CVT [electronically controlled continuously variable transmission] ☞電気式無段変速機。

ECVT [electro-continuously variable transmission] 富士重工が1987年に採用した，電子制御無段変速機。オランダのファンドルネ社が基本特許を持つ2個のプーリとベルトを使用したCVTに，電磁クラッチとスチール・ベルトを組み合わせたもの。

EDC [engine drag torque control] ☞MSR。

EDF [electronic dual fuel cut] EGIエンジンの一部に採用された，燃料供給遮断装置。

EDIS [electrically-driven intelligent brake system] ☞電動型制御ブレーキ・システム。

EDR [event data recorder] 米国で開発された，車載の事故データ記録装置。エア・バッグの展開を伴うような衝突事故前後の車両のスピードやブレーキ作動の有無などを記録するもので，GMが1998年に初めて搭載した。米国道路交通安全局（NHTSA）は，交通事故による死傷者をなくすためにEDRの仕様を統一し，2010年9月以降の全生産車に搭載するよう法律で義務づけた。国土交通省でも，乗用車を主体とした小型車への国内版EDR（J-EDR）の導入を検討している。☞ドライブ・レコーダ。

EDS [electronic differential lock system] VWやアウディが採用した，電子制御式デフロック装置。発進時に左右輪の滑りを感知してホイールの空転を防止する。

EDSS [eco-driving support system] ☞エコドライブ支援システム。

EDU [electronic driving unit] コモン・レール式高圧燃料噴射装置において，ECUの噴射要求信号をインジェクタ駆動電流に変換し，インジェクタの電磁弁を制御する装置。

EEC[1] [electronic engine control] フォードが採用した，エンジン電子制御システム。点火時期，EGRおよび二次空気を同時に制御する。EECは1978年以降に採用。

EEC[2] [evaporative emission control] 燃料蒸発ガス（生ガス）発散防止装置。

EEPROM [electrically erasable & programmable read only memory] 使用者が自由に書き込める読み出し専用の記憶素子（PROM）において，書き換えが可能なもの。例㋑故障診断記憶装置（OBD）。㋺エンジン・イモビライザ・システム。☞EPROM，PROM，RPROM。

EFC [electronic feedback carburetor] ダイハツが採用した，電子制御キャブレータ。

EFI [electronic fuel injection] ガソリン・エンジン用の電子制御式燃料噴射装置の一種。デンソーが独ボッシュ社の技術を導入して開発したもので，トヨタが1971年に初搭載している。EFIにはEFI-D（Druck／圧力：バキューム・センサで吸気管圧力を検出する方式）とEFI-L（Luft／気流：エア・フロー・メータで吸気流量を検出する方式）があるが，後者の方が精度が高い。☞EGI。

EFI-LP [EFI for LP gas; electronic fuel injection for liquefied petroleum gas] ☞電子制御LPG液体噴射装置。

E-Four トヨタが採用した，世界初の電気四輪駆動システム。☞THS-C。
EFP [electronic fee payment service] 車載の端末機を利用したICカードによるプリペイド決済方式。カーナビと一体化された車載端末機を利用するもので，次世代ETCともいわれ，ITS総研で現在開発中のもの。セルフ式ガソリン・スタンドの場合，店側の路側機と車載端末との間で通信を行って決済を行う。その他，動画，音楽，企業情報等の受信，有料コンテンツの決済等を想定している。
EFV[1] [environmentally friendly vehicle] 環境に優しい車。低公害車の別称。国土交通省の呼称で，ハイブリッド車や燃料電池自動車等を指す。第一回EFV国際会議が国土交通省の主催で2003年1月に開催され，欧米アジア諸国やEU，OECDなどが参加した。
EFV[2] [excess flow valve] LPGボンベなどの過流防止弁。☞エキセス・フロー・バルブ。
E/G [engine] エンジン。ENGとも表す。
EGA [enhanced graphics adapter] パソコン用表示回路の名称で，IBM社が1984年に開発したもの。解像度は640×350ピクセル（画素）で，16色が表示可能。車載のカー・ナビゲーションやマルチインフォメーション・ディスプレイに標準画質として使用されている。EGAの後継が，1987年に発表されたVGA（後述）。
EGI [electronic gasoline injection] 電子制御式ガソリン噴射装置。日産，マツダ，富士重工の呼称。独ボッシュ社の技術を導入し，日産は1971年に初搭載。☞EFI。
EGIS CAB [emergency guard impact safety cabin] 日野が採用した，中・大型トラック用の衝突安全キャビン。
EGR [exhaust gas recirculation system] 排気ガス再循環装置。エンジンから排出される排気ガスの一部を吸気系へ再循環させ，新しい混合気と混ぜて燃焼温度を下げることにより，窒素酸化物（NO_x）の発生を抑制する。
EGR cooler [exhaust gas recirculation cooler] EGRガスの冷却装置。燃焼室に還流されるEGRガスは高温のため，制御弁の性能や耐久性に悪影響を及ぼすので，エンジンの冷却水や外気により冷却する。
EGR delay valve [exhaust gas recirculation delay valve] 加速時にEGRバルブが負圧の減少により閉じてしまうのを遅延させるバルブ。
EGR filter [exhaust gas recirculation filter] EGRガス中の煤（すす）や微粒子を捕集する濾過装置。
EGR gas [exhaust gas recirculation gas] 排気ガスを吸気に戻すため，排気ガスから取り出されるガス。再循環用のガス。
EGR valve [exhaust gas recirculation valve] EGRガスの流量を調整する弁。
EGR-VM [exhaust gas recircuralion vacuum modulator] EGR調圧弁。負圧調整により，EGRバルブのリフト量を調整する機構。
EHB [electro-hydraulic brake] ☞電子制御電動油圧式ブレーキ。
EHC [electronic height control] トヨタが採用した，自動車高調整装置。車高を感知するセンサをリヤ・サスペンションに設け，電子制御により後輪のショック・アブソーバに圧縮空気を送って常に一定の車高に調整する。＝オート・レベラ（レベライザ）。
EHC system [electrically heated catalyst system] 電気加熱式触媒装置。エンジン始動後10～20秒くらいで触媒装置を電気で300℃くらいに加熱して，コールド・スタート時のエミッション浄化性能をを向上させたもの。例ホンダがカリフォルニア州のULEVに対応させるために開発している。
EHF [extremely high frequency] ☞ミリメートル波。
EHPS[1] [electro-hydraulic power steering] 電気モータ駆動油圧式パワー・ステアリング（一般名称）。
EHPS[2] [electro hydraulic power steering] トヨタが採用した，電動油圧式パワー・

ステアリング（車速感応型）。油圧ポンプの駆動をエンジンの動力に頼らず，電動モータで行っている。エンジン・コントロール・コンピュータとパワー・ステアリング・コンピュータにより，低速域では軽快な操舵フィーリングを，高速域では剛性感の高い操舵フィーリングが得られる。

EHSS [extra-high-strength steel]　欧州における鋼板の強度の表し方で，降伏点が380〜800MPa級のもの。降伏点とは，材料に塑性（永久）変形が生じるときの荷重で，日本では材料が破断するときの荷重（引っ張り強さ）で表される。

EIAJ [electronic industries association of Japan]　日本電子機械工業会。

EIS [electronic ignition system]　トランジスタなどの半導体を用いた点火装置。

EL [electroluminescence]　電気冷光，冷熱光。ある種の半導体に電場を加えたときに起きる熱を伴わない発光現象。例 ㋑運転席メータ類の照明。㋺各種パイロット・ランプ。＝EL照明。

ELD [electrical load detector]　ホンダが採用した，電気負荷検知器。ヘッドランプや電動ファンなどの電気負荷が消費する電力の大きさを検知し，アイドリング回転数の不安定化を防止する。

E-LEV [excellent low emission vehicle]　優-低排出ガス車。平成12年規制値よりも有害物質の排出量を更に50%以上低減させたもの。☞ G-LEV，U-LEV。

ELR [emergency locking retractor]　シート・ベルト用緊急ロック巻き取り装置。ふだんはベルトを巻き取る力が弱くベルトを自由に出し入れできるが，衝突や急制動などで予めセットされた値以上の加速度が車に働くと，シート・ベルトが自動的にロックされる機能を持つもの。

eLSD [electronically controlled limited slip differential]　電子制御式差動制限装置の一種で，米GMが2012年に新型キャディラックに搭載したもの。このLSDにはスウェーデンのハルデックス社製AWDシステムが使用され，雨・雪・氷などの滑りやすい路面でトルク配分を最適化して，安定した走行を実現している。

ELV [end-of-life vehicle]　使用済みの自動車，廃車。

ELV指令（しれい） [end-of-life vehicles directive]　☞ EU廃車指令。

ELVマニフェスト・システム [end-of-life vehicles manifest system]　☞ EMS。

EM [engine modification]　ガソリン・エンジンの排出ガス対策をエンジン本体の改良で行うこと。燃料供給方法や吸排気系，燃焼室形状などの改良により，有害物質の排出を極力削減する一種の源流対策。例 希薄燃焼エンジン。

EMC [electromagnetic compatibility]　電磁適合。電磁干渉を防ぐためのシールド（遮蔽）。

EMCD [electro-magnetic control device unit]　富士重工が採用した，電磁制御式差動制限装置。4WD車のプラネタリ・ギヤ式センタ・デフに電磁制御による差動制限装置を追加したもの。入力トルクや回転速度差などには関係なく任意の状態を選択でき，走行状態に応じた最適な差動制限を行うことができる。

EMI [electromagnetic interference]　電磁干渉。電子装置が電磁環境によって機能上妨害を受けること。

EMP / emp [empty]　空（から）。燃料計の目盛り表示で，一般に "E" で表す。

EMPS [electric motor power steering]　☞ EPS。

EMS[1] [eco-drive management system]　エコドライブ管理システム。デジタル・タコグラフなどを活用し，アイドリング・ストップや省エネ運転を定量的な尺度でドライバに指導し，その効果を把握するシステム。運輸低公害車普及機構が地球温暖化対策として，運送事業者などを対象に普及を図っている。

EMS[2] [end-of-life vehicle manifest system]　使用済み自動車の電子マニフェスト・システム。「廃棄物および清掃に関する法律（廃掃法）」で義務づけられているマニフェスト制度の管理データを電子化したもの。☞マニフェスト制度。

EMS[3] [environmental management system]　☞環境マネジメント・システム。

EMV [electro-multivision]　エレクトロマルチビジョン。トヨタが1987年に採用した，車載情報多元表示装置。小型カラー液晶ディスプレイにエアコンやオーディオ，燃費やメンテナンス表示，カーナビやダイアグノーシス等の表示ができ，停車中はTV放送も受信できる。＝TEMV。

ENG [engine]　エンジン。E/Gとも表す。

e-NV200　商用電気自動車の車名で，日産自動車が2014年から発売を開始したもの。車体は商用車・NV200バネットをベースにEV・リーフ用のモータなどのパワー・トレインを組み合わせたもので，乗員2人と空荷状態での航続距離は最大190km。リチウムイオン電池の容量はリーフと同様の24kWhであるが，電池パックを小型化するとともに，電池の冷却機構を付加している。生産は，スペインのバルセロナ工場が担当。

ENX [European automotive network exchange]　欧州における自動車業界標準情報ネットワーク。☞オートモーティブ・ネットワーク・エクスチェンジ（ANX）。

EP [extreme pressure]　極めて高い圧力，極圧。

EPA [environmental protection agency]　米国環境保護庁。大統領直轄の独立行政機関で，大気汚染や水質基準などの環境保護のための監督・規制を行う。1970年設立。

EPA10規制（きせい）　米国の環境保護庁（EPA）が発効した，2010年における新型ディーゼル重量車の排出ガス規制。EPA07（2007年）規制の次に実施されたもので，NOxを2.68g/kWh以下から0.27g/kWh以下に低減し，PMは07規制の0.013g/kWh以下のままとするもの。参考までに日本のポスト新長期排出ガス規制（2009/10～）では，NOxは0.7g/kWh以下，PMは0.01g/kWh以下。

EPA燃費（ねんぴ）ラベル [fuel economy label by environmental protection agency]　☞燃費ラベル。

EPB [electromechanical parking brake]　2006年にレクサスに採用された，電動パーキング・ブレーキ。ディスク・ブレーキに内蔵されたドラム式パーキング・ブレーキのケーブルを電動モータが引っ張ることにより作動するもので，スイッチは手動と自動が選択できる。自動（オート・モード）の場合には，シフト・ポジションと連動して，自動的に作動や解除を行う。一方，電子制御ブレーキ（ECB）による停車維持機能（ブレーキ・ホールド）は，信号待ちや坂道停車等でブレーキ操作をしなくても各輪に制動力が作動して停止し，再びアクセルを踏むと自動的に解除される。

EPI [electronic petrol injection]　スズキが採用した，電子制御式ガソリン噴射装置。

EPMS [environment protection management systems]　交通公害低減システム。UTMS（総合交通管理システム）の構成要素の一つで，交通情報の提供や信号制御を行うことにより，排ガス・騒音などの交通公害を低減し，環境保護を図っている。

EPR [evaporator pressure regulator]　カー・エアコンの蒸発圧力調整弁。☞エバポレータ・プレッシャ・レギュレータ。

EPROM [erasable & programmable read only memory]　紫外線による消去が可能で，プログラム可能な読み出し専用メモリ。一度記憶された電荷は，電源を切っても10年間以上は保持される。＝EEPROM。

EPS¹ [electric power steering / electrically powered steering]　電動式モータを用いたパワー・ステアリング。油圧式に比べ簡素・軽量で，低燃費化にも寄与する。＝EMPS。

EPS² [electro pneumatic suspension]　富士重工が1984年に採用した，電子制御エア・サスペンション。コイル・スプリングに代えて，ストラットのエア・チャンバに封入した空気にスプリング機能を持たせたサスペンション。常に一定の車高を保持するとともに，安定した乗り心地が得られる。

eQ　電気自動車（EV）の車名で，トヨタが2012年に日・米で限定販売したもの。主に2名乗車を目的としたマイクロコンパクト・カー（iQ）ベースのEV版で，電池容量12kWhのリチウムイオン電池と最高出力47kW／163Nmのモータを搭載して，

1充電当たりの航続距離は100km（JC08モード），最高速度は125km/h。交流電力量消費率（電費：1km走行するのに必要な電気量Wh／JC08モード）は104Wh/km。

ERBA [extended-range backing aid systems] ☞拡張後方障害物警報システム。

EREV [extended range electric vehicle] ☞シボレー・ボルト。

ERGS [electronic route guidance system] 電子経路案内システム。米国におけるITS関連技術として連邦DOT（運輸省）が1967年に開発に着手したが，71年に中止となった。その後，1991年からのIVHSを経てITSアメリカへと発展していった。ERGSの概念は，現在の日本のVICS開発に大きな影響を与えた。

ERM [electronic roll mitigation] 横転防止装置の一種で，クライスラーが2011年からジープに採用したもの。横転（ロールオーバ）の危険性を検知すると，必要な車輪にブレーキをかけて事故の可能性を最小限に抑える。

ERP system [electronic road pricing system] 電子式道路課金（ロード・プライシング）システム。シンガポールにおいて都市部の交通渋滞を減らすために導入されたシステムで，1995年の実証実験を経て正式に導入された。東京都でも，このシステムの導入を検討している。☞ロード・プライシング。

ERS [energy regeneration system] ☞F1。

ERS [economy running system] トヨタが採用した，エンジン自動停止・再始動装置。☞エコノミ・ランニング・システム。

ERTICO [European road transport telematics implementation coordination organization] ITSヨーロッパ（エルティコ）。EU（欧州連合）における官民合同のITSの推進組織で，EC支援のもとに各国とITSプロジェクトの調整を進めている。1991年に設立され，本部はベルギーのブリュッセル。

ES [eco-station] ☞エコステーション。

ESA [electronic spark advance] 電子制御点火時期進角装置。進角装置の一種で，点火時期の制御をコンピュータで行うもの。トヨタやマツダなどの呼称。

e-Safety EC（欧州委員会）を中心としたITSの推進活動で，自動車業界や各国政府が2002年に立ち上げたもの。エレクトロニクスを活用して安全の推進を図るもので，EC，ERTICO（ITSヨーロッパ），ACEA（EU自動車工業会）などで構成され，11のワーキング・グループがある。ドイツの自動車メーカを中心に，C2CCC（車車間通信コンソーシアム）も結成されている。

E-S／C [electric supercharger] ☞電動スーパーチャージャ。

ESC[1] [electronic stability control] 電子制御による横滑り防止装置。この装置は，ブレーキ液圧を自動減圧してブレーキ・ロックを防止するABS，ブレーキ液圧を自動増圧して駆動輪の空転を防止するTCS，車体の首振り運動（ヨー・モーメント）を制御するDYCなどで構成され，旋回中の横滑り（オーバステアやアンダステア）をセンサが検出し，各輪のブレーキ液圧やエンジン出力を的確にコントロールすることにより，安定した姿勢で旋回することができる。車両安定制御装置，車両（車体）姿勢制御装置，スタビリティ・コントロールとも呼ばれ，ダイムラー（MB）とトヨタが1995年に初めて実用化している。ESCの重要性に鑑み，米・欧・日で法律による装備が次のように決定された。

(1) 米国：米国運輸省の全米高速道路交通安全局（NHTSA）では，車の横転（ロールオーバ）防止を目的にESCの新車への標準装備化を決定し，2008年9月からは部分的に，2011年9月以降に販売されるすべての新車（4.5t以下）が対象となった。

(2) 欧州：EU議会は2009年3月，2011年11月以降，EU域内で登録される乗用車と商用車に，2014年11月以降はすべての新車にESCの装備を義務づけている。

(3) 日本：保安基準の改正により，ESCとブレーキ・アシスト（BAS）の装備が次のように義務づけられた。①小型車：新型車は2012年10月から，継続生産車は2014年10月から。②大型トラック，トレーラ，バス：新型車は2014年11月から，継続生産車は2017年2月から。③軽自動車：新型車は2014年10月から，継続生産車は2018年2月から。

ESCは自動車メーカによりASC（三菱），DSC（マツダ，BMW，ミニ，ジャガー，ランドローバー），DSTC（ボルボ），ESP（MB，VW，アウディ，オペル，フィアット，ルノー，プジョー，シトロエン，フォード，クライスラー，ヒュンダイ，スズキ），VDC（日産，スバル，アルファロメオ），PSM（ポルシェ），VSA（ホンダ），VSC（トヨタ，ダイハツ），StabiliTrak（GM）等色々な呼称があるが，重要な安全装置の普及を目指してボッシュ社等により「ESC」の統一名称が提唱されている。国連傘下の自動車基準調和世界フォーラム（WP29）では，E-VSCを使用。

ESC² [electronic suspension control system]　電子制御式サスペンション。コンピュータ制御により，サスペンションの堅さを自動または手動で切り換えることができる。

ESCI [electronic spark control igniter]　三菱が採用した，ICイグナイタにノッキング制御機能を持たせたもの。

ESCOT [easy／safe controlled transmission]　自動化機械式変速機（AMT）の一種で，UDトラックスが大型トレーラや大型トラックに採用した機械式多段TMの電子制御式自動変速システム（エスコット）。当初は発進以外のクラッチ断接が自動化され，ESCOT Ⅲでは変速も自動で行い，ESCOT-AT Ⅳでは自動発進機能も付いている。2010年に発売されたポスト新長期排出ガス規制適合車ではESCOT V（12段TM）を採用している。

ESP¹ [electronic stability program]　MBが採用した，電子制御による車体の姿勢制御。旋回時のオーバステアやアンダステアを検出し，各輪のブレーキを的確に制御することにより，安定した姿勢で旋回することができる。☞ESC¹。

ESP² [electronic stabilization program]　電子制御による車体の姿勢制御（VW，オペル）。コーナリング時に内側後輪にブレーキをかけて大きなアンダステアを抑制する。更に進歩したアドバンストESP（ESP^PLUS）の場合，ブレーキ制御を3輪まで行う。☞ESC¹。

ESS¹ [emergency stop signal]　①緊急制動表示装置の一般名称（略称）。②緊急制動表示装置の一種で，スズキ，ホンダ，フィアットなどが採用したもの。

ESS² [engine speed sensor]　エンジン回転数検出器。エンジンの回転数を電気信号に置き換え，関連装置を作動させる。

EST [environmentally sustainable transport]　環境に配慮した持続可能な交通。環境長期目標を定め，物流全般やインフラ，都市計画，交通需要管理など総合的な手立てを講じ，交通による環境負荷の増大を抑制しようとする考え方。その骨子は，二酸化炭素排出量増加の大きな要因である自家用車への過度な依存の抑制を図ることであり，国土交通省，環境省および警察庁で環境行動計画を取りまとめている。

E-SUS CABIN [electronic damping control suspension of cabin]　日産ディーゼルが採用した大型トラクタ用の電子制御式キャブ・サスペンション。快適な乗り心地を実現するためにスカイフック理論を取り入れ，Gセンサや減衰力可変ショック・アブソーバなどを用いている。

ESV¹ [enhanced safety vehicle]　安全性をより強化した車。世界各国の産官学の関係者が隔年で開催されるESV国際会議（自動車安全技術国際会議）に合わせて，自動車の安全に関する新技術を披露，討議している。2005年に第1回が開催され，特に各国から選抜された大学生や大学院生のチームによる新安全技術の競技会の開催が特徴。一般的にESVと言えば，実験安全車（experimental safety vehicle）のこと。

ESV² [experimental safety vehicle]　実験安全車。☞エキスペリメンタル・セーフティ・ビークル。

e:Sテクノロジー [energy saving technology]　省燃費技術の総称で，ダイハツ工業が2011年に発表したもの（イース・テクノロジー）。同年発表の新型軽自動車では，車体の軽量化，停車前アイドル・ストップ機能や回生充電制御などの採用により，30km/ℓ（JC08モード）というガソリン車でトップの超低燃費性能を実現している。2013年発表の進化版では，クールドi-EGRやCVTサーモコントローラなどの採用により，33.4km/ℓ（同）の燃費性能を達成。2014年には更に進化して，エンジンの高圧縮比化（11.3→12.2），ポンピング・ロスの低減，デュアル・インジェクタの採用などにより，35.2km/ℓ（同）の燃費性能を達成している。

ETACS［electronic time and alarm control system］　三菱が採用した，電子アラーム・タイム集中コントロール・システム。間欠ワイパのタイマやライト消し忘れ警報など，タイマ機能や警報機能に関する制御を一元的にコントロールしている。

ETBE［ethyl tertiary butyl ethel］　エチル・ターシャリ・ブチル・エーテル。エタノール（エチルアルコール）をイソブチレンと反応させてできる含酸素化合物。オクタン価が非常に高く，揮発性が低い。無鉛ガソリンのオクタン価向上剤として，5～15%（平均7%）混入して使用される。また，エタノールはバイオ燃料などから作られる。☞バイオフューエル，MTBE。

ETC[1]［electronic throttle chamber］　日産が採用した，電子制御スロットル。

ETC[2]［electronic toll collection system］　有料道路の料金所等におけるノンストップ式の自動料金収受システム。ITSの重要な要素として，料金所渋滞の解消や利便性の向上を目的に2001年3月より導入が開始され，現在では高速道路料金所の全てに設置されている。メカニズムとしては，高速道路料金所のETC専用ゲートをくぐるだけでセンサが車載器の発信する有料道路の利用区間の情報を読み取って瞬時に車載器に挿入されたETCカードに課金し，後から銀行口座で決済をする。この通信には，5.8GHz帯のDSRC（狭域専用通信）が利用されている。車載器のセットアップ数は2014年12月末で約4,800万台に達し，全国の高速道路における平均利用率も約90%となった。また，ETC装着車に限り高速道路のサービス・エリアやパーキング・エリアなどから出入りできるスマートIC（インターチェンジ）が2006～2009年の間に全国で計51カ所設置され，今後も増設の予定。2輪車に対するETCサービスは，2006年11月より開始された。ETCの車載器を有料駐車場や給油所の支払いに利用して，付加価値を高める試みも始まっている。

ETC[3]［electronic traction control system］　ボルボが採用した，トラクション・コントロール・システム（駆動力制御装置）。過給圧を調整してエンジン出力を下げ，駆動輪の空転を防止する。

ETC2.0サービス［electronic toll collection 2.0 service］　☞ITSスポット・サービス。

ETCS[1]［electronic throttle control system］　トヨタが採用した，電子制御スロットル。アクセル・ペダルの操作を電気信号に変換し，モータによってスロットル・バルブの開閉を制御する機構。ETCS-i（intelligent）は，従来の2弁式を1弁式に改良したもの。

ETCS[2]［electronic transmission control system］　自動変速機の電子制御システム。

e-TDI［e-turbocharged diesel injection］　ディーゼル・エンジンの過給装置に排気のエネルギーを利用したターボチャージャと，電動コンプレッサを用いたツインチャージャ式のもの。独アウディが2014年に発表したもので，

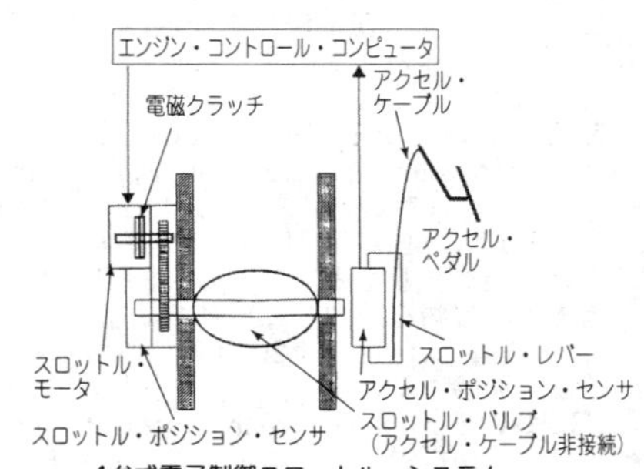

1弁式電子制御スロットル・システム

ETCS-i

加速の立ち上がり時に電動コンプレッサが約2秒間だけ過給して，ターボチャージャのタイムラグを補っている。この電動コンプレッサは7kWの出力をもち，0.25秒で最高回転に達する。ただし，このモータを駆動するには48Vの電圧が必要となるため，小型のリチウムイオン電池とDC-DCコンバータを搭載している。☞電動スーパーチャージャ。

ETFE［ethylene-tetra-fluoro-ethylene］　フッソ系樹脂。ETFEとナイロンを接着した複層燃料用チューブにより，ガソリンなど燃料の透過量や蒸散量を低減し，米国の最新環境規制に対応可能。耐燃料透過性に優れるため，バリア樹脂ともいう。

Ethernet　☞イーサネット。

eTIS［electronic tire information system］　タイヤ空気圧監視システム（TPMS）の一種で，独コンティネンタル社が開発したもの。従来はタイヤのバルブ部にセンサと電池を組み込んだバルブ一体型であったものが，eTISではタイヤのトレッド面の裏側に直径15mmほどのボタン型のセンサを取り付けており，軽量・低コストで後付けもできる点を特徴としている。2013年から量産予定。

ETR［electronic tuning radio］　電子同調ラジオ。

ETRTO［European tyre and rim technical organization］　ヨーロッパ・タイヤ・リム技術機構（エトルト）。欧州のタイヤ・メーカとホイール・メーカからなる団体組織。欧州におけるタイヤとホイールの規格統一を図っている。

ETS¹［electronic tilt steering system］　ホンダが採用した，電子制御チルト・ステアリング機構。ステアリングのチルト（上下方向の傾斜）機構とテレスコピック（前後方向の伸縮）機構が電動モータで駆動され，ドライバに合わせて設定位置を記憶しておくと自動的に設定位置まで移動するシステム。チルト＝ティルト。

ETS²［electronic traction support］　MBが採用した，トラクション・コントロールの一種。左右の駆動輪のうち，空転しようとする側にブレーキを自動的にかけて空転を防止する。

E-TS［advanced total traction engineering system for all electronic torque split］　日産が採用した，電子制御トルク・スプリット4WD。4WDの優れた性能を確保し，前後輪の駆動力を適切に配分することにより高い操縦安定性を図る。

ETV［electronic torque vectoring］　左右駆動力移動システム（トルク・ベクタリング・システム）の一種で，BMWが2007年にSAV（SUV）に採用したもの。能動的にヨー（上下軸回りの回転運動）を発生させ，駆動力をコントロールして旋回性能を高める機構で，AWDシステム用のリア側デフの左右にクラッチ，遊星ギアおよび電動モータが組み込まれている。

EU［European union］　欧州連合。1992年にマーストリヒト条約で設立。単一通貨制度，共通外交，安全保障を発展させる共同体（旧EC）。2015年現在28カ国が加盟し，本部はベルギーのブリュッセル。1999年1月には単一通貨ユーロ（Euro）が発足した。

EUDC［extra-urban driving cycles］　☞NEDC。

EU-NCAP［European new car assessment program］　欧州における新車評価機関（ユーロ・エヌキャップ）で，新車の衝突試験などを行って，その結果を公表している。EU-NCAPでは，時速40マイル（64km/h）で40%ラップの非常に厳しいオフセット衝突試験などを行っており，日本の自動車メーカもこの方法を導入している。前方の障害物を検知して自動で減速するAEBS（先進緊急ブレーキ・システム）に関して，EU-NCAPでは2014年から対車両，2016年からは対歩行者を想定した試験・評価を開始すると発表している。☞NCAP，自動車アセスメント。

EUREKA［European research coordination action］　欧州の先端技術共同開発計画。フランスが提唱し，英国・スペイン・ドイツが参加している。マイクロエレクトロニクス，人工頭脳，光技術などのハイテク分野に関して共同研究を進めようというもの。

Euro ①ヨーロッパの。例 排ガス規制のユーロ4(フォー)。②EUの単一通貨単位。

Euro 1~6 EU(欧州連合)における段階的な自動車排出ガス規制。欧州における排出ガス規制は1970年に乗用車および軽トラックから始まり,1988年には総重量3.5t以上の重量トラックに対する規制が実施された。その後,Euro1(1992年~),Euro2(1996年~),Euro3(2000年~),Euro4(2005年~)と逐次実施され,2009年からはEuro5が,さらに2014年からはEuro6が導入されている。Euro3ではOBD(車載故障診断装置)の装備が義務付けられ,Euro4では乗用車の排出基準がNOx(窒素酸化物):0.25g/km,PM(粒子状物質):0.025g/km,大型ディーゼル・トラックではNOx:3.5g/kWh,PM:0.02g/kWhとなった。Euro5では,乗用車の排出基準がNOx:0.18g/km,PM:0.005g/km,さらに地球温暖化防止のためのCO_2排出量規制(140g/km以下)が新たに追加された。Euro6では,NOxの排出基準を0.08g/km(日本のポスト新長期排出ガス規制と同じ)とし,PMに関してはEuro5と同じ。EUの行政委員会である欧州委員会は,2012年までにCO_2の排出量を130g/km(バイオ燃料を用いた努力目標は120g/km)に削減するような二酸化炭素排出規制を2007年2月に提案している。2007年現在のCO_2排出量は,平均160g/kmとのこと。☞ Tier0~Tier2 Bin5。

EuroFOT [the large-scale European field operational test on active safety systems] 欧州における大規模な予防安全システムのフィールド・テスト。欧州におけるITSプロジェクトで,自動車メーカ,サプライヤ,研究機関など28団体が参加して,2008年5月から2011年8月までの期間で実施された。☞ SPITS。

EU廃車指令(はいしゃしれい) [European union end-of-life vehicles directive] EU加盟国における自動車メーカによる廃車の無償引き取りや環境負荷物質の原則使用禁止,リサイクル可能率認証化などを行うもので,2000年10月に公布された。これにより,2003年7月からEU加盟国で販売される自動車における鉛,六価クロム,水銀,カドミウム(重金属4物質)の使用が原則禁止となった。ELV指令または欧州ELV指令とも。

EV [electric vehicle] ☞電気自動車。

EVA [emergency valve assistance] パニック・ブレーキ時にブレーキ・ブースタの出力を通常より増加させることで必要なペダル踏力を減らし,停止距離を短縮する機構(ボッシュ)。EVAはバキューム・ブースタ/マスタ・シリンダの中に組み込まれていて,補助センサや電子機器がなくても作動する。

eValue ICT(情報通信技術)ベースの安全システムのテストおよび評価法。自動車アセスメント(NCAP)において,EUが2008~2010年の間に取り組んだアクティブ・セーフティ・システム(予防安全装置)に関するプロジェクト。具体的な項目として,車両の前後方向はACC(車間距離制御),FCW(前方衝突警報),AEB(自動緊急ブレーキ),左右方向はBSD(死角検出),LDW(車線逸脱警報),LKA(車線維持支援),安定性はESC(横滑り防止),ABS(ブレーキ・ロック防止)であった。このうち,車両の前後方向の技術に関しては,ASSESS(2009~2012年:対車両)およびAsPeCSS(2011年~:対歩行者)の両プロジェクトに引き継がれ,具体的な研究が開始された。

EVAP [evaporative emission standard] 車の燃料系から大気に放出される燃料蒸気(生ガス)に関する規制。米国で実施されているものでEVAP-ⅠとⅡとがある。

EV-IT [electric vehicle-information technology] 電気自動車(EV)専用の情報通信システムで,日産が電気自動車・リーフに採用したもの。2012年のマイナ・チェンジの際,立ち寄り充電スポット案内,省エネルート案内機能,到着時のバッテリ残量予測などの機能が追加された。

EVITA [e-safety vehicle intrusion protected applications] 車載LANのセキュリティを保護する通信手順と実行処理基盤を研究開発するプロジェクト。ドイツの国家プロジェクトでBMWやボッシュなども参加しており,さまざまなネットワークと繋がるようになった自動車をサイバー攻撃から保護することを目的としている。実施期間は2008～2011年までで，後継プロジェクトはPRESERVE。

EV・PHVタウン［electric vehicle & plug-in hybrid vehicle town］　電気自動車（EV）やプラグイン・ハイブリッド車（PHV）の普及を目指して先駆的な取り組みを実施する自治体を選定するもので，経済産業省が2009年度から本格的に展開したモデル事業。2009年3月には東京都や愛知県などの8自治体がEV・PHVタウンに認定され，2010年12月には大阪府や埼玉県などの10自治体が追加認定された。

EVRV［electronic vacuum regulation valve］　EGRバルブに作用する負圧をコンピュータにより調整する弁。電子制御式EGR装置に採用されている。

EVSC［electronic vehicle stability control］　電子式車両姿勢制御装置／電子式車両安定制御・横転防止装置。ESC（横滑り防止装置）の一種で，主にトレーラや大型トラックなど車高の高い車の横転事故を抑制するためのもの。国土交通省では，EVSCの新型車への装備を大型バスも含めて2014年11月から義務化し，継続生産車は2017年2月からとなった。

EVSE［electric vehicle supply equipment］　電気自動車（EV）の充電に用いるもので，家屋側の端子とEV側の端子の間を接続するコントロール機能付きケーブル。

e-VTC［electronic valve timing control］　日産が2001年に採用した，電子制御式連続可変バルブ・タイミング・コントロール。カムシャフトの位相を連続的に進角／遅角させる可変バルブ・タイミングを，従来の油圧式から電磁式に改めたもの。この方式では，油圧式よりも変換角が大きく取れ，特に低速域での応答性に優れている。

EVスタンド［electric vehicle charging stand］　電気自動車（EV）の急速充電スタンド。2013年2月現在，国内には約1,400基のEVスタンドがあるが，EVの普及を図るため，経済産業省が補正予算を組んで2年以内にガソリン・スタンド並の約3万6千基に増大するという。道の駅や高速道路のサービス・エリアなどに設置し，普通充電器と合わせると約10万基を展開する計画。EVステーションとも。

EVトラック［electric truck］　電気自動車（EV）の一種で，電動システムを小型トラックに搭載したもの。2013年には，日野自動車が都市部での短距離走行を想定した超低床型EVトラック（1t積みの電動小型トラック）を開発し，西濃運輸と協力して集配業務に使用する実証運行を開始している。この車には28kWhのリチウムイオン電池と70kWのモータを搭載して，最高速度は60km/h（リミッタで制御）。2014年には，三菱ふそうが電動小型トラック（キャンターE-セル）を開発し，ポルトガルで生産および実証試験を開始している。この車には最高出力150ps，最大トルク650Nmのモータを搭載して積載量は3tを確保し，最高速度は90km/hに制限している。1回のフル充電で航続距離は100km以上で，ごみ収集車や集配サービスなどの使用を想定している。

EVバス［electric bus］　電動バス。電気自動車（EV）の一種で，座席が運転者席を含めて11席以上のもの。近年において公道を走行できる自動車メーカ製のものとしては，2012年に日野自動車の小型電気バス「ポンチョEV」がコミュニティ・バスとして採用されている。このバスの場合，30kWhのリチウムイオン電池と200kWのモータを搭載しており，急速充電を多頻度で行うことを前提として，満充電時の走行距離は30km。☞ハイブリッド・バス。

EX, ex［exhaust］　①排出する。②排出，排気。EXHとも表す。

EXOR回路（かいろ）［exclusive OR circuit］　排他的論理和回路（エクスクルーシブ・オア回路）。コンピュータの論理回路のひとつで，二つの論理的変数がともに等しいとき以外で1を出力するもの。XOR回路とも。☞巻末参考付図。

EXTROID-CVT［EXTROID continuously variable transmission］　日産が採用した，トロイダル式CVT。☞エクストロイド・シー・ブイ・ティー。

EZEV［equivalent zero emission vehicle］　ゼロ・エミッション（有害物質を全く排出しない車）に相当する車。発電所での排出ガスを電気自動車1台ごとに割り当てたもの。カリフォルニアの州法でZEVと並んで販売を義務づけられているもので，ハイブリッド車（HEV）がこれに該当する。

e-4WD ［electric four-wheel-drive system］ 日産が2002年に採用したFF小型車用の電気式4WDシステムで，インテリジェント4WDともいう。ハイブリッド車の一種で後輪を電気モータで駆動するためにプロペラ・シャフトはなく，スイッチの切り換えで（電磁クラッチにより）2WD，4WDの選択ができる。後輪を駆動するモータへの電力供給は，エンジンに取り付けられた専用発電機から直接行われる。

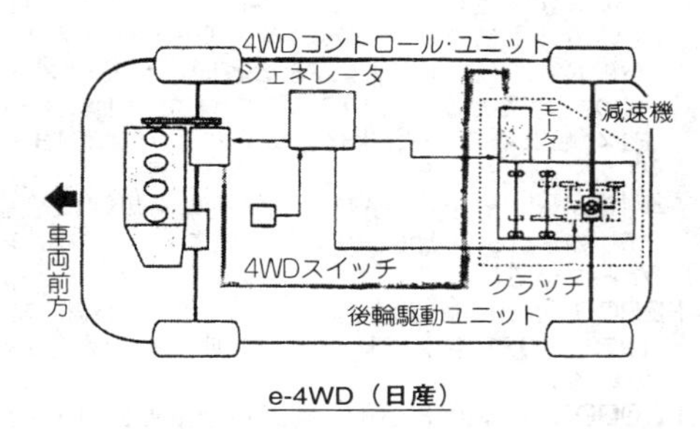

e-4WD（日産）

［F］

F, f ［次の語彙などの頭文字］ ①front（前）。②full（満）。③force（力）。④farad（静電気の容量単位）。⑤field（界磁電極）。⑥Fahrenheit scale（華氏温度）。⑦fluorine（フッ素）の元素記号。⑧frequency（周波数）。

F1 ［formula one world championship; formula one grand prix］ フォーミュラ・ワン世界選手権（F1GP）。国際自動車連盟（FIA）の規定するレーシング・カーの最高峰。タイヤやサスペンションが露出した単座席のレース専用車両で，F1レースは日本を含む世界各国で開催され，ポイントによりドライバとコンストラクタ（F1製作者）のチャンピオンが年間で争われる。1995年～2014年の間に行われたレギュレーションの主な変更点は以下の通り。
- ・1995年：排気量3ℓで12気筒以下の自然吸気（NA）エンジンに制限。
- ・1998年：スピード抑制のため，スリック・タイヤ（溝なしタイヤ）の使用禁止。
- ・2006年：排気量を2.4ℓのV8に変更。
- ・2007年：エンジンの最高回転数を19,000rpmに制限，エンジン主要部品の開発禁止。
- ・2008年：共通のECUを導入，トラクション・コントロールとエンジン・ブレーキ制御の禁止，使用燃料にバイオエタノールの最低5.75%混入を義務付け。
- ・2009年：エンジンの最高回転数を18,000rpmに変更，スリック・タイヤを復活。新たにKERS（運動エネルギー回生システム）の採用を任意承認。
- ・2014年：使用エンジンを2.4ℓ V8→1.6ℓ V6直噴シングル・ターボに変更，KERSはERS（エネルギー回生システム）と改称。ERSに用いるモータ／ジェネレータ・ユニット（MGU）には，従来のKERSと同様に制動時の運動エネルギーを電気エネルギーに変換するMGU–K（–kinetic）と，排気エネルギーを運動エネルギーに変換するMGU–H（–heat）の2種類があるが，パワー・アシストの手段として使えるのはMGU–Kのみ。

なお，国内のフォーミュラ・カー・レースは，F1を頂点にスーパー・フォーミュラ，F3，FJ（FJ1600）と続く。

F2 ［formula two］ 国際自動車連盟（FIA）の規定するフォーミュラ・カーの2番目に位置するもの。1940年代から1984年までヨーロッパを中心にレースが行われたが，1985年からはF3000と名前を変え，現在に至る。日本では，F2000として日本独自の規格で行われていたレースからFIA規格のF2に名前を変え，1978年から

1986年まで開催された。1987年からは，日本でもF3000へ移行した。

F3 [formula three]　国際自動車連盟（FIA）の規定するフォーミュラ・カーの3番目に位置するもので，マシンは量産エンジンで自然吸気（NA）の2ℓまでと制限されている。主にヨーロッパの英・独・仏・伊などの各国で開催され，日本では1979年からF3レースを開催。F3は各国内シリーズ（日本では日本選手権）で戦われ，F1への登竜門となっているが，日本ではF3→スーパー・フォーミュラ（旧，FN）→F1の順となる。F3規格の改定により，2013年よりエンジンが原則として直噴ガソリン・エンジンとなった。

F4 [formula four]　JAF国際競技車両規則に準じたフォーミュラ・マシン。入門カテゴリのFJ1600とF3の中間に位置し，エンジンはノンターボの4気筒1.85ℓまでとなっている。

F2000 [formula 2000]　2ℓエンジンを搭載したフォーミュラ・カー。国内で1973〜1977年までレースが開催されたが，1978年からはFIA規格のF2に移行している。

F3000 [formula 3000]　国際自動車連盟（FIA）の規定するフォーミュラ・カーの2番目に位置するもの。1985年にそれまでのF2に代わって始まり，車両は単一銘柄（ワン・メイク）の3ℓ自然吸気（NA）エンジンで競われる。車両重量は660kg以下，エンジンの回転数は9,000rpm以下と決められている。F3000は，現在のフォーミュラ・ニッポンの前身となっている。

FA [factory automation]　工場の生産をコンピュータやロボットなどを使って自動化，無人化すること。

FACS [full auto choke system]　日産車が採用したNAPS-Zの自動チョークで，暖機運転中にファスト・アイドルが作動して上がっていたエンジン回転が，暖機とともに自動的に下がってくる機構。☞PFAC。

FADダンパ [frequency adaptive damping damper]　振動数（周波数）感応型ダンパ。減衰力可変ダンパの一種で，トヨタが2012年に採用したもの。道路や走行状況に合わせてサスペンションの動きが変化するダンパで，旋回などで大きくゆったりとした動きのときは減衰力を高めて操縦安定性を確保し，ゴツゴツした路面などの小さく速い動きのときは減衰力を低めることで快適な乗り心地を実現している。

FAINES [foreign-made automobile components information network system]　社団法人日本自動車整備振興会連合会（日整連／JASPA）が構築する，整備事業者向けのインターネットを利用した整備技術情報システム（ファイネス）。1998年4月から運用を開始し，当初は外国製自動車補修部品情報やリコール情報などであったが，2004年4月からは国内自動車メーカの自動車整備マニュアル，技術情報，サービス・データ，標準作業点数表，検索システムなどを追加している。2009年10月にはシステムが全面的に更新され，整備車両の故障・修理事例のデータ・ベース化を図り，会員事業者の技術支援が強化された。また，OBD（車載式故障診断装置）搭載車両の故障車と正常車間の電子制御データを比較診断できる車両データ比較診断システムを開発し，2013年度から「車両電子データ」の提供を開始している。併せて，全ての情報を見放題にできる定額料金を新たに導入。FAINESは有料の会員制で，2013年3月末現在の会員数は31,027事業所。☞コンピュータ・システム診断認定店。

FAME [fatty acid methyl-ester]　☞バイオディーゼル燃料。

FAST [fast emergency vehicle preemption systems]　緊急車両優先システム。警察庁がITSの一環として導入を進めているもので，パトカーや救急車が緊急走行する際，最短経路をカーナビで表示するほか，緊急車両が交差点に差しかかると，信号を自動的に制御して通行を優先させるシステム。

FB, F/B [feedback]　帰還制御。☞フィードバック・コントロール。

FBC [feedback carburetor]　☞フィードバック・キャブレータ。

FBSV [feedback solenoid valve]　三菱が採用した，電子制御キャブレータの空燃比制御用ソレノイド・バルブ。

FBW [fly-by-wire system]　機械式に代わる電気信号による制御装置。☞フライバイワイヤ・システム。

FC[1] [fuel cell]　燃料電池。燃料が持つ化学エネルギーを直接電気エネルギーに変換する装置。☞ FCV。

FC[2] [fuel cut]　燃料供給遮断装置。☞フューエル・カット・システム。

FCAAS [frontal collision avoidance assistance systems]　前方衝突回避支援装置。ITSにおける走行支援システムのひとつで，前方車両など前方の障害物に衝突の可能性がある場合に自動的に緊急制動を行い，衝突被害を軽減する。

FCCJ [fuel cell commercialization conference of Japan]　燃料電池実用化推進協議会。燃料電池関係の企業や団体で構成され，燃料電池車の実用化に向けて既存の政府関連規制（法律）の見直しや改正などを行っている。☞ HySUT。

FCD [fuel consumption display]　ホンダがハイブリッド車に採用した燃費計。メータ・パネル内に，走行中の瞬間燃費と積算平均燃費を表示する。

F-Cell [fuel cell vehicle]　小型燃料電池車で，ダイムラーが1990年代の初頭から開発に取り組んでいるもの。AクラスやBクラスをベースにした圧縮水素型の燃料電池車で，2010年までの間に100台以上が生産されている。

FCEV [fuel cell electric vehicle]　燃料電池を搭載した電気車。一般に，FCV（fuel cell vehicle）と表す。☞燃料電池車。

FCH-JU [fuel cells and hydrogen-joint undertaking]　燃料電池水素共同実施機構。欧州における水素エネルギー技術の活動を支援する官民共同事業で，欧州委員会（EC）が2008年に立ち上げたもの。燃料電池車（FCV）の開発・普及に向け，2010年からは4カ国5都市でFCバス26台などを使ったプロジェクトがスタートしている。☞ NIP，DOE FCV，JHFCプロジェクト。

FCHV [fuel-cell hybrid vehicle]　トヨタが開発・実用化中の燃料電池ハイブリッド車。動力源として燃料電池だけではなく，駆動アシスト用の二次バッテリも搭載するハイブリッド式を採用している。世界初の燃料電池を搭載した実用化車両が，2002年にホンダのFCXとともに日本政府と米カリフォルニア大学へ納入された。発電装置となる燃料電池スタックは自社開発の固体高分子型燃料電池を使用し，発電用水素の供給は2本の高圧タンク（35MPa）で行っている。FCHVは2005年に全面改良され，2007年4月現在，国内で11台，米国で2台運行しており，2007年4月末からは中部国際空港周辺で配送用の事業用貨物車の運行を開始した。2008年6月に型式指定を取得した最新の「FCHV-adv」は－30℃における低温始動性を確保し，自社製の高圧タンク（70MPa）を使用して，10･15モード燃費は約830km（JC08モードでは約760km）に延長された。「-adv」は，先進（advanced）の意。FCHV-advは，9月1日に環境省に納入（リース販売）された。

FCHV-BUS-2 [fuel-cell hybrid vehicle-bus-2]　トヨタと日野が2002年に共同開発した，燃料電池ハイブリッド・システムを搭載した大型路線バス。35MPaに圧縮した高圧水素と燃料電池スタックで発電してモータ駆動で走行するとともに，ハイブリッド用の二次電池にはニッケル水素電池を使用し，制動時のエネルギー回収も行っている。2003年には東京都内の路線バスで，2005年には愛知万博の入場者輸送用に，2006年には中部国際空港の路線バスとして，それぞれ試験運行を行っている。

FCM [forward collision mitigation system]　衝突被害軽減ブレーキ・システム。自動緊急ブレーキの一種で，三菱自動車が2012年に新型SUVに採用したもの。前方車両を77GHz帯のミリ波レーダで認識し，衝突の危険があるときは警報や自動ブレーキで衝突を回避または被害を軽減するもので，自車速度が30km/h未満で衝突を回避し，30km/h以上のときは警報で注意を促す。FCMは，「e-Assist」の構成要素の一つ。

FCV [fuel cell vehicle] ☞燃料電池車。

FCVコンセプト [fuel cell vehicle concept] 燃料電池車（FCV）の車名で，ホンダが2016年に発売予定の「Honda FCV Concept」。FCVとして初めてセダン・タイプのフロント・フード内にパワー・トレインを収めることにより，5人乗車を可能にしている。このFCVは2008年から日米で限定販売したFCXクラリティの後継モデルで，燃料電池スタック（発電装置）は従来より33%小型化しながら出力100kW以上，出力密度は3.1kW/ℓと出力は約6割向上している。70MPaの高圧水素タンクを搭載し，航続距離は700km以上，水素のフル充填時間は約3分間。災害時などに最大9kWの交流電力が取り出し可能な外部給電器「パワー・エクスポータ」も備えている。☞MIRAI，TeRRA。

FCWS [forward collision warning system] ☞前方車両追突警報システム。

FCX [fuel-cell X] ホンダが開発・実用化中の燃料電池車。世界初の燃料電池実用化車両として，2002年に日本政府と米カリフォルニア大学に納入された。政府と加大学へはトヨタも同時に納入し，FCHVと呼んでいる。燃料電池スタック（発電装置）はカナダのバラード社製のものを使用し，減速・制動時のエネルギーも回収してウルトラ・キャパシタに貯蔵し，発進時や加速時に駆動モータをアシストしている。燃料電池の発電用水素の供給は，2本の高圧タンク（35MPa）で行っている。2003年には，自社開発のホンダFCスタックで外気温−20℃からの始動に成功している。2007末には新型燃料電池車「FCXクラリティ」が発表され，V Flow FCスタックの採用により，容量出力密度は50%，重量出力密度は67%向上し，−30℃での始動も可能となった。エネルギーの貯蔵にはリチウムイオン電池を使用し，4人乗りの専用プラットフォームに最高出力100kW（134馬力）のモータを載せ，1回の水素の充填で約450km走行できる。FCXクラリティの生産は2008年6月より開始され，3年間で200台程度の生産・販売を見込んでいる。2008年7月以降，日米限定でリース販売された。

FCスタック [fuel cell stack] ☞燃料電池スタック。

FCバス [fuel cell bus] ☞燃料電池バス。

FDC [first dead center] 第一死点。＝上死点（TDC）。

FDS [flow drill screw] フロー・ドリルねじ。異種金属である鋼板とアルミ合金材を用いた車体などの結合に用いるねじで，両者を下穴なしに片側から結合することができる。ダイムラー（MB）のSクラスでは，ボディにアルミ合金材が14%使用されており，鋼板との結合に構造用接着剤を使用した上，セルフピアシング・リベット（SPR）やFDS等により，両者を機械締結している（2015年現在）。☞Impact。

Fe [ラ ferrum] 鉄の元素記号。＝iron 英。

FEM [finite element method] 有限要素法。物体のコンピュータ・モデルを立体の組み合わせで作る方法。

FF [front engine front wheel drive] FF方式。車両の前部に搭載したエンジンで前輪を駆動する方式で，小型車に多く採用されている。直進性に優れ室内を広く取れるなどの反面，前車軸に荷重がかかり過ぎるためにハンドル操作が重く，アンダステアが強く出る傾向にある。＝FWD。対FR。

FFC [flexible flat circuit] 日産が採用した新しいワイヤ・ハーネス。銅箔をポリエチレン製のフィルムでサンドイッチ状に挟んだもので，コストの低減や軽量化に寄与する。

FF shift [feather touch finger control shift] 日野が大型車両に搭載しているトランスミッションの新しい変速方式。従来の機械式リモート・コントロール方式から電気信号によるエア・シリンダの動きに置き換えたもので，運転者の疲労軽減に寄与する。いわゆるシフトバイワイヤ（SBW）方式である。

FFV [flexible fuel vehicle] ガソリンとメタノールの自由な混合比での走行が可能な車両。VFV（variable fuel vehicle）ともいう。

F-head cylinder エンジンのバルブ配置の一方式。サイド・バルブ・エンジンで，吸気バルブをシリンダ・ヘッドに，排気バルブをシリンダ側に取り付けたもの。バルブ面積を広くできるメリットはあるが，動弁機構が複雑になる。燃焼室の断面形状がF字形になっているこがネーミングの由来。＝F-head engine。

FHWA [federal highway administration] 米国連邦道路局。

FI [fast idle] ファスト・アイドル。自動チョークが作動しているとき，エンジンの暖機を促進するためにアイドル回転を早めること。

FIA [仏 Fédération Internationale de l'Automobile] 国際自動車連盟。自動車による旅行などを支援する各国のクラブ組織と，自動車（四輪車）によるモータ・スポーツ活動の統括の二つを主業務とする世界規模の団体。1904年創立，本部パリ，日本ではJAFが加盟。

FICB [fast idle cam breaker] キャブレータのファスト・アイドル解除装置。

FIM [仏 Fédération Internationale Motocycliste] 国際モータサイクリスト連盟。国際連合傘下のユネスコに所属している国際機関で，世界各国で開催されるモータサイクル・スポーツを統括している。日本ではMFJ（日本モータサイクル・スポーツ協会）が加盟している。

FIP [fuel injection pump] 燃料噴射ポンプ。☞インジェクション・ポンプ。

FISA [仏 Fédération Internationale du Sport Automobile] 国際自動車スポーツ連盟。国際自動車連盟（FIA）傘下でモータ・スポーツに関する国際的な取り決めを行う最高機関。日本ではJAF（日本自動車連盟）が加盟している。

FISITA [仏 Fédération Internationale des Sociétés d'Ingénieurs des Techniques de l'Automobile] 国際自動車技術会連盟（フィジタ）。自動車技術会の国際機関で，国際会議を隔年で開催している。1948年にフランスが中心となって創立され，世界39カ国が加盟し（2006年現在），日本は1960年に加盟。2006年には，横浜において「第31回FISITA世界自動車技術会議」が開催された。

FL [fusible link] ☞フュージブル・リンク。

FLENDS [final low emission new diesel system] 日産ディーゼルが2004年末に採用した，大型ディーゼル車の新長期排出ガス規制適合技術（フレンズ）。PM（粒子状物質）を低減する高圧燃料噴射装置（ユニット・インジェクタ）と，NO_x削減に効果的な尿素SCR触媒を組み合わせている。☞尿素SCRシステム。

FlexRay ワイヤ・ハーネスの肥大化を解決する多重通信技術の通信規格（車内LANプロトコル）のひとつで，ダイムラー・クライスラーAGの商標。高速大容量の車内通信システムで，2000年にDC, BMW，ボッシュ，GMなどで結成されたフレックスレイ・コンソーシアムで開発中の次世代車載用電子制御システム。通信速度は高速の10Mbpsで，既存のCAN（1Mbps），LIN（20kbps）などより高速性，安定性，耐障害性などの優れ，通信線は2系統のネットワークを組むことができるため，システムの信頼性を要求されるドライブバイワイヤ（DBW）やブレーキバイワイヤ（BBW）などのバイワイヤ技術に利用される。2006年，BMWが転倒防止やサスペンションのダンピング制御などに初めて採用した。☞車内LAN。

FLS [fluid level switch (sensor)] 燃料，潤滑油，冷却液，ブレーキ液，バッテリ液等の液面を検出するスイッチ（センサ）。

FLT [fluorescent tube] 蛍光表示管。＝VFD。

FM[1] [frequency modulation] 周波数変調。雑音が少なく音質がよいので，音楽放送やテレビの音声部の送信に用いられる。

FM[2] [friction modifier] 摩擦調整剤。潤滑油の場合，摩擦を減少させることを目的として使用される潤滑油用添加剤。

F matic [formula matic] ホンダが採用した，マニュアル・モード付きAT。ステアリング・コラム部にマニュアル操作用のシフト・スイッチを設け，ステアリング操作に集中しながらマニュアル・ライクなドライビングができる。

FMS [flexible manufacturing system] 柔軟で小回りの効く（自動車）生産システム。①生産ラインにおける単一車種の大量生産ではなく，種類の異なる車種を同一ラインに流して生産をする（混流生産）。②生産ラインでは単一車種の生産を行うが，車種変更への対応が容易である。

FMVSS [federal motor vehicle safety standards] 米国連邦自動車安全基準。

FO [firing order] エンジンの点火順序。例 4シリンダでは1-2-4-3または1-3-4-2，6シリンダでは1-4-2-6-3-5または1-5-3-6-2-4。＝ignition order。

FOW [forward obstruction warning system] ☞i-Activsense。

F/P [fuel pump] 燃料ポンプ。☞フューエル・ポンプ。

FR [front engine rear wheel drive] FR方式。車両の前部に搭載したエンジンで後輪を駆動する方式。前後軸の重量配分の関係からFF車と比較して操縦性に優れ，スポーティ車や大きな車に多く採用されている。対FF。

FRM [fiber reinforced metal] 繊維強化金属。鉄，銅，アルミニウム，マグネシウム，チタン，ニッケルなどの金属母材に，補強材として炭素，アルミナ，ボロンなどの繊維を加えて高い耐熱性や耐摩耗性を有する複合材料。例 ピストン，シリンダ・ライナ。☞MMC。

FRP [fiber reinforced plastics] 繊維強化樹脂。軽量かつ比強度の高い複合材料で，強化材にガラス繊維を用いたものをGFRP，炭素繊維を用いたものをCFRPという。大別すると熱硬化性と熱可塑性があるが，一般に熱硬化性樹脂として扱い，熱可塑性樹脂はFRTPと区別している。FRPは耐衝撃性・剛性・耐熱性などに優れ，ボディ外板，スポイラ，マッド・ガード，リーフ・スプリングなどに使用されるが，難点は生産性と製造コスト。

FR-PA [fiber reinforced polyamide] 強化ナイロン。ナイロンにガラス繊維などを加えて強化したもので，シリンダ・ヘッド・カバーなどに用いられる。

FR-PBT [fiber reinforced polybutylene terephthalate] 強化ポリブチレン・テレフタレート。ガラス繊維などの強化材を混合して強化したPBT樹脂。引っ張り強さ，耐衝撃性，耐摩耗性などに優れ，トリム，コンソール・ボックス，バンパ・ビームなどに用いられる。

FR-PP [fiber reinforced polypropylene] 強化ポリプロピレン。ポリプロピレンにガラス繊維を加えて強化したもので，バンパ，インパネ，トリムなどに用いられる。

FRS [fresh] カー・エアコンの操作ボタンなどの表示で，外気導入（フレッシュ・エア）を意味する。対REC。

FRTP [fiber glass reinforced thermoplastics] ガラス繊維強化熱可塑性樹脂。熱を加えると柔らかくなる性質を持つPC，PP，PAなどの熱可塑性樹脂にガラス短繊維を混入成形したもので，引っ張り強さや弾性に優れ，樹脂製プロペラ・シャフトやインテーク・マニホールドなどに用いられる。

FSAE [formula society of automotive engineers] フォーミュラSAE。学生が610cc以下の4サイクル・エンジンを搭載したフォーミュラ・スタイルのレーシング・カーを設計・製作し，その製作過程から車の性能まで総合的に評価するSAE主催の設計競技。毎年5月に米国で開催され，国内大会を経て大学生が参加している。

FSI [fuel stratified injection] VWやアウディに採用された，直噴ガソリン・エンジンの「成層燃焼型筒内噴射方式」。これのターボ過給版がTFSI。☞TSI。

FSRA [full speed range ACC] 全車速域・車間距離制御装置。ITSにおける走行支援システムのひとつで，ACC（車間距離制御装置）の追随機能を停止制御まで拡張したもの。

FSW [friction stir welding] 摩擦攪拌接合。摩擦熱を利用して固相状態でアルミニウム合金やマグネシウム合金の板材や鋳造材を接合する技術で，1991年に英国のTWIで開発されたもの。接合材料に一定の圧力を加え，回転ツールの摩擦熱を利用して材料を軟化させ，工具を移動させながら接合を行う。☞異種金属接合技術。

ft [feet] ①footの複数。②英国式ヤード・ポンド法の長さの単位の一つで，記号はft。1フィート＝30.48cm，1フィート＝12インチ，1ヤード＝3フィート。

FTD燃料（ねんりょう） [Fischer-Tropsch diesel fuel] 合成液体燃料の一種で，トヨタ，日野，昭和シェル石油などの5社が軽油の代替燃料として開発したもの。硫黄分や芳香族を含まず，軽油と比較して排気ガス中のPMを約50%，HCとCOを約20%低減できるクリーンな燃料が特徴。原料には天然ガスを用いるが，石炭やバイオマスからも製造が可能で，2007年末より試験運行を開始している。

ft-lb [feet pound] 英国式仕事またはトルクの単位。複数形は，ft-lbs（feet pounds）。

FUP [front underrun protector] トラックと乗用車が正面衝突した際，乗用車の潜り込みを防止する装置。欧州では2003年10月から装備が義務付けられており，日本でも2011年以降の装備が義務付けられた。FUPはトラックの前部フレーム下方に取り付ける保護装置で，乗用車に与える被害の低減効果が期待されている。☞RUP。

FV [force variation] 剛性の変動。☞フォース・バリエーション。

FVCMS [forward vehicle collision mitigation systems] ☞衝突軽減ブレーキ・システム。

FVCWS [forward vehicle collision warning systems] ☞前方車両追突警報システム。

F/W [flywheel] はずみ車。☞フライホイール。

FWD [front-wheel-drive vehicle] 前輪駆動車。FF車を意味する。☞フロント・エンジン・フロント・ホイール・ドライブ。㊝RWD。

4WD [four-wheel-drive vehicle] 四輪駆動車。二輪駆動と四輪駆動の切り換えのできるパートタイム式と，常時四輪駆動のフルタイム式とがある。

4WIS [four-wheel independent suspension] 四輪独立懸架式。

4WS [four-wheel steering] 四輪操舵装置。前輪の他に後輪も操舵機能を持ち，同位相と逆位相とがある。

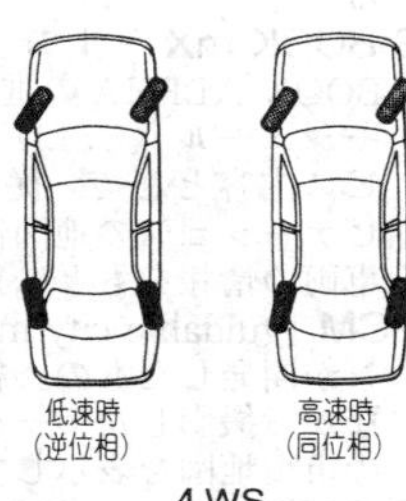

4 WS

4×4 [four-by-four] 前の4は全車輪数，後の4はその中の駆動輪数。従って，4×4は四輪車で四輪駆動。FF，FRの四輪乗用車は，4×2（four-by-two）ということになる。

[G]

G, g [次の語彙などの頭文字] ①gram（グラム）。②gravity（重力，重力加速度）。③giga-（10億倍の意）。④grand（堂々とした，壮大な）⑤Gauss（磁束密度）。

G AI-Shift ATやCVTの変速制御に人工知能（AI）を取り入れたトヨタのAI-Shiftにおいて，Gセンサから減速度や旋回力を判断し，コーナ進入時に車両Gに応じたギアへ自動的にダウンシフトするもの。

GAZOO ガズー。トヨタが採用した，ユーザとの双方向通信が可能なビジュアル情報ネットワーク・システム。販売店のショー・ルーム等に設置し，新車，中古車，メンテナンス，板金修理，査定，保険，その他情報の七つのメニューを提供。更に1999年末からは商店街，メディア街，旅行街などの生活関連情報も追加。専用端末機のほか自宅のパソコンからもアクセス可能。GAは画像，ZOOは英語で動物園のことで，その併せ俗称GAZOOがネーミングの由来。2006年にG-BOOKに，2010年にはスマート・フォンに対応させている。

GA鋼板（こうはん） [galvanized alloy zinc steel sheet] ☞合金化亜鉛めっき鋼板。

GB [gigabyte] ギガバイト，10億バイト。コンピュータ情報量の単位の一つ。ギガ

(giga）は10億倍の意。㊟1バイト＝8ビット。

G-BOOK　ジー・ブック。トヨタが新たに採用したカー・テレマティクス（車載通信システム）の商標。車に144キロビット/秒の通信モジュールを搭載した次世代型システムで，Eメールのやりとりや音楽配信を高速通信で行ったり，リアルタイムでドライブ情報をカー・ナビゲーションの画面上に表示する。また，パソコンや携帯端末でも同様のサービスが受けられる。従来のMONET（モネ）やGAZOO（ガズー）の更に発展したもの。㊟G-BOOK：GはGlobalまたはGAZOOを，BOOKは気軽に情報を引き出せる本（情報ボックス）を意味する造語。☞カーウイングス（日産），インターナビ・システム（ホンダ），T-Connect。

G-BOOK ALPHA　トヨタが2005年に導入した新テレマティクス・サービスで，G-BOOKの進化版。HDDナビゲーション・システムとブルートゥース対応の携帯電話を組み合わせ，専用通信機（DCM）の採用による通信速度の高速化（最高2.4Mbps）により，データ通信とカー・ナビゲーションが連動したテレマティクス・サービスが受けられる。2007年3月末現在の加入台数は約52万台。主なサービス内容は次の通り。①Gルート探索＆渋滞予測。②ドライブ・プラン。③オペレータ・サービス。④ヘルプネット（緊急通報サービス）。⑤Gサウンド＆オートライブ。⑤の場合，オンデマンド・カー・オーディオ・システム（G-DRM）を採用したもので，暗号化された1万曲以上の音楽データがカーナビのハード・ディスクに収納されている。

G-BOOK mX　トヨタが2007年に導入した新テレマティクス・サービスで，G-BOOK ALPHAの進化版。携帯電話を接続して使用する「G-BOOK mX」と，通信モジュール（DCM）を使用する「G-BOOK mX Pro」の2種類がある。新しいサービス内容として，従来のG-BOOK ALPHAに次の2点を追加している。①カー・ナビゲーションの地図情報を自動的に更新する「マップ・オンデマンド」機能。②加入車両の情報をもとに独自の渋滞情報を作る「プローブ交通情報」を提供する機能。

GCM［guidable city model］　カー・ナビゲーション用の高精度地図データで，ゼンリンが開発したもの。綿密な現地調査を行った二次元の詳細地図と，実際に街を走行しながら撮影したデータを元に再現した三次元デジタル地図の組み合わせにより，都市の市街地図を表示している。☞GIS。

G-CON［G-force control technology］　ホンダが導入した，衝突安全ボディ用のGコントロール技術。衝突時の自己保護性能を向上させると同時に，相手車両への攻撃性低減の両立を図るコンパティビリティ対応ボディ。「G」は加速度の略で，衝突の場合にはマイナスG（減速度）となる。G-CONの進化版が，ACEボディ構造。

G control［gravity control］　ホンダが軽自動車や小型自動車用に採用した，衝突安全ボデーの名称。前面衝突時の衝撃を3段階に分けて吸収する。

GCW［gross combination weight］　トラクタとセミトレーラを連結したときの両車を合わせた総重量。

G-design shift　CVT（無段変速機）搭載車において，アクセル操作に素早く応答するような変速制御。ホンダがミニバンなどに採用したもので，ダイレクト感のある加速G（リニアな加速感）が得られる。

GDI［gasoline direct injection engine］　三菱が1996年に開発した，筒内噴射ガソリン・エンジン。三菱GDIエンジンと呼ばれる層状吸気超希薄燃焼エンジン。高圧の燃料をインジェクタからシリンダ内へ直接噴射し，空燃比25～40の超希薄燃焼を行うことにより，省燃費と高出力を実現した。GDIは三菱の商標。

GDI-ASG［gasoline direct injection engine-automatic stop & go system］　三菱のGDI（前述）にアイドリング・ストップ・システムを組み合わせて省燃費を図ったもの。

GDI-CVT［gasoline direct injection engine-continuously variable transmission］　三菱のGDI（前述）にCVT（無段変速機）を組み合わせたもの。CVTとGDIの協調制御

を行うことにより加速時の油圧の応答遅れを改善し，燃費の向上等を図っている。

G-DRM [G-digital right management]　トヨタの車載通信システム「G-BOOK ALPHA」に採用された，デジタル著作権保護システム。暗号化された音楽データをカーナビのハード・ディスクに保存・管理している。

GENIVI Alliance　IVIシステム（次世代車載情報通信システム）の標準化を目指す非営利団体。BMW，GM，PSAプジョー・シトロエン，デルファイ，インテル，ビステオンなど8社が参加して2009年3月に設立した業界団体で，日本の日産，ホンダ，デンソー，アイシンAW，アルパイン，パイオニアなども参加している。

GF-1～5　☞ILSAC。

GFPP [glass fiber reinforced polypropylene]　ガラス繊維で強化したポリプロピレン樹脂。これを射出成形したバック・ドアを日産が採用して，鋼板比で約20%の軽量化を図っている。

GFRP [glass fiber reinforced plastics]　ガラス繊維強化樹脂。☞FRP。

GHG [greenhouse gas]　☞温室効果ガス。

GIS [geographic information system]　地理情報システム。国土や建物の測量値をディジタル化し，さまざまな用途に応用するもの。三次元データに基づいて作成された立体図は，ナビゲーション用の地図情報やITS等に幅広く利用できる。

GL-1～6　ギヤ・オイルのAPI分類。GL-1～6までの6種類があるが，実際に使用されるのはGL-3～6の4種類で，特にGL-5とGL-6にはハイポイド・ギヤ用の極圧剤が多く添加されている。

G-LEV [good low emission vehicle]　良-低排出ガス車。平成12年規制値よりも有害物質の排出量を更に25%以上低減させたもの。T-LEV（移行期低排出ガス・レベル車）ともいう。☞E-LEV，U-LEV。

G-Link　レクサスに採用された，テレマティクス・サービス。ネットワークで車とオーナをサポートするもので，ヘルプネット，G-Security，レクサス緊急サポート24，リモート・メインテナンス・サービス，レクサス・オーナーズ・カード，レクサス・オーナーズ・サイトなどがある。G-Linkサービスはデジタル・メディア・サービス㈱が運営するもので，別途契約が必要。

GLONASS [global navigation satellite system]　ロシアが所有する衛星測位システム（グロナス）。かつてのソビエト連邦が1982年から人工衛星の打ち上げを開始し，1996年までに24基の人工衛星を打ち上げており，2011年には全世界で運用可能となった。☞GNSS。

GM [General Motors corporation]　ゼネラル・モーターズ。米国3大自動車メーカの一つであると共に世界最大の自動車メーカ。1904年設立。

GMT [glass mat reinforced thermoplastic]　熱可塑性樹脂の一種で，ガラス長繊維マットにポリプロピレンを含浸させたもの。軽量で機械的強度などに優れ，プレス成形してモジュール部品の台材（キャリア），バンパ・ビーム，バッテリ・トレイなどに用いられる。

GND [ground]　電気の接地，アース。

GNSS [global navigation and satellite system]　全世界を対象にした衛星測位システム。GPS（米国），GLONASS（ロシア），Compass（中国）が既に稼働中であり，Galileo（EU）は準備中。☞QZSS。

GOA [global outstanding assessment]　トヨタが採用している，世界規模の衝突安全基準。日米欧の公的な衝突安全基準を上回る独自の社内基準で，1995年から逐次採用を開始。前後方向の衝突はボデー前・後部が変形して衝撃を吸収・分散することにより，キャビンの変形を最小限に抑える。また，キャビン各部の高剛性化により，衝突時のキャビン部の変形を最小限に抑える。

GP [仏 Grand Prix]　グランプリ。大賞，最高賞。

GPex　ジーペックス。D-GPSサービスの商標。☞D-GPS。

GPF [gasoline particulate filter] ガソリン車用のPM（粒子状物質）フィルタ。直噴エンジンを搭載したガソリン車に用いるもので，EUでは2017年のEuro6-2からの搭載を検討している。☞DPF。

GPN [green purchase network] 環境への負荷が少ない商品やサービスの購入を促進するグリーン購入ネットワーク。GPNは企業や行政，NGOなどで組織するネットワークで，トヨタやホンダなど1,815団体（1999年6月現在）が参加している。1996年設立。

GPS [global positioning system] 全地球測位／衛星測位システム。人工衛星から送られてくる電波を受信して現在位置を算出する装置で，カー・ナビゲーションはこのGPSからの電波を利用している。GPSは米国の軍事衛星で，1978年に1号衛星が打ち上げられ，1983年には民間に一部機能が解放された。1996年には必要衛星数（最少18機）がそろい，1990年ころからカー・ナビゲーションへの利用が広まった。当初は故意に精度が下げられていたが，2000年にはこれが廃止され，精度が大幅に向上している。2008年現在，最少24機，予備機を含め30機が稼動中。☞GNSS。

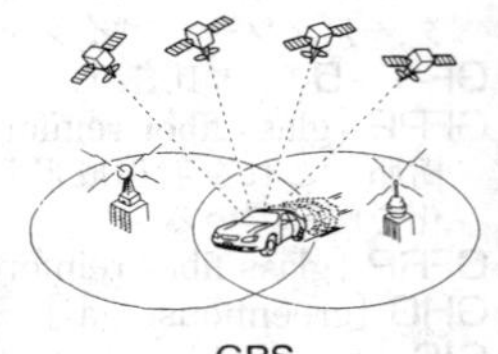
GPS

GPS-AVM [global positioning system automatic vehicle monitoring system] 人工衛星を利用した配車・運行管理システム。主にタクシー無線に利用。

g/ps・h [gram/pferdestarke per hour] エンジンの燃料消費量測定方法の一つ。1馬力1時間あたり何グラムの燃料を消費するか，を意味する。㊟pferdestarke：ドイツ語で“馬力”の意。

G-Security レクサスに導入されたG-Linkのひとつで，車の盗難防止装置。ドアのこじ開けや窓ガラスの破砕による車内への侵入を検出した場合，警音器とハザードで警報を発し，オーナへメールと電話で速やかに知らせ，車両位置の追跡とともに警備員を派遣する。セキュリティ・カメラ装着車の場合には，リモート・イモビライザとリモート操作で遠隔地からエンジンの再始動とステアリング・ロックの解除を禁止することができ，携帯電話でドア・ロック操作や窓ガラス閉操作なども行える。

GSI [gearshift indicator] ☞ギアシフト・インディケータ。

GSM [global system for mobile communications] 携帯電話の通信規格の一つ。FDD-TDMA方式で実現されている第2世代（2G）のもので，世界のほとんどの国（212カ国）や地域で使用されているが，日本・韓国・北朝鮮では使用されていない。GSMは1987年に欧州の統一規格として採用され，2008年現在，世界の携帯電話端末市場の82%を占めている。欧州で2018年春から導入される「e-Call（自動車事故の緊急通報システム）」の通信には，GSMが使用される。

G-SMC [glass fiber sheet molding compound] ☞SMC。

GSR [genaral safety regulation] EU（欧州連合）が2020年をめどに車の安全性と環境性能の向上および法体系の簡素化を目的としたもの。新CARS21（ハイレベル会議が取りまとめた行動計画）に対応するもので，先進安全技術（TPMS，AEBS，LDWS，GSI，ESC）の導入の義務づけ等を行っている。

GST[1] [genaral scan tool] 汎用診断装置。OBDスキャン・ツール（車載の電子システム診断装置）の一種で，各車共通で使用できるもの。特定メーカの自動車専用のものではなく，市販されている汎用品。

GST[2] [global system for telematics] EUにおけるテレマティクス（車両内外の情報通信技術）の共同出資プロジェクト。2004年に発足したもので，欧州全域の47社が参加し，ERTICO（欧州におけるITSの推進組織）が調整役となってテレマティクス・サービスの標準化に取り組んでいる。

GT [grand touring car] 長距離を快適にドライブするため，高性能エンジンを搭載し，操縦安定性に優れ，居住性のよいスポーツ・タイプの車両。＝グランツーリスモ(伊)。

GTL fuel [gas to liquid fuel]　天然ガスや石炭を原料として水素と一酸化炭素の合成ガスを生成し，合成液化した燃料。常温で液体であり，燃料中に硫黄分や芳香族（アロマ）炭化水素を含まず，セタン価も概ね70以上と高く，軽油と比較して排気ガス中の粒子状物質（PM）が4割，HCが6割，NO_Xが2割それぞれ少なく，二酸化炭素の発生も少ないことから，クリーン・ディーゼル燃料としての研究開発が進んでいる。また，燃料電池車（FCV）の水素を取り出す燃料としても有望視されている。

GTR [global technical regulations]　世界技術基準。自動車の技術基準で，世界各国共通のもの。国連のグローバル協定（1998年協定）に基づく世界統一基準で，ドア・ラッチとヒンジ部品が第1号となり，2008年には，日本が主導してきたヘッドレストと安全ガラスがWP29（自動車基準調和世界フォーラム）で採択された。

G valve [gravity valve]　後輪制動油圧制御弁。車両の積車状態と減速度を感知して，進行方向に移動するスチール・ボールでバルブ内部の油路を閉じ，ブレーキの油圧制御点を変化するようにしたもの。即ち，急ブレーキの度合いが強いほど，後輪ブレーキの油圧を弱くして，ブレーキ・ロックを防止する。

GVM [gross vehicle mass]　車両総質量。最大積載状態の自動車の質量（重量)。

GVMR [gross vehicle mass rating]　米国の法規に定義されている用語で，メーカが指定する最大積載車両質量（重量)。＝GVWR。

GVW [gross vehicle weight]　車両総重量。積車状態の重量。乗用車の場合は乗車定員数の人員（1人55kgで計算)，貨物の場合は最大積載量の荷物を積載した状態。

GVWR [gross vehicle weight rating]　最大積載車両重量。☞GVMR。

GWP [global warming potential]　地球温暖化係数。同体積あたりの温室効果を二酸化炭素（CO_2）を「1」として計算する。例えば，メタンは21，HFC-134aは1,300，フロン12は8,500となる。欧州では，2011年以降の発売モデルからGWPが150未満のカー・エアコン用冷媒の使用が義務づけられ，2017年までにはすべての新車でHFC-134aの使用を取りやめることを求めている。このため，CO_2やHFO-1234yfを冷媒とするノンフロン・カーエアコンが開発されている。

Gセンサ [gravity sensor]　加速度／減速度 検出器。車体の動きを前後，左右，上下などに分けて検出するもので，電子制御サスペンション，エアバッグ，ESC，ドライブ・レコーダなどに用いられる。☞ヨー・レートGセンサ。

Gルート探索（たんさく) [G-route search]　トヨタが採用している車載通信システム「G-BOOK ALPHA」の一機能で，加入顧客に道路の渋滞情報を提供するサービス。プローブ情報付きGルート探索の場合，G-BOOK mXユーザの走行状態をG-BOOKセンタに集約し，VICSでは把握しきれない渋滞情報も取得して，最適なルート案内を行う。

[H]

H, h [次の語彙などの頭文字]　①hour（時間)。②high speed（高速)。③height（高さ)。④hydrogen（水素)。⑤harshness（ゴツゴツした振動と騒音)。⑥hot（熱い)。⑦henry（インダクタンスの単位)。⑧hecto-（100を意味する結合辞)。⑨タイヤの速度記号（最大巡航速度210km/h)。

H2V [home to vehicle]　家庭用の電源から，電気自動車（EV）やプラグイン・ハイブリッド車（PHV）の駆動用バッテリに充電すること。☞V2H。

Ha:mo [harmonious mobility network]　トヨタがITSの一環として開発中の低炭素交通システム（ハーモ)。ハーモでは，車と公共交通を組み合わせたルート案内サービスや，超小型電気自動車と電動アシスト自転車を利用したモビリティ・ネットワーク「Ha: mo RIDE（ハーモライド）」を提供している。超小型EVにはCOMS（トヨタ車体）とi-ROAD（トヨタ），電動アシスト自転車にはPAS（ヤマハ）が使用され，利用は有料の会員制でスマート・フォンから簡単に予約でき，乗り捨てもOK。2012年10月から，愛知県豊田市で実証実験が開始されている。

HAC [high altitude compensator]　高度補償装置。高地では空気密度が低く混合気が濃くなる傾向にあるため，高度に応じて吸入空気量を増加させる装置をつける。

HACV [hot air control valve]　キャブレータの暖気調整弁。バイメタルを用いたバルブで冷間時は閉じていて暖機特性を向上し，温間時にはバルブを開いて冷気を導入して，パーコレーションを防止する。

HAI [hot air intake system]　寒冷時にエンジンの暖機を促進するため，排気マニホールド付近の暖かい空気をエア・クリーナへ導く装置。一般には調温エア・クリーナと呼ばれ，吸入する空気の温度に応じて混合気が濃くなり過ぎないよう規制する。☞ITC，CCS。

HAM [Honda of America manufacturing]　ホンダの米国生産工場（オハイオ州）。

HAR [highway advisory radio]　交通情報ラジオ。路側のケーブルなどから道路の渋滞や事故などの交通情報をカー・ラジオ向けに放送すること。周波数は全国統一で1620kHz。

HAVE-it [highly automated vehicles for intelligent transport]　欧州におけるITSプロジェクトの一つで，2008年から開始されたもの。将来の自動運転を視野に入れた予防安全を目的としており，その支援の特徴は，運転者の負荷が高いときだけでなく，渋滞時などの負荷が低いときにも支援を行っている。

H/B [hatchback]　車体の形式の一つで，乗用車としての基本を残しながらワゴンのような跳ね上げ式の大きく傾斜した後部ドアのあるもの。＝リフトバック。

HBMC [hydraulic body motion control]　油圧式車体動作制御装置で，日産が2010年に発表したもの。4輪独立サスペンションに4個の油圧シリンダをクロスにレイアウトした2系統配管と2個のアキュムレータをもち，路面からの衝撃を吸収するとともに，コーナリング時の車体の傾き（ロール）を低減している。この装置には，油圧発生装置などの動力源は使用していない。北米向け大型SUVに採用。

HC [hydrocarbon]　炭化水素（ハイドロカーボン）。石油など炭素と水素からなる化合物の総称。内燃機関では排気ガス中の未燃分または燃料タンク等からの蒸発分を指す。大気中で強い太陽光線により，化学反応を起こして光化学スモッグの原因物質となる。

HCCI [homogeneous charge compression ignition]　均一予混合圧縮着火。ディーゼル・エンジンとガソリン・エンジンの長所を組み合わせた燃焼方式で，燃焼が均一で燃焼温度が低いためにPMやNOxの発生がなく，熱効率などにも優れている。ディーゼル・エンジンで圧縮途中に燃料を噴射し，十分な混合を行わせた後に自己着火させる燃焼方式や，ガソリンを用いた自己着火方式を含めて開発が進んでいるが，解決すべき問題点も多い。マツダが開発中のDISI-HCCハイブリッド燃焼エンジンでは，各々のバルブを作動または休止させ，低負荷時にはDISI（直噴成層燃焼）とHCC燃焼を組み合わせ，高負荷時には火花点火で燃焼させている。日産では，ガソリンを燃料とする圧縮点火方式の超々希薄燃焼（MK燃焼）HCCIエンジンを，トヨタでは2ストロークHCCIエンジンをそれぞれ開発中とのこと。BMWやホンダでもHCCIの名称で開発が進んでいる。2007年の東京モータ・ショーでは，ダイムラーが開発中のHCCIエンジン「DiesOtto（ディゾット）」を搭載した大型セダン（F700）を発表している。☞PCCI，ディゾット。

HCFC [hydro-chloro-fluoro-carbon]　ハイドロクロロフルオロカーボン。代替フロンの一種。☞特定フロン。

HC-SCRシステム [hydrocarbon-selective catalytic reduction system]　炭化水素選択還元システムで，日野自動車が中・小型トラックをポスト新長期（平成22年）排出ガス規制に適合させるために採用したもの。排気ガス中の未燃焼HC，または軽油から分解生成したHCを還元剤としてNO_xを無害化するもので，尿素SCRシステムのような尿素水補給の手間がかからず，積載性も犠牲にならない。ただし，NO_x削減率（30～40%）や触媒の耐久性に課題を残しており，排ガス処理（ポスト噴射）により燃費性能も若干悪くなる。

HC trap catalytic converter［hydrocarbon trap catalytic converter］ エンジン始動直後などの低温時には，HC（炭化水素）の排出量が多い割に触媒の温度が低くて十分に浄化できない。そこで，この触媒装置ではゼオライトなどの吸着剤にHCを一時的に蓄え，その後温度が上昇して触媒が活性化したところで浄化し，HCの排出を抑制する。日産車の一部に採用。トラップとは「わな，落とし穴」の意。

HCU［hydraulic coupling unit］ ①流体を利用して動力を伝える継手，フルード・カップリング。②三菱の回転ポンプに似た構造のフルタイム4WD用継手（カップリング）の名称。

HCV［heat control valve］ 吸気マニホールド加熱用の開閉弁。

HC・NO_xトラップ触媒（しょくばい）［HC-NO_x trap catalyst; hydrocarbon and nitrogen oxides trap catalytic］ 日産が2007年に新開発のクリーン・ディーゼル・エンジンに採用した，排気ガス浄化用の触媒装置。触媒の表面をHCトラップ層，NO_xトラップ層，NO_x浄化層の三つで構成することにより，希薄燃焼条件下でも高い浄化効率を発揮している。トラップとは「わな，落とし穴」のことで，このトラップ層にHCやNO_xを一時的に吸着させている。

HD［heavy-duty］ 重荷重用，極圧用。

HDC［hill descent control］ オフロード等の急坂を安全に下降する装置で，BMWのSUVやランドローバーの一部に採用。スイッチ操作により，フット・ブレーキとABSとエンジン・ブレーキとを自動的に連係させながら10km/h以下の微速で下降する。この装置が駆動力と制動力を自動的に制御するので，ブレーキやアクセルを踏む必要はない。

HDCショック・アブソーバ［high-speed damping control shock absorber］ ☞ハイスピード・ダンピング・コントロール・ショック・アブソーバ。

HDD［hard disc drive］ 固定磁気ディスク装置。金属の円盤に磁性体を塗った記憶装置。主にパソコンに用いるが，カー・ナビゲーションの地図情報やミュージック・ソースとしても利用される。HDDカーナビの場合，DVDの約2倍の容量の地図情報が収録可能となり，検索速度も早い。

HDM-3000［Hitachi diagnostic monitor-3000］ 日立ダイアグモニタ。OBDスキャン・ツールの一種で，㈱日立オートパーツ＆サービス社製のもの。7インチのカラー・モニタや，パソコンなどの外部機器との通信機能を備えた高機能型。

HDPE［high density polyethylene］ 高密度ポリエチレン。軽量かつ高強度で耐水性や耐溶剤性に優れており，樹脂製燃料タンクやフェンダ・ライナなどに使用される。

HDS［Honda diagnostic system］ ホンダが採用したネットワーク対応型故障診断装置。診断車両に接続する端末（HIM：Honda interface module）とノート・パソコンで構成され，複雑な電子制御システムの故障に対応する。

HDV［heavy-duty vehicle］ 重量車。対LWV。

He［helium］ ヘリウムの元素記号。

HELPNET［the emergency notification system］ ヘルプネット。国内自動車メーカや電気メーカなどが出資する「㈱日本緊急通報サービス」の商標。自動車で移動中の事故や急病等の緊急時に警察や消防に通報するもので，2000年9月よりサービスを開始。本システムは携帯電話のネットワーク，GPS，24時間稼働のオペレーション・センタ等からなり，手動または自動（エア・バッグ連動）でセンタへ緊急通報したものが警察や消防に回され，救援活動の時間短縮が期待できる。サービスは会員制で有料。

HEM-Net [emergency medical network of helicopter and hospital] 特定非営利(NPO)法人「救急ヘリ病院ネットワーク」。ヘリコプタによる救急医療システムの普及促進を目的として，1999年(平成11年)に設立されたもの。2015年現在，36道府県に44機のドクターヘリが配備されている。車両衝突などを検知して自動通報する自動事故通報システム(ACN)の次世代版「先進交通事故自動通報システム(AACN)」を開発する組織を2012年に立ち上げている。☞HELPNET。

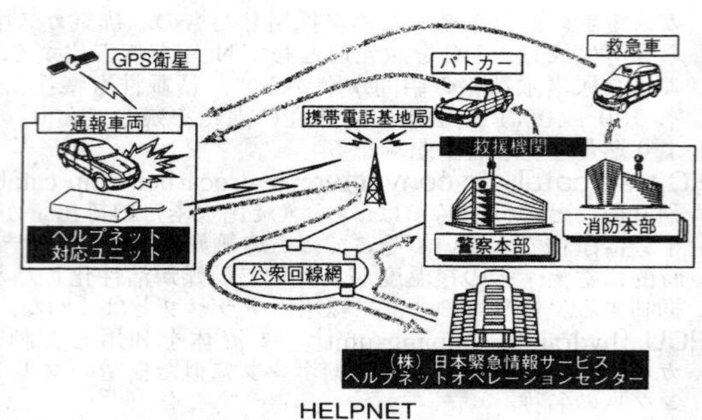

HELPNET

HEMS [home energy management system] 家庭において，安価な深夜電力や太陽電池・燃料電池等で発電した電力を蓄電池に蓄え，家庭内や車の充電に利用するシステム(ヘムス)。このシステムは，低炭素社会の実現に向けて効率的なエネルギー利用を目指したスマート・グリッドへの取り組みの一環で，トヨタ，日産，三菱自動車などが関係業界とアライアンスを組んで開発を進めている。HEMSを取り入れた住宅をスマート・ハウスと呼び，ここで用いる蓄電池には，電気自動車(EV)やプラグイン・ハイブリッド車(PHV)に搭載している駆動用電池や，EV，PHV，HVで使用済みとなったニッケル水素電池やリチウムイオン電池の再利用(リユース)が予定されている。☞H2V，V2H，V2G，スマート・グリーン・バッテリ。

HF [high frequency] 高周波。一般的に50～100Hz以上の周波数をいう。

HFC [hydro-fluoro-carbon] ハイドロフルオロカーボン。☞HFC134a。

HFC134a [hydrofluorocarbon-134a] 代替フロンの一種で，化学名テトラフルオロエタン(CH_2FCF_2)。カー・エアコンの冷媒として使用されてきたCFC12の代替品として開発されたものでフロン134a(R134a)とも呼ばれ，オゾン層の破壊力はCFC12よりも低いが，これもやはり地球温暖化の要因となるため(GWP／地球温暖化係数＝1,430)，2020年までに原則廃止が決められている。EUでは，2011年から域内の新型車で段階的に使用禁止となり，2017年には，すべての新型車で使用禁止としている。☞MAC指令，ノンフロン・カーエアコン。

HFO1234yf [hydrofluoroolefin 1234yf] カー・エアコン用の次世代冷媒である高フッ素化有機化合物($CF_3CF=CH_2$)で，米ハネウェル社とデュポン社が2008年に共同開発したもの(ハイドロフルオロオレフィン)。GWP(地球温暖化係数)が4と現在使用されているHFC134aのGWPが1,430であるのに対して大幅に少なく，既存のエアコン・システムで使用できるのが特徴であるが，微燃性がある。SAE，JAMA(日本自動車工業会)，VDA(ドイツ自動車工業会)が中心となって新冷媒としてHFO1234yfとCO_2を比較検討しており，2009年にSAEでは，HFC134aの代替冷媒としてHFO1234yfを選んでいる。しかし，ダイムラーやVWでは，この冷媒の微燃性への懸念から，CO_2冷媒を採用予定。☞MAC指令，ノンフロン・カーエアコン。

HF鋼板(こうはん) [hot formed steel sheet] ホット・スタンプで得られた超高張力鋼板。

Hg [ラ hydrargyrum] 水銀の元素記号。＝mercury 英。

HI [high] 高い。

HIC [head injury criteria]　頭部傷害基準（ヒック）。衝突安全評価基準の一項目で，人間が頭部に致命傷を受ける限度を指数化したもの。頭部損傷値（head injury criterion）の基準値は1,000以下。国土交通省は，乗用車と貨物車の一部でエンジン・フードにHICを新型車は2005年9月より，継続生産車は2010年9月から導入。☞歩行者頭部保護性能試験。

HIC [hot idle compensator]　高温時のアイドル補正装置。キャブレータ仕様のエンジンにおいて，エンジンが過熱してパーコレーション等により混合気が過濃となってアイドリングが不安定になるのを防止するため，バイメタルの作用によりエアを吸気マニホールドへ導入して混合気を適正化するもの。

HICAS [high capacity actively controlled suspension]　日産が1985年に採用した，車速感応式四輪操舵機構。ステアリング操作による前輪タイヤへの横力を感知し，後輪を油圧により操舵（同位相操舵）して走行安定性を向上させる。これの発展型にHICAS-Ⅱ（マルチリンク・リヤ・サスペンション用の4WS）やSUPER HICAS（HICAS Ⅱに位相反転制御を取り入れた4WS）がある。

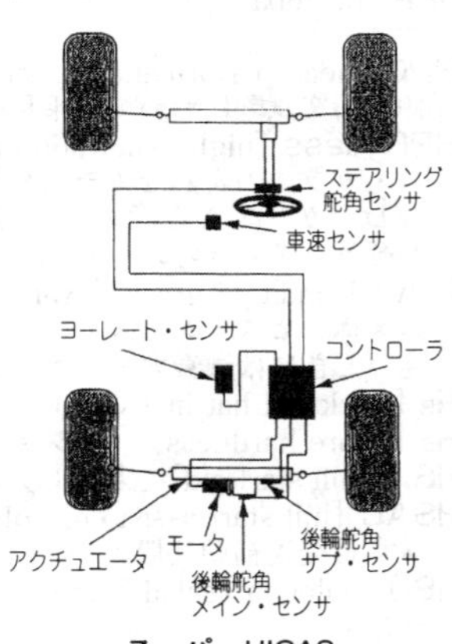

スーパーHICAS

HID headlamp [high intensity discharge headlamp]　高輝度放電式ヘッドランプ。HIDランプは，キセノン・ガスを充満したバルブ内電極間に高電圧をかけて発光させる。太陽光に近い純白のさわやかな光で従来のハロゲン・バルブに比べ約3倍の明るさがある。また消費電力は従来の約1/2であるため，次世代のライティング・ユニットとして新車への装着が進んでいるが，コスト高のため一部の高級車や大型トラックなどにとどまっている。＝キセノン・ヘッドランプ。

HiDS [Honda intelligent driver support system]　ホンダが2002年に採用した，高速道路運転支援システム。車線維持支援機能（LKAS）と車速車間制御機能（IHCC）からなり，ステアリング・ホイール上に操作スイッチを配置している。

HIMR system [hybrid inverter-controlled motor & retarder system]　ハイエムアール。日野が開発したディーゼル・エンジンと電気自動車を組み合わせたハイブリッド車。三相交流モータや回生ブレーキを備えている。1991年から試験運行を開始し，路線バスや観光バス等で使用された。我が国におけるハイブリッド車の草分け的存在。

HIR bulb [halogen infrared reflection bulb]　高輝度のハロゲン・バルブ。従来のハロゲン・バルブで可視光線として利用できなかった赤外線を反射膜で反射して，フィラメントを再加熱させることにより光束は約1.7倍，照度エリアの幅も約1.3倍となった。ロー・ビームに使用。

H∞-TEMS [Hardy infinity Toyota electronic modulated suspension]　トヨタが1999年に採用した電子制御サスペンション。最先端の制御理論の一つである非線形H∞（エイチ・インフィニティ）制御理論をセミアクティブ・サスペンション制御に応用して，路面からの入力を効果的に抑制し，自然で滑らかな車体の制振を実現している。このシステムは，車速およびGセンサなどの情報から路面の状況に応じてショック・アブソーバの減衰力を9段階のステップ・モータによりきめ細やかに制御し，最適な目標減衰力を得られるようにしている。なお，Hは本理論の提唱者・数学者Hardyにちなむ。H∞-TEMSの進化版がAVS。

Hk [knoop hardness]　☞ヌープ硬さ。

HLA [hydraulic lash adjuster]　☞ハイドロリック・バルブ・リフタ。

HMI [human machine interface]　☞マン・マシン・インタフェース。

HMLS [high modulus low shrinkage]　高弾性・低熱収縮性に優れたポリエステル樹脂繊維で，米セラニーズ社が1980年に開発したもの。ポリエチレン・ナフタレート（PEN）はその代表例で，タイヤ・コード，ブレーキ・ホース，Vベルトなどに使用される。HMLSポリエステルとも。☞ポリエステル系繊維。

HMSL [high mounted stop lamp]　☞ハイマウント・ストップ・ランプ。

HP [horsepower]　馬力。仕事率の単位の一つで英馬力（HP）と仏馬力（PS）とがあり，日本では仏馬力が使用される。1PS＝0.736kW（SI単位）。

hPa [hectopascal]　気圧の単位で100パスカルのこと。hecto（ヘクト）は“百”の意。

HPC [head performance criteria]　頭部傷害基準。自動車アセスメント制度における側面衝突試験において，乗員の受ける頭部障害値を指数化したもの。

HPR glass [high penetration resistance glass]　高貫通抵抗ガラス。ウインドシールド・ガラスの合わせガラスに0.76mmの中間膜を使用した安全性の高いもの（JISで合わせガラスAと呼ぶ）。通常の合わせガラスの中間膜の厚さは0.36mm（JISで合わせガラスBと呼ぶ）。一部の高級乗用車の前面に使用されている。

HPV [Honda progressive valve]　ホンダのガス封入式ダンパに使用されているバルブの名称。ピストン・スピードが遅いときには減衰力を大きく，ピストン・スピードが速いときには減衰力を小さく調整している。

H_R [Rockwell hardness]　☞ロックウェル硬さ。

H_S [Shore hardness]　☞ショア硬さ。

HSA [hill start aid]　坂道におけるブレーキ保持装置。☞ヒル・スタート・エイド。

HSAC [hill start assist control]　トヨタやダイハツが採用した，坂道発進補助装置。☞坂道発進補助装置。

HSB [halogen sealed beam]　ハロゲン電球を使用したシールド・ビーム型のヘッドランプ。

HSP [high swirl port]　強渦流吸気孔。マツダがCEAPSに採用したもので，吸気ポート形状を工夫して強いスワール（渦流）を発生させ，希薄燃焼によりCOやHCを低減する。

HSS[1] [high-strength steel]　欧州における鋼板の強度の表し方で，降伏点が180～280MPa級のもの。降伏点とは，材料に塑性（永久）変形が生じるときの荷重で，日本では材料が破断するときの荷重（引っ張り強さ）で表される。

HSS[2] [high-tensile strength steel]　☞高張力鋼板。

H/T [hardtop]　乗用車車体の一形式で屋根が固い材質で作られており，センタ・ピラー（Bピラー）がないのが特徴。ハードトップは解放感が得られ，中には屋根を脱着できるものもある。ただし現在の市販車では，安全性の見地からセンタ・ピラーを備えているものが多い。ハードトップとは，もともと幌（ほろ）などの柔らかい屋根（ソフトトップ）を用いた車に対する用語。

略

HU [hydraulic unit]　油圧装置。例 ABSのアクチュエータの一部で，各ホイールの制動油圧を調整する装置。

HUD [head-up display / hologram head-up display]　運転者の正面ガラス上に車速やナビゲーション表示機能等を投影表示する方法。目の焦点距離の変化も少ないので安全で見やすい。液晶表示とレーザ立体写真術の組み合わせで実画が投影される。

HV [hybrid vehicle]　☞ハイブリッド車。

HVAC [heating, ventilating and air-conditioning unit]　空調機能を集約したモジュール部品で，ヒータと送風，エアコンの各機能部分を一体化したもの。座席ごとに適切な空調効果が要求される高級乗用車などに用いられる。

HV battery [high voltage battery]　高電圧バッテリ。例トヨタのハイブリッド車のモータ駆動用バッテリ（ニッケル水素バッテリ）は288V。

HVLA [hydraulic valve lash adjuster]　☞ハイドロリック・バルブ・リフタ。

HWFET [highway fuel economy test]　米国の環境保護庁（EPA）がハイウェイ走行を想定して行う燃費テストの走行パターン。

HYMATIC [hydraulic multiplate active traction intelligent control]　トヨタが1987年に採用した，4WDオートマチック・トランスアクスル。センタ・デフに油圧多板式差動制限機構を備えたAT車用4WDシステム。☞EC-HYMATIC。

HYPER CVT [hyper continuously variable transmission]　日産が1997年に採用したスチール・ベルト式無段変速機で，2ℓクラスのエンジンに対応できる。エンジンの高いトルクを伝達するため，スチール・ベルトを挟み込むプーリの圧力を高める高油圧制御システムを採用するとともに，高強度スチール・ベルトを採用した。

HySUT [the research association of hydrogen supply and utilization technology]　水素供給·利用技術研究組合（ハイサット）。燃料電池車（FCV）の発電用燃料となる水素の供給インフラ（水素ステーション）の普及に向けた社会実証試験を実行することを目的に，経済産業大臣の認可を得て2009年7月末に設立された法人組織。この組合はエネルギー供給とインフラ・メーカ13社で構成され，2011年にはトヨタ，日産，ホンダの3社もこれに加盟している。この組合では，羽田空港にオフサイトの水素ステーション（他で製造した水素を供給するところ）を，成田空港にはオンサイトの水素ステーション（ステーション内で都市ガスを改質して水素を製造するもの）を設置して，燃料電池バスや乗用車（ハイヤ）による実証運行を開始している。2014年現在，HySUTの水素ステーションは全国（関東，中部，関西）に9カ所あり，2015年度までに1千台以上のFCVと全国100カ所の水素ステーション設置を予定している。☞JHFCプロジェクト，FCCJ。

Hz [Hertz]　ヘルツ。周波数の計量単位。1秒間に繰り返される周期の数。サイクル毎秒（c/s）と同じ。ドイツの物理学者H.R.ヘルツの名にちなむ。

[I]

I, i [次の語彙などの頭文字]　①iodine（ヨウ素）の元素記号。②integrate（統合する)。③intelligent（知的)。④international（国際的)。

i-Activ AWD　新世代の4輪駆動システムで，マツダが2012年から搭載したもの（アイアクティブAWD)。2輪から4輪のトルク配分を電子制御するアクティブ・オンデマンド方式を採用し，車両や路面状況の検知システム，前輪スリップの予知検知システムなどにより安定性を高め，燃費性能を向上させている。旧称は，アクティブ・トルク・コントロール・カップリング4WD（ATCC4WD)。

i-Activsense　先進安全機能をパッケージ化したもので，マツダが2012年から搭載した3技術分野・9種類の安全システム（アイアクティブセンス)。①運転支援：マツダ・レーダ・クルーズ・コントロール（MRCC／車間距離制御装置)，②認知支援：前方衝突警報システム／FOW，車線逸脱警報システム／LDWS，リア・ビークル・モニタリング・システム／RVM，ハイビーム・コントロール・システム／HBC，アダプティブ・フロントライティング・システム／AFS，③衝突回避支援・被害軽減：スマート・ブレーキ・サポート／SBS，スマート・シティ・ブレーキ・サポート／SCBS，AT誤発進抑制制御。

IACV [idle air control valve]　アイドル回転調整のための吸気量調整バルブ。

i-ART [intelligent accuracy refinement technology]　噴射特性自律補償システム／i-ART内蔵インジェクタ。デンソーが世界で初めて開発したもので，コモン・レールのインジェクタに圧力センサを組み込んでいるのが特徴。これにより，燃料の噴射量やタイミング，エンジンの燃焼状態をリアルタイムで検知し，理想的な噴射を実現するよう10万分の1秒単位で補正をかけ，エンジンの燃焼を最適化している。

IAS [idle adjusting screw] キャブレータにあるアイドル時の燃料噴出量を調整するねじ。slow adjust screw (SAS) ともいう。

i-AVLS [i-active valve lift system] 可変バルブ・リフト機構の一種で，スバルが2006年に水平対向エンジン（SOHC）に採用したもの。エンジンの稼働状況に応じて2個ある吸気バルブの片側のリフト量を2段階に切り替えることにより，出力特性，燃費特性，および排出ガス性能の向上を図っている。☞i-VTEC。

IBAS [intelligent body assembly system] 日産が採用した，知能的なボデー組み立てシステム。複数車種の溶接組み立てができ，ボデーの骨格を精度高く組み上げ，ほぼ無人で溶接作業を終えるシステム。

IC[1] [inflatable curtain] ボルボが採用した，頭部側面衝撃吸収エアバッグ。☞インフレータブル・カーテン。

IC[2] [integrated circuit] 集積回路。多数のトランジスタ，ダイオード，抵抗などを僅か数平方ミリのシリコン基板に組み込んだ回路素子で，コンピュータなどに利用。

IC[3] [interchange] 高速道路と一般道路との交差接続点，インターチェンジ。

IC card [integrated circuit card] CPUとメモリのICチップを組み込んだ名刺大の記録処理機能をもつカード。例ETCの車載器に挿入する有料道路代金の決済カード。

IC engine [internal combustion engine] 内部燃焼機関，内燃機関。対EC engine。

ICI [intelligent car initiative] 欧州委員会（EC）が「世界一安全な道路交通社会」を目指して，2006年に立ち上げたもの。より頭脳的で，安全・クリーンな道路交通を実現するため，情報通信技術（ICT）を利用して路車間通信や車車間通信を開発することを目的としている。☞eSafety。

IC regulator [integrated circuit regulator] ハイブリッドICを使用した無接点式の電圧調整器。オルタネータ（交流発電機）に内蔵されていることが多い。

ICTシステム [information and communication technology system] 電気自動車（EV）専用の情報通信システム。日産が2010年末発売のEVに導入したもので，EVにデータ通信モジュール（TCU）を搭載してナビゲーション画面でドライバとカーウィングス・データ・センタを結び，地図情報，交通／サービス情報，車両情報などを提供している。これにより，バッテリの充電状況や充電スポットなどの情報も取得することができる。

ICVS [intelligent community vehicle system] 小型EV（電気自動車），二輪車などを生活圏や限定された地域で会員相互が共同利用し，渋滞や排ガスといった交通・環境問題の解消に役立つ新しい地域交通システム。ホンダが国内や米国で開発中のもの。

ID[1] [identification] 同一であることの証明，身分証明。例IDコード。

ID[2] [inside diameter] 内径。

ID card [identification card] 身分証明書。

i-DCD [intelligent dual clutch drive] ☞スポーツ・ハイブリッドi-DCD。

IDI diesel engine [indirect injection diesel engine] 副室式ディーゼル・エンジン。

iDrive BMWが採用した，車の運転を快適にするデバイスの集中コントロール装置。コンソール中央部に設置されたコントローラのダイアルを前後・左右・斜めの8方向，回転方向，押し方向に操作することにより，ナビゲーション，エアコン，エンタテインメントなど8種類の基本機能を選択し，制御することができる。iDriveは造語。☞COMANDシステム。

i-DSI [intelligent dual & sequential ignition] ツイン・スパーク・プラグによる2点位相差点火制御方式（ホンダ／2001年）。1,300ccエンジン用に開発した新燃焼システムで知能化全域急速燃焼とも呼ばれ，世界最高水準の燃費性能と低中速域の力強いトルク特性を実現している。この燃焼方式では，上死点手前で先に吸気側プラグに点火し，時間差で排気側プラグを点火させることにより，急速燃焼を得る。ただし，2点位相差点火は低速回転時に行い，アイドリングと高速回転時には2点同時点火を行う。

i-DTEC [intelligent diesel technology]　ホンダが開発した第2世代のディーゼル・エンジン。ホンダ初のディーゼル・エンジン「i-CTDi」の進化版で，2,000気圧のピエゾ式コモン・レール燃料噴射装置や新型ターボを採用し，後方排気から前方排気に変更して触媒の早期活性化を図っている。これにより，米国のTier 2 Bin 5，欧州のEuro 5，日本のポスト新長期排出ガス規制など世界の最新の排出ガス規制をすべてクリアするとともに，出力も20〜30%向上している。2008年から欧州市場へ投入。

IE [industrial engineering]　産業工学，経営工学。人・物・設備からなるシステムを経済性に基づいて検討する技術。

IEA [international energy agency]　国際エネルギー機関。OECDの下部機関。世界の主要石油消費国が参加し，エネルギーの長期対策を検討。1974年発足。

IEC [International Electrotechnical Commission]　国際電気標準会議。

i-EGRシステム [intelligent exhaust gas recirculation system]　イオン電流燃焼制御を応用した世界初のEGR（排気ガス再循環）システム。ダイハツが2010年末に軽自動車に採用したもので，このシステムではEGRガスを大量に送り込むことで吸気時のポンピング・ロスを大幅に低減して燃費性能の向上を図っているが，大量のEGRの導入はエンジン性能を低下させるため，燃焼室内のイオンで燃焼状態を検出している。e:S（イース）テクノロジーの一つ。

i-ELoop [intelligent energy loop]　減速エネルギー回生技術の一種で，マツダが2012年発売の新型車に採用したもの（アイ・イーループ）。減速時に発生するエネルギーを電力に変換してキャパシタに蓄電する世界初のシステムで，このために充放電特性に優れた小型のキャパシタ（EDLC）と可変電圧式オルタネータを採用している。これにより，減速エネルギーのみで必要な電力を確保し，加速時に発電するケースはほとんどなく，実用燃費で約10%の改善を実現している。

IESC [Isuzu electronic stablity control]　いすゞが大型トラクタに採用した，横滑り防止装置。各種のセンサがブレーキの踏み込み量，ステアリングの操作量，トラクタの横Gや回転角加速度（ヨー・レート）などを感知し，運転者に警告を発するとともにエンジン出力やトラクタの各輪のブレーキ，トレーラのブレーキなどを制御して，ジャックナイフ現象や横転などを防止している。このシステムは，連結されるトレーラ側にABSがなくても機能する。

IFES [intelligent & flexible energy system]　ヤマハが採用した電動自転車や小型EV用のバッテリ管理システム。バッテリ・ボックス内にCPUとICメモリで構成されるバッテリ・マネジメント・コントローラ（BMC）を内蔵して，バッテリ性能の長寿命化などを図っている。

i-Four [intelligent four]　トヨタが1992年に採用した，電子制御4WDを主体とした車両総合制御システム。電子制御式フルタイム4WDを核として，アクティブ4WS，ABS，電子制御エアサスペンション，電子制御AT，EFIの各システムが組み合わされ，多重通信（MPX）により総合的に制御される。

IF鋼板（こうはん） [interstitial free steel sheet]　高成形性鋼板。鋼板中の炭素や窒素の含有量をゼロにしたもので，延性に富み，サイド・パネルやフェンダなどに用いられる。

IGBT [insulated gate bipolar transistor]　電流制御素子として用いられる絶縁ゲート型バイポーラ・トランジスタ。大電流化や高耐電圧化が可能で，イグナイタ，ハイブリッド車や燃料電池車のパワー・デバイスなどに用いられる。

IG / IGN [ignition]　点火，点火装置。

IG S/W [ignition switch]　点火スイッチ。イグニション・キーを挿入してエンジンを始動するスイッチ。

IHCC [intelligent highway cruise control system] ☞インテリジェント・ハイウェイ・クルーズ・コントロール・システム。

I-head engine 吸排気バルブがシリンダ・ヘッドに配置されているエンジン。＝OHVエンジン。

IHP [indicated horsepower] 指示馬力，図示馬力。指示線図から平均有効圧力を求め，これをもとに計算した馬力。

IIA [integrated ignition assembly] 一体型点火装置。ディストリビュータ，イグニション・コイル，イグナイタおよびセンタ・コードを一体化したもの。デンソー製。

IIC [internet ITS consorthium] インターネットITS協議会。日本におけるITSテレマティクスに取り組む団体のひとつで，自動車や電機など112社で構成されている。車両の走行情報を活用するプローブ・サービスの共通規格に基づく車載端末を，2008年3月に初公開している。

IIHS [insurance institute for highway safety] 高速道路安全保険協会。米国における保険業界の非営利団体名で，あらゆる車種の乗用車に対して定期的にクラッシュ・テストを実施し，その結果を公表している。このIIHSの安全評価は，「good／優」，「acceptable／良」，「marginal／可」，「poor／不可」の4段階で評価される。☞FMVSS，NHTSA，スモール・オーバラップ・テスト。

IIR [isobutylene-isoprene rubber] ブチルゴム。合成ゴムの一種で，主にタイヤのチューブとして用いられる。

ILSAC [international lubricant standardization and approval committee] 国際潤滑油標準化認証委員会（イルザック）。日米の自動車工業会（JAMA，AAM）がガソリン・エンジンのエンジン・オイルの品質基準を定めるため，1993年に設立した組織。この品質基準はAPIサービス分類の規格に省燃費性能などを追加したもので，認定マークはスター・バースト・マークを使用。ILSAC規格は次の通り。①GF-1：API規格のSH相当。②GF-2：同，SJ相当。③GF-3：同，SL相当。④GF-4：同，SM相当。⑤GF-5：同規格の最上級であるSN規格に相当し，GF-4よりも省燃費性能，高温酸化安定性，触媒被毒防止性能などの向上が図られている。⑥GF-6：2017年に次期規格として導入予定。なお，欧州では1996年よりACEA（欧州自動車工業会）規格を採用している。☞JASO。

ILSAC ATF [international lubricant standardization and approval commitee automatic transmission fluid] 自動変速機油（ATF）の国際規格。米国のBig3と日本自動車工業会（JAMA）が準備中のATFの統一規格。米国のATFとしては有名なDEXRON Ⅲ（GM）やMERCON V（フォード）がある。

IMA system [integrated motor assist system] ホンダIMAシステム。ホンダが1999年に発売したハイブリッド車に搭載した動力システム。新開発の1リットル3気筒の希薄燃焼エンジンにモータ・アシストを加え，軽量なアルミ車体に搭載して10・15モード燃費はリットルあたり35kmの超低燃費車。走行用電力の蓄電にはニッケル水素電池を使用。このハイブリッド・システムはエンジンを主動力とし，モータを加速や発進時の補助動力に利

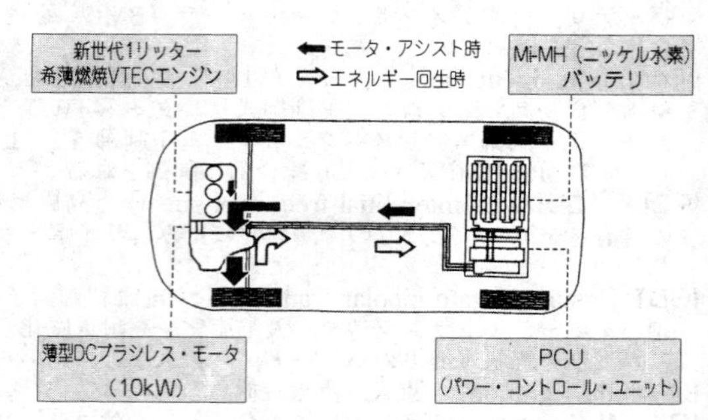

IMAシステム

略

用するパラレル式ハイブリッド。走行中は常時エンジンを駆動して状況に応じてモータがアシストし，減速時のエネルギーはモータが回生してバッテリに充電。薄型DCブラシレス・モータを1基使用し，エンジンのフライ・ホイールを兼用。

IMEP [indicated mean effective pressure]　図示平均有効圧力。指圧線図から求めるもので，燃焼ガスが直接ピストンに与えた仕事を行程容積で割ったもの。

i-MiEV [Mitsubishi innovative electric vehicle]　電気自動車の車名で，三菱自動車が2009年に発売した軽自動車仕様のもの（アイ・ミーブ)。軽自動車（i）の車体をベースにし，後部に永久磁石型同期モータ，コントロール・ユニット，バッテリ・マネジメント・ユニット，車載充電器などを，床下には総電圧330V，容量16kWhのリチウムイオン電池を搭載し，制動時のエネルギーを回収する回生ブレーキも備えている。性能面では，最高出力47kW（64ps)，最高速度130km/h，航続距離150km（JC08モード)，交流電力量消費率（電費）は110Wh/km（同)。電池の充電時間は，普通充電で約7時間，急速充電では約30分。弱点として，エアコン使用時に航続距離が大幅に短くなることが予測される（特に暖房用のPTCヒータ使用時)。2011年には，航続距離を120km（同）にしたエントリ・グレードと，同じく180km（同）に延長した上級グレードが追加発売され，オプションで充電やエアコンなどを遠隔操作できるMiEVリモート・システムを設定している。同年，軽商用車ベースのEV「Minicab-MiEV」も追加発売された。☞リーフ。

i-MMD [intelligent multi-mode drive]　☞スポーツ・ハイブリッドi-MMD。

Impact [impulse accelerated tacking nail]　車体を形成する鋼板とアルミ・パネルの新しい結合方法で，ダイムラー（MB）が2013年発売の新型Cクラスに採用したもの（造語)。鋼製の太い釘を高速で鋼板側から打ち込むことにより，先に破断した鋼板がアルミに食い込みながら突き破り，結合を完結させる。下穴が不要であるのに加え，片側からのアクセスで作業ができるため，袋状になっている場所でも結合が可能であるのが特徴。接合面には，構造用接着剤が併用される。他に，フロー・ドリルねじ（FDS）も使用。

IMRC [intake manifold runner control]　マツダが採用した，可変吸気システム。2本の吸気ポートの片方を3,200rpm未満の低中速回転域で閉鎖して，強力なスワールを発生させることにより低中速トルクや燃費を向上させ，エミッションの低減も得られる。

IMS [instant mobility system]　タイヤのパンク応急修理剤（住友ゴム）のことで，これを用いることでスペア・タイヤの搭載が不要となる。天然ゴムラテックスと粘着剤を主成分としたシール液でパンク穴をふさぎ，付属のコンプレッサで空気を充填する。ドイツ車を中心に欧州で数多く純正採用されており，国内でもダイハツやホンダで一部採用済み。荷物室の狭い軽・小型車向き。

IMT-2000 [international mobile telecommunications 2000]　次世代移動体通信。国際電気通信連合（ITU）で検討している次世代移動体通信の世界標準。国内ではNTTドコモが，スムーズな動画像や大容量のデータ通信可能なW-CDMA無線方式で2001年よりサービスを開始。

IMTS [intelligent multimode transit system]　モノレールなど軌道系交通と路線バスの長所を融合した新世代の公共交通システム。この特徴は，専用軌道上では複数のバスが列車のように隊列を組んで自動走行し，一般道ではドライバが運転するというデュアルモード・システムを採用。トヨタが1999年より走行実験を開始。

IN [intake／inlet]　水や空気の取り入れ口。

In [indium]　インジウムの元素記号。

IN-LB [inch libra]　インチ・ポンド。英国式仕事量の単位。インチの記号はinまたは（″)，ポンドの記号はlb。

IN-NAVI shift　カー・ナビゲーションとCVTとエンジンをIT（情報伝達技術）により結びつけた自動制御運転システム（日産)。カーナビの地図情報から走行中の道路情報を先行して読み取り，CVTとエンジンを制御して高速道路では走行アシスト，カーブではエンジン・ブレーキを補正する。☞NAVI・AI-SHIFT。

INOMAT [intelligent & innovative mechanical automatic transmission] 三菱が1996年に大型トラックやバスなどに採用した機械式セミAT。発進時のクラッチ操作以外を自動化したイージィ・ドライブに加え，熟練運転者の変速操作がプログラムされており，同一走行条件でMT車と比較して実用燃費が20%も高まる。INOMAT-II（2004〜）では，発進時も自動化されている。

INS[1] [inertial navigation system] ジャイロを用いた慣性航法装置。カー・ナビゲーションなどに利用。

INS[2] [information network system] 一つの回線で多彩なサービスの利用が可能なディジタル方式の情報通信システム。インターネットの応答性向上や電話回線複線化等のため，NTTが普及を図っている。☞ISDN。

INT[1] [intermediate] 中間の，中間物。

INT[2] [intermittent] 間欠的，断続的。

IntelliDrive ☞VII。

INTRAC [innovative traction control system] イントラック。ホンダが採用したビスカス・カップリングを用いた4WD用の駆動力制御装置。

INVECS [intelligent & innovative vehicle electronic control system] インベックス。三菱が1992年に採用したベテラン・ドライバの運転性能を引き出す各種の電子制御システム。構成要素としては次のものがある。①ファジーシフト4速AT。②ファジーTCL。③電子制御フルタイム4WD。④アクティブ4WS。⑤アクティブ・プレビューECS。また，INVECSの発展型にINVECS-IIがあり，これはファジーに加えて人間の脳の判断機能に近い理論回路であるニューラル・ネットワークを導入したもの。

IoT [Internet of Things] モノのインターネット。従来は主にパソコンやサーバ，プリンタ等のIT関連機器が接続されていたインターネットに，それ以外の様々な「モノ」を接続して新たな価値を創出する技術。例えば，家庭内の機器を制御するHEMS（ホーム・エネルギー・マネジメント・システム）やスマート・メータ（次世代電力計），自動車のテレマティクス（車載の情報通信サービス）。製造業では，販売した機器の稼働状況を監視してキメ細かな制御や保守サービスを実施したり，集めた情報を分析して新たなサービスに役立てることなどを指す。

IP [internet protocol] インターネットの通信規約。コンピュータ・ネットワークにおいて，データ通信を行うための通信手順。インターネットとITSを融合させ，通信手段を選ばずに車の内外を情報網で結ぶ官民の実証実験が計画されている。

IPA [intelligent parking assist system] ☞インテリジェント・パーキング・アシスト[1]。

IPC [international pacific conference on automotive engineering] 太平洋自動車技術会議。オーストラリア，中国，インドネシア，韓国，米国および日本の自動車技術会が共催する太平洋地域の特色ある国際会議として1979年に創設された。

IPCC [intergovernmental panel on climate change] 気候変動に関する政府間パネル。地球温暖化についての科学的な研究・整理のため，世界気象機関（WMO）と国連環境計画（UNEP）が1988年に設立したもの。地球の温暖化を防止するための対策を協議・検討する国際会議で，短期と長期がある。

IPM[1] [intelligent power module] トヨタのハイブリッド車のパワー・コントロール・ユニット（PCU）の構成部品の一つで，インバータとその保護回路などを一体化したもの。モジール内のパワー半導体（IGBT）を直接冷却する構造を採用し，PCUの小型・軽量・低コスト化に寄与している。

IPM[2] [interior permanent magnet motor] 内部磁石型モータ。モータのロータ内に永久磁石を埋め込んだもので，電気自動車（EV）やハイブリッド車（HV）などに搭載されている永久磁石型同期モータ（PMSM）がこれに当たる。

IPMSM [interior permanent-magnet synchronous motor] ☞埋込磁石型同期モータ。

IPS[1] [integral type power steering] 一体型パワー・ステアリング。コントロール・バルブやパワー・シリンダをギヤボックス内に組み込んだもの。

IPS[2] [intelligent protection system] 新型エア・バッグ装置（フォード）。衝突時の衝撃の度合いと乗員の体格に応じてエア・バッグの拡張パターンを70%と100%の2種類に制御し，体格に応じてエア・バッグ展開時の加害性を低減して乗員を保護する。

IPTハイブリッド・バス [inductive power transfer hybrid bus] ☞ハイブリッドIPTバス。

IPU [intelligent power unit] 電源回路制御装置の一種で，ホンダがハイブリッド車に採用したもの。ニッケル水素電池またはリチウムイオン電池，インバータ（PDU），DC-DCコンバータ，モータECU，冷却ファンなどで構成され，インバータ，DC-DCコンバータ，ECUなどで構成されている部分をパワー・コントロール・ユニット（PCU）という。

IQS [initial quality survey] 米国の民間調査会社，JDパワー社が採用しているCS調査の中で，車両の初期品質調査のこと。

IR [infrared] 赤外線，熱線。☞UV。

Ir [iridium] イリジウムの元素記号。

IRA [inter rim advanced] リム形状の一つで，広幅平底リム。トラックやバス用に使用され，片側のフランジをサイド・リングにして取り外せるようになっている。

i-REAL ☞パーソナル・モビリティ。

IRL [Indianapolis racing league] 1995年末にCARTから別れ，独立した団体。米国を代表するモータ・スポーツで，インディアナポリス500マイル・レース（通称インディ500）を頂点としてチャンピオンが争われるフォーミュラ・カー・レースの国際シリーズ（インディカー・シリーズ）。2005年からはロード・レースと市街地コースが追加され，2010年の場合，全17戦が開催された。2007年時点では，使用エンジンはホンダ，タイヤはファイアストン（BS）のワン・メイクだったが，レギュレーションの変更により，2012年からエンジンが3.5ℓ・V8→2.2ℓ・V6直噴ターボに変更され，シボレーとロータスが参入を決めた。

i-ROAD 超小型電気自動車の車名で，トヨタが2013年に発表したもの。2人乗りの3輪EVで，カーブでは車体を大きく傾けて曲がることができるアクティブ・リーン機構を採用している。この車には出力2kWの駆動用モータを組み込んだ2個の前輪と1個の後輪を備え，リチウムイオン電池を搭載して最高速度は45km/h，満充電からの走行距離は30km/hの定速走行で50km。タンデム・シートを採用して前後に乗ることができる。i-ROADを用いた実証実験が，2014年に仏グルノーブル市で，2015年には東京都内でスタートしている。☞超小型モビリティ，LMW，Ha:mo。

IRS [independent rear suspension] 後車輪の独立懸架装置。後車軸の左右輪がそれぞれ独立して運動できる懸架装置。

IRT [international roundtable on auto recycling] 自動車リサイクラーズ国際会議。自動車の解体事業者で組織する国際会議で，ホスト団体は米国のARA（米国自動車リサイクル事業者協会）。米国，カナダ，英国，オーストラリア，日本，中国，ハンガリーなどが参加して，最初の会議は2005年にベルギーで開催された。2013年にはこの会議の名称もARIA（国際自動車リサイクル事業連合）と改称され，新しいリサイクル部品の呼称もグリーン・リサイクルド・パーツが採用された。

IRカット・ガラス [infrared rays protective glass] 赤外線（IR）と紫外線（UV）の両方をカットし，電波透過性を有するガラス。前面ガラスの中間膜に赤外線と紫外線を吸収する金属酸化物を練り込んだもので，直射日光による熱さ感（ジリジリ感）を大幅に低減するとともに紫外線もカットし，エアコンの効果も高めている。欧州などで普及している熱線反射ガラス（ガラスの表面に金属膜をコーティングしたもの）と比較して，ETCなどへの通信障害がない。

IRマトリックス・センサ [infrared rays matrix sensor]　2006年にレクサスの後席エアコンの制御用に採用された，赤外線センサ。後席天井に取り付けたIRセンサで乗り込んだ乗員の上半身や下半身，シートなどの温度を検出し，エアコンを最適に制御する。車室内全体では13個のセンサと20個の吹き出し口を備え，4席独立で最適な空調を実現している。このような装置としては，世界初。

ISA [integrated starter alternator]　☞ISG。

ISC [idle speed control system]　エンジンのアイドル回転数を目標値に安定させるための自動制御，またはその装置。

ISCV [idle speed control valve]　アイドル回転数制御弁。☞アイドル・スピード・コントロール・バルブ。

ISDN [integrated services digital network]　音声，データ，画像通信を総合的に提供するディジタル総合サービス網。

ISF [insoluble fraction]　ディーゼル排気ガス中のPM（粒子状物質）に含まれる各種成分のうち，黒煙主体の有機溶剤に溶解しない物質。対SOF。

ISG [integrated starter generator]　始動装置（スタータ）と充電装置（オルタネータ）を1台に統合したもの。車両停車時にはアイドリング・ストップが働き，再び動き出すときにはエンジンを始動させ，走行中には発電機の機能を果たす。トヨタがマイルド・ハイブリッド車（THS-M）に，日産がセレナS-Hybrid（スマート・シンプル・ハイブリッド）に，富士重工業がスバルXV Hybridに，スズキが軽自動車のS-エネチャージに，それぞれ採用している。ISAまたはM／Gとも。

i-Shift [intelligence shift]　自動化機械式変速機（AMT）の一種で，ホンダが欧州で販売している乗用車に搭載したもの。6速MTの変速機構を自動化した2ペダル式のもので，2.2ℓのディーゼル・エンジン（i-CTDi）と組み合わせている。

ISID [integrated service information display]　E-OBD II規格のスキャン・ツールで，BMWが採用したもの。手持ち型のタッチ・パネル式ディスプレイを採用し，車載ECUとの交信は無線LANで行う。ISIDには故障診断機としての機能とサービス・サポート・システムの二つの機能が組み込まれており，必要なサービス・マニュアルを閲覧したり，必要に応じてドイツ本国と直接交信することもできる。

ISO／TC [ISO technical committee]　国際標準化機構の技術委員会。例えば，TC22（自動車技術の国際標準化に関する専門委員会）や，TC204（ITS関連技術の国際標準化に関する専門委員会）がある。TC22の場合，傘下のSC21（subcommittee 21）では，HV，FCV，EVの規格化を担当している。2014年には自動車分野の技術領域（SC）が67年ぶりに再編され，日本は「電子・電装システム」の幹事国になり，自動運転に関連する「データ通信」や車載電池などを含む「電気自動車」は，ドイツが幹事国となった。

ISO [international standardization organization / international organization for standardization]　イソ，国際標準化機構。各国で不統一な工業規格を標準化し，国際間の商業取引を円滑化を図る。1946年設置，本部はジュネーブ。

ISO9000シリーズ　品質管理および品質保証に関する国際規格。国際標準化機構が1987年に定めた品質マネジメント・システム（QMS）で，ISO9001（設計・開発，製造，据え付け，付帯サービスに関する品質保証），9002（品質管理や品質保証に関する規格），9003（最終検査，試験に関する品質保証），9004（品質管理および品質システムの要素）などがある。☞ISO／TS16949:2002。

ISO10377／10393　製品安全に関する国際標準規格。国際標準化機構が2013年に定めたもので，ISO10377は「消費者製品安全－供給者のためのガイドライン」を，ISO10393は「消費者製品リコール－供給者のためのガイドライン」を規格化したもの。

ISO・14001　ISO（国際標準化機構）が定めた工場の環境マネジメント・システム（EMS）や環境調査に関する国際規格。産業廃棄物の削減など企業活動に伴う様々な環境負荷を抑える。

ISO26262　自動車の電気・電子機器に関する機能安全の国際規格。国際標準化機構が2011年に定めたもので，高度化・複雑化する自動車の電子システムの安全性を確保するため，機能や部品の一部に不具合があったり誤操作した場合でも，システム全体の安全性を担保しようとするもの。

ISO39001　道路交通安全マネジメントに関する国際規格。国際標準化機構が2012年に定めたもので，交通事故削減に向けた取り組みをPDCAサイクルにより管理する仕組み。認証取得は道路交通に関わるすべての組織が対象となり，自動車関連のみならず，多岐にわたる業種や団体が想定されている。国内の審査委員会事務局は，NASVA（独立行政法人 自動車事故対策機構）が担当。

ISO50001　エネルギー・マネジメント・システムに関する国際規格。国際標準化機構が2011年に定めたもので，企業の消費エネルギー削減に対応して，エネルギー効率や省エネルギーの継続的な向上を目的としており，すべての企業が対象となる。

ISO-FIX [international standardization organization fix]　ISO対応の意。チャイルド・シートの場合，車両側にチャイルド・シートの受け金具を予め設定しておくことで，チャイルド・シートの装脱着を簡易なものとするとともに，誤装着を減少させることを狙いとした新しい取り付け方法。国内カー・メーカも順次装着を開始。

ISO metric screw thread [international standardization organization metric screw thread]　ISOメートルねじ。

ISO/TS16949:2002 [ISO technical specification 16949:2002]　ISO（国際標準化機構）のTS規格は，IATF（国際自動車産業特別委員会）が2002年に策定した自動車部品の品質マネジメントに関する世界統一規格で，自動車メーカが部材の調達先であるサプライヤに対して要求するする認証登録制度。自動車部品の品質に関する新しい国際規格で，米ビッグ・スリーのQS，ドイツのVDA6·1，フランスのEAQF，イタリアのAVSQの各品質マネジメント規格を統合したもの。この規格は従来のISO9001:2000を発展させたもので，2005年以降はすべてISO／TS16949:2002に統一され，これまで採用されていた米ビッグ・スリー主導のQS-9000は，2006年末で廃止された。TSは，「技術仕様書」の意。

ISPA [ITS service promotion association ORG.]　一般社団法人ITSサービス推進機構（イスパ）。ETC（自動料金収受システム）／DSRC（狭域通信システム）機能を有する車載器のセットアップ，DSRCのETC以外への活用（情報提供，料金決済），路車間通信の相互接続とセキュリティの確保，車載器および路側機の性能確保などの業務を行っている。2008年6月設立。☞ORSE。

i-SRSエアバッグ・システム [intelligent supplemental restraint system airbag system]　連続容量変化型エアバッグ。ホンダが2008年に採用した新型エアバッグで，乗員の保護性能と低衝撃性を両立させるため，運転席用エアバッグは渦巻き状の糸を270°ずつ三重に縫製し，内圧が高まるにつれてこの糸が連続的に切れてゆくようになっている。エアバッグの展開が長く持続することが大きな特徴で，世界初のもの。

ISS [idling stop system]　エンジン自動停止・再始動装置。☞アイドリング・ストップ・システム。

i-stop　エンジン自動停止・再始動装置の一種で，マツダが2009年に導入したもの（アイ・ストップ／商標）。直噴ガソリン・エンジンの燃焼力を再始動に活用するシステムに加え，スタータをアシスト役として機能させる「燃焼始動スタータ・アシスト方式」を採用しているのが特徴。このシステムはクランク角センサ，坂道停止を維持するヒル・ホルダ，再始動専用のサブ・バッテリなどで構成され，ブレーキ解放から自動始動までの時間は0.35秒で，AT車にもMT車にも適用できる。2012年には，ディーゼル・エンジン（スカイアクティブ-D）にもi-stopが採用された。

IT [information technology]　情報処理，情報技術，情報を迅速に処理するための技術。例インターネットによる新車や中古車の販売。

ITAC system [Isuzu transport auto control system]　いすゞが採用した，メモリ・カードを用いたトラックの運行管理システム。車載の専用コンピュータで読み取った運行データをメモリ・カードに記録し，オフィスのパソコンで読み取る。

ITARDA [institute for traffic accident research and data analysis]　公益財団法人交通事故総合分析センター（イタルダ）。我が国における交通事故分析の中心機関となるもので，日本自動車工業会の関係省庁や団体への働きかけにより1992年に発足。ここでは，交通統計や交通事故統計年報などの統計資料を発行し，ウェブ上で公表しているほか，さまざまなテーマで交通事故の分析研究を行っている。

ITC [intake air temperature compensating valve / intake air temperature compensator]　吸気温度補償弁。寒冷時にエンジンの暖機を促進するため，排気マニホールド付近の暖かい空気をエア・クリーナへ導く装置。

ITCC [intelligent torque control coupling]　パートタイム4WD車の前後輪への動力配分を，電磁クラッチで瞬時に切り替える方式の電子制御4WDカップリング。多板クラッチの押し付け力に油圧を用いず，電磁力を機械的に増幅して利用する電磁カップリングを使用している。油圧式と比較して軽量・コンパクトで燃費にも効果があり，他の電子制御技術との組み合わせにより，車両の挙動をより高度に制御することもできる。トヨタ，日産，マツダ，三菱などでSUV系車種への採用が進んでいる。

ITCS [intelligent traffic control system]　高度交通管制システム。警察庁の指導のもと，1993年に発足したITSの前身プロジェクトであるUTMS（総合交通管理システム）のサブ・システムの一つ。

ITGS [intelligent traffic guidance system]　ダイムラー・クライスラーサービステレマティック日本（株）が提供，カーナビと携帯電話を利用した双方向通信システム。走行中の車に交通や生活に関する情報をリアル・タイムで提供する。1997年から開始。

ITS[1] [intelligent transport systems]　高度道路交通システム。最先端の情報通信技術を用いて，人と道路と車両とを情報でネットワークすることにより，交通事故，渋滞，排出ガス，物流等の道路交通問題の解決を目的に構築する新しい交通システム。1995年に関係5省庁の国家プロジェクトとして発足し，実用化を推進している。具体的には，VICS（道路交通情報通信システム），ETC（有料道路の自動料金収受システム），AHS（走行支援道路システム）など9分野について開発が進められている。ITSの研究開発機関として，国内ではITSジャパン，米国ではITSアメリカ，欧州ではERTICO（エルティコ）があり，毎年持ち回りでITS世界会議が開催されている。2004年のITS世界大会は名古屋で開催され，これを節目に日本のITSは次のセカンド・ステージに入った。2008年度には，経済産業省と警察庁は信号制御技術やプローブ情報などを利用した交通流制御の高度化により，二酸化炭素（CO_2）の排出削減や省エネルギー化を図るプロジェクトを立ち上げ，5年後の実用化を目指している。

ITS[2] [intelligent transport systems]　高度道路交通システム（続）。2004年以降のセカンド・ステージでは，世界一安全な道路交通社会やITを駆使した環境配慮型社会の実現を目標に掲げ，スマートウェイ・サービスやインフラ協調（路車協調）型安全運転支援システムなどのプロジェクトが進められている。2009年には，ITS推進協議会主催による「ITS-Safety　2010」の公開実証実験が都内で実施され，DSSS（安全運転支援システム）では追突防止支援システム，ASV（先進安全自動車）では出合い頭衝突防止システム，スマートウェイ（次世代道路）では前方状況情報提供システムなどのデモンストレーションが行われた。2011年3月からVICSの発展型である「ITSスポット・サービス／ETC2.0サービス」が全国で展開され，2013年10月には，第20回ITS世界会議が東京で開催された。また，ITSの一環として自動運転走行（オートパイロット・システム）があり，このシステムの実現に向けて政府が国家プロジェクトとして取り組んでいる。2020年に車車間通信と路車間通信の実用化，2030年にはドライバが関与しない完全自動走行を目指している。

ITS America [intelligent transportation society of America]　米国における高度道路交通システムの研究開発を行う機関。IVHSアメリカが1991年に連邦DOT（運輸省）の公式諮問委員となり，94年にITSアメリカと名称変更した。ITSアメリカと連邦DOTは，1995年に「全米ITSプログラム計画」を国家プロジェクトと策定した。これには7分野にわたる30のサービスが盛り込まれている。

ITS head airbag [inflatable tubular structure head airbag]　BMWが採用した，側面衝突時の頭部保護システム。両側Aピラーからルーフ・ライニング下のトリム内にチューブ状の構造体を装着し，側面衝突により一定以上の衝撃が加わるとインフレータが作動してシステム内にガスを充填，チューブ構造体が展開して乗員の頭部を保護する。

ITSジャパン [intelligent transport systems Japan]　ITSの研究開発や実用化推進に関する内外の活動等を行う民間組織。自動車メーカ，電気・電子・通信・コンピュータ関連メーカや研究機関等の会員で構成され，2005年にはNPOの資格を取得している。ITSジャパンの前身は1994年に設立されたVERTISで，2001年に現名称に変更している。☞ITSアメリカ，ERTICO。

ITSスポット・サービス [intelligent transport systems spot servive]　高速道路など幹線道路の広域交通情報や安全運転支援情報を利用者にリアルタイムで提供するサービス。国土交通省がスマートウェイ・サービスの一環として2011年から全国展開したもので，ダイナミック・ルート・ガイダンス（最適経路案内），安全運転支援，ETCの三つを基本項目としており，停車中にはインターネット接続もできる。VICSに代わる新しい情報サービスで，これにはETCの約4倍の情報伝達が可能な双方向通信（5.8GH帯のDSRC）が利用され，車載器にはITSスポット・サービス対応DSRCユニットが用いられる。このため，全国1,600カ所に通信施設（路側機／アンテナ）が設置されている。2014年には，このサービスの名称が「ETC2.0サービス」に改称された。

ITU [international telecommunications union]　国際電気通信連合。各国の電気通信の円滑化を図るための国連の一専門機関。1932年設立，本部はジュネーブ。

IVC [inter-vehicle communications]　☞車車間通信。

IVHS [intelligent vehicle highway system]　インテリジェント自動車道路システム。高度情報技術を道路交通システムに組み入れ，道路と自動車が一体となったシステム。1987年に米国で提案された構想。

IVHS America [intelligent vehicle and highway systems America]　米国における高度道路交通システム（ITS）の研究開発を行う産官学の共同機関。1990年に設立されて96年に基本システムを作り終え，後のITSアメリカの母体となった。

IVI [in-vehicle infotainment system]　次世代の車載情報通信システムで，カー・ナビゲーションやディスプレイ・オーディオなどを用いた車載インフォテインメント・システム。IVIは高機能化が著しく，テレマティクスやインターネットに接続できる機能をもつ情報系のアプリケーションや，駐車・運転支援システムと言った地図や道路情報を利用してステアリングやエンジンなどの制御系システムと連携する制御系のアプリケーションが増加している。☞コネクテッド・カー。

Ivis [intelligent visual information system]　各種の警報と運転支援情報表示装置（アイビス）。三菱ふそうが2005年にトラックに採用したもので，メータ・クラスタ内に設けた液晶カラー・モニタに燃費や走行距離，警告などの車両情報，さらに警告に対する対処方法まで表示している。

IVLC [intake valve lift control]　可変吸気バルブ・リフト機構。米GMが2013年にECOTECシリーズのエンジンに採用したもので，新しいロッカ・アームの採用により吸気バルブのリフトを２段階に切り替えることができ，燃費性能の向上に貢献している。

IVMS [in-vehicle multiplexing system]　日産が1993年に採用した，自動車内多重通信ネットワーク。車に装備されている各種電装品を１個のIVMSコントロール・ユニットと複数のローカル・コントロール・ユニットの間を１本の通信線で接続して，多重通信を使って制御するシステム。電装品増加によるハーネスの重量増大や複雑化を抑制し，省線化するシステム。

i-VTEC [intelligent variable valve timing and lift electronic control]　ホンダが2000年に導入した，高性能可変バルブ・タイミング・エンジン。吸／排気バルブ・タイミングとバルブ・リフト量を切り替えるVTECと，吸気バルブ・タイミングの位相をエンジン負荷に応じて連続的に制御するVTC（可変タイミング・コントロール）を組み合わせたもので，高い出力とトルク，低燃費，低排出ガスを併せ持った新世代エンジン。i-VTECの進化版では，走行条件に応じて出力カムと吸気バルブ遅閉じカムを切り替える機構を採用し，ポンピング・ロスを低減して燃費性能を向上させている。2003年にはV6・i-VTECに「可変シリンダ・システム（VCM）」を採用し，エンジン負荷の少ないときはリア・バンク側の３気筒を休止させて燃費性能を向上させ，３気筒運転時のエンジンの振動は，電磁アクチュエータを用いたアクティブ・エンジン・マウントで吸収している。2004年には，直噴エンジン（i-VTECI）を発表。2005年に発表されたハイブリッド車（３ステージi-VTEC＋IMA）では，１気筒あたり５本のロッカ・アームにより，低回転，高回転，気筒休止（全４気筒休止）の３段階のバルブ制御を行っている。2007年末発表の新型車には，VCMに４気筒運転（２気筒休止）を追加している。

IWM [in-wheel type motor]　☞インホイール・モータ。

IWVTA [international whole vehicle type approval]　国際的な車両型式認証の相互承認制度。日本自動車工業会（JAMA）と国土交通省および自動車基準認証国際化研究センター（JASIC）が2010年に国連のWP29（自動車基準調和世界フォーラム）に提案しているもの。国連の1958年協定では装置および部品を相互承認する制度（MRA）であるが，IWVTAでは車両そのものを認証しようとするもの。国土交通省では，IWVTAを2016年３月までに創設することで国連欧州経済委員会（UNECE）WP29の加盟国と2011年11月に合意している。☞WVTA。

[J]

J, j [次の語彙などの頭文字]　①joule（エネルギーの絶対単位）。②Japan（日本）。

JAECA [Japan automotive engineering college association]　全国自動車短期大学協会。教養豊かなオールラウンドの自動車整備士の育成を目的に，昭和44年に創設されたもので，全国の８自動車短期大学が参加している。☞JAMCA。

JAF [Japan automobile federation]　一般社団法人日本自動車連盟（ジャフ）。FIA（国際自動車連盟）とAIT（国際旅行連盟）に加盟している。創立は1962年，会員数は約1796万人（2014年９月末現在）で，ロード・サービス，旅行ガイド，モータ・スポーツの統括，各種の提言などを行っている。

JAHFA [Japan automotive hall of fame]　日本自動車殿堂。日本の自動車文化の伝承を目的とした非営利活動法人で，2001年11月に発足。自動車社会の構築に貢献した人々の偉業を讃えるとともに，年次の優れた最新の車や技術を選出している。第１回目には，豊田喜一郎氏や本田宗一郎氏などが選出された。

JAIA [Japan automobile importers association]　日本自動車輸入組合。海外で生産された自動車を輸入する業者が組織する業界団体。

JAMA [Japan automobile manufacturers association, inc.]　日本自動車工業会（ジャ

マ)。日本の自動車メーカが組織する業界団体。自工会ともいう。

JAMCA［Japan automobile maintenance colleges association］ 全国自動車大学校・整備専門学校協会（ジャムカ)。前身の全国認定自動車整備学校連盟が1962年に設立され，全国自動車整備学校連盟（1964年)，全国自動車整備専門学校協会（1987年）を経て2006年に現名称となり，2007年には独自のソーシャル検定試験を開始している。JAMCAやJAECA（全国自動車短期大学協会）などの尽力により1級自動車整備士制度が確立された。2012年末現在，全国50校が加盟しており，このうち1級整備士養成課程を有するのが36校，大学校が32校あり，これまでに約32万人の技術者を輩出している。

JAPIA［Japan auto parts industries association］ 日本自動車部品工業会（ジャピア)。日本の自動車部品メーカが組織する業界団体。部工会ともいう。

JARA［Japan automotive recyclers association］ 特定非営利活動法人 日本自動車リサイクル事業連合。

JARC［Japan automobile recycling promotion center］ （財）自動車リサイクル促進センター。自動車リサイクル・システムを運営する上で要となる資金管理，情報管理，セーフティ・ネット（義務者不在などの際に再資源化を代行）を行う団体。

JARI［Japan automobile research institute］ 日本自動車研究所（ジャリ)。自動車の総合的な技術研究所として高速試験場も備え，茨城県の筑波研究学園都市にある。1969年設立。

JASCA［Japan automotive service industry commerce association］ 日本自動車整備商工組合連合会。

JASEA［Japan automotive service equipment association］ 一般社団法人 日本自動車機械工具協会（機工協／ジャシア)。

JASIC［Japan automobile standards internationalization center］ 自動車基準認証国際化研究センター。

JASMA［Japan automotive sports muffler association］ 日本自動車スポーツマフラー協会（ジャスマ)。日本のスポーツ・マフラ・メーカが組織する業界団体。

JASO［Japanese automotive standards organization］ 自動車技術会（JSAE）の自動車規格組織（ジャソ)。JASOでは，自動車の装置，部品，潤滑油等に関する規格の制定や改定を行っており，JISで制定されていない部分をJASOが主に規格化し，ISOなどとの規格の整合化も図っている。潤滑油の場合にはディーゼル・エンジン油の規格化を，作動油の場合にはATFやCVTFの規格化を行っている。国内におけるディーゼル・エンジン油のJASO規格は次の通り。①JASO DH-1：トラックやバスなどのHD用で，排気ガス規制対応エンジンが対象。②JASO DH-2：トラックやバスなどのHD用で，ディーゼル微粒子除去装置（DPF）装備車が対象。③JASO DL-1：小型トラックや乗用車などのLD用で，ディーゼル微粒子除去装置（DPF）装備車が対象。☞ILSAC，ACEA規格。

JASPA［Japan automobile service promotion association］ 社団法人日本自動車整備振興会連合会（日整連)。全国約9万の自動車整備事業者（認定工場や指定工場）の取りまとめ，技術指導，技術情報提供，自動車整備士の国家試験の代行などを行うともに，日本自動車整備商工組合連合会（整商連／JASCA）とも連携している。昭和初期の修理加工工業組合からスタートし，1946年に普通車業界と小型車業界に分離され，1967年には両者が合体されて現組織となった。☞FAINES，コンピュータ・システム診断認定店。

JASPAR［Japan automotive software platform and architecture］ 車載電子制御やネットワークの標準化を進める非営利団体（ジャスパー)。トヨタ，日産，ホンダなどが設立した有限のNPOで，車載電子制御システムの開発コストを抑制している。

JATMA［Japan automobile tire manufacturers association］ 日本自動車タイヤ協会（ジャトマ)。日本のタイヤ・メーカが組織する業界団体。

JAWA［Japan light alloy wheel association］　かつての日本軽合金ホイール協会。日本の軽合金ホイール・メーカが組織する業界団体であったが，2004年にモータースポーツ部品品質認定協会（ASEA）と統合されて日本自動車用品・部品アフターマーケット振興会（NAPAC）となり，JAWAは事業部として存続した。この事業部では，アフター・マーケットで販売される大部分のアルミ・ホイールをJWL（日本軽合金ホイール）基準により検査している。☞JWTC。

J/B［junction block / junction box］　ブロック（ボックス）内部に電気回路の集中接続機能を有したもの。

JC08Cモード［Japan chassis 2008 cold mode］　保安基準の改正により，2008年10月からの新型生産車（小型車）に適用された新しい排出ガスの試験モード。従来から行っていたコールド・スタートによる11モード法の後継モードで，試験はシャシ・ベース（完成車）で行う。☞JC08モード。

JC08Hモード［Japan chassis 2008 hot mode］　保安基準の改正により，2011年4月からの新型生産車（小型車）に適用された新しい排出ガスの試験モード。従来から行っていたホット・スタートによる10・15モード法の後継モードで，試験はシャシ・ベース（完成車）で行う。☞JC08モード。

JC08モード［Japan chassis 2008 mode］　保安基準および省エネ法の改正により，2011年4月からの新型生産車（小型車）に適用された新しい排出ガスおよび燃費の試験モード。従来の10·15モードよりも「実際の走行状態に近い測定法」を採用したことが最大の特徴で，コールド・スタートも追加され，測定値は10·15モードに比べて15～20%程度低くなる。具体的には，完成車をシャシ・ダイナモメータに乗せ，想定走行距離は8.17km（従来は4.16km），最高速度は81.6km/h（同70km/h），アイドリング比率は29.7%（同31.4%），平均速度は24.4km/h（同22.7km/h）で運行する。これにより，2011年4月以降の新車カタログ表示はすべてJC08燃費となるが，2008年4月～2011年3月までの間は，10·15燃費とJC08燃費を併記してもよい。トヨタが発売しているハイブリッド車の場合，10·15モード燃費が35.5km/ℓのものをJC08モードで測定すると，29.6km/ℓ（△17%）になる。☞新長期排出ガス規制，JE05モード。

JCAP［Japan clean air program］　大気改善のための自動車・燃料の開発プログラム。（財）石油産業活性化センターが石油連盟と日本自動車工業会の協力のもと1996年に発足させたもの。自動車技術と燃料技術を組み合わせて排気対策を行っていく5カ年計画で，全体のプログラムはステップⅠ，Ⅱに分かれている。

JCN［Japan charge network Co., Ltd］　電気自動車（EV）向けの会員制充電サービスを行う会社。日産自動車，住友商事，日本電気，昭和シェルが出資する会社で，2012年2月設立。東日本高速道路，成田国際空港，ファミリーマート，アレフ（レストラン）の4社と提携し，各施設や店舗に計22拠点の充電設備を設けて運用。さらに，石油元売り4社が組織するEVサービスステーション・ネットワーク（28拠点）との相互乗り入れも実現。2020年には4千カ所の拠点を予定している。

JCT［junction］　ジャンクションの略。①接合。②高速道路の合流点。

JDPAP［JD Power Asia Pacific］　JDパワー＆アソシエイツ社の日本法人。

JD Power & Associates　JDパワー＆アソシエイツ社。自動車業界を中心にCS調査や市場予測サービスを提供する米国の会社。

JE05モード［Japan engine 2005 mode］　中・大型車（主にディーゼル重量車）に実施された（一部は実施予定の），新しい排出ガスおよび燃費の試験モード（過渡走行モード）。2007年10月から実施が予定されていた新長期排出ガス規制（平成17年排出ガス規制）が2005年に2年前倒しで実施されたもので，試験はエンジン・ベース（エンジン単体）で行う。燃費試験は平成27年（2015年）から実施予定。☞新長期排出ガス規制，JC08モード。

JETRO［Japan external trade organization］　日本貿易振興会。略称ジェトロ。日本

の貿易振興のための諸事業を行う特殊法人。1958年発足。

JEVA [Japan electric vehicle association] 財団法人日本電動車両協会。電気自動車，ハイブリッド車，燃料電池車，電動2輪車等の低公害車の開発普及を図るため，1976年に設立された団体。2003年には，（財）自動車走行電子技術協会（JSK）とともに（財）日本自動車研究所（JARI）に統合された。☞JEVS。

JEVS [Japan electric vehicle standard] 日本電動車両規格。（財）日本自動車研究所（JARI）では，電気自動車（EV）に関する団体規格として日本電動車両規格（JEVS）を制定して，EVの充電設備や充電用コネクタなどの規格統一を図っている。☞JEVA，CHAdeMO。

JHFCプロジェクト [Japan hydrogen & fuel cell demonstration project] 水素・燃料電池実証プロジェクト。政府が予算を拠出し，国内外の自動車メーカ8社が参加して2002～2004年度までの間に実施されたもので，燃料電池車（FCV）の実証走行研究や，異なる燃料及び方式による水素供給設備を首都圏に9箇所設置して，FCVに水素を供給している。トヨタと日野が共同開発した燃料電池バスの実証実験（営業運転）が2003年～2005年度の間に東京都内のベイ・エリアの路線バスや愛知万博会場のシャトル・バスとして行われ，万博では約100万人が利用している。本プロジェクトは2006年3月末で終了し，経済産業省の「燃料電池システム等実証研究事業」に引き継がれた。第2期の実証試験は2006年～2010年度までの5年間とし，輸送事業者を交えた本格的な走行試験の他，電動車椅子や電動アシスト自転車の燃料電池化などが計画された。2009年からこのプロジェクトは（独）新エネルギー・産業技術総合開発機構（NEDO）の助成事業となり，2011年度以降は2015年度をめどとしたFCVの一般ユーザへの普及開始に向け，運転行動や水素補給などの社会実証を具体化するJHFC3（地域水素供給インフラ技術・社会実証プロジェクト）がスタートしている。2009年11月には，FCV3台による東京～福岡間約1,100kmの長距離実証走行試験が実施された。これにはトヨタFCHV-adv，日産エクストレイルFCV，ホンダのFCXクラリティ各1台が参加し，平均燃費（水素の消費量）は1kg当たり118.4km，満タン換算で714kmの走行可能に相当するものであった。☞HySUT。

JIS [Japanese industrial standards] 日本工業規格。略称ジス。日本の鉱工業に関する規格で，工業標準化法に定められているもの。自動車に関連した規格はJIS-Dで分類されている。☞JASO。

JIT [just in time] 必要な物を，必要な時に，必要な量だけ生産したり，運搬したりする仕組みとその考え方。トヨタが考案した在庫部品を持たない自動車生産方式（カンバン方式）として有名。

J-LEV [Japan low emission vehicle] 環境省の分類による，低排出ガスレベル車（平成12年規制値の1/2）。

J-NCAP [Japan new car assessment program] 日本における新型車の安全評価基準。☞自動車アセスメント制度。

JNX [Japanese automotive network exchange] 自動車業界標準情報ネットワーク。☞オートモーティブ・ネットワーク・エクスチェンジ（ANX）。

J-OBD [Japan on-board diagnosis] 自動車排出ガスの規制強化に伴う保安基準の改正により，2000年10月以降の生産車（新短期排出ガス規制車）から装備が義務づけられた，排出ガス関係の車載式故障診断装置。☞OBD，J-OBD Ⅱ。

J-OBD Ⅱ [Japan on-board diagnosis Ⅱ] 保安基準の改正により，2008年10月または2011年4月以降生産の新型車（ガソリンおよびLPG車）から装備が義務づけられた，新たな車載式故障診断装置（高度OBDシステム）。この装置は，触媒など排出ガス発散防止装置の性能劣化を自動的に検出して運転者に知らせるもので，排出ガスの試験モードは，新たなJC08モードが適用される。

JQA [Japan quality assurance organization] 一般財団法人 日本品質保証機構。

JRCA [Japanese rally championship association]　全日本ラリー選手権協会。2000年に発足したもので，2000年以降の全日本ラリー選手権はJRCAにより年間8〜10戦が開催されている。2006年からFIA（国際自動車連盟）レギュレーションが導入され，参加車両は排気量別にJN1，JN1.5，JN2，JN3，JN4の5クラスに分類されている。

JRS [Japan road service]　日本ロード・サービス。JAFと同様，会員制で路上故障等に24時間対処する全国組織のサービス団体。

JSAE [society of automotive engineers of Japan, inc.]　公益社団法人自動車技術会。自動車に係わる研究者，技術者，及び学生などで構成される国内有数の学術団体で，講習会，シンポジウム，国際会議，展示会の開催や各種出版物の発行，自動車規格の制定，研究業績の表彰等を行ない，技術者や研究者の育成に努めている。1947年に設立され，2011年に公益社団法人に移行し，2014年12月現在の個人会員は48,680名，賛助会員（法人）は570社。☞SAE，JASO。

JSME [Japan society of mechanical engineers]　日本機械学会。1897年設立。

J-TLEV [Japan transitional low emission vehicle]　環境省の分類による，移行期低排出ガスレベル車（平成12年規制値の3/4）。

J-ULEV [Japan ultra low emission vehicle]　環境省の分類による，超低排出ガスレベル車（平成12年規制値の1/4）。

JWL regulation [Japan light alloy wheel regulation]　日本軽合金ホイール基準。アルミホイールの保安基準には，運輸省によって1983年に定められた乗用車用軽合金製ディスクホイールの技術基準（JWL基準）がある。JWL基準は，①回転曲げ疲労試験，②半径方向負荷耐久試験，③衝撃試験の3項目で構成され，これをクリアした製品にはJWLのマークが付けられる。トラック・バス向けの安全基準はJWL-T。

JWRC [junior world rally championship]　FIAジュニア世界ラリー選手権。WRCの入門カテゴリに位置付けられ，排気量1.6ℓ以下の自然吸気エンジンを搭載した市販車ベースのFF車で競われる。WRCのジュニア版として2002年から実施され，28歳以上のドライバは出場できない。☞PWRC，SWRC。

JWTC [Japan light alloy automotive wheel testing council]　自動車用軽合金ホイール試験協議会。

[K]

K, k [次の語彙などの頭文字]　①kalium（ラテン語で，カリウム）の元素記号。＝potassium 英。②kilo-（千の意）。③Kelvin（絶対温度）。④kontinuierlich（ドイツ語で，連続的な）。

KCS [knock control system]　エンジンの点火時期を常に最適に制御する装置。＝ESA。シリンダ・ブロックに取り付けられたノック・センサがノッキング（異常燃焼）を検知すると電子制御により点火時期を遅らせ，ノッキングが止まるとノッキングが発生するまで点火時期を進める。再びノッキングが発生すると点火時期を遅らせ，ノッキングが止まると点火時期をまた進める。これの繰り返しをフィードバック制御という。

KD[1] [kick-down]　☞キックダウン。

KD[2] [knock-down]　自動車などの部品を輸出し，現地で組み立てること。ノックダウン生産。＝CKD。

KDSS [kinetic dynamic suspension system]　トヨタが2007年に新型オフロード車に採用した，スタビライザ・システム。前後のスタビライザを油圧システムでリンクさせ，走行状況や路面状況に応じて作動（オンロード）／非作動（オフロード）を自在にコントロールすることができる。この装置には電子制御や動力は使用していない。

KERS [kinetic energy recovery systems]　☞F1。

K-factor　物理的な係数を表す記号。

Kiwi-W コンソーシアム [Kiwi-W consortium]　次世代カー・ナビゲーション用の地図規格である「Kiwi フォーマット」の標準化を推進するための組織。2001 年に設立され，国内の自動車，部品，カー・ナビゲーション，地図などの各メーカや，中国・韓国の関係メーカも参加している。このKiwi フォーマットは2004 年にはJIS として制定され，2005 年にはISO のTS（技術合意文書）として発行されている。

K-jetronic [独 Kontinuierlich Einspritz System]　独ロバート・ボッシュ社が基本特許を持つ機械式燃料噴射装置・連続噴射システムの商標。エンジンに吸入される空気量を計量板によって計ると同時にこの計量板によって機械的に燃料の制御弁を動かし，ガソリンを連続的に噴射するもの。この方式は国産車には採用されておらず，VW，MB，ポルシェ，BMW，ボルボなどの欧州車に採用された。㊟kontinuierlich（コンティヌイーアリヒ）：ドイツ語で“連続的な”の意。☞D-jetronic，L-jetronic。

[L]

L, l [次の語彙などの頭文字]　①left（左）。②long（長い）。③length（長さ）。④light（軽い）。⑤low（低い，低速ギヤ）。⑥large（大きい）。⑦liter（1,000cc）。⑧lean（希薄な）。⑨limit（限界）。⑩load（負荷）。⑪ドイツ語で「気流」。

L/A [lash adjuster]　☞バルブ・ラッシュ・アジャスタ。

LA #4 モード [Los Angeles number 4 mode]　米国の環境保護庁（EPA）が制定した排出ガス測定用の走行パターンの一つで，市街地走行を想定した走行モード。ロサンゼルス郊外の朝の通勤時間帯を実際に走ったものをパターン化したもので，#4 は選定時の第4 番目のパターンを意味している。この走行パターン（平均速度31.5km/h，最高速度約90km/h，走行距離12.07km，測定時間1,369 秒）をシャシ・ダイナモメータ上で再現して測定を行う。カナダ，オーストラリアでもこのモードを採用。

LAF sensor [linear air & fuel ratio sensor]　ホンダの電子制御燃料噴射装置・PGM-FI に採用したセンサ。希薄燃焼時の空燃比制御を行う。

LAN [local area network]　狭域通信網。①企業，学内等の狭域情報通信網。②車内LAN。

LASER [light amplification by stimulated emission of radiation]　レーザ。電磁波の誘導放出により特定の波長の光だけを強める発振増幅装置。1960 年に米国で開発され，その発振媒質の形態や種類によって，気体レーザ，液体レーザ，固体レーザ，半導体レーザなどに分類される。例 レーザ・ビーム溶接。

LASRE [light-weight advanced super response engine]　レーザ・エンジン。トヨタの低燃費と高性能を両立させたエンジンの呼称。1980 年代に採用。

lb [libra]　ポンド。英国式重量単位。1lb＝453.6 グラム。複数はlbs。

LC [liquid crystal]　☞液晶（えきしょう）。

LCA [life cycle assessment]　自動車の製造から廃棄に至る生涯の環境影響を総合的に評価するもの（ISO14040）。日本自動車研究所（JARI）で研究を行っている。

LCD [liquid crystal display]　☞液晶（えきしょう）ディスプレイ。

LCDAS [lane change decision aid systems]　☞車線変更意志決定支援システム。

LCMA [lane change merge aid]　☞ブラインド・スポット・インフォメーション・システム。

LC mirror [liquid crystal glare proof mirror]　液晶防眩ミラー。

LDA [lane departure alert]　☞レーン・ディパーチャ・アラート。

LDH [Lexus dynamic handling system]　4輪操舵システムの一種で，レクサスが2012年に新型スポーツ仕様車に採用したもの。VGRS（ギア比可変ステアリング），EPS（電動パワー・ステアリング）およびDRS（後輪操舵システム）を統合制御しており，4輪操舵にありがちな違和感がないのが最大の特徴。後輪操舵はタイロッドを電動アクチュエータで押し引きして行い，逆位相／同位相とも最大2度切ることができ，定常なら35km/h前後で逆位相は最大になり，80km/h程度までは逆位相に切る。ただし，後輪操舵角は操舵速度も加味して決定される。

LDP [lane departure prevention]　☞レーン・キープ・アシスト。

LDW [lane departure warning system]　☞レーン・デパーチャ・ウォーニング。

LDWS [lane departure warning systems]　☞レーン・デパーチャ・ウォーニング・システム。

LED [light emitting diode]　発光ダイオード。電子表示の一種で，通電すると可視光線に変え，光を発するダイオード。ディジタル・メータやランプ等に使用。最近では赤色や緑色に加え，青色のLEDも実用化されている。

LED-HMSL [light emitting diode high mounted stop lamp]　発光ダイオードを用いたハイマウント・ストップ・ランプ。

LEDアレイAHS [light emitting diode alley adaptive high beam system]　LED（発光ダイオード）を使用した最新のヘッドランプで，トヨタが2015年発売の新型車に採用したもの。横一列に配置した複数のLEDをハイビームの光源に使い，それぞれを独立制御することで先行車や対向車を眩惑することなく従来より広い範囲を照射することができる。先行車と対向車がすれ違う際の両車間の空間などを照射して横断歩行者などの発見を支援するほか，市街地，通常走行，高速道路，曲線路などのさまざまな走行シーンに応じた配光制御を実現している。このヘッドランプには，機械的な可動部や遮蔽板などは使用していない。

LEDストップ・ランプ [light emitting diode stop lamp; ～brake lights]　ストップ・ランプにLED（発光ダイオード）を用いたもの。LEDは白熱電球と比較して点灯速度が速く視認性に優れるほか，同じ明るさで消費電力が約1/5と少ない。ストップ・ランプは消費電力が多く，LEDを使用して発電損失を抑えることにより，燃費にも好影響を与える。

LEDヘッドランプ [light emitting diode headlamp; ～headlights]　2007年にレクサスが世界で初めて採用した，LED（発光ダイオード）によるプロジェクタ・ヘッドランプ。小糸製作所と日亜化学工業との共同開発で，白色LEDをロー・ビームに使用している。長寿命で光量や色度の変化がほとんどなく，点灯してから最高輝度に達するまでの時間はわずか0.1秒と，HIDヘッドランプの約4秒からは大幅に短縮されている。構造的には，3眼式のプロジェクタ・ランプとパラボラ・リフレクタを用いた反射式ランプの4ユニットで構成されており，3灯のプロジェクタには計12個のLEDを用いて遠方を照射し，反射式ランプには計6個のLEDを用いて近距離を広範囲に照射している。したがって，ロー・ビームの片側には，合計18個のパワーLEDが使用されている。LEDから出る光は熱線を含まないが，LED自体は通電による発熱で温度が上昇するため，ヒート・シンク（放熱板）が設けられている。

LEV [low emission vehicle]　有害排出ガスの少ない車両，低公害車。環境省による低公害車等排出ガス技術指針で次のように分類されている。①J-TLEV：移行期低排出ガスレベル（平成12年規制値の3/4）。②J-LEV：低排出ガスレベル（平成12年規制値の1/2）。③J-ULEV：超低排出ガスレベル（平成12年規制値の1/4）。

LEVO [organization for the promotion of low emission vehicles]　一般財団法人 環境優良車普及機構。トラック，バス，タクシーなどの事業用自動車の低公害車を普及させるため，国土交通省と連携してこれらの導入補助金交付や，エコドライブ管理システム（EMS）の導入・普及事業などを行っている。

LFD [lateral force deviation]　タイヤに負荷し，回転半径を一定にして転がしたとき，接地面に発生する力のうち横方向の成分の平均値。車両の直進性に影響を与える。

LFT [long fiber thermoplastics]　ガラス長繊維強化ポリプロピレン。リサイクル性に優れた材料で，フロント・エンド・モジュールの台材などに使用される。

LFV [lateral force variation]　タイヤに負荷し，回転半径を一定にして転がしたとき，タイヤの面に直角方向に発生する荷重の変動。LFVはRFV同様，タイヤ・ユニフォーミティ（均一性）の要素の一つで，ユニフォーミティ・マシンにより測定するが，一般に10kg以下とされている。☞RFV。

LGV [liquefied gas vehicle]　常温常圧下で気体である燃料を液化して用いる車。代表的なものにLPG車があるが，LNG車も開発途上にある。

LH [left-hand]　左手の，左側の。対RH。

L-head cylinder　直列型のサイド・バルブ・エンジン。☞エル・ヘッド・シリンダ。

Li [lithium]　リチウムの元素記号。

LiB [lithium-ion battery]　☞リチウムイオン電池。

LIN [local interconnect network]　自動車内における低速通信用規格。ネットワーク化された機器の通信装置として，パワー・ウインドウ，パワー・シート，エアコン等，通信速度の低い領域（20～50Kbps）の機器の操作に使用する。☞フレックス・レイ。

Linux　コンピュータのオペレーティング・システム（OS）の一種。1991年にフィンランドのLinus Torvalds氏によって開発されたパソコン向けの無料のOSで，学術機関や企業のインターネット・サーバなどを中心に，携帯電話やデジタル家電など組み込み機器のOSとしても利用されている。2012年には次世代車載情報通信システム（IVI）などのシステム構築を目的としたワーキング・グループ「Automotive Grade Linux／AGL」を立ち上げており，日産，トヨタ，デンソーなども参加している。☞GENIVI。

L-jetronic [独 Luft Menge Messer System]　独ロバート・ボッシュ社が1973年に開発した電子制御式燃料噴射装置で，吸気流量感知方式の商標。吸入空気量の計測にエアフロー・メータを使い，電子制御により噴射量をコントロールする方式で，国内の自動車メーカのほとんどがこの方式を導入している。注Luft（ルフト）：ドイツ語で“空気”の意。例EFI（トヨタ・ダイハツ），EGI（日産・富士重工・マツダ）。☞D-jetronic，K-jetronic。

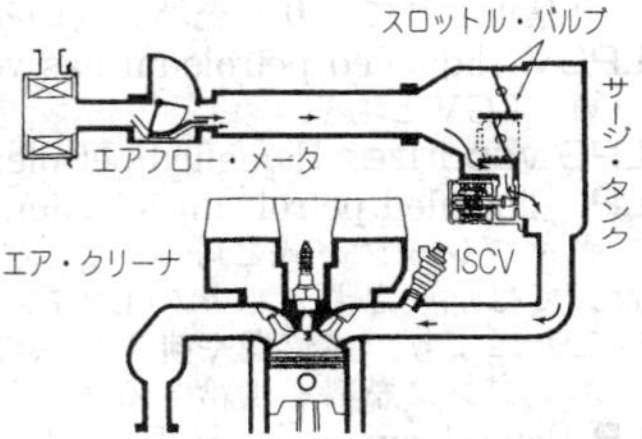

スロットル・バルブ
サージ・タンク
エアフロー・メータ
エア・クリーナ
ISCV

L-jetronic

LKA [lane keeping aid]　☞レーン・キーピング・エイド。

LKA¹ [lane-keeping assist system]　☞レーン・キーピング・アシスト。

LKA² [lane keeping assist system]　☞レーン・キープ・アシスト。

LKAS [lane-keeping assist system; lane keep assist system]　☞レーン・キープ・アシスト・システム。

LLC [long life coolant]　長期間使用できる冷却液。不凍液に防錆剤や酸化防止剤などが添加されている。

lm [lumen]　光束の単位。☞ルーメン。

LMW [leaning multi-wheel]　モータサイクルのように傾斜して旋回する3輪以上の車両。ヤマハのネーミングで，リーン（傾斜）機構を採用した3輪バイク「トリシティ」を2014年に発売している。☞i-ROAD。

LNC [lean NO_x catalytic converter]　☞NO_x吸蔵アンモニア生成・還元触媒。

LNG [liquefied natural gas]　液化天然ガス。主成分はメタン（CH_4）ガス。通常，海

外から液化したものをLNGタンカで輸入し，都市ガスや自動車用燃料などに用いる。−162℃で液化でき，体積は気体の約1/600となる。☞CNG。

LNT [lean NOx trap] ☞リーンNOxトラップ触媒。

logic IC [logic integrated circuit] 論理集積回路。論理回路をもつICチップ。

LPG [liquefied petroleum gas] 液化石油ガス。プロパン（C_3H_8）やブタン（C_4H_{10}）を主成分とする軽質炭化水素で，油田地帯の天然ガス中に含まれるものや原油の精製過程で副産物として産出するものとがある。加圧または冷却することにより容易に液化でき，家庭用や自動車用の燃料の他，ガス・ライタなど幅広く利用されている。ガス自体は無臭なため，危険防止のために着臭剤として有機硫黄化合物（メルカプタン）が添加されている。

LP gas [liquefied petroleum gas] ☞LPG。

LP gas Bombe [liquefied petroleum gas Bombe] LPGボンベ。☞LPG tank。㊟Bombe独は爆弾の形をした高圧ガス容器。

LP gas engine [liquefied petroleum gas engine] LPG（液化石油ガス）を燃料とするエンジン。

LP gas solenoid valve [liquefied petroleum gas solenoid valve] 液化石油ガス用の電磁弁。LPGタンクとベーパライザ（レギュレータ）との間に取り付け，エンジン停止時の燃料の遮断を行う。一種の安全弁。

LPG regulator [liquefied petroleum gas regulator] LPGの減圧気化装置。加圧して液化されていたLPガスを減圧して気化させ，燃焼室へ導入する。＝LPG vaporizer。

LPG tank [liquefied petroleum gas tank] 液化石油ガスの貯蔵容器（＝ボンベ）。自動車用LPガス容器は高圧ガス取締法中の容器保安規則に定められた構造を有し，充填（てん）口，取り出し口，安全弁，燃料計などが付属している。タクシーなどの乗用車ではリヤ・トランク室に設置され，燃料補給のための容器の交換は保安基準により禁止されており，充填方式のみである。

LPGV [liquefied petroleum gas vehicle] LPG（液化石油ガス）を燃料とする自動車。LGVとも表す。

LPG vaporizer [liquefied petroleum gas vaporizer] ☞LPG regulator。

LPI [liquefied petroleum injection] LPGの燃焼室等への液噴射。従来のLPG車はキャブレータ方式と呼ばれ，気化したLPGを燃焼室へ吸入していたものを，LPI方式では加圧された液状のLPGを燃焼室やインテーク・マニホールドへ直接噴射することにより，省燃費や排出ガスの低減を目指す。高圧ガス法の改正により，加圧してエンジンに燃料を供給するインジェクタ方式が1999年10月に認可された。

LR [lateral run-out] 横振れ。回転体が軸と平行方向に左右に振れること。例ホイール（タイヤ）のラテラル・ランナウト。＝LRO。対RR。

L range [low range] 変速機の第1速ギヤを指す。特に自動変速機のLレンジは，急勾配の下り坂を降りるときに使用し，強力なエンジン・ブレーキを得るとともに，加速によるシフト・アップを防止する。

LRO [lateral run-out] 横振れ。☞LR。

LRR [long range radar] ☞長距離レーダ。

LRT [light rail transit] 低床式の高性能路面電車。新しく復活した現代版の路面電車で，レールを使わずに特殊タイヤを使用したり，低床式でバリア・フリーの人にやさしい乗り物。欧州を中心に普及しつつあり，熊本，広島，富山などで導入されている。

LSD [limited slip differential] 差動制限装置のことで，ノンスリップ・デフとも呼ばれている。駆動輪の片側がぬかるみなどに入ってスリップしたとき，ディファレンシャル・ギヤの働きによって車輪が空転して車が動けなくなるのを防止するため，左右駆動軸の回転差を制限するメカニズムを持ったデフのことをいう。

LSD oil [limited slip differential oil]　リミテッド・スリップ・デフ専用の潤滑油。極圧剤入りのハイポイド・ギヤ・オイルに摩擦調整剤などを添加したもの。

LSF [low speed following mode]　ITSにおける走行支援システムのひとつで，車間距離制御装置（ACC）の低速追従モード。従来のACCは40～100km/hくらいの速度範囲で設定されているが，LSFでは渋滞した高速道路や都市高速道路等での使用を考慮し，約40km/h以下の低速でも作動するようになっている。例④低速追従モードつきレーダ・クルーズ・コントロール（トヨタ）。⑫低速追従機能つきインテリジェント・クルーズ・コントロール（日産）。

LSI [large scale integrated circuit]　大規模集積回路。1チップ上にICを1,000～10万個程度使用し，マイクロコンピュータ（マイコン）などに利用。☞SSI，MSI。

LSM [linear synchronous motor]　☞リニア・モータ。

LSPV [load sensing proportioning valve]　アンチロック・ブレーキ・システムのPバルブの一種。積荷などの荷重に応じて油圧制御開始点を変えることができるバルブ。☞P valve。

LSV [load sensing valve]　前後ブレーキの油圧比を荷重に応じて変換するための弁。

LSW [laser screw welding]　☞レーザ・スクリュ溶接。

LT [light truck]　軽トラック，小型トラック。例タイヤやチューブの小型トラック用の記号。

LTC [lane trace control]　☞レーン・トレース・コントロール。

LTE [long term evolution]　携帯電話の高速データ通信仕様の一つ。NTTドコモやソフトバンクモバイルなどが採用した第3世代携帯電話方式「W-CDMA」の高速データ通信規格「HSDPA」をさらに進化させたもので，3.9G（3.9世代）の携帯電話とも呼ばれる。下り（基地局→端末）100Mbps以上，上り（端末→基地局）50Mbps以上の高速通信の実現を目指したもので，NTTドコモは2010年12月よりLTEを導入している。☞Wi-Fi，WiMAX。

LTO [lithium titanate]　☞チタン酸リチウム。

LT shoe brake [leading trailing shoe brake]　☞リーディング・トレーリング・シュー・ブレーキ。

LTV [light truck vehicle]　ライト・トラック，軽量積載トラック㊨。

LV [lifecare vehicle]　高齢者や身障者用の福祉車両。日産の商品名。

LVW [loaded vehicle weight]　空車重量に136kg（300ポンド）を加えた重量。米国における排気ガス・テスト時の慣性相当重量の決定に使われる。

LWV [light weight vehicle]　①軽量車（重量車に対する）。②燃費や排気ガス規制に対応するため，アルミ部材や高張力鋼等の使用および新しい生産技術の導入により車両重量を大幅に軽減した車両。対HDV。

lx [lux]　照度のSI単位。☞ルクス。

[M]

M, m [次の語彙などの頭文字]　① meter（メートル）。② minute（分）。③ milli-（1/1000）。④ meg-（100万倍）。⑤ moment（力率）。⑥ motor（電動機）。⑦ medium（中間）。⑧ mass（質量）。⑨ methanol（メタノール）。⑩ mile（マイル）。

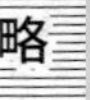

M15モード　重量ハイブリッド車（GVW3.5t超）の排出ガスや燃費の測定モード。シャシ・ダイナモメータ上において平均時速15kmで走行し，最高時速は40km，アイドリング時間が長いなどの特徴がある。

M2M [machine to machine]　自動車などの機械とスマート・フォンなどを接続すること。☞コネクテッド・カー。

MAC指令（しれい） [mobile air conditioning directive]　自動車用エアコンの冷媒に関

する指令で，EU（欧州連合）が2006年に採決したもの。地球温暖化係数（GWP）の高い冷媒（GWP > 150）の使用を禁止するもので，新型車は2011年1月以降，継続生産車は2017年1月以降から。☞ HFC134a，ノンフロン・カーエアコン。

MAGMA [Mazda geometric motion absorption]　マツダが採用した，高剛性・安全ボデーを採用した車体構造の名称。

MAG welding [metal active gas welding]　金属活性ガスを用いた半自動溶接。活性ガスを使用する溶接方法で炭酸ガス溶接ともいう。純粋な炭酸ガスを用いると溶接部にスパッタ（はね）が生じやすいので，多くはアルゴン80%と炭酸ガス20%の混合ガスを用いることにより，コストも比較的安く，より早く，より高品質のきれいな溶接が可能となる。☞ MIG welding。

MALSO [maneuvering aids for low speed operation]　☞車両周辺障害物警報。

MAS [mixture adjust screw]　キャブレータのアイドル時の混合気を調整するねじ。= IAS。

MAX, max [maximum]　最大量，最大限，最高。対 MIN（min）。

MB [megabyte]　メガバイト，100万バイト。コンピュータ情報量の単位の一つ。注 1バイト＝8ビット。

MBC [magic body control]　☞マジック・ボディ・コントロール。

MBECS [Mitsubishi brake energy conservation system]　三菱ふそうが1992年に路線バスに採用した蓄圧式ハイブリッド・システム。制動時にタイヤの回転力で油圧ポンプを作動させ，制動エネルギーを油圧エネルギーに変換する。発生した油圧はアキュムレータに蓄えられ，発進・加速時にこの蓄えられたエネルギーで油圧ポンプを油圧モータとして作動させ，補助動力として活用する。

MBT [minimum spark advance for best torque]　ガソリン・エンジンにおいて，トルクが最も大きくなる点火時期に対する最小進角。

MCA¹ [Mitsubishi clean air]　三菱車の排出ガス浄化装置の名称。

MCA² [multichannel access]　800MHz帯の業務用無線システム。自動車電話やパーソナル無線等で利用される。

MCA-JET [Mitsubishi clean air jet controlled superlean combustion system]　三菱が53年規制対策車に採用した，噴流制御超希薄燃焼方式。通常の吸排気バルブの他にジェット・バルブと名付けられた吸気バルブを設け，このバルブから空気だけを吸入して燃焼室内に強いスワール（渦流）を発生させ，超希薄燃焼を行う。

MCC¹ [manifold catalytic converter]　マニホールド内蔵型触媒コンバータ。触媒コンバータをエキゾースト・マニホールドの集合部へ取り付けたもので，排気管の途中に取り付けるものよりも温度の低下が少なくて良いが，マニホールド回りの取り回しが複雑になる。

MCC² [microcompact car]　1～2人が乗車できる超小型自動車の欧州における呼称。例 DCのスマート。

MCFC [molten carbonate fuel-cell]　溶融炭酸塩型燃料電池。高温型燃料電池の一種で，アルカリ炭酸塩を溶融したものを電解質に用い，キャリア・イオンが炭酸イオンである電池。主に電力事業用。☞ SOFC，PEFC。

MCH [methylcyclohexane]　☞メチルシクロヘキサン。

MCS [mixture control system]　減速時に混合気が過濃になり，COやHCが発生するのを低減する装置。MCV（後述）を用いて吸気管に空気を導入する。

MCU [moment control unit]　ホンダが1996年に採用したFF車用の左右駆動力配分装置（ATTS）において，駆動力を左右に配分するための制御ユニット。

MCV [mixture control valve]　混合気調整弁。減速時に混合気が過濃になるのを防止するため，吸気管の負圧を利用してエアを導入し，混合気を適正化する。

MC-β [micro-commuter β]　超小型電気自動車の一種で，ホンダが2013年に発表した実証実験車（エム・シー・ベータ）。2人乗りマイクロコミュータのプロトタイプで，定格出力6kWのモータや最大11kWhのリチウムイオン電池などを搭載して，最高速度は70km/h，航続距離は80km。☞超小型モビリティ。

MD [mini disc]　ソニーが1992年に発表した直径約5cmの光磁気記録ディスク。デジタル録音・再生ができ，CDより小型で演奏時間も長く，カー・オーディオにも利用された。内蔵メモリを用いた音楽プレーヤーの普及に伴い，ソニーは2013年3月で出荷を終了している。

MDAS [Mitsubishi driver's attention monitoring system]　三菱ふそうが1996年に採用した，トラック用の運転注意力モニタ。キャブに搭載されたビデオ・カメラで走行車線前方の白線を検知し，車両の蛇行率，単調度，操舵量から車線逸脱警報を発する。2010年には，MDAS-Ⅲを採用。

MDB [㊥ Modularen Diesel Baukasten]　☞MQB。

MD engine [modulated displacement engine]　三菱が1982年に採用した，バルブ停止装置付き可変排気量（可変気筒）エンジン。コンピュータ制御により4気筒エンジンを2気筒で運転し，燃費の向上を図る。運転条件としては，①アイドル時。②減速時。③4速で70km/h以下の低負荷運転時。☞MIVEC-MD engine。

ME [microelectronics]　超LSIなどで構成した超小型電子機器，またはそれを製造する技術。

MEA [membrane electrode assembly]　膜電極接合体。燃料電池車（FCV）の発電装置である燃料電池スタック（FCスタック）に用いるもので，非常に薄い固体高分子膜で作られた電解質膜を両側からセパレータで挟み，一組みのセルを形成している。1セルで実際に発生する電圧は1V弱と低いため，積層体（スタック）として高電圧を得ている。トヨタが2014年末に発売した世界初の燃料電池車（MIRAI）の場合，370枚のMEAを直列につないで総電圧は370Vで，これを昇圧コンバータで最大650Vまで高めている。

MEGA WEB　トヨタが1999年に東京・臨海副都心に開設した新テーマ施設の名称。トヨタ車の全ラインナップを展示するほか，バーチャル・ドライブや電気自動車等の試乗もできる。

memory IC [memory integrated circuit]　電源が供給されなくてもデータを記憶し続けるIC（集積回路）。例電子オドメータ。

MEMS [micro electro mechanical systems]　超小型電子技術を用いた表面実装素子（メムス）。機械的に作動する検出部を微細化し，半導体素子と組み合わせたもので，ESC（横滑り防止装置）の加速度センサやヨー・レート・センサなどに用いられる。MEMSの採用によりセンサを車室内からエンジン・ルーム内へ移すことができ，ESCの低コスト化を図ることができる。

MEP [mean effective pressure]　☞平均有効圧力。

MFB, MF battery [maintenance free battery]　補水などの保守を必要としない方式のバッテリ。

M-Fire combustion [modulated fire combustion]　日産が小型ディーゼル・エンジンに採用した新燃焼方式。強いスワール（空気の渦）により，燃料と空気を十分に混合させて完全燃焼を行い，黒煙のもとになる煤（PM：粒子状物質）を大幅に低減すると同時に，NOxや燃焼騒音も低減した。商品名はNEO Di直噴ジーゼル・エンジン。

MFJ [motorcycle federation of Japan]　（財）日本モータサイクル・スポーツ協会。FIM（国際モータサイクリスト連盟）の日本代表機関。モータサイクル・スポーツの普及指導や競技会の開催や公認などを行っている。

MFV¹ [methanol fuel vehicle]　メタノール（メチルアルコール）を燃料とする車。

MFV² [multi-fuel vehicle]　複数の燃料が使用できる車。例メタノールとガソリン。☞バイフューエル。

Mg [magnesium]　マグネシウムの元素記号。

M/G [motor/generator]　モータ/ジェネレータ（モータ/発電機）。モータと発電機の機能を併せ持つもの。例トヨタのマイルド・ハイブリッド・システム（THS-M）に採用され，エンジンの始動，発電，アイドル・ストップ時のエアコンなどの駆動，回生ブレーキ，発進時の車両駆動と多くの働きをしている。

MGG [micro gas generator]　小型ガス発生装置。衝突時にシート・ベルトを瞬時に巻き取り，乗員の初期拘束効果を高めるプリテンショナに用いられ，点火装置（スクイブ）を有している。

MH [metal hydride]　水素吸蔵合金。開発が進められている水素を燃料とする自動車や，燃料電池自動車の燃料貯蔵に用いる。水素を気体や液体で用いるものより貯蔵効率や安全性に優れる。

MIBK [methyl isobutyl ketone]　☞メチル・イソブチル・ケトン。

MICS [Mitsubishi intelligent cockpit system]　三菱が1990年に採用した，運転環境自動調整システム。運転者が選択したシートの前後位置に合わせてシートの高さや傾き，ステアリングやミラー類が人間工学に基づいて自動的に調整される。

MIG welding [metal inert gas welding]　金属不活性ガスを用いた半自動溶接。この溶接方法は，連続して送り出される電極と溶接部に生じるアークを利用するもので，溶接部分は不活性ガスで外気から遮断されている。不活性ガスはアルゴンやヘリウムだが，これらのガスは通常の鋼板の溶接に使用するにはコストが高すぎ，アルミニウムやステンレスの溶接に主に使用される。アルゴンはヘリウムよりコストが安いので使用率は高い。☞ MAG welding。

MIL [malfunction indicator lamp]　車載診断機能（OBD：オンボード・ダイアグノーシス）により排出ガス制御装置に不具合が発生したとき，ドライバに異常を知らせる警報ランプ。米国で義務づけられている装置。

mil [mile]　マイル（距離の単位）の記号。1マイルは約1.6km。

MIL spec [military specifications and standards]　米国軍用規格。MILはmilitary（軍隊）の略。

MIN, min [minimum]　最小量，最低限，最小限度。対MAX（max）。

MIO color [micaceous iron oxide color]　車の塗色。酸化鉄に二酸化チタンをコーティングしてあり，六角形の比較的大きな結晶になっている。日光のもとではキラキラ輝き，日陰ではソリッド色に近くなる。トヨタが高級乗用車の塗色に採用した。

MIPS [million instructions per second]　コンピュータの性能を示す指標で，1秒間当たりの命令実行回数を100万回の単位で表現するもの（ミップス）。2000年代前半ころのカー・ナビゲーション装置には300MIPS級のCPUが搭載されていたが，2010年現在では，1,000MIPSを超えるCPUが搭載されている。

MIRAI　燃料電池車（FCV）の車名で，トヨタが2014年12月に国内で販売を開始した4人乗りのセダン（ミライ）。FCV量販車の市販は世界初のもので，自社開発の新型FCスタック（発電装置）や高圧水素タンクなどで構成する燃料電池技術とハイブリッド技術を融合したトヨタ・フューエルセル・システム（TFCS／後述）を搭載している。FCスタックや高圧水素タンクなどは車両中央部の床下に配置し，最高出力114kW（155ps），最高速度160km/h，航続距離は約650km（JC08モード）。燃料の水素は約3分間でフル充填でき，災害時などの停電時に用いる約60kWh最大9kWの大容量外部電源供給システムも搭載している。燃料の水素を補給する水素ステーションは全国に20カ所弱あり（2014年11月現在），2015年中に計100箇所になる見込み。この車の販売は，東京・大阪・名古屋や福岡の大都市圏を中心にトヨタ店とトヨペット店が担当し，2015年末までに約400台を販売予定。販売価格は税込みで723万6千円であるが，政府の補助金が202万円のため，実質価格は521万6千円となる。FCVの普及に向け，東京都や愛知県などでは自治体独自の補助金制度や免税制度を検討中であり，東京都では都独自に100万円の補助金を決定している。この車の生産は，2016年に2千台程度，2017年には3千台程度に引き上げ予定。☞

FCV コンセプト，TeRRA。

MISAR [microprocessor sensing and automatic regulator] GM が採用した，エンジンの電子制御システム。1977 年にデルコ，ボッシュの協力とモトロニックの援助により，世界で初めてマイクロプロセッサを利用した点火時期制御システムを採用した。

MI system [module integrate system] 部品の基本単位を統合し，軽量化，性能向上，コスト・ダウン等を図るシステム。モジュール化。

MIVEC engine [Mitsubishi innovative valve timing and lift electronic control system engine] 三菱が 1992 年に採用した，可変バルブ・タイミング・リフト機構を備えたエンジン。低速トルクと高速パワーとの両立を図っている。

MIVEC-MD engine [Mitsubishi innovative valve timing and lift electronic control system modulated displacement engine] 三菱が採用した，可変排気量機構＆マルチモード可変バルブ・タイミング機構。スポーツ性と省燃費性を兼ね備えた DOHC6 気筒エンジン。3 ⟷ 6 気筒の切り換えを行う。

MKS unit [meter-kilogram-second unit] 実用単位系の一つ。長さにメートル（m），質量にキログラム（kg），時間に秒（s）を基本単位として使用。☞ MKSA unit。

MKSA unit [meter-kilogram-second-ampere unit] MKS 単位系に電流の単位アンペアを加えた電磁気に関する単位系。これを拡張したものが SI 単位。☞ SI unit。

MK 燃焼（ねんしょう） [modulated kinetics combustion] 日産が開発したディーゼル・エンジンの新燃焼方式で，「低温予混合燃焼」ともいう。ピストンの上死点直後くらいに燃料を噴射して燃焼させる予混合燃焼（PCCI）の一種で，燃焼温度が低いために NO_x と PM の両方を低減することができるのが特徴。これにより，米国で 2007 年モデルから適用される排出ガス規制「Tier 2 Bin 5」の実証試験をクリアしている。

MMA [methyl methacrylate] ☞メタクリル酸メチル。

MMC [metal matrix composite] ☞金属基複合材料。

MMCS [Mitsubishi multi-communication system] 三菱が採用した，三菱マルチコミュニケーション・システム。インパネ上部のディスプレイを通して，ナビゲーション，エアコンの作動表示，燃費状況，個人情報，TV などの機能を提供する。

MMES [Mitsubishi multi-entertainment system] カー・ナビゲーションのディスプレイを利用して TV を視聴したり，パソコンからダウンロードした音楽や画像を再生するシステム。三菱自動車が採用したもので，媒体には CD や DVD を用いる。電気自動車に装備した場合には，充電ポイントなどの情報を取得することもできる。

MMI[1] [man machine interface] ☞マン・マシン・インタフェース。＝HMI。

MMI[2] [multimedia interface] 集中コントロール装置の一種で，アウディが採用したもの。集中ダイヤルとディスプレイを用いて，エアコン，オーディオ，サスペンション等のモード切り替えを行う。☞ iDrive，COMAND システム。

Mn [和 mangaan] マンガンの元素記号。＝manganese 英。

MO [magneto-optical disc] 光磁気ディスク。電子記憶媒体の一種。

Mo [molybdenum] モリブデンの元素記号。

MOB [独 Modularen Ottomotor Baukasten] ☞ MQB。

MOCS [mobile operation control systems] 車両運行管理システム。警察庁の指導のもと，1993 年に発足した ITS の前身プロジェクトである UTMS（総合交通管理システム）のサブ・システムの一つ。

MOD [moving object detection] 移動物検知機能。日産が 2010 年にアラウンドビュー・モニタに追加したもの。

MODEM [modulator-demodulator] コンピュータの変復調装置。☞モデム。

MON [motor octane number] モータ・オクタン価。ガソリンのオクタン価で，実験室オクタン価測定法の一つであるモータ法によって求められたもの。自動車の高速あるいは高負荷走行時におけるエンジンのアンチノック性を表すとされ，リサーチ法で求められたオクタン価より10オクタン価ほど小さい値。対RON（リサーチ・オクタン価）。

MONET［mobile network］ モネ。トヨタが1998年に採用したカーナビと携帯電話を利用した双方向通信システム。走行中の車に交通や生活に関する情報を24時間，リアル・タイムで提供するサービスでEメールの利用も可能。センタの名称はトヨタ・メディア・ステーションで無人ガイド。☞GAZOO，G-BOOK。

MOP［metering oil pump］ ロータリ・エンジンの潤滑用ポンプ。適正量をマニホールド内に噴霧し，ガス・シール類の潤滑や作動室の気密保持を行っている。

MOS［metal oxide semiconductor］ 金属酸化物半導体。室温で低導電性，数百度の高温で高導電性の素子。LSIの大半に使用される。

MOS-FET［metal oxide semiconductor-field effect transistor］ 金属酸化膜半導体（MOS）を用いた電界効果トランジスタ（FET）。☞パワー半導体。

MOST［media oriented systems transport］ 車載LANプロトコル（通信規格）の一つ。光通信を利用して通信速度は高速の25Mbps（MOST25）で，カー・ナビゲーション，オーディオ，電話，車車／路車間通信などマルチメディア系機器の操作に用いられる。次世代規格のMOST150（通信速度が150Mbpsのもの）も開発され，BMW，MB，アウディ，レクサスなどの高級車を中心に搭載が進んでいる。MOSTは，SMSC（スタンダードマイクロシステムズ社）の登録商標。

MOTAS［motorcar total information advanced system］ 自動車登録検査業務電子情報処理システム（モータス）。国土交通省が自動車の登録や抹消，検査（車検）などに関する情報を一元管理するもので，全国93カ所の運輸支局などと国土交通省のデータ・センタを専用回線で結んでいる。

MP3［MPEG-1 audio layer 3］ 動画の圧縮技術として有名なMPEG-1の音声圧縮技術で，圧縮率が一番高いもの。圧縮率はCDの1/10～1/12で，インターネット上で音楽CDのデータを配布するために盛んに使われている。カー・オーディオの新しい音源としてMDやDVDに次ぎ導入され始め，CD-R（一度だけ録音可能なCD）やCD-RW（録音のやり直しが複数回可能なCD）が用いられる。

MPa［megapascal］ メガパスカル。圧力のSI単位で，1MPa＝1,000,000Pa（100万パスカル）＝1,000,000N/m²。

MPG［mile per gallon］ 燃料1ガロン当たりの走行マイル数（mile/gallon）。米国などにおける車の燃料消費率の表示法。㊟1ガロンは3.785ℓ，1マイルは1.609km。日本では1リットル当たりの走行キロ数（km/ℓ）。

MPGe［miles per gallon of gasoline equivalent］ 米国における電気自動車（EV）の燃費（ガソリン等価換算燃費）を表す単位。米EPA（環境保護庁）が定めたもので，ガソリンに換算して1ガロン当たり何マイル走行できるかということ。ホンダが2012年に米国で販売を開始したフィットEVの場合，交流電力量消費率は100マイル当たり29kWhで，MPGe換算で1ガロン当たり118マイル（約50.0km/ℓ）となる。

MPH［miles per hour］ 速度計のマイル表示。時速○○マイル。

MPI［multipoint injection］ 電子燃料噴射装置で，各シリンダごとにインジェクタを備え，インレット・ポートまたはシリンダへ別々に燃料を噴射する方式。シングル・ポイント・インジェクション（SPI）と比較してコストは高くなるが応答性は良くなる。対SPI。

MPT［multiplate transfer］ 四輪駆動車のトランスファで，油圧多板クラッチを使用して前後トルクの配分を制御する方式。富士重工の4WD車に採用され，車速とスロットル開度によってコントロールされている。

MPU［micro processing unit］ ☞マイクロプロセッサ。

MPV［multipurpose vehicle］ 多目的な用途に対応した車両。ステーション・ワゴン，ピックアップ・トラックなど。

MPX [multiplexer]　多重化装置。☞多重通信システム。

MQB [㊕ Modularen Querbaukasten; modular transverse matrix]　横置きエンジンを搭載した車の設計・生産に関するコンセプトで，VWグループが2012年に発表したもの。車両のクラスを超え，さまざまな車両コンポーネントを標準化すると同時に新たな技術の採用も可能にしており，ホイール・ベースやトレッドが異なっていても，理論的にはすべて同じ組み立てラインで生産することができる。エンジンはMOB（ガソリン）とMDB（ディーゼル）の2種類に統合され，すべてのエンジンを同じ位置に搭載できることを特徴としている。MQBは，アウディA3の後継車とVWゴルフ7から導入された。☞TNGA，CMF。

MR[1] [manifold reactor]　エキゾースト・マニホールド内に保温された反応室を設け，排気ガス中のCOやHCを再燃焼させる装置。

MR[2] [midship engine rear-wheel drive]　エンジンを前後の車軸間に配置して後輪を駆動する方式。前後車軸に均等な重量配分がしやすく操縦性に優れるが，車室が狭くエンジン騒音の影響を受けやすい。スポーツ・カーに多く採用されているが，市販車では少ない。㊟ミッドシップとは船（車）の中央の意。☞FR，FF，RR。

MRA [mutual recognition agreement]　相互承認。☞IWVTA。

MRCC [Mazda radar cruise control system]　車間距離制御装置（ACC）の一種で，マツダが採用したもの。☞i-Activsense。

MRE [magnetic resistance element]　磁気抵抗素子。電気抵抗が磁力線と電流が平行なとき最大で，直角のとき最小となる特性があり，車速センサなどに利用される。

MR lamp [multiple reflector lamp]　多面反射鏡ランプ。ヘッドランプの配光を前面のレンズ・カットではなく，リフレクタ（反射鏡）を多面化して行うもの。MRランプの採用により，ヘッドランプまわりデザインの自由度や明るくシャープな配光が得られる。

MRR [mid range radar]　☞中距離レーダ。

MS evaporator [multi-tank super slim structure evaporator]　カー・エアコンのエバポレータ（蒸発器）で，冷房時の熱交換効率を高めた小型・軽量のもの。

MSI [medium scale integrated circuit]　1チップ上にICを100～1,000個程度使用した中密度集積回路。☞SSI，LSI。

MSR [㊕ Motor Schleppmoment Regelung; engine drag torque control]　駆動輪空転防止装置（ASC）の補助システムで，BMW・VW・ポルシェなどが採用したもの。エンジン・ブレーキによる駆動輪のロック状態を制御するもので，ジャガーやランドローバーではエンジン・ドラッグ・トルク・コントロール（EDC），ボルボではエンジン・ドラッグ・コントロールと呼んでいる。

MT, M/T [manual transmission]　手動変速機。㊟AT，A/T。

MTB [mountain bike]　オフロードで乗るための遊び用自転車。頑丈な構造で極太の26インチ・タイヤを装備しており，RV等に搭載される場合がある。

MTBE [methyl tertiary butyl ethel]　ガソリンの燃料添加剤として利用される含酸素化合物（エーテル）の一種。自動車用無鉛ガソリンのオクタン価向上剤として使用される。米国ではEPAが大気浄化法により酸素添加剤としてのMTBEの使用を義務づけ，排気ガス中のCO等の削減を図ってきたが，その臭気や発癌性の疑いから使用禁止とした。☞ETBE。

MTREC [multi throttle responsive engine control system]　ホンダが採用した，多連スロットル高応答性エンジン制御システム。

MTX [manual transaxle]　前輪駆動車の手動変速機と駆動軸（デフ）が一体となったもの。☞ATX。

MV [methanol vehicle]　メタノールを燃料とする自動車。

MVIC [Mitsubishi variable induction control system]　三菱が1993年に採用した，電子制御可変吸気システム。吸気マニホールドの長さを運転条件により切り換えるもので，高速回転時にはマニホールドの長さを短くして吸気脈動効果を得る。

MVV engine [Mitsubishi vertical vortex engine] 三菱が1991年に採用した，縦渦層状希薄燃焼エンジン。2個の吸気バルブを持つ3バルブ式エンジンで，シリンダ内の流入空気に縦方向の渦（バーティカル・ボーテックス＝タンブル）を発生させ，希薄混合燃焼を可能にすることにより燃費性能を大幅に向上させている。

MΩ [meg-ohm] 絶縁抵抗の単位。1MΩ＝100万オーム。

[N]

N, n [次の語彙などの頭文字] ① north（north pole：磁石のN極）。② negative（負，マイナス，陰極）。③ neutral（中立）。④ nitrogen（窒素）。⑤ number（数，番号）。⑥ Newton（SIで力や応力の単位。1kgf＝9.8N，1Pa＝1N/m²）。⑦ nano-（10億分の1）。⑧ noise（騒音）。

Na [独 Natrium] ナトリウムの元素記号。＝sodium 英。

NADA [national automobile dealers association] 全米自動車販売店協会。

NA engine [natural aspiration engine / naturally aspirated engine] 自然吸入エンジン，自然給気エンジン。無過給式エンジンを示し，過給式エンジンと区別するために用いられる。

NAND circuit AND回路とNOT回路を接続した回路。☞付図－「論理回路」。

NAPAC [Nippon auto parts aftermarket committee] 日本自動車用品・部品アフターマーケット振興会。自動車用アフタ・パーツの業界団体で，2004年にJAWA（日本軽合金ホイール協会）とASEA（モータースポーツ部品品質認定協会）が統合されてNAPACとなった。JAWAとASEAは，NAPACの事業部として存続。

NAPS [Nissan anti-pollution system] ナップス。日産が排出ガス対策初期に採用した，排出ガス浄化装置の総称。

NASCAR [national association for stock car auto racing] 北米最大のストック・カー・レースの公認団体。NASCARが統括するレースは，ウィンストン・カップを頂点にプロからアマチュアを対象としたものまで年間476戦を数え，中でもディエトナ500マイル・レースは有名。

NASVA [national agency for automotive safety and victims' aid] （独）自動車事故対策機構（ナスバ）。2003年に設立された旧自動車事故対策センターで，自動車事故の発生防止と被害者保護の推進等を行う団体。市販車両の衝突安全性能やブレーキ性能試験などを行うほか，チャイルド・シート等の安全性能試験も行っている。☞自動車アセスメント制度。

NAVI [national agency of vehicle inspection] 自動車検査独立行政法人（車検独法）。2002年に設立された国土交通省所管の独立行政法人で，自動車の検査のうち自動車検査場における検査を担当し，車の改造申請や並行輸入車申請の窓口にもなっている。政府の方針により，2016年には独立行政法人 交通安全環境研究所（NTSEL）との統合が予定されている。

NAVI·AI-AVS [adaptive variable suspension system with artificial intelligence navigation] トヨタが2008年に高級乗用車に採用した，ナビ協調機能付き減衰力制御サスペンション。ナビ協調AT制御と電子制御減衰力可変サスペンション（AVS）を組み合わせたもので，ナビゲーションの道路コーナ情報に基づき，旋回直前にショック・アブソーバの減衰力を高めてコーナリング性能を向上させるコーナー・プレビュー制御機能を備えている。センサが感知した路面の段差などの情報を地図に記録し，次から同じルートを走る際には，そのデータを参照することもできる段差学習制御機能も有している。

NAVI・AI-SHIFT [artificial intelligence shift by navigation] カー・ナビゲーション

と5速ATの人工知能によるシフト・コントロール（トヨタ／1998年）。DVDボイス・ナビゲーションからのカーブなどの情報と車両からの勾配情報を利用して走行する道路状況を3次元的に把握し，ドライバの減速意志などに合わせて3速から5速の間で最適なシフト・パターンを選択する。☞IN-NAVI shift。

NAVIMOS [Nissan advanced vehicle management object-oriented system]　日産が採用した，配送計画支援システム。パソコンを利用してトラックによる配送の最適化を図る。

NB [national brand]　全国的な知名度や普及率をもった商品およびその商標。製造業者ブランド。㊟PB。

NBR [acrylonitrile-butadiene rubber]　合成ゴムの一種。ブタジエンとアクリロニトリルのゴム状重合体。略してニトリル・ゴム。

NC [numerical control]　数値制御。

NCAP [new car assessment program]　新型車の安全評価基準／自動車アセスメント（エヌキャップ）。新型量販車の安全情報を消費者に提供する公的な制度で，新しい車を衝突させて乗員の安全性を調べるとともに，ブレーキなどの安全に関する項目の試験・評価も含めて，その結果を公表している。この情報公開制度は1979年から米国で始まり，欧州・日本・中国などが追随している。各国における名称は，US-NCAP（米国），EU-NCAP（欧州），J-NCAP（日本）など。

NC lathe [numerical controlled lathe]　数値制御旋盤。

NC machine [numerical controlled machine]　数値制御工作機械。

NCS [Nippon charge service, LLC]　合同会社日本充電サービス。トヨタ，日産，ホンダ，三菱の自動車メーカ4会社により2014年5月に設立された合同会社で，電動車両の充電インフラ・ネットワーク（充電設備網）構築の推進を目的としている。NCSでは，政府の補助金も利用して2014年末までに急速充電器4千基，普通充電器8千基の新設を予定しており，NCSが設置した充電器では，メーカを問わず1枚の認証カードで充電できる。2014年3月末現在における国内の充電器設置数は，急速充電器が約2千基，普通充電器は約3千基。☞充電スタンド。

NC thread [national coarse thread]　アメリカ規格の荒目ねじ。☞セラーズ・スレッド（Sellers thread）。

NCVT [Nissan continuously variable transmission]　日産が1992年に初採用した，無段変速機。富士重工製のCVTをベースに発進機構に電磁クラッチを用い，変速機構には金属ベルトとプーリを採用して無段階に変速ができる。エンジンとの総合電子制御，ベルト・ノイズ低減構造，ABS併用による快適な走りと経済性を実現。

Nd [㊥ Neodym; neodymium]　ネオジムの元素記号。

NdFeB焼結磁石（しょうけつじしゃく） [neodymium ferroboron sintered magnet]　☞ネオジム磁石。

NDIR analyzer [non-dispersive infrared analyzer]　非分散型赤外線分析計。排気ガス分析計の一種で，CO，CO_2，HC，NOなどの測定に使用する。赤外線を測定ガスに照射し，ガスの濃度によりその赤外線エネルギーの吸収量が規則性を持つことを利用している。

NDIS [Nissan direct ignition system]　日産が1988年ころに採用した，ディストリビュータやハイテンション・ケーブルを用いない点火方式。コンパクトな点火コイルを各気筒の点火プラグに直接取り付け，ECCSの電子制御により各気筒への点火信号を直接出す。

NDSC [Nissan diesel stability control]　日産ディーゼルが大型トラクタに採用した，横滑り防止装置。これにより，ジャックナイフ現象や横転を防止している。ESCのトラクタ版。

NDUV analyzer [non-dispersive ultraviolet analyzer]　非分散型紫外線分析計。排気ガス分析計の一種で，NO_2を測定するのに使用する。

Ne [neon] ネオンの元素記号。

NECAR [new electric car] ダイムラー・クライスラー（当時）が開発した燃料電池を用いた電気自動車。1994年に発表。NECAR5（2001年）では，メタノールを改質して燃料の水素を取り出している。

NEDC [new European driving cycles] 新欧州ドライビング・サイクル。欧州における乗用車等（軽量車）の排出ガスや燃費評価に用いる新しいテスト・サイクルで，1992年のEuro（MVEG）1以降に採用されたもの。冷間始動からの市街地や非市街地の走行モードが組み合わされ，シャシ・ダイナモメータ上における測定は，市街地走行「ECE-15 driving cycles（0～56km/h）」を4回繰り返した後に非市街地（高速）走行「EUDC／extra-urban driving cycles（70～120km/h）」を1回行い，全所要時間は1,180秒，平均速度は33.6km/h。燃費率は「ℓ/100km」で表される。電気自動車やプラグイン・ハイブリッド車に関しては，NEDCのECE R101テスト・サイクルが用いられる。☞JC08モード，WLTC。

NEDO [new energy and industrial technology development organization] 独立行政法人 新エネルギー・産業技術総合開発機構（ネド）。経済産業省の外郭団体で太陽電池など代替エネルギーの開発を主な任務とし，2009年度からは燃料電池システム等実証研究（JHFC）事業がNEDOの助成事業となり，燃料電池車の2015年における普及開始を目指している。NEDOでは，自治体や法人が低公害車を購入する場合の資金援助を行ったり，JARIの委託によるFCVの安全評価試験も行っている。

NEF thread [national extra fine thread] アメリカ規格の最もねじ目の細かいもの。

NEO Di diesel engine [Nissan ecology oriented performance direct injection diesel engine] 日産が環境と走りの両立を目指して1998年に採用した2.5ℓおよび3ℓの直噴ディーゼル・エンジン。新設計のインタクーラ付き可変ノズル・ターボを備え，M-Fire燃焼と呼ばれる予混合燃焼や4バルブDOHC，可変スワール機構を特徴として大幅な燃費向上とガソリン車並の出力と静粛性を実現している。☞M-Fire combustion。

NEO Di gasoline engine [Nissan Ecology Oriented performance Direct injection gasoline engine] 日産が環境と走りの両立を目指して1998年に採用した，ニッサン筒内直接噴射ガソリン・エンジン。従来，吸気ポート内に噴射していた燃料をフューエル・インジェクタの高圧化により直接シリンダ内に噴射するシステム。成層（超希薄）燃焼と均質燃焼の併用により，燃費が大幅に向上している。

NEO VVL [Nissan ecology oriented performance variable valve lift and timing] 日産が環境と走りの両立を目指して採用した，ニッサン可変バルブ・リフト＆タイミング機構。低速時と高速時の吸気効率を最適にするため，バルブ・タイミングおよびリフト量を切り換え制御するシステム。これには低速用，高速用と形状の異なるカムがカムシャフトに設けられている。1997年に採用。

NeV [next generation vehicle promotion center] 一般社団法人 次世代自動車振興センター。電気自動車（EV），プラグイン・ハイブリッド車（PHV），クリーン・ディーゼル車，燃料電池車（FCV）などのクリーン・エネルギー車や，EV・PHV用の充電設備やFCV用の水素供給設備の普及促進を図っている。

NFB [no fuse breaker] フューズを用いない配線用遮断器。

NF thread [national fine thread] アメリカねじ規格の中目ねじ。

NG [natural gas] 天然ガス。主な成分はメタン（CH_4）であるが，エタンやプロパンを含むものもある。天然ガスの貯蔵方法には次の3通りがある。①LNG：liquefied natural gas（液化天然ガス）。②ANG：absorbed natural gas（吸着天然ガス）。③CNG：compressed natural gas（圧縮天然ガス）。

NGIV [new generation intelligent vehicle] 車車間通信設備を備えた車のことで，自動車同士の情報通信により事故を防止する次世代の知能自動車。例えば，前方を走っている車が事故に遭った際，事故発生情報を後続車に自動的に発信して二次災害を防止する。国土交通省がITS分野の車間通信技術を活用した走行支援システムとして，開発を進めている。

NGV [natural gas vehicle]　天然ガスを燃料とする自動車。☞NG。

NHPC [Nissan high performance center]　日産ハイ・パフォーマンス・センター。2007年にGT-Rを発売したのを機に，日産が超高性能車の性能保証と品質保証を目的に設立したメインテナンス専門施設の名称。最新鋭の診断装置やサービス機器を備え，特別な教育を受けた認定テクニカル・スタッフが対応する。全国の日産ディーラ160店舗に約210名在籍。

NHTSA [national highway traffic safety administration]　米国運輸省道路交通安全局。

Ni [nickel]　ニッケルの元素記号。

NIASE [national institute for automotive service excellence]　米国の自動車整備に関する民間団体（1972年設立）。日本の自動車整備振興会に相当し，整備士の資格検定試験を行っている。エンジン，ブレーキ，電気，エアコン等機能別の試験で，乗用車で8種類，トラックで6種類，ボデー関係で2種類の合計16種類がある。この資格制度の大きな特徴は，5年毎の更新（講習・試験）が義務づけられていることである。NIASEの名称は現在ASEと変更されている。

NICS [Nissan induction control system]　日産が1990年代に採用した，可変吸気システム。吸気回路にパワー・バルブを設け，電子制御で開閉することにより低・中回転域において厚みのあるトルクを確保し，全回転域で高出力と高トルクをバランスよく発揮させる。

NIC値 [neck injury criterion]　首の傷害指数。追突事故時等における頸椎部の負荷を示す指標の一つ。一般に，NIC＝15以下が安全圏と言われている。☞HIC。

Ni-MH battery [nickel metal hydride battery]　ニッケル水素電池。EVやハイブリッド車などの駆動用電源として用いられる高性能バッテリ。

NIP [㊥ Das Nationale Innovationsprogramm Wasserstoff-und Brennstoffze-llentechnologie]　ドイツにおける水素・燃料電池技術革新プログラム。ドイツ国内では，水素・燃料電池技術の開発・推進を産官学による水素・燃料電池戦略協議会が担当しており，この協議会が2006年に立ち上げたもの。このプログラムでは，自動車用，家庭用，産業用などの燃料電池の開発・実用化を進めており，2011年からは約50台の燃料電池車（FCV）を使用した実証試験を展開している。

NLR [non-locking retractor]　☞ノンロッキング・リトラクタ。

nm [nanometer]　ナノメートル。10億分の1メートル。㊟紫外線の波長は400〜1nm。

NMHC [non-methane hydrocarbons]　非メタン系炭化水素。安定したメタン（CH_4）を除く炭化水素（HC）の総称でエチレン系またはアセチレン系炭化水素があり，NMHCは光化学スモッグの原因となるオキシダントを生成する有害物質。NMHC＝THC（全炭化水素）－CH_4。☞ノンメタンHC規制。

NMOG [non-methane organic gases]　非メタン有機ガス。シンナ，ベンゼン，トルエンなどの揮発性有機化合物（VOC）を指す。

NMRR [normal mode reject ratio]　デジタル式サーキット・テスタにおいて，測定電圧に別の電圧（ノイズなど）が重畳している場合，測定値に与える影響度。例えば，NMRRが60dB以上50／60Hzなどと表す。☞CMRR。

NOCO [no corrosion]　バッテリ・ターミナル専用の防錆保護剤の商品名。

NOR [polynorbornene rubber]　☞ノルボルネン・ゴム。

NOR circuit　論理回路の一つで，否定和回路ともいう。入力がすべて0のときだけ1が出力される。☞付図－「論理回路」。

NOT circuit　論理回路の一つ。入力・出力各一つずつの端子があり，入力が0のときは1を出力し，入力が1のときは0を出力する。☞付図－「論理回路」。

NOx [nitrogen oxides]　窒素酸化物の総称。空気中には窒素が76%も含まれているため，排気ガス中にはNOとNO_2が多く含まれている。窒素はもともと安定した物質であるが，混合気が高温で燃焼するとき，空気中の窒素の一部が酸化してNOとなり，排出されて更にNO_2となる。NO_2は刺激臭の強い有害な気体で，光化学スモッグの主原因と考えられている。

NOx absorbing three way catalytic converter [nitrogen oxides absorbing three way catalytic converter]　トヨタが1994年に採用したNOx浄化用の三元触媒。☞エヌ・オー・エックス吸蔵還元型三元触媒。

NOx吸蔵（きゅうぞう）アンモニア生成（せいせい）・還元触媒（かんげんしょくばい） [lean NOx catalytic converter uses the reductive reaction of ammonia generated within the catalytic converter to reduce nitrogen oxides]　ホンダが2006年に乗用車ディーゼル・エンジン用に開発したNOx触媒で，排気ガス中のNOx（窒素酸化物）を吸着してアンモニア（NH_3）に変える層と，このアンモニアを吸着してNOxを無害な窒素（N_2）に還元する層の二層構造をしている。この触媒を酸化触媒とDPF（微粒子フィルタ）の後方に取り付けることにより，米国の次期排出ガス規制（Tier 2 Bin5）をクリアしている。略称，LNC（lean NOx catalytic converter）。☞ブルーテック，尿素SCRシステム。

NOx吸蔵還元触媒（きゅうぞうかんげんしょくばい） [nitrogen oxides absorber catalyst]　ディーゼル・エンジンにおいて，希薄燃焼時にNOx（窒素酸化物）を吸蔵し，空燃比が濃い運転時にNOxを放出して，無害な窒素（N）や酸素（O_2）に還元する触媒。NAC，NSC，NSRとも表し，ディーゼル・エンジンのNOxを除去する排出ガスの後処理装置は，小型車にNOx吸蔵還元触媒，大型車には尿素SCRシステムが主に用いられる。

NPN type transistor　トランジスタの一般的な形で，N（negative）型半導体とP（positive）型半導体を2箇所で接合した素子。コレクタとベース間，エミッタとベース間は，ダイオードを2組接続したような形になっている。ベースからエミッタに電流を流すことにより，コレクタからエミッタに増幅された電流が流れる。☞PNP type transistor。

NR [natural rubber]　天然ゴム。ゴムの木から採取されたもの。ブタジエンなどを原料とした合成（人造）ゴムと対比される。

N range [neutral range]　変速機の中立域。エンジンが回転していても動力が駆動輪へ伝達されないギヤの位置。主に自動変速機の場合に用いる。

NRTCモード [non road transient cycle]　欧米で採用しているディーゼル・エンジン特殊車両の排気ガス測定モードで，世界統一基準のもの。ショベル・ローダ，農耕機，フォーク・リフトなどが対象で，定常モードではなく過渡モードで測定を行う。国内では，従来はディーゼル特殊自動車8モード法により測定していたが，保安基準の改正によりPM（粒子状物質）の排出規制値が大幅に強化され，後処理装置の装着を前提として2011～2013年の間にNRTCモードが導入された。

NSR触媒（しょくばい） [NOx storage reduction catalyst]　NOx吸蔵還元触媒の別称。トヨタが2012年に発表した新NSR触媒では，排気管に噴射装置を取り付け，排気ガス中に直接燃料を噴射することによりNOxを窒素に変換して排出している。このNSRはDPF（粒子状物質除去フィルタ）と組み合わせて用いるもので，欧州で2016年から導入される新排ガス規制（Euro6）に対応している。

NTA [national type approval]　欧州各国が国別に定めた車の型式認証制度。EU（欧州連合）内においては，NTAの代わりにWVTA（統一型式認証制度）が実施されている。

NTC [nitrogen oxides trap catalyst]　NOxトラップ触媒の一種で，三菱自動車が2008年にクリーン・ディーゼル・エンジンに採用したもの。

NTC [negative temperature coefficient]　負の温度特性。温度の上昇に伴い，抵抗値

が減少すること。対 PTC。

NTC サーミスタ [negative temperature coefficient thermistor] 負温度特性サーミスタ。温度の上昇に伴い抵抗値が減少する感熱抵抗素子で，水温センサや燃料残量警告灯のセンサなどに用いられる。☞ PTC サーミスタ。

NTD control [Nissan torque demand control] ドライバの要求するアクセル開度にリニアに応答するエンジンの発生トルクを，電子制御スロットル・システムを用いて実現する制御。環境と走りの両立を目指して，日産が採用した NEO Di 直噴ガソリン・エンジンの一要素。

NTSEL [national traffic safety and environment laboratory] 独立行政法人交通安全環境研究所。国の安全や環境施策に対する研究，車の安全や環境基準への適合性の審査等を行う機関で，車や装置の型式指定に関する実務業務を担当している。政府の方針により，2016 年には自動車検査独立行政法人（NAVI）との統合が予定されている。前身は，昭和 25 年設立の運輸技術研究所。

N (negative) type semiconductor ☞エヌ（N）型半導体。

NUMMI [new united motor manufacturing incorporated] トヨタが米国 GM と協力してケンタッキー州に作った合弁工場（1984 年）。2010 年 3 月末で閉鎖。

NVCS [Nissan valve timing control system] 日産可変バルブタイミング・コントロールシステム（1986 年）。吸気バルブの作用角は一定のままで，エンジン回転数や吸入空気量に応じて電子制御により吸気バルブの開閉タイミングを変化させる。出力と燃費が向上。☞ CVTC，eVTC。

NVH [noise, vibration, harshness] 車両の騒音振動の総称。noise：騒音。vibration：振動。harshness（ハーシュネス）：路面の継ぎ目や段差を乗り越えるときに発生する，ゴツゴツした振動。

N アイドル制御（せいぎょ）システム [neutral idle control system] ☞ニュートラル・アイドル制御システム。

[O]

O, o [次の語彙などの頭文字] oxygen（酸素）の元素記号。

O_3 [ozone] ☞オゾン。

OAA [open automotive alliance] 米 Google と自動車メーカら 6 社が 2014 年に立ち上げた団体。Android 端末と自動車の連携や自動車自体を Android 端末化することを目的とするもので，Google，Audi，GM，ホンダ，Hyundai（現代自動車），NVIDIA（半導体メーカ）の各社が参加しており，日産，スズキ，マツダ，富士重工業，三菱自動車，アルパイン，富士通テンなど 20 社以上が新たに参加している。Google では，Google マップを利用した自動（自律）運転車の開発も行っている。

OBD [on-board diagnosis; on-board diagnostic system] 車載式故障診断装置。自動車メーカが車両設計・生産段階から車載 ECU 内に各電子システムの自己診断・記憶機能を持たせたもので，故障発生時には専用の診断機（スキャン・ツール）を接続して不具合箇所のダイアグノーシス・コードを読み取り，修理箇所を絞り込むことができる。米カリフォルニア州では，1988 年モデルから法律に基づく OBD（OBD-I）の装備が義務付けられ，1996 年からは全米を対象に OBD-II が導入された。日本でも自動車排出ガスの規制強化に伴い，全ての新車に対して 2000 年 10 月以降の生産車（新短期排出ガス規制車）から，排出ガス関係の OBD（J-OBD）の装備が義務付けられた。2008 年 10 月または 2011 年 4 月以降生産の新型車（ガソリン及び LPG 車）に適用された新たな排出ガスの試験サイクルである JC08 モードでは，触媒などの排出ガス発散防止装置の性能劣化を自動的に検出して運転者に知らせる高度 OBD システム（J-OBD II）の装備が義務付けられた。国土交通省では，車検時に OBD 検査を導入する方針を2014年10月に発表しているが，導入時期は未定。☞DLC，DTC，WWH-OBD。

OBDスキャン・ツール [on-board diagnosis scan tool] 車載の故障診断装置（OBD）に接続して故障内容または点検事項を表示する診断機／電子システム診断装置。これには自動車メーカ系のものと汎用品（GST）とがあり，OBD-Ⅱが採用されている場合には1本の配線で全ての車両に接続でき，通信方式はISOに準拠している。この診断機を車に接続して故障コード（DTC）やフリーズフレーム・データなどを呼び出したり，各種アクチュエータを任意に駆動するアクティブ・テストなどにより故障診断することをオフボード診断といい，そのための専用接続端子をデータ・リンク・コネクタ（DLC）という。また，現在のエンジン・コンディションの諸データをリアル・タイムで取り出すことのできるデータ・ストリーム機能の付いたスキャン・ツール（リアル・タイム・データ・モニタ）もある。この診断に用いるソフトは機器メーカからメモリ・カードまたはパソコンによるインターネット配信の形で提供されているが，内容の常時更新が不可欠なことから，インターネットによるソフト配信が今後主流になると思われる。OBD-Ⅱスキャン・ツールを分類すると，少機能型，中間型，多機能型の3種類に大別できる。少機能型はDTCの読み取りや消去ができるものでコード・リーダと呼ばれ，アクティブ・テスト等を行うには，中間型以上の機種が必要となる。☞レディネス・コード。

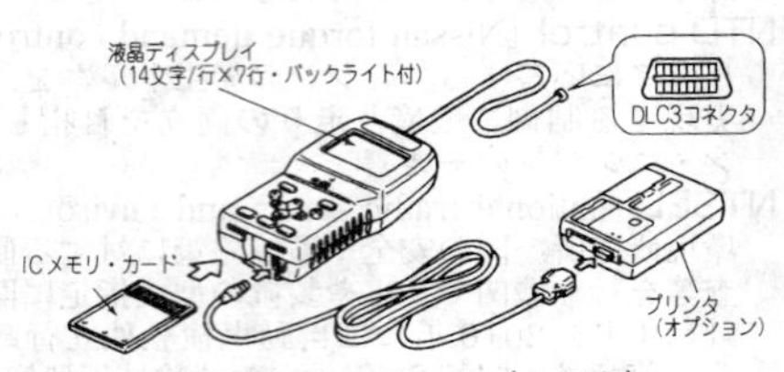

OBDスキャン・ツール（トヨタ）

OBD-Ⅱ [on-board diagnosis stage Ⅱ] 米カリフォルニア州が乗用車と小型トラックの1994年モデルからOBD（車載故障診断装置）の装備を義務付けた法律で，1996年から米国で販売される全ての車に対象が広がった。これはOBD-Ⅰの規制をさらに強化したもので，排出ガス関連装置の診断が追加された。今回より，SAEが次の各規格統一などを行っている。①ECUの診断コネクタ（16ピンのDLC)。②コンピュータの通信形態（プロトコルにCANを使用)。③車の各部の名称や診断データの名称。④診断方法。⑤診断テスタ（OBDスキャン・ツール）の機能の標準化。日本でもSAE規格に準拠したOBD-Ⅱの採用が1997年頃から進み，2002年には日本でも16ピンの診断コネクタ（DLC）の取り付けが義務付けられ，2008年10月以降生産の新型車（乗用車と小型トラック）からは，CAN採用の高度OBDシステム（J-OBD Ⅱ）の装備が義務付けられた。欧州では，米国のOBD-Ⅱに対応した欧州統一規格のE-OBD Ⅱを2001年から乗用車に義務付けており，中国では2006年12月に，韓国では2007年1月に，それぞれOBD-Ⅱの装備が義務付けられた。☞DTC，フリーズフレーム・データ，レディネス・コード，データ・ストリーム。

OCE [off cycle emissions] ☞オフサイクル。

OCR [optical character reader] 光学式文字読み取り装置。書いた文字を光学的に読み取り，コンピュータに入力する方法。例OCRシート。☞OMR。

OCV [oil control valve] 油圧制御弁。☞オイル・コントロール・バルブ。

OD [outside diameter] 外径。

OD, O/D [overdrive] 増速駆動。☞オーバドライブ。

ODP [ozone depletion potential] オゾン層破壊係数。カー・エアコン用の冷媒で，使用禁止となったCFC-12のオゾン層を破壊する能力を「1」として，相対的にオゾン層の破壊能力を表したもの。HFC134aはODPはゼロであるが，GWP（地球温暖化係数）は二酸化炭素の1,430倍もあるため，新冷媒の開発が急がれている。☞ノンフロン・カーエアコン。

OEM [original equipment manufacturing] 相手先ブランドで販売される製品の受注生産。他社ブランド品（車）の生産。例日野自動車でトヨタ車を生産すること。

OE parts [original equipment parts] ライン装着部品。

OES [order entry system] 自動車メーカなどの受注生産システム。

OFF-JT [off-the-job training] 企業研修の形態の一つ。ふだんの職場から離れた所で行う教育訓練で，集合教育の場合が多い。対OJT。

OH [overhang] ☞オーバハング。

O/H [overhaul] オーバホール。分解点検，分解修理。

OHB [optimised hydraulic brake] 最適化された油圧ブレーキ。ボルボが採用した先進ブレーキ装置の一つで，バキューム・サーボ・ブレーキの真空圧が低い状態で急ブレーキを作動させたとき，バキューム・ポンプを使用してこれを補正し，制動力を高めている。

OHC [overhead camshaft] 頭上カム軸。☞オーバヘッド・カムシャフト。

OHV [overhead valve] 頭上弁。☞オーバヘッド・バルブ。

OISCA [organization for industrial spirit and culture advancement international] オイスカ。産業を通じて世界の平和友好を樹立しようという国際団体。1961年（昭和36年）日本にでき，海外からの自動車整備研修生の受け入れも行っている。

OJT [on-the-job training] 職場内訓練。日常の職務を通じて職制や先輩が適切に教育指導を行うこと。対OFF-JT。

OK monitor トヨタが1974年ころに採用した警報装置。冷却水やバッテリ液の不足，ブレーキ・パッドの摩耗などをランプの点灯で知らせる。

OMR [optical mark reader] マーク・シート上に記されたデータを光検出器で読み取る光学式情報入力装置。☞OCR。

ONR [octane number requirement] 要求オクタン価。火花点火エンジンが，ある運転条件でノッキングを発生しない最低のオクタン価。

OP [optional parts] 顧客の注文によって取り付ける装備品。☞OPT。

OPEC [organization of the petroleum exporting countries] オペック，石油輸出国機構。イランなど14カ国の石油産出国で結成した反国際石油カルテル戦線（2014年現在）。

OPT [option] 選択権，自由選択。例車の標準装備に含まれず，顧客の注文によって取り付ける装備品。

OR [off-road] オフロード，不整地，の意。例ORタイヤ。

OR gate, OR circuit 論理和回路。二つ以上の入力のいずれか一つに1が入力されると，出力も1となる。☞付図－「論理回路」。

O ring O字型の丸い断面をもつゴム製のリング。☞オー・リング。

ORSE [organization for road system enhancement] （財）道路システム高度化推進機構。ETC車載器の識別信号（個人情報暗号化のための鍵）などを発行している。

ORV [off-road vehicle] 不整地走行用車両。

ORVR [on-board refueling vapour recovery control] 燃料給油時に蒸発するガス（生ガス）を回収する装置の搭載を義務づけて蒸発量を規制する法。米国で1998年より施行された。＝OVR。

OS¹ [operating system] コンピュータの基本ソフト。☞オペレーティング・システム。

OS² [oversize / oversized] 標準より大きい寸法。O/Sとも表す。☞オーバサイズ。

OS³ [oversteer] ☞オーバステア。

O_2 sensor [oxygen sensor] 酸素濃度検出器。☞オーツー（O_2）センサ。

OSS¹ [occupant safety system] 乗員安全システム。衝突事故から乗員を保護する各種のエアバッグ，シート・ベルト，アクティブ・ヘッドレストなどを指す。

OSS[2] [one stop service] 自動車保有関係手続きのワンストップ・サービス。新規・継続検査や登録，保管場所証明，自動車諸税の納税など車を保有することに伴うさまざまな手続きをオンラインで，一括して行うことができるようにするもの。住民基本台帳（住基カード）を使用することが前提となるが，住基カードの普及率が0.4%（2005年3月現在）と極めて低いのが問題点。2007年11月以降からは，紙の印鑑証明書の使用が認められた。この電子申請システムの利用率目標は，2010年度で50%。

OVR [onboard vapour recovery control] ☞ORVR。

OWC [one-way clutch] 一方向クラッチ。動力の伝達が一方向のみに行われるもの。

OX [oxygen] 酸素。

Ox [oxidant] 強酸化性物質。☞オキシダント。

oz [伊 onza; 和 ons] オンス（ounce）の記号。

[P]

P, p [次の語彙などの頭文字] ① pressure（圧力）。② parking（駐車）。③ power（パワー）。④ positive（正）。⑤ phosphorus（燐の元素記号）。⑥ pico-（1兆分の1の意）。⑦ proton（陽子）。

PA [polyamide] ☞ポリアミド。

PA [parking area] 駐車区域，駐車場。例 高速道路の〜。

Pa [Pascal] 圧力および応力の単位。☞パスカル。

PA-ABS [polyamide-acrylonitrile butadiene styren] エンジニアリング・プラスチックの一種で，ポリアミド（PA／ナイロン）にABS（スチレンにアクリロニトリルやブタジエンを重合させたもの）を加えたもの。機械的強度等に優れ，鋼板の代替品としてフェンダなどのボディ外板に使用される。

PABM [polyaminobismaleimide] ☞ポリアミノビスマレイミド。

PAG [polyalkylene glycol] ☞ポリアルキレン・グリコール。

PAI [polyamideimide] ☞ポリアミドイミド。

PAL [partner of auto life] パル。トヨタが系列ディーラ向けの販売活動支援のために開発した携帯型パソコン・システム。

PALMNET [protocol for automobile low and medium speed network] マツダが1989年に採用した車内LANを使用した多重通信方式で，ワイヤ・ハーネスの肥大化を防止する。

PAN[1] [peroxy acyl nitrate] パーオキシ・アシル・ナイトレート。オキシダントの一種で刺激性の強い物質。大気中に排出されたHCやNO_xなどから生成される。化学記号は$R{\cdot}CO_3{\cdot}NO_2$。

PAN[2] [polyacrylonitrile] ☞ポリアクリロニトリル。

PAP [private automobile policy] 自家用自動車保険の一種で，SAPから車両保険を除く五つの保険（対人，自損，無保険者傷害，対物，搭乗者）がセットになったもの。対人事故示談代行サービスつき。☞SAP。

PA-PPO [polyamide-polyphenylene oxide] ☞ポリフェニレン・オキサイド。

PAR [polyarylate] ☞ポリアリレート。

PATS [passive anti-theft system] フォードが採用した，車両の盗難防止装置。特定のコードを持つキーでしかエンジンの始動ができない。＝エンジン・イモビライザ・システム。

PAX System パックス・システム。ランフラット・タイヤの一種で，タイヤ・メーカのミシュラン（仏）やピレリ（伊）などが共同で開発を進めている次世代の新タイヤ・ホイール・システム。タイヤがパンクした状態でも最高速度80km/hで

200kmまで走行可能なもので，車にスペア・タイヤを搭載する必要がない。一体化されたタイヤとホイール，中子（なかご）の役割をするサポート・リング，空気圧警報装置の四つのコンポーネントで構成されている。住友ゴム（ダンロップ）も参加。☞SSR。

PAYD［pay as you drive］　走行距離連動型自動車保険（ペイド）。任意保険の一種で，年間の走行距離に応じて料金が設定されるもの。事前に契約者が予想年間走行距離を申告し，申告した走行距離が短いほど事故のリスクが減少するため，保険料が安くなるメリットがある。申告走行距離と実走行距離との差に関しては，各社で独自に対応している。

PA/PPE［polyamide; polyphenylene ether］　☞ポリアミド。

PB［private brand］　補修部品の低価格品などにつける名称。対 NB。

Pb［ラ plumbum］　鉛の元素記号。＝lead 英。

PBA［predictive brake assist］　☞衝突予知セーフティ・システム。

PBS［polybutylene succinate］　☞ポリブチレン・サクシネート。

PBT［polybutylene terephthalate］　熱可塑性樹脂の一つで，金属の代用品として用いられる。

P & B valve［proportioning valve & bypass valve］　油圧式ブレーキで，プロポーショニング・バルブ（後輪ロック防止弁）とバイパス・バルブ（故障時迂回路弁）が一体になっているもの。☞P valve。

PC¹［personal computer］　個人や家庭での利用を目的とした小型コンピュータの総称。略してパソコン。

PC²［polycarbonate］　合成樹脂の一種で，炭酸エステル重合によって作られる。耐熱，耐衝撃，耐電性に優れる。例 ギヤの素材。

PC-ABS［polycarbonate-acrylonitrile butadiene styren］　エンジニアリング・プラスチックの一種で，ポリカーボネート（PC）にABS（スチレンにアクリロニトリルブタジエンを重合させたもの）を加えたもの。機械的強度等に優れ，鋼板の代替品としてフェンダなどのボディ外板に用いられる。

PCB［printed circuit board］　プリント配線基板。＝PWB。

PCC［personal car communicator］　セキュリティ機能付きキーレス・エントリ・システム。ボルボが2007年に採用したもので，リモコン端末でドアのロック状態や不審者の侵入などを知ることができる。作動範囲は，車から約100mまで。

PCCB［Porsche ceramic composite brake］　ポルシェが2001年に世界に先駆けて採用した，セラミック製のディスク・ブレーキ・ロータ。カーボン・ファイバ等を使用しているために非常に軽く，ブレーキ・レスポンスと耐フェード性に非常に優れている。セラミック・ブレーキは温度の如何にかかわらず優れた制動性能を発揮し，コンポジット・メタルを使用したパッドは水分を吸収することがないので，ウェット・コンディションでもレスポンスがよい。また，セラミックは非常に堅いのでロータは殆ど摩耗せず，海水や氷結防止用の塩に侵されることもない。ただし，コスト高が難点である。

PCCI［premixed charge compression ignition］　予混合圧縮着火。燃料と空気をあらかじめ混合してから圧縮して着火させる燃焼方式。ディーゼル・エンジンにおける排出ガス低減のための新燃焼方式で，PCI燃焼とも呼ばれている。大量のEGRによりNOxを低減し，このような低酸素雰囲気下でもすすを生成しない程度に予混合化を行う。HCCI燃焼の諸問題点の解決策として，研究開発中のもの。

PCD［pitch circle diameter］　ギヤなどのピッチ円の直径。

PCM［prepreg compression molding］　CFRP（炭素繊維強化樹脂）の加工技術の一つで，プレス機で高圧をかけながら加熱する成形法。三菱レイヨンでは，CFRPを外板パネルに使用するためにPCMを用いた量産化技術を開発し，自動車製造メーカに対してトランク・リッドの成形加工技術を提供しており，日産がGT-Rの2014年モデルで初採用。☞プリプレグ，オートクレーブ，RTM，SMC。

PCMS［pedestrian collision mitigation systems］　☞歩行者衝突軽減ブレーキ・システム。

PC-PBT［polycarbonate-polybutylene terephthalate］　エンジニアリング・プラスチックの一種で，ポリカーボネート（PC）にポリブチレン・テレフタレート（PBT）を加えたもの。機械的強度に優れ，鋼板の代替品としてフェンダなどのボディ外板に用いられる。

PC-PET［polycarbonate-polyethylene terephthalate］　エンジニアリング・プラスチックの一種で，ポリカーボネート（PC）にポリエチレン・テレフタレート（PET）を加えたもの。機械的強度等に優れ，鋼板の代替品としてフェンダなどのボディ外板に用いられる。

PCS［pre-crash safety systems］　衝突予知安全装置の一種で，トヨタが採用したもの。PCSはトヨタの登録商標。☞トヨタ・セーフティ・センス。

PCTFE［polychlorotrifluoroethylene］　☞ポリクロロトリフルオロエチレン。

PCU［power control unit］　トヨタやホンダのハイブリッド車の電源回路に使用されている制御装置。トヨタの場合には可変電圧（昇圧）システム，インバータ（DC→AC変換装置），DC-DCコンバータで，ホンダの場合にはインバータとDC-DCコンバータで構成されている。

PCV［positive crankcase ventilation］　ブローバイ・ガス還元装置。ブローバイ・ガスを吸気系に還流し，再燃焼させるもの。排出ガス対策以前は，大気中に放出していた。

PCV valve［positive crankcase ventilation valve］　ブローバイ・ガス還元装置に用いられる流量調整弁。負圧の強さで流量を規制する。＝メータリング・バルブ。

PCW［predictive collision warning］　☞衝突予知セーフティ・システム。

PD［photodiode］　光エネルギーを電気エネルギーに変換する半導体素子。

Pd［palladium］　パラジウムの元素記号。

PDI［pre-delivery inspection］　納車前整備。新車や中古車を顧客へ納める前に点検・整備すること。例～センタ。

PDK［独 Porsche doppelkupplung getriebe］　デュアル・クラッチ・トランスミッション（DCT）の一種で，ポルシェが1984年にレース車用に開発したもの。欧州車を中心に採用が進んでいるDCTの元祖とも言われ，クラッチを2組備えたトルク切れのない変速機で，シーケンシャル・シフトも初採用。doppelkupplung getriebe＝double coupling transmission。

PDM［power delivery module］　電気自動車の車載充電器とDC-DCジャンクション・ボックス（DC-DCコンバータとリレーを内蔵）を統合したもの。日産が2012年に電気自動車のマイナ・チェンジの際，それまでは別々であったユニットを一つの装置にまとめ，軽量化を図っている。

PDP［plasma display panel］　画像表示装置の一つ。2枚のガラス板の間に密封した希ガスに電圧をかけ，ガラス面の蛍光体をプラズマ発光させる。表示板をごく薄くできるのが特徴。

P-DRGS［probe-dynamic route guidance system］　プローブ情報を活用した動的経路誘導システム。車を動く交通観測センサとして活用し，収集したデータを蓄積または加工して提供することにより，渋滞時の道路情報や天候情報などの公的サービスに生かそうとするもの。☞プローブ・カー・システム。

PDU［power drive unit］　ホンダのハイブリッド車・IMAシステムにおいて，IMAバッテリ（ニッケル水素電池）の直流電力をIMAモータ駆動用の三相交流に変換する装置。インバータまたはDC-ACコンバータともいい，三菱自動車もPDUをプラグイン・ハイブリッド車（アウトランダーPHEV）などに採用している。

PE［polyethylene］　☞ポリエチレン。

PEB [predictive emergency braking system]　☞衝突予知セーフティ・システム。

PEEK樹脂（じゅし） [polyetheretherketone resin]　スーパー・エンジニアリング・プラスチックの一種（ピーク樹脂）。連鎖中の繰り返し構造単位がエーテルの形である重合体で，ポリエーテル・ケトンやポリエーテル・サルフォンなどがある。スーパー・エンプラの中でもトップ・クラスのもので，耐高温性，耐摩耗性，耐疲労性，耐薬品性など多くの卓越した性質を有している。ギア，ターボチャージャ用インペラ，AT内部のシール・リングなど高温，高負荷の箇所に金属の代用として使用されるが，高価なのが難点。

PEFC [polymer electrolyte fuel cell]　固体高分子型燃料電池。燃料電池スタック（発電装置）の一種で，高分子膜を電解質に用い，キャリア・イオンが水素イオンであることから，カチオン交換膜型燃料電池ともいう。PEFCは低温で作動し，小型で高効率という特徴から，内外の自動車メーカが開発を進めている燃料電池車（FCV）に採用されており，家庭用小型発電装置としての開発も進んでいる。初期のころは，プロトン交換膜型燃料電池（PEMFC）とも呼ばれていた。トヨタが2014年末に発売した燃料電池車「MIRAI」の燃料電池スタックには，PEFCが採用されている。☞イオン交換膜，MEA，TFCS。

PEGASUS [precision engineered geometrically advanced suspension]　ペガサス。トヨタが1990年代に用いた名称で，優れた操縦性・走行安定性や最適な乗り心地を高次元で両立させた先進のサスペンションを意味している。

PEI [polyether imide]　☞ポリエーテル・イミド。

PEK [polyetherketone]　ポリエーテルケトン。結晶性の熱可塑性樹脂に属するポリマの総称で，ベンゼン環がエーテルとケトンにより結合した直鎖状の分子構造を持つもの。工業用材料としては，PEEK樹脂が有名。

PEKEKK [polyetherketoneetherketoneketone]　ポリエーテルケトンエーテルケトンケトン。芳香族ポリエーテルケトン（PEK）系超耐熱性樹脂の一種で，PEEKよりも更に耐熱性に優れ，融点は380℃。300℃以上の高温環境下で使用されるギアやシール・リングなど，主に金属代替品用として開発されている。

PEKK [polyetherketoneketone]　ポリエーテルケトンケトン。芳香族ポリエーテルケトン（PEK）系超耐熱性樹脂の一種で，PEEKと同様の分子構造であるが，エーテル結合をケトンに置換し，耐熱性を360℃に高めたもの。

PEM [polymer electrolyte membrane]　高分子電解質膜。電解質が高分子膜からなるもので，固体高分子型燃料電池（PEFC）では電解質として用いられる。

PEMFC [polymer electrolyte membrane fuel cell]　高分子電解質膜型燃料電池。☞PEFC。

PEMS [portable emission measurement system]　車載式排出ガス測定装置。EU（欧州連合）が2014年からの重量車次期排出ガス規制「Euro6」に併せて導入を予定しているもので，エンジン認証時の統一的な試験モードに加え，PEMSを使用して実走行時の排出ガス（real driving emission／RDE）測定を行う。国内でも，ポスト新長期排出ガス規制をパスした使用過程のディーゼル重量車の尿素SCRシステムが性能低下を起こし，規制値の2～3倍のNOxを排出している事例が発覚して，環境省がPEMSを用いて実走行試験を行うと明言している。☞オフサイクル。

PEN [polyethylene naphthalate]　☞ポリエチレン・ナフタレート。

P-EPS [pinion assist electric power steering]　☞ピニオン・アシスト式EPS。

PES [polyether sulphone]　☞ポリエーテル・サルフォン。

PET [polyethylene terephthalate]　☞ポリエチレン・テレフタレート。

PETP [polyethylene terephthalate]　☞ポリエチレン・テレフタレート。

PEV [pure electric vehicle]　純電気自動車。バッテリのみを動力源とする排出ガスを全く出さない電気自動車（ゼロ・エミッション車）。ガソリン・エンジンと電気モータ駆動のハイブリッド車などと区別している。

PFAC [pedal free auto choke]　三菱が採用した，キャブレータ仕様車のオート・チョーク・ファスト・アイドルの自動解除機構。暖機とともに上がっていたエンジン回転が自動的に下がってくる。☞FACS。

PFCW [predictive forward collision warning system]　☞前方衝突予測警報システム。

PG [pulse generator]　パルス発振器。

PGM [platinum group metals]　白金族元素系金属。プラチナ，パラジウム，ロジウム，イリジウムなど白金系レア・メタル（希少金属）の総称。排気ガス浄化用の触媒や，スパーク・プラグの電極などに用いられる。

PGM-CARB [programmed carburetor]　ホンダが採用した，電子制御式キャブレータ。

PGM-FI [programmed fuel injection]　ホンダが1986年に採用した，電子制御燃料噴射装置。LAF（リニア・エア・フューエル・レシオ）センサ等からの情報をもとに条件に合った空燃比プログラムを選択して燃料制御を行うもので，ボッシュの特許には抵触していない。

pH [potential of hydrogen / ラ pondus Hydrogenii]　ペーハー。水素イオン濃度。液体の酸性度やアルカリ度を示す指数。中性度が25℃で7.0。ペーハーはドイツ語読み。

PHB [polyhydroxy butyrate]　☞ポリヒドロキシ・ブチレート。

PHEV¹ [parallel hybrid electric vehicle]　☞パラレル・ハイブリッド車。

PHEV² [plug-in hybrid electric vehicle]　☞プラグイン・ハイブリッド車。

PHP [preferencial handling procedure]　輸入自動車特別取扱制度。日本での年間販売予定台数が１型式当たり２千台以下の輸入車に適用され，海外の審査機関による安全・環境基準などの試験結果を書面で受け取ることにより，サンプル車両による事前審査などを不要としている。これらの車を登録するためには，検査場での１台ごとの新規検査（車検）が必要であるが，簡素化されている。これにより，通常の乗用車（量販車）などが利用する型式指定制度（TDS）に比べ，メーカや輸入業者の経済的な負担が低減される。この制度は米国政府の要請により1986年から導入されたものであるが，日本のTPP（環太平洋経済連携協定）参加に向けて現在の２千台の枠を５千台に増やすことを2013年４月に国土交通省が決定し，同年５月から実施された。

PHV [plug-in hybrid vehicle]　☞プラグイン・ハイブリッド車。

PI [polyimide]　☞ポリイミド。

PIB [polyisobutylene]　☞ポリイソブチレン。

piezo TEMS [piezo Toyota electronic modulated suspension]　アクチュエータ部に応答性の高いピエゾ素子を用いた，トヨタの電子制御式エア・サスペンション。☞ピエゾ・テムス，TEMS。

PiPit [personal interactive personal information by Toyota]　トヨタのカー・マルチメディア関連商品をディーラ・ショー・ルーム内等で展示販売するコーナの名称。

PLA [polylactic acid]　☞ポリ乳酸。

PLC [power line communication]　電力線搬送通信／電源線通信。電力線を通信回線として利用する技術で，電気自動車（EV）の急速充電に用いる制御通信には，米国とドイツがPLCを採用している。日本と中国は，CANを使用。

PL law [product liability law]　PL法。製造物責任法。企業がその生産・販売した製品について，消費者や社会に対して品質・機能・効用への責任を払うべきとした法律。日本では1994年７月１日公布，翌95年７月１日から施行された。

PM¹ [particulate matters]　ディーゼル・エンジンから排出される黒煙状の粒子状物質で発癌性や喘息を引き起こす疑いがあり，これらの除去が大きな社会問題となっている。☞SPM。

PM² [preventive maintenance]　予防整備。

PM2.5 [particulate matters 2.5μm]　主にディーゼル・エンジンから排出される粒

子状物質（PM）の中で，粒径が2.5マイクロメートル（μmは1/1000mm）以下の微粒子。PMは肺がんやぜん息（喘息）の一因とされ，PM10（粒径が10μm以下の微粒子）の場合には鼻や気管支のあたりで引っ掛かるが，PM2.5は肺の奥深くまで達すると言われている。環境省では，PM2.5が喘息患者の肺機能に一部影響を与えていることが判明したため，2009年9月に環境基準を設定している。

PM10 [particulate matters 10μm] ☞PM2.5。

PMC [polymer matrix composite] ☞ポリマ基複合材料。

PMMA [polymethyl methacrylate resin] ☞ポリメタクリル酸メチル樹脂。

PMSM [permanent magnet synchronous motor] ☞永久磁石型同期モータ。

PM trap [particulate matters trap] ☞パティキュレート・トラップ。

PMV [personal mobility vehicle] ☞パーソナル・モビリティ。

PN [particle numbers] 排出粒子数。欧州の排出ガス規制・Euro6でディーゼル車を対象に新たに設定されたもので，「粒子数＝6.0×10^{11}個/kWh」という規制値を追加している。従来のフィルタ法によるPM質量測定（g/kWh）が限界に近づいたため，質量基準（0.010g/kWh）に排出粒子個数（PN）を併用して用いるという。直噴ガソリン・エンジンの場合には，規制値は6.0×10^{11}個/kmとなる。

P/N [parts number] 自動車部品の品番。

PND[1] [personal navigation device] 簡易地図ナビ専用機。小型のモニタ（通常4インチ以下）を備え，SDカードやフラッシュ・メモリに収納された地図データを用いるハンディ・タイプのナビゲーション。フロント・ガラスやインパネに吸盤で取り付けることができ，複雑な配線や接続を必要とせず，2輪車でも利用できる。カー・ナビゲーションと比較して割安で，欧州，北米，アジアの一部で自動車への採用が進んでいたが，国内でも5〜6万円程度の価格帯のものが普及し始めている。ナビ本体を車から取り外すことが可能なものは「ポータブル・ナビゲーション」と呼んで，「パーソナル・ナビゲーション」と区別しているが，後者も携帯型があり略語も同じPNDとなることから，両者が混同されて呼ばれている。

PND[2] [portable navigation device] ☞PND[1]。

PNGVプログラム [partnership for a new generation of vehicles program] 超低燃費車の官民共同開発プロジェクトで，米国政府とビッグ3が1993年に発表したもの。3リッタ・カーの米国版で，ガソリン1ガロンで80マイル（3ℓで100kmに相当）走行可能な超低燃費車の生産プロト・タイプ車を2004年までに制作することを目標としていたが，結局実現されないまま終わった。

PN junction PN接合。半導体単結晶中にN形とP形の領域が存在するときの両者の境界。

PNP type transistor N（negative）型半導体をP（positive）型半導体でサンドイッチ状に挟み込んだ構造のトランジスタ。☞NPN type transistor。

PODS [passive occupant detection system] 先進型エア・バッグ・システム用の乗員重量感知システム（米デルファイ・オートモーティブ・システムズ社）。座席クッション下の体重を感知するセンサによって，座席に座っているのが大人か子供かなどを判断し，乗員に応じてエア・バッグを作動させるシステム。また，空席の場合はエア・バッグが作動しない。ジャガーの2000年モデル等に採用。

POE [polyol ester] ☞ポリオール・エステル。

POM [polyoxymethylene polyacetal] ☞ポリアセタール。

POS [position selector] カー・オーディオの音場選択器。☞ポジション・セレクタ。

POS sensor [position sensor] クランク角検出用センサの一種で，日産が採用したもの。

PP [polypropylene] ☞ポリプロピレン。

PPA [polyphthalic amide] ☞ポリフタル・アミド。

ppb [parts per billion] 10億分の1。濃度の微量単位のひとつで，ppmの1/1,000。

PP bumper [polypropylene bumper]　ポリプロピレン製のバンパ。軽量で衝撃吸収性に優れ，塗装もできリサイクル性が高い。

PPE [polyphenylene ether]　☞ポリフェニレン・エーテル。

PPIHC [Pikes Peak International Hill Climb]　☞パイクスピーク・インターナショナル・ヒルクライム。

PP-LGF [polypropylene long glass fiber]　ポリプロピレンの一種で，長繊維のグラス・ファイバで強化したもの。スチールの代替素材として，フロントエンド・モジュールやドア・モジュールなどに用いられる。

ppm [parts per million]　100万分の1。100万分率を表す単位。1％（per cent）＝10,000ppm。水中や大気中の微小物質などの濃度表示に用いる。例HC濃度の測定単位。

PPO [polyphenylene oxide]　☞ポリフェニレン・オキサイド。

PPO保険（ほけん） [prefered provider organization insurance]　入庫条件付き保険。事故車を修理する際，損保会社が指定する工場に入庫することを条件に保険料を安く設定するシステム。米国で普及しているシステムで，リサイクル部品の使用も含め業界で導入が検討されている。☞DRP。

PP-PPE [polypropylene-polyphenylene ether]　☞ポリフェニレン・エーテル。

PPS [polyphenylene sulfide]　☞ポリフェニレン・サルファイド。

PPS¹ [pedestrian protection system]　歩行者保護装置。車が走行中に人をはねた場合，歩行者の脚部や頭部などの傷害を軽減する装置。

PPS² [progressive type power steering]　トヨタが採用した，車速感応型パワー・ステアリング。☞プログレッシブ・タイプ・パワー・ステアリング。

PPT [polypropylene terephthalate]　☞ポリプロピレン・テレフタレート。

PPTA [poly-paraphenylene terephthalamide]　☞アラミド繊維。

PR¹ [ply rating]　プライ数評価値。タイヤの綿コード層を基準にしたプライ級。ナイロンやスチール・コードなどを用いれば，少ないプライ数（重ね数）で綿コードを多層用いたものの強度に相当する。綿コードの〜層（重ね数）相当級，の意。例4PR。

PR² [public relations]　企業や団体の広報活動。

P range [parking range]　自動変速機のパーキング（駐車）域。駐車中に安全のためATを機械式にロックするレンジ。

PRESERVE [preparing secure vehicle-to-x communication systems]　欧州における自動車セキュリティの研究開発プロジェクト「EVITA」の後継プロジェクト。実施期間は2011〜2014年までの4年間。

PReVENT [preventive and active safety applications]　欧州におけるITSプロジェクトの一つで，車の予防安全や被害軽減システム（ADAS）に関する開発，テスト，評価などを行うもの。2004年に始まり，2008年で終了した。

PROM [programmable read only memory]　使用者が自由に情報を書き込めるROM。書き換え可能なものと不可能なものとがある。

PROMETHEUS [program for a European traffic with highest efficiency and unprecedented safety]　欧州のITS計画で，欧州の交通に最大の効率と前例のない安全性を実現するためのプログラム，を意味している。1985年にユーレカ（EURECA）計画の一環として合意された民間主導の超国家組織で，事故防止，燃費向上，輸送率向上，運転者の負担軽減，環境汚染の軽減等を目的とした自動車中心のインフラ開発計画。MB，BMW，ボルボなど自動車メーカ14社を主体に推進されていた。☞PROMOTE，DRIVE。

PROMOTE [program for mobility in transportation Europe]　前述PROMETHEUSの後を受け，1995年から計画されたプロジェクト。PROMOTEでは，前者のような民間レベルの研究開発は見られず，ドイツや英国の国レベルの開発が進められている。

Pro-Safe　ダイムラー（MB）が2006年に採用した新しい安全コンセプト（プロセーフ）。事故を未然に防ぐための安全思想で，パフォームセーフ（Perform-Safe），プレセーフ（Pre-Safe），パッシブセーフ（Passive-Safe）およびポストセーフ（Post-Safe）で構成されている。

PROSMATEC [progressive shift schedule management technology]　ホンダが1991年に採用した，オートマチック・トランスミッション（プロスマテックAT）。走行状況をリアル・タイムに把握し，知能的に変速スケジュールを制御するシステム。

PRS [passive restraint system]　受動式乗員拘束装置。乗員が何も操作しなくても衝突や転倒などの緊急時に乗員を保護し，負傷を最小限にとどめるための装置の総称。例オートマチック・シート・ベルトやエアバッグ。

PRTR Law [pollutant release and transfer register law]　環境汚染物質排出・移動登録法。人体や生態系に影響を及ぼす可能性のある化学物質の環境への排出量と，廃棄物として移動する量を事業者自らが把握し，都道府県を通じ国に届け出るもので，2001年1月より法律が施行された。対象となる化学物質は政令で435物質が定められており，第一種指定化学物質の年間取扱量が1トン以上で従業員数が21人以上の事業所が対象となる。自動車整備関係では，LLC，エアコン用フロン，塗料，シンナなどがその対象となる。

PS[1] [独 Pferdestarke]　ドイツ語で馬力（プフェーアデシュテルケ）のこと。メートル馬力。1PS＝0.7355kW。＝HP。

PS[2] [polystyrene]　☞ポリスチレン。

PS, P/S [power steering]　油圧ポンプや電動モータでアシストされたステアリング。操舵力が軽減される。☞パワー・ステアリング。

PSB [pre-crash seat belt]　☞プリクラッシュ・シート・ベルト。

PSBR [passenger seat belt reminder]　☞パッセンジャ・シート・ベルト・リマインダ。

PSHV [parallel series hybrid electric vehicle]　☞パラレル・シリーズ・ハイブリッド車。

psi [pounds per square inch]　圧力の単位の一つ。ヤード・ポンド法で1平方インチあたり1ポンドの力が加わる時の圧力。

PSS [predictive safety system]　☞衝突予知安全装置。

PSU [polysulphone]　☞ポリサルフォン。

Pt [platinum]　白金の元素記号。

pt [pint]　パイント。ヤード・ポンド法（英式単位）による容量単位の一つ。1/8ガロン。英0.568ℓ。米0.473ℓ。

PTC [positive temperature coefficient]　正温度特性。温度の上昇に伴い，抵抗値が増加すること。対NTC。

PTC thermistor [positive temperature coefficient thermistor]　正温度特性サーミスタ。温度の上昇に伴い，抵抗値も増大する感熱抵抗素子。

PTCヒータ [positive temperature coefficient heater]　ヒータの一種で，チタン酸バリウム（$BaTiO_3$）を主成分とする半導体セラミックを用いたもの。PTCは正温度特性をもち，主成分に若干の成分を組み合わせることにより温度が上昇すると，ある温度（キュリー温度）で急激に増加する抵抗値を設定することができる。PTCヒータはこのキュリー温度をヒータとして利用したもので，低温時には大電流が流れて発熱量が大きく，発熱するに従って抵抗値が増大して電流を制限し，発熱量を抑える。かつてはキャブレタの電気式自動チョークに，昨今では寒冷地向け早期暖房用ヒータ（三菱），4席独立温度調整オート・エアコンの始動直後の暖房用ヒータ（レクサス），電気自動車の暖房用ヒータ（三菱，スバル，日産），ハイブリッド車の暖房用ヒータ（ホンダ）などに利用される。

PTFE [polytetrafluoroethylene] ☞ポリテトラフルオロエチレン。

PTO [power take-off] 変速機などの動力取り出し口。

PTPS [public transportation priority systems] 公共車両優先システム。警察庁の指導のもと，1993年に発足したITSの前身プロジェクトであるUTMS（総合交通管理システム）のサブ・システムの一つ。

PTT [polytrimethylene terephthalate] ☞ポリトリメチレン・テレフタレート。

PTV [Porsche torque vectoring] トルク・ベクタリング・システム（TVS／駆動力配分装置）の一種で，ポルシェがMT車に採用したもの。ステアリングの角度と操作スピード，アクセル・ペダルの踏み込み，ヨー・レート（垂直軸回りの回転速度）および速度に応じてリア・ホイールのトルク配分を左右個別に制御し，ステアリングのレスポンスと精度を最適化している。☞PTV Plus。

PTV Plus [Porsche torque vectoring plus] トルク・ベクタリング・システム（TVS／駆動力配分装置）の一種で，ポルシェがPDK（DCT）仕様車に採用したもの。後輪への駆動力可変配分機能と電子制御リア・ディファレンシャルを備えており，PDCC（電子制御アクティブ・スタビライザ）と組み合わせることにより，優れたハンドリング性能とロード・ホールディング性能が得られる。

P type injection pump ☞ピー（P）型インジェクション・ポンプ。

P (positive) type semiconductor ☞ピー（P）型半導体。

PUR [polyurethane rubber] ☞ポリウレタン・ゴム。

PV [photovoltaic power generation] 太陽光発電。photovoltaic（フォトボルテイーク）とは，「光起電性の」の意。

PVA [polyvinyl acetate] ☞ポリビニル・アセテート。

P valve [proportioning valve] プロポーショニング・バルブ。後輪のロックを防ぐ油圧調整弁。

PVB [polyvinyl butyral] ☞ポリビニル・ブチラール。

PVC[1] [pedestrian-to-vehicle communications] ☞歩車間通信。

PVC[2] [polyvinyl chloride] 塩化ビニル樹脂。

PVD [physical vapor deposition] 物理蒸着。☞イオン・プレーティング。

PVDF [polyvinylidene difluoride] ☞ポリフッ化ビニリデン。

PV diagram [pressure volume diagram] シリンダ内の圧力と行程間の容積の変化を図示したもの。指圧線図。

PW, P/W [power window] パワー・ウインドウ。モータを利用して窓ガラスを昇降させる装置。

PWB [printed wiring board] プリント配線基板。＝PCB。

PWM [pulse width modulation] パルス幅変調。周期と振幅が一定のパルス幅を信号に応じて変えるパルス変調方式の一種。電動ファンや電動パワー・ステアリング（EPS）の無段階制御などに用いられる。

PWRC [production car world rally championship] FIA公認のWRC（世界ラリー選手権）の中で，ボトム・カテゴリに属するもの。旧グループNが2002年から格上げされたもので，PCWRCともいう。使用車両は年間生産台数が2,500台以上の市販車を改造したラリー・カー（2.0ℓ以下，ターボ，4WD）で，改造範囲は最小限に抑えられている。2010年から，PWRCはプロダクション・カー世界ラリー選手権（PWRC）とスーパー2000世界ラリー選手権（SWRC）に分割された。☞JWRC。

PWS [pressure wave supercharger] ☞プレッシャ・ウェーブ・スーパーチャージャ。

PZEV [pertial zero emission vehicle] 米国における「部分ゼロ・エミッション車」で，電気自動車（EV）の代替車を意味している。カリフォルニア州政府が推進する「浮遊粒子排出ゼロの車」として2003年から一定の比率での販売が義務づけられており，一部のU-LEVやハイブリッド車（HEV）がこれに相当する。

PZT [lead zirconate titanate]　☞チタン酸ジルコン酸鉛。

[Q]

Q, q [次の語彙などの頭文字]　①熱量，電気量，共振の鋭さなどの量（quantity）を表す記号。②シリコーン・ゴムを表す記号。③タイヤの速度記号（最大巡航速度160km/h）

Q'mo II　超小型電気自動車の一種で，NTN㈱が2013年に発表したコンセプト・モデル（キューモII）。インホイール・モータ方式（モータと減速機を一体化してホイール内に配置したもの）の2人乗り4輪電動コミュータで，4輪すべてを「その場回転」や，車輪を真横に転舵した状態でも駆動できる。このため，4輪すべてにインホイール・モータと転舵アクチュエータを組み込んだマルチドライビング・システム（MDS）を採用している。この車は公道でのナンバ取得が可能で，時速60kmでの通常走行ができ，航続距離は約50km。☞超小型モビリティ。

QC [quality control]　品質管理。製品の品質を統計分析により科学的に管理する経営手法。米国のシューハートが1931年に開発し，戦後日本で普及した。最近では製造現場だけではなく，サービス分野にも導入されている。☞TQC，SQC。

QC circle [quality control circle]　品質管理を目的に形成された職場の小集団。

QMS [quality management system]　品質マネジメント・システム。ISO9000シリーズのことで，品質に関する国際規格。例ISO9002。

QOS [quick on start system]　いすゞが採用した，急速グロー・システム。

QQコール　ホンダが採用した，緊急通報サービス（造語）。事故や故障が発生した際，日本全国で24時間365日，簡単な操作でコール・センタへつながるシステム。インターナビ・プレミアムクラブの会員に対する有料サービス。☞HELPNET。

QRコード [quick response code]　デンソーが1994年に開発した，個品管理などに用いる二次元コード。従来のバー・コードと比較して情報量が200倍以上，記録密度も約100倍の容量を持つもので，1999年にJIS規格を，2000年にはISO規格を取得している。特許権は行使せず，自由に使用できるため広く利用されている。

QS-9000　米ビッグ・スリーが1994年に作成した，部品供給業者（サプライヤ）に対する品質マネジメント規格。この規格はISO9000をベースとしているが，2005年以降はISO9000の後継規格であるISO／TS16949に統合された。

qt [quart]　クォート。ヤード・ポンド法（英式単位）の体積単位の一つ。1/4ガロン，2パイント。英約1.14ℓ，米約0.95ℓ。

Q tire [qualifying tire]　カー・レースの予選（qualify）専用のタイヤ。レース用とほぼ同じタイヤではあるが，耐久性や発熱性などを無視し，グリップ性能を極限まで高めたもの。

QWS [quick warm-up system]　触媒急速暖機システム（ホンダ）。米国におけるSU-LEV（極超低公害車）に採用された装置で，エンジン冷間始動時にロータリ・エア・コントロール・バルブ（RACV）を利用して吸入空気量を制御し，同時に点火時期を制御することにより三元触媒の温度を急上昇させている。

QZSS [quasi-zenith satellite system]　準天頂衛星システム。全世界を対象にした衛星測位システム（GNSS）に対し，サービス・エリアを日本および近傍に限定し，規模（衛星数）を縮小したもので，軌道上に3機の衛星があれば日本上空にいずれかの衛星が見える。QZSSをGPSと組み合わせることにより，カー・ナビゲーションなどの測位精度や信頼性等が向上する。2010年に1号機を打ち上げたが，後続機は予算の関係で未定。計画では，2010年代後半には4機体制とし，米国のGPS衛星に依存しない衛星測位システムを確立できる7機体制を最終目標としている。

[R]

R, r [次の語彙などの頭文字] ①radius (半径)。②resistance (抵抗)。③reverse (後退)。④right (右)。⑤rear (後)。⑥revolution (回転数)。⑦retard (遅延)。⑧ratio (比率)。⑨refrigerant (冷媒)。⑩タイヤの速度記号 (最大巡航速度 170 km/h)。⑪Redwood (粘度計)。

R134a [refrigerant 134a] 代替フロンの一種。"R" は冷媒を意味する refrigerant の頭文字。＝HFC134a。

RAB[1] [ready alert brake] ☞レディ・アラート・ブレーキ。

RAB[2] [roundabout] ☞ラウンドアバウト。

RAC [royal automobile club] 英国の王立自動車クラブ。

RACS [road & automobile communication system] 建設省が CACS (通産省が推進した自動車総合管制システム) の後を受け継いで推進した路車間情報通信システム。1984 年から 91 年まで自動車メーカ，電気通信会社，道路公団等で推進され，1991 年に VICS に受け継がれた。☞AMTICS，VICS。

rad [radian] ラジアン。弧度，角度の単位。角の頂点を中心とする円から，その角が切り取る弧の長さと円の半径との比で角度を表すもの。1rad＝57° 17′44.8″。

RAD type governor ☞アール・エー・ディー型ガバナ。

RAM [random access memory] コンピュータ用の半導体記憶素子で，随時に書き込みや読み出しができるもの。☞ROM。

RBC [rotary blade coupling] 自動差動制限装置の一つ。☞RTC-4WD。

RBD type governor ☞アール・ビー・ディー型ガバナ。

RBS[1] [radar brake support] ☞レーダ・ブレーキ・サポート／～Ⅱ。

RBS[2] [recirculating ball type steering gear] ☞リサーキュレーティング・ボール・タイプ・ステアリング・ギヤ。

RCTA [rear cross traffic alert] ☞リア・クロス・トラフィック・アラート。

R & D [research & development] 研究開発。

RDE [real driving emission] ☞リアル・ドライビング・エミッション。

RE [rotary engine] ☞ロータリ・エンジン。

REACH [registration, evaluation, authorization and restriction of chemicals] 欧州連合 (EU) における化学物質の登録・評価・認可および制限に関する規則。リーチ法とも呼ばれ，欧州化学物質庁により 2007 年 6 月に施行された。

REAPS [rotary engine anti-pollution system] リープス。マツダのロータリ・エンジン排出ガス浄化装置。排出ガス対策初期に採用。☞CEAPS。

REAS [relative absorber system] ヤマハが開発した左右関連ダンパで，トヨタが採用している。左右のダンパ (ショック・アブソーバ) をオイル通路で連結し，その途中にオリフィスとフリー・ピストンからなるユニットを設けることにより，ロール時の減衰力を増しながらピッチング時の良好な乗り心地を維持する。

REC [recirculation] 再循環。カー・エアコンの操作ボタンなどの表示で，外気を導入せずに車室内の空気を循環させること。対 FRS。

RECMS [rear-end collision mitigation braking system] 衝突軽減ブレーキ。ITS における運転支援システムのひとつ。前方を走行する車との距離をレーダやカメラなどで監視して警告を発したり，追突の危険性がある場合には各種の安全装置を働かせると同時に，自動ブレーキを作動させて追突被害を軽減する。☞CMS。

REE [rare earth elements] ☞レア・アース。

REF sensor [reference sensor] 上死点前信号。☞リファレンス・センサ。

RENESIS レネシス。新世代の自然吸気ロータリ・エンジン (マツダ)。RENESIS は，rotary engine ＋ genesis (創生) からの造語。サイド排気ポートやシーケンシャル・ダイナミック・エアインテーク・システム（S-DAIS）を採用し，吸排気系の改良により高出力化と低燃費化を図り，「優-低排出ガス」認定を取得している。新型スポーツ・カーに搭載（2003年）。

R-EPS [rack assist electric power steering] ☞ラック・アシスト式EPS。

rev [revolution] 回転，公転。レボリューションを略してレブという。例オーバ・レブ（エンジンの過回転）。

REx [range extender] ☞レンジ・エクステンダ。

RFD type governor ☞アール・エフ・ディー型ガバナ。

RFP [reactive force pedal] ☞リアクティブ・フォース・ペダル。

RFT [runflat (run-flat) tire] ☞ランフラット・タイヤ。

RFV [radial force variation] タイヤの中心に向かう荷重（縦剛性）の変動。タイヤ・ユニフォーミティ（均一性）の重要な要素で，RFVの大きいタイヤは高速走行時の車体振動（high speed car shake）等の要因となる。RFVの測定はタイヤ・ユニフォーミティ・マシンで行い，タイヤをドラム上で負荷し，回転半径を一定にして低速で回転させて測定する。RFVは一般に15kg以下とされている。☞LFV，TFV。

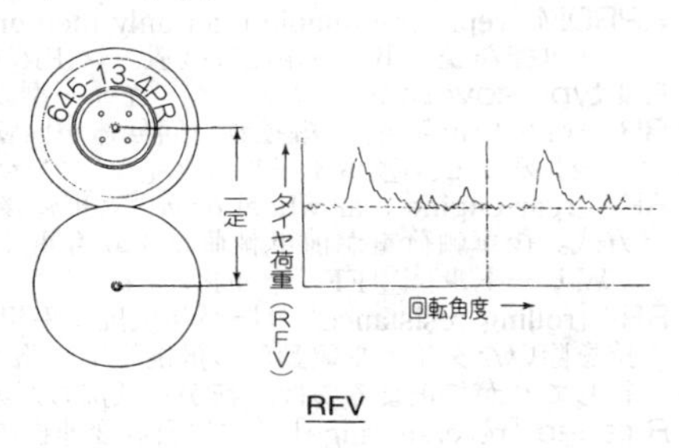

RFV

RH [right-hand] 右手の，右側の。対LH。

Rh [rhodium] ロジウムの元素記号。

RIM [reaction injection moulding] 反応射出成形。液体状の材料を型内に注入し，これを硬化させて製品にする成形法で，ウレタンの成形に用いる。☞R-RIM。

RISE [realized impact safety evolution] ライズ。三菱が採用した，全方位からの衝突に有効な新安全強化ボデーの名称。高エネルギー吸収フロント構造，高剛性キャビン基準，高エネルギー吸収リヤ構造からなる。

RJC [automotive researchers' & journalists' conference of Japan] 日本自動車研究者ジャーナリスト会議。毎年，カー・オブ・ザ・イヤー，インポート・カー・オブ・ザ・イヤー，テクノロジ・オブ・ザ・イヤー，パーソン・オブ・ザ・イヤー等を選出して発表している。☞COTY。

RLD type governor ☞アール・エル・ディー型ガバナ。

RME [rapeseed oil methylester] 菜種油メチルエステル。☞BDF。

RMT [robotized manual transmission] ☞ロボタイズドMT。

ROC [roll-over control] ☞ロールオーバ・コントロール。

RoHS規制 [restriction of the use of the certain hazardous substances in electrical and electronic equipment] 電気電子機器の特定有害物質使用規制。コンピュータや通信機器，家電製品などを対象に有害な化学物質の使用を禁止する規制で，欧州連合（EU）のすべての加盟国において2006年7月より施行されたもの。規制対象物質としては，2003年7月以降にEU廃車指令で原則使用が禁止された鉛，水銀，カドミウム，六価クロムの4物質の他に，PBB（ポリ臭化ビフェニル）とPBDE（ポリ臭化ジフェニル・エーテル）の2物質が追加された。☞環境負荷物質。

ROM [read only memory] コンピュータ用の半導体記憶素子で，読み出し専用のもの。ROMの最大の特徴は，電源を切っても記憶内容が消失しないことにある。例CD-ROM。☞RAM。

RON [research octan number] ☞リサーチ・オクタン価。

ROPS [roll-over protection system] ☞ロールオーバ・プロテクション・システム。

ROSCO system [rotary stratified combustion system] マツダの2層吸気方式ロータリ・エンジン。低負荷時にはペリフェラル・ポートから，また高負荷時には更にサイド・ポートから多量の空気を吸入する。

R & P [rack & pinion] 平板歯車と小歯車を組み合わせて，回転運動を直線運動に変換する歯車機構。

RPCS [rear pre-crash safety system] ☞後方プリクラッシュ・セーフティ・システム。

RPM, rpm [revolution per minute] 1分間あたりの回転数。エンジンの回転数などを表すのに用いる。

RPROM [reprogrammable read only memory] コンピュータにおいて，再プログラムが可能な読み出し専用記憶装置。☞PROM，EPROM。

RQ type governor ☞アール・キュー型ガバナ。

RR¹ [radial run-out] 縦振れ。回転体が回転軸に対してずれて，軸と直角方向に対して振れること。例ホイール（タイヤ）のラジアル・ランナウト。＝RRO。対LR。

RR² [rear engine rear wheel drive] 車体後部に搭載したエンジンで後輪を駆動する方式。後車軸荷重が前車軸荷重よりも重くなるため，オーバステアになり易い。例VWビートル。対FF。☞FR。

RR³ [rolling resistance] 転がり抵抗。平坦路を走行中に車が受ける抵抗で，空気抵抗を除いたタイヤや駆動部の抵抗。平坦路を走行中にギヤをニュートラルにすると惰行してやがて止まるのは，転がり抵抗のためである。

R range [reverse range] 主に自動変速機の後退域を表す。

R-RIM [reinforced reaction injection moulding] 強化反応射出成形。反応射出成形（RIM）にガラス繊維やチタン酸カリウム繊維などの強化材を混入したもの。例ウレタン・バンパ（5マイル・バンパ）。☞RIM。

RRO [radial run-out] 縦振れ。☞RR。

RSA [roll stability assist] ☞ロール・スタビリティ・アシスト。

RSC [roll stability control] ☞ロールオーバ・プロテクション・システム。

RSE [rear seat entertainment system] ☞リア・シート・エンターテインメント・システム。

RSI [road sign information] ☞ロード・サイン・インフォメーション。

RSP [roll stability program] ☞ロール・スタビリティ・プログラム。

RSPP [recycled sound-proofing products] リサイクル防音材。廃車から出るシュレッダ・ダストを再利用して，ダッシュ・サイレンサやフロア・サイレンサ等の自動車用防音材の素材にしたもの。省資源や環境への配慮から，トヨタ系のトヨタ紡織が開発した。㊟シュレッダ・ダスト：車体を粉砕し，金属を除去した後に残る樹脂，ゴム，繊維などの混合物。

RSS [road sensing suspension] 電子制御減衰率可変サスペンション（GM）。各車輪にポジション・センサ，車体の各コーナに加速度センサ，ショック・アブソーバにはソレノイド・バルブを設け，路面状況や車体の姿勢等によりショック・アブソーバの減衰率をソフト（柔らかい）とファーム（堅い）の2段階に切り換える。ノーススター・システムに搭載し，操縦性と乗り心地が大幅に向上している。

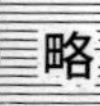

RSV [research safety vehicle] 研究安全車。米国運輸省（DOT）が1973年に発表して各自動車メーカに開発を要請しているもので，ESVと比較して環境への配慮（排気浄化等）も加味されている。

RTC-4WD [rotary triblade coupling four-wheel drive] トヨタが1990年に採用した，四輪駆動車用のカップリング（トルク伝達＋前後輪回転差の吸収）。シリコーン・オイルの中で3枚のブレードを持ったロータを回転させ，シリコーン・オイルの圧力で多板クラッチを押し付けてトルクを伝える。

RTM [resin transfer molding] 炭素繊維強化樹脂（CFRP）の加工技術の一つ。繊維を敷き詰めた合わせ型に樹脂を注入する成形法で，プリプレグ法のように加熱・硬化させる必要はなく，生産性がよいのが特徴。イタリアのランボルギーニやマクラーレンなどが，スーパー・スポーツ・カーの車体（カーボン・モノコック・ボディ）の成形に利用している。RTMの一種にVaRTM（vacuum assisted RTM）があり，基本的にはRTMと同じ成形法であるが，樹脂を注入しながら真空引きを行うことにより，製品の強度と精度を確保している。☞オートクレーブ。

RTPO [reactor thermoplastic polyolefin] オレフィン系熱可塑性エラストマ（TPO）の一種で，重合時に高濃度のゴムを添加した重合型高ゴム含有ポリプロピレン。高剛性，高耐衝撃性，高流動性などに優れ，バンパの薄肉化（軽量化）に寄与している。リアクタTPOとも。

RUP [rear underrun protector] 突入防止装置。乗用車がトラックの後部に追突した際，乗用車がトラックの下部へ潜り込むのを防止する装置。GVW8t以上のトラックに対して，1992年より装着が義務づけられた。☞FUP。

RV [recreational vehicle] 日本におけるレジャーやレクリエーション用の多目的用途車。車種としてはオフロード4WD車，ステーション・ワゴン，ミニバン，1BOXワゴン車などがある。☞SUV。

RVC [road vehicle communication] ITS関連用語で，路車間通信のこと。例ETC（有料道路の自動料金収受システム）。

RVM [rear vehicle monitoring system] ☞リア・ビークル・モニタリング・システム。

RWD [rear-wheel-drive vehicle] 後輪駆動車。エンジンの位置は，前・中央・後の3通りがある。対FWD。

[S]

S, s [次の語彙などの頭文字] ①south pole（磁石のS極）。②second（秒）。③sulfur（硫黄の元素記号）。④タイヤの速度記号（最大巡航速度180km/h）。⑤saybolt（粘度計）。

SA[1] ガソリン・エンジン用エンジン・オイルのAPI分類で，ベースとなる添加剤を加えない純鉱油。現在は使用されていない。

SA[2] [service area] サービス・エリア。①高速道路の給油所やレストランのある場所。②放送局の電波が届く範囲。

SA[3] [slip angle] ☞スリップ・アングル。

SAC [self adjusting clutch] クラッチ・フェーシングの摩耗に従い，リリース・ロッドの遊びを自動的に調整するクラッチ。

SAE [society of automotive engineers] 米国の自動車技術者協会，米国自動車技術会。1905年設立。☞JSAE。

SAE code [society of automotive engineers code] 米国自動車技術会で標準化規約された故障診断コード。国内のOBD-Ⅱでも採用されている。☞ダイアグノーシス・コード。

SAE of Japan [society of automotive engineers of Japan, inc.] 日本の自動車技術会。1947年設立。＝JSAE。

SAE viscosity classification [society of automotive engineers viscosity classification] 米国自動車技術会によるエンジン・オイルの粘度分類。☞エス・エー・イー粘度分類。

SAI [steering axis inclination] 転向軸傾斜角。独立懸架方式において，キングピン傾斜角に相当する。

SAP [special automobile policy] 自家用自動車総合保険。六つの保険（対人，自損，無保険者傷害，対物，搭乗者，車両）がセットになっている。対物，対人事故示談代行サービスつき。

SARTRE [safe road trains for the environment] 自動運転技術の開発プロジェクトで，英国，スペイン，ドイツ，スウェーデンの企業や研究機関などのほか，ボルボがプロジェクトの一員として参画しているもの（サルトル）。このプロジェクトは「より安全で環境にやさしい交通システム」を意味し，先導車の後ろを複数の車が自動運転で追随走行するロード・トレインの開発を行っている。

SAS¹ [secondary air supply system] 二次空気供給装置。触媒マフラなど排気ガス浄化装置の酸化反応を促進するため，エア・ポンプや排気の脈動を利用して強制的に空気を送り込む装置。

SAS² [slow adjust screw] ☞IAS（idle adjust screw）。

SASC [south African solar challenge] ☞ソーラー・カー・レース。

SAT [self-aligning torque] 復元トルク。☞セルフアライニング・トルク。

SAV¹ [shot air valve] ホンダが採用した，減速時後燃制御装置。

SAV² [sports activity vehicle] BMWが発売したSUVの呼称。4WDスポーツ・ワゴンに電子制御エア・スプリングの4輪独立懸架装置，安全性や運転の楽しみを両立させたDSC（ダイナミック・スタビリティ・コントロール），急坂を下る場合に作動するHDC（ヒル・ディセント・コントロール），計10個のスマート・エア・バッグ等を採用している。

SAVC [spark advance vacuum controller] 真空式点火時期制御装置。キャブレータの負圧を利用して点火時期を調整する装置。軽負荷のときは点火時期を早め，高負荷のときは遅らせる。

SAVE [system for effective assessment of driver state and vehicle control in emergencies] 欧州におけるITSプロジェクト（T-TAP）の構成要素の一つで，ドライバをモニタし，緊急時には自動運転を行って安全に車を路肩まで誘導して停止させるシステム。

S-AWC [super all-wheel control] 三菱が2007年に採用した，4WDを核とした車両運動統合制御システム。フルタイム4WDベースの駆動力制御システム「ACD」，「AYC／スーパーAYC」，「スポーツABS（ASC）」などで構成され，各デバイス間の通信には，高速のCANを使用している。

SB ガソリン・エンジン用エンジン・オイルのAPI分類で，ベース・オイルに酸化防止剤を最小限添加したもの。ごく軽い運転条件下のエンジン向きであるが，現在は使用されていない。

Sb [ラ stibium] アンチモンの元素記号。＝antimony英，Antimon独。

SBK [独 Sicherheitsbatterieklemme; safety battery terminal] 衝突時にバッテリとスタータ・ケーブルの接続を切り離し，ショートによる車両火災の発生を防止する装置。BMWが採用したもので，この場合でもハザード・ランプ等必要最小限の電力は供給される。

SBR¹ [seat belt reminder] ☞シート・ベルト・リマインダ。

SBR² [styrene butadiene rubber] スチレン・ブタジエン・ゴム。石油から得られる合成ゴムの一種。例 ㋑タイヤ。㋺ブレーキ・ホース。㋩ブレーキなどのゴム・カップ類。

S/B ratio [stroke-bore ratio] ☞ボアストローク・レシオ。

SBS [smart brake support] ☞スマート・ブレーキ・サポート。

SBW [steer-by-wire system] ☞ステアバイワイヤ・システム。

SC ガソリン・エンジン用エンジン・オイルのAPI分類で，ベース・オイルに酸化防止剤と清浄分散剤を添加したもの。現在は使用されていない。

SCBS [smart city brake support] ☞スマート・シティ・ブレーキ・サポート。

SCiB [super charge ion battery] 次世代型のリチウムイオン二次電池で，東芝が2008年から量産を開始した革新的なもの。負極側にチタン酸リチウム（LTO）を採用したのが大きな特徴で，陽極側には一般的なコバルト酸リチウムを使用して1セル当たりの電圧は2.4V，高い安全性，長寿命，急速充電性，高出力特性，低温性能，大実効容量などを確保している。この電池は急速充電が可能で，わずか5分間で電池容量を90%以上に充電ができ，急速充電と放電を3,000回繰り返しても電池容量の減少はわずか10%未満で，10年以上の長寿命を確保している。自動車用として，三菱自動車の軽EVの一部や，ホンダのフィットEVなどに採用された。

SCM [secondary collision mitigation] ☞二次衝突緩和システム。

SCP [side collision prevention] ☞側面衝突防止装置。

SCR[1] [selective catalytic reduction] ディーゼル・エンジン用の選択還元触媒。この触媒装置の中へ還元剤として尿素（ユリア）を噴射することにより，排気ガス中のNO_xを無害な窒素と水に還元する。ディーゼル排出ガス浄化の最新技術の一つ。

SCR[2] [silicon controlled rectifier] 3端子方向性サイリスタ（半導体整流素子）。アノード，カソード，ゲートの3端子を持ち，通電が一方向のサイリスタ。

SCS [stabilized combustion system] 安定燃焼方式。マツダが採用した昭和53年度排出ガス規制対策で，吸入混合気の流速を上げ，渦流を強めて希薄混合気の燃焼効率を向上している。

SCSV [slow cut solenoid valve] キャブレータの低速系統に電磁弁を設けて，減速時の過濃混合気の防止やエンジン停止時のランオン防止のために燃料の供給を遮断するもの。三菱の電子制御キャブレータなどに採用された。

SCV[1] [spark control valve] 点火時期制御装置。排気ガス中のHCとCOを低減させるため，点火時期を遅らせるもの。エンジン水温を検知し，ある一定温度においてキャブレータとディストリビュータのバキューム・アドバンサとの間の負圧回路にオリフィスで制御した大気を入れ，点火時期を制御する。排出ガス規制が強化され始めた昭和48年度の使用過程車規制にトヨタなどが採用した。

SCV[2] [swirl control valve] トヨタが採用した，希薄燃焼エンジン用の渦流制御弁。吸気ポート内に設けられたSCVは低負荷時には閉じていて，高負荷時に開く。

SCVT [Suzuki continuously variable transmission] スズキが1000〜1300ccエンジンに採用した無段変速機。二つのプーリとチェーン・ベルトにより連続的に変速比が変えられ，すべての制御を電子制御で行う（1992年）。

SD[1] [spark delay] 点火時期の遅角または遅角装置。

SD[2] ガソリン・エンジン用エンジン・オイルのAPI分類で，酸化防止剤，清浄分散剤，摩耗防止剤などが添加されているもの。低温運転や高温運転など，やや苛酷な条件下のエンジン向きであるが，現在はほとんど使用されない。

S-DAIS [sequential dynamic air-intake system] マツダが新世代ロータリ・エンジン・RENESISに採用した，可変吸気制御システム。2ロータ式のため，エア・クリーナを通過した新気を分岐させ，更にサイド・ハウジングの手前で二分して，1ロータ当たりプライマリ&セカンダリの2ポート式とし，セカンダリ側にシャッタ・バルブを設けている。また，2ポートに分岐する手前で両ロータ用の吸気管を横に結んで可変吸気バルブを設け，運転状況に応じてこれらのバルブを開閉することにより，各運転域でのトルクや出力の向上を図っている。更に，エア・クリーナ手前に可変フレッシュ・エア・ダクトを設け，サイド・ハウジングにオグジュアリ（補助）・ポートを設置した1ロータ当たり3ポート式の高性能版もある。

SDC rim [semi drop center rim] ☞浅底（あさぞこ）リム。

SDD [stroke depending damping] ストローク依存ダンパ。ショック・アブソーバの一種で，ダイムラー（MB）がコンパクト・クラスのセレクティブ・ダンピング・システムに採用したもの。バイパス・チャンネルを開けた副室をピストン・ロッド内に設け，副室内に浮動ピストンを入れることにより通常走行時はバイパスを利用してソフトな減衰力を，ハードなコーナリングなどピストン・スピードが速くてストロークも大きいときにはオイルの流れを利用してバイパスを閉じ，ピストン・バルブにより最大限の減衰力を発揮している。

SD system [spark delay system]　点火時期遅延（遅角）装置。NOxが最も多く発生する加速域で，ディストリビュータのバキューム進角用ダイアフラムへマニホールド負圧の立ち上がりが直ぐに働かないようにして進角を遅延させ，NOxやHCの低減を図る。ただし，冷却水温が低いうちは装置が働かないようにして低温時のエンジン不調を防止している。昭和50年頃にトヨタなどで採用した。

SDメモリ・カード [secure digital memory card]　一括消去や再書き込みが繰り返し可能なフラッシュ・メモリの一種。カード型の記憶素子で，標準サイズ，ミニSD，マイクロSDの3種類がある。標準サイズの最大記憶容量は2GBで一般にデジタル・カメラや携帯電話などに使用され，自動車用としては，ドライブ・レコーダやPND（簡易型ナビ）などの記憶媒体として使用される。標準サイズより記憶容量の大きいSDHCが開発されて最大32GBまで可能となり，さらに記憶容量の大きいSDXC（2TB）も設定されている。☞USBメモリ，SSD。

SE[1] [service engineer]　自動車整備士。＝テクニシャン（technician），メカニック（mechanic）。

SE[2] [simultaneous engineering]　☞サイマルテーニアス・エンジニアリング。

SE[3] [system engineer]　コンピュータのシステム開発や設計を担当する技術者。

SE[4]　ガソリン・エンジン用エンジン・オイルのAPI分類で，酸化・高温デポジット・錆び・腐食などの防止に対し，SD・SC油よりも更に高い性能のもの。1972年以降のガソリン車に使用。

Se [selenium]　セレンの元素記号。

sec [second]　①秒。②第2の。

SEEC-T [Subaru exhaust emission control thermal and thermodynamics]　シーク・ティー。富士重工が排出ガス対策初期に採用した排出ガス浄化システム。

SF[1] [side force]　横力。☞サイド・フォース。

SF[2]　ガソリン・エンジン用エンジン・オイルのAPI分類で，酸化安定性および耐摩耗性において，SEよりも更に高い性能のもの。1980年以降のガソリン車に使用。

SFA heater core [straight flow aluminum heater core]　アルミニウム製ヒータ・コアで，熱伝導に優れた小型・軽量のもの。

SFC[1] [sound field control]　カー・オーディオで，好みの音場を再現するもの。☞サウンド・フィールド・コントロール。

SFC[2] [specific fuel consumption]　一定の距離または時間に対する燃料消費量。

SFI [sequential fuel injection]　点火順序に従って，シリンダごとに噴射する燃料噴射装置。☞MPI，SPI。

SFSW [spot friction stir welding]　摩擦攪拌点接合。☞FSW。

SFW [spot friction welding]　マツダが採用した，摩擦点接合。摩擦熱を利用して固相状態でアルミニウム合金板を接合する技術で，接合材料に一定の圧力を加え，回転ツールの摩擦熱を利用して材料を軟化させ，接合を行うもの。鋼板とアルミニウム合金板との接合などに用いられる。☞FSW，異種金属接合技術。

SG　ガソリン・エンジン用エンジン・オイルのAPI分類で，SG油はAPIサービス分類のCC級（ディーゼル用）の性能も含み，以前の等級に比べてデポジット・酸化・摩耗・錆び・腐食などの防止に対し，更に高い性能を有している。1989年以降のガソリン乗用車・バン・軽トラックに使用。

SH　ガソリン・エンジン用エンジン・オイルのAPI分類で，新認証システム（API EOLCS）に基づいた規格。SG性能に加え，オイル蒸発性・剪（せん）断安定性・泡消し性などの要求性能に合格したもの。

SH-AWDシステム[1] [super handling all-wheel-drive system]　ホンダが2004年に採

用した画期的な4WD（AWD）システムで,「4輪駆動力自在制御装置」ともいう。前後の駆動力配分を3：7から7：3に，左右後輪の駆動力配分を0：10から10：0まで連続的に制御することにより，駆動力を走るためにだけでなく曲がる性能にも応用して，高次元の運動性能を可能にしている。左右後輪の駆動力配分は，デフの左右出力軸にそれぞれ電磁多板クラッチを設け，その押し付け圧を調整することにより行っている。特に雪道におけるコーナリング時には，VSA（車両挙動安定化装置）との相乗効果でコース・アウトを回避することができる。

SH-AWDシステム² [super handling all-wheel-drive system] ☞スポーツ・ハイブリッドSH-AWD。

SHEV [series hybrid electric vehicle] ハイブリッド車において，エンジンで発電機を駆動し，発電した電力でモータが車輪を駆動して走行する方式。低負荷時の熱効率はエンジンよりもよいが，高負荷時の熱効率は劣る。

SHF [super high frequency] 波長1～10cm，周波数3～30GHzのマイクロ波。DSRC（ETCなどの専用狭域通信），衛星放送，無線LAN，携帯電話などに利用され，DSRCでは5.8GHzを使用している。

SHIC [Suzuki high performance intelligent control] スズキが採用した，電子制御式エンジン・コントロール・システム。ツインカム・インタクーラ付きターボ・エンジンに，電子燃料噴射や電子点火時期制御装置等を備えている。

S-Hybrid ☞スマート・シンプル・ハイブリッド。

SI [system integrator] システム・インテグレータ。自動車生産におけるモジュール（複合）化で，モジュール部品やシステムを開発し，自動車メーカに提案する形態の大規模なサプライヤ（部品納入業者，部品メーカ）。

Si [silicon] 珪素（シリコン）の元素記号。

SiC [silicon carbide] ☞シリコン・カーバイド，パワー半導体。

SI-DRIVE [Subaru intelligent drive] スバルが採用した，インテリジェント・ドライブ・アシスト・システム。セレクタでエンジン・コントロール・ユニット（ECU）の出力特性やATコントロール・ユニット（TCU）の制御パターンを切り替えることにより，スポーツ走行，通常走行，省燃費走行と三通りの走行モードを選択することができる。

SI engine [spark ignition engine] 火花点火エンジン。例ガソリン・エンジン。対CI engine（圧縮点火エンジン）。

SIM-Drive 電気自動車（EV）の量産実用化技術を開発する研究グループで，慶応義塾大学環境情報学部の清水浩教授が中心となって2009年に設立したもの（シムドライブ）。清水教授は同大学の電気自動車研究室において，2001年に8輪インホイール・モータによる公道実験車「エリーカ」を開発してスピード記録に挑戦したり，2005年の東京モーター・ショーにはこの車を公開している。SIM-DriveのEV開発事業には自動車メーカ，部品メーカ，素材メーカ，商社，自治体など計34機関が参加しており，2011年に先行開発事業第1号車「SIM-LEI」を，2012年には第2号車「SIM-WIL」を，2013年には第3号車「SIM-CEL」を，2014年には第4号車「SIM-HAL」をそれぞれ発表している。2015年以降は第5号車は開発せず，実用化（量産設計）に注力するという。

SINCAP [side impact new car assessment program] 新車の側面衝突安全評価テスト。米国運輸省・道路交通安全局が1997年から実施している。

SIPS [side impact protection system] ボルボが採用した，側面衝撃保護システム。車の居住スペースや快適性を損なうことなく，側面衝突のエネルギーをボデー全体で吸収する構造。

SIPS bag system [side impact protection system bag system] ボルボが1994年に世界で初めて採用した，サイド・エアバッグ。運転席および助手席のシート・バックに内蔵したエアバッグが，側面衝突時の衝撃（約2m/sec以上，18km/h相当）で展開して乗員の頭部を保護する。

SI units [仏 Système Internationale d'Unités] 国際単位系の略称で，MKSA単位系を拡張したもの。七つの基本単位，二つの補助単位，その他各単位の分数や倍数をつくるため単位名の頭につける接頭辞を規定，誘導単位を列記し，それぞれの記号を定めたもの。メートル法単位の最終統一版として，雑多な計量単位を単一ルールにまとめようと1960年のメートル条約総会で決議。☞SI単位表，MKSA unit。

SIレーダ・クルーズ [Subaru intelligent radar cruise] スバルが採用した，赤外線レーザを用いた全車速追随型のクルーズ・コントロール。時速0～100kmの範囲で車速を制御して前車を自動的に追随することができ，三つの走行モードが楽しめるSI-DRIVEと協調制御される。

SJ ガソリン・エンジン用エンジン・オイルのAPI分類で，1996年10月に設定されたAPIガソリン・エンジン・オイルの規格。SH性能の蒸発性や触媒被毒性を更に改良したもの。

SLA [short and long arm] サスペンションにおいて，長短のアームを用いるダブル・ウィッシュボーン型のこと。

SLV [select low valve] アンチロック・ブレーキ・システムにおいて，後輪の左右輪にかかる油圧を低い方に合わせるためのバルブ。

SM [synchronous motor] ☞同期モータ。

SMA [shape memory alloys] 形状記憶合金。☞SMEA。

SMART plate [system multipurpose automobile road transportation plate] スマート・プレート。現在開発中の電子ナンバ・プレートの国土交通省における呼称。ナンバ・プレートにICチップを埋め込み，通過するだけで道路などに設置した読み取り機が車両の確実な情報（主に車検証の内容）を収集し，渋滞対策等に活用する。

SMC [sheet molding compound] 熱硬化性樹脂の一種で，不飽和ポリエステル樹脂や炭酸カルシウムなどの充填材，その他添加物の混合剤をガラス繊維や炭素繊維に含浸補強した薄板状の成形材料。半硬化したシート状のFRP素材で，これを型でプレス成形して加熱硬化し，製品化する。機械的強度（剛性や耐衝撃性）などに優れ，レーシング・カーやスポーツ・カーのパネル部品や，モジュール部品の台材（キャリア）などに用いられる。マツダの場合，ロードスターのパワー・リトラクタブル・ハードトップ（RHT）の収納式ルーフ素材に使用している。SMCにおいて，補強材にガラス繊維を用いたものをG-SMC，同じく炭素繊維を用いたものをC-SMCとも表す。また，自動車以外でSMCは，家庭の浴槽に広く利用される。

SMEA [shape memory effect alloys] 形状記憶合金。外力を除去したり加熱することにより，元の形状に戻る効果を持つ合金。ニッケル－チタン系と銅系の合金がよく知られている。例ラジエータ・シャッタ。

SN ガソリン・エンジン用エンジン・オイルのAPIサービス分類において，2010年に設定されたもの。この時点では，ガソリン・エンジン用のエンジン・オイルとしては最高グレードのもの。

Sn [ラ stannum] 錫の元素記号。＝tin 英。

SNR [sustainable natural resources] 持続的再生産可能な天然資源。石油資源や鉱物資源のような有限の天然資源ではなく，主に石油の代替資源となるトウモロコシ，サトウキビ，ジャガイモ，菜種，大豆，パーム，竹，わら，廃材など再生産が可能な植物系の資源を指す。現在，これらを原料としたバイオエタノール，バイオディーゼル燃料，バイオプラスチック，バイオファブリックなどが生産または実用化途上にある。

SN ratio [signal-to-noise ratio] オーディオ用語で，電気の入出力信号レベル（signal）と雑音レベル（noise）の比。この数値が大きいほど雑音が小さいことを示す。単位はdB。

SOC [state of charge] 充電状態／充電率。バッテリが完全充電された状態から放電した電気量を除いた残りの割合で，残容量ともいう。SOCは「残容量（Ah）／満充電容量（Ah）×100」で表され，一般的な小型自動車のバッテリ（鉛蓄電池）のSOCは100～90%くらいで使用され，ハイブリッド車用ニッケル水素電池のSOCは75～25%くらい。電気自動車（EV）用のリチウムイオン電池では，三菱のi-MiEVで90～10%くらい，日産のリーフでは，80～30%くらいのSOCで使用される。EVにおいては，メーカの指示するSOCの範囲で繰り返し充電して使用することが，電池のサイクル寿命を延ばす上で重要である。☞プラトウ領域，SOH。

SOF［soluble organic fraction］　可溶有機成分。ディーゼル排気ガス中のPM（粒子状物質）に含まれる各種成分のうち，HCやエンジン・オイルなどのようにベンゼンやトルエン等の有機溶媒に溶ける物質。対ISF。

SOFC［solid oxide fuel-cell］　固体酸化物型燃料電池。高価な貴金属触媒を使用しない簡易型の燃料電池で，従来のジェネレータやバッテリの代わりに用いる。自動車の補助動力源（APU）用として，デルファイ，BMW，ルノーが共同開発を進めている。☞PEFC，PEMFC，MCFC。

SOFI［safety-oriented friendly interior］　ソフィ。衝突安全インテリア（ダイハツ／2000年）。車室内の衝突安全装置としてSRSカーテン・シールド・エア・バッグとSRSサイド・エア・バッグ，乗員を2次衝突から守るヘッド・インパクト・プロテクション，追突を受けた際にヘッドレストが前方へ移動して頸部への衝撃を緩和するダイナミック・サポート・ヘッドレストなどを採用したものを指す。

SOFIS［sophisticated and optimized fuel injection system］　日産が採用した，最適条件で精密な燃料噴射システム。インジェクタから噴射された燃料が吸気マニホールド内壁などに付着し，一時的に希薄状態が発生して運転性が悪くなることを防止する。

SOH［state of health］　バッテリの健全性（劣化状態）。SOHは「劣化時の満充電容量（Ah）／初期の満充電容量（Ah）×100」で表され，バッテリ・テスタを用いて測定する。一般に，SOHが31%以上で良好としている。☞SOC。

SOHC［single overhead camshaft］　シリンダ・ヘッドにカムシャフトを1本設けたエンジン。1本のカムシャフトですべての吸排気弁を駆動する動弁機構。2本のカムシャフトを用いた高性能なDOHCに対する用語で，単にOHCともいう。☞DOHC。

SOL.V［solenoid valve］　電磁弁。S/Vとも表す。

SOT［small overlap test］　☞スモール・オーバラップ・テスト。

SOWS［side obstacle warning system］　☞側方障害物警報装置。

SOx［sulfur oxides］　硫黄酸化物。排気ガス中に含まれて触媒の機能を低下させるとともに，酸性雨等の原因にもなる。例SO_2：亜硫酸ガス。

spec［specification］　仕様書，諸元表。

SPHV［series parallel hybrid electric vehicle］　ハイブリッド車において，シリーズ・タイプとパラレル・タイプの両者の機構をもち，車両の負荷などにより電気モータで駆動したり，エンジンで駆動したり，または両者を同時に駆動したりして最適な運転モードを選択するもの。例トヨタのハイブリッド車。☞SHEV，PHEV。

SPI［single point injection］　ガソリン・エンジンの電子制御式燃料噴射装置において，吸気マニホールドの集合部分の1点に燃料を噴射する方式。各気筒ごとに噴射するマルチポイント・インジェクション（MPI）と比較してコンピュータ制御は容易でアイドル時の燃料供給精度が高い反面，応答性はMPIの方が優れている。対MPI。

SPITS［strategic platform for intelligent traffic systems］　欧州が推進しているITS（ERTICO）が2011～2020年を目標に「EU road safety policy」を設定しており，SPITSはこの中のプロジェクトの一つ。この期間中に交通事故死を半減させることを目標としており，SPITSは路車協調走行システムの分野を担当している。☞Euro-FOT。

SPM［suspended particulate matter］　排気ガス中の浮遊粒子状物質で，粒径10マイクロメートル（μm＝1/1000mm）以下のもの。主にディーゼル・エンジンから排出され，発癌性や喘息を引き起こす疑いがあり，これらの除去が大きな社会問題となっている。

SPMSM [surface permanent-magnet synchronous motor] ☞表面磁石型同期モータ。

SPR [self-piercing rivet] ☞セルフピアシング・リベット。

SQC [statistical quality control] 統計的品質管理。品質管理において，統計的方法を用いる部分。☞QC，TQC。

SQ mark [standard quality mark] 標準品質マーク。給油所に表示されている品質保証マークで，取り扱っているガソリンがJIS規格をクリアしていることを表している。粗悪ガソリンを追放するため，1996年より実施された。

SR [synthetic rubber] ☞合成ゴム。

SRM [switched reluctance motor] ☞リラクタンス・モータ。

SRR [short range radar] ☞短距離レーダ。

SRS [supplemental restraint system] 乗員保護補助装置。

SRS airbag system [supplemental restraint system airbag system] 車両の前面衝突時に，乗員の頭部衝撃を緩和する乗員保護補助装置としてのエアバッグ。エアバッグはシート・ベルトの効果を補うもので，エアバッグ単独では乗員保護効果は薄く，必ず両者を併用する必要がある。エアバッグはステアリング・ホイール内等に収納され，衝突の衝撃で瞬時に窒素ガスで膨らむ（展開装置には電気式と機械式がある）。当初は運転席のみであったものが，助手席や後部座席用，側面衝突用のサイド・エアバッグやカーテン・エアバッグも出てきている。

SRS curtain shield airbag [supplemental restraint system curtain shield airbag] ☞エス・アール・エス（SRS）カーテン・シールド・エアバッグ。

SRS head thorax side bags [supplemental restraint system head thorax side bags] ☞ヘッド・ソラックス・サイド・バッグ。

SRS knee air bag [supplemental restraint system knee air bag] ☞ニー・エア・バッグ。

SRS window airbag [supplemental restraint system window airbag] MBが採用した側面衝突用のエアバッグ。側面衝突時，エアバッグが前・後席ウインドウ・ガラス部にカーテン状に展開し，乗員の頭部を保護する。サイド・エアバッグも兼用。

SS[1] [service station] 自動車の給油所㊩。＝gas station㊩，filling station㊩，petrol station㊧。㊟ガソリン・スタンドは和製英語。

SS[2] [standing start] 車両の停止状態からの発進。発進加速性能試験やレースなどに用いる用語。☞ローリング・スタート。

SSD [solid state drive] 半導体を用いたフラッシュ・メモリ型の記憶装置で，機械的な駆動部のないもの。小型で可搬性・対衝撃性に優れ，低消費電力で8GBくらいの記憶容量を確保できることから，カー・ナビゲーション用の記憶装置として簡易型ナビ（PND）などで採用が進んでいる。2009年には，三洋電機が16GBのSSDを用いたカー・ナビゲーションを発売している。☞SDメモリ・カード。

SSI [small scale integrated circuit] トランジスタを100個程度使用して作られた小密度集積回路。☞MSI，LSI。

略

SS1/4 mile [standing start 1/4 mile] 車の発進加速性能を比較するのに用いる用語。車両を停止状態から発進加速して，1/4マイル（402.3m）を走り切るのに要する時間（秒）を計測する。日本では俗に“ゼロヨン（0→400m）加速”と呼ばれているが，米国のドラッグ・レースが有名。☞ドラッグ・レース。

SSR [self supporting runflat tire] ランフラット・タイヤの一種。空気漏れが起きた場合，タイヤ自体が車両の重量を支えるためにタイヤのサイド・ウォールを強化したもの。超偏平タイヤを装着したスポーツ・カーに最適なもので，トヨタが既にスポーツ・カーにオプション採用している（2001年）。＝SST runflat。☞CTT runflat，

PAX System。

SSS [super sport sedan] 車の形式を表す用語で，セダンでありながらスポーツ仕様のもの。スリー・エスともいう。

SST [special service tool] 自動車メーカ製の整備専用特殊工具。トヨタ，ダイハツ，マツダの呼称。

SST runflat [self support technology runflat tire] ☞SSR。

SSVS [super smart vehicle system] 超知能化自動車システム（ITS関連用語）。通産省が自動車の知能技術を研究するため1991年度から実施してきたプロジェクトで，安全・円滑・快適をキー・ワードに自動車の情報化・知能化技術の研究開発を進めてきたが，1995年にITSに統合された。

ST [starter] エンジンの始動装置，スターティング（スタータ）・モータ。

STC-SUSP [super toe control rear suspension] 日産が1987年に採用した，後輪の独立懸架装置。トー角を制御することにより，スタビリティを向上させている。

STD, Std [standard] 標準，基準。

S-TDI [single Toyota direct ignition system] トヨタが1988年ころに採用した，気筒別独立点火システム。各シリンダ別に点火コイルを配置し，ディストリビュータおよび高圧コードを不要とすることにより，高電圧部分の損失を低減している。

S-TEMS [skyhook Toyota electronic modulated suspension] ☞スカイフック，TEMS。

STI [start time injector] ☞コールド・スタート・インジェクタ。

STS [special transport service] 身体障害者や高齢者（移動制約者）向けの個別的な交通サービス。地域のボランティアや民間非営利団体に加え，福祉輸送サービスに取り組む運輸業者の団体も発足している。

STV [suction throttle valve] ☞EPR。

SU carburetor [Skinner Union carburetor] 英国Skinner Union社が開発した可変ベンチュリ式キャブレータ。スポーツ・タイプ車に多く用いられたが，電子制御式燃料噴射装置の登場と共に姿を消していった。

SU-LEV [super ultra low-emission vehicle] 我が国における極超低排出ガス車。環境省による低公害車等排出ガス技術指針の分類で，平成17年規制値よりも有害物質の排出量をさらに75%以上低減させたもの。

SULEV [super ultra low emission vehicle] 米国における「極超低排出ガス車」。世界で最も厳しいとされる米国カリフォルニア州大気資源局（CARB）の排出ガス規制適用車で，電気自動車（EV）に匹敵するクリーンさを確保したガソリン車（ハイブリッド車を含む）を指す。カリフォルニア州では，2003年から州内販売台数の10%を電気自動車や燃料電池車等の極超低排出ガス車に置き換えることを義務付けた「ZEV規制」をスタートさせる予定であったが，技術開発の遅れから2年間延期され，このうち一部はEVに匹敵するクリーンさを確保したガソリン車とすることが可能となった。ホンダ，日産，トヨタの各社では，ZEV規制に対応するガソリン車を米車に先駆けて一部発売している。SULEVの排出ガス規制値は，ULEV（超低排出ガス車）規制値の1/4以下。SULEVは，PZEVまたはZLEVともいう。☞ZEV規制，AT-PZEV，Tier 2 Bin 5，SU-LEV。

Super CVT [super continuously variable transmission] トヨタが初めて採用した，金属ベルト式無段変速機。2ℓの直噴ガソリン・エンジン（D-4）とのマッチングにより，動力性能の確保と低燃費化を図った。

SUPER HICAS [super high capacity actively controlled suspension] 日産が1991年に採用したマルチリンク・サスペンション用の4WS（HICAS II）に位相反転制御を取り入れたもの。油圧駆動式と電動モータ駆動式とがあり，後者は装置の重量軽減を図るとともに，エンジン負荷も軽減している。☞HICAS。

SUV [sport utility vehicle] 米国で発達したオフロード4WD車やピックアップ・ト

ラックの遊び用車の総称。☞RV。

SUW [smart utility wagon / space utility wagon] セダン，クロス・カントリおよびワゴンの特長を取り入れた実用性の高い車。

SV [side valve engine] ☞サイド・バルブ・エンジン。

S/V [solenoid valve] 電磁弁。SOL. Vとも表す。

SVN [smart vehicle network] 走行中の個々の車をセンサに見立てて情報収集を行うプローブ情報システムや，車両とインターネットを次世代通信規格で結ぶインターネットITSなどを利用して情報を交換するネットワーク。☞プローブ情報システム，インターネットITS，車車間通信。

S/V ratio [surface volume ratio] 燃焼室面積（S：surface）と燃焼室容積（V：volume）との比。この値が小さいほど燃焼室は半球形に近く，冷却効果がよい。

S-VSC [steering-assisted vehicle stability control] トヨタが2003年に採用した，新VSC（車両安定制御装置／横滑り防止装置）。ステアリング制御（EPS）とブレーキ制御（ABS，VSC），駆動力制御（VSC，TRC）を協調して制御し，滑りやすい路面での旋回時などに車両の挙動が安定する方向に操舵トルクをアシストすることにより，優れた走行安定性と操縦性を実現している。4WD車にS-VSCを採用した「S-VSC＋アクティブ・コントロール4WD協調制御」もある。

S-VT [sequential valve timing] マツダが2000年に採用した，連続位相可変バルブ・タイミング機構。吸気バルブの開閉タイミングを連続的に変えることにより，あらゆる運転領域でバルブ・タイミングを最適に制御して出力，トルクを向上させると同時に低燃費化を図っている。

S/W [switch] スイッチ。

SWG [strain wave gearing] ☞ストレイン・ウェーブ・ギア。

SWRC [sport car world rally championship] スーパー2000世界ラリー選手権。2ℓ自然吸気（NA）エンジンを搭載した4WD車によるFIA公認の世界ラリー選手権で，2010年にPWRC（プロダクション・カーによる世界ラリー選手権）が分割されてできたもの。2011年からは，1.6ℓターボも追加された。☞WRC。

SWS [smart wiring system] 三菱が採用した，多重通信システム。1本のハーネスで多数の信号を伝送することができ，電装品増加によるハーネスの重量増大や複雑化を抑制する省線化システム。

SYNC [synchronous communication] 音声操作が可能な車載情報システムで，米フォードがマイクロソフト社と共同開発したもの（シンク）。音声認識ソフトは携帯電話をかけたり音楽を再生するために用いるもので，ほとんどのブルートゥース搭載携帯電話でSYNCを利用することができる。SYNCはフォード社の登録商標で2007年から搭載しており，2010年以降は進化版の「SYNC AppLink」を提供している。

S-エネチャージ [S-ene charge] 簡易型のハイブリッド・システムで，スズキが2014年に軽自動車に搭載したもの。2012年に採用したエネチャージの進化版で，加速時にモータ・アシストとして機能するスタータ・ジェネレータ（ISG）と高効率リチウムイオン電池を搭載して，燃費性能は32.4km/ℓ（JC08モード）。ISGはスタータ機能も備えているため，アイドル・ストップ時にベルトを介してエンジンを再始動することができる。このようなシステムは一般にマイクロハイブリッドと呼ばれるが，正式なハイブリッド・システムには属さない。

[T]

T, t [次の語彙などの頭文字] ① top（頂点，最高所）。② temperature（温度）。③ ton（1,000kg）。④ thickness（厚さ）。⑤ tempered（強化された）。⑥ toluene（トルエン）。⑦ tera-（1兆倍の意）。⑧ torque（回転力）。⑨ terminal（ターミナル）。

⑩temporary（臨時の）。⑪タイヤの速度記号（最大巡航速度190km/h）。

TAC [tachometer]　（エンジン）回転計。

TACS [total access communication system]　米国やカナダなどで採用されていた，AMPS方式に準拠した英国のアナログ式自動車電話方式。DDIやIDOの新設電話会社（new common carrier）が1989年以降にこのTACS方式を採用していたが，現在はNTTを含めて自動車電話はすべてディジタル化されている。☞CDMA。

TAF [total advanced function body]　タフ。ダイハツが新規格の軽自動車用に採用した衝突安全ボデーの名称。新国内安全基準（フルラップ前面・側面・後面衝突）はもとより，新欧州安全基準（40%オフセット前面・側面衝突）をもクリアしている。

TAO [temperature air outlet]　カーエアコンの設定温度を安定した状態で保持するために必要な吹き出し口温度。

TAP[1] [telematics application program]　欧州における政府主導のITS計画で，情報通信の応用に関する研究開発活動を支援するプロジェクトを意味し，先発のDRIVE-Ⅱが1995年にTAPに引き継がれた。TAPは九つのエリアに分けられ，道路交通のみならず空と水上を含めた交通システム全体の統合に及んでいる。☞DRIVE。

TAP[2] [thermostatic accelerating pump]　日産が採用した，温調加速ポンプ。☞サーモスタティック・アクセラレーティング・ポンプ。

TAP[3] [Tokio automobile policy]　対物無制限，代車特約，携帯品特約および人身傷害補償のついた自動車保険。東京海上の付加価値型新商品で，加害者と被害者，双方の立場に支払われる。保険料はSAPと比較して2割程度高い。

TAS [throttle adjusting screw]　スロットル・バルブ調整用のねじ。☞スロットル・アジャスティング・スクリュ。

TaSCAN　トヨタが採用した，OBDスキャン・ツールの3世代目。S2000の後継機で，車載コンピュータと通信して内部のデータを読み出すほか，アクチュエータを強制的に駆動させることもできる。CAN通信に対応し，パソコンの端末とも接続が可能。ノート・パソコンを用いてテスタとサービス・マニュアルを連動させる後継機（GTS）も開発されている。☞CONSULT。

TB [terabyte]　テラバイト。コンピュータの記憶容量の単位で，1兆バイト（GBの1,000倍）。

TBA [tire, battery and accessories]　タイヤ，バッテリおよびアクセサリの総称。ガソリン・スタンドやカー用品店などにおける販売・サービスの対象品目としての呼称。

T-bar roof　オープン・カーの転覆時の安全性確保のため，T字型にルーフの一部を残した車。

TBI [throttle body injection]　GMの燃料噴射装置（SPI；シングル・ポイント・インジェクション）の呼称。スロットル・ボデーに燃料を噴射する。

TBR [torque bias ratio]　☞差動トルク比。

TBW [throttle-by-wire]　電子制御スロットル。アクセル・ペダルの操作を電気信号に変換し，モータによってスロットル・バルブの開閉をする機構。例ETCS。

TC [technical committee]　☞ISO／TC。

T/C [turbocharger]　排気のエネルギーを利用した過給機。TBCとも表す。☞ターボチャージャ。

TCCS [Toyota computer controlled system]　トヨタが1979年に採用した，エンジン総合制御システム。マイクロコンピュータを用い，燃料噴射制御（EFI），点火時期制御（ESA）およびアイドル回転数制御（ISC）などを総合的に高い精度で制御する。併せてECT（電子制御式AT）の制御も行う。

TCL [traction control system]　三菱が採用した，駆動力制御システム。＝TRC，TCS。☞トラクション・コントロール。

T-Connect　スマート・フォン（スマホ）を活用した新しい車載情報通信システム

で，トヨタが2014年6月から導入したもの。同社は従来，専用の車載端末を使ったG-BOOKを展開してきたが，スマホの急速な普及や通信環境の劇的な変化により，戦略を転換している。T-Connectでは，スマート・フォンと連携した音声対話型ロボット・オペレータ・サービス「エージェント」や，カー・ナビゲーションにアプリを追加できる「Apps」といった機能を設定している。T-ConnectナビにはWi-Fiリンク機能が標準装備されており，顧客のスマホやau Wi-Fiスポットを介して，トヨタ・スマート・センターに接続することができる。☞コネクテッド・カー。

TCS¹ [traction control system]　駆動力制御システム。日産，マツダ，ホンダ，ダイハツの呼称。☞トラクション・コントロール。

TCS² [transmission controlled spark system]　自動変速機と連動した点火時期制御装置。☞トランスミッション・コントロールド・スパーク・システム。

TC-SST [twin clutch sport shift transmission]　☞DCT。

TCU [telematics control unit]　☞ICTシステム。

TCV [timing control valve]　電子制御ディーゼルの噴射ポンプに取り付けられているバルブ。ECUからの電気信号により，タイマ・ピストンの高圧室と低圧室をつなぐ燃料通路を開閉して噴射時期を制御する。

TDC [top dead center]　ピストンの上死点。燃焼室側の上昇の頂点，終点。

TDI [turbo diesel direct injection]　VWやアウディに採用された，直噴ターボ・ディーゼル・エンジン。VWの3気筒1,191ccエンジンは3リッタ・カー（3ℓの燃料で100km走行できる車）として有名であり，アウディの5.5ℓ V12気筒ツイン・ターボTDIエンジンは，2006年のフランスにおけるル・マン24時間レースで，ディーゼル車として初めて走行距離記録を更新して優勝している。

TDI [Toyota direct ignition system]　トヨタが1988年ころに採用した，気筒別独立点火システム。イグナイター体型イグニッション・コイルを採用し，各気筒ごとに直接かぶせる。TDIの採用により点火時期制御精度を高めるとともに点火時期の無調整化をはかり，ハイテンション・コードが不要になることにより，高電圧部分の損失や電波雑音の低減にもなる。＝DLI。☞NDIS。

TDM [transportation demand management]　都市交通における道路の効率的な利用を促す交通需要の管理，交通需要マネジメント。ITS関連用語で，道路の渋滞解消にとどまらず，効率的な社会・経済活動を実現する手法。トヨタ自動車では，愛知県豊田市において低炭素交通システムを構築するためのTDM実証実験を行っており，東京都では，「TDM東京行動プラン」として都心の混雑特定地域に入る車に課金する「ロード・プライシング制度」の導入を検討しているが，実現には至っていない。

TDMA [time division multiple access]　時分割多元接続。衛星を利用した移動体通信におけるアクセス制御方法の一つで，日米欧共通のデジタル自動車電話システムに利用。

TECS¹ [total electronic control system]　マツダが採用した，エンジン総合電子制御システム。

TECS² [Toyota easy carry system]　トヨタが開発した，特装車両の総称。

TECT [total effective control technology]　テクト。スズキが新規格の軽自動車用に採用した，軽量衝撃吸収ボデー。新国内安全基準（フルラップ前面，側面，後面衝突）はもとより，新欧州安全基準（40%オフセット前面，側面衝突）もクリアしている。

TEL [tetra-ethyl lead]　アルキル鉛の一種で，四エチル鉛のこと。ガソリンのオクタン価向上剤として用いられたが，その強い毒性のため使用禁止となった。

temp [temperature]　温度。

TEMS [Toyota electronic modulated suspension]　トヨタが1983年に初採用した，電子制御式エア・サスペンション。ニューマチック・シリンダのエア・チャンバ内に封入した空気にスプリング機能を持たせ，コンピュータ制御により四輪のばね定数，減衰力および車高を走行条件に応じて自動的に切り換えたり，運転者の好みより，ばね定数，減衰力および車高を切り換える。また，従来のコイル・スプリング式に比べ，車両姿勢変化（ロール，ダイブ，スクウォット，ピッチング，バウンシングなど）が大幅に低減できる。

TEMV ［Toyota electronic multivision］ トヨタが1987年に初採用した，車載情報多元表示システム。小型カラー液晶ディスプレイ（マルチ・ディスプレイ）にエアコンやオーディオ，燃費やメンテナンス，カーナビやダイアグノーシス等の表示ができ，停車中にはTV放送も受信できる。＝EMV。

TeRRA 燃料電池車（FCV）の車名で，日産が2012年に発表したもの。第1世代（2005年モデル）に対して体積を1/2，白金使用量を1/4，部品の種類を1/4とすることでコストを1/6と大幅に改良した第3世代の燃料電池スタックを搭載したコンセプト車で，2017年以降の市販化を予定している。☞MIRAI，FCVコンセプト。

TFCS ［Toyota fuel-cell system］ トヨタが開発した燃料電池システムで，2014年末発売の燃料電池車（FCV／MIRAI）に搭載したもの。FCVは水素と酸素の化学反応で発生した電気で走行する（発電装置付き）電気自動車の一種で，燃料の水素は2本の高圧水素タンクに充填して，床下に搭載している。この車の最高速度は175km/h，航続距離は約650km（JC08モード），水素の充填は約3分で，通常のガソリン車等と変わらない。主要装置の概要は次の通り。

・高圧水素タンク：タンクは3層の非金属構造で，内面は水素の透過を防ぐ樹脂製ライナ，耐圧強度は中間層のCFRP（炭素繊維強化樹脂），表面保護はGFRP（ガラス繊維強化樹脂）で行っている。このタンク2本（計122ℓ）に気体の水素を70MPa（700気圧）の高圧で充填しており，タンクのバルブには100℃台で溶ける可溶合金で封印した安全弁が付いている。満充填時の燃料（水素）の重量は約5kg。

・FCスタック：発電装置には固体高分子膜型（PEFC）が使用され，膜／電極接合体（MEA）をセパレータで挟んだセル370枚を直列につないで総電圧を370Vとし，これを昇圧コンバータで最大650Vに高めている。FCスタックの最高出力は114kW，体積出力密度は3.1kW/ℓ（2.0kW/kg)。発電に必要な空気と水素は，エア・コンプレッサと水素循環ポンプでそれぞれFCスタックへ送り込まれる。

・駆動用モータ：永久磁石型三相交流同期モータの最高出力は110kW（149.5ps），最大トルクは335Nm。このモータはハイブリッド車用のものと同じ。

・駆動用バッテリ：電圧244.8V，容量6.5Ahのニッケル水素電池で，ハイブリッド車用のものと同じ。補機用には，従来の鉛バッテリ（12V）を搭載。

・暖房：車内の暖房にはFCスタック冷却用の温水が利用でき，極低温時を考慮してPTCヒータ（電気温水器）も搭載している。

・外部給電：別売りの給電器で約60kWh，最大9kWの外部電源供給も可能。

㊟トヨタでは，FCVや水素燃料補給施設などの普及促進を図るため，2015年1月，FCVに関する5,680余件の特許を公開，無償提供すると発表している。

TFSI ［turbocharged fuel stratified injection］ ☞FSI。

TFT ［thin film transistor］ 薄膜トランジスタ。カー・ナビゲーションなどの液晶ディスプレイ（liquid crystal display）駆動用に用いられる。

TFT-LCD ［thin film transistor liquid crystal display］ 薄膜トランジスタ液晶ディスプレイ。ガラス基板上に形成された薄膜トランジスタで液晶を駆動する表示パネル。
例 カー・ナビゲーションのディスプレイ。

TFV ［tractive force variation / tangential force variation］ タイヤの駆動（接線）方向の荷重変動。タイヤ・ユニフォーミティ（均一性）の要素の一つで，ユニフォーミティ・マシンにより測定する。☞RFV，LFV。

TGP ［turbulence generating pot］ トヨタとダイハツが採用した，燃焼室内の乱流生成ポット。☞ターービュランス・ジェネレーティング・ポット

TGV [tumble generator valve] タンブル（縦渦）生成バルブ（富士重工）。TGVをインテーク・マニホールドに内蔵し，始動時およびその直後のアイドリング運転時にバルブを閉鎖して，吸気をタンブル生成通路に流すことで燃焼室内に強力なタンブルを発生させるもの。これにより希薄な混合気でも効率のよい燃焼が可能となり，始動直後のHCを大幅に低減できる。

THC [total hydrocarbon] 全炭化水素。大気中の炭化水素（HC）の測定に用いる非メタン炭化水素自動測定装置で得られるメタン（CH_4）と，非メタン炭化水素（NMHC）の両者を合計したもの（THC＝CH_4＋NMHC）。米カリフォルニア州の低公害車規制項目のNMOG（非メタン有機ガス）に相当している。☞ノンメタンHC規制，VOC規制。

T-head engine サイド・バルブ式エンジンで，シリンダを挟んで吸気バルブと排気バルブを設けたもの。燃焼室の断面形状がT字形に似ている。

three R [reduce, reuse, recycle] 資源の有効活用のための三つのR。①reduce（廃棄物の発生抑制），②reuse（品物の再使用），③recycle（原材料として再利用）。

THS [Toyota hybrid system] トヨタが発売したハイブリッド低公害車に採用された，量産車で世界初の動力システム（1997/12）。パワー・トレーンにガソリン・エンジン（1500cc）と三相交流モータ＋HVバッテリ（ニッケル水素バッテリ，288V）の2種類の動力源を組み合わせた“ハイブリッド・システム”を採用し，大幅な省燃費（28.0km／ℓ，10・15モード）とエミッションの低減を図った。発進時や低速走行時などエンジン効率の悪い状況ではモータで走り，通常走行ではエンジンによる直接駆動とモータによる駆動の割合を最も効率よく走るよう制御し，減速・制動時には車輪に駆動されたモータがジェネレータとして作用して回生発電を行い，バッテリに蓄える。ハイブリッド・システムには，エンジンが発電機を駆動し，発電した電力によってモータが車輪を駆動するシリーズ・ハイブリッド・システムと，エンジンとモータの二つの駆動力を使い分けて車輪を駆動するパラレル・ハイブリッド・システムがある。THSの場合，この両者を組み合わせ，それぞれの長所を最大限に引き出した世界初の“パラレル・シリーズ式ハイブリッド・システム”。また，通常の場合，車載バッテリへの外部からの充電は不要。㊟hybrid：雑種，混血児

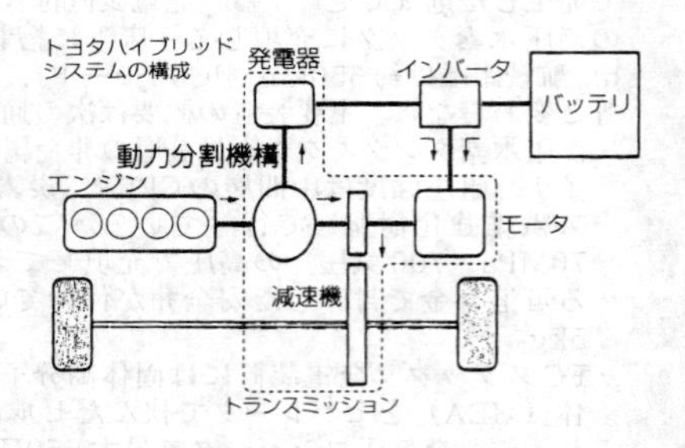

THS

THS-C [Toyota hybrid system continuously variable transmission] トヨタが2001年にミニバンに採用した，ハイブリッド・システム。高膨張比サイクルガソリン・エンジン，フロント・モータにデフ一体型のリヤ・モータとCVT（無段変速機）を採用。前輪駆動用のパワー・トレーンに後輪駆動用モータを組み合わせた世初の電気式四輪駆動システム“E-Four”。10・15モード燃費は同クラス・ミニバンの約2倍で，排出ガスは超低排出ガスレベル（J-ULEV）としている。通常走行では

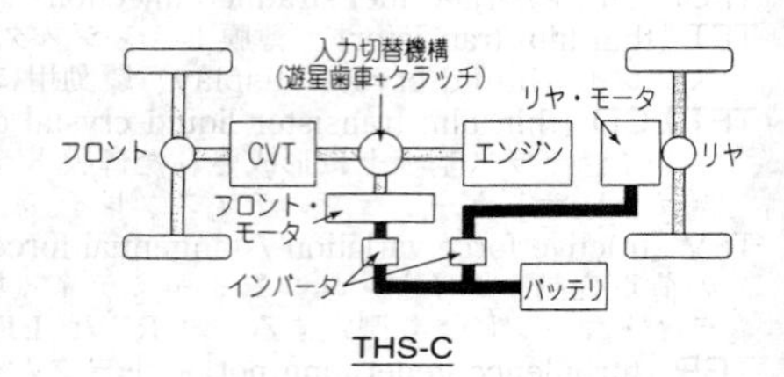

THS-C

CVTを介してエンジンで前輪を駆動し，エンジン出力の一部は必要に応じてフロント・モータを発電機として機能させ，バッテリを充電する。強い加速が必要な場合はフロント・モータとエンジンの両方で前輪を駆動し，更に大きな駆動力が必要な場合には，リヤ・モータが駆動を補助する。また，積雪路等の低μ路では，必要なときだけリヤ・モータが駆動する4WD走行を行う。その他このシステムの特徴としては，①4WDであってもトランスファやプロペラ・シャフトが不要。②四輪2モータでの回生ブレーキにより，制動エネルギーを電気エネルギーに変換して回収できる。③ハイブリッド・システムを利用し，大容量（約1.5KW）の電力供給車としても活用可能。④モータの動力源となるバッテリは，密閉式のニッケル水素バッテリを使用し，コンパクトな角型を採用。

THS-M ［Toyota hybrid system mild］ トヨタ・マイルド・ハイブリッド・システム。トヨタが2001年に高級乗用車に採用した既存ガソリン・エンジンとモータを組み合わせた簡易型のハイブリッド・システム。発進時のみモータで駆動し，その直後にエンジン駆動へ瞬時に切り替えることにより，燃費で約15%の改善や排出ガスの半減を図っている。装置としてはオルタネータの代わりに設置するモータ／ジェネレータ（M/G）や駆動用電源の36V鉛バッテリ，インバータ等の制御系で構成され，M/Gはモータ駆動および減速時のエネルギー回生に利用している。アイドル・ストップ機構付き。

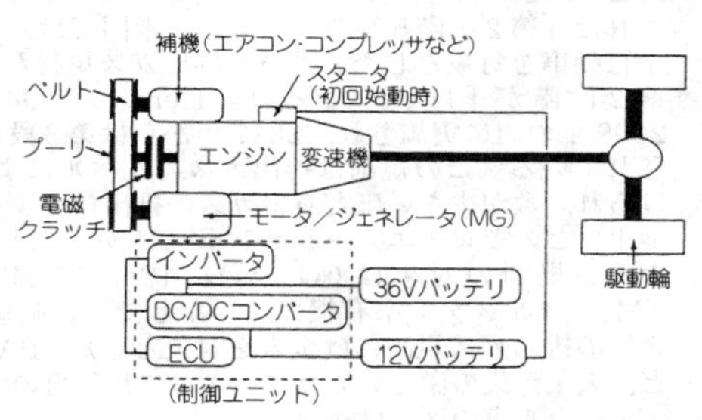

THS-M

THS Ⅱ ［Toyota hybrid system Ⅱ］ トヨタが2003年に小型乗用車に搭載したTHSの第2世代のもので，直4·1.5ℓエンジンに駆動モータと発電機を組み合わせている。ハイブリッド・システムの基本構造は第1世代のTHSを踏襲しているが，燃費とパワーを両立させるため，エンジンと駆動モータの高出力化を図っている（ハイブリッド・シナジー・ドライブ）。特に駆動モータの電源となるニッケル・水素バッテリを改良して総電圧を201.6V（168セル）とし，昇圧コンバータの採用で最大500Vまで引き上げることにより，加速性能が大幅に向上している。10·15モード燃費は35.5km/ℓと向上し，エミッションでは国内の超-低排出ガス（U-LEV），米カリフォルニア州の2005年以降のAT-PZEV（ゼロエミッション規制），欧州の2005年以降のEURO4にも対応している。また，強力な駆動モータを利用して，モータのみで走行できる「EVドライブ・モード」も備えている。これにより，早朝や深夜の住宅街を気兼ねなく55km/h以下の速度で数百メートルは走行可能。THS Ⅱの進化版として，2006年には高性能なFR車用の「2段変速式リダクション機構付きTHS Ⅱ」がレクサスに搭載された。

THS Ⅱ/E-Four ［Toyota hybrid system Ⅱ; E-Four］ トヨタがミニバンに搭載していたハイブリッド電気式4輪駆動システム（THS-C／E-Four）の進化版で，リダクション機構付きTHS Ⅱ／E-Four。乗用車用のTHS Ⅱにリダクション・ギア（減速歯車）を追加し，フロント・モータの駆動トルクを増幅してハイ・パワー化したもので，2005年にSUVに，2006年にはミニバンに搭載している。SUVの場合，V6·3.3ℓエンジンに総電圧288V（240セル）のニッケル・水素バッテリを組み合わせ，昇圧コンバータで最大650Vまで昇圧し，10·15モード燃費は17.8km/ℓ。ミニバンの場合には，直4·2.4ℓ高膨張比サイクル・エンジンに総電圧244.8V（204セル）のバッテリを組み合わせ，同様に最大650Vまで昇圧して10·15モード燃費は

20.0km/ℓ。

Ti［独 Titan］　チタンの元素記号。＝titanium 英。

TICS[1]［timing & injection rate control system］　ゼクセルが開発した，ディーゼル・エンジンの列型噴射ポンプを高機能化した噴射率可変燃料噴射ポンプ。燃料の噴射率（単位カム角度あたりの噴射量）を制御することにより，NOx や PM（粒子状物質）を低減させる。いすゞが1999年ころに大型トラックに採用。

TICS[2]［triple port induction control system］　マツダが1988年ころに採用した，第3の補助ポート付き吸気システム。吸気2バルブ用エンジンで，吸気マニホールドにはスワール・コントロール・バルブを備えている。

Tier 2 Bin 5　米国連邦政府の自動車排出ガス規制で，2009モデル・イヤーから実施された「第2段階5等級」のもの。米国では，1990年の大気浄化法改正に基づき小型自動車を対象とした2段階の排出ガス規制が策定され，その第1段階が「Tier 1」，第2段階が「Tier 2」であり，Tier 1 は1994～1997年の間に，Tier 2 は2004～2009年の間に実施され，2017年からは第3段階の「Tier 3」の段階的な導入が予定されている。この規制は排出ガスのレベルによりBin 1～Bin 11までの11等級に分けられ，数が少ないほど有害ガスの排出量が少なく，「Bin 1」は電気自動車や燃料電池車などのゼロ・エミッション車（ZEV）で，プリウスはBin 3，ハマーはBin 11となる。規制の対象はCO，NOx，PM，NMHC（非メタン系炭化水素），またはNMOG（非メタン系有機ガス）などで，規制値は企業平均値が用いられる。なお，米国の排出ガス規制には全米を対象としたEPA（環境保護庁）管轄の「Tier 2規制」と，大気汚染の激しいカリフォルニア州独自の「LEV2規制」があり，ガソリン車とディーゼル車の区別はない。

TIG 溶接（ようせつ）［tungsten inert gas welding］　ガス・シールド・アーク溶接の一種。大気を遮断する不活性ガス（アルゴン・ガス）中でタングステン電極よりアーク放電を行い，溶接する方法（ティグ溶接）。アルゴン・アーク溶接ともいい，アルミニウム合金，ステンレス鋼，チタン合金などの溶接に用いる。☞ MIG 溶接，MAG～。

TIIS［Toyota intelligent idling stop system］　高知能アイドリング・ストップ・システム（トヨタ）。自動変速機（AT）や無段変速機（CVT）搭載車が停止した際，Dレンジのままで自動的にアイドリング・ストップが働き，ブレーキ・ペダルから足を離すとエンジンが再始動するシステム。更に，リチウムイオン電池を通常のバッテリに追加して，再始動とエンジン停止中のエアコン等補機類への電力供給を行っている。

TIME［Toyota intelligent mobility enhancement for～］　トヨタが採用を進めているITS関連のロジスティクス（輸送・物流）事業の総称。TIME・t（taxi：タクシー配車システム），TIME・d（delivery：自販機巡回システム），TIME・w（welfare：福祉施設向け送迎システム）などがある。

TIWS［traffic impediment warning systems］　☞路上障害物警報システム。

TJP［traffic jam pilot］　☞トラフィック・ジャム・パイロット。

TLAS［tire leakage alerting system］　☞タイヤ空気圧監視システム。

T-LCS［Toyota lean combustion system］　トヨタが1984年に採用した，希薄燃焼制御システム。リーン・ミクスチャ・センサを用いて，空燃比23以上の非常に希薄な混合気領域まで空燃比のフィードバック制御および安定燃焼を可能にしている。

T-LEV［transitional low emission vehicle］　移行期低排出ガス・レベル。環境省による低公害車等排出ガス技術指針の分類で，平成12年排出ガス規制よりも有害物質の排出量を更に25%低減したもの。＝J-TLEV。☞ LEV，U-LEV。

TM, T/M［transmission］　変速機。手動式（MT）と自動式（AT）とがある。

TMI［Toyota modelista international］　トヨタの市販車両の改造（カスタマイジング）や，身障者向けの車両改装等を専門に行う会社。メーカ直営（1997年設立）。

TML［tetra methyl lead］　アルキル鉛の一種で四メチル鉛のこと。以下，前述 TEL に同じ。

TNGA [Toyota new global architecture] トヨタが2012年に発表した，新たな世界的な部品共通化プログラム。車両のサイズごとにプラットフォーム（車台）やパワー・トレインなどを統合する共通化構想で，これにより大幅な商品力の向上と原価低減を狙っている。当初はFF系の三つの車台からスタートし，中長期的には総生産台数の5割のモデルをカバーすると同時に，エンジン・コンパートメントやドライブ・ポジションなどの部位・部品ごとの共通化を図る。TNGAの第一弾は，2015年発売予定の新型プリウス。☞CMF，MQB。

TO [throttle opener] 減速時にスロットル・バルブを若干開け，排気ガス中のCOやHCを低減させる装置。吸気マニホールド負圧やエンジン回転数に応じて制御する。

TOD [torque on demand] いすゞが採用した，ボルグワーナー社製の電子制御トルク・スプリット4WD。電磁ソレノイドで制御された多板クラッチにより，前輪に駆動力を0～100％まで無段階で配分する。

TOO'in 超小型電気自動車の一種で，NTN㈱が2013年に発表したもの（トゥーイン）。後2輪をインホイール・モータで駆動する2人乗りの超小型モビリティで，最高出力8kW（4kW×2），最高速度は75km/h。同年，仏アヌシー市などと共同でTOO'inによる公道実証事業を開始しており，伊勢市にも貸与している。

TOPAZ [top from A to Z] ダイハツの低公害エンジン（パワー・ユニット）の呼称。パワー，エコロジー，信頼性など，すべての面でトップレベルを目指したパワー・ユニットの意。EFI，ディストリビュータレス・イグニション（DLI），ノック・コントロール・システム（KCS），ダイレクト駆動バルブなどを採用している。

TOPAZ DI [TOPAZ direct injection] ダイハツが2003年に採用した，軽自動車用ガソリン筒内直接噴射エンジン。全域均質燃焼方式やアイドリング・ストップ機構等の採用により，リッタ当たり30.5km（マニュアルTM車）のガソリン車世界最高の燃費率を達成している。☞TOPAZ。

TOPAZ catalyst [TOP from A to Z catalyst] ダイハツが採用したU-LEV（超低排出ガス車）用の新型触媒。エンジン直下型のマニバータ（マニホールド・コンバータ）用の高耐熱触媒を用いている。

tor-sen LSD [torque sensing limited slip differential] ☞トルセン・エル・エス・ディー。

TP [throttle positioner] 減速時にスロットル・バルブが急激に閉じるのを防止して，排気ガス中のCOやHCを低減する装置。車速やマニホールド負圧により制御する。

TPAE [thermoplastic polyamide elastomer] ☞ポリアミド系熱可塑性エラストマ。

TPAS [tire pressure alerting system] ☞タイヤ空気圧監視システム。

TPE [thermoplastic elastomer] ☞熱可塑性エラストマ。

TPEE [thermoplastic polyester elastomer] ☞ポリエステル系熱可塑性エラストマ。

TPMS [tire pressure monitoring system] ☞タイヤ空気圧監視システム。

TPO [thermoplastic polyolefin] ポリオレフィン系熱可塑性エラストマの中で，非架橋型のもの。常温でゴムに近い特性とプラスチック同様の加工性をもち，リサイクル性にも優れ，主にPVC（塩化ビニル樹脂）の代替品として利用される。ゴム製品に匹敵する耐久性，耐熱性，低硬度のものも開発されており，ダスト・カバー，エアバッグ・カバー，マッド・ガード，サイド・モール，グリップ類などに用いられる。TPOの性質を改良したものにTPVがある。

TPR [thermoplastic rubber] 熱可塑性ゴム。熱可塑性樹脂のひとつで，固有の温度範囲内で繰り返し加熱や冷却をされる際，熱可塑性の状態を保つゴム。エンジン・マウント，ベルト，マッド・ガードなどに用いられる。

TPS [Toyota production system] トヨタ生産方式。自動車生産において，在庫部品を持たないカンバン方式として世界的に有名。リーン生産方式とも。

TPS[1] [thermoplastic styrene] ☞ポリスチレン系熱可塑性エラストマ。

TPS² [throttle position sensor]　スロットル・バルブの位置を検出するセンサ。

TPU [thermoplastic polyurethane]　☞熱可塑性ポリウレタン樹脂。

TPUR [thermoplastic urethane]　☞熱可塑性ポリウレタン樹脂。

TPV [thermoplastic vulcanizate]　ポリオレフィン系熱可塑性エラストマの中で，架橋型のもの。PP（ポリプロピレン）により熱可塑性を，架橋ゴムにより柔軟性やゴム状弾性を有する熱可塑性加硫物。TPO（非架橋型）同様の優れた性質を示すとともに低比重化（軽量化）などを図ったもので，エア・ダクト，クッション・ゴム，ブーツ，ダスト・カバー，マッド・ガード，サイド・モール，ウェザ・ストリップ，ガラス・ラン，内装表皮，グリップ類などに用いられる。

TPWS [tire pressure warning system]　☞タイヤ空気圧監視システム。

TQC [total quality control]　総合的（全社的）品質管理。企業活動の全段階にわたり，全員が協力して実施する品質管理。☞ QC，SQC。

TR [thermal reactor]　排気ガス後処理装置。☞サーマル・リアクタ。

Tr [transistor]　☞トランジスタ。

TRA [tire & rim association]　㊕タイヤ・リム協会。タイヤとホイール・メーカを中心とする関係団体によって構成される組織。

TRB [tailor rolled blank]　☞テーラ・ロールド・ブランク。

TRC [traction control system]　トヨタが採用した，駆動力制御システム。滑りやすい路面において電子制御によりエンジンの出力や制動力を制御し，駆動輪の空転を防止する。☞ TCS。

TRD [Toyota racing development]　トヨタのレース活動の技術部隊であるTTC（トヨタ・テクノ・クラフト）モータ・スポーツ部門の名称。1984年設立。

TREAD法（ほう） [transportation recall enhancement, accountability and documentation act]　米国で2000年11月に成立した，「運輸リコール促進，実施責任，文書提出法」。自動車の安全規制を強化するための法律で，ランフラット・タイヤに対する空気圧監視装置（TPMS）の装着が，2003年11月から義務づけられた。

TRIAS [traffic safety and nuisance research institute's automobile type approval test standard]　日本における新型自動車の試験方法。(独）交通安全環境研究所の自動車審査部が作成している基準で，車の認可・認定制度において，保安基準に適合しているかどうかを審査する場合に用いる試験方法。

TRIP鋼板（こうはん） [transformation induced plasticity steel sheet]　変体誘起塑性鋼板。高張力鋼の一種でプレス成形性や衝撃エネルギー吸収性に優れ，DP鋼板（複合組織鋼板）とともに，構造部品のメンバなどに使用される。

TSCV [tumble swirl control valve]　マツダが直噴ガソリン・エンジンに採用した，吸気渦流制御弁。独立した二つの吸気ポートのセカンダリ側に設け，回転数と負荷に応じてその開度がステップ・モータで制御され，渦の強さが最適化されている。

TSI [turbocharged stratified injection]　小型の直噴ガソリン・エンジンにターボチャージャ（T／C）とスーパーチャージャ（S／C）の2種類の過給機を組み合わせたツイン・チャージャ・エンジン。VWが2005年に発表したもので，低回転域ではS／Cが，中高速回転域ではT／Cが過給を行うことにより，総排気量1.4ℓのエンジンで10・15モード燃費が14km/ℓの低燃費で，2.4ℓに匹敵する出力が得られる。これにより，エンジンのダウンサイズ（小排気量化）をしながら，高出力化，低燃費・低排出ガス化が可能となった。また，直噴エンジンのガソリン気化熱による冷却効果で過給によるノッキングを抑制できるため，高圧縮比のエンジンを採用できるメリットは大きい。2010年には，1.2ℓのターボ過給のみのシングル・チャージャTSIエンジンが発表され，新型ゴルフ（7代目）などに搭載された。☞ FSI。

T-slot piston　ピストン・スカート部にT字形の切り溝（スリット）を入れたもの。

TSOP [Toyota super olefin polymer]　トヨタが採用した，インパネやバンパ等の素材で，スチール並の面品質，軽量化，リサイクル性などに優れている。

TSR [traffic sign recognition assist] 交通標識認識支援。☞トラフィック・サイン・アシスト，ロード・サイン・インフォメーション，標識認識支援。

TST [twin clutch seamless transmission] ☞DCT。

TSU [thermosetting polyurethane] 熱硬化性の特性を有するポリウレタン。

T-TAP [transport telematics applications program] 欧州における政府主導のITSプロジェクトで，「情報通信の応用に関する研究開発活動を支援する計画」を意味している。先発のDRIVE-IIが1995年にT-TAPに引き継がれ，1999年に終了した。このT-TAPも，2002年までに「IST Transport and Tourism」プロジェクトに引き継がれた。

TTC [Toyota total clean system] トヨタが排出ガス対策初期に採用した，排出ガス浄化装置の総称。TTC-C (converter)：触媒方式，TTC-V (vortex)：複合渦流方式，TTC-L (leanburn)：均質希薄燃焼方式など。

TT race [Tourist Trophy race] ツーリスト・トロフィ・レース。アイルランド海のマン島で行われるレースでTTレースとも呼ばれ，市販車両をベースとした車両を使用して行われる。四輪車と二輪車とのレースがあり，一般道路を閉鎖して37マイルの厳しい山道を往復する。

TTS [text to speech] 音声合成。人間の音声を人工的に作り出すことで，スピーチ・シンセサイザにより生成された音声を合成音声という。合成音声は，カー・ナビゲーションの音声ガイダンスなどに利用される。

TtW [tank to wheel] 車の燃料タンクから車輪に至るまでのエネルギー効率。エンジンで発生した熱エネルギーが車輪の駆動力となる割合を表したもので，燃焼により得られた熱エネルギーの一部が摩擦・冷却・排気・補機等で失われ，これに動力伝達系の摩擦損失などが加わる。自動車メーカなどでは，これらの損失を低減するための努力を続けている。☞ウェル・トゥー・ホイール (WtW)，WtT。

T type tire [temporary type tire] 応急用で小型・軽量のスペア・タイヤ (temporary use spare tire)。"T" はtemporaryの頭文字。テンパ・タイヤともいう。

TÜV [独 Technischer Überwachungs-Verein] ドイツ技術検査協会（テュフ）。政府や公共団体から委託されて機械や電子機器などあらゆる製品の安全規格への適合性について検査・認証を行う第三者検査機関。自動車関係では，自動車と自動車部品の認証試験，車検や車両の検査業務，運転免許試験などを行っている。ドイツでは，2006年4月からABS，PS，ヘッドライト関係，シート・ベルト，エアバッグ，ロール・バー，スピード・リミッタ，EPS (ESC) の8項目の検査が義務化された。さらに，OBD II装備車両の場合には，OBD IIテスタによる故障コード (DTC) の読み取りが義務づけられた。

TV [thermostatic value] 水温等の温度の変化により開閉する弁。

TVD [torque vectoring differential] ☞トルク・ベクタリング・デフ。

T-VIS [Toyota variable induction system] トヨタが採用した，吸気制御システム。吸気マニホールドの各気筒を2分割して片側の通路に吸気制御バルブを設け，このバルブをエンジン回転数などに応じて開閉することにより，4バルブ・エンジンの低・中速域での燃費向上を図ってる。

TVOC [total volatile organic compounds] 総揮発性有機化合物。ベンゼン，トルエン，キシレンなどを用いた内装素材から発生するTVOCは新車時の車室内の臭いの元となっており，VOCのフリー化や低減化が進んでいる。☞VOC規制。

TVS [torque vectoring system] ☞トルク・ベクタリング・システム。

TVSV [thermostatic vacuum switching valve] トヨタが採用した，調温式負圧回路切り換え弁。☞サーモスタティック・バキューム・スイッチング・バルブ。

TVSスーパーチャージャ [twin vortices system supercharger] ルーツ・ブロワ式のスーパーチャージャで，米イートン社が2006年に発表したもの。従来のスーパーチャージャでは，二つの3枚歯ロータの捩り（ねじり）角を60°としていたが，TVS

では二つのロータをともに4枚歯とし，振り角を一気に160°に拡大している。これにより吸気効率が大幅にアップし，アクセル・レスポンスなども向上してジャガーなどに採用された。

TVV [thermal vacuum valve] バイメタル式負圧回路切り換え弁。排気ガス浄化装置の制御用。＝サーモスタティック・バルブ（TV）。

TWB [tailor welded blank] ☞テーラ・ウェルド・ブランク。

TWC [three-way catalyst／three-way catalitic converter] ☞三元触媒コンバータ。

TWI [tread wear indicator] タイヤのトレッド摩耗表示。通称スリップ・サイン。☞ウェア・インジケータ。

TWINCAM [twin camshaft] トヨタが採用したDOHCエンジンの商品名。

TWIP鋼（こう） [twinning induced plasticity steel] 双晶誘起塑性鋼。高マンガン鋼をベースにアルミニウムやケイ素を添加した鋼で，高強度を維持しつつ著しい高延性と衝撃吸収性を示す高合金鋼。優れた特性をもつ合金鋼ではあるが，コスト高が難点。

2WD [two wheel drive vehicle] 二輪駆動車。一般に前輪または後輪の二輪を駆動する車両。

[U]

U, u [次の語彙などの頭文字] ①urethane rubber（ウレタン・ゴム）。②used car（中古車）。

UAW [united automobile workers] 全米自動車労働組合。1968年に結成しデトロイトに本部を置く。

UC mirror [ultrasonic rain clearing mirror] ☞超音波雨滴除去ミラー。

UD [uniflow scavenging diesel engine] 単流掃気式。2サイクル・ディーゼル・エンジンの掃気方法の一つで，掃気作用がシリンダ中心線に対して一定方向の気流によって行われるもの。日産ディーゼル（現UDトラックス）の商標。

UDC [urban driving cycle] 市街地走行サイクル。各国の排出ガス・燃費試験法で用いる走行モード（テスト・サイクル）には，一般に市街地走行モードと非市街地（高速）走行モードの2種類があり，UDCはその国の代表的な市街地の走行を模した低・中速の走行パターンとなっている。米国では，市街地走行モードをシティ・モード，非市街地走行モードはハイウェイ・モードという。☞NEDC。

UDC [upper dead center] 上死点。ピストンの最上昇点。＝TDC。

UDタクシー [universal design taxi] ワゴン型タクシーに高齢者や障害者の乗り降りをサポートするバリア・フリー機能を備えた車両。新たに開発されたタクシー専用車両で，従来の福祉タクシーの機能に加え，一般客用に流し営業もできるのが特徴。国土交通省では，2011年にUDタクシーの認定制度を創設しており，2013年には，日産のUDタクシーが稼働を開始している。☞ユニバーサル・デザイン。

UF¹ [urea formaldehyde resin] ☞尿素樹脂。

UF² [utility factor] 実用係数。☞複合燃費。

UFO engine [ultimately formed oval engine] ホンダが採用した，二輪車（750cc）用の楕円ピストン・エンジン。4サイクルで，通常の2気筒分のピストンを一つにまとめた小判型の特異なピストンを内蔵している。

UHF [ultrahigh frequency] 極超短波。波長10cm～1m，周波数300MHz～3GHzの電波。TV放送，携帯電話，無線LAN，タクシー無線などに利用され，新しいところでは，路車間通信や車車間通信の試験電波に使用されている。

UHSS [ultra-high-strength steel] 欧州における鋼板の強度の表し方で，降伏点が800MPa級以上の極超高張力鋼板。降伏点とは，材料に塑性（永久）変形が生じるときの荷重。☞VHSS。

UHSS/UHTS [ultra high-tensile strength steel sheet] ☞超高張力鋼板。

U.K. [United Kingdom] 英国。

U-LEV [ultra low emission vehicle] 有害物質の排出量が非常に少ない超低公害車。①環境省による低公害車等排出ガス技術指針の分類で，平成12年排出ガス規制よりも有害物質の排出量を更に75%低減したもの。☞T-LEV，LEV。②世界一厳しいとされる米国カリフォルニア州の排出ガス規制（1997年～）をクリアした超低公害車。☞SULEV。

ULSAB [ultra light steel auto body] 超軽量スチール製自動車車体。世界18カ国の主要鉄鋼メーカ35社が1998年に共同開発した自動車ボデーで，ボデーのアルミ化に対抗したもの。パイプ素材の骨格や，板厚と鋼種の異なる板材をプレス成形したパネルが使用されている。これにより，車体の製造コストは従来のままで車体重量を約25%低減し，捩り剛性や曲げ剛性も飛躍的に向上している。

ULSAC [ultra light steel auto closures] 超軽量スチール製クロージャ（蓋もの）部品。ULSABを開発したプロジェクトが2000年に発表した第2弾で，ドア，エンジン・フード，トランク・リッドなどのクロージャと呼ばれる蓋もの部品が対象となっている。試作したドアでは，高強度鋼板などの使用により約30%の軽量化を達成している。

ULSAS [ultra light steel auto suspension] 超軽量スチール製サスペンション。ULSABを開発したプロジェクトが2000年に発表した第2弾で，試作したリヤ・サスペンションは，高強度鋼板の使用や部品の一体化などにより20～30%くらいの軽量化を達成している。

ULSI [ultra large scale integrated circuit] 極超大規模集積回路。集積回路（IC）の一種で，1チップ当たりの集積度が1,000万個を超えるもの。

ULTEM樹脂（じゅし） [ULTEM resin] 非晶性熱可塑性ポリエーテルイミド（PEI）樹脂。SABIC（サウジ基礎産業公社）が金属の代替素材として開発した樹脂（特許）で，耐熱性・強度と剛性・耐薬品性などに優れ，炭素繊維複合材と組み合わせて世界初の熱可塑性樹脂製ホイールを製品化している。

UN-ECE [united nations economic commission for Europe] 国際連合欧州経済委員会。国連における経済社会理事会の地域経済委員会の一つで，自動車基準調和世界フォーラム（WP29）はこの組織の下にある。1947年に設立され，2012年現在では欧州諸国だけではなく，北米，西アジア，中央アジア諸国を含む56カ国が加盟しており，本部はスイスのジュネーブにある。☞IWVTA。

UNFCCC [united nations framework convention on climate change] 気候変動に関する国際連合枠組条約（国連気候変動枠組条約）。地球温暖化を防止するため，温室効果ガスを削減するための世界的な中・長期的な取り組み条約。1992年の国連会議で採択され，この条約の交渉会議は締約国会議（conference of the parties／COP）などで行われる。第1回の締約国会議（COP1）は1995年にドイツで，第3回締約国会議（COP3）は1997年に京都で，第15回締約国会議（COP15）は2009年にデンマークのコペンハーゲンで，第20回締約国会議（COP20）は2014年にペルーのリマでそれぞれ開催された。☞京都議定書。

UN GTR [united nations global technical regulations] 国連の世界統一技術基準。☞GTR。

UNIBUS [uniform bulky combustion system] コモン・レール式直噴ディーゼル・エンジンの新燃焼方式（トヨタ）。上死点前のパイロット噴射とメイン噴射の2回に分けて燃料噴射を行うことにより，エンジン性能や燃費が向上し，排出ガス性状も改善される。

UNI-CUB ☞パーソナル・モビリティ。

UOE [user order entry system] 販売会社や部品商の端末から，各部品販売会社に部品発注などを公衆回線を利用して実施するシステム。

US [understeer] ☞アンダステア。

US, U/S [undersize / undersized] 標準より小さい寸法。☞アンダサイズ。

U. S. A. [United States of America] アメリカ合衆国。

USB [universal serial bus] データ転送が低速でもよい種類の周辺機器をパソコンに接続するためのバス（母線）規格。車のインパネにUSBソケットを設け，iPodやUSBメモリを接続して，音楽ファイルの再生・操作ができるものもある。

US brake [uni-servo brake] ☞ユニサーボ・ブレーキ。

USBメモリ [universal serial bus memory] USBを用いてデータの読み書きを行うフラッシュ・メモリの一種で，5～10cmくらいの棒状のもの。記憶容量が32MB～2GB程度で，デジタル・オーディオ・プレーヤなどに利用される。パソコンの場合，USBポートがあれば利用できる。☞SDメモリ・カード，SSD。

US-NCAP [Uuited States-new car assessment program] 米国における新車の安全評価基準。新しい車を衝突させ，乗員の安全性を調べるもので，米国運輸省道路交通安全局（NHTSA）が1979年から実施して，その結果を公表している。これによれば，1979年からは時速35マイル（56km/h）のフルラップ前面衝突試験を，1997年からは側面衝突試験を追加している。単にNCAPとも。☞J-NCAP。

US-OS characteristic [understeer oversteer characteristic] 車両のコーナリング特性をステアリング操作と車両の挙動との関係で表すもの。アンダステア，オーバステア，ニュートラル・ステア等。

UTMS [universal traffic management system] 総合交通管理システム（ITS関連用語）。道路上の光ビーコンと車載装置とで双方向の光通信を行うことにより緻密な情報収集と高度な情報処理を行い，きめ細かな信号制御，積極的な情報提供，公共車両の運行支援などを行い，総合的な交通管理を実現する。UTMSは警察庁の指導の下で1993年に発足したが，1995年にITSに統合された。なお，UTMSには次の六つのサブ・システムがある。①高度交通管制システム（ITCS）。②交通情報提供システム（AMIS）。③公共車両優先システム（PTPS）。④動的経路誘導システム（DRGS）。⑤車両運行管理システム（MOCS）。⑥交通公害低減システム（EPMS）。

UV [ultraviolet rays] 紫外線。自動車内で太陽の紫外線による肌荒れを防ぐため，紫外線の透過を防ぐUVカット・ガラスを採用している車両もある。☞紫外線，IR。

UV cut glass [ultraviolet rays protective glass] 紫外線避けガラス。☞UV。

UVIS [used cars visual information system] ユービス。トヨタが採用した，インターネットを利用して中古車在庫情報を検索できる中古車画像システム。

UV硬化塗料（こうかとりょう） [ultraviolet ray curing paint] 紫外線硬化塗料。紫外線によって硬化し，塗膜を形成する塗料。素材を高温に加熱しなくても塗膜形成ができるため，素材の熱による変形などを軽減することができる。

[V]

略

V, v [次の語彙などの頭文字] ①volt（電圧）。②velocity（速度）。③volume（容積，体積）。④vanadium（バナジウム）の元素記号。⑤bivration（振動）。⑥タイヤの速度記号（最大巡航速度240km/h）。

V2G [vehicle to grid] 電気自動車など次世代自動車の蓄電池を電力系の蓄電池として利用する仕組み。次世代車の開発・普及を図るために経済産業省が2010年に発表したもので，スマート・グリッド（次世代送電網）を有効活用することにより車がネットワークとつながり，新たな付加価値を生み出すことができる。

V2H [vehicle to home] 電気自動車やプラグイン・ハイブリッド車を電源として，家庭などに給電する技術。☞HEMS。

V2L [vehicle to load] 電気自動車やプラグイン・ハイブリッド車に蓄積した電力を外部に給電する技術。トヨタでは，V2HとV2Lを組み合わせたシステムを開発中。

V2V [vehicle-to-vehicle communication] ☞車車間通信。

VA [value analysis] 価値分析。コスト・ダウンのための経営技術。

VAB [variable air bleed] 日産の電子制御キャブレータに採用された，可変空気孔。

VAM [vibration absorbed mechanism] 自動変速機の振動吸収機構。ホンダがロックアップ付き4速ATに採用。

VANOS [独 Variable Nockenwellen steuerung] 可変カムシャフト・コントロール（BMW）。排気カムの回転によって生じた油圧で吸気側カムシャフトの位相を変化させ，バルブ・タイミングを無段階に調整する。吸排気の両カムシャフトをコントロールするダブルVANOS（Vi-VANOS）もある。

VaRTM [vacuum assisted RTM] ☞RTM。

VAT [view assist technology] いすゞが大型トラックに採用した安全装置で，車間距離や運転者の疲労を警告するもの。この装置は，次の3点で構成されている。①追突の恐れがある場合に警報を出して補助ブレーキを作動させる，ミリ波車間ウォーニング。②運転集中度の低下を判断して警告を出す，運転集中度モニタ。③先行車との車間距離を一定に保つ，ミリ波車間クルーズ。

V-belt クランクシャフトの動力をウォータ・ポンプ等に伝達する断面がV字型のベルト。

VCM[1] [vacuum control modulator valve] 負圧制御電磁弁。日産のECCSの構成部品で，コントロール・ユニットからの信号を受け，アイドル制御弁（AACV）にかかる負圧を制御する電磁弁。

VCM[2] [variable cylinder management] ホンダが2003年に採用した，可変気筒休止システム。☞i-VTEC。

VCM[3] [vehicle control module] 車両制御装置／車両コントローラ。日産が電気自動車（リーフ）に採用した車両制御の頭脳中枢で，起動停止制御，制駆動力制御，充電制御，エアコン制御，診断／フェイルセーフ，ゲートウェイ機能などを行っている。

V-Comm [visual & virtual communication system] 自動車生産技術革新のためのデジタル技術で，トヨタが採用したもの。新車の開発において，実物を使わなければ分からなかった部品同士の干渉や，組み付け作業性，建て付けの見栄えなどが大画面上で確認でき，開発期間が大幅に短縮できる。

VCS [virtual customizing system] 仮想注文仕様再現システム。パソコン画面上で実在する車両のカスタマイジング（ロー・ダウン，ホイール取り換え，エアロ・パーツの取り換え，ボデー・カラー変更など）を行い，カスタマイズ後のイメージ画像をプリント・アウトする。トヨタ系のカスタマイズ専門会社が開発した。

VCU[1] [vacuum control unit] ☞VCV。

VCU[2] [viscous coupling unit] 粘度の高いシリコーン・オイルの剪（せん）断力を利用してトルクを伝える装置で，差動制限装置（LSD）等に利用される。三菱がフルタイム4WD車に採用。

VCV [vacuum control valve] 負圧制御弁。排気ガス浄化システムの制御用。＝VCU。

VDA法（ほう） [Verband der Automobilindustrie method] ドイツ自動車工業会（VDA）が定めたトランク・ルーム容量の測定法。長さ200mm，幅100mm，高さ50mmのテスト・ボックス（容積1ℓ）を車のトランクに詰め，その個数によって容積をℓで表すもの。国内でも，この方法が採用されている。

VDC [vehicle dynamics control] 日産や富士重工が採用した，車両動的安定化制御装置。これはABS，TCS（トラクション・コントロール・システム）の機能に加え，四輪それぞれのブレーキやエンジン出力を制御して，横滑り（オーバステア&アンダステア）を防止するシステム。☞ESC。

VDC-R [vehicle dynamics control-R mode]　日産がGT-Rに採用した，車両挙動制御機能。従来のVDC機能に加え，4WD駆動力配分を生かした協調制御を行う。

VDI [㊞ Verein Deutscher Ingenieur]　ドイツ技術者協会。

VDIM [vehicle dynamics integrated management]　車両運動統合制御。トヨタが2004年に採用した新運転支援技術で，エンジン，ブレーキ，ステアリング（ABS，VSC，TRC，EPS，ECB）などを統合制御し，理想的な走行性能を実現させるもの。従来のVSC（横滑り防止装置）が車両の安定性が限界を超えてから制御を開始するのに対し，VDIMでは限界を迎える前から制御を始めるため，高い予防安全性と理想的な運動性能を実現することができる。ブレーキは電子制御ブレーキ（ECB）を採用し，ブレーキ・アクチュエータにより4輪独立に制動力をコントロールしている。2005年にレクサスに採用された第2世代のVDIMでは，ギア比可変ステアリング（VGRS）を用いてハンドル操作量とは別にタイヤ切れ角を制御する機能が追加され，「VDIMアクティブ・ステアリング統合制御」と呼んでいる。これにより，摩擦係数が左右で異なる路面（スプリットμ路）でも，ステアリングを真っすぐ保持するだけで車両側がタイヤ切れ角をコントロールし，直進するようにして安全性を高めている。2012年にレクサスに採用された第5世代のVDIMでは，統合制御の要素にAVS（減衰力可変ダンパ・サスペンション）やLDH（4輪操舵の一種）が追加されている。☞ DRAMS。

VDP [variable displacement (power steering) pump]　可変容量パワー・ステアリング・ポンプ。エンジンの動力で駆動されるベーン・ポンプの吐出量をエンジンの回転数に応じて変化させ，エンジンの負荷を軽減して燃費を向上させる。ホンダや三菱などで採用。

VDS [vehicle dependability study; vehicle durability survey]　車両の耐久品質調査。米国の民間調査会社・J.D.パワー＆アソシエイツ社が行っているCS調査の中の重要項目で，新車購入後，一定期間内（1年または3年以内など）に発生した不具合件数によりスコア化し，メーカ別に公表している。☞ IQS。

VDT[1] [Van Doorne Transmissie B.V.]　オランダのファンドーネ・トランスミッション社。ベルト式無段変速機（CVT）の特許を持ち，国内では，日産，富士重工，ホンダ等が燃費向上に効果的な次世代変速機として導入している。このCVTは一対のプーリと金属ベルトで構成され，油圧によりプーリの有効径を変化させることで無段階の変速が可能となる。☞ CVT。

VDT[2] [visual display terminal]　コンピュータのディスプレイ装置。

VDV [vacuum delay valve]　負圧遅延弁。排気ガス浄化システムの制御用。＝VTV。

VE [value engineering]　価値工学。購買管理の科学的手法。コスト引き下げ，製品機能の向上や新商品開発に利用される。

VE distributor type fuel injection pump　ボッシュの分配型燃料噴射ポンプ。ドライブ・シャフトにより駆動されるプランジャが回転しながら往復運動をして，燃料を圧送する。

VELNAS [vehicle electronic navigation system]　三菱が1980年ころに採用した，電子運転情報表示装置。マイコンを利用し，平均車速・燃料消費量・燃料消費率・走行距離の四つの走行情報，時計と時報アラーム機能，ストップウォッチ機能をボタン操作でインパネ上に表示するもの。

VENT [ventilation]　車室内の換気。通常は，内気・外気の切り換えがある。

VERTIS [vehicle road and traffic intelligence society]　道路・交通・車両インテリジェント化推進協議会。ITSの研究開発や実用化推進に関する内外の活動等を行う民間組織。自動車メーカ，電気・電子・通信・コンピュータ関連メーカや研究機関等の会員で構成されている。㊟VERTISの名称は，2001年に「ITSジャパン」と変更されている。

VFD [vacuum fluorescent display]　蛍光表示管。ディジタル式スピードメータやフューエル・ゲージ等に使用され，視認性に優れている。

vFSS [advanced forward-looking safety systems] 衝突被害軽減ブレーキ（AEB）研究プロジェクトの一つ。2009年末に発足したもので，ドイツの研究機関やドイツの自動車メーカ，フォード，トヨタ，ホンダなどが参加している。

VFV [variable fuel vehicle] ガソリンとメタノールなどの混合燃料を使用する車両。＝FFV。

VGA [video graphics array] IBM社が1987年に開発したパソコン用表示回路。解像度は640×480ピクセル（画素）で，16色が表示可能。従来のEGAより高精細画質で，トヨタや日産などがマルチインフォメーション・ディスプレイに採用して，デジタル伝送による高輝度で鮮明な画質を実現している。その後，カー・ナビゲーションのディスプレイにも採用された。

VGJ [Volkswagen Group Japan] フォルクスワーゲン・グループ・ジャパン。ドイツのフォルクスワーゲンやアウディ車の日本における販売総代理店。

VGR [variable gear ratio] 可変ギヤ比。ステアリング・ギヤに見られ，据切りなど転舵角の大きいときはギヤ比を大きくして操舵力を軽減し，直進時にはギヤ比を小さくして安定性を高めている。

VGRS [variable gear ratio steering] 可変ギヤ比ステアリング（トヨタ／2003年）。電子制御によりステアリング・ギヤ比を自在調整するとともに，状況に応じてタイヤの切れ角を自動補正するシステム。低速時には切れ角を大きく，高速時には小さくしている。また，VSC作動時にはギヤ比を小さくし，車両の姿勢修正を容易にしている。

VGS [variable gear ratio steering] ホンダが2000年に採用した，電子制御式無段階可変ギヤ比ステアリング。前輪を転舵するステアリング・ラックとステアリング・ホイールにつながる入力軸の間隔（レバー比）を変更することで，無段階にギヤ比を調整する。

VGT [variable geometry turbocharger] ターボチャージャのタービン側のノズルの絞りを排気ガス量に応じて可動フラップで変化させ，最適のタービン出力を得ようとするもの。例 ㋑ジェット・ターボ（日産）。㋺ウイング・ターボ（ホンダ）。㋩ツイン・スクロール・ターボ（マツダ）。

VHF [very high frequency] メートル波。周波数が30〜300MHz，波長が10〜1mの超短波。TV放送やFM放送などに利用されている。

VHSS [very-high-strength steel] 欧州における鋼板の強度の表し方で，降伏点が280〜380MPa級のもの。降伏点とは，材料に塑性（永久）変形が生じるときの荷重で，日本では材料が破断するときの荷重（引っ張り強さ）で表される。

VI [viscosity index] 粘度指数。温度の変化によるオイルの粘度の変化を示す指数。指数の大きいものほど，温度による粘度変化の度合いが少ない。

VIA [Japan vehicle inspection association] 財団法人日本車両検査協会（JVIA）。自動車のランプ類，安全ガラス，排出ガス，騒音，アルミホイールなどの試験を行う公的な機関。VIAでは，自動車用軽合金ホイール試験協議会（JWTC）からの委託を受け，国土交通省の定めたJWL基準に基づく軽合金ホイールの検査を行っており，検査に合格したホイールについては，VIAマークが表示される。VIAの前身は1949年設立の（財）自転車検査協会で，1972年に現名称に変更。

VIC [variable induction control system] 三菱が採用した，可変吸気システム。

VICS[1] [variable inertia charging system] 可変吸気システムの一種で，マツダが1990年頃に採用したもの。吸気管の途中に分岐管とバルブを設け，分岐管のバルブを開閉することにより吸気管の長さを切り替え，高い体積効率（トルク）を得ている。

VICS[2] [vehicle information and communication system] 道路交通情報通信システム（ビックス）。FM多重放送や路側に設置された無線発信装置からのビーコン方式の無線通信システムを利用して，渋滞・事故・通行規制などの道路交通情報を走行中の車両にリアルタイムで提供するシステムで，使用周波数は2.4GHz。これらの情報は車両のカー・ナビゲーション・システムの画面上に表示され，車載器の種類によって文字表示型（レベル1），簡易図形表示型（レベル2），地図表示型（レベル3）の3タイプがある。このシステムは（財）日本交通管理技術協会が警察庁の指導のもとに開発したもので，ITSの重要な要素として1996年に運用を開始し，2003年までの7年間で全国の主要高速道路等への導入が完了した。VICS車載ユニットの累計出荷台数は，2014年3月末現在で約4,200万台。このVICSも2009年度から次世代型の5.8GHzVICSサービス，すなわち「ITSスポット・サービス／ETC2.0サービス」に進化している。VICSセンターでは，カー・ナビゲーションなどの車載器に災害情報などを提供する新サービス「VICS WIDE」を2015年から開始している。☞ATIS，UTMS，路車間通信，テレマティックス・サービス。

VII [vehicle infrastructure integration] 路車協調システム／路車間通信。米国における連邦運輸省（US・DOT）主導のITSプロジェクトの一つで，2003年に計画されたもの。安全技術の推進には道路と車，車と車の通信が必須と考え，車と道路のそれぞれの通信機を定めようとするもの。VIIをサポートするため，自動車メーカや通信機器メーカ等による民間組織・VIICが2004年に設立されている。2008年にニューヨークで開催されたITS世界会議において，VIIのデモ走行が行われた。このVIIは，2009年には「IntelliDrive」と改称された。

VOLTEC ☞シボレー・ボルト。

VIM [vehicle interface module] OBDスキャン・ツールに一般的なパソコンを使用する場合，車両とパソコンとの間に接続して使用する仲介器。これにより，自動車メーカから販売店向けに配信されたアップデートの電子サービス情報を閲覧することができる。この場合，サービス工場内に無線LANを設置すれば，故障車の中でWebサイトを通して修理関係情報を閲覧すると同時に，スキャン・ツール機能で故障診断に関係する車両データを表示し，修理関係情報と比較しながらの診断も可能となる。

VIN code [vehicle identification number code] 車の前面及び側面ガラスなどに表示（刻印）する車体番号。車両の盗難防止のために日本自動車工業会と国土交通省が導入を検討し，2003年9月26日付けで保安基準を改正して正式に認可された。これは米国では既に法制化され，輸出車両に採用されている。この番号を消すためには，ガラスの交換が必要になる。☞エッチング・ガラス。

VIP [very important person] ビップ。最重要人物。政府要人・国賓・皇族など特別待遇を要する人物。例 VIP車。

VIPS cabin[1] [various impact protection safety cabin] トヨタが1995年ころに採用した，軽量で高剛性なボデー構造。あらゆる方向からの衝撃に対して安全なキャビン（車室）。

VIPS cabin[2] [vibration isolated progressively silent cabin] トヨタが1995年ころに採用した，軽量・高剛性かつ静粛性に優れたボデー構造。振動から隔離された先進的で静かなキャビン（車室）。

Vis-C [viscous coupling] 粘性式動力伝達機構。☞ビスカス・カップリング。

VLSI [very large scale integrated circuit] 超LSI。素子数が約10万個以上で最小線幅が3μm以下程度の高集積IC。

VM [vacuum motor] 負圧を動力源とする装置。ダイヤフラムやピストンを作動させる。

VMV [vacuum modulator valve] 調圧弁。EGRバルブを作動させるための負圧を制御する弁。

VN [vibration & noise] 騒音，振動性能の略称。

VOC [volatile organic compounds] 揮発性有機化合物。シンナ，ベンゼン，トルエン，キシレンなど約200種類あり，車の塗装，化学製品の乾燥，石油製品の貯蔵など産業工程から排出される。これらの蒸発ガスを直接吸引すれば人体に有害であり，大気中に放出されれば光化学反応により２次粒子を生成し，浮遊粒子状物質（SPM）やオキシダントに変化して大気汚染の要因となる。地球環境保全の観点から欧州ではVOC排出に関する規制が厳しく，日本でも環境省が2006年４月よりVOCの排出規制を実施している。この法規制（改正大気汚染防止法）は新車の塗装ラインのような大規模な施設に適用され，中小事業者には自主的な取り組みが求められている。車の生産時の塗装や補修塗装も，VOCを排出しない水性塗料への切り替えが進められている。車室内のVOCに関しては，内装材，塗料，接着剤，シーラ等からトルエン，ホルムアルデヒド，アセトアルデヒドなどが発生しているため，これらのフリー化や低減化が進んでいる。EU（欧州連合）では，2007年に溶剤型塗料の使用や販売が禁止されて水性塗料の使用が車体整備事業者に義務付けられ，米カリフォルニア州やカナダでも，EUと同様に2009年から義務付けられた。☞ NMOG

VOIS [visual and oral information system]　三菱ふそうが1996年に大型トラックに採用した，多重表示＆音声警報システム。メータ中央部に液晶多重ディスプレイを配置し，53項目もの情報を色と文字で伝達し，必要に応じて音声でドライバに警告する。2005年に「Ivis」へ進化。

vol [volume]　音量。

VR¹ [vacuum reservoir]　負圧貯蔵タンク。

VR² [variable resistor]　可変抵抗器。

VRAS [vibration reducing aluminum stiffener]　マツダが採用した，振動抑制アルミ補強材。シリンダ・ブロックとオイル・パンの間に使用する強度部材で，振動騒音を低減させる。

VRC [vehicle roadside communications]　☞路車間通信。

VRCS [voice recognition control system]　音声認識制御システム。米国フォード部品部門のビステオンが開発した（一部は開発中の）もので，ドライバが運転したままの状態で必要な命令を口にするだけで，エアコンの温度調節やCD選局，携帯電話の操作等ができる。

V-ribbed belt　Vベルトを数本並べて一体にしたようなベルトで，内周にV字型の溝を数列設けたもの。曲率の小さいプーリの使用が可能で伝達効率が高く，ファン・ベルト等に用いられる。

VRIS [variable resonance induction system]　マツダが1990年ころに採用した，可変共鳴過給システム。点火順序の連続しないシリンダの間を共鳴管（吸気管）で結ぶことにより生ずる圧力振動を利用して充填効率を高め，エンジン出力の向上を図る。

VRV [vacuum regulating valve]　負圧調整弁。☞ VMV。

VSA [vehicle stability assist]　ホンダが1997年に採用した，車両挙動安定化制御システム。制動・駆動時以外でも車両の横滑りを制御して，ドライバの操作の余裕を確保する。従来のABSとTCS（トラクション・コントロール）に横滑り制御装置を加えたもの。☞ ESC。

VSC [vehicle stability control]　トヨタが1995年に採用した，車両旋回時の安定制御装置。車両が横滑りを起こしそうな状態（強いオーバステアまたはアンダステア）をセンサが感知すると自動的に各輪のブレーキ油圧をコントロールし，連動してエンジン出力も最適に制御することにより車両の横滑りを抑制する。これに対し，ABS（アンチロック・ブレーキ・システム）は減速時に，TRC（トラクション・コントロール）は加速時のスリップ制御を行う。☞ ESC。

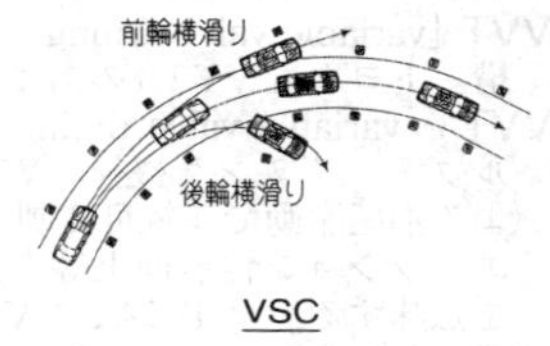

VSC

VSCC [vehicle safety communication consortium]　米国におけるITS関連の共同組織で，「車両安全通信コンソーシアム」を意味している。自動車メーカが2002年に結成したもので，路車間通信と車車間通信の応用システムの開発を目指している。

VSCS [vehicle stability control system] ☞ VSC。

VSIR [vehicle sensitive inertia reel] 車体感応式巻き取り装置。ELRの一種で，車体に加わる加速度（減速度）を感知してロック機構を作動させる，緊急ロック式シート・ベルト巻き取り装置。ビークル・センシティブELRとも。

VSV [vacuum switching valve] ソレノイドのON・OFFにより負圧回路を切り換える弁。例 燃料蒸発ガス抑止装置のキャニスタ・パージ用。

VSW [vacuum switch] 負圧感知弁。負圧を感知して電気信号を断続するスイッチ。

VTC [variable timing camshaft] 可変バルブ・タイミング機構の一種で，プジョーが採用したもの。

V-TCS [viscous traction control system] 日産が採用したトラクション・コントロール・システムで，ビスカスLSDを使用したもの。

VTD-4WD system [variable torque distribution four-wheel-drive system] 富士重工が1991年に採用した，フルタイム4WD。複合遊星歯車式センタ・デフに電子制御式差動制限機構を組み合わせ，前後輪への駆動力配分比率を36：64から50：50の範囲で可変として運動性能と安定性を高めている。

VTEC [variable valve timing and lift electronic control system] ホンダが1992年に採用した，可変バルブタイミング・リフト機構。バルブの開閉時期とリフト量を切り換えることにより，動的効果（慣性，脈動）を利用して出力向上を図る。また“VTEC-E”は，VTEC機構を応用した吸気バルブ休止機構を採用し，省燃費と出力向上を狙った希薄燃焼エンジン。

VTT [variable twin turbocharger] ツー・ステージ式のツイン・ターボチャージャ（シーケンシャル・ターボ）で，BMWがディーゼル・エンジンに採用したもの。

VTV [vacuum transmitting valve] 負圧遅延弁。排気ガス浄化システムの制御用。

V-type engine シリンダの配列形状がV型となっているエンジン。

VVEL [continuous variable valve event and lift control system] 日産が2007年に多気筒大排気量エンジンに採用した，バルブ作動角・リフト量連続可変システム（ブイベル）。エンジンの吸入空気量を規制するスロットル・バルブを廃止し，DCモータで吸／排気バルブを直接開閉させているのが特徴で，バルブのリフト量を0.7～12.3mmの間で連続的（無段階）に変化させている。C-VTC（連続可変バルブ・タイミング・コントロール）との組み合わせで，バルブのリフト量，作動角，位相の3要素を連続的に制御することにより，吸気抵抗（ポンピング・ロス）の低減やレスポンスと出力の向上，排気ガスのクリーン化などを図っている。この結果，エンジン単体での燃費性能が10%改善されている。☞バルブトロニック，バルブマチック。

VVL [variable valve lift and timing] 日産が1997年に採用した，可変バルブ・リフト&タイミング機構。低速と高速時の吸気効率を最適にするため，バルブ・タイミングおよびリフト量を切り換え制御するシステム。これには，低速用・高速用と形状の異なるカムが，カムシャフトに設けられている。

VVT [variable valve timing] マツダとスズキが採用した，可変バルブ・タイミング機構。トヨタもVVT-iの前はVVTであった。

VVT-i [variable valve timing intelligent] トヨタが1995年に採用した，連続可変バルブ・タイミング機構。VVT-iは，インテーク・バルブ・タイミングを電子制御による油圧駆動で連続可変制御することにより，低・中速トルク向上，燃費向上およびエミッション性能向上等を図っている。なお，-i（intelligent：知能的な）は“連続”を意味する。☞ DUAL VVT-i。

VVT-iE [intelligent variable valve timing by electric motor] レクサスが2006年に採用した，電動式連続可変バルブ・タイミング機構。トヨタが従来から採用している吸／排気連続可変バルブ・タイミング機構（デュアルVVT-i）の進化版で，吸気側のバルブ・タイミングを電動モータで制御している。これにより，油圧では制御できなかった幅広い領域で吸気タイミングを緻密にコントロールすることができ，動力性能，燃費性能，排ガス性能などが向上している。

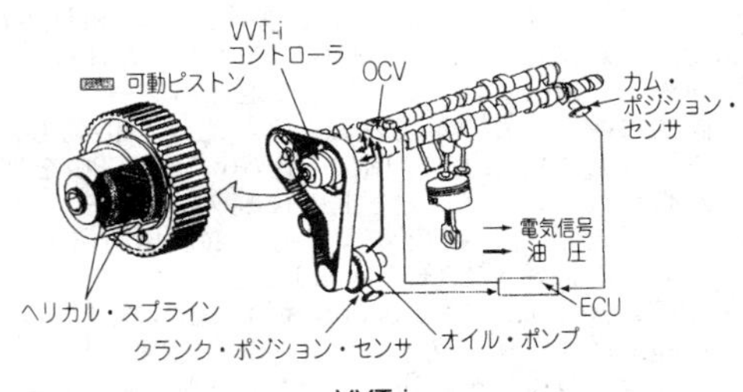

VVT-i

VVT-iW [variable valve timing-intelligent wide] 吸排気連続広範囲可変バルブ・タイミング機構。トヨタが採用している「Dual VVT-i」の進化版で，2014年にレクサスのダウンサイジング直噴ターボ・エンジンに搭載されたもの。通常は40～50度の可変角を吸気側75度と大幅に拡大し，吸気弁閉時期を吸気行程下死点から95度まで遅らせることによりアトキンソン・サイクルを利用して，軽負荷域での吸気損失低減を図って燃費性能を向上させている。

VVTL-i [variable valve timing & lift intelligent] トヨタが2000年に採用した，連続可変バルブ・タイミング&バルブ・リフト切り換え機構。従来のVVT-i（前述参照）に加え，吸排気のバルブ・リフト量を可変にすることにより，6,000rpm以上の高回転域でカムを切り換え，吸排気バルブのリフト量を大きくすることで吸排気効率を高めている。

VVTV [venturi vacuum transducer valve] EGRコントロール・バルブへの伝達負圧を制御するバルブ。吸入空気量に応じたEGR量を確保する。

VVVF制御（せいぎょ） [variable voltage variable frequency control] 電気自動車やハイブリッド車などのインバータにおいて，任意の電圧や周波数の交流電源を作る制御技術。

VW [Volkswagen] ☞フォルクスワーゲン。

[W]

W, w [次の語彙などの頭文字] ① watt（仕事率，電力量）。② Whitworth thread（ウイットまたはホイットねじ）。③ weight（重さ）。④ Wolfram（ヴォルフラム，ドイツ語でタングステンの意）の元素記号。tungsten㊥。⑤ winter（冬・冬用，エンジン・オイルの表示でSAE-10Wなど）。⑥ width（幅）。⑦タイヤの速度記号（最大巡航速度270km/h）。

WB [wheel base] ホイール・ベース，軸距。前後車軸中心間の水平距離。

WCOTY [world car of the year] 世界カー・オブ・ザ・イヤー。世界各国の自動車ジャーナリストによる投票で決まるイヤー・カー（過去1年に発売された世界の車の中で，最も優れた車）。2004年に創設され，日本車では2007年にレクサスLS460が，2008年にはマツダ・デミオが受賞している。☞COTY。

WDC [wide base drop center rim] 広幅深底リム。低圧タイヤ用のリム（ディスク・ホイール）で，リム中央部にウェル（くぼみ）を設けている。

WEC [wireless electronic commerce] 無線通信を利用した電子商取引。ETC利用時の支払いなどに利用される。

WGV [waste gate valve] 排気バイパス弁。排気ターボにおいて，過給圧が上がり過ぎたとき排気をバイパスへ逃がすバルブ。☞ウェイスト・ゲート・バルブ。

W/H [wiring harness] 組配線。☞ワイヤ・ハーネス。

WHDC [worldwide heavy-duty-vehicle driving cycle] 重量車排出ガス試験の世界統

ーテスト・モード。国連の自動車基準調和世界フォーラム（WP29）が定めたもので，これには定常走行試験サイクル（WHSC）と過渡走行試験サイクル（WHTC）がある。2006年には，実際の走行パターンに近いWHTCに改定するとともに，国際的に統一した試験方法にしようとする活動も行われている。欧州では，2014年から導入した排出ガス規制・Euro6にWHTCを採用しており，我が国でも，2005年から導入したJE05モードの後継テスト・モードとして，2016年から導入予定の次期（平成28年）排出ガス規制（NOx規制値＝0.4g/kWh）にWHTCの導入を検討している。☞ WLTC，WMTC。

WHIPS［whiplash protection system］ ウイップス。ボルボが1998年に採用した，後部衝撃吸収リクライニング機構付フロント・シート。追突事故による後方からの首や背骨への衝撃を緩和し，むち打ち症を防止する。

WHSC［world harmonized stationary cycle; world harmonized steady cycle］ ☞ WHDC。

WHTC［world harmonized transient cycle］ ☞ WHDC。

Wi-Fi［wireless fidelity］ 無線LAN規格の一つで，米国に本拠を置くWi-Fi Allianceによって認められたもの（ワイファイ）。Wi-Fiは屋内や外出先などで携帯電話の回線を使わずにインターネットに接続できるもので，Wi-Fiを利用するにはWi-Fi用の親機と子機が必要であり，子機にはパソコン，スマートフォン，タブレット端末，ゲーム機器などがある。☞ WiMAX，LTE。

WIL［whiplash injury lessening］ 頸部（けいぶ）傷害低減。トヨタが採用したWILコンセプトに基づく，追突された際の首への衝撃を緩和する装置。WIL（頸部傷害低減）コンセプトとは，低速で後方から追突された場合に，乗員の頭部と胴体の角度を保持してしっかりと支持されるようにすることで，頭部と胴体の相対的な動きを極力抑えて，首への衝撃を緩和するもの。

WiMAX［worldwide interoperability for microwave access］ 無線通信技術の新しい規格で，無線LANよりも広いエリアで使え，高速通信ができるもの（ワイマックス）。高速でインターネットが利用できることから，携帯端末だけでなく自宅でもそのまま利用でき，配線工事などの必要はない。WiMAXを利用するには，WiMAXルータ（電波を発信する手のひらサイズの機器）をパソコンやスマートフォン，iphoneやゲーム機器と一緒に持ち歩く必要がある。☞ Wi-Fi，LTE。

WLTC［world harmonized light duty driving test cycle］ 排出ガスと燃費を計測するための世界統一テスト・モードで，乗用車や小型貨物車などGVW3.5t以下の車を対象としたもの。国連の排出ガス・エネルギー専門家会議（GRPE）により策定が進められているWLTC ver. 5によれば，走行時間は1,800秒（30分），最高速度は131.3km/h，平均速度は46.5km/hとなっており，2014年3月のWP29において，世界技術規則（GTR）が採択された。これには日米欧に加え，韓国，中国，インドなども参加予定。日本の場合，JC08モードの次のテスト・モードとして，2018年末からの導入が予定されている。☞ WP29，WLTP，WHDC，WMTC。

WLTP［world harmonized light vehicles test procedure］ 乗用車等の排出ガス・燃費国際調和試験法。国連の自動車基準調和世界フォーラム（WP29）で世界統一試験法として2008年から検討され，2014年3月に採択された。日本政府はすでにWLTPの採用を2010年6月に閣議決定しており，国土交通省では，現行試験サイクルのJC08モードを見直し，2018年末からWLTPを順次導入予定。ただし，2020～2022年度の燃費基準は現行JC08モードの測定値により達成判断を行う。☞ WLTC，WHDC，WMTC。

WME［wasted oil methyl ester］ バイオディーゼル燃料の一つで，廃食用油を原料としたもの。軽油にバイオ燃料5%を混入したもの（B5）の使用は2007年以降認められており，WME B5のエンジンへの影響等の研究が進められている。

WMTC［worldwide harmonized motorcycle test cycle］ 2輪車排出ガス試験の世界統

ーテスト・モード。国連の自動車基準調和世界フォーラム（WP29）で2005年に制定されたもので，国内には2012年（平成24年）10月から導入された。WMTCでは，実走行に近い環境で測定している。☞WLTC，WHDC。

WORM [write once read many]　1回書き込み多回読み取りROM（読み出し専用の記憶素子）。空きがある場合は情報を追記できる。

WOT [wide open throttle]　エンジンのスロットル・バルブ全開（全負荷）状態。フル・スロットル。

W/P [water pump]　冷却水を循環させるウォータ・ポンプ。

WP29 [world forum for harmonization of vehicle regulations working party 29]　自動車基準調和世界フォーラム作業部会29（国連で29番目にできた作業部会）。国連欧州経済委員会の下部に設けられた自動車基準の国際的整合化に取り組む組織で，UN-ECE／WP29とも表す。欧州32カ国やEUに加え，米国，カナダ，中国，国際自動車工業会，ISOなどの非政府機関が参加し，世界で唯一の自動車基準の調和組織として，六つの専門分科会で基準案の検討などの活動を行っている。六つの分科会とは，排出ガス・エネルギー（GRPE），灯火器（GRE），騒音（GRB），ブレーキと走行装置（GRRF），衝突安全（GRSP），安全一般（GRSG）。☞WHDC，WLTP，WMTC, IWVTA，JASIC。

WPC処理（しょり） [wide peening and cleaning; wonder process craft]　金属表面処理の一種で，金属の疲労強度向上と摺動性能向上を主目的に行うもの。例えば，ピストンのスカート部にショット・ピーニングを利用して二硫化モリブデンを打ち込む処理。

WRC [world rally championship]　世界ラリー選手権。FIA（国際自動車連盟）公認の世界選手権の一つで，市販車を一部改造した車両を使用するクロスカントリ・ラリー。レギュレーションの変更により，2011年からエンジンは1.6ℓ直4直噴ターボの4WDにダウンサイジングされた。WRCには登竜門としてのJWRCがあり，ボトム・カテゴリのPWRCも2002年に設けられ，2010年からはPWRCが分割されてSWRCが新設された。☞JWRC，PWRC，SWRC。

WSC [world solar challange]　☞ソーラー・カー・レース。

WSD [windshield display]　運転席の前面ガラスに道路情報，視界支援情報，予防安全情報，ナビゲーション情報，車両情報などさまざまな情報を表示すること。HMIの一種。☞ヘッドアップ・ディスプレイ。

WSIR [webbing sensitive inertia reel]　ウェビング（シート・ベルトの巻物）感応式巻き取り装置。衝突時にベルトの引き出し速度がある値を超えると，自動的にロックする。＝ELR。

WTO [world trade organization]　世界貿易機関。GATTを発展的に解消し，1995年に81の国・地域が参加してWTO協定が発効した。本部はジュネーブ。

WtT [well to tank]　原料の採掘・採集から，燃料の製造・輸送を経て車の燃料タンクに至るまでのことで，燃料のエネルギー効率を表す場合などに用いられる。「well」とは，原油を掘る井戸のこと。☞TtW，WtW。

WtW [well to wheel]　☞ウェル・トゥー・ホイール。

WVTA [whole vehicle type approval]　欧州（EU）における統一車両型式認証制度。欧州では，車両の販売を行う際に加盟国ごとの型式認証を個別に受ける必要があったが，この認証を取得することにより，すべての加盟国での販売が可能となる。従来は乗用車のみが義務づけられていたが，商用車やバス等への導入も2007年に決定された。☞IWVTA，NTA。

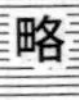

W／W [wet on wet]　☞ウェット・オン・ウェット。

WWH-OBD [worldwide harmonized on board diagnosis]　重量車OBD（排出ガス故障診断）の世界統一基準。国連・欧州経済委員会（UN-ECE）の自動車基準調和世界フォーラム（WP29）で，2006年に採択されたもの。

[X]

X, x [次の語彙などの頭文字]　①未知の物体を表す記号。Xバイワイヤなど。②不定数を表す記号。NO_X（$NO_{1\sim2}$／窒素酸化物）やSO_X（$SO_{2\sim3}$／硫黄酸化物）など。③キシレン（xylene）を表す記号。④X字形を表す記号。⑤前後方向の座標軸を表す記号。

X by-wire　☞バイワイヤ技術。

X axis　車両の運動を三次元で表すとき，重心点を中心として車体を前後水平に貫く座標軸をいう。また，このX軸回りの回転運動をローリングという。

xDrive　電子制御式4WDシステムの一種で，BMWが2005年にSAV（SUV）に採用したもの（造語）。インテリジェント4WDシステムとも呼ばれ，エンジン出力を電子制御式マルチ・ディスク・カップリングにより可変的にフロントおよびリア・アクスルへ配分している。このシステムは車体姿勢制御装置のDSCと常時連繋しているのが特徴で，ホイールがスリップしてから作動するのではなく，車両の安定性が損なわれるおそれのある時点でトルク配分をタイミングよく変更し，危機を回避する。xDriveの進化版が，ダイナミック・パフォーマンス・コントロール（前述）。

XDS [extended EDS]　VWやアウデイが採用した電子制御式ディファレンシャル・ロック「EDS」の進化版で，中高速域のコーナリングで駆動輪のどちらか一方の荷重が減少したとき，瞬時に作動する。疑似LSDとも。

Xe [xenon]　キセノンの元素記号。

XENOY樹脂（じゅし）　SABICイノベーティブプラスチックスが開発した樹脂の商品名（ゼノイ樹脂）。半結晶性ポリエステル（PBT-PET）などとポリカーボネート（PC）がブレンドされた樹脂で，耐薬品性，低温時の耐衝撃性，耐熱性，意匠性などに優れ，歩行者保護を図るために車のフロント・エンド回りなどに用いられる。

X-Mode　AWD（4WD）車における新しい制御システムで，スバルが2012年にSUVのアクティブ・トルク・スプリットAWDに採用したもの。滑りやすい路面での走行や，対角のタイヤが浮いたときなどにエンジンや変速機（リニアトロニック），VDC（横滑り防止装置）を最適に統合制御して，悪路での走破性を高めている。

XOR回路（かいろ） [exclusive OR circuit]　☞EXOR回路。

X-Pulse　三菱ふそうが2010年に採用した増圧式コモン・レール・システム。サプライ・ポンプで80MPaに加圧した燃料を，インジェクタ内蔵のソレノイド・バルブで最高210MPaまで昇圧させている。

X-REAS [X relative absorber system]　前後左右のショック・アブソーバを対角線にたすきがけ配管にし，ロール方向とピッチング方向の制御を可能にした装置。トヨタやアウディなどがSUVに採用。☞REAS。

X-shape frame　☞エックス型フレーム。

XV Hybrid　☞スバルXV Hybrid。

XY recorder　二つの入力信号X・Yの間の関数関係Y=f(x)の図形を，方眼紙上に自動的に記録する記録計。

[Y]

Y, y [次の語彙などの頭文字]　①イットリウム（yttrim）の元素記号。②Y字形を表す記号。③左右の座標軸を表す記号。④タイヤの速度記号（最大巡航速度300 km/h）

YAGレーザ溶接（ようせつ） [yttrium aluminium garnet laser welding]　イットリウム，アルミニウムおよびガーネット等からなる結晶体（YAGロッド）を媒体にしてレーザ光を発振し，その光のエネルギーにより行う溶接。光ファイバによる伝送が可能で，アルミ合金車体の組み立てなどに使用される。

Y axis　車両の運動を三次元で表すとき，重心点を中心とした左右方向の座標軸をいう。また，このY軸回りの回転運動をピッチングという。

Y connection [star connection]　星形結線。オルタネータにおける三相コイル結線法の一つ。

yd [yard]　英国式長さの単位の記号。1yd（ヤード）は3フィート，91.4cm。

[Z]

Z, z [次の語彙などの頭文字]　①垂直方向の座標軸を表す記号。②インピーダンスを表す記号。

ZAS [zinc alloy for stamping]　亜鉛合金の一種で，亜鉛にアルミニウム，銅，その他少量の金属元素（Mg，Pb，Fe，cd，Snなど）を添加したもの。亜鉛は軟質のもろい金属であるが，合金化することにより軟鋼に匹敵するほどの強度が得られ，プレス用型材，プラスチック成形用型材，鋳物用部品などに用いられる。

Z axis　車両の運動を三次元で表すとき，重心点を中心とした上下方向の座標軸をいう。また，このZ軸回りの回転運動をヨーイングという。

ZEV [zero emission vehicle]　有害物質を全く排出しない車，無公害車。ZEV（ゼブ）は米カリフォルニア州で生まれた用語で，これに該当するのは電気自動車（EV）または燃料電池車（FCV）であるが，特別措置としてゼロ・エミッションに近いガソリン車（SULEV）なども認められている。ガソリン車の場合，ゼロ・エバポ（燃料蒸発ガスの放出がないこと）も要求される。☞Tier2 Bin5。

ZEV規制（きせい） [zero-emission vehicle mandates]　米カリフォルニア州で1990年に採択された排出ガス規制で，有害物質を全く排出しない電気自動車（EV）または水素系燃料電池車（FCV）のようなZEVを2003年から販売台数の10%導入するよう義務づけたもの。この規制はFCEVなどの開発の遅れから2001年に2年間延期され，対象車両に超低排出ガス車（SULEV）やハイブリッド車が追加された。その後規制の修正が続き，2008年までの修正は計5回となった。ZEVには，有害物質を全く排出しないpure ZEV（EVやFCV）や，部分ゼロエミッション車と呼ばれるpartial ZEV（SULEV）がある。

ZLEV [zero level emission vehicle]　ガソリン車で，排出ガスの有害物質を限りなくゼロに近づけた超低公害車のこと（米国）。PZEVとも。

Zn [zinc]　亜鉛の元素記号。

Zr [独 Zirkonium／zirconium]　ジルコニウムの元素記号。

付　　表

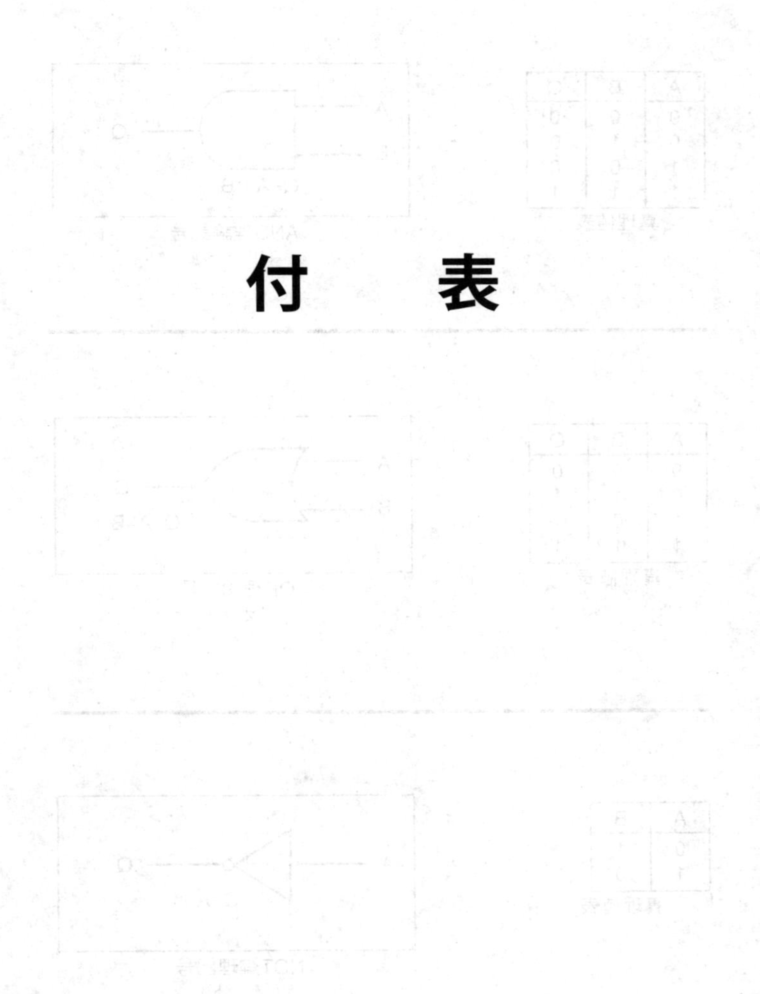

論理回路記号及び真理値表

A	B	Q
0	0	0
0	1	0
1	0	0
1	1	1

真理値表

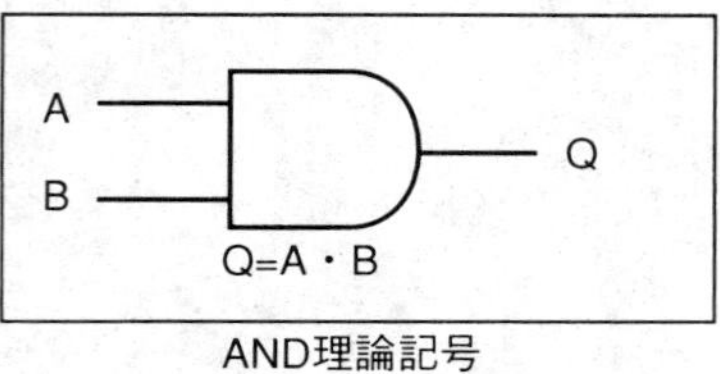

AND理論記号
（アンド）

A	B	Q
0	0	0
0	1	1
1	0	1
1	1	1

真理値表

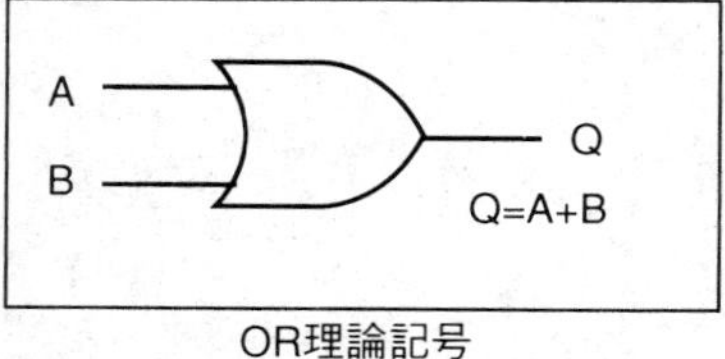

OR理論記号
（オア）

A	B
0	1
1	0

真理値表

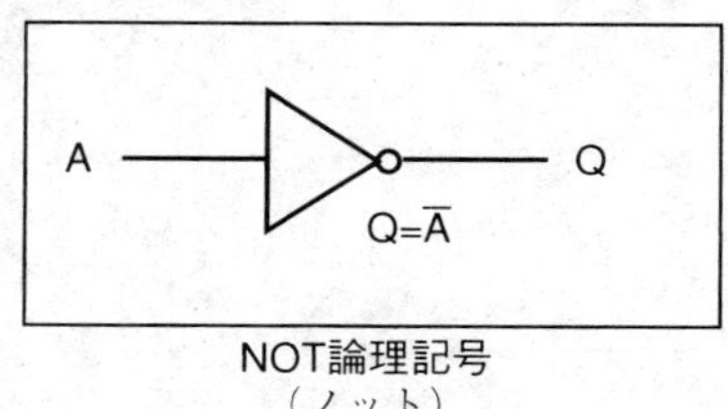

NOT論理記号
（ノット）

A	B	Q
0	0	1
0	1	1
1	0	1
1	1	0

真理値表

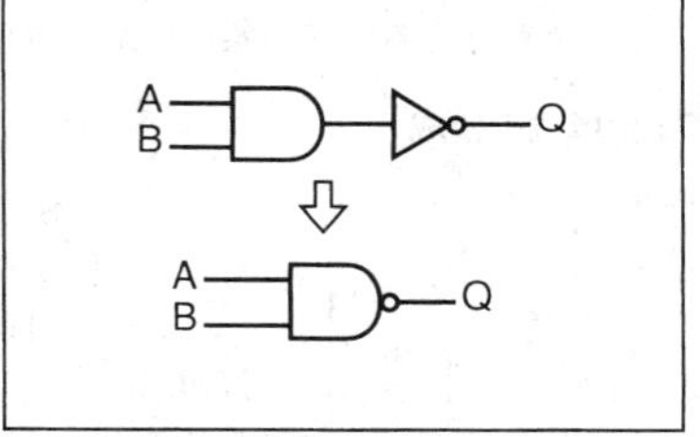

NAND理論記号
（ナンド）

A	B	Q
0	0	1
0	1	0
1	0	0
1	1	0

真理値表

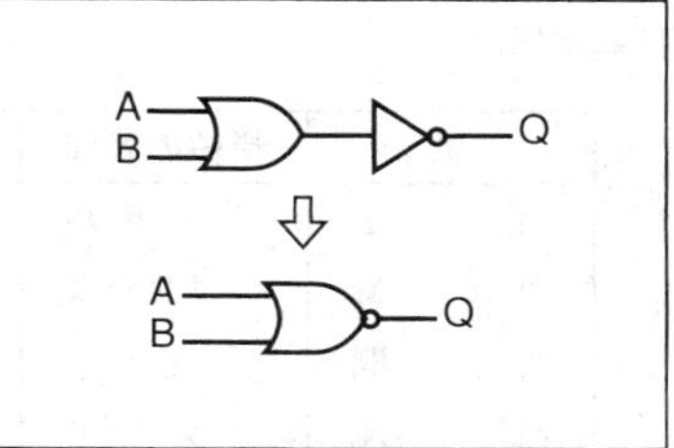

NOR理論記号
（ノア）

A	B	Q
0	0	0
0	1	1
1	0	1
1	1	0

真理値表

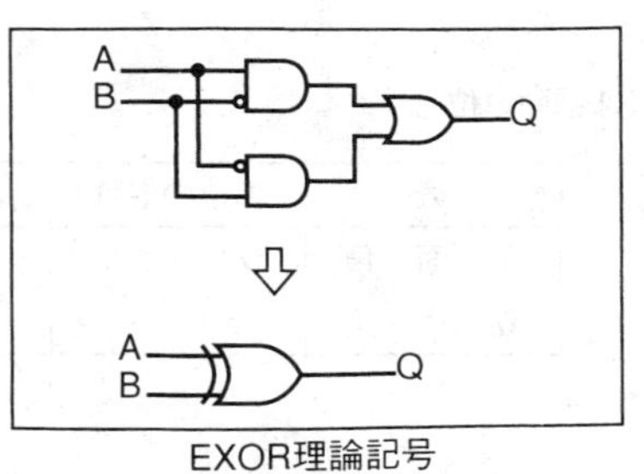

EXOR理論記号
（エクスクルシブ）

SI化単位

参考文献「くるまと国際単位系，SI活用の手引」㈳自動車技術会，91年版。

1．SI化単位の構成

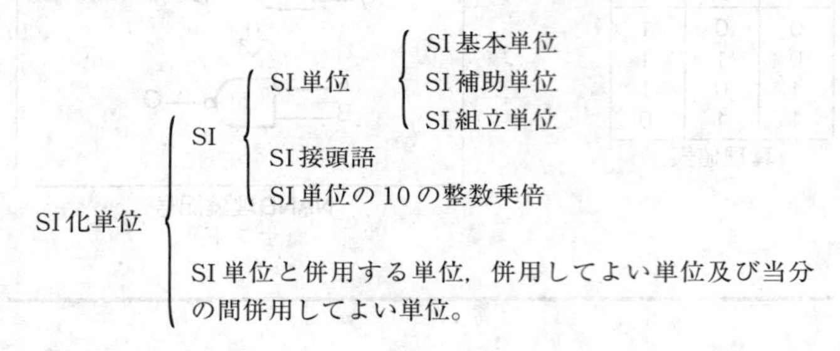

2．SI基本単位

量	単位の名称	単位記号
長さ	メートル	m
質量	キログラム	kg
時間	秒	s
電流	アンペア	A
熱力学温度	ケルビン	K
物質量	モル	mol
光度	カンデラ	cd

3．SI補助単位

量	単位の名称	単位記号
平面角	ラジアン	rad
立体角	ステラジアン	sr

4. SI組立単位の例（自動車関係）

量	単位の名称	単位記号
面　積	平方メートル	m^2
体　積	立方メートル	m^3
速　さ	メートル毎秒	m/s
加速度	メートル毎秒毎秒	m/s^2

5. 固有の名称をもつSI組立て単位（自動車関係）

量	固有の名称を持つSI組立単位		他のSI単位による表現
	単位の名称	単位記号	
周波数	ヘルツ	Hz	
力	ニュートン	N	
圧力，応力	パスカル	Pa	N/m^2
エネルギー，仕事，熱量	ジュール	J	N•m
仕事率，工率，動力，電力	ワット	W	J/s
電荷，電気量	クーロン	C	
電位，電圧	ボルト	V	W/A
静電容量	ファラド	F	C/V
電気抵抗	オーム	Ω	V/A
インダクタンス	ヘンリー	H	
セルシウス温度	セルシウス度	℃	
照度	ルクス	lx	

付

6. SI接頭語

単位に乗じる倍数	SI接頭語		単位に乗じる倍数	SI接頭語	
	名称	記号		名称	記号
10^{18}	エクサ	E	10^{-1}	デシ	d
10^{15}	ペタ	P	10^{-2}	センチ	c
10^{12}	テラ	T	10^{-3}	ミリ	m
10^{9}	ギガ	G	10^{-6}	マイクロ	μ
10^{6}	メガ	M	10^{-9}	ナノ	n
10^{3}	キロ	k	10^{-12}	ピコ	p
10^{2}	ヘクト	h	10^{-15}	フェムト	f
10	デカ	da	10^{-18}	アト	a

7. SI単位と併用する単位

量	単位の名称	単位記号
時間	分	min
	時	h
	日	d
平面角	度	〃
	分	〃
	秒	〃
体積	リットル	L, l
質量	トン	t

8. SI単位と併用してもよい単位（自動車関係）

量	単位の名称	単位記号
流体の圧力	バール	bar
回転速さ，回転数	回毎分	r/min rpm
レベル差など	デシベル	dB

付

9．主要単位換算表（自動車関係）

量	SI単位	従来のメートル系単位
加　速　度	m/s^2	G（ジー）
	9.806	1
力	N（ニュートン）	kgf
	9.806	1
ト　ル　ク	N・m	kgf・m
	9.806	1
圧　　力	Pa（パスカル）	kgf/cm^2
	9.806×10^4	1
応　　力	Pa又はN/m^2	kgf/cm^2
	9.806×10^4	1
エネルギー・仕事・熱量	J（ジュール）	kgf・m
	9.806	1
仕事率・工率・動力	W（ワット）	PS
	735.5	1

元 素 表

（国際原子量による）

番号	記号	ラテン語名	日本語名	英語名	原子量（少数4捨5入）
1	H	Hydrogenium	水素	Hydrogen	1
2	He	Helium	ヘリウム	Helium	4
3	Li	Lithium	リチウム	Lithium	7
4	Be	Beryllium	ベリリウム	Beryllium	9
5	B	Borium	ホウ素	Boron	11
6	C	Carbonium	炭素	Carbon	12
7	N	Nitrogenium	窒素	Nitrogen	14
8	O	Oxygenium	酸素	Oxygen	16
9	F	Fluorum	フッ素	Fluorine	19
10	Ne	Neon	ネオン	Neon	20
11	Na	Natrium	ナトリウム	Sodium	23
12	Mg	Magnesium	マグネシウム	Magnesium	24
13	Al	Aluminium	アルミニウム	Aluminum	27
14	Si	Silicium	ケイ素	Silicon	28
15	P	Phosphorus	リン	Phosphorus	31
16	S	Sulphur	硫黄	Sulfur	32
17	Cl	Chlorum	塩素	Chlorine	35
18	Ar	Argon	アルゴン	Argon	40
19	K	Kalium	カリウム	Potassium	39
20	Ca	Calcium	カルシウム	Calcium	40
21	Sc	Scandium	スカンジウム	Scandium	45
22	Ti	Titanium	チタン	Titanium	48
23	V	Vanadium	バナジウム	Vanadium	51
24	Cr	Chromium	クロム	Chromium	52
25	Mn	Manganum	マンガン	Manganese	55
26	Fe	Ferrum	鉄	Iron	56
27	Co	Cobaltum	コバルト	Cobalt	59
28	Ni	Niccolum	ニッケル	Nickel	59
29	Cu	Cuprum	銅	Copper	64
30	Zn	Zincum	亜鉛	Zinc	65
31	Ga	Gallium	ガリウム	Gallium	70
32	Ge	Germanium	ゲルマニウム	Germanium	73
33	As	Arsenicum	ヒ素	Arsenic	75

番号	記号	ラテン語名	日本語名	英語名	原子量 (少数4捨5入)
34	Se	Selenium	セレン	Selenium	79
35	Br	Bromum	臭素	Bromine	80
36	Kr	Krypton	クリプトン	Krypton	84
37	Rb	Rubidium	ルビジウム	Rubidium	85
38	Sr	Strontium	ストロンチウム	Strontium	88
39	Y	Yttrium	イットリウム	Yttrium	89
40	Zr	Zirconium	ジルコニウム	Zirconium	91
41	Nb	Niobium	ニオブ	Niobium	93
42	Mo	Molybdenum	モリブデン	Molybdenum	96
43	Tc	Technetium	テクネチウム	Technetium	99
44	Ru	Ruthenium	ルテニウム	Ruthenium	101
45	Rh	Rhodium	ロジウム	Rhodium	103
46	Pd	Palladium	パラジウム	Palladium	106
47	Ag	Argentum	銀	Silver	108
48	Cd	Cadmium	カドミウム	Cadmium	112
49	In	Indium	インジウム	Indium	115
50	Sn	Stannum	スズ	Tin	119
51	Sb	Stibium	アンチモン	Antimony	122
52	Te	Tellurium	テルル	Tellurium	128
53	I	Iodum	ヨウ素	Iodine	127
54	Xe	Xenon	キセノン	Xenon	131
55	Cs	Caesium	セシウム	Cesium	133
56	Ba	Barium	バリウム	Barium	137
57	La	Lanthanum	ランタン	Lanthanum	139
58	Ce	Cerium	セリウム	Cerium	140
59	Pr	Praseodymium	プラセオジム	Praseodymium	141
60	Nd	Neodymium	ネオジム	Neodymium	144
61	Pm	Promethium	プロメチウム	Promethium	147
62	Sm	Samarium	サマリウム	Samarium	150
63	Eu	Europium	ユウロピウム	Europium	152
64	Gd	Gadolinium	ガドリニウム	Gadolinium	157
65	Tb	Terbium	テルビウム	Terbium	159
66	Dy	Dysprosium	ジスプロシウム	Dysprosium	163
67	Ho	Holmium	ホルミウム	Holmium	165
68	Er	Erbium	エルビウム	Erbium	167

番号	記号	ラテン語名	日本語名	英語名	原子量 (少数4捨5入)
69	Tm	Thulium	ツリウム	Thulium	169
70	Yb	Ytterbium	イッテルビウム	Ytterbium	173
71	Lu	Lutetium	ルテチウム	Lutetium	175
72	Hf	Hafnium	ハフニウム	Hafnium	178
73	Ta	Tantalum	タンタル	Tantalum	181
74	W	Wolframium	タングステン	Tungsten	184
75	Re	Rhenium	レニウム	Rhenium	186
76	Os	Osmium	オスミウム	Osmium	190
77	Ir	Iridium	イリジウム	Iridium	192
78	Pt	Platinum	白金	Platinum	195
79	Au	Aurum	金	Gold	197
80	Hg	Hydrargyrum	水銀	Mercury	201
81	Tl	Thallium	タリウム	Thallium	204
82	Pb	Plumbum	鉛	Lead	207
83	Bi	Bisemutum	ビスマス	Bismuth	209
84	Po	Polonium	ポロニウム	Polonium	209
85	At	Astatum	アスタチン	Astatine	210
86	Rn	Radon	ラドン	Radon	222
87	Fr	Francium	フランシウム	Francium	223
88	Ra	Radium	ラジウム	Radium	226
89	Ac	Actinium	アクチニウム	Actinium	227
90	Th	Thorium	トリウム	Thorium	232
91	Pa	Protactinium	プロトアクチニウム	Protactinium	231
92	U	Uranium	ウラン	Uranium	238
93	Np	Neptunium	ネプツニウム	Neptunium	237
94	Pu	Plutonium	プルトニウム	Plutonium	244
95	Am	Americium	アメリシウム	Americium	243
96	Cm	Curium	キュリウム	Curium	247
97	Bk	Berkelium	バークリウム	Berkelium	247
98	Cf	Californium	カリホルニウム	Californium	251
99	Es	Einsteinium	アインスタイニウム	Einsteinium	252
100	Fm	Fermium	フェルミウム	Fermium	257
101	Md	Mendelevium	メンデレビウム	Mendelevium	258
102	No	Nobelium	ノーベリウム	Nobelium	259
103	Lr	Lawrencium	ローレンシウム	Lawrencium	260

番号	記号	ラテン語名	日本語名	英語名	原子量 (少数4捨5入)
104	Rf	Rutherfordium	ラザホージウム	Rutherfordium	261
105	Db	Dubnium	ドブニウム	Dubnium	262
106	Sg	Seaborgium	シーボーギウム	Seaborgium	263
107	Bh	Bohrium	ボーリウム	Bohrium	262
108	Hs	Hassium	ハッシウム	Hassium	277
109	Mt	Meitnerium	マイトネリウム	Meitnerium	278
110	Ds	Darmstadtium	ダームスタチウム	Darmstadtium	281
111	Rg	Roentgenium	レントゲニウム	Roentgenium	284
112	Cn	Copernicium	コペルニシウム	Copernicium	288
113	Nh	Nihonium	ニホニウム	Nihonium	278
114	Fl	Flerovium	フレロビウム	Flerovium	298
115	Mc	Moscovium	モスコビウム	Moscovium	288
116	Lv	Livermorium	リバモリウム	Livermorium	302
117	Ts	Tennessine	テネシン	Tennessine	294
118	Og	Oganesson	オガネソン	Oganesson	294

~MEMO~

~MEMO~

~MEMO~

~MEMO~

~MEMO~

~MEMO~

著編者紹介

大須賀　和美（おおすか　かずみ）
1925年　名古屋生まれ
元中日本自動車短期大学教授
日本自動車史研究

大須賀　博（おおすか　ひろし）
1939年　名古屋生まれ
国産大手自動車販売会社勤務
（1957年～1999年）
自動車技術会永年継続会員

自動車用語辞典

2016年2月28日　初版発行
2022年3月31日　第1版4刷発行

著編者　大須賀　和美
　　　　大須賀　　博
　　　　自動車用語編集委員会
発行者　木和田　泰正
印　刷　三省堂印刷 株式会社
発行所　株式会社 精文館
　　〒102-0072
　　東京都千代田区飯田橋1-5-9
　　電話　03-3261-3293
　　FAX　03-3261-2016

ISBN 978-4-88102-048-7 C2053